Blaser
Kodiak-©-2010 · www.kodiak.de
Abgabe von Waffen nur an Inhaber einer Erwerbserlaubnis.
Eine neue Ära jagdlicher Perfektion

Ein Buch aus dem Verlag

PIRSCH

unsere Jagd

Niedersächsischer Jäger

jagderleben.de

Des Jägers bestes Web-Revier.

KREBS

Vor und nach der Jägerprüfung

Gesamtbearbeitung:
Bruno Hespeler

Mitarbeiter:
Dr. Günther Baumer • Jost Doerenkamp
Dr. Odward Geisel • Bruno Hespeler
Helmut Hilpisch • Franz Lebacher
Prof. Dr. Dr. Klaus Pohlmeyer • Werner Reb
Johannes Urban • Gerold Wandel

Die Sachgebiete nach Inhalt und deren Bearbeiter

Wildkunde (Haarwild/Federwild)
Prof. Dr. Dr. med. vet. habil. Klaus Pohlmeyer
Ehemaliger Leiter des Instituts für Wildtierforschung an der Tierärztlichen Hochschule Hannover i.R.; Fachtierarzt für Wildtierkunde und Fachtierarzt für Anatomie.

Wildkrankheiten
Dr. Odward Geisel († 2007)
Akademischer Direktor, Fachtierarzt für Pathologie i.R.

Jagdhunde
Helmut Hilpisch
Wildmeister, Vorsitzender des Landesverbandes für Berufsjäger Rheinland-Pfalz; HSH- und DW-Hundeführer.

Landbau
Johannes Urban
Chefredakteur »Bayerisches Landwirtschaftliches Wochenblatt«.

Waldbau
Franz Lebacher
Waldreferent des Bayerischen Bauernverbandes, i.R.; Stellvertr. Landesjagdberater, Bayern; Jägerausbilder; anerk. Lehrrevier.

Naturschutz – Hege
Gerold Wandel
Wildmeister; Leiter der Landesjagdschule Rheinland-Pfalz (Jägerlehrrevier »Vorholz«) i.R.; Mitglied der Jägerprüfungskommission Donnersbergkreis.

Waffen, Munition, Optik
Werner Reb
Dipl. Forsting. (FH); Sachverständiger für Waffen und Munition, Verfasser von Waffenthemen in Zeitschriften und Büchern.

Jagdpraxis
Bruno Hespeler
Berufsjäger; heute Journalist und vielfacher Buchautor, mit zahlreichen Publikationen; langjährig im Ausbildungs- und Fortbildungswesen tätig.

Wildbrethygiene
Dr. Günther Baumer
Amtstierarzt; Vizepräsident des Landesjagdverbandes Bayern.

Jagdrecht
Jost Doerenkamp
Chefredakteur der Jagdzeitschrift »Pirsch«.

Gesamtbearbeitung: Bruno Hespeler

Einem alten Handwerk gewidmet

Es ist schon die Spanne eines Menschenlebens her, seit die erste Auflage des »Krebs« erschien. Autor des seinerzeit 180 Seiten starken Büchleins war Revierförster Herbert Krebs. Die damalige Jägerprüfung war, was ihre Anforderungen betraf, mit der heutigen sicher nicht vergleichbar, und so genügte der kleine Lehrbehelf vollauf. Bereits fünf Jahre später hieß es für die Jäger in Deutschland und Österreich ohnehin »Jagd vorbei«. Der Krieg war aus, die Jäger entwaffnet.

Als zu Beginn der 50er-Jahre die Jagd von den Alliierten zurückgegeben wurde, verdoppelte sich die Zahl der deutschen Jäger gegenüber der Vorkriegszeit innerhalb weniger Jahre. Damit stiegen auch die Prüfungsanforderungen. Herbert Krebs, inzwischen Schriftleiter des »Deutschen Jägers« in München, wurde ihnen mit ständig erweiterten Neuauflagen seines Lehrwerkes gerecht.

Nach seinem Tod im Jahre 1980 überarbeitete Walter Helemann, ehemals Hauptschriftleiter der Jagdzeitschrift »Die Pirsch«, das bereits respektabel angewachsene Werk völlig. Die Welt der Jäger hatte sich in den ersten Nachkriegsjahrzehnten radikal gewandelt. Vor allem sorgten die Medien dafür, dass die Bevölkerung die Jagd zunehmend kritisch und distanziert betrachtete. Keiner war da berufener, den »Krebs« in der notwendigen Weise zu überarbeiten, als der Zoologe und Jäger Walter Helemann. Er galt vielen fortschrittlich denkenden Jägern als Wegbereiter, in eine für die Jagd immer schwieriger werdende Zukunft. Auch ihn deckt lange schon der grüne Rasen.

Viel, unglaublich viel hat sich seit Erscheinen der ersten Auflage des »Krebs« draußen geändert. Dramatischer Schwund an Lebensräumen, Wildschäden in Wald und Feld, Verlust an der Bewirtschaftungsvielfalt in der Landwirtschaft, großflächiger Anbau nachwachsender Rohstoffe, Schweinepest, Vogelgrippe, Chinaseuche, Anfeindungen von allen Seiten…

Aber das ist nur die eine Seite der Medaille. Schon die Tatsache, dass trotzdem europaweit noch nie so viel Schalenwild nachhaltig erlegt wurde wie heute, lässt uns aufhorchen. Nicht genug: Wildtiere – von der Wildsau bis zum Waschbär – besiedeln mehr und mehr urbane Bereiche. Neue Wildarten, und mit ihnen manchmal auch neue Probleme, kamen hinzu. Bei uns längst ausgestorbene Arten wie Luchs und Wolf kehrten zurück. Aus Wintergästen wurden Brutvögel. Zugvögel wandelten sich zu Strich- und Standvögeln.

Das sind Herausforderungen, die einen Jäger verlangen, der mit beiden Beinen im Revier steht, bewaffnet vor allem mit dem Wissen der Zeit und mit einem Gespür für das Zumutbare. Dabei wollen wir nicht vergessen, dass die Jagd ein Handwerk war und ist – das älteste in der Menschheitsgeschichte! Als solches wollen wir sie – frei von Weinerlichkeit und falschem Pathos – erhalten. Denken wir immer daran, dass es keine Natur ohne Jagd, ohne Fressen und Gefressenwerden gibt, wohl aber ohne *menschliche* Jäger. Akzeptieren wir die Natur so wie sie ist, mit ihren Gesetzmäßigkeiten, ihren Abläufen und mit ihren Grausamkeiten. Jagd bedeutet nicht züchten, nicht bevorzugen, nicht manipulieren, nicht Formung von Lebewesen nach unseren Vorstellungen, nicht Massenstrecke um jeden Preis und nicht immer stärkere Trophäen. Jagd ist Bewahrung des Natürlichen und gleichermaßen verantwortliche wie sinnvolle Nutzung dessen, was uns die Natur wachsen lässt.

In diesem Bewusstsein sollte die nun vorliegende 58. Ausgabe des »Krebs – Vor und nach der Jägerprüfung« entstehen.

Bruno Hespeler

Inhalt

A Wildkunde

Haarwild

Alle im Bundesjagdgesetz aufgelisteten Arten des Haarwildes sind Säugetiere *(Mammalia)*. Säugetiere treten etwa 50 Millionen Jahre nach den Vögeln am Übergang der Kreidezeit zum Tertiär erstmalig auf. Die großartige Formenentfaltung der Säuger ist als Produkt der jeweiligen Umwelt und deren Bedingungen zu sehen. Den sich ändernden Umweltbedingungen nicht anpassungsfähige Arten starben aus. Anpassungsfähige Arten blieben in an den Lebensraum angepassten Modifikationen, die über die Zeit genetisch verankert wurden (Mutationen), großflächig oder in Nischen je nach Habitat und Feinddruck existent.

Säugetiere haben eine Fülle von Merkmalen entwickelt, die sie gegenüber allen anderen Klassen abgrenzen und sie zu den höchst entwickelten Wirbeltieren werden lassen. Gemeinsame Kennzeichen der Säugetiere sind neben der Entwicklung eines hervorragenden, bei den Sinnesorganen dominierenden Riechorgans die Ausbildung einer behaarten, mit vielen Drüsen versehenen Haut. Zur Namensgebung »Säugetier« hat die spezifische Umwandlung regionaler Hautdrüsenkomplexe zur Milchdrüse geführt. Hierdurch hat sich bei den Säugetieren eine spezielle Brutpflege entwickelt, die durch das Säugen, die Ernährung der Jungen mit Milch, charakterisiert ist. Weitere allgemeine Säugetiermerkmale sind: eine augenfällige Vergrößerung der Großhirnrinde, die Ausbildung des die Brusthöhle von der Bauchhöhle trennenden Zwerchfells, das gleichzeitig als wichtigster Atmungsmuskel fungiert, die Ausbildung von in der Regel sieben Halswirbeln sowie die Ausbildung artspezifischer Gebisse. Hierbei gehen die spezialisierten Gebisse alle auf eine Grundform zurück,

Rotwild ist die größte bei uns wild lebende Wildart.

Zoologische Einteilung des Haarwildes

Klasse:	**Säugetiere** *(Mammalia)*		
Ordnung:	**Hasentiere** *(Lagomorpha)*		
	Feldhase *(Lepus europaeus)*	Familie: Hasen *(Leporidae)*	
	Schneehase *(Lepus timidus)*		
	Wildkaninchen *(Oryctolagus cuniculus)*		
Ordnung:	**Nagetiere** *(Rodentia)*		
	Murmeltier *(Marmota marmota)*	Familie: Hörnchen *(Sciuridae)*	
	Biber *(Castor fiber)*	Familie: Biber *(Castoridae)*	
	Nutria *(Myocastor coypus)*	Familie: Nutrias *(Myocastoridae)*	
	Bisam *(Ondatra zibethicus)*	Familie: Wühlmäuse *(Microtidae)*	
Ordnung:	**Raubtiere** *(Carnivora)* (jagdlich: Raubwild)		
	Rotfuchs *(Vulpes vulpes)*	Familie: Hundeartige *(Canidae)*	
	Wolf *(Canis lupus)*		
	Marderhund *(Nyctereutes procyonoides)*		
	Waschbär *(Procyon lotor)*	Familie: Kleinbären *(Procyonidae)*	
	Braunbär *(Ursus arctos)*	Familie: Bären *(Ursidae)*	
Unterfamilie »echte Marder«	**Baummarder** *(Martes martes)*	Familie: Marderartige *(Mustelidae)*	
	Steinmarder *(Martes foina)*		
	Fischotter *(Lutra lutra)*		
	Dachs *(Meles meles)*		
»Stinkmarder«	**Iltis** *(Mustela putorius)*		
	Nerz *(Mustela lutreola)*		
	Hermelin *(Mustela erminea)*		
	Mauswiesel *(Mustela nivalis)*		
	Luchs *(Lynx lynx)*	Familie: Katzenartige *(Felidae)*	
	Wildkatze *(Felis silvestris)*		
Ordnung:	**Robben** *(Pinnipedia)*		
	Seehund *(Phoca vitulina)*	Familie: Seehunde *(Phocidae)*	
Ordnung:	**Paarhufer** *(Artiodactyla)* (jagdlich: Schalenwild)		
	Wildschwein *(Sus scrofa)*	Familie: Schweine *(Suidae)*	
Unterfamilie »echte Hirsche«	**Rothirsch** *(Cervus elaphus)*	Familie: Hirsche *(Cervidae)* (Geweihträger)	Wiederkäuer
	Damhirsch *(Dama dama)*		
	Sikahirsch *(Cervus nippon)*		
»Trughirsche«	**Reh** *(Capreolus capreolus)*		
»Elche«	**Elch** *(Alces alces)*		
	Wisent *(Bison bonasus)*	Familie: Rinderartige *(Bovidae)* (Hornträger)	
	Gämse *(Rupicapra rupicapra)*		
	Alpensteinbock *(Capra ibex)*		
	Mufflon *(Ovis ammon musimon)*		

Die Tabelle gibt eine vereinfachte Übersicht über die einheimischen Säugetierarten, die dem Jagdrecht unterliegen. Dünn gedruckt sind die Namen einiger Arten, die nicht (oder nicht in allen Bundesländern) dem Jagdrecht unterstellt sind. Kursiv gedruckt sind die wissenschaftlichen Bezeichnungen.

die unterschiedlich konfigurierte Zähne *(Heterodontie)* enthält, von denen die überwiegende Zahl einmal gewechselt wird. Die der ersten Generation bezeichnen wir als Milchzähne, die ihnen nach Ausfall folgenden als bleibende oder permanente Zähne. Der Zahnwechsel läuft regelmäßig nach einem tierartspezifischen Zeitplan ab. Dem Zahnwechsel unterliegen nur die Molaren nicht.

In der Grundform beinhaltet das **Säugergebiss** 3 Front- oder Schneidezähne, denen in der Reihung nach hinten 1 Eckzahn, 4 vordere Mahl- oder Backenzähne *(Prämolaren)* sowie 3 hintere Mahl- oder Backenzähne *(Molaren)* folgen. Diese Bezahnung finden wir in jeder Hälfte des Unter- und Oberkiefers eines Säugetiers $= \frac{3143}{3143}$. Das vollständige Säugergebiss besteht somit aus $4 \times 11 = 44$ Zähnen. Während die Zahnsubstanzen – **Zahnbein**, das im nicht sichtbaren Wurzelbereich von **Zahnzement** und im sichtbaren Kronenbereich jeweils vom **Zahnschmelz** überzogen ist – grundsätzlich vorhanden sind, sind die Zahnform und die Zahnzahl speziesabhängig unterschiedlich. Ein wie oben beschriebenes vollständiges Gebiss finden wir bei den wenig spezialisierten Allesfressern, wozu das Wildschwein gehört. Je nach Ernährungsweise – Fleisch- oder Pflanzenfresser – haben sich die Zähne in ihrer jeweiligen Gesamtheit zu spezialisierten Gebissen umgeformt und ausgebildet. So finden wir neben der im omnivoren Gebiss enthaltenen Grundform das hoch spezialisierte Gebiss der Insektenfresser, der Fleisch- und der Grasfresser. In Anpassung an die Ernährungsweise ist das Fleischfressergebiss durch »schneidende«, das der Grasfresser durch »mahlende« Zähne charakterisiert.

Die äußere **behaarte Haut** schützt den Körper gegen Verletzungen und Infektionen, ihre Pigmente absorbieren zellzerstö-

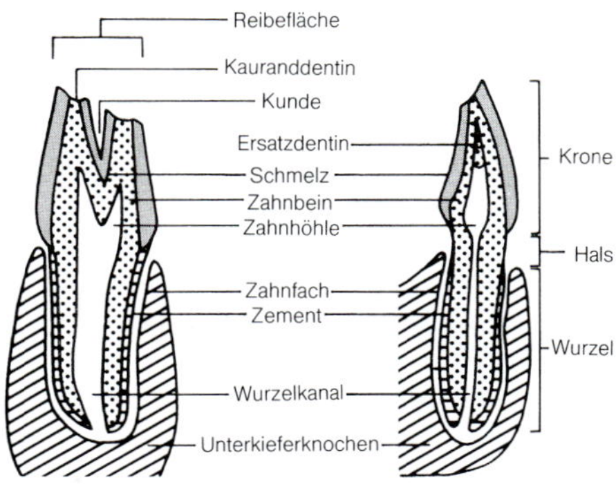

Schematischer Querschnitt durch den Backenzahn (li.) und Schneidezahn (re.) eines Säugetiers am Beispiel des Rothirsches.

Wiederkäuergebiss (Rotwild)
Eckzahn (C) im Oberkiefer → Grandel

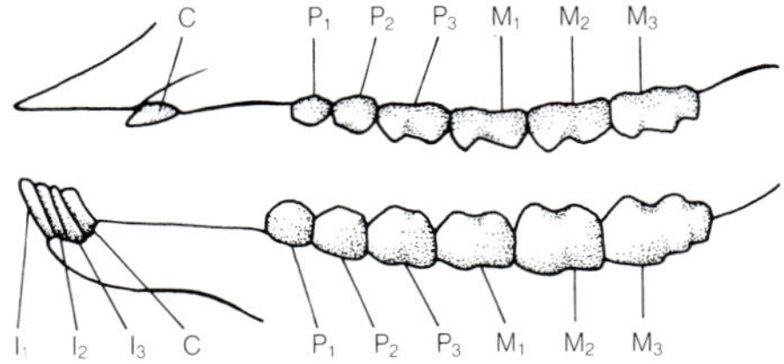

Allesfressergebiss (Schwarzwild)

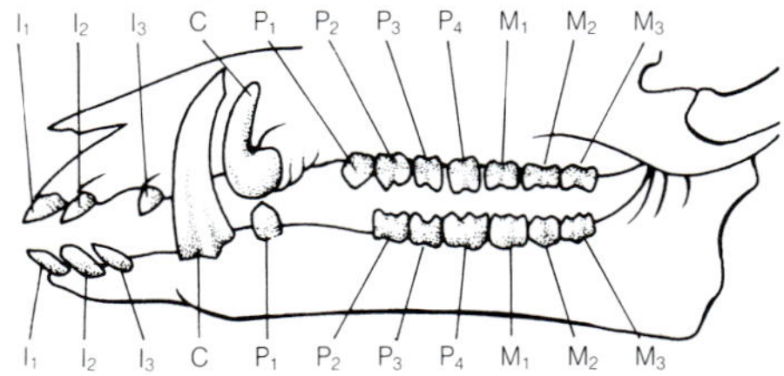

Raubtiergebiss (Hund)
P_4 im Oberkiefer und M_1 im Unterkiefer → Reißzahn

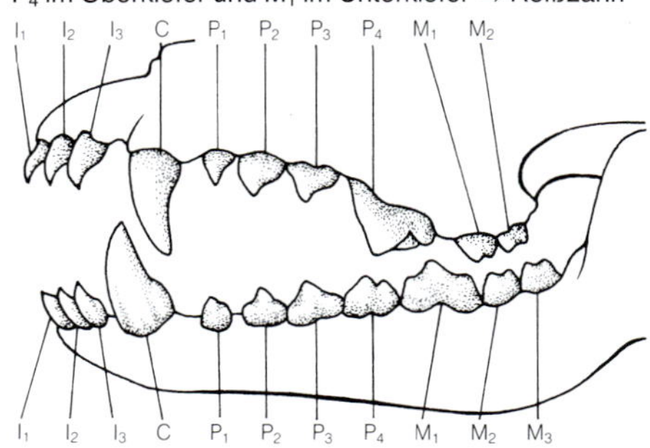

rende kosmische Strahlungen. Die starke Durchblutung der unteren Hautschichten und die Vielzahl von Schweißdrüsen regeln die Körpertemperatur effektiv, die so konstant gehalten werden kann. In unserer durch Jahreszeiten charakterisierten Klimazone unterliegt das Haarkleid des heimischen Haarwildes einem Haarwechsel. Dieser Haarwechsel wird durch photoperiodische Einflüsse (Tageslänge) unter Beteiligung von Sexual- und Schilddrüsenhormonen ausgelöst. Zeitlich modifizierend üben hierauf auch Temperaturschwankungen Einfluss aus. Das kurze Sommerhaar wächst zu Beginn der kälteren Jahreszeit in die Länge. Mit diesem starken Längenwachstum der Deckhaare einher geht die Entstehung von Wollhaaren, die sich als zweite Haarart zwischen die Deckhaare schieben. Das Haarkleid wird somit insgesamt länger und dichter. Im Frühjahr fällt zunächst in dichten Büscheln das Winterwollhaar aus. Dann folgt das lange Winterdeckhaar, das durch neues kurzes Sommerdeckhaar ersetzt wird. Dieses periodisch ablaufende Geschehen beinhaltet somit nur einen einzigen Haarwechsel, nämlich den im Frühjahr. Die herbstliche Umgestaltung des Haarkleides, die im Vergleich zum Sommerhaar zu einer dunkleren Decke führt – die Tiere färben um – stellt keinen Haarwechsel dar. Decken, Schwarten und Bälge sind je nach Jahreszeit zu verwenden. Sommerdecken und -schwarten eignen sich nur zur Ledergewinnung, die Winterbälge unseres Raubwildes liefern wertvolle Rauchware.

Schematischer Schnitt durch die Haut eines Säugetiers (aus CZIHAK, verändert).

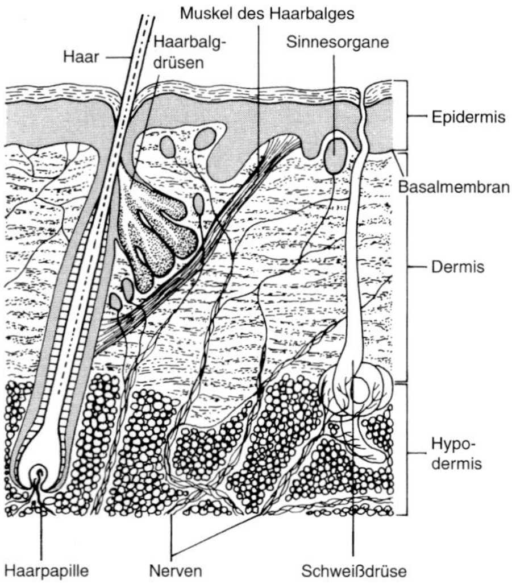

Die Sekrete der Vielzahl von Hautdrüsen, vor allem solcher **Drüsen,** die als Duftorgane dienen, verleihen der jeweiligen Spezies einen arteigenen Geruch, der unschwer auch vom Mensch wahrgenommen werden kann. Über die Hautduftorgane läuft bei den Säugetieren das olfaktorische (geruchliche) Erkennen arteigener sowie artfremder Individuen. Die hierauf erfolgenden Reaktionen sind im Verhaltensrepertoire einer jeden Tierart fest verankert. So wird z.B. die geruchliche Wahrnehmung eines für die Spezies relevanten Raubtieres oder des Menschen mit Flucht beantwortet. Innerartlich stehen Sekrete bestimmter Duftdrüsen im Dienste des Geschlechtslebens (Brunft, Rausche, Ranz).

Neben dem **Geruchsinn,** über den bei nachtaktiven Tieren vornehmlich auch die Futterauswahl bestimmt wird, kommt bei unserem heimischen Haarwild dem **Gehörsinn** vor dem Gesichtssinn die größere Bedeutung zu. Auch durch den Gehörsinn aufgenommene Laute werden als Lautäußerungen der innerartlichen Kommunikation oder als Störgeräusche, die eine Gefahrenquelle beinhalten kann, differenziert. Der **Gesichtssinn** dient mit Ausnahme weniger tagaktiver kletternder Nagetiere und katzenartiger Beutegreifer dem Erkennen im Nahbereich sowie auffälliger Bewegungen im näheren wie weiteren Umfeld.

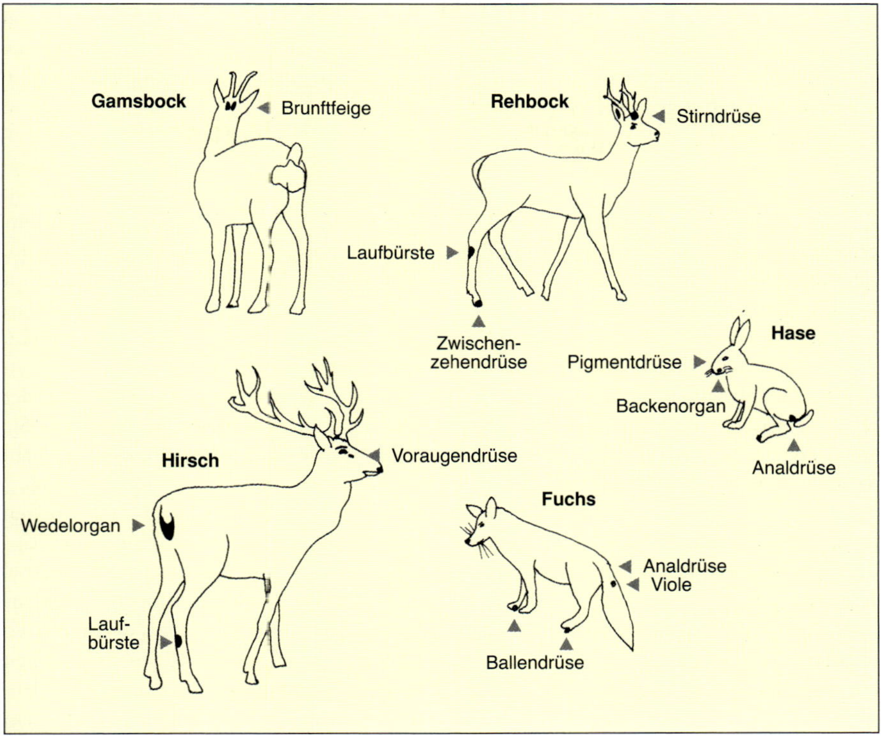

Duftdrüsen beim Haarwild.

Auch die optischen Wahrnehmungen werden wie alle anderen Sinnesleistungen interpretiert und vornehmlich in Hinblick auf Überleben und Unversehrtheit beantwortet.

Allen hier relevanten Säugetierarten ist eine intrauterine (Gebärmutter) **Entwicklung der Jungtiere** zu eigen. Aus der/den im Eileiter befruchteten Eizelle(n) entwickeln sich ein oder mehrere Embryonen, die sich in der Gebärmutter einnisten. Über den Mutterkuchen, die Plazenta, erfolgt der Anschluss des Embryos an den Stoffwechsel des Muttertieres, so dass die Ernährung des sich vom Embryo über den Fötus bis zur geburtsreifen Frucht entwickelnden neuen Lebewesens gesichert ist. Dieser hochkomplexe Entwicklungsgang stellt die höchste Form der Brutpflege im gesamten Tierreich dar. Nach einer tierartspezifischen langen Tragzeit werden das oder die Jungtiere in unterschiedlichen Reifestadien »gesetzt« (geboren). Hieraus resultieren Jungtiere, die als Nestflüchter oder Nesthocker bezeichnet werden. **Nesthocker** werden in Verstecken, nicht selten in unterirdischen, unbehaart und blind geboren und bis zur vollständigen Entwicklung gesäugt und gepflegt. **Nestflüchter** zeichnen sich durch voll entwickelte Sinnesorgane sowie weitgehende Bewegungsfähigkeit aus, die ihnen innerhalb kurzer Zeit erlaubt, dem Muttertier – anfänglich zumindest zeitweilig – zu folgen. Die Jungtiere von katzen-, marder-

und hundeartigen Beutegreifern, die der Nagetiere u.a. sind typische Nesthocker. Die Jungen der Huftiere sind Nestflüchter, die auch als **Laufjunge** bezeichnet werden. Bei vielen Säugetierarten tragen die Jungtiere ein spezifisches Haarkleid, das bei den hirschartigen durch weiße Flecke in der Decke und bei den Sauen durch eine zweifarbige Längsstreifung der Schwarte charakterisiert ist.

Vögeln wie Säugern liegt als Wirbeltieren ein grundsätzlich gleicher anatomischer Aufbau zugrunde. Trotz erheblich unterschiedlicher Erscheinungsformen ist der jeweilige Gesamtorganismus aus den gleichen Bausteinen zusammengesetzt. Jedes Wirbeltier besitzt einen passiven und aktiven Bewegungsapparat, der durch das stützende Skelettsystem (Knochen) bzw. durch die Muskulatur (Fleisch, Wildbret) repräsentiert wird.

Skelett und Muskelsystem formen und umfassen Höhlen, die das Eingeweidesystem beinhalten. Letzteres umfasst Organe, die folgenden Funktionsweisen zuzuordnen sind: 1. *Verdauungssystem,* 2. *Atmungssystem,* 3. *Kreislaufsystem,* 4. *Harn- und Geschlechtsorgane* und 5. *Nervensystem.*

Skelettsystem

Das stützende Knochengerüst der Säugetiere wird in das Skelett des Kopfes, des Stammes und der Gliedmaßen untergliedert.

Skelett des Kopfes:
Hier erfolgt eine Einteilung in Angesichts- und Hirnschädel sowie Unterkiefer. Der Angesichtsschädel beherbergt ganz vornehmlich die linke und rechte Nasenhöhle. Der Hirnschädel bildet die knöcherne Kapsel um das Groß- und Kleinhirn. Die Grenze zwischen Angesichts- und Hirnschädel entspricht der Verbindungslinie zwischen dem hinteren Rand der rechten und linken Augenhöhle. Zusammen mit dem Boden der Nasenhöhlen liefert der Unterkiefer die knöcherne Grundlage der Mundhöhle.

Skelett des Stammes:
Es umfasst die Wirbelsäule in ihrer Gesamtheit, die Rippen und das Brustbein. Grundsätzlich sind 7 Halswirbel ausgebildet, die untereinander sehr beweglich sind. Die Region zwischen dem Hinterhaupt und dem 1. sowie dem 2. Halswirbel wird als Genick bezeichnet. Den Halswirbeln, die wie alle Wirbel durch Zwischenwirbelscheiben (Bandscheiben) gegeneinander isoliert sind, folgen die Brustwirbel. Sie sind durch eine tierartspezifische Zahl sowie durch hohe Dornfortsätze (Widerrist) gekennzeichnet. Grundsätzlich tragen alle Brustwirbel rechts und links eine Rippe. Damit ist die Anzahl der Brustwirbel immer mit der Zahl der Rippenpaare identisch. Jede Rippe besteht aus einem oberen größeren knöchernen und einem kleineren unteren knorpeligen Abschnitt. Mit dem Knorpelanteil gelenkt jede Rippe mit dem Brustbein, das als flacher, eckiger Knochenstab vorliegt. Die Brustwirbelsäule oben, die Rippen jeweils seitlich und das Brustbein mittig unten formen den Brustkorb. Den Brustwirbeln folgen in der Regel 6 Lendenwirbel, die aufgrund ihrer speziellen gelenkigen Verzahnung untereinander kaum noch beweglich sind. Sie sind durch breite, wenig hohe Dornfortsätze und flache, annähernd rechteckige, mehr oder weniger horizontal seitlich vorragende Querfortsätze charakterisiert. Den Lendenwirbeln schließt sich das Kreuzbein an, das nur bei ganz jungen Tieren noch aus einzelnen Wirbeln besteht. Seine Zwischenwirbelscheiben schwinden sehr früh, so dass das Kreuzbein sich als ein massives Knochenelement darstellt. Die Anzahl der Schwanzwirbel variiert stark. Beim scheinbar schwanz- oder wedellosen Reh sind nur

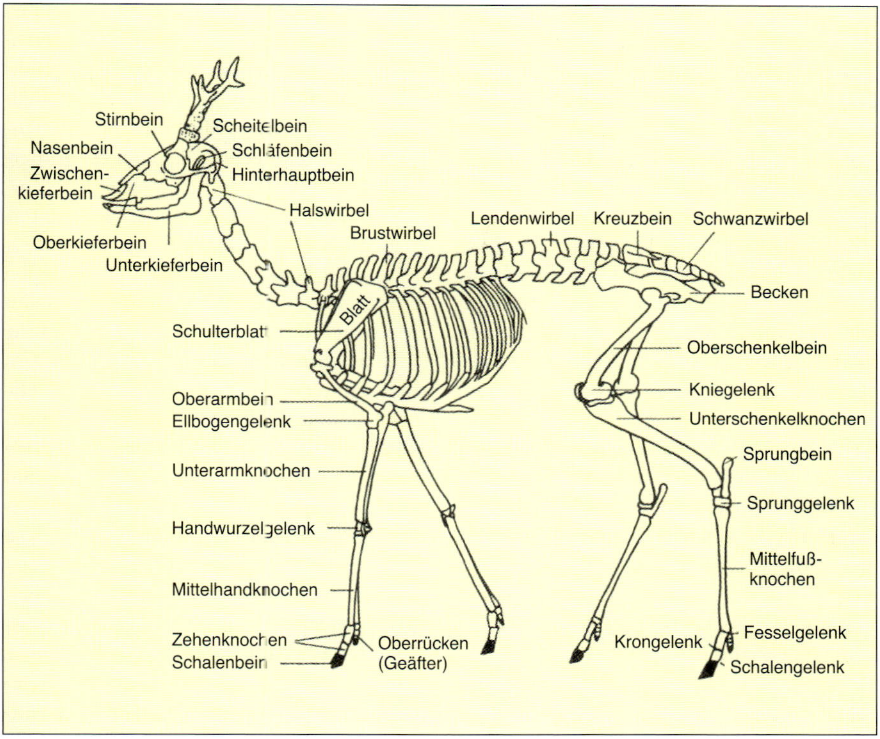

Skelett eines Rehbockes (Beispiel für wiederkäuendes Schalenwild).

zwei oder drei Schwanzwirbelrudimente vorhanden während die knöcherne Grundlage langschwänziger Tiere aus bis zu 23 Wirbeln bestehen kann. Die Wirbelsäule, die in ihrer Gesamtheit eine Aneinanderreihung aller Wirbel darstellt, ummantelt mit ihren Wirbelbögen schützend das Rückenmark, das neben dem Gehirn den zweiten wesentlichen Anteil des Zentralnervensystems darstellt.

Skelett der Gliedmaßen:
Sowohl die Vorder- wie auch die Hintergliedmaßen (Vorderlauf/Hinterlauf) sind grundsätzlich in vier gleiche Abschnitte gegliedert. Dem Schultergürtel der Vordergliedmaßen entspricht der Beckengürtel der Hintergliedmaßen, dem Oberarmbein das Oberschenkelbein, den Unterarmknochen die Unterschenkelknochen, den Knochen des Vorderfußes denen des Hinterfußes.

a) Vordergliedmaße/Vorderlauf
Der Schultergürtel wird nur noch durch einen Knochen repräsentiert, dem Schulterblatt (Blatt). Dieser ist nicht gelenkig sondern durch eine sinnvolle Muskelverbindung mit dem Brustkorb verbunden. Über das Schultergelenk gelenkt der platte Knochen mit dem Oberarmknochen in einem nach hinten offenen Winkel. Mit seinem walzenförmigen unteren Abschluss verbindet sich das Oberarmbein gelenkig

mit der Elle und Speiche im Ellenbogengelenk. Diese beiden knöchernen Repräsentanten des Unterarms sind nur noch bei den Fleischfressern nennenswert gegeneinander beweglich. Bei allen Schalenwildarten sind sie miteinander verknöchert, wobei der Speiche die eigentliche Stützfunktion zukommt und die Elle tierartlich unterschiedlich weit zurückgebildet ist. Der nachfolgende Fuß ist immer dreigeteilt. Er beginnt unterhalb der Unterarmknochen mit den Knochen der Handwurzel, denen folgen die Knochen des Mittelfußes, an die sich die Knochen der dreigliedrigen Zehen anschließen.

b) Hintergliedmaßen/Hinterlauf
Der Beckengürtel wird durch das Hüftbein dargestellt, das einen Zusammenschluss von drei großen Knochen repräsentiert. Das rechte und das linke Hüftbein ist unten mittig in der Beckennaht, dem Schloss zusammengewachsen. Oben vorne fügt sich zwischen die beiden Hüftbeine das Kreuzbein ein, so dass ein geschlossener knöcherner Ring entsteht, der die Beckenhöhle umschließt. Über das Hüftgelenk findet das Oberschenkelbein in einem nach vorne offenen Winkel Anschluss an den Beckengürtel. Zwischen den unteren beiden Gelenkknorren gleitet auf der Vorderseite des Oberschenkels die Kniescheibe, die mit ihm das Kniescheibengelenk bildet. Darüber hinaus gelenken die unten liegenden Gelenkflächen des Oberschenkels mit den nachfolgenden Unterschenkelknochen, dem Schienenbein und dem Wadenbein, im Kniekehlgelenk. Somit ist das Kniegelenk immer ein aus Kniescheiben- und Kniekehlgelenk zusammengesetztes Gelenk. Wie bei den Unterarmknochen verliert ein Knochen, hier das Wadenbein, bei den Säugetieren seine Funktion und ist, analog zur Elle der Vordergliedmaßen, tierartlich unterschiedlich zurückgebildet. Der Fuß des Hinterlaufs beginnt mit den Knochen des Sprunggelenkes, von denen das Fersenbein als Ansatzknochen für die Achillessehne augenfällig nach oben hinten ausgestellt ist. Die folgenden Mittelfuß- und Zehenknochen entsprechen denen des Vorderlaufs.

Der Fuß des Haarwildes ist sehr unterschiedlich ausgeformt. Bei den Fleischfressern sowie bei Hase und Kaninchen finden wir an den Vorderläufen ähnlich wie beim Menschen fünf Zehen, die die Ausbildung von 5 Mittelhandknochen bedingen. An den Hinterläufen fehlt in der Regel die erste (innere) Zehe. Der Fuß des Schalenwildes ist vorne wie hinten auf vier Zehen reduziert. Hierbei stellen die dritte und vierte Zehe jeweils die fußenden Hauptzehen dar, während die 1. und 5. Zehe als so genannte Afterzehen (Geäfter) zurückgebildet sind. Beim Wildschwein sind die beiden Afterzehen noch relativ umfassend ausgebildet vorhanden. Dies hat zur Folge, dass auch noch 4 Mittelfußknochen ausgebildet sind. Bei allen anderen Schalenwildarten sind nur noch die Mittelfußknochen 3 und 4 als zusammengewachsenes singuläres Knochenelement existent, dessen unteres Ende zwei getrennte Gelenkwalzen zur Artikulation mit den beiden ersten Zehenknochen aufweist. Die rudimentären Afterklauen sind der Hinterfläche der Mittelfußknochen unten bindegewebig angefügt. An den Mittelhandknochen der Cerviden verbleiben Rudimente der ehemaligen Mittelhandknochen 1 und 5. Bei den Trughirschen (siehe da) verbleiben nur rudimentäre untere Abschnitte dieser Knochen, bei den Echthirschen dagegen ausschließlich obere Anteile. Erstere werden daher auch als telemetakarpale, letztere als plesiometakarpale Hirsche bezeichnet.

Das dritte Zehenglied, das Klauenbein oder Krallenbein, ist regelmäßig von schützendem Horn überzogen. Die Krallenbeine vornehmlich der katzen- und marderartigen stellen gefährliche Waffen dar, sind beim Kaninchen, Hasen, Murmeltier, Dachs und Fuchs hervorragende Scharr- und Graborgane. Alle diese Tierarten fußen darüber hinaus auf allen drei Gliedern der Zehe (Zehengänger), während die Schalenwildarten als Fluchttiere Zehenspitzengänger sind. Die Sohlengänger werden beim Haarwild durch den Braunbären und den Waschbären vertreten.

Skelettmuskulatur

Jeder zur Skelettmuskulatur zählende Muskel hat seinen Ursprung und Ansatz in der Regel direkt, seltener indirekt am Knochen. Ein Muskel besteht regelmäßig aus einer Ursprungs- und einer Ansatzsehne mit dazwischen liegendem Muskelbauch, der sich aus einer sehr großen Zahl kontraktiler Muskelfasern zusammensetzt. Die durch nervale Reize willkürlich ausgelösten Muskelkontraktionen bewegen über Gelenkaktionen den Tierkörper. Vornehmlich Aktivitäten der Hintergliedmaßenmuskulatur bringen das Tier nach vorne, während die Muskulatur der Vordergliedmaßen und die des vorderen Rumpfabschnittes den aus der Hinterhand kommenden Schub aufnehmen. Darüber hinaus verschließen flächige Muskeln die knöchern vorgegebenen Körperhöhlen, so dass eine nach außen hermetisch abgeschlossene Brust- und Bauchhöhle, getrennt durch das Zwerchfell, entstehen. Die Bauchhöhle steht mit der schwanzwärts von ihr liegenden Beckenhöhle in weit offener Verbindung.

Neben der Skelettmuskulatur, die willkürlich gesteuert wird, kommt als zweite Muskelart die Eingeweidemuskulatur vor (z.B. die des Magen-Darmtraktes). Ihre Aktivitäten werden vom autonomen Nervensystem gesteuert, das nicht willkürlich beeinflussbar ist.

Verdauungssystem

Das Verdauungssystem der Säugetiere beginnt mit dem Kopfdarm, der durch Lippen, Mundhöhle, Zähne und Zunge vertreten ist. Assoziierte Organe des Kopfdarmes sind die verschiedenen Speicheldrüsen, deren Sekret neben mechanischen auch wesentliche biochemische Aufgaben (Pufferung der Salzsäure im Magen etc.) zukommt. Der nachfolgende Schlund dient als Transportorgan, das die aufgenommene, mehr oder weniger grob zerkleinerte Nahrung in den Magen leitet. Der linksseitig die Luftröhre (Drossel) begleitende Schlund durchläuft die Brusthöhle, quert in einer Muskelspalte eingebettet das Zwerchfell und öffnet sich hinter dem Zwerchfell, also in der **Bauchhöhle**, in den Magen. Handelt es sich um einen Wiederkäuer, mündet der Schlund von oben in den Pansen, dem größten der drei Vormägen der Wiederkäuer. Mit Ausnahme des Schwarzwildes

Wiederkäuer-Magen.

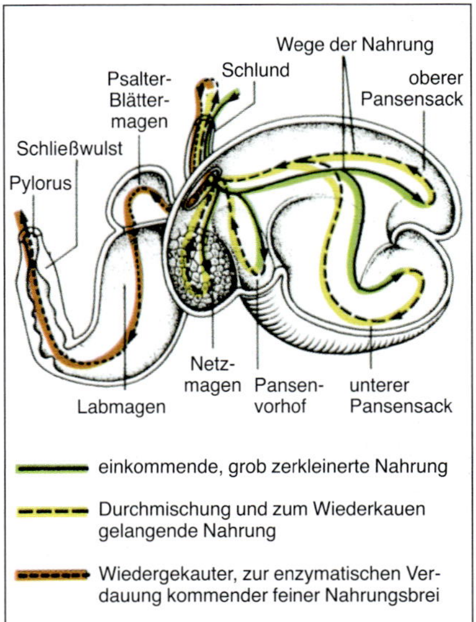

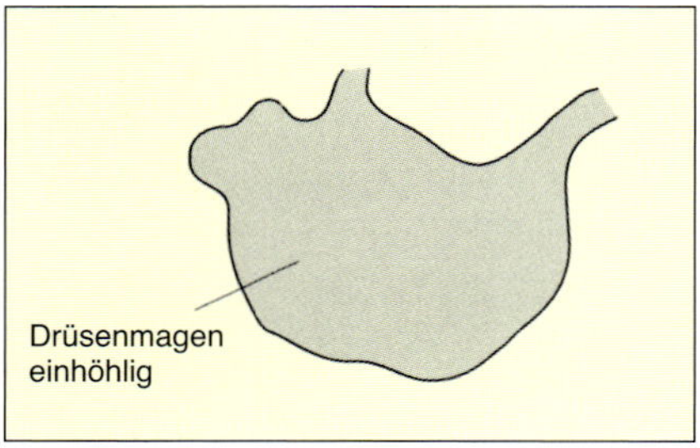

Allesfresser-Magen.

gehören alle heimischen **Schalenwild**arten zu den Wiederkäuern. Die verbleibenden Haarwildarten besitzen wie die Sauen einen einhöhligen Magen (Monogastrier).

Der mehrhöhlige Magen der Wiederkäuer, deren Verdauungssystem unter den Pflanzenfressern als am höchsten entwickelt zu werten ist, besteht aus den drei Vormägen (Pansen, Netzmagen oder Haube und Blättermagen) sowie dem nachgeschalteten eigentlichen Magen, dem Labmagen. Der voluminöse Pansen dient als Speicherorgan. Über seine mit einer Vielzahl unterschiedlich geformter Zotten besetzte Schleimhautinnenauskleidung werden hochkalorige Fettsäuren resorbiert. Die in durch Jahreszeiten sich auszeichnenden Klimazonen lebenden Wildwiederkäuer reduzieren mit Beginn der vegetationsarmen Zeit die resorbierende Oberfläche im Pansen durch eine deutliche Verkleinerung der Größe der Zotten. Die Reduktion der Oberfläche ist als sinnvolle Anpassung an das verringerte Futterangebot des Winters zu erklären, dessen Energiegehalt nur für die Aufrechterhaltung eines stark gedrosselten Stoffwechsels ausreicht. Energie, die darüber hinaus gebraucht wird, wird aus dem im Sommer angelegten Fettdepots (Feistzeit) aktiviert.

Die Haube, deren Schleimhautinnenauskleidung in der Aufsicht netzartiges Aussehen hat, dient der Größenselektion der Futterpartikel. Sind die Futterpartikel zu groß, werden sie zurück in den Pansen und von hier aus durch den Schlund zurück in die Maulhöhle, zum so genannten Wiederkauen, befördert.

Futterpartikel, die vom Netzmagen in der Größe akzeptiert werden, gelangen in den Blättermagen, dessen Lumen durch eine Vielzahl unterschiedlich großer Schleimhautblätter ausgefüllt ist. Zwischen diesen Blättern wird das Futter weiter zerkleinert. Bei diesem Zerreibevorgang wird dem Futter ein Großteil der beinhalteten Flüssigkeiten ausgepresst. Der leicht breiige Futtersaft gelangt aus dem Blättermagen in den Labmagen, in dem die chemische Verdauung vornehmlich durch Salzsäure und Pepsin beginnt. In seiner Aufgabe, der enzymatischen Verdauung, entspricht der Labmagen dem Magen der Nichtwiederkäuer. Die dem Magensystem der Wiederkäuer bzw. dem Magen der Monogastrier folgenden Darmabschnitte sind regelmäßig in Dünndarm und Dickdarm gegliedert. Der **Dünndarm** beginnt mit dem Zwölffingerdarm, setzt sich fort in den Leer- oder Kranzdarm und endet mit dem kurzen Hüftdarm. Im Dünndarm wird die Aufschließung des beinhalteten Nahrungsbreis fortgesetzt und seine Resorption über die Darmschleimhaut mit dem Transfer in das venöse Blutsystem des Darms intensiviert. Wie der Dünndarm ist auch der **Dickdarm** dreigeteilt. Er beginnt mit dem Blinddarm, einer bei Pflanzenfressern voluminösen Gärkammer, bei Fleischfressern dagegen in Länge und Volumen stark reduziert, dem sich der Grimmdarm als längster Dickdarmabschnitt anschließt. Diesem tierartspezifisch konfiguriertem Darm schließt sich der nach hinten verlaufende End- oder Mastdarm an, der als Weiddarm bezeichnet wird. Sein Endstück ist als Anus, Weidloch, zirkulär fixiert. Zwei hier eingebaute Schließmuskeln regeln als Endabschnitte eines komplizierten Systems den Kotabsatz, den Absatz der Losung. Dem Dickdarm kommt vornehmlich in seinen hinteren Abschnitten die wichtige Aufgabe der Wasserrückresorption zu. Je mehr Wasser dem Darminhalt entzogen wird, umso formbarer wird er. Ein spezifisches Schleimhautrelief im Enddarmbereich sowie der Grad des Wasserentzugs führen zu der speziestypischen Ausformung und Konsistenz der Losung.

Für die Aufschließung ihrer Nahrung benötigen Pflanzenfresser entsprechende Darmlängen. So beträgt z.B. bei einem adulten Damhirsch die Gesamtlänge des Darms im Mittel 35 Meter, von denen der für die eigentliche Nahrungsaufnahme sehr wichtige Dünndarm etwa 25 Meter für sich beansprucht.

Dem Darmsystem angefügt sind zwei Darmanhangdrüsen: 1. die **Leber** 2. die **Bauchspeicheldrüse.**

Die unterschiedlich gestaltete braunrote *Leber* liegt rechts vorne in der Bauchhöhle der Zwerchfellinnenseite unmittelbar auf. Ihre wesentliche Aufgabe besteht in der Speicherung der aus der Nahrung über den Darm aufgenommenen Energieträger und deren Abgabe an den Körper zur Aufrechterhaltung des Stoffwechsels. Daneben bildet die Leber kontinuierlich die Gallenflüssigkeit, die – falls vorhanden – in einer Gallenblase bevorratet wird oder direkt in den Zwölffingerdarm abgegeben wird. Die Gallenflüssigkeit emulgiert die Fette im Darm, die so besser verdaut werden können. Die in der Gallenflüssigkeit beinhalteten Farbpigmente sind für die grün-braune Losungsfarbe ursächlich.

Der *Bauchspeicheldrüse* sind zwei Funktionskreise zuzuordnen. Zum einen produziert sie erhebliche Mengen von »Bauchspeichel«, eine wässrige Flüssigkeit, die vornehmlich Amylasen und Lipasen zur Stärke- und Fettverdauung enthält. Dieses Sekret wird ebenfalls in den Zwölffingerdarm abgegeben. Zum anderen bildet die Bauchspeicheldrüse das für die Regulierung des Blutzuckers unabdingbare Insulin.

Kreislaufsystem

Zentrales Organ dieses Systems ist das mehr oder weniger mittig in der Brusthöhle gelegene **Herz**, ein vierfach gekammerter Hohlmuskel, der als Pumpe den Kreislauf aufrecht erhält. Durch eine senkrecht verlaufende Scheidewand ist das Herz in eine rechte venöse und eine linke arterielle Hälfte unterteilt. Jede Herzhälfte wird durch eine horizontal ausgerichtete Scheidewand in eine kleinere Vorkammer und eine größere Hauptkammer gegliedert. Über mit Klappen versehene Öffnungen stehen die Vorkammer und Hauptkammer der jeweiligen Herzhälfte miteinander in Verbindung.

Ebenfalls in der Brusthöhle gelegen finden wir die zweigeteilte **Lunge** als zentrales Organ des Atmungssystems, das funktionell in engstem Zusammenhang mit dem Herz-Kreislaufsystem steht. Die rechte und die linke Lunge, mittig verbunden über die Luftröhrenwurzel, umfasst von oben beidseitig das Herz. Ihr rosa-rotes schwammiges Gewebe ist ohne Muskulatur. Daher sind die Lungenbewegungen, das Aufblähen (= Entfaltung) und das Entblähen (= Zusammensinken) abhängig von der Atmung. Das Einatmen entfaltet und vergrößert die Lungen, das Ausatmen reduziert das Lungenvolumen und verkleinert das Organ. Für diese funktionellen Form- und Volumenänderungen sind das Zwerchfell als wichtigster Atmungsmuskel sowie weitere, am Brustkorb gelegene Atmungsmuskeln verantwortlich. Der aus einer Zweiteilung der Luftröhre für jeden Lungenflügel hervorgehende Hauptbronchus teilt sich sei-

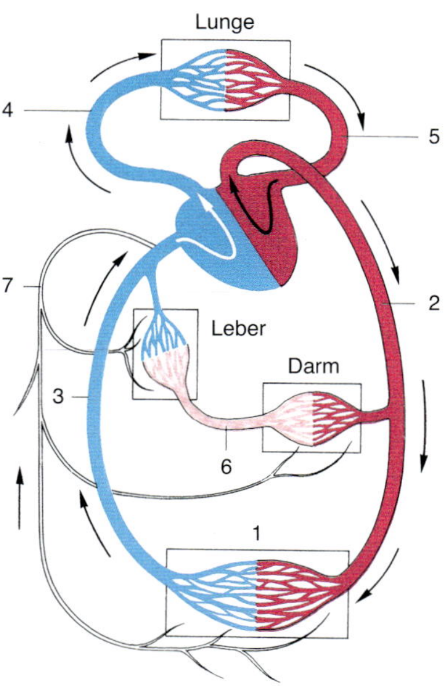

Schema des Blutkreislaufs
1 Organe (z.B. Kopf, Beine, Niere)
2 Körperarterie
3 Körpervene
4 Lungenarterie
5 Lungenvene
6 Gefäß zwischen Darm und Leber (»Pfortader«)
7 Lymphbahnen

Blutgefäßsystem.

nerseits jeweils in einen Bronchialbaum auf, dessen kleinste Endaufteilungen die Lungenbläschen darstellen. In diesen, von einer Vielzahl feinster Gefäße (Kapillaren) umsponnenen Bläschen findet der Gasaustausch statt.

Zum Verständnis dieses so eminent wichtigen physiologischen Vorganges sind *Kenntnisse über den Blutkreislauf* unumgänglich:

Aus dem Körper wird das Blut, dessen rote Blutkörperchen mit CO_2 beladen sind, so genanntes venöses Blut, über zwei große und eine kleinere Sammelvene zur rechten Herzvorkammer transportiert. Von der rechten Vorkammer gelangt dieses venöse Blut nach Klappenöffnung in die rechte Hauptkammer. Aus dieser wird das Blut durch die Kontraktion der Kammermuskulatur in die Lungenarterie gepumpt, die ihrerseits in die rechte und linke Lunge eintritt und sich hier bis in mikroskopische feinste Arterienästchen aufteilt, die die Lungenbläschen wie ein Spinnengewebe überziehen. Die roten Blutkörperchen geben hier das an sie gebundene, aus den Verbrennungsprozessen aller Körperzellen herrührende CO_2 in die Lungenbläschen ab. Aus den Lungenbläschen wird das CO_2 bei der Ausatmung über Bronchialbaum, Luftröhre, Kehlkopf, Nasenhöhle, Nasenlöcher (über den Windfang) an die Außenwelt abgegeben. Die nachfolgende Einatmung führt sauerstoffreiche Luft bis in die Lungenbläschen, aus denen der Sauerstoff (O_2) in die roten Blutkörperchen übertritt. Damit ist der Gasaustausch, nämlich die Abgabe des giftigen CO_2 und die Aufnahme des für die Zellverbrennungsprozesse notwendige O_2, erfolgt. Das jetzt sauerstoffreiche, das arterielle Blut, gelangt über die Lungenvenen zum linken Vorhof des Herzens, aus der Vorkammer dann in die linke Hauptkammer. Durch die Kontraktion der auffallend starken Muskelbewandung der linken Kammer wird das O_2-reiche Blut über die Aorta, der großen Hauptschlagader des Körpers, in den Körperkreislauf gepumpt. Über das arterielle Gefäßbett des Körperkreislaufes werden alle Körperzellen erreicht und mit sauerstoffreichem Blut für ihre Stoffwechselverbrennungsprozesse versorgt. Das in den Zellen vorliegende CO_2 wird nach Abgabe des O_2 an die roten Blutkörperchen gebunden, so dass aus dem an die Zellen herangeführten arteriellen Blut wieder venöses (CO_2-reiches) Blut wird, das dann in Venen wieder zum rechten Vorhof trans-

portiert wird. Somit unterscheiden wir zwei Blutkreisläufe:

1. Lungenkreislauf oder kleiner Kreislauf
2. Körperkreislauf oder großer Kreislauf

mit den jeweiligen Funktionen

1. Lungenkreislauf → CO_2-Abgabe und O_2-Aufnahme
2. Körperkreislauf → Versorgung aller Gewebe mit O_2 sowie anschließendem Abtransport der Verbrennungsgase (CO_2).

Damit das pumpende Herz seine gewaltige Arbeit ungestört erbringen kann, hat es eine »autonome« Nervenversorgung, die nicht dem Willen unterworfen ist.

Dem Kreislaufsystem, bestehend aus den zum Herzen laufenden Venen und den vom Herzen in die Peripherie ziehenden Arterien, ist als weiteres Gefäßsystem das Lymphsystem beigeordnet. Auch dieses Leitungssystem besteht aus mikroskopisch kleinen Anfangsleitungsbahnen, die sich zu zwei großen Sammelgängen im Körper vereinigen. Die in den Lymphgefäßen befindliche Lymphe stellt verstoffwechseltes Zellwasser dar, das bei Säugetieren durch in das Gangsystem eingebaute Filterstationen, die Lymphknoten, filtriert wird. Eventuell in der Lympfflüssigkeit z.B. bei einer Infektion mit fließende Bakterien werden in den Lymphknoten abgefangen und von den hier in Mengen enthaltenen Körperabwehrzellen so weit möglich vernichtet. Die über viele Lymphknoten laufende Lymphe wird als unersätzliche Körperflüssigkeit in die vordere große Körpersammelvene geleitet und so dem Kreislauf wieder zugeführt.

Harn- und Geschlechtsorgane

a) Zu den **Harnorganen** zählen die harnbildenden Nieren, die beiderseits rechts und links hoch am Beginn des hinteren Drittels der Bauchhöhle auf dem Bauchfell gelegen sind. Die Nieren befreien das ihnen zugeführte arterielle Blut von so genannten harnpflichtigen Stoffen, die im wesentlichen giftige Endprodukte des Eiweißstoffwechsels darstellen. Von jeder Niere führt ein Harnleiter zur Harnblase, aus der der Urin bei ausreichender Füllung und dadurch ausgelöstem Dehnungsreiz über eine Harnröhre ausgeschieden wird. Beim weiblichen Tier mündet die Harnröhre an der vorderen Grenze des Scheidenvorhofs, so dass der Harn über die Scham abgesetzt wird. Beim männlichen Tier lagert sich die Harnröhre dem Begattungsorgan Penis, der Brunftrute, an dessen Unterseite an und endet mit der Brunftrute an ihrer Spitze.

b) Geschlechtsapparat

Der *weibliche Geschlechtsapparat* setzt sich aus den keimbereitenden, den keimleitenden und den keimbewahrenden Organen sowie aus dem Begattungsorgan zusammen, das gleichzeitig auch den Geburtsweg repräsentiert.

Die keimbereitenden rechts und links in der Bauchhöhle auffindbaren Eierstöcke dienen der zyklischen Heranbildung befruchtungsreifer Eizellen. In der Brunft (Rausche, Ranz etc.) fließen die Eizellen

Darstellung der männlichen Geschlechtsteile (Beispiel Rind, Schema).

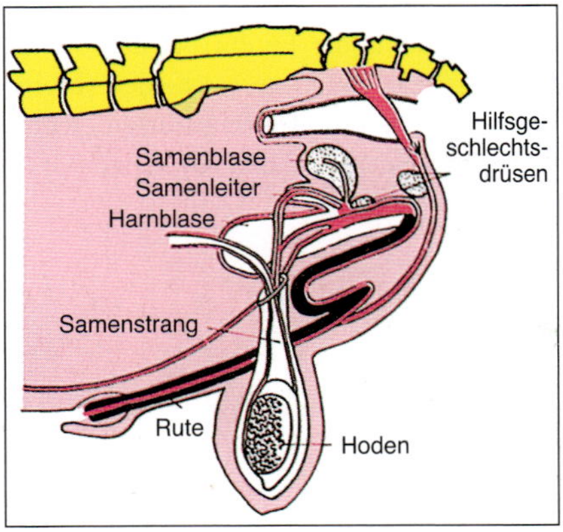

aus einem flüssigkeitsgefüllten Bläschen aus (Ovulation) und werden vom Eileiter, dem keimleitenden Organ aufgefangen. Im Eileiter findet nach der Begattung die Befruchtung der Eizelle durch das Spermium statt. Im Eileiter beginnt sofort nach der Befruchtung die Embryonalentwicklung. Nach 7 bis 11 Tagen verlässt der Embryo den Eileiter und tritt in die Gebärmutter, die Tracht, über. Hier erfolgt die Einnistung des Eis unter Ausbildung des Mutterkuchens, der Plazenta. Einige Tierarten (Reh, Musteliden) zeigen eine Keimruhe, früher nicht korrekt als Eiruhe bezeichnet. Die befruchtete Eizelle, der Keimling, entwickelt sich extrem langsam. Hieraus resultiert eine verlängerte Tragzeit, die zu einem Geburts-(Setz-)termin in klimatisch günstiger Zeit für die Jungen führt. Die keimbewahrende Gebärmutter besteht bei allen dem Haarwild zugeordneten Säugetieren aus zwei Gebärmutterhörnern, die in ihrem Verlauf nach hinten zu einem Gebärmutterkörper zusammenfließen. Der Gebärmutterkörper seinerseits geht in den die Tracht nach hinten abschließenden Gebärmutterhals über. Der Gebärmutterhals mündet mit dem äußeren Muttermund in die Scheide. Scheide, Scheidenvorhof und Scham (Feuchtblatt, Schürze, Schnalle) stellen das weibliche Begattungsorgan dar und sind gleichzeitig die Austreibungsbahn für die Frucht bei der Geburt (Geburtsweg). Wir unterscheiden Mehrlingsgeburten und Einzelgeburten, wobei nur bei großen Huftieren die Einzelgeburt die Regel ist.

Auch der **männliche Genitaltrakt** ist in keimbildende, keimbewahrende und keimleitende Organe sowie in das Begattungsorgan zu untergliedern. Die Spermien werden in den im Hodensack gelegenen Hoden (zusammen: Kurzwildbret) produziert. Diese werden im Gangsystem des jeweiligen Nebenhodens gelagert (keimbewahrendes Organ). Bei der Ejakulation gelangen die Spermien durch rhytmische Kontraktion der Gangmuskulatur in den jeweiligen Samenleiter, die in das Beckenstück der Harnröhre einmünden, die so zur Harn-Samenröhre wird. Bei der Ejakulation werden dem Samen die Sekrete der akzessorischen Geschlechtsdrüsen zugegeben, die sich in unterschiedlicher Zahl und Ausformung dem Beckenstück der Harn-Samenröhre auflagern. (Zigarrenähnlich geformt und auffallend groß ist die Harnröhrenzwiebeldrüse beim geschlechtsreifen Keiler). Die Mischung aus Spermien und den Sekreten der akzessorischen Geschlechtsdrüsen wird als Ejakulat bezeichnet. Der Penis, die Brunftrute, trägt in einer Rinne an seiner Unterseite die Harn-Samenröhre. Die Brunftruten unseres Schalenwildes beinhalten ganz überwiegend straffes Bindegewebe, das ihnen ohne nennenswerten Einstrom von arteriellem Blut eine ausreichende Eigensteifigkeit verleiht, die die Penetration des weiblichen Genitales zum Beschlag ermöglicht. Marder- und hundeartige Spezies tragen im Penis einen Penisknochen, der der Versteifung der Brunftrute zum selben Zweck dient.

Schalenwild

Als Schalenwild fassen wir die dem Jagdrecht unterliegenden Paarhufer zusammen. (Huftiere mit gespaltenen Klauen, d.h. zwei Zehen, im Unterschied zu den Einhufern.) Die Hufe (Klauen) heißen in der Jägersprache Schalen.

Die zoologische Ordnung der Paarhufer (Artiodactyla) umfasst die primitiveren Nichtwiederkäuer *(Nonruminantia)*, bei uns einzig durch das Schwarzwild vertreten (Familie der Schweine, Suidae) und die hoch entwickelten Wiederkäuer *(Ruminantia)*.

Zum wiederkäuenden Schalenwild gehören die Familien der Hirschartigen (Geweihträger, *Cerviden)*, nämlich Rotwild, Damwild, Sikawild, Rehwild und Elch, und die der Rinderartigen *(Boviden)*, bei uns vertreten durch das Gamswild, Stein- oder Fahlwild, Muffelwild und den Wisent.

Hauptunterscheidungsmerkmal sind die Stirnwaffen, die auch als Jagdtrophäen von Bedeutung sind. Bei den Hirschartigen *(Cerviden)* tragen ausschließlich die männlichen Tiere ein Geweih (einzige Ausnahme das Ren, das bei uns nicht vorkommt). Geweihe bestehen aus Knochensubstanz, sie werden jährlich unter hormoneller Steuerung abgeworfen und neu gebildet. Sie sind in der Regel in mehrere Enden verzweigt (vereckt).

Die Rinderartigen tragen Hörner, die aus hohlen Hornschläuchen bestehen, die als Überzug über langen knöchernen Stirnzapfen sitzen, zeitlebens weiterwachsen (am stärksten bis zur Geschlechtsreife, je nach Art und Lebensbedingungen in den ersten 4 bis 5 Jahren) und nicht abgeworfen werden (einzige Ausnahme: Pronghornantilope).

Hornsubstanz ist modifizierte äußere Haut und wird von Hautzellen gebildet. Hörner sind verschiedenartig gebogen oder gewunden, aber nicht verzweigt. Bei den jagdbaren Arten tragen beide Geschlechter Hörner. Die Hörner der Weibchen sind in der Regel geringer, beim weiblichen Muffelwild fehlen sie häufig.

Damwild ist bei uns im eigentlichen Sinne nicht autochthon, lebt aber schon lange hier.

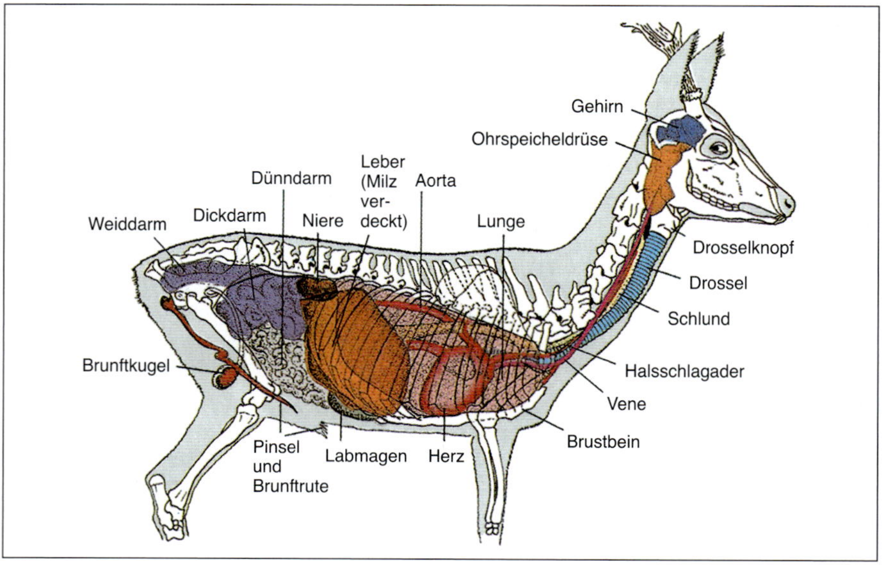

Die inneren Organe des wiederkäuenden Schalenwildes (Rehbock rechtsseitig).

Weitere zoologische Unterteilungen:
Bei den Hirschartigen unterscheiden wir die so genannten »Echten Hirsche« gegenüber den »Trughirschen«. Zu den Echten Hirschen mit Hauptverbreitung in Europa und Asien gehören bei uns Rotwild, Damwild, Sikawild. Zu den Trughirschen zählen das Rehwild und die Elche mit dem Elch als einziger Art dieser Unterfamilie (s. Skelettsystem).

Allen Wiederkäuern gemeinsam ist der hoch entwickelte Verdauungsapparat (s. Verdauungssystem). Eng mit der Ernährungsweise verbunden ist das typische Wiederkäuergebiss: Die Schneidezähne fehlen im Oberkiefer völlig; im Unterkiefer

Übersicht unserer 10 Schalenwildarten

Ordnung: **Schalenwild**
- Wiederkäuer
  - **Familien**: Cerviden – Hirsche
    - Echthirsche — **Arten**: Rotwild, Damwild, Sikawild
    - Trughirsche — **Arten**: Rehwild, Elchwild
  - **Familien**: Boviden – Hornträger
    - **Arten**: Gamswild, Muffelwild, Steinwild, Wisent
- Allesfresser
  - **Arten**: Schwarzwild

bilden sie eine breite, abgeflachte Reihe, an die sich beiderseits der umgebildete Eckzahn als kleiner 4. Schneidezahn anschließt. Im Oberkiefer fehlt der Eckzahn ganz oder ist wie beim Rotwild, Sikawild und selten auch beim Rehwild zur Grandel verkümmert. Den Grandeln fehlt regelmäßig der Schmelzüberzug. Daher können Pflanzensäfte in das Zahnbein (Dentin) eindringen, wodurch die unterschiedlich braunen Färbungen dieser Zähne bedingt sind. Die Backenzähne (je 3 Prämolaren und Molaren in jeder Kieferhälfte oben und unten) bilden eine geschlossene, massive Reihe von Mahlzähnen mit Längsfalten zum Zerreiben der Nahrung beim Wiederkauen. Das Wildschwein besitzt als einziges Schalenwild einen einhöhligen Magen. Sein vollständiges, urtümliches Gebiss weist diese Wildart als omnivor aus (Schwarzwild siehe S. 128).

?

1 | Aus welchen Grundbausteinen besteht der Tierkörper?
Aus Zellen, jeweils spezifisch gleiche Zellen formen die unterschiedlichen Strukturen und Organe des Körpers.

2 | Was versteht man unter Stoffwechsel?
Eigenschaft eines Organismus (z.B. eines Tieres) aus seiner Umgebung Materie (= Nahrung) aufzunehmen, diese im Körper zu verteilen und einzubauen sowie Abbauprodukte der Verarbeitungsprozesse wieder in die Umwelt abzugeben.

3 | Was versteht man unter Evolution?
Den Verlauf der Stammesgeschichte von den niedrigsten Organisationsstufen des Lebendigen bis zu den heutigen hochorganisierten Formen. Inhaltliche Aussage: die in einem gegebenen Zeitquerschnitt lebenden Arten stammen von Arten früherer Epochen ab. → Höherentwicklung und Spezialisierung.

4 | Welchen Einfluss hat die Umwelt auf die Arten
Arten passen sich den Umweltverhältnissen an. Sind sie dazu nicht fähig, schwinden sie (ökologische Potenz eines Tieres).

5 | Was sind ökologische Nischen?
Rolle oder Stellung (= Beruf) die eine Spezies im Ökosystem spielt.

6 | Was besagt die Bergmannsche Regel?
Innerhalb einer Art sind die Tiere kälterer Klimazonen durchschnittlich größer als Individuen von Populationen wärmerer Bereiche → Klimaregel = bei geometrisch ähnlichen Körpern besitzen solche mit größerem Volumen die relativ kleinere Oberfläche → geringere Wärmeabstrahlung (z.B. europäischer Bär → Kamtschatka-Bär, europäischer Elch → Alaska Elch).

7 | Was versteht man unter Habitat?
Lebensraum einer Art

8 | Was versteht man unter Biotop?
Lebensraum einer Lebensgemeinschaft (= Biozönose)

9 | Was sind Produzenten?
Grünpflanzen, die aus anorganischer Substanz organische produzieren,

10 | Was sind Konsumenten?
Pflanzenfresser, die sich im Wesentlichen von grünen Pflanzen ernähren (z.B. wiederkäuendes Schalenwild).

11 | Was sind Reduzenten?
Organismen (Bakterien, Pilze, Würmer, Assel etc.) die pflanzliche oder tierische

Überreste zu einfachen chemischen Verbindungen abbauen, die dann ihrerseits z.B. Pflanzen wieder als Nährstoff dienen (Nahrungskreislauf).

12 | Welche Unterschiede bestehen im Knochenbau zwischen Säugern und Vögeln?

Vogelknochen sind höher mineralisiert und in Teilen pneumatisiert (Knochen beinhalten Luftsackeinstülpen → Gewichtersparnis → Fliegen).

13 | Welche Leitungssysteme befinden sich im Wildkörper?

a) Gefäßsystem, bestehend aus dem Herz als zentralem Pumporgan sowie Arterien und Venen als Leitungsbahnen.
b) Lymphsystem, leitet verstoffwechselte Zellflüssigkeit unter Einschaltung von Lymphknoten als Filterstationen dem Kreislauf wieder zu.
c) Nervensystem, hier unterscheiden wir ein vom Willen gesteuertes = willkürliches Nervensystem (z.B. in Skelettmuskulatur) vom nicht dem Willen unterworfenem Nervensystem, dem unwillkürlichen oder autonomen System, das z.B. die Eingeweide versorgt. Es wird auch als vegetatives Nervensystem bezeichnet.

14 | Wie funktioniert der Kreislauf?

Herz fungiert als zentrale Druck-Saugpumpe. Sauerstoffreiches Blut wird aus der linken Hauptkammer über Arterien in den gesamten Körper gepumpt → Abgabe O_2 an Zellen.
Bei diesem Vorgang nehmen die jetzt O_2 freien roten Blutkörperchen CO_2 von der Zelle ab; aus dem arteriellen Blut wird so venöses Blut, das zum rechten Herzvorhof über Venen zurückfließt → dieser Vorgang gesamthaft = großer Kreislauf.
Von der rechten Hauptkammer wird das venöse Blut über eine Lungenarterie in die Lunge gepumpt. In der Lunge findet der Gasaustausch statt = Abgabe von CO_2 bei der Ausatmung, Aufnahme von O_2 bei Einatmung. Rückfluss des aufarterialisierten Blutes zur linken Herzvorkammer = kleiner oder Lungenkreislauf.
Merke: alle vom Herzen weglaufenden Gefäße heißen Arterien, alle die zu ihm hinlaufenden Venen.

15 | Aus was besteht Blut?

Blut besteht aus Blutwasser (Serum) und im Serum schwimmenden mikroskopisch kleinen Körperchen, nämlich **rote** und **weiße** Blutkörperchen sowie **Blutplättchen.** Die roten Blutkörperchen bewerkstelligen den Gastransport ($O_2 + CO_2$), die weißen Blutkörperchen stellen in ihrer Gesamtheit ein Abwehrsystem des Körpers dar, die Blutplättchen dienen bei Verletzungen der lebensrettenden Blutgerinnung.

16 | Welche Organe sind im Schädel platziert?

Im **Angesichts**schädel befinden sich die Nasenhöhlen und die Mundhöhle, im **Hirn**schädel finden wir das Groß- und Kleinhirn sowie das verlängerte Rückenmark, das als Hals-Wirbelmark im Wirbelkanal fortgesetzt wird. Letzteres bildet in seiner sich fortsetzenden Gesamtheit das Rückenmark. Bei seitlicher Anordnung liegen die Augen auf der Grenze zwischen Hirn- und Angesichtsschädel.

17 | Was verrät uns die Form des Gesichtsschädels?

Ob es sich um ein Fluchttier oder einen Beutegreifer handelt.

18 | Tiere mit welchem Gesichtsschädel haben einen besonders guten Geruchssinn?

Tiere mit langem Gesichtsschädel, da die Riechschleimhaut in den Nasenhöhlen

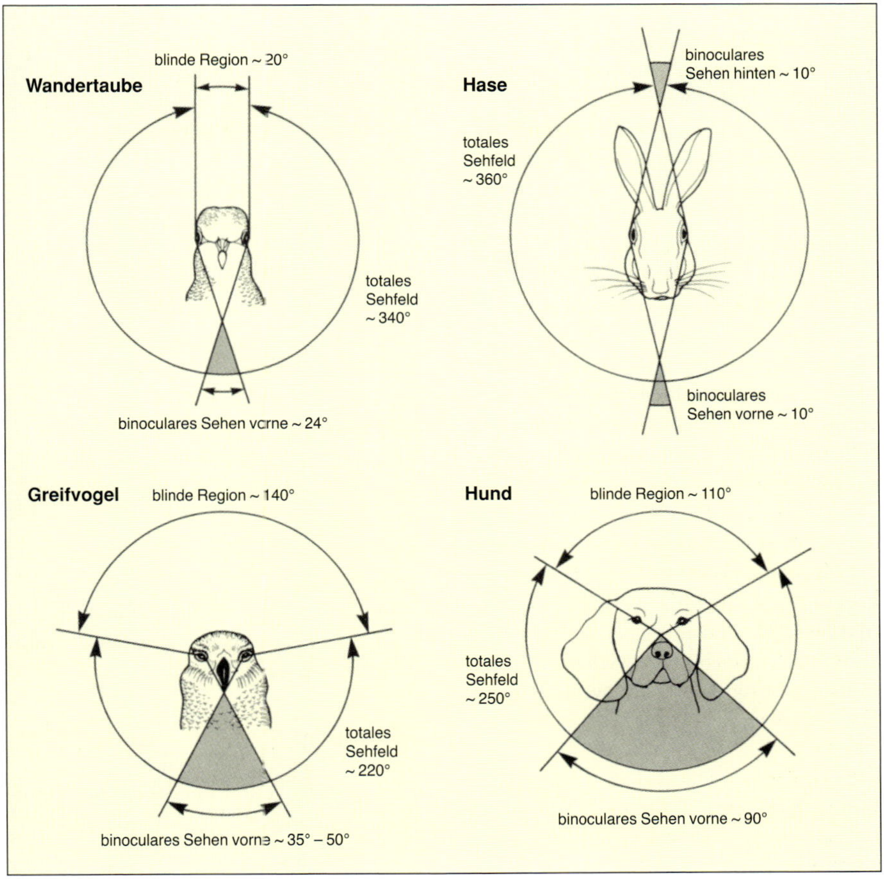

Bei Fluchttieren sind die Augen seitlich am Kopf angeordnet. Sie haben daher ein sehr großes Sehfeld. So können beispielsweise Hasen ohne Kopfbewegung 360° einsehen. Bei Beutegreifern sind die Augen hingegen vorne im Gesicht angeordnet. Daher ist ihr Sehfeld wesentlich kleiner. Entsprechend groß ist hingegen ihr binokulares Sehen, das beim Hund rund 90° beträgt. Der binokulare Sehbereich der Fluchttiere ist minimal.

flächenmäßig größer ist als bei kurzschädligen Tieren.

19 | Wie sind die Augen beim Friedwild angeordnet?

In seitlich am Kopf gelegenen Augenhöhlen.

20 | Wie sind die Augen der Beutegreifer angeordnet?

Ihre Augen sind weiter nach innen, zur Mittelinie des Schädels angeordnet und erreichen z.B. beim Seehund eine Frontstellung.

21 | Wie sind Brust- und Bauchhöhle getrennt?

Durch das Zwerchfell, das gleichzeitig wichtigster Atmungsmuskel ist.

22 | Was unterscheidet Säuger und Vögel beim Verdauungssystem?
Vögel besitzen in der Regel einen Kropf (temporärer Nahrungsspeicher) sowie einen Drüsen- und Muskelmagen. Besondere Magenausbildungen bei fischfressenden Vögeln (so genannter Grätenmagen) und Greifvögeln. Das Darmsystem der Vögel endet in einer Kloake.

23 | Welche Aufgaben hat die Haut?
Sie umhüllt als schützendes Organ den Gesamtkörper, dient mit der Aufrechterhaltung einer gleich bleibenden Körpertemperatur und durch die Sekrete ihrer Drüsen der inner- und interartlichen Kommunikation (siehe Geruchssinn).

24 | Welche Aufgaben hat das Skelett?
Das Skelett hat stützende Funktion, formt knöcherne Körperhöhlen (Brust-, Bauch- und Beckenhöhle) vor. Über zwischen Einzelknochen ausgebildeten Gelenken ist mit Hilfe der Muskulatur die Bewegung möglich.

25 | Aus welchen Teilen besteht das Säugerskelett?
Skelett des Schädels, des Stammes und der Gliedmaßen.

26 | Welche Wirbel unterscheiden wir?
Hals-, Brust-, Lenden-, Kreuz- und Schwanzwirbel. Es sind konstant 7 Halswirbel ausgebildet, alle anderen Wirbel variieren tierartspezifisch in der Zahl.

27 | Aus was besteht ein Zahn?
Schmelz, Zahnbein (Dentin), Zement.

28 | Welche Zahnarten gibt es?
Schneidezähne, Eckzähne, vordere und hintere Mahlzähne (Prämolaren und Molaren).

29 | Erscheinen alle Zähne als Milchzähne?
Nein, die Molaren nicht

30 | Welche Zähne wachsen lebenslänglich nach?
Wurzellose Zähne wie Eckzähne der Sauen, Schneidezähne der Hasen

31 | Was sind Kunden?
Von Schmelz ausgebildete Taschen in den Kauflächen der Backenzähne bei Nagern und Wiederkäuern.

32 | Was sind Grandeln?
Eckzähne im Oberkiefer; vornehmlich beim Rotwild, Sikawild, selten Rehwild.

33 | Was kennzeichnet ein Wiederkäuergebiss?
Fehlende Schneidezähne im Oberkiefer. Umstellung und Umordnung des C zum 4. Schneidezahn.

34 | Was kennzeichnet ein Allesfressergebiss?
Zahlenmäßig vollständiges Gebiss, Prämolaren mehr oder weniger scharfkantig, Molaren dagegen stumpfhöckrig (siehe Schwarzwild)

35 | Was kennzeichnet ein Raubtiergebiss?
Dolchartige Eckzähne (= Fangzähne), Brechscherengebiss im Backenzahnbereich durch die Reißzähne = P4 oben und M1 unten.

36 | Was kennzeichnet ein Nagergebiss?
Insgesamt 22 Zähne, je 1 Schneidezahn oben und unten, fehlende Eckzähne, 4 Backenzähne oben und 5 Backenzähne unten, jeweils beidseitig.

37 | Was kennzeichnet das Gebiss der Hasenartigen?
Insgesamt 28 Zähne, im Oberkiefer hinter (zungenseitig) dem rechten und linken Schneidezahn jeweils ein Stiftzahn.

38 | Welche Besonderheit hat das Gebiss des Schwarzwildes?
Die Eckzähne (oben Haderer, unten Gewehre oder Hauer) wachsen lebenslänglich nach.

39 | Was sind Prämolaren, was sind Molaren?
Prämolaren, im vollständigen Gebiss 4, sind die vorderen Backen- oder Mahlzähne, sie haben Milchzahnvorläufer. Molaren, im vollständigen Gebiss 3, sind die hinteren Mahlzähne, keine Milchzahnvorgänger.

40 | Was unterscheidet Geweihe von Hörnern?
Geweih ist stets Knochenmaterial; es wird unter hormoneller Steuerung jährlich neu gebildet und abgeworfen (Cerviden). Hörner bestehen aus von speziellen Regionen der Haut gebildetem Horn, das als Hornschlauch oder -scheide immer einem Knochenzapfen aufsitzt. Horn wird zeitlebens gebildet und wird nicht abgeworfen (Ausnahme: Pronghornantilope). Hornbasisumfang und Hornlänge sind daher gute Altersansprechhilfen (Boviden).

41 | Wie wird das Geweih aufgebaut?
Das Geweih besteht aus einer rechten und linken Stange, die Sprossen oder Enden tragen → das Geweih ist vereckt. Stangen können schaufelartig verbreitert sein (Damwild, Elch).

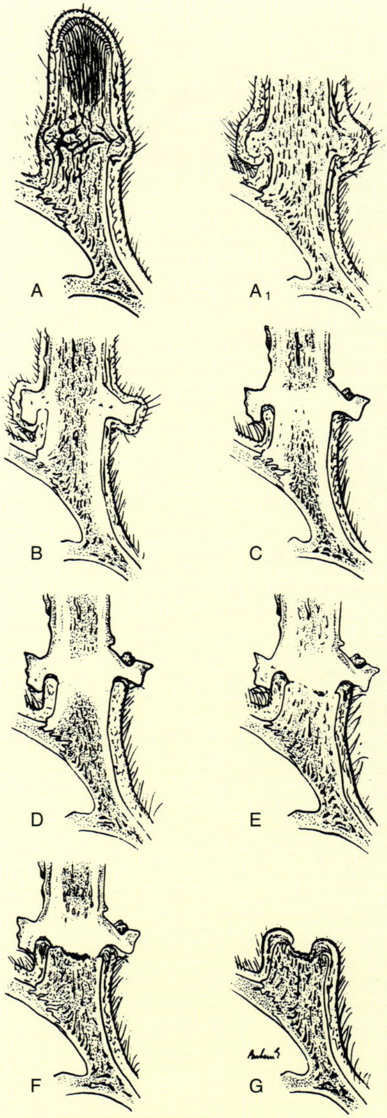

A Anfang des Wachstumsstadiums.
B Rosenstockscheitel und Kolbenbasis beginnen zu verkalken.
C Ende der Kolbenphase.
D bis F Im Rosenstock beginnt ein neuer Regenerationsvorgang.
F Knapp vor Geweihabwurf.
G Bruchfläche beginnt zu vernarben.

Schema des Geweihzyklus im Längsschnitt von Rosenstock, Kolben und Geweih. (Aus: Bubenik: Ernährung, Verhalten und Umwelt des Schalenwildes)

42 | Wo vollzieht sich das Geweihwachstum?
Unmittelbar nach dem Abwurf bilden Knochenzellen das neue Geweih, das sich zunächst als Stümpfe, dann mit kolbigen Auftreibungen und später als fertiges Bastgeweih darstellt. Bei älteren Rothirschen wird das innerhalb von ca. 4 $^1/_2$ Monaten neu gebildete Geweih Ende Juli gefegt. Erst Tage nach dem Fegen ist das fertige Geweih ein toter Knochen. Geweihe wachsen immer an der Spitze, nie an der Basis.

43 | Wie wird der Aufbau und Abwurf von Geweihen gesteuert?
Durch Sexualhormone, die einen jahreszeitlichen Zyklus durchlaufen. Beim niedrigsten Testosterongehalt erfolgt der Stangenabwurf. Zum Zeitpunkt des fertig geschobenen Geweihs (kurz vor der Brunft) erreicht das Testosteron seinen höchsten Level.

44 | Was sind Rosenstöcke?
Knochenauswüchse (Exostosen) des jeweiligen Stirnbeines.

45 | Welche Geweihe werden nicht mehr abgeworfen?
Perückengeweihe.

46 | Tragen beide Geschlechter Geweihe?
Nein, Ausnahme weibliches Rentier.

47 | Wo vollzieht sich das Wachstum der Hörner?
Im Hautsaum unmittelbar an der Hornbasis. Von der Basis wird das Horn tütenartig zur Spitze geschoben.

48 | Können Hörner abgeworfen werden?
Nein, Ausnahme Pronghornantilope.

49 | Tragen beide Geschlechter Hörner?
Ja, die Hörner der weiblichen Tiere sind jedoch schwächer, sie fehlen bei Muffelschafen häufig.

50 | Welche wesentlichen Organe befinden sich in der Brusthöhle?
Die wesentlichen Organe in der Brusthöhle sind das Herz und die Lunge.

51 | Wie funktioniert die Lunge?
Bei der Ausatmung, die durch eine Kompression der Lunge durch Atmungsmuskel herbeigeführt wird, wird CO_2-haltige Luft ausgeatmet, bei der Einatmung, die durch Weitung des Brustkorbes und Rückverlagerung des Zwerchfells erreicht wird, wird O_2-haltige Luft eingeatmet. Somit dient die Lunge dem Gasaustausch.

52 | Wie ist das Herz aufgebaut?
Das Herz ist in eine arterielle linke und eine venöse rechte Hälfte durch ein Längsseptum geteilt. Jede Herzhälfte ist in eine Vor- und Hauptkammer untergliedert, die jeweils über ein Klappensystem untereinander in Verbindung stehen.

53 | Welche Funktion hat das Zwerchfell?
Das Zwerchfell trennt die Brusthöhle von der Bauchhöhle und stellt gleichzeitig den wichtigsten Atmungsmuskel dar.

54 | Welche wesentlichen Organe befinden sich in der Bauchhöhle?
In der Bauchhöhle befinden sich der Magen- und der Darmtrakt, die Darmanhangdrüsen Leber und Bauchspeicheldrüse sowie die Milz. Vom Harn- und Geschlechtsapparat finden wir in der Bauchhöhle die Nieren. Bei starker Füllung fällt die Harnblase aus der Beckenhöhle in die Bauchhöhle vor genauso wie

die Gebärmutter, Tracht, in fortgeschrittener Trächtigkeit.

55 | Wie unterscheiden sich Wiederkäuer- von Allesfressermägen?

Die Wiederkäuer besitzen ein **Magensystem**, bestehend aus drei Vormägen und einem Haupt- oder Drüsenmagen (= Labmagen). Letzterer entspricht in Aufgabe und Funktion dem nur in Einzahl vorkommenden Magen der Allesfresser, der Raub- und Nagetiere sowie der Hasenartigen.

56 | Welche Aufgaben hat die Leber?

Die Leber ist das zentrale Chemielabor des Körpers, sie dient unter anderem als Energiespeicher (Glykogen).

57 | Welche wichtige Wildarten haben eine Gallenblase?

Alle Boviden, die Hasenartigen, das Schwarzwild, die Hühner- und die Entenvögel.

58 | Welche Aufgabe hat die Milz?

Die Milz produziert körpereigene Abwehrzellen. In ihr werden auch gealterte (verbrauchte) rote Blutkörperchen abgebaut.

59 | Welche Aufgaben haben die Nieren?

Die Nieren sind Ausscheidungsorgane. Mit dem von ihnen gebildeten Harn werden giftige Stoffwechselprodukte ausgeschieden. Die Nieren haben daneben eine wichtige Aufgabe bei der Blutdruckregulation.

60 | Welche Aufgaben hat der Dünndarm?

Resorption der im Darm aufgeschlossenen Nährstoffe aus der Äsung.

61 | Welche Aufgaben hat der Dickdarm?

Der Dickdarm dient vornehmlich der Wasserrückresorption → Eindickung des Darminhaltes, im Endabschnitt Formung des Kotes (Losungsperlen etc.)

62 | Welche Aufgaben hat der Blinddarm?

Der Blinddarm dient als Gärkammer, in dem bei den nicht wiederkäuenden Pflanzenfressern durch Bakterien die Zellulose aufgespalten wird.

63 | Welche Wildarten nehmen ihre Nahrung in zwei getrennten Vorgängen auf?

Wiederkäuer, 1. Füllung des Pansen mit grob vorgekauter Äsung, 2. Wiederkauen zur Feinzerkauung in Ruhephase.

64 | Wo findet die Celluloseverdauung beim Hasen statt?

Im Blinddarm.

Übersicht Äsungstypen

Selektierer		Intermediär-Typ		Graser
Rehwild		Gamswild	Muffelwild	Pferd
	Elchwild	Steinwild		Hausrind
		Rotwild		
		Damwild		
		Wisent		

65 | Haben alle Säuger Drüsen?
Ja, Hautdrüsen und im Körper gelegene Drüsen (z.B. Speicheldrüsen, Schilddrüse, Nebennieren etc.).

66 | Welche Funktion haben Duftdrüsen?
Sie sind Hautdrüsen und dienen der innerartlichen und zwischenartlichen Kommunikation (Arterkennung, Feindvermeidung).

67 | Sind Duftdrüsen geschlechtsspezifisch?
Grundsätzlich nein, es gibt jedoch einige geschlechtsspezifische Drüsen, z.B. Vorhautdrüsen bei männlichen Tieren, Brunftfeigen beim Gamsbock.

68 | Aus was bestehen Haare?
Haare bestehen aus Keratin, totem Horn.

69 | Welche Haare unterschieden wir in Balg / Decke / Schwarte?
Deckhaare und Wollhaare; Grannenhaare sind besonders lange Deckhaare, Borsten sind auffallend starke und harte Deckhaare der Sauen.

70 | Was sind Vibrissen?
Tasthaare, vornehmlich im Gesichtsbereich (Maulspalte). Stark ausgebildet bei Feliden und Caniden. Diese Tasthaare dienen vor allem zur Orientierung in der Dunkelheit.

71 | Wie wird der Haarwechsel gesteuert?
Der Haarwechsel wird unter Beteiligung des Sexualzyklus und Aktivitätsschüben von Schilddrüsen- und Nebennierenhormonen photoperiodisch (Tageslänge) gesteuert.

Rehe verlieren im Frühjahr ihr stumpf gewordenes Winterhaar.

72 | Wie oft wechseln die Haarwildarten ihr Haar?
Einmal, im Frühjahr.

73 | Welche Haarwildarten tragen weißes Winterfell?
Schneehase und großes Wiesel (Hermelin)

74 | Wie erfolgt die Fortpflanzung beim Haarwild?
Durch Begattung mit einhergehender Befruchtung der Eizelle(n) im Eileiter des weiblichen Tieres.

75 | Wer steuert die Paarungsbereitschaft der Säuger?
Vorwiegend das Östrogen bei den weiblichen und das Testosteron bei den männlichen Tieren (so genannte Geschlechtshormone).

76 | Wie funktioniert die Eiruhe?
Nach erfolgreicher Befruchtung entwickelt sich die Zygote (befruchtete Eizelle) extrem langsam, ihre Zellteilungsvorgänge ruhen mehr oder weniger. Erst mit fortgeschrittener Jahreszeit kommt es zu einer, dann stürmisch ablaufenden Entwicklung des Keimlings → Grund: Geburt soll in eine für das Junge klimatisch günstigen Zeit erfolgen, während die kräftezehrende Brunft in einer für die Elterntiere günstige Zeit vorverlegt ist.

77 | Bei welchem Haarwild gibt es Eiruhe?
Reh, Dachs, Stein- und Baummarder, bedingt Großes Wiesel, Bär, Europäischer Fischotter.

78 | Welchen Sinn macht »Überproduktion« mancher Arten?
Nur so ist die Art erhaltbar, da eine große Anzahl der Jungtiere vor Erreichen der Geschlechtsreife Fressfeinden, Krankheiten etc. zum Opfer fallen → hohe Jungtiersterblichkeit.

Eine Eiruhe kennen wir auch beim Bär.

79 | In welcher Reihenfolge paaren sich die heimischen Schalenwildarten?
Rehwild (Mitte Juli–Anfang August), Wisent (August–September), Rotwild (September-Anfang Oktober), Damwild (Mitte Oktober–Anfang November), Sikawild (Oktober und November), Muffelwild (November), Gamswild (Mitte November bis Mitte Dezember), Schwarzwild (November und Dezember), Steinwild (Dezember bis Anfang Januar).

Wie verhalten sich Jungtiere?
Den Müttern folgen: Muffellämmer, Gams- und Steinwildkitze.

Es liegen alleine ab: Rehkitze, Rot-, Dam- und Sikawild sowie Junghasen.

Im Nest hocken: Frischlinge, Kaninchen, die Jungen aller Haarraubwildarten und Nager.

80 | In welcher Reihenfolge setzt/ frischt das Schalenwild (Kernzeiten)?
Schwarzwild (März), Muffelwild (Ende April), Rehwild (Mai), Wisent (Mai), Rotwild (Mitte Mai bis Mitte Juni), Damwild, Gamswild und Steinwild (Juni).

81 | Welche Haarwildarten werden blind geboren?
Kaninchen, Murmeltier, Wolf, Fuchs, Marderhund, Stein- und Baummarder, Iltis, Großes Wiesel, Mauswiesel, Dachs, Fischotter, Wildkatze, Luchs, Waschbär, Braunbär (grundsätzlich nur Nesthocker, die in dunklen Verstecken geboren werden).

82 | Welche Strategien verfolgen Muttertiere bei ihrer Jungenaufzucht?
Jungtiere werden bei allen Nesthockern versteckt (Erdbauten, natürliche Höhlen etc.), bei Nestflüchtern häufig entfernt vom Muttertier (in Rufweite) abgelegt, bis sie dem Muttertier wirklich folgen können.

83 | Welche Haarwildarten führen ihre Jungtiere überhaupt nicht?
Feldhase und Schneehase. Die Jungen legen sich selbst ab.

Sommerwohnraum und Winterwohnraum ergeben zusammen das Jahresstreifgebiet (Homerange).

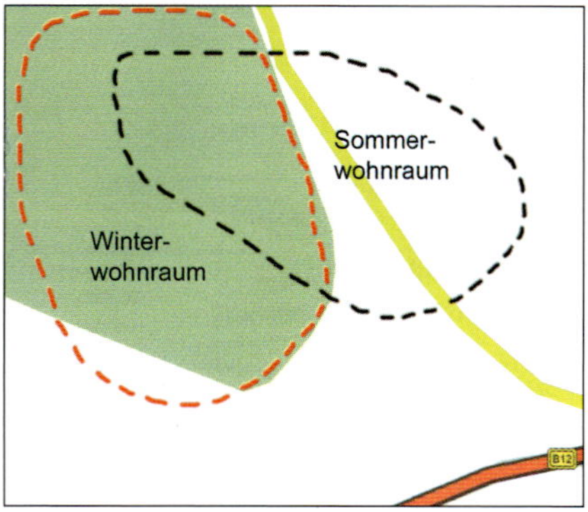

84 | Welche sozialen Strategien unterscheiden wir beim Haarwild?
Singuläre Lebensweise gegenüber der Rudel- oder Rottenbildung.

85 | Welche Haarwildarten sind Rudeltiere?
Rotwild, Damwild, Sikawild, Muffelwild, Gamswild, Steinwild, Wisent, Schwarzwild, temporär Rehwild im Winter als Notgemeinschaft.

86 | Was versteht man unter offenen Gesellschaften?
Rudelverbände mit wechselnden Individuen in der Zusammensetzung.

87 | Was ist ein Streifgebiet?
Der von der jeweiligen Wildart genutzte Lebensraum, der z. B. nach Jahreszeit und Äsungsangebot, aufgrund menschlicher Aktivität etc. wechseln kann.

88 | Welche Haarwildarten leben in Kolonien?
Kaninchen, Murmeltiere

89 | Welche Schalenwildarten leben territorial?
Rehwild, vom Schwarzwild adulte (erwachsene) Keiler und Großrotten (Sippenverband).

90 | Welche Haarwildarten bringen ihre Jungen in einem Bau zu Welt?
Kaninchen, Fuchs, Dachs, Hermelin, Mauswiesel, Marderhund, Waschbär, Murmeltier, Biber, Nutria, Bisam

91 | Wie reguliert sich Harrwild ohne Eingriffe des Jägers?
Durch innerartlich Selbstregulation bei Lebensraumerschöpfung: reduzierte Reproduktion, erhöhte natürliche Sterblichkeit.

Jungkaninchen liegen zunächst in einer Satzröhre und werden von der Mutter betreut.

92 | In welchem Lebensabschnitt ist die natürliche Sterblichkeit am höchsten?
Bei allen Arten im ersten Lebensjahr und hier überwiegend im ersten Halbjahr.

93 | Welche Haarwildarten kommen heute auch in urbanen Bereichen vor?
Kaninchen, Fuchs, Steinmarder, Hermelin, Waschbär, Reh, Schwarzwild.

94 | Wer kümmert sich um totes Wild, wenn es der Mensch nicht tut?
Aasfresser jeder Art, vom Fuchs bis zur Fliegenlarve.

95 | Welche Wildarten gehören zum Schalenwild?
Cerviden: Rot-, Dam-, Sika-, Reh- und Elchwild; Boviden: Wisent, Muffel-, Gams- und Steinwild; Schwarzwild.

96 | Welche Wildarten gehören zu den Cerviden?
Echthirsche: Rotwild, Damwild, Sikawild; Trughirsche: Elchwild, Rehwild.

97 | Welche Wildarten zählen zu den Wiederkäuern?
Alle Schalenwildarten außer dem Schwarzwild.

98 | Welche Wildarten (Landesrecht beachten!) gehören zu den Nagern?
Murmeltier, Biber, Nutria.

99 | Welche Arten werden zum Raubwild gerechnet?
Hundeartige (Caniden): Wolf, Fuchs, Marderhund; Katzenartige (Feliden): Luchs, Wildkatze; Marderartige (Musteliden): Stein- und Baummarder, Hermelin, Mauswiesel, Dachs und Fischotter; Braunbär; Waschbär; Seehund.

Rotwild *(Cervus elaphus)*

Lebensraum und Lebensweise – Rotwild, unsere größte heimische frei lebende Wildart, war ursprünglich in offenen oder licht bewaldeten Landschaften und Auen beheimatet. Landeskultur und Besiedlung haben es in geschlossene Waldgebiete zurückgedrängt. Es kommt heute bei uns nur noch in mehr oder weniger großen, voneinander isolierten Rückzugsgebieten vor. Wo es ungestört ist, bevorzugt es offene, übersichtliche Flächen und ist tagaktiv. Menschliche Aktivitäten haben es heute vornehmlich zum Nachtwild gemacht.

Sozialverhalten – Rotwild lebt in Rudeln. Erwachsene Hirsche bilden Hirschrudel, ältere Hirsche sind gelegentlich Einzelgänger. Die Kahlwildrudel setzen sich aus mehreren weiblichen Stücken mit ihrem Nachwuchs zusammen. Diesen aus Mutterfamilien zusammengesetzten Rudeln schließen sich gelegentlich jüngere Hirsche lose an. Hirsche vom 1. und 2. Kopf stehen in der Regel noch beim weiblichen Wild. Die Kahlwildrudel werden von einem Leittier geführt. Dieses führt stets ein Kalb. Verliert es dieses, verliert es meist auch seinen Rang. Vor dem Setzen verlassen die hoch beschlagenen Tiere das Rudel und führen nach einigen Wochen das neue Kalb in die Rudelgemeinschaft ein. Zu Beginn der Brunft ziehen die Kahlwildrudel zu den gewohnten Brunftplätzen, auf denen sich nach und nach auch die Hirsche einfinden. Ein Platzhirsch beherrscht das Rudel, während die Beihirsche am Rande der Rudel mit mehr oder weniger Erfolg versuchen, zum Beschlag zu kommen.

Als natürlicher Feind für das Rotwild kommt regional der wieder angesiedelte Luchs in Frage, der Rotwild bis zur Stärke eines Kalbes zu reißen vermag. Die Regulierung der Bestände muss durch jagdliche Bewirtschaftung erfolgen. Jährlich werden rund 60 000 Stück Rotwild erlegt.

Rotwild – Brunftrudel. Der Hirsch ist noch nicht ausgereift, d.h. nicht jagdbar.

Äsung – Als ursprünglicher Steppenbewohner nutzt Rotwild als Intermediärtyp den Gras- und Kräuteraufwuchs offener Flächen. Im Wald besteht seine Äsung daneben auch aus Trieben von Laub- und Nadelhölzern, Pilzen und Waldfrüchten aller Art, wie Eicheln, Bucheckern, Wildobst oder Vogelbeeren. Im Felde kann Rotwild an Kartoffeln, Rüben, Mais, Hafer und Erbsen zu Schaden gehen. In Notzeiten verbeißt es vermehrt Laub- und Nadelholzkulturen. Durch Abschälen von Rinde junger Waldbäume (Sommer- und Winterschälung) sind erhebliche und nachhaltige Schäden möglich.

Wie bei allen Wiederkäuern wechseln beim Rotwild Äsungs- und Wiederkauphasen ab. Daraus ergibt sich ein Äsungsrhythmus, in dem mehrmals täglich Perioden der Äsungssuche mit Ruhezeiten abwechseln. Wo Rotwild durch menschliche Störungen an dieser Periodik gehindert wird, kommt es zu Verhaltensänderungen (Umstellung zum Nachttier), zu gesundheitlichen Schäden im Verdauungstrakt und vermehrten Wildschäden.

Sinne und Lautäußerungen – Rotwild vernimmt (hört) und windet (riecht) sehr gut. Obwohl es auch gut äugt (sieht), werden unbewegte Objekte schlecht erkannt (Bewegungsseher). Beide Geschlechter – führende Alttiere am häufigsten – schrecken mit tiefem, weithin hallendem Warnlaut, wenn sie überraschend gestört werden. Der Kontaktlaut zur gegenseitigen Stimmfühlung im Rudel, besonders zur Verständigung zwischen Muttertier und Kalb sowie als Locklaut zur Brunft ist das Mahnen, ein leiser nasaler Laut. Während der Brunftzeit schreit, orgelt oder röhrt der meldende Hirsch in unterschiedlicher Intensität und Klangfärbung. Als Platzhirsch fordert er Nebenbuhler mit dem Kampfruf heraus; ebenso herausfordernd meldet der suchende Hirsch. Müde niedergetan, brummt, knört oder trenzt der Brunfthirsch. Beim Treiben eines brunftigen Tieres oder beim Verfolgen eines Rivalen ertönt der abgehackte Sprengruf. Rotwild klagt selten (schreiender Schmerz- und Angstlaut, vor allem Jungwild bei Verletzungen).

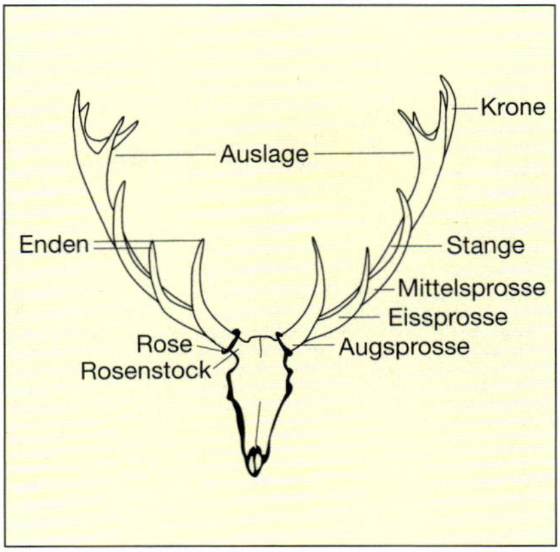

Bezeichnung der Enden im Hirschgeweih.

Haarwechsel – Das Rotwild verfärbt im September/Oktober, die jüngeren Stücke früher als die älteren. Das Winterhaar ist dunkelgraubraun, länger und mit dichter Unterwolle; der Hirsch trägt seine Brunftmähne (Winterhaar) bis zum Haarwechsel im Frühjahr. Im Mai ist der Haarwechsel beendet, das Rotwild zeigt dann sein namensgebendes rotbraunes, kurzes Sommerhaar.

Das Geweih – Beim männlichen Kalb (Hirschkalb) entwickeln sich gegen Ende des 1. Lebensjahres die knöchernen Stirnzapfen (Rosenstöcke). Zu Beginn des 2. Lebensjahres (jetzt Schmalspießer) entstehen als Erstlingsgeweih (Geweih vom 1. Kopf) meist einfache Spieße, die im Herbst (September/Oktober) gefegt werden. Nur bei besonders guter Entwicklung, können

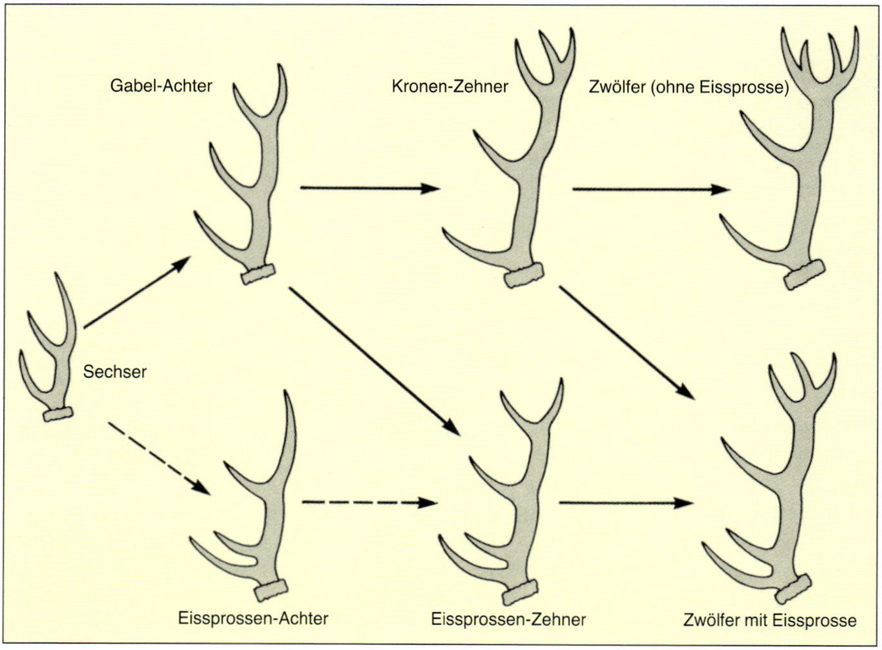

Schema der Geweihentwicklung beim Rothirsch.

Spieße vom 1. Kopf bereits oben in 2 oder 3 Enden geteilt sein (Gabelspießer bzw. Kronenspießer). Immer fehlen dem Erstlingsgeweih die Rosen.

Die Spieße werden im folgenden Frühjahr (April / Mai, Ende des 2. Lebensjahres) abgeworfen. Nach dem Abwurf baut sich auf den Rosenstöcken das neue Geweih (vom 2. Kopf) auf. Bei sehr schlechter Entwicklung können es wieder nur Spieße (jetzt mit Rosen!) oder ein Gabelgeweih (mit Augsprossen) sein; normal ist ein Sechser- oder Achtergeweih. Es wird nun (im 3. Lebensjahr) im August gefegt und danach im März abgeworfen, worauf sich das Geweih vom 3. Kopf bildet und so weiter. Hirsche ab dem 5/6. Kopf sind körperlich ausgereift.

Die älteren Hirsche werfen in ihrer Mehrzahl im März ab (je älter, umso früher, manche schon Ende Februar). Selten fallen beide Stangen zugleich ab, häufiger in einem Abstand von bis zu 24 Stunden und mehr. Das kolbenartig heranwachsende neue Geweih (Kolbengeweih) ist während des Aufbaues weich und von einer samtweichen, silbrig glänzenden Nährhaut (dem Bast) überzogen, die mit fortschreitender Geweihreife von unten beginnend nachdunkelt, bis sie schließlich am fertigen Geweih eintrocknet und vom Hirsch durch Fegen an Sträuchern oder Stämmchen abgestreift wird. Das jetzt hervortretende, fertig verknöcherte (vereckte) Geweih ist anfangs fast farblos, verfärbt sich aber unter dem Einfluss von Pflanzensäften beim Fegen rasch braun bis dunkelbraun, wobei die Endenspitzen durch weiteres Schlagen hell poliert werden. Der Aufbau eines neuen Geweihs dauert beim erwachsenen

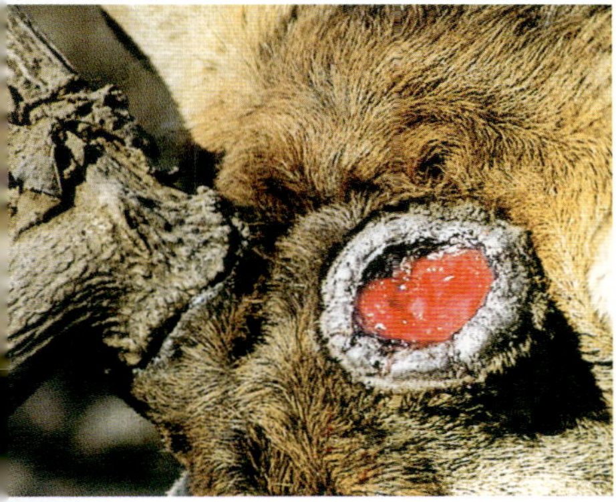

Oben: Einseitig abgeworfen.
Rechts oben: Kolben mit Augsprossen.
Rechts Mitte: Bastgeweih.
Rechts unten: Frisch gefegtes Geweih.

Hirsch rund 140 Tage. Gefegt wird das Geweih der älteren Hirsche in der zweiten Juli-Hälfte. Der Geweihzyklus wird, beginnend mit dem Abwurf, von Hormonen gesteuert. Die Hormonausschüttung wird durch das Licht/Dunkelheitsverhältnis ausgelöst.

Die Oberfläche der Geweihe ist durch Längsrillen strukturiert, in denen während der Geweihbildung Blutgefäße verlaufen. Körnige Unebenheiten, die »Perlung«, sind luxurierende Merkmale, die bei einzelnen Hirschen unterschiedlich ausgeprägt sein kann.

Ein Geweih besteht aus den beiden Stangen, die jeweils mit der Rose, der wulstigen zirkulären Verdickung am unteren Ende der Geweihstange auf den Rosenstöcken sitzen. An der Stange unterscheiden wir in der Regel 3 Sprossen: von unten nach oben die (meist besonders kräftige) Augsprosse, darüber (i.d.R. schwächer, oft nur angedeutet, bei manchen Rothirschen zeitweilig oder stets fehlend) die Eissprosse und etwa in Stangenmitte die Mittelsprosse. Oben läuft die Stange entweder in einer einfachen

Spitze aus oder sie endet mit einer Gabel (in 2 Enden geteilt) oder mit einer Krone (3 und mehr Enden). Bezeichnet werden Rothirschgeweihe nach der Zahl der Enden. Die Endenzahl der endenreichsten Stange wird verdoppelt: Ein gerader Zwölfender z. B. hat an jeder Stange 6 Enden; ein ungerader Zwölfer nur an einer Stange 6, an der anderen weniger Enden. Die Endenzahl ist kein Altersmerkmal! Wenn auch junge Hirsche meist endenärmere Geweihe (Spieße, Gabeln, Sechser, Achter) tragen, können grundsätzlich fast alle Endenzahlen in jedem Alter auftreten. Mehr verraten die Stärke (Masse) und Form (Länge, Schwung, Auslage) des Geweihes und seine Proportionen über das Alter. Mit etwa 11 bis 13 Jahren trägt der Hirsch sein stärkstes Geweih. Noch ältere Hirsche setzen zurück, d. h. ihr Geweih verliert an Zahl der Enden, an Masse, Gewicht und Stangenlänge. »Hirschgreise« tragen nicht selten nur noch Geweihstümpfe. Durch Erbdefekt geweihlose Hirsche (selten) heißen Mönch oder Plattkopf. Geweihmissbildungen sind in der Regel auf Verletzungen während der Geweihbildungsphase zurückzuführen.

Die Geweihe dienen den Hirschen als Blickfang zum gegenseitigen Erkennen und Imponieren. Im spielerischen Kräftemessen (scherzen) wird schon während der Feistzeit die Rangordnung in Hirschrudeln hergestellt. Zu ernsthaften Geweihkämpfen kommt es in der Brunft zwischen ebenbürtigen Rivalen. Dabei kann es zu Verletzungen (forkeln) kommen, die gelegentlich auch tödlich sind. Todesfälle entstehen auch durch unlösbares Verkämpfen (gegenseitiges Verklemmen) der Geweihe oder durch Verstricken in Draht. Geweihe werden als Verteidigungswaffen gegen Angreifer (z. B. gegen Wölfe) oder gegen wildernde Hunde) eingesetzt.

Die abgeworfene Einzelstange nennt man Abwurfstange, beide zusammen den Abwurf (Passstangen). Die Abwurffläche an der Stangenbasis heißt Petschaft. Nach dem Abwerfen bis zum Fegen erheben sich die Hirsche bei Auseinandersetzungen auf

Der Platzhirsch treibt das Rudel zusammen und hält Rivalen auf Distanz.

Oben: Kämpfe finden nur zwischen annähernd gleichrangigen Hirschen statt.

Unten: Der Hirsch zieht dem brunftigen Stück nach (links) und beschlägt es mehrfach (rechts).

die Hinterläufe und schlagen mit den Schalen der Vorderläufe auf den Gegner ein (Rangordnungskampf). Auch weibliches Wild zeigt dieses Verhalten.

Fortpflanzung – Die Brunftzeit dauert 3 bis 4 Wochen, etwa von Mitte September bis Mitte Oktober. Kalte Nächte steigern den Brunftbetrieb und lassen die Hirsche lebhafter melden. In warmen Nächten dagegen läuft der Brunftbetrieb auffallend still ab. Ein Platzhirsch kann in diesen Wochen 15 bis 20 kg an Gewicht verlieren, da er kaum Äsung aufnimmt und in dieser

Zeit größtenteils von in der Leber gespeicherten Energiereserven und dem Speicherfett (Feist) lebt.

In natürlich gegliederten Rotwildbeständen bemühen sich Hirsche ab dem 5./6. Kopf um ein Brunftrudel. Als Platzhirsch (der Haremshalter) versucht er das Rudel zusammenzuhalten und ausbrechende Stücke zurückzutreiben. Andererseits muss er Rivalen durch Imponieren und Röhren optisch und akustisch abwehren. Stoßen gleichrangige Hirsche aufeinander, kommt es zum Kampf um das Rudel. Das einzelne Alt- oder Schmaltier ist nur 2 bis 3 Tage brunftig. Nur in dieser Zeit lässt es den Beschlag zu. Äußeres Zeichen der Paarungsbereitschaft bei den weiblichen Tieren ist der angehobene, waagerecht getragene Wedel. Der Platzhirsch kontrolliert die Paarungsbereitschaft seiner Tiere geruchlich. Findet er ein brunftiges Stück, so wird es für kurze Zeit getrieben und dann beschlagen. Die Brunft ist für den Platzhirsch sehr energieaufwendig. Daher stehen häufig zum Ende der Brunft jüngere Hirsche bei den Rudeln, die der erschöpfte Platzhirsch verlassen hat. Mitunter kommt es zu einer Nachbrunft bis in den Dezember, wenn ein Tier ausnahmsweise spätbrunftig wird oder in der Hauptbrunftzeit nicht erfolgreich befruchtet wurde.

Das Alttier setzt ein Kalb, sehr selten zwei.

Weibliches Rotwild wird im 2. Lebensjahr geschlechtsreif (Schmaltier). Schmaltiere, die in ihrer ersten Brunft noch nicht beschlagen werden heißen »übergehendes Schmaltier«. Übergehende Schmaltiere finden wir in der Regel nur in klimatisch ungünstigen Regionen mit knappen Futterressourcen.

Die Tragzeit beträgt 34 Wochen (rund 8 $^1/_2$ Monate). Die Setzzeit fällt im Wesentlichen in den Juni. Ein Kalb ist die Regel, zwei kommen ausnahmsweise vor. Das Muttertier legt sein Kalb in den ersten Wochen fast immer außerhalb des eigenen Einstandes ab. Die Kälber sind in den ersten Monaten gelblich gefleckt und verfärben im Spätsommer als erste in das dunkle Winterhaar. Die Geschlechter der Kälber sind schwer zu unterscheiden. Starke Hirschkälber können im Herbst bereits einen dickeren Kopf (die Rosenstöcke deuten sich an!) und einen dunkleren, etwas dichter behaarten Hals (Träger) aufweisen.

Im Rudel bestimmt der Rang der Mutter auch die soziale Stellung des Kalbes. Es wird bis in den Winter gesäugt. Verwaiste Kälber werden aus dem Rudel verstoßen und bleiben in der Entwicklung zurück (kümmern, gehen im Winter ein).

Gebiss – Rotwild besitzt das charakteristische Wiederkäuergebiss. Abweichend vom Grundbauplan sind die Eckzähne im Oberkiefer beim Rotwild als so genannte »Grandeln« vorhanden. Dagegen sind die Eckzähne im Unterkiefer zum Schneidezahnbogen vorgerückt und haben Form und Funktion eines 4. Schneidezahns. Die Reihe der Backenzähne besteht aus je 3 Prämolaren und Molaren in jeder Kieferhälfte.

Die Schneidezähne des Milchgebisses brechen beim Rotwildkalb bald nach dem Setzen durch. In den folgenden 4 Wochen erscheinen die vorderen 3 Prämolaren in jeder Kieferhälfte und 2 Milchhaken (Grandeln) beiderseits im Oberkiefer. Der 3. untere Milchbackenzahn ist 3teilig. Bis zum 14. Lebensmonat erscheinen der 4. und 5. Backenzahn (= 1. und 2. Molar) im Ober- und Unterkiefer. Molaren haben keine Milchzahnvorläufer. Zwischen dem 17. und 27. Monat werden die Milchschneidezähne durch Dauerzähne ersetzt. Zwischen dem 23. und 27. Lebensmonat wechselt das Rotwild die Prämolaren. Der 3. Backenzahn im Unterkiefer ist im Dauergebiss zweiteilig. Mit dem Erscheinen des hintersten Molars (M3) ist das Dauergebiss bis zum 32. Lebensmonat vollständig. Die Milchhaken werden zwischen dem 16. und 18. Monat gewechselt. Die Molaren sind stets zweiteilige Zähne, M3 trägt darüber hinaus häufig eine einteilige Anhangsäule, wodurch der Zahn dreiteilig erscheint.

Zahnformel des Dauergebisses:

$$\frac{0\,1\,3\,3}{3\,1\,3\,3} \times 2 = 34 \text{ Zähne}$$

Diese Zahnformel gilt (mit Ausnahme der bei anderen Arten fehlenden Grandeln) für alle Wiederkäuer (= 32 Zähne).

Altersbestimmung – Beim lebenden Rotwild liefern das Verhalten, der Körperbau (die Figur) und beim Hirsch zusätzlich das Geweih wesentliche Altershinweise.

Beim weiblichen Rotwild (Kahlwild) wird die Unterscheidung von Kalb, Schmaltier und Alttier durch die Vergleichsmög-

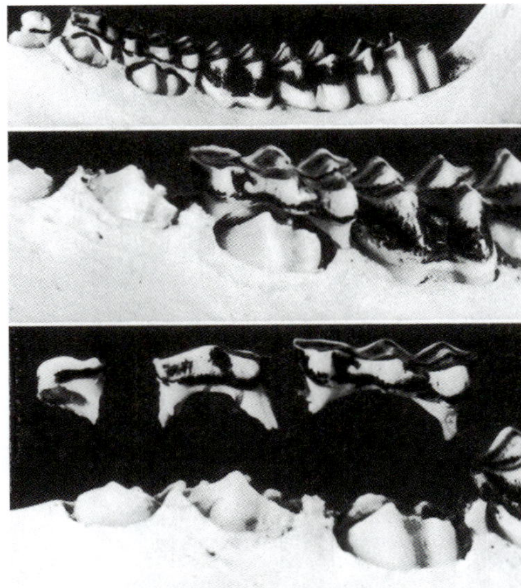

Milchgebiss im Wechsel

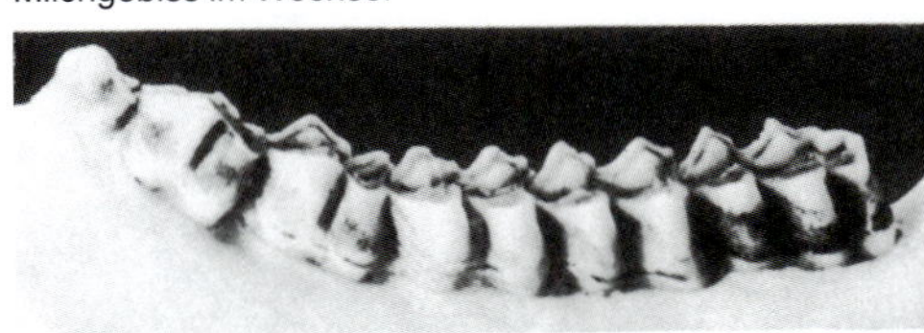

4–5jährig

5–6jährig

9–10jährig

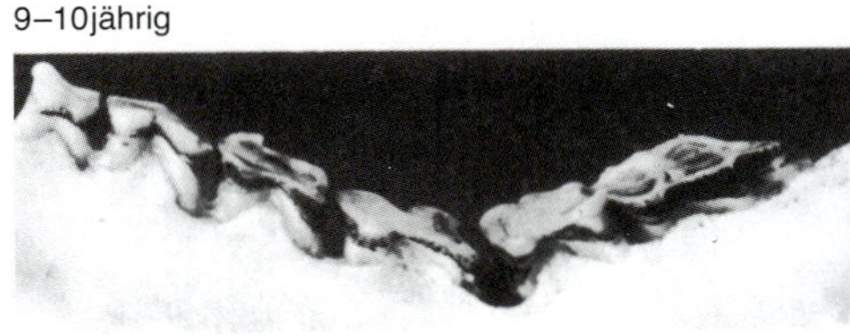

15–18jährig

Altersschätzung nach dem Zahnschliff.

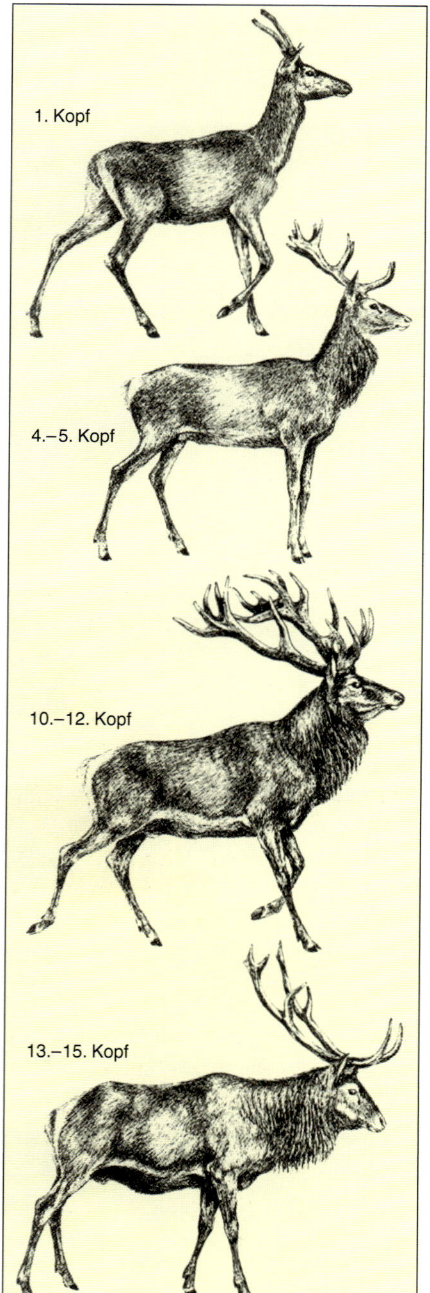

lichkeit im Rudel erleichtert. Verwechslungen im Frühwinter zwischen einem geringen Schmaltier und einem starken Kalb sind möglich. Führende Alttiere kann man im Sommer (Mai bis Juli) bei Sicht spitz von hinten am prallen Gesäuge sicher erkennen. Hirsche vom 1. und 2. Kopf stehen in der Regel noch beim weiblichen Wild. Hirsche dieser Altersstufe sind sicher nach ihrem Gebäude als Junghirsche anzusprechen. Spätestens vom 3. Kopf an trägt der Hirsch von Anfang September bis zum Haarwechsel im Frühjahr eine Mähne. Vom 4. Kopf an tritt das typische Hirschgebäude deutlich hervor. Das Haupt wird stumpfer und wirkt nicht mehr so jugendlich. Das Schwergewicht des Rumpfes beginnt, sich nach vorn zu verlagern. Mit dem 7. Kopf tritt der Widerrist deutlich hervor, das Haupt wird mehr waagrecht getragen, das Gesicht wirkt bullig. Der Bauch (die Bauchlinie) ist nicht mehr zu übersehen, ein Senkrücken deutet sich an.

Am erlegten Wild ist eine ungefähre Schätzung des Alters nach dem Grad der Abnutzung der Backenzähne möglich. Solange der Zahnwechsel noch nicht abgeschlossen ist (30. bis 32. Lebensmonat), lässt sich das Alter exakt nach dem Zahnstatus bestimmen. Danach ist der Jäger auf mehr oder weniger genaue Zahnalterschätzungen angewiesen.

Die vom Zahnschmelz überzogene Zahnkrone wird mit zunehmendem Alter mehr und mehr abgeschliffen. Auf der Kaufläche schwindet der Schmelz und das Zahnbein (Dentin) wird sichtbar. Da es sich bei den Backenzähnen um schmelzfaltige Zähne handelt, die im mittleren Bereich der Kaufläche durch taschenförmige mit Schmelz ausgekleidete Vertiefungen (Kunden) ge-

Altersmerkmale im Körperbau.

kennzeichnet sind, entsteht eine strukturierte Zahnoberfläche. Diese ist durch höher stehende, extrem harte Schmelzleisten und durch vertiefte, sich unterschiedlich braun färbende Dentinflächen charakterisiert. Durch den permanent erfolgenden Zahnabrieb wird die Tiefe der Kunden reduziert, ein Vorgang, der bis zum völligen Schwinden dieser taschenförmigen Vertiefungen führt. Je stärker der Abschliff fortgeschritten ist, um so älter ist das betreffende Stück. Da Zähne genetisch bedingt unterschiedliche Härtegrade aufweisen, kann die Altersbestimmung nach dem Zahnabrieb immer nur eine Schätzung sein. Die Altersschätzung nach dem Zahnabrieb genügt zur Altersfestlegung jung, mittel oder alt. Mit wissenschaftlichen Methoden lässt sich das Alter auch durch die Untersuchung einzelner Zähne feststellen. Dabei werden, je nach Methode, ein Schneidezahn oder ein Molar aufgesägt, die Fläche glatt geschliffen und unter dem Mikroskop die Ersatzdentinschichten oder die Ersatz-Zementzonen als Jahresringe gezählt. In der Regel werden die besten Alterseinschätzungen durch Auszählungen der Ersatzzementauflagerungen an der Wurzel der Zange (I1) erzielt. Bei diesem Verfahren muss der Zahn entkalkt, histologisch aufgearbeitet und die Wurzel in 50 µm starke Querschnitte aufgeschnitten werden. In den mit Methylenblau gefärbten Schnitten sind die Zementauflagerungen ähnlich den Jahresringen in einer Baumscheibe auszählbar.

Fährte – Die Fährte besteht aus den Abdrücken (»Trittsiegeln«) der Schalen während der Fortbewegung. Das Trittsiegel vom Tier ist geringer als das des Hirsches. Die Spitzen sind abgestumpft und heißen Stümpfe, die beim Hirsch stärker abgerundet sind als beim weiblichen Wild. Jungwild, Kahlwild und Hirsche haben je nach

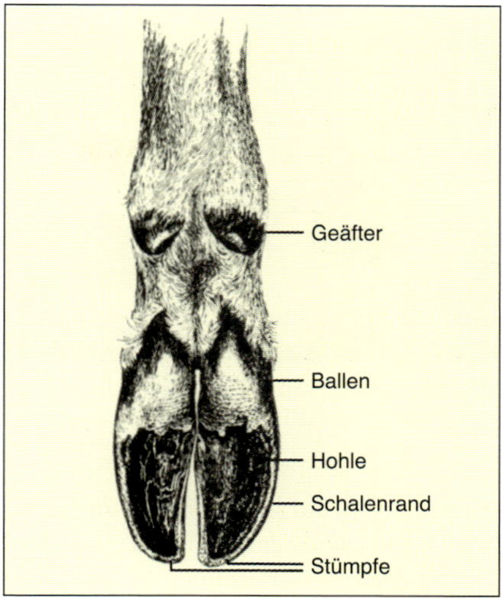

Schalen mit Geäfter eines Rothirschlaufes.

Körperstärke eine unterschiedliche Schrittweite. Der seitliche Abstand der Tritte beider Körperhälften heißt »Schrank« (der Hirsch »schränkt« – am stärksten der beleibte Feisthirsch). Die alt überlieferten »hirschgerechten Fährtenzeichen« ermöglichen das Ansprechen einzelner Hirsche nach Besonderheiten im Fährtenbild: »Übereilen« (wenn der Hinterlauf vor dem Tritt des Vorderlaufs aufgesetzt wird), »Hinterlassen« (wenn der Hinterlauf zurückbleibt), »Beitritt« (Hinterlauf tritt neben dem Vorderlauf auf), »Kreuztritt« (Hinterlauf = Trittsiegel überdeckt den Vordertritt teilweise) und ähnliches. Im heutigen Jagdbetrieb haben diese Zeichen kaum mehr praktische Bedeutung.

Losung – Sie besteht während der meisten Zeit des Jahres aus Kotbeeren, die bei beiden Geschlechtern durch Näpfchen und Zäpfchen lose miteinander verbunden sind. Die Losung des weiblichen Wildes ist geringer als die der Hirsche, die des Feisthirsches ist oft fladenförmig. Die Losungs-

Zäpfchen und Näpfchen sind nicht geschlechtsspezifisch!

beeren des Brunfthirsches sind auffallend klein und erscheinen durch extremen Wasserentzug wie »verkümmert«. Ursächlich hierfür ist die äußerst geringe Nahrungsaufnahme des Brunfthirsches.

Bejagung – Jagd auf Rotwild heißt Ansitz in früher Morgen- und später Abendstunde in guter Deckung bei gutem Wind, kann aber auch in dazu geeigneten Revieren behutsame Pirsch, insbesondere auf Kahlwild, bedeuten. Eine besondere Rolle spielt die Jagd zur Brunftzeit u.a. auf den starken Erntehirsch mit dem Hirschruf, d.h. die Lockjagd durch Nachahmen von Brunftlauten. Neben Ansitz und Pirsch wird dabei u.U. auch der Brunfthirsch im Einstand angegangen, wobei der Jäger mit dem Ruf einen suchenden Rivalen vortäuscht. Zu vieles Pirschen kann das Wild leicht vergrämen, so dass der Ansitz vorzuziehen ist.

Immer geht dem Schuss auf Rotwild ein sorgfältiges Ansprechen und Abwägen voraus. Dies gilt für jede ausgeübte Jagdart, auch für Bewegungsjagden, die als Ansitz-Anrührjagden durchgeführt mit sicher starker, aber nur ein- oder zweimaliger Beunruhigung einen großen Teil der Strecke liefern. Derartige Rotwilddrückjagden nennt man auch Wildjagden.

Der Rothirsch ist biologisch erst ab 12. Kopf jagdbar – und dann im Alter sicher anzusprechen.

Rotwild auf einen Blick

Körperbau: Paarhufer; Läufertyp; Gewicht ♂ bis 160 kg, ♀ bis 90 kg (aufgebrochen).

Sinne: Rotwild hört sehr gut (bewegliche Lauscher). Gesichtssinn gut, erkennt aber unbewegliche Objekte relativ schlecht. Geruchssinn sehr gut.

Lautäußerungen: Schrecken als Warnlaut, Mahnen als Kontaktlaut, Röhren (nur Hirsche) in der Brunft als Kontaktlaut und Drohgebärde, Klagelaut, hauptsächlich bei Kälbern.

Lebensweise: Hierarchische Rudelbildung; ganzjährig Kahlwildrudel aus Tieren, Kälbern und Jährlingen; Hirsche bilden eigene Rudel, die sich vor der Brunft auflösen und später wieder finden. Teilweise saisonale Wanderungen, nicht territorial.
Ursprünglich und wo heute noch möglich weitgehend tagaktiv, in den meisten Rotwildgebieten jedoch vorwiegend dämmerungs- und nachtaktiv. Ruht im Sommer teilweise auch im Feld (Raps, Getreide).

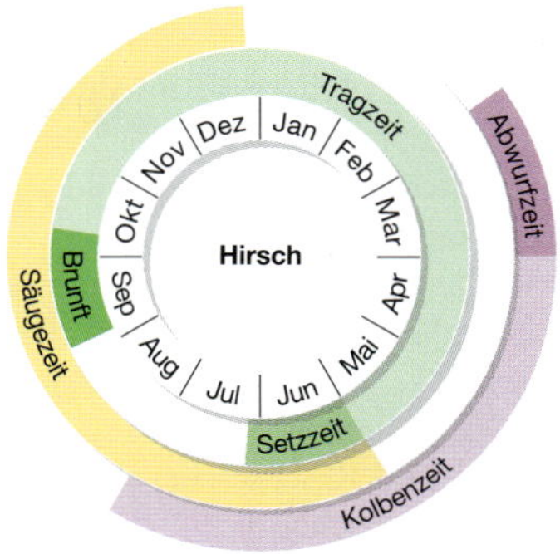

Jahreszyklus

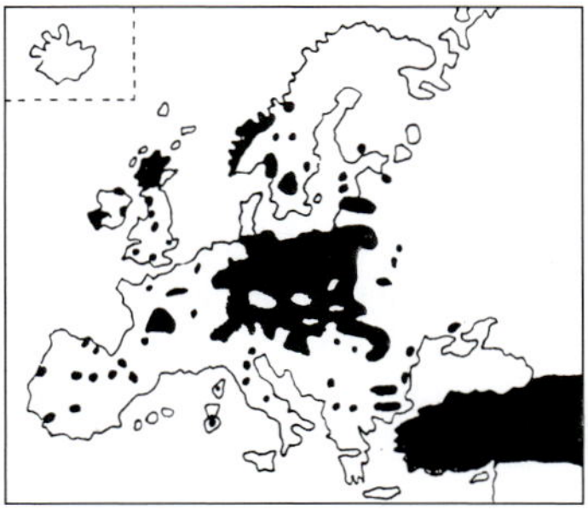

Verbreitungsgebiet

Fortpflanzung: Geschlechtsreife mit 16 bis 18 Monaten; Brunft Mitte September bis Mitte Oktober, Dauer etwa 3 bis 4 Wochen; Tragzeit 34 Wochen, 1 Kalb, selten 2; Setzzeit mehrheitlich im Juni; Säugedauer rund sechs (14) Monate.

Nahrung: Intermediärtyp – Gräser und Kräuter, Triebe, Knospen, Blätter, Nadeln, Rinde; Nahrungsaufnahme wenig selektiv.

Geweihzyklus: Geweihabwurf Ende Februar/März, Hirsche vom 1. Kopf April/Mai. Geweihaufbau etwa 140 bis 170 Tage.

Zahnformel: $\frac{0\,1\,3\,3}{3\,1\,3\,3} = 34$

Lebensraum

100 | Bevorzugt Rotwild geschlossene Wälder oder offene Landschaften?

Rotwild bevorzugt offene Lebensräume (ursprünglicher Lebensraum: Baumsavanne). Es wurde erst in den letzten Jahrhunderten in den Wald gedrängt.

101 | Was sind »Rotwildgebiete«?

Von den Behörden ausgewiesene Gebiete, in denen Rotwild ständig vorkommt.

102 | Was sind Rotwildrandgebiete?

Regionen, in denen Rotwild nur in geringen Mengen oder nur zu bestimmten Jahreszeiten vorkommt.

Körpermerkmale

103 | Wie schwer wird Rotwild bei uns?
Weibliches erwachsenes Rotwild 60 bis 90 kg aufgebrochen
Männliches erwachsenes Rotwild 80 bis 160 kg aufgebrochen

Schmaltiere	40 bis 60 kg aufgebrochen
Schmalspießer	50 bis 70 kg aufgebrochen
Kälber	30 bis 50 kg aufgebrochen

Rotwild in klimatisch ungünstigen Lebensräumen ist i.d.R. schwächer als solches in günstigen Bereichen.

104 | Gehört das Rotwild zu den Schlüpfern oder zu den Läufern?
Rotwild gehört zu den Läufern.

105 | Welche wichtigen Hautdrüsen hat das Rotwild?
Voraugendrüse, Laufbürste (Mittelfußknochen Hinterlauf), Wedelorgan, männliche Tiere Vorhautdrüse.

106 | Welche Sinne sind besonders gut entwickelt?
Geruchssinn, Gehör, Sehen, d.h. Rotwild windet sehr gut, vernimmt sehr gut, äugt gut (= Bewegungswahrnehmungen).

107 | Welche Funktion kommt dem Gehörsinn entgegen?
Große, bewegliche Lauscher, die als Auffangtrichter wirken.

108 | Wie viele Schneidezähne hat das Rotwild im Oberkiefer?
Grundsätzlich fehlen die Schneidezähne im Oberkiefer.

109 | Wann ist das Gebiss des Rotwildes komplett?
Ab dem 30 bis 32 Lebensmonat ist das Dauergebiss vollständig.

110 | Welcher Zahn erscheint zuletzt?
Der dritte Molar, M3.

111 | Welche Lautäußerungen kommen beim Rotwild vor?
Mahnen (nasaler Laut), Schrecken (tiefes, rollendes Bellen) sowie die Brunftlaute des

Zwischen Geweihabwurf und Brunft leben die Rothirsche in eigenen Rudeln.

Hirsches. Kälber klagen gelegentlich bei Schmerzen.

112 | Welche unterschiedlichen Schreie (Rufe) kennen wir beim Rothirsch?
Laute Rufe → Röhren, Schreien, Orgeln, Sprengruf; Leise Rufe → Trenzen, Knören

113 | Wann werfen die Hirsche ab?
In den Monaten Februar bis April.

114 | Wie werden die Hirsche zwischen Geweihabwurf und Fegen genannt?
Kolbenhirsch, Basthirsch

115 | Wie lange dauert der Aufbau des Hirschgeweihs?
Der Geweihaufbau dauert ca. 4 $^1/_2$ Monate.

116 | Was ist der Bast?
Silbrig glänzende, mit samtartigen Härchen besetzte und mit vielen Hautdrüsen versehene Ernährungshaut des heranreifenden Geweihs.

117 | Was ist ein Kolbenhirsch?
Ein im Anfangsstadium der Geweihbildung stehender Hirsch.

118 | Wann schiebt der Hirsch sein erstes Geweih?
Beim Hirschkalb bilden sich am Ende des 1. Lebensjahres knöcherne Stirnzapfen, Rosenstöcke, auf denen sich zu Beginn des 2. Lebensjahres (= etwa 8 Monate alt) das Erstlingsgeweih in Form von rosenlosen Spießen entwickeln.

119 | Wie alt ist ein Spießer?
Spießer mit gefegten Spießen sind 15 bis 16 Monate alt (Geweih vom 1. Kopf)

120 | Wann fegen die Schmalspießer?
Ende September bis Oktober des auf die Geburt folgenden Jahres.

Schmalspießer – keine Rosen.

121 | Wann werfen die Schmalspießer ab?
Sie werfen im April, gelegentlich erst im Mai ab.

122 | Was ist ein Kronenhirsch?
Ein Hirsch mit mindestens drei das Geweih abschließenden Enden oberhalb der Mittelsprosse.

123 | Was ist ein ungerades Geweih?
Ein Geweih mit unterschiedlicher Endenzahl der beiden Stangen.

124 | Was versteht man unter Zurücksetzen?
Altersbedingte Abnahme der Geweihstärke, Reduktion der Enden, Verkürzung der Stangen.

125 | Was sind brandige Enden?
Poröse, stumpfe, leicht aufgetriebene, wie abgebrochen erscheinende Enden der Stangen oder Sprossen eines Geweihs.

Selten fallen beide Stangen gleichzeitig.

126 | Was ist ein Plattkopf?
Ein zeitlebens geweihlos bleibender Hirsch (auch Mönch genannt). Rosenstöcke sind nur rudimentär ausgebildet und heben sich unter der Decke nicht ab. Wahrscheinlich ein genetischer Defekt.

127 | Was sind Passstangen?
Beide von einem Geweih stammende abgeworfene Stangen.

128 | Was versteht man unter Demarkationslinie?
Rillenförmige zirkuläre Vertiefung am Rosenstock, die die Abwurflinie außen markiert. Entsteht durch knochenauflösende Zellen, die von der Demarkationslinie aus beginnend den Rosenstock gegen die Stange abtrennen.

129 | Was ist der Petschaft?
Die Abwurfbasis der abgeworfenen Stange unterhalb der Rose.

Altersmerkmale / Altersansprache

130 | Wie wird das Alter eines Hirsches bezeichnet?
Nach der Zahl der von ihm getragenen Geweihe werden Hirsche als solche vom 1., 2., 3. Kopf usw. unterschieden.

131 | Wie erkennt man bei Kälbern im Herbst das Geschlecht?
Die Unterscheidung ist schwierig, Hirschkälber tragen gelegentlich eine angedeutete Mähne, ihr Haupt wirkt durch die Anbildung der Rosenstöcke vergleichsweise kürzer und runder.

132 | Wie unterscheiden wir das starke Kalb vom schwachen Schmaltier?
Zur Unterscheidung bietet sich die Kopfform an, die beim Schmaltier länger und flacher erscheint, während das Haupt des Kalbes durch die noch gewölbte Stirn rundlicher erscheint. Die Unterscheidung ist schwierig.

Ein wirklich alter Hirsch.

Alttier, Schmaltier, Kalb.

133 | Wie unterschieden wir das starke Schmaltier vom Alttier?
Das Schmaltier zeigt einen jugendlichen Gesichtsausdruck, ihm fehlt (im Sommer) ein sichtbares Gesäuge, seine Bauchlinie ist gerade. Dadurch wirkt es vergleichsweise hochläufiger. Vorsicht beim Schmaltierabschuss im Juni!

134 | Welche Geweihstufe erreicht der Hirsch vom 1. Kopf in der Regel?
Der Hirsch vom 1. Kopf trägt i.d.R. Spieße ohne Rosen. Daher die Bezeichnung als Schmalspießer.

135 | Lässt die Länge der Spieße auf die spätere Geweihstärke schließen?
Nicht sicher und nicht in jedem Fall. Trotzdem sollte beim Abschuss der Schmalspießer mit den Minusvarianten begonnen werden.

136 | Woran erkennt man einen jungen Hirsch?
Im Wesentlichen am Körperbau, der in seinen Proportionen unfertig wirkt. Langes Haupt, schlanker, aufrecht getragener Träger, Körpermassen in etwa gleichmäßig verteilt.

137 | Kann ein Hirsch vom 4. Kopf schon beidseitig Kronen tragen?
Ja, die beidseitige Kronenbildung ist im Flachland die Regel.

138 | Lässt sich aus der Endenzahl auf das Alter schließen?
Nein

139 | Kann man Hirsche vom 9. und vom 10. Kopf sicher unterscheiden?
Nein

140 | Wie schaut ein wirklich alter Hirsch aus?
Große Körperkontur mit augenfälliger Verlagerung der Körpermasse nach vorne. Bei annähernd waagerechter Trägerhaltung

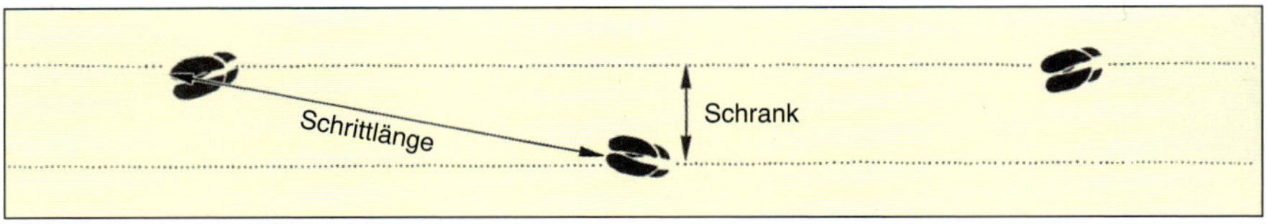

Der »Schrank« – Abstand der Tritte beider Körperhälften.

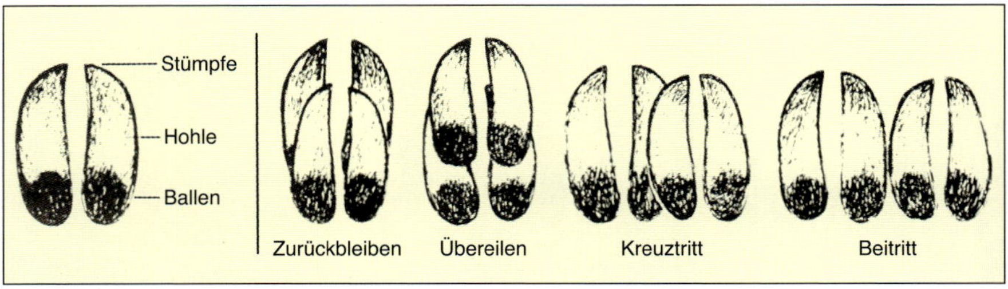

Hirschgerechte Zeichen: Fährtenzeichen beim Rothirsch.

erscheinen die Vorderläufe mittig des Tierkörpers zu stehen. Kurzes bulliges Haupt, stark ausgeformte Wamme, deutlicher Widerist, Senkrücken, sehr stumpfer Keulenwinkel, häufig starke Stirnlockenbildung, starkstangiges Geweih, dessen Masse unten liegt.

141 | Was ist der Schrank?

Unter Schrank versteht man den Abstand der Trittsiegel der Läufe der rechten und linken Körperhälften. Je breiter der Körper des Hirsches ist (je mehr Bauch er hat), umso größer ist der Schrank. Bei jungem Rotwild formt die Reihe der Trittsiegel im Schritt eine annähernd gerade Linie.

142 | Wie wird die Schrittlänge gemessen?

Der Abstand der einzelnen Tritte voneinander wird von Schalenspitze (von den Stümpfen) zu Schalenspitze gemessen. Die Schrittlänge beträgt beim alten Hirsch im Mittel 80 cm, beim jungen Hirsch, Tieren und Kälbern ist sie entsprechend kürzer.

Krankheiten / Parasiten

143 | Welche meldepflichtige Seuche kann beim Rotwild auftreten?

Die Aujeszkysche Krankheit, die Pseudowut, ist eine meldepflichtige Erkrankung des Rotwildes, die durch heftigsten Juckreiz charakterisiert ist und die Tiere zu permanentem Scheuern zwingt. (Differentialdiagnose: Tollwut). Empfänglich ist Rotwild auch für die Maul- und Klauenseuche, für Tollwut und Milzbrand.

144 | Welche Krankheit ist typisch für das Rotwild?

Die Kreuzlähme (endemische Parese, spinale Ataxie). Diese im Volksmund als »Schleuderkrankheit« bezeichnete Erkrankung, die zwischenzeitlich auch bei Dam-, Sika- und Elchwild sowie bei Weißwedelhirschen beobachtet wurde, ist in seiner Ätiologie noch nicht abgeklärt (Erreger unbekannt).

145 | Welche Ektoparasiten finden sich auf und in der Decke des Rotwildes?

Hirschläuse, Zecken, Hautdassellarven und Rachendassellarven.

146 | Welche Endoparasiten kommen beim Rotwild hauptsächlich vor?
Magen-Darm-Nematoden, regional großer Leberegel, Lungenwürmer, Bandwurmlarven (= Finnen)

147 | Kann Rotwild an Tollwut erkranken?
Ja.

Nahrung

148 | Welchem Äsungstyp gehört das Rotwild an?
Rotwild ist ein Mischfresser, es deckt seinen Nahrungsbedarf durch eine Mischung aus Gras, Kräutern, Laub und jungen Strauch- und Baumtrieben.

149 | Wie viele Äsungsintervalle hat das Rotwild?
Innerhalb von 24 Std. wechseln beim Rotwild mindestens 5 Futteraufnahmen mit 5 Wiederkauphasen ab.

150 | Wie reagiert das Rotwild, wenn es an regelmäßiger Aufnahme artgerechter Nahrung gehindert wird?
Durch Schälen junger Bäume in den Einständen. Pansenerkrankungen sind bei anhaltenden Äsungsstörungen möglich.

151 | Wie unterscheidet sich der Verbiss des Rotwildes an der Waldverjüngung von dem der Rehe?
Rehe verbeißen nur den Spitzenbereich von Zweigen und Trieben und wechseln dabei häufig den Standort. Rotwild verbeißt Pflanzen zum Teil vollständig.

152 | Wie reduziert das Rotwild seinen Nahrungsbedarf im Winter?
Durch Reduktion der resorbierenden Pansenoberfläche und durch Herabsetzen der Aktivitäten (großes Ruhebedürfnis im Winter). Hierdurch erhebliche Drosselung des Gesamtstoffwechsels.

153 | Welche Hegemaßnahmen kommt dem Äsungsbedürfnis des Rotwildes entgegen?
Ruhezonen und störungsfreie Äsungsflächen.

Verhalten

154 | Ist Rotwild tag- oder nachtaktiv?
Rotwild war tagaktiv, ist durch menschliche Aktivitäten einschließlich der Jagd zum dämmerungs- und nachtaktiven Tier geworden.

155 | Was versteht man unter Äsungsintervall?
Die Zeit zwischen Äsungsaufnahme und Wiederkauruhephase.

156 | Wie lebt das Rotwild?
Kahlwild in Rudeln, die aus Familienverbänden als kleinste soziale Einheit gebildet werden. Hirsche vom 1. und 2. Kopf sind häufig mit diesen Rudeln vergesellschaftet.

157 | Wer führt ein Kahlwildrudel an?
Das Kahlwildrudel wird immer von einem führenden Alttier als Leittier angeführt.

158 | Was ist ein Gelttier?
Ein aus Altersgründen (Senilität) nicht mehr führendes Alttier.

159 | Was ist ein Übergehendtier?
Ein als Schmaltier nicht beschlagenes, im dritten Lebensjahr stehendes Tier. Kommt heute nur noch in klimatisch ungünstigen Rotwildgebieten (Gebirge) oder bei überhöhter Wilddichte vor.

160 | Wie leben Hirsche im Sommer?
Junge und mittelalte Hirsche bilden Hirschrudel, alte Hirsche sind Einzelgänger oder ziehen zusammen mit einem oder zwei jüngeren Hirschen, so genannten Adjutanten. Ältere Hirsche treten nur in der Brunft zum Rudel.

161 | Welche Körperpflege betreibt Rotwild?
Rotwild suhlt, wobei Suhlen mit höherem Wasserstand reinen Schlammsuhlen vorgezogen werden. Rotwild steht im Sommer gern in bauchhohem Wasser.

162 | Was ist eine Suhle?
Eine Suhle ist eine natürliche oder künstlich erstellte Bodenvertiefung, in der Wasser steht und deren Untergrund schlammig ist.

163 | Verteidigen Hirsch ein Revier?
Hirsche sind nicht territorial, sie verteidigen kein Revier.

164 | Woran orientiert sich die Rangstellung eines Hirsches?
Die Rangordnung orientiert sich nach dem Alter.

165 | Wann gilt ein Hirsch als wirklich »reif«?
Mit dem 12. Kopf und älter.

Fortpflanzung

166 | Wann findet die Hirschbrunft statt?
September bis Anfang Oktober mit Höhepunkt in der zweiten Septemberhälfte. Regionale Zeitverschiebungen, vornehmlich nach hinten sind möglich.

167 | Was ist ein Platzhirsch?
Der Platzhirsch beherrscht in der Brunft ein Rudel.

168 | Was sind Beihirsche?
Jüngere Hirsche, die sich in der Nähe des Brunftrudels aufhalten.

Rothirsch in der Suhle – ungerader Vierzehnender.

169 | Wie verhält sich der Platzhirsch in der Brunft?
Er hält das Brunftrudel zusammen, hält Beihirsche auf Distanz (meist genügt Imponieren) und beschlägt die brunftigen Stücke.

170 | Welchen Ruf hören wir, wenn der Platzhirsch sein Kahlwild zurück treibt oder einen abgeschlagenen Gegner verfolgt?
Den Sprengruf, ein kurzer, abgehackt klingender einsilbiger Ton.

171 | Was ist ein Brunftplatz?
Ein von Kahlwild etablierter mehr oder weniger offener Platz, der alljährlich wieder aufgesucht wird. Hier stellen sich Brunftrudel und der suchende Hirsch Anfang September ein.

172 | Was ist eine Brunftkuhle?
Eine vom Brunfthirsch mit den Läufen geschlagene Bodenvertiefung, der eine intensive Brunftwitterung anhaftet.

173 | Was geht einem Brunftkampf voraus?
Junghirsche werden direkt attackiert und verjagt. Gleichrangige Hirsche röhren sich zunächst gegenseitig an (so genanntes Ausröhren), danach folgen – gelegentlich bis zu 30 Minuten andauernde – Parallelmärsche, in denen sich die Rivalen fixieren und gegeneinander zu imponieren versuchen. Erst danach folgen direkte Kämpfe, die zwar als Commentkampf ausgeführt werden, aber durchaus einen gefährlichen Verlauf nehmen können.

174 | Welche Technik liegt dem Brunftkampf zugrunde?
Im Brunftkampf werden die Geweihe gebunden; der Kampf selber ist ein Schiebekampf.

Das Alttier hat die weiße Blesse vererbt.

175 | Was ist ein Brunftfleck?
Eine schwarze Verfärbung der Decke vor und seitlich des Pinsels, der durch Erregungsnässen, Ejakulationen und den Sekreten der Vorhautdrüsen (Pinseldrüsen) entsteht und dessen intensive Brunftwitterung von den Geschlechtspheromonen herrührt.

176 | Was hat die Brunftmähne mit der Brunft zu tun?
Nichts. Die Brunftmähne (Winterhaar) lässt den Hirsch größer erscheinen. Sie stellt auch einen Schutz gegenüber Forkelverletzungen dar.

177 | Was geschieht mit dem Alttier, das nicht fruchtbar beschlagen wurde?
Ein nicht fruchtbar beschlagenes Alttier geht in einen neuen Geschlechtszyklus, der beim Rotwild in der Zeit von September bis Mitte Dezember alle 18 Tage periodisch wiederkehrt, wenn eine Befruchtung der Eizelle ausbleibt. Das entspricht 6 Geschlechtszyklen (saisonal polyöstrisch) im Jahr.

178 | Wie lange trägt das Rotwild?
Rotwild trägt 34 Wochen (8,5 Monate).

179 | Wann setzt das Rotwild?
Die meisten Kälber werden Ende Mai bis Mitte Juni geboren.

180 | Wie viel Kälber werden geboren?
In der Regel wird ein Kalb geboren. Zwillingsgeburten sind selten.

181 | Wie lange liegen die Kälber ab?
Die Kälber werden von den Alttieren drei bis vier Wochen lang abgelegt. Die erste Lebenswoche ist charakterisiert durch den Drückreflex (Kälber drücken sich flach an den Boden und fliehen in dieser Zeit nicht)

182 | Wann steht ein Alttier, das frisch gesetzt hat, wieder beim Rudel?
Das Alttier stellt sich nach ca. 4–5 Wochen mit seinem Kalb zum Rudel.

183 | Wie lange werden die Kälber gesäugt?
Kälber können bis zu einem Alter von einem halben Jahr gesäugt werden. Wesentlich ist die Milchernährung bis in den September.

184 | Wer führt ein Kahlwildrudel?
Das Leittier, das immer ein älteres, erfahrenes und führendes Alttier ist.

185 | Wie hoch ist der jährliche nutzbare Zuwachs beim Rotwild?
Der nutzbare Zuwachs beträgt 70 bis 75 % bezogen auf den Bestand der weiblichen Tiere,

186 | Wer bestimmt im Kahlwildrudel die Flucht?
Das Leittier.

187 | Welches Stück tritt immer zuerst aus?
Das Leittier, gefolgt vom Kalb, daher darf nie auf das erste Stück geschossen werden.

188 | Wo befinden sich die Kälber in der Regel?
Hinter ihren Müttern.

189 | Ist die Rangordnung im Rudel dauerhaft fixiert?
Das Leittier verliert seinen Rang, wenn es sein Kalb verliert. Mit steigender Rudelgröße kommt es nicht selten zu Auseinandersetzungen über die Führung des Rudels.

190 | Wie leben die Hirsche zwischen Geweihabwurf und Brunft?
Jüngere und mittelalte Hirsche in Hirschrudeln, ältere einzeln oder in Kleinrudeln.

191 | Wie tragen Kolbenhirsche Rangordnungskämpfe aus?
Durch Schlagen mit den Vorderläufen.

192 | Was ist ein Basthirsch?
Hirsche mit annähernd fertig geschobenem aber noch nicht gefegtem Geweih.

193 | Wer lebt im Feisthirschrudel?
In Feisthirschrudeln stehen jüngere und mittelalte Hirsche zusammen.

194 | Was sind Rotwildrichtlinien.
Vorgaben der zuständigen Behörden zur Bewirtschaftung des Rotwildvorkommens.

Bejagung

195 | Wie sollte der Rotwildabschuss strukturiert sein?
a) Hirsche: In der Jugendklasse (Hirschkälber bis 3-jährige Hirsche) 75 %, in der mittleren Altersklasse (4–10-jährige Hirsche) 10 %; obere Altersklassen (ab 12 Jahren) 15 %.
b) weiblich: Wildkälber und Schmaltiere 65 %; Alttiere (ab 2 Jahren) 35 %.

Hirsche bilden auch im Winter häufig eigene Rudel.

196 | Wann wird das Kahlwild bejagt?
Vornehmlich nach der Brunft. Grundsätzlich Kalb vor Alttier.

197 | Welche Vor- und Nachteile hat die Bejagung der Schmaltiere im Sommer?
Schmaltiere stehen im Juni und Juli in kleinen Trupps zusammen, da sie von ihren Müttern kurz vor dem Setzen nicht in deren Nähe geduldet werden. Der Abschuss der in der Regel früh austretenden vertrauten Jungtiere ist einfach. Nicht gänzlich auszuschließende Verwechselungen mit Alttieren mahnen zu äußerster Vorsicht und lassen den Abschuss in dieser Zeit aus Tierschutzgründen fraglich erscheinen. Darüber hinaus ergeben sich überlange Jagdzeiten für diese Wildart.

198 | Wann werden Alttiere und Kälber bejagt?
Der Abschuss des weiblichen Wildes sollte in der zweiten Oktoberhälfte beginnen und mit Ende Dezember zum allergrößten Teil erledigt sein. Aus Tierschutzgründen sollten Bewegungsjagden auf Rotwild im Januar unterbleiben.

199 | In welche Altersklassen werden Rothirsche eingeteilt?
Die Einteilung erfolgt in 1. Jugendklasse (männlich: Hirschkälber bis zum dreijährigen Hirsch; weiblich: Kälber, Schmaltiere), 2. Mittlere Altersklasse (4–10-jährige Hirsche, Alttiere), 3. obere Altersklasse (männlich ab 11 Jahren)

200 | Wann setzt ein Hirsch zurück?
In der Regel mit dem 14. Kopf.

201 | Kann man Hirsch und Tier sicher an der Losung unterscheiden?
Nein, die festen Kotbeeren beider Geschlechter tragen Zäpfchen und Näpfchen. Auch wenn diese beim Hirsch deutlicher ausgeprägt sein können, ist eine sichere Geschlechtsbestimmung nicht möglich.

202 | Was sind Zäpfchen und Näpfchen?
Zäpfchen, konisch spitz vorragende Spitzenabschnitte der Kotbeeren, fügen sich in das Näpfchen der im Weiddarm vorgelagerten Kotperle von hinten ein.

203 | Was sind »hirschgerechte Fährtenzeichen«?
Die Summe der aus Trittsiegel und Fährte ablesbaren Zeichen, die aufgrund ihrer Besonderheiten einem bestimmten Hirsch zuzuordnen sind und an denen er individuell wieder zu erkennen ist. Sicher interessant, aber heute kaum noch von praktischem Wert.

204 | Wie unterscheiden sich gleichstarke Hirsch- und Tierfährte?
Die Hirschfährte ist im Spitzenbereich immer abgerundeter, stumpfer als die des Tieres. Auch der Schrank des Hirsches ist stärker (weiter) als der des Tieres.

205 | Was ist der Unterschied zwischen Trittsiegel und Fährte?
Unter Trittsiegel verstehen wir einen einzelnen Schalenabdruck; die Summe der Trittsiegel ergibt die Fährte.

206 | Wie entsteht ein Schlosstritt?
Das mitten im Rotwildbett zu findende Trittsiegel, das beim ruhigen Erheben des Hirsches aus dem Bett durch weites Unterschieben des Hinterlaufes nach vorne unter den Körper entsteht, ist der Schlosstritt.

207 | Wie schaut ein Beitritt aus?
Die Trittsiegel vom Vorder- und Hinterlauf derselben Körperseite stehen nicht in, sondern nebeneinander. Typisches Fährtenzeichen des starken Feisthirsches.

208 | Was versteht man unter Gewende?
Das Gewende (Wenden) ist ein »Himmelszeichen«, das durch Abknicken kleiner Zweige oder Abstreifen von Blättern durch

Ein bei seinem Rudel stehender Hirsch wird mit dem Ruf angegangen. Dabei täuscht der Jäger einen Rivalen vor und versucht den Hirsch zum Zustehen zu bringen (Fotomontage).

Ein reifer Hirsch muss mindestens 12 Jahre alt sein. Oft legt er bis zum 14. Kopf noch an Geweihmasse zu, ehe er mit dem Zurücksetzen beginnt.

das Geweih beim Ziehen durch Dickungen u.ä. entsteht.

209 | Welche Arten der Lockjagd gibt es beim Rotwild?
Die Jagd mit dem Hirschruf in der Brunft

Schäden

210 | Lassen sich Rotwildschäden grundsätzlich vermeiden?
Nein, Rotwild ist ein großer Pflanzenfresser, der im ökonomischen Sinne Schaden macht. Dieser Schaden muss aber bei habitatangepassten Populationsgrößen kein ökologischer Schaden sein.

211 | Welche Waldschäden verursacht Rotwild?
Rotwild verursacht im Wald Schäden durch Sommer- und Winterschäle, durch vollständige Aufnahme von Naturverjüngung sowie durch starken Verbiss an jungen Bäumen. Hirsche verursachen Schäden durch das Schlagen mit dem Geweih (beim Verfegen oder in der Brunft → Erregungsschlagen)

212 | Wie kann man Schälschäden vorbeugen?
Durch zahlenmäßige Anpassung des Bestandes an den Lebensraum, durch Äsungsverbesserungen und – ganz wichtig – Ruhezonen, so dass dem Rotwild die Einhaltung des natürlichen Äsungsrhythmus möglich ist. Auch technische Schälschutzmaßnahmen sind möglich.

213 | Welche Feldschäden verursacht Rotwild?
Rotwild verursacht im Feld Schäden an Hackfrüchten (Zuckerrüben, Kartoffeln), an reifendem Getreide sowie im Raps, an Erbsen, Bohnen, Sonnenblumen u.a.

Waidmännische Ausdrücke

Aalstrich	dunkler Strich auf dem Rücken
äsen	Fressen
Äser	Maul
Äsung	Nahrung
äugen	sehen, schauen
Alttier	weibliches Stück vom 3. Lebensjahr an
Aufbruch	die Innereien insgesamt (Geräusch und Gescheide)
aufwerfen	ruckartiges Hochnehmen des Hauptes
Bast	Nährhaut, die während des Wachstums das Geweih umhüllt
Beihirsch	schwächerer Hirsch bei einem Brunftrudel
beschlagen	begatten
Bett	Lager
Blatt	vorderer Teil des Rumpfes (um den Brustkorb)
Brunftfleck	dunkler Deckenfleck am Bauch vor und seitlich des Pinsels
Brunftkugeln	Hoden
Brunftmähne	Halsmähne des Hirsches
Brunftrute	männliches Glied
Burgstall	kleine Erhöhung im Trittsiegel des Hirsches zwischen Ballen und Schale
Decke	Haut mit Haaren
Drossel	Luftröhre
eingehen	sterben durch Krankheit oder Alter
Einstand	bevorzugter Aufenthaltsort von Wild
Fallwild	eingegangenes bzw. verunglücktes Wild
Fegen	abreiben des Bastes vom Geweih
Feist	Fett
Feisthirsch	Hirsch in der Zeit vom Fegen bis zur Brunft
Feuchtblatt	äußerer weiblicher Geschlechtsteil
Flüchtig	in schneller Gangart (Galopp)
Geäfter	Afterklauen, kleine, rudimentäre Klauen oberhalb der fußenden Schalen
Gelttier	unfruchtbares bzw. nicht führendes Alttier
Geräusch	die essbaren Innereien (Herz, Lunge, Leber, Milz, Nieren)
gering	schwach, klein
Gesäuge	Euter
Gescheide	Eingeweide (großes Gescheide = Vormägen und Labmagen der Wiederkäuer, kleines Gescheide = übriges Gedärm)
Grandeln	obere Eckzähne
Grind	Kopf
Haken	gleichbedeutend mit Grandeln
Haupt	Kopf
Himmelszeichen	Zeichen, die der Hirsch mit dem Geweih hinterlässt
Hirschbart	Haare aus der Brunftmähne
Hirschkalb	männliches Kalb
hochbeschlagen	Endstadium der Trächtigkeit

Waidmännische Ausdrücke (Fortsetzung)

hochwerden	aufstehen
Kälbertier	weibliches Stück mit Kalb
Kahlwild	weibliches Wild und Kälber
Kammer	Brusthöhle
klagen	Angst- oder Schmerzlaute
knören	kurzes, leises Schreien des Hirsches in der Brunft, auch trenzen genannt
Kolbenhirsch	Hirsch im Bast
kümmern	kränkeln
Kurzwildbret	Hodensack mit Hoden
Lauf	Bein
Lauscher	Ohren
Lecker	Zunge
Leittier	das ein Rudel führende, weibliche Stück
Lichter	Augen
Losung	Kot
Luser	siehe Lauscher
mahnen	nasaler, kurzer Laut (Kontaktlaut)
melden	Brunftlaut des Hirsches
Mönch	geweihlos bleibender Hirsch, auch Plattkopf
nässen	Harn absetzen
orgeln	schreien des Rothirsches in der Brunft
Pansen	großer Vormagen der Wiederkäuer
Passstangen	zusammenpassende Abwurfstangen von einem Hirsch
Petschaft	Bruchstelle an der Abwurfstange
Pinsel	lange, pinselartige angeordnete Haare an der Vorhaut
Plattkopf	siehe Mönch
Platzhirsch	stärkster Hirsch eines Brunftplatzes
rinnen	schwimmen
röhren	siehe orgeln
Rose	abgesetzte rundum Verdickung am unteren Ende der Geweihstange
Rosenstock	Stirnzapfen, auf dem das Geweih sitzt
Rudel	mehrere Stücke Rotwild zusammen
schälen	abbeißen von Rinde
Schalen	Klauen
Scheibe	siehe Spiegel
Schloss	knorpelige (junge Tiere bzw. knöcherne (alte Tiere) Verwachsungsnaht der beiden Hüftknochen
Schlosstritt	Trittsiegel in der Mitte des Hirschbettes
Schlund	Speiseröhre
Schmalspießer	Hirsch im 2. Lebensjahr (vom 1. Kopf)
Schmaltier	weibliches Stück im 2. Lebensjahr
Schneider	geringer Hirsch
Schnitthaar	abgeschossene Haare am Anschuss
Schrank	seitlicher Abstand des linken zum rechten Trittsiegel in der Fährte
schrecken	Schreck- und Warnlaut
schreien	siehe orgeln
Schweiß	Blut

Waidmännische Ausdrücke (Fortsetzung)

setzen	gebären
sichern	prüfen der Umgebung mit den Sinnesorganen
Spiegel	helle Behaarung auf den Hinter- und Innenseiten der Keulen unterhalb des Weidlochs
Spießer	Hirsch mit Spießgeweih (ohne Enden)
Spinne	siehe Gesäuge
Sprengruf	Brunftlaut des Hirsches beim Vertreiben eines Nebenbuhlers
Standwild	Wild, das ständig im Revier ist
Stich	Halsgrube an der Brustspitze
Suhle	Schlammbad
Träger	Hals
trenzen	siehe knören
Trittsiegel	Schalenabdruck
Troll	beschleunigte Fortbewegung (Trab)
Trupp	einige Hirsche zusammen (kleines Rudel)
überfallen	überspringen eines Hindernisses
übergehendes Tier	weibliches Stück im 3. Lebensjahr, das noch nicht beschlagen ist
verbeißen	Pflanzen abbeißen
verenden	Tod durch akute Gewalteinwirkung, z.B. durch Erlegen
verfärben	Haarwechsel
vergrämen	stark beunruhigen
verhoffen	stehenbleiben (und sichern)
vernehmen	hören
vertraut	unbekümmert
Vorschlag	Körperpartie vor Widerrist und Vorderläufen (vorderer Teil der Brust samt Träger und Haupt)
Wände	gesamte Rippenpartie (beim Zerwirken)
Weidloch	After
Wechselwild	Wild, das nicht ständig im Revier ist
Wedel	Schwanz
Wildkalb	weibliches Kalb
Wildbret	Fleisch
winden	riechen
Windfang	Nase
Wundbett	Lager eines angeschweißten Stückes
zeichnen	Reaktion des Wildes auf den Schuss
ziehen	gehen
Ziemer	Rücken

Sikawild *(Cervus nippon)*

Das mit dem Rotwild verwandte Sikawild kommt in der Bundesrepublik Deutschland in geringen Beständen in Nordrhein-Westfalen, in Schleswig-Holstein und in Südbaden in freier Wildbahn vor. Außerdem findet man es in Wildgehegen. Es stammt aus Ostasien, wo es in verschiedenen Unterarten vorkommt. Es ähnelt in Gestalt und Verhalten dem Rotwild, ist aber wesentlich kleiner. Es gilt als klima- und wetterharte, robuste Wildart und in seiner Nahrungswahl als relativ anspruchslos (Typ: Rauhfutterfresser). Die Decke auch der erwachsenen Tiere ist im Sommer auf dunklem Untergrund hell gefleckt, im Winter fast schwarz mit hellem Spiegel (ähnlich wie Damwild). Die Lautäußerung der Hirsche in der Brunft, die wie die Rothirsche im Winterhaar eine starke Brunftmähne tragen, ist ein schrilles Pfeifen. Die waidmännischen Ausdrücke sind dieselben wie beim Rotwild. Das Geweih zeigt regulär 8 Enden, ausnahmsweise 10 bis 12, die selten auch als Krone geformt sein können, ähnlich einem geringen Rothirsch.

Das mit scharfen Sinnen ausgestattete, standorttreue Sikawild ist in Rotwildrevieren unerwünscht, da beide Arten sich untereinander fruchtbar kreuzen (Bastarde sollen fortpflanzungsfähig sein). Sika-Kahlwild lebt im Sommer in kleineren Mutterfamilienrudeln, die im Winter auch Großrudel bilden. Junge Hirsche leben in Trupps, alte Hirsche sind Einzelgänger. Im ausgehenden Winter sind auch größere Hirschrudel zu beobachten.

In der Brunft treten mehrere Hirsche zu den Kahlwildrudeln. Mitunter kämpfen die Hirsche erbittert um ein brunftiges Stück aus dem Rudel. Weil das Sikawild vorwiegend Waldbewohner ist, bleibt es bei Gefahr zunächst wie versteinert stehen, und der Jäger hat Mühe, den zur Brunft fast schwarzen Hirsch im Stangenholz zu entdecken.

In der Sommerdecke ist weibliches Sikawild leicht mit Damwild zu verwechseln.

Sikawild auf einen Blick

Körperbau: Gewichte ♂ bis 55 kg, ♀ bis 45 kg. Wideristhöhe bis 100 cm; Figur und Färbung vergleichbar dem Damwild. Hirsche im Winterhaar fast schwarz.
Sinne: Gesichts-, Hör- und Geruchssinn vergleichbar dem Rotwild.
Lautäußerungen: Hohes, schrilles Pfeifen als »Brunftschrei«; Mahnen als Kontaktlaut; kurzes Pfeifen als Warnruf (Schrecken).
Lebensweise: Meist größere Kahlwildrudel (Tiere, Schmaltiere und Kälber); Hirsche vom 1. Kopf bilden häufig eigene kleine Rudel, ebenso Hirsche vom 2. und 3. Kopf; ältere Hirsche leben überwiegend als Einzelgänger. Hirschrudel lösen sich zur Brunft auf. Sikawild lebt territorial; tag- und nachtaktiv; steht im Sommer gerne im Feld.
Fortpflanzung: Geschlechtsreife mit ca. 18 Monaten; Brunft Oktober/November; Tragzeit 7 $^{1}/_{2}$ bis 8 Monate; Setzzeit Juni; 1 (2) Kalb; Säugezeit 3 bis 4 Monate.
Nahrung: Wenig selektive Äsungsaufnahme (Grasertyp); nimmt Gräser, Zwergsträucher, Blätter, Feldfrüchte, Baumrinde.

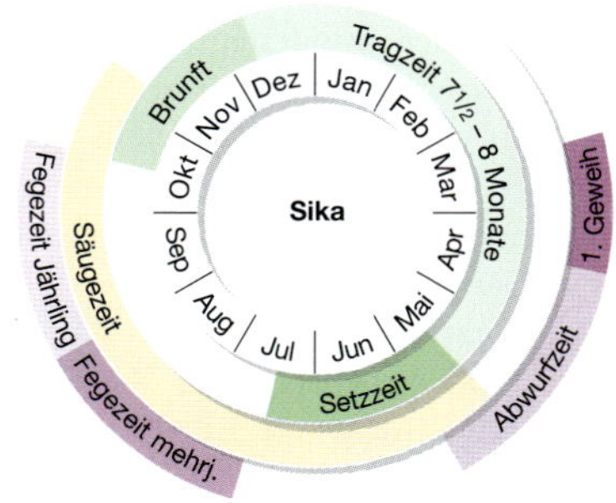

Jahreszyklus

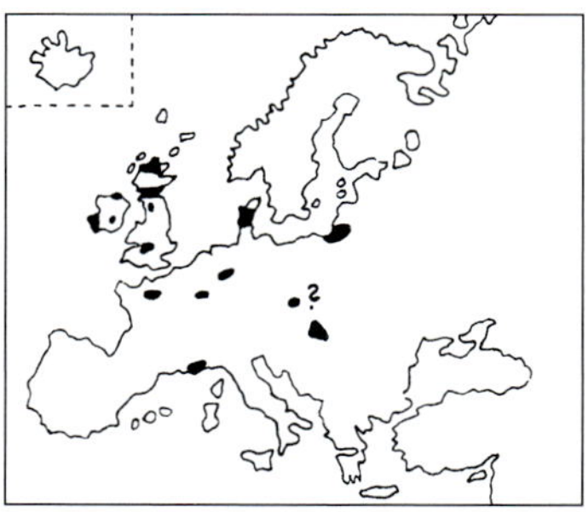

Verbreitungsgebiet

Geweihzyklus: Geweihabwurf – Spießer: Mitte bis Ende Mai; – ältere Hirsche: Mitte April bis Ende Mai. Fegezeit ab Mitte August. Meist nur 8er-Geweih, selten 10er-Geweih, Stangenlänge bis etwa 70 cm.
Zahnformel: $\frac{0\,1\,3\,3}{3\,1\,3\,3} = 34$

Lebensraum

214 | Welche Lebensräume bevorzugt Sikawild
Sikawild bevorzugt zusammenhängende Wälder, in denen es im Unter- und Stangengehölz Einstand nimmt.

215 | Ist das Sikawild entwicklungsgeschichtlich ein Waldbewohner?
Ja. Seine Heimat liegt in Ostasien; es kommt in mehreren Rassen vor.

216 | Wie groß ist Sikawild?
Etwa so groß wie Damwild.

217 | Wie lautet die Zahnformel des Sikawildes?
Zahnformel: $\frac{0\,1\,3\,3}{3\,1\,3\,3} = 34$,
entspricht der des Rotwildes, einschließlich der Grandeln.

218 | Wann ist der Zahnwechsel abgeschlossen?

Der Zahnwechsel ist in der Regel mit 28 Monaten beendet.

219 | Wie ist die Färbung des Sikawildes?

Sommerhaar: rote Grundfarbe mit weißen Flecken
Winterhaar: dunkelbraun bis schwarz wirkend mit Flecken

220 | Wie lassen sich weibliches Dam- und weibliches Sikawild in der Sommerdecke unterscheiden?

Sikatiere besitzen ein kurzes, eckig wirkendes Haupt, Damtiere dagegen ein längliches, schmales Haupt. Der Wedel der Damtiere ist stets länger. Die Anordnung der Flecken der untersten Linie am Bauch erscheint beim Damtier als durchgehende Linie, während beim Sikatier der Fleckencharakter erhalten bleibt. Der Hautdrüsenbezirk (Hautbürste) außen, handbreit unter dem Sprunggelenk, ist beim Sika stets mit weißen Haaren besetzt. Sikawild spreizt den Spiegel, Damwild ist dazu nicht in der Lage.

221 | Wie ist der Geweihzyklus des Sikawildes?

Das Geweih wird ab Mitte August gefegt und im April/Mai des Folgejahres abgeworfen.

222 | Welche Geweihstufe erreicht der Sikahirsch?

In der Regel ist die Endausformung das Achtergeweih mit charakteristischer Gabel. Zehner oder Zwölfer können auftreten.

Altersmerkmale / Altersansprache

223 | In welchem Alter lassen sich Hirsch- und Tierkälber gut unterscheiden?

Zum Ende der Jagdzeit im Januar im Alter von sechs bis sieben Monaten, da beim Hirschkalb die Rosenstockerhebungen sichtbar werden.

224 | Wie unterscheiden wir den alten vom jungen Sikahirsch?

Nach Erscheinungsform, Verhalten, Körpergröße und Gesichtsausdruck sind Hirsche altersmäßig einzustufen. Hirsche vom 8. Kopf an und geraden 8 Enden über 2 cm gelten als reife Erntehirsche.

Nahrung

225 | Welchem Äsungstyp wird das Sikawild zugeordnet?

Sikawild zählt zum Typ Rauhfutterfresser.

226 | Äst Sikawild auch im Feld?

Es äst auch im waldnahen Feldbereich, bevorzugt aber auf Wildäcker und Wildwiesen im Wald.

Verhalten

227 | Lebt Sikawild einzeln oder in Rudeln?

Weibliches Sikawild lebt in Mutterfamilien, die sich zu Rudeln zusammenschließen können. Alte Hirsche leben häufig als Einzelgänger, mittelalte bilden Hirsch-

Alttier und Kalb im Winter.

trupps. Im ausgehenden Winter bilden Hirsche größere Rudel.

228 | Ist Sikawild territorial?
Sikawild lebt territorial.

229 | Suhlt Sikawild?
Sikawild suhlt gerne und steht ebenfalls gerne im Wasser.

Fortpflanzung

230 | Wann findet die Sikabrunft statt?
Die Brunft erstreckt sich über die Monate Oktober und November.

231 | Können sich Rot- und Sikawild fruchtbar paaren?
Ja, eine Bastardierung ist möglich; die Bastarde sollen fortpflanzungsfähig sein.

232 | Wie läuft die Brunft ab?
Mehrere Hirsche stellen sich zum Brunftrudel. Um einzelne brünstige Tiere kann es zu heftigen Kämpfen kommen. Einen Platzhirsch gibt es nicht.

233 | Röhrt der Sikahirsch?
Der Brunftlaut des Sikahirsches beginnt mit einem schrillen Pfeifen und endet in einem Brunftlaut, der den Lautäußerungen eines Esels ähnelt. Das Pfeifen ist etwa 200 m weit zu hören.

234 | Wie viele Kälber setzt das Alttier jährlich?
Beim Sikawild sind Einzelgeburten die Regel. Auf alle Geburten fallen weniger als 10 % Zwillinge.

235 | Liegen die Kälber ab oder ziehen sie mit dem Rudel?
Sikawildkälber sind Nestflüchter, die nach einer Ablagezeit von nur wenigen Tagen dem Alttier folgen.

236 | Wie hoch sind die Zuwachsraten beim Sikawild?
Die Zuwachsraten liegen (wie beim Rotwild) bei 70 % bezogen auf den Bestand des weiblichen Wildes.

237 | Wie erfolgt die Bejagung des Sikawildes?
Die Bejagung des Sikawildes erfolgt im Rahmen des Ansitzes und der vorsichtigen Pirsch im Wald.

Bejagung

238 | Wie soll der Abschuss gegliedert sein?
Empfehlung zur Abschussgliederung beim Sikawild:

Geschlecht	Männlich	Weiblich
Zuwachs in % des weibl. Wildes	70 %	
Jugendklasse	Hirschkälber 65 %	Kälber und Schmaltiere 65 %
Mittlere Altersklasse	3 bis 7 Kopf 20 %	ab 2 Jahre
Obere Altersklasse	ab 8. Kopf 15 %	35 %

239 | Wie alt muss ein »reifer« Sikahirsch sein?
8jährig und älter.

Schäden

240 | Welche Schäden verursacht Sikawild?
Sikawild verursacht: Schäl-, Verbiss-, Schlag- und Feldschäden. Sommerschäle an der Buche kann erheblich sein. Schälschäden sind in den verschiedenen Vorkommensgebieten sehr unterschiedlich. »Schälreine« Bestände gibt es kaum.

Damwild *(Dama dama)*

Bei dieser Echthirschart unterscheiden wir zwei Arten: das Europäische Damwild und das Mesopotamische Damwild. Letzteres ist heute in Restpopulationen noch im Iran heimisch. Das europäische Damwild hat bis zur letzten Eiszeit (Weichseleiszeit) große Bereiche der nördlichen Halbkugel besiedelt. Die extremen Klimaänderungen haben diese Wildart in den östlichen Mittelmeerraum abgedrängt, von wo aus das Damwild in der nachfolgenden Warmzeit sich nicht wieder nach Norden ausgebreitet hat. Alle heutigen Vorkommen in Mittel- und Nordeuropa sind gewollte Wiedereinführungen, die in Frankreich, England und Deutschland erstmalig schon durch die Römer erfolgten.

Damwild zeichnet sich durch eine hohe Anpassungsfähigkeit an seinen Lebensraum aus, wodurch sich seine bemerkenswerte Ausbreitung in den vergangenen 10 bis 15 Jahren erklärt. Die stetige Zunahme der Strecke beim Damwild, auch außerhalb seiner Hauptverbreitungsgebiete, belegt die enorm gestiegene jagdliche Bedeutung dieser interessanten Wildart, die mit Ausnahme der Hansestadt Bremen zwischenzeitlich in allen Bundesländen vorkommt.

Parkähnliche Landschaften sind die bevorzugten Einstandsgebiete der zum Äsungstyp »Mischfresser« zählenden Hirschart. Sein Hauptlebensraum ist in allen seinen Vorkommen bei uns der Wald. Die robuste, wenig krankheits- und störanfällige Wildart wird häufig im Gatter zur Präsentation oder zur landwirtschaftlichen Wildfleischproduktion gehalten; Versuche seiner Domestikation werden zur Zeit unternommen. Wildbret des Dam- und des Sikawildes ist ein sehr schmackhaftes und hochwertiges Fleisch. (→ Verbreitungskarte)

Die größten Damwildvorkommen gibt es in den jungen Bundesländern.

Steckbrief Damwild

Körperbau: Läufertyp; auffällig langer, oberseitig schwarzer Wedel; Gewicht ♂ bis 100 kg, ♀ bis 50 kg (aufgebrochen); Geschlecht der Kälber schon im September zu unterscheiden (Gegensatz zum Rotwild).
Sinne: Gesichtssinn sehr gut (besser als Rotwild); Geruchs- und Gehörsinn ebenfalls sehr gut.
Lautäußerungen: Schrecken als Warnruf; Blöken als Kontaktlaut; Kälber fiepen; »grunzender« Brunftschrei als Informationsruf.
Lebensweise: Bildung größerer Kahlwildrudel einschließlich Schmalspießer, vereinzelt auch 2jährige Hirsche. Hirsche in eigenen Rudeln. Ausgesprochen tagaktiv, hält sich gerne im Feld auf und nimmt auch in kleinen Feldgehölzen Einstand. Hirsche brunften oft weit entfernt vom Sommereinstand.
Fortpflanzung: Geschlechtsreife mit 16 Monaten; Brunft Mitte Oktober bis Anfang November (fest fixierte Brunftplätze); Tragzeit ca. 230 Tage; Setzzeit Juni (bis Anfang Juli); 1 Kalb (sehr selten 2); Säugezeit bis 4 Monate.
Nahrung: Damwild weidet. Gräser, Zwergsträucher, Laub, Feldfrüchte.

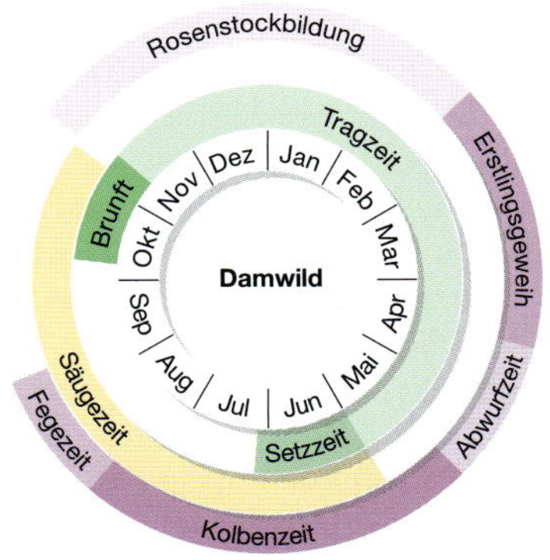

Jahreszyklus

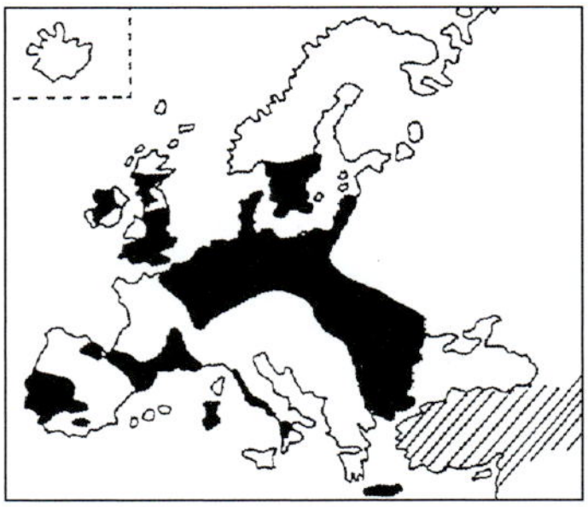

Verbreitungsgebiet

Geweihzyklus: Bildung der Rosenstöcke bis Februar abgeschlossen, danach Bildung des Erstlingsgeweihs (nicht nur Spieße!), das Ende Juli, Anfang August gefegt wird; Geweihabwurf Mitte April bis Anfang Mai; Fegezeit der mehrjährigen Hirsche 2. Augusthälfte.
Zahnformel: $\frac{0\,0\,3\,3}{3\,1\,3\,3} = 32$

Lebensraum

241 | Ist das Damwild bei uns autochthon?

Nein, alle Damwildvorkommen in Mittel- und Nordeuropa sind auf Einbürgerungen zurückzuführen, die teilweise schon durch die Römer erfolgten.

242 | Welche Landschaft bevorzugt Damwild?

Damwild ist eine Hirschart reich gegliederter Landschaften (Parklandschaft), der Ebenen und des Hügellandes.

Körperbau

243 | Wie schwer wird Damwild bei uns?

Erwachsene Hirsche: 50 kg bis 100 kg aufgebrochen
Alttiere: 30 kg bis 50 kg aufgebrochen

Die Gewichte sind standortabhängig. Hirsche verlieren bis zu 20 kg Lebendmasse in der Brunft.

244 | Kommen beim Damwild ausnahmsweise Grandeln vor?
Nein, Grandeln fehlen immer.

245 | Wie unterscheiden sich Sommer- und Winterdecke des Damwilds?
Die Sommerdecke der »wildfarbenen« (normgefärbten) Tiere ist braun-rostrot und hell gefleckt. Die Winterdecke ist immer dunkler und ohne Fleckung. Das Winterhaar ist länger und durch die neu gebildeten Wollhaare dichter. Bei hellbraunen Tieren sind die Flecken auch im dunklen Winterhaar erkennbar. Sommer-Farbvarianten von schwarz, dunkelbraun, hellbraun bis weiß kommen beim Damwild häufig vor.

246 | Was sind Albinos?
Tiere mit weißem Haar und pigmentloser Iris (→ rote Lichter). Weißes Damwild ist nicht selten, in der Regel sind die Tiere jedoch keine Albinos.

247 | Wann schiebt der Damhirsch sein erstes Geweih?
Das erste Geweih schiebt der Damhirsch im April bis Juni des auf seine Geburt folgenden Jahres.

248 | Wann werfen Damhirsche ab?
Die Geweihe werden im April abgeworfen.

249 | Wann fegen Damhirsche?
Das Fegen des Geweihs erfolgt im August/September. Schmalspießer verfegen häufig als erste.

250 | Wie wird das Damwild nach Geschlecht und Alter unterschieden?
a) weibliches Wild: Wildkalb, Schmaltier, Alttier. Tiere gelten mit 3 Jahren als ausgewachsen.
b) männliches Wild: Hirschkalb, Schmalspießer, Hirsch vom 2., 3., 4. Kopf usw.

Albinos werden auch rezessiv vererbt.

251 | Wie werden die Damhirsche nach ihrer Geweihentwicklung angesprochen?
Schmalspießer (= 1. Kopf), Knieper (2. Kopf), tragen in der Regel neben Aug- und Mittelsprosse schwache (→ schmale) Schaufel; Löffler: angehender Schaufler (= 3. Kopf); Halbschaufler (= 4. und 5. Kopf); Schaufler (= 6. und 7. Kopf); Vollschaufler (= 8. Kopf und älter). Hirsche sind frühestens mit 6 Jahren ausgewachsen.

Altersansprache / Altersmerkmale

252 | Welche Geschlechts- und Altersklassen werden unterschieden?
a) weibliche Tiere: Wildkälber, Schmaltiere und Alttiere
b) männliche Tiere: Hirschkälber, Spießer, Knieper (→ Hirsche bis zum 2. Kopf) Löffler, Halbschaufler, Schaufler (Hirsche bis zum 7. Kopf) Vollschaufler (Hirsche ab 8. Kopf und älter)

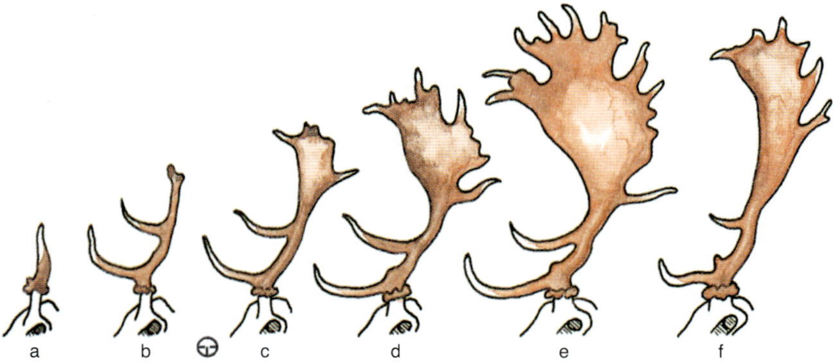

Geweihformen beim Damhirsch: a) Spießer, b) Knieper (Schwerpunkt der Auslese im 2.–3. Kopf), c) Löffler, d) Halbschaufler, e) Vollschaufler, f) Altschaufler.

253 | Bis zu welchem Alter können wir den Zahnwechsel zur Altersbestimmung heran ziehen?

Der Zahnwechsel ist mit dem 28. Lebensmonat beendet.

254 | Ist der Zahnabschliff altersabhängig?

Der Zahnabrieb ist altersabhängig. Aufgrund der individuellen Härte der Zahnsubstanzen kann der Zahnabrieb gleichaltriger Hirsche jedoch unterschiedlich sein.

255 | Wie sind Hirsch- und Tierkälber zu unterscheiden?

Von allen Echthirscharten trägt das Hirschkalb als einziges schon mit Beginn des Septembers einen deutlich sichtbaren Pinsel.

256 | Wie unterscheiden wir Schmaltier und Alttier?

Schmaltier und Alttier unterscheiden sich deutlich in der Größe.

257 | Welche Merkmale sprechen für einen Hirsch der Jugendklasse?

Die Geweihausformung in der Jugendklasse ist ein wesentliches Ansprechmerkmal. Hinzu kommt das jugendliche Aussehen, sowie der nicht ausgereifte Körperbau.

258 | Welche Körpermerkmale charakterisieren einen alten Damhirsch?

Breites, dunkles bullig wirkendes Haupt, Körpermasse liegt vorne, deutlicher Widerrist und charakteristischer Hängebauch; deutlich sichtbarer Drosselknopf (= äußerlich im oberen Halsbereich augenfälliger Teil des Kehlkopfes)

Nahrung

259 | Welchem Äsungstyp steht Damwild nahe?

Damwild zählt zum Äsungstyp Mischfresser; eine weidende Äsungsaufnahme ist die Regel.

260 | Welche Äsung bevorzugt das Damwild?

Eine Mischäsung aus Gräsern, Kräutern, Laub, jungen Trieben; von den Großsamen nimmt das Damwild neben Eicheln und Buckeckern als einzige heimische Schalenwildart gerne die Früchte der Kastanie.

261 | Welche landwirtschaftlichen Kulturpflanzen äst Damwild im Sommer?

Angenommen werden alle Getreidearten, bevorzugt Hafer, Weizen sowie reifende Maiskolben. Sehr beliebt ist auch Raps.

Verhalten

262 | Lebt Damwild territorial?
Damwild lebt nicht territorial, es ist wie das Rotwild eine ziehende Wildart.

263 | Suhlt das Damwild?
Damwild suhlt nicht.

264 | Welche Auffälligkeit in der Fortbewegung des Damwildes gibt es?
Neben den bekannten Bewegungsarten Ziehen (Schritt), Troll (Trab), Flucht (Galopp) zeigt Damwild in der Flucht Prellsprünge. Hierbei befinden sich alle vier Läufe gleichzeitig in der Luft. Die Prellsprünge werden gedeutet als visuelles Alarmsignal, Überwachung der Hörquelle, Duftmarkierung durch Sekretabgabe bei Ab- und Aufsprung aus den Schalendrüsen.

265 | Mit welchen Verhaltensformen muss der Jäger bei der Bejagung rechnen?
Da Damwild hervorragend äugt und das »Eräugte« auch erkennt, ist die Pirsch auf diese Rudel bildende Wildart äußerst schwierig.

266 | Wie verhält sich Damwild bei Drückjagden?
Damwild lässt sich kaum gezielt drücken. Es verbleibt in der Regel im Bestand, geht bei Beunruhigung kaum nach vorne und ebenso selten versucht es, rückwärts auszubrechen. Bei langzeitiger Beunruhigung sind seitliche Ausweich- und Absetzbewegungen die Regel.

Fortpflanzung

267 | Wann brunftet das Damwild?
Die Brunft des Damwildes fällt in die zweite Oktoberhälfte und endet am Hubertustag (3. November).

268 | Wie läuft die Brunft ab?
Die Hirsche stellen sich auf tradierten Brunftplätzen in den Kahlwildrevieren ein. Hier schlagen sie Brunftkuhlen und röhren den ganzen Tag mit Aktivitätsmaxima in den frühen Vormittagsstunden und am Spätnachmittag. Das Kahlwild wird von den brunftenden Hirschen erwartet.

269 | Wie unterscheiden sich die Brunftplätze von Rot- und Damwild?
Die Brunftplätze des Damwildes befinden sich im Wald, bevorzugt werden Altholzbestände mit lückigem Unterbau.

270 | Was sind Brunftkuhlen?
Brunftkuhlen sind vom Brunfthirsch mit dem Schalen ausgeschlagene Bodenvertiefungen, in denen der Hirsch auf seinem Brunftplatz liegt.

Die Schaufler verteidigen ganz kleine Brunftterritorien, in denen sie sitzen und vom Kahlwild aufgesucht werden.

271 | Wie spielt sich die Damwildbrunft ab?

Grundsätzlich zieht das Kahlwild zum Hirsch. Paarungswillige Schmal- und Alttiere erwählen sich ihren Partner. Auf guten Brunftplätzen können sich bis zu 100 Stück Damwild aufhalten. Da die Brunft sich ganz überwiegend bei Tageslicht abspielt, stellt die Damwildbrunft ein großartiges, voll miterlebbares Ereignis dar.

272 | Wie lange trägt Damwild?

Die Tragzeit beträgt 32 Wochen.

273 | Wann werden die Kälber geboren?

Die Kälber werden im Juni geboren. Die Masse der Kälber um den 15. Juni. Zwillinge sind sehr selten.

274 | Wie lange liegen die Kälber ab?

Die Kälber kennen keinen Drückreflex. Sie folgen den Muttertieren schon nach wenigen Tagen.

275 | Wann nehmen die Kälber die erste Grünäsung auf?

Ab Mitte der zweiten Lebenswoche.

276 | Wie lange saugen die Kälber?

Kälber können bis zum 10. Lebensmonat gesäugt werden. Die wichtigste Milchernährungsphase erstreckt sich von der Geburt bis Ende September.

277 | Wie hoch ist die Zuwachsrate beim Damwild?

Die nutzbare Zuwachsrate beträgt 70 % bezogen auf den Bestand des weiblichen Wildes.

Bejagung

278 | Wie erfolgt die Bejagung des Damwildes?

Durch Ansitz, Pirsch, auf Bewegungsjagden.

279 | Trennt sich das Kahlwild bei Drückjagden?

Nein, es versucht im Rudel zu bleiben.

280 | Wie alt ist ein reifer Damhirsch?

Ein reifer Damhirsch ist acht Jahre und älter.

Schäden

281 | Welche Schäden verursacht Damwild im Wald?

Wir kennen beim Damwild die Sommer- und Winterschäle. Bei angepasstem Bestand tritt das Schälen kaum in Erscheinung.

282 | Welche Schäden verursacht Damwild im Feld?

Wildschäden im Feld beobachten wir bei reifendem Getreide (Hafer, Weizen, Mais) sowie an Grünraps. Bei Rüben werden sehr gern die Blätter genommen. Kartoffelknollen werden mit den Läufen ausgeschlagen.

Waidmännische Ausdrücke

Damtier	weibliches Stück Damwild
Damspießer	Damhirsch vom 1. Kopf
Dorn	nach hinten zeigendes Schaufelende
Halbschaufler	junger, angehender Damschaufler (3.–4. Kopf)
Knieper	Damhirsch vom 2. Kopf
Krebsschere	abartige Schaufelbildung
Löffler	Damhirsch vom 3. Kopf gelegentlich auch vom 2. Kopf
Schaufel	oberer, abgeflachter Geweihteil
Angehender Schaufler	Damhirsch etwa ab dem 4. Kopf
Schaufler	Damhirsch ab dem 6. Kopf (mit ausgebildeter Schaufel)

Elchwild *(Alces alces)*

Der Elch ist die größte lebende Hirschart auf unserer Erde. Diese Trughirschart war immer nur auf der nördlichen Halbkugel beheimatet. Die europäische Unterart, wesentlich kleiner als seine Verwandten in Alaska und Ostrussland, ist in historischer Zeit in Mitteleuropa ausgerottet worden. Stabile Elchpopulationen finden wir in Europa noch in Norwegen, Schweden, Finnland, Russland, im Baltikum und Polen. Bis 1945 lag in Ostpreußen das am weitesten westlich auftretende Vorkommen dieser Hirschart. Aus dem polnischen Verbreitungsgebiet wandern nicht selten einzelne Hirsche (sog. Wanderhirsche) in die östlichen Bundesländer ein. Das etwa pferdegroße, tagaktive Elchwild erscheint sehr hochläufig und imponiert durch einen gedrungenen Rumpf mit einem hohen Widerrist. Auffallend ist seine weit überhängende wulstige Oberlippe. Die schwarzen Spitzen der Grannenhaare lassen den mächtigen Rumpf des Elches schwarz erscheinen, gegen den sich seine hellgrau behaarten Läufe deutlich abheben. Elche sind als stark selektierende Wildart an Sträucher, Weichholz und Baumaufwuchs nahrungsmäßig gebunden (Laub, Rinde). In kleinen Familiengruppen oder singulär lebend, sind große weichholzreiche Nadelwälder, Erlenbrüche und Moore ihr bevorzugter Lebensraum. Elchwild orientiert sich

Europäische Elche schieben nur verhältnismäßig bescheidene Geweihe.

Steckbrief Elch

Körperbau: Auffälliger Schulterhöcker; langer, rammsnasiger Kopf, Hirsche tragen Kehlbart; Nüstern können geschlossen werden (Äsen unter Wasser); Widerristhöhe 175 bis 200 cm; Gewicht ♂ bis 500 kg, ♀ bis 350 kg.
Sinne: Hör- und Geruchssinn sehr gut, Gesichtssinn eher mäßig.
Lautäußerungen: Mahnen als Lockruf; heiseres Röhren als Brunftschrei.
Sozialverhalten: Mutterfamilien; gelegentlich lose Rudel; Hirsche meist Einzelgänger.
Lebensweise: Tag- und dämmerungsaktiv.
Fortpflanzung: Geschlechtsreife mit 18 Monaten; Brunft September bis Mitte Oktober; Tragzeit etwa 235 Tage; Hauptsetzzeit Mai; häufig 2 Kälber; Säugezeit bis zur nächsten Brunft.
Nahrung: Überwiegend Laubholzblätter und -triebe, Stauden, Wasserpflanzen, Schilf, Seggen, Süßgräser.
Geweihzyklus: Beginn des Geweihaufbaus April / Mai; Fegezeit August (September); Geweihabwurf ab November. In Europa überwiegend Stangenelche und geringe Schaufler.
Zahnformel: $\frac{0\,0\,3\,3}{3\,1\,3\,3} = 32$

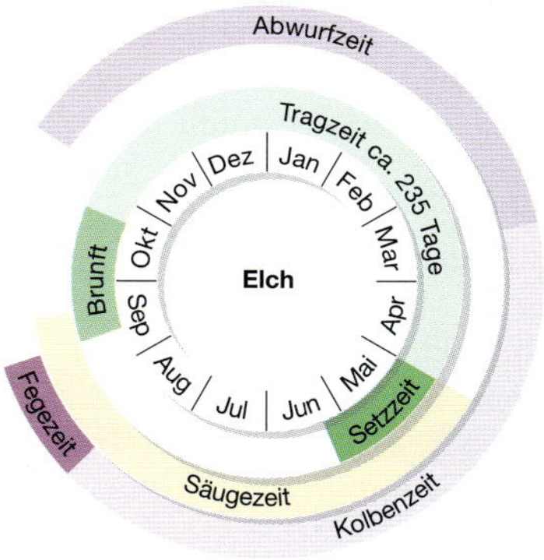

Jahreszyklus

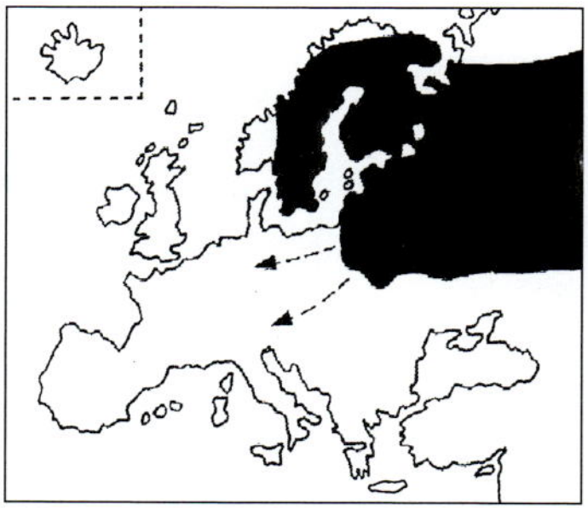
Verbreitungsgebiet

ganz vornehmlich über seinen Geruchssinn, der extrem gut ausgebildet ist. Es wittert von allen Schalenwildarten am besten und vernimmt mit seinen großen, sehr beweglichen Lauschern hervorragend. Sein Gesichtssinn ist dagegen schlecht.

Lebensraum

283 | Wo war das Elchwild ursprünglich verbreitet?

Auf der ganzen nördlichen Halbkugel.

284 | Wo finden wir heute noch Elchwild?

Natürliche (und starke) Populationen in Europa finden wir in Schweden, Norwegen, Finnland, Polen und Russland. In Kanada, Ostrussland und Alaska ist Alces alces gigas beheimatet.

285 | Welche Lebensräume beansprucht Elchwild?

Große zusammenhängende Mischwälder, Erlen- und Birkenbrüche, Moore.

Körperbau

286 | Wie schwer wird Elchwild?

In Europa erreichen starke Hirsche ein Körpergewicht bis zu 500 kg, starke Alttiere ein solches von 350 kg.

287 | Welcher Geweihtypus dominiert beim europäischen Elch?

Beim europäischen Elchhirsch dominiert das Stangengeweih.

Nahrung

288 | Stehen Elche den Grasern oder den Selektierern nahe?

Elche sind hoch spezialisierte Konzentratselektierer. Sie stehen damit den Rehen näher als allen übrigen Cerviden.

289 | Äsen Elche nur an Land?

Elche nehmen neben der Landäsung auch gerne Wasserpflanzen auf. Hierbei wird häufig das gesamte Haupt in das Wasser eingetaucht.

Verhalten

290 | Sind Elche Rudeltiere?

Nein, Elche leben in kleinen Familiengruppen, ältere Hirsche sind Einzelgänger

Fortpflanzung

291 | Wann findet die Brunft statt?

Die Brunft des Elchwildes findet im September/Oktober statt, Die Hirsche suchen aktiv brunftige Stücke. In der Stärke etwa so laut wie beim Damhirsch klingt der Brunftschrei wie ein dumpfes Brüllen.

292 | Wie lange ist die Tragzeit der Elche?

Die Tragzeit beträgt 8 Monate (Geburt im Mai).

293 | Wie viele Kälber setzt das Elchtier?

Beim Elch sind Zwillingsgeburten annähernd so häufig wie die Geburt nur eines Kalbes. Drillinge sind selten. Kälber tragen in den ersten drei Monaten eine braunrote Decke ohne Flecken oder Tüpfelung. Elchkälber folgen bereits wenige Stunden nach der Geburt ihren Müttern und liegen nicht wie Rehkitze ab.

Bejagung

294 | Wie werden Elche hauptsächlich bejagt?

Die tagaktiven Elche können auf der Pirsch gut bejagt werden. In Skandinavien wir der Elch ganz überwiegend mit Elchhunden bejagt, die der frischen Fährte folgen. Entweder stellt der Elch sich vor den ihn verbellenden Hunden oder er kommt den an den Wechseln vorgestellten Jägern.

295 | Welche Schäden verursacht Elchwild?

In besiedelten Gebieten mit Ackerbau sind Schäden am Getreide und Hackfrüchten zum Teil erheblich. Im Wald sind die Schäl- und Verbissschäden an Kiefern unübersehbar. Fichten werden weder geschält noch verbissen.

296 | Wie werden Elchhirsche nach dem Geweih angesprochen?

Das Erstlingsgeweih ist ein seitlich abstehendes Spießergeweih. Bei Stangenelchen folgen Gabler, Sechser, Achter usw. Schaufler tragen seitlich ausladende, schalenartig geformte Schaufeln mit am vorderen Rand ausgebildeten Enden.

297 | Wann wird das Geweih beim Elchhirsch abgeworfen?

Elchhirsche fegen im Juni/Juli. Ältere Hirsche werfen ihr Geweih schon im November wieder ab.

Rehwild
(Capreolus capreolus)

Naturgeschichte – Rehwild ist unsere kleinste und häufigste Hirschart, die von der Meeresküste bis ins Hochgebirge in fast jedem Revier vorkommt. Der umfassende Verbreitungsgrad belegt die enorme Anpassungsfähigkeit dieser Wildart.

In der Bundesrepublik Deutschland kommen jährlich (einschließlich Fallwild) mehr als 1 Million Stück zur Strecke.

Nach Körperbau und Lebensweise ist Rehwild als Ducker und Schlüpfer an unterholzreiche Biotope, besonders an abwechslungsreiche Wald-Feld-Landschaften mit Feldgehölzen, Hecken, dicht bemantelten Waldrändern sowie an deckungsreiche Wälder aller Art angepasst. Vom Äsungstyp gehört das Reh zu den Konzetratselektierern.

Die Stirnwaffen der Böcke sind richtige Geweihe, doch hat sich in der Jägersprache weitgehend der Ausdruck Gehörn eingebürgert. Das Gebiss ist ein typisches Wiederkäuergebiss. Grandeln (rudimentäre Eckzähne im Oberkiefer) kommen nur ausnahmsweise vor. Eine Besonderheit ist die durch Eiruhe (Keimruhe) verlängerte Tragzeit, so dass der Brunft im Hochsommer eine normale Setzzeit im Mai/Juni folgt.

Lebensraum und Lebensweise – Vom Spätherbst bis ins Frühjahr hinein sind Rehe untereinander verträglich und stehen – ohne feste Bindung – gern in Sprüngen (Familiengruppen) zusammen (keine Trennung nach Geschlecht und Alter). Spätestens im April suchen die erwachsenen Böcke ihren festen Einstand, den sie durch Duftmarken abgrenzen und gegen andere Böcke verteidigen (Territorialverhalten,

Es schaut so aus, als würde der Bock die Geiß »treiben«, tatsächlich folgt er ihr nur.

Einstandskämpfe). Nur weibliches Wild und z.T. noch unreife Jährlinge duldet der Bock in seinem Einstand. Ähnlich unduldsam sind auch führende Geißen (Ricken) gegeneinander.

Feldrehe in waldarmen Gebieten leben ständig außerhalb des Waldes und bilden im Winter in der deckungslosen Flur auch größere Sprünge – eine bemerkenswerte Anpassung an den für Rehe nicht typischen Lebensraum.

Sinne und Verhalten – Rehwild orientiert sich vornehmlich geruchlich; es vernimmt gut; der Gesichtssinn ist untergeordnet (Bewegungsseher). Der innerartlichen Kommunikation dienen die bekannten Hautdrüsen (Zwischenzehendrüsen der Hinterläufe, Laufbürsten und beim Bock die Stirnlocke).

Lautäußerungen sind das Fiepen als Kontaktlaut zwischen Mutter und Kitz sowie in der Brunft zwischen Geiß und Bock, dann oft zum Geschrei oder Sprengfiepen gesteigert und vom Jäger bei der Blattjagd (Lockjagd) nachgeahmt. Schreck- und Warnlaut ist das bellende Schrecken. Bei schmerzhaften Verletzungen klagt Rehwild.

Haarwechsel – Das Verfärben erfolgt im Mai (= Ausfall des Winterhaares) und September. Das Sommerhaar ist, individuell verschieden, gelblich bis tiefrot. Als Charakteristikum des Winterhaares ist der große weiße Spiegel herauszustellen.

Hauptschmuck – Das Geweih (Gehörn, Gewichtl, Krone) wird jährlich neu geschoben, gefegt und abgeworfen. Es ist unmittelbar nach dem Fegen weiß, verfärbt sich aber unter dem Einfluss von Pflanzensäften und Licht bald dunkler. Die Einfärbung ist abhängig von den befegten Pflanzen und von der Härte der Geweihsubstanz. Auf kalkarmen Moorböden entstehen poröse Geweihe, die durch Fegen an Erlen eine fast schwarze Färbung annehmen, so genannte Moorböcke. Schon im Alter von 3 bis 4 Monaten formt das normal entwickelte Bockkitz Rosenstöcke und bis zum Spätherbst das aus kleinen, knopfförmigen Spießchen bestehende Erstlingsgeweih (Kitzknöpfe); dieses wird – teilweise – im Dezember/Januar gefegt und im Februar abgeworfen. Danach beginnt sofort die Bildung des Folgegehörns. Es variiert zwischen kaum sichtbaren »Knöpfen« und Sechserstangen. Jährlinge fegen meist erst im Mai (bis Mitte Juni), ältere Böcke schon im März und April. Abgeworfen werden die Geweihe im Spätherbst von Oktober bis Anfang Januar. Die Geweihe unterliegen in ihrer Ausformung den Einflüssen von Witterung, Ernährung und Krankheit.

Fortpflanzung – Die Brunft beginnt in der zweiten Juliwoche und endet spätestens Mitte August. Zu Ende der Brunftzeit verlassen die Böcke auf der Suche nach noch nicht beschlagenen Ricken und Schmalrehen ihre Territorien.

Ein bis zwei, nicht selten auch drei, weißgetupfte Kitze kommen nach verlängerter Tragzeit (Keimruhe bis Anfang Dezember) im Mai/Juni zur Welt. Die Kitze legen sich in Deckung ab. Dabei drücken sie sich zur Feindvermeidung reglos an den Boden und werden jeweils nur kurz zum Säugen und Säubern von der Mutter aufgesucht. Dieses angeborene Verhalten führt bei Wiesen- und Grünfutterschlagmahd zu Kitzverlusten. Bevorzugt wird eine Aufwuchshöhe der Wiese um 40 cm.

Gebiss – Zwischen dem 11. und 14. Lebensmonat wird das Dauergebiss mit 32 Zähnen vollständig. Im Einzelnen entwickelt sich das Rehgebiss wie in nachstehender Tabelle.

Entwicklung des Gebisses beim Rehwild

Lebensmonat	Schneidezähne	Eckzähne	Backenzähne	
1.–4.	I $\frac{0}{1\ 2\ 3\ 4}$	C $\frac{0}{0}$	P $\frac{1\ 2\ 3}{1\ 2\ 3}$	M $\frac{\mathrm{I}}{\mathrm{I}}$
5.–6.	I $\frac{0}{1\ 2\ 3\ 4}$	C $\frac{0}{0}$	P $\frac{1\ 2\ 3}{1\ 2\ 3}$	M $\frac{\mathrm{I\ II}}{\mathrm{I\ II}}$
7.–8.	I $\frac{0}{\mathrm{I\ II}\ 3\ 4}$	C $\frac{0}{0}$	P $\frac{1\ 2\ 3}{1\ 2\ 3}$	M $\frac{\mathrm{I\ II}}{\mathrm{I\ II}}$
10.	I $\frac{0}{\mathrm{I\ II\ III\ IV}}$	C $\frac{0}{0}$	P $\frac{1\ 2\ 3}{1\ 2\ 3}$	M $\frac{\mathrm{I\ II\ (III)}}{\mathrm{I\ II\ (III)}}$
12.–13.	I $\frac{0}{\mathrm{I\ II\ III\ IV}}$	C $\frac{0}{0}$	P $\frac{\mathrm{I\ II\ III}}{\mathrm{I\ II\ (III)}}$	M $\frac{\mathrm{I\ II\ III}}{\mathrm{I\ II\ III}}$

Erläuterungen: I = Incisivi = Schneidezähne; C = Canini = Eckzähne; P = Prämolares = vordere Backenzähne; M = Molares = hintere Backenzähne; Arabische Ziffern = Milchgebiss; Römische Ziffern = Dauergebiss. Die obigen Formeln geben jeweils die Hälfte des Gebisses an. Die Verdoppelung ergibt die Gesamtzahl, im Endstadium 32 Zähne. Haken (Grandeln) im Oberkiefer kommen beim Rehwild nur in Ausnahmefällen vor. Im Gegensatz zu Rotwildgrandeln haben diese keinen Schmuck- bzw. Trophäenwert.

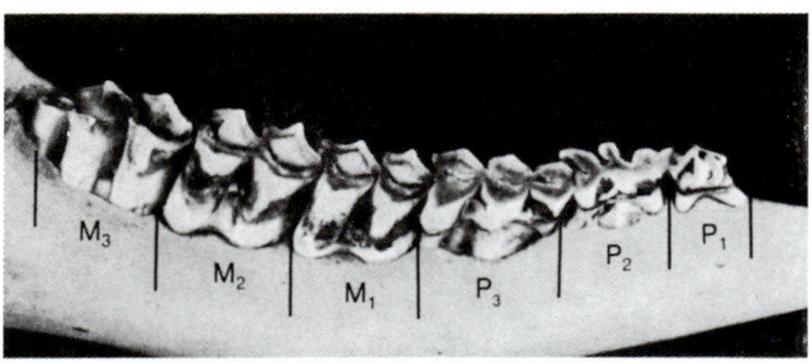

Unterkiefer zu Ende des 1. Lebensjahres (10–12 Monate): Die Prämolaren (P_1–P_3) sind noch die Milchzähne vor dem Wechsel; sie sind bereits stark abgeschliffen und sitzen locker. Der P_3 ist als Milchzahn »dreiteilig«! Die Molaren (M_1–M_3) sind bereits vorhanden, M_3 noch nicht völlig herausgeschoben, alle spitz und scharfkantig.

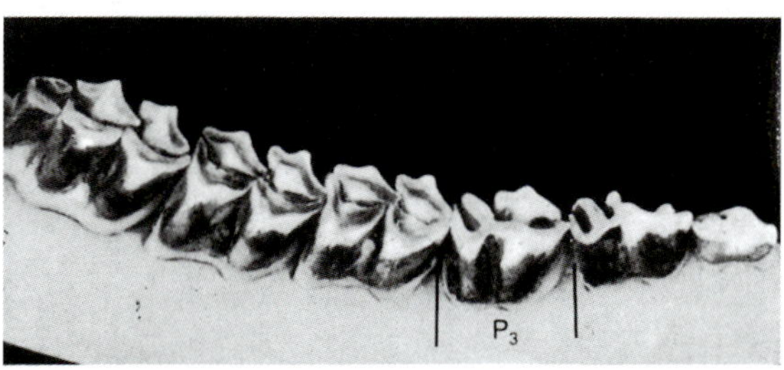

Fertiges Dauergebiss im 2. Lebensjahr. Der P_3 (3. Zahn von vorn) ist jetzt »zweiteilig«! Zahnkronen noch sägeartig scharf, erst geringe Abnützung.

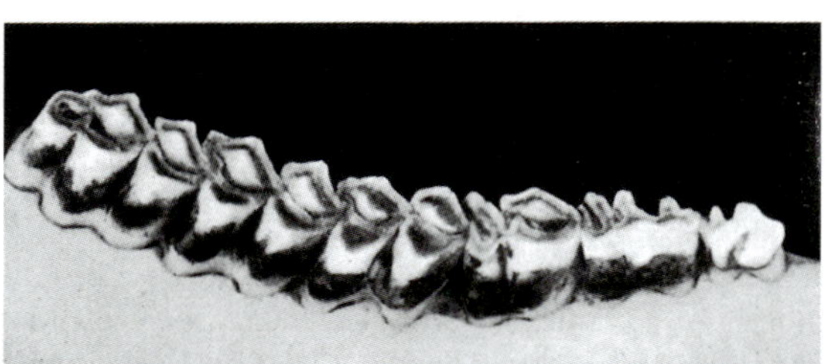

Beim 3–4jährigen Reh ist die Backenzahnreihe schon deutlich abgeschliffen. Am deutlichsten ist die Abnützung beim M_1 (4. Zahn von vorn), weil dieser der »älteste« Zahn im Dauergebiss ist.

Persönlich kennen sich Geiß und Kitz erst nach etwa drei Wochen.

Altersbestimmung – Die Altersbestimmung am lebenden Rehwild ist schwierig. Sicher sind nur Jährlingsböcke altersmäßig einzuordnen. Das Alter mehrjährige Stücke kann nur angeschätzt werden.

Ist der 3 Prämolar dreiteilig (Milchzahn), so ist das Reh jünger als 12 bis 13 Monate. Im Dauergebiss gibt der Abschliff der Backenzähne (besonders der des 1. Molars) Auskunft über das ungefähre Alter (siehe Bildreihe oben), allerdings variiert der Zahnabschliff stark, je nach Härte des Zahnbeines. Ein zusätzliches gutes Altersmerkmal liefert auch die Höhe und Stärke der Rosenstöcke beim Bock: dünn und hoch = junger Bock, stark und kurz = älterer Bock. Weibliches Rehwild altersmäßig richtig anzusprechen, ist mit Ausnahme der Schmalrehe im Sommerhalbjahr sehr schwierig.

Für den Ricken-/Geißenabschuss ist der Entwicklungszustand ihrer Kitze das wesentlichste Kriterium. Grundsätzlich sollten Geißen/Ricken mit schwachen Kitzen nach deren Erlegung auch zur Strecke kommen. Häufig ist der schlechte Entwicklungszustand der Kitze auf ein hohes Alter oder einen schlechten Gesundheitszustand der Ricke zurückzuführen.

Bejagung – Die Jagd auf Rehböcke und Schmalrehe beginnt am 1. Mai. Gelegenheit zu intensiver Beobachtung besteht schon im März und April, wenn das Rehwild aufgrund der frischen Äsung hohe Tagesaktivität zeigt. Die Sichtbarkeit der Rehe ist allerdings stark von den jeweiligen Deckungs- und Äsungsverhältnissen abhängig.

Auch die Unruhe bei den Einstandskämpfen und entsprechende Verhaltensbeobachtungen erleichtern das Ansprechen der Böcke. Neben ausgesprochenen Kümmerern, die sich durch schlechte körperliche Verfassung und spätes Verfärben verraten, sollte zu Beginn der Jagdzeit vor allem die Mehrzahl der Jährlinge (Minusvarianten bevorzugt) fallen (60 % des Bockabschusses). Im Juni und in der ersten Julihälfte ist die Sichtbarkeit des Rehwildes gering (Feistzeit).

Das Alter mehrjähriger Rehböcke kann nur geschätzt werden. Zuverlässige Altersmerkmale gibt es nicht, und selbst die Summe der Merkmale kann täuschen.

Die Brunft beginnt in der zweiten Juliwoche. Mit dem Blatten sollte erst in der 2. Hälfte der Brunft begonnen werden, wenn die meisten Schmalrehe und Geißen bereits beschlagen sind, also etwa ab Anfang August.

Die Jagd auf weibliches Rehwild: Mit Aufgang der Bockjagd beginnt auch für die Schmalrehe in den meisten Bundesländern eine zeitlich begrenzte Schusszeit. Schmalrehe sind nach intensivem Ansprechen (Gesäuge!) in dieser Zeit leicht zu erkennen. Das gilt später im Jahr auch für die Kitze. Grundsätzlich gilt die Regel von schwach vor stark und Kitz vor Geiß!

Waidmännische Ausdrücke

abspringen	wegflüchten
Angstgeschrei	ängstliches Fiepen der Geiß, die von einem Bock bedrängt wird
blatten	nachahmen des Brunftlautes der Geiß
Blattzeit	Paarungszeit
Bockkitz	männliches Rehkitz
fiepen	Kontaktlaut des Rehwildes
Geiß, Ricke	weibliches Reh (in Süddeutschland)
Geiß-, Rickekitz	weibliches Rehkitz (in Süddeutschland)
Geltgeiß, -ricke	nicht mehr fruchtbare, alte Geiß
Jährling	1jähriger Rehbock (im 2. Lebensjahr)
Kitzgeiß	führende Rehgeiß (-ricke)
Kreuzbock	Rehbock, bei dem Vorder- und Hintersprosse auf gleicher Höhe sitzen
Muffelfleck	weißer Fleck vorne auf dem Nasenrücken
Pinsel	Haarbüschel an der Hautöffnung für die Brunftrute
plätzen	scharren mit dem Vorderlauf
Ricke	weibliches Reh (in Norddeutschland)
Schmalreh	weibliches Reh im 2. Lebensjahr
schrecken, schmälen	Warnlaut, Kontaktlaut
Schürze	Haare am weiblichen äußeren Geschlechtsteil
Sprung	mehrere Rehe zusammen
Windfang	Nase

Steckbrief Reh

Körperbau: Hinten stark überbaut (Schlüpfertyp); Gewicht ♂ bis 30 kg, ♀ bis 25 kg.
Sinne: Geruchssinn hervorragend, Hörsinn sehr gut, Gesichtssinn = Bewegungsseher.
Lautäußerungen: Schrecken als Warn- und Kontaktlaut; Fiepen als Kontaktlaut; Klagen bei Angst oder Schmerzen; Keuchen in der Bewegung während der Brunft.
Sozialverhalten: Vom Fegen bis zur Brunft territorial; weitgehend einzelgängerisch, fester Zusammenhalt nur zwischen Ricke und Kitzen; im Herbst und Winter auch größere Gruppen (Sprünge), ohne festen Zusammenhalt und Führung.
Lebensweise: Tag-, dämmerungs- und nachtaktiv; orientiert sich an Grenzlinien (z.B. Waldränder).
Fortpflanzung: Brunft Mitte Juli bis Anfang August; Tragzeit mit ca. 4 $^1/_2$ Monaten Keimruhe etwa 285 Tage; 2 (1–4) Kitze; Säugezeit bis November.
Nahrung: Selektiert bevorzugt energiereiche und leicht verdauliche Pflanzenteile; im Winter hoher Anteil an Laub- und Nadelholztrieben.
Geweihzyklus: Abwurf ab Ende September bis Anfang Januar; Fegezeit Mitte März, Jährlinge bis Juni.
Zahnformel: $\frac{0\,0\,3\,3}{3\,1\,3\,3} = 32$

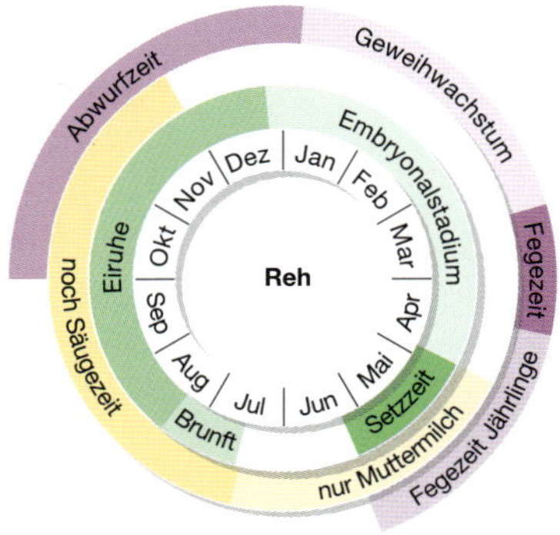

Jahreszyklus

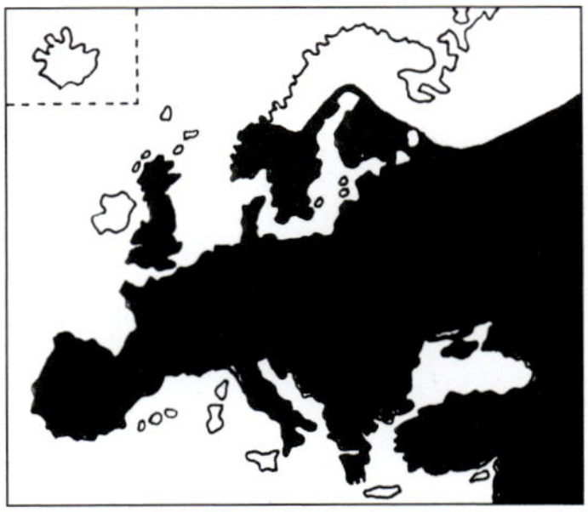

Verbreitungsgebiet

Lebensraum

298 | Wo kommt das europäische Rehwild autochthon vor?
In allen europäischen Ländern, ausgenommen Irland und das nördliche Skandinavien, in Kleinasien und im europäischen Teil Russlands (in Spanien und Italien nicht flächendeckend).

299 | Welche Landschaften sagen dem Reh zu?
Rehwild bevorzugt Gemengelagen von Wald, Feld, Wiese. Es ist durch die forstliche Aufschließung der Wälder auch in reinen Waldgebieten ansässig geworden. Es gibt aber auch reine Feldrehe.

300 | Besiedelt das Rehwild auch alpine Räume?
Rehwild ist selbst oberhalb der Waldgrenze anzutreffen.

Körperbau

301 | Ist das Reh ein Läufer?
Das Rehwild ist ein »Schlüpfer«, kein Läufer. Typisch für diesen Unterholzbewohner ist die überbaute Kruppe.

302 | Welches Lebendgewicht erreichen Rehe in Mitteleuropa?
Im Mittel werden 20 kg Lebendmasse erreicht (Spitzengewichte bis 30 kg).

303 | Wie viel Prozent des Körpergewichtes entfallen auf den Aufbruch?
Der Gesamtaufbruch macht ca. 27 % der Lebendmasse aus.

304 | Was sind Merkmale dieser Familie?
Rehwild gehört zu den Trughirschen (Telemetacarpalia). Der Wedel ist rudimentär und äußerlich kaum sichtbar. Es lebt im Sommer immer solitär bzw. in Familiengruppen und territorial. Die im Winter zu beobachtenden Sprünge (Zusammenfinden mehrerer Rehe) besonders in Feldrevieren sind Notgemeinschaften.

305 | Wann ist der Zahnwechsel beim Rehwild abgeschlossen?
Nach 12 bis 13 Monaten.

306 | Welche Duftdrüsen besitzt das Rehwild?
Neben den Talg- und Schweißdrüsen, die über die ganze Decke verteilt sind, besitzt das Reh drei Duftdrüsenkomplexe:
1. Laufbürste, 2. Zwischenschalendrüse (im Hautspalt zwischen den Hinterzehen), 3. Stirndrüse (Bock).

Die Zusammensetzung von Rehwildsprüngen wechselt laufend, da es sich um lose Zweckgemeinschaften ohne feste Hierarchie und Zusammenhalt handelt.

307 | Wie ist die Färbung des Rehwildes?
Rehwild ist im Sommerhaar glänzend rot (von dunkelbraun-rot bis fahlgelb). Das dunkle Winterhaar variiert zwischen hellgrau und dunkelgrau. Im Winterhaar ist der große, weiße Spiegel auffällig.

308 | Wann wechseln Rehe ihr Haarkleid?
Ende September bildet sich in wenigen Tagen die graue Winterdecke. Im Mai wird das Winterhaar abgestoßen. Führende Ricken färben später als nicht führende.

309 | Was ist der Muffelfleck?
Der weiße Haarbezirk auf dem Nasenrücken unmittelbar hinter dem schwarzpigmentierten Windfang. In der Regel ist er beim Rehbock deutlicher ausgebildet als bei weiblichen Rehen.

310 | Wie werden die einzelnen Altersstufen bezeichnet?
Die Alterstufen beim weiblichen Wild sind: Geißkitz, Schmalreh, Geiß (im norddeutschen Raum ist der Ausdruck Ricke/ Rickenkitz geläufiger).
Die des männlichen Rehwildes sind: Bockkitz, Jährling, mittelalter Bock, alter Bock.

311 | Was ist eine Geiß/Ricke?
Eine Geiß/Ricke ist ein weibliches Tier, das mindestens einmal ein Kitz gesetzt oder zumindest das 2. Lebensjahr vollendet hat.

312 | Ist der Pansen des Rehs, bezogen auf seine Körpermasse, relativ größer oder kleiner als der des Rotwildes?
Der Pansen des Rehwildes (Konzentratselektierer) ist kleiner als der des Rotwildes (Intermediärtyp, Mischfresser). Daher auch mehr Äsungsintervalle.

Nässendes weibliches Reh.

313 | Wie kompensiert das Reh das geringe Fassungsvermögen seines Pansens?
Rehwild kompensiert das kleinere Pansenvolumen durch häufigere Äsungsperioden.

314 | Tragen Rehböcke ein Gehörn?
Rehböcke tragen zoologisch gesehen wie allen Cerviden ein Geweih, das aus Knochenmaterial besteht und unter hormoneller Steuerung jährlich gebildet und abgeworfen wird. In der jagdlichen Umgangssprache hat sich jedoch überwiegend das Wort »Gehörn« eingebürgert.

315 | Was ist ein Geweih im biologischen Sinne?
Ein Geweih ist anatomisch gesehen eine auf den Stirnzapfen aufsitzende Knochenmasse mit spezifischer Ausformung (Stangen, Vereckungen, Schaufeln).

316 | Tragen weibliche Rehe auch ein Geweih?
Weibliche Rehe sind geweihlos. Ausnahmsweise tragen Ricken aufgrund von Hormonentgleisungen im hohen Alter Geweihausbildungen, die in der Regel nicht gefegt werden.

Der Pinsel verrät den Bock.

Der Muffelfleck sagt wenig über das Alter.

317 | Wer bestimmt die Stärke eines Geweihs?
Rehe auf guten Standorten tragen in der Masse stärkere Geweihe als solche von armen Standorten.

318 | Wer bestimmt die Form eines Geweihs?
Die Grundform des Geweihs ist genetisch festgelegt. Äußerliche Faktoren wie ungünstige Witterung in den Monaten Januar–März (→ Hunger) beeinflussen die Geweihbildung negativ (z. B. Frostgeweih). Gesundheitliche Störungen sowie starker Endoparasitenbefall können zu Fehlbildungen des wachsenden Geweihs führen (z. B. Perückenböcke, sog. »Wurmgehörne«)

319 | In welchem Alter wird das erste Geweih geschoben?
Im Spätherbst des ersten Lebensjahres schieben Bockkitze (nicht alle!) ihr erstes Geweih (Knöpfe, kurze, rosenlose Spießchen), das im Februar abgeworfen wird.

320 | Schieben alle Bockkitze Knöpfe?
Nur wenige, meist schwache Bockkitze schieben erst im Frühjahr des auf die Geburt folgenden Jahres.

321 | Wann beginnt der Bock mit dem Schieben seines neuen Geweihs?
Sofort nach dem Abwerfen der alten Geweihstangen werden die neuen ausgebildet.

322 | Wo erfolgt das Geweihwachstum?
Das Geweihwachstum erfolgt immer an der Spitze, nicht an der Basis.

Nicht jedes Bockkitz schiebt Knöpfe.

323 | Wie kommt es zur Vereckung?
Die genetisch festgelegt Grundform des Rehgeweihs in seiner Endstufe ist das Sechsergeweih. Am Bastgeweih kommt es an den Vereckungsstellen zu einem überschießenden und gerichteten Knochenwachstum.

324 | Wer veranlasst die Böcke das Geweihwachstum einzustellen und zu fegen?
Nach der Ausreifung (= Mineralisierung) des Geweihs stirbt der Bast ab und das Geweih wird gefegt.

325 | Wann (zeitlich) fegen die mehrjährigen Böcke?
Das Fegen der Geweihe setzt bei mehrjährigen Böcken schon Mitte März ein und ist Anfang April in der Regel abgeschlossen.

326 | Fegen die mehrjährigen Böcke altersmäßig abgestuft?
Ein altersbedingtes zeitlich unterschiedliches Fegen mehrjähriger Böcke ist nicht nachweisbar.

327 | Wann fegen die Jährlinge?
Jährlinge fegen von Ende April bis in den Juni hinein.

328 | Was geschieht beim Fegen?
Die tote Basthaut wird durch heftiges Schlagen und Reiben der Stangen an Stämmchen, Buschwerk, Zweigen, Ästen etc. abgestreift.

Oben: Einseitig abgeworfener Bock.
Mitte: Überwallung der Rosenstöcke.
Unten: Kurz vor den Fegen.

Der eingetrocknete Bast wird gefegt.

Die Farbe der Sommerdecke variiert.

329 | Wie bekommt das Geweih seine Farbe?

In das nach dem Fegen weiße (beinfarbige), immer noch poröse Knochenmaterial des Geweih dringen beim Fegen Pflanzensäfte ein, die seine unterschiedlichen braunen Farbtöne bewirken.

330 | Wie kommt es zum Abwerfen der Geweihe?

Der Geweihabwurf erfolgt bei niedrigem Testosterongehalt im Blut. Hierdurch werden knochenfressende Zellen aktiviert, die zirkulär von außen beginnend den Rosenstock (Demarkationslinie) gegen die Stange abtrennen.

331 | In welchem Zeitraum werfen die Böcke ab?

Die Abwurfzeit der Rehgeweihe liegt in der Zeit zwischen Oktober und Dezember.

332 | Ist das Abwurfdatum altersabhängig?

Ältere Böcke werfen mehrheitlich früher ab als jüngere Böcke. Diese Regel wird aber häufig gebrochen; gelegentlich werfen Jährlinge sogar schon Ende September ab.

333 | Werden beide Stangen gleichzeitig abgeworfen?

In der Regel folgt der Stangenabwurf um wenige Tage zeitlich versetzt.

334 | Wirft der Bock jedes Jahr zur selben Zeit ab?

Nein, der Stangenabwurf variiert mit dem Alter.

335 | Wie kündigt sich der baldige Abwurf am Rosenstock an?

An präparierten Schädeln von Ende September bis zum Ende der Schusszeit (15.10.) erlegten Böcken ist an den Rosenstöcken die rundherum verlaufende, rinnenförmige Demarkationslinie deutlich erkennbar.

336 | Was ist ein Knopfbock?

Ein Jährlingsbock, der statt eines Geweihes nur kleine »Knöpfe« trägt. Knopfböcke sind meist ein Zeichen überhöhter Wilddichte und Äsungsarmut.

337 | Muss ein Knopfbock immer schwach im Wildbret sein?
In der Regel sind Knopfböcke auffallend schwach. Gelegentlich zeigen sie jedoch auch ein der Altersklasse entsprechendes Gewicht.

338 | Worauf deutet das regelmäßige Vorkommen von Knopfböcken hin?
Gehäuftes Auftreten von Knopfböcken ist ganz überwiegend auf eine zu hohe Rehwilddichte zurückzuführen (→ mangelhafte Nahrungsgrundlage). Daneben sind zu häufige Störungen, starker Parasitenbefall, frühzeitiger Verlust der Mutter ursächlich für diese Negativentwicklung. Eine erbliche Disposition besteht nicht.

339 | Wie kann es zur Verletzung des Kurzwildbrets kommen?
Verletzungen des Kurzwildbrets sind in der Regel mechanischen Ursprungs → unglückliches Einklemmen, Stacheldraht etc. Hodenerkrankungen (Entzündungen) mit nachfolgender Sterilität werden gelegentlich beobachtet.

340 | Wie reagiert ein Rehbock mit gefegtem Gehörn auf eine Kurzwildbretverletzung, die einer Kastration gleichkommt?
Wenige Wochen nach der Verletzung wirft der Bock ab. Das sich neu bildende Geweih entartet durch übermäßiges Wachstum und ausbleibende Verknöcherung zur so genannten Perücke (→ fehlende männliche Keimdrüsenhormone).

Oben: Knopfböcke sollten die Ausnahme sein.

Mitte: Perückenbildung durch Hodenverletzung.

Unten: Stangenteilung infolge Verletzung.

341 | Welche Ursachen liegen einer Stangenteilung oder Mehrstangigkeit zugrunde?
Stangenteilung und Mehrstangigkeit sind in der Regel auf Verletzungen des sich ausbildenden neuen Gehörns zurückzuführen.

342 | Wann kann eine Geweihstange nach unten wachsen?
Erfolgt bei der Heranbildung des Geweihs ein verletzungsbedingter Bruch mit einem Abknicken der Stange/n bei erhaltener Gefäßversorgung, führt die Verknöcherung zu einer Manifestation der Stangenausrichtung.

343 | Wann liegt eine echte Mehrstangigkeit vor?
Eine echte Mehrstangigkeit ist nur bei Ausbildung eines (oder mehrerer) weiteren Rosenstockes möglich.

344 | Wie entsteht eine Pendelstange?
Die Ausbildung einer Pendelstange ist auf einen Rosenstockbruch zurückzuführen.

345 | Was ist ein Korkenzieher?
Beim so genannten Korkenzieher sind die Stangen korkenzieherartig gewunden. (Mit hoher Wahrscheinlichkeit auf eine durch zeitweiligen Hunger ausgelöste Knochenaufbaustörung hervorgerufen = Hungergehörn).

346 | Was ist ein Frostgeweih?
Das so genannte Frostgeweih besteht aus zwei annähernd gleich hohen Gehörnstümpfen, die wie abgeschnitten wirken. Der zirkuläre freie Rand der Stümpfe umfasst eine zentrale muldenartige Vertiefung. (Entstehung wie beim Korkenziehergehörn = Hungergehörn).

347 | Was ist ein Ledergeweih?
Ein Ledergeweih ist ein nicht gefegtes Bastgeweih, bei dem der nicht mehr versorgte Bast lederartig eingetrocknet ist und der Gehörnoberfläche fest aufliegt.

348 | Was ist ein Gummigeweih?
Ein Gummigeweih entsteht bei ausbleibender Verknöcherung, die vornehmlich die obere Hälfte des Geweihs betrifft. Auch diese Regelwidrigkeit ist auf eine Knochenstoffelwechselstörung bedingt durch eine lang anhaltende Hungerperiode zurückzuführen.

349 | Vererben alte Rehböcke besser als junge?
Nein, das einmal vorhandene Erbgut bleibt vom Alter unbeeinflusst.

Altersmerkmale / Altersbestimmung

350 | Lässt sich am Zahnabschliff das Alter eines Rehs sicher erkennen?
Nein, der Zahnabrieb erlaubt nur eine Altersbestimmung nach Altersklassen.

351 | Was beeinflusst die Stärke des Zahnabschliffes?
Da die drei Zahnsubstanzen individuell unterschiedlich hart sind, stellt sich auch bei gleich alten Stücken der Zahnabrieb unterschiedlich dar. Darüber hinaus hat die Zusammensetzung der regelmäßig aufgenommenen Äsung einen großen Einfluss auf den Zahnabrieb.

352 | Wie kann man den Jährling vom zweijährigen Bock unterscheiden?
Der dritte untere Backenzahn (P3) trägt anfänglich noch die Kappe des dreiteiligen Milchzahnvorgängers. Nach Verlust dieses Milchzahnrudiments stellt sich der zweiteilige Dauerzahn beim Jährling »unbenutzt«, wie »unfertig« dar.

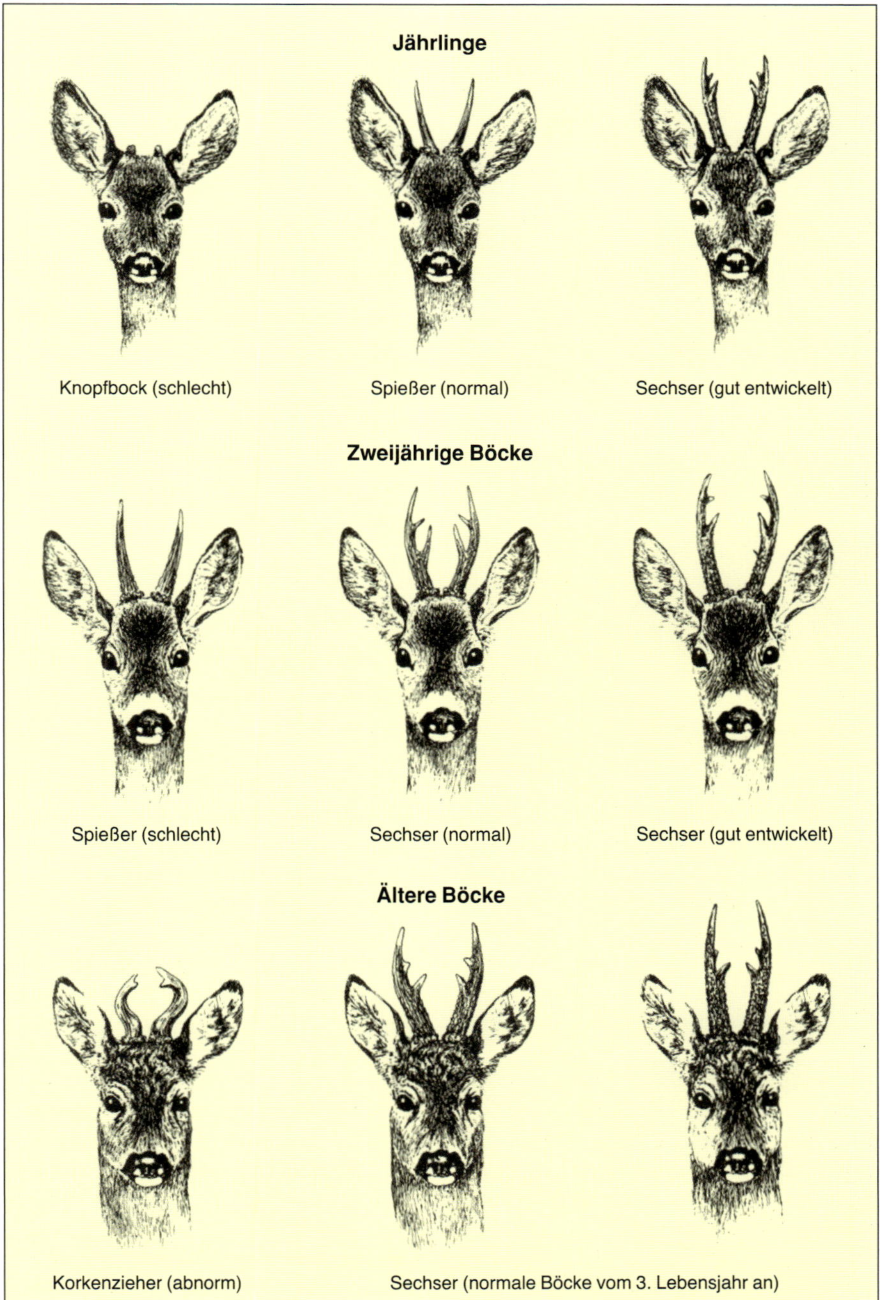

Schematische Beispiele der Gehörnentwicklung.

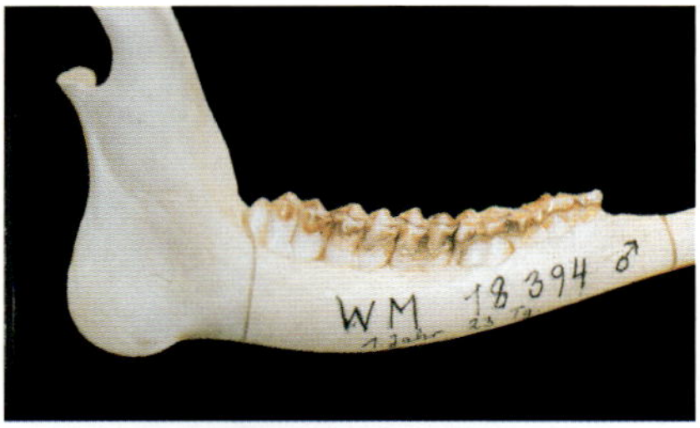

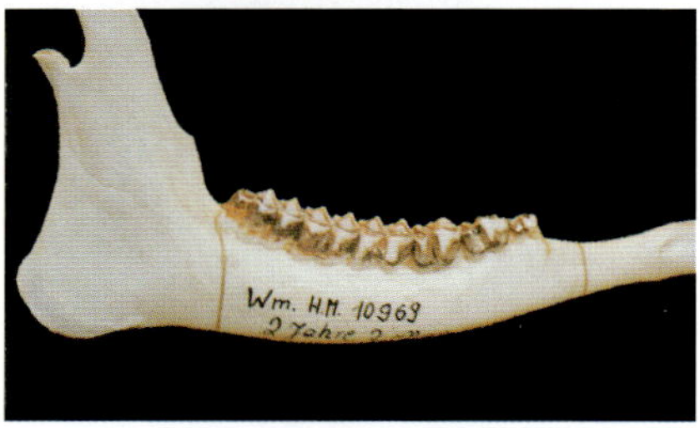

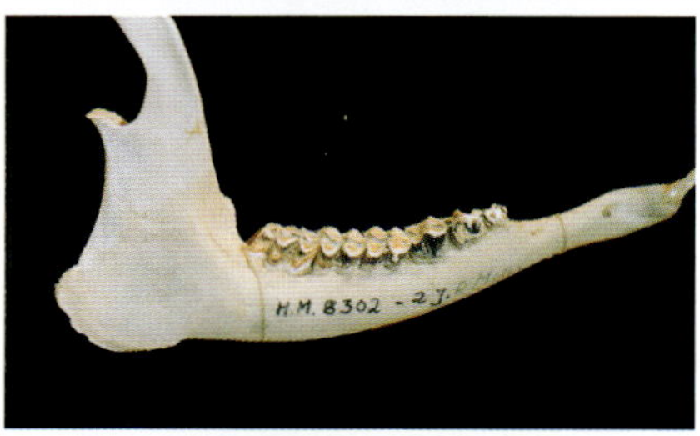

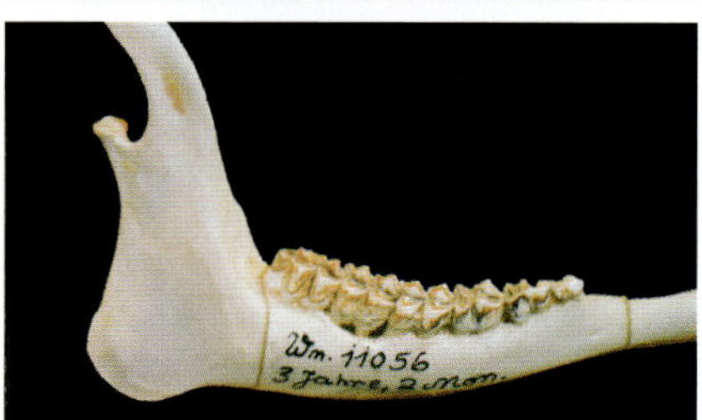

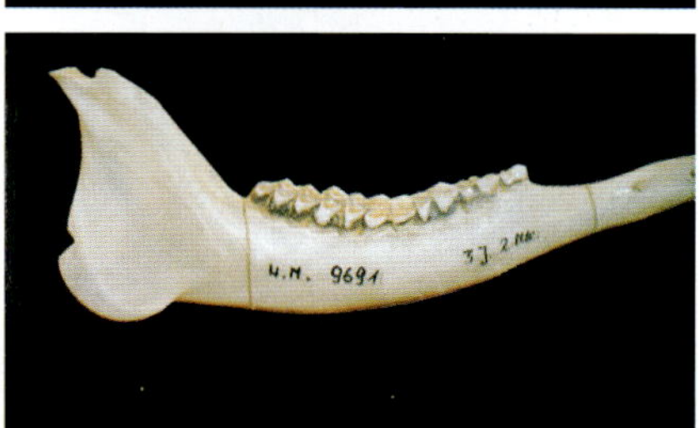

353 | Sind Schmalreh und Geiß im Spätherbst sicher zu unterscheiden?
Nein, starke Schmalrehe erreichen die Körpergröße von Geißen (Ricken).

354 | Wie unterscheiden sich einjährige von mehrjährigen Rehen beim Aufbrechen?
Bei bis zu einjährigen Rehen sind der Brustkorb (Brustbein) und vornehmlich die noch nicht verknöcherte Beckennaht (Schloss) leicht mit dem Messer aufzutrennen.

355 | Lassen sich mehrjährige, nicht markierte Rehböcke altersmäßig exakt einordnen?
Nein, auch hier lässt die Körperausbildung und das Verhalten nur eine Altersklasseneinteilung (mittelalt, alt) zu.

356 | Welche Tendenz besteht hinsichtlich der Gesichtsmaske der Böcke bezüglich des Alters?
In der Regel haben zweijährige Böcke das bunteste Gesicht, bei älteren Böcken fließen die Farben ineinander, der alte Bock trägt häufig eine eisgraue Maske. Gelegent-

Von oben nach unten:

Jährling im Zahnwechsel.

Zweijährig mit normalem Abschliff.

Zweijährig mit Abschliff, der dem eines Fünfjährigen entspricht.

Dreijähriger mit normalem Abschliff.

Dreijähriger, abgeschliffen bis aufs Zahnfleisch. Er könnte ohne weiteres auch siebenjährig sein.

lich haben aber selbst Jährlinge eisgraue Gesichter. Die Gesichtsfärbung sollte nie allein zur Altersansprache herangezogen werden, da zu häufig Ausnahmen auftreten.

357 | Können junge Böcke graue Gesichter haben?

Auch junge Böcke, gerade Jährlinge, können graue Gesichter mit und ohne Brillenbildung aufweisen.

358 | Welche Rosenformen werden unterschieden?

In der Höhe unterscheiden wir eine Kranzrose (wulstige zirkuläre Verdickung) von einer Schnurrose (flach, schmal). In der Form wird zwischen der Tellerrose und der Dachrose differenziert. Die gewöhnliche Form ist die Kranztellerrose.

359 | Sind Dachrosen ein sicheres Altersmerkmal?

Dachrosen weisen häufig auf ein höheres Alter hin, sind aber als alleiniges Ansprechmerkmal nicht ausreichend, da derartige Rosenausformungen auch bei jüngeren Böcken vorkommen können.

360 | Was kennzeichnet in der Regel einen jungen Bock?

Der junge Bock besitzt einen schmalen Rumpf, trägt den noch dünnen Träger ganz überwiegend aufrecht, zeigt einen deutlichen Absatz beim Übergang der unteren Halskontur in die Brust. Sein rundliches Haupt trägt kindliche/jugendliche Züge.

361 | Welche Merkmale sprechen für einen alten Rehbock?

Massiger Rumpf, starker, annähernd waagerecht getragener Hals, nicht selten graue Gesichtsmaske und Dachrosen. Heimliches Verhalten. Achtung: heimlich sind oft auch revierlose Zweijährige.

Jährling mit Dachrosen, 21 cm Stangenhöhe und eisgrauem Gesicht.

362 | Haben Jährlingsgeweihe bereits Rosen?

Im Gegensatz zum Erstlings- oder Kitzgeweih zeigen Jährlingsgeweihe Rosen (= geschlossener Kranz von Perlen um das untere Stangenende).

363 | Welche Geweihstufe können Jährlingsböcke erreichen?

Knöpfe bis Sechsergeweih.

Krankheiten/Parasiten

364 | Welche Endoparasiten finden wir beim Rehwild?

Rachenbremsen, Magen-Darmwürmer, Lungenwürmer, Leberegel, Bandwurmlarven (Finnen), Sarkosporidien.

365 | Für welche Endoparasiten ist das Reh Zwischenwirt?

Für den Hundebandwurm.

366 | Welche Ektoparasiten schädigen das Haarkleid?

Rehhaarlinge: sie treten gelegentlich bei Gehege-Rehen in Massen auf (haarlose

Endoparasiten lösen häufig Durchfall aus.

Stellen am Hals und Innenseite der Läufe). In freier Wildbahn ist der Parasit harmlos. *Hautdassel:* entwerten bei starkem Befall durch die Hautbohrungen die Decken.

367 | Welche Pilzerkrankungen finden wir beim Rehwild?

Gelegentlich tritt beim Reh die Glatzflechte (Trichophytie) auf, die durch Haarausfall, Juckreiz und Schuppenbildung charakterisiert ist. Merke: die Strahlenpilzerkrankung – eine schwammartige Knochenauftreibung am Unterkiefer, vornehmlich bei Rehwild, ist keine Pilzerkrankung. Die deutsche Bezeichnung ist irreführend. Die Erkrankung wird durch Bakterien, nicht durch Pilze verursacht.

Nahrung

368 | Welchem Äsungstyp gehört das Reh an?

Das Reh gehört zum Äsungstyp: Konzentratselektierer.

369 | Welche Äsung bevorzugt das Rehwild?

Rehwild bevorzugt leicht verdauliche Äsung (Blatt- und Krautäsung mit hohem Gehalt an Rohprotein und Kohlenhydraten).

370 | Wie kompensieren die Rehe die winterliche Nahrungsknappheit?

Durch Rückbildung der Zotten im Pansen (= Reduzierung der resorbierenden Oberfläche), Aufzehrung des im Herbst angelegten Feistdepots sowie durch Inaktivität (→ Herabsetzung des Grundumsatzes).

371 | Welche natürliche Nahrung findet Rehwild im Winter?

Neben der noch vorhandenen Grünäsung (vornehmlich Wintersaaten) werden knospentragende Spitzentriebe von Baum- und Strauchpflanzen aufgenommen.

Verhalten

372 | Sind Rehe tag- oder nachtaktiv?
Rehe sind tag-, dämmerungs- und nachtaktiv.

373 | In welchen Intervallen äst das Rehwild?
Rehwild nimmt seine Nahrung in 8 bis 11 Äsungsperioden auf (→ kleiner Pansen). Je nach Futterzusammensetzung benötigt das Reh 7 bis 12 Stunden der Ruhe zum Wiederkäuen innerhalb eines Tages.

374 | Welche Verhaltensänderungen beginnt mit dem Fegen?
Mit dem Fegen – ausgelöst durch einen hohen Testosteron-Spiegel im Blut – setzt gleichzeitig das Territorialverhalten ein.

375 | Welche Böcke verteidigen noch keine Wohnräume?
Jährlinge und schwache Zweijährige.

376 | Wo leben die Jährlinge im Frühjahr und Sommer?
In Nischen zwischen den Territorien der Platzböcke. Häufig schließen sich mehrere Jährlinge zusammen, die so gemeinsam übersommern.

377 | Welche Rehe wandern ab?
Vornehmlich bessere Jährlinge. Die Minusvarianten (= körperlich schwach, geringe Geweihentwicklung) werden vom territorialen Bock als Neutrum geduldet.

378 | Wann werden die meisten Rehe zu Verkehrsopfern?
In der Zeit der Festlegung der Territorien (März–Anfang Mai).

379 | Suhlen Rehe?
Rehwild suhlt nicht.

Fortpflanzung

380 | Wann ist die Brunftzeit des Rehwildes?
Juli/Anfang August.

381 | Was ist Brunftzeit und was Blattzeit?
Die Blattzeit beginnt am Ende der Brunft. Die territorialen Böcke verlassen auf der Suche nach noch brunftigen Geißen/Schmalrehen ihre Gebiete und orientieren sich dabei nach rufenden (fiependen) weiblichen Stücken. Dieses Fiepen ahmt der Jäger mit dem »Blatter« nach, um den suchenden Bock anzulocken.

382 | Was geschieht mit Geißen, die in der Brunft nicht fruchtbar beschlagen wurden?
Nicht fruchtbar beschlagene Geißen werden frühestens nach 9 Tagen (ELLENBERG) neuerlich brunftig. STRANDGAARD beobachtete Intervalle von 20 und 22 Tagen. Starke Geißkitze können im Frühwinter brunftig werden und fruchtbar beschlagen werden. In diesen Fällen entfällt die Keimruhe.

383 | Welche Besonderheit weist die Fortpflanzung der Rehe auf?
Das Rehwild besitzt eine so genannte Keimruhe, die – auch als Vortragszeit bezeichnet – bis Mitte Dezember dauert.

384 | Wie lange ist die Tragzeit?
Die Tragzeit beträgt 9,5 Monate.

385 | In welchem Geschlechterverhältnis werden die Kitze geboren?
Hier gibt es erhebliche Schwankungen. Nach Untersuchungen von KURT (1991) werden bei hoher Geißendichte mehr männliche als weibliche Kitze geboren; bei geringer Geißendichte oder bei besonders

guter Nahrungsgrundlage kann es umgekehrt sein.

386 | In welchem Alter folgen Kitze regelmäßig ihren Müttern?
Die Kitze folgen ihrer Mutter ab der vierten Lebenswoche.

387 | Wann nehmen Kitze erstmalig pflanzliche Nahrung auf?
Kitze nehmen am Ende der ersten Lebenswoche erste grüne Blättchen auf. Im Alter von knapp drei Wochen erfolgt erstes Wiederkauen.

388 | Wann sind Kitze selbstständig?
Kitze werden bis in den Dezember des Geburtsjahres gesäugt und bis in das auf die Geburt hin folgende Frühjahr von den Ricken geführt.

Bejagung

389 | Welche Jagdarten auf das Rehwild sind bei uns gebräuchlich?
Rehwild wird vornehmlich auf dem Ansitz und vereinzelt auf der Pirsch erlegt. Die Erlegung auf Drückjagden gewinnt auch bei uns an Bedeutung. In vielen europäischen Ländern wird der Großteil der Rehe auf Bewegungsjagden erlegt.

Oben: In der Brunft kommt es kaum zu Kämpfen.

Mitte: Der Bock »treibt« nicht, er folgt der Geiß nur.

Unten: Geißen sind nur einen Tag paarungsbereit.

Schmalreh: »schmal« und ohne Gesäuge.

Sommergeiß mit Gesäuge (Spinne).

390 | Wann sind männliche und weibliche Rehe immer sicher zu unterschieden?
In der Zeit, in der der Bock sein Geweih schiebt/trägt. Im Winter ist fast immer der Pinsel zu sehen.

391 | Wie nässt das weibliche Reh und wie das männliche?
Weibliches Rehwild hockt sich deutlich sichtbar zum Nässen hin, Böcke nässen im Stehen mit leicht aufgekrümmter Kruppe.

392 | Welche Zeiten eignen sich für die Einzeljagd besonders?
Die Morgen- und Abendstunden in den Monaten, in denen das Rehwild aktiv ist sowie in der Zeit der Brunft.

393 | Wann lassen sich Schmalreh und Geiß am sichersten unterscheiden?
Im Frühsommer (Juni). Neben den allgemeinen körperlichen Unterschieden weist das pralle, deutlich sichtbare Gesäuge (Spinne) die Geiß aus.

394 | Welches von zwei Kitzen wollen wir bevorzugt erlegen?
Möglichst das Schwächere.

395 | Woran unterscheiden wir den abgeworfenen Bock von der Geiß/Ricke?
Der Bock zeigt durch seine Rosenstöcke ein stufig, eckiges Haupt, sein Pinsel ist deutlich sichtbar, sein Spiegel ist nierenförmig.

396 | Lassen sich Bock und Ricke im Sommer am Spiegel unterscheiden?
Nein, im Sommerhaar ist der Spiegel nur angedeutet.

397 | Welches Wetter ist für die Blattjagd besonders günstig?
Schwüle Wärme, Hitze (Merke: den Bock verwirrt der Sonne Glut).

Der Bock steht am hellen Mittag aufs Blatten zu.

398 | Gibt es bei den mehrjährigen Böcken zuverlässige Altersmerkmale?

Nein. Neben der Heranziehung und Beurteilung aller bekannten Altersmerkmale gibt das Verhalten des Bocks häufig den besten Aufschluss zur Alterseinschätzung.

399 | Wird auf Rehe auch die Lockjagd ausgeübt?

Ja, es ist die als Blattjagd bezeichnete Lockjagd zu Ende der Rehbrunft.

400 | Welchen Vorteil hat es, Geiß und Kitz schon im Frühherbst zu bejagen?

Das Rehwild tritt zu dieser Zeit noch bei gutem Licht aus, ist daher gut ansprechbar und sicher zu erlegen. Die Bindung zwischen Geiß und Kitz ist noch sehr eng, das erleichtert den Abschuss schwacher Familien. Ein frühzeitiger Abschuss erhöht die Äsungsmenge für das verbleibende Wild.

401 | Auf was kommt es bei Bewegungsjagden auf Rehwild an?

Es darf nicht auf hochflüchtiges Rehwild geschossen werden.

402 | Spielt das Wetter bei den Bewegungsjagden eine Rolle?

Bei starkem Wind vernimmt das Wild die Treiber / Hunde spät oder gar nicht. Es drückt sich oder flüchtet besonders schnell; Schützen hören anwechselndes Rehwild kaum. Auch warme Herbsttage (z. B. Föhnlagen) bringen selten gute Strecken.

403 | Wann sollte die Bejagung des Rehwildes abgeschlossen sein?

Mit Ende Dezember.

Schäden

404 | Welche Schäden verursacht Rehwild hauptsächlich?
Verbissschäden an Forstpflanzen.

405 | Warum fegen Rehe auch noch nach Abstreifen der Basthaut?
Zur Markierung ihres Territoriums.

406 | Welche Baumarten bevorzugen Rehböcke zum Fegen?
Bevorzugt werden vor allem Minderheiten sowie weiche und stark harzende Hölzer.

407 | Welche Baumarten werden verbissen?
Nahezu alle Baumarten, bevorzugt Tanne, Eiche und Buntlaubhölzer.

408 | Schält Rehwild?
Rehwild schält nicht.

Deutlich ist der »Verbisshorizont« zu erkennen. Erst über Äserhöhe können die Fichten unverbissen durchwachsen.

Frische Fegestelle eines Rehbockes im Frühjahr.

409 | Wie viele Kitze werden gesetzt?
Zwillinge sind die Regel. Schmalrehe haben häufig nur ein Kitz. Drillinge sind nicht selten.

410 | Wie hoch ist der jährliche Zuwachs?
Das kann, je nach Standort sowie Dichte und Struktur des Wildbestandes sehr unterschiedlich sein. Meist werden 120 % des weiblichen Wildes angenommen. Jagdpraktisch hat die Zahl wenig Wert, da die Frühjahrsbestände nach Zahl und Zusammensetzung nicht bekannt sind.

411 | Wie hoch sollte das Gewicht normal entwickelter Kitze im Oktober sein?
Aufgebrochen über 10 kg.

412 | Verlieren Kitze bis zum Ende der Jagdzeit an Körpergewicht?
Ja, durch Abbau der Fettdepots (Feistabbau). Daher ist es sinnvoll, Kitze frühzeitig zu schießen.

Wisent *(Bison bonasus)*

Der Wisent ist das einzig überlebende Wildrind in Europa. Um 1000 nach Christus wurde noch von starken Beständen im Harz und in Sachsen berichtet. Der letzte Wisent wurde 1775 in Ostpreußen erlegt. Seine Rückzugszentren waren die baltischen Staaten, Polen und Ungarn. Nach dem 1. Weltkrieg waren auch diese Bestände fast vernichtet. Aus ca. 50 überlebenden Exemplaren wurde der heutige Bestand wieder aufgebaut, zum Teil mit Hilfe von Einkreuzungen mit dem amerikanischen Bison (Indianerbüffel). Heute leben wieder ca. 2000 Wisente in freier Wildbahn, vornehmlich in Polen und in den GUS-Staaten. Das größte Vorkommen finden wir im polnischen Teil des Urwaldes von Bialowice (Nationalpark).

Der Wisent ist ein typisches Waldrind. Er lebt in Herden, die von einer Leitkuh angeführt werden. Als wiederkauender Rauh- und Grasfutterfresser äst er flächendeckend und schafft so Lichtungen im Wald bzw. hält vorhandene frei. Ähnlich wie durch das Rotwild werden auch durch Wisente nicht unerhebliche Schälschäden verursacht. Die wuchtige, gedrungene Rindergestalt mit hohem Widerrist ist dicht braun behaart, trägt am Hals, an Wamme (nur Bulle) und Kopf eine mähnenartige Behaarung. Der Kopf ist durch eine starke Stirnvorwölbung charakterisiert, die geschwungenen, im Querschnitt runden Hörner, Holme genannt, werden bis zu 45 cm lang und stellen gefährliche Waffen dar. Wie für die Rinderartigen (Boviden) charakteristisch, wachsen die den knöchernen Stirnzapfen überziehenden und aufsitzenden Hornschläuche permanent und werden nicht gewechselt.

Kühe und Bullen tragen Hörner.

Lebensraum

413 | Wo kommen heute Wisente noch in freier Wildbahn vor?

Wisente leben heute noch in Polen (Nationalpark Bialowice) und im angrenzenden russischen Teil sowie in einigen kleineren Vorkommen in den GUS-Staaten.

Körperbau

414 | Wie schwer kann ein Wisent werden?

Wisentbullen erreichen ein Gewicht von 800 bis 900 kg, Kühe werden bis zu 700 kg schwer.

Nahrung

415 | Zu welchem Äsungstyp gehört der Wisent?

Der Wisent ist ein Gras- oder Rauhfutterfresser, dessen Äsungsverhalten durch flächendeckendes Abgrasen mit wenigen aber langen Äsungszeiten und Ruhepausen mit langen Wiederkauphasen charakterisiert ist.

Steckbrief Wisent

Körperbau: Paarhufer; Wiederkäuer; Schulterhöhe bis 200 cm; Gewicht ♂ bis 900 kg; ♂ und ♀ tragen Hörner.

Verhalten: Überwiegend dämmerungs- und nachtaktiv. Kühe, Kälber und Jungbullen leben ganzjährig in Herden, aus bis zu 20 Tieren, die von der ranghöchsten (ältesten) Kuh angeführt werden. Herdenstärke wechselt im Jahreslauf. Alte Bullen und einzelne alte Kühe werden zu Einzelgängern.

Fortpflanzung: Geschlechtsreife ♂ mit 3 Jahren, ♀ mit 4 Jahren. Brunft August/September; Bullen ziehen zu den Herden und bleiben, so lange brünstige Kühe vorhanden sind; ein Platzbulle (ähnlich Rothirsch); Tragzeit 9 Monate; i.d.R. 1 Kalb; Führungszeit länger als 1 Jahr.

Lautäußerungen: Brummen, bei Bullen ein tiefes, bei Kühen in der Tonlage etwas höher.

Nahrung: Grasertyp; Rauhfutter- und Grasfresser.

Zahnformel: $\frac{0\,0\,3\,3}{3\,1\,3\,3} = 32$

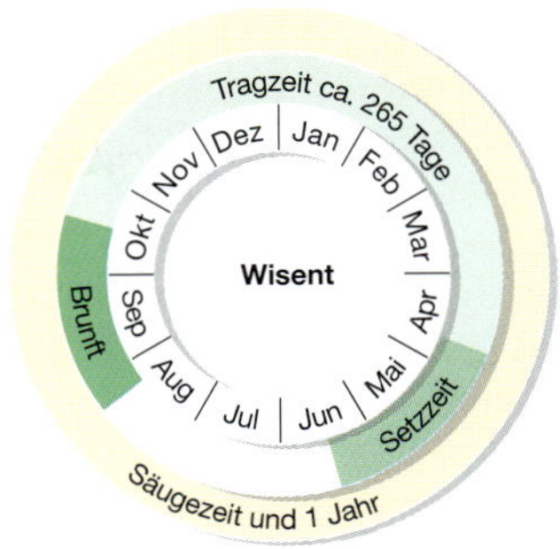

Jahreszyklus

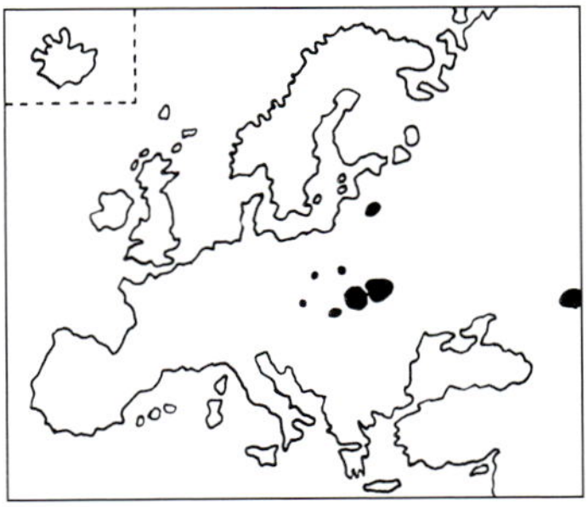

Verbreitungsgebiet

Verhalten

416 | Wie ist das Sozialverhalten der Wisente?

Wisente leben gesellig in Herden, die von einer Leitkuh angeführt werden. Alte Bullen sind Einzelgänger.

Fortpflanzung

417 | Wie leben Wisente?

Der Wisent ist ein typischer Waldbewohner (Waldrind).

418 | Wann ist Brunftzeit?

Die Brunft des Wisents findet im August/September statt.

Schäden

419 | Welche Schäden verursachen Wisente?

Wisente verursachen im Wald vor allem Schälschäden. Daneben kommt es aber auch zu massivem Verbiss nahezu aller Waldbaumarten. In landwirtschaftlichen Kulturen treten Fraß- und Trampelschäden in den Vordergrund.

420 | Wie trägt der Wisent zur Gestaltung seines Lebensraumes Wald bei?

Wisente schaffen und halten eine Vielzahl von Lichtungen frei von Waldaufwuchs (natürliche Waldformationen, hohe Biozönose).

Gamswild
(Rupricapra rupricapra)

Naturgeschichte, Lebensraum, Lebensweise – Das Gamswild (Gämse, Krickelwild) gehört zur Unterfamilie der ziegenähnlichen Hornträger (Caprinae). Es bewohnt die Alpen und weitere europäische Hochgebirge (Pyrenäen, Apennin, Abruzzen, Tatra, Karpaten, Balkan, Kaukasus). In den Vogesen, im Hochschwarzwald, im Elbsandsteingebirge und im Riesengebirge wurde es in neuerer Zeit eingebürgert. In den Zentralalpen lebt Gamswild zum Teil ganzjährig oberhalb der Waldgrenze (»Gratgams«); im deutschen Alpenbereich wechseln in der Regel Sommereinstände in den Hochlagen (Latschenregion, Almmatten) und in der »Kampfzone« des Bergwaldes mit Wintereinständen in tieferen Waldlagen. In den Vorbergen mit Höhenlagen unter der Waldgrenze gibt es reine »Waldgams«. Prähistorische Funde weisen den Bergwald der Vorberge als ehemals natürliches Verbreitungsgebiet des Gamswildes aus. Der jetzige Lebensraum Hochgebirge ist als Rückzugsgebiet zu interpretieren. Die Äsung besteht im Sommer vorwiegend aus Kräutern und Gräsern der Bergmatten, im Winter bei verringertem Bedarf aus dem dürren Lahnergras als »Naturheu«, aus Knospen von Zwergsträuchern und Laubbäumen sowie Baumflechten. Naturverjüngungen des Bergschutzwaldes und Forstkulturen können vom Gamswild stark verbissen werden.

Körperbau – Gämsen haben ein besonders voluminöses Herz, das bis zu 200 mal pro Minute schlagen kann. Pro Milliliter Blut sind rund 13 Millionen rote Blutkörperchen vorhanden, dreimal so viel wie im menschlichen Blut.

Die Schalen lassen sich weit spreizen und verfügen über besonders harte Ränder, während die Ballen gummiartig weich sind.

Böcke sind nur geringfügig größer als Geißen, jedoch zwischen 30 und 40 % schwerer.

Sinne und Verhaltensweise – Das Gamswild orientiert sich vornehmlich über den Geruchs- und Gehörsinn. Ihr Gesichtssinn ist auf Fernsicht eingestellt. Es erfasst gut kontrastreiche Bewegungen. Als Bewegungsseher werden ruhende Objekte nur schwer erkannt. Im steilen Gelände fühlt es sich vor Verfolgung sicher und beäugt von einem Felsvorsprung aus sich nähernde Menschen oft lange, ehe es zögernd und mit häufigen Orientierungspausen (»Standerl« oder »Haberl«) weitersteigt.

Gämsen suchen freie Hochlagen auf, von denen der Wind den Schnee abweht.

Gestörte Gämsen lassen als Warnlaut ein Pfeifen hören, das häufig von erregtem Aufstampfen mit den Vorderläufen begleitet ist. Der Warnpfiff entsteht, indem ein scharfer Luftstrom durch den Windfang (Nase) ausgestoßen wird. Der normale Kontaktlaut, vor allem zwischen Muttergeiß und Kitz, ist ein verhaltenes Meckern. In verstärkter Form leitet sich davon das »Blädern« ab, der Brunftlaut des Bockes. Als Angst- und Schmerzlaut ist, vor allem von Jungwild, ein klagendes Blöken zu hören.

Weibliche Gams und Jungwild (Kitze, Jährlinge, selten auch zweijährige Böcke) bilden teils größere Rudel (Zusammenschlüsse von Mutterfamilien); jüngere Böcke stehen im Sommer meist in kleinen Gruppen zusammen. Alte Böcke stehen in der Regel allein.

Da Gamswild vorwiegend tagaktiv ist (Hauptäsungszeiten am frühen Vormittag und am späten Nachmittag), ist es im deckungsarmen Gelände oberhalb der Waldgrenze auf Almen, Schuttkaren und in Felswänden leicht mit einem guten Fernglas oder Spektiv zu beobachten. Gegenüber als harmlos erkannten, sich wiederholenden menschlichen Störungen sind Gämsen auffallend unempfindlich. Dagegen ist es sehr empfindlich gegen überraschende Störungen, vor allem auch durch Tourenskifahrer im Winter. Das dadurch bedingte Abdrängen in ungünstige und gefährliche Einstände (Steinschlag, Lawinen) kann für das Wild lebensbedrohend werden.

Haarwechsel – Das Gamswild wechselt im Mai vom Winter- zum Sommerhaar. Im Frühherbst wechselt es ins Winterhaar. Das kurze Sommerhaar ist ziegenartig gelbbraun mit einem dunklen Aalstrich auf dem Rücken, das sehr dichte und lange Winterhaar fast schwarz. Auffällig ist die helldunkle Gesichtsmaske (die »Zügel«). Eine einfarbig schwarze Farbabweichung (Melanismus) wird als »Kohlgams« bezeichnet.

Die Krucke – Bock und Geiß tragen als Stirnwaffen die »Krucke«. Die auf Stirnzapfen sitzenden Hornschläuche sind oben nach hinten »gehakelt«. Diese Hakelung ist bei Böcken meist stärker ausgeprägt als bei den Geißkrucken. Die Schläuche der Geißen sind dünner, aber oft ebenso hoch, gelegentlich sogar höher als die der Böcke. Außerdem ist der Querschnitt an der Basis beim Bock mehr gleichmäßig rund, bei der Geiß eher oval.

Fortpflanzung – Die Gamsbrunft findet im November und Anfang Dezember statt. Die Böcke sind während dieser Zeit fast ständig auf den Läufen. Bald vertreiben sie eifersüchtig einen Nebenbuhler, bald treiben sie eine brunftige Geiß. Während der Brunft schwillt die Brunftfeige, ein beidseitig hinter den Krucken liegendes Duftdrüsenpaket des Gamsbocks, stark an. Die Drüse sondert ein unangenehm riechendes Sekret ab, das der Einstandsmarkierung dient. Geißen werden in der Regel erst im 3. oder 4. Jahr erstmals beschlagen.

Altersbestimmung – Am lebenden Wild ist die Krucke kein verlässliches Altersmerkmal (abgesehen von den ersten 3 Jahren), da ihre Höhe unterschiedlich sein kann und vom 4. Lebensjahr an nur unmerklich zunimmt. Das sicherste Alterszeichen sind bei beiden Geschlechtern die Zügel. Das sind die dunklen Streifen, die seitlich am Haupt vom Windfang über die Lichter bis an die Lauscher führen. Sind diese Streifen nicht mehr von der hellen Grundfärbung des Gesichtes abgegrenzt, sondern an den Rändern »verwaschen«, so handelt es sich meistens um ein älteres Stück. Beim Bock im Winterhaar deutet ein langer Pinsel auf höheres Alter. Die sehr unterschiedlich entwickelten »Barthaare« auf dem Rücken sind kein Alterszeichen. Mittelalte Böcke haben meist »den besten Bart«.

Am erlegten Stück kann das wirkliche Alter an den »Jahresringen« der Krucke bestimmt werden. Das Hauptwachstum der Schläuche erfolgt in den ersten 4 Lebensjahren, am stärksten im 2. und 3. Jahr. Im 5. Jahr beträgt der Zuwachs noch etwa 1 cm und der Hornschlauch legt sich unten eng an den Stirnzapfen an. Danach folgen jährlich nur noch schmale »Millimeterringe«. Die welligen »Schmuckringe« auf der Hornoberfläche dürfen nicht mit den echten, schärfer abgesetzten Jahresringen verwechselt werden.

Hege – Gamswild lebt unter weitgehend natürlichen Bedingungen in einem vom Menschen wenig veränderten Lebensraum mit intakter natürlicher Auslese (Bergwinter). Hegerische Hilfen und Eingriffe sind daher nur begrenzt erforderlich. Eine Fütterung ist unnötig und unsinnig. Der Erhaltung der Almwirtschaft bzw. die Pflege aufgelassener Almweiden als Äsungsflächen (auch für Rotwild), erscheint sinnvoll.

Üblich ist die Anlage von Salzlecken, die sehr gern angenommen werden.

Durch die zunehmende Beunruhigung der offenen Hochlagen durch Tourismus und Sport wird Gamswild vermehrt auch im Sommer in tiefere Waldlagen verdrängt, wo es in Äsungskonkurrenz mit Reh- und Rotwild Verbissschäden verursacht. Diese stellen nicht nur einen forstwirtschaftlichen Schaden im Wirtschaftswald dar, sondern tragen zur Gefährdung der Waldverjüngung auch in den Schutzwäldern bei. Daher sind menschliche Aktivitäten zu kanalisieren, um dem Gamswild ungestörte Einstände oberhalb der Waldgrenze zu sichern (Ruhezonen, Wildschutzgebiete, Wegegebote).

Bejagung – Gamswild wird auf Pirsch oder Ansitz bejagt. Die im Hochgebirge traditionsreiche Riegeljagd (weiträumig angelegte Drückjagd) wird nur noch selten praktiziert. Die Jagdzeit beginnt am 1. August und reicht bis zum 15. Dezember. Zur Brunft (Mitte November/Dezember) wird hauptsächlich auf Böcke mit jetzt voll entwickeltem Bart gejagt. Das schwierige Gelände stellt an den Gamsjäger hohe körperliche Anforderungen. Für Jagdgäste ist Führung durch einen revierkundigen und bergerfahrenen Jäger unerlässlich.

Körperbezeichnungen beim Gamswild.

Steckbrief Gams

Körperbau: Sehr voluminöses Herz und besonders hoher Gehalt an roten Blutkörperchen zur Sauerstoffversorgung bei Anstrengung in höheren Lagen. Schalen besonders weit spreizbar und scharfrandig mit weichen Ballen;
Gewicht ♂ bis 50 kg, ♀ bis 40 kg (unaufgebrochen).
Sinne: Geruchssinn sehr gut, Gehörsinn ebenfalls gut, Gesichtssinn mäßig.
Lautäußerungen: Bei Gefahr »Pfeifen«; Böcke in der Brunft »Blädern«; Kontaktlaut der Kitze »Meckern«.
Sozialverhalten: Geißen und Jungwild leben in offenen Gesellschaften (Scharwild); junge Böcke bilden kleine Gruppen; alte Böcke leben mehrheitlich alleine.
Lebensweise: Nacht- und tagaktiv; Hauptäsungszeiten früher Morgen und früher Abend. Am Tage im Sommer schattseitig (kühl), wechseln am Spätnachmittag auf die Sonnseite. Im Winter weitgehend sonnseitig.
Fortpflanzung: Geschlechtsreife im 2. bis 4. Lebensjahr; Brunft November und Dezember; Tragzeit 25 bis 27 Wochen; Setzzeit Mai/Anfang Juni; 1, selten 2 Kitze; Säugezeit bis November.
Nahrung: Selektiv, Gräser, Kräuter, Knospen, Nadel- und Laubzweige, Flechten.
Zahnformel: $\frac{0\,0\,3\,3}{3\,1\,3\,3} = 32$

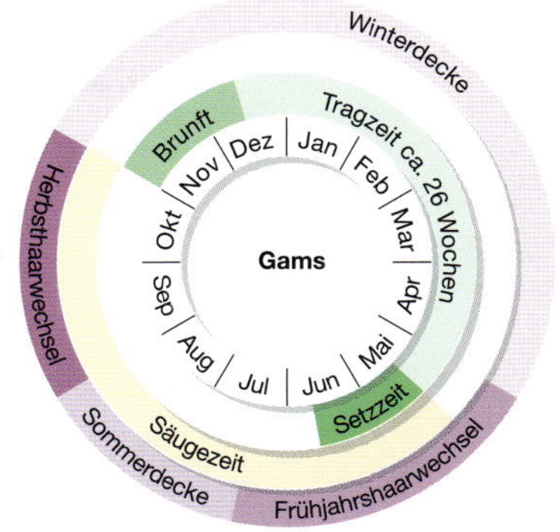

Jahreszyklus

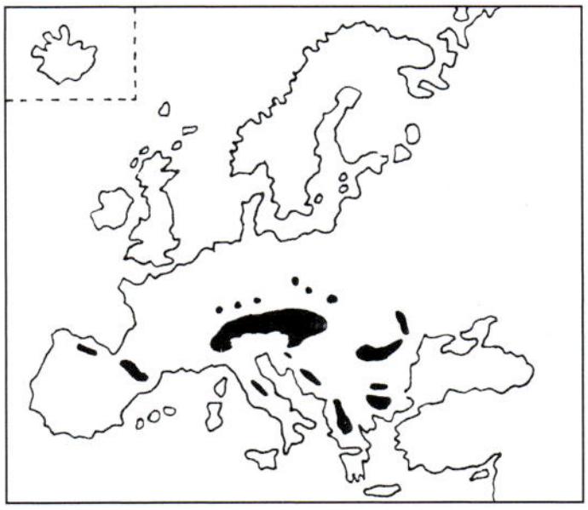
Verbreitungsgebiet

Lebensräume

421 | Wo finden wir in Europa Gamswild?
In Deutschland im Schwarzwald, auf der Schwäbischen Alb und im Elbsandsteingebirge sowie im gesamten Alpenraum; in den Hoch- und vielen Mittelgebirgen des ehemaligen Jugoslawien; in Spanien und Frankreich (Pyrenäen), in Italien (Alpen und Abruzzen) sowie Ost- und Südosteuropa.

422 | Welchen Lebensraum bevorzugt das Gamswild?
Der Lebensraum des Gamswildes ist das Gebirge.

423 | Ist das Gamswild an das Hochgebirge gebunden?
Gamswild ist nicht an Hochgebirgsformationen gebunden. Es besiedelt, wenn Felsformationen vorhanden sind, auch Mittelgebirge.

Körperbau

424 | Welches Körperorgan ermöglicht dem Gamswild extreme Leistungen?

Sein besonders voluminöses Herz in Verbindung mit einem sehr hohen Gehalt an roten Blutkörperchen (ausreichende Sauerstoffverorgung bei hoher körperlicher Leistung).

425 | Wie finden Gams im steilen, glatten Fels Halt?

Mit Hilfe seiner extrem spreizbaren Zehen sowie der gummiartigen Ballen im fußenden Bereich einer jeden Zehe.

Gams sind typische Klettertiere.

426 | Wann ist das Dauergebiss vollständig?

Erst nach 40 bis 42 Monaten (also mit knapp 3,5 Jahren).

427 | Wie ist der Gesichtssinn des Gamswildes?

Gamswild ist ein »Bewegungsfernseher«. Im Nahbereich wird z.B. der ruhig stehende Mensch nicht erkannt.

428 | Wie ist der Geruchssinn des Gamswildes entwickelt?

Gamswild windet ausgezeichnet (Geruchssinn = Hauptsinn).

429 | Welche Lautäußerungen gibt es?

Das als Warnlaut dienende Pfeifen, das als Kontaktlaut dienende Meckern sowie das so genannte »Blädern« des Gamsbockes in der Brunft. Letzteres ist als verstärktes, lautes Meckern zu umschreiben. Kitze klagen in einem blökendem Ton.

430 | Wie ist die Sommerdecke des Gamswildes gefärbt?

Das kurzhaarige Sommerhaar ist ziegenartig gelbbraun mit einem charakteristischen dunklen Aalstrich (Aalstrich fehlt in der Regel nur der Pyrenäengams).

431 | Wie lange trägt das Gamswild die reine Sommerdecke?

Im September erfolgt der Wechsel vom gelbbraunen, kurzen Sommerhaar zum langen, fast schwarzen Winterhaar. Letzteres besteht aus dem dichten, wollartigen Unterhaar und dem langen Deckhaar.

432 | Wo sitzen in der Winterdecke die längsten Haare?

Die längsten, bis zu 24 cm langen Haare der Winterdecke befinden sich entlang der hinteren Rückenlinie. Im Widerristbereich sind die Haare am längsten.

433 | Wie sind die Krucken des Gamswilds aufgebaut?
Die Krucken bestehen aus Hornschläuchen, die tütenartig langen, knöchernen Stirnbeinauswüchsen (= Stirnzapfen) aufsitzen.

434 | Was sind Schmuckringe?
Ringartige, wellige Oberflächenstrukturen der Hornschläuche (Achtung, nicht zu verwechseln mit den Jahresringen).

435 | Was ist ein Pechbelag?
Harzauflagerungen vornehmlich auf den unteren Hornschlauchbereichen, die durch Reiben und Schlagen der Krucken an Latschen etc. bedingt sind.

436 | Wie unterscheiden sich die Krucken von Bock und Geiß?
Die Krucken des Bockes sind – meist – stärker gehakelt und dicker als die der Geiß.

437 | Was sind Brunftfeigen?
Hautdrüsenpakete, die hinter der Krucke liegen und in der Brunft sichtbar anschwellen (Duftdrüsen → innerartliche Kommunikation)

Altersmerkmale / Altersansprache

438 | In welchem Lebensjahr ist der Zuwachs bei der Gamskrucke am größten?
Im zweiten Lebensjahr.

439 | Kann man an den Krucken das Geschlecht der Gams sicher erkennen?
In der Regel ja, jedoch nicht immer. Verwechslungen beim Ansprechen nur nach der Ausformung der Krucken sind möglich. Wir sprechen z. B. von einer bockkruckigen Geiß und umgekehrt.

Gamskitze liegen nicht ab, sie folgen schon unmittelbar nach der Geburt der Mutter ins sichere Gelände.

440 | Welche Altersmerkmale finden wir am lebenden Gamsbock?
Neben den allgemein gültigen Merkmalen wie starkes, gedrungenes Gebäude, dicker Träger bietet die Kruckenentwicklung (Spektiv), die Gesichtsfärbung (klare oder verwaschene Zügel) sowie die Länge des etwa mittig vom Bauch schnurartig herabhängenden Pinsel gute Altershinweise.

441 | Welche Altersmerkmale finden wir an der lebenden Gamsgeiß?
Neben der allgemeinen körperlichen Zustandsbeurteilung sind auch bei der Gamsgeiß die Kruckenhöhe sowie die Gesichtsfärbung orientierende Altersmerkmale.

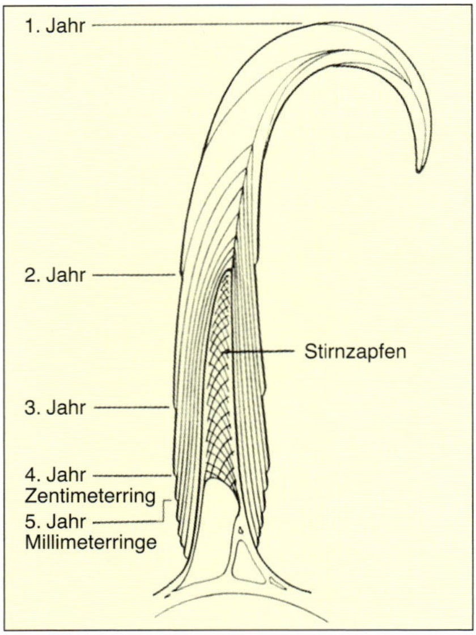

Aufbau einer Gamskrucke.

442 | Wie wird am erlegten Gams das Alter bestimmt?
Am erlegten Gams erlauben die Jahresringe an den Schläuchen eine sichere Altersfestlegung – sofern die Jahresringe an der Basis nicht mit Pech überlagert sind.

Gams mit Papillomatose.

443 | Welche Altersbezeichnungen sind gebräuchlich?
Kitz, Jahrling (Jährling), Junggeiß/-bock, Altgeiß, Altbock.

444 | Wie alt können Gamsgeißen werden?
Geißen erreichen in der Wildbahn ein Alter von 16 Jahren und mehr (maximal 25 Jahre).

445 | Welche altersbedingten Veränderungen finden im Gesicht des Gams statt?
Die Zügel sind anfänglich scharf gegen das sie begrenzende helle Haar abgesetzt. Mit zunehmendem Alter schwindet diese Konturlinie; sie verwischen und fließen ineinander über, so dass das Haupt einfarbiger grau wirkt.

Krankheiten / Parasiten

446 | Was ist Gamsblindheit?
Eine Entzündung der Lidbindehäute und der Hornhaut des Auges hervorgerufen durch ein Bakterium (Mycoplasma conjuctivae). Folge: Erblindung, Tod durch Absturz, Verhungern (Übertragung durch Hausschafe).

447 | Unter welcher Viruserkrankung leidet das Gamswild?
Unter der Papillomatose. Durch das Papillomvirus werden an Äser und Lecker warzenartige Wucherungen hervorgerufen, die bei entsprechender Größe eine Äsungsaufnahme unmöglich machen (→ Verhungern). Im fortgeschrittenen Stadium finden sich die Wucherungen auch an den Läufen.

448 | Welcher Ektoparasit tritt beim Gamswild seuchenhaft auf?
Eine Grabmilbe (Sarcoptes rupricaprae), die die Gamsräude auslöst. Seit dem 19. Jahrhundert treten im alpinen Bereich immer wieder sehr verlustreiche Seuchenzüge dieser hochansteckungsfähigen Krankheit auf.

449 | Welche Endoparasiten finden wir beim Gamswild?
Neben den Magen-Darmwürmern leidet Gamswild am meisten unter dem Befall des kleinen Lungenwurmes. Auf den Befall mit diesem Parasiten ist ein hoher Anteil der Kitzverluste zurückzuführen.

Nahrung

450 | Welchem Äsungstyp wird das Gamswild zugeordnet?
Im Sommer ist das Gamswild Konzentratselektierer, im Winter ein Rauhfutterfresser (= optimale anatomische und physiologische Anpassung an den Lebensraum).

451 | Was äst das Gamswild im Sommer?
Saftige, eiweißreiche Grünäsung.

452 | Welche Nahrung steht ihm im Winter zur Verfügung?
Triebe, Nadeln von Bäumen und Sträuchern (Verbissschäden!), Flechten sowie trockenes Gras (= Heu vom Halm).

453 | Wie gelangt Gamswild an Nahrung unterm Schnee?
Gamswild sucht im Winter zur Äsung Hanglagen auf, auf denen neigungsbedingt der Schnee abrutscht, vom Wind abgeblasen oder von der Sonne abgetaut wird. Der noch vorhandene Schnee wird mit den Vorderläufen weggeschlagen (= Äsung wird frei geschlagen). Lawinenhänge werden instinktiv gemieden.

454 | Wie spart Gamswild in kritischen Wettersituationen Energie?
Neben der physiologischen Reduktion des Stoffwechsels (sehr starke Verringerung des Pansenvolumens!) sucht Gamswild geschützte Stellen auf, von denen es sich in kritischen Wettersituationen nicht fortbewegt.

Verhalten

455 | Wie lebt das Gamswild?
Geißen bilden zusammen mit Kitzen, Jahrlingen und einzelnen jungen Böcken Rudel, die sozial offen sind, d.h. familienfremde Gämsen werden nicht abgewiesen (keine Leitgeiß!). Böcke bilden außerhalb der Brunft Junggesellengruppen oder leben solitär.

456 | Was ist ein Scharwildrudel?
Ein Rudel aus Geißen und Jungwild wird als Scharwildrudel bezeichnet.

Scharwildrudel (auch Scharl gen.) im Winter.

457 | Was ist ein »Laubbock«?
Ein Laubbock hat seinen Einstand im Wald.

458 | Was ist ein »Latschenbock«?
Ein Bock, der seinen Einstand in den Latschen hat.

459 | Was sind Gratgams?
Ein Gratgams steht oberhalb der Waldgrenze.

Fortpflanzung

460 | Wann ist die Brunftzeit?
Mitte November bis Mitte Dezember.

461 | Was ist eine Bartgams?
Ein Gamsbock im Winterhaar.

462 | Wie lange ist die Tragzeit des Gamswildes?
Die Tragzeit beträgt gut 6 Monate (25 Wochen).

463 | Wie viele Kitze setzt eine Geiß?
Ganz überwiegend wird ein Kitz gesetzt. Zwillinge werden selten geboren.

464 | Nimmt die Geiß jedes Jahr auf?
Nein, Geißen setzen häufig ein Jahr aus.

465 | Werden Kitze abgelegt?
Nein, Kitze folgen ihren Müttern unmittelbar nach der Geburt, oft noch vor dem ersten Saugakt. Die Geiß schließt sich etwa zwei Wochen nach der Geburt mit dem Kitz wieder dem Rudel an.

466 | Was sind »Kindergärten«?
Kitze aus einem Scharwildrudel schließen sich häufig zusammen, um miteinander zu spielen, zu springen, zu rennen, zu kämpfen. Sie werden häufig von einer Geiß beaufsichtigt. Vor allem im Spätsommer und Herbst lassen Geißen ihre Kitze für Stunden oder einen Tag im »Kindergarten«, um sich selbst vom Rudel zu entfernen.

Gams stören sich an Bergwanderern wenig. Sie sind gerade im Bereich viel begangener Touristenpfade, an denen nicht gejagt wird, oft erstaunlich vertraut, während sie in stillen, aber bejagten Revierteilen sehr scheu sein können.

Bejagung

467 | Welche Jagdarten sind gebräuchlich?
Ansitz und Pirsch.

468 | Wie werden Gams im Wald bejagt?
Bei Pirsch und Ansitz gleichermaßen.

469 | In welcher Jahreszeit werden die Gams hauptsächlich bejagt?
In den Sommermonaten.

470 | Welche Vorteile hat die Bejagung im Sommer?
Die Einstände der Gämsen sind leichter erreichbar, das Wild leichter zu bergen. Die durch die Jagd hervorgerufene Beunruhigung (Flucht, Umstellung etc.) und die daraus resultierenden Energiedefizite sind durch die Sommeräsung leicht ausgleichbar. Das Wildbret ist besser. Die Jagd ist körperlich weniger anstrengend.

471 | Muss bei der Gamsjagd immer weit geschossen werden?
Nein. Die immer wieder zitierten weiten Schüsse sind sicherlich gelegentlich nötig, aber nicht die Regel.

472 | An welchen Merkmalen werden die Geschlechter unterschieden?
Figur, Krucke, Bart und Pinsel, Verhalten.

473 | Wann gilt ein Gamsbock als reif?
Ab einem Alter von 8 Jahren.

Der Platzbock bringt zwei Beiböcke, die sich seinem Rudel genähert haben, in Fahrt.

Gamsfährte.

474 | Auf was muss der Jäger beim Aufbrechen eines Bartbockes achten?
Um die Haare beim Aufbrechen nicht zu verschmutzen und weil sie am warmen Stück leichter zu rupfen sind, werden sie vor dem Aufbrechen gerupft und mit einem Holzspan o.ä. versteift sorgfältig eingewickelt.

475 | Welche natürlichen Feinde hat das Gamswild?
In erster Linie der Steinadler und, wo er vorkommt, der Luchs.

476 | Welche Faktoren regulieren die Gams noch?
Gamswildbestände werden vornehmlich durch die Witterungsverhältnisse im Winter reguliert. Mindestens 50 % der geborenen Kitze (Nachwuchsrate bis 60 % der erwachsenen weiblichen Tiere) verenden noch in ihrem ersten Lebensjahr.

Schäden

477 | Welche Schäden verursacht Gamswild?
Im Wald entstehen teilweise erhebliche Verbissschäden. Im Gegensatz zum Rot- und Steinwild schälen die Gams nicht.

Waidmännische Ausdrücke

Bartgams	Gamsbock ab November
blädern	Brunftlaut des Bockes
Brunftfeigen	Duftdrüsen hinter der Krucke
Gamsbart	Rückenhaare
Geraffel	Geißen und Jungwild (»Scharwild«)
Haberl	Orientierungspause bei der Flucht
hakeln	mit der Krucke schlagen, kämpfen
Jahresringe	jährliche Zuwachsringe der Krucke
Jahrling	einjähriger Gams
Kohlgams	schwarze (melanistische) Spielart des Gamswildes
Krickel	anderer Ausdruck für Krucke
Krucke	Stirnwaffen (Hörner)
meckern	Kontaktlaut
Pechkrucke	Krucke mit Belag von Baumharz
pfeifen	Warnlaut
Reif	helle Spitzen der Barthaare
Scharwild	Geißen und Jungwild
Schlauch	einzelnes Hohlhorn der Krucke
Schmuckringe	wulstförmige Ringe zwischen den Jahresringen
Wachler	Ausdruck für (guten) Gamsbart
Zügel	Schwarzer Gesichtsstreifen

Steinwild *(Capra ibex)*

Naturgeschichte – Steinböcke kommen in mehreren Unterarten in den Hochgebirgen Europas, Asiens und Nordafrikas vor. Unser Alpensteinbock wurde in historischer Zeit (17./18. Jahrhundert) fast ausgerottet. Ein kleiner Restbestand in Norditalien (Gran Paradiso, damals Hofjagd des italienischen Königs, heute Nationalpark) war Anfang des 20. Jahrhunderts Ausgangspunkt für Wiedereinbürgerungen in der Schweiz, Frankreich, Österreich, Jugoslawien und Deutschland. Hauptursache für die damalige Ausrottung war der Volksaberglaube, nach dem den Bezoarkugeln und dem Herzkreuz, ein kreuzförmiger Knochen im bindegewebigen Trennbereich zwischen Herzvorkammern und Hauptkammern nahe der abgehenden Aorta, wundertätige Heilwirkung und Schutzwirkung zugeschrieben wurde. Die wiederbegründeten kleinen Steinwildkolonien in den bayerischen Alpen (Berchtesgaden, Inntal, Benediktenwand, Allgäu) sind ganzjährig geschont. In der Schweiz, in Österreich und Italien werden einige Bestände schon wieder planmäßig bejagt. Ihr Gesamtbestand in den Alpen wird auf 20 000 Tiere geschätzt. Steinböcke sind echte Vertreter der Wildziegen (Gattung Capra); Kreuzungen mit Hausziegen sind möglich.

Lebensraum – Das Steinwild lebt in den hohen Gebirgslagen zwischen Waldgrenze und ewigem Schnee, bis in Höhen von 3500 m. Täler werden nur überquert, wenn die Talsohle oberhalb der Waldgrenze liegt. Die Äsung der unter den Wiederkäuern mit zu den besten Kletterern gehörenden Tierart besteht im Winter vorwiegend aus holzigen Trieben, im Sommer aus Gräsern und Kräutern der Alpenmatten und der Grasbänder in Felswänden (Äsungstyp: Rauhfutterfresser).

Sinne und Verhaltensweise – Steinwild äugt sehr gut, auch die übrigen Sinne sind gut entwickelt. Steinböcke leben fast ganz-

Steinböcke vergesellschaften sich das ganze Jahr hindurch.

jährig in Bockrudeln, die sich nur zur Brunft auflösen. Manche Böcke ziehen nach der Brunft noch einige Zeit mit den Geißen, andere finden gleich wieder in den Bockrudeln zusammen. Geißen und Jungwild bilden ganzjährig eigene Rudel, ohne feste Hierarchie.

Haarkleid – Steinwild wechselt im Frühjahr (April bis Juni) sein Haarkleid. Das dann erscheinende Sommerhaar wird im Herbst nicht gewechselt. Das Winterhaar wächst zwischen dem Sommerhaar durch. Beide werden erst im nächsten Frühjahr durch das neue Sommerhaar ersetzt. Das Winterhaar zeigt dichtes, helles Unterhaar und langes, hartes, grau-braunes Deckhaar. Farblich vermittelt die Sommerdecke einen grau-fahlen Gesamteindruck (Fahlwild). Die dunkle Winterdecke isoliert das Wild bis zu einer Temperatur von –35 °C. Erst bei Unterschreiten dieser extremen Temperatur erfolgt eine Steigerung der körpereigenen Wärmeproduktion.

Steckbrief Steinwild

Körperbau: Schulterhöhe der Böcke ca. 95 cm, plumper Gesamteindruck, jedoch ungeheuer wendig. Kräftige Läufe, Schalen gummiartig, aber hartrandig. Haarwechsel nur im Frühjahr. Gewichte ♂ bis 70 kg, ♀ bis 40 kg (aufgebrochen).
Sinne: Gesichtssinn, Hörsinn und Geruchssinn sehr gut,
Lautäußerungen: Pfeifen ähnlich Gams; bei Erschrecken kurzes »Niesen«; bei Drohung »Blasen«; Meckern als Kontaktlaut, hauptsächlich Kitze.
Lebensweise: Geißen, Jährlinge und Kitze bilden ganzjährig offene Gesellschaften (Fahlwildrudel). Böcke leben zumindest ab Frühjahr in Bockrudeln (Altersgruppen), die sich zur Brunft auflösen und im Laufe des Spätwinters wieder neu finden.
Fortpflanzung: Geschlechtsreife ♂ ca. 18 Monate, ♀ ab 18 Monaten variabel. Brunft Dezember / Anfang Januar. Geschlechtszyklus 20 Tage. Tragzeit durchschnittlich 167 Tage. Hauptsetzzeit Juni, 1, selten 2 Kitze. Säugezeit bis in den Winter hinein.
Nahrung: Rauhfutterfresser: Gräser, Kräuter, Nadel- und Laubzweige, Flechten.
Zahnformel: $\frac{0\,0\,3\,3}{3\,1\,3\,3} = 32$

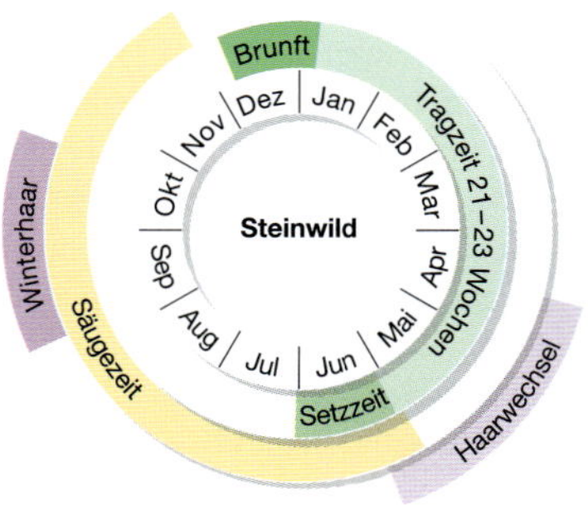

Jahreszyklus

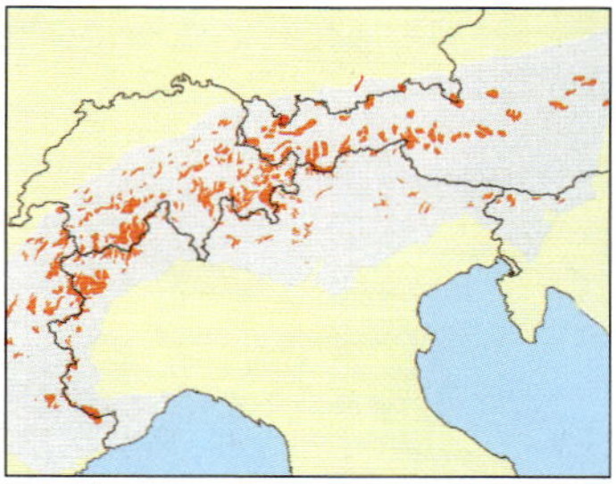

Verbreitungsgebiet (Alpenraum)

Hauptschmuck – Beide Geschlechter tragen nach hinten gebogene Hörner (Gehörn). Beim weiblichen Wild erreichen sie eine Länge bis 30 cm und sind rundlich, während die Hörner der Böcke im Querschnitt dreieckig sind und bis zu 105 cm lang werden können. Typisch sind – insbesondere bei den Böcken – die Hornwülste an der Frontseite, die als Schmuckwülste anzusehen sind. Auch beim Steinwild erfolgt das Hauptwachstum des Gehörns in den ersten 5 Lebensjahren, ähnlich wie bei Gams- und Muffelwild.

Brunft – Die Brunft findet im Dezember/Anfang Januar statt. Hierbei stehen mehrere Böcke im Rudel (Kommunalbrunft). Der dominante Bock kommt in der Regel zum Beschlag.

Lebensraum

478 | Wo lebt das Steinwild?
Steinwild lebt überwiegend oberhalb der Baumgrenze, im Winter zieht es gelegentlich in die oberste Waldregion.

Körperbau

479 | Wie schwer wird ein Steinbock?
Bei einer Schulterhöhe bis 1 m und einer Körperlänge bis zu 2 m beträgt die Körpermasse im Mittel 110 kg (80 bis 140 kg).

480 | Welche körperlichen Besonderheiten ermöglichen das Leben in extremer, alpiner Landschaft?
Hervorragendes Herz-Lungensystem, sehr hohe Zahl von roten Blutkörperchen (12 bis 15 Millionen/ml; im Vergleich: Mensch 5 Millionen/ml), kräftige, klobig wirkende Läufe, scharfrandige, sehr spreizbare Schalen mit einem zentralen gummiartigen Polster, extrem schützendes, isolierendes Winterhaar.

Steingeiß mit Kitz.

481 | Tragen beide Geschlechter Hörner?
Ja, wobei die Hörner der Böcke grundsätzlich länger sind und an der vorderen Kontur Hornwülste (Schmuckwülste) tragen.

482 | Tragen Steinböcke einen Bart?
Ja, auch Alpensteinböcke tragen Kinnbärte, allerdings recht kurze.

Altersmerkmale / Altersansprache

483 | Wie wird das Alter des erlegten Steinwildes bestimmt?
Es lässt sich an den Jahresringen abzählen.

Krankheiten / Parasiten

484 | Von welchen seuchenhaft auftretenden Krankheiten wird das Steinwild befallen?
Wie das Gamswild von Blindheit, Räude und Papillomatose.

Nahrung

485 | Zu welchen anderen Arten steht Steinwild in Äsungskonkurrenz?
Äsungskonkurrenz besteht mit dem Gamswild und im Bereich der Waldgrenze mit Rotwild (zu vernachlässigen).

Steinböcke werden bis 70 kg schwer.

Verhalten

486 | Wie vergesellschaftet sich Steinwild?
Weibliches und Jungwild lebt ganzjährig in offenen Gesellschaften, denen sich teilweise auch die ein- und zweijährigen Böcke anschließen. Nach der Brunft ziehen auch die älteren Böcke einige Zeit mit den Geißen, schließen sich aber nach und nach, spätestens jedoch im Frühjahr wieder in eigenen Bockrudeln zusammen.

487 | Wie vermeiden Steinböcke Energie zehrende Auseinandersetzungen in der Brunft?
Die Böcke legen ihre Ränge das ganze Jahr hindurch fest. Die Brunft läuft als Kommunalbrunft ab. Der dominante Bock imponiert durch Köpermasse und Gehörnausbildung. Kämpfe untereinander werden – wenn überhaupt – als ritualisierte Kommentkämpfe ausgeführt → hohe Energieeinsparung.

Fortpflanzung

488 | Wann ist die Brunft des Steinwildes?
Die Brunft findet im Dezember / Anfang Januar statt.

489 | Sind Kreuzungen zwischen Steinwild und Hausziege möglich?
Kreuzungen sind möglich. Die Bastarde sind fortpflanzungsfähig.

490 | Sind Kreuzungen zwischen Steinwild und Gams möglich?
Kreuzungen zwischen Gams- und Steinwild sind nicht möglich.

491 | Wie lange ist die Tragzeit des Steinwildes?
Die Tragzeit beträgt rund 5 $^1/_2$ Monate.

492 | Wie viele Kitze setzt die Steingeiß?
In der Regel ein Kitz, Zwillinge sind sehr selten.

Bejagung

493 | Darf Steinwild bejagt werden?
In Deutschland momentan nicht. In der Schweiz, in Italien, Slowenien und in Österreich wird es bejagt.

Schäden

494 | Verursacht Steinwild Waldschäden?
Wenn überhaupt, nur in der Winterperiode im obersten Waldgürtel durch Verbiss und im Frühjahr durch Schlagen mit den Hörnern.

Muffelwild
(Ovis ammon musimon)

Das Muffelwild oder Mufflon ist das einzige Wildschaf Europas und weltweit die kleinste Wildschafform. Es stammt von kleinasiatischen Mufflons ab, deren Stammform nicht mehr existent ist. Mit den jungsteinzeitlichen Menschen gelangten die Mufflons als Fleischlieferant, Jagdobjekt, vielleicht auch als Kulttier in den Mittelmeerraum, wo sie ohne jemals domestiziert gewesen zu sein, auf Korsika und Sardinien überlebten. Die heute in Mitteleuropa lebenden Bestände wurden um die Jahrhundertwende durch Aussetzungen von Tieren dieser Inselpopulationen begründet.

Bei geeignetem Klima (möglichst trockenwarm) und Vorhandensein von steinig-felsigem Boden gedeiht Muffelwild in vielen Waldrevieren gut. Niederschlagsreiches Klima und ausschließlich weicher Boden sagen ihm nicht zu und führen zu Erkrankungen (Schalenauswachsen). Die Anzahl der Schneetage stellt einen limitierenden Faktor für das Vorkommen des Wildschafes dar.

Die Jahresstrecke betrug in der Bundesrepublik Deutschland in den vergangenen Jahren im Mittel 6000 Stück.

Lebensraum und Lebensweise – Das Muffelwild lebt überwiegend im Wald. Es bevorzugt Lichtungen und Blößen innerhalb des Waldes und nimmt Deckung in Laub- und Nadelholzdickungen. Es ist mehr tagaktiv als Rotwild und wechselt in seinem Streifgebiet oft »unstet« weit umher. Als Äsung bevorzugt es Gräser und Kräuter der Bodenvegetation, verbeißt aber auch Gehölze und tritt bei kleinflächigem Waldanteil auch auf die Feldflur aus (Wiesen, Saatfelder). Schälschäden kommen in unterschiedlichem, zum Teil erheblichem Umfang vor. Mit Rot-, Dam- und Rehwild

Die Rudelzusammensetzung kann beim Muffelwild stark wechseln.

verträgt sich Muffelwild gut, doch steht es zu ihnen in Äsungskonkurrenz, so dass bei seiner Hege bzw. Einbürgerung die Äsungsverhältnisse, vor allem die Verbissbelastung des Waldes zu beachten sind. Seit dem Neolithikum ist das Muffelwild in Eurasien bodenständig. Die Hege des Muffelwildes in seinen jetzigen Vorkommensgebieten ist aktiver Artenschutz für eine in seiner Heimat existentiell bedrohten Wildart.

Sinne und Verhaltensweise – Muffelwild windet (riecht) und vernimmt (hört) sehr gut und äugt (sieht) besser als anderes Schalenwild. Es lebt gesellig in Rudeln, erwachsene Widder in kleineren Trupps. In der Brunft schließen sich die Widder den Schafrudeln an. Lautäußerungen sind das Meckern als Kontaktlaut (ähnlich wie bei Hausschafen) und ein pfeifender Warnlaut (ähnlich dem der Gams). Der vom treibenden Widder ausgestoßene Brunftlaut wird häufig als Blädern bezeichnet.

Haarwechsel – Auch Muffelwild verfärbt 2mal im Jahr. Die Decke des Widders im Winter ist braun bis schwarzbraun mit hellem »Sattelfleck« und hellem Spiegel. Außerdem sind die Läufe von den Schalen herauf bis zum Sprung- bzw. Vorderfußwurzelgelenk bräunlichweiß. Im Sommer ist der Widder rotbraun mit den erwähnten hellen Abzeichen. Das weibliche Wild ist schlichter gefärbt, im Winter graubraun, im Sommer gelblichbraun. Es hat keinen Sattelfleck. Den eigentlichen Haarwechsel, den Ausfall des Winterhaares, beobachten wir im Mai, das Winterhaar bildet sich im September.

Hauptschmuck – Das männliche Lamm (Widderlamm) schiebt im Alter von 3 bis 4 Monaten Stirnzapfen mit kleinen Hornspitzen – dem Beginn der Schnecken. Die Hornschläuche wachsen in Jahresperioden weiter. Das Hauptwachstum liegt in den ersten 5 bis 6 Lebensjahren. Auch der

Körperbezeichnungen beim Muffelwild.

Basisumfang der Schnecke nimmt bis zum 5. Lebensjahr zu, er kann bis zu 35 cm erreichen. Die Schneckenlänge kann bis zu 80 cm und mehr betragen. Die Oberfläche der Schnecken trägt kräftige »Schmuckwülste«, die nicht mit den weniger auffälligen »Jahresringen« zu verwechseln sind. Eine Besonderheit sind die »Einwachser«, bei denen die Schlauchspitzen nach innen gegen den Träger oder Unterkieferbereich wachsen. Über das Stadium des Scheuerns kommt es im Verlauf des weiteren Schlauchwachstums zum Einwachsen. Damit einhergehende Wundinfektionen führen neben erheblichen Schmerzen zum Tod des Tieres. Weibliche Individuen (Schafe) bleiben in der Regel hornlos. Treten Hörner auf, stellen sie sich als nur kurze Stümpfe dar.

Steckbrief Muffelwild

Körperbau: Läufertyp mit hohen Läufen; ♂ mit kreisförmig gebogenen Hörnern; ♀ hornlos oder mit kurzen Stümpfen; Gewicht ♂ 45–55 kg, ♀ bis 40 kg.
Sinne: Gesichts-, Hör- und Geruchssinn sehr gut.
Lautäußerungen: Meckern als Kontaktlaut (ähnlich wie bei Hausschafen); pfeifender Warnlaut (ähnlich dem der Gams); Blädern als Brunftlaut des treibenden Widders.
Lebensweise: Stark wechselnde Rudelzusammensetzung, reine Schaf- und Lammrudel ebenso wie gemischte größere Rudel; im Frühjahr oft Widder-/Schmalschafrudel; Widder oft in Kleinstrudeln. Zusammensetzung der Rudel unbeständig; feste Streifgebiete, in denen es unstet wechselt; tag- und dämmerungsaktiv. Hindernisse wie Straßen, Bahnlinien oder Bäche werden häufig nicht oder nur ungern gequert.
Fortpflanzung: Geschlechtsreife ♀ 18 Monate, ♂ 18 bis 30 Monate; Brunft Oktober bis Dezember; Tragzeit 5 bis 5 $^1/_2$ Monate; Hauptsetzzeit April bis Anfang Mai. Säugezeit etwa 5 Monate.
Nahrung: Ausgesprochener Graser und äst unselektiv Gräser, Wildstauden (z. B. Brennnessel), die Triebe von Waldbäumen, Rinde (Schälen) und landwirtschaftliche Kulturpflanzen.
Zahnformel: $\frac{0\,0\,3\,3}{3\,1\,3\,3} = 32$

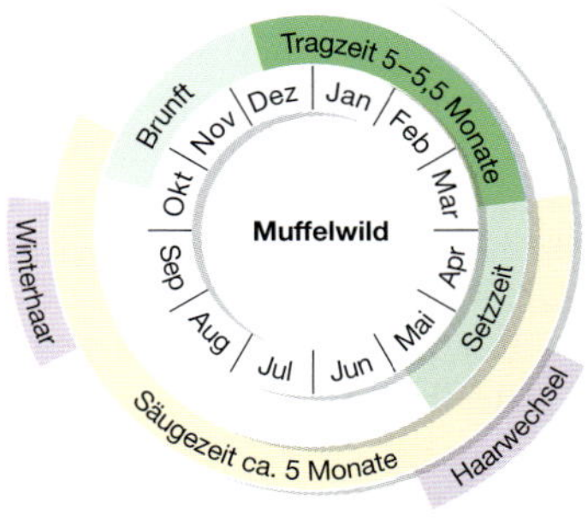

Jahreszyklus

Verbreitungsgebiet

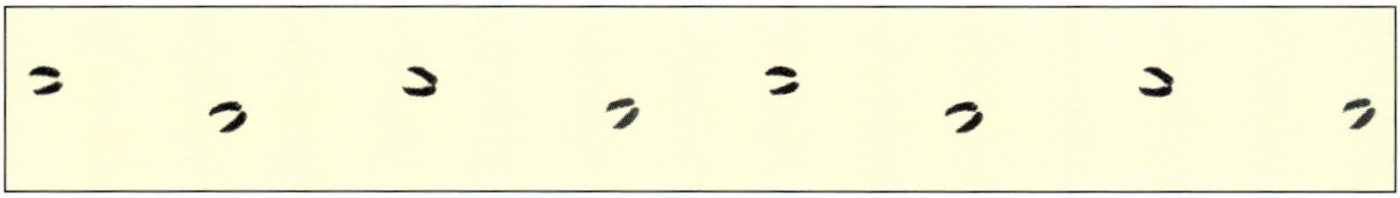

Muffelwildfährte.

Brunft – Die Brunft fällt in die Monate Oktober, November und Dezember. Zwischen starken Widdern kommt es häufig zu Kämpfen, bei denen sie mit gesenkten Häuptern aufeinanderprallen, so dass man das »Krachen« über weite Entfernung hört.

Altersbestimmung – Sie erfolgt bei den Widdern wie beim Gamswild nach den Jahresringen der Schnecken. Bei den Schafen gibt die Gebissabnutzung einen Anhalt. Die Zahnformel entspricht der des Gamswildes. Der Zahnwechsel ist nach 43 bis 45 Monaten beendet.

Hege und Bejagung – Für die »Hege mit der Büchse« gelten die gleichen Grundsätze wie bei anderem Schalenwild. »Einwachser« und schalenkranke Stücke sind unbedingt zu erlegen. – Wildwiesen im Wald sowie Salzlecken werden gern angenommen. Bei Bedarf Winterfütterung ähnlich wie für Rotwild, mit noch höherem Rauhfutteranteil. Die Jagd erfolgt auf Pirsch und Ansitz.

Lebensraum

495 | Ist das Muffelwild bei uns autochthon?

Nein, alle Muffelwildvorkommen in Deutschland gehen auf Einbürgerungen zurück.

496 | Wo gibt es in Deutschland nennenswerte Muffelwildbestände?

Vornehmlich in den jungen Bundesländern Brandenburg, Thüringen, Sachsen Anhalt und Sachsen. Kleinere Vorkommen bestehen in Nordrhein Westfahlen, Rheinland Pfalz, Niedersachsen und Hessen.

497 | Welche Lebensräume bevorzugt das Muffelwild?

Standorte bis maximal 500 m über NN, mit weniger als 600 mm Niederschlag und weniger als 30 Schneetagen, trockene Böden, lichte Laub-, Misch- und Kieferwälder mit üppiger Bodenvegetation

498 | Kommt Muffelwild auch im Hochgebirge vor?

Ja, es gibt eine ganze Reihe inneralpiner und südalpiner Vorkommen, auch in Revieren mit relativ hohen Niederschlägen.

Körperbau

499 | Wie schwer wird ein Widder?

Widder sind mit dem vollendeten 4. Lebensjahr körperlich ausgereift und erreichen Körpergewichte von 45 bis 50 kg.

500 | Wie schwer wird ein Schaf?

Mittelalte Schafe bringen eine mittlere Körpermasse von 32 kg.

501 | Tragen nur Widder Schnecken?

Nein, Schafe tragen gelegentlich kurze Stümpfe.

502 | Was versteht man unter Schabracke?

Den hellen Sattelfleck auf dem Rücken des Widders. Es kommen jedoch auch Widder ohne diesen Sattelfleck vor.

Schafe tragen zum Teil Hornstümpfe.

503 | Was ist ein Einwachser?

Bei einem Einwachser dringen die Schlauchspitzen bei entsprechender Ausrichtung in Träger bzw. Unterkieferbereich ein.

■ Altersmerkmale / Altersansprache

504 | An welchen Körperteilen der Widder lässt sich das Alter ablesen?

An der Schneckenlänge und an der Breite der Schmuckwülste an der Schlauchbasis. Weitere Altersmerkmale sind ein deutlich abgesetzter Sattelfleck und im Winterhaar die Brunftmähne. Im hohen Alter färbt sich die Decke in einen weißlichen Grauton um, das Haupt wirkt greisenhaft.

505 | Woran erkennt man ein altes Schaf?

Kantig wirkendes Haupt, deutlich ausgeprägter Widerrist, langer, dünn erscheinender Träger, Hängebauch.

■ Nahrung

506 | Welchem Äsungstyp wird das Muffelwild zugeordnet?

Muffelwild wird als Rauhfutterfresser klassifiziert.

■ Verhalten

507 | Wodurch fallen Muffelwidder akustisch auf?

Spielerisch (oder in der Brunft echt) kämpfende Widder schlagen ihre schneckenbewehrten Häupter mit einem weithin hörbaren, mit einem auf Holz treffenden Axthieb vergleichbaren Ton zusammen.

508 | Ist das Muffelwild standorttreu?

Muffelwild besitzt ein festes Streifgebiet, in dem es sich aber unstet bewegt.

Das Wachstum von Hörnern erfolgt immer an der Basis. Der größte Wachstumsschub erfolgt im zweiten Lebensjahr. Ab dem 5. Lebensjahr ist der Zuwachs nur noch gering.

509 | Wann ist Muffelwild überwiegend aktiv?
Muffelwild ist eine tagaktive Wildart; aufgrund menschlicher Aktivitäten ist es vielerorts dämmerungsaktiv geworden.

510 | Wie lebt das weibliche Muffelwild?
Weibliches Muffelwild lebt in Mutterfamilien, die sich zu größeren, dann auch gemischten Rudeln zusammenschließen können.

511 | Wem schließen sich die jüngeren Widder an?
Jüngere Widder befinden sich in den Rudeln der weiblichen Tiere, ab dem 3. Lebensjahr schließen sie sich reinen Widderrudeln an.

512 | Sind ältere Widder Einzelgänger?
Ältere Widder leben singulär, treten nur in der Brunft zu den Schafrudeln.

513 | Welche Lautäußerungen kennen wir beim Muffelwild?
Als Kontaktlaut ein Meckern, als Warnlaut ein Pfeifen, als Brunftlaut das Blädern.

Fortpflanzung

514 | Wann brunftet das Muffelwild?
Von Oktober bis Dezember, mit Höhepunkt im November.

515 | Wie läuft die Brunft des Muffelwildes ab?
Altwidder ziehen zu den Schafrudeln und legen die Rangordnung fest. Junge Widder werden in den Rudeln geduldet. Das brunftige Schaf wird abseits des Rudels vom dominanten Widder beschlagen, der nicht selten danach dieses Brunftrudel verlässt.

516 | Wie lange dauert die Tragzeit des Muffelwildes?
Die Tragezeit beträgt 5 bis 5 $^1/_2$ Monate.

Die Widder tragen das ganze Jahr hindurch ritualisierte Kämpfe aus.

Muffellämmer sind typische Nestflüchter.

517 | Wann kommen die Lämmer zur Welt?
Die Lämmer werden in der Masse Ende April bis Anfang Mai geboren.

518 | Kommt es bei Muffelschafen zu Zwillingsgeburten?
Zwillingsgeburten sind möglich, aber selten.

519 | Gibt es Schafe, die zweimal in einem Kalenderjahr lammen?
Ja, in Gründungspopulationen, die noch expandieren können, werden nicht selten Herbstlämmer angetroffen.

520 | Wann setzen die Schmalschafe ihr erstes Lamm?
Schmalschafe gehen bei geringer Populationsdichte zu einem hohen Prozentsatz in die Reproduktion (s.o.), in größenmäßig stagnierenden Populationen setzen Schmalschafe nur selten.

521 | Liegen Muffellämmer ab?
Nein, sie folgen schon wenige Stunden nach der Geburt ihren Müttern.

522 | Wie hoch ist der jährliche Zuwachs beim Muffelwild?
Die nutzbare Zuwachsrate liegt beim Muffelwild zwischen 50 bis 70 %.

Bejagung

523 | Wie erfolgt die Bejagung des Muffelwildes?
Ganz vorwiegend auf dem Ansitz. Die Pirsch ist wegen des hervorragenden Äugens schwierig.

Schäden

524 | Welche Schäden verursacht Muffelwild im Wald?
Schälschäden, Rammschäden und Verbissschäden (Maitriebverbiss bei Fichten).

525 | Welche Schäden verursacht Muffelwild an landwirtschaftlichen Kulturen?
Muffelwild tritt vornehmlich im Winter auf Getreide- und Rapsschläge; Populationen in kleinstrukturierten Wald-Feldrevieren nehmen auch im Sommer Feldäsung an (hier Schäden im Getreide).

Waidmännische Ausdrücke

Einwachser	Widder mit nach innen wachsenden Schnecken
Lamm	Junges
meckern	Lautäußerung
Sattelfleck	weißlicher Fleck auf beiden Seiten des Rückens beim Widder
Schabracke	Sattelfleck
Schaf	weibliches Stück
Schmalschaf	weibliches einjähriges Stück
Schaflamm	weibliches Jungwild
Schnecke	Hauptschmuck beim Widder
Widder	männliches Stück
Widderlamm	männliches Jungwild

Schwarzwild *(Sus scrofa)*

Naturgeschichte – Das Wildschwein gehört zu den nicht wiederkäuenden Paarhufern und ist der einzige Vertreter seiner Familie (Suidae) in Europa.

Lebensraum und Lebensweise – Das Schwarzwild ist durch intensivste Bejagung zum Nachttier geworden. In ungestörten Revieren ist es tagaktiv.

Die Unterschätzung seiner Anpassungsfähigkeit und seiner Reproduktionsleistung, die flächendeckende Intensivierung im Ackerbau mit optimaler, annähernd ganzjähriger bester Ernährungsgrundlage und Einstandsmöglichkeiten sowie eine nicht ausreichende Bejagung, haben zu einer phänomenalen, fast unglaublichen Vermehrung geführt, die u.a. zur Besiedlung bzw. Wiederbesiedlung ehemals schwarzwildfreier Regionen geführt hat.

Seit der Jahrtausendwende werden in Deutschland jährlich ca. 500 000 Sauen bei steigender Tendenz gestreckt. Dieses rasante Anwachsen der Bestände führt zu gestiegenen Wildschäden im Acker- wie Grünlandbereich sowie zu einem hohen Risiko der Infektion mit dem Virus der Europäischen Schweinepest. Den Schäden stehen die Wohlfahrtswirkungen der Sauen im Wald gegenüber, die das Schwarzwild durch Vertilgung von forstschädlichen Insektenlarven und Mäusen sowie sein Brechen im Waldboden leistet.

Sinne und Verhaltensweise – Sauen wittern hervorragend, ihr Gehör ist gut ausgebildet, der Gesichtssinn steht dagegen zurück. Sauen leben in Sippenverbänden zusammen, die unter der Führung einer Leitbache ausschließlich miteinander verwandte Rottenmitglieder vereinigen. Männliche Rottenmitglieder werden im Alter von ca. 1,5 Jahren zur Vermeidung der Inzucht aus dem Rottenverband vertrieben, weibliche verbleiben in der Rotte. Die Leitbache dominiert, die nachgeordneten Bachen sind

Die Frischlinge folgen der Bache in der Reihe (wie in einer »Perlenschnur«).

hierarchisch sozial eingegliedert (Matriarchat). Nach Verlassen des Familienverbandes leben männliche Überläufer zunächst in brüderlichen Kleinrotten zusammen. Ab dem dritten Lebensjahr besetzen sie ein Revier, in dem sie getrennt von den Rotten solitär leben. Nur in der Rauschzeit treten sie zu den Rotten.

Sauen besitzen ein umfangreiches Lautrepertoire. Als Kontaktlaut dienen ruhige Grunzlaute; helles, durchdringendes Quieken ertönt bei Auseinandersetzungen, das so genannte Blasen oder ein kurzes »Wuff« dienen als Warnlaut. Vertraut ziehende oder im Gebräch stehende Rotten sind aufgrund ihrer Lautäußerungen schon frühzeitig zu hören. Rivalisierende Keilerkämpfe (Einstandskämpfe, Rauschzeit) werden durch das Wetzen (Aufeinanderschlagen) der Waffen und durch lautstarkes Grunzen in allen Tonhöhen beeindruckend begleitet.

Ausreichendes Fraßangebot und genügend Deckung sind die einzigen Ansprüche, die Sauen an ihren Lebensraum stellen. Dies wird eindrucksvoll durch die rasant zunehmende Besiedlung selbst urbaner Räume durch die Sauen belegt.

Haarkleid / Haarwechsel – Der Haarwechsel vollzieht sich im Frühjahr, wobei auch bei den Sauen das lange, dunkle Winterhaar sichtbar in flächigen Partien ausfällt. Führende Bachen verlieren erst im Juni ihr Winterhaar vollständig. Das Sommerhaar ist kurz (wie geschoren) und trotz vieler Schattierungen ganz überwiegend grausilbrig. Das schwarze Winterhaar ist namensgebend gewesen (→ Schwarzwild). Es entwickelt sich im September / Oktober und ist durch eine sehr dichte Unterwolle sowie langes, borstiges Deckhaar charakterisiert, das besonders im Rückenbereich sehr lang werden kann (Kammborsten oder Federn, aus denen der Saubart gebunden wird).

Fortpflanzung – Die Rauschzeit erstreckt sich von Mitte Oktober bis Anfang Januar. Die meisten Bachen werden von November bis Anfang Dezember beschlagen. Dabei spielen intakte Sozialverbände eine wichtige Rolle: Die Bachen einer Großrotte sind in ihrer Rausche mit der der Leitbache synchronisiert, so dass in der Rotte die Frischlinge zum gleichen Zeitpunkt gesetzt werden. Verliert eine Bache früh alle Frischlinge, kann sie etwa 10 Tage danach erneut rauschig werden. So erklären sich die Frischlinge des Spätsommers und Herbstes. Weibliche Frischlinge werden, sobald sie eine Körpermasse von ca. 30 kg erreichen, schon in ihrem Geburtsjahr rauschig. Sie tragen nach neuesten Untersuchungen mit über 40 % zur Gesamtreproduktion bei. In sozial intakten Rotten schließen sich alle führenden Bachen etwa 2 bis 3 Wochen nach dem Frischen mit ihren Frischlingen wieder der Leitbache an und bilden einen Sippenverband. Zusammen mit Überläufern (den vorjährigen Frischlingen) spricht man von einer »gemischten Rotte«.

Dem Frischen geht der Bau des Frischkessels voraus. In diesem nestartigen, von der Bache aus abgebissenen Zweigen, Gras oder Schilf errichteten Lager verbringen die Frischlinge die ersten 1 bis 2 Wochen. Obwohl die Frischlinge – wie alle jungen Huftiere – mit voll entwickelten Sinnesorganen zur Welt kommen, zeigen sie damit noch Anklänge an das Verhalten von »Nesthockern«. Auch der Bau des Frischkessels durch die Bache erinnert an die gemeinsamen entwicklungsgeschichtlichen Ursprünge von Huftieren und Raubtieren, denen die allesfressenden Sauen noch näher stehen als die höher spezialisierten Wiederkäuer.

Gegen Feinde (Raubwild, Hunde, auch Menschen) verteidigt die Bache ihre Frischlinge energisch. Ihr Biss verursacht in der Regel schlecht heilende Quetschwunden.

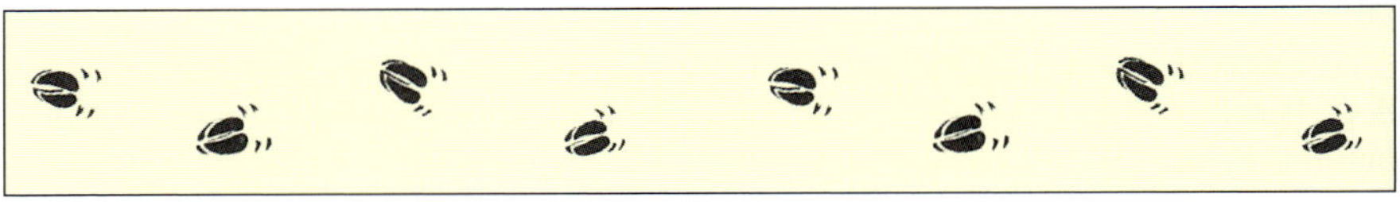

Schwarzwildfährte (Geäfter!).

Gebiss – Der Zahnwechsel vom Milch- zum Dauergebiss ist erst nach 2 Jahren beendet. Bis zum abgeschlossenen Zahnwechsel sind Sauen am Zahnstatus ohne Schwierigkeiten altersmäßig einzuordnen (Differenzierung: Überläufer, Frischling). Nach vollendetem Zahnwechsel hat die Sau 44 Zähne, nämlich in jeder Kieferhälfte des Ober- und Unterkiefers je 3 Schneidezähne, 1 Eckzahn, 4 Prämolaren und 3 Molaren.

Das Gebiss entspricht dem vollständigen Säugetiergebiss; es ist noch kein Zahn infolge Spezialisierung verloren gegangen (anders als bei den Wiederkäuern!). Die Eckzähne sind besonders stark entwickelt, sie dienen als Waffen und als Werkzeuge beim Brechen in hartem Boden. Das »Gewaff« des Keilers besteht aus den »Haderern« (Eckzähne im Oberkiefer) und den »Gewehren« (Hauer im Unterkiefer). Die kleineren Eckzähne der Bachen werden »Haken« genannt. Die Eckzähne der Sauen haben »offene« Wurzeln und wachsen zum Ausgleich der starken Abnützung bis ins hohe Alter weiter. Sie stecken zu $^{2}/_{3}$ im Kieferknochen, was beim Absägen der Kiefer zwecks Gewinnung des Gewaffs als Jagdtrophäe zu beachten ist (Sägeschnitt hinter dem 5. Backenzahn).

Schwarzwildschädel (Keiler).

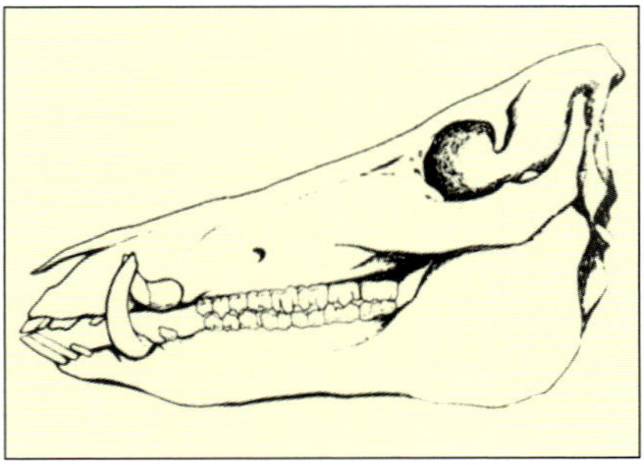

Altersbestimmung – Wegen des gedrungenen Körperbaus und der je nach körperlicher Verfassung in allen Altersklassen sehr unterschiedlichen Körperstärke (Gewicht) ist es schwierig, ein einzeln gehendes Stück Schwarzwild auf sein Alter anzusprechen. In der Dämmerung oder bei Mondschein wirken geringe Sauen oft wesentlich stärker. Erleichtert wird das Ansprechen aber durch das Sozialverhalten und durch Vergleichsmöglichkeiten innerhalb der Rotten. Führende Bachen, Frischlinge und Überläufer sind dann relativ leicht voneinander zu unterscheiden. Im Winter können starke Frischlinge mit geringen Überläufern verwechselt werden; doch ist das Winterhaar von Frischlingen mehr bräunlich mit meist noch angedeuteter Streifenzeichnung.

Einer sehr sorgfältigen Ansprache bedarf es im Spätwinter bei einzeln gehenden Stücken. In vielen Fällen handelt es sich hierbei nicht um den ersehnten Keiler, sondern um eine hoch beschlagene Bache, die sich zum Frischen von der Rotte getrennt hat.

Die Geschlechter sind am zuverlässigsten am Pinsel (Keiler, auch schon beim Überläufer) bzw. an dessen Fehlen (Bache) zu unterscheiden. Im Körperbau kann eine alte Bache stärker sein als ein jüngerer Keiler. Nur wirklich starke Keiler sind am massigeren Schädel mit breit aufgewölbten Lefzen (unter denen die Waffen sitzen, die aber meist nur wenig hervorschauen) zweifelsfrei – und auch nur bei gutem Licht – von ähnlich starken Bachen zu unterscheiden.

Da mindestens 70 %, besser 80 % des Abschusses auf Frischlinge entfallen sollen, ist grundsätzlich der Schuss auf ein geringes Stück einer Rotte zu empfehlen.

»Milchbachen« und Leitbachen sind auf jeden Fall – auch während der Jagdzeit zu schonen.

Nach erfolgtem Zahnwechsel ist nur noch eine ungefähre Altersschätzung möglich. Hierzu wird die Abnützung der Backenzähne herangezogen. Bei Bachen schließen sich die Wurzeln der Haken im höheren Alter immer stärker. Bei beiden Geschlechtern gibt die Weite der Wurzelöffnung der Schneidezähne ebenfalls eine recht genaue Möglichkeit zur Altersfestlegung.

Hege – Die »Hege mit der Büchse« muss darauf ausgerichtet sein, den Bestand in Grenzen zu halten, eine naturgemäße Gliederung nach Altersklassen zu bewahren und starke Keiler heranreifen zu lassen. Das erfordert starke Eingriffe in das Jungwild (Abschuss bis zu 80 % der Frischlinge) und weitgehende Schonung der mittelalten (2 bis 5jährigen) Sauen. Da die Zuwachsraten bei den gegebenen günstigen Lebensbedingungen bei ca. 300 % liegen, ist eine effektive Bejagung unumgänglich.

Zur Verminderung von Wildschäden in der Feldflur ist es wichtig, die Rotten möglichst »im Wald zu halten«. In den Zeiten, zu denen Feldfrüchte besonders gefährdet

Körperbezeichnungen beim Schwarzwild.

sind (z.B. »Milchreife« von Getreide und Mais) können »Ablenkfütterungen« im Wald dazu beitragen, die Sauen von den Feldern fernzuhalten. Man beschickt sie vorwiegend mit Eicheln und Mais. Wintersnot leidet Schwarzwild nur, wenn strenger Frost das Brechen im tiefgefrorenen Boden erschwert. Fütterungen (Mais, Eicheln, Kartoffeln) werden in Notwintern gern angenommen.

Bejagung – Nach wie vor werden beim Einzelansitz (auch in der Nacht bei Mondschein und womöglich Schnee) die Mehrzahl der Sauen geschossen. Daneben bringen richtig geplante Bewegungsjagden mit Hunden gute Strecken. Die notwendige scharfe Bejagung wird erfreulicherweise immer mehr im Rahmen von »Schwarzwildringen« großflächig nach wildbiologischen Kriterien betrieben.

Steckbrief Schwarzwild

Körperbau: Kräftiger Nacken und keilförmiger Kopf mit Wurfscheibe zum Brechen; kurze, kräftige Beine; Schulterhöhe bis 110 cm; Gewicht ♂ bis 160 kg.
Sinne: Geruchs- und Gehörsinn sehr gut, Gesichtssinn schwach.
Lautäußerungen: Grunzen als Kontaktlaut; helles, durchdringendes Quieken bei Auseinandersetzungen; »Blasen« als Warnlaut; »Wetzen« (Aufeinanderschlagen der Waffen) bei Aggression.
Lebensweise: Familienrotten aus Bachen mit weiblichen Nachkommen und männlichen Frischlingen; Überläuferkeiler bilden Kleinrotten; ältere Keiler sind Einzelgänger; tagaktiv, jedoch durch hohen Jagddruck vieler Orts nachtaktiv geworden; feste Streifgebiete, die sich überschneiden.
Fortpflanzung: Geschlechtsreife mit 8 bis 9 Monaten; Haupt-Rauschzeit November und Anfang Dezember; Tragzeit ca. 115 Tage; Haupt-Frischzeit März und Anfang April; Säugezeit bis 4 Monate.
Nahrung: Allesfresser; Gräser und Kräuter, Waldfrüchte aller Art, Wurzeln und Knollen, im Feld hauptsächlich Hackfrüchte und Getreide ab Teigreife.
Zahnformel: $\frac{3\,1\,4\,3}{3\,1\,4\,3} = 44$

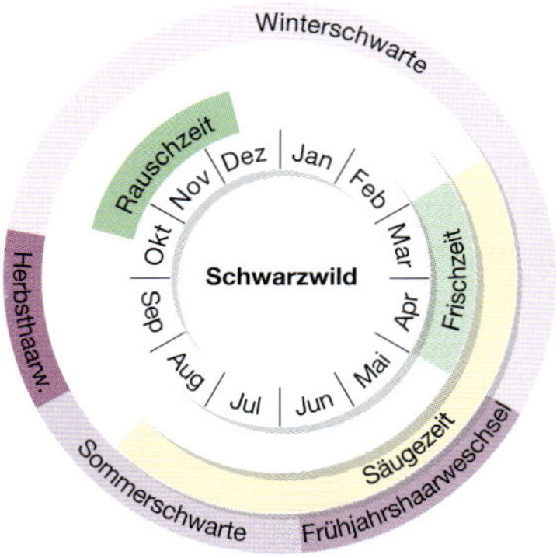

Jahreszyklus

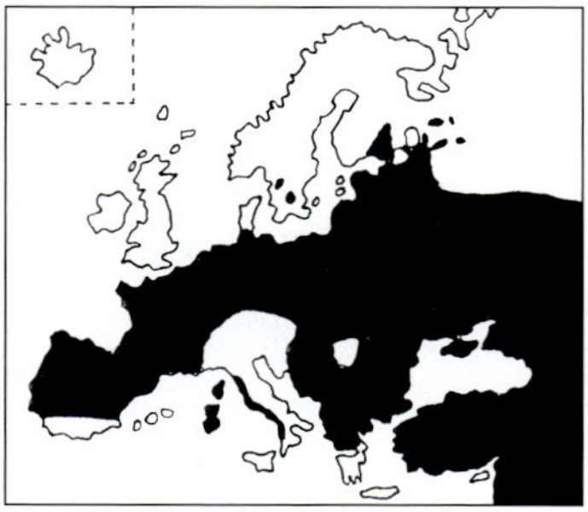

Verbreitungsgebiet

Rotten bestehen aus Mutterfamilien, die alle eng miteinander verwandt sind.

Lebensräume

526 | Welche Lebensräume bevorzugt das Schwarzwild?
Sauen besiedeln alle Lebensräume, die ihnen ausreichend Fraß und Deckung bieten. Wasserzugang muss gewährleistet sein (zum Schöpfen und zum Suhlen).

Körperbau

527 | Welche Unterarten leben in Europa?
Als weitverbreitetste Unterart tritt das mitteleuropäische Wildschwein auf. Daneben existiert als starke Population das südeuropäische Wildschwein (Ungarn bis Russland). In Spanien lebt als kleinere Unterart das iberische Wildschwein. Das Italien-Wildschwein ist vom mitteleuropäischen Wildschwein stark zurückgedrängt worden.

528 | Wie schwer wird ein Wildschwein?
Starke Keiler erreichen in Deutschland ein Gewicht von ca. 160 kg, starke Bachen erreichen Gewichte von 80 bis 90 kg.

529 | Wie sind die Sinne des Schwarzwildes entwickelt?
Sauen wittern vorzüglich und vernehmen sehr gut. Ihr Gesichtssinn ist weniger gut ausgeprägt.

530 | Wann beginnt der Zahnwechsel?
Der Zahnwechsel beginnt mit dem Wechsel des 3. Milchschneidezahns in einem Alter von 12 Monaten.

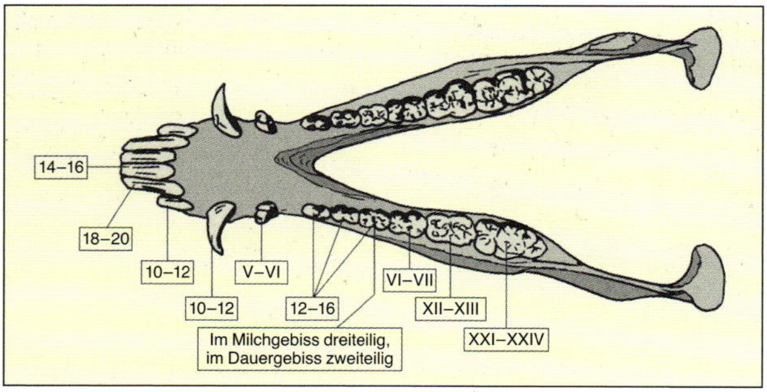

Das Dauergebiss besteht aus 44 Zähnen. Schneide- und Eckzähne sind schon bei der Geburt vorhanden. Die Vormahl*milch*zähne erscheinen später. Zähne mit römischen Ziffern erscheinen gleich als Dauerzähne.

531 | Wann ist das Dauergebiss vollständig?
Nach dem vollendeten 2. Lebensjahr.

532 | Welche Besonderheiten weisen die Eckzähne des Schwarzwildes auf?
Sie haben weit offene Wurzeln und wachsen permanent.

533 | Welche Farbe hat die Sommerschwarte einer erwachsenen Sau?
Silbrig-grau.

534 | Welche Farbe haben die Winterschwarten eines Frischlings und eines gleichschweren Überläufers?
Frischlinge sind an ihrer braunen, Überläufer an ihrer schwarzen Schwartengrundfarbe zu erkennen.

Altersmerkmale / Altersklasse

535 | Wie werden die einzelnen Altersgruppen bezeichnet?
Frischlinge (1. Lebensjahr; rechnerisch bis 31. März des auf die Geburt folgenden Jahres); Überläufer (2. Lebensjahr, ab 1. April); 2jähriger Keiler – 2jährige Bache; 3jähriger Keiler – 3jährige Bache usw.; grobe Sauen (3jährig und älter); angehendes Schwein (4jähriger Keiler); hauendes Schwein (5- bis 7jähriger Keiler); Hauptschwein (starker, 8jähriger oder älterer Keiler).

536 | Kann man vom Gewicht einer erwachsenen Sau auf deren Alter schließen?
Nein, aufgrund von Gewichtsüberschneidungen in den einzelnen Altersklassen ist dies nicht möglich.

537 | In welchem Alter verlieren Frischlinge ihre Streifen?
Mit 5 bis 6 Monaten.

538 | Woran erkennt man auf der Drückjagd im Winter die Frischlinge?
An ihrer braunen Schwartenfarbe sowie an ihrem kurzen, quastenlosen Pürzel.

539 | Wie sind Frischlinge und Überläufer am Unterkiefer zu unterscheiden?
Bei Frischlingen sind I1 und I2 noch Milchzähne, I3 ist gewechselt. Im Alter von 15 Monaten (Überläufer) ist I1 gewechselt und stellt sich als noch kurzer Dauerzahn dar.

540 | Lässt sich am Dauergebiss des Schwarzwildes das Alter schätzen?
Ja, am Abrieb der Praemolaren und Molaren sowie an der Weite der Wurzelkanäle isoliert vorliegender Schneidezähne.

Krankheiten / Parasiten

541 | Was ist die bedeutendste Krankheit beim Schwarzwild?
Die europäische Schweinepest (ESP).

542 | Wie wird die Schweinepest bekämpft?
Durch verstärkten Abschuss bei gleichzeitiger oraler Immunisierung über Impfköder.

543 | Welcher Ektoparasit kommt beim Schwarzwild vor?
Die Räudemilbe, eine Grabmilbe, die einen starken Juckreiz auslöst, zum vollständigen Haarausfall führen kann und zu einer starken, grob strukturierten Krustenbildung der Schwarte führt.

544 | Welcher Endoparasit benutzt das Schwarzwild als Wirtstier?
Bandwürmer, in Form ihrer Larven (Finnen), sowie Trichinen (eingekapselt in der Muskulatur: Trichinella spiralis, nicht eingekapselt: Trichinella pseudospiralis) → menschenpathogen.

Nahrung

545 | Wie ist Schwarzwild hinsichtlich seiner Nahrung einzuordnen?
Schwarzwild ist Allesfresser (Omnivor).

546 | Welche tierische Nahrung nimmt Schwarzwild regelmäßig auf?
Regenwürmer, Puppen, Larven von Insekten.

Verhalten

547 | Wie ist das natürliche Verhalten des Schwarzwildes bei geringem Jagddruck?
Es verhält sich vertraut und ist im Wald tagaktiv.

548 | Wie lebt das Schwarzwild?
Bachen und Frischlinge leben in Familienverbänden, ältere Keiler sind Einzelgänger.

549 | Wer führt die Rotte an?
Die Leitbache, die gleichzeitig auch immer eine führende Bache ist.

Schwarzwild sucht seine Nahrung überwiegend am und im Boden.

550 | Wann teilt sich die Rotte?
Ab einer Gesamtzahl von ca. 30 bis 35 Stück.

551 | Werden verwaiste Frischlinge in der Rotte geduldet?
Ja.

552 | In welchem Alter verlassen die jungen Keiler die Rotte?
Überläuferkeiler werden in einem Alter von 16 bis 18 Monaten von allen Bachen eines Familienverbandes aus der Rotte vertrieben.

553 | Warum suhlt Schwarzwild?
Zum Wohlbefinden, zum Abkühlen, zum Abtöten von Ektoparasiten, zum Schutz vor erneutem Ektoparasitenbefall.

554 | Was ist ein Malbaum?
Ein Baum, an dem Schwarzwild sich z.B. nach dem Suhlen scheuert. Malbäume dienen auch der Markierung.

555 | Wo ruht Schwarzwild?
Im Kessel.

556 | Wie verhalten sich die Bachen bei Gefahr?
Sie warnen durch Blasen die Rotte und verteidigen ihre Frischlinge vehement.

557 | Was sind Kotplätze?
In sozial intakten Großrotten animiert der Kotabsatz der Leitbache die übrigen Rottenmitglieder ebenfalls zum Kotabsatz. Es gibt jedoch keine festen, regelmäßig aufgesuchten Kotplätze bei Sauen.

558 | Gefährdet Schwarzwild Jungtiere anderer Wildarten?
Ja, obwohl es nicht gezielt sucht, fallen Gelege und Jungwild den Sauen zum Opfer.

Malbaum an einer Suhle.

Fortpflanzung

559 | Wie nennt man die Paarungszeit des Schwarzwildes?
Rauschzeit.

560 | Wann wird Schwarzwild erstmals rauschig?
Schon als Frischling (im ersten Lebensjahr), wenn die Frischlingsbache körperlich gut entwickelt ist (> 28 kg).

561 | Kann eine Bache auch zweimal im Jahr rauschig werden?
Ja, nach frühzeitigem vollständigem Verlust des gesamten Wurfes rauschen Sauen erneut.

562 | Wann ist die Rauschzeit des Schwarzwildes?
Oktober bis Anfang Januar, Schwerpunkt November.

563 | Wer löst die Rauschzeit aus?
Die Leitbache.

564 | Wie lange ist die Tragzeit?
3 Monate, 3 Wochen, 3 Tage → knapp 4 Monate

565 | Wie viele Frischlinge frischt eine Bache?
Ernährungs- und altersabhängig im Mittel 4 Frischlinge pro Bache.

566 | Wo verbringen Frischlinge ihre erste Lebenswoche?
Im Wurfkessel.

567 | Wie lange saugen Frischlinge?
Drei bis vier Monate.

568 | Wann ist mit besonders vielen Frischlingen zu rechnen?
Nach guten Baummasten (Eichel, Buchecken).

Ihre erste Lebenswoche verbringen die Frischlinge im Kessel.

Bejagung

569 | Wie hoch ist etwa die Schwarzwildstrecke in der BRD?
Sie schwankt zwischen 450 000 und 600 000 Stücken.

570 | Gibt es für Schwarzwild einen Abschussplan?
Schwarzwild ist die einzige Schalenwildart, für die es keinen Abschussplan gibt.

571 | Wie wird Schwarzwild bejagt?
Auf dem Ansitz, auf der Pirsch, auf Bewegungsjagden.

572 | Womit wird in der Regel gekirrt?
Überwiegend mit Mais, aber auch mit Hackfrüchten oder Getreide.

573 | Welche Gefahr besteht bei intensiver Kirrung?
Kirrungen, die Fütterungscharakter haben, verbessern erheblich die Ernährungsgrundlage der Sauen und erhöhen deren Reproduktion.

Sauen sind oft erstaunlich schusshart und erfordern oft schwierige Nachsuchen. Gestellt sind selbst schwächere Sauen für Hunde und Jäger ernst zu nehmende Gegner, wobei Bachen beißen und Keiler schlagen.

574 | In welcher Altersklasse muss der Großteil des Abschusses erfüllt werden?
In der Frischlingsklasse (mindestens 70 %, besser 80 % der Gesamtstrecke).

575 | Kann man auf den Abschuss von Bachen verzichten?
Nein.

576 | Wann können Bachen bedenkenlos erlegt werden?
Nachgeordnete Bachen aus Familienverbänden können bedenkenlos von Mitte Oktober bis Ende Dezember erlegt werden.

577 | Welche Bache soll auf keinen Fall geschossen werden?
Die Leitbache und andere führende Bachen sind grundsätzlich zu schonen (BJG, Tierschutzgesetz).

578 | Wie unterscheiden sich Bache und Keiler in der Sommerschwarte?
Beim Keiler ist der Pinsel in der Sommerschwarte gut zu erkennen.

579 | Können Überläuferbachen bereits führen?
Überläuferbachen beteiligen sich zu 100 % an der Reproduktion.

580 | Wann ist das Trittsiegel einer Sau doppelt geäftert?
Eine vertraut ziehende Sau tritt mit den Schalen der Hinterläufe in das Trittsiegel des Vorderlaufes → scheinbar ein Trittsiegel mit doppelten Abdruck des Geäfters.

581 | Ist das Wildbret eines rauschigen Keilers verwertbar?
In der Regel nicht. In luftgetrockneten Würsten oder als Kaltrauchware ist der Geschlechtsgeruch nicht feststellbar.

582 | Was ist ein Saufang?
Eine aus Palisaden oder Baustahlgitter erbaute stabile Falle zum Lebendfang einzelner Sauen wie ganzer Rotten.

583 | Gibt es mobile Frischlingsfänge?
Ja, überdimensionierte Kastenfallen aus Baustahlgewebe werden zum Frischlingsfang eingesetzt (wissenschaftliche Zwecke oder in Schweinepestgebieten zum Abfang von Frischlingen).

584 | Darf der Jäger den Sau- oder Frischlingsfang jederzeit einsetzen?
Nein, für diese Fangvorrichtung bedarf es einer Genehmigung der zuständigen Behörde.

Die von Schwarzwild im Grünland verursachten Schäden sind oft gravierend.

Schäden

585 | Welche Schäden verursacht Schwarzwild im Feld?
Fraß- und Trittschäden in reifendem Getreide (Weizen, Hafer und Mais) sowie in Hackfruchtschlägen (Kartoffel, Zuckerrüben), Wühlschäden durch Brechen im Grünland.

586 | Verursacht Schwarzwild auch Schäden im Wald?
Nein, Eichensaaten müssen jedoch durch Zaun geschützt werden.

Waidmännische Ausdrücke

Bache	weibliches Stück
Basse	starker alter Keiler
blasen	schnauben (Warnlaut)
Borsten	Haare
brechen	im Boden wühlen
einschieben	ins Lager gehen
Federn	Rückenborsten in der Winterschwarte
Fraß	Nahrung
frischen	gebären
Frischlinge	Ferkel (1. Lebensjahr)
Gebräch	aufgewühlter Boden
Gebrech	Maul
Gewaff	die 4 Eckzähne
Gewehre	Eckzähne im Unterkiefer des Keilers
Haderer	Eckzähne im Oberkiefer des Keilers
Haken	Eckzähne der Bache
Hauendes Schwein	Keiler 5 bis 7 Jahre
Hauptschwein	Keiler 8 Jahre und älter
Keiler	männliches Stück
Kessel	Lager
klagen	quieken
Malbaum	ein Baum, an dem sich Schwarzwild nach dem Suhlen reibt
Pürzel	Schwanz
Rauschzeit	Begattungszeit
Rotte	mehrere Sauen zusammen
Schwarte	Haut
Teller	Ohren
Überläufer	Sau im 2. Lebensjahr
Waffen	siehe Gewaff
Weißes	Fett
wetzen	das Zusammenschlagen des Gewaffs des erregten Keilers
Wurf	Rüssel

Hasen und Nagetiere

Feldhase
(Lepus europaeus)

Naturgeschichte – Der Feldhase gehört – gemeinsam mit Schneehase und Wildkaninchen – zur Ordnung der Hasenartigen (Lagomorpha). Er ist recht anpassungsfähig und war ursprünglich ein Bewohner der Steppe. In unserer Kulturlandschaft lebt er heute in sehr unterschiedlich hohen Populationsdichten. Er bevorzugt als Lebensraum gegliederte landwirtschaftliche Nutzflächen, kommt aber auch im Wald vor. Mit den Nagetieren (Rodentia) haben die Hasen nur einige äußerliche Ähnlichkeiten in der Ernährungsweise gemeinsam, sind aber nicht näher mit ihnen verwandt. Als reinen Pflanzenfressern fehlen ihnen die Eckzähne. Die Schneidezähne sind auf je einen großen »Nagezahn« in jeder Kieferhälfte reduziert. Dazu kommt im Oberkiefer noch ein rückgebildeter kleiner »Stiftzahn« hinter jedem der beiden Nagezähne. Die Backenzähne sind schmelzfaltig. Ihre Kauflächen eignen sich daher zum Zerraspeln der Äsung.

Lebensraum und Lebensweise – Den Tag verbringt der Hase in unruhigen Revieren meist ruhend in seiner Sasse (Lager). In ruhigen, gut besetzten Revieren sind häufig auch Tagesaktivitäten zu beobachten. Zum Abend ist mit Aufsuchen der Äsungsplätze die stärkste Aktivität zu verzeichnen. Während der Begattungszeit (Rammelzeit) sind anfänglich tagsüber Rammelgruppen zu sehen. Als Deckung für den Tag bevorzugt er frisch umgepflügte Sturzäcker, aber auch Feldraine, Grabenböschungen, Wiesen und Heckenränder. Immer benutzt er eine ausgescharrte Sasse (Mulde), in die er sich mit der Nase gegen den Wind und angelegten Löffeln (Ohren) drückt. Seine Balgfarbe lässt ihn mit seiner Umgebung verschmelzen. Seine Feindvermeidungsstrategie ist das Sich-Drücken. In der Flucht versucht er sich Haken schlagend seinen

Bei der »Gruppenbalz« folgen oft mehrere Rammler einer paarungsbereiten Häsin.

Verfolgern zu entziehen (Fluchtgeschwindigkeit ~ 50 km/h). Witterungsabhängig wählt der Hase die Lage der Sasse in seinem Wohnrevier; er bevorzugt warme, windstille Plätze. Hasen leben als Einzelgänger, finden sich aber an Äsungsplätzen verträglich zusammen. Viele Hasen rücken jeden Abend vom Wald her ins Feld und kehren morgens dorthin zurück.

Sinne und Verhaltensweise – Der Feldhase vernimmt (hört) sehr gut und nimmt in der Sasse selbst geringe Bodenerschütterungen wahr. Fühlt er sich sicher, verfällt er in der Sasse in eine Ruheform, die durch dösenden Halbschlaf charakterisiert ist. Das Witterungsvermögen ist ebenfalls recht gut, der Gesichtssinn hauptsächlich auf das Erfassen von Bewegungen ausgerichtet (»Bewegungsseher«). Dem bei gutem Wind stillstehenden Jäger läuft der Hase buchstäblich vor die Stiefelspitzen.

Zur besseren Orientierung macht der Hase seinen bekannten »Kegel«, indem er sich auf den Hinterläufen aufrichtet.

Hasen haben an ihren Pfoten keine Ballen und keine Duftdrüsen. Sie sind dort dicht behaart. Dies ist vermutlich der Grund, weshalb eine Hasenspur so schlecht »steht«, und erfahrene Hundeführer ihren Hund umgehend auf die Spur eines leicht angeschossenen Hasen ansetzen. Duftdrüsen finden sich an den Wangen. Beim Putzen überträgt der Hase deren Duftstoffe auf seine Pfotenbehaarung. Hieraus erklärt sich die unterschiedliche Witterungsintensität von Hasenspuren für die Hundenase.

Im Schnee oder weichem Untergrund findet man seine typische Spur und dort, wo er äste, seine kugelige Losung. Ferner verraten alte oder frische Sassen ihren Benützer und besonders im Winter auch Verbissstellen an Ginstersträuchern und Nagespuren an jungen Obstbäumen.

In Not geraten stößt der Hase ein Klagen aus, das dem Geschrei eines kleinen Kindes sehr ähnlich ist. Der Jäger benutzt diese »Hasenklage« zum Anlocken (Reizen) des Fuchses. An weiteren Lautäußerungen ist (aus nächster Nähe) manchmal ein leises, knurrendes Murren zu hören.

Fortpflanzung – Die Hasen rammeln bei günstigem Wetter schon von Ende Dezember an bis in den August. Im Vorfrühling kommt es in der Feldflur zu größeren »Hochzeitsgesellschaften«, wobei es den ganzen Tag über lebhaftes Verfolgungstreiben zwischen mehreren Rammlern und Häsinnen gibt. Bei diesem Paarungsvorspiel lernen sich die einzelnen Paare kennen, die in der Regel nach erfolgter Begattung beisammen bleiben. Bei den weiteren Deckakten im Lauf des Frühjahrs und Sommers bleiben die lebhaften Paarungstreiben zwischen den bereits »verheirateten Paaren« aus. Der Hase lebt also nicht, wie früher angenommen, polygam, sondern eher in Einehe, die in der Regel das Jahr über andauert. Trotz dieser Paarbildung beteiligt sich der Rammler nicht an der Jungenaufzucht.

Die Tragzeit beträgt 42 Tage. Von März bis August bringt die Häsin 3 bis 4 Sätze mit je 2 bis 3 (selten auch 4 bis 5) Junghasen zur Welt. Diese werden behaart und sehend geboren. Bis zu 80 % der Junghasen gehen durch Witterungseinflüsse (nasskaltes Frühjahrswetter), natürliche Feinde und Krankheiten zugrunde. Auch unter günstigen Bedingungen ist höchstens mit einer Verdoppelung des Ausgangsbesatzes als nutzbaren Zuwachs zu rechnen. Die Satzhäsin (Mutter) säugt ihre Jungen nur abends oder nachts für wenige Minuten. Hierzu suchen die häufig einzeln liegenden Junghäschen den Säugeplatz auf. Der Abstand zwischen den einzelnen, sich reglos drückenden Junghasen und das nur einma-

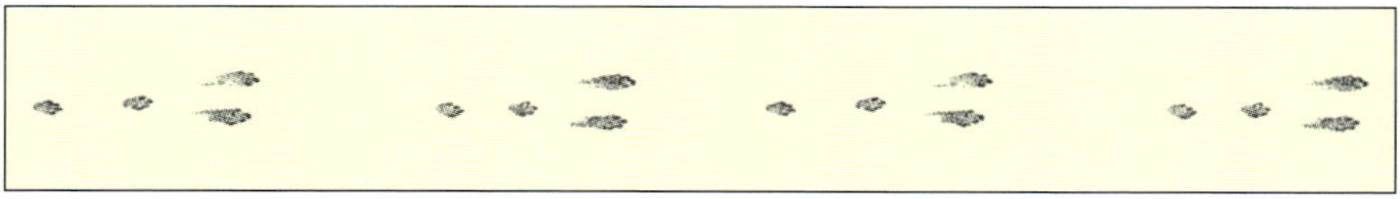

Hasenspur.

lige Säugen in 24 Stunden Abstand an einem speziellen Säugeplatz erschwert es den Fressfeinden, die Jungen aufzuspüren. Nach etwa 4 Wochen sind sie selbständig und auf keine Betreuung mehr angewiesen. Erst im nächsten Frühjahr sind sie selbst fortpflanzungsfähig.

In Ausnahmefällen kann es bei der Häsin zu einer so genannten doppelten Trächtigkeit (Superfötation) kommen, d.h. eine bereits trächtige Häsin kann, noch bevor sie gesetzt hat, erneut mit Erfolg befruchtet werden. Für den Zuwachs eines Hasenbesatzes ist dieser seltene Vorgang jedoch ohne Bedeutung.

Die Bejagung ist dem jeweiligen Besatz (nutzbaren Zuwachs) überlegt anzupassen. Einzeljagd (Suche, Stöbern, Ansitz) nur gelegentlich auf einzelne »Küchenhasen« bzw. wenn sich keine Gesellschaftsjagd lohnt. Treibjagden nur auf einem Teil der Revierfläche (jährlich wechselnd), mit genügendem Abstand der Schützen, damit ein Teil der Hasen unbeschossen entkommt. Nach dem Jagdtag ganzjährig Jagdruhe im betreffenden Revierteil. In schlechten Hasenjahren unter Umständen ganz auf die Jagd verzichten. (Obwohl Jagdverzicht allein ohne Besserung der Lebensbedingungen wenig hilft.)

Möglichst frühzeitiger Beginn der Jagd (Anfang/Mitte Oktober), um noch die Junghasen mit zu nutzen, die sonst vielleicht an Krankheiten eingehen (Kokzidiose!). Mit Ende des Kalenderjahres ist auch die Bejagung des Hasen einzustellen.

Körperbezeichnungen beim Hasen.

Steckbrief Feldhase

Körperbau: Hinterläufe stark verlängert; Augenanordnung seitlich, Gesichtsfeld > 360°; Gewicht bis 5500 g.
Sinne: Sehvermögen und Hörsinn sehr gut, Geruchssinn gut; nimmt Erschütterungen sehr gut wahr; Vibrissen im Gesicht.
Lautäußerungen: Durchdringendes Klagen.
Lebensweise: Überwiegend dämmerungs- und nachtaktiv, aber nicht ausschließlich; Einzelgänger, jedoch Rammelgesellschaften; feste, überlappende Streifgebiete; teilweise Wechsel zwischen Sommer- und Winterlebensraum.
Fortpflanzung: Geschlechtsreife mit 7 Monaten; im Vorfrühling Paarbildung mit Jahresehe; Rammelzeit Januar bis August (in Gruppen); Tragzeit 42 bis 43 Tage; 2 bis 3 Würfe mit im Mittel 3 Junge (1–5); Säugezeit etwa 4 Wochen.
Nahrung: Mischäser; Gräser, Kräuter, landwirtschaftliche Kulturpflanzen; im Winter auch Knospen, Holzteile, Baumrinde; nimmt Blinddarmlosung auf (Coecotrophie).
Zahnformel: $\frac{2\,0\,3\,3}{1\,0\,2\,3} = 28$

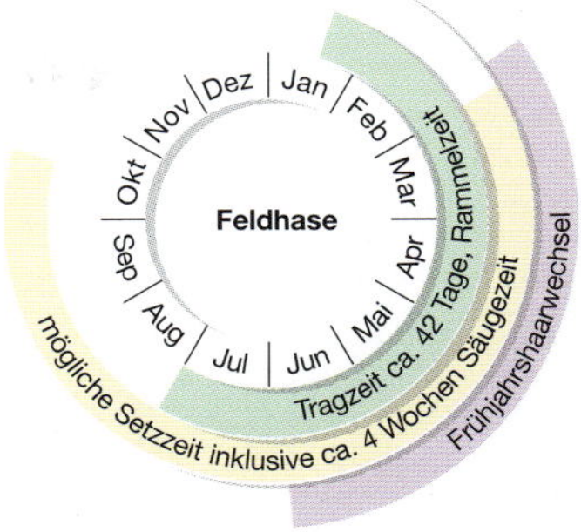

Jahreszyklus

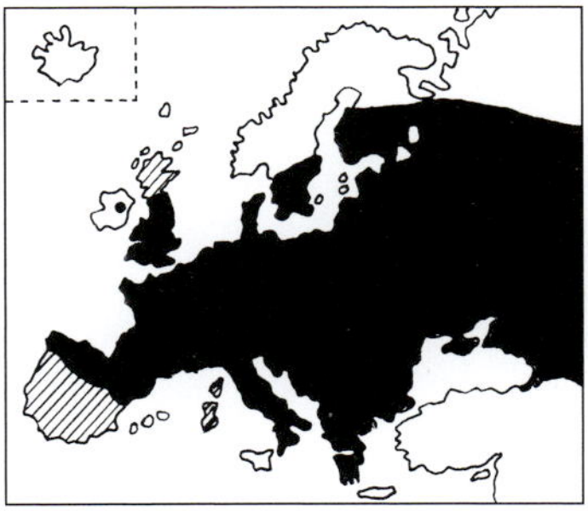

Verbreitungsgebiet

Lebensräume

587 | Welche Landschaftsform sagt dem Feldhasen besonders zu?

Der Feldhase bevorzugt Lebensräume mit geringem Waldanteil, Schwarzerde- oder Lössböden, in denen die mittlere Jahrestemperatur höher als 8 °C und die Niederschlagsmengen geringer als 500 mm ausfallen.

588 | Welche Böden bevorzugt der Feldhase?

Er bevorzugt trockene, warme Böden. Andererseits finden sich auch hohe Populationen im Fluss- und Seemarschbereich.

589 | Wie soll die landwirtschaftliche Struktur sein?

Mittelgroße Feldstrukturen (bis ~ 5 ha Schlaggröße) sind optimale Hasenlebensräume.

590 | Benötigt der Feldhase Hecken und Feldgehölze?

Nicht unbedingt, sie fördern jedoch die Lebensraumqualität.

Wildkräuter an einem Feldrain bieten Äsung und Deckung für den Hasen.

591 | Kommt der Feldhase auch im Wald vor?
Ja, in jüngster Zeit sogar nachweislich vermehrt.

592 | Kommt der Feldhase auch im Hochgebirge vor?
Ja, etwa bis zur Waldgrenze.

Körperbau

593 | Wie schwer wird ein Feldhase?
Rammler wiegen 3 bis 5,5 kg, Häsinnen 3 bis 4,8 kg.

594 | Wie sind die Augen des Feldhasen angeordnet?
Seitlich (Fluchttier), sie ermöglichen ihm einen vollständigen Rundumblick (> 360°). Sehbereich eines jeden Sehers beträgt 190°.

595 | Welche Besonderheit weist das Hasengebiss auf?
Hinter den beiden Schneidezähnen des Oberkiefers befindet sich jeweils ein gleich hoher Stütz- oder Stiftzahn.

596 | Was unterscheidet die Nagezähne des Hasen von den Schneidezähnen der Wiederkäuer?
Die Scheidezähne des Hasen besitzen offene Wurzeln und wachsen ständig nach, um den Abrieb auszugleichen.

597 | Was kennzeichnet die Verdauung des Hasen?
Als reiner Pflanzenfresser (Äsungstyp Intermediär) benötigt der nur mit einem einhöhligen Magen ausgestattete Hase große »Gärkammern« im Darm. Auffallende Größe des Blinddarms und der Grimmdarmabschnitte!

598 | Welche Hautdrüsen besitzt der Feldhase?
Beidseitig am Kopf Backendrüsenorgaen, die Kinndrüsen und die Pigmentdrüse im Nasenlappen. Weitere Drüsen im Bereich des Weidloches und der Genitalöffnungen.

Kaninchen- und Hasenschädel (u.) zum Vergleich.

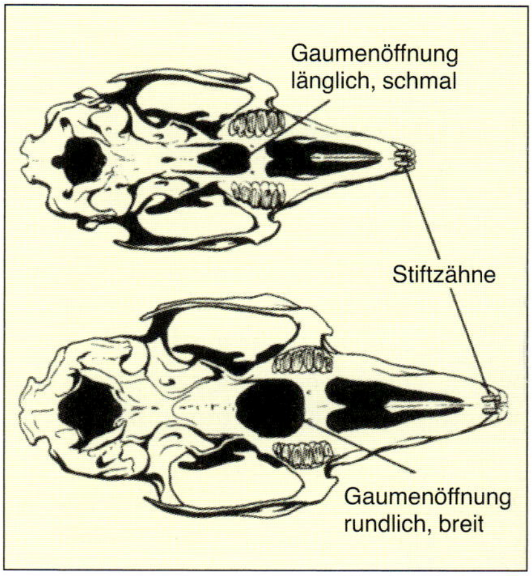

599 | Wie lässt sich das Geschlecht feststellen?
An den äußeren Geschlechtsorgane.

600 | Wie unterscheidet sich der Hase vom gleichschweren Kaninchen?
Balgfarbe Kaninchen: einheitlich grau-grauschwärzlich. Feldhase: überwiegend Brauntöne. Die Löffelspitzen des Hasen sind stets schwarzrandig und überragen beim Umklappen nach vorn stets die Windfangspitze. Die kleineren Kaninchenlöffel sind maximal auf Kopflänge umklappbar.

Altersmerkmale

601 | Wann ist ein Hase ausgewachsen?
Im Alter von 9 Monaten.

602 | Wie unterscheiden Sie Alt- und Junghase?
Am »Stroh'sche Zeichen« → fühlbare Auftreibung am unteren Ende auf der Außenseite der Elle (etwa 1 cm oberhalb des Vorderfußwurzelgelenkes), das bis längstens zum 8. Monat fühlbar bleibt. Auch die Biegsamkeit des vom Tränenbein ausgehenden Augendorns liefert einen Altershinweis.

603 | Wie alt kann ein Feldhase werden?
In der Wildbahn wird er selten älter als drei Jahre.

Krankheiten / Parasiten

604 | Was sind die wichtigsten Krankheiten beim Feldhasen?
Klassische Hasenkrankheiten sind die Coccidiose (Parasitose) der Junghasen, sowie die bakteriellen Erkrankungen Pseudotuberkulose (Hasenseuche), Pasteurellose, Tularämie und Brucellose (die beiden letzten sind ansteckend für den Menschen). Erhebliche Verluste hat in den vergangenen 15 Jahren das EBHS (European Brown Hare Syndrom), eine Virus-Erkrankung, verursacht.

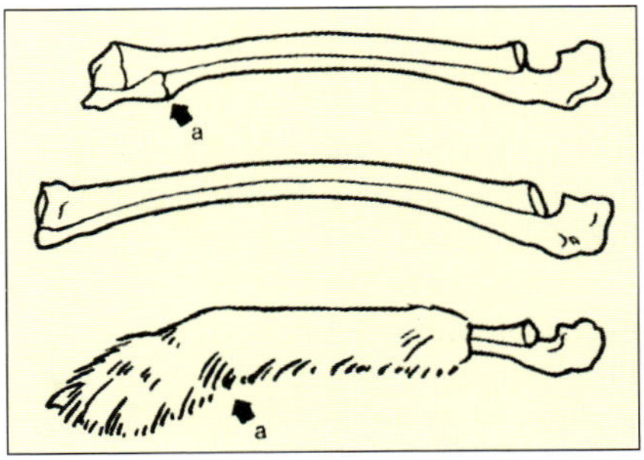

Das »Stroh'sche Zeichen«.

Nahrung

605 | Welche Nahrung bevorzugt der Feldhase?
Junge, saftige Pflanzen (mehr als 80 Arten bekannt) werden bevorzugt. Im Winter werden Triebe verbissen, Rinde geschält etc.

Der Hase ist ein Meister des Tarnens.

606 | Welche Besonderheit zeigt die Verdauung beim Hasen?

Wir unterscheiden zwei Kotfraktionen: die zuerst abgesetzten Enddarmlosungskugeln und der nachfolgende breiig zusammenhängende Blinddarmkot. Letzterer wird sehr häufig vom Hasen wieder aufgenommen (Coecotrophie = Aufnahme von Blinddarmkot). Vorteil: er beinhaltet wichtige Vitamine und zellulosespaltende Bakterien. Nachteil: Reinfektionen mit Parasiten etc.

607 | Benötigt der Feldhase Wasserstellen im Revier?

Der Hase soll seinen Bedarf an Wasser annähernd vollständig über die Grünäsung decken. Schöpfende Hasen sind jedoch wiederholt beobachtet worden.

Aufgerichtet holt sich der Hase Wind.

Verhalten

608 | Wandern Hasen im Herbst ab?

Hasen unternehmen keine Wanderungen. Sie ziehen sich aber aus ungünstigen Feldhabitaten nach der Ernte in nahe gelegene Waldbiotope zurück.

609 | Wie groß ist das Streifgebiet des Feldhasen?

Die Streifgebietsgrößen liegen etwa zwischen 5 und 15 ha.

610 | Sind Feldhasen gesellig?

Hasen leben einzeln, wobei sie Hasengruppen zugehörig sind, in der es wohl auch eine Rangordnung gibt.

611 | Wo ruht der Feldhase?

Der Feldhase ruht in Kauerstellung (geringste Wärmeabstrahlung) in einer flachen, selbst gescharrten Erdmulde → Sasse.

612 | Werden die Sassen mehrmals benutzt?

Witterungs- und äsungsangebotsbedingt werden Sassen wiederholt benutzt.

613 | Was sind Hexensteige?

Hexensteige sind Hasenwechsel (Pässe), die durch häufige Nutzung von mehreren Hasen entstehen. Die alte Erklärung, sie würden durch ein Freiäsen (Freifressen) entstehen, ist nicht mehr haltbar.

Fortpflanzung

614 | Wie nennt man die Paarungszeit des Hasen?

Rammelzeit.

615 | Wann beginnt die Paarung?

Im Januar, gelegentlich schon Ende Dezember.

Die Rammelzeit beginnt schon im Winter.

616 | Sind die Rammler und Häsinnen bei ihren Paarungsspielen alleine?
Nein, in der Regel bemühen sich mehrere Rammler um eine Häsin (Rammelgruppen, Hochzeitsgesellschaften).

617 | Wie lange ist die Tragzeit?
42 Tage.

618 | Wie viele Jungen bringt eine Häsin?
1 bis 5 Junge, im Mittel 3.

619 | Wie werden die Jungen geboren?
Vollbehaart, Seher offen, ausgestattet mit angeborenem Drückreflex.

620 | Wie oft werden die Junghasen gesäugt?
Die Junghasen werden nur einmal am späten Abend oder nachts gesäugt. Säugezeit: 3 bis 4 Wochen.

In der Regel liegen Junghasen getrennt ab und werden getrennt gesäugt.

Der sich drückende Hase ist im Altgras wie auf dem Acker kaum zu erkennen.

621 | Ab wann hoppeln die Junghasen mit ihren Müttern?
Gar nicht.

622 | Wann sind die Junghasen selbstständig?
Ab der 5. Lebenswoche.

623 | Von welchem Faktor hängt das Überleben der Junghasen primär ab?
Von der Witterung.

624 | Welche Faktoren bestimmen die Feldhasendichte generell?
Lebensraum, Witterung, Fressfeinde.

625 | Welche natürlichen Feinde hat der Feldhase?
Greifvögel ab Bussardgröße, Rabenvögel (ausgenommen Häher), Eulen ab Waldkauz sowie Haarraubwild.

Bejagung

626 | Wie viele Hasen werden in der BRD etwa jährlich geschossen?
In den vergangenen fünf Jahren wurden jährlich zwischen 450 und 500 Tausend Hasen erlegt.

627 | Mit welchen Zuwachsraten ist zu rechnen?
In guten Hasengebieten ist bei guter Witterung mit einem nutzbaren Zuwachs von 1,5 bis 2,0 Junghasen pro Häsin zu rechnen, in schlechten dagegen mit maximal 1 Hasen.

628 | Was tun Sie, um ihren Hasenbesatz nicht zu übernutzen?
Der Hasenbestand muss vor großen Jagden eingeschätzt werden. Aus dieser Bestandserhebung leitet sich die mögliche Strecke ab. Nur eine große Jagd und nur auf der Hälfte der Revierfläche!

629 | Wie wird der Hase bejagt?
Auf der Treibjagd (Vorstehtreiben, Kesseltreiben, Böhmische Streife). Einzelansitz, Buschierjagd und Stöberjagd mit dem Hund zur Erlegung weniger Küchenhasen sind möglich.

630 | Wann sollte die Bejagung eingestellt werden?
Bei Treibjagden sind nach den einzelnen Treiben die erlegten Hasen nach Jung- und Althasen zu klassifizieren. Bei überwiegendem Althasenanteil ist die Jagd abzubre-

chen, ebenso wenn die aufgrund der Bestandserhebung errechnete Zahl der zu streckenden Hasen erreicht ist.

631 | Auf welche Distanz wird ein Hase mit Schrot beschossen?
Maximal bis 35 m.

632 | Darf man einen Feldhasen mit der Kugel erlegen?
Ja (z.B. .22 Mag., .22 Hornet, .222 Rem.)

633 | Wie wird ein krank geschossener Hase tierschutzgerecht getötet?
Mit einem kräftigen Schlag in das Genick.

Waidmännische Ausdrücke

Auslauf	Hasenpass vom Wald zum Feld (abends)
Balg	Fell
Besatz	Hasenbestand
Blume	Schwanz
Dreiläufer	3 bis 4 Monate alter Junghase
Einlauf	Hasenpass vom Feld zum Wald (morgens)
Häsin	weiblicher Hase
Hasenbart	Barthaare
Hexensteige	Hasenpässe im Getreide
innehaben	trächtig sein
Kegelmachen	Aufrichten auf den Hinterläufen
klagen	Angstgeschrei
Löffel	Ohren
Pass	Hasenwechsel
quäken	klagen
Quarthase	1 bis 2 Monate alter Hase
Rammelzeit	Begattungszeit
Rammler	männlicher Hase
rutschen	langsame Fortbewegung beim Äsen
Sasse	Lager
Seher	Augen
setzen	gebären
Sprünge	Hinterläufe
Wolle	Haare
zu Holze rücken	in den Wald laufen

Schäden

634 | Welche Schäden verursacht der Feldhase im Wald?
Verbissschäden, vornehmlich an jungen Laubholzkulturen.

635 | Welche landwirtschaftlichen Sonderkulturen werden durch Feldhasen geschädigt?
Gemüse, Spargel, Blumen im Feldanbau, Rebstöcke, Obstbaumkulturen.

Bei der »Hasenkur« passt der Jäger auf den am Abend ins Feld rückenden Hasen (Fotomontage).

Schneehase *(Lepus timidus)*

Das Vorkommen des Alpenschneehasen ist auf die Hochlagen der Alpen beschränkt. Der nah verwandte nordische Schneehase bewohnt Skandinavien und Nordosteuropa.

Der Schneehase hat bei uns jagdlich keine Bedeutung (anders als in Teilen Österreichs und der Schweiz). In seinem einzigen Vorkommen, den bayerischen Alpen ist er ganzjährig geschont. Sein Lebensraum liegt im Sommer vorwiegend über der Waldgrenze (1000 bis 2000 m), im Winter auch im Bergwald bis um 800 m Höhe. Sein Sommerbalg ist graubraun mit weißer Unterseite. Im Winter ist er rein weiß mit schwarzen Löffelspitzen. Der Schneehase ist kleiner als der Feldhase; Kreuzungen zwischen Feld- und Schneehasen kommen vor.

Lebensraum

636 | Wie kommt der Schneehase nach Mitteleuropa?
Er ist ein Relikt der letzten Eiszeit.

637 | Wo finden wir den europäischen Schneehasen gegenwärtig noch?
In den Alpen (Alpenschneehase), Schottland, Irland, Skandinavien, Polen, Baltikum, Russland (nordischer Schneehase).

638 | Welchen Einfluss hat das Klima auf den Schneehasen?
Die Klimaerwärmung schiebt die Verbreitungsgrenze nach oben.

639 | Wo lebt der Schneehase in der BRD?
In den Hochlagen der bayerischen Alpen.

Die Löffelspitzen des Schneehasen sind auch im Winter schwarz.

Steckbrief Schneehase

Körperbau: Körper tiefen Temperaturen angepasst; kleiner als Feldhase, Löffel nur kopflang; Balg dichter, im Winter weiß, im Sommer graubraun; Pfoten stark behaart (Schneereifen); Gewicht bis 3500 g.
Sinne: Sehvermögen, Hör- und Geruchssinn sehr gut; Vibrissen im Gesicht.
Verhalten: Dämmerungs- und nachtaktiv; Einzelgänger.
Fortpflanzung: Geschlechtsreife mit 8 bis 9 Monaten; Tragzeit ca. 48 Tage; meist 2 Würfe; 2 bis 4 sehende und behaarte Junge; Säugezeit wahrscheinlich 3 Wochen.
Nahrung: Gräser und Kräuter, im Winter hoher Anteil an Zweigen und Rinde; nimmt Blindarmlosung auf (Coecotrophie).
Zahnformel: $\frac{2\,0\,3\,3}{1\,0\,2\,3} = 28$

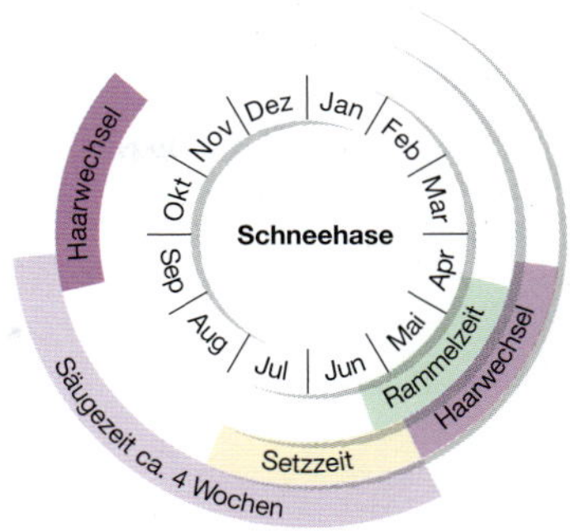

Jahreszyklus

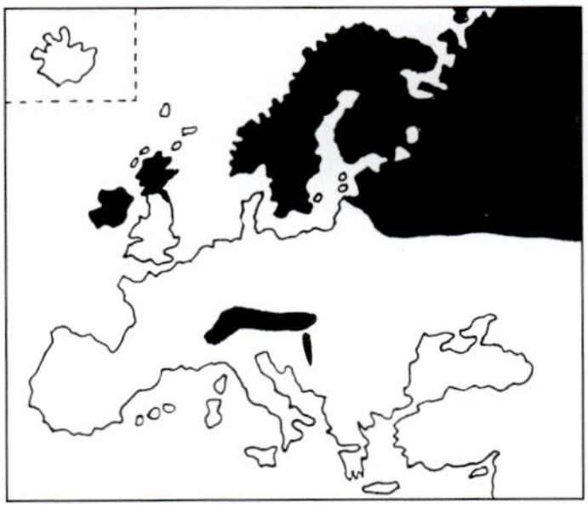
Verbreitungsgebiet

640 | Überschneidet sich sein Lebensraum mit dem des Feldhasen?
Ja, im Bereich zwischen 1300 und 1500 m, unterhalb der Baumgrenze.

■ Körperbau

641 | Ist der Schneehase leichter oder schwerer als ein Feldhase?
Der Schneehase ist kleiner und leichter als der Feldhase.

642 | Wie ist das Gebiss des Schneehasen aufgebaut?
Das Gebiss entspricht dem des Feldhasen.

643 | Was ist die Nahrung des Schneehasen?
Im Sommer überwiegen Kräuter, im Winter Triebe von Weichhölzern, Knospen, Rinden und Flechten.

644 | Wie oft wechselt der Schneehase das Haar?
Der Schneehase wechselt sein weißes Winterhaar im Mai bis Juni gegen das braungraue Sommerhaar. Der Wechsel des Sommerhaares gegen das weiße Winterhaar im Herbst erfolgt über einen längeren Zeitraum, so dass der Hase im Übergangshaar gescheckt ist.

645 | Ist der Winterbalg völlig weiß?
Der Balg ist mit Ausnahme der schwarzgeränderten Löffelspitzen reinweiß.

Schneehase während des Ausaperns.

Kaninchen haben kürzere Löffel.

Verhalten

646 | Wie schützt er sich vor extremer Kälte?
Er lässt sich einschneien → Schneehöhle (Iglueffekt).

647 | Wie reduziert er sein Einsinken im Lockerschnee?
Im Winterhaar sind die Pfoten stark behaart → Schneeschuheffekt.

Fortpflanzung

648 | Wie viele Würfe bringt die Häsin?
In der Regel zwei Sätze mit jeweils zwei bis vier Jungen.

649 | Kommt es zu Kreuzungen zwischen Schnee- und Feldhase?
Kreuzungen kommen vor. Die Jungen sind jedoch unfruchtbar.

650 | Wie wird der Schneehase bejagt?
Der Schneehase wird (in BRD ganzjährig geschont) hauptsächlich brackiert. In Schottland wird der Schneehase in Form von Vorstehtreiben bejagt.

651 | Welche natürlichen Feinde hat der Schneehase?
Fuchs, Luchs, Steinadler und Uhu.

Schäden

652 | Verursachen Schneehasen nennenswerte Schäden?
Vereinzelt entstehen massive Schäden durch Verbiss und Rindenschälung.

Wildkaninchen *(Oryctolagus cuniculus)*

Naturgeschichte – Ursprünglich in Spanien und Nordafrika lebend, wurde das Kaninchen seit der Römerzeit bis ins Mittelalter über West- und Mitteleuropa verbreitet. Es wurde frühzeitig (vor allem in Klöstern) in Gefangenschaft gehalten und so zum Hauskaninchen (»Stallhasen«) domestiziert.

Lebensraum und Lebensweise – Wildkaninchen benötigen mildes Klima sowie zur Anlage der Baue leichte, durchlässige Böden (Sand). Sie leben gesellig in Familienverbänden (Sippen) mit ausgeprägter sozialer Rangordnung in Baukolonien an Waldrändern, in Hecken, Böschungen und lichten Kiefernwäldern. Sie besiedeln auch Gärten, Parks und Friedhöfe, Flugplätze und Industriegelände.

Tagsüber liegen Wildkaninchen bei trockenem Wetter gern außerhalb der Baue in Deckung; bei Störung oder Gefahr suchen sie im Bau Zuflucht, wohin ihnen von ihren zahlreichen natürlichen Feinden nur Steinmarder, Iltis und Hermelin folgen können.

Zur Äsung entfernen sich Kaninchen meist nur wenige hundert Meter von den Bauen. Das Wohngebiet (Territorium) einer Sippe wird durch die stets an gleichen Plätzen abgesetzte Losung markiert. Bei Massenvermehrung können Wildschäden an landwirtschaftlichen Kulturen sowie durch Verbiss von Knospen und Rinden an Forstpflanzen beträchtlich sein. Kreuzungen mit dem Feldhasen sind nicht möglich.

Bejagung – Der Schrotschuss erfordert wendige und schnelle Schützen, da Kaninchen sofort die nächste Deckung annehmen. Daher sind Kaninchen bei Treibjagden nicht über längere Strecken zu treiben. Spannende Jagden auf Kaninchen sind das Stöbern oder Buschieren sowie das Frettieren (Baujagd mit dem Frettchen). Zu

Kaninchen äsen stets nahe ihrer Baue. Schäden entstehen stets am Feldrand.

Schaden gehende Kaninchen in Ortsnähe (Friedhöfe, Parks, Schrebergärten) werden beim Frettieren mittels die Röhren abdeckender Netze (Sprengnetze) oder Drahtfallen lebend gefangen. Der abendliche Ansitz mit dem Kleinkaliber ermöglicht ein frühzeitiges Abschöpfen schon verwertbarer Jungkaninchen. Auf Kaninchen wird auch häufig die Beizjagd mit dem Habicht ausgeübt.

Die ehemals hohen Kaninchenbestände in Deutschland, die keiner besonderen Hege bedurften, sind insgesamt durch die Myxomatose und besonders in den letzten Jahren durch RHD (Chinaseuche) existenzbedrohend zusammengebrochen. Nur sporadisch lokal, vornehmlich im urbanen und suburbanen Bereich, treten zur Zeit noch nennenswerte Kaninchenbestände auf.

Steckbrief Wildkaninchen

Körperbau: Deutlich kleiner als Feldhase; Löffel kürzer und ohne schwarzen Rand; Zehen vorne 5, hinten 4; Sohlen ohne Ballen und Duftdrüsen; Gewichte ♂ bis 2500 g.

Sinne: Sehr gute Bewegungsseher; Hörsinn sehr gut; Geruchssinn gut.

Lautäußerungen: Durchdringendes Pfeifen als Klagelaut; Murren als Kontaktlaut; kräftiges Klopfen mit den Hinterläufen (Trommeln) bei Gefahr.

Lebensweise: Überwiegend nacht- und dämmerungsaktiv, bei Tage meist im Bau; lebt territorial in Kolonien (Familiengruppen) mit fester Rangordnung und »Leit-Rammler«.

Fortpflanzung: Geschlechtsreife mit 6 bis 8 Monaten; Rammelzeit Februar bis September; Tragzeit ca. 30 Tage; bis zu 5 Würfe mit je 5 bis 10 nackten und blinden Jungen in »Satzröhre«; Öffnen der Augen mit 10 Tagen; Säugezeit 4 Wochen (nur nachts).

Nahrung: Gräser, Kräuter, landwirtschaftliche Kulturpflanzen, Blätter, Knospen und Holztriebe von Sträuchern sowie Rinde; nimmt Blinddarmlosung auf (Coecotrophie).

Zahnformel: $\frac{2\,0\,3\,3}{1\,0\,2\,3} = 28$

Jahreszyklus

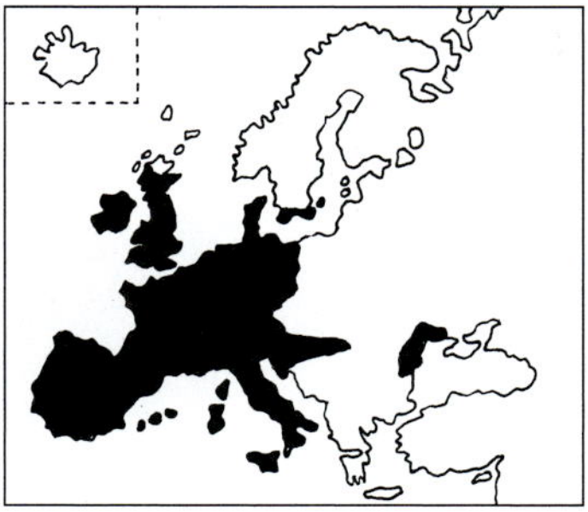

Verbreitungsgebiet

Lebensraum

653 | War das Kaninchen schon immer in unserem Raum beheimatet?
Nein, in der Wildbahn ist diese Wildart in Deutschland flächendeckend erst seit dem 17. Jahrhundert. Einbürgerungen in Mitteleuropa gehen auf spanische Kaninchen zurück.

654 | Welche Landschaften sagen dem Wildkaninchen zu?
Hecken, Gebüsch, Ödland, Forstkulturen sind neben einem ausgeglichenen Klima mit geringen Schneehöhen wesentliche Voraussetzungen für ein Dauervorkommen.

655 | Welche Ansprüche stellt es an den Boden?
Sandige, trockene Böden, die den Kaninchen die Möglichkeit geben, Erdbaue anzulegen.

Körperbau

656 | Wie schwer wird ein Kaninchen?
2,0 bis 2,5 kg Lebendmasse

657 | Gibt es einen erkennbaren Geschlechtsdimorphismus?
Nein, nur die Beurteilung der äußeren Genitalien ermöglicht die Geschlechtsbestimmung.

658 | Wie unterscheiden wir das Kaninchen vom gleichgroßen Feldhasen?
Die einfarbigen Löffel sind nicht über die Nasenspitze hinaus vorklappbar, der graue Kaninchenbalg unterscheidet sich deutlich gegenüber der braunen Grundfarbe des Hasenbalges, die Hinterläufe des Kaninchens sind vergleichsweise wesentlich kürzer.

Die Hinterläufe greifen vor die Vorderläufe.

Krankheiten / Parasiten

659 | Was ist die wichtigste Krankheit der Kaninchen?
Die wichtigste Krankheit des Kaninchens ist zur Zeit die RHD (Chinaseuche). Auch die Myxomatose (seit etwa Mitte der 1950er Jahre in Deutschland) tritt immer wieder auf.

An Myxomatose erkranktes Kaninchen.

660 | Bilden Kaninchen gegen die Myxomatose Resistenz aus?
Kaninchen haben zwischenzeitlich eine mehr oder weniger wirksame Resistenz gegen Myxomatose ausgebildet.

Nahrung

661 | Welche Nahrung bevorzugen Kaninchen?
Kaninchen sind anspruchslose, nicht spezialisierte Grünpflanzenfresser (Gräser, Wildpflanzen und Kulturpflanzen fast jeglicher Art).

Verhalten

662 | Wo leben Kaninchen?
Kaninchen leben in einer Sippengesellschaft in fest zugeordneten Bauen oder Baukolonien.

663 | Wie ist ihr Sozialverhalten?
Kaninchen sind Koloniebewohner, die in einer sozialen Ordnung leben. Beide Geschlechter stehen in fester hierarchischer Reihung. Ranghohe Häsinnen und Rammler sind regelmäßig geschlechtlich aktiv. Rangniedrigere sind gelegentlich von der Reproduktion ausgeschlossen. Der gemeinsame Kotplatz wird als zentraler Territoriumplatz intensiv mit Analdrüsensekret gekennzeichnet. Fremde Kaninchen werden aus dem inneren Territoriumbereich vertrieben.

Kaninchen äsen auch an Disteln.

Jungkaninchen öffnen mit 10 Tagen ihre Augen.

664 | Sind Kaninchen nachtaktiv?
Kaninchen sind vornehmlich dämmerungs- und nachtaktiv.

665 | Haben Kaninchen große Streifgebiete?
Nein, Streifgebiete um den Heimatbau sind kaum größer als 800 m im Durchmesser.

666 | Wann ist die Paarungszeit der Kaninchen?
Die Rammelzeit beginnt im Februar / März und geht bis Ende Juli / Anfang August.

Fortpflanzung

667 | Wie lange ist die Tragzeit?
28 bis 31 Tage.

668 | Wie viele Jungen bringt eine Kaninchen-Häsin?
Im Mittel werden 4 bis 5 Junge geboren.

669 | Wo werden die Jungen geboren?
Die Häsin gräbt eine spezielle Satzröhre, in der sie aus eigener Bauchwolle für die nackt und blind geborenen Jungen ein Nest baut. Die Wurfbauten werden verschlossen gehalten und nur in der Nacht zum Säugen von der Häsin geöffnet (Säugezeit: 4 Wochen).

670 | Gibt es Kreuzungen zwischen Kaninchen und Feldhase?
Nein

Bejagung

671 | Haben Kaninchen eine Schonzeit?
Nach dem Bundesjagdgesetz nicht, nach Ländergesetzen sinnvollerweise ja.

672 | Womit werden Kaninchen üblicherweise geschossen?
Mit Schrot (2,5 bis 2,7 mm).

673 | Werden Kaninchen nur mit dem Gewehr bejagt?
Kaninchen werden beim Frettieren auch mit Netzen oder Drahtfallen gefangen.

Schäden

674 | Welche Schäden verursacht das Kaninchen im Wald?
Verbiss- und Schälschäden. Letztere besonders bei Schnee an jungen Pflanzen.

675 | Welche Schäden verursacht das Kaninchen im Feld?
Bei hohem Besatz wird in Wiesen und Weiden der Aufwuchs verhindert, junge Getreidepflanzen und Hackfrüchte (außer Kartoffel) im Auflaufstadium abgeäst, Rüben und Runkel angeäst. Die Schäden erfolgen immer vom Rand her in die Tiefe oder – aus Sicht der Kaninchen – vom baunahen zum baufernen Teil.

676 | Welche landwirtschaftlichen Sonderkulturen sind durch Kaninchen stark gefährdet?
Gemüse- und Blumenanbau.

Frettchen sprengen die Kaninchen.

Murmeltier
(Marmota marmota)

Das Alpenmurmeltier ist ein Nagetier aus der Familie der Hörnchen (Erdhörnchen); nahe Verwandte sind Steppenmurmeltiere in Asien und Nordamerika. Das Alpenmurmeltier lebt ganzjährig in den Hochlagen der Alpen (sowie der Pyrenäen und Karpaten) oberhalb der Waldgrenze und überdauert dort den Winter als echter Winterschläfer in Erdbauen.

An der oberen Waldgrenze, auf Almmatten und unter Geröll legen die Familienverbände (Sippen) ihre Baukolonien an. Vor dem Winterschlaf wird der Kessel im Bau mit dürrem Gras ausgepolstert, nach Beziehen des Winterlagers wird der Eingang von innen verschlossen. Der Winterschlaf dauert von Ende September / Anfang Oktober bis Mai. Die Tiere senken dabei ihre Körperfunktionen (Atmung, Herztätigkeit, Rückbildung im Verdauungstrakt) und zehren von dem im Sommer angemästeten Fett. Sie erwachen im Frühjahr stark abgemagert. (Weitere echte Winterschläfer sind die Bilche, der Igel sowie die Fledermäuse.)

Im Sommer leben die Murmeltiere als reine Pflanzenfresser von Gräsern und Kräutern der Bergmatten. Tagaktiv, sind sie im offenen Gelände von weitem gut zu beobachten. Viele Volksnamen in allen Alpengegenden (Mankei, Mungg, Murmele, Murmandl) beweisen seine Volkstümlichkeit. Fett (»Mankeischmalz«) und Zähne galten als Heilmittel und Amulett (die Nagezähne heute noch als Jagdtrophäe). Natürliche Feinde sind vor allem Steinadler und Fuchs. Bei Gefahr stoßen Murmeltiere schrille Warnschreie (»Pfiffe«) aus, worauf alle Koloniebewohner zu Bau fahren und sich später nur allmählich, vorsichtig sichernd, wieder herauswagen.

Murmeltiere bringen nicht jedes Jahr Junge zur Welt.

Steckbrief Murmeltier

Körperbau: Vorne 4, hinten 5 Zehen mit kräftigen Grabkrallen; Gewicht ♂ ♀ bis 6 (7) kg.
Sinne: Sehvermögen sehr gut; Hörsinn und Geruchssinn untergeordnet; Vibrissen im Gesicht.
Lautäußerungen: Scharfer Pfiff bei Gefahr; Muckern als Kontaktlaut.
Lebensweise: Lebt in Familiengruppen, die in Kolonien siedeln, jeweils dominiert von einem älteren Männchen; Winterschlaf rund 6 Monate, erwacht regelmäßig um Kot und Urin abzusetzen und Körpertemperatur hochzufahren; trägt im Spätsommer Heu als Polstermaterial (keine Äsung!) in den Winterbau.
Fortpflanzung: Geschlechtsreife mit 3 bis 4 Jahren; Paarung im Mai im Winterbau; Tragzeit ca. 34 Tage; 2 bis 5 nackte, blinde Junge (Nesthocker); Öffnen der Augen mit 22 bis 24 Tagen; Säugezeit mind. 2 Monate; erscheinen mit 40 Tagen auf dem Bau; mit 2 Jahren erwachsen.
Nahrung: Gräser und Kräuter alpiner Matten und Viehweiden.
Zahnformel: $\frac{1\,0\,2\,3}{1\,0\,1\,3} = 22$

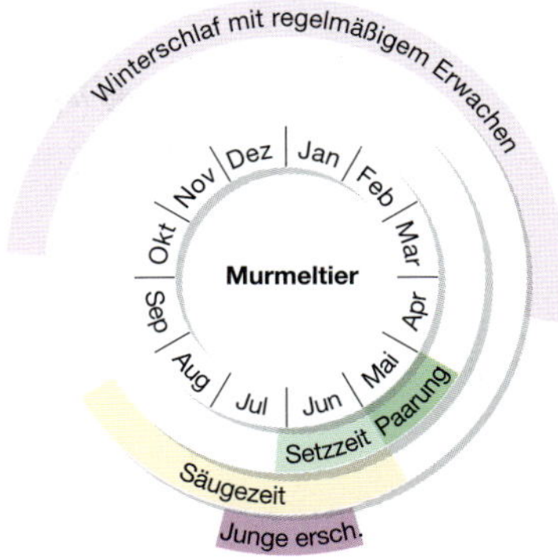

Jahreszyklus

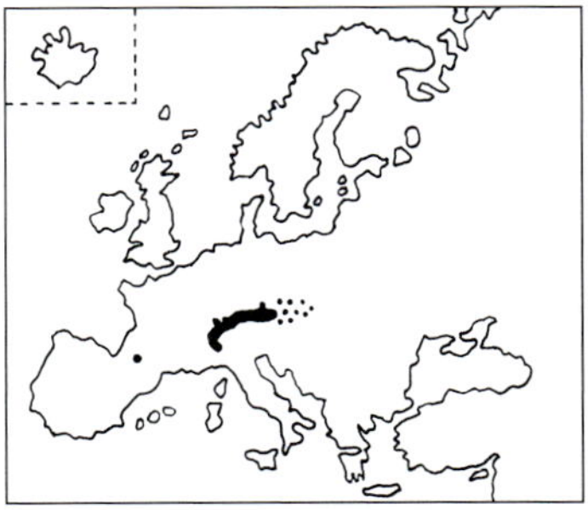

Verbreitungsgebiet

Lebensraum

677 | In welchen Regionen lebt das Murmeltier?
Alpenmurmeltiere leben in den Alpen mehrheitlich oberhalb der Waldgrenze. Es gibt aber auch wesentlich tiefer noch Kolonien (Im Allgäu bis 1300 m herunter, in Slowenien ausnahmsweise bis 680 m).

Körperbau

678 | Wie schwer wird ein Murmeltier?
Die Lebendmasse beträgt bis 7 kg.

679 | Lassen sich »Bär« und »Katze« zuverlässig unterscheiden?
Nein, es gibt keine zuverlässigen Unterscheidungsmerkmale.

Krankheiten / Parasiten

680 | Von welchen Endoparasiten werden Murmeltiere hauptsächlich befallen?
Hauptsächlich von zwei im Dünndarm parasitierende Bandwurmarten (Ctenotaenia marmorta u. C. transversaria).

Die orangefarbenen, ständig nachwachsenden Nagezähne gelten als Trophäen.

Nahrung

681 | Wie ernähren sich Murmeltiere?
Murmeltiere bevorzugen als ausgesprochene Pflanzenfresser krautartige Pflanzen und Gräser. Nach dem Winterschlaf werden mangels frischer Gräser etc. Wurzeln und Zwiebeln ausgegraben und aufgenommen.

682 | Wie viel Gewicht verliert ein Murmeltier während des Winterschlafes?
2 bis 3 kg Körpergewicht.

Verhalten

683 | Wie leben Murmeltiere?
Murmeltiere leben gesellig in Kolonien.

684 | Wie überwintern Murmeltiere?
Im Winterschlaf in speziellen Bauten, die mit trockenem Gras ausgepolsterte Schlafkessel aufweisen, in denen bis zu zehn Tiere zusammen schlafen. Bauten werden nach außen verschlossen.

685 | Was sind die wichtigsten Merkmale des Winterschlafes?
Herabsetzung der Herz- und Atemfrequenz, Absenkung der Körpertemperatur (= Stoffwechseldrosselung). Nach neuesten Erkenntnissen wird das Magen-Darmkonvolut ebenfalls erheblich zurückgebildet.

686 | Schlafen Murmeltiere ununterbrochen durch?
Nein, sie erwachen regelmäßig, sobald die Raumtemperatur im Bau unter +5 °C absinkt. In der Wachphase steigern sie ihre Körpertemperatur auf 34 bis 36 °C, wodurch die Raumtemperatur wieder auf bis zu 12 °C ansteigt. Insgesamt verbringen sie rund 6 Monate im Bau.

687 | Wie schützen sich Murmeltiere vor Feinden?
Durch Flucht in ihre Bauten.

Fortpflanzung

688 | Wann werden Murmeltiere geschlechtsreif?
Die weiblichen Tiere (Katzen) im dritten Lebensjahr, die männlichen (Bären) erst im 4. bis 5. Lebensjahr.

689 | Nimmt die »Katze« jedes Jahr auf?
Katzen führen ihre Jungtiere bis in deren zweites Lebensjahr. Sie setzen daher mit der Reproduktion ein Jahr aus.

690 | Wann ist die Paarungszeit?
Unmittelbar nach dem Winterschlaf im April / Mai. Das nur wenige Stunden begattungsbereite Weibchen wird von allen Männchen der Kolonie belegt.

691 | Wie lange ist die Tragzeit?
Die Tragzeit beträgt 34 Tage, 2 bis 6 Junge

692 | Wie werden die Jungen geboren?
Blind, taub, zahnlos, nackt mit einem Geburtsgewicht von nur 30 g (Nesthocker)

Bejagung

693 | Wo werden Murmeltiere noch bejagt?
In allen Alpenländern mit Ausnahme Deutschlands.

694 | Wie erfolgt die Bejagung?
Einzelabschuss beim Ansitz.

695 | Womit schießt man Murmeltiere?
Ausschließlich mit der Kugel; der Schrotschuss ist verboten.

696 | Wer ist der Hauptfeind der Murmeltiere?
An erster Stelle der Steinadler. Gelegentlich reißt auch der Fuchs ein Murmeltier.

Der Bau wird für den Winterschlaf mit dürrem Gras ausgepolstert.

Biber *(Castor fiber)*

Lebensraum und Lebensweise – Der Biber ist bei einem Gewicht von 20 bis 25 kg und einer Kopfrumpflänge ohne Kelle (Schwanz) von 80 bis 90 cm das größte europäische Nagetier. Er hat Schwimmhäute zwischen den Hinterzehen, seine bis 40 cm lange Kelle ist waagrecht abgeplattet und mit Schuppen besetzt. Der Balg ist braun. Der Biber lebt in Familienverbänden. Er baut Reisigburgen im Wasser und Erdbaue im Ufer sowie Dämme, um den Wasserstand zu regulieren. Er schwimmt und taucht ausgezeichnet. Der Biber lebt von Wasserpflanzen, Gräsern und Kräutern am Ufer, Rinde und Zweigen von Laubbäumen, besonders Weichhölzern. Er fällt Bäume, indem er sie durch Benagen rings um den Stamm zu Fall bringt, um an die Zweige zu gelangen, mit denen er Wintervorräte unter Wasser anlegt (Nahrungsflöße).

Der in Mitteleuropa fast völlig ausgerottete Biber wurde etwa ab 1980 erfolgreich wieder eingebürgert (u.a. an Donau, Inn und Saar). Inzwischen wurde er, da er nicht bejagt wird und kaum natürliche Feinde hat, vielerorts zum Problemtier. In Bayern darf er derzeit per Ausnahmegenehmigung sogar wieder geschossen werden. Der Biber unterliegt nicht dem Jagdrecht, sondern steht unter Naturschutz.

Lebensraum

697 | Wo kommt der Biber heute noch/wieder vor?

Im Mittelabschnitt der Elbe und den dortigen Nebenflüssen, in Teilen Brandenburgs und Rheinland-Pfalz, im Saarland, Emsland, am Niederrhein und Hochrhein, in Spessart, Rhön und Eifel sowie in weiten Teilen Bayerns.

Biber bauen aufwändige Burgen im Wasser, graben aber auch Uferhöhlen.

Steckbrief Biber

Körperbau: Gedrungener Korpus mit flachem Schwanz von halber Körperlänge (Kelle); vorne und hinten 5 Zehen (hinten mit Schwimmhäuten); Augen und Nase mit Hautfalte verschließbar; Gewicht bis 25 kg

Sinne: Sehvermögen gut; Hör- und Geruchssinn eher mäßig.

Lautäußerungen: Klatschen mit der Kelle aufs Wasser als Warnlaut.

Lebensweise: Bewohnt in Familiengruppen Baue im Wasser oder im Ufer; staut Fließgewässer an; entfernt sich kaum weiter als 30 m vom Ufer.

Fortpflanzung: Einehe; Hauptpaarungszeit Januar / Februar; Tragzeit ca. 106 Tage; Wurfzeit April/Mai; 2 bis 4 sehende und behaarte Jungen; Säugezeit ca. 2 Monate.

Nahrung: Gräser, Kräuter, Zweige und Rinde von Laubhölzern (Winteräsung), aber auch landwirtschaftliche Kulturpflanzen.

Zahnformel: $\frac{1\ 0\ 1\ 3}{1\ 0\ 1\ 3} = 20$

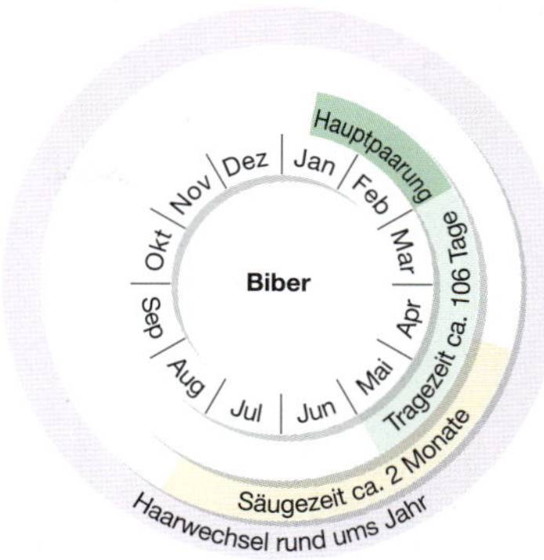

Jahreszyklus

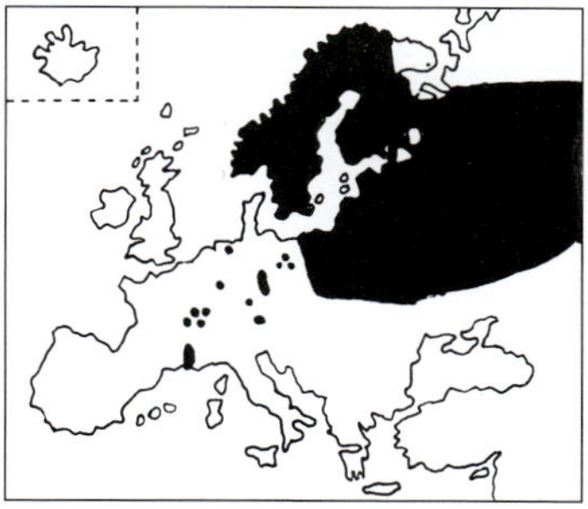

Verbreitungsgebiet

698 | Welche Lebensräume besiedelt der Biber?

Der Lebensraum des Bibers ist immer an Wasser (Fließ- oder Stehgewässer) gebunden (semiaquatische Lebensweise). Vegetationsreiche Ufer und anschließende Auwälder sind sein bevorzugter Lebensraum. Er besiedelt selbst städtische Gewässer.

Körperbau

699 | Wie schwer kann ein Biber werden?

Erwachsene Biber erreichen ein Körpergewicht bis 25 kg.

Rinde ist die Hauptnahrung der Biber.

Biber fällen problemlos Bäume mit bis zu 60 cm Durchmesser.

700 | Welche Drüsen besitzt der Biber?
Zwei in den Weidlochbereich einmündende, feigenförmige Duftdrüsen, die das so genannte Bibergeil enthalten (Markierungsdrüsen). Dem Bibergeil misst der Volksglauben Heilkräfte zu (Heilaberglaube).

Nahrung

701 | Wo holen sie ihre Nahrung?
Im Uferbereich werden im Sommer Grünpflanzen, frisches Schilf und deren Wurzelstöcke sowie Jungtriebe von Weichhölzern aufgenommen. Im Wasser werden Seerosenknollen geerntet. Vornehmlich im Herbst und Winter werden Bäume (Weichhölzer) gefällt, deren Äste und Zweige in Baunähe unter Wasser als Nahrungsreserve zusammengetragen werden.

Verhalten

702 | Wo leben Biber?
Biber leben im und am Wasser.

703 | Wo ruhen Biber?
In selbstgegrabenen Erdbauten oder in Biberburgen, die die Biber aus Ästen, Zweigwerk, Lehm etc. im Wasser errichten. Die Zugänge liegen immer unter Wasser.

704 | Welchen Warnlaut gibt der Biber ab?
Er schlägt mit der Kelle auf die Wasseroberfläche.

Fortpflanzung

705 | Wann paaren sich die Biber?
In der Zeit von Januar bis April. Biber leben absolut monogam.

706 | Wie hoch ist die Fortpflanzungsrate?
Die durchschnittliche Nachkommenzahl beträgt pro Weibchen 3 Junge.

Bejagung

707 | Gehört der Biber bei uns zum jagdbaren Wild?
Nein, der Biber unterliegt in Deutschland nicht dem Jagdrecht sondern dem Naturschutzrecht.

708 | Wie werden Biber bei uns reguliert?
Natürliche Feinde hat der ausgewachsene Biber in Deutschland nicht. Jungtiere können Beute des Seeadlers oder auch großer Raubfische werden (Hecht, Wels).

Schäden

709 | Welche Schäden entstehen durch Biber?
Ökonomisch relevante Schäden treten an Rüben und Kohlpflanzen auf sowie indirekt durch den Bau von Dämmen.

Nutria *(Myocastor coypus)*

Die aus Südamerika stammende Nutria (»Biberratte«, auch Sumpfbiber) kommt bei uns selten vor (verwilderte Flüchtlinge aus Pelztierfarmen). Das ähnlich wie der Biber ans Leben im Wasser angepasste Nagetier lebt in klimatisch milden Flussauwäldern.

In einigen Bundesländern ist die Nutria dem Jagdrecht unterstellt (ganzj. Jagdzeit). Wo sie nicht dem Jagdrecht unterliegt, genießt sie auch nach dem Naturschutzrecht keinen besonderen Schutz. Das Fleisch ist genießbar (Pflicht zur Trichinenbeschau!), der Balg als Pelzwerk zu verwerten.

Nutria legen Baue in Uferböschungen an, jedoch keine Burgen aus Pflanzenteilen, wie wir sie vom Biber kennen.

Die Hinterzehen sind mit Schwimmhäuten verbunden, die Vorderzehen jedoch nicht.

Lebensraum

710 | Wo ist die Heimat der Nutria?
Die Nutria kommt aus Südamerika.

711 | Wie kam die Nutria zu uns?
Der Wildbestand der Nutria ist durch entkommene oder ausgesetzte Farmtiere begründet worden.

712 | Welche Lebensräume bewohnt sie bei uns?
Der Nutria ist an Wasser gebunden. Sie bevorzugt stehende Gewässer mit reicher Unterwasserflora (Altarme, Seen, Teiche, große Buchten, grabenreiches Marschland) mit Schilf und Binsengürteln.

Körperbau

713 | Wie schwer wird die Nutria?
Das durchschnittliche Lebendgewicht erwachsener Nutria beträgt 5 bis 8 kg.

714 | Wie ist die Nutria leicht vom Biber zu unterscheiden?
Der Schwanz der Nutria ist abgerundet dreieckig, der des Bibers als Kelle flach und breit geformt.

Nahrung

715 | Welche Nahrung bevorzugt die Nutria?
Als – fast – reiner Pflanzenfresser lebt der Nutria von allen Teilen der Wasserpflanzen, aber auch von Kulturpflanzen. Weichhölzer werden geschält.

Verhalten

716 | Wo ruhen Nutrias und wo bringen sie ihre Jungen zur Welt?
Die nachtaktiven Tiere ruhen in einem selbstgegrabenen Erdbau mit großem Kessel. Seine Röhren münden immer oberirdisch.

Steckbrief Nutria

Körperbau: Ähnlich Biber, jedoch abgerundet dreieckig Schwanz; vorne und hinten je 5 Zehen, hinten mit Schwimmhäuten; innere Mundhöhle separat abschließbar; Gewicht ♂ bis 8 kg. Haarwechsel über das ganze Jahr verteilt.
Verhalten: An Gewässer gebunden; lebt in Familiengruppen, ältere Männchen auch alleine; bewohnt Erdbau im Uferbereich; taucht bis zu 5 Min.
Fortpflanzung: Geschlechtsreife mit 5 bis 6 Monaten; Paarungszeit ganzjährig (Zyklus alle 2 bis 4 Wochen); neuerliche Begattung schon kurz nach der Geburt; Tragzeit ca. 130 Tage; 4 bis 7 sehende und behaarte Junge; Säugezeit etwa 8 Wochen;
Nahrung: Rhizome, Stängel und Blätter von Wasserpflanzen, Rinde von Weichhölzern, teilweise landwirtschaftliche Kulturpflanzen in Ufernähe (Hackfrüchte, Mais, Klee), gering auch Muscheln, Schnecken u.a.
Zahnformel: $\frac{1\,0\,1\,3}{1\,0\,1\,3} = 20$

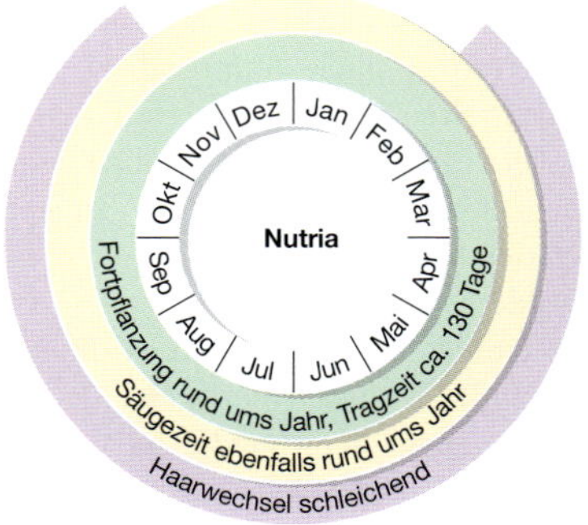

Jahreszyklus

Verbreitungsgebiet

Fortpflanzung

717 | Wann paaren sich die Nutrias?
Nutrias paaren sich über das ganze Jahr.

718 | Wie stark vermehren sie sich?
Das Weibchen wirft nach einer Tragzeit von 19 Wochen 4 bis 7 sehende und behaarte Junge im Wurfkessel.

Bejagung

719 | Darf die Nutria bejagt werden?
Die Nutria fällt nicht unter die Regelungen des Bundesjagdgesetzes, hat aber in einigen Bundesländern Jagd- und Schonzeiten. Jungtiere dürfen über das ganze Jahr geschossen werden.

720 | Ist der Balg der Nutria verwertbar?
Ja, er stellt ein gutes Pelzwerk dar.

721 | Ist das Wildbret der Nutrias verwertbar?
Das Wildbret der Nutrias ist wohlschmeckend und genießbar.

722 | Wer reguliert die Nutrias?
Fressfeinde der Nutria sind Fuchs, Dachs, Marderhund, Greife etc. Wesentliche

Bestandssenkungen verursachen strenge Winter, an die die Tiere nicht angepasst sind.

Schäden

723 | Welche Schäden verursachen Nutrias?

Schäden an Feldfrüchten, besonders an Hackfrüchten sind auffallend. Durch ihre grabende Tätigkeit wird die Haltbarkeit von Dämmen und Uferböschungen erheblich negativ beeinflusst.

Bisam *(Ondatra zibethicus)*

Der Bisam – landläufig »Bisamratte« genannt – gehört zu der Familie der Wühlmäuse; er unterliegt nicht dem Jagdrecht und genießt nach dem Naturschutzrecht keinen besonderen Schutz. Er wurde um 1900 aus Nordamerika als Pelztier eingeführt. Von Böhmen aus hat sich der Bisam seither über fast ganz Mitteleuropa an sämtlichen Gewässern ausgebreitet und verursacht durch Unterwühlen von Dämmen und Ufern erhebliche Schäden. Eigentümer von Gewässern sind zur Bisambekämpfung verpflichtet; staatliche Bisamfänger sowie ehrenamtlich bestätigte Fänger betreiben den Fang mit Fallen gegen amtliche Fangprämien und verwerten die Bälge. Auch das Fleisch ist genießbar, unterliegt aber, da Bisam gelegentlich auch tierische Nahrung aufnehmen, der Pflicht zur Trichinenbeschau.

Lebensraum

724 | Wo ist die Heimat der Bisam?

Seine ursprüngliche Heimat ist Nordamerika.

725 | Wie kam der Bisam zu uns?

Von Menschen wegen des Pelzwerks eingeführt (erste Aussetzung 1905 in Teichanlagen in der Nähe von Prag).

726 | Welche Lebensräume bewohnt der Bisam?

Gewässer aller Art, mit Ausnahme sehr schnell fließender Gewässer.

Bisam richten an Dämmen und Ufern erhebliche Wühlschäden an.

Steckbrief Bisam

Körperbau: Gestalt ähnlich Biber, aber viel kleiner; Schwanz seitlich abgeplattet; vorne 4, hinten 5 Zehen mit angedeuteten Schwimmhäuten; Nase und Außenohr verschließbar; Körperlänge bis 40 cm; Gewicht bis 1200 g; Haarwechsel ganzjährig.
Sinne: Sehvermögen gut, Hör- und Geruchssinn eher mäßig; Vibrissen im Gesicht.
Verhalten: Überwiegend dämmerungs- und nachtaktiv; lebt in Familien; baut Burgen ähnlich Biber oder gräbt Baue im Uferbereich; taucht bis 20 Min.
Fortpflanzung: Ranzzeit von Dezember bis Juni; Tragzeit 28 Tage; bis zu 4 Würfe; jeweils 4 bis 8 blinde, nackte Junge; Öffnen der Augen nach ca. 10 Tagen; Säugezeit ca. 18 Tage; selbständig mit 4 Wochen.
Nahrung: Überwiegend Wasser- und Uferpflanzen, Kulturpflanzen, geringer Muscheln.
Zahnformel: $\frac{1\,0\,0\,3}{1\,0\,0\,3} = 16$

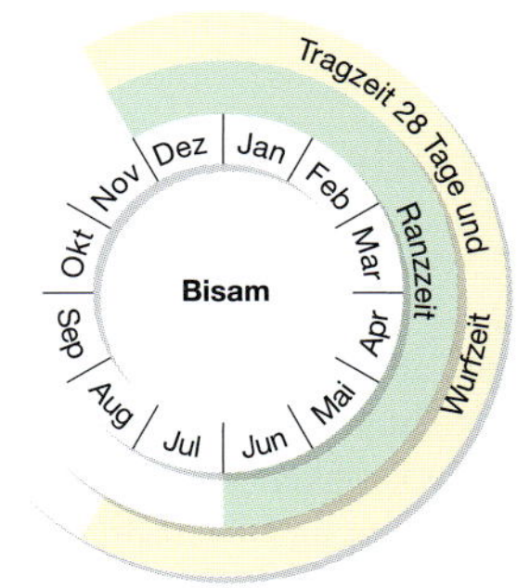

Jahreszyklus

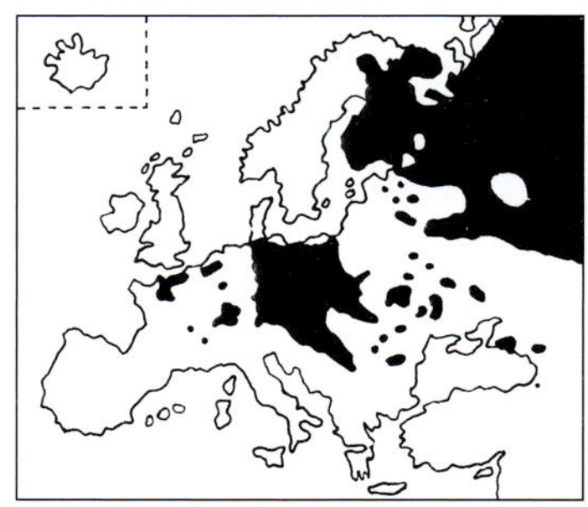

Verbreitungsgebiet

Körperbau

727 | Wie schwer wird ein Bisam?
Der kaninchengroße Nager wird 1 bis 1,5 kg schwer.

728 | Wie unterscheiden wir Bisam und Nutria?
Der Bisamschwanz ist seitlich abgeplattet (im Querschnitt oval), der der Nutria abgerundet dreieckig.

Nahrung

729 | Ist der Bisam Allesfresser?
Nein, er ist überwiegend Pflanzenfresser, nimmt aber auch Muscheln und andere Wassertiere. Daher unterliegt er auch der Trichinenbeschau!

Verhalten

730 | Wo ruht er und wo bringt er seine Jungen zur Welt?
In selbstgegrabenen Bauten im Uferbereich. Die Bauten besitzen große Kessel mit Lüftungssysthemen. Zugänge unter Wasser. In Flachwasserbereichen, Sumpflandschaften etc. werden Burgen aus abgebissenen Pflanzen errichtet (bis 1,50 über dem Wasserspiegel herausragend).

731 | Sind Bisam Einzelgänger?
Bisam leben sowohl einzeln als auch in

Familiengruppen. Dämmerungs- und nachtaktiv.

Fortpflanzung

732 | Wie ist die Vermehrung der Bisam?
Die Ranz beginnt im Dezember und endet mit ausgehendem Sommer. Die Tragzeit beträgt 28 Tage, 2 bis 4 Würfe pro Jahr mit im Mittel 6 Jungen (bis 10) → sehr hohes Reproduktionspotential.

Bejagung

733 | Wird der Bisam gehegt?
Nein

734 | Darf der Jäger den Bisam in jedem Falle schießen?
Nein, er unterliegt nicht dem Jagdrecht.

Schäden

735 | Welche Schäden richten Bisam an?
Er unterhöhlt Ufer und Dämme.

Art	volkstümliche Namen	Größe (cm) KR = Kopf-/Rumpflänge S = Schwanzlänge	Gewicht (kg)	Form des Schwanzes	Schwimmhäute	Nahrung	Lebensraum, Häufigkeit
Biber *Castor fiber*	Fabelname: »Meister Bockert«	KR: 80–100 S: 30–40	20–30	oval abgeplattet, beschuppt (»Kelle«)	an Hinterzehen, stark	Pflanzen in und am Wassser; Rinde; fällt Bäume!	Gewässer mit Auwäldern; selten (örtl. wiedereingebürgert)
Nutria *Mycoastor coypus*	»Sumpfbiber« »Biberratte«	KR: 45–65 S: 30–40	4–8	sehr lang, rund, dünn behaart	an Hinterzehen, schwach	Wasserpflanzen	ruhige Gewässer in mildem Klima; selten (Farmflüchtling)
Bisam *Ondatra zibethicus*	»Bisamratte« »Wasserratte«	KR: 35–40 S: 20–30	1–2	lang, seitlich kielförmig flach, beschuppt mit Borsten	an Hinterzehen, angedeutet	Wasser- und Uferpflanzen	Gewässer aller Art; häufig
Wanderratte *Rattus norvegicus*	»Wasserratte«	KR: 20–30 S: 15–23	0,3–0,5	sehr lang, rund, borstig behaart	keine	Allesfresser, räuberisch	Gewässer, Uferregionen, Müllkippen, Ortschaften; häufig
Schermaus *Arvicola terrestris*	»Wühlmaus« »Wühlratte« »Wasserratte«	KR: 12–22 S: 8–13	0,1–0,3	rund, kurz und dicht behaart	keine	Pflanzen, Wurzeln	Uferregionen, Gärten; häufig

Vier Wochen alte Jungfüchse verbringen schon viel Zeit außerhalb des Baus.

Das Haarraubwild

Als Haarraubwild bezeichnen wir die dem Jagdrecht unterliegenden überwiegend Fleisch fressenden Beutegreifer (§ 2 BJG, sowie LJG). Sie gehören zoologisch folgenden Familien an:

Hundeartige:	Wolf, Fuchs, Marderhund
Marderartige:	Stein- und Baummarder, Dachs, Fischotter, Iltis, Hermelin, Mauswiesel, Nerz und Mink.
Katzenartige:	Luchs, Wildkatze
Bärenartige:	Braunbär, Waschbär
Wasserraubtiere:	Robben (Flossenfüßler)

Kennzeichnend für alle ist das Raubtiergebiss, bestehend aus schwachen, schmalen Scheidezähnen, starken, langen Fangzähnen (Eckzähne) und kräftigen Backenzähnen, von denen P4 im Oberkiefer und M1 im Unterkiefer als so genannte Reißzähne ausgebildet sind.

Beim Raubwild unterscheiden wir Generalisten (z.B. Fuchs) und Spezialisten (z.B. Fischotter). Letztere sind auf eine oder nur sehr wenige Beutetierarten spezialisiert, während erstere keine Präferenzen im Beutespektrum zeigen. Alle heimischen Raubtiere gehören zu einem intakten Ökosystem, in dem sie wesentliche natürliche Aufgaben zu erfüllen haben. Die Eingruppierung der Beutegreifer in nützlich und schädlich aus menschlicher Sicht ist anachronistisch und wildbiologisch nicht zulässig. Das Raubwild ist ein wesentlicher Bestandteil der Biodiversität in unserem Ökosystem und hat auch in der Kulturlandschaft seine regulierende Aufgabe, insbesondere durch Eingriffe in die Kleinnagerpopulationen. In stabilen Nutztierbeständen gefährdet Prädation auch in der Summe weder die Art noch schmälert sie nennenswert die vom Menschen gewünschte Nutzung. Dagegen können Wildarten, deren Vorkommen durch extreme Witterung und erhebliche Lebensraumverschlechterung auf das Existenzminimum abgesunken ist, durch generalistische Beutegreifer zum Erlöschen gebracht werden. Die opportunistischen Beutegreifer zählen zu den Gewinnern in unserer Kulturlandschaft. Sie sind zahlenmäßig stark vertreten, so dass deren Bejagung nicht nur in Form der Nutzung einer natürlichen Ressource sondern auch aus ökologischen und Artenschutzgründen sinnvoll und erforderlich ist.

Wolf *(Canis lupus)*

Lebensraum und Lebensweise – Einst war der Wolf, der Stammvater all unserer Hunde, über die ganze nördliche Erdhalbkugel verbreitet, von Asien bis Nordamerika. Auch heute noch besiedelt er weite Teile Eurasiens und Nordamerikas, doch hat ihn der Mensch aus den dichter besiedelten Räumen Europas fast gänzlich verdrängt. Restvorkommen in Europa gibt es in Spanien, Portugal, in Italien, Griechenland, in Skandinavien und in den östlichen Ländern Polen, Tschechische Republik, Rumänien, Bulgarien, Kroatien. Auf uralten Wechseln kommen immer wieder Wölfe von Osten nach Deutschland, so dass eine Wiederbesiedlung größerer Waldgebiete durchaus denkbar ist, wenn man den Zuwanderern ausreichend Schutz gewährt.

Wölfe leben in strengen Hierarchien und bedienen sich einer reichen Körpersprache.

In den Lebensraumansprüchen ist der Wolf wie der Bär in Europa auf große zusammenhängende Waldgebiete angewiesen, doch scheint der Wolf weit anpassungsfähiger gegenüber menschlichen Störungen zu sein. Als im Rudel lebendes Großraubtier hat der Wolf enorme Raumbedürfnisse. Je nach Beutetierdichte und Rudelgröße braucht ein Wolfsrudel 100 bis 2000 Quadratkilometer als Territorium. Innerhalb einer Nacht kann sich ein Rudel 100 Kilometer weit fortbewegen.

?

Lebensraum

736 | Wo finden wir heute in Europa stabile Wolfsbestände?

In Spanien, Portugal, Italien, Skandinavien, auf dem Balkan, in Polen und in den ehemaligen GUS-Staaten.

737 | Kommt der Wolf auch in Deutschland vor?

Steckbrief Wolf

Körperbau: Gesamtlänge ♂ bis 200 cm; Schulterhöhe bis 80 cm; Gewicht bis 50 kg; Zehen vorne 5, hinten 4; 10 Zitzen.

Sinne: Sehvermögen gut, Geruchssinn und Hörsinn sehr gut.

Lautäußerungen: Heulen als Kontakt- und Revierlaut, Knurren als Drohlaut, winseln der Welpen als Kontaktlaut.

Lebensweise: Streng territorial in großem Streifgebiet; überwiegend dämmerungs- und nachtaktiv, lebt und jagt im Rudel mit strenger Rangordnung.

Fortpflanzung: Geschlechtsreife 2 bis 3 Jahre; polygam bei Rudelhierarchie; Ranzzeit Dezember bis März; Tragzeit 62 bis 65 Tage, 5 bis 8 blinde, behaarte Junge; Öffnen der Augen mit 9 bis 12 Tagen; Säugezeit 6 bis 8 Wochen; Führung durch Eltern etwa 11 Monate; Verbleib im Rudel mit 2 bis 3 Jahren.

Nahrung: Schalenwild bis Elch, Haustiere bis neugeborene Kälber, Aas, Kleinnager, Insekten, Lurche sowie gelegentlich Früchte, Beeren; Nahrungsbedarf ca. 5 kg/Tag.

Zahnformel:

$\frac{3\,1\,4\,2}{3\,1\,4\,3}$ = insgesamt 42 Zähne

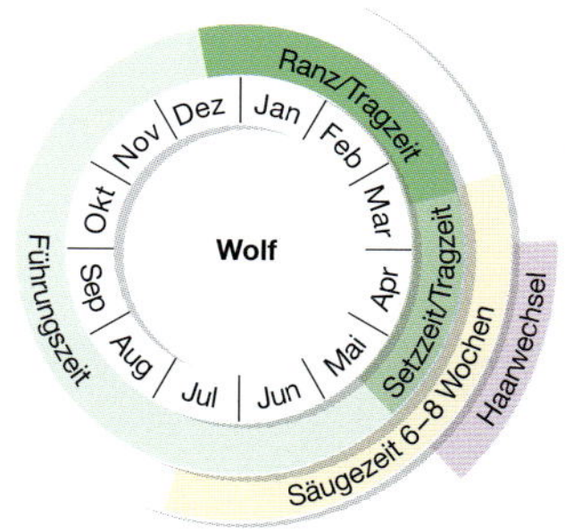

Jahreszyklus

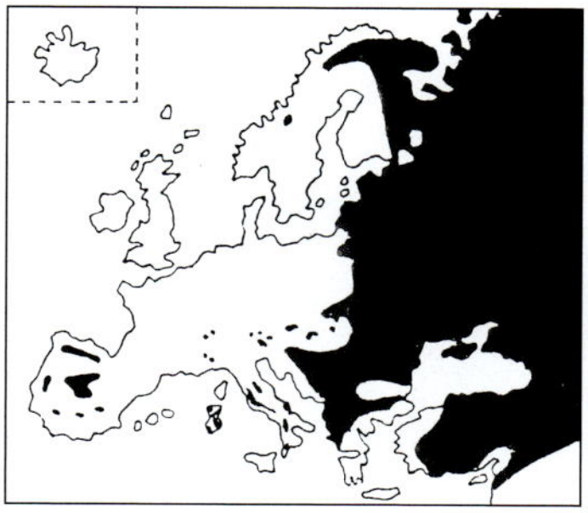
Verbreitungsgebiet

Ja, zwischenzeitlich sind Wölfe wieder in Sachsen und Brandenburg heimisch geworden.

738 | Welchen Lebensraum bevorzugt der Wolf?
Große zusammenhängende Waldgebiete, Moore. Er sucht aber (z. B. Italien, Rumänien) auch urbane Bereiche auf, vor allem Mülldeponien u. ä.

Körperbau

739 | Wie schwer wird ein Wolf?
Die Rüden erreichen Gewichte von 35 bis 50 kg, die Wölfin 30 bis 40 kg Lebendmasse.

Krankheiten

740 | Welche Wildkrankheit kann beim Wolf besonders problematisch werden?
Tollwut

Nahrung

741 | Wovon ernährt sich der Wolf?
Er ernährt sich ganz überwiegend von Wild- und Haussäugetieren → Elch / Rind bis Fuchs / Haushund und Hase. Zum Nahrungsspektrum gehören auch Aas, Kleinnager, Fische, Frösche sowie geringe Mengen pflanzlicher Nahrung.

Verhalten

742 | Wie sind Wölfe sozial organisiert?
Wölfe leben in Rudeln, in der eine α-Wölfin und ein α-Rüde die Hierarchie anführen. Die α-Wölfin ist Rudelführerin.

743 | Wann teilt sich ein Rudel?
Wolfsrudel haben eine durch Nahrungsangebot und Streifgebietsgröße bestimmte

Wölfe jagen meist im Rudel.

obere Rudelgröße. Wird diese erreicht bzw. überschritten, wandern junge rangniedrigere Tiere aus dem Rudel ab. Es werden nur sehr selten Rudel mit mehr als 12 Tieren beobachtet.

744 | Greifen Wölfe den Menschen an?
In der Regel nicht. Der Wolf stellt keine ernsthafte Bedrohung des Menschen dar.

745 | Wie ist das Jagdverhalten der Wölfe?
Der Wolf ist ein im Rudel jagender Verfolgungsjäger. Die Rudelbildung erfolgt immer im Spätsommer und hält bis kurz vor dem Werfen der α-Wölfin.

Fortpflanzung

746 | Wann ist die Ranzzeit des Wolfes?
Die Ranz fällt in die Monate Dezember bis März.

747 | Welche Besonderheit im Sexualverhalten gibt es?
Es kommt im Rudel nur das α-Paar zur Fortpflanzung. Bei Nahrungsknappheit reproduziert auch das α-Paar nicht.

748 | Wie lange ist die Tragzeit und wie viele Welpen bringt die Wölfin zur Welt?
Die Tragzeit beträgt 62 bis 65 Tage. Die Wurfgröße beträgt 5 bis 8 Jungtiere.

749 | Wo bringt die Wölfin die Jungen zur Welt?
In übernommenen Erdbauten, Felshöhlen, unter Wurzeltellern etc. Auch Schilfpartien und Weidendickichte werden als Wurfplatz gewählt.

Bejagung

750 | Wo werden Wölfe noch legal bejagt?
In Polen, Rumänien, Weißrussland, Ukraine und Russland, im Baltikum, ebenso in Finnland, Schweden und Norwegen.

751 | Welche Jagdarten sind gebräuchlich?
Ansitz am Luder, Einlappen nach Abfährten.

752 | Darf der Balg eines in Ost- oder Südosteuropa erbeuteten Wolfes eingeführt werden?
Hier ist im Einzelfall das Washingtoner Artenschutzabkommen zu beachten.

Schäden

753 | Welche Schäden entstehen durch den Wolf?
Schäden an Haustieren, auf die aber in der Regel erst bei nicht ausreichendem Wildbestand zurückgegriffen wird.

Fuchs *(Vulpes vulpes)*

Lebensraum und Lebensweise – Der Fuchs ist unsere am häufigsten und am weitesten verbreitete Raubwildart. Seine größte Siedlungsdichte erreicht er in abwechslungsreichen Feld/Wald-Landschaften. Vor allem zur Aufzucht der Jungen benutzt er Erdbaue, die der Fuchs nicht immer selbst gräbt (Mitbewohner von Dachsbauen). Am Tage steckt er häufiger »über der Erde« in Deckung als im Bau. Er ist vorwiegend dämmerungs- und nachtaktiv. Die Hauptbeute des Nahrungsgeneralisten sind Mäuse; daneben gehören zum Beutespektrum Wildkaninchen, Jungwild (Hasen, Rehkitze), Vogelgelege und Jungvögel, Insekten und Regenwürmer, auch pflanzliche Nahrung (Obst, Beeren). Aas, Fallwild und Verkehrsopfer werden vertilgt. Nicht alle an Fuchsbauen gefundenen Beutereste stammen daher von Tieren, die der Fuchs selbst erbeutet hat. Misthaufen und Müllhalden durchstöbert er gern nach Fressbarem. Natürliche Feinde fehlen bei uns weitgehend (Wolf, Luchs, Steinadler, Uhu). Natürliche Regulative stellen die Räude und die Tollwut dar.

Füchse leben als Einzelgänger in Streifgebieten. Zur Ranz stellen sich Rüden zur Fähe. Die Fähe wird in der Jungenaufzucht vom Rüden unterstützt. Sie führt ihre Jungtiere und lehrt sie jagen.

Sinne und Verhalten – Sinnesschärfe und Reaktionsschnelligkeit zeichnen den Fuchs aus, Voraussetzungen, um erfolgreich auf größere Beutetiere zu jagen. Hauptsinne sind Geruch und Gehör. Beim Fangen von Mäusen (»Mausen«) orientiert sich der Fuchs vornehmlich nach dem Gehör und bemisst danach die Entfernung seines Zusprunges. Das Gesicht kommt an dritter Stelle; es ist besonders auf das Erkennen von Bewegungen ausgerichtet (»Bewe-

Am leichtesten erbeutet der Fuchs kranke Hasen, darunter manchen »angebleiten«.

gungsseher«). Der Fuchs erkennt jedoch den stillstehenden Jäger leichter als z.B. Schalenwild das vermag.

Haarwechsel – Die Sommerbehaarung des Fuchses ist kurz und stumpf, die der Jungfüchse wollig. Sommerbälge sind wertlos. Der Winterbalg – wie der Sommerbalg von rötlicher Grundfarbe – ist langhaarig, glänzend und dicht. Er variiert in der Färbung. Rücken- und Seitenpartien sind regelmäßig rötlich, die Bauchseite ist weißlich, die Außenseiten der Gehöre und Läufe sind schwarz. Die Spitze der buschigen Lunte trägt oft eine »Blume«, d.h. eine weiße (beim »Kohlfuchs« schwarze) Spitze. Winterbälge des Raubwildes werden im Fellhandel »Rauchware« genannt. Übergangsbälge zwischen Herbst und Winter werden als »grün« oder »grünledrig« bezeichnet, wenn die Balgseite innen (das Leder) noch nicht völlig weiß ist.

Gebiss – Der Fuchs hat ein typisches Raubtiergebiss, charakteristisch durch lange Eckzähne (»Fangzähne«) und spitzhöckriger Backenzähne. Die Zahnformel entspricht der unserer Haushunde:

$$\frac{3142}{3143} = 42$$

Der jeweils am stärksten ausgebildete Backenzahn im Ober- (P4) und Unterkiefer (M1) wird als »Reißzahn« bezeichnet; er dient zum Zerbeißen und Zerkauen von Muskelfleisch und Knochen der Beutetiere.

Fortpflanzung – Die Ranzzeit ist im Januar/Februar. Der Jäger sagt, »die Fähe rennt«. Häufig folgen ihr mehrere Rüden. Die Begattung findet sowohl oberirdisch als auch im Bau statt. Die Fähe geht 52 Tage »dick« und »wölft« 4–8 Welpen.

Die Welpen sind typische »Nesthocker«. Als »Heckbau« zur Jungenaufzucht benutzt die Fähe entweder einen Teil eines vorhandenen größeren Baues, oder sie legt eigens einen kleinen Bau in guter Deckung (Dickung, Getreidefeld, unter Feldscheune) an. Die ersten 2 Wochen genügt den Welpen die Muttermilch. Danach erbricht die Fähe halbverdauten Nahrungsbrei. Später wird vor dem Bau gefüttert. Die Rüden

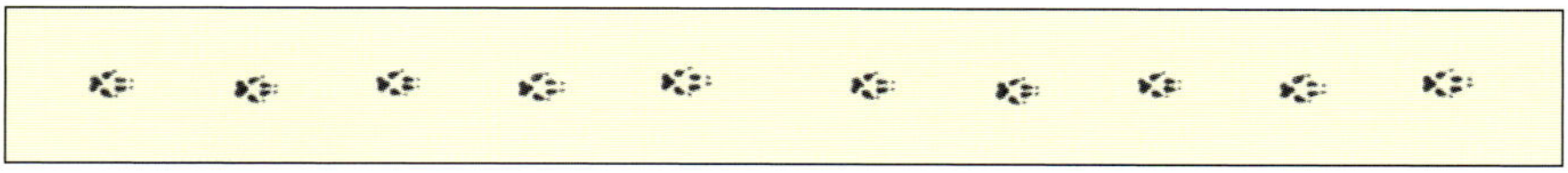

Fuchsspur (»schnüren«).

beteiligen sich an der Aufzucht der Jungen. Beute wird im Überfluss herangeschafft, um das Überleben aller Jungtiere zu garantieren (sog. surplus killing zur Arterhaltung). Bei der heutigen hohen Fuchspopulation ist jedem dritten Geheck eine Ammenfähe zuzuordnen (Jungtier vom Vorjahr).

Nach 2 bis 3 Monaten kann man die Fähe mit ihrem Nachwuchs auf der Schulpirsch beobachten. Bis zum Selbstständigwerden im Juli / August überleben pro Wurf im Mittel 4 Jungfüchse.

Bejagung – Die Jagd auf den Fuchs ist vielfältig. Nicht selten kommt er dem Ansitzjäger zufällig vor Büchse oder Flinte. Der Ansitz in hellen Winternächten am langfristig beschickten Luderplatz oder auch beim Fuchsbau (vor allem in der Ranzzeit) bringt Erfolg. Dagegen ist das Pirschen auf den hellhörigen Fuchs nur am Rande übersichtlicher Kahlflächen (Wiesen und abgeerntete Felder) in Verbindung mit guten Pirschsteigen und Hochsitzen erfolgversprechend. Die Reizjagd (das Fuchsreizen mit Hasenklage oder Mauspfiff) kann bei Geschick, Ausdauer und gutem Wind Erfolg bringen, wenn der Fuchs im Winter hungrig ist. Bei Treibjagden gibt es Stände, die als »Fuchsstände« bekannt sind. Der Schrotschuss spitz von vorn auf den Fuchs ist zu vermeiden, da er in der Regel nicht tödlich ist. Auch Drück- und Riegeljagden können den einen oder anderen Winterbalg einbringen, wenn man die Pässe kennt und einen Treiber hat, der sein Handwerk versteht.

Die Baujagd mit erfahrenen Erdhunden ist eine sehr reizvolle und vor allem effektive Jagdart.

Körperbezeichnungen beim Fuchs.

Steckbrief Fuchs

Körperbau: Gesamtlänge ♂ bis 130 cm; Schulterhöhe bis 40 cm; Gewicht bis 10 kg; Zehen vorne 5, hinten 4; 6 (–10) Zitzen; nur 1 Haarwechsel (April bis August).

Sinne: Sehvermögen gut, Geruchssinn sehr gut, Hörsinn sehr gut.

Lautäußerungen: Heiseres Bellen als Warnlaut und bei Unsicherheit; hohes Wimmern als Lockruf der Fähe; Keckern bei Auseinandersetzungen.

Lebensweise: Überwiegend dämmerungs- und nachtaktiv; bewohnt Streifgebiet, das nicht wirklich verteidigt wird; lebt die meiste Zeit einzelgängerisch außerhalb des Baus.

Fortpflanzung: Geschlechtsreife mit 9 Monaten; Saisonehe; Ranzzeit Januar bis Anfang Februar; Tragzeit 51 bis 53 Tage; 4 bis 8 blinde, behaarte Junge; Öffnen der Augen mit 12 bis 14 Tagen; Säugezeit 4 Wochen; Führung durch Eltern 3 bis 4 Monate.

Nahrung: Hauptsächlich Kleinnager, Schalenwild bis krankes Rehwild, Aas, Hausgeflügel, daneben Insekten, Lurche, Obst.

Zahnformel: $\frac{3\,1\,4\,2}{3\,1\,4\,3}$ = 42 Zähne

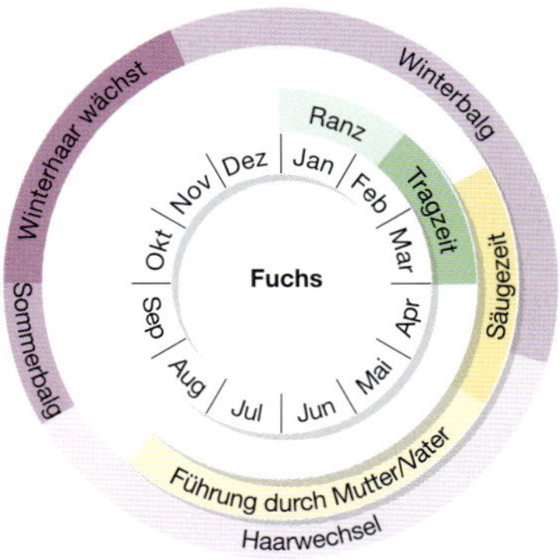

Jahreszyklus

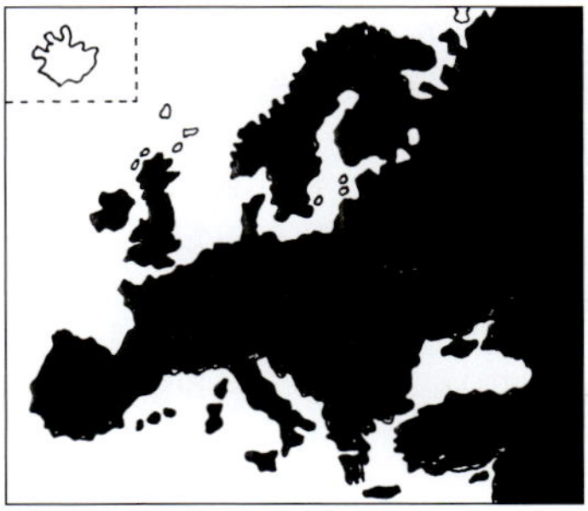
Verbreitungsgebiet

Die Fangjagd sollte nur von erfahrenen Fallenstellern ausgeübt werden. Die dafür geltenden gesetzlichen Vorgaben sind unbedingt einzuhalten. Unter den erlaubten Fangeisen wird zum Fuchsfang ausschließlich der »Schwanenhals« (ein großes Abzugseisen) eingesetzt. Dieses reagiert nur auf Abzug, liefert aber auch viele Fehlfänge wie Fischotter, Wildkatze und Greifvögel. Sowohl für die Baujagd als auch zum Fallenfang können Kunstbaue dienen, die mit eingegrabenen Beton- oder Kunststoffröhren angelegt werden.

Lebensraum

754 | Welches Verbreitungsgebiet hat der Rotfuchs?

Sehr weiträumiges Artareal. In der Alten Welt vom Nordpolarmeer bis nach Nordafrika. Fehlt dagegen auf vielen Mittelmeerinseln.

755 | Welche Lebensräume besiedelt er bei uns?

Der Fuchs ist die am weitesten verbreitete Raubwildart. Er kommt sowohl in Marschwie Hochgebirgsrevieren vor. Er präferiert strukturierte Gebiete.

756 | Besiedelt der Fuchs auch urbane Räume?
Ja, als sehr anpassungsfähige Wildart ist er selbst in Großstädten zu finden.

Körperbau

757 | Welcher Unterschied fällt beim Vergleich von Fuchs- und Dachsschädel auf?
Dem Fuchsschädel fehlt die für den Dachs typische hohe mittlere Knochenleiste über dem Hirnschädel.

758 | Wie nennt man die Eckzähne?
Fangzähne, beidseitig im Unter- und Oberkiefer, auffallend lange Zähne.

759 | Was ist der Reißzahn?
P4 im Oberkiefer, M1 im Unterkiefer, jeweils beidseitig.

760 | Welche Duftdrüsen besitzt der Fuchs?
Die Viole (obere Seite vorderes Drittel der Lunte), Drüsen rund um das Weidloch (Zirkumanaldrüsen) und Analbeuteldrüsen (→ wie Hund).

761 | Wie oft wechselt der Fuchs sein Haar?
Einmal, bei Rüden im März, bei Fähen mit Geheck im Mai/Juni (→ Verlust des Winterhaars).

762 | Welche Farbvarianten kennen wir beim Fuchs?
den *Birkfuchs* = gelb-rote Oberseite, weiße Kehle, große Blume
den *Kohl- oder Brandfuchs* = dunkle Farbvariante, überwiegend dunkelbraun-rot, Bauch und Kehle grau-weiß, Blume fehlt

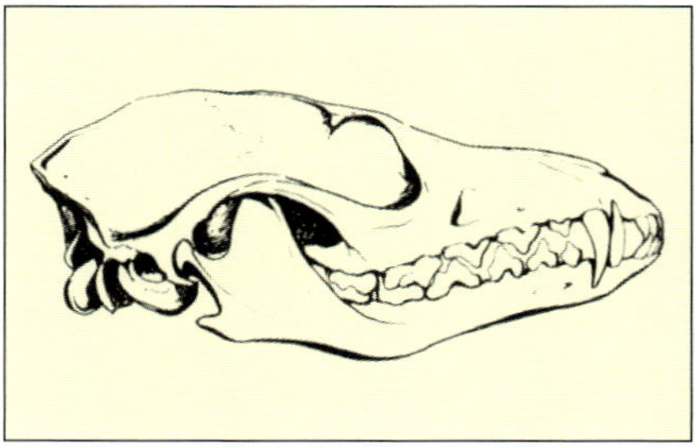

Fuchsschädel.

dem *Kreuzfuchs* = Kreuzung eines dunklen Rückenstreifens mit einem ebenso dunklen Streifen über die Schultern.

Krankheiten / Parasiten

763 | Was ist die wichtigste Krankheit beim Fuchs?
Die Tollwut, eine virale Erkrankung, die hochansteckend ist und zum Tod führt.

764 | Was versteht man unter Tollwutimmunisierung?
Die Ausbringung von Impfködern zur oralen Immunisierung der Füchse gegen Tollwut.

765 | Welche Krankheit tritt beim Fuchs noch seuchenhaft auf?
Die Fuchsräude (Räudemilben), hochansteckend bei Kontakt untereinander.

766 | Für welche gefährlichen Parasiten dient der Fuchs als Wirt?
Für den Fuchsbandwurm (Echinococcus multilocularis) und regional die Trichine (Trichinella spiralis).

Nahrung

767 | Lebt der Fuchs rein carnivorisch?
Nein, er bevorzugt tierische Nahrung, nimmt jedoch auch vegetarische Nahrung

(Obst, Beeren, Zuckerrüben) auf. Sehr breites Nahrungsspektrum!

768 | Was ist die Hauptnahrung des Fuchses?

Die Hauptnahrung des Fuchses sind Mäuse und Regenwürmer.

Verhalten

769 | Wie ist das Sozialverhalten der Füchse?

Füchse leben im Frühjahr und Sommer (Jungenaufzucht) in Familienterritorien: Fähe, Rüde und häufig bei hoher Populationsdichte eine Ammenfähe (= Jungtier aus dem vorangegangenen Wurf). Füchse führen eine Saisonehe. Verwaiste Jungfüchse werden adoptiert.

770 | Sind Füchse rein nachtaktiv?

Nein, Füchse sind zwar überwiegend dämmerungs- und nachtaktiv, sie sind vor allem in der Ranz auch tagsüber zu beobachten.

Vor unbefahrenen Röhren finden sich im Sommer meist Spinnweben.

Fähe mit einem »Schock« Wühlmäusen.

771 | Lebt der Fuchs auch gemeinsam mit dem Dachs in einem Bau?

Ja, in der Regel ist er der Obermieter.

772 | Wann steckt der Fuchs im Bau?

Im Winter, vornehmlich im November und Dezember, häufiger als im Sommer.

773 | Welche Laute kennen wir beim Fuchs?

Das Bellen, das Keckern, das Knurren, das Winseln. Als Warnlaut dient ein kurzes »Wauh«.

Fortpflanzung

774 | Wann paaren sich die Füchse?

Die Ranz findet im Januar/Februar statt.

775 | Wie spielt sich die Ranz ab?

Häufig folgen der hitzigen (ranzigen) Fähe mehrere Rüden, vor denen sie sich nicht selten in einen Bau flüchtet. Der Deckakt, das so genannte Hängen, findet sowohl im Bau als auch oberirdisch statt.

In der Ranz sind Füchse auch tagaktiv.

776 | Wie lange ist die Tragzeit?
51 bis 53 Tage, also 10 Tage weniger als beim Hund.

777 | Wie viele Junge wirft die Fähe?
Im Mittel fünf Welpen, von denen vier älter als sechs Wochen werden.

778 | Beteiligt sich auch der Rüde an der Welpenaufzucht?
Ja, er trägt Fraß zu.

779 | Wann werden die Jungfüchse selbstständig?
Mit Beginn des 5. Lebensmonats.

Bejagung

780 | Welche Jagdarten auf den Fuchs sind gebräuchlich?
Ansitz, besonders am Luderplatz, spezielle Fuchstreiben, die Baujagd, die Lock- oder Reizjagd sowie die Fangjagd (verschiedene Fangjagdsysteme)

781 | Wird der Fuchs auch in der Nacht bejagt?
Ja, bei Mond und Schnee kann der Ansitz am Luder sowie die Lockjagd erfolgreich ausgeübt werden.

782 | Womit wird der Fuchs angeludert?
Zum Anludern von Füchsen sind ausschließlich Wildkörperteile zulässig. (Aufbruch, Zerwirkabfälle, überfahrenes Wild).

783 | Was versteht man unter Fuchssprengen?
Die Ausübung der Baujagd mit dem Hund (Teckel, Terrier). Der Hund treibt den Fuchs aus dem Bau, er sprengt ihn.

784 | Was versteht man unter Fuchsriegeln?
Ein leises Durchdrücken bekannter Fuchsaufenthalte (Dickung, Schilf) mit an Pässen (Wechseln) vorgestellten Schützen.

785 | Mit welchen Fallen wird der Fuchs gefangen?
Mit Totschlagfallen (Schwanenhals) oder in Lebendfangsystemen wie Betonröhrenfallen und ähnlichen Konstruktionen. Jungfüchse fangen sich gelegentlich in Kastenfallen.

786 | Geht auch der Altfuchs in die Kastenfalle?
Nur äußerst selten!

787 | Wo muss der Schwanenhals aufgestellt werden?
Er muss so aufgestellt werden, dass nach menschlichem Ermessen Mensch und Haustier nicht mit ihm in Berührung kommen können.

788 | Welche Einrichtungen schafft der Jäger für die Baujagd?
Er legt so genannte Kunstbauten an.

789 | Welche Formen der Lockjagd werden ausgeübt?
Das »Mäuseln« → Nachahmung des Mäusepfiffs, die Hasen- oder Kaninchenklage → Nachahmung der Klagelaute (Merke: Der Fuchs maust = er fängt Mäuse; der Jäger mäuselt = er lockt den Fuchs). Auch mit dem Vogelangstruf kann man den Fuchs anlocken.

790 | Wie zeichnet der getroffene Fuchs?
Er schlägt mit der Lunte.

791 | Welche natürlichen Feinde hat der Fuchs?
Luchs, Uhu, Steinadler, wo sie vorkommen. Nach der Ausrottung des Wolfes fehlt der wesentliche natürliche Feind.

Reiche Fuchsstrecke.

Schäden

792 | Welchen Einfluss hat der Fuchs auf das Niederwild?
Auch wenn der Fuchs sich im Jahresverlauf ganz überwiegend von Mäusen ernährt, zehntet er das Niederwild, besonders deren Jungtiere, nicht unerheblich.

793 | Reißen Füchse auch Haustiere?
Ja, hier aber fast ausschließlich Federvieh in Freilandhaltung.

Waidmännische Ausdrücke

Balg	Fell
befahren	bewohnt (Bau)
bellen	Lautäußerung
Blume	weiße Spitze der Lunte
Branten	Pfoten
dick gehen	trächtig sein
Fang	Maul
Fangzähne	Eckzähne
Geheck	Junge
Gehöre	Ohren
Geschröt	Hoden
keckern	Lautäußerung
Kern	abgebalgter Fuchskörper
Läufe	Beine
Lunte	Schwanz
mausen	Mausfang
Nägel	Krallen
Nuss	weiblicher Geschlechtsteil
Ranzzeit	Paarungszeit
reißen	lebende Beute fangen
Reißzähne	4. oberer und 5. unterer Backenzahn
Riss	vom Fuchs gerissenes Wild
Röhre	Eingang zum Bau
Rollzeit	Paarungszeit
Rute	männlicher Geschlechtsteil
Schnalle	weiblicher Geschlechtsteil
schnüren	langsame, gerade Gangart
Seher	Augen
Standarte	Schwanz (Lunte)
verklüften	im Bau vergraben
Viole	Duftdrüse auf der Schwanzwurzel
Wolle	Haar

Marderhund (Enok) *(Nyctereutes procyonoides)*

Lebensraum und Lebensweise – Der Marderhund ist ein in Ostasien beheimatetes hundeartiges Raubtier und gehört wie der Fuchs zur Familie der Canidae. Er wurde in der UdSSR ausgesetzt und hat sich von dort selbständig weiter nach Westen ausgebreitet. Sein graubrauner, dichter Balg kann zu Verwechslungen mit dem Waschbär führen. Er hat Branten ähnlich dem Fuchs (Zehen-, kein Sohlengänger), die buschige Lunte ist einfarbig (ohne Ringelzeichnung), und er klettert nicht. Die Spur ist geschränkt wie von einem kleinen Hund (nicht schnürend wie beim Fuchs).

Der Marderhund besiedelt vorwiegend Au- und Mischwälder im Flachland (bis max. 500 m Höhe), Schilfbestände an Gewässern und dringt in die Feldflur vor; er ist vorwiegend nachtaktiv, ruht tagsüber in Erdbauen. Als Allesfresser erbeutet er stöbernd und sammelnd überwiegend Kleintiere (Insekten, Mäuse, Vogeleier, Jungvögel, Lurche, Fische) und nimmt auch zusätzlich viel pflanzliche Nahrung auf.

Bejagung – Als fremde Wildart ist der Marderhund – wie der Waschbär – bei uns nicht erwünscht. Aufgrund seiner zwischenzeitlich erreichten starken Verbreitung in hohen Populationsstärken ist eine Ausrottung mit jagdlichen Mitteln nicht mehr möglich. Erlegung nur zufällig bei später Dämmerung oder bei der Baujagd; Fang mit Fallen.

Jagdrechtliche Stellung wie Waschbär: Sofern ihn die Bundesländer nicht dem Jagdrecht unterstellt haben, ist der Marderhund auch nach dem Naturschutzrecht nicht besonders geschützt und darf vom Jäger im Rahmen des Jagdschutzes erlegt werden.

Der Enok findet bei uns gute Lebensbedingungen und ist auch durch intensive Bejagung nicht mehr zu verdrängen.

Steckbrief Marderhund

Verbreitung: In Ostdeutschland inzwischen häufig, Westdeutschland und Österreich zunehmend; Ausbreitungstendenz nach Westen.
Körperbau: Gesamtlänge ♂ bis 105 cm; Schulterhöhe bis 22 cm; Gewicht bis 10 kg; Zehen vorne 5, hinten 4; Zitzen 10.
Sinne: Sehvermögen eher mäßig; Geruchssinn sehr ausgeprägt; Hörsinn eher mäßig.
Lautäußerungen: Verständigungsruf »Ouuh«; Keckern und Schnarren bei Auseinandersetzung.
Lebensweise: Lebt in Familiengruppen; überwiegend dämmerungs- und nachtaktiv; bezieht zur Ruhe und Aufzucht Erdhöhlen und hält Winterruhe; guter Schwimmer.
Fortpflanzung: Geschlechtsreife mit 8 bis 10 Monaten; Dauerehe; Ranzzeit Februar/März; Tragzeit 60 bis 63 Tage; 4 bis 8 (10), blinde, behaarte Junge; Nesthocker; Öffnen der Augen mit 10 Tagen; Säugezeit 45 bis 60 Tage; Aufzucht gemeinsam; Führung 3 bis 4 Monate.
Nahrung: Insekten, Lurche, Nager, Eier, Jungvögel, Hausgeflügel, Beeren, Früchte (bis 80 % pflanzlich).
Zahnformel: $\frac{3\,1\,4\,2}{3\,1\,4\,3}$ = 42 Zähne

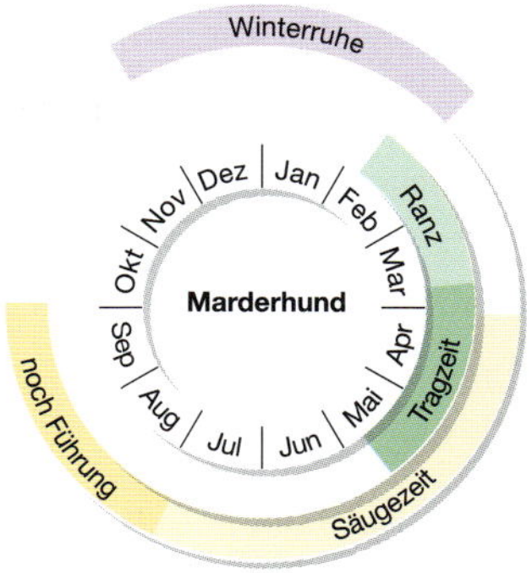

Jahreszyklus

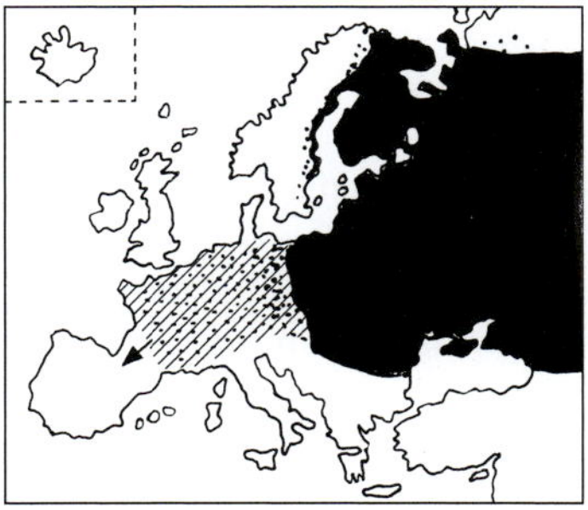
Verbreitungsgebiet

Lebensraum

794 | Wo ist seine Heimat?
Seine Heimat ist das Amur- und Ussurigebiet in Ostasien.

795 | Wie kam er zu uns?
Der Marderhund wurde als Pelztier zwischen 1928 und 1955 in hohen Stückzahlen in der Ukraine angesiedelt. Von hier aus erfolgte eine selbstständige Ausbreitung in Richtung Westen. Ende der 1980er Jahre erreichte er in Frankreich den Atlantik.

796 | Welche Lebensräume besiedelt er?
Er bevorzugt wasserreiche, forst- und landwirtschaftlich gestaltete Lebensräume bis zu einer Seehöhe von max. 500 m.

Körperbau

797 | Wie schwer werden Marderhunde?
Bis zu 10 kg.

798 | Wem ähnelt der Marderhund im Aussehen?
Aufgrund seiner Gesichtsmaske ist er eventuell mit dem Waschbär verwechselbar.

799 | Was unterscheidet ihn im Aussehen vom Waschbär?
Der Marderhund besitzt eine einfarbig dunkle Rute, er ist ein Zehengänger und klettert nicht. (Waschbär: Ringe an der Rute, Sohlengänger, guter Kletterer).

Krankheiten / Parasiten

800 | Mit welchen Krankheiten und Parasiten ist beim Marderhund zu rechnen?
Der Marderhund ist für das Tollwutvirus sehr empfänglich. Verschiedenste Endoparasiten belasten Jungtiere und führen zu Verlusten. Die Räudemilbe als Ektoparasit wurde ebenfalls nachgewiesen.

Nahrung

801 | Wie ernährt sich der Marderhund?
Obwohl zum Raubwild gehörend ist er ein ausgeprägter Nahrungsgeneralist und Allesfresser, der von allen kleineren Raubwildarten die meiste pflanzliche Nahrung aufnimmt.

Verhalten

802 | Wie ist die Lebensweise?
Marderhunde sind überwiegend dämmerungs- und nachtaktiv.

803 | Leben sie solitär?
Nein, sie leben in Familiengruppen.

804 | Wie leben die Geschlechter?
Monogam, Dauerehe.

805 | Klettert der Marderhund auf Bäume?
Im Gegensatz zum viel gewandteren Waschbär nein. Marderhunde suchen hingegen die Nähe von Gewässern.

806 | Ist der Marderhund ein Schwimmer?
Ja

807 | Halten Marderhunde einen Winterschlaf?
Nein, sie halten ähnlich dem Dachs witterungsabhängig eine Winterruhe.

Fortpflanzung

808 | Wann ist die Ranzzeit?
Von Februar bis April.

809 | Wie lange ist die Tragzeit?
Im Mittel 63 Tage.

810 | Wie ist die Vermehrung?
Sehr hoch, Würfe mit bis zu 15 Jungtieren sind belegt. Mittlere Wurfgröße 7 bis 8.

Bejagung

811 | Gehört der Marderhund zum jagdbaren Wild?
Er unterliegt nicht dem Bundesjagdgesetz; in verschiedenen Bundesländern ist er jedoch im Katalog der jagdbaren Tiere aufgeführt.

812 | Wie wird der Marderhund bejagt?
Erlegung zufällig in später Dämmerung, Fangjagd.

813 | Darf der Jäger den Marderhund auch dort schießen, wo dieser nicht zum jagdbaren Wild gehört?
Ja, aus Gründen des Jagdschutzes.

Schäden

814 | Verursachen Marderhunde Schäden?
Nein.

Braunbär *(Ursus arctos)*

Lebensraum und Lebensweise – Der Braunbär ist die größte in Europa heimische Raubwildart. Als bekanntester Vertreter der Großbären ist er in zahlreichen Unterarten über weite Teile Asiens, Nordamerikas und Europas verbreitet. Von dem einstigen Verbreitungsraum sind in Mittel- und Südeuropa nur inselartige Restvorkommen (in Spanien, Frankreich, Italien) geblieben. Neuerdings beobachtet und unterstützt man eine Wiederbesiedelung von Teilen Österreichs durch Bären, die aus den östlichen Vorkommen (Slowenien, Kroatien) zuwandern. In Nord- und Osteuropa, wo das Bärenvorkommen an das große, östliche Verbreitungsgebiet anschließt, ist der Bärenbestand gesichert.

Trotz seiner Körpergröße mit einer Länge von bis zu 2 m und einem Gewicht von bis zu 300 kg und mehr ist der Bär ein flinker Läufer und guter Kletterer. Der Bär benötigt große, zusammenhängende Waldlebensräume, in denen er seinen überaus reichhaltigen Speiseplan zusammenstellen kann. Aus der Winterruhe erwacht, leer und hungrig nimmt er zunächst alles, was er finden kann: Fallwild, das aus dem Eis auftaucht, Regenwürmer, Gras, Fische und wenn er es greifen kann, auch Jungwild. Über den Sommer schätzt er Wurzel, Kräuter, Beeren, Honig, Gelege u.ä. Gelegentlich schlägt er Weidetiere. Früchte und Obst werden im Herbst gern genommen. Für die Winterruhe frisst er sich starke Feistreserven an. Die Umformung der Kauflächen seiner Backzähne verraten den Allesfresser.

Fortpflanzung – Die Bärzeit findet von April bis Juni statt. Die Bärin geht mit einer unterschiedlich langen Keimruhe bis zu 8 Monaten »dick«. Die Jungbären wer-

Der erste Bär, der nach 170 Jahren wieder nach Deutschland kam, wurde prompt erschossen!

den während der Winterruhe in der Höhle geboren. Bis zu drei Jungbären können im Frühjahr mit der Mutterbärin das Lager verlassen, doch unterliegen die Jungbären bis zum Selbständigwerden im dritten Lebensjahr einer hohen Sterblichkeit.

Bejagung – Braunbären können in verschiedenen Ländern (auch EU), in denen ihr Vorkommen gesichert ist, bejagt werden. Sie werden am Ansitz, am Luder oder auf großen Treibjagden erlegt. Im deutschsprachigen Raum jedoch sind sie streng geschützt. Da Bären sehr scheu sind, stellen sie bei geringer Dichte keine Gefahr für den Menschen dar. Zu Unfällen kann es mit futterzahmen Bären oder aber mit einer zufällig überraschten Mutterbärin kommen.

Steckbrief Braunbär

Verbreitung: Restvorkommen in Spanien, Frankreich und Italien; gering in Skandinavien; wieder eingewandert in Österreich, der Schweiz; ehemaliges Jugoslawien; gesamter Balkan; Osteuropa (Deutschland?).

Körperbau: Gesamtlänge ♂ bis 210 cm; Schulterhöhe bis 115 cm; Gewicht bis 350 kg; Zehen vorne und hinten je 5; 6 Zitzen.

Sinne: Sehvermögen gut, Geruchssinn und Hörsinn sehr gut.

Lautäußerungen: Gedämpftes Brummen als Verständigungslaut; blasendes »Wuff« bei Erschrecken; Brüllen bei Schmerz.

Fortpflanzung: Geschlechtsreife mit 2 $^1/_2$ bis 4 Jahren; keine feste Bindung; Bärzzeit April bis Juni; Tragzeit 6 bis 8 Wochen ab November, vorher Keimruhe; 1 bis 3 (5) Junge, blind, nackt; Öffnen der Seher mit 4 bis 5 Wochen; Säugezeit etwa 6 Monate; Führung durch die Mutter 1 bis 2 (3) Jahre.

Nahrung: Insekten, Lurche, Säuger bis Rotwildgröße, Aas, Haustiere bis Jungrind, Honig, Gras, Getreide, Früchte, Beeren, Wurzeln, Pilze.

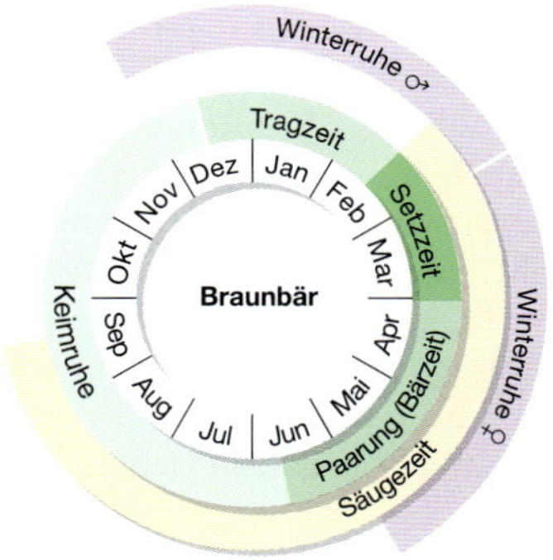

Jahreszyklus

Verbreitungsgebiet

Lebensweise: Territorialer Einzelgänger; dämmerungs- und nachtaktiv; hält Winterruhe mit Merkmalen des Winterschlafes in primitiven Höhlen.

Zahnformel:

$\frac{3\,1\,4\,2}{3\,1\,4\,3}$ = insgesamt 42 Zähne

Lebensraum

815 | Wo leben in Europa noch Braunbären?

In Westeuropa sind in Spanien und Frankreich (Kantabrisches Gebirge, Pyrenäen), in Italien in den Alpen (Trentino) sowie in den Abruzzen noch Inselvorkommen vorhanden. In Österreich ist er wieder eingewandert; Tendenz zur Besiedlung der Schweiz. Auf dem Balkan, in den Karpaten, in Schweden sowie im europäischen Teil Russlands existieren größere Bärenpopulationen.

816 | Welche Lebensräume werden bevorzugt?

Große geschlossene Waldgebiete.

Körperbau

817 | Wie schwer werden europäische Braunbären?

Bis zu 350 kg Körpergewicht.

818 | Wie lautet die Zahnformel des Braunbären?

$\frac{3142}{3143}$ = 42 Zähne

Nahrung

819 | Ist der Bär ein guter Schalenwildjäger?

Nein, Schalenwild wird nur gelegentlich erbeutet.

820 | Wovon lebt der Bär?

Der Bär ist omnivor (Allesfresser). Unter den Fleischfressern ist er am stärksten von pflanzlicher Nahrung abhängig.

Verhalten

821 | Ist der Bär Winterschläfer oder Winterruher?

Er ist Winterruher mit deutlicher Tendenz zum Winterschläfer.

822 | Scheut der Braunbär den Menschen und seine Ansiedlungen?

In der Regel ja. Gelegentlich zerstört er Bienenhäuser und dringt in Haustierpferche ein.

823 | Greift der Bär den Menschen an?

Nein, wildlebende Bären meiden den Menschen. Vorsicht ist bei von Menschen angefütterten Bären geboten.

Fortpflanzung

824 | Wann paaren sich die Braunbären?

April bis Juni, seltener Juli bis August.

Jungbären werden meist zwei Jahre hindurch von ihren Müttern geführt.

825 | Wann kommen die Jungen zur Welt?

Eiruhe bis November, Geburten in der Schlafhöhle im Winter Mitte Dezember bis Mitte Januar, 1 bis 3 blinde und nackte Junge.

Bejagung

826 | Wo werden in Europa Bären noch bejagt?

In Ost- und Südosteuropa (ehemaliges Jugoslawien, Rumänien, Bulgarien), Einzelabschüsse in Skandinavien und Frankreich.

827 | Welche Jagdarten sind gebräuchlich?

Die meisten Bären werden von ausländischen Jägern beim Ansitz am Luder erlegt. Daneben gibt es den Abschuss im Feld (Mais, Hafer, unter Obstbäumen) und im Rahmen von Drückjagden.

Waschbär *(Procyon lotor)*

Lebensraum und Lebensweise – Der Waschbär ist ein Vertreter der Kleinbären (Procyonidae) aus Nordamerika. Vor etwa 70 Jahren wurden zwei Pärchen Waschbären in Nordhessen ausgesetzt; andere entkamen aus Pelztierfarmen. Seither hat sich der Waschbär in Waldgebieten weit verbreitet (Zentren in Hessen, Nordrhein-Westfahlen, Niedersachsen sowie in Brandenburg). Ausgehend von Hessen und Brandenburg dürfte der Waschbär zwischenzeitlich alle Bundesländer besiedelt haben.

Sein dichter Balg ist silber- bis schwarzgrau, die buschige Rute schwarz geringelt; typisch ist seine schwarze Gesichtsmaske. Die Körpergröße ist etwas geringer als beim Fuchs (Körperlänge bis 70 cm, Gewicht bis 7 kg). Typisch ist sein »Katzenbuckel« und seine springend-hüpfende Fortbewegungsart.

Die schwarze Augenbinde und die schwarzen Luntenringe sind markant.

Der Waschbär ist Sohlengänger (Trittsiegel!), seine Vorderbranten setzt er geschickt als Greifhände ein, er schwimmt und klettert gut.

Er ist ein vorwiegend nachtaktiver Allesfresser mit Vorliebe für Insekten, Mäuse, Vogeleier und Früchte; in Obstkulturen kann er Schaden anrichten. Den Tag verschläft er ähnlich wie die Marder in einem Versteck. Er lebt gesellig in Familiengruppen.

Bejagung – In den meisten Bundesländern unterliegt der Waschbär dem Jagdrecht und hat ausgewiesene Jagdzeiten (ansonsten hat er auch nach dem Naturschutzrecht keinen besonderen Schutz). Infolge seiner nächtlichen Lebensweise wird er nur zufällig geschossen; die meisten Waschbären werden in Lebendfallen gefangen (vor allem in Kastenfallen). Die weitere Verbreitung des Waschbären ist nicht erwünscht, weil er als Fremdling ein Nahrungskonkurrent für einheimisches Raubwild ist und zusätzliche Verluste beim Niederwild (besonders Bodenbrüter) verursacht.

Die Jahresstrecke im Bundesgebiet beträgt rund 25 000 Stück.

Steckbrief Waschbär

Verbreitung: Kernvorkommen Deutschland zwischen Mainlinie und norddeutscher Tiefebene.

Körperbau: Gesamtlänge ♂ bis 100 cm; Schulterhöhe bis 35 cm; Gewicht bis 7 kg; Zehen vorne und hinten je 5; 6 Zitzen.

Sinne: Sehvermögen gut aber farbenblind, Geruchssinn und Hörsinn gut, Tastsinn sehr gut; Vibrissen im Gesicht.

Lautäußerungen: Knurren, Keckern, Kreischen.

Lebensweise: Überwiegend dämmerungs- und nachtaktiv; bewohnt hohle Bäume und Erdhöhlen; Familien wohnen zusammen; hält Winterruhe.

Fortpflanzung: Geschlechtsreife ♂ mit 20 Monaten, ♀ mit 10 bis 12 Monaten; polygam; Ranzzeit Januar bis März; Tragzeit etwa 63 Tage; 2 bis 4 (7) Junge, blind, behaart; Öffnen der Seher mit 18 bis 23 Tagen; Säugezeit etwa 7 Wochen; Führung durch die Mutter etwa 6 Monate.

Nahrung: Kleinnager, Eier, Jungvögel, Fische, Haustiere bis Huhn, Obst, Beeren, Waldfrüchte.

Zahnformel: $\frac{3\,1\,4\,2}{3\,1\,4\,2} = 40$

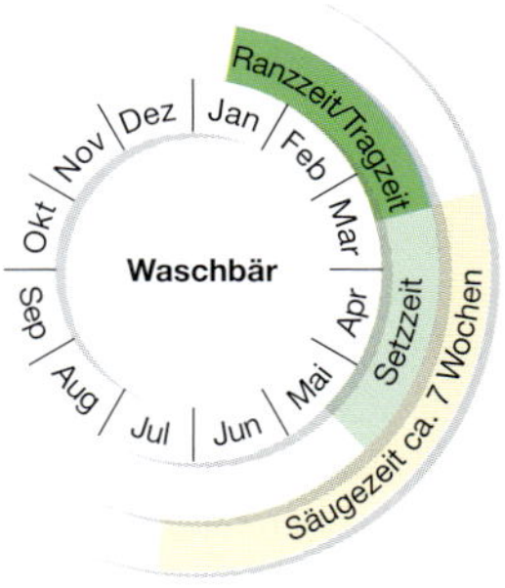

Jahreszyklus

Verbreitungsgebiet

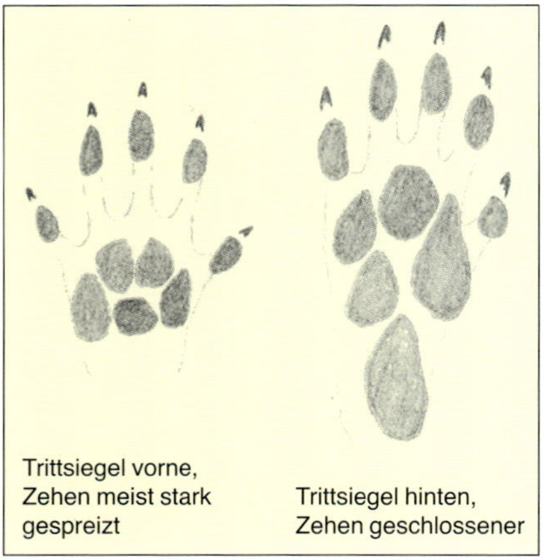

Lebensraum

828 | Wo ist die Heimat des Waschbären?
Nord- und Mittelamerika

829 | Wie kam er zu uns?
Er wurde aktiv durch den Menschen in Deutschland ausgewildert, entwichene Farmtiere begründeten weitere Populationen.

Der Waschbär geht gerne ins Wasser.

830 | Welche Lebensräume bevorzugt er bei uns?
Gut strukturierte und vernetzte forst- und landwirtschaftlich genutzte Gebiete mit Gewässern. Urbane Lebensräume → Kulturfolger.

Körperbau

831 | Wie schwer wird der Waschbär?
Bis zu 7 kg.

832 | Wie unterscheidet sich der Waschbär im Aussehen vom Dachs?
Im Gegensatz zum Dachs hat der Waschbär einen breiten Kopf und eine lange buschige Rute.

Krankheiten

833 | Welche wichtigen Krankheiten können beim Waschbär auftreten?
Tollwut, Tularämie, Räude, Endoparasiten. Achtung: der Waschbär-Spulwurm ist menschenpathogen (Zoonose).

Nahrung

834 | Von was ernährt sich der Waschbär?
Der Waschbär ist ein typischer Allesfresser. Etwa 50 % pflanzliche und 50 % fleischliche Anteile.

Verhalten

835 | Wann sind Waschbären aktiv?
Vorwiegend in der Dämmerung und in der Nacht.

836 | Wie lebt der Waschbär?
Waschbären leben gesellig, Mutterfamilien pflegen auch nach dem Selbstständigwerden der Jungen noch Kontakt miteinander und überwintern zusammen.

Die meisten Waschbären werden beim Ansitz per Zufall erlegt.

837 | Wo verbringt der Waschbär den Tag?
Ruhend in Baumhöhlen, Scheunen, Speichern, seltener in Fuchs- und Dachsbauten.

838 | Hält der Waschbär einen Winterschlaf?
Nein, er hält eine Winterruhe.

839 | Sind Waschbären Bodentiere?
Ja, sie schwimmen und klettern jedoch auch sehr gut.

840 | Sind Waschbären Zehengänger?
Waschbären sind – wie die Großbären – Sohlengänger.

Fortpflanzung

841 | Wann ist die Paarungszeit?
Februar bis März. Bei Verlust des ganzen Wurfes kommt es nicht selten zu einer Nachranz Mai bis Juni.

842 | Wie lang ist die Tragzeit?
63 Tage.

843 | Wie viele Jungen wölft die Bärin?
2 bis 5 Jungtiere.

Bejagung

844 | Wie wird der Waschbär bejagt?
In der Regel wird er zufällig erlegt. Eine Fangjagd ist aus Tierschutzgründen nur mit der Lebendfalle möglich, da Schlageisen fast immer tierquälerische Brantenfänge verursachen.

Schäden

845 | Verursacht der Waschbär Schäden in der Landwirtschaft?
Ja, z.B. im Getreide und im Obstbau, die Schäden sind aber meist unbedeutend.

Luchs *(Lynx lynx)*

Lebensraum und Lebensweise – Der Luchs ist neben der Wildkatze der einzige Vertreter des katzenartigen Raubwildes (Feliden) in Europa. In Mitteleuropa wurde er im vorigen Jahrhundert ausgerottet. Restbestände hielten sich in Skandinavien und in Spanien, geschlossene Vorkommen finden sich in Ost- und Südosteuropa. Seit Ausrottungsbestrebungen durch Schonung bzw. nachhaltig pflegliche Bejagung abgelöst wurden, haben sich die Bestände erholt und zeigen Ausbreitungstendenz nach Westen. Außerdem wurden Luchse an verschiedenen Stellen durch Aussetzen wieder eingebürgert (Bayerischer Wald, Harz, Schweiz, Steiermark, Kärnten, Slowenien, Frankreich).

Die Läufe des etwa schäferhundgroßen Luchses sind verhältnismäßig lang, der Körper gedrungen, der Balg gelblichbraun mit dunklen Flecken übersät. Am runden »Katzenkopf« fallen ein dicht behaarter »Backenbart« sowie die Haarbüschel an den Gehörspitzen (»Pinselohr«) und die »Stummelrute« auf.

Der Luchs bewohnt als Einzelgänger große Waldgebiete, die er als »Pirschjäger« durchstreift. Er erbeutet kleine bis mittelgroße Säugetiere (bevorzugt Hase, Reh, im Hochgebirge Waldgams, auch Fuchs) und bodenbrütende Vögel. Häufig kehrt er mehrere Tage zu einem größeren Riss zurück und nimmt auch Fallwild an. Schäden entstehen durch Reißen von Haustieren (Schafe, Ziegen). Das Streifgebiet eines Luchses umfasst ca. 10 000 ha, wobei sich die Gebiete mehrerer Exemplare überschneiden können. Hauptsinnesorgane sind Gesicht und Gehör; der Geruchssinn ist, wie bei allen Katzen, schlecht entwickelt. Der Luchs gehört zu den jagdbaren Wildarten, ist jedoch ganzjährig geschont.

Der Luchs profitiert von den europaweit steigenden Schalenwildbeständen.

Steckbrief Luchs

Verbreitung: Skandinavien, Osteuropa, ehemaliges Jugoslawien, Schweiz, Österreich sowie kleinere Vorkommen in deutschen Mittelgebirgen.
Körperbau: Gesamtlänge ♂ bis 130 cm; Schulterhöhe bis 70 cm; Gewicht bis 30 kg; Zehen vorne 5, hinten 4; 6 Zitzen.
Sinne: Sehvermögen sehr gut, Geruchssinn mäßig, Hörsinn sehr gut; Vibrissen im Gesicht.
Lautäußerungen: Fauchen, Knurren; abgehacktes Miauen als Ranzschrei.
Lebensweise: Einzelgänger mit großem Streifgebiet, das verteidigt wird; gelegentlich tag-, meist jedoch dämmerungs- und nachtaktiv; scheut die Nähe zu Menschen nicht, meidet aber Agrarlandschaften.
Fortpflanzung: Geschlechtsreife mit 18 bis 30 Monaten; polygam; Ranzzeit Februar / März; Tragzeit 70 bis 75 Tage; 2 bis 4 (6) Junge, blind, schwach behaart; Öffnen der Seher mit 14 bis 17 Tagen; Säugezeit bis 5 Monate; Führung durch die Mutter etwa 12 Monate.
Nahrung: Nager, Schalenwild bis Rotwildkalb, Vögel bis Auerhahn, gelegentlich Aas.
Zahnformel: $\frac{3\,1\,2\,1}{3\,1\,2\,1} = 28$

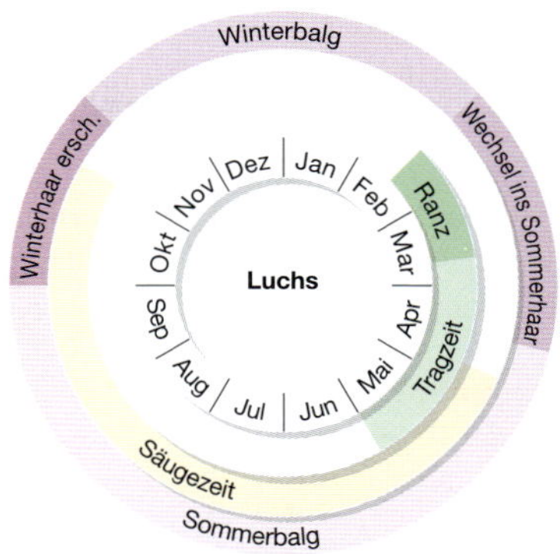

Jahreszyklus

Verbreitungsgebiet

Lebensraum

846 | Wo gibt es in Europa stabile Luchspopulationen?
Skandinavien, Russland, Tschechien, auf dem Balkan sowie in der Schweiz.

847 | Wo kommt der Luchs in Deutschland gegenwärtig vor?
Im Bayerischen Wald, im Harz, nicht abgesichert im Schwarzwald.

848 | Welche Lebensräume bewohnt der Luchs?
Geschlossene, große Waldgebiete.

Körperbau

849 | Wie schwer wird der Luchs?
Bis zu 30 kg Körpergewicht.

850 | Welche Körpermerkmale des Luchses sind markant?
Die Pinselhaare an den Gehören, der Backenbart sowie die Stummelrute.

Krankheiten / Parasiten

851 | Können Luchse an Tollwut erkranken?
Ja.

Nahrung

852 | Was erbeutet der Luchs?
Bevorzugte Beutetierart ist das Reh (auch Fallwild!). Vom Schalenwild zählt das Rotwildkalb, das Muffelwild sowie die Gams zu seinem Beutespektrum. In Nordskandinavien das Rentierkalb und vornehmlich der Schneehase sowie Rauhfußhühner.

853 | Nimmt der Luchs auch Aas?
Ja, in der Regel jedoch nur bei Futtermangel.

Verhalten

854 | Wie lebt der Luchs?
Der Luchs ist ein ausgesprochener Einzelgänger.

855 | Wie groß ist ein vom Luchs bewohntes Gebiet?
Je nach Beutetiervorkommen, im Mittel ca. 10 000 ha.

856 | Wie jagt der Luchs?
Er ist vorwiegend Ansitz- und Pirschjäger, kein Verfolgungsjäger.

Luchs – sein Jagdstreifgebiet umfasst 3000 bis 30 000 ha.

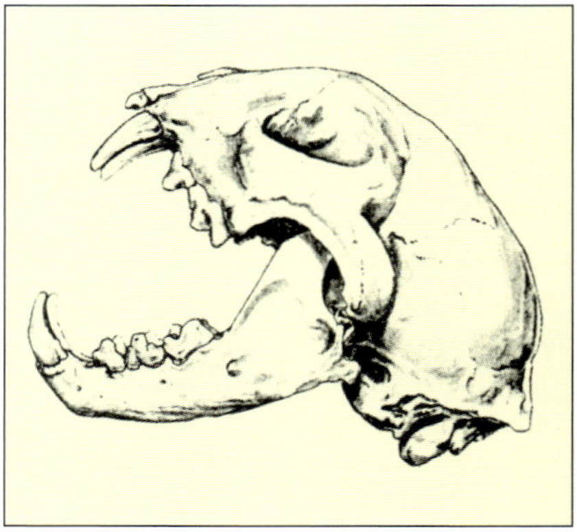

Luchsschädel.

857 | Hetzt der Luchs seine Beute?
Nur über Distanzen bis ca. 20 Meter.

Fortpflanzung

858 | Wann ranzt der Luchs?
Im Februar bis März.

859 | Wie viele Jungen wirft die Katze?
Zwei bis vier Junge, seltener mehr.

Bejagung

860 | Ist der Luchs bei uns jagdbares Wild?
Ja, jedoch mit ganzjähriger Schonzeit belegt.

861 | Wo wird der Luchs in Europa legal bejagt?
Norwegen, Schweden, Finnland, Tschechien, Slowenien und in der Slowakei.

Schäden

862 | Verursacht der Luchs Schäden in der Landwirtschaft?
Gelegentlich durch Reißen von Weidevieh (Schafen).

Wildkatze *(Felis silvestris)*

Lebensraum und Lebensweise – Die Wildkatze ist wesentlich stärker als die Hauskatze. Die Färbung ist gelblichgrau gestreift. Die buschige, etwa 30 cm lange Rute trägt drei deutliche, schwarze Ringe und endet in einer abgerundet stumpfen, schwarzen Spitze. Der schwarze Sohlenfleck hinter den Ballen ist geringer als bei Hauskatzen. Der Nasenspiegel ist fleischfarben. Das Trittsiegel der Wildkatze ist rund wie bei Hauskatzen, nur stärker, Krallen drücken sich im Spurenbild nicht ab.

Infolge ganzjähriger Schonung hat sich die Wildkatze in den meisten Mittelgebirgen wieder verbreitet (Hunsrück, Eifel, Pfälzerwald, Taunus, Harz). Klimatisch raue Hochlagen meidet sie. Auch in geschlossenen größeren Waldungen der Ebene (Lüneburger Heide) ist sie wieder heimisch.

Sie lebt in ausgedehnten, deckungsreichen Waldgebieten, wo sie sonnseitige Hanglagen und nahrungsreiche Schlagflächen (Mäuse!) bevorzugt. Mäuse erbeutet sie nach Art der Hauskatze. Daneben reißt sie gelegentlich auch größere Beute (Hase, Rehkitz, bodenbrütende Vögel).

Die Wildkatze orientiert sich vor allem mit Gesicht und Gehör; der Geruchssinn ist schlecht entwickelt.

Die europäische Wildkatze ist nicht die Stammform unserer Hauskatzen (diese stammen ursprünglich von der nubischen Falbkatze ab), sie sind jedoch untereinander fruchtbar kreuzbar. Die Bastarde (Blendlinge) haben unter den Lebensbedingungen in freier Wildbahn geringe Überlebenschancen, so dass einer Gefahr der Verbastardisierung heute wenig Bedeutung zugesprochen wird.

Bejagung – Die Wildkatze gehört wie der Luchs zum jagdbaren Wild, ist aber wie er ganzjährig geschont. In Vorkommensgebieten ist die Fangjagd auf Lebendfallen zu beschränken. Hier sind auch nur eindeutig an ihrer Färbung erkennbare verwilderte Hauskatzen zu schießen.

Die Unterscheidung von Wildkatze (im Bild) und Hauskatze ist schwierig.

Steckbrief Wildkatze

Verbreitung: Fehlt im Norden, ausgenommen Teile Schottlands völlig, ebenso in weiten Teilen Mittel- und Osteuropas. In Deutschland zunehmende Verbreitung in den Mittelgebirgen.
Körperbau: Gesamtlänge ♂ 95 cm; Gewicht bis 8 kg; Zehen vorne 5, hinten 4; 8 Zitzen.
Sinne: Sehvermögen sehr gut, Geruchsinn mäßig, Hörsinn sehr gut; Vibrissen im Gesicht.
Lautäußerungen: Langgezogenes gutturales Miauen des Kuders als Ranzlaut, kreischendes Miauen bei der Paarung, kurzes, abgehacktes »Ma-u, Ma-u« als Revierlaut.
Lebensweise: Überwiegend dämmerungsaktiv, aber auch tagaktiv (Sonne!).
Fortpflanzung: Geschlechtsreife mit 9 Monaten; polygam; Ranzzeit Februar bis März; Tragzeit etwa 60 Tage; 3 bis 5 blinde, behaarte Junge; Öffnen der Augen mit 10 bis 12 Tagen; Säugezeit etwa 3 Monate; Führung durch Mutter etwa 4 Monate.
Nahrung: Hauptsächlich Mäuse, Säuger bis Rehkitzgröße, Vögel bis Fasanengröße, Kerbtiere, Lurche.
Zahnformel: $\frac{3\,1\,3\,1}{3\,1\,2\,1} = 30$

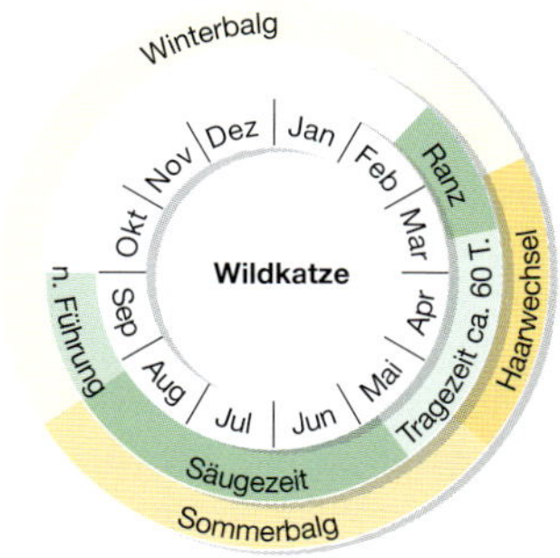

Jahreszyklus

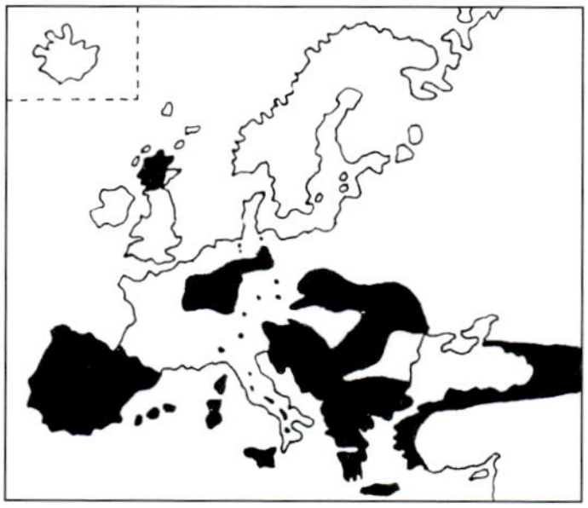
Verbreitungsgebiet

Lebensraum

Wildkatze.

863 | Wo kommt die Wildkatze in Deutschland vor?

Zwischenzeitlich wieder in vielen Mittelgebirgen (Harz, Eifel, Hunsrück, Bayrischer Wald etc.) sowie in den großen Waldungen der Ebene (Lüneburger Heide).

864 | Welche Lebensräume bevorzugt die Wildkatze?

Ihr primärer Lebensraum ist der Wald (= Waldkatze).

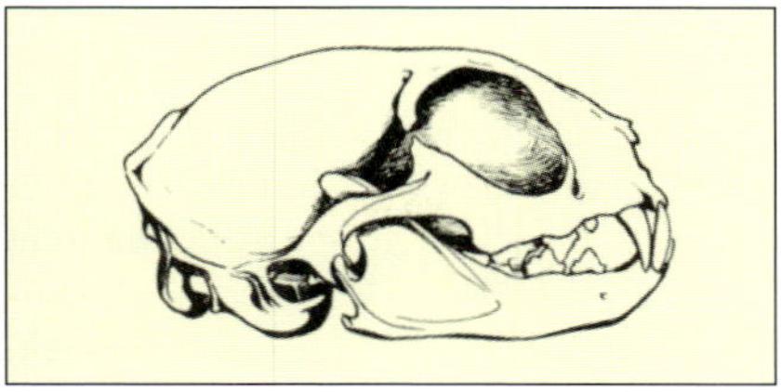

Katzenschädel.

Körperbau

865 | Wie schwer kann eine Wildkatze werden?
Sie erreicht ein Körpergewicht von 8 kg.

866 | Sind Wildkatzen und »wildfarbene« Hauskatze im Revier sicher zu unterscheiden?
Nein, Verwechslungen kommen vor.

867 | Welches Organ ist bei der Wildkatze deutlich kürzer als bei der Hauskatze?
Der Darm. Katzen mit einer Darmlänge von mehr als 150 cm sind Hauskatzen.

Nahrung

868 | Was ist die Nahrung der Wildkatze?
Ganz überwiegend Kleinnager, Hasen, Vögel.

Verhalten

869 | Wann ist die Wildkatze aktiv?
Ganz überwiegend in der Dämmerung und in der Nacht.

870 | Wie unterscheiden wir Wildkatzen- und Fuchsspur?
Die Katze »nagelt« nicht (im Trittsiegel der Katze sind keine Krallenabdrücke zu sehen).

Fortpflanzung

871 | Wann ranzt die Wildkatze?
Von Februar bis März.

872 | Paart sich die Wild- mit der Hauskatze?
Ja, die Jungtiere aus dieser Verbindung werden »Blendlinge« genannt.

873 | Wie lange ist die Tragzeit?
Etwa 60–66 Tage.

874 | Wie viele Junge wirft die Kätzin?
2 bis 4 Junge.

Bejagung

875 | Darf die Katze gejagt werden?
Nein, sie ist ganzjährig geschont.

876 | Welche natürlichen Feinde hat die Wildkatze?
Uhu, Luchs.

877 | Was wird vielen Wildkatzen zum Verhängnis?
Kalte und schneereiche Winter (Beutemangel) und der Straßenverkehr.

Vergleich der Schädel von Hauskatze (A) mit »Glabella-Grübchen« (Pfeil), welches der Blendling nur angedeutet hat (A1). Die Wildkatze (B) hat keine Glabella.

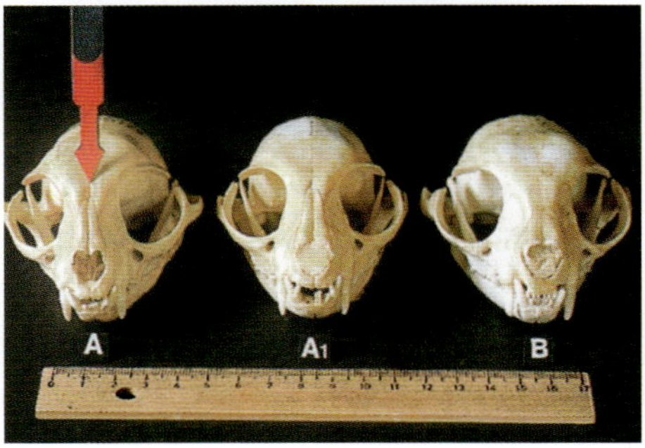

Steinmarder *(Martes foina)*

Lebensraum und Lebensweise – Im Gegensatz zum Baummarder lebt der Steinmarder in starken und zunehmenden Populationen oft in der Nähe menschlicher Siedlungen und ist bis in die Großstädte vorgedrungen (Hausmarder). Den Tag verschläft er auf Heuböden oder Speichern, unter trockenen Wegdurchlässen, in Stein- und Reisighaufen oder anderen Schlupfwinkeln (im Unterschied zum Baummarder selten auf Bäumen). Der nachtaktive Marder erbeutet Mäuse, Ratten, Wildkaninchen, bodenbrütende Vögel und deren Gelege und liebt im Spätsommer süßes Obst. In Wohngebäuden stört er durch nächtliches Rumoren auf Dachböden und macht sich unbeliebt durch Zerbeißen von Kabel und Schläuchen unter Motorhauben abgestellter Kraftfahrzeuge. Die starke Zunahme und Verbreitung des Steinmarders belegt seine große Anpassungsfähigkeit und weist ihn als Kulturfolger aus.

In der Körperform ist der Steinmarder dem Baummarder sehr ähnlich, nur ist er um etwa 10 cm kürzer. Sein Kehlfleck ist in der Regel weiß (Weißkehlchen) und deutlich bis auf die Vorderläufe hinab gegabelt. Dies ist ein sicheres Unterscheidungsmerkmal zwischen den beiden Arten. Im Gegensatz zum Baummarder schimmert beim Steinmarder die helle Unterwolle auch im Winterbalg durch. Wegen fehlender Sohlenbehaarung sind im weichen Untergrund seine Ballenabdrücke deutlich sichtbar.

Bejagung – Ausklopfen = Veranlassung zum »Springen« aus Scheunen usw. durch metallischen Lärm oder durch Hunde. Ausneuen = Ausgehen der Spur bei Neuschnee und aufstöbern aus dem Versteck am Boden. Fangjagd mit dem Eiabzugseisen im Marderbunker. Jahrestrecke liegt bei ca. 50 000 Stück.

Die Siedlungsdichte des Steinmarders ist im urbanen Raum, infolge bester Lebensbedingungen, häufig höher als in der freien Landschaft.

Steckbrief Steinmarder

Verbreitung: Fehlt in Island, Irland, Großbritannien und Skandinavien; flächendeckend in ganz Mittel- und Südeuropa und Türkei, außer auf den meisten Mittelmeerinseln.
Körperbau: Gesamtlänge ♂ bis 78 cm; Gewicht bis 2,3 kg; Zehen vorne und hinten je 5; Zitzen 4.
Sinne: Sehvermögen, Geruchssinn und Hörsinn sehr gut; Vibrissen am Kopf und der Innenseite der Vorderläufe.
Lautäußerungen: Muckern, Zirpen, Kreischen.
Lebensweise: Überwiegend dämmerungs- und nachtaktiv; lebt in urbanen Bereichen wie in freier Landschaft.
Fortpflanzung: Geschlechtsreife mit 1 1/2 bis 2 1/2 Jahren; polygam; Ranzzeit Juli / August, vermutlich auch Februar; Keimruhe; Tragzeit 250 bis 280 Tage, vermutlich auch 60 Tage; 3 bis 5 (7) Junge, blind, fast nackt und Nesthocker; Öffnen der Seher mit 34 bis 38 Tagen; Säugezeit etwa 8 Wochen; Führung durch die Mutter etwa 3 Monate.
Nahrung: Kleinnager, Kaninchen, Junghasen, Eier, Vögel bis Fasanengröße, Beeren, Obst, Weintrauben.
Zahnformel: $\frac{3\,1\,4\,1}{3\,1\,4\,2} = 38$

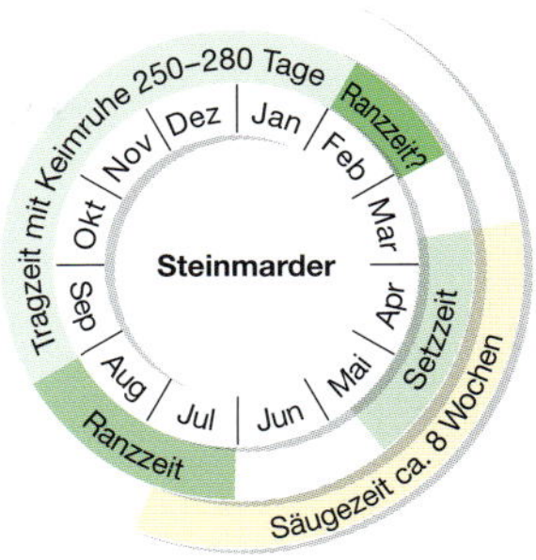

Jahreszyklus

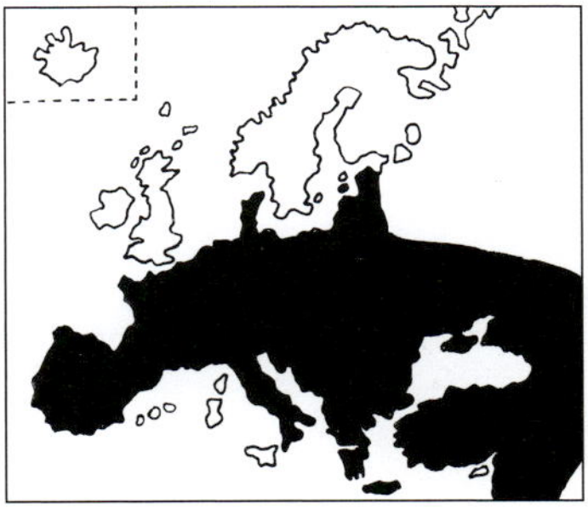
Verbreitungsgebiet

Lebensraum

878 | Wie ist das Verbreitungsgebiet des Steinmarders?
Mit Ausnahme von Skandinavien und den britischen Inseln kommt der Steinmarder in ganz Europa vor. Seine östliche Verbreitung reicht bis Indien.

879 | Welche Lebensräume bevorzugt der Steinmarder?
Als Kulturfolger lebt der Steinmarder häufig in Siedlungsnähe und in Siedlungen von Menschen (Hausmarder). Ein Teil der Steinmarderpopulation lebt jedoch auch völlig gelöst vom urbanen Bereich in Feld und Wald.

880 | Kommen Steinmarder im Hochgebirge vor?
Steinmardernachweise für das Gebirge liegen vor bis zu Höhen von 2400 m.

881 | Lebt der Steinmarder auch in rein urbanen Bereichen?
Ja, seine urbane Anpassung ist bemerkenswert.

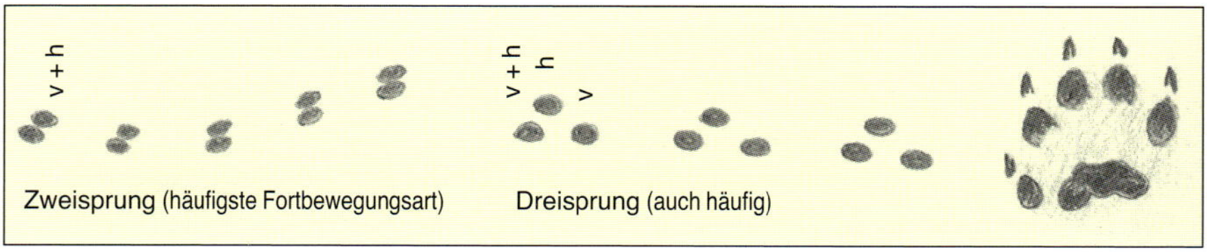

Marderspur.

Körperbau

882 | Wie schwer wird ein Steinmarder?
Rüden erreichen ein Gewicht von ca. 2 kg, Fähen ein solches von 1 bis 1,5 kg.

883 | Wie lautet die Zahnformel des Steinmarders?

$$\frac{3\;1\;4\;1}{3\;1\;4\;2} = 38 \text{ Zähne}$$

884 | Welche Drüsen besitzt der Steinmarder?
Anal-, Bauch- und Sohlendrüsen, mit deren Sekreten die Streifgebiete markiert werden.

885 | Wie schaut der Balg des Steinmarders aus?
Das graubraune Grannenhaar (Deckhaar) lässt die weißgraue, dichte Unterwolle durchschimmern. Auffallend der weiße, stets gegabelte Kehlfleck.

Unterscheidung nach dem M1.

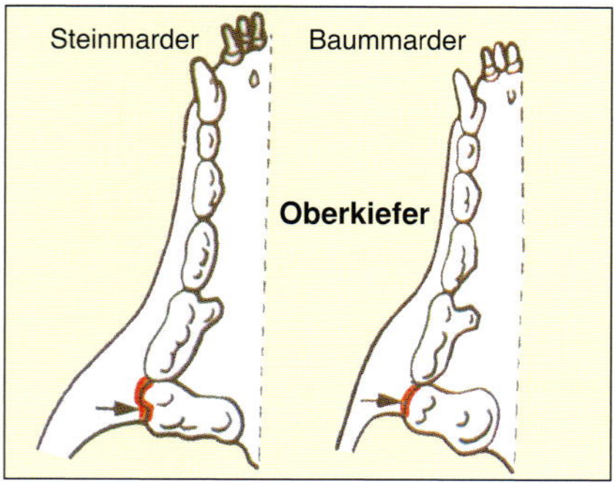

Krankheiten / Parasiten

886 | Von welchen Krankheiten ist der Steinmarder hauptsächlich betroffen?
Von Endo- und Ektoparasitosen (Lungenwürmer, Räudemilben); Tollwut.

Nahrung

887 | Ist der Steinmarder ein Generalist oder ein Spezialist?
Er ist Nahrungsgeneralist.

888 | Lebt der Steinmarder rein carnivorisch?
Nein, etwa 50 % seiner Nahrung ist pflanzlich (Beeren, Steinobst!).

889 | Warum ist die Steinmarderlosung im Sommer und Herbst oft violett oder blau?
Die Färbung ist vornehmlich durch den Farbstoff der Blaubeeren bedingt.

Verhalten

890 | Wie leben Steinmarder?
Steinmarder leben singulär.

Marderschädel.

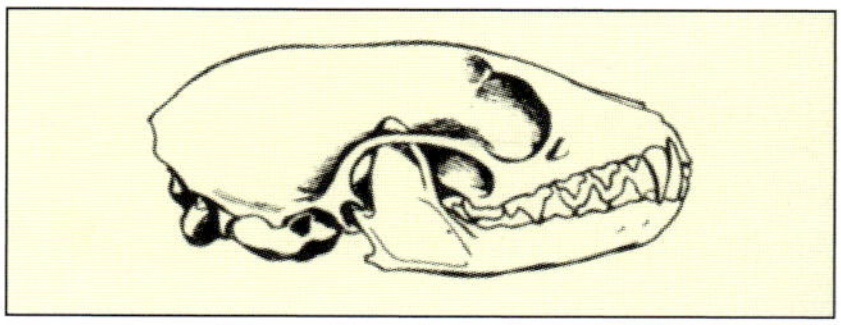

891 | Wo verbringt der Steinmarder den Tag?
In Verstecken auf der Erde (Holzstapel, Reisighaufen, Durchlässe) oder auf Gebäudeböden. Nicht wie der Baummarder in Baumverstecken.

892 | Wo setzt der Steinmarder bevorzugt seine Losung ab?
An markanten Punkten (Steinen, Wurzelstöcken).

893 | Wodurch fallen Steinmarder in Wohnsiedlungen unangenehm auf?
Sie poltern schlafstörend auf Dachböden, hinterlassen hier Fraßreste, setzen Kot und Harn ab. In geparkten Autos werden Gummiteile zerbissen.

Fortpflanzung

894 | Wann ist die Ranzzeit?
Juli–August, danach Keimruhe bis Januar/Februar. Eine Ranzzeit im Februar wird diskutiert.

Steinmarder stecken häufig unter Holzstößen.

895 | Wo werden die Jungen geboren?
In von der Fähe ausgesuchten Verstecken auf der Erde oder auf Dachböden u.ä.

896 | Wie viele Junge wirft die Fähe?
2 bis 7 Jungtiere, im Mittel 3 bis 4. Blind, annähernd nackt.

897 | Paaren sich Baum- und Steinmarder miteinander?
Nein.

Bejagung

898 | Wie hoch ist etwa die Steinmarderstrecke in der BRD?
Sie beträgt ca. 50 000 Tiere bei steigender Strecke.

899 | Wie wird der Steinmarder bejagt?
Mit der Falle (Eiabzugseisen), Abendansitz an der Kirrung (Dörrpflaumen, Feigen, Datteln); Abspüren bei Neuschnee und Ausklopfen aus dem Tagesversteck.

900 | Wann ist der Balg des Steinmarders verwertbar?
Von November bis Februar.

901 | Womit schießt man einen Marder?
Mit feinem Schrot (2,5–2,7 mm)

902 | In welcher Falle wird der Steinmarder hauptsächlich gefangen?
In Eiabzugseisen.

Schäden

903 | Sind Steinmarder in Geflügelställen »blutrünstig«?
Nein, Marder sind nicht blutrünstig. Die viel zitierten »Massaker« in Hühnerställen sind äußerst selten und werden durch die in Panik herumflatternden Hühner ausgelöst.

Baummarder
(Martes martes)

Lebensraum und Lebensweise – Der in ganz Europa beheimatete Baummarder ist an den Lebensraum Wald gebunden (= Waldmarder). Wie bei allen Marderartigen ist der Rüde stets größer und schwerer als die Fähe. Charakteristisch ist sein kastanienbrauner, seidig glänzender Balg mit einem abgerundeten dottergelben Kehlfleck (= Gelbkehlchen). Seine Branten sind im Sohlenbereich vollständig behaart, so dass sich im Spurenbild seine Ballen nicht abbilden. Baummarder leben außerhalb der Ranz singulär und bejagen ein markiertes Streifgebiet, das gegen Artgenossen des gleichen Geschlechts verteidigt wird. Auf seinen nächtlichen Streifzügen bewegt er sich sowohl auf dem Boden als auch kletternd und springend in den Baumkronen (fortholzen). Den Tag verschläft er in hohlen Bäumen (Mardereichen), in Eichhörnchenkobeln und Greifvogelhorsten.

Bejagung – Ausneuen = verfolgen der Spur bei Neuschnee. Am Schlafplatz (Bäume) wird der Marder durch Klopfen zum »Springen« veranlasst.
Ansitz am Luderplatz, der für den Marder durch Beigabe von Obst attraktiver wird.
Fangjagd mit Eiabzugseisen im Marderbunker.
Die Jagdstrecken beim Baummarder sind rückläufig, < 2000 Stück pro Jahr. Eine gezielte Jagd auf den Baummarder mit der Begründung der Niederwildhege ist absolut überflüssig.

Lebensraum

904 | Wie ist das Verbreitungsgebiet des Baummarders?

Ganz Westeuropa einschließlich der britischen Inseln (mit Ausnahme Südspaniens) bis nach Westsibirien. Seine südliche Verbreitungsgrenze in West- und Mitteleuropa fällt etwa mit dem 40°, seine nördliche mit dem 65° Breitengrad zusammen.

905 | Welchen Landschaftstyp bewohnt der Baummarder?

Der Baummarder ist weitgehend an größere Wälder gebunden. Bevorzugt werden Altholzbestände.

Die Kehle des Baummarders ist ockergelb gefärbt, die des Steinmarders hingegen weiß.

Steckbrief Baummarder

Verbreitung: Fehlt in Mittel- und Südspanien sowie auf dem Balkan weitgehend, in Skandinavien nur lückenhaft, ansonsten ganz Mittel- und Nordeuropa.

Körperbau: Gesamtlänge ♂ bis 75 cm; Gewicht bis 1,85 kg; Zehen vorne und hinten je 5; 4 (6) Zitzen.

Sinne: Sehvermögen, Geruchssinn und Hörsinn sehr gut; Vibrissen am Kopf und der Innenseite der Vorderläufe.

Lautäußerungen: Glucksen (freudige Erregung), Keckern, Zischen (Drohung).

Lebensweise: Überwiegend dämmerungs- und nachtaktiv; besiedelt hauptsächlich Waldungen.

Fortpflanzung: Geschlechtsreife mit $1\,^1/_2$ bis $2\,^1/_2$ Jahren; polygam; Ranzzeit Juli/August (Keimruhe), vermutlich auch Februar; Tragzeit 250 bis 280 Tage, vermutlich auch 60 Tage; 2 bis 4 (7) Junge, blind, fast nackt und Nesthocker; Öffnen der Seher mit 34 bis 38 Tagen; Säugezeit etwa 8 Wochen; Führung durch die Mutter etwa 3 Monate.

Nahrung: Kleinnager, Wald- und Schneehasen, Eier, Vögel bis Auerhuhngröße, Insekten, Beeren.

Zahnformel: $\frac{3\,1\,4\,1}{3\,1\,4\,2}$ = 38 Zähne

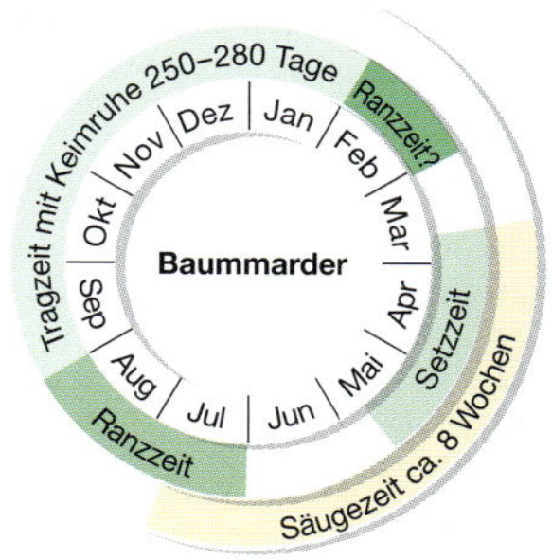

Jahreszyklus

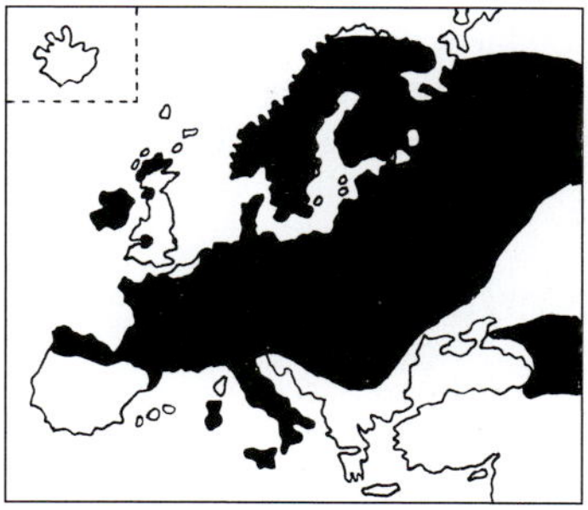

Verbreitungsgebiet

■ Körperbau

906 | Woran unterscheidet sich das Gebiss des Baummarders von jenem des Steinmarders?

Im Oberkiefer ist der P3 beim Steinmarder außenseitig konvex, beim Baummarder konkav geformt. M1 im Oberkiefer zeigt beim Steinmarder backenseitig eine Einziehung, während die gleiche Fläche sich beim Baummarder backenseitig vorwölbt.

907 | Wie unterscheiden sich die beiden Marderarten im Balg?

Baummarder: Balggrundfärbung: kastanienbraun; Kehlfleck: gelbrot, selten weißlich, immer unten abgerundet. Brantenunterseite dicht behaart.
Steinmarder: Balggrundfärbung: graubraun; Kehlfleck weiß und immer unten tief gegabelt. Brantenunterseite unbehaart.

Krankheiten / Parasiten

908 | Kann der Baummarder an Tollwut erkranken?
Ja, er ist für das Tollwutvirus empfänglich

909 | Welche Endoparasiten schmarotzen im Baummarder?
Filarien in der Lunge und Nematoden im Schädel.

Nahrung

910 | Welche Nahrung bevorzugt der Baummarder?
Fleischliche und pflanzliche Nahrung. Kleinnager und Säugetiere bis Hasengröße, Vögel bis Auerhuhngröße, Eier, Insekten, Amphibien, Beeren, Obst. Eichhörnchen gehören zum Nahrungsspektrum, sind jedoch im Gegensatz zu älteren Angaben nur seltene Beutetiere.

Verhalten

911 | Welchen Aktivitätszyklus hat der Baummarder?
Er ist ganz überwiegend dämmerungs- und nachtaktiv. Den Tag verschläft er – vornehmlich an sonnenexponierten Stellen – in Baumhöhlen, Nestern, Horsten.

912 | Wo bewegt sich der Baummarder vorzugsweise?
Überwiegend auf der Erde.

Fortpflanzung

913 | Wann ranzt der Baummarder?
Die Hauptranzzeit liegt im Juli und dauert bis Mitte August (Keimruhe!). Wie beim Steinmarder wird eine Ranz im Februar diskutiert.

914 | Welches, für alle Marderarten typische Verhalten zeigt der Baummarder bei der Kopulation?
Den Nackenbiss

915 | Wie lange ist die Tragzeit?
Einschließlich der Eiruhe etwa 9 Monate

916 | Wie kommen die Jungen zur Welt?
Blind, wenig behaart, Nesthocker.

917 | Wann öffnen sie die Seher?
Am Ende der fünften Lebenswoche.

Bejagung

918 | Darf der Baummarder bejagt werden?
Ja

919 | Wie wird der Baummarder bejagt?
Früher gezielt durch das »Ausneuen« und Ausklopfen bei Schnee sowie mit dem Marderschlagbaum (hochgestellte Falle). Heute dürfte das Gros der Gesamtstrecke (< 2000) in der BRD zufällig erbeutet sein. In einigen Bundesländern genießt er ganzjährige Schonzeit.

920 | Welche Spurbilder sind für beide Marderarten typisch?
Der Paartritt, der Dreitritt und der Hasentritt.

921 | Wie unterscheiden sich die Spurbilder der beiden Marder?
Im Tritt des Steinmarders drücken sich deutlich die Zehenballen ab, die aufgrund der Behaarung der Brantenunterseite beim Baummarder nicht sichtbar sind. Spur des Baummarders erscheint verwischt.

Iltis *(Mustela putoris)*

Lebensraum und Lebensweise – Der Iltis zählt zur Familie der Marder (Unterfamilie Stinkmarder). Der in Europa vorkommende dunklere Iltis hat als Vetter den in Südostasien vorkommenden helleren Steppeniltis. Der heimische Iltis bevorzugt als Lebensraum Feuchtgebiete, sein Vorkommen ist an Gräben und Bachläufe gebunden. In der Figur ist der schwächere Iltis den beiden Echtmardern ähnlich, in der Färbung jedoch unterscheidet er sich deutlich. Im Gegensatz zu den beiden Mardern ist er »verkehrt« gefärbt: Seine Bauchseite ist regelmäßig dunkel, fast schwarz, seine seitlichen Körperflächen und der Rücken erscheinen dagegen durch die durchschimmernde gelbliche Unterwolle hell (Echtmarder umgekehrt). Das Gesicht ist typisch weißbraun gefleckt (Gesichtsmaske), seine Rute ist kürzer als bei den Mardern. Der überwiegend nachtaktive Iltis bewegt sich hauptsächlich am Boden und hinterlässt hierbei den für die Iltisspur typischen häufigen Dreisprung (Abzeichnung von nur 3 Trittsiegeln). Er klettert wenig, ist dagegen – angepasst an sein Jagdgebiet – ein guter Schwimmer.

Die Reviere werden mit intensiv riechenden Duftsekreten markiert (Stinkmarder, Stänker).

In sein Nahrungsspektrum fallen neben Amphibien Säugetiere wie Mäuse, Ratten, Bisame und – wo vorkommend – Kaninchen. Vögel und Aas werden ebenfalls genommen. Bei Nahrungsüberfluss werden im Herbst Vorratslager angelegt. Die Bevorratung von lebenden Fröschen, die durch Biss gelähmt sein sollen, ist wohl nicht zutreffend. Wahrscheinlicher ist, dass die Amphibien in der ihnen eigenen spätherbstlichen Körperstarre in den Vorratskammern verbleiben. Vor allem im Winter hält er sich wegen des besseren Angebots an Kleinnagern gern in Gehöften, Ställen und

Der Iltis muss nicht bejagt werden; er ist der natürliche Feind der Wanderratte.

Steckbrief Iltis

Verbreitung: Fehlt in Island und Irland; vereinzelt in Großbritannien; in Schweden und Finnland nur im Süden; fehlt in weiten Teilen des Balkans und auf den Mittelmeerinseln.
Körperbau: Gesamtlänge ♂ bis 46 cm; Gewicht bis 1,5 kg; Zehen vorne und hinten je 5; 8 Zitzen.
Sinne: Sehvermögen mäßig; Geruchssinn gut; Hörsinn sehr gut; Vibrissen am Kopf.
Lautäußerungen: Glucksen (freudige Erregung), Keckern, Zischen (Drohung).
Lebensweise: Überwiegend dämmerungs- und nachtaktiv; im Herbst viel tagaktiv; ist an Gewässer oder Feuchtgebiete gebunden; früher im Winter Rückzug in Gehöfte.
Fortpflanzung: Geschlechtsreife mit 10 Monaten; vermutlich polygam; Ranzzeit März bis Juli; Tragzeit 41 bis 42 Tage; 3 bis 7 (12) Junge, blind, fast nackt; Öffnen der Seher mit 30 Tagen; Säugezeit etwa 5 bis 6 Wochen; Führung durch die Mutter etwa 3 Monate.
Nahrung: Amphibien, Kleinnager, Aas, Eier, Wirbellose, Beeren und Früchte gering.
Zahnformel: $\frac{3\,1\,3\,1}{3\,1\,3\,2} = 34$

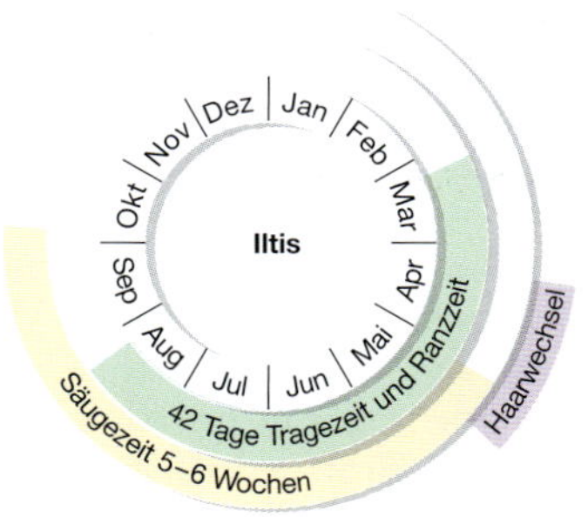

Jahreszyklus

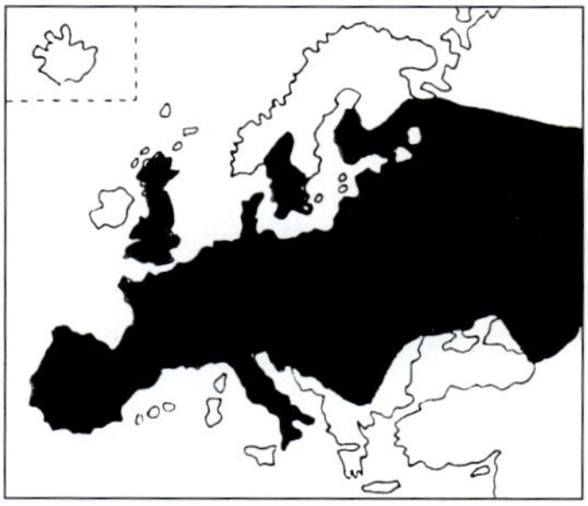
Verbreitungsgebiet

Scheunen auf. Durch Trockenlegen von Feuchtgebieten, Verrohrung von Gräben sowie infolge von Verbauung und Verschmutzung der Gewässer hat der Iltis erheblich an Lebensraum verloren, wodurch seine Populationen stark zurückgegangen sind. Daher sollte auf gezielte Bejagung verzichtet werden, zumal durch seine effektive Bejagung von »Wasserratten« sicher manchem Entenküken das Überleben gesichert wird.

Da der Iltis dem Wildkaninchen in den Bau folgt, wurde er schon von den Römern gezähmt und als Jagdhilfe bei der Kaninchenjagd eingesetzt. Durch die jahrhundertelange Haltung in menschlicher Obhut ist aus dem Iltis das Frettchen entstanden, das heute als domestiziertes Haustier einzuordnen ist. Als »Albinofrettchen« oder als »iltisfarbene« Frettchen werden sie von Jägern zum »Frettieren«, dem Heraustreiben von Kaninchen aus dem Bau, verwendet. Die vor dem Frettchen springenden Kaninchen werden geschossen oder in speziellen Netzen gefangen. Gelegentlich werden sie auch mit dem Habicht gebeizt.

Bejagung – Zufallsbeute mit der Flinte. Eine gezielte Fangjagd sollte nicht mehr ausgeübt werden.

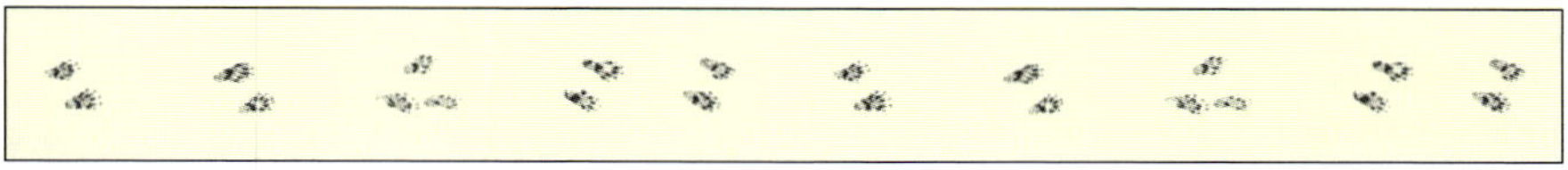

Iltisspur.

Lebensraum

922 | Welche Lebensräume sagen dem Iltis besonders zu?
Eine kleinstrukturierte, grabenreiche Landschaft mit Feldgehölzen und bewachsenen Bach- und Teichrändern. Der Iltis ist an Gewässer gebunden.

Körperbau

923 | Wie schwer wird ein Iltis?
Er erreicht Körpergewichte bis 1,5 kg.

924 | Wie unterscheiden sich die Schädel von Iltis und Steinmarder?
Der Iltis besitzt eine deutliche, mittig über den Hirnschädel stehende Knochenleiste. Darüber hinaus besitzt der Iltis nur 34, der Marder 38 Zähne.

925 | Wodurch fällt der Iltis optisch auf?
Durch seine Gesichtsmaske, die durch die über die Seher verlaufende schwärzliche Querbinde charakterisiert ist.

926 | Wie ist sein Balg im Vergleich mit Stein- und Baummarder?
Rücken und Körperseite erscheinen trotz des dunklen Grannenhaares durch die gelbe Unterwolle hell, Bauch und Branten sind ausschließlich schwarzbraun behaart.

Iltisschädel.

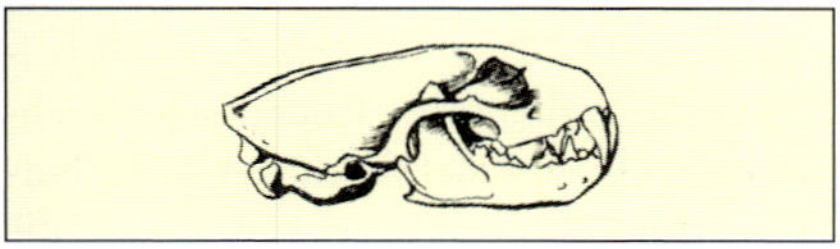

Krankheiten / Parasiten

927 | Welche Parasiten hinterlassen am Schädelknochen des Iltis häufig Spuren?
Saugwürmer (Troglotema acutum) und Fadenwürmer (Skrjabingulus nasicola) verursachen Löcher im Skelett des Schädels.

Nahrung

928 | Welche Nahrung bevorzugt der Iltis?
Mäuse, Ratten, Amphibien, Kaninchen, Jungvögel, Vogeleier, Aas, Schnecken, Regenwürmer.

Verhalten

929 | Mit welcher Drüse markiert der Iltis?
Mit dem Sekret seiner Analbeuteldrüsen.

930 | Ist der Iltis tagaktiv?
Er ist überwiegend dämmerungs- und nachtaktiv.

931 | Wo verbringt der Iltis den Tag?
Schlafend in Verstecken (Erdhöhlen, Kaninchenbauten, Reisighaufen etc.).

932 | Klettert der Iltis?
Er ist ein ausgesprochen schlechter Kletterer.

933 | Warum überwinterte der Iltis früher gerne in Ställen?
Wegen des guten Nahrungsangebotes an Ratten und Mäusen sowie der Wärme der Ställe (= Kompensation der Energieverluste durch Abstrahlung der Körperwärme).

934 | Welchen Nutzen hat der Iltis im Entenrevier?
Er erbeutet eine große Zahl von Ratten, die als Fressfeinde (Eier, Küken) einzuordnen sind.

Fortpflanzung

935 | Wann ranzt der Iltis?
März bis Anfang Juni

936 | Wie viele Junge wirft die Fähe?
Nach einer Tragzeit von 42 Tagen (keine Keimruhe) werden 3 bis 7 Jungtiere geboren.

937 | Beteiligt sich der Rüde an der Aufzucht?
Nein.

Bejagung

938 | Gibt es eine Notwendigkeit, den Iltis zu bejagen?
Nein, eine gezielte Bejagung ist heute unnötig.

939 | Wodurch wird der Iltis heute bedroht?
Durch Verbauung und Verschmutzung der Gewässer, Verrohrung von Gräben, Drainage von Feuchtgebieten.

Der Iltis leidet am Lebensraumschwund.

Europäischer Nerz *(Mustela lutreola)* Amerikanischer Nerz (Mink) *(Mustela lutreola vision)*

Der europäische Nerz ist in Mitteleuropa ausgestorben. Restvorkommen werden in Skandinavien vermutet, ansonsten ist sein Vorkommen heute auf Teile Osteuropas beschränkt.

Der Nerz ähnelt sehr dem Iltis, er ist jedoch dunkler gefärbt. Anstelle der Gesichtsmaske des Iltis tritt beim Nerz nur ein weißer Fleck am Unterkiefer. In seiner Lebensweise ist er sehr eng an Gewässer gebunden (»Sumpfotter«), hat angedeutete Schwimmhäute zwischen den Zehen. Flussufer und Moorgebiete im Flachland waren sein Lebensraum. Der Nerz ernährt sich hauptsächlich von Fischen, Flusskrebsen und Fröschen.

Anstelle des europäischen Nerzes haben sich örtlich aus Gefangenschaft (Pelztierzuchten) entkommene *amerikanische Nerze* (»Mink«) verbreitet. In Schleswig-Holstein kommen sie, wie in Mecklenburg-Vorpommern und Brandenburg, gebietsweise häufig vor.

Der europäische Nerz unterliegt nicht dem Jagdrecht. Er gehört zu den nach dem Naturschutzrecht »besonders geschützten« Tieren.

Er ist eine der bedrohtesten Tierarten dieses Kontinents. In seinen letzten Vorkommen, beispielsweise in Estland, steht er in starker Konkurrenz mit dem robusteren amerikanischen Mink. Der Mink ist anspruchsloser in der Lebensraumwahl. Wo beide Arten aufeinander treffen, verdrängt der etwas größere und aggressivere Mink den Nerz. Die Paarung zwischen den beiden Arten ergibt keine fruchtbaren Nachkommen. Durch die Mischpaarungen entfallen für den europäischen Nerz die

Minke kommen in zahlreichen Farbvariationen und verdrängen den Nerz.

Steckbrief Nerz/Mink

Verbreitung: Verbreitungsgebiet von Mink und Nerz überdecken sich.

Körperbau: Gesamtlänge ♂ bis 70 cm; Gewicht bis 1,5 kg; Zehen vorne und hinten je 5; vorne schwach und hinten stark ausgebildete Schwimmhäute; 6 bis 8 Zitzen.

Sinne: Sehvermögen und Hörsinn gut, Geruchssinn sehr gut; Vibrissen im Gesicht.

Lautäußerungen: Verständigungslaute Keckern und Kichern.

Lebensweise: Überwiegend dämmerungs- und nachtaktiv; an fisch- oder amphibienreiche Gewässer gebunden; wohnt in Höhlen.

Fortpflanzung: Geschlechtsreife mit 9 Monaten; polygam; Ranzzeit meist März; Tragzeit 40 bis 75 Tage; 3 bis 6 Junge, blind, fast nackt; öffnen der Seher mit 34 bis 42 Tagen; Säugezeit 4 bis 5 Wochen; Führung durch die Mutter etwa 4 Monate.

Nahrung: Kleinnager (Bisam!), Fische, Krebse, Wasserinsekten, Amphibien, Reptilien, Vögel.

Zahnformel: $\frac{3\,1\,3\,1}{3\,1\,3\,2} = 34$

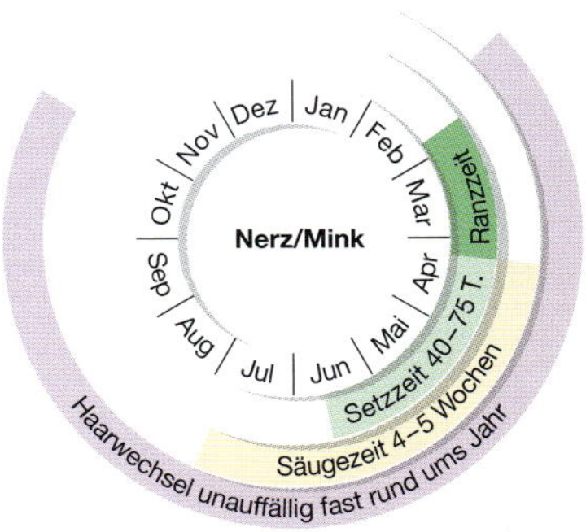

Jahreszyklus

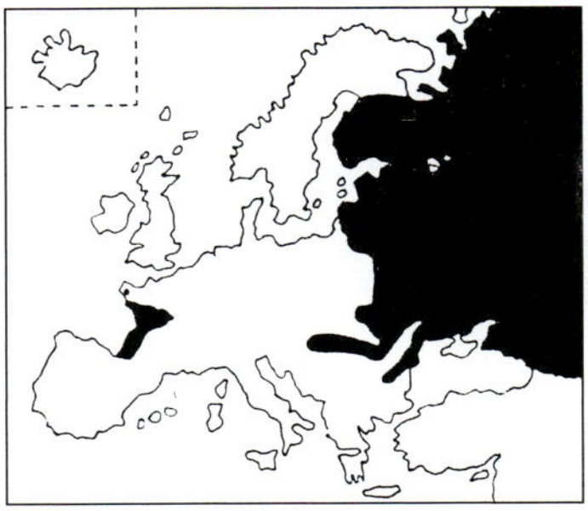

Verbreitungsgebiet

notwendigen Nachkommen. Als Faunenfremdling wäre der Mink intensiv zu bejagen, andererseits ist dies selektiv nicht möglich, da so auch der bedrohte Nerz zur Strecke kommt. Man sollte sich nicht der Hoffnung hingeben, den Mink wieder aus der Wildbahn entfernen zu können. Die auf Länderebene erlassenen Jagdzeiten sind zu beachten.

940 | Was ist die Heimat des Mink und wie kommt er zu uns?
Der Mink stammt aus Amerika. Seine Bestände bei uns gehen zurück auf entlaufende oder entlassene Tiere aus Pelzfarmen.

Lebensraum

941 | Wo kommt er inzwischen bei uns vor?
Vornehmlich in Schleswig-Holstein, Niedersachsen, Mecklenburg, Brandenburg.

Körperbau

942 | Sind Nerz und Mink problemlos zu unterscheiden?
Bei gleicher Balggrundfärbung ist eine Unterscheidung schwer. Die weiße Lippenberandung und der weiße Kinn-Kehlfleck weisen den Nerz aus. Der Kinn-Kehlfleck kommt gelegentlich jedoch auch beim Mink vor.

943 | Welche Farbvariationen gibt es beim Mink?
Farbvarianten von Schwarz über braun, silbergrau bis weiß kommen auch in der Wildbahn vor.

Verhalten

944 | Sind Mink und Nerz tag- oder nachtaktiv?
Sie sind tagaktiv.

Bejagung

945 | Wie wird der Mink bejagt?
Der Mink ist nicht in der Liste der jagdbaren Tiere im Bundesjagdgesetz aufgeführt, in Länderjagdgesetzen dagegen wohl. Er wird vornehmlich mit der Falle gefangen. Das Durchstöbern ufernaher Bereiche mit einem raubwildscharfen Hund bringt Erfolge.

946 | Ist es möglich den Mink so selektiv zu bejagen, dass der bedrohte europäische Nerz geschont wird?
Eine selektive Jagd nur auf den Mink ist nicht möglich. Da der europäische Nerz in Deutschland nicht mehr existent ist, erübrigt sich die Frage. Sie wird erst dann relevant, wenn Wiederansiedlungen des europäischen Nerzes durchgeführt werden.

Schäden

947 | Warum soll der Mink wieder zurückgedrängt werden?
Er ist ein Faunenfremdling, der aufgrund seiner körperlichen Überlegenheit den europäischen Nerz im gleichen Vorkommensgebiet zurückdrängt.

Das Hermelin trägt nicht immer und überall einen weißen Winterbalg.

Hermelin (Großes Wiesel) *(Mustela erminea)*

Lebensraum und Lebensweise – Wie der Iltis zählt das große Wiesel zu den Stinkmardern. Es ist über ganz Mittel- und Nordeuropa bis in die Polarzone verbreitet. Das Großwiesel ist im Sommer bauchseitig gelblich, ansonsten gesamthaft braun gefärbt mit Ausnahme einer stets schwarzen Rutenquaste.

Im Winter färbt es in unserer Klimazone in der Regel rein weiß mit schwarzer Quaste um.

Das Großwiesel ist ein typischer Waldrand- und Heckenbewohner. Es ist tagaktiv. Der ihm eigene hohe Stoffwechsel erfordert eine häufige Nahrungsaufnahme. Seine Nahrung besteht vornehmlich aus Kleinnagern. Daneben zählen Vögel bis Rebhuhngröße sowie Säuger bis zum Hasen zu seinem Beutespektrum. In allen Vorkommensgebieten sind die Bestände des Großwiesels als gesichert und stabil anzusehen.

Bejagung – Zufallsbeute mit der Flinte. Fang in Wippbrettfallen. Die Tierschutzgerechtigkeit- und -konformität dieser Fangart wird diskutiert.

Lebensraum

948 | Wo können wir das Hermelin antreffen?

Von der Küste bis in das Hochgebirge.

949 | Wie schwer wird ein Hermelin?

Rüden erreichen ein Gewicht von maximal 450 g, Fähen gleichen Alters sind geringer.

Steckbrief Hermelin

Verbreitung: Fehlt in Island, sonst ganz Nord-, West-, Mittel- und Osteuropa, fehlt jedoch in Südeuropa weitgehend.
Körperbau: Gesamtlänge ♂ bis 39 cm; Gewicht bis 450 g; Zehen vorne und hinten je 5; 8 Zitzen.
Sinne: Sehvermögen gut, Geruchssinn sehr gut, Hörsinn gut; Vibrissen im Gesicht.
Lautäußerungen: Keckern und Trillern als Verständigungslaut, hohes durchdringendes »kri-kri« als Drohschrei.
Lebensweise: Im Sommer überwiegend tagaktiv, im Winter häufiger nachtaktiv; klettert und schwimmt; jagt auch unter der Erde.
Fortpflanzung: Geschlechtsreife mit 1 Monat (!); Ehe; Ranzzeit variabel, Februar bis August; Tragzeit variabel, Keimruhe bis Februar; 4 bis 7 (13) Junge, blind, fast nackt und Nesthocker; Öffnen der Seher mit 34 bis 42 Tagen; Säugezeit 6 bis 7 Wochen; Führung durch die Mutter etwa 6 Monate.
Nahrung: Kleinnager bis Kaninchen, Junghasen, Eier, Vögel bis Fasanengröße, Beeren.
Zahnformel: $\frac{3\,1\,3\,1}{3\,1\,3\,2} = 34$

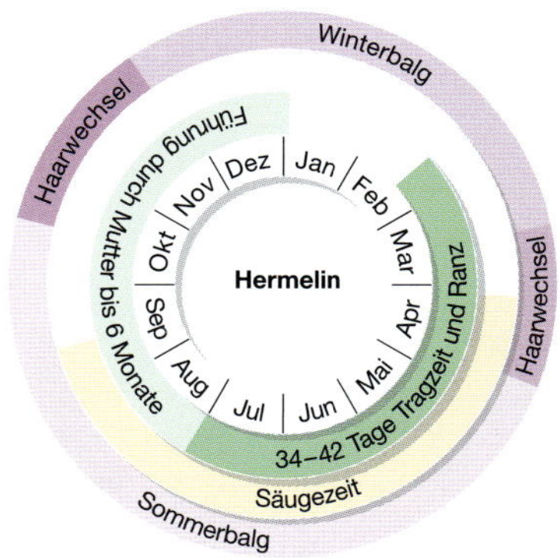

Jahreszyklus

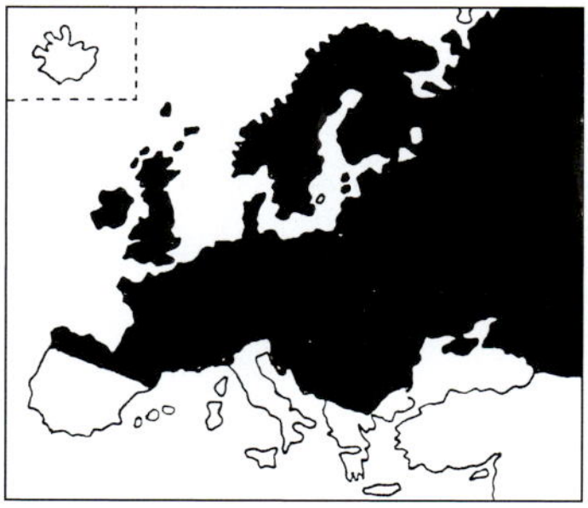
Verbreitungsgebiet

950 | Welche Besonderheit zeichnet das Hermelin aus?

Es wechselt seine Balgfarbe, von braungelb im Sommer zum reinen Weiß im Winter. Dieser Haarwechsel ist klimaabhängig! Im maritim geprägten Klima der britischen Inseln z.B. findet der Haarwechsel nicht statt.

951 | Werden alle Hermeline im Winter weiß?

Nein, auch im Winter sind sowohl braune wie auch weißgefärbte Tiere zu beobachten.

952 | Welchen Unterschied im Balg gibt es zwischen Hermelin und Mauswiesel?

Dem Mauswiesel, das in Klimazonen mit ausgeprägten Wintern (Gebirge) auch weiß umfärbt, fehlt immer die schwarze Schwanzquaste.

Nahrung

953 | Was ist die Hauptnahrung des Hermelins?

Mäuse und andere Kleinnager.

Verhalten

954 | Ist das Hermelin nachtaktiv?
Das Hermelin ist überwiegend tagaktiv.

955 | Bewegt sich das Hermelin nur auf dem Boden?
Nein, es klettert auch gut.

956 | Wo »wohnt« das Hermelin?
Es baut in seinem Territorium mehrere gut ausgepolsterte, versteckte Nester (Steinhaufen, Erdröhren etc.).

Fortpflanzung

957 | Welche Nahrung bevorzugt das Hermelin?
Tierische Nahrung, aufgrund eines auffallend hohen Stoffwechsels benötigt das Hermelin eine stetige Nahrungszufuhr, die im Mittel täglich eine Menge von 30 % des Körpergewichtes ausmachen muss.

958 | Wann ranzt das Hermelin?
In der Regel im Februar bis März. Von einer weiteren Ranz im Sommer wird berichtet. Besonderheit: etwa 3 Wochen alte, noch blinde Jungtiere werden vom Vater begattet (Säuglingsträchtigkeit).

Hermeline haben auch im Sommerbalg eine schwarze Schwanzspitze.

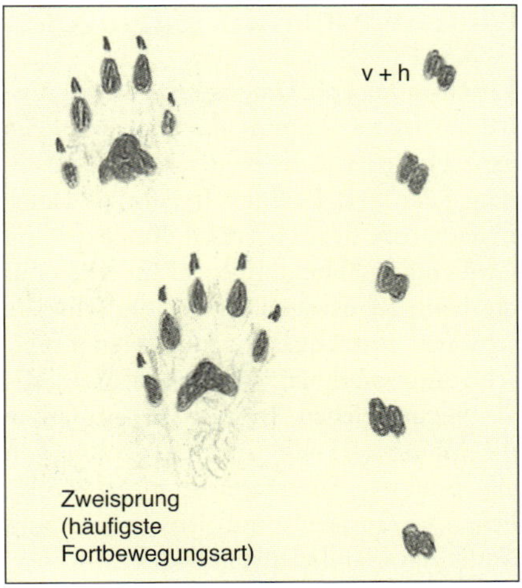

959 | Wie lange ist die Tragzeit?
Bei der Winterranz beträgt die Tragzeit 63 Tage, bei der Sommerranz unter Einschaltung der Keimruhe 8 bis 9 Monate, bei der Säuglingsbegattung – ebenfalls Keimruhe – 12 bis 13 Monate.

960 | Wie viele Junge gehören zu einem Wurf?
4 bis 7 Jungtiere, sie werden blind und nur spärlich behaart geboren.

Bejagung

961 | Wie wird das Hermelin bejagt?
In der Regel mit der Wieselwippbrettfalle. Die Falle gilt jedoch als nicht tierschutzkonform! Die Bejagung des Hermelins als niederwildrelevanter Beutegreifer ist diskussionswürdig.

962 | Wie lockt man ein Hermelin?
Mit dem Mäusepfiff.

963 | Welche natürlichen Feinde hat das Hermelin?
Fuchs, Marder, Eulen, Habicht.

Mauswiesel *(Mustela nivalis)*

Lebensraum und Lebensweise – Mit Ausnahme Irlands kommt das Mauswiesel in ganz Europa vor. Es ist der kleinste Raubsäuger der Welt. Es ähnelt in Form und auch in der Größe dem Hermelin. Aufgrund von Größenüberschneidungen ist äußerlich nur die beim Mauswiesel regelmäßig fehlende schwarze Rutenquaste als sicheres Unterscheidungsmerkmal der beiden Wieselarten heranzuziehen. In Deutschland färben die Mauswiesel nur im Hochgebirge von der braunen Sommerfarbe zum winterlichen Gesamtweiß um. Sein Lebensraum ist die Agrarlandschaft, in der es ganz überwiegend von Mäusen lebt.

In mehreren Bundesländern hat das Mauswiesel eine ganzjährige Schonzeit. Eine Bejagung aus Gründen der Niederwildhege ist nicht erforderlich.

Lebensräume

964 | Welche Lebensräume bevorzugt das Mauswiesel?

Als reines Feldtier finden wir das Mauswiesel an Heckenrändern, Feldrainen, Brachflächen u.a. Es bevorzugt trockene Lagen.

Körperbau

965 | Wie schwer wird ein Mauswiesel?

Mauswiesel erreichen Körpergewichte bis 140 g.

966 | Wieviele Zähne hat das Mauswiesel?

34 Zähne insgesamt.

967 | Wie lassen sich gleichgroße Hermeline und Mauswiesel unterscheiden?

Mauswiesel sind nur an der fehlenden schwarzen Schwanzspitze sicher zu erkennen.

Steckbrief Mauswiesel
Verbreitung: Fehlt nur auf Island und Irland, ansonsten ganz Europa und Nordafrika.
Körperbau: Gesamtlänge ♂ bis 28 cm; Gewicht bis 140 g; Zehen vorne und hinten je 5; 8 Zitzen.
Sinne: Sehvermögen und Geruchssinn sehr gut, Hörsinn gut; Vibrissen im Gesicht.
Lautäußerungen: Scharfes Keckern und Knurren als Drohschrei; anhaltendes Kollern als Paarungslaut; Zwitschern als Nestruf der Jungen; Maunzen und Quäken als Ranzruf der Fähe.
Lebensweise: Überwiegend dämmerungs- und tagaktiv; besiedelt bevorzugt Agrarlandschaften; lebt in Gängen von Kleinnagern.
Fortpflanzung: Geschlechtsreife mit 3 bis 4 Monaten; vermutlich polygam; Ranzzeit März bis Mai; Tragzeitvariabel, 33 bis 37 Tage; bis 3 Würfe; 4 bis 9 (12) Junge, blind, fast nackt; Öffnen der Seher mit 23 Tagen (umstritten); Säugezeit 6 bis 8 Wochen; Führung durch die Mutter 2 bis 3 Monate.
Nahrung: Kleinnager, Eier, Vögel, Beeren.
Zahnformel: $\frac{3\,1\,3\,1}{3\,1\,3\,2} = 34$

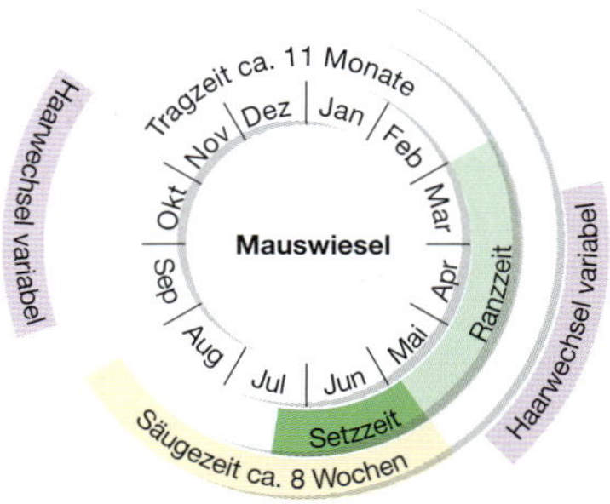

Jahreszyklus

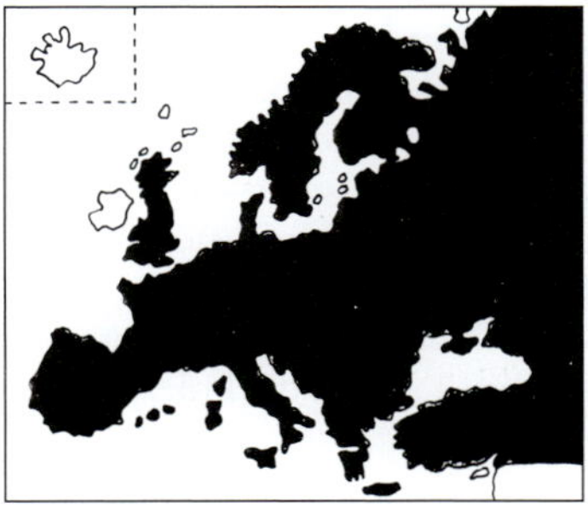
Verbreitungsgebiet

Dem Mauswiesel fehlt regelmäßig die schwarze Schwanzquaste.

968 | Gibt es ein Zwergwiesel?
Nein

■ Nahrung

969 | Wovon ernährt sich das Mauswiesel?
Ganz überwiegend von Kleinnagern.

■ Verhalten

970 | Ist das Mauswiesel tagaktiv?
Ja, es ist tag- und dämmerungsaktiv.

■ Fortpflanzung

971 | Wie ist die Fortpflanzung des Mauswiesels?
Hauptranz von März bis Mai. Häufig zwei Würfe pro Jahr. Tragzeit 5 Wochen. Wurfgröße 6 bis 8 Junge.

■ Bejagung

972 | Wird das Mauswiesel bejagt?
Im Bundesjagdgesetz werden Jagd- und Schonzeiten ausgewiesen. In den meisten Bundesländern ist die Jagdzeit aufgehoben. Eine Bejagung des Mauswiesels ist absolut überflüssig.

Dachs *(Meles meles)*

Lebensraum und Lebensweise – Ein schwarzweiß gestreiftes Gesicht, kleine Gehöre und Seher, ein zugespitzter Kopf, der halslos in einen massigen Rumpf überzugehen scheint, charakterisieren den Dachs, dessen Schwarte mit silbrig-weißen Borsten besetzt ist. Vertraut bewegt sich der Nachtbummler deutlich hörbar schnüffelnd oder schmatzend gemächlich auf kurzen, kräftigen Läufen voran.

Der Abdruck seiner Branten (Spurenbild) im nassweichen Boden oder Neuschnee ist durch Ballen- und besonders lange Zehennägelabdrücke (er »nagelt«) gekennzeichnet. Nur an langen Sommerabenden und während der Ranzzeit verlässt er noch bei Tageslicht seinen Bau, den er in der Regel schon im ersten Morgengrauen wieder aufsucht. Dann hat er es meist eilig und nimmt die letzte Strecke im »Schweinsgalopp«. Nur äußerst selten verbringt der Dachs den Tag über der Erde.

In der Regel besteht ein älterer Dachsbau aus mehreren Etagen, zu denen eine Vielzahl von teils alten, teils frischen Röhren (Ein- und Ausfahrten) führen. Häufig bewohnt neben dem Dachs auch anderes Raubwild, z.B. der Fuchs, den geräumigen Bau, dann in verschiedenen Kesseln und Etagen. Das isolierende Polstermaterial wird im Frühjahr wieder entfernt und durch neues ersetzt. Wie der Wechsel der Kessel während der Winterruhe dient dieses Verhalten der Verhinderung des Ektoparasitenbefalls.

Bis zum Herbst frisst er sich eine dicke Feistschicht an (Schmalzmann), von der er in seiner Winterruhe ausgiebig zehrt. Je nach Temperatur und Schneelage wird die Winterruhe mehr oder weniger häufig unterbrochen.

Zoologisch gehört der gesellig lebende Dachs zu den Mardern (Mustelidae), auch wenn er in Gestalt und Verhalten wie ein kleiner Bär wirkt. Die Jahresstrecke beträgt derzeit rund 50 000 Stück.

Dass Dachse nicht nur schwimmen, sondern gelegentlich sogar Schlammbäder nehmen, ist wenig bekannt.

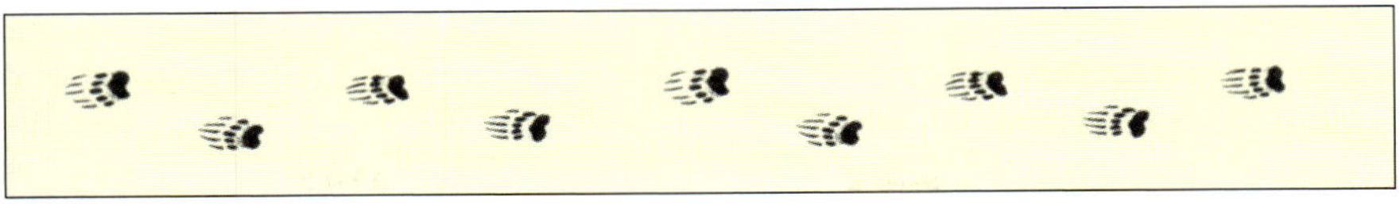

Dachsspur.

Sinne und Verhaltensweise – Der Dachs hat außer dem Menschen bei uns keinen Feind. Er wittert (riecht) und vernimmt (hört) gut, sein Gesichtssinn ist weniger gut ausgebildet. Beim Ausfahren aus dem Bau ist er vorsichtig, während er bei der Fraßsuche – wohl wegen fehlender Feinde – recht unbekümmert ist.

Der Dachs kann schnaufen, fauchen, keckern, murren und brummen. Seine vornehmlich im Sommer und Herbst zu hörenden durchdringenden kreischenden Schreie wurden lange fälschlicherweise als Ranzschreie gedeutet.

Der Dachs lebt gesellig in Familiensippen. Die Baue, in denen er regelmäßig den Tag verbringt, sind Zentrum des Familienlebens. Jede Sippe besitzt ein Territorium, das durch Duftmarken und Dachsaborte abgegrenzt wird und das notfalls gegen männliche Eindringlinge verteidigt wird. Diese Streifgebietsverteidigungen scheinen die Ursache für die Dachsschreie zu sein. Zur Sippe gehören mehrere männliche und weibliche Dachse, die wiederum verschiedene Baue oder einen großen Bau bewohnen. Stets aber hat nur eine Dächsin der Sippe Junge.

Nahrung – Der Dachs ist Allesfresser, der von Würmern, Larven und Schnecken, Käfern, dem Nest voller Jungmäuse, den Gelegen von Bodenbrütern, den Waben der Erdwespen nebst Larven und Honig bis zu Waldbeeren, den herab gefallenen Zwetschgen und Pflaumen in den Dorfgärten, dem milchigen Hafer und Mais auf den Feldern alles aufnimmt.

Der Dachs belauert oder erjagt seine Beutetiere nicht, sondern sammelt auf, was leicht erreichbar ist. Deshalb sagt man »er geht zur Weide«, wenn er zur Nahrungssuche geht. Dabei »sticht« der Dachs in lockerem Boden nach Gewürm, so dass Spuren entstehen, die dem Gebräch von geringen Sauen ähneln. Pflanzliche Nahrung (Wurzeln, Früchte) hat einen größeren Anteil als bei anderem Raubwild. In milchreifen Getreide- und Maisfeldern kann der Dachs Schäden verursachen, die ebenfalls (in kleinerem Maßstab) an Schwarzwildschäden erinnern. Häufig dreht er auf der Suche nach Larven Rinderkot um.

Der skelettierte Dachsschädel weist in der Längsrichtung mittig über dem Hirnschädel einen deutlichen Knochenkamm auf, durch den er sich leicht vom Fuchs- und Hundeschädel unterscheiden lässt. Je älter der Dachs ist, umso höher ist der Kamm; beim männlichen Tier ist er kräftiger ausgebildet als beim weiblichen. Diese Knochenleiste dient den kräftigen Kaumuskeln als Ansatz.

Fortpflanzung – Die Ranz- oder Rollzeit des Dachses ist nicht einheitlich. Nach neueren Forschungen ranzen im Hochsommer (Juli/August) nur die grade geschlechtsreif gewordenen Jungfähen. Die älteren werden zu über 80% bereits kurz nach dem Werfen im Frühjahr (März/April) wieder vom Rüden gedeckt. Eine je nach dem Zeitpunkt der Ranz unterschiedlich lange Keimruhe sorgt dafür, dass die Jungen regelmäßig im Februar/März geworfen werden.

Die Jungen sind bei der Geburt noch wenig entwickelt, zunächst dünn weiß behaart und öffnen nach 3 bis 4 Wochen die Augen. Sie werden fast 2 Monate lang im Bau gesäugt. Erst im Juni sieht man Jungdachse auf dem Bau in der Sonne spielen.

Durch die Tollwut und vor allem durch die seinerzeit zur Tollwutbekämpfung angeordnete Begasung der Baue (die dem Fuchs galt) wurde der Dachs gebietsweise fast ausgerottet. Zwischenzeitlich haben sich die Bestände überall wieder stabilisiert, so dass eine Bejagung möglich ist.

Bejagung – Die Jagd auf »Grimbart«, wie der Dachs in der Tierfabel heißt, wird durch Ansitzen am Bau ausgeübt. Bei Begegnungen in mondhellen Nächten ist er auf Wiesen und in Obstgärten zu erbeuten. Beim Schrotschuss sollten grobe Schrote (3,5 mm) auf kurze Entfernung verwendet werden.

Wenn Dachswildbret verzehrt werden soll, ist das Tier vorher auf Trichinen zu untersuchen. Dachsborsten werden zu Rasierpinseln verarbeitet, seine Schwarte kann als Vorlage gegerbt werden.

Steckbrief Dachs

Verbreitung: Fehlt auf Island, in Teilen Schottlands und im nördlichen Skandinavien sowie auf den westlichen Mittelmeerinseln, ansonsten ganz Europa und Türkei.

Körperbau: Gesamtlänge ♂ bis 100 cm; Schulterhöhe bis 30 cm; Gewicht bis 25 kg; Zehen vorne und hinten je 5; 6 (8) Zitzen.

Sinne: Sehvermögen sehr mäßig, Geruchssinn sehr gut, Hörsinn gut.

Lautäußerungen: Welpen quieken als Kontaktlaut; Altdachse schnurren; kreischende Schreie bei Auseinandersetzungen.

Lebensweise: Überwiegend dämmerungs- und nachtaktiv; lebt gesellig im Bau; hält kurze Winterruhe.

Fortpflanzung: Geschlechtsreife mit 18 bis 22 Monaten; Ranzzeit variabel, Januar bis Oktober; Tragzeit variabel mit Keimruhe bis Ende Dezember/Januar; 2 bis 4 Junge, blind, schwach behaart; Öffnen der Seher mit 28 bis 35 Tagen; Säugezeit etwa 4 Monate; Führung durch die Mutter etwa 6 Monate.

Nahrung: Kleinnager, Insekten, Weichtiere, Lurche, Eier, Beeren, Früchte, Pilze, Wurzeln, Feldfrüchte.

Zahnformel: $\frac{3\,1\,4\,1}{3\,1\,4\,2} = 38$

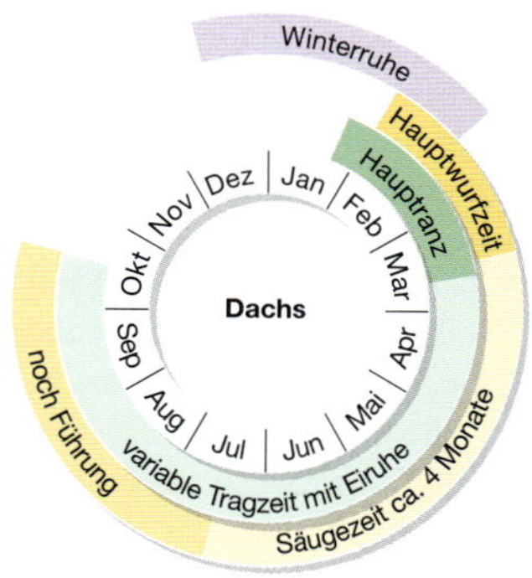

Jahreszyklus

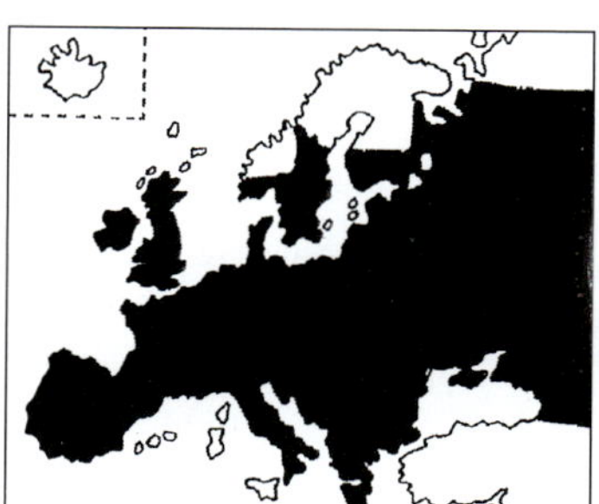

Verbreitungsgebiet

Lebensraum

973 | Wie ist das Verbreitungsgebiet des Dachses?
Er kommt in ganz Europa sowie in der Türkei vor. Er fehlt in Island, Nordskandinavien sowie auf den Mittelmeerinseln.

974 | Welche Lebensräume besiedelt der Dachs bei uns?
Er bevorzugt strukturierte Gebiete, in denen Wald und Feld häufig wechseln.

Körperbau

975 | Wie schwer wird ein Dachs?
Er erreicht Körpergewichte bis maximal 25 kg (18 kg sind Durchschnitt).

976 | Woran erkennt man einen Dachsschädel?
An der hohen, mittig über den Hirnschädel verlaufenden Knochenleiste. (Fehlt beim Jungdachs).

977 | Was haben Dachsfähen mit Rehgeißen gemeinsam?
Die Keimruhe.

978 | Was befähigt den Dachs zum Graben seiner Baue?
Die stark ausgebildeten Krallen an seinen Branten.

979 | Welche wichtigen Drüsen hat der Dachs?
Er besitzt wie alle Marderartigen zwei Analbeuteldrüsen sowie eine bis 3 cm tiefe Drüsentasche (= Schmalzloch, Stinkloch) über dem Weidloch.

980 | Gibt es einen deutlichen Geschlechtsdimorphismus?
Nein, das Geschlecht ist am lebenden Dachs nicht zu erkennen.

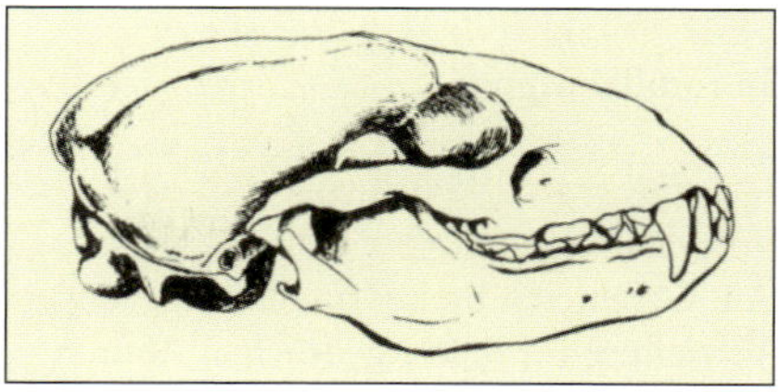

Dachsschädel.

Nahrung

981 | Von was lebt der Dachs?
Der Dachs ist Nahrungsgeneralist. Seine Hauptbeute sind Regenwürmer (!), Insekten, Kleinnager.

982 | Kann man den Dachs als Jäger bezeichnen?
Nein, er ist ein Sammler.

Verhalten

983 | Wann sind Dachse aktiv?
In der späten Dämmerung sowie nachts.

Die beiden schwarzen Streifen sind markant.

984 | Wie lebt der Dachs?
In Familiensippen.

985 | Woran erkennt man, ob ein Bau vom Dachs befahren ist?
Am Geschleif = breite, rinnenartige längere Vertiefung vor dem eigentlichen Röhreneingang.

986 | Polstern Dachse ihre Kessel aus oder ruhen sie auf dem blanken Boden?
Dachse polstern ihre Schlafkessel intensiv aus.

987 | Benutzen Dachs und Fuchs Baue gemeinsam?
Ja, der Fuchs steckt in der Regel in alten Dachsburgen in den »oberen Geschossen«.

988 | Wo setzt der Dachs seine Losung ab?
In Dachstoiletten (-aborten) = selbst gegrabene, bis handtiefe- und breite Erdlöcher.

Dachse sind auch im Winter sehr aktiv.

989 | Wie markiert der Dachs sein Revier?
Durch das »Stempeln« (= Abdruck der Analregion auf der Erde, an Stämmen und Ästen).

990 | Wann verlassen die Jungen den elterlichen Bau?
Dachse sind als Nesthocker acht Wochen im Bau.

Fortpflanzung

991 | Wann werden Dachse geschlechtsreif?
Mit 18 bis 22 Monaten.

992 | Wann ist die Paarungszeit des Dachses?
Mehr als 80 % der Fähen werden gleich nach der Geburt der Jungen (im Februar und März) wieder begattet. In der im Juli und August zu beobachtenden Ranz werden vor allem die Jungfähen belegt.

993 | Wie viele Fähen hat ein Dachsrüde?
Dachse leben polygam. In der Regel wird jedoch nur eine Fähe trächtig.

994 | Wie lange ist die Tragzeit?
Inklusive der Keimruhe ist die Fähe 11 bis 12 Monate tragend.

995 | Wann kommen die Jungen zur Welt?
Im Januar und Februar (März).

996 | Wie viele Welpen wirft die Dachsfähe?
Im Mittel 2 bis 4 Junge, blind, mit dünnem weißlichen Haar.

997 | Wie verhindern Dachse Inzucht?
Junge Fähen wandern aus.

Bejagung

998 | Wann darf der Dachs bejagt werden?
Nach BJG vom 1. August bis zum 31. Oktober. Abweichungen in den Ländern.

999 | Wie wird der Dachs bejagt?
Ansitz in den frühen Morgenstunden an den Pässen zum Bau.

1000 | Womit schießt man den Dachs?
Mit Schrot (nie spitz von vorne) und Kugel (Hornet und ähnliche Kaliber).

1001 | Kann man den Dachs aus dem Bau sprengen?
Aus dem Naturbau nur selten.

1002 | Welche Gefahr besteht für den Bauhund bei der Dachsbejagung?
Der Hund wird von dem sich im Bau stellenden Dachs geschlagen (= gebissen). Die angeblichen schweren Verletzungen des Hundes durch die Krallen seiner Branten gibt es nicht!

1003 | Was ist eine Dachsgabel?
Eine früher beim Dachsgraben benutzte eiserne Gabel, mit der der Dachs im Bau über den Nacken fixiert wurde.

1004 | Wodurch fallen die Trittsiegel des Dachses auf?
Durch die langen Krallenabdrücke.

1005 | Ist das Wildbret verwertbar?
Ja, Trichinenschau obligatorisch.

Schäden

1006 | Welche Schäden richten Dachse in der Landwirtschaft an?
Fraß- und Trampelschäden im reifenden Mais, Hafer und in der Gerste.

Der Ansitz ist erfolgreicher als die Baujagd!

Waidmännische Ausdrücke

brummen	Lautäußerung
Bürzel	Schwanz
Geschleif	ausgetretene Rinne vor der Einfahrt zum Bau
keckern	Lautäußerung
murren	Lautäußerung
schnaufen	Lautäußerung
Schmalz	Fett
Schmalzröhre	Hauttasche mit Drüsen zwischen Bürzel und Weidloch
Schwarte	Fell
stechen	Herausscharren von Fraß aus dem Boden
Stinkloch	siehe Schmalzröhre
weiden	Nahrungssuche
Zügel	Gesichtsstreifen

Fischotter *(Lutra lutra)*

Lebensraum und Lebensweise – Der Fischotter – auch Flussotter oder Flussmarder genannt – ist am weitesten an das Leben im Wasser angepasst. Er schwimmt mit Schwimmhäuten zwischen den Zehen hervorragend und taucht ausdauernd. Oft geht er von einem Gewässer zum anderen weit über Land. Am Wasser hat er einen »Ein- und Ausstieg«, wo man seine Beutereste (Fischgerippe) sowie seine mit Schuppen durchsetzte Losung findet. Tagesverstecke sind häufig gegrabene Bauten in Ufernähe, deren Zugang unter Wasser liegt.

Seine Nahrung sind Fische, Krebse und junge Wasservögel, die er schwimmend erjagt.

Der Fischotter ist in Mitteleuropa vornehmlich durch extreme Verschlechterung seines Lebensraumes vom Aussterben bedroht. Bei uns gibt es noch Restbestände in Schleswig-Holstein, im nördl. Niedersachsen, in Mecklenburg-Vorpommern, Brandenburg sowie im Bayerischen Wald. Schutzprogramme mit Zucht und Wiedereinbürgerung sind von sauberen, fischreichen, gegebenenfalls renaturierten Gewässern abhängig. Er hat ganzjährige Schonzeit.

■ Lebensraum

1007 | Wo kommt der Otter in Europa noch in gesicherten Beständen vor?
Britische Inseln, Skandinavien, Spanien.

1008 | Wie ist es um den Otter in Deutschland bestellt?
Er ist existenzgefährdet.

Otter leben territorial, wobei Fähen kleinere Streifgebiete haben als Rüden.

Steckbrief Fischotter

Verbreitung: Ursprünglich ganz Europa flächendeckend; heute Mittel, West- und Südeuropa meist nur noch sporadisch besiedelt.
Körperbau: Gesamtlänge ♂ bis 140 cm; Gewicht bis 15 kg; Schulterhöhe etwa 30 cm; Zehen vorne und hinten je 5 mit Schwimmhäuten; 6 Zitzen.
Sinne: Sehvermögen und Geruchssinn sehr gut, Hörsinn gut; Vibrissen im Gesicht.
Lautäußerungen: Muckern als Kontaktlaut, Pfeifen als Ranzlaut, Fauchen und Keckern als Drohlaut.
Lebensweise: Überwiegend nachtaktiv; lebt an Gewässern mit hoher Wassergüte, wandert auch beträchtliche Strecken über Land; Winterruher.
Fortpflanzung: Geschlechtsreife ♂ mit 24 bis 36 Monaten, ♀ mit 30 bis 42 Monaten; wahrscheinlich Dauerehe; Ranzzeit ganzjährig, Schwerpunkt Februar/März; Tragzeit 59 bis 66 Tage; 2 bis 3 (7) Junge, blind, schwach behaart, Nesthocker; Öffnen der Seher mit 15 bis 35 Tagen; Säugezeit bis 5 Monate; Führung durch die Mutter bis 6 Monate.
Nahrung: Fische bis 5 kg, Amphibien, Reptilien, Nager bis Bisam.
Zahnformel: $\frac{3\,1\,4\,1}{3\,1\,3\,2} = 36$

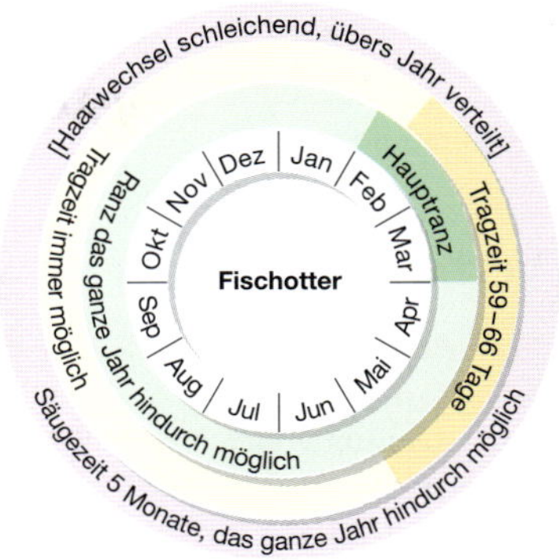

Jahreszyklus

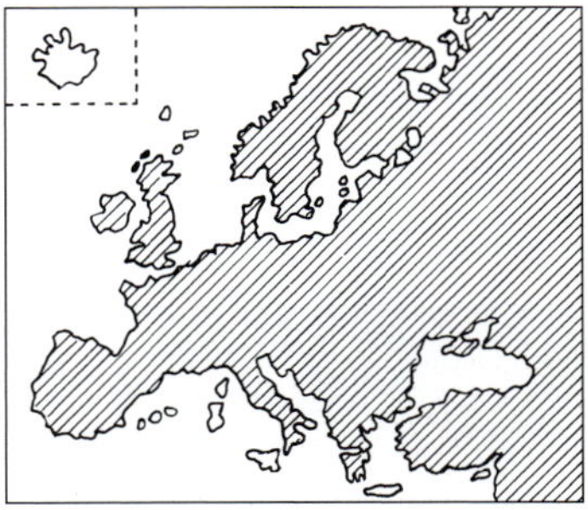

Verbreitungsgebiet

Körperbau

1009 | Wie schwer wird der Otter?
8 bis 15 kg.

1010 | Wie dicht behaart ist ein Otterbalg?
Der Otterbalg weist die dichteste Behaarung aller jagdbaren Haarwildarten auf (30 000 bis 50 000 Haare/cm² Balg). Otterbälge sind auch im Sommer wertvoll.

1011 | Was unterstützt den Otter beim Schwimmen und Tauchen?
Die Schwimmhäute zwischen den Zehen der Vorder- und Hinterläufe.

Nahrung

1012 | Frisst der Otter nur Fische?
Nein, der Otter ist Nahrungsgeneralist (Fisch, Amphibien, Bisamratten, Wassergeflügel).

Fischotterspur.

Verhalten

1013 | Wird der Otter auch an Land angetroffen?
Ja, der Otter wandert auch weite Strecken über Land.

1014 | Sind Otter tag- oder nachtaktiv?
Otter sind nachtaktiv.

1015 | Ist der Otter im eigentlichen Sinne ein Kulturflüchter?
Nein, sein Rückgang ist vornehmlich durch die Zerstörung seiner Lebensräume bedingt.

1016 | Wo verbringt der Otter den Tag?
Er verschläft den Tag in gewässernahen, in der Regel unterirdischen Verstecken.

Fortpflanzung

1017 | Wann ranzt der Otter?
Er ranzt vornehmlich im Februar bis März. Es werden aber auch über das ganze Jahr verteilt Ranzen beobachtet.

1018 | Wie viele Junge wirft die Otterfähe?
Drei bis vier Junge.

1019 | Woran ist die Otterspur zu erkennen?
An den zwischen den Zehen sich im weichen Boden abdrückenden Schwimmhäuten.

1020 | Wie wird der Otter bejagt?
Gar nicht. Er ist ganzjährig geschont.

1021 | Wo sterben in Europa viele Otter?
Auf Straßen bei ihren Wanderungen sowie in Fischnetzen und -reusen.

1022 | Werden dem Otter auch Totschlagfallen zum Verhängnis?
Ja. In Ottervorkommensgebieten muss auf die Jagd mit Schlageisen verzichtet werden.

Otter können sich rund ums Jahr paaren und Junge bekommen.

Robben *(Pinnipedia)*
Seehund *(Phoca vitulina)*

Lebensraum und Lebensweise – Der Seehund ist der einzige einheimische Vertreter der Robben, der dem Jagdrecht unterliegt, Ringelrobbe und Kegelrobbe, neuerdings an den deutschen Küsten auftauchende Robbenarten, stehen unter Naturschutz. Ihre Nahrung besteht aus Fischen und Krebsen.

Robben sind Raubtiere, die sich weitgehend an das Leben im Wasser angepasst haben (»Flossenfüße«, fischähnliche Körperform, Tauchvermögen mit verschließbaren Ohren- und Nasenöffnungen). Der Seehund bewohnt die Küstengewässer der Nord- und Ostsee. Bei Ebbe gehen die »Hunde« (meist zu mehreren in Rudeln) auf flachen Sand- und Schlickbänken im Wattenmeer zur Ruhe. Störungen an den Ruheplätzen durch Wassersport und Tourismus sowie die Verschmutzung der Meere haben die Lebensbedingungen verschlechtert. Hauterkrankungen und Verletzungen durch Schiffsschrauben nehmen zu. Deshalb wurden Seehundschutzgebiete im Wattenmeer ausgewiesen sowie Aufzuchtstationen für verlassene Jungtiere (»Heuler«) eingerichtet.

So genannte »Heuler« sind Junghunde, die mutterlos aufgegriffen werden (entweder verlassene Zwillinge, da die Mutterhündin nur einem Jungen folgen kann, öfter jedoch infolge von Störungen während der Ruhe auf Sandbänken verlassene Junge).

Bejagung – Der Seehund wurde früher als »Konkurrent« von Fischern stark verfolgt. Nach dem er 1934 dem Jagdrecht unterstellt wurde, fand eine planmäßig hegerische Bejagung statt (Abschussplan). Er durfte nur mit der Kugel während der Ruhe an Land erlegt werden, da ein im Wasser beschossener Seehund meist verloren geht. Ortsfremde Jäger durften nur unter Füh-

Robben kommen nur zum Ruhen und Werfen an Land.

Steckbrief Seehund

Körperbau: Körperlänge ♂ bis 200 cm; Gewicht im Mittel 100 (–150) kg; Nasenöffnungen verschließbar.

Sinne: Sehvermögen (an Land kurzsichtig), Geruchsinn mäßig, Hörsinn gut; Vibrissen im Gesicht.

Lautäußerungen: Heiseres Bellen als Kontaktlaut, »Heulen« bei Jungtieren.

Fortpflanzung: Geschlechtsreife mit 3 bis 4 Jahren; polygam; Paarungszeit (Juli) August; Tragzeit ca. 11 Monate; 1 sehendes, voll behaartes, schwimm- und tauchfähiges Junge; Säugezeit 4 bis 6 Wochen.

Nahrung: Fische und Krebstiere.

Lebensweise: Tagaktiv; lebt in größeren Rudeln; ruht auf Sandbänken, schläft auch im Wasser; taucht bis 10 Min. und bis 145 m tief.

Zahnformel: $\frac{3\,1\,4\,1}{2\,1\,4\,1} = 34$

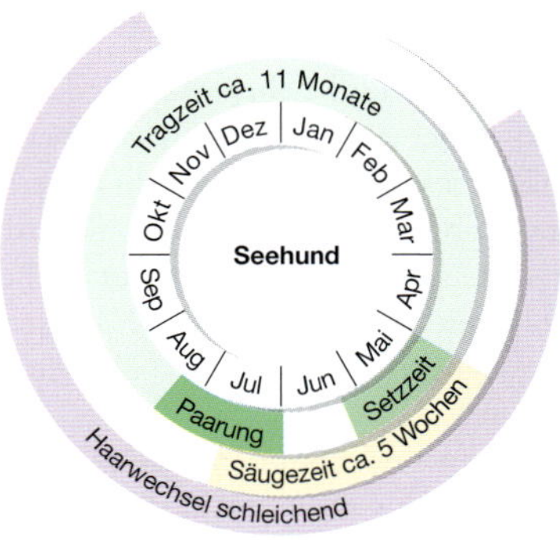

Jahreszyklus

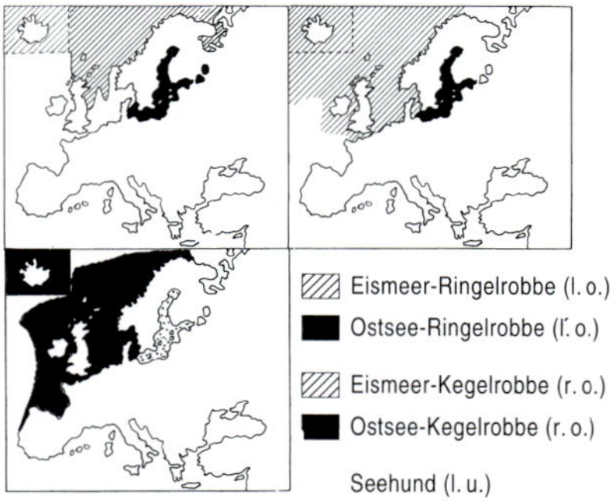

Verbreitungsgebiet

rung eines Seehundjagdführers jagen. Inzwischen genießt er ganzjährige Schonzeit. Nur die amtlichen Seehundjäger dürfen in Einzelfällen Hegeabschüsse durchführen (kranke und verletzte Tiere).

1023 | Wo kommen Seehund, Kegelrobbe und Ringelrobbe vor?

In der Nord- und Ostsee.

Lebensraum

1024 | Welche Teile des Meeres werden von den Robben bevorzugt bewohnt?

Der Seehund bevorzugt flache, sandige Küstengewässer (Wattenmeer), die Kegelrobbe bevorzugt Felsküsten, die Ringelrobbe ist Bewohner der Packeiszone. Kegel- und Ringelrobben sind erst in den vergangenen Jahren in den deutschen Küstengewässern der Nord- und Ostsee heimisch geworden. Die größte Verbreitung hat der Seehund.

Körperbau

1025 | Wie lassen sich die drei Robbenarten unterscheiden?

Seehund: runder Kopf, grauweiße Fellgrundfarbe mit vielen kleinen dunklen Vollflecken an Rücken und Seite. Tasthaare (= Schnurren): weiß.

Kegelrobbe: spitzer Kopf, hell- oder dunkelgraue Grundfarbe mit vielen ovalen bis rundlichen schwarzen Vollflecken an Rücken und Seite. Schnurren: grau-weiß. Ringelrobbe: spitzer Kopf, bräunlich bis schwarze Grundfarbe mit größeren runden oder länglichen hell umrandeten Flecken. Schnurren: braun.

Nahrung

1026 | Wovon leben Robben?
Von Fischen und Krustentieren. Seehunde bevorzugen Plattfische.

Verhalten

1027 | Wie verhalten sich Robben gegenüber Menschen?
Robben flüchten vor dem Menschen von ihren Liegeplätzen in das Wasser.

Fortpflanzung

1028 | Wann paaren sich die Robben?

Seehunde:	Juli und August
Kegelrobben:	November bis April
Ringelrobben:	April bis Juni

1029 | Wie viele Jungen kommen zur Welt und wie ist ihre Entwicklung?
In der Regel ein Junges; Zwillinge sind nicht selten. Sie werden auf Sandbänken, voll entwickelt, schwimm- und tauchfähig, geboren. Junge Seehunde schwimmen vor der Mutter, die dem Jungtier folgt. Daher überlebt von Zwillingen immer nur ein Junges.

1030 | Was ist ein Heuler?
Ein von der Mutter getrennter junger Seehund.

Erfassung / Sterblichkeit

1031 | Welche Robbenart zählt noch zum jagdbaren Wild?
Der Seehund

1032 | Wann haben Seehunde Jagdzeit?
Seehunde sind ganzjährig geschont.

1033 | Wie werden Seehundbestände erfasst?
Durch Zählungen aus der Luft sowie vom Boot. Es werden die auf Sandbänken bei Ebbe ruhenden Seehunde zeitgleich gezählt.

1034 | Wer oder was reguliert die Robbenbestände?
Das Nahrungsangebot sowie seuchenhaft auftretende Krankheiten (Staupe).

Robbenjunge haben ein fast weißes Fell.

Die bei uns brütenden Stockenten sind überwiegend Strichvögel, die Wetterunbilden ausweichen. Hinzu kommen Wintergäste.

Federwild

Zum Federwild zählen die dem Jagdrecht unterliegenden Vogelarten. Die Zahl der Arten ist größer als beim Haarwild. Vögel sind wie die Säugetiere warmblütige Wirbeltiere.

Alle heutigen Vogelarten stammen von dem im Jura* erstmalig auftretenden Urvogel Archaeopteryx ab.

Alle Vögel – und nur sie – besitzen Federn und sind zweibeinig laufend. Grundsätzlich sind die Vordergliedmaßen zu Flügeln umgeformt, mit denen Vögel unter zu Hilfenahme ihres Federwerkes aktiv fliegen können. Die bei einigen Vogelarten zu beobachtende Flugunfähigkeit ist immer als sekundärer Flugverlust zu interpretieren, der durch Lebensweise und Anpassung an den Lebensraum zu erklären ist (z.B. straußenartige Vögel, Pinguine, Hawaigans etc).

Ein hoch spezialisiertes Atmungssystem, bestehend aus einer volumenkonstanten kleinen Lunge und den ihr angeschlossenen großen volumenvariablen Luftsäcken erleichtert durch Gewichtsverminderung das Fliegen. Aussackungen der Luftsäcke sind in vielen Knochen zu finden, die dadurch trotz höherer Mineralisation leichter als Säugetierknochen sind.

Alle Vögel sind grundsätzlich eierlegend. Diese ausschließliche Reproduktion über das Ei – nicht eine Vogelart ist lebendgebährend – ist als einzigartig im Stamm der Wirbeltiere anzusehen.

* Jura: Erdzeitalter vor ca. 150 Millionen Jahren

Als Organ mit der höchsten Sinnesleitung ist beim Vogel der Gesichtssinn herauszustellen. Vögel sind optisch orientiert, alle übrigen Sinne treten in den Hintergrund. Der Verdauungstrakt beinhaltet als Aussackung der Speiseröhre häufig einen Kropf. Weiter unterscheiden wir in artspezifischer Ausformung einen Drüsenmagen und einen ihm nachgeschalteten Muskelmagen. Zwei große, der Zelluloseverdauung dienende Blinddärme sind Charakteristika der Hühner und Gänsevögel. Allen Vögeln gemeinsam ist eine Kloake, die den Endabschnitt des Darmes und der Harn- und Geschlechtsorgane darstellt.

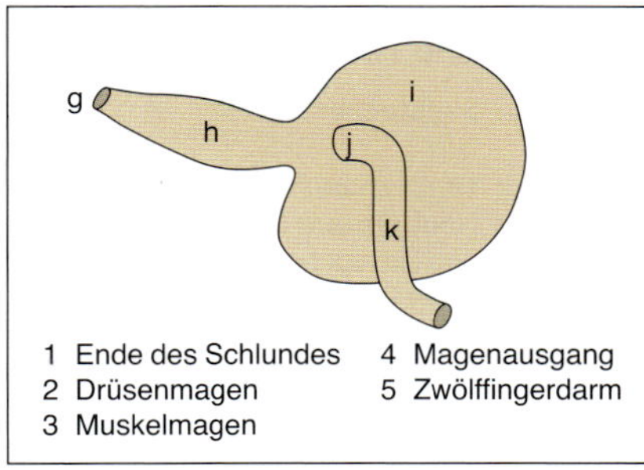

Hühnermagen.

Die Vögel zeigen vielseitige Anpassungen an vorgegebene Lebensbedingungen. Die Ausformung der Schwingen (Flügel) und der Ständer (Beine) lässt auf die Art der Fortbewegung schließen (z.B. schnelle Flieger wie Schwalben, Falken; Segelflieger wie Bussard, Adler; wendige Kurzstreckenflieger wie Eichelhäher, Habicht; gute Läufer wie Hühnervögel; schlechte Läufer wie Tauben; Schwimmvögel mit Ruderfüßen; Greifvögel mit bewehrten »Fängen«). Die Form des immer zahnlosen Schnabels ist seiner Funktion bei der Nahrungsaufnahme angepasst (vgl. z.B. »Stecher« der Schnepfe, »Seihschnabel« der Enten, »Hakenschnabel« der Greifvögel usw.).

Skelett eines Auerhahns (Beispiel für das Knochengerüst der Vögel).

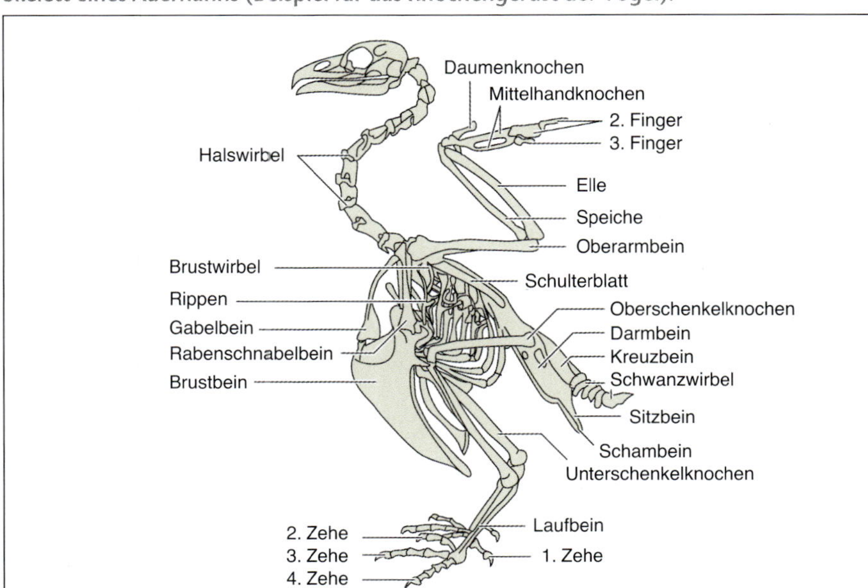

Zoologische Einteilung der Vögel (Aves)

Ordnung: **Seetaucher** *(Gaviiformes)*

Ordnung: **Lappentaucher** *(Podicipediformes)*
Haubentaucher *(Podiceps cristatus)*
Rothalstaucher *(Podiceps griseigena)*
Schwarzhalstaucher *(Podiceps nigricollis)*
Zwergtaucher *(Podiceps ruficollis)*

Ordnung: **Gänsevögel** *(Anseriformes)*
Familie: Entenvögel *(Anatidae)*
Unterfamilie Schwäne und Gänse *(Anserinae)*
Schwäne
Höckerschwan *(Cygnus olor)*
Singschwan *(Cygnus cygnus)*
»Graue« Gänse
Graugans *(Anser anser)*
Saatgans *(Anser fabilis)*
Zwerggans *(Anser erythropus)*
Bleßgans *(Anser albifrons)*
Kurzschnabelgans *(Anser brachyrhynchus)*
»Bunte« Gänse
Weißwangengans *(Branta leucopsis)*
Ringelgans *(Branta bernicla)*
Kanadagans *(Branta canadensis)*
Brandgans *(Tadorna tadorna)*
Unterfamilie: Enten *(Anatinae)*
Schwimmenten
Stockente *(Anas platyrhynchos)*
Löffelente *(Anas clypeata)*
Spießente *(Anas acuta)*
Pfeifente *(Anas penelope)*
Schnatterente *(Anas strepera)*
Krickente *(Anas crecca)*
Knäkente *(Anas querquedula)*
Tauchenten
Kolbenente *(Netta rufina)*
Tafelente *(Aythya ferina)*
Moorente *(Aythya nyroca)*
Reiherente *(Aythya fuligula)*
Bergente *(Aythya marila)*
Meerenten
Eiderente *(Somateria mollissima)*
Eisente *(Clangula hyemalis)*
Trauerente *(Melanitta nigra)*
Samtente *(Melanitta fusca)*
Schellente *(Bucephala clangula)*
Säger
Gänsesäger *(Mergus merganser)*
Mittelsäger *(Mergus serrator)*
Zwergsäger *(Mergus albellus)*

Ordnung: **Ruderfüßler** *(Pelecaniformes)*
Familie: Kormorane *(Phalacrocoracidae)*
Kormoran *(Phalacrocorax carbo)*

Ordnung: **Stelzvögel** *(Ciconiiformes)*
Familie: Reiher *(Ardeidae)*
Reiher
Graureiher *(Ardea cinerea)*
Purpurreiher *(Ardea purpurea)*
Silberreiher *(Casmerodius albus)*
Dommeln
Große Rohrdommel *(Botaurus stellaris)*
Zwergdommel *(Ixobrychus minutus)*
Familie: Störche *(Ciconiidae)*
Weißstorch *(Ciconia ciconia)*
Schwarzstorch *(Ciconia nigra)*
Familie: Ibisse *(Threskiornithidae)*

Ordnung: **Greifvögel** *(Falconiformes)*
Familie: Habichtsvögel *(Accipitridae)*
Unterfamilie: Wespenbussarde *(Perninae)*
Wespenbussard *(Pernis apivorus)*
Unterfamilie: Milane *(Milvinae)*
Roter Milan *(Milvus milvus)*
Schwarzer Milan *(Milvus migrans)*
Unterfamilie: Adler und Habichte *(Accipitrinae)*
Habichte *(Accipiter)*
Habicht *(Accipiter gentilis)*
Sperber *(Accipiter nisus)*
Bussarde *(Buteo)*
Mäusebussard *(Buteo buteo)*
Rauhfußbussard *(Buteo lagopus)*
Adler *(Aquila)*
Steinadler *(Aquila chrysaetos)*
Unterfamilie: Seeadler *(Haliaëtinae)*
Seeadler *(Haliaetus albicilla)*
Unterfamilie: Altweltgeier *(Aegypiinae)*
Gänsegeier *(Gyps fulvus)*
Bartgeier *(Gypaetus barbatus)*
Unterfamilie: Weihen *(Circinae)*
Rohrweihe *(Circus aeruginosus)*
Kornweihe *(Circus cyaneus)*
Wiesenweihe *(Circus pygargus)*
Unterfamilie: Schlangenadler *(Circaetinae)*
Unterfamilie: Fischadler *(Pandioninae)*
Fischadler *(Pandion haliaetus)*
Familie: Falken *(Falconidae)*
Baumfalke *(Falco subbuteo)*
Wanderfalke *(Falco peregrinus)*
Rotfußfalke *(Falco vespertinus)*
Turmfalke *(Falco tinnunculus)*

Ordnung: **Hühnervögel** *(Galliformes)*
Familie: Fasanenvögel *(Phasianidae)*
Unterfamilie: Rauhfußhühner *(Tetraoninae)*
Auerhuhn *(Tetrao urogallus)*
Birkhuhn *(Lyrurus tetrix)*
Haselhuhn *(Tetrastes bonasia)*
Alpenschneehuhn *(Lagopus mutus)*
Unterfamilie: Feldhühner *(Perdicinae)*
Rebhuhn *(Perdix perdix)*
Wachtel *(Coturnix coturnix)*
Steinhuhn *(Alectoris graeca)*
Unterfamilie: Fasanen *(Phasianinae)*
Jagdfasan *(Phasianus colchicus)* in verschiedenen Rassen
Unterfamilie: Truthühner *(Meleagridinae)*
Wildtruthuhn *(Meleagris gallopavo)*

Ordnung: **Tauben** *(Columbiformes)*
Familie: Tauben *(Columbidae)*
Ringeltaube *(Columba palumbus)*
Hohltaube *(Columba oenas)*
Turteltaube *(Streptopelia turtur)*
Türkentaube *(Streptopelia decaocto)*

Ordnung: **Kranichvögel** *(Gruiformes)*
Familie: Kraniche *(Gruidae)*
Kranich *(Grus grus)*
Familie: Rallen *(Rallidae)*
Bleßhuhn *(Fulica atra)*
Teichhuhn *(Gallinula chloropus)*
Wasserralle *(Rallus aquaticus)*
Wachtelkönig *(Crex crex)*
Tüpfel-Sumpfhuhn *(Porzana porzana)*
Kleines Sumpfhuhn *(Porzana parva)*
Zwergsumpfhuhn *(Porzana pusilla)*
Familie: Trappen *(Otididae)*
Großtrappe *(Otis tarda)*

Ordnung: **Watvögel und Möwenvögel** *(Charadriiformes)*
Unterordnung: Regenpfeiferartige
Familie: Triele *(Burhinidae)*
Triel *(Burhinus oedicnemus)*
Familie: Austernfischer *(Haematopodidae)*
Familie: Regenpfeifer *(Charadriidae)*
Kiebitz *(Vanellus vanellus)*
Familie: Schnepfenvögel *(Scolopacidae)*
Großer Brachvogel *(Numenius arquata)*
Uferschnepfe *(Limosa limosa)*
Pfuhlschnepfe *(Limosa lapponica)*
Waldschnepfe *(Scolopax rusticola)*
Bekassine *(Gallinago gallinago)*
Doppelschnepfe *(Gallinago media)*
Zwergschnepfe *(Lymnocryptes minimus)*
Unterordnung: Möwenartige
Familie: Möwen *(Laridae)*
Mantelmöwe *(Larus marinus)*
Heringsmöwe *(Larus fuscus)*
Silbermöwe *(Larus argentatus)*
Sturmmöwe *(Larus canus)*
Lachmöwe *(Larus ridibundus)*
Zwergmöwe *(Larus minutus)*
Dreizehenmöwe *(Rissa tridactyla)*
Familie: Seeschwalben *(Sternidae)*

Ordnung: **Eulen** *(Strigiformes)*
Familie: Schleiereulen *(Tytonidae)*
Schleiereule *(Tyto alba)*
Familie: Kauzeulen *(Strigidae)*
Ohreulen
Uhu *(Bubo bubo)*
Waldohreule *(Asio otus)*
Sumpfohreule *(Asio flammeus)*
Käuze
Sperlingskauz *(Glaucidium passerinum)*
Steinkauz *(Athene noctua)*
Waldkauz *(Strix aluco)*
Rauhfußkauz *(Aegolius funereus)*

Ordnung: **Sperlingsvögel** *(Passeriformes)*
Familie: Drosseln *(Turdidae)*
Misteldrossel *(Turdus viscivorus)*
Wacholderdrossel *(Turdus pilaris)*
Singdrossel *(Turdus philomelos)*
Rot- oder Weindrossel *(Turdus iliacus)*
Ringdrossel *(Turdus torquatus)*
Amsel *(Turdus merula)*
Familie: Rabenvögel *(Corvidae)*
Saatkrähe *(Corvus frugilegus)*
Rabenkrähe *(Corvus corone corone)**
Nebelkrähe *(Corvus corone cornix)**
Kolkrabe *(Corvus corax)*
Elster *(Pica pica)*
Eichelhäher *(Garrulus glandarius)*
Tannenhäher *(Nucifraga caryocatactes)*
Dohle *(Corvus monedula)*
Alpenkrähe *(Pyrrhocorax pyrrhocorax)*
Alpendohle *(Pyrrhocorax graculus)*

* Unterarten der Aaskrähe *(Corvus corone)*, die sich äußerlich deutlich unterscheiden.
Die ***fett*** gedruckten Arten unterliegen dem Jagdrecht. Kursiv gedruckt sind die wissenschaftlichen Bezeichnungen.

Dem Haarwechsel der Säugetiere entspricht der Federwechsel, Mauser, der Vögel. Damit ist bei manchen Arten eine zeitliche oder permanente Änderung des Aussehens verbunden (buntes Pracht- oder Brautkleid, schlichteres Schlicht- oder Ruhekleid). Großgefieder (Schwung- und Stoßfedern) und Kleingefieder (übrige Körperbedeckung) werden oft in unterschiedlichen Intervallen gemausert. Manche Arten (z.B. Enten, Greifvögel) sind zur Zeit der Großgefiedermauser flugunfähig.

Bei manchen Arten bestehen deutliche Geschlechtsunterschiede in der Gefiederfärbung im Brautkleid (Männchen auffallend bunt, Weibchen schlicht gefiedert → alleinige Aufzucht, z.B. Fasan, Ente). Bei anderen sind die Partner äußerlich nicht unterscheidbar (z.B. Tauben, Rabenvögel).

Wir unterscheiden Bodenbrüter, Gebüsch- und Baumbrüter sowie Höhlenbrüter als Hauptgruppen nach dem Standort der Gelege. Viele Arten bauen ein mehr oder weniger kunstvolles Nest, andere legen die Eier in polsterlose Bodenmulden (z.B. Hühnervögel) oder in Baumhöhlen (z.B. Spechte).

Die schlüpfenden Jungvögel sind entweder »Nesthocker«, die im Nest von den Eltern gefüttert werden, bis sie flügge sind (z.B. Singvögel, Greifvögel), oder sie sind »Nestflüchter«, die sofort den Altvögeln (oft der Mutter allein) folgen und selbständig Nahrung aufnehmen (z.B. Hühnervögel, Entenvögel). Das Gefieder der Jungen unterscheidet sich bei manchen Arten von denen der erwachsenen Vögel (Jugend- und Alterskleid). Großvögel brauchen mehrere Jahre bis zur Geschlechtsreife (z.B. Schwäne, Adler).

Die Paarungszeit wird als Balzzeit, das dabei gezeigte, meist auffällige Verhalten als Balz bezeichnet. Eine Bindung der Partner über die Balz hinaus fehlt entweder ganz (Brutpflege allein durch das Weibchen) oder es kommt zu einer Paarbindung in Form einer »Saisonehe« (bei mehreren Bruten im Jahr jeweils auf eine Brut beschränkt), »Jahresehe« oder »Dauerehe« (bei Großvögeln oft lebenslang, z.B. Kolkrabe, Graugans).

Das Flugvermögen erlaubt schnelle Ortswechsel, um Nahrungsquellen aufzusuchen bzw. ungünstige Klimazonen zu verlassen. Bezogen auf einen bestimmten geographischen Raum sprechen wir von Standvögeln (die das ganze Jahr dort bleiben), Strichvögeln (die je nach Wetterlage mehr oder weniger weit ausweichen) und Zugvögeln (die regelmäßig im Herbst fortziehen). Verlässt nur ein Teil der Population das Brutgebiet, handelt es sich um Teilzieher.

Eine hier ausreichende zoologische Ordnung der Vögel ist der nachfolgenden Aufstellung zu entnehmen.

Ordnung:

Hühnervögel:	Feldhühner (Glattfußhühner), Waldhühner (Rauhfußhühner)
Taubenvögel:	Tauben
Singvögel:	z.B. Haussperling, Stare, Amsel, Rabenvögel
Gänsevögel:	Schwäne, Gänse, Enten, Säger
Lappentaucher:	z.B. Haubentaucher
Schreitvögel:	Reiher, Dommel, Störche
Kranichvögel:	Kraniche, Rallen, Trappen
Greifvögel:	Habicht- und Falkenartige
Eulen:	Eulen und Käuze
Wat- und Möwenvögel:	Schnepfenvögel und Möwen
Ruderfüßer:	Kormoran

Vogelschutz ist ein wichtiges Teilgebiet des Natur- und Artenschutzes. Jäger sollten daher gute Kenntnisse der einheimischen Vogelwelt besitzen.

?

1035 | Aus was bestehen Federn?
Aus verhornten Hautzellen (Keratin). Fertige Federn sind tote Gebilde.

1036 | Welche wichtigen Federn unterscheiden wir?
Deck- oder Konturfedern, Schwungfedern, Stoß- oder Steuerfedern, Halbdaunen- und Daunenfedern (Daune = Dune). Schwung- und Stoßfedern stellen gesamthaft das Großgefieder dar.

1037 | Wie pflegen Vögel ihr Federkleid?
Mit dem öligen Sekret aus der Bürzeldrüse, einer Hautdrüse auf dem Rücken des Stei-

Gefiederteile.

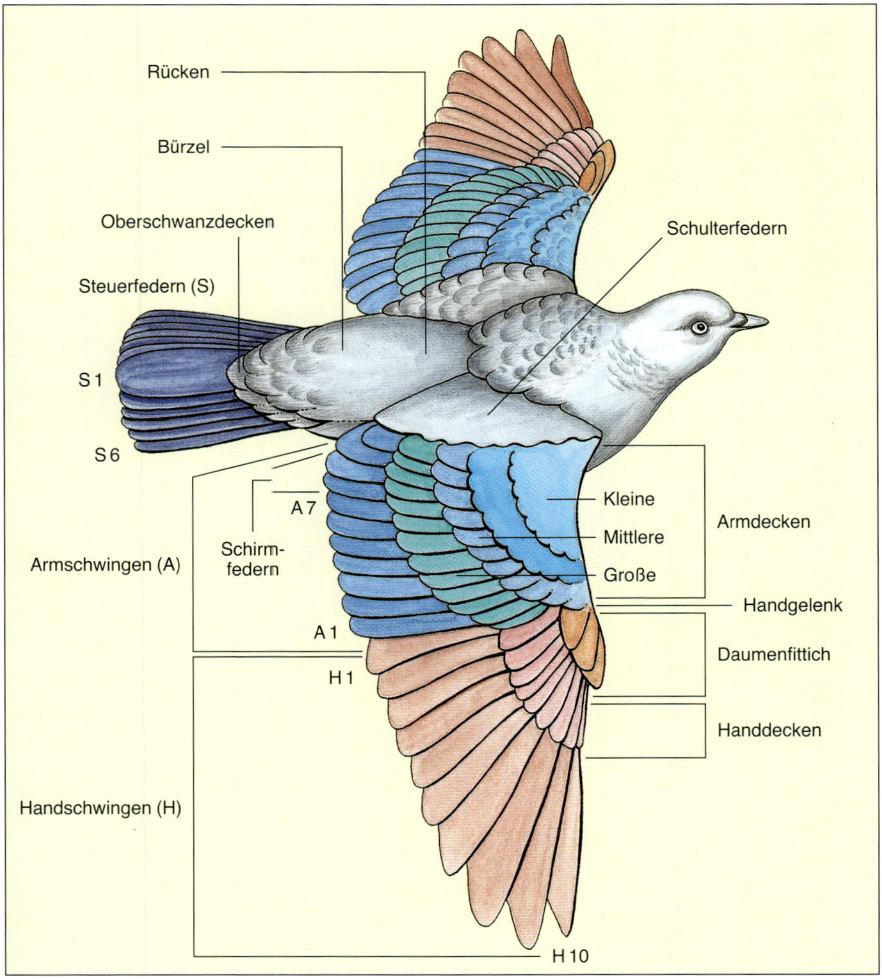

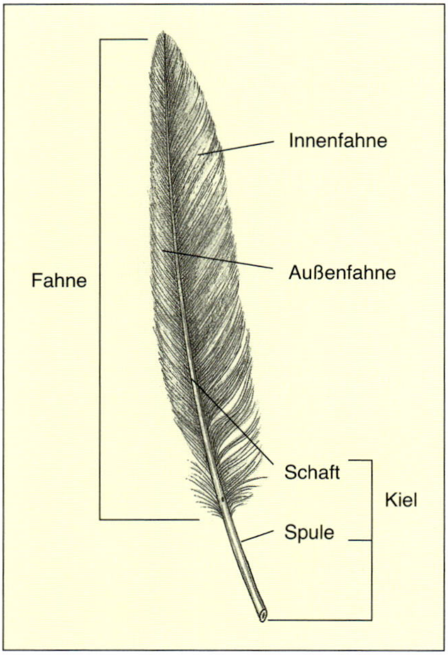

Federaufbau.

ßes. Tauben pflegen ihr Gefieder mit dem Federweiß, einer Abschilferung von speziellen Puderdunen.

1038 | Wie und wie oft erfolgt der Wechsel des Federkleides?
Das Großgefieder wird einmal gewechselt, das Kleingefieder befindet sich bei vielen Vogelarten in einem kontinuierlichen Wechsel.

1039 | Welche Arten sind durch den Federwechsel behindert?
Entenerpel, Habicht, Sperber, Falken, von den Greifvögeln jeweils das brütende Weib.

1040 | Welche Schnabelformen werden unterschieden?
Pickschnabel, (Hühnervögel, Tauben), Rupfschnabel (Gänse), Seih- oder Filterschnabel (Enten), Stecher (Schnepfen), Reißhakenbeißschnabel (Falken, Eulen), Reißhakenschneideschnabel (Greifvögel).

Schnabelformen.

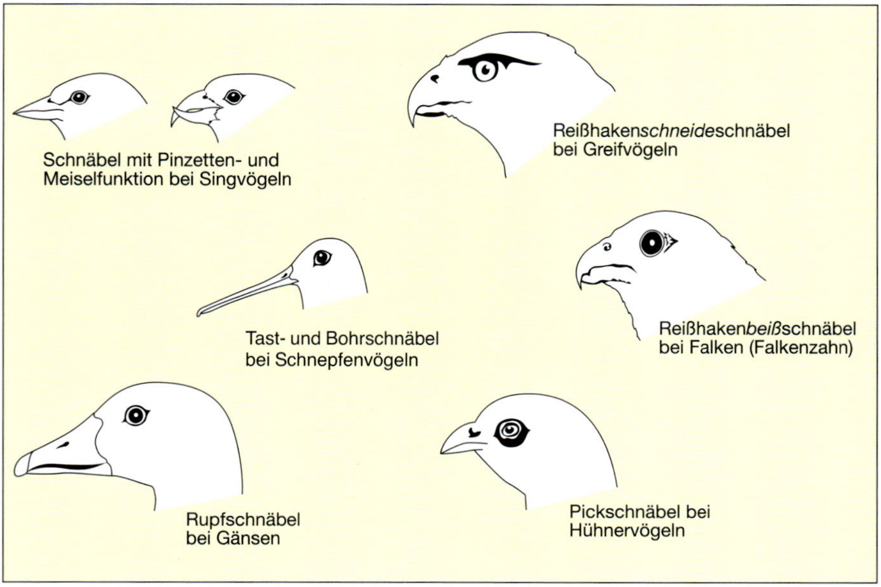

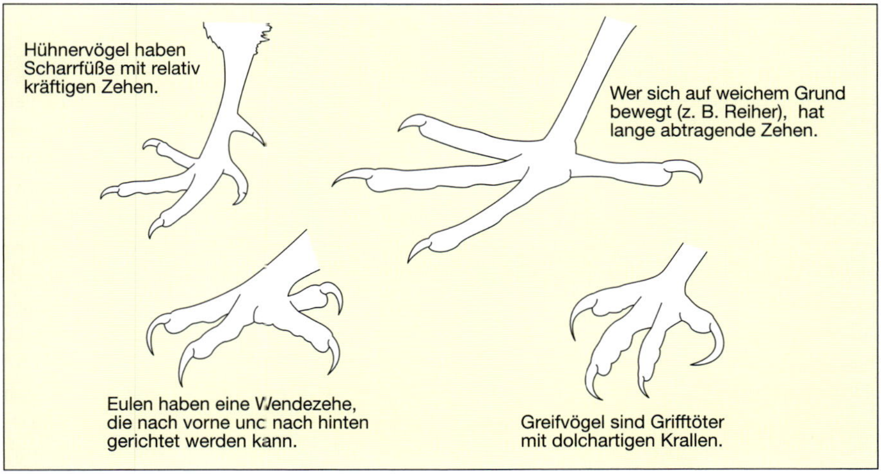

Fußformen.

1041 | Welche Fußformen werden unterschieden?
Scharrfuß (Hühnervögel), Schwimmfuß (Gänsevögel), Greiffuß (Greifvögel und Eulen), Schreit- und Sitzfuß (Singvögel), Kletterfuß (Spechte).

1042 | Bei welcher Federwildart verfügen die Männchen über einen Penis?
Bei den Gänsevögeln.

1043 | Welche Vögel haben einen Kropf?
Alle Hühnervögel und Tauben; bei den Entenvögeln ist der Kropf nur als spindelförmige Erweiterung der Speiseröhre angedeutet. Bei den Schreitvögeln dient die ganze Speiseröhre als Vorratsorgan.

1044 | Welche Funktion hat der Kropf?
Er dient der Bevorratung der Nahrung.

1045 | Wie erfolgt die Begattung bei Vögeln ohne Penis?
Durch die beim Tretakt stattfindende Kloakenreibung.

1046 | Was sind Nesthocker?
Jungtiere, die nach dem Schlupf aufgrund ihres vergleichsweise geringen Entwicklungszustandes im Nest verbleiben müssen (geschlossene Augen, unbefiedert).

1047 | Was sind Nestflüchter?
Jungtiere, die wenige Stunden nach dem Schlupf das Nest laufend verlassen können.

1048 | Was sind Standvögel?
Vögel, die das ganze Jahr über in ihrem geographischen Lebensraum verbleiben.

1049 | Was kennzeichnet Zugvögel?
Zugvögel ziehen regelmäßig im Herbst in ihre Winterquartiere und kommen im Frühjahr wieder zurück.

1050 | Wann spricht man von Teilziehern und wann von Strichvögeln?
Ziehen Teile einer Population in Überwinterungsgebiete sprechen wir von Teilziehern. Strichvögel weichen ungünstigen Wetterlagen nur temporär aus.

1051 | Welche Federwildarten sind Bodenbrüter?
Alle Hühnervögel, alle Schwäne, Gänse und Enten (ausgenommen Schellente, Gänsesäger und gelegentlich Stockenten), alle Schnepfenvögel, Taucher, Rallen, Weihen, Kranich, Möwen und die Großtrappe.

1052 | Welche Federwildarten brüten in Bäumen?
Alle Greifvögel, ausgenommen die Weihen, alle Tauben, Störche und Reiher und der Kormoran.

Hühnervögel

Mit Ausnahme des Steinhuhns unterliegen alle einheimischen Hühnervögel dem Jagdrecht. Sie leben vorwiegend am Boden (»Laufvögel«) und fliegen selten über weite Strecken. Mit ihren kurzen, breiten Schwingen sind sie wenig wendig. Mit Ausnahme der Wachtel sind alle Hühnervögel Standvögel. Mit dem kräftigen »Pickschnabel« nehmen sie verschiedenartige pflanzliche Äsung auf, daneben auch Insekten und andere Kleintiere. Die Küken ernähren sich in den ersten Lebenswochen ganz überwiegend von eiweißreicher Insektennahrung. Alle einheimischen Hühnervögel sind

Bei polygam lebenden Vögeln wie dem Auerhuhn sind die Hähne stärker und auffälliger gefiedert als die Hennen.

Bodenbrüter. Die Henne legt das Gelege in eine Bodenmulde mit wenig Nistmaterial, beginnt nach Ablage des letzten Eies mit der Brut, die 3 bis 4 Wochen dauert. Die Küken sind Nestflüchter und nach 2 bis 3 Wochen flugfähig. Auerwild, Birkwild und Fasan sind polygame Vögel, bei denen die Brutpflege allein durch die Henne erfolgt. Haselhuhn, Rebhuhn und Schneehuhn leben in Jahresehe, Hahn und Henne führen die Küken.

Hühnervögel haben einen Drüsenmagen und einen nachgeschalteten großen Muskelmagen. In letzterem wird die Nahrung mechanisch zerrieben, bevor die eigentliche Verdauung durch Magensäfte einsetzt. Bewusst mit aufgenommene »Magensteine« (Weidkörner) unterstützen im Muskelmagen die mechanische Zerkleinerung der Nahrung. Eine weitere Besonderheit sind die paarigen, langen Blinddärme, aus denen eine eigene Losung abgesetzt wird (Balzpech des Auerhahns).

Eine Besonderheit sind die Balzrosen der Hähne der Hühnervögel. Unbefiederte, rot gefärbte Hautstellen über den Augen, die zur Balz stark durchblutet anschwellen, dienen der innerartlichen Kommunikation (Birk- und Auerhahn; beim Fasanenhahn auch Hautbezirke an den Kopfseiten).

Wir unterscheiden bei den Hühnervögeln die *Rauhfuß- oder Waldhühner* (Auerwild, Birkwild, Haselwild, Alpenschneehuhn) von den *Feld- oder Glattfußhühnern* (Rebhuhn, Wachtel, Steinhuhn, Fasan, Wildtruthuhn).

Rauhfußhühner haben bis zu den Zehen hinab befiederte Ständer. An den Zehen selbst tragen sie zu Hornlamellen umgebildete Federn zur Oberflächenvergrößerung der fußenden Zehen. Diese »Balzstifte« genannten Hornlamellen werden alljährlich erneuert. Die Ständer der Feldhühner sind unbefiedert und mit festen, arttypischen Hornplatten bedeckt.

Auerhuhn *(Tetrao urogallus)*

Lebensraum – Auerwild bevorzugt ausgedehnte, naturnah aufgebaute, störungsfreie Wälder. Ursprünglich auch im Flachland überall zu finden, heute in Deutschland nur noch Restbestände im montanen und alpinen Raum. Stärkere Vorkommen gibt es noch in Österreich, Skandinavien und Osteuropa.

Balz – April/Mai. Gegen Abend schwingt sich der Hahn in seinen Schlafbaum ein, »überstellt« sich wiederholt (Platzwechsel) und »worgt« laut.

Vor Tagesanbruch beginnt er sein leises Balzlied, das aus dem Knappen (»Telak-telak-telak«), dem Triller, dem Hauptschlag (»Titock«) und dem Schleifen (wie das Wetzen einer Sense) besteht. Das Schleifen übertönt fremde Geräusche, so dass der Jäger in diesem Teil der Balzarie den Urhahn »anspringen« kann. Anstrengung und Erregung beeinträchtigen in diesem Moment die Sinne des balzenden Urhahns stark, machen ihn aber weder blind noch taub.

Hähne balzen traditionell immer auf denselben Balzplätzen. Man unterscheidet zwischen der Baum- und Bodenbalz. Die Hennen stehen dem nach Sonnenaufgang aus der Baumbalz zu Boden gehenden Hahn zu und werden fast ausschließlich vom jeweiligen Platzhahn getreten (begattet).

Bejagung – Auerwild gehört zum jagdbaren Wild, ist aber in Deutschland ganzjährig geschont. In Österreich und in Teilen Ost- und Südosteuropas wird es bejagt, ebenso in Skandinavien, wo es als Fleischlieferant gilt; ähnlich erfolgt die Bejagung in Russland. Der Schuss mit grobem Schrot auf nahe Entfernung (< 30 m) ist in der Regel dem Kugelschuss vorzuziehen. Beim Kugelschuss besteht die Gefahr, dass der kranke Hahn noch »abreitet«, verloren geht.

Steckbrief Auerhuhn

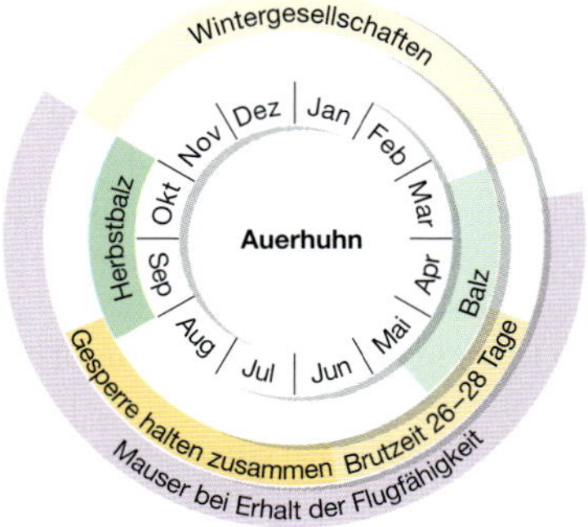

Jahreszyklus

Verbreitungsgebiet

Körperbau: Gewicht ♂ 3 bis 6,5 kg, ♀ 1,5 bis 2,5 kg, Gesamtlänge ♂ 85 bis 100 cm, ♀ 55 bis 70 cm. Pflück- und Reißschnabel. Scharrfüße. Kräftiger Muskelmagen; 2 besonders lange Blinddärme (wegen schwer verdaulicher Äsung).
Lautäußerungen: Reviergesang während der Balz (Balzlied), Worgen (auch im Herbst); Rauschen mit den Schwingen bei der Bodenbalz. Variantenreiche Alarm- und Kontaktrufe der Henne und der Küken / Junghühner.
Lebensweise: Hähne nach der Balz gelegentlich in Zweiergruppen, ansonsten einzeln. Henne und Küken (Jungvögel) bleiben bis Oktober zusammen. Danach Bildung von Wintergruppen (Geschlechter meist getrennt).
Auerwild hudert gerne und nutzt Ameisen (einemsen) gegen Ektoparasiten. Nächtigung in Bäumen (Ausnahme: Henne mit Küken). Im Winter gräbt es zur Nächtigung Schneehöhlen (Feindvermeidung, Kälteschutz). Bei geringer Schneehöhe auch Übernachtung in Schneegruben unter überhängenden Zweigen.
Fortpflanzung: Polygam. Balz Ende März bis Mai; bei Tagesanbruch Baumbalz, danach Bodenbalz. 6 bis 10 Eier; Brutzeit 26 Tage. Gesperre bleiben bis Oktober zusammen.
Nahrung: Küken anfangs nur Insekten, dann zunehmend pflanzliche Nahrung. Würmer, Ameisenpuppen und Schnecken, im Spätsommer und Herbst viel Beeren. Im Winter weitgehend Nadeln.

Lebensraum

?

1053 | Wo kommt in Deutschland noch Auerwild in freier Wildbahn vor?
In den Alpen und Restvorkommen in einigen Mittelgebirgen (Bayerischer Wald, Schwarzwald, Harz).

1054 | Welche Lebensräume bewohnt das Auerwild bei uns?
Naturnahe Bergwälder (= unterschiedliche Baumaltersstufen → ganzjährig Äsung und Deckung).

1055 | Wer beeinflusst die Lebensraumqualität des Auerwildes am meisten?
Der wirtschaftende Mensch sowie der Tourismus.

1056 | Welche Art der Waldbewirtschaftung kommt dem Auerwild entgegen?
Lockere Altersklassenwälder, die über Schirm- oder Femelschläge verjüngt werden, mit vielen Verjüngungsinseln und reicher Beerkrautdecke.

Körperbau

1057 | Wie schwer wird ein Auerhahn?
Die Henne bis 2,5 kg, der Hahn bis 6,5 kg.

1058 | Wie unterscheiden sich Hahn und Henne?
Durch das Gefieder. Henne tarnfarbig braun mit schwarzen und weißen Bändern. Hahn schwärzlicher Grundton, grünmetallisch schimmernde Brust, dunkelbraune Schwingen, blaugrauer Hals, Hahn wesentlich stärker als Henne.

Fuß des Auerhahns mit Balzstiften.

1059 | Wie sind die Ständer des Auerwildes?
Sie sind befiedert.

1060 | Was sind Balzstifte?
Zu Hornstiften umgestaltete Federn beiderseits an jeder Zehe (→ Oberflächenvergrößerung, Schneeschuheffekt).

Körperbezeichnungen beim Auerhahn.

Das Balzlied des Auerhahns besteht aus mehreren Strophen. Es beginnt mit einzelnen »Glepfern«, die sich verdichten und zum »Triller« werden. Diesem folgt der »Hauptschlag« und abschließend das »Schleifen«.

1061 | Was sind Balzrosen?
Auffallend rot gefärbte Hautpartien unmittelbar oberhalb der Augen.

1062 | Was versteht man beim Auerwild unter Schaufeln?
Die Stoßfedern werden als Schaufeln bezeichnet.

1063 | Was ist der Spiegel?
Der weiße Schwingenfleck in Höhe des Schultergelenkes.

1064 | Wie mausert das Auerwild?
Die Althähne mausern regelmäßig nach der Balz, die Junghähne mausern erstmalig im Oktober des Schlupfjahres. Hähne tragen über das ganze Jahr ihr Prachtgefieder.

Altersmerkmale / Altersansprache

1065 | Welche Merkmale unterscheiden den alten vom jungen Hahn?
Bis zum zweiten Lebensjahr laufen bei beiden Geschlechtern die äußeren Federn der Handschwinge spitz aus. Der Bart des jungen Hahnes ist kurz, der des alten lang und struppig-borstig aussehend. Die Enden der Schaufel sind beim Althahn gerade, beim Junghahn sind sie abgerundet.

Krankheiten

1066 | Welche Krankheit befällt das Auerwild?
Die Schwarzkopfkrankheit (Leber-Blinddarmentzündung, hervorgerufen durch *Histomonas meleagridis).*

Nahrung

1067 | Was äst das Auerwild im Sommer?
Junge Nadeln, Beerenkraut, Knospen, Früchte verschiedener Beersträucher, Insekten, Ameisenpuppen, Würmer, Schnecken (reiches Nahrungsspektrum).

1068 | Welche Insekten werden besonders gerne genommen?
Ameisen und deren Puppen. Küken leben in den ersten Wochen fast ausschließlich von Ameisen und anderen Insekten.

1069 | Was ist die Winteräsung des Auerwildes?
Vornehmlich Koniferennadeln, Kiefernnadeln werden bevorzugt.

Verhalten

1070 | Lebt Auerwild gesellig?
Ja, es lebt getrennt nach Geschlechtern in Kleingruppen.

1071 | Wo nächtigen Auerhühner?
Auf Bäumen und im Winter teilweise in Schneehöhlen.

1072 | Wie schützt sich Auerwild vor großer Kälte?
Durch stundenlanges Verharren an windgeschützten Stellen und Nächtigung in Schneehöhlen.

1073 | Fliegt Auerwild auch größere Strecken?
Ja, gelegentlich überquert es ganze Täler.

Fortpflanzung

1074 | Wann findet die Balz statt?
Zweite Märzhälfte bis Mai.

1075 | Wo balzen die Auerhähne?
Sowohl auf Bäumen als auch am Boden (Baum- und Bodenbalz).

1076 | Wie ist der Balzgesang des Auerhahns?
Aus dem Knappen, dem Triller, dem Hauptschlag und dem Schleifen.

1077 | Wie verhalten sich Hennen in der Balz?
Die Hennen streichen nach Sonnenaufgang zum Balzplatz und werden bei der Bodenbalz getreten (begattet).

1078 | Wie viele Eier umfasst ein Gelege?
6 bis 10 rotgetupfte, bräunliche Eier.

1079 | Wie lange dauert die Brutzeit?
Ca. 26 Tage.

1080 | Sind die Küken Nesthocker?
Nein, sie sind Nestflüchter.

Auerhähne überstellen sich nach Tagesanbruch auf die Balzplätze am Boden. Nur dort kann es zu Konfrontationen kommen.

1081 | Wer brütet und wer führt die Küken?
Ausschließlich die Henne.

1082 | Kreuzt sich Auerwild mit anderen Wildhühnern?
Ja, mit dem Birkwild. Das Kreuzungsprodukt ist das untereinander unfruchtbare Rackelhuhn.

1083 | Was versteht man unter Balzlosung?
Neben der festen, walzenförmigen Normallosung zu findende breiige Blinddarmlosung (= Balzpech). Irrtümliche Bezeichnung, da zu jeder Jahreszeit dieser Blinddarmkot abgesetzt wird.

Bejagung

1084 | Darf Auerwild bei uns noch bejagt werden?
Nein, es gehört zum jagdbaren Federwild, ist aber ganzjährig geschont.

1085 | Welche Bejagungsarten werden heute noch in Europa praktiziert?
Die Balzjagd in Osteuropa und Österreich, die Suchjagd im Herbst in Skandinavien.

Nur während des Schleifens darf sich der Jäger bewegen!

1086 | Wie erfolgt die Balzjagd?
Nach Bestätigung des Auerhahns beim Abendeinfall (= Verlosen) wird er am Morgen während der Baumbalz »angesprungen«.

1087 | Was versteht man unter Abendeinfall?
Das Einfallen des Platzhahnes auf seinem Balzbaum.

1088 | Was sind Magensteine?
Kleine Steinchen, die bewusst aufgenommen werden, um im Muskelmagen die Mahlbewegungen zur mechanischen Zerkleinerung der Nahrung zu unterstützen (Weidkörner, werden als Erinnerungsschmuck gefasst).

1089 | Welche Feinde hat das Auerwild?
Die Gelege werden von Dachs, Fuchs, Marder und Schwarzwild geplündert. Erwachsene Vögel gehören zum Beutespektrum von Steinadler, Habicht, Uhu, Luchs, Fuchs und Marder.

Waidmännische Ausdrücke*

abreiten	wegfliegen (abstreichen)
Äsung	Nahrung
äugen	sehen
Balzkragen	Kehlfedern des Hahnes
Balzpech	Blinddarmlosung
Balzstifte	Hornstifte an den Zehen
brocken	äsen
Brocker	Schnabel
einemsen	Huderbad in Ameisennestern
einfallen	sich anfliegend niederlassen
Fächer	Stoß
Fährte	Spur
Gesperre	Henne mit Küken
Grandeln	Sinngemäß Malerfeder
hudern	Staubbad nehmen
Hahnbart	Federbüschel von Untersoß und Läufen
Huderpfanne	Mulde, die beim Hudern entsteht
Läufe	Beine (Ständer)
Losung	Kot
Mauser	Federwechsel
nadeln	Fichten- und Kiefernnadeln äsen
Rosen	rote Hautpartie über den Augen
Schaufel	einzelne Stoßfeder
Schild	Brustfleck
Schneider	junger Hahn
Schwingen	Flügel
Spiegel	weißer Fleck am Schwingenbug
Stingel	Hals
Stoß	Schwanzfedern
überstellen	den Standort wechseln
verlusen	verhören
verschweigen	verstummen
Weidkorn	Magensteine

* Da das Auerwild traditionell zum »Hochwild« gehört, weichen einige Ausdrücke der Jägersprache von den sonst für Federwild üblichen ab.

Birkhuhn *(Lyrurus tetrix)*

Aussehen – Wie beim Auerwild trägt der Birkhahn permanent ein Prachtgefieder, während die Henne auf hellbraunem Grund schlicht dunkel gebändert ist. Auf den Schwingen tragen beide Geschlechter einen kleinen weißen Spiegel. Der Stoß der Henne ist leicht gegabelt, der Unterstoß auf weißem Grund dunkel gebändert. Auffallend sind beim Hahn die besonders in der Balz gewölbten, hochroten Rosen über den Augen. Der Birkhahn (Spielhahn, Schildhahn, Schneidhahn oder Kleiner Hahn) trägt einen lyraförmigen Stoß, der bei jungen Hähnen beiderseits durch je 1 bis 2, bei alten Hähnen durch bis zu 4 krumme Stoßfedern (Sicheln) sowie auffällige, weiße Unterstoßfedern geformt wird.

Lebensraum – Birkwild bewohnt offene, locker mit Gebüsch und Bäumen durchsetzte Landschaften: Im Flachland Moore und Heiden, in höheren Mittelgebirgen die licht bewaldeten Kammlagen, im Hochgebirge die Latschen- und Almregion oberhalb der Waldgrenze. Im Flachland ist das Birkwild bis auf kleine Reste (norddeutsche Moore, Lüneburger Heide) von der Landeskultur verdrängt. Außerhalb der Alpen gibt es nur noch im Bayerischen Wald, auf der Langen Rhön und im Erzgebirge Restbestände in Mittelgebirgen. Die alpinen Vorkommen selbst haben sich gut gehalten, sind jedoch durch touristische Erschließungen gefährdet. Zahlreich kommt Birkwild noch in Skandinavien und Osteuropa vor.

Balz – März bis Ende Mai. Balzplätze sind offene Flächen (Heiden, Moore, Wiesen), wo die Hähne in der Morgendämmerung einfallen. Ihre Lautäußerungen bestehen aus zwei Strophen, dem Kullern (Rodeln,

Birkhähne sind polygam und balzen anfangs ohne Hennen. Jeder Hahn beansprucht ein nur wenige Quadratmeter großes Balzrevier, dessen Grenzen genau eingehalten werden. Die ranghöchsten Hähne balzen in der Mitte.

Grugeln, Trommeln) und dem Blasen (Zischen). Das Kullern erfolgt in trippelnder Bewegung bei nach oben gefächertem Stoß – der weiße Unterstoß wird auffällig sichtbar – und mit nach unten abgespreizten Schwingen. Beim Zischen erfolgt ein hoher Flattersprung. Um den ranghöchsten »Platzhahn« balzen mehrere »Beihahnen« (Gesellschaftsbalz). Bei Sonnenaufgang verstummen die Hähne für eine kurze Zeit, setzen dann die Balz gern auf erhöhten Standorten (Bäumen, Torfstapeln) fort (»Sonnenbalz«). Die Hennen streichen zu den Balzplätzen und werden von den ranghöchsten Hähnen getreten.

Bejagung – Keine Bejagung mehr bei uns. In Österreich und in Osteuropa wird die bei uns früher übliche Jagd am Balzplatz von einem Ansitzschirm aus noch ausgeübt: Zu weit entfernte Hähne kann man »reizen« (locken), indem man akustisch einen Nebenbuhler vortäuscht. Erlegt wird der Spielhahn auf nahe Entfernung mit grobem Schrot, auf weitere Distanz mit einer kleinkalibrigen Kugel. In Teilen der Schweiz und Italiens werden die Hähne im Herbst bejagt, ebenso in Skandinavien und Schottland.

Trophäe: Ganzpräparat oder Spiel als Hutschmuck oder einzelne Sicheln.

Steckbrief Birkhuhn

Körperbau: Gewicht ♂ 1,2 bis 1,9 kg, ♀ 0,94 bis 1,1 kg.

Lautäußerungen: Kullern der Hähne als weithin hörbarer Reviergesang fast ganzjährig; beim Balzgesang zusätzlich Zischen (Blasen). Beim Hahn ferner kurzer Ruf vor dem Abflug und Alarmrufe (Bodenfeinde, Luftfeinde); Hennen recht ruffreudig; Warnruf, Flugruf, Kontaktruf.

Lebensweise: Polygam. Gesperre bleiben bis in den Herbst zusammen. Hähne bilden auch im Sommer Kleingruppen. Im Winter auch größere Gruppen aus Hähnen oder Hennen. Nächtigung auf Bäumen, im Winter auch in Schneehöhlen (teils auch am Tage).

Fortpflanzung: April bis Mai; bei Tagesanbruch Gemeinschaftsbalz am Boden, nach Sonnenaufgang Einzelbalz auf Bäumen. 6 bis 10 Eier; Brutzeit 28 Tage. Nestflüchter.

Nahrung: Küken zunächst nur Insekten und Wirbellose, dann mehr und mehr pflanzliche Nahrung (Knospen, Blüten, Beeren). Im Sommer werden hauptsächlich Zwergsträucher genutzt, im Winter Knospen der Laubbäume, Nadelanteile geringer.

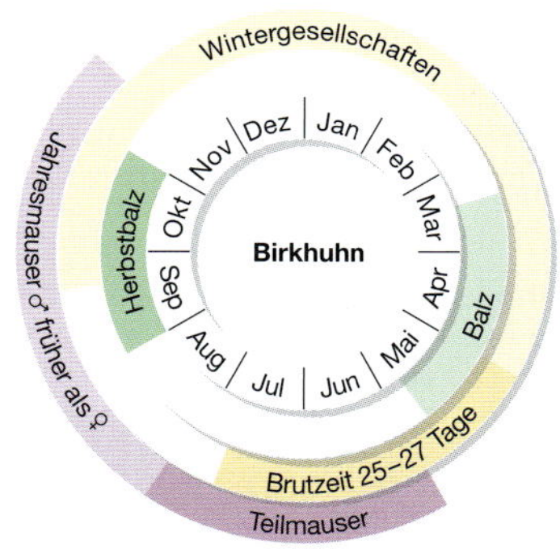

Jahreszyklus

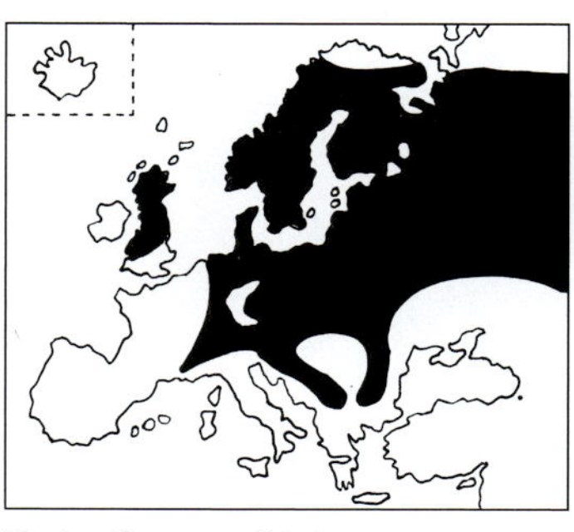

Verbreitungsgebiet

Lebensraum

1090 | Welche Lebensräume bewohnt das Birkwild?
Im Flachland Moore und Heiden, im Bergland licht bewaldete Kammlagen, im Hochgebirge die Latschen- und Almwiesenregionen an der Baumgrenze.

1091 | Wo gibt es in Europa noch bedeutende Birkwildvorkommen?
Schottland, Österreich, Skandinavien und Osteuropa einschließlich Russland.

1092 | Wo finden wir in Deutschland Birkwild?
In den Alpen, Restbestände in der Rhön, im Bayerischen Wald sowie in einigen norddeutschen Mooren und Heiden (z.B. Lüneburger Heide).

Körperbau

1093 | Wie schwer wird ein Birkhahn?
Bis 1,9 kg.

1094 | Wie unterscheiden sich alte und junge Birkhähne?
Der alte Hahn trägt ein schwarzblaues Gefieder, seine Sicheln (4 ×) (= Schwanzfedern) sind lang und stark gekrümmt. Der junge Hahn zeigt Brauntöne im Gefieder (Rücken), seine Sicheln (1–2) sind kurz und nur angedeutet eingekrümmt. Hähne tragen das ganze Jahr über ihr Prachtgefieder.

1095 | Wie ist das Gefieder der Birkhennen?
Die Grundfarbe ist ein helles Braun, Federn sind dunkel gebändert.

Birkhahn in Balzpose mit Körperbezeichnungen.

Junger Hahn / alter Hahn.

Im Winter vergesellschaften sich Birkhühner in größeren Flügen.

1096 | Welche Lautäußerungen kennen wir beim Birkwild?
Beim balzenden Hahn unterscheiden wir das Kullern und das Blasen. Die Hennen locken. Auch außerhalb der Balz hört man das Kullern der Hähne.

Altersmerkmale

1097 | Lässt sich der zwei- vom dreijährigen Hahn unterscheiden?
Bis zum Herbst des zweiten Lebensjahres verbleiben die spitz auslaufenden äußeren beiden Federn der Handschwinge. Nach der Herbstmauser sind die neuen Federn an der Spitze abgerundet. Rücken und Schwingen des zweijährigen Hahns erscheinen braun.

Nahrung

1098 | Was äst das Birkwild im Sommer?
Blätter, Blüten, Triebe, Insekten, Samen (reichhaltiges Futterspektrum).

1099 | Auf welche Nahrung sind die Küken angewiesen?
Sie sind auf Insekten als Nahrung angewiesen.

1100 | Was äst Birkwild im Winter bevorzugt?
Heidekraut, Birkenknospen (kleines Futterspektrum).

Verhalten

1101 | Leben Birkhühner territorial?
Nein, nur der Platzhahn hat ein festgelegtes Balzterritorium.

1102 | Was entscheidet über die Rangstellung eines Hahnes?
Das Alter.

1103 | Wie verhalten sich die Geschlechter zueinander?
Sie leben nach Geschlechtern getrennt in kleinen Gruppen. Im Winter werden bei guten Vorkommen größere Zusammenschlüsse von Hähnen beobachtet.

1104 | Balzen Birkhähne auch außerhalb der eigentlichen Paarungszeit?
Ja, im Herbst.

1105 | Wie weicht Birkwild starker Kälte aus?
Birkwild gräbt aktiv Schneehöhlen, in denen es sich dann auch einschneien lässt (Iglueffekt).

Fortpflanzung

1106 | Wann findet die Balz der Birkwildes statt?
Im April / Mai.

1107 | Wie unterscheidet sich die Balz der Birkhähne von jener der Auerhähne?
Die Birkhähne fallen bei Tagesanbruch zur Bodenbalz ein und überstellen sich später zur Sonnenbalz in meist weiter entfernte Bäume. Auerhähne verhalten sich genau umgekehrt.

Die Hennen tragen ein Tarnkleid.

1108 | Wo balzen die ranghohen Hähne?
Im Zentrum des Balzplatzes, umgeben von rangniedrigeren (jüngeren) Hähnen.

1109 | Wer trifft die Partnerwahl?
Die Hennen. Sie streichen gegen Ende der Balzzeit frühmorgens zum Balzplatz und lassen sich in der Regel nur vom Platzhahn treten.

1110 | Wie viele Eier umfasst das Birkwildgelege?
Es beinhaltet 6 bis 10 rotbraun getüpfelte Eier bei heller Grundfarbe.

1111 | Wie lange werden die Eier bebrütet?
28 Tage, Bodenbrut, Jungtiere sind Nestflüchter.

1112 | Wer brütet und wer führt die Küken?
Ausschließlich die Henne!

Bejagung

1113 | Wo wird Birkwild in Europa noch bejagt?
In Osteuropa, vornehmlich Russland, in Schottland, Skandinavien und Österreich.

1114 | Macht es Sinn, die »alten Raufer« zu erlegen?
Nein, es sind die Platzhähne, die von den Hennen zur Begattung ausgewählt werden.

1115 | Welche Jagdarten sind gebräuchlich?
Die Ansitzjagd vom Schirm aus während der Balz; in Skandinavien die Suche mit dem Hund, Herbstjagd in der Schweiz und Italien.

1116 | Welche Jagdart gilt als mit der EU-Vogelschutzrichtlinie nicht vereinbar?
Die Balzjagd.

1117 | Wie kann man den Birkhahn am Balzplatz zum Zustehen bewegen?
Durch Nachahmen der Balzlaute (→ reizen).

1118 | Welche natürlichen Feinde hat das Birkwild?
Wiesel, Marder, Fuchs, Adler, Uhu, Habicht. Gelegeprädation durch Dachs, Schwarzwild, Krähe, Elster.

1119 | In welchem Alter werden die Küken flugfähig?
Ab der dritten Lebenswoche.

Waidmännische Ausdrücke

blasen	Balzlaut (auch zischen, fauchen)
Geläuf	Spur
Gestüber	Losung
kullern	Balzlaut (auch rodeln, grugeln)
Schneidhahn	örtliche Bezeichnung für Birkhahn (auch Spielhahn)
Sonnenbalz	Baumbalz
Sichel	einzelne krumme Feder aus dem Stoß des Hahnes
Spiel	Stoß

Rackelwild

Der Artenkatalog des Bundesjagdgesetzes enthält noch das »Rackelwild«. Hierbei handelt es sich um Bastarde (Kreuzungsprodukte) aus Auer- und Birkwild, die gelegentlich in Gebieten auftreten, in denen beide Arten gemeinsam vorkommen. Ganz überwiegend tritt der Birkhahn eine Auerhenne, die sich gemeinsam mit Birkhennen auf einem Balzplatz einfindet. Der umgekehrte Fall (Auerhahn × Birkhenne) ist möglich, aber im Hinblick auf Lebensraum und Balzverhalten des Auerhahns weniger wahrscheinlich.

Rackelhühner (Hähne und Hennen) zeigen Merkmale beider Elternarten, stehen in der Größe zwischen Auer- und Birkwild; auch im Balzverhalten von Rackelhähnen treten Verhaltensweisen und Lautäußerungen beider Arten in unterschiedlicher Kombination auf. Fruchtbare »Rückkreuzungen« mit Partnern einer der Ursprungsarten scheinen möglich zu sein, während sie untereinander unfruchtbar sind.

Rackelhahn vom Auerwild-Typ.

Haselhuhn
(Tetrastes bonasia)

Aussehen – Der Haselhahn trägt einen Schopf (Holle), rote Balzrosen und einen schwarzen Kehlfleck (Schwarzkehlchen), der weiß eingerahmt ist. Das übrige Gefieder ist rostbraun bis grau, die Oberseite dunkel gefleckt. Der Stoß trägt beim Hahn eine dunkle Querbinde. Die Henne hat eine weiße Kehle.

Lebensweise – Haselwild lebt paarweise bzw. in Familiengruppen (Gesperre) in unterholzreichen Laub- und Mischwäldern der Mittelgebirge sowie in die tieferen Lagen des Alpenbergwaldes. Der gern sandbadende Hühnervogel meidet freie Flächen und »klettert« äußerst geschickt in Büschen und Bäumen. Sein Lebensraum wurde vor allem durch Umwandlung von Niederwäldern in nadelholzreichen Hochwald zerstört. Deshalb sind seine Vorkommen in den westdeutschen Mittelgebirgen heute fast erloschen.

Balz – Im Herbst grenzen die Hähne mit »Reviergesang« (»Spissen«, ein feines »Tsi-

Steckbrief Haselhuhn

Körperbau: Gewicht ♂ ♀ 300 bis 500 g. Geringer Geschlechtsdimorphismus, Hähne haben schwarzen Kehlfleck, schwarze Stoßbinde und Holle.
Lautäußerungen: Reviergesang des Hahnes (»Spissen«), vor allem während der Balz und im Herbst, aber auch im Sommer. Kontaktlaut beider Geschlechter (gijü), ebenso Alarmruf (wid-wid-wid-wid).
Lebensweise: Monogam: im Sommer Gesperre, die sich Ende August / September auflösen, sonst meist paarweise. Nächtigung in Sommer ausschließlich in Bäumen, im Winter auch in Schneehöhlen. Haselhühner hudern häufig. Hauptaktivitäten frühe Morgenstunden und von Spätnachmittag bis Sonnenuntergang. Intensives Sonnenbaden und Hudern.
Fortpflanzung: Herbstbalz der Hähne dient vorwiegend der Revierabgrenzung. 6 bis 10 Eier; Frühjahrsbalz ab Ende März bis Mai; Eiablage ab Mitte April. Brutzeit 24 Tage. Nestflüchter
Nahrung: Küken zunächst Insekten, ab 2. Lebenswoche vermehrt pflanzlich. Adulte Hühner nehmen überwiegend Knospen, Blüten und Triebe von Zwergsträuchern und Laubgehölzen, Blätter und Samen von Kräutern.

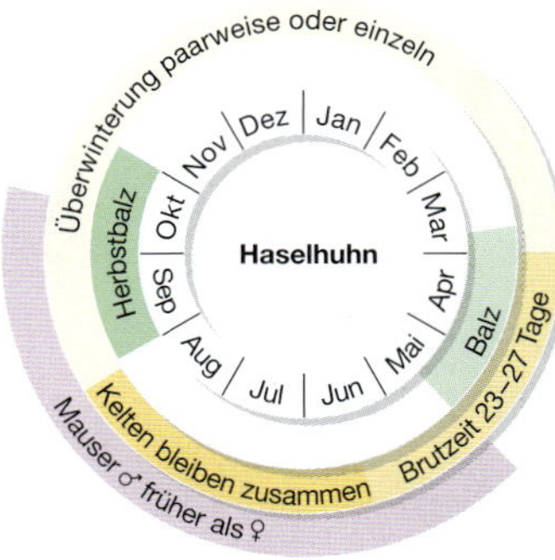

Jahreszyklus

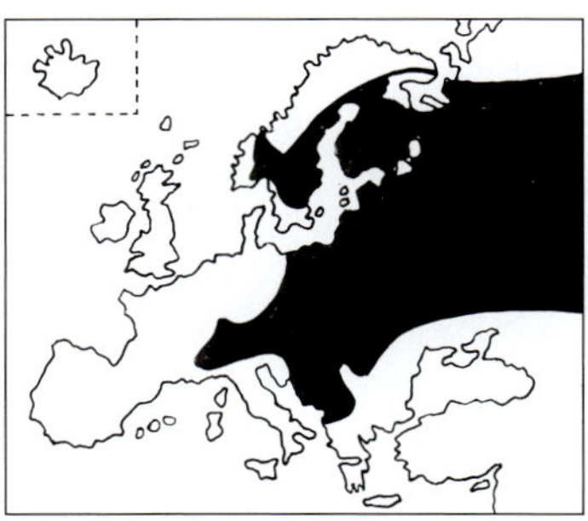

Verbreitungsgebiet

tsi-tsi«), Imponierverhalten und Kämpfen ihre künftigen Territorien ab und gehen eine Paarbindung mit einer Henne ein (Verlobung). Sie bleiben den Winter über paarweise zusammen; die Begattung im Frühjahr erfolgt ohne auffälliges Balzverhalten. Die Jungvögel werden schon im August selbständig.

Bejagung – Haselwild ist in Deutschland ganzjährig geschont. Die Jagd wurde früher im Herbst als Lockjagd ausgeübt. Mit dem »Pfeiferl«, einem aus einem Knöchelchen hergestellten Lockinstrument, täuschte man dem Hahn durch »Spissen« einen Nebenbuhler vor und erlegte ihn beim Zustehen. Bejagt wird das Haselwild noch in Österreich, Skandinavien und Teilen Osteuropas.

Waidmännische Ausdrücke – Sie sind im Allgemeinen dieselben wie bei den übrigen Waldhühnern. Die Lautäußerungen heißen »Spissen« (Balzlaut des Hahnes) und »Bisten« (Lockruf der Henne).

Haselhahn und Haselhenne tragen fast dasselbe Gefieder, aber nur der Hahn hat eine schwarze Kehle!

Lebensraum

?

1120 | Welche Lebensräume sagen dem Haselwild zu?
Unterholzreiche Laub- und Mischwälder.

1121 | Welche Waldbauform kommt dem Haselhuhn am meisten entgegen?
Der Plenterwald und die nicht mehr durchgeführte Haubergbewirtschaftung (Eichenlohegewinnung).

1122 | Wo finden wir in Deutschland noch Haselwild?
In geringen Restbeständen in einigen Mittelgebirgen. Seinen Verbreitungsschwerpunkt hat das Waldhuhn heute in den tiefen und mittleren Lagen der Alpenwälder.

Körperbau

1123 | Wie groß ist ein Haselhuhn?
Es ist rebhuhngroß. Körpermassen zwischen 300 bis 500 g.

1124 | Was unterscheidet Hahn und Henne im Gefieder?
Hähne tragen einen schwarzen Kehlfleck, eine Federholle und schwarze Stoßbinden, Hennen nicht.

Typischer Haselwildlebensraum mit viel Laub-Unterholz.

1125 | Wie sind die Ständer und Füße des Haselwildes?
Befiedert.

1126 | Hat die Haselhenne Balzstifte?
Ja, beide Geschlechter tragen im Winter an den Zehen Hornstifte.

Nahrung

1127 | Was äsen Haselhühner bevorzugt?
Erwachsene Tiere äsen Knospen, frische Triebe, Beeren, Sämereien, Insekten, Würmer, Weichtiere. Küken sind – wie bei allen Hühnervögeln – auf Insektennahrung angewiesen.

Verhalten

1128 | Wie ist das Sozialverhalten der Haselhühner?
Haselhühner leben paarweise und territorial.

1129 | Wo nächtigen die Haselhühner?
In Bäumen (→ aufgebaumt).

1130 | Welches Komfortverhalten pflegt Haselwild?
Das Hudern im Sand (→ Sandbaden).

Fortpflanzung

1131 | Welche Besonderheiten zeichnet die Balz des Haselwildes aus?
Paar- und Revierbindung im Herbst.

1132 | Wo brütet die Henne und wie stark sind die Gelege?
Die Henne bebrütet in einer Bodenmulde 6 bis 10 rostrot gesprenkelte Eier.

1133 | Wie verläuft die Aufzucht der Küken?
Nestflüchter, Führung ausschließlich durch die Henne. Sie sind am Ende der zweiten Lebenswoche flugfähig.

Bejagung

1134 | Darf Haselwild in Deutschland bejagt werden?
Nein, es ist jagdbares Wild, aber ganzjährig geschont.

1135 | Welche Jagdarten sind bei unseren Nachbarn üblich?
Die Lockjagd während der Herbstbalz. Hähne werden durch das Nachahmen des Spissens (= Balzlaut) angelockt, erzeugt mit einem aus einem kleinen Knochen hergestellten »Pfeiferl«.

1136 | Welche Feinde hat das Haselwild?
Alle bei uns vorkommenden Beutegreifer und Gelegeprädatoren.

Alpenschneehuhn *(Lagopus mutus)*

Aussehen und Lebensweise – Im Sommer ist der Hahn bei weißer Unterseite und weißen Handschwingen schwarzbraun, die Henne gelbbraun gefleckt. Im Winter sind beide Geschlechter weiß bis auf schwarz endende Stoßfedern und beim Hahn den »Zügel« (einen schwarzen Streifen vom Schnabel durchs Auge) und die Balzrosen. Läufe und Zehen sind befiedert. Das Schneehuhn hat Rebhuhngröße. Es lebt in der Alpenregion über der Baumgrenze. Hahn und Henne halten in Einehe (Jahresehe) zusammen; nach der Balz im Frühjahr bleibt der Hahn als Wächter im Brutrevier und schließt sich dem von der Henne betreuten Gesperre an. Die Ketten (Elternpaar und Jungvögel) bleiben über Winter beisammen.

Den schmalen schwarzen Streifen vom Auge zum Schnabel besitzt nur der Schneehahn.

Steckbrief Schneehuhn
Körperbau: Gewicht ♂ 350 bis 600 g, ♀ 340 bis 470 g. Geringer Geschlechtsdimorphismus, Hähne haben im Wintergefieder schwarzen Augenstreif und ganzjährig Balzrosen.
Lautäußerungen: Reviergesang (Knarren) des Hahnes fast ganzjährig. Hennen lassen bei Gefahr und als Verständigungslaut ein leises Gockern hören.
Lebensweise: Monogam, nicht verpaarte Hähne und Hennen schließen sich nach der Balz zusammen. Familien schließen sich ebenfalls zusammen, gehen aber mit Winterbeginn wieder auseinander (kleine Gruppen von maximal 10 Vögeln). Hauptaktivitäten frühe Morgenstunden und von Spätnachmittag bis Sonnenuntergang. Nächtigung am Boden, im Winter auch in Schneehöhlen.
Fortpflanzung: Balz ab Mitte April; Hähne führen steile Balzflüge aus. 7 bis 14 Eier; Brutdauer 21 Tage. Nestflüchter; Hahn und Henne führen gemeinsam.
Nahrung: Küken zunächst Insekten, ab 2. Lebenswoche vermehrt pflanzlich. Adulte Hühner nehmen überwiegend Knospen, Blüten und Triebe von Zwergsträuchern und Laubgehölzen, Blätter und Samen von Kräutern der alpinen Rasen. Küken werden durch Henne aktiv gefüttert.

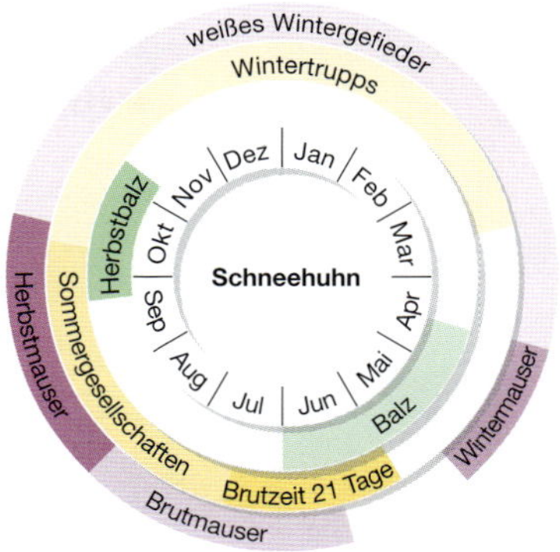

Jahreszyklus

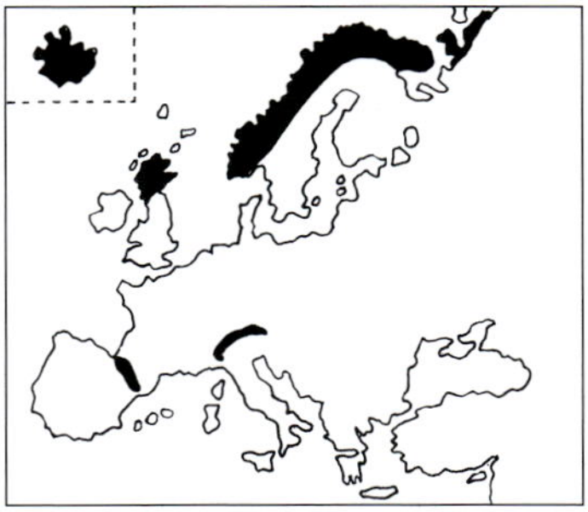
Verbreitungsgebiet

Lebensraum

1137 | Wo leben in Europa Schneehühner?
Schneehühner kommen in Mittel- und Nordskandinavien (Moorschneehühner), in Schottland (Grouse) sowie in Mitteleuropa in den Alpen (Alpenschneehuhn) vor.

1138 | Welche Lebensräume bewohnen Alpenschneehühner?
Sie leben ganzjährig in den Geröllfeldern und Felsregionen der Alpen.

1139 | Mit welchen anderen Wildhühnern überschneidet sich der Lebensraum des Schneehuhns?
Mit dem Birkwild und dem Auerwild (mit letzterem vornehmlich in Skandinavien).

Körperbau

1140 | Wie schwer wird ein Schneehuhn?
Hähne erreichen KG bis zu 600 g, Hennen sind mit knapp 500 g etwas geringer.

Der Wechsel vom Winter- ins Sommergefieder orientiert sich auch an der Witterung.

1141 | Welche Besonderheiten weist das Gefieder des Schneehuhns auf?
Das Wintergefieder ist weiß. Beim Hahn verläuft von der Schnabelwurzel über das Auge nach hinten hinaus ein schwarzer Zügel.

1142 | Welchen Ruf lässt das Schneehuhn hören?
Ein knarrendes oder scharrendes, weittragendes kurzes, wiederholtes »Karr«.

Nahrung

1143 | Welche Nahrung nimmt das Schneehuhn auf?
Knospen, Flechten, Blattspitzen, Beeren sowie Insekten.

Verhalten

1144 | Wie verhalten sich die Geschlechter zueinander?
Während der Balz und der Brutzeit leben sie paarweise, außerhalb dieser Zeit schließen sie sich zu Familienflügen zusammen.

1145 | Wo nächtigen Schneehühner?
Im Winter in selbst gegrabenen Schneehöhlen, im Sommer in Verstecken am Boden.

1146 | Wie verbringen Schneehühner den Winter?
Sie lassen sich häufig einschneien, wobei Gänge bis an die Bodenäsung gescharrt werden.

Fortpflanzung

1147 | Wo findet sich das Gelege des Schneehuhns?
Das Schneehuhn ist wie alle Rauhfußhühner Bodenbrüter.

1148 | Wie viele Eier werden wie lange von wem bebrütet?
Das Gelege umfasst 8 bis 10 Eier, die 21 Tage bebrütet werden. (kürzeste Brutzeit aller Rauhfußhühner → Anpassung an Lebensraum).

1149 | Wer übernimmt die Kükenaufzucht?
Hahn und Henne führen gemeinsam.

Bejagung

1150 | Welche natürlichen Feinde hat das Schneehuhn?
Alle im Lebensraum vorkommenden Beutegreifer, Gelegeprädation durch Krähenvögel.

Feldhühner

Als Feldhühner werden hier vereinfacht alle einheimischen Hühnervögel mit unbefiederten Ständern zusammengefasst. Wie nicht alle »Waldhühner« im Wald leben (Birkwild, Schneehuhn!), so sind auch nicht alle »Feldhühner« Feldbewohner (der Fasan lebt zum Teil im Wald, das Steinhuhn im Hochgebirge). Eine Sonderstellung nimmt das (aus Amerika eingeführte) Wildtruthuhn ein, dessen Vorkommen unbedeutend ist.

Rebhuhn *(Perdix perdix)*

Aussehen – Hahn und Henne sind annähernd gleich groß und gleich gefärbt. Nur die Querbänderung der oberen Flügeldeckfedern der Henne erlauben eine sichere geschlechtliche Differenzierung, da diese dem Hahn fehlen. Beim Wache stehenden Rebhahn kann man nicht selten seine kleinen, rot leuchtenden Rosen erkennen. Junge Rebhühner haben gelbe Ständer und einen schwarzen Schnabel, erwachsene Rebhühner dagegen graue Ständer und einen grauen Schnabel.

Das Rebhuhn ist das typische »Feldhuhn« der offenen Ackerflur. Hahn und Henne leben paarweise in Jahresehe; die Ketten (Eltern und Jungen) halten über Winter bis zur Balzzeit im Vorfrühling zusammen. Der Hahn wacht und warnt bei Gefahr.

Lebensweise – Rebhühner bewegen sich meist laufend fort, sie streichen nur selten wie bei Gefahr und größeren Ortsveränderungen. Der Hahn lockt das verstreut eingefallene Volk rasch wieder zusammen: »Kirrek-kirrek-kirrek.«

Intensivierung der Landwirtschaft hat den einst optimalen Lebensraum des Rebhuhns erheblich verschlechtert. Die Beseitigung von Hecken und Rainen zugunsten einer großflächigen, maschinengerechten Bewirtschaftung hat dem Rebhuhn Brutplätze und Deckung vor seinen Feinden genommen und die »Grenzlinien«, die zur Abgrenzung der Brutreviere erforderlich sind, wesentlich verringert. Monokulturen

Im März setzen sich die Rebhuhnpaare aus den Winterverbänden ab.

Steckbrief Rebhuhn

Körperbau: Etwa 350–460 g schwer, mit kurzen runden Flügeln (»harter« Flug) und kurzem Stoß.

Lautäußerungen: ♂ Revierruf »girrhäk«. ♂ ♀ Kontaktruf »kirrik«.

Lebensweise: Wintervölker lösen sich im März auf. Paare beziehen Reviere; Hähne markieren Reviere mit Gesang und verteidigen sie. Gesperre bleiben zusammen. Im Herbst auch Bildung von Völkern. Hauptaktivitäten in den frühen Morgenstunden und in der Abenddämmerung. Häufiges Sonnen- und Sandbaden. Nächtigung immer dicht zusammen gedrängt auf dem Boden im freien Feld.

Fortpflanzung: Monogam; Legezeit meist ab Ende April; 12 bis 20 Eier; Brutzeit 24 Tage; Nestflüchter. Der Hahn bewacht die brütende Henne und beteiligt sich an der Führung der Kette.

Nahrung: Küken zunächst nur Insekten, ab der 2. Woche auch pflanzliche Nahrung. Später Insekten, Würmer, Blattteile, Knospen, Blüten und Samen von Gräsern, Wildkräuter und landwirtschaftliche Kulturpflanzen.

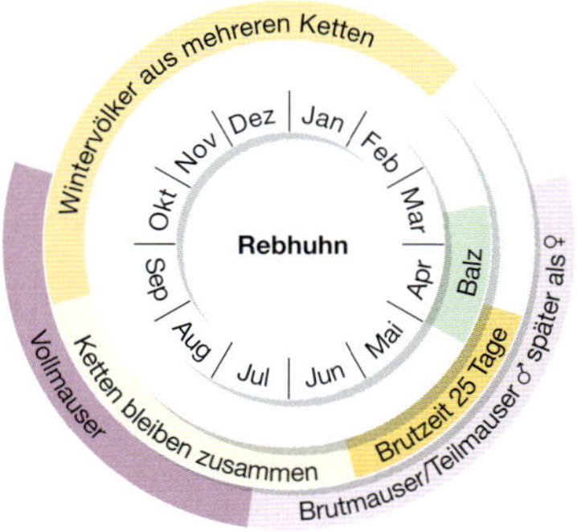

Jahreszyklus

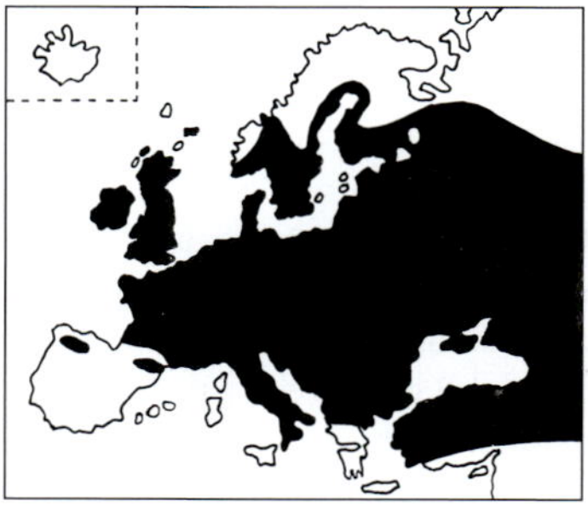

Verbreitungsgebiet

und chemische Schädlingsbekämpfung (Pestizide) vernichten mit »Unkräutern« und Insekten seine vielseitige Nahrungsgrundlage. Der dramatische Rückgang des Feldhuhns erlaubt in vielen Regionen Deutschlands seine Bejagung nicht mehr.

Bejagung – Wo es der Besatz noch erlaubt, ist die Suchjagd mit dem Vorstehhund (»Hühnersuche«) üblich. Da die jungen Hühner erst in der zweiten Septemberhälfte voll ausgewachsen und flugfähig sind, sollten vorher keine Jagden durchgeführt werden. Der Vorstehhund sucht in flotter Quersuche die Kartoffel- und Rübenschläge ab, die von den Hühnern in dieser Jahreszeit bevorzugt als Tagesdeckung benutzt werden. Steht der Hund Hühner vor, so werden sie herausgetreten und einzeln beschossen. Früher wurden bei reichlichem Besatz Rebhühner auch bei Treibjagden (Streife, Standtreiben) geschossen.

?

1151 | Welches Verbreitungsgebiet hat das Rebhuhn?

Ganz Europa und große Teile des asiatischen Bereiches von Russland. Von Skandinavien sind nur die südlichen Bereiche besiedelt.

1152 | Wie ist die Situation des Rebhuhns in Deutschland?
Das Rebhuhn gilt als gefährdete Wildart.

1153 | Was macht den Rebhühnern am meisten zu schaffen?
Die moderne, hoch technisierte, intensive Landwirtschaft mit ihren großen Flächen.

Lebensraum

1154 | Welche Lebensräume bewohnen Rebhühner?
Als ehemaliger Steppenvogel ist das Rebhuhn bei uns der typische Bewohner einer klein parzellierten Felder- und Wiesenlandschaft.

1155 | Waren Rebhühner immer schon »Tieflandbewohner«?
Während in Mittel- und Nordeuropa Rebhühner Lebensräume bis maximal 400 m über NN besiedeln, finden wir sie im Süden und Westen ihres Verbreitungsgebietes auch in höheren Lagen.

Bei der Rebhenne fehlt der braune Bauchfleck manchmal.

Rebhühner bevorzugen im Winter Stoppeläcker und Altgrasstreifen.

Agrarsteppe.

1156 | Welche Veränderungen in der Landwirtschaft machen den Rebhühnern zu schaffen?
Die Großflächigkeit der bewirtschafteten Flächen (→ Verringerung der Grenzlinien), Intensivierung und Spezialisierung.

Körperbau

1157 | Wie unterschieden wir beim Rebhuhn Hahn und Henne?
Durch die oberen Deckfedern der Schwingen. Diese zeigen bei beiden Geschlechtern einen hellen weißlichen Kiel, bei der Henne kommen über die Federfahne verlaufende weißliche Querbinden dazu.

1158 | Wie unterscheiden sich Junghühner von Althühnern?
Junge Hühner (diesjährige) haben gelbe Ständer und einen schwarzen Schnabel, alte Hühner haben graue Ständer und graue Schnäbel. Die beiden äußeren Federn der Handschwinge sind beim jungen Huhn spitz, beim Althuhn abgerundet.

1159 | Wie sind die Schwingen der Rebhühner konstruiert und was folgern wir daraus?
Die Schwingen sind klein, rundlich, stumpf → Kurzstreckenflieger.

Nahrung

1160 | Was ist die Nahrung des Rebhuhns?
Gras-, Kraut- und Getreidespitzen, Sämereien, Insekten, Würmer, Getreidekörner.

Die Oberflügeldeckfedern des Rebhahns haben nur einen hellen Längsstreifen. Die der Rebhenne (rechts) haben den Längsstreif und einen Querstreif.

Erste Handschwinge, links von jungem, rechts von altem Rebhuhn

In diesem Alter sind die Küken gegen Kälte und Nässe empfindlich.

1161 | Was ist die Nahrung der Küken in der ersten Lebenswoche?
Küken ernähren sich in der ersten Lebenswoche ausschließlich von Insekten (Bewegungsseher!).

Verhalten

1162 | Wie leben Rebhühner im Winter?
In Ketten zusammen.

1163 | Wie verhalten sich die Geschlechter zueinander?
Sie bilden Paare (→ Paarhühner).

1164 | Wie leben die Rebhühner im Sommer?
Hahn und Henne betreuen die Jungtiere und bilden mit ihnen einen Familienverbund (→ Kette).

1165 | Wann trennen sich die Familien?
Erst kurz vor der Paarbildung im zeitigen Frühjahr des darauf folgenden Jahres.

1166 | Wie markieren Rebhähne ihre Reviere?
Durch ihr Rufen, das gerne von einem erhöhten Punkt vorgetragen wird.

Fortpflanzung

1167 | Wann paaren sich die Rebhühner?
Im zeitigen Frühjahr (Jahresehe).

1168 | Welche Brutplätze bevorzugt das Rebhuhn?
Brutverstecke in Altgrasstreifen werden bevorzugt.

1169 | Wie viele Eier umfasst ein Gelege und wie lange werden sie bebrütet?
Das Gelege beinhaltet 10 bis 20 hellbraune Eier, die 24 Tage bebrütet werden.

Rebhuhngelege.

1170 | Wer kümmert sich um die Küken?
Hahn und Henne.

1171 | Welcher Faktor ist entscheidend für den Bruterfolg der Hühner?
Die Witterung in den beiden ersten Lebenswochen der Küken.

Bejagung

1172 | Wann ist eine vorsichtige Bejagung der Rebhühner zu verantworten?
Bei einem Mindestbesatz von 3 Paaren/100 ha.

1173 | Wie kann man die Rebhuhnbestände erfassen?
Durch »Verhören« der rufenden Hähne im Frühjahr.

1174 | Wie werden Rebhühner traditionell bejagt?
Auf der Suche mit dem Vorstehhund.

1175 | Welche Hühner einer aufstehenden Kette werden geschossen?
Da in der Regel zuerst Althühner aufstehen, sollte nur auf nachfolgend aufstehende, einzeln fliegende Junghühner geschossen werden.

Waidmännische Ausdrücke

Gabelhuhn	nicht ausgewachsenes Rebhuhn
Kette	Familienverband
locken	Ruf des Hahnes
Paarhühner	Hahn und Henne im Frühjahr
schildern	Federwechsel der jungen Hähne
schnippen	zucken mit dem Stoß
Volk	mehrere Ketten zusammen
warnen	Lautäußerung des Hahnes

Wachtel *(Coturnix coturnix)*

Aussehen und Lebensweise – Die Wachtel sieht dem Rebhuhn ähnlich, ist aber kleiner, nicht geschildert, ihr Stoß ist kürzer als der des Rebhuhns. Die Grundfarbe ist bräunlich, das Seitengefieder gestrichelt. Ein weißer Streifen zieht sich bogenförmig von der Schnabelwurzel beiderseits über das Auge zum Nacken. Die Wachtel ist der einzige Zugvogel unter unseren Hühnervögeln. Sie verlässt uns Ende September und kehrt im April/Mai zurück. Ihr Ruf »Bikwerik, bik-werik, bik-werik«, der Wachtelschlag, ist im Sommer nicht nur am Tage, sondern auch in hellen Mondnächten zu hören. Die Lebensweise der Wachtel ist der des Rebhuhns sehr ähnlich. Einst recht häufig, ist die Wachtel bereits vor dem Rebhuhn und noch stärker als dieses zurückgegangen und heute bei uns überall, wo sie noch vorkommt, im Bestand bedroht. Sie hat deshalb ganzjährige Schonzeit.

Lebensraum

1176 | Welches Verbreitungsgebiet hat die Wachtel?
Wachteln kommen in mehreren Unterarten in ganz Europa, Mittel- und Ostasien sowie Nordwest-, Ost- und Südafrika vor.

1177 | Welche Lebensräume bewohnt sie?
Sie lebt in weitgehend busch- und baumfreien Feld- und Wiesengebieten, die eine ständige Deckung nach oben bieten (Getreideschläge).

Körperbau

1178 | Wie groß ist eine Wachtel?
Wachteln sind etwa starengoß, über alles gemessen etwa 20 cm; Gewicht bis 100 g.

Steckbrief Wachtel

Körperbau: Etwa starengroß; Aussehen ähnlich Rebhuhn.
Lautäußerungen: Reviergesang der Hähne markantes »Pick-wer-pick«.
Lebensweise: Tag- und nachtaktiv. Zugvogel. Fortbewegung im Brutrevier hauptsächlich zu Fuß.

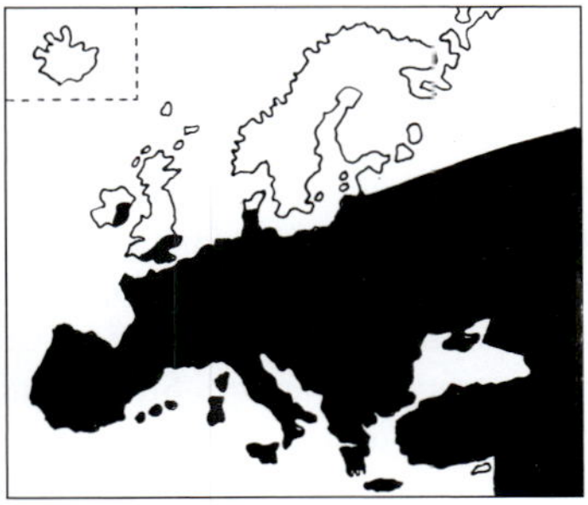

Verbreitungsgebiet

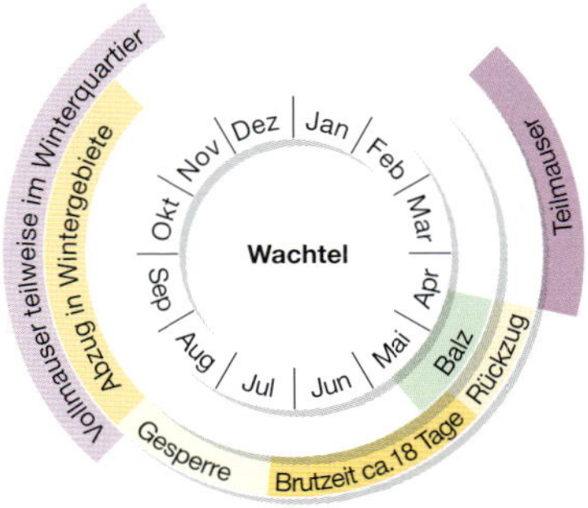

Jahreszyklus

Fortpflanzung: Monogam. Legebeginn ab Mitte Mai; 7 bis 14 Eier; Brutzeit ca. 18 Tage. Mit 3 Wochen voll flugfähig.
Nahrung: Küken Insekten; erwachsene Vögel feine Sämereien, Blattspitzen, Getreide.

1179 | Welchem anderen Wildhuhn gleicht der Körperbau?
Dem Rebhuhn.

Wachteln leben wie Rebhühner paarweise und führen die Jungen bis sieben Wochen gemeinsam.

Nahrung

1180 | Wovon lebt die Wachtel?
Das Nahrungsspektrum gleicht dem des Rebhuhns und beinhaltet neben Insekten Blätter, Knospen, Sämereien.

Verhalten

1181 | Sind Wachteln Standvögel?
Nein, sie ist der einzige Zugvogel unter den hühnerartigen, jagdbaren Wildvögeln.

1182 | Wann trifft die Wachtel bei uns ein?
Im April.

1183 | Wann verlässt uns die Wachtel?
Im Oktober, Überwinterung in Nordafrika.

1184 | Wie leben Wachteln?
Bis zu Beginn der Brutperiode leben Wachteln paarweise. Dann verlässt der Hahn die Henne, die ihre Küken alleine führt.

1185 | Wie kann der Jäger feststellen, ob in seinem Revier Wachteln leben?
Wachteln sind an ihrem charakteristischen Ruf (→ Wachtelschlag) zu erkennen, sowohl am Tag als auch in der Dämmerung und in mondhellen Nächten.

Fortpflanzung

1186 | Wie pflanzen sich Wachteln fort?
Die Henne legt 7 bis 14 Eier, die 18 Tage lang bebrütet werden. Küken sind bereits nach sechs Wochen selbstständig.

Bejagung

1187 | Wo werden Wachteln heute noch bejagt?
In einigen Ländern Ost- und Südosteuropas, in der Türkei sowie in Italien, Portugal und Spanien.

Steinhuhn *(Alectoris graeca)*

Aussehen und Lebensweise – Das Steinhuhn ist ein »Feldhuhn«, das die offenen Matten und Geröllhalden der Alpen oberhalb der Waldgrenze besiedelt. Es unterliegt bei uns nicht dem Jagdrecht. Etwa so groß wie das Schneehuhn, ist es auffallend bunt gezeichnet: Es trägt einen schwarz begrenzten, weißen Kehlfleck, die Oberseite ist graubraun, die Seiten sind stark gebändert. Der Hahn hat zum Unterschied von der Henne einen roten Schnabel und rote Ständer mit einem stumpfen, warzenartigen Sporn. Beim alten Hahn tritt das schwarze, vom Schnabel über die Augen laufende Kropfband, das die weiße Kehle einrahmt, verstärkt hervor. Steinhühner leben in Einehe und Familienketten. Im deutschen Alpenbereich gibt es nur noch ein kleines Vorkommen bei Berchtesgaden; sonst findet man es in den Zentralalpen sowie in südosteuropäischen Hochgebirgen bis Asien.

Die Kehle ist beim Steinhuhn rein weiß, das schwarze Band scharf abgegrenzt.

Steckbrief Steinhuhn
Körperbau: Etwas stärker als Rebhuhn.
Lautäußerungen: Reviergesang der Hähne wetzendes »Kakabi« oder »Tschatzibitz«. Lockruf »gack-gack«.
Lebensweise: Dämmerungs- und tagaktiv. Nahrungssuche am Boden Gesperre bleiben bis Herbst zusammen. Im Winter Bildung von Ketten. Fortbewegung hangauf meist laufend, hangabwärts meist streichend.

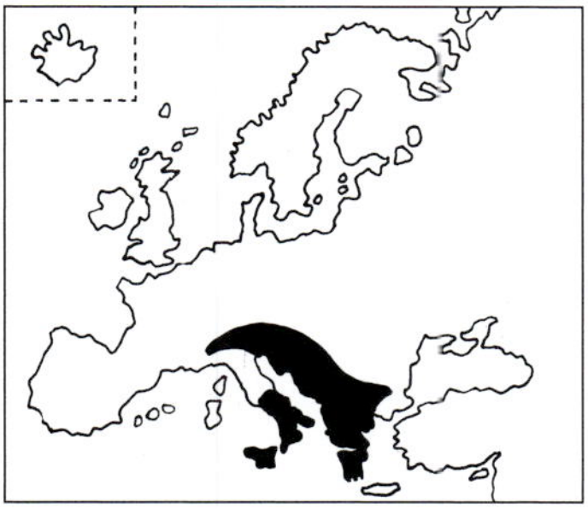

Verbreitungsgebiet

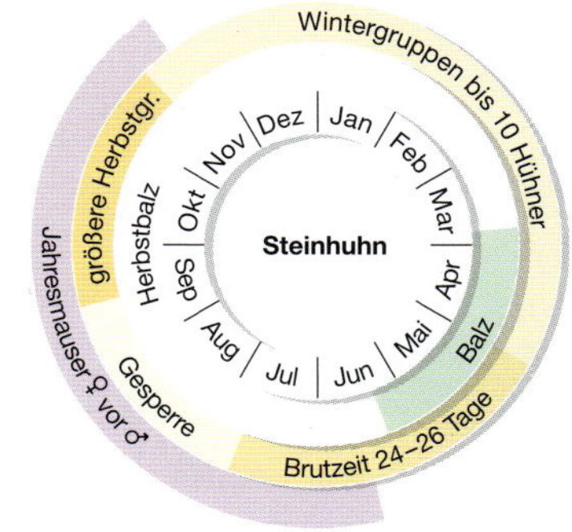

Jahreszyklus

Fortpflanzung: Monogam. Balz Ende März bis Juni; Eiablage ab Mai; 9 bis 14 Eier; Brutzeit 25 Tage; Nestflüchter. Mit 3 Wochen flugfähig.
Nahrung: Küken anfangs nur Insekten. Später Blättchen, Blüten und Samen alpiner Rasen und Zwergsträucher. Im Winter auch dürre Gräser.

Lebensraum

1188 | Welche Lebensräume besiedelt das Steinhuhn?
Das Steinhuhn bewohnt im Sommer überwiegend Geröllhalden und steinige durch Felsen charakterisierte Steilhänge, im Winter aber auch tiefer gelegene Bereiche; in den Alpen bevorzugt Südhänge.

1189 | Wie ist es um die Steinhuhnvorkommen in den Alpen bestellt?
In den Deutschen Alpen gibt es nur ein kleines Vorkommen bei Berchtesgaden, in den Schweizer Alpen ist es ein verbreiteter Brutvogel.

1190 | Welche strukturellen Veränderungen im Hochgebirge macht dem Steinhuhn besonders zu schaffen?
Die Aufgabe der Landwirtschaft in den Hochlagen.

Körperbau

1191 | Wie groß ist ein Steinhuhn?
Nur wenig größer als das Rebhuhn.

1192 | Mit welchem anderen europäischen Wildhuhn ist es zu verwechseln?
Mit dem Rothuhn (Spanien!) und dem Chukarhuhn.

Nahrung

1193 | Welche Nahrung bevorzugen Steinhühner?
Spitzen von Gräsern und Kräutern, Knospen, junge Triebe, Sämereien, Beeren, Insekten.

Das Chukarhuhn sieht dem Steinhuhn zum Verwechseln ähnlich.

Fortpflanzung

1194 | Sind Steinhühner polygam?
Nein, sie leben in der Fortpflanzungsperiode (Mai bis Juni) paarweise.

1195 | Wo brüten Steinhühner?
In am Boden angelegten Nestmulden; Platzwahl durch den Hahn.

Fasan *(Phasianus spec.)*

Rassen – Die bei uns unter dem Sammelbegriff »Jagdfasan« vorkommenden Fasane sind ein Gemisch aus verschiedenen Ursprungsrassen, die schon vor vielen Jahrhunderten (beginnend zur Römerzeit) aus ihrer ostasiatischen Heimat nach Europa eingeführt und dort vielfach in Gefangenschaft (Fasanerien) gezüchtet und gekreuzt wurden.

Lebensraum – Der Fasan ist bei uns von Natur aus nicht heimisch. Seine Beliebtheit als Jagdwild hat dazu geführt, dass er in großem Maßstab auch in Gegenden eingebürgert wurde, wo er sich auf die Dauer nicht halten konnte, sondern immer wieder Auffrischung aus Zuchtbeständen benötigte. Eine Fasanenhege in ungeeigneten Biotopen mit ungeeigneten Rassen steht im Widerspruch zum Erfordernis, einen artenreichen, heimischen Wildbestand zu hegen.

Fasanenhahn.

Steckbrief Fasan

Körperbau: Gewicht ♂ 1,1 bis 1,5 kg, ♀ 0,9 bis 1,3 kg. Pickschnabel. Kräftige Scharrfüße.

Lautäußerungen: Revierruf des Hahnes (Balzruf) lautes »Gogock«, anschließend lautes Flügelgeräusch. Beim Abflug etwas leiseres »Gogockgockgo«.

Lebensweise: Tagaktiv mit Aktivitätsschwerpunkt nach Sonnenaufgang und am Spätnachmittag. Fortbewegung überwiegend laufend. Kurzstreckenflieger. Nächtigung auf Bäumen. Außerhalb Brut und Aufzucht gemischte Gesellschaften, auch Trupps aus Hähnen.

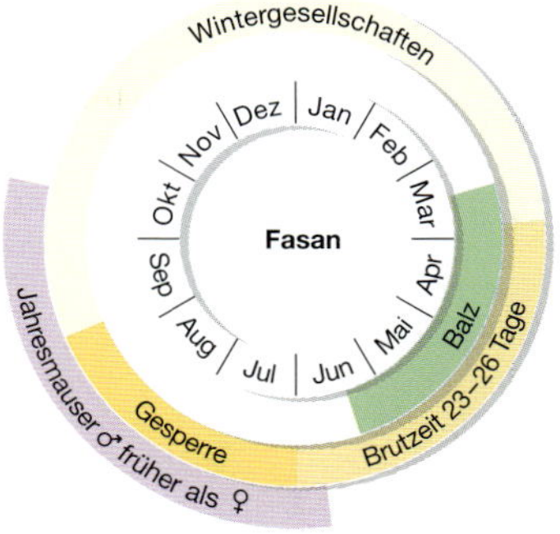

Jahreszyklus

Fortpflanzung: Polygam (Harems). Balz März bis Mai. 8 bis 12 Eier; Brutdauer 24 Tage. Nestflüchter; flugfähig mit 2 Wochen, aufbaumen mit 3 Wochen.

Nahrung: Nahrungsaufnahme überwiegend am Boden. Küken anfangs nur Insekten, ab der dritten Woche zunehmend vegetarisch. Erwachsene Fasanen nehmen im Frühjahr Keimlinge, junge Blätter, im Sommer hohe Anteile an Weichtieren und Wirbellosen, Sämereien, Getreide, im Herbst Beeren, Eicheln.

Als »Bereicherung der Wildbahn« ist der Fasan nur da zu betrachten, wo er sich ohne künstliche Nachhilfe in die Lebensgemeinschaft einfügt.

Klimatisch milde Gebiete (bis etwa 400 m Höhenlage), Auwälder und gemischte Feld-Wald-Reviere mit Hecken, Feldgehölzen, buschigen Waldrändern sowie der Uferbewuchs von Gewässern sind die bevorzugten Lebensräume unserer Fasanen.

Fortpflanzung – Fasane leben polygam. Im Territorium eines Hahnes leben mehrere Hennen, die dort brüten und die Jungen (Gesperre) allein aufziehen. Der Hahn beteiligt sich nicht an der Brutpflege, doch kommt seine Wachsamkeit gegen Feinde (Warnruf) den brütenden Hennen zugute. Im Allgemeinen wird ein Geschlechterverhältnis von 1 Hahn auf 3 bis 4 Hennen als natürlich angesehen.

Die Balz beginnt im März. Sie ist durch den Balzruf: »Gököck!« und den darauf folgenden schwirrenden Schwingenschlag des Hahnes gekennzeichnet. Territoriumskämpfe zwischen rivalisierenden Hähnen sind häufig zu beobachten. Das Gelege befindet sich in Wiesen, Weiden, Hecken und Gehölzen. Gelege in Grünland sind durch Ausmähen stark gefährdet.

Bejagung – Die Jagd erfolgt zumeist als Treibjagd, bei der eine dichte Treiberkette Voraussetzung für das Gelingen ist; denn Fasane drücken sich gern und werden oft überlaufen. Das Buschieren, das Stöbern und schließlich auch die Suche mit dem guten Gebrauchshund sind beliebte Jagdarten. Der Schuss auf den laufenden Fasan (Infanteristen) ist verpönt, ebenso wie der ins »Bukett«, d.h. in einen Trupp zugleich aufstehender Fasane.

Colchicus Hahn.

Torquatus Hahn.

Colchicus-Fasan *(Phasianus colchicus colchicus)* – Auch Böhmischer Jagdfasan, Kupferfasan oder Waldfasan genannt. Der Hahn ist tief kupferrot mit grünblau schillerndem Kopf und hat keinen Halsring (ringloser Fasan). Die Rasse bevorzugt gemischte Wald-Feld-Reviere, Feldgehölze, Waldränder und Unterholz in Misch- und Auwäldern, baumt zum Übernachten regelmäßig auf Schlafbäume auf und ist bis in Höhenlagen um 500 m relativ »winterhart«. Diese an unsere Verhältnisse gut angepasste, früher am weitesten verbreitete Rasse ist heute leider zurückgedrängt bzw. stark mit anderen, weniger geeigneten Rassen vermischt, da sich der Colchicus nicht so gut in großen Zuchtvolieren züchten lässt.

Torquatus-Fasan *(Ph. c. torquatus)* – Ein »Ringfasan« mit weißem, am Nacken unterbrochenem Halsring; auch »chinesischer Reisfasan« oder Feldfasan genannt. Der Hahn ist viel heller braunrot als der Kupferfasan, auch die Hennen sind blas graubraun. Er bevorzugt die offene Feldflur (Getreide, Mais), geht wenig in den Wald und baumt meist nicht auf (Gefährdung durch Raubwild!).

Mongolicus-Fasan *(Ph. c. mongolicus)* – Ebenfalls ein »Ringfasan«, mit kastanienbraunem Gefieder und hellbraunen Schwingen. Obwohl die Rasse in ihrer asiatischen Heimat in größeren Höhenlagen vorkommt, hat sie sich bei uns nicht überall bewährt. Die Hähne werden schwerer als die anderer Rassen. Reinblütige Mongolicus sind am hellen Auge (weiße Iris) erkennbar.

Tenebrosus-Fasan *(Ph. c. tenebrosus)* – Dieser dunkle, blauschwarze Fasan ohne Halsring ist eine dunkle Farbmutation des Colchicus-Fasans, eine Farbmutation, die sich schließlich genetisch festgelegt hat und somit vererbt wird. Im Verhalten und in den Ansprüchen gleicht der Tenebrosus dem Colchicus.

Mongolicus Hahn.

Tenebrosus Hahn.

Versicolor-Fasan *(Ph. c. versicolor)* – Ebenfalls ein ringloser, hell grünblau gefiederter Fasan mit rotbraunem Schultergefieder und hellbraunen Schwingen, auch »japanischer Buntfasan« genannt. Bei ähnlicher Eignung für gemischte Wald-Feld-Reviere ist er klimatisch empfindlicher als der Colchicus, auch schwieriger zu züchten und deshalb wenig verbreitet.

Lebensraum

1196 | Wo ist die Heimat der bei uns vorkommenden Fasanenrassen?

Alle europäischen Fasanen sind das Produkt von Rassenmischungen der Fasanen aller vier Vorkommensgebiete: 1. Phasianus colchicus (c.) colchicus → östlich des schwarzen Meers; 2. Phasianus c. torquatus → China, 3. Phasianus c. versicolor → Japan; 4. Phasianus c. mongolicus → Zentralasien.

1197 | Wie ist die Verbreitung des Fasans in Europa?

Er ist heute in West-, Mittel- und in den westlichen Ländern Osteuropas verbreitet.

Versicolor Hahn.

Er besiedelt im Norden noch Südschweden, seine südliche Verbreitungsgrenze reicht bis Mittelspanien, Mittelitalien, nördliches Griechenland.

1198 | Welche Lebensräume sind fasanentauglich?

Optimale Lebensräume sind kleinparzellierte (= grenzlinienreiche) Kulturlandschaften mit kurzen, wenig harten Wintern. In Mitteleuropa werden Höhenlagen von 400 m unter NN selten überschritten.

Körperbezeichnungen beim Fasanenhahn.

Körperbau

1199 | Wie lässt sich der Hahn im ersten Lebensjahr vom mehrjährigen Hahn unterscheiden?
Hähne im ersten Lebensjahr haben einen kurzen, stumpfen Sporn, ältere Hähne einen längeren spitzen. Allerdings wird der Sporn auch stark abgenutzt, so dass alte Hähne oft einen sehr kurzen Sporn haben.

1200 | Kann man am Sporn die Lebensjahre ablesen?
Theoretisch ja, die Hornauflagerungen des Sporn sind durch Jahresringe gegeneinander abgesetzt. Da die Sporne mit zunehmendem alter wieder kürzer werden, sind die Hornauflagen nur schwer zu erkennen.

1201 | Wie sind die Füße des Fasans gebaut?
Die erste Zehe ist nach innen hinten gerichtet, die übrigen drei nach vorne. Alle Zehen sind von glatten Hornplättchen überzogen (typischer Scharrfuß).

1202 | Welche Lautäußerungen kennen wir beim Fasan?
Den Balzruf des Hahnes (Gohöck); den Warnruf des Hahnes, das Piepen der Hennen.

Krankheiten

1203 | Welche Parasiten werden in Fasanerien zum Problem?
Der rote Luftröhrenwurm und die Kokzidiose.

1204 | Können Fasane an Kokzidien erkranken?
Ja, vor allem Jungtiere.

Nahrung

1205 | Welche Nahrung bevorzugt der erwachsene Fasan?
Vegetarische Nahrung.

1206 | Welche Nahrung nehmen Küken in ihrer ersten Lebenswoche auf?
Ausschließlich animalische Nahrung (Insekten).

1207 | Womit wird der Fasan im Winter gefüttert?
Mit Getreide, Rosinen, Kohl, in Schütten, Automaten oder frei.

Verhalten

1208 | Wo nächtigen Fasane?
Im Herbst und Winter in der Regel auf Schlafbäumen. Während der Sommermonate nächtigen sie häufig in guter Felddeckung am Boden.

1209 | Wie verhalten sich die Geschlechter zueinander?
Fasanen leben gesellig, ab Herbst häufig nach Geschlechtern getrennt.

1210 | Welches Geschlechterverhältnis wird beim Fasan angestrebt?
Ein Verhältnis von 1:4 (–6).

1211 | Wie lange bleiben Gesperre zusammen?
Bis zum Spätherbst des Schlupfjahres (Herbstmauser).

Fortpflanzung

1212 | Wann findet die Balz statt?
Von Ende März bis Ende Mai (Einzelbalz).

1213 | Wo und wann brütet die Henne?
Hennen brüten ab Ende April gern in Hecken, Wiesen und Kleeschlägen (→ Verluste durch Ausmähen).

Fasanenhähne verteidigen im Frühjahr ihre Reviere.

Fasanengelege.

1214 | Wie viele Eier hat ein Gelege und wie lange werden sie bebrütet?
Gelegedurchschnittsgröße: 10 bis 12 Eier, selten 15 Eier. Brutzeit: 24 Tage. Küken sind Nestflüchter, Flugvermögen schon nach 9 Tagen.

1215 | Beteiligt sich der Hahn an der Aufzucht?
Nein, nicht direkt. Indirekt, in dem er im Brutterritorium seiner Hennen während der Brutzeit als Wächter fungiert.

Bejagung

1216 | Welche Jagdarten auf den Fasan sind gebräuchlich?
Die Suche mit dem Hund, das Stöbern, die Standtreiben.

1217 | Wann ist die richtige Zeit zur Bejagung des Fasans?
Nach der Herbstmauser, wenn die Junghähne »durchgeschildert« sind, also ihr erstes vollständiges Prachtkleid tragen.

1218 | Womit wird der Fasan geschossen?
Mit Schrot im Flug.

1219 | Welcher Schuss ist besonders leicht und welcher besonders schwer?
Der Schuss auf den aufstehenden Fasan von hinten ist leicht (führt aber zu erheblicher Wildbretentwertung), schwer ist der Schuss auf den spitz von vorn anfliegenden Fasan.

1220 | Ist es verboten, den Fasan mit der kleinen Kugel zu erlegen?
Nein, überzählige Hähne bei sehr guten Besätzen können zu Ende der Jagdzeit mit dem Kleinkaliber ohne Revierbeunruhigung erlegt werden.

1221 | Welcher Schuss auf den Fasan gilt als unwaidmännisch?
Der Schuss auf den sitzenden, den laufenden oder aufgebaumten Fasan.

1222 | Dürfen auch Hennen geschossen werden?
Ja, wenn sie vom Jagdleiter frei gegeben sind.

1223 | Was sind die größten nicht-jagdlichen Verlustursachen?
Kükenverluste durch schlechte Witterung.

1224 | Welche natürlichen Feinde hat der Fasan?
Alle bei uns vorkommenden Beutegreifer.

Schäden

1225 | In welchen landwirtschaftlichen Kulturen verursachen Fasane Schäden?
Frischgedrillte Getreide- und Maisflächen sowie am auflaufenden Mais.

1226 | Seit wann ist der Fasan bei uns eingebürgert?
Er wurde von den Römern eingeführt. Schon 800 n Chr. wurde er an Fürstenhöfen gehalten. Seit dem 13. Jahrhundert lebt er in geeigneten Lebensräumen in der freien Wildbahn in nennenswerten Populationsgrößen.

Waidmännische Ausdrücke

aufstehen	vom Boden aus wegfliegen
Äsung	Nahrung
Bukett	mehrere zugleich aufstehende Fasanenhähne
Gesperre	Jungfasanen mit Henne
Gockel	Fasanenhahn
gocken	Locklaute
Hörner	Federohren (Schmuckfedern am Kopf)
Infanterist	Fasan zu Fuß
Ring	weißer Halsring
Rosen	rote Hautpartien um die Augen, schwellen zur Balz an
Spiel	Stoß beim Hahn
Sporn	spitzer Dorn an der Hinterseite jeden Ständers beim Hahn

Wildtruthuhn
(Meleagris gallopavo)

Das aus Nordamerika stammende Wildtruthuhn (Bronzeputer) wurde in einigen westdeutschen und auch österreichischen Niederwildrevieren ausgesetzt. Es ist etwas kleiner und leichter als die Hausputen, die von Wildtruthühnern abstammen. Der große Hühnervogel lebt in Familiengruppen im Wald, wo er seine Äsung am Boden sucht. Auffällig sind die »kollernden« Balzlaute der Hähne.

Von zahlreichen Einbürgerungsversuchen waren nur wenige über längere Zeit erfolgreich. Die Bejagung findet hauptsächlich bei Pirsch und Ansitz, gelegentlich (im Herbst) auch bei Waldtreibjagden statt.

Truthühner stammen aus Nordamerika und wurden im vergangenen Jahrhundert mehrfach in europäischen Revieren ausgesetzt. Die meisten Vorkommen sind wieder verschwunden. Die Restbestände spielen jagdlich keine Rolle.

Entenvögel *(Anatidae)*

Schwäne

Schwäne sind die größten Vertreter der Familie der Entenvögel (Anatidae). Durch ihre Größe und ihr rein weißes Gefieder (Jungvögel bis ins 3. Lebensjahr braungrau) sind sie die auffälligsten Großvögel auf unseren Gewässern. Sie leben paarweise (mehrjährige bzw. lebenslange Ehe), brüten am Boden am Rand von Gewässern und betreuen die 4 bis 8 Jungen (Nestflüchter) gemeinsam. Der männliche Schwan verteidigt und bewacht das Brutrevier.

Nahrung (vorwiegend Wasserpflanzen) holen sie so tief aus dem Wasser, wie sie gründelnd mit ihrem langen Hals reichen können, aber auch in Ufernähe an Land weidend.

Dem Jagdrecht unterliegt nur der Höckerschwan. Die beiden kleineren Arten Singschwan und Zwergschwan kommen als Wintergäste aus ihren hochnordischen Brutgebieten zu uns. Sie unterliegen nicht dem Jagdrecht.

Höckerschwan *(Cygnus olor)*

Ursprünglich ein scheuer Wildvogel auf größeren Seen in Nord- und Ostdeutschland, kommt der Höckerschwan heute auf fast allen mittleren und größeren Binnengewässern vor, oft als halbzahmer »Parkvogel«, im Winter in Scharen an Futterplätzen gemeinsam mit Stockenten, Blässhühnern und Möwen. Der Schnabel ist rot, die Ständer (Ruder) schwarz.

Der männliche Höckerschwan zeigt häufig seine Imponierhaltung, indem er mit segelartig aufgestellten Schwingen drohend gegen einen Rivalen oder Gegner schwimmt. Mit Schnabelbissen und Schwingenschlägen vermag sich der Schwan wirksam zu verteidigen. Nach der Aufzuchtszeit bleibt die Familie bis in den

Schwäne müssen beim Abheben vom Wasser erst Anlauf nehmen.

Steckbrief Höckerschwan

Körperbau: Schwarzer Stirnhöcker. Langer, dünner Hals. Kein Geschlechtsdimorphismus. Deutlich größer und schwerer als Graugans.

Lautäußerungen: Meist schweigsam; zur Brutzeit gurgelnde bis trompetende Laute.

Lebensweise: Tag- und nachtaktiv. Bei uns Stand- und Strichvogel. Abheben vom Boden nur mit Anlauf. Im Sommer Familien, im Winter teils größere Trupps. Nichtbrüter ganzjährig in Trupps.

Fortpflanzung: Monogam. Balz teilweise schon im Herbst. 5 bis 8 Eier; Brutdauer 35 bis 41 Tage; ♂ ♀ führen gemeinsam.

Nahrung: Wasser- und Sumpfpflanzen bis 1 m Tiefe (gründeln), Gras, Getreidesaaten und andere landwirtschaftliche Pflanzen. Dabei kommt es nicht selten zu Trittschäden und durch den Kot der Schwäne zu erheblicher Verschmutzung der auflaufenden Saat.

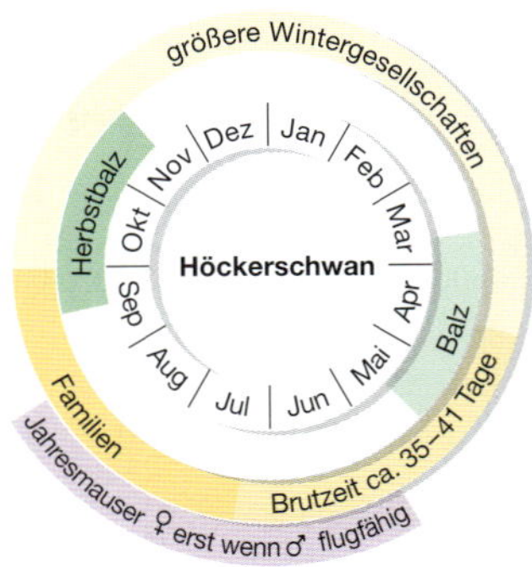

Jahreszyklus

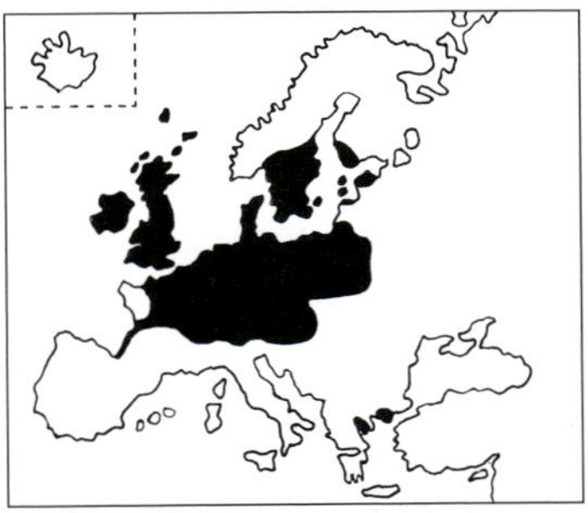

Verbreitungsgebiet

Winter beisammen und verstreicht gegebenenfalls an größere offene Gewässer. In die Luft erhebt sich der Schwan erst nach längerem »Anlauf« auf dem Wasser und fliegt dann mit laut »singendem« Fluggeräusch.

Bei der derzeitigen hohen Siedlungsdichte schreiten nicht mehr alle Paare zur Brut. Da Verluste durch winterlichen Nahrungsmangel häufig durch Fütterung verhindert werden, verbleibt trotzdem ein »Überbesatz«, der auf kleineren und flacheren Gewässern zu einer übermäßigen Nutzung der Wasserpflanzen führen kann. Hieraus resultieren nachteilige Auswirkungen für andere Wasservögel und den Fischbesatz. Eine jagdliche Nutzung bzw. Regulierung des Höckerschwans ist in solchen Fällen angebracht.

Die Jagdzeit ist in den Bundesländern unterschiedlich geregelt (z. T. auch ganzjährig geschont).

Dem Singschwan fehlt die schwarze Schnabelwurzel.

Der nicht dem Jagdrecht unterliegende Singschwan (Cygnus cygnus) ist deutlich kleiner als der Höckerschwan, hat einen gelb und schwarz gezeichneten Schnabel und keinen »Höcker«. Leicht mit ihm zu verwechseln ist der nur wenig kleinere Zwergschwan (Cygnus columbianus); sein Schnabel ist mehr schwarz, nur an der Wurzel wenig gelb. – Beide kommen aus hochnordischen Brutgebieten nur als Wintergäste an unsere Küsten, selten auch ins Binnenland.

Lebensraum

?

1227 | Wo lebt der Höckerschwan?
In ganz West- und Mitteleuropa, südliches Skandinavien, lokal in Südeuropa.

1228 | Welche Schwäne kommen als Wintergäste?
Der Sing- und der Zwergschwan.

Körperbau

1229 | Woran erkennt man den Höckerschwan?
An seinem Höcker auf der Schnabelwurzel, seinem beim Schwimmen häufig gebogen getragenen Hals sowie dem orangeroten (fleischfarbigen) Schnabel. Im Flug macht der Schwingenschlag »singende« Geräusche.

1230 | Woran erkennen wir Jungschwäne?
An ihrem graubraunen Gefieder.

1231 | Woran erkennen wir den Singschwan?

Auch Höckerschwäne gründeln im Flachwasser nach Nahrung.

Sein Schnabel ist an der Schnabelbasis sowie an dessen Seiten leuchtend gelb, an der Spitze schwarz. Beim Schwimmen wird der schlank erscheinende Hals immer senkrecht getragen. Keine Fluggeräusche.

Nahrung

1232 | Wie ernähren sich Schwäne?
Vegetarisch (Wasser- und Uferpflanzen).

Verhalten

1233 | Wie erheben sich Schwäne vom Wasser?
Sie laufen schwingenschlagend eine längere Strecke auf dem Wasser (sie benötigen eine »Startbahn«).

1234 | Wo verbringen Schwäne die Nacht?
An Land auf dem Boden, gelegentlich auch auf dem Wasser.

Fortpflanzung

1235 | Wo brüten Höckerschwäne?
In großen, auffallenden Nestern in oder am Wasser.

1236 | Sind Schwäne polygam?
Nein, sie sind lebenslänglich monogam.

Bejagung

1237 | Welcher Schwan ist bei uns bejagbar?
Der Höckerschwan.

Schäden

1238 | Welche Schäden machen Höckerschwäne beim Äsen an Land?
Tritt- und Fraßschäden an Wintergetreide und Raps, Verkotungen.

Wildgänse

Wildgänse sind eine besondere Gruppe aus der Familie der Entenvögel (Anatidae). Obwohl Schwimmvögel, die zum Ruhen und zur Jungenaufzucht auf größere Gewässer angewiesen sind, suchen sie ihre Nahrung fast ausschließlich an Land, wo sie Grünpflanzen (Gras, Getreidesaat, manche Arten auch Seetang und Wattpflanzen) abweiden. Gänse sind daher die besten Läufer unter allen Schwimmvögeln und bewegen sich auf kräftigen Ständern. Auf dem Zug zwischen Brutgebieten und Winterquartieren legen sie im Frühjahr und Herbst weite Strecken zurück.

Wildgänse leben paarweise in meist lebenslanger Ehe, zeigen ein ausgeprägtes Sozialverhalten und verfügen über ausdrukksreiche Stimmlaute zur Verständigung. Sie sind Bodenbrüter im deckungsreichen Uferbereich; die meist 4 bis 6 Jungen sind Nestflüchter und werden vom Elternpaar betreut. Wie bei anderen monogam lebenden Arten (z.B. Rebhuhn,

Bei Tagesanbruch fliegen Graugänse zu ihren Äsungsplätzen.

Haselhuhn, Ringeltaube) gibt es keinen ausgeprägten Geschlechtsdimorphismus. Die Männchen werden aber etwas schwerer und größer als die Weibchen.

Brutvögel waren bei uns nur die Graugans und die eingebürgerte Kanadagans. Zwischenzeitlich ist die aus Gehegen entwichene Nilgans ebenfalls Brutvogel in Deutschland. Alle übrigen Arten sind nordische Brutvögel und kommen als Wintergäste in unsere Küstengebiete und z.T. auch bis ins Binnenland.

Nach den starken Verlusten in der ersten Hälfte dieses Jahrhunderts zeigt der westpaläarktische Wasserwildbestand bei fast allen Gänsen, Wildenten, Schwänen und Blässhühnern seit Mitte der 1950er Jahre wieder ansteigende Populationen. Vor allem bei Gänsen ist die landwirtschaftliche Entwicklung in den Überwinterungsgebieten für diese Entwicklung mitverantwortlich. Leider kommt es durch den starken Bestandsanstieg der Gänse zunehmend zu Wildschäden, vor allem in den klassischen Küstenüberwinterungsgebieten in Holland, Norddeutschland und England.

Alle Wildgänse unterliegen dem Jagdrecht; nur die im folgenden einzeln aufgeführten Arten haben jedoch eine Jagdzeit, die übrigen (selteneren) Arten sind ganzjährig geschont, (einzelne Bundesländer haben die Jagdzeiten noch weiter eingeschränkt).

Graue Gänse *(Anser spec.)*

Graugans *(Anser anser)* – Als größter einheimischer, früher weit verbreiteter hellgrau gefiederter Brutvogel ist sie die Stammform unserer Hausgänse. Nachdem die wilden Graugänse infolge Kultivierung der weiten, ungestörten Moor- und Seengebiete stark zurückgegangen waren, ist in neuerer Zeit wieder eine Zunahme zu verzeichnen. Sie beruht weitgehend auf Aussetzen (Auswilderung) von in Gefangenschaft gezüchteten Graugänsen. So sind vor allem in Norddeutschland, aber auch im Donaugebiet zahlreiche neue Vorkommen entstanden. Diese Vögel bleiben z.T. auch im Winter bei uns. Erfreulicherweise haben auch die letzten ursprünglichen Brutbestände im norddeutschen Raum erheblich zugenommen.

Saatgans *(Anser fabalis)* – Etwas kleiner als die Graugans, dunkler braungrau gefiedert, Schnabel weitgehend schwarz mit gelben Abzeichen. Die Saatgans stellt im Küstengebiet die größte Zahl der überwinternden nordischen Gänse; ins Binnenland kommt sie nur in kleineren Flügen. Als Winterquartier benötigt sie größere flache Gewäs-

Graugänse (links) haben im Gegensatz zu Saatgänsen (rechts) keine schwarze Abzeichen am Schnabel.

Steckbrief Graugans
Körperbau: Gewicht ♂ 3 bis 4 kg, ♀ 2,5 bis 3,5 kg.
Lautäußerungen: Nasales Gegacker als Kontaktlaut, insbesondere auch bei Aufregung und vor Abflug. Zischen als Drohlaut.
Lebensweise: Stand- und Strichvogel. Tag- und nachtaktiv, V-förmige Flugformation. Mausergesellschaften aus Nichtbrütern. Außerhalb der Brutzeit größere Gesellschaften.

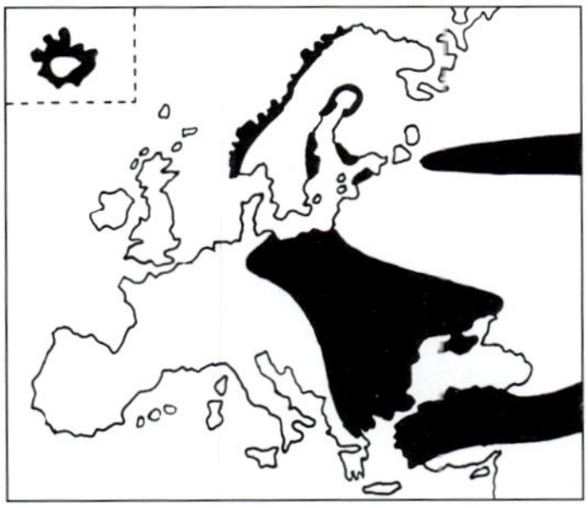

Verbreitungsgebiet

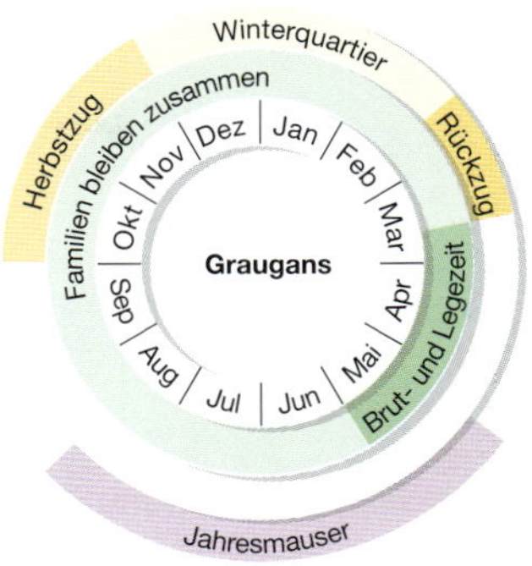

Jahreszyklus

Fortpflanzung: Monogam (Dauerehe); Paarbildung schon vor Geschlechtsreife (3. Kalenderjahr). 4 bis 9 Eier; Brutzeit 28 Tage; beide Eltern führen. Mit ca. 60 Tagen bedingt flugfähig.
Nahrung: Nahrungsaufnahme an Land und im Wasser. Gräser, Kräuter, landwirtschaftliche Kulturpflanzen.

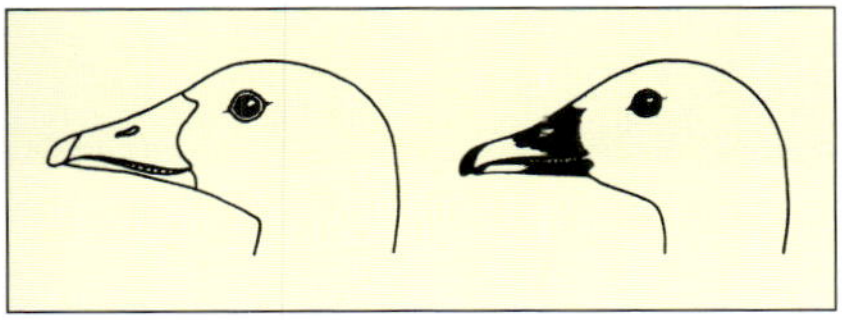

Kopf von Graugans (links) und Saatgans (rechts).

ser als Ruheplätze sowie ausgedehnte Grünflächen zur Äsung. Wo große Scharen regelmäßig äsen, treten Wildschäden auf.

Zwerggans *(Anser erythropus)* – Brutvogel in den Tundren des nördlichen Skandinavien und Nordrussland. Zieht südwärts bis Spanien und Türkei. Im Aussehen stark der Blässgans ähnelnd, aber deutlich kleiner. Jungvögeln fehlt die weiße Blesse noch.

Blässgans *(Anser albifrons)* – Sie ist deutlich kleiner als die Graugans und auffallend dunkler gefiedert (dunkelgrau mit schwarzer Fleckung und Bänderung). Der rosa bis gelbliche Schnabel ist an seiner Wurzel von

Die Zwerggans mit weißer Schnabelwurzel.

Blässgans, wie Zwerggans aber größer.

einer weißen, bis zur Stirn reichenden Blässe umgeben (die Blässe fehlt im Jugendkleid). Als arktischer Brutvogel erscheint sie regelmäßig, auch ähnlich zahlreich wie die Saatgans, in unseren Küstengebieten, um hier zu überwintern.

Kurzschnabelgans *(Anser brachyrhynchos)* – Brutvogel auf Grönland, Island und Spitzbergen. Etwas kleiner als Saatgans, aber mit dieser leicht zu verwechseln. Ihr Schnabel ist, daher der Name, deutlich kürzer. Als Wintergast ist sie hauptsächlich im westlichen Europa anzutreffen. Bei uns fast ausschließlich an der Nordseeküste.

Kurzschnabelgans.

Bunte Gänse *(Branta spec.)*

Nonnengans *(Branta leucopsis)* – Mit keiner anderen Gans zu verwechseln. Brutvogel im hohen Norden und nur im Winter Gast an der Nordseeküste (Schleswig-Holstein bis Niederlande). Sie erscheint im Oktober / November und tritt im April den Heimweg in die Brutgebiete an. Im Binnenland ist sie nur ganz ausnahmsweise zu beobachten. Nahrung: Queller, Gräser und Wintersaaten entlang der Küste.

Ringelgans *(Branta bernicla)* – Eine sehr kleine »bunte« Gans, sehr dunkel mit halbmondförmigen weißen Halsflecken

Nonnengänse.

Ringelgans.

(»Ring«). Brutvogel in der Arktis, bei uns nur als häufiger Wintergast im Bereich des Wattenmeeres, wo sie sich als typische »Meergans« fast ausschließlich von Seetang, Algen und Wattpflanzen ernährt. Am Festland und auf den Halligen weiden die Ringelgänse (oft große Scharen) auch Gras und Wintersaat ab. Im Wattenmeer und der Küste ist sie von Oktober bis Anfang Mai zu beobachten.

Kanadagans *(Branta canadensis)* – Im Unterschied zu den »grauen« Gänsen (auch »Feldgänse« genannt) ist die Kanadagans ein Vertreter der »bunten« Gänse der Gattung Branta. Sie ist etwas größer als die Graugans und auffällig schwarzweiß gezeichnet (Körperoberseite graubraun mit hellen Streifen, Hals, Kopf und Schnabel schwarz, Wangen, Kehle und Brust weiß). Seit etwa 20 Jahren durch Aussetzung und Verwilderung zunehmend verbreitet (ursprüngliche Heimat Nordamerika), oft in »halbwilden« Beständen ähnlich wie der Höckerschwan. Die Kanadagans ist bei uns Stand- bis Strichvogel.

Kanadagänse mit Küken.

Nilgans *(Alopochen aegyptiatus)* – Die bei uns Brutvogel gewordene Nilgans entstammt aus Gehegen und Wildparks entflogenen Vögeln. Sie tritt häufig paarweise auf, gelegentlich auch in kleineren Flügen, ihre überwiegend braunrote Farbe und die charakteristische bunte Kopf- und Halsfärbung machen sie unverwechselbar. Der Neubürger darf nach Länderrecht bejagt werden (siehe Landesgesetze).

Nilgans (Auge im schwarzen Feld!).

Rostgans *(Tadorna ferruginea)* – Diese Halbgans stammt aus den Steppenzonen Asiens. Ihre natürliche Verbreitung reicht bis zum Donaudelta. Inzwischen gibt es Brutnachweise in Nordrhein-Westfalen, dort auch kleine Ansammlungen. Wahrscheinlich handelt es sich um Gefan-

Rostgans (schwarzer Halsring!).

genschaftsflüchtlinge. Wie die heimische Brandgans ist sie Höhlenbrüter. Gelege finden sich in Fuchs-/Dachsbauen, Schuppen oder hohlen Bäumen. Rostgänse leben in Dauerehe; das Gelege besteht aus 8–12 Eiern. Beide Elternteile führen.

Lebensraum

1239 | Welche Arten brüten in Deutschland
Die Graugans, die eingebürgerte Kanadagans und neuerdings die Nilgans. Letztere rekrutiert sich aus Gehegen und Wildparks entflogenen Exemplaren. Das gleiche gilt für die Rostgans.

1240 | Welche Arten kommen auch im tiefen Binnenland vor?
Im tiefen Binnenland Deutschlands treten neben Grau-, Kanada- und Nilgans noch zahlreiche andere Gänsearten auf (z.B. Saat- u. Blässgans).

Körperbau

1241 | Wie alt können Gänse werden?
Mehr als 20 Jahre.

Nahrung

1242 | Wovon ernähren sich Wildgänse?
Ganz überwiegend vegetarisch. Sie »weiden« vornehmlich an Land Grünpflanzen (Gräser, Kräuter, Getreidewintersaaten). Schnabel mit Schneideleisten (kein ausgeprägter Seihschnabel wie Enten). Meeresgänse ernähren sich von Unterwasservegetation.

Verhalten

1243 | Welche Wildgansarten sind Standvögel?
Graugans, Kanadagans und Nilgans.

1244 | Wie ist der Tagesrhythmus der Wildgänse?
Gänse sind tagaktiv (Nahrungsaufnahme), die Nacht wird auf dem Wasser verbracht.

1245 | In welcher Formation fliegen Wildgänse?
In Keilform, seltener in seitlicher Parallelform.

1246 | Welche Gänsearten kommen als Wintergäste vor?
Saatgans, Kurzschnabelgans, Zwerggans, Blässgans, Ringelgans, Nonnen- oder Weißwangengans.

Fortpflanzung

1247 | Wie leben Gänse?
Absolut lebenslänglich monogam. Geht der Partner verloren, wird aber ein neuer genommen.

1248 | Wie viele Eier hat ein Graugansgelege?
4 bis 9 Eier in einem mit Dunen ausgepolsterten Bodennest. Baumbruten (Kopfweiden, alte Horste) kommen vor.

1249 | Sind junge Gänse Nesthocker oder Nestflüchter?
Nestflüchter.

1250 | Wer kümmert sich um die Aufzucht?
Gans und Ganter.

Bejagung

1251 | Welche Gänsearten dürfen bejagt werden?
Nach BJG dürfen Grau-, Saat-, Bläss-, Kanada- und Ringelgänse bejagt werden. Einschränkungen bzw. Erweiterungen durch die Ländergesetzgebung.

1252 | Welche Wetterlage ist bei der Gänsejagd vorteilhaft?
Regen, Wind und Nebel, da die Gänse dann niedriger fliegen (streichen).

1253 | Wie werden Wildgänse bejagt?
Ansitz beim Morgen- und Abendstrich. Gut getarnte Verstecke (Erdgruben etc.) sind Voraussetzung für eine erfolgreiche Gänsejagd; eng schießende Flinten, gröberes Schrot bis 3,5 mm.

1254 | Worauf muss der Jäger besonders achten?
Es darf nicht zu weit geschossen werden (< 30 m) und die Arten müssen genau angesprochen werden.

1255 | Wie sind Grau- und Saatgans zu unterscheiden?
Graugans: Schnabelfarbe orangerot (fleischfarbig). Saatgans: Schnabelfarbe überwiegend schwarz mit gelben Abzeichen.

1256 | Woran erkennt man die Blässgans?
An der namensgebenden großen weißen Blässe an der Schnabelwurzel übergehend auf den Frontschädel.

1257 | Dürfen Wildgänse mit der Kugel geschossen werden?
Ja, auf größere Entfernung eignen sich besonders die kleinkalibrigen Zentralfeuerpatronen.

Schäden

1258 | Richten Gänse in der Landwirtschaft Schäden an?
Ja, in den Rast- und Überwinterungsgebieten durch Fraß- und Trittschäden sowie durch Verkotungen an Wintergetreide und Raps.

Wo Gänse in großer Zahl zur Äsung einfallen, entstehen manchmal erhebliche Schäden durch Verkotung.

Enten *(Anatinae)*

Die Wildenten sind die artenreichste Gruppe in der Familie der Entenvögel (Anatidae). Sie sind Schwimmvögel, die auf nahrungs- und deckungsreiche Gewässer angewiesen sind. Enten sind gute und schnelle Flieger, die unschwer weite Entfernungen zu günstigen Nahrungsquellen bzw. Rastgewässern zurücklegen. Viele Arten ziehen regelmäßig in klimatisch günstige Winterquartiere und sammeln sich dort auf geeigneten Gewässern in oft großen Scharen. Während unsere einheimischen Brutvögel teilweise bei uns überwintern oder als Strichvögel in mildere Gebiete Südwesteuropas (manche auch bis nach Afrika, z.B. Knäkente) ausweichen, überwintern bei uns regelmäßig Enten aus Nord- und Nordosteuropa in großer Zahl. An Land bewegen sich Enten unbeholfen watschelnd fort.

Im Prachtkleid sind die Erpel bei allen Arten auffällig bunt gefiedert, die weiblichen Enten schlicht bräunlich. Im Schlichtkleid tragen auch die Erpel vorübergehend ein den weiblichen Vögeln ähnelndes Gefieder. Erpel im Prachtkleid sind an ihrer Färbung leicht zu unterscheiden. Schwieriger anzusprechen sind sie im Schlichtkleid sowie die weiblichen Enten ganzjährig. Eine Hilfe beim Ansprechen ist der »Spiegel«, das buntfarbige Federfeld an den Schwingen, das bei beiden Geschlechtern und auch im Schlichtkleid vorhanden ist.

Die Ständer sind mit Schwimmhäuten zwischen den Zehen zu »Rudern« (oder »Latschen«) ausgebildet. Typisch im Unterschied zu anderen Schwimmvögeln ist der breite Schnabel, der mit seitlichen Hornlamellen als »Seihapparat« wirkt, um Nahrung aus Wasser und Schlamm festzuhalten.

Stockenten erheben sich ohne Anlauf vom Wasser.

Die häufigste und jagdlich bedeutendste Wildente ist die Stockente, zahlenmäßig (vor allem im Winterhalbjahr) gefolgt von Tafel- und Reiherente sowie der Pfeifente im Küstengebiet.

Schwimmenten und Tauchenten – Nach Körperbau und Verhalten werden Schwimmenten (Gründelenten) und Tauchenten unterschieden.

Schwimmenten liegen bzw. schwimmen hoch auf dem Wasser und können senkrecht von der Wasseroberfläche auffliegen. Nahrung nehmen sie von der Wasseroberfläche sowie aus der flachen Zone, die sie durch »Gründeln« erreichen, d.h. sie kippen den Körper senkrecht ab, so dass Hals und vordere Körperhälfte unter Wasser reichen. Schwimmenten können zwar auch tauchen, tun dies aber in der Regel nicht zur Nahrungssuche, sondern nur auf der Flucht vor Verfolgern, vornehmlich wenn sie flugunfähig sind. Schwimmenten (vor allem die Stockente) streichen zur Nahrungssuche z.T. auch weite Strecken an Land (z.B. auf Getreidestoppel). Alle Schwimmenten, mit Ausnahme der Pfeifente, sind einheimische Brutvögel.

Tauchenten haben einen gedrungenen Körperbau und liegen tiefer im Wasser, meist mit eingetauchtem Bürzel. Sie fliegen vom Wasser erst nach platschendem »Anlauf« auf. Nahrung holen sie tauchend auch aus größeren Wassertiefen. Sie überwintern daher oft in großen Scharen auf tieferen Gewässern. An Land gehen Tauchenten nur unmittelbar am Ufer, sie laufen unbeholfener als Schwimmenten.

Die häufigsten Tauchenten und gleichzeitig einheimische Brutvögel sind Tafel- und Reiherente; seltener brütet auch die Kolbenente bei uns. Die übrigen Arten sind nordische Brutvögel, die als Wintergäste zu uns kommen. Eine Ausnahme ist die Moorente: Sie ist in Südosteuropa daheim

Wichtigste Typen der → Schwimmvögel

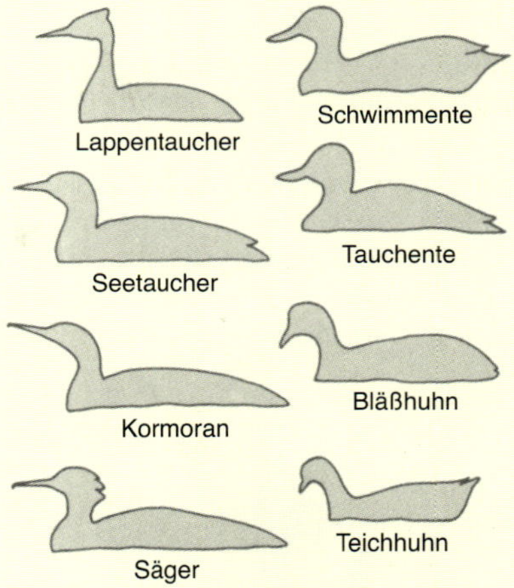

Schwimmfüße

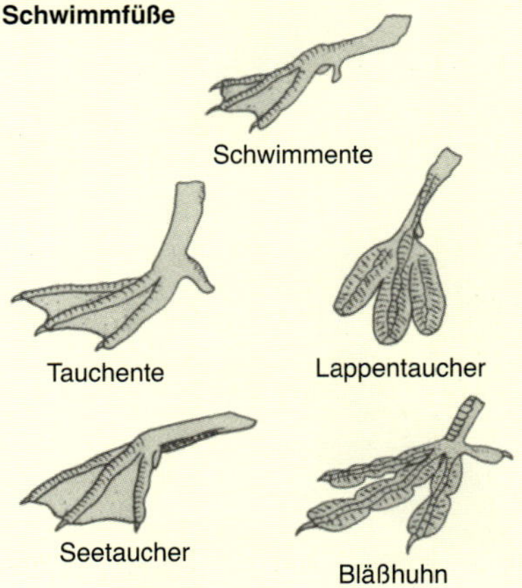

und erreicht bei uns die Nordwestgrenze ihrer Verbreitung.

Diejenigen Tauchenten, die fast nur an der Meeresküste anzutreffen sind, werden Meeresenten genannt (Eiderente, Trauerente, Samtente, Eisente; auch die selten im Binnenland brütende Schellente zählt zu den Meerenten).

Eine Sonderstellung nimmt die Brandente oder Brandgans ein; als Vertreter einer eigenen Gruppe (»Halbgänse«) zeigt sie einige von den Wildenten abweichende Merkmale.

Nahrung – Enten nehmen vielseitige pflanzliche und tierische Nahrung aus Wasser, Schlamm und auch an Land auf. Als »Allesfresser« am vielseitigsten ist die Stockente, die zur Äsung von Eicheln oder Getreide weit über Land streicht und auch feuchte Wiesen nach Schnecken absucht. Ansonsten ernähren sich Schwimmenten vorwiegend aus Flachwasser und Überschwemmungsgebieten, indem sie mit ihrem »Seihschnabel« Wasser und Schlamm durchsuchen. Tauchenten tauchen nach Wasserpflanzen in tieferen Gewässern. Meeresenten nehmen u.a. Muscheln, Schnecken und Kleinkrebse. Die Eutrophierung von Gewässern (»Verschmutzung« mit organischen Stoffen) kann bis zu einem gewissen Grad die Nahrungsgrundlage verbessern, besonders für die Stockente.

Bei Schwimmenten zeigen die Schwanzfedern nach oben. Sie finden ihre Nahrung grasend an Land, schnattern an der Wasseroberfläche oder gründelnd. Sie erheben sich ohne Anlauf vom Wasser in die Luft.

Bei Tauchenten fällt die Rückenlinie hinten völlig ab. Sie suchen ihre Nahrung im Tauchgang, der mit einem kleinen Kopfsprung begonnen wird. Sie müssen erst übers Wasser laufen, um sich in die Luft zu erheben.

Unterschiedliche Schnabeltypen.

Pfeifenten grasen gerne an Land und nehmen regelmäßig Getreide auf; hierbei sind kurze, einfache »Grasschnäbel« vorteilhaft.

Blässhühner sind Allesfresser und picken gerne an Land nach Nahrung. Sie haben »Pickschnäbel«.

Eiderenten tauchen und knacken harte Muschelschalen; sie benötigen lange und kräftige Schnäbel, die als Hebel- und Knackwerkzeuge dienen.

Löffelenten haben voluminöse, vorne verbreiterte Schnäbel, mit denen sie das Wasser aufwirbeln, einsaugen und durch die an den Seiten platzierten Lamellenbürsten drücken, welche die im Wasser befindliche Nahrung zurück halten.

Stockenten sind typische Allesfresser und haben mittelgroße mit relativ wenigen Lamellen versehene, kräftige Schnäbel, die so lang sind, dass sich damit auch kräftig im Schlamm wühlen lässt.

Säger sind Fischjäger mit dünnen, flachen Greifschnäbeln, die zum Festhalten der schlüpfrigen Fische mit spitzen Hornzähnen ausgestattet sind.

Lebensraum und Lebensweise – Stockenten und mit ihnen andere Schwimmenten sind »Pendler«. Tagsüber liegen sie gern im Schilf oder ähnlich ruhigen, geschützten Plätzen. Erst gegen Abend brechen die Schofe zu ihren Nahrungsflügen auf. Gegen Morgen streichen sie von ihren nächtlichen Nahrungsplätzen zurück zu ihren Ruheplätzen. Nur in der Mauser und in der Brutzeit und wenn die gewohnten Gewässer zugefroren sind, ändern sich ihre Gewohnheiten.

Tauchenten sammeln sich außerhalb der Brutzeit vorwiegend auf größeren offenen Gewässern.

Mauser – Vom Herbst bis ins späte Frühjahr hinein tragen die Erpel ein Prachtgefieder. Im Frühsommer während die Enten brüten suchen die Erpel deckungsreiche Gewässer (Schilf) auf und beginnen zu mausern. Da sie dabei das Großgefieder auf einmal verlieren, sind sie einige Wochen im Juli / August flugunfähig (Mauser- oder Rauerpel). Auch das Kleingefieder wird gewechselt. Das sommerliche Schlichtkleid ähnelt dem der weiblichen Enten. Erst im Herbst (September / Oktober) haben die Erpel wieder ihr Prachtkleid angelegt. Die führende Mutterente mausert später, um die Zeit, wenn ihre Jungen flugfähig werden. Bei einigen anderen Entenarten erfolgt die Mauser 3 bis 4 Wochen später als bei der Stockente, daher rührt der unterschiedliche Beginn der Jagdzeiten.

Fortpflanzung – Das Paarungsverhalten der Wildenten weicht von dem der meisten anderen Vogelarten ab. Die eigentliche Balz und Paarbindung erfolgt bereits im Herbst und Winter: Der Erpel umwirbt die Ente mit ausdrucksvollen Schwimmbewegungen im Wasser. Wenn sich ein Paar gefunden hat, bleibt es den Winter über beisammen (so genannte »Verlobungszeit«), auch innerhalb größerer Ansammlungen von Enten auf Überwinterungsgewässern.

Die eigentliche Paarungszeit ist im Februar / März, bei der Stockente »Reihzeit« genannt wegen der dann häufigen Verfolgungsflüge mehrerer Erpel hinter einer Ente (bei anderen Entenarten ist dieses Verhalten weniger auffällig). Nach der Reihzeit beginnt die weibliche Ente mit dem Gelege. Der Nistplatz wird von dem Paar noch gemeinsam ausgesucht. Bis zu Beginn der Brutzeit hält sich der Erpel in der Nähe des Geleges auf. Dann verlässt er die brütende Ente und sucht zur Mauser das oft weitab liegende Mausergewässer auf. Allein die weibliche Ente brütet und führt die Jungen (Schof).

Wildenten sind hauptsächlich Bodenbrüter, meist in Deckung der Ufervegetation an Gewässern. Die Jungen sind Nestflüchter, die gleich nach dem Schlüpfen mit der Mutter ins Wasser gehen. Am vielseitigsten ist die Stockente: Sie brütet oft auch weitab von Gewässern und nicht nur am Boden, sondern gern auf Kopfweiden, in Ortschaften auch auf Gebäuden. Sie nimmt gern künstliche Nisthilfen (Brutkästen, Brutkörbe) an. Das Vollgelege besteht aus etwa 7 bis 12 Eiern, die 25 bis 28 Tage bebrütet werden.

Stimmlaute – Die verschiedenen Entenarten verfügen über vielfältige quakende, knarrende und pfeifende Lautäußerungen als Balz- und Lockrufe. Das bekannte, laute und oft lang anhaltend wiederholte »paakpaak« der Stockente (vom Jäger auch als Lockruf nachgeahmt) ist ausschließlich ein Laut der weiblichen Enten; die Stockerpel lassen nur ein kurzes, gedämpftes »Räp, Räp« hören.

Feinde – Erwachsene Enten können von großen Greifvögeln geschlagen werden (Seeadler, Habicht), auch von Uhu, Jungenten von der Rohrweihe. Nesträuber an Gelegen und Jungenten sind Wanderratte, Iltis, Steinmarder, Hermelin, Fuchs, Dachs, Rabenkrähe und Elster.

Hege – An erster Stelle steht die Sicherung geeigneter Lebensräume, ungestörter Brutgebiete und Überwinterungsquartiere. Neben anderen Entenarten hat gerade die Stockente von der Eutrophierung der Gewässer (Belastung und »Überdüngung« mit organischen Abfällen) profitiert. Nahrung für Wildenten ist in unserer Landschaft reichlich vorhanden; knapper sind deckungsreiche, ungestörte Brutplätze vor allem für die Arten, die nicht so anpassungsfähig sind wie die Stockente.

Bejagung – Die jährliche Jagdstrecke an Wildenten beträgt in der Bundesrepublik rund 550 000; das ist das Fünffache im Vergleich z. Z. vor dem 2. Weltkrieg. In der Strecke dominiert die Stockente mit über 90 %, gefolgt von der Krickente, in den traditionellen Überwinterungsgewässern der Tauchenten dagegen Reiher- und Tafelente.

Allgemeines

?

1259 | Wie werden Schwimm- und Tauchenten auf dem Wasser unterschieden?
Schwimmenten: Köper lang gestreckt, waagerechte Rückenlinie, Stoß deutlich angehoben. Körper nur zu $^1/_2$ im Wasser. Tauchente: Körper abgerundet, Rückenlinie gewölbt, Stoß abgesenkt auf oder unter Wasser liegend. Körper zu $^2/_3$ im Wasser.

1260 | Wie verhalten sich Schwimm- und Tauchenten bei der Nahrungssuche?
Schwimmenten gründeln (Kopf, Hals, vordere Brustpartie unter Wasser) in Flachwasserzonen. Tauchenten tauchen mit dem ganzen Körper unter und nehmen Nahrung vom (tiefen) Gewässergrund auf.

1261 | Wie verläuft die Mauser der Enten?
Wir unterscheiden die Klein- und die Großgefiedermauser. Das Großgefieder wird in Form einer Sturzmauser gewechselt.

Legezeit/Brutzeit der bei uns brütenden Wasservögel

Art	Legezeit						Ei-Zahl	Brut-Tage*
	März	April	Mai	Juni	Juli	Aug.		
Stockente							7–11	27–28
Gänsesäger							8–12	30–32
Brandgans							8–10	29–31
Graugans							4– 9	27–29
Blässhuhn							5–10	23–24
Krickente							8–10	21–23
Schellente							6–11	29–30
Knäckente							8–11	21–23
Löffelente							8–12	22–23
Tafelente							5–12	27–28
Eiderente							4– 6	25–28
Höckerschwan							5– 8	35–41
Kolbenente							8–11	26–28
Schnatterente							8–12	24–26
Reiherente							6–11	23–28
Moorente							7–11	23–27

* Kernbruttage; bei einigen Arten kommen Ausreißer nach vorne und hinten vor.

1262 | Beeinträchtigt die Mauser das Verhalten der Enten?
Ja, Erpel sind nach der Großgefiedermauser (= Mausererpel, Rauherpel) im Juni/Juli mehrere Wochen flugunfähig, Enten mausern erst im August, in der Zeit der Großgefiedermauser sind sie flugbehindert.

1263 | Wie leben Erpel während der Mauser?
Erpel leben während der Mauser flugunfähig aber schwimmfähig auf dem Wasser; deckungsreiche Seen werden als Mausergewässer aufgesucht.

1264 | Was ist ein Schof?
Ein Zusammenschluss mehrerer Enten, z.B. Altente mit Jungen.

1265 | Wann findet die Verlobung der Enten statt?
Im Spätherbst/Frühwinter

1266 | Wie wird die Paarungszeit genannt?
Reihzeit.

1267 | Wie spielt sich die Balz ab?
Der eigentlichen Paarbildung (ab Ende September) geht bei der Stockente eine Gemeinschaftsbalz mehrerer Erpel voraus. Paarbildung erfolgt durch »Antrinken«, Neben- und Hintereinanderherschwimmen, Vertreiben anderer Erpel → Verlobung. Im Herbst Tretakte im Wasser ohne Spermaübertragung.

1268 | Paaren sich Haus- und Wildenten?
Ja, die Stockente ist die Stammform der Hausente.

1269 | Sind Entenküken Nesthocker?
Nein, sie sind schwimmfähige Nestflüchter.

1270 | Was ist die erste Nahrung der Entenküken?
Insekten.

1271 | Wie lenkt die Ente Feinde vom Gelege ab?
Sie stellt sich »krank« (= flugbehindert).

1272 | Beteiligt sich der Erpel an der Aufzucht?
Nein.

1273 | Welche Feinde haben Entenküken?
Ratten, Iltis, Mink, große Raubfische, Krähen, größere Möwenarten.

1274 | Sind Fuchs und Marder für die Küken eine große Gefahr?
Nein, beide Arten scheuen das Wasser.

1275 | Wer oder was fordert unter Entenküken die meisten Verluste?
Schlechte Witterungsverhältnisse (Kälte).

1276 | Welche Entenarten brüten in Baumhöhlen?
Schellente und Gänsesäger immer, Stockente gelegentlich.

Waidmännische Ausdrücke

Draller	geringelte Bürzelfedern des Stockerpels
Entenstrich	abendliches Streichen der Enten
Erpel	männliche Ente
gründeln	Nahrungsaufnahme mit dem Kopf unter Wasser
Hakeln	(siehe Draller)
Latschen	Füße
Locken	(siehe Draller)
Rauhe	Federwechsel, Mauser
Rauherpel	Erpel in der Mauser
Reihzeit	Begattungszeit im Frühjahr
Ruder	Füße
Schof	Mutterente mit Jungen, auch allgemein mehrere Enten zusammen
Spiegel	farbiger Fleck auf den Schwingen
weiden	Nahrungsaufnahme auf dem Land

Schwimm- oder Gründelenten *(Anas spec.)*

Stockente *(Anas platyrhynchos)* – Häufig verbreitete Wildente, Stammform der Hausente (kreuzt sich mit diesen). Sehr vielseitig in der Ernährung (»Allesfresser«) und der Wahl der Brutplätze.
Erpel (Prachtkleid): grüner Kopf, weißer Halsring, Brust rotbraun, Unterseite aschgrau, Oberrücken dunkelbraun, Unterrücken schwarz mit grünlichem Schein. Ober- und Handschwingen graubraun, Spiegel (beiderseits auf Mittelschwinge) stahlblau, weiß gesäumt, Erpelfedern (Hakeln oder Locken) bei jungen Erpeln 2, bei alten 4.
Erpel (Schlichtkleid): der weiblichen Ente sehr ähnlich, aber Schnabel grüngelb (bei Ente eher bräunlich), Latschen leuchtend orangerot.
Ente: braun »geschuppt«, Spiegel wie beim Erpel, blassrote Latschen.

Löffelente *(Anas clypeata)* – Verbreiteter, nicht häufiger Brutvogel, Durchzügler und Wintergast. Nahrung vorwiegend Plankton nährstoffreicher Gewässer.
Erpel: Auffallend breiter Schnabel, Kopf und Hals mittelgrün, Oberschwingen himmelblau, Brust weißlich, Bauch bräunlich.
Ente: Schnabel gleichfalls auffallend breit, Gefieder schlicht braun (ähnlich wie Stockente), Spiegel bläulich.

Spießente *(Anas acuta)* – Seltener Brutvogel, regelmäßiger Wintergast, mehr im Küstengebiet als im Binnenland. Hauptbrutgebiete im nördlichen Russland.
Erpel: Kopf braun mit weißem Halsstreif, Spiegel grünbraun, spitz auslaufender Stoß.
Ente: grauer Schnabel, spitzer Stoß, braun gemustertes Federkleid.

Pfeifente *(Anas penelope)* – Deutlich kleiner als Stockente, bei uns kein Brutvogel, aber im Küstengebiet sehr häufiger Winter-

Körperbezeichnungen bei der Stockente.

Steckbrief Stockente

Körperbau: Größte heimische Schwimmente; häufig mit Hochbrutflugente verbastardiert und dann größer. Erpel im Prachtkleid mit grünmetallig schimmernden Kopf.

Lautäußerungen: ♂ ganzjährig gedämpftes »Rähb«; bei Erregung und Paarung hoher Grunzpfiff; ♀ lautes »Waak waak«.

Lebensweise: Stand- und Strichvogel. Tag- und nachtaktiv.

Fortpflanzung: Paarbildung schon im Spätsommer und Herbst; meist Saisonehe. Im Spätwinter Gesellschaftsbalz der ♂. ♀ beobachten und wählen später aus. Nest meist am Boden, gelegentlich auf Balkonen oder in hohlen Bäumen. Legezeit ab Ende Februar. 7 bis 14 Eier. Brutdauer ca. 26 Tage. Flügge mit 60 Tagen. 1 Jahresbrut, aber Nachgelege. ♀ brütet und führt alleine.

Nahrung: Allesfresser; im Frühjahr überwiegt tierische Nahrung: Insekten, Weichtiere, Krebstiere, Amphibien, Fischlaich. Später überwiegt pflanzliche Nahrung: Wasserpflanzen, Sämereien, Eicheln.

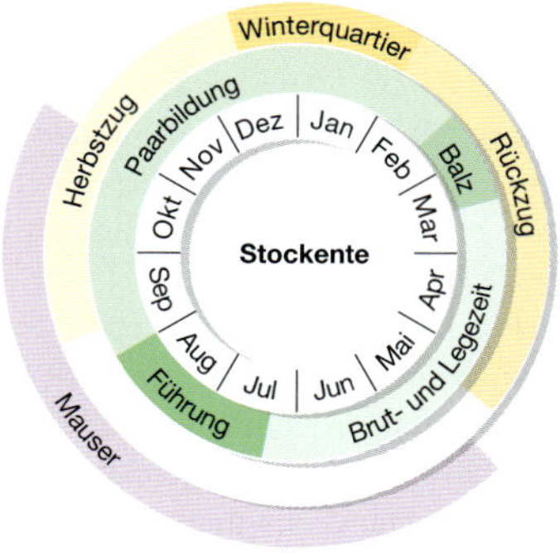

Jahreszyklus

Schwimmenten (Gründelenten)

Knäckente (Paar).

Krickente (2 ♂).

gast in großen Scharen, äst vorwiegend Wattpflanzen und Algen, Schäden am Wintergetreide und Raps. Brutgebiete: Nordeuropa, Nordasien.
Erpel: Kopf braun mit hellbraunem Scheitel, Brust rostbraun, Schnabel grau und kurz, weißes Schwingenband.
Ente: Schnabel blaugrau, heller Schwingenstreif, Spiegel grau.

Schnatterente *(Anas strepera)* – Fast so groß wie Stockente, Erpel nicht bunt (graubraun), seltener Brutvogel, im Herbst Durchzügler aus Osteuropa zum Mittelmeer.
Erpel: Gefieder grau, Steiß schwarz, Spiegel auf brauner Schwingendecke weiß.
Ente: Schnabel gelblich, Spiegel schmal und weiß, im Flug deutlicher.

Pfeifente (Paar).

Schnatterente (Paar).

Spießente (Paar).

Löffelente (Paar).

Krickente *(Anas crecca)* – Sie ist die kleinste Schwimmente (»Halbente«, weil etwa halb so groß wie die Stockente), verbreiteter, aber nicht häufiger Brutvogel, als Wintergast zahlreicher.
Erpel: dunkler Kopf mit grüner Augenbinde, weißer Schwingenstreif, grüner Spiegel.
Ente: schlicht braun mit grünem Spiegel.

Knäckente *(Anas querquedula)* – Ebenso klein wie die Krickente, als Brutvogel seltener, zieht im Herbst bis Afrika, deshalb Durchzügler, kein Wintergast.
Erpel: weißer Kopfstreif, bläulicher Schulterfleck, Zierfedern an den Schultern.
Ente: graue Schwingen, mattgrüner Spiegel, Ruf »Knäk«.

1277 | Welches ist die häufigste Ente?
Die Stockente.

1278 | Was hat die Stockenten wesentlich begünstigt?
Die Eutrophierung der Gewässer sowie städtische wasserreiche Parkanlagen.

1279 | Von was ernährt sich die Stockente?
Sie ist ein »Allesfresser« → pflanzliche wie tierische Nahrung.

1280 | Braucht die Stockente große Wasserflächen?
Nein, kleine Tümpel, Gräben etc. reichen ihr.

1281 | Welche Schwimmentenart weidet gern an Land?
Die Pfeifente weidet gerne auf Getreide- und Rapssaaten.

1282 | Wie stehen Schwimmenten aus dem Wasser auf?
Direkt und unmittelbar, im Gegensatz zu den Tauchenten und Schwänen.

1283 | Wo suchen Schwimmenten ihre Nahrung?
In Flachwasserzonen und an Land.

1284 | Welche Schwimmenten kommen fast nur als Wintergäste an der Küste vor?
Die Pfeifente und die Spießente.

1285 | Wann mausern die Stockenten?
Juni bis August. Erpel flugunfähig im Juli und August.

1286 | Welche Lautäußerungen kennen wir bei der Stockente?
Das laute Quaken der Ente, das feine, leise Rufen der Erpel (rääb, rääb) und deren »Grunzruf« während der herbstlichen Gemeinschaftsbalz.

1287 | Aus wie vielen Eiern besteht ein Stockentengelege?
Das Vollgelege besteht aus 7 bis 12 Eiern.

1288 | Was macht die Ente, wenn sie das Gelege verlässt?
Sie deckt das Gelege mit Daunenfedern aus der Nestpolsterung sowie Pflanzenmaterial ab.

1289 | Wie lange brütet die Stockente?
26 Tage.

1290 | Welche Tierart gefährdet die Gelege besonders?
Die Ratte.

1291 | Welche Entenart brütet oft weit vom Wasser entfernt in Wiesen?
Die Löffelente, gelegentlich auch die Stockente.

1292 | Was sind Hochbrutflugenten?
Wildfarbene domestizierte Enten. Häufig schwerer als Stockenten.

Tauchenten
(Netta, Aythya u. Bucephala)

Kolbenente *(Netta rufina)* – Wenige Brutgebiete im Küstengebiet wie auch an großen Binnengewässern (z.B. Bodensee). Hauptbrutgebiete in Mittelasien, Winterquartiere im Mittelmeer- und Schwarzmeerraum.
Erpel: Schnabel rot, Kopf kolbenartig verdickt, kastanienbraun, Brust schwarz, Flanken weiß.
Ente: Scheitel dunkel, Schnabel rot, Wangen grau, Gefieder blassbraun, Schwingenfleck hellgrau.

Tafelente *(Aythya ferina)* – Häufigste Tauchente Mitteleuropas, v.a. an größeren Gewässern, dazu viele Wintergäste aus dem Nordosten (bis Sibirien).
Erpel: Schnabel schwarz mit hellblauem Rand, Kopf und Hals rostbraun, schwarze Brust, grauer Körper, dunkler Steiß.
Ente: Kopf und Brust braun, Schnabel schwarz mit hellem Fleck am Schnabelgrund, dunkler Steiß.

Moorente *(Aythya nyroca)* – Brutvogel in Südosteuropa, bei uns sehr selten (Nordwestgrenze der Verbreitung). Zieht im Winter bis nach Afrika.
Erpel: Kopf, Hals und Flanken dunkelbraun, Augen weißlich, Unterseite und Spiegel weiß.
Ente: Färbung wie Erpel, aber matter. Braunes Auge.

Reiherente *(Aythya fuligula)* – Neben der Tafelente häufigste heimische Tauchente, im Winter Zuzügler aus Nordeuropa, oft in großen Scharen auf größeren Gewässern, Bastarde mit der Tafelente kommen vor.
Erpel: Federschopf am Hinterkopf, Oberseite und Rücken schwarz, Bauch und Flanken weiß.
Ente: Schopf am Hinterkopf angedeutet, Farbe insgesamt dunkelbraun (ähnlich wie Bergente), wenig oder kein Weiß am Schnabelgrund.

Bergente *(Aythya marila)* – Der Reiherente ähnlich, doch ohne Federschopf. Hochnordischer Brutvogel (Island, Nordskandinavien bis Sibirien), Wintergast im Küstengebiet, selten an Binnengewässer.
Erpel: Kopf, Brust schwärzlich, Schnabel blaugrau, Rücken grau, Flanken weiß.
Ente: braun mit weißem Fleck am Schnabelgrund, schmaler, weißer Schwingenstreif.

1293 | Wovon ernähren sich Tauchenten?
Tauchenten ernähren sich vornehmlich von tierischer Kost, pflanzlicher Nahrung wird auch genommen.

1294 | Wichtige Tauchentennahrung?
Schnecken, Krebse, Muscheln, Wasserpflanzen.

1295 | Brütet die Moorente auch bei uns?
Ja, in Deutschland ist sie nur mit wenigen Brutpaaren vertreten, ihr Hauptbrutgebiet ist Südosteuropa

1296 | Welche Meerente brütet in Baumhöhlen?
Die Schellente.

1297 | Welche Tauchente darf nach Bundesverordnung erlegt werden?
Berg-, Reiher-, Tafel-, Samt- und Trauerente.

1298 | Wo brütet die Bergente?
Island, Schottland, Nordskandinavien bis nach Nordostasien.

Tauchenten

Kolbenente (Paar).

Tafelente (Paar).

Moorente (Paar).

Reiherente (Paar).

Bergente (Paar).

Meerenten

Eiderente (2 ♀, ♂).

Eisente (♂).

Trauerente.

Samtente.

Schellente (Paar).

Meerenten *(Somateria, Clangula u. Melanitta)*

Eiderente *(Somateria mollissima)* – Größte einheimische Ente (viel größer als Stockente). Brütet an Meeresküsten von Sibirien bis Westeuropa (»Meeresente«), häufig auf Nord- und Ostsee, auch als Wintergast, selten auf Binnengewässern. Im Sommer treffen sich große Mausergesellschaften im Wattenmeer der Nordsee.
Erpel: Kopf groß, keilförmig zugespitzt, weiß mit schwarzem Scheitel, Hinterkopf grün, Wangen, Brust und Rücken weiß, Schwingen und Bauchseite dunkel.
Ente: Kopf groß, keilförmig, Körper braun mit schwarzen Bändern geschuppt und gestrichelt. Flug abwechselnd schwingenschlagend bzw. gleitend, Kopf tief gehalten.

Eisente *(Clangula hyemalis)* – Kleine »Meeresente«, hochnordischer Brutvogel, bei uns nur als Wintergast im Küstengebiet.
Erpel: Kopf, Hals und Unterseite weiß, Brust, Rücken und Schwingen dunkelbraun.
Ente: Kopf weiß mit dunklem Scheitel, Brustband und Oberseite dunkel.

Trauerente *(Melanitta nigra)* – Brütet in Nordeuropa bis Sibirien, bei uns nur als Wintergast im Küstengebiet, sehr selten auf Binnengewässern.
Erpel: Tiefschwarz ohne Spiegel.
Ente: Scheitel schwarz, Wangen grau, übriger Körper bräunlich, kein Spiegel.

Samtente *(Melanitta fusca)* – Verbreitung ähnlich wie Trauerente, überwintert an der Meeresküste in Nord- und Mitteleuropa, selten auf Binnengewässern.
Erpel: Schwarz mit weißem Spiegel und Augenfleck.
Ente: braun und dunkler mit weißem Spiegel.

Brandenten.

Schellente *(Bucephala clangula)* – Brutvogel in Nord- und Osteuropa (Höhlenbrüter in Baumhöhlen und Nistkästen!), bei uns selten (Norddeutschland). Als Wintergast auf größeren Binnengewässern.
Erpel: Weißer Backenfleck, Kopf, Stoß und Rücken schwarz, Hals und Bauch weiß.
Ente: Kopf braun, weißes Halsband, Gefieder grau (Höhlenbrüter).

Halbenten *(Tordoma)*

Brandente *(Tadorna tadorna)* – Eine Sonderstellung zwischen Enten und Gänsen nimmt die Brandente oder Brandgans ein. Beide Geschlechter sind kontrastreich schwarz-weiß-rotbraun gefärbt, der Schnabel ist rot (bei Jungvögeln grau), der Erpel hat einen roten Höcker an der Schnabelbasis. Sie brütet an den europäischen Meeresküsten, bei uns an Nord- und Ostsee und im nördlichen Binnenland. Die Nordsee ist wichtigstes Mausergebiet und Winterquartier der nordeuropäischen Brutvögel. Die Brandente ist Höhlenbrüter in Erdhöhlen (Kaninchenbaue), an Felsküsten auch unter Steinen.

1299 | Was sind Meerenten?
Tauchenten, die fast ausschließlich an den Meeresküsten auftreten.

1300 | Welche Meeresente übersommert bei uns in großer Zahl als Mausergast?
Die Brandente, ihr größtes Mausergebiet sind die Vogelinseln der Nordsee.

1301 | Welche Meerenten kommen auch (selten) ins Binnenland?
Brand- und Schellente, vereinzelt auch Samt-, Trauer- und Bergente.

1302 | Wo brütet die Eiderente?
Ursprüngliche Brutgebiete der Eiderente sind die Meeresküsten von Sibirien bis Westeuropa. Seit Jahren auch Brutvogel an Nord- und Ostsee.

1303 | Wo brüten die übrigen Meerenten?
Bergente, Schellente, Eisente, Trauerente und Samtente brüten alle in nordischen Bereichen.

1304 | Wo brütet die Brandente?
Die Brandente brütet in Erdhöhlen (Kaninchenbaue, Fuchsbaue).

1305 | Kommt die Brandente auch im Binnenland vor?
Gelegentlich brütet sie auch im Binnenland.

1306 | Darf die Brandente erlegt werden?
Nein, sie ist ganzjährig geschont.

Bejagung

1307 | Was ist beider Entenjagd unbedingt notwendig?
Ein brauchbarer Jagdhund.

1308 | Wie werden Stockenten bejagt?
In der Regel auf dem Abend- und Morgenstrich (= Nahrungsflüge) oder Angehen an Gewässern. An schilfreichen Gewässern auch mit stöbernden Hunden, seltener in Form einer Treibjagd (Boote, Hunde).

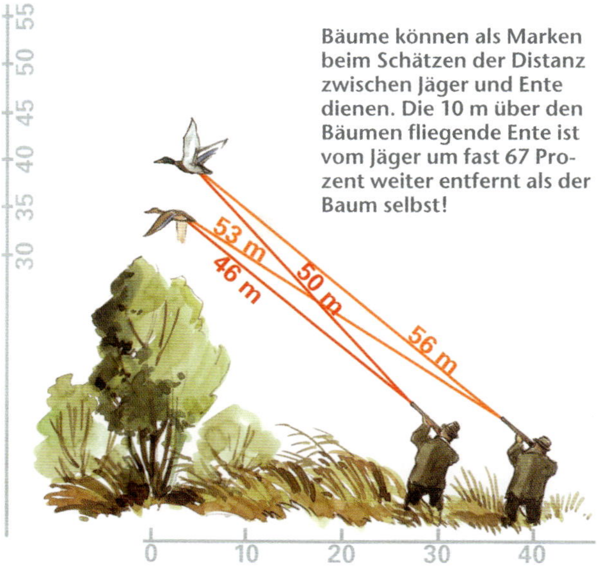

Bäume können als Marken beim Schätzen der Distanz zwischen Jäger und Ente dienen. Die 10 m über den Bäumen fliegende Ente ist vom Jäger um fast 67 Prozent weiter entfernt als der Baum selbst!

① Stockente (Schwimmente)
② Löffelente (Schwimmente)
③ Spießente (Schwimmente)
④ Pfeifente (Schwimmente)
⑤ Schnatterente (Schwimmente)

⑥

⑦

⑧

⑨

⑩

⑥ Krickente (Schwimmente)
⑦ Knäckente (Schwimmente)
⑧ Kolbenente (Tauchente)
⑨ Tafelente (Tauchente)
⑩ Moorente (Tauchente)
(siehe auch Tafel auf Seite 288 f.)

① Reiherente (Tauchente)
② Bergente (Tauchente)
③ Schellente (Meerente)
④ Trauerente (Meerente)
⑤ Eisente (Meerente)

⑥

⑦

⑧

⑨

⑩

⑥ Samtente (Meerente)
⑦ Gänsesäger (Säger)
⑧ Mittelsäger (Säger)
⑨ Zwergsäger (Säger)
⑩ Brandgans
(siehe auch Tafel auf Seite 292 f.)

1309 | Wann sind alle Stockenten wieder voll flugfähig?
Ab September. Zuletzt erlangen die Weibchen, die zuvor gebrütet haben, ihre Flugfähigkeit zurück.

1310 | Darf man Stockenten mit Bleischrot erlegen?
Ja, aber nur gewässerfern. An Gewässern ist Stahlschrot zu verwenden.

1311 | Kann man auf Stockenten die Lockjagd ausüben?
Ja, die Rufjagd; früher wurden auch Lockenten eingesetzt.

1312 | Was sind Lockenten?
Wildfarbene Hausenten, die auf Flachgewässer in der Nähe des anstehenden Jägers ausgebracht wurden. Heute Ersatz durch Kunststoffenten.

1313 | Darf man lebende Lockenten verwenden?
Nein.

1314 | Wer fliegt bei zwei oder drei Enten in der Regel vorne?
Die Ente.

1315 | Ist es verboten, überzählige Erpel mit dem Kleinkaliber zu schießen?
Nein, es ist sinnvoll, so vorzugehen. Der Schuss aufs Wasser ist jedoch gefährlich!

1316 | Welche Schwierigkeit besteht beim Schuss auf die Ente?
Enten streichen schnell. Merke: Auf Enten im Zuge, auf Bekassinen im Fluge hat schon mancher Jäger verdrossen Pulver und Blei verschossen.

1317 | Worauf muss der Jäger bei der Entenjagd achten?
Auf gute Sichtdeckung.

Säger

Säger sind eine besondere Gruppe der Entenvögel (Anatidae). Sie ähneln im Aussehen den Wildenten (Erpel buntes Prachtkleid, Weibchen schlicht graubraun), haben aber einen schmalen Schnabel, der an den Rändern sägeartig gekerbt ist (»Säger«) und eine hakenförmige Spitze trägt. Dadurch können sie bei der Unterwasserjagd auf Fische ihre Beute sicher fangen und halten. Säger sind von allen Entenvögeln am weitesten an das Leben im Wasser angepasst. Sie ernähren sich fast ausschließlich von Fischen, die sie tauchend unter Wasser verfolgen. Schwimmend sind sie (ähnlich wie Tauchenten) durch ihre tiefe Lage im Wasser leicht zu erkennen. Im Flug ist ihr Körper gestreckt. An Land nutzen sie nur die Uferzone, wo sie auch in Bodendeckung (Mittelsäger, Zwergsäger) oder in Baum- und Felshöhlen (Gänsesäger) nisten. Die Säger unterliegen dem Jagdrecht mit ganzjähriger Schonzeit.

Gänsesäger *(Mergus merganser)* – Der größte der drei Säger (stärker als die Stockente). Roter Schnabel und rote Ruder. Kopf dunkel, Unterseite weiß. Brutvogel in Nordeuropa, einzelne Brutgebiete in den Alpen (Oberlauf der Bergflüsse, an Bergseen).
Er ist ein Höhlenbrüter und nimmt auch Nisthilfen an (= Baumgans).

Mittelsäger *(Mergus serrator)* – Größe einer Stockente, Schnabel und Ruder rot, Kopf schwarz. Hals ist weiß mit dunklem Brustansatz. Charakteristisch: große weiße Flügeldecken, Federschopf im Nacken. Brutvogel im Norden (bis Schleswig-Holstein und Niedersachsen) an Seen und Flüssen, auch im dt. Binnenland.

Zwergsäger *(Mergus albellus)* – Der kleinste Säger, weißer Kopf. Wie der Mittelsäger große helle Flecken auf den Schwingen, außerdem noch auf der Körperoberseite. Hochnordischer Brutvogel und bei uns nur im Küstengebiet Wintergast, seltener auf großen Binnengewässern.

1318 | Welche Säger kommen bei uns vor?
Gänsesäger, Mittel- und Zwergsäger.

1319 | Wo finden wir den Gänsesäger?
Er brütet in Schleswig Holstein und auf den Alpenseen. Höhlenbrüter (Baum- und Erdhöhlen).

1320 | An was mangelt es dem Gänsesäger?
An alten Bäumen mit Höhlen als Brutplätze.

1321 | Wie unterscheiden sich die Säger von den übrigen Entenarten?
Sie haben einen spitzen Schnabel mit stark gezähnten Rändern (= Säger), der an der Spitze hakenförmig ausläuft. Hauptnahrung: Fische.

Gänsesäger (♀, ♂).

Mittelsäger (♀, ♂).

Zwergsäger (♀, ♂).

Taucher

Taucher sind eine Gruppe von Schwimmvögeln, die noch weiter als die Entenvögel an das Leben am Wasser angepasst sind. Bei uns kommen verschiedene Arten der Lappentaucher vor. Die wesentlich größeren Seetaucher sind hochnordische Vögel, bei uns nur seltene Wintergäste im Küstengebiet.

Die Lappentaucher werden auch »Steißfüße« genannt wegen ihrer weit hinten am Körper befindlichen Ruder. Der Name »Lappentaucher« leitet sich von den lappenförmigen Schwimmhäuten an den Zehen ab. An Land gehen sie nie, können sich kaum laufend fortbewegen. Ihre schmalen, kurzen Schwingen benutzen sie beim Tauchen als Ruder; vom Wasser erheben sie sich erst nach längerem Anlauf. Der dünne Schnabel wird beim Fischfang wie eine Harpune eingesetzt. Die Nahrung besteht ausschließlich aus Wassertieren, vorwiegend kleine Fische, aber auch Wasserinsekten, Larven, Kleinkrebse, Lurche.

Haubentaucher auf dem Nest.

Zwergtaucher.

Beide Geschlechter sehen im Pracht- wie im Schlichtkleid gleich aus. Das Nest steht im Wasser auf schwimmenden Inseln aus Pflanzenresten; die entstehende Fäulniswärme hilft beim Ausbrüten. Die 2 bis 6 Jungen sind Nestflüchter, die sofort schwimmen und oft von den Eltern auf dem Rücken getragen werden. Gemeinsame Brutpflege.

Haubentaucher *(Podiceps cristatus)* – Strichvogel und größte heimische Taucherart (Stockentengroß), weit verbreitet auf größeren Gewässern. Im Prachtkleid (beide Geschlechter) auffällig rostrot-schwarz gezeichneter Federkragen und büschelförmige Haube auf dem Kopf. In der Balz (Frühjahr) vollführt das Paar eindrucksvolle Schwimmtänze. Im Winter halten sie sich oft in größeren Gruppen auf offenen Gewässern auf (Strichvogel). Nest meist in der Ufervegetation im Wasser.

Zwergtaucher *(Podiceps ruficollis)* – Als Stand- und Strichvogel bei uns auf dicht bewachsenen Gewässern weit verbreitet und kommt zusätzlich in noch größerer Zahl als Wintergast vor. Wandert schon ab Mitte Juni von den Brutplätzen ab; im Sommer teilweise Mauserkonzentrationen.

Rothalstaucher.

Schwarzhalstaucher.

Tag- und nachtaktiv. Nahrung überwiegend Insekten (Larven) Mollusken, Krebstierchen und Kaulquappen. Im Winterhalbjahr vermehrt kleine Fischchen. Nest sowohl freischwimmend als auch an Land, dicht am Ufer. Balz im März, Legebeginn 2. Märzhälfte.

Alle übrigen Taucherarten – Sie sind kleiner, seltener und weniger weit verbreitet als der Haubentaucher. Einheimische Brutvögel (vorwiegend im Norden und Osten) sind Rothalstaucher *(Podiceps grisegena)* und Schwarzhalstaucher *(Podiceps nigricollis)*. Der Ohrentaucher *(Podiceps auritus)* kommt als hochnordischer Brutvogel nur als seltener Wintergast zu uns. Dagegen ist der Zwergtaucher bei uns als Brutvogel weit verbreitet.

Tauben (Columbiformes)

Wildtauben brüten auf Bäumen in Wäldern, Feldgehölzen und in Parkanlagen. Nur die Hohltaube ist Höhlenbrüter. Zur Äsung streichen die schnellen und guten Flieger regelmäßig, zeitweise in Schwärmen, ins Feld. Am Boden bewegen sie sich auf kurzen Ständern trippelnd fort. Die Nacht verbringen sie aufgebaumt auf Schlafbäumen.

Die Äsung besteht je nach Jahreszeit aus Teilen von Grünpflanzen, Sämereien (Getreide), Beeren, Eicheln, Bucheckern, Schnecken, Insekten. Tauben nehmen regelmäßig Wasserstellen (Tränken) an. Im

Ringeltauben leben die außerhalb der Brutzeit in Schwärmen.

Anfangs werden die Jungtauben mit Kropfmilch ernährt.

Gegensatz zu anderen Vögeln saugen sie das Wasser mit voll eingetauchtem Schnabel an. Sie picken gerne an Salzlecken.

Die Geschlechter sehen gleich aus.

Fortpflanzung – Nach der Balz im Frühjahr lebt das Taubenpaar in Jahresehe. Beide Partner bebrüten (13–) 18 Tage abwechselnd das aus nur 2 Eiern bestehende Gelege. Die Jungen sind unbeholfene Nesthocker, die rund 4 Wochen lang als Nestlinge gefüttert werden. Die Fütterung durch beide Eltern erfolgt anfangs mit »Kropfmilch« (käsiges Sekret, Produkt der Kropfschleimhaut), später auch mit pflanzlichem Kropfinhalt. Bis zu vier Bruten erfolgen im Jahr.

Die Ringeltaube legt nur zwei Eier.

Lautäußerungen – Wildtauben haben vorwiegend »gurrende« und »rucksende« Balz- und Locklaute. Die Strophen des »Reviergesangs« sind artspezifisch.

Bejagung – Ringeltaube und Türkentaube haben eine Jagdzeit vom 1.11. bis 20.2. Steigende Jahresstrecken (ca. 900 000) belegen den Populationsanstieg gerade bei der Ringeltaube.

In Deutschland ist die Ringeltaube mehr Strich- als Zugvogel. Sie überwintert bei uns in milden Niederungsgebieten, vor allem in Nordrhein-Westfalen und Niedersachsen.

Wegen der langen Brutzeit wurde die Jagd auf Tauben deutlich verkürzt. Bei vorzeitiger Freigabe der Tauben aufgrund von Schäden sollten nur Jungtauben ohne weiße Halsflecken erlegt werden, um die Altvögel und ihre Spätbrut zu schützen. Richtig platzierte Locktauben – die Tauben fliegen immer gegen den Wind zu den Locktauben – oder das »Taubenkarussell« haben sich besonders bei der genehmigten Herbstjagd bewährt.

Die Türkentaube ist jagdlich von sehr geringer Bedeutung, sie wird meist zufällig erlegt. Da sie sich vorwiegend in der Nähe von Ortschaften aufhält (ortsnahe Feldgehölze, Parkanlagen, Waldränder), sind die Jagdmöglichkeiten begrenzt.

Schäden – Tauben verursachen vor allem im Gemüsebau, aber auch an Raps erhebliche Schäden durch Zerhacken und Verkoten. Durch revierübergreifende Jagden an so genannten Taubenjagdtagen sind gute Strecken zu erzielen, die gerade die starken Winterschwärme reduzieren und darüber hinaus auch zeitweilig vergrämen.

Allgemein

1322 | Welche Taubenarten leben bei uns?
Die Ringeltaube, die Hohltaube, die Türkentaube, die Turteltaube.

1323 | Welche Art ist zugewandert?
Die Türkentaube.

1324 | Wie verhalten sich die Geschlechter zueinander?
Tauben leben monogam (Jahresehe).

1325 | Wie markieren Tauben ihr Revier?
Durch Rufen und flügelklatschende Balzflüge.

1326 | Wie viele Eier enthalten die Gelege der Tauben?
Zwei weißschalige Eier.

1327 | Wer bebrütet das Gelege?
Täubin und Tauber (Brutwechsel häufig in der Mittagszeit).

1328 | Womit ernähren Wildtauben ihre Nestjungen?
Mit der Kropfmilch, einem quarkartigen Nahrungsbrei, das von den Innenseiten der Kropfschleimhaut gebildet wird (kein Drüsenprodukt).

1329 | Welche Krankheit breitet sich bei hoher Taubendichte regelmäßig aus?
Die Taubenpocken (Viruserkrankung).

1330 | Welche Taubenkrankheit ist auf den Menschen übertragbar?
Die Ornithose (Viruserkrankung).

1331 | Welche Taubenarten ziehen in Winterquartiere?
Die Turteltaube ist Zugvogel (Afrika), die Hohl- und Ringeltaube sind Teilzieher bzw. Strichvögel.

1332 | Welche Taubenarten dürfen in Deutschland bejagt werden?
Nur Ringel- und Türkentauben.

1333 | Welche Feinde haben Tauben?
Wanderfalke, Habicht, Sperberweib, Marder.

Ringeltaube *(Columba palumbus)* – Größte der vier bei uns vorkommenden Wildtauben. Der ehemals scheue Waldvogel ist dem Menschen in seine Siedlungsgebiete als Brutvogel gefolgt, so dass sein Lockruf »Ruckuku, kuku, rukuku, kuku, rukuku, kuku, kuk« heute überall in Parks und Grünanlagen der Städte zu hören ist.

Nach der Brutzeit ziehen sie in Schwärmen umher. Strengen Wintern weichen sie als Strichvögel nach Westen und Südwesten aus (Niederlande, Südfrankreich, Mittelmeergebiet). In den letzten Jahrzehnten hat die Ringeltaube stark zugenommen und besiedelt auch städtische Anlagen und Gärten.

Ringeltaube (Altvogel).

Steckbrief Ringeltaube

Körperbau: Gewicht ♂ 450 bis 600 g, ♀ 400 bis 460 g. Jungtauben fehlt weißer Halsfleck bis zum Alter von 2,5 Monaten. Geringer Geschlechtsdimorphismus.
Lautäußerungen: Revierruf dumpfes »Ruguhguhgugu«; Nestruf weicher und leiser »ruh rkuh«. Lautes Klatschen mit den Schwingen.
Lebensweise: Teilzieher mit Standvogelneigung. Tagaktiv. Paare bleiben bis Herbst zusammen. Flügge Jungtauben bilden Schwärme. Zugschwärme von mehreren hundert Tauben. Rückkehr weniger auffällig.
Fortpflanzung: Monogam. Locker geschichtetes Reisignest. Balz ab März; Brut bis September, 2 Eier, Brutzeit 17 Tage; Nestlingsdauer gut 4 Wochen.
Nahrung: Grüne Blätter von Gräsern, Kräutern und Kulturpflanzen; Erbsen, Getreide, Eicheln, Bucheckern.

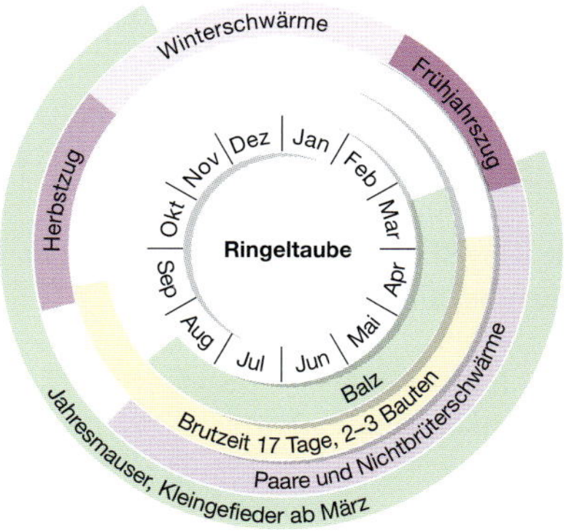

Jahreszyklus

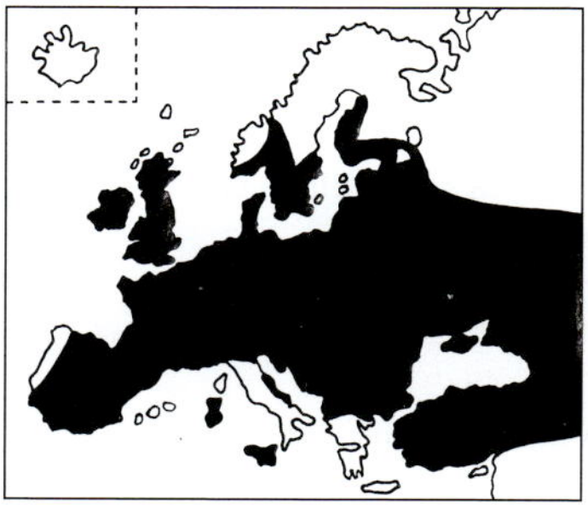

Verbreitungsgebiet

1334 | Wie schwer wird eine Ringeltaube?
500 g (→ Pfundtaube).

1335 | Sind die Geschlechter äußerlich zu unterscheiden?
Nein.

1336 | Welche Lebensräume besiedeln die Ringeltauben?
Feldgehölze, Baumgruppen, Waldränder, Parkanlagen.

1337 | Wo überwintern Ringeltauben?
Zum Teil sind sie Standvögel geworden. Als Strich- oder Teilzieher überwintern sie in Italien, Südwestfrankreich und auf der iberischen Halbinsel.

1338 | Aus was bestehen die großen Taubenflüge im Sommer?
Aus Jungtauben.

1339 | Woran erkennen wir die ganz junge Ringeltaube?
Am fehlenden weißen Halsfleck. Mit 2,5–3 Monaten haben auch schon diesjährige Ringeltauben einen weißen Halsfleck.

1340 | Was ist die Nahrung der Ringeltaube?
Tauben ernähren sich ganz vorwiegend vegetarisch (Blattstücke, Sämereien, Getreidekörner).

1341 | Welche Waldfrüchte werden von Ringeltauben gerne geäst?
Eicheln und Bucheckern, Ahornsamen.

1342 | Wie ist das Nest der Ringeltaube beschaffen?
Es besteht aus locker geschichteten, wenig kunstvoll verbauten Reisern.

1343 | Wie viele Gelege tätigt die Ringeltaube?
Bis zu vier Bruten sind häufig.

1344 | Welche Jagdarten sind bei der Ringeltaube gebräuchlich?
Der Ansitz an vorab ausgemachten Flugrouten (Nahrungsflüge, Wasserstellen). Revierübergreifende Taubenjagdtage sind wegen der großflächigen Beunruhigung der Tauben sehr Erfolg versprechend.

1345 | Womit werden Tauben geschossen?
Mit Schrot im Fluge, Kleinkaliber auf die sitzende Taube.

1346 | Ist es erlaubt, mit dem Kleinkaliber aufgebaumte Tauben zu schießen?
Ja, besondere Beachtung des Hintergeländes.

1347 | Was sollte der Jäger bei erlegten Tauben unverzüglich tun?
Den Kropf und den gesamten Magendarmtrakt (das Gescheide) entnehmen.

1348 | Womit kann man Ringeltauben anlocken?
Mit der Nachahmung des Taubenrufes (Taubenlocker oder mit den geschlossenen Händen).

1349 | Worauf muss der Jäger bei der Jagd auf Ringeltauben im Feld achten?
Auf gute Sichtdeckung.

1350 | Welche Schäden richten Ringeltauben in der Landwirtschaft an?
Schäden an Lagergetreide und besonders im Gemüsebau (Fraß- und Kotschäden).

Hohltaube *(Columba oenas)* – Graublaue Grundfarbe mit dunklen Schwingenbinden und grün schimmerndem Halsfleck, ohne Weiß im Gefieder, kleiner als die Ringeltaube. Sie brütet in Baumhöhlen (alten Schwarzspechthöhlen) in Altholzbeständen, auch in Nistkästen, vor allem in Mischwäldern mit alten Buchen und Eichen. Sie kommt nur vereinzelt vor, nach der Brutzeit in kleinen Flügen.

1351 | Mit welcher anderen Taubenart ist die Hohltaube zu verwechseln?
Mit der Ringeltaube. Die Hohltaube ist jedoch kleiner und trägt nie einen weißen Halsfleck.

1352 | Vergesellschaften sich Hohltauben und Ringeltauben?
In kleinen Flügen sind sie gelegentlich gemeinsam anzutreffen.

1353 | Wo lebt die Hohltaube?
Sie ist in ihrem Brutgebiet vom Vorkommen von Baumhöhlen anhängig (Kernfaule Eichen und Rotbuchen). Auf den Nordseeinseln mit Kaninchenvorkommen brütet sie gerne und häufig in deren Bauen.

Hohltaube.

Steckbrief Hohltaube

Körperbau: Etwas leichter als Ringeltaube; kein weißer Halsfleck, keine weiße Flügelbinden. Geringer Geschlechtsdimorphismus.
Lautäußerungen: Nestruf gedämpftes »Kuhu u up«. Lautes Flügelklatschen bei Ausdrucksflug über Nestbereich.

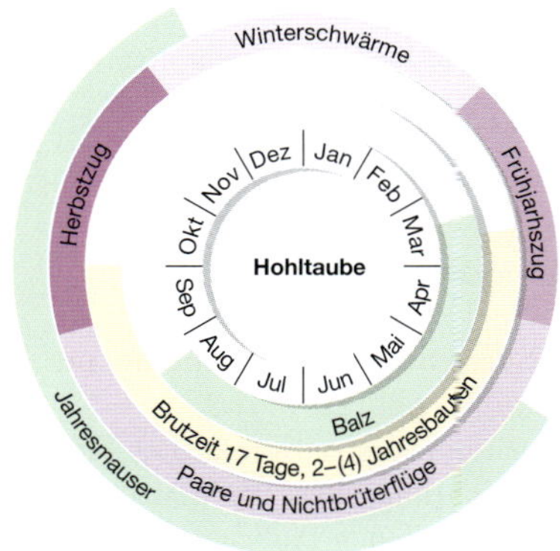

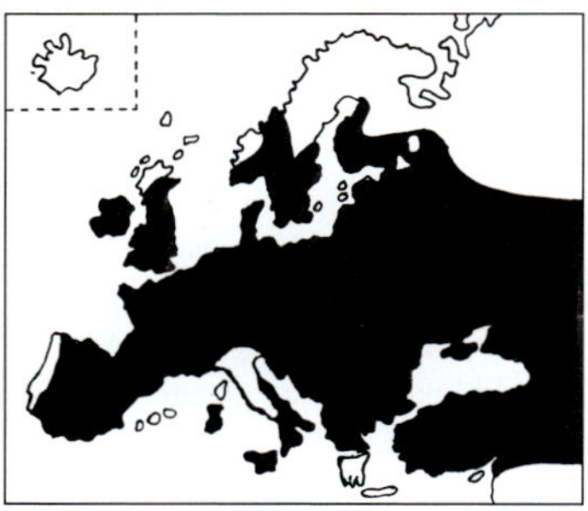

Verbreitungsgebiet

Lebensweise: Teilzieher in wintermilden Gebieten auch Standvogel. Tagaktiv. Gelegentlich mit Ringeltauben vergesellschaftet.
Fortpflanzung: Monogam. Höhlenbrüter. 2 (–4) Jahresbruten; 2 Eier; Brutzeit 17 Tage; Nestlingszeit knapp 4 Wochen.
Nahrung: Weitgehend wie Ringeltaube.

1354 | Welche Brutplatzkonkurrenten haben Hohltauben?
Dohle, Star.

1355 | Brüten Hohltauben in Nistkästen?
Ja, Nistkästen, gruppenweise angebracht, sind gerne angenommene Brutstätten.

1356 | Hat die Hohltaube eine Jagdzeit?
Nein, sie ist ganzjährig geschützt.

Turteltaube *(Streptopelia turtur)* – Als kleinste der 4 Wildtauben fällt die Turteltaube durch ihren braun geschuppten Rücken und einen schwarzweiß gebänderten Fleck an den Halsseiten auf. Ihr langer Stoß ist schwarz mit weißer Umrandung, die Grundfarbe des Gefieders hell graubraun. Sie brütet in Hecken und Feldgehölzen. Als ausgesprochener Zugvogel verbringt sie den Winter im tropischen Afrika. Lockruf: »Turr, turr, turr.« Vogel des Tieflandes, der in höheren Lagen fehlt. Wendiger Flieger. Fehlt in geschlossenen, dichten Wäldern.

1357 | Welche Landschaften sagen Turteltauben zu?
Eine abwechslungsreiche, durch Feldgehölze charakterisierte Kulturlandschaft abseits menschlicher Siedlungsgebiete.

1358 | Wo brütet die Turteltaube?
In Mischwaldungen, Hecken, Unterholz der Feldgehölze.

1359 | Wann zieht die Turteltaube ins Winterquartier?
August und September (Nachtflieger).

Steckbrief Turteltaube

Körperbau: Gewicht ♂ ♀ 95 bis 175 g. Geringer Geschlechtsdimorphismus.

Lautäußerungen: Revierruf schnurrendes »Turr-turr«.

Lebensweise: Langstreckenzieher, der südlich der Sahara überwintert. Tag- und dämmerungsaktiv. Gerne in größeren Gesellschaften, auch während der Brutzeit.

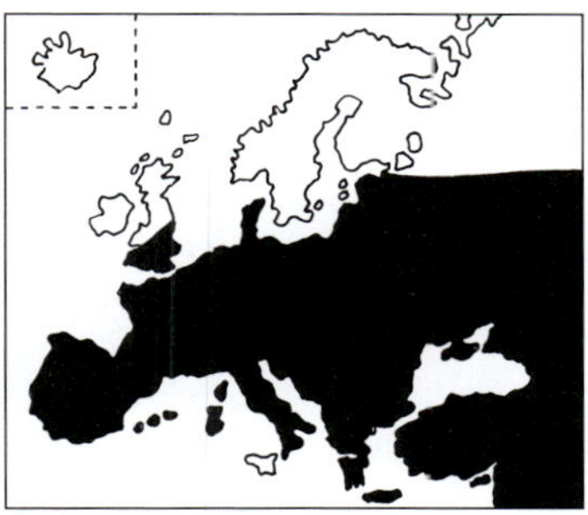

Verbreitungsgebiet

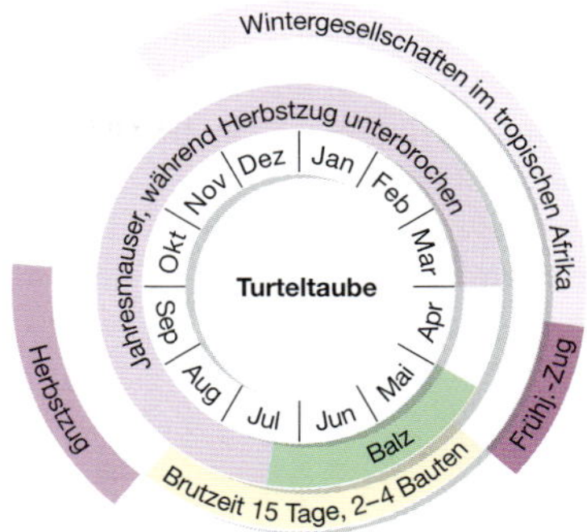

Jahreszyklus

Fortpflanzung: Paarbildung teils schon auf dem Rückflug. Nest in Hecken und im unteren Baumbereich. Legebeginn Mitte Mai; 2 bis 4 Jahresbruten. 2 Eier; Brutzeit ca. 15 Tage; Nestlingsdauer ca. 3 Wochen.

Nahrung: Überwiegend Sämereien von Ackerwildkräutern.

1360 | Wo überwintert die Turteltaube?
In Nord- und in den subtropischen Bereichen Afrikas.

Turteltaube.

Türkentaube *(Streptopelia decaocto)* – Sandfarbene kleine Taube mit schmalem, schwarzem Nackenband, das den Jungtauben fehlt. Weißer Unterstoß. Die Türkentaube ist zwischen 1950 und 1960 vom Balkan her bei uns eingewandert. Nach anfänglicher starker Vermehrung und Verbreitung scheinen ihre Bestände z.Z. zurückzugehen.

Sie hält sich eng an menschliche Siedlungen, meidet den geschlossenen Wald und brütet in Bäumen größerer Hausgärten, an Gebäuden, in ortsnahen Gehölzen und Waldrändern. Sie ist Standvogel geworden und kommt gerne an Futterplätze für Singvögel und Hausgeflügel. Im ländlichen Raum bilden Türkentauben auch Flüge, die im Feld gemeinsam nach Futter suchen. Lockruf: »Ku, kuku, kukuku, kukuku.«

Steckbrief Türkentaube

Körperbau: Größe wie Turteltaube.
Lautäußerungen: Revierruf tiefes, dumpfes »Gu-guu gu«; in der Erregung heiseres »Chrräi«.
Lebensweise: Standvogel, vor allem im urbanen Bereich. Außerhalb Brutzeit größere Schlafgemeinschaften

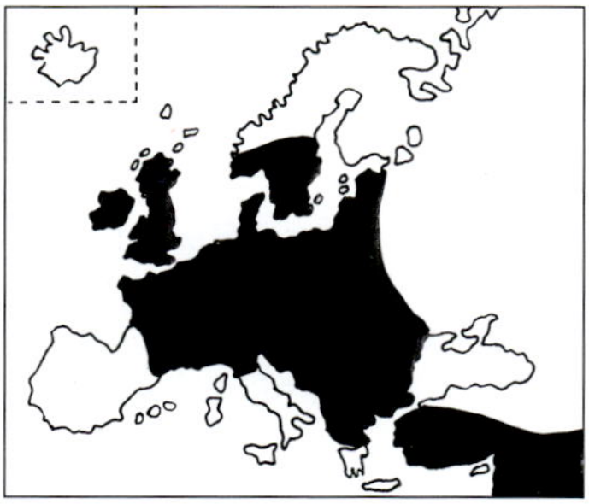

Verbreitungsgebiet

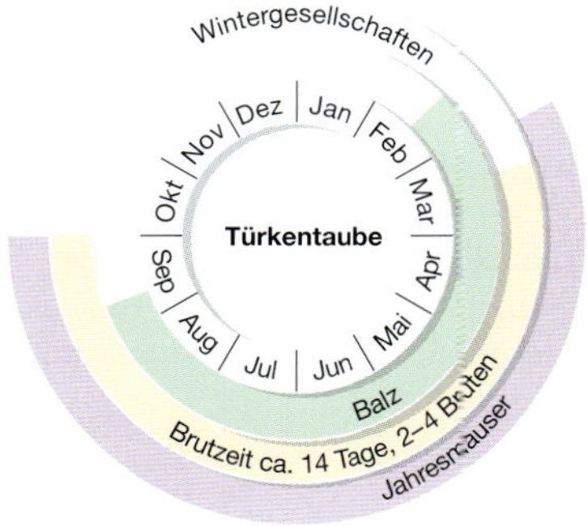

Jahreszyklus

Fortpflanzung: Monogam. Balz ab Februar, beginnt oft schon in der Morgendämmerung. Nester auch an Gebäuden. 2 bis 4 Jahresbruten, gelegentlich sogar Winterbruten.
Nahrung: Keimlinge, grüne Blattteile von Gräsern und Kräutern, Sämereien, Beeren, Haustierfutter, Lebensmittelabfälle.

1361 | Woran ist die Türkentaube von der Turteltaube zu unterscheiden?

Am schwarzen Nackenband, das der Turteltaube fehlt.

Türkentaube.

1362 | Sind Türkentauben Jahrestauben?

Ja, sie sind Standvögel.

1363 | Wie kam die Türkentaube zu uns?

Mitte der 1950er Jahre erfolgte die massive Einwanderung vom Balkan und Ungarn aus. Im Moment beobachten wir eine auffällige Populationsabnahme.

1364 | Welche Lebensräume bevorzugt sie?

Die Türkentaube sucht die Nähe menschlicher Siedlungen.

1365 | Hat die Türkentaube eine Jagdzeit?

Ja, nach BJG vom 1. November bis 31. Januar.

Greifvögel (*Falconiformes*)

Die Greifvögel sind eine artenreiche und vielgestaltige Vogelgruppe. Die tagaktiven Beutegreifer schlagen zum größten Teil lebende Beutetiere; einige sind auch Aasfresser. Äußere Anpassungen an diesen Beuteerwerb sind die zu »Fängen« entwickelten Füße mit scharfen »Waffen« (Krallen) an den Zehen sowie der »Hakenschnabel«, der zum Rupfen und Zerteilen größerer Beutetiere dient. Jagd- und Tötungsmethoden sowie das Beutespektrum der einzelnen Greifvogelarten sind artspezifisch. Vom Beutespektrum her werden Nahrungsgeneralisten den Nahrungsspezialisten gegenübergestellt.

Die zoologische Systematik stellt die Falken, aufgrund von Besonderheiten, den eigentlichen Greifen gegenüber. Falken sind »Bisstöter«, die ihre mit den Fängen »gebundenen« (festgehaltenen) Beutetiere durch einen Nackenbiss mit dem Schnabel töten. Hierzu dient auch der nur den Falken eigene Falkenzahn am Oberschnabel. Die übrigen Greifvögel sind »Grifftöter«, die durch Zugriff mit den stark bewehrten Fängen durch Organverletzungen töten.

Falken besitzen kein Nestbauverhalten. Sie sind Boden- und Nischenbrüter an Felswänden und Gebäuden oder benützen alte Nester anderer Arten. Alle anderen Greifvögel bauen Reisighorste, in der Regel auf Bäumen; nur die Weihen sind Bodenbrüter. Fels- und Baumhorste (z.B. Adler, Habicht, Mäusebussard) werden nicht jedes Jahr neu gebaut, sondern häufig nur

Der Fischadler ist Nahrungsspezialist.

ausgebessert; gelegentlich auch Wechsel zwischen mehreren Horsten im Brutrevier eines Paares.

Fortpflanzung – Alle Greifvögel (Falken und Greife) leben in Einehe (mindestens Jahresehe, große Arten auch lebenslang). Beide Partner beteiligen sich an der Brutpflege. Die Jungen sind Nesthocker. Die Geschlechter sind bei den meisten Arten am Gefieder nicht zu unterscheiden (Ausnahme: Weihen, einige Falken). Bei vielen Arten ist das Weibchen (»Weib«) deutlich größer als das Männchen (»Terzel«). Dieser Unterschied ist am deutlichsten bei Habicht, Sperber und Wanderfalke. Die Namensgebung »Terzel« ist zurückzuführen auf die zum Teil um ein Drittel geringere Größe des Männchens im Vergleich zum Weib.

Bei den Jungvögeln folgt auf das Dunenkleid der Nestlinge ein Jugendkleid, das sich bei einigen Arten deutlich vom Gefieder der erwachsenen Vögel unterscheidet (Habicht, Weihen, Falken, Adler). Die Vermehrungsrate ist vom Beuteangebot abhängig: Nur hohes oder ausreichendes Nahrungsangebot bei Nahrungsspezialisten führt zu einem Vollgelege und zum Überleben der Nestlinge. Bei Nahrungsgeneralisten (z.B. Habicht) sind solche Schwankungen weniger ausgeprägt, da sie bei Mangel an einer Beutetierart auf andere Arten ausweichen können.

Vorkommen – Die Siedlungsdichte wird, zumindest während der Brutzeit, durch das Territorialverhalten begrenzt. Brutpaare verteidigen ihr Brutrevier gegen Artgenossen; nur nichtbrütende Jungvögel werden geduldet. Einen Hauptengpass stellt Nahrungsmangel im Winter vor allem für solche Arten dar, deren Hauptbeute Mäuse sind (Mäusebussard, Turmfalke). Grundsätzlich sind stärkere Greifvogelarten natürliche Feinde schwächerer Arten; auch innerhalb einer Art kann es zu »Kannibalismus« kommen, vor allem bei Angriffsjägern wie dem Habicht. Greifvogelarten, die in der Ernährung vorwiegend auf Insekten und/oder Kleinvögel, Fische und Lurche spezialisiert sind, ziehen im Winter bis ins tropische Afrika (Wespenbussard, Baumfalke, Fischadler, Weihen), die übrigen sind Stand- und Strichvögel.

Greifvögel sind Endglieder von Nahrungsketten, manche auch auf bestimmte Beutearten spezialisiert. Sie sind deshalb durch die Belastung ihrer Beutetiere mit Pestiziden gefährdet. Der ehemals erlaubte Einsatz von DDT hat viele Greifvogelpopulationen existenzgefährdend beeinträchtigt. Heute sind Greifvögel durch Zerstörung ihrer Lebensräume und durch direkte Störungen an ihren Horstplätzen gefährdet, viele Arten sind im Bestand bedroht. Nur die anpassungsfähigen Arten mit gesicherter Nahrungsgrundlage sind noch allgemein verbreitet und häufig. Das sind vor allem Mäusebussard und Turmfalke, neuerdings auch wieder der Habicht.

Alle Greifvögel (Falken und Greife) unterliegen dem Jagdrecht, haben jedoch ganzjährige Schonzeit. Sondergenehmigungen für Fang oder Abschuss können (nach Landesrecht unterschiedlich) in begründeten Fällen für Habicht und Mäusebussard erteilt werden.

Flugbilder und Jagdweise – Flugbilder und das charakteristische Verhalten im Beuteerwerb erlauben ein sicheres Ansprechen der Greifvögel.

Das Flugbild zeigt vor allem an den Proportionen von Schwingen und Stoß markante Unterschiede: Bussarde und Adler sind Vögel mit lang-rechteckig breiten Schwingen – daher gute Segelflieger, die gern im Aufwind kreisen. Sie schlagen ihre Beute am Boden aus einem Suchflug über offenem Gelände oder von einer Ansitzwarte aus.

Lange und breite Schwingen – vor allem im Verhältnis zum leichten und zierlichen Körperbau – haben auch die Weihen. Ihr »Gaukelflug« ist ein besonders langsamer Suchflug; ihre Beute sind Kleintiere am Boden.

Im Gegensatz dazu sind die Edelfalken auf sichelartig schmalen, spitzen Schwingen schnelle Flieger, die ihre Beute fast ausschließlich im Verfolgungs- oder Stoßflug in der Luft schlagen.

Die kurzen, runden Schwingen von Habicht und Sperber gemeinsam mit dem sehr langen Stoß als »Steuerruder« charakterisieren den schnellen Angriffsjäger über kurze Strecken in deckungsreichem Gelände, die ihre Beute gleich geschickt aus der Luft oder am Boden schlagen.

Die beiden Milanarten sind bei ihren segelnden Suchflügen an ihrem gegabelten Stoß zu erkennen.

Während der Mauser muss die Flugfähigkeit zum Beuteerwerb erhalten bleiben. Das Großgefieder (Schwingen, Stoß) wird deshalb zeitversetzt gemausert; die jeweils fehlenden und noch nicht nachgewachsenen Federn bilden symmetrische »Mauserlücken« in den Schwingen. Bei einigen Arten (Habicht, Sperber, Falken) macht das Weibchen die Mauser während der Brutzeit durch, ist dann flugbehindert und wird vom Terzel mit Beute versorgt, die er ihr in Horstnähe übergibt.

Auffällige Zeichen von Greifvögeln sind *Rupfungen:* Stellen, an denen ein Greifvogel ein größeres Beutetier gerupft hat, sowie *Gewölle:* ausgewürgte Speiballen aus unverdauten Haar- und Federresten. Kno-

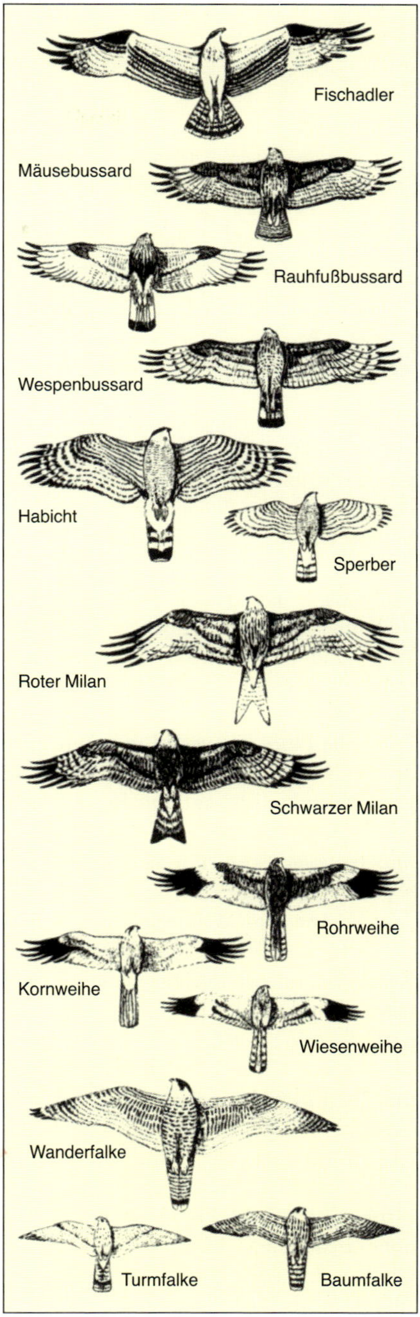

Flugbilder heimischer Greifvögel.

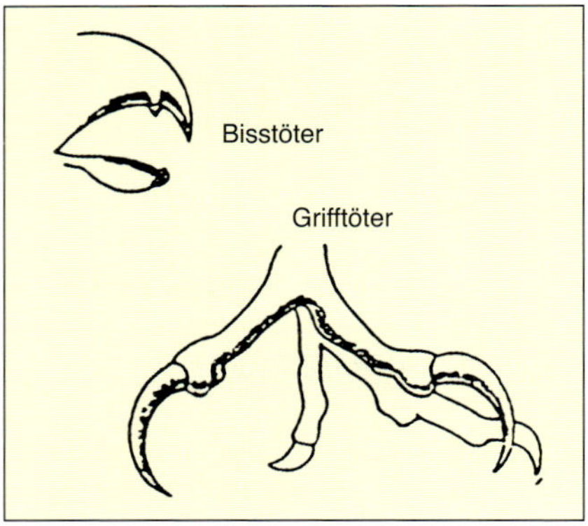

chen werden vom Magensaft der Greifvögel weitgehend verdaut und sind daher im Gewölle kaum vorhanden. Dagegen sind in den Gewöllen der Eulen auch feinste Mäuseknochen unversehrt erhalten.

Falknerei – Die Falknerei ist eine alte, ursprünglich im Orient beheimatete Jagdart. Gezähmte (»abgetragene«) Greifvögel werden eingesetzt, um Wild zu erbeuten. Im Mittelalter erreichte die Falknerei ihre kulturelle Blüte. Sie verfiel mit dem Ende der Feudalzeit und lebte erst um 1930 in Deutschland wieder auf. Die heutige Falknerei knüpft an historische Vorbilder an und hat sich darüber hinaus dem Greifvogelschutz verschrieben (z.B. Zucht und Auswilderung von Wanderfalken).

Die für die Falknerei (Beizjagd) nötigen Kenntnisse müssen in einer speziellen Falknerprüfung zusätzlich zur Jägerprüfung nachgewiesen werden. Für die Beizjagd werden vor allem Habicht, Wanderfalke und Steinadler verwendet. Da die dafür benötigten Vögel als Nestlinge oder Wildfänge nicht mehr der Natur entnommen werden dürfen (Ausnahmen nur beim Habicht), hat die Zucht in Gefangenschaft hohe Bedeutung. Für die Haltung von Greifvögeln gelten besondere Vorschriften (Bundeswildschutzverordnung).

?

1366 | Welcher Greifvogel hat sich auf Insekten spezialisiert?
Der Wespenbussard. Auch der Baumfalke ist neben Kleinvögeln auf die Erbeutung von Großinsekten (im Flug) spezialisiert.

1367 | Welches Geschlecht ist bei den Greifvögeln größer?
Das weibliche Geschlecht (das Weib).

1368 | Welche Greifvögel sind Zugvögel?
Fischadler, Schreiadler, Wespenbussard, Schwarzer Milan, Roter Milan, alle Weihen, Baumfalke, Turmfalke bedingt.

1369 | Welcher Greifvogel ist fast nur im Winter bei uns?
Der Rauhfußbussard.

1370 | Welche Milane brüten bei uns?
Roter und Schwarzer Milan.

1371 | Welche beiden echten Bussarde kommen bei uns vor?
Mäusebussard und Rauhfußbussard, letzterer nur als Wintergast.

1372 | Welche Adler kommen in Deutschland regelmäßig vor?
Steinadler, Seeadler, Fischadler, Schreiadler, Schlangenadler und Zwergadler.

1373 | Welche Geier kommen im Alpenraum vor?
Gänsegeier (»Lämmergeier«). Durch Wiederansiedlungsprojekte auch der Bartgeier. Merke: Geier sind keine Greifvögel!

1374 | Welche Weihen sind in Deutschland Brutvögel?
Rohrweihe, Kornweihe, Wiesenweihe.

1375 | Woran erkennen wir die Weihen im Flug?
Ihr Suchflug ist als schaukelnd oder gaukelnd zu charakterisieren.

1376 | Welche beiden Greifvögel sind leicht zu verwechseln?
Korn- und Wiesenweihe.

1377 | Welche Greifvogelgruppe hat dunkle Augen.
Die Falken.

1378 | Welche Greifvögel haben gelbe Augen?
Habicht, Sperber.

1379 | Welche Greifvögel rütteln?
Turmfalke, Fischadler, ansatzweise der Mäusebussard.

1380 | Welche Greifvögel sind (auch) Ansitzjäger?
Habicht, Sperber, Mäusebussard, Baumfalke, Turmfalke.

1381 | Welcher Greifvogel ist bevorzugt Pirschjäger?
Milan, Weihe, Falke.

1382 | Welche Arten jagen hauptsächlich in der offenen Landschaft?
Falken, Weihen, Milane.

1383 | Welche Arten sind an größere Wasserflächen gebunden?
Seeadler, Fischadler, Rohrweihen.

1384 | Welche Arten finden wir im Wald bzw. an Waldrändern?
Habicht, Sperber, Mäusebussard.

1385 | Welche Greifvögel ernähren sich teilweise von Aas?
Stein- und Seeadler, Milane, Mäuse- und Rauhfußbussard, Geier.

Der Mäusebussard ist unser häufigster Greifvogel.

Rohrweihen sind Bodenbrüter.

1386 | Schlagen Geier selbst Beute?
Nein, sie sind Aasfresser.

1387 | Welche Greifvögel begrünen ihre Horste?
Habicht, Mäuse- und Wespenbussard.

1388 | Welche Greifvögel bauen in ihre Horste Zivilisationsmüll ein?
Der Rote- und der Schwarze Milan.

1389 | Welche Greifvögel brüten am Boden?
Alle Weihenarten.

1390 | Welche Greifvögel besitzen immer mehrere Horste?
Steinadler und Habicht.

1391 | Sind Greifvögel polygam?
Nein, sie leben zumindest in Jahresehe.

1392 | Wie verhalten sie sich in der Brutzeit?
Bei Habicht, Sperber, Falken kommt das Weib in der Brutzeit in die Großgefiedermauser. In dieser Zeit der Flugunfähigkeit wird es vom Terzel mit Atzung versorgt.

1393 | Wie schlüpfen die Greifvögel?
Da Greifvögel mit der Ablage des ersten Eis mit der Brut beginnen, schlüpfen die Jungtiere nach der Eiablage im Abstand von ca. 2 Tagen.

1394 | Was ist Kainismus?
Das Töten und Auffressen des/der letztgeschlüpften Jungtiere(s) durch das/die erstgeschlüpfte(n).

Waidmännische Ausdrücke

Ästling	noch nicht flügger Jungvogel, der sich auf den Ästen um den Horst herum bewegt
Atzung	Nahrung für die Jungen
aufblocken	niederlassen auf Gestein, Boden, Baumstumpf oder ähnlichem
aufhaken	niederlassen auf einem Ast
binden	greifen und festhalten der Beute
Fänge	Füße
Geschmeiß	Exkremente
Gewölle	Speiballen
Horst	Nest
Horstfeld	Brutrevier
Horstzeit	Brutzeit
Hosen	lockere Befiederung der Ständer
kröpfen	fressen
lahnen	Bettelruf der Jungen
manteln	die Beute mit den Schwingen abdecken
Nestling	junger Greifvogel im Nest
schlagen	Beute greifen
Terzel	männlicher Vogel
Waffen	Krallen
Weib	weiblicher Vogel

Wespenbussarde *(Perninae)*

Wespenbussard *(Pernis apivorus)* – Er wird nur wegen seines Exterieurs als »Bussard« bezeichnet. Vom Mäusebussard unterscheidet er sich vor allem durch das gelbe Auge, den schlankeren Körperbau und (nicht immer!) stärkeren Kontrast zwischen brauner Oberseite und heller, dunkel gebänderter Unterseite. Der Kopf wirkt »taubenartig« wegen der dichten, schuppenförmigen Befiederung der Schnabelwurzel und rings um die Augen sowie des schlanken, nicht hakenförmigen Schnabels. Dies ist eine Anpassung an die einzigartig spezialisierte Ernährung: Der Wespenbussard gräbt mit Fängen und Schnabel Erdnester von Wespen und Hummeln auf und ernährt sich und seine Jungen fast ausschließlich von den Larven dieser Insekten. Daneben nimmt er auch Lurche, Reptilien (z.B. Blindschleichen) und nestjunge Vögel.

Wespenbussarde sind Zugvögel und Nahrungsspezialisten, die den Winter im tropischen Afrika verbringen.

Als Zugvogel zieht er schon im Spätsommer bis ins südliche Afrika und kehrt erst spät (April) zurück. Im Reisighorst zieht das Paar meist nur 1 bis 2 Junge auf; in

Steckbrief Wespenbussard

Lebensraum: Von der Küste bis ins Gebirge. Bevorzugt Waldrandlagen, auch Feldgehölze. Nahrungssuche bevorzugt über offenem Land.

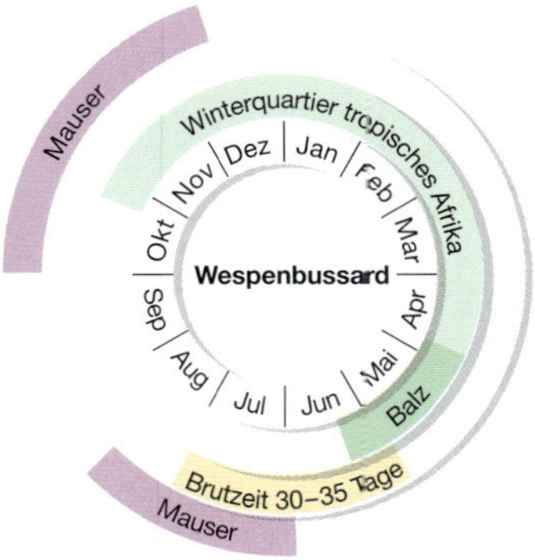

Jahreszyklus

Fortpflanzung: Horst auf hohen Bäumen, häufig dicht am Stamm, wird begrünt. Jahresehe. ♂ und ♀ brüten. Legeintervall 3–5 Tage. Brutdauer 30–35 Tage. Nestlingsdauer bis 40 Tage. 1 Jahresbrut. Familienzusammenhalt bis Abzug.

Verhalten: Langstreckenzieher (bis 7000 km).

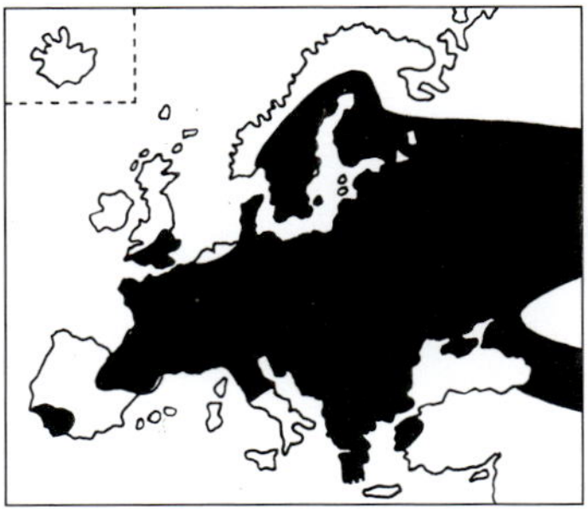

Rotmilane besitzen oft mehrere Horste, die sie mit »Müll« auskleiden.

nasskalten Sommern kommen die Jungen oft um.

Verwandtschaftlich steht der Wespenbussard den Milanen und Weihen näher als dem Mäusebussard.

1395 | Welche markanten Körpermerkmale hat der Wespenbussard?
Helles (gelbes) Auge, dichte, schuppige Befiederung des Schnabelgrundes.

1396 | Ist der Wespenbussard Jahresbussard?
Er ist Zugvogel, er überwintert im südlichen Afrika.

1397 | Auf welche Nahrung hat er sich spezialisiert?
Auf Erdhummeln und Erdwespen, vornehmlich auf die in den Waben steckenden Larven.

1398 | Wie kommt er an seine Beute?
Er gräbt sie mit Schnabel und Fängen aus.

1399 | Wie schützt er sich vor Stichen?
Durch das Gefieder, schuppenartige Befiederung an der Schnabelwurzel.

Milane *(Milvinae)*

Beide bei uns heimische Milane sind große Greifvögel (größer als Bussard) mit relativ schwachen Schnäbeln und Fängen: Sie sind mehr »Sammler« als »Jäger«, leben vorwiegend von Kleintieren (Reptilien, Lurche, Insekten, Jungvögel) und Aas (besonders tote Fische) und jagen anderen Greifvögeln gern die Beute ab. Für den über offenem Gelände, besonders Flusstäler, kreisenden Vogel ist der gegabelte Stoß typisch.

Der große Reisighorst steht hoch in Kronen von Auwaldbäumen; als Nistmaterial werden oft Abfälle (Papierfetzen, Lumpen) verwendet.

Roter Milan *(Milvus milvus)* – Gefieder vorwiegend rotbraun, Stoß tief gegabelt (»Gabelweihe«). Größer, aber seltener als der Schwarze Milan. Brutvorkommen in Flusstälern des Flachlandes und klimatisch milder Mittelgebirge. Im Herbst meist Zug bis in den Mittelmeerraum, teilweise auch Überwinterung im Brutgebiet (Teilzieher). Nestreviertreue über viele Jahre. Dauerehe oder Verpaarung auf dem Zug. Manche Paare besitzen mehrere Horste. Meist 2 bis 3 Eier, die 32 Tage bebrütet werden. Nestlingsdauer ca. 8 Wochen.

1400 | An was ist der Rote Milan am Flug zu erkennen?

Am gegabelten Stoß (→ Gabelweihe).

1401 | Wo brütet der Rote Milan?

Er ist Baumbrüter, meist auf Laubbäumen im Wald.

1402 | Baut der Rote Milan selbst einen Horst?

Er baut selber, übernimmt jedoch auch Althorste anderer Vögel.

1403 | Wo überwintert er?

In Südwestfrankreich, Spanien und Nordwestafrika.

Schwarzer Milan *(Milvus migrans)* – Etwa bussardgroß, Gefieder schwarzbraun, Stoß nur schwach gegabelt. In wasserreichen Gebieten (Flußauen, Seen) häufiger als der Rote Milan. Langstreckenzieher, der hauptsächlich in Westafrika überwintert. Nahrung ganz überwiegend tote Fische und anderes Aas bzw. Abfälle (Straßenfallwild). Häufig im kreisenden Segelflug zu beob-

Steckbrief Rotmilan

Lebensraum: Reich gegliederte Landschaften, weniger an Wasser gebunden als Schwarzmilan.

Fortpflanzung: Jahres- oder Dauerehe. Legeintervall 2–4 Tage. Brutdauer 33–38 Tage. Nur ♀ brütet. ♂ trägt Nahrung zu. Nestlingszeit bis 50 Tage. 1 Jahresbrut.

Verhalten: Kurzstreckenzieher, teilweise auch Standvogel. Nestreviertreue über viele Jahre. Schlafplätze in kleinen Gehölzen.

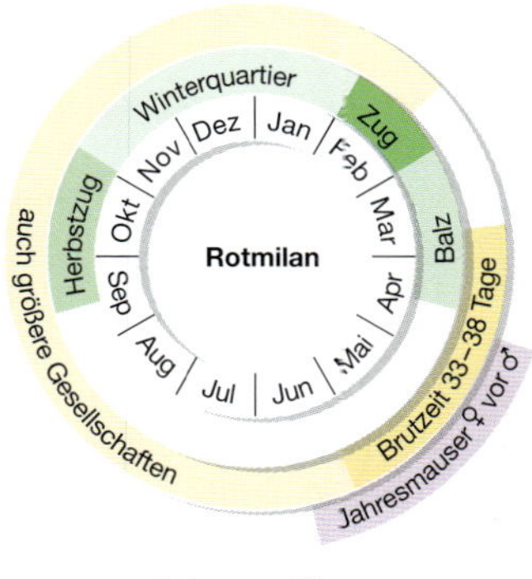

Jahreszyklus

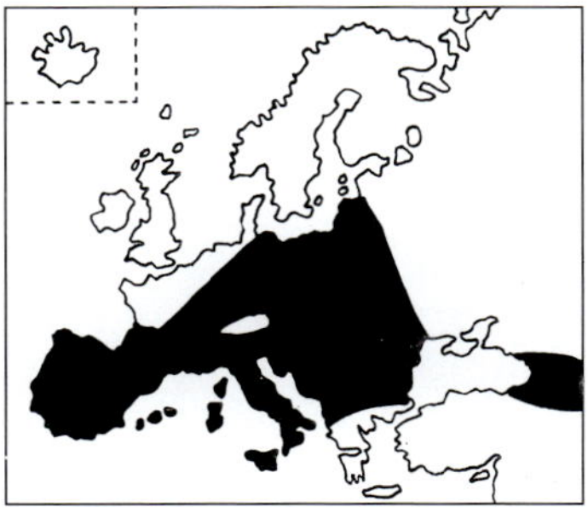

Verbreitungsgebiet

Steckbrief Schwarzmilan

Lebensraum: Brutvogel in Eurasien und Afrika, fehlt in Nord- und Nordwesteuropa.

Fortpflanzung: Horst in hohen Nadel- und Laubbäumen. Meist Saisonehe.

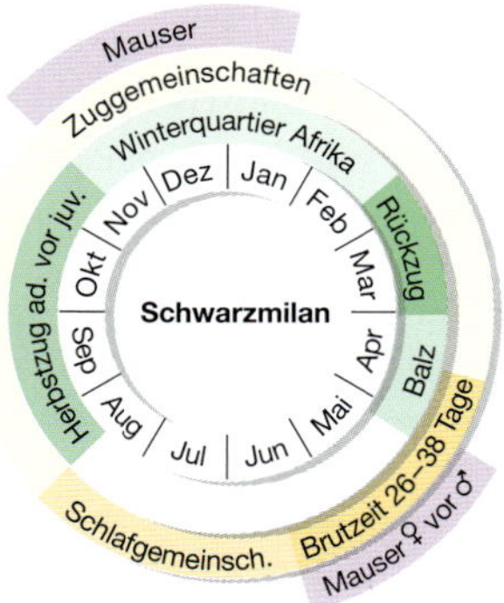

Jahreszyklus

Legeintervall 24 Std. Brutdauer 26–38 Tage. Meist brütet ♀, gelegentlich auch ♂. ♂ trägt Nahrung zu. Nestlingsdauer bis 45 Tage. 1 Jahresbrut.

Verhalten: Häufig Segel- oder Gleitflug, auch wendiger Suchflug zwischen Bäumen. Neigt zur Vergesellschaftung.

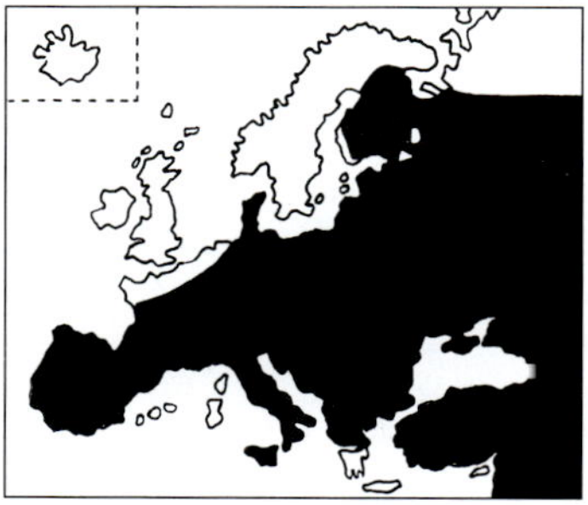

Verbreitungsgebiet

achten, oft zu mehreren, besonders zur Zugzeit in größeren Trupps. Wird erst gegen Ende des 3. Lebensjahres geschlechtsreif, danach Dauerehe. Horst meist über 7 m hoch.

Schwarzmilan am Horst.

1404 | Welche Lebensräume bevorzugt der Schwarze Milan?

Er bevorzugt Auwälder oder gewässernahe Wälder ohne direkt an Wasser gebunden zu sein.

1405 | Was fällt an seinem Horst auf?

Er beinhaltet wie der des Roten Milans Zivilisationsmüll (→ Lumpensammler).

1406 | Welche Nahrung bevorzugt der schwarze Milan?

Kleinere Säugetiere, Jungvögel, Amphibien, Fische.

1407 | Ist der Schwarze Milan Jahresvogel?

Nein, er ist ein Zugvogel, er überwintert im tropischen und südlichen Afrika.

Bussardartige *(Buteoninae)*

Habicht und Sperber

Während der Brut- und Aufzuchtszeit ist das Habichtsweib flugunfähig.

Mit kurzen, runden Schwingen und langem Stoß sind die Grifftöter Habicht und Sperber schnelle, wendige Kurzstreckenflieger, die in deckungsreichem Gelände Beutetiere im Überraschungsangriff schlagen. Beim aufgeblockten (sitzenden) Vogel ragt der Stoß weit über die Schwingenspitzen hinaus. Die Augen sind hellgelb bis orange (»Habichtsauge«). Der Terzel ist deutlich (etwa um $^1/_3$) kleiner als das Weib. Sie bauen Reisighorste auf Bäumen. Mit Ausnahme der kreisenden Balzflüge im Frühjahr sind sie selten über freiem Gelände zu sehen.

Habicht *(Accipiter gentilis)* – Weib größer als Mäusebussard, Terzel um $^1/_3$ kleiner. Altvögel oberseits graubraun, unterseits weißlich mit typischer dunkler Querbänderung (»gesperbert«). Jugendkleid: kaffeebraun, Unterseite gelbbraun mit dunkelbraunen, tropfenförmigen Flecken (»Rothabicht«).

Steckbrief Habicht

Lebensraum: Bevorzugt waldreiche Gebiete oder abwechslungsreiche Landschaften mit reicher Deckung.
Fortpflanzung: Bis zu 8 Horste. Monogam, hohe Revier- und Partnertreue. Legeintervall 2–4 Tage. Brutdauer 35–40 Tage. ♀ brütet, ♂ trägt Futter herbei. Nestlingsdauer bis 40 Tage. 1 Jahresbrut.
Verhalten: Stand- und Strichvogel. Ansitz- und Pirschjäger. Wendiger Jagdflug, häufig dicht über dem Boden.

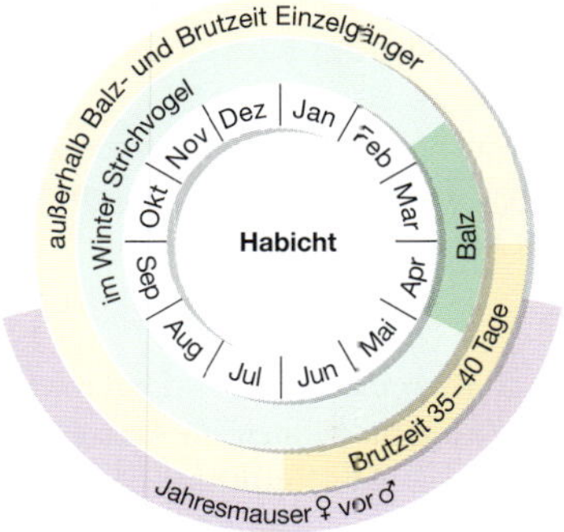

Jahreszyklus

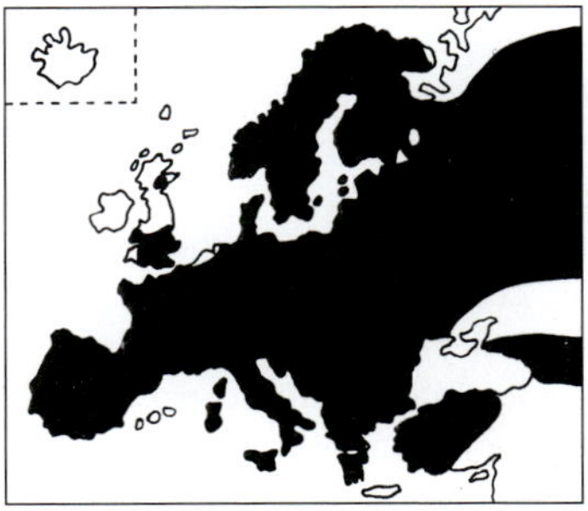

Verbreitungsgebiet

Reisighorst in Altholzbeständen, 2 bis 4 Junge; während der Brutzeit jagt nur der Terzel und versorgt das brütende Weib, das gleichzeitig das Großgefieder mausert. Erst bei größerem Atzungsbedarf der heranwachsenden Nestlinge jagen beide Partner. Der Terzel erbeutet vorwiegend Vögel wie Drossel, Eichelhäher, Ringeltauben. Das stärkere Weib schlägt auch Wildkaninchen, Junghasen, Krähen, Bussard, Fasan. Häufig werden Haustauben und Haushühner bei waldnahen Siedlungen vom Habicht erbeutet.

Bei häufigem Vorkommen des Habichts (hohe Siedlungsdichte der Brutpaare und zusätzlich umherstreifende »Nichtbrüter«) kann eine örtliche Verminderung durch Aushorsten der Jungtiere zum Schutz gefährdeter Beutetiere (Restbestände in gestörten Lebensräumen, z.B. Birkwild, Brachvogel, Rebhuhn) sinnvoll sein. Die Bundesländer sehen dafür entsprechende Ausnahmen von der grundsätzlichen ganzjährigen Schonung vor. Das »konkurrenzlos« vielseitige Beutespektrum des Habichts lässt kaum Nahrungsengpässe entstehen.

Junghabichte ähneln dem Bussard.

?

1408 | Wo baut der Habicht seinen Horst?
In Altholzbeständen größerer Waldgebiete. Immer im oberen Baumdrittel am Stamm.

1409 | Wird der Horst mehrere Jahre hindurch bewohnt?
Ja.

1410 | Was kennzeichnet den Habichthorst?
Der besetzte Habichtshorst ist regelmäßig mit frischen Zweigen (= begrünt) getarnt.

1411 | Wie verläuft die Mauser des Habichts?
Das Weib mausert während der Brutzeit ihr Großgefieder (→ flugunfähig).

1412 | Wer versorgt die Jungen mit Atzung?
Anfänglich nur der Terzel, später bei höherem Futterbedarf der herangewachsenen Jungtiere Terzel und Weib.

1413 | Was ist das Beutespektrum des Habichts?
Der Habicht ist ein Nahrungsgeneralist, der Vögel bis zur Rauhfußhuhngröße und Säuger bis zum Hasen überwältigen kann.

Sperber *(Accipiter nisus)* – Der etwa taubengroße Sperber ähnelt im Aussehen dem viel größeren Habicht. Das starke Sperberweib kann unter Umständen mit einem schwachen Habichtterzel verwechselt werden. Der Horst steht meist im oberen Drittel dichter Stangenhölzer. Hauptbeute sind Kleinvögel an Waldrändern, Hecken, Feldgehölzen, im Winter auch in Ortschaften (Futterplätze), meist Finkenvögel, Sperlinge, Stare, Drosseln. Das stärkere Weib erbeutet auch Häher und Tauben sowie Küken der Hühnervögel. Während der Brut- und beginnenden Aufzuchtszeit jagt allein der Terzel (»Arbeitsteilung« wie beim Habicht). Über die Nahrungskette Insekten – Kleinvögel ist der Sperber stärker durch Umweltgifte (Pestizide) belastet als der Habicht. Das Verbot gefährlicher Giftstoffe (DDT und ähnliche) hat auch beim Sperber zu einer Erholung der Bestände geführt.

Natürliche Feinde des Sperbers sind der Habicht sowie als Nesträuber der Baummarder.

1414 | Welche Beute schlägt der Sperber hauptsächlich?
Singvögel aller Art.

Starkes Sperberweib.

1415 | Mit wem ist ein starkes Sperberweib zu verwechseln?
Mit einem Habichtsterzel.

1416 | Mit wem kann im Flug ein schwacher Sperbersprinz verwechselt werden?
Mit dem Kuckuck.

Steckbrief Sperber

Lebensraum: Brutvogel in ganz Europa, Asien und Nordafrika. Bevorzugt strukturreiche Landschaft, auch urban.
Fortpflanzung: Horst sehr flüchtig gebaut. Monogam, Partnertreue. Legeintervall 2 Tage, Brutbeginn ab 4. Ei. Brutdauer 36–40 Tage. ♀ brütet, ♂ trägt Futter herbei. Nestlingsdauer bis 30 Tage. 1 Jahresbrut.
Verhalten: Jagd vom Ansitz aus oder im niedrigen Suchflug.

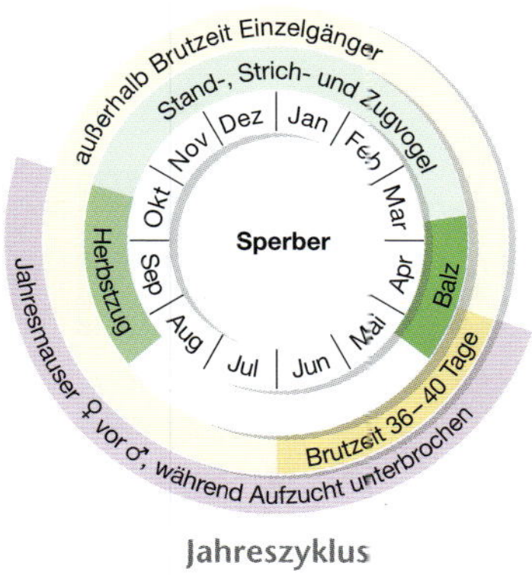

Jahreszyklus

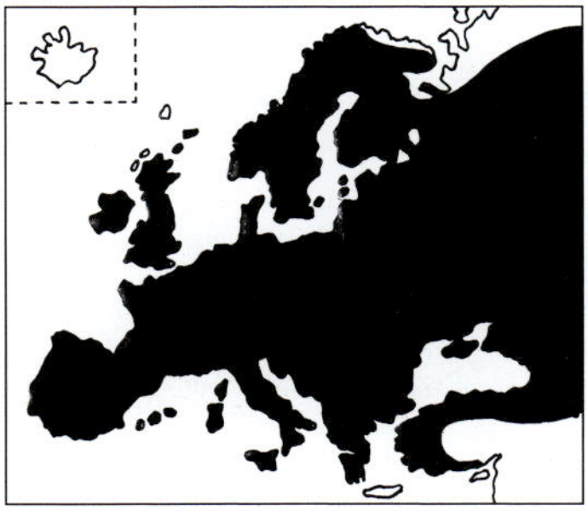

Verbreitungsgebiet

Bussarde

Sammelbegriff für mittelgroße Greifvögel von gedrungenem Körperbau, auf breiten Schwingen wenig wendig, aber gute Segelflieger, die häufig im Aufwind über freiem Gelände kreisen. Oft auf Ansitzwarten in der Feldflur. Gefieder braun mit verschiedenen Abweichungen. Fänge verhältnismäßig schwach bewehrt. Beute: Mäuse und andere Kleintiere. Umfangreiche Reisighorste auf Bäumen in Wäldern und Feldgehölzen.

Mäusebussard.

Mäusebussard *(Buteo buteo)* – Neben dem Turmfalken häufigster heimischer Greifvogel. In der Luft kreisend oder in freier Flur auf Ansitzwarten blockend (Pfähle, Masten, häufig neben Verkehrsstraßen) oft zu beobachten. Färbung unterschiedlich von tiefbraun bis fast weiß; meist Oberseite kaffeebraun, Unterseite hell mit dunkler Fleckung. Augen dunkel. Geschlechter nicht unterscheidbar. Schlägt Beute nur am Boden, vorwiegend Mäuse; jahreszeitlich großer Anteil von Insekten und Würmern (auf gemähten Wiesen), regelmäßig Aasfresser (Fallwild, Verkehrsopfer) Auffallende Stimme (»Katzenschrei«). Vermehrungsrate (2 bis 5 Junge in Baumhorst) je nach

Steckbrief Mäusebussard

Lebensraum: Von der Küste bis zur Waldgrenze. Offene Kulturlandschaft bevorzugt. Viele Wintergäste.
Fortpflanzung: Saisonehe. Legeintervall 2–3 Tage. Brutbeginn ab 1./2. Ei. Brutdauer 32–36 Tage. ♀ und ♂ brüten. Nestlingsdauer bis 49 Tage. 1 Jahresbrut.
Verhalten: Stand- und Strichvogel, Kurzstreckenzieher: Jagt vom Ansitz aus, im Gleit- oder im Rüttelflug.

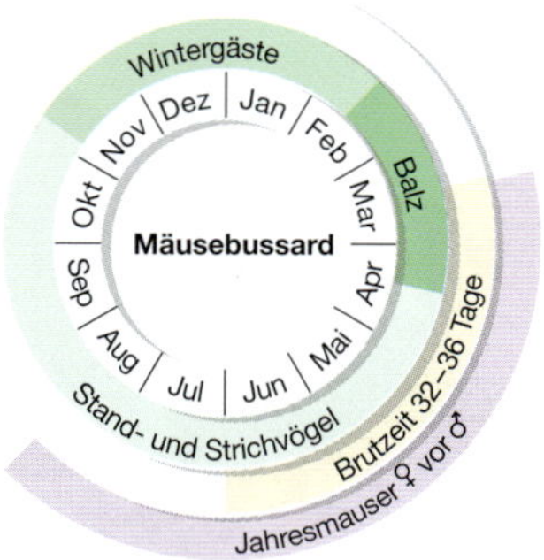

Jahreszyklus

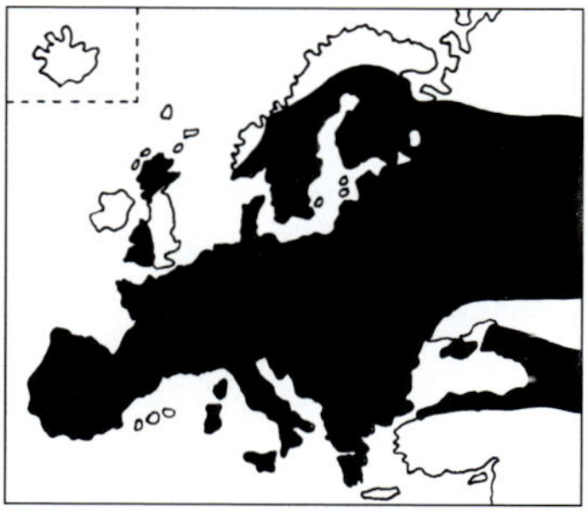

Verbreitungsgebiet

Mäusevorkommen schwankend. Im Winter Stand- bis Strichvogel, bei hoher Schneelage oft starke Verluste.

Natürliche Feinde sind Habicht, Uhu sowie als Nesträuber Baummarder. Trotz seiner Größe ist der Mäusebussard nicht imstande, gesunde erwachsene Hasen, Fasane oder Rebhühner zu schlagen. In deckungsarmen Fluren erbeutet er jedoch einen gewissen Anteil Jungwild. Eine Bejagung ist nur über Ausnahmeregelungen nach Landesrecht möglich.

1417 | Wie ist das Auge des Mäusebussards?

Dunkel.

1418 | Wie ist der Stoß des Mäusebussards?

Er trägt 10 bis 12 Querbinden.

1419 | Was ist die Hauptnahrung des Mäusebussards?

Mäuse und andere Kleinsäuger.

Rauhfußbussard.

Rauhfußbussard *(Buteo lagopus)* – Ähnlich dem Mäusebussard, meist etwas heller (vor allem heller Kopf), Ständer bis auf die Fänge hinunter befiedert. Bei flüchtigem Ansprechen leicht mit Mäusebussard zu

Steckbrief Rauhfußbussard

Lebensraum: Bei uns nur Wintergäste, hauptsächlich im Osten. Im Südwesten und im tieferen Binnenland selten zu sehen. Fast immer nur im offenen Land anzutreffen.

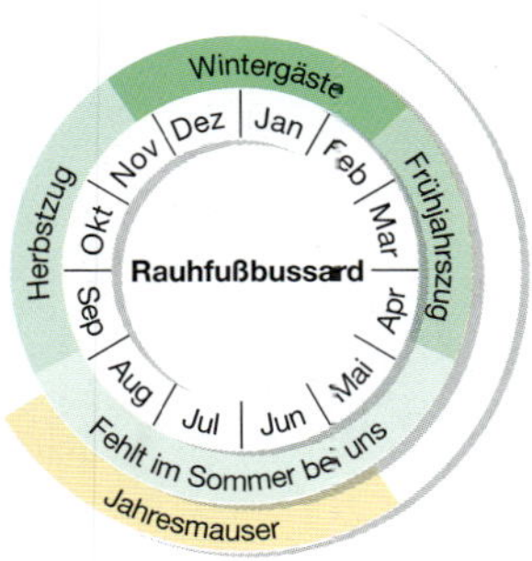

Jahreszyklus

Verhalten: Kurz- und Mittelstreckenzieher. Tag- und stark dämmerungsaktiv. Jagt im Rüttel- und Gleitflug. Tritt bei uns gerne in Gesellschaft auf. Gelegentlich auch mit Mäusebussarden vergesellschaftet und von diesen nur sehr schwer zu unterscheiden.

verwechseln. Im Winter gelegentlich auch mit diesem vergesellschaftet. Hochnordischer Brutvogel, der bei uns vor allem in Norddeutschland (tieferen Lagen und in offener Landschaft) als Wintergast auftritt, in strengen Wintern häufiger. Nahrung ähnlich Mäusebussard, vor allem Kleinnager. Aufbruch in die nordischen Brutreviere schon ab Februar.

1420 | Wo brütet der Rauhfußbussard?

Im Norden von Skandinavien und Russland.

1421 | Woran ist der Rauhfuß- vom Mäusebussard zu unterscheiden?

Im Gegensatz zum Mäusebussard sind seine Ständer bis auf die Fänge hinunter namensgebend befiedert.

1422 | Wann ist der Rauhfußbussard bei uns zu beobachten?

Er ist bei uns nur Wintergast.

Adler

Große, grifftötende Greifvögel von bussardartiger Gestalt, Segelflieger mit breiten Schwingen. Sammelbegriff für mehrere nicht näher verwandte Arten. Bei uns kommen hauptsächlich Stein- und Seeadler vor. Verwandte kleinere Arten, die als seltene Gäste aus Osteuropa auftreten können, sind zwei Adler, die nur wenig größer als ein Mäusebussard sind: Schelladler (Aquila clanga) und Schreiadler (Aquila pomarina). Der Fischadler (Pandiuon haliaetus) gehört zu einer anderen Familie.

Seeadler und Steinadler zählen zum Hochwild, selbstverständlich mit ganzjähriger Schonzeit.

Steinadler *(Aquila chrysaetos)* – Viel größer als Mäusebussard (Spannweite bis 2,30 m), einfarbig braun, Jugendkleider (bis 5. Jahr) mit hellen Flecken an den Schwingen und hellem Stoß mit dunkler Endbinde, dunk-

Steinadler sind meist Fels- aber auch Baumbrüter.

Steckbrief Steinadler
Lebensraum: Ursprünglich fast ganz Europa, heute in BRD auf Alpenraum beschränkt. **Fortpflanzung:** mehrere altern. benutzte Horste. Geschlechtsreife erst im 4./5. Lebensjahr. Dauerehe. Brut ab 1. Ei. Brutdauer 43–45 Tage. Nur ♀ brütet. ♂ bringt Futter herbei. Nestlingsdauer bis 80 Tage. 1 Jahresbrut. Jugendsterblichkeit bis 70%. **Verhalten:** Standvogel. Reviere werden verteidigt. Jagt im Überraschungsflug.

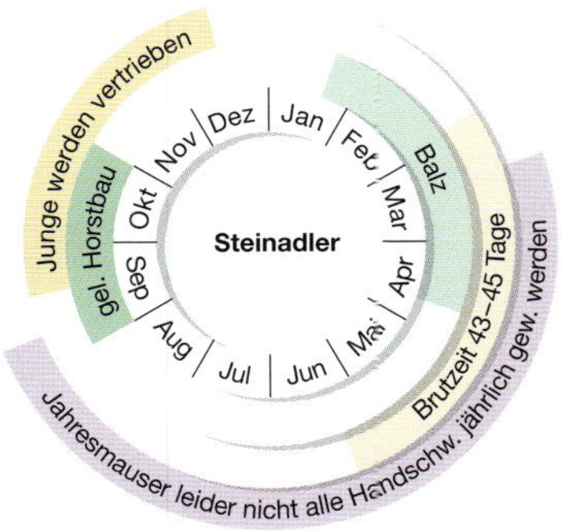

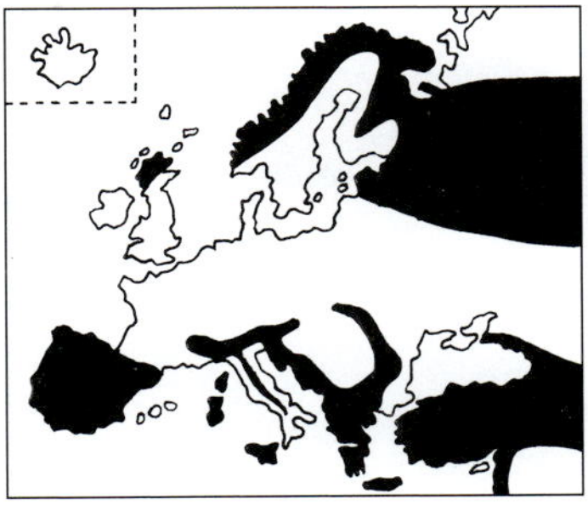

les Auge, lange Federhosen an den Ständern. Segelflug mit gespreizten Handschwingen. Bei uns nur noch im Alpenraum (früher allgemein in Waldgebieten). Großer Reisighorst in Felswänden unterhalb der Waldgrenze. Das Paar zieht (nicht jedes Jahr) 1 bis 2 Junge auf (Brutzeit rund 6 Wochen; erst nach etwa 80 Tagen flügge). Hauptbeute sind Murmeltiere, Hasen, Füchse, Gams- und Rehwild (Kitze, kümmernde Stücke), Hühnervögel und vor allem im Winter Fallwild (Aas). Die Paare beanspruchen große Brutreviere (bis 100 qkm). In den Alpen ist der Bestand gesichert, soweit die Horste zur Brut- und Aufzuchtszeit nicht beunruhigt werden.

1423 | Wann wird der Steinadler geschlechtsreif?
Im 4. oder 5. Lebensjahr.

1424 | Sind Steinadler Baumbrüter?
Bei uns in den Alpen sind sie überwiegend Felsnischenbrüter, in Schottland auch Baumbrüter.

1425 | Wie viele Eier hat ein Steinadlergelege?
2 bis 3 (seltener 1–4) weiße Eier mit bräunlichroter Tüpfelung.

Seeadler *(Haliaetus albicilla)* – Größer als der Steinadler (Spannweite bis 2,50 m); Deutscher Wappenvogel, hellbraun mit kurzem, keilförmigem weißem Stoß (im Jugendkleid brauner Stoß); sehr kräftiger Schnabel; Schnabel und Ständer im Alter gelb, bei Jungvögeln grau. In Deutschland Brutpaare mit steigender Tendenz in Schleswig-Holstein sowie in den neuen Bundesländern (v.a. in Mecklenburg-Vorpommern), sonst in Skandinavien, Polen bis Nordrussland, aber auch im Donauraum. Große Reisighorste auf Bäumen, 1 bis 2 Junge (ähnlich wie Steinadler). Hauptbeute sind Wasservögel, Fische (an der Wasseroberfläche), mittelgroße Säugetiere (bis Hase, Rehkitz), meist nahe an Gewässern, als Wintergast auch im Binnenland. Nimmt auch Aas. Neuerdings werden Bleivergiftungen beim Seeadler diagnosti-

Seeadler und Nebelkrähen als Nahrungsschmarotzer.

ziert, die durch Geschossreste aus Aufbrüchen bedingt sein können. Vorsichtshalber sollten daher Aufbrüche von mit bleihaltiger Munition erlegten Schalenwildes für den Seeadler nicht zugängig sein. Eine Fütterung im Winter mit eben so erlegtem Haarwild ist zu unterlassen.

Rohrweihe am Bodenhorst.

Weihen *(Circinae)*

Weihen sind betont schlanke Greifvögel mit auffallend hohen und dünnen Ständern. Ihr schwebend schaukelnder Flug in geringer Höhe ist charakteristisch. Im Gleitflug sind die langen, rechteckigen Schwingen V-förmig nach oben gebogen. Die Augen sind mehr nach vorn angeordnet als bei den übrigen Greifvögeln. In langsamem, niedrigem Suchflug suchen sie offenes Gelände (Heide, Moore, Wiesen, Gewässerufer) nach Beute ab, die vorwiegend aus Kleintieren (Mäuse, Lurche, Jungvögel) besteht. Weihen sind Bodenbrüter. Sie bauen ihre Horste aus Halmen in Sumpfwiesen, Schilfbeständen oder Getreidefeldern. Die Geschlechter sind unterschiedlich gefärbt. Um die Augen sind die Federn zu einem »Schleier« angeordnet (ähnlich wie bei Eulen). Alle Arten sind selten und im Bestand bedroht. Sie sind vorwiegend Zugvögel (Mittelmeerraum bis Afrika).

Rohrweihe *(Circus aeruginosus)* – Die größte und noch häufige heimische Weihe. Das Weibchen ist dunkelbraun mit gelbem Kopf und heller Kehle, der Terzel heller braun mit grauen Schwingen und grauem Stoß. Fast bussardgroß, aber deutlich schlanker. Die Rohrweihe jagt über Gewässer, Schilf und Sumpfwiesen. Sie schlägt Kleintiere bis zu halbwüchsigen Enten und Blässhühnern. Der Bodenhorst steht in dichtem Schilf, häufig unmittelbar an oder über dem Wasser. Im Herbst zieht sie regelmäßig in Winterquartiere am Mittelmeer bis Nordafrika.

1426 | Welche Lebensräume bevorzugt die Rohrweihe?
Moor- und Sumpflandschaften, Gewässer mit Schilfgürtel.

1427 | Wo steht der Horst der Rohrweihe?
Im Schilf oder hohem Gras, auch in Getreidefeldern.

1428 | Sind junge Rohrweihen Nestflüchter?
Nein, sie sind Nesthocker.

1429 | Wo überwintert die Rohrweihe?
Im Mittelmeerraum.

Kornweihe *(Circus cyaneus)* – Kleiner und zierlicher als die Rohrweihe. Weibchen braun mit heller, längsgestreifter Unterseite; Terzel hell blaugrau, Unterseite weiß. Sehr seltener Brutvogel in Heiden und extensiv genutzten Wiesen, bei moderner Landwirtschaft kaum mehr in Getreidefeldern (»Korn«). Vorkommen vorwiegend in Norddeutschland. Vom Aussterben bedroht. Im Winter Strichvogel (Südeuropa), manchmal auch überwinternd. Kornweihen sind stark auf Kleinnager (Feldmäuse) und Kleinvögel spezialisiert.

1430 | Wo brütet bei uns die Kornweihe noch?
In Sumpf und Moor, Dünen und Heiden.

Steckbrief Rohrweihe

Lebensraum: Offene Landschaften in Gewässernähe.

Fortpflanzung: Saisonehe. Bodenbrüter. Legeintervall 2–3 Tage. Brutdauer 31–36 Tage. ♀ brütet. ♂ bringt Futter. Nestlingsdauer ca. 40 Tage. 1 Jahresbrut.

Verhalten: Kurz- und Langstreckenzieger. Jagt im gaukelnden Suchflug. Außerhalb Brutzeit Schlafplatzgesellschaften im Schilf.

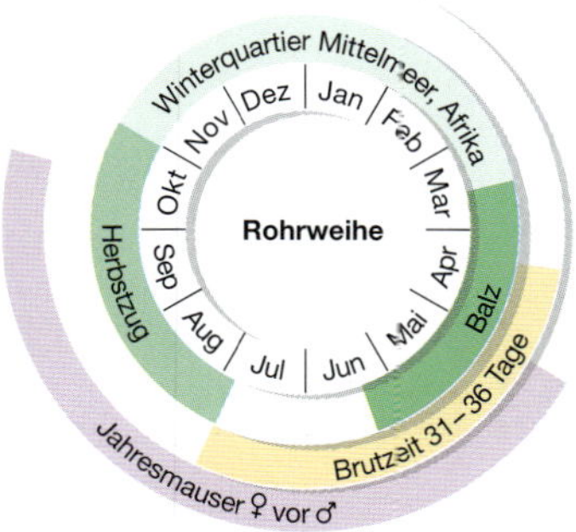

Jahreszyklus

Verbreitungsgebiet

Steckbrief Kornweihe
Lebensraum: Bevorzugt offenes Tiefland.
Fortpflanzung: Saisonehe und Polygynie. Bodenbrüter. Legeintervall 1–3 Tage. Brutdauer 29–31 Tage. ♀ brütet. ♂ bringt Futter. Nestlingsdauer ca. 40 Tage. 1 Jahresbrut.
Verhalten: Kurzstreckenzieher und Strichvogel. Schlafplatzgesellschaften.

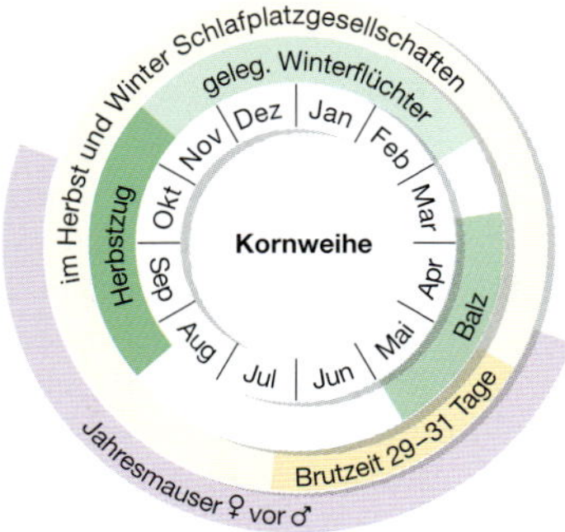

Jahreszyklus

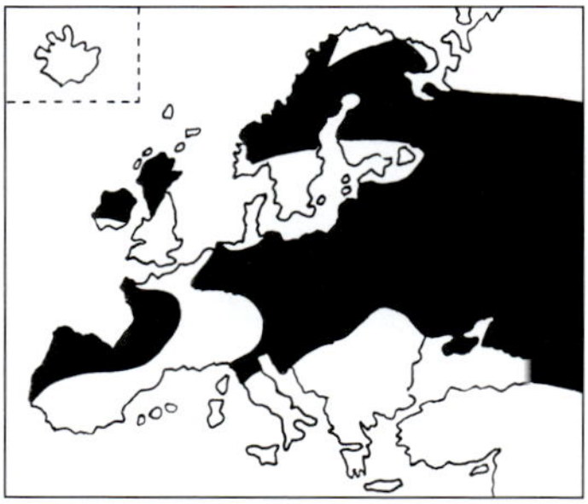

Verbreitungsgebiet

1431 | Wo überwintert die Kornweihe?
In Südosteuropa.

Kornweihen sind selten geworden.

Wiesenweihe *(Circus pygargus)* – Der Kornweihe sehr ähnlich, aber noch zierlicher. Terzel dunkler grau mit schwarzer Schwingenbinde und rotbraun gefleckter Unterseite. Ebenfalls seltener Brutvogel in Heiden, Mooren und Wiesen (offene Landschaft) im Flachland. Als ausgesprochener Zugvogel verbringt sie den Winter in Afrika. Beutetiere sind noch kleiner als bei den beiden anderen Weihen; Insekten (Heuschrecken, große Käfer) und Reptilien spielen eine große Rolle.

1432 | Welche Lebensräume bevorzugt die Wiesenweihe?
Sumpfige Niederungen, Feuchtwiesen, Dünen und Heiden.

1433 | Welche Beute schlägt sie hauptsächlich?
Kleinvögel, Kleinnager, Insekten, Reptilien.

1434 | Ist die Wiesenweihe Standvogel?
Nein, sie ist ein Zugvogel. Sie überwintert im mittleren Afrika.

Steckbrief Wiesenweihe
Lebensraum: Feuchtland.
Fortpflanzung: Saisonehe. Bodenbrüter. Brut ab dem 1. Ei. Brutdauer 28–35 Tage. ♀ brütet. ♂ bringt Futter. Nestlingsdauer bis 40 Tage. 1 Jahresbrut, aber Nachgelege.
Verhalten: Langstreckenzieher. Gesellig, oft mehrere Horst dicht beieinander.

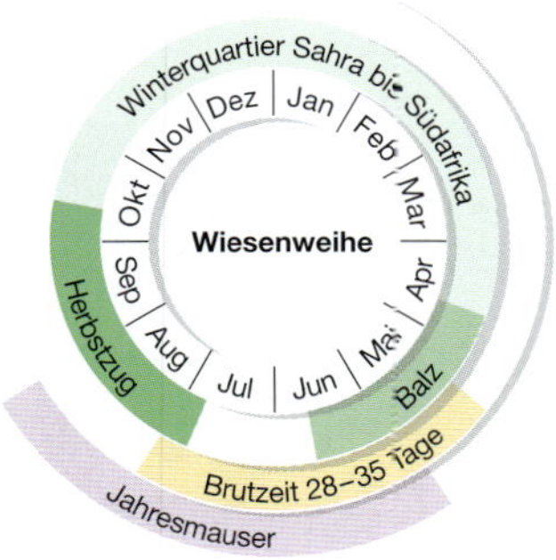

Jahreszyklus

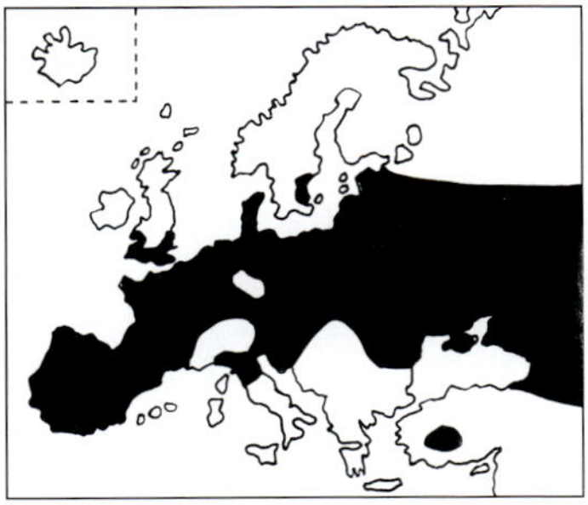
Verbreitungsgebiet

Wiesenweihen leiden am ständigen Lebensraumschwund.

Fischadler *(Pandioninae)*

Fischadler *(Pandion haliaetus)* – Etwa bussardgroß mit völlig weißer Unterseite, Schnabel und Ständer blaugrau, helle Augen, Oberseite dunkelbraun, mit weißer Kopfhaube. Als »Stoßtaucher« ganz auf Fischbeute in größeren Gewässern spezialisiert. Zum besseren Ergreifen der Beute kann die Außenzehe als »Wendezehe« nach hinten gerichtet werden. In den norddeutschen Bundesländern und in Brandenburg ist der Fischadler als Brutvogel beheimatet. In den alten Bundesländern kommt er als regelmäßiger Gast aus Nord- und Osteuropa vor. Durch sein weißes Untergefieder, aber auch durch seine langen, im Flug abknickenden Schwingen ist der Fischadler eine markante Erscheinung und mit keinem anderen Greifvogel zu verwechseln.

Steckbrief Fischadler

Lebensraum: Reviere mit stehenden, fischreichen Gewässern. In Süd- und Westdeutschland nur Nichtbrüter.

Fortpflanzung: Saisonehe. Horsttreue. Brutdauer 34–40 Tage. ♀ brütet, selten ♂. Nestlingsdauer bis 60 Tage. 1 Jahresbrut.

Verhalten: Zugvogel. Jagt im Sturzflug Fische.

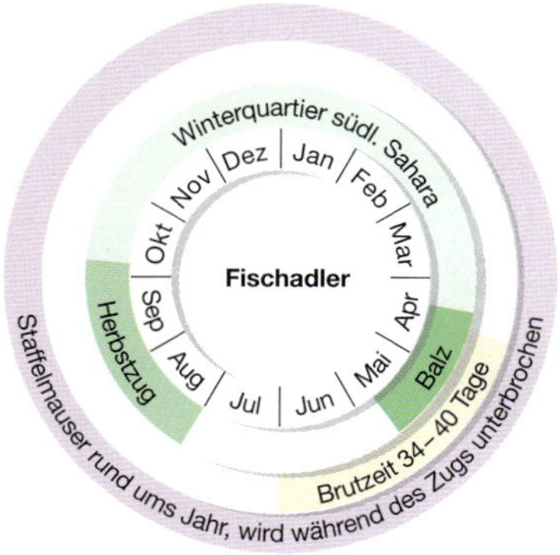

Jahreszyklus

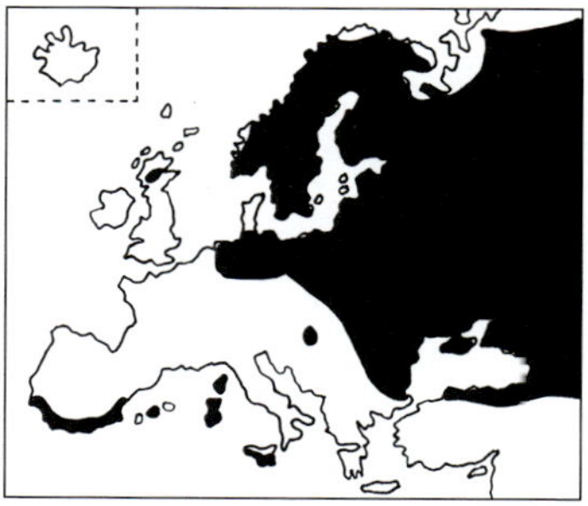

Verbreitungsgebiet

1435 | Wo baut der Fischadler seinen Horst?
In Baumwipfeln und auf Strommasten.

1436 | Wie erbeutet der Fischadler Fische?
Er rüttelt über dem Wasser und erbeutet den Fisch im »Stoßtauchen«.

1437 | Welche Besonderheiten ermöglicht ihm einen sicheren Griff seiner Beute?
Er kann seine Außenzehe nach hinten wenden (Wendezehe).

Fischadler sind Stoßtaucher.

Falken *(Falconidae)*

Falken unterscheiden sich durch Besonderheiten im Körperbau und Verhalten von den übrigen Greifvögeln und werden deshalb als eigene Gruppe betrachtet. Stark gewölbter, runder Kopf, große schwarze Augen, Oberschnabel mit scharfem Zahn (Falkenzahn), entsprechende Einkerbung im Unterschnabel (»Bisstöter!«), schwarzer Backenstreif (Zügel), der bei kleineren Falken nur angedeutet ist. Schwingen schmal, lang und spitz zulaufend, Stoß mittellang, am Ende verjüngt.

Allgemeines

1438 | Welche Falkenarten brüten derzeit in Deutschland?
Wander-, Baum-, Turm-, Würgfalke.

1439 | Leben Falken polygam?
Nein, sie leben monogam (Jahresehe).

1440 | Bauen Falken selbst Horste?
Nein, sie übernehmen Nester anderer Vögel oder brüten in Felsnischen etc.

1441 | Was ist der Falkenzahn?
Der Falkenzahn ist eine nach unten zeigende scharfe Zacke im vorderen Drittel des Oberschnabels (Bisstöter).

1442 | Welche Falken finden wir häufig im Feld auf Leitungen und Bäumen sitzend?
Den Turmfalken.

1443 | Welcher Falke jagt gerne an Waldrändern von Ansitzwarten aus?
Der Turmfalke und Baumfalke.

1444 | Welche Art jagt auch im Luftraum über Großstädten?
Der Wanderfalke.

Der Baumfalke ist Zugvogel.

1445 | Welche Falkenart erbeutet regelmäßig Großinsekten?
Der Baumfalke.

1446 | Wie ist die Brutpflege der Falken?
Das Falkenweib mausert während der Brut (→ flugunfähig) und wird in dieser Zeit durch den Terzel mit Nahrung versorgt.

Baumfalke *(Falco subbuteo)* – Aussehen wie Wanderfalke, jedoch nur taubengroß. Oberseite schwarzgrau, Unterseite hell mit dunkler Fleckung, rostrote »Hosen« (Jungvögel unterseits bräunlich längsgefleckt). Weit verbreitet, aber selten, Baumbrüter (alte Krähennester); jagt nur im Flug, spezialisiert auf Kleinvögel (Lerchen, Schwalben) und fliegende Großinsekten (Käfer, Libellen), die meist in der Luft gekröpft werden. Im Jagdflug schnellster Greifvogel (erbeutet sogar Mauersegler), bis fast 300 km/h. Zugvogel bis ins tropische Afrika.

Steckbrief Baumfalke
Lebensraum: Verlandungszonen, Moore, Ödflächen, Waldränder (Insekten!).

Fortpflanzung: Saisonehe. Brutplatztreue. Baut selbst keinen Horst. Brutdauer 28–34 Tage. ♀ brütet, selten ♂. Nestlingsdauer bis 34 Tage. 1 Jahresbrut.
Verhalten: Langstreckenzieher. Jagt von Sitzwarte aus, auch in der Dämmerung, gelegentlich mehrere gemeinsam.

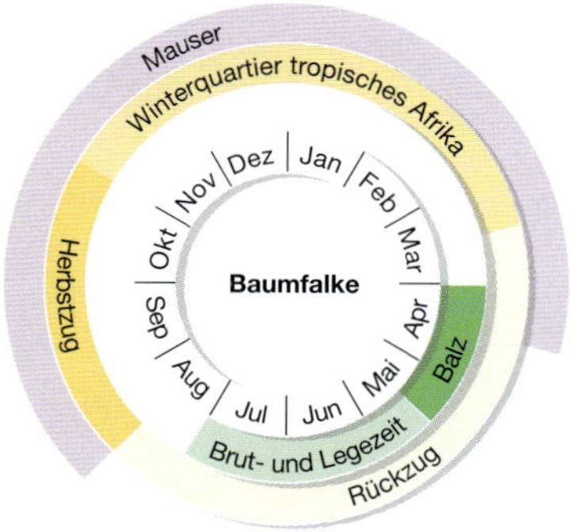

Jahreszyklus

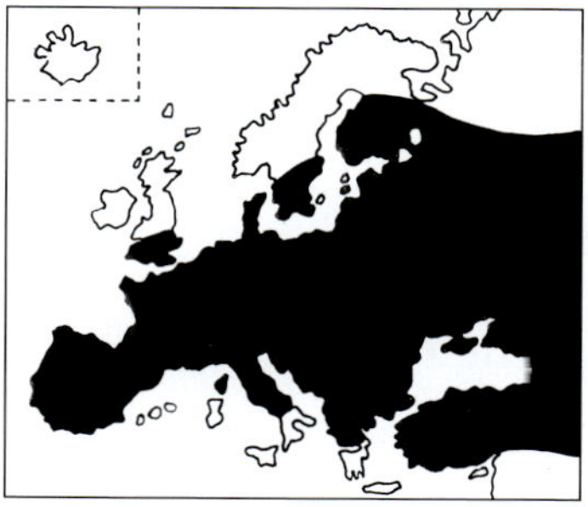

Verbreitungsgebiet

1447 | Wie jagt der Baumfalke?
Er schlägt seine Beute nur in der Luft, er kröpft sie auch in der Luft.

1448 | Welche Beute bevorzugt er?
Kleinvögel (Schwalben, Lerchen, Mauersegler) und Großinsekten.

1449 | Wo brütet der Baumfalke?
In Nestern von Krähen oder alten Greifvogelhorsten.

1450 | Ist der Baumfalke Jahres-, Strich- oder Zugvogel?
Er ist ein Zugvogel.

Wanderfalke *(Falco peregrinus)* – Größter heimischer Falke (etwa Krähengröße), Oberseite schwarzgrau, Unterseite hell mit schwarzer Bänderung (Jungvögel bräunlich, Unterseite dunkel längsgefleckt). Brütet in Felsnischen (Alpen, Jura) an Gebäuden (Kirchtürme), im Flachland auch in Baumhorsten (alte Krähen-, Bussardhorste). Restvorkommen werden zum Teil durch Auswilderung gezüchteter Vögel verstärkt (positiver Populationstrend). Hauptgefahr sind illegale Aushorstungen sowie Störungen der Brutplätze; natürliche Feinde sind Habicht, Uhu und Steinmarder. Geringe Vermehrungsrate (1–3 Junge nicht in jedem Jahr). Schlägt Beute nur im Flug (Vögel von Drosselgröße bis Tauben, Krähen, Enten), tötet größere Beutevögel erst am Boden, nachdem er sie in der Luft »gebunden« oder zu Boden geschlagen hat. Über Winter Strichvogel.

1451 | Was erbeutet der Wanderfalke bevorzugt?
Tauben.

1452 | Schlägt der Wanderfalke Feldhasen?
Nein.

Wanderfalke.

1453 | Wo schlägt der Wanderfalke sein Beute?
Ausschließlich in der Luft.

1454 | Wo brütet der Wanderfalke?
Heute bei uns natürlich vorwiegend in Felswänden. Er nimmt gerne Bruthilfen auf hohen Gebäuden an (Seezeichen, Fernsehmasten, Hochhäuser). Baumbrütende Wanderfalken kommen in Ostdeutschland vor.

Turmfalke *(Falco tinnunculus)* – Im Gegensatz zu den seltenen »Edelfalken« (Wanderfalke, Baumfalke) ein recht häufiger Vogel der offenen Kulturlandschaft. Gefieder rostrot, Weibchen mit dunkler Fleckung, Terzel mit aschgrauem Kopf und Stoß, Backenstreifen (»Zügel«) undeutlich, etwa Taubengröße. Nischen- bis Höhlenbrüter in Felsnischen, oft in und an Gebäuden (Tür-

Steckbrief Wanderfalke
Lebensraum: Küste bis Hochgebirge, auch in Städten. Meidet geschlossene Wälder.

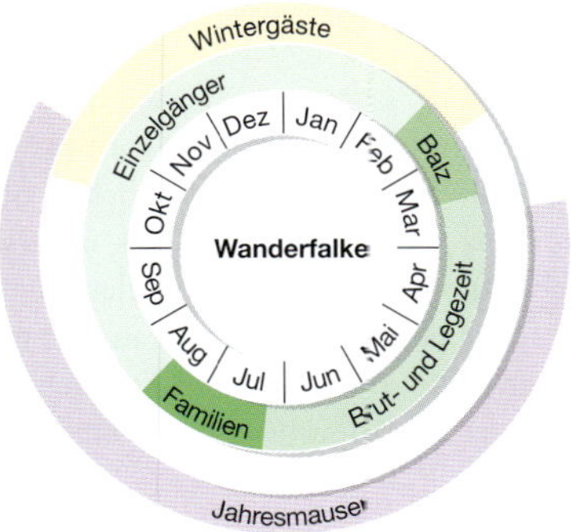

Jahreszyklus

Fortpflanzung: Meist Dauerehe. Felsbrüter. Brutdauer 29–32 Tage. ♀ und ♂ brüten. Nestlingsdauer bis 42 Tage. 1 Jahresbrut.
Verhalten: Stand- und Strichvogel. Jagdgeschwindigkeit bis 300 km/h.

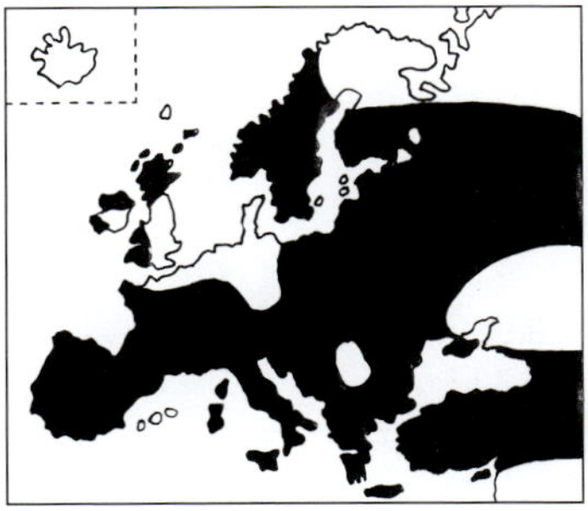

Verbreitungsgebiet

Steckbrief Turmfalke
Lebensraum: Waldränder, offene Flächen, urbane Bereiche.
Fortpflanzung: Saisonehe. Fremde Nester oder Gebäude als Brutplätze. Brutdauer 27–32 Tage. ♀ brütet. Nestlingsdauer bis 32 Tage. 1, gelegentlich 2 Bruten.
Verhalten: Langstreckenzieher, Teilzieher, Strich- und Standvogel. Jagt auch in der Dämmerung, von Ansitzwarte oder rüttelnd.

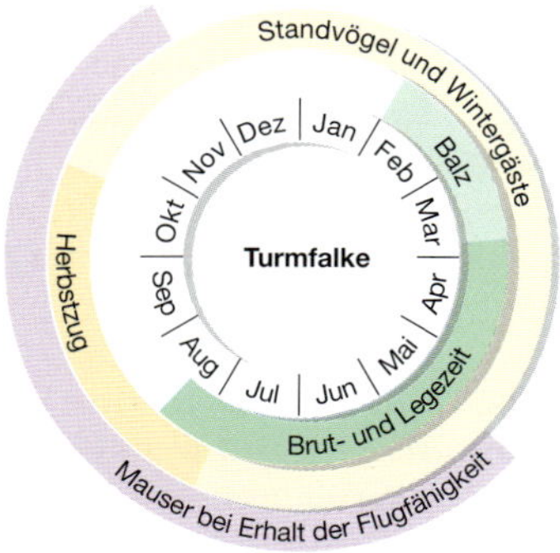

Jahreszyklus

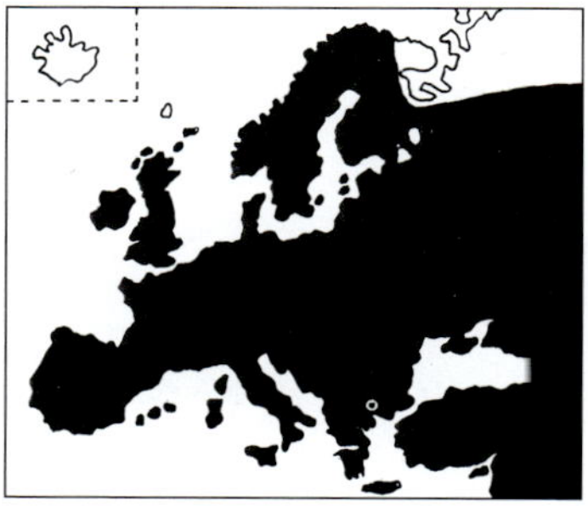
Verbreitungsgebiet

me, Fabriken), auch in Baumhöhlen und frei in alten Krähennestern, 3 bis 6 Junge, abhängig vom Mäusevorkommen. Beute vorwiegend Mäuse, größere Insekten, weniger Kleinvögel, die er von einer Ansitzwarte oder aus dem typischen »Rüttelflug« (Rüttelfalke) am Boden schlägt. Oft in Städten und neben Verkehrsstraßen zu beobachten. Im Winter Strichvogel je nach Erreichbarkeit der Mäuse.

Rotfußfalke *(Falco vespertinus)* Etwas kleiner als der Turmfalke, das Weibchen oberseits dunkelgrau, gelbroter Kopf, unterseits gelbbraun mit dunklen Längsflecken; der alte Terzel einfarbig schiefergrau mit roten »Hosen« und auffällig roten Ständern. Als Brutvogel in osteuropäischen Steppenge-

Turmfalken brüten gerne in Mauernischen, Türmen und Dachböden.

Der Rotfußfalke kommt in Deutschland als Durchzügler vor, im Süden häufiger als im Norden. Ein geringes Brutvorkommen gibt es in Österreich, insbesondere im Osten des Landes.

bieten kommt der Rotfußfalke gelegentlich auch im Sommer zu uns, hat auch vereinzelt schon bei uns gebrütet. Seine Jagdweise ähnelt der des Turmfalken; er erbeutet mehr Insekten, auch in der Luft.

1455 | Was ist die Hauptnahrung des Turmfalken?
Kleinnager (90 % Mäuse), selten Kleinvögel, Großinsekten, Eidechsen.

1456 | Wo brütet der Turmfalke?
In verlassenen Krähennestern, in Felswänden, in hohen Gebäuden (Kirchtürme etc.).

1457 | Ist der Turmfalke Jahres-, Strich- oder Zugvogel?
Er überwintert in milden Wintern bei uns oder streicht in südliche mitteleuropäische Länder. Wenige Vögel fliegen als Zugvogel bis in das äquatoriale Afrika.

Steckbrief Rotfußfalke
Lebensraum: Moore, Wiesen mit Baumgruppen, lichte Auwälder.
Fortpflanzung: Saisonehe. Brütet in Krähen- und Elsternestern, Besitzer werden vertrieben. Brutdauer 22–25 Tage. ♀ und ♂ brüten. ♂ bringt Futter. Nestlingsdauer bis 28 Tage.
Verhalten: Langstreckenzieher. Jagt auch in tiefer Dämmerung. Rüttelt meist niedrig über dem Boden oder jagt von Sitzwarte aus. Auch auf der Jagd gesellig. Jagt auch gemeinsam mit Turmfalken. Bei höherer Siedlungsdichte Kolonienbrüter. Brutnachbarschaft zu Rabenvögeln und anderen Falken.

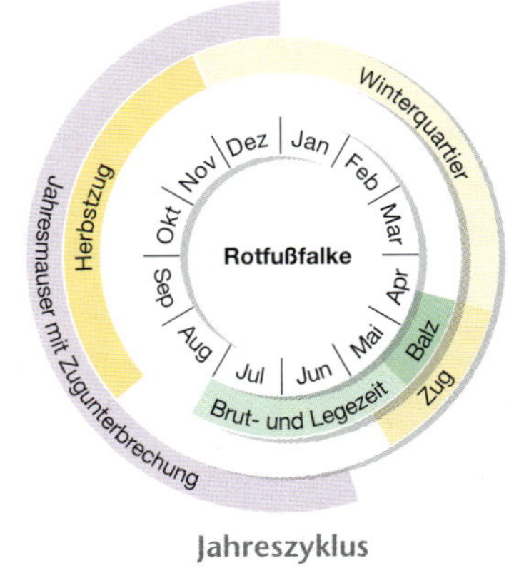

Jahreszyklus

Altweltgeier *(Aegypiinae)*

Geier sind spezialisierte Aasfresser – also keine Greifvögel. Sie sind gar nicht in der Lage Beute zu schlagen. Die beiden früher auch in Mitteleuropa heimischen Arten, Bartgeier und Gänsegeier, wurden bereits Mitte des 19. Jahrhunderts ausgerottet. Inzwischen sind beide Arten wieder im Alpenraum anzutreffen. Stabile Bestände gibt es in Süd- und Südosteuropa (Spanien, Balkan). Sie ernähren sich fast ausschließlich von Fallwild und den Kadavern von verunglücktem Weidevieh. Sie hätten im Alpenraum gute Überlebensmöglichkeiten, wenn das auf den Almen verunglückende Vieh nicht kostenintensiv entfernt würde.

Gänsegeier *(Gyps fulvus)* – Das derzeit nördlichste Verbreitungsgebiet der Gänsegeier ist das österreichische Bundesland Salzburg, wo sie im Sommerhalbjahr regelmäßig anzutreffen sind. Von dort aus streichen sie auch auf deutsches Gebiet, hauptsächlich im Bereich des Nationalparks Berchtesgaden. Im Gegensatz zu den Bartgeiern sind die hiesigen Gänsegeier Zugvögel, die den Winter im Balkan verbringen. Als Aasfresser sind sie nicht so stark auf Knochen spezialisiert wie die Bartgeier.

Bartgeier *(Gypaetus barbatus)* – Bartgeier wurden vom WWF im Alpenraum (Österreich, Schweiz) erfolgreich wieder eingebürgert und schreiten heute zur Brut. Bart-

Der Gänsegeier ist an seinem nackten Hals leicht zu erkennen.

Bartgeier beginnen schon im Dezember/Januar mit dem Brutgeschäft.

geier sind Standvögel, die auch den Winter in den Alpen verbringen. Es sind hervorragende Segelflieger, die auf der Suche nach Aas weite Strecken zurücklegen. Mit ihren starken Reißschnäbeln leisten sie Pionierarbeit für viele andere Kadaververwerter. Sie selbst verwerten fast nur Knochen, die sie entweder komplett verschlingen oder aus großer Höhe auf Steinplatten fallen lassen, damit sie zerbrechen.

1458 | Wo kommt der Gänsegeier in Mitteleuropa noch vor?

In den Pyrenäen, auf dem Balkan und neuerdings auch wieder in den österreichischen und Teilen der deutschen Alpen.

1459 | Wo überwintert der Gänsegeier?

Nordafrika, Vorderasien.

1460 | Was steht einer Rückkehr der Geier entgegen?

Die zu geringe Nahrungsressource. Fehlende gefallener Tiere aufgrund verringerter Almwirtschaft.

1461 | Von welcher Nahrung lebt der Bartgeier?

Wie der Gänsegeier von Aas.

1462 | Wie zerkleinert der Bartgeier seine Nahrung?

Durch Zerreißen mit dem Schnabel. Große Röhrenknochen werden aus großer Höhe auf Felsplateaus fallen gelassen. Durch Bruch Zugang zum nahrhaften Knochenmark.

Schreitvögel (Ciconiiformes)

Reiher *(Arideidae)*

Die meisten Reiher sind auffällige Großvögel mit langen Ständern und langem Schnabel. Sie erbeuten vorwiegend kleinere Wassertiere (Fische, Lurche, Wasserinsekten), indem sie im seichten Wasser stehen oder langsam »pirschen« und erspähte Beute mit jähem Zustoß des Schnabels packen. Auch auf Schlammflächen und im Uferbereich wird so auf Kleintiere Jagd gemacht, wobei Reiher in hellen Nächten auch nachtaktiv sind.

Im Flugbild unterscheiden sich Reiher von ähnlich großen und langhalsigen Vögeln (Kraniche, Störche, Wildgänse) durch die typische S-förmig gekrümmte Haltung des Halses.

Reiher bauen große Reisighorste auf Bäumen oder im Gebüsch; die meisten Arten (ausgenommen Dommeln) sind Koloniebrüter. Die Geschlechter sind gleich gefärbt; beide Partner (Jahresehe) beteiligen sich an der Brutpflege. Die Jungen sind Nesthocker und werden von den Eltern aus dem Kropf gefüttert.

Große Rohrdommel.

Rohrdommel *(Botarus stellaris)* – Etwa bussardgroß, braun mit schwarzer Fleckenzeichnung und nistet als Bodenbrüter im Schilf. Ihr dumpfer, schon Mitte Februar zu hörender Reviergesang war Anlass zu dem volkstümlichen Namen »Moorochse«. Die Rohrdommel ist Teilzieher und brütet bei uns hauptsächlich in Nordostdeutschland. Tag- und dämmerungsaktiv, lebt im Rohr und fällt durch Tarnkleid und langsame Bewegungen kaum auf. Rohrdommeln leben offenbar monogam wie polygam. Auch Aufzucht der meist 5 bis 6 Jungen variabel.

Zwergdommel *(Ixobrychos minutus)* – Etwa hähergroß, oberseits schwarz, unterseits gelbbraun gefiedert. Ihr Nest flicht sie aus Schilffasern und dünnen Halmen um Schilfhalme oder in Weidenbüsche. Mit ihren langen Zehen klettert sie geschickt durch das Schilf.

Beide Dommeln leben heimlich im Schilfröhricht, das sie kaum verlassen. Den Winter verbringt die Zwergdommel als Zugvogel im tropischen Afrika; die Große Rohrdommel ist Teilzieher. Kennzeichnend für die Dommeln ist die starre »Pfahlstellung« die sie bei Gefahr einnehmen.

Graureiher *(Ardea cinerea)* – Der bei uns am häufigsten vorkommende und allgemein bekannte Graureiher wurde früher als »Schädling« der Fischerei stark verfolgt. Heute hat er in allen Bundesländern ganz-

Oben: Zwergdommel.
Oben rechts: Graureiher.
Rechts: Purpurreiher.

jährige Schonzeit. Bei örtlichen, schwerwiegenden Schäden in Fischzuchtanlagen kann eine begrenzte Bejagung erlaubt werden; in einigen Bundesländern besteht auch eine auf die Umgebung von Fischzuchtanlagen beschränkte, kurze Jagdzeit. Nahrungsmangel in ausgehenden strengen Wintern ist das hauptsächliche Regulativ, das eine »Übervermehrung« der Graureiher verhindert.

Purpurreiher *(Ardea purpurea)* – Etwas kleiner und schlanker als der Graureiher, mit purpurrot und schwarz gestreiftem Hals. Er brütet in ausgedehnten Schilfgebieten und überwintert als Zugvogel in Afrika. In Deutschland nur geringes Vorkommen, hauptsächlich Süddeutschland (entlang der Donau) und Rheinland. Wie

Graureiher tag- und nachtaktiv und etwa selbes Nahrungsspektrum. Jagt am liebsten in Kleingewässern und in Deckung. Brütet meist in Kolonien, die kleiner sind als jene des Graureihers.

1463 | Benötigt der Graureiher ausgedehnte Feuchtgebiete?
Nein, als sehr anpassungsfähiger Vogel besiedelt er alle Lebensräume, die ihm ausreichend Nahrung bieten.

1464 | Wie unterscheiden sich Reiher und Storch im Flug?
Der Reiher fliegt stets mit S-förmig eingekrümmten, der Storch mit lang ausgestreckten Hals.

1465 | Frisst der Graureiher nur Fische?
Nein, sein Nahrungsspektrum beinhaltet neben Fischen Kleinsäuger, Jungvögel, Insekten, Amphibien und Reptilien.

1466 | Welches Jagdverhalten haben die Reiher?
Er wartet – gelegentlich stundenlang – stehend in Lauerstellung.

1467 | Wo brütet der Graureiher?
Auf Bäumen in Kolonien.

1468 | Ist der Graureiher jagbar?
Ja, aber ganzjährig geschont. Einzelabschüsse auf Antrag in Fischzuchtgebieten möglich.

1469 | Welche Reiherarten kommen in Deutschland noch vor?
Neben dem Graureiher der Purpur-, Silber-, Seiden- und Nachtreiher.

Oben: Seidenreiher.
Mitte: Silberreiher.
Unten: Nachtreiher.

Störche *(Ciconiidae)*

Störche sind langbeinige »Schreitvögel« mit langem Schnabel. Auf langen, breiten Schwingen sind sie ausgezeichnete Segelflieger.

Die Geschlechter sind gleich gefärbt; beide Partner betreuen die Brut gemeinsam (Jahresehe, z.T. auch mehrjährig). Bei uns sind zwei Arten vertreten, der Weiß- oder Hausstorch und der Schwarz- oder Waldstorch. Beide gehören zu den im Bestand bedrohten Großvögeln. Ihre Winterquartiere sind in Afrika (Zugvögel). Sie unterliegen nicht dem Jagdrecht.

Weißstorch *(Ciconia ciconia)* – Er hat sich seit langem als Kulturfolger dem Menschen angeschlossen und brütet als »Hausstorch« bevorzugt in großen Reisighorsten auf Dachgiebeln, Schornsteinen und dergleichen. Seine auffällige Erscheinung (weißes Gefieder mit schwarzen Schwungfedern, Schnabel und Ständer rot) und sein zutrauliches Verhalten ließen ihn zu einem der volkstümlichsten Vögel werden. Sein Zugverhalten (bis nach Zentral- und Südafrika) wurde früh und eingehend erforscht. Trotz seiner allgemeinen Beliebtheit ist der Weißstorch vom Aussterben bedroht. Hauptursachen sind die Trockenlegung der Feuchtgebiete und die intensive Landwirtschaft mit Einsatz von Pestiziden wodurch den Störchen die Lebensgrundlage genommen wird (Feuchtwiesen, Seichtwasser, Überschwemmungsgebiete mit vielen Fröschen, Weichtieren und Insekten). Eine bedeutende Gefahrenquelle ist auch die Verdrahtung der Landschaft. Viele Störche verunglücken an Stromleitungen. Zunehmende Verschlechterung der Lebensbedingungen im Winterquartier (Afrika) tragen zur Bestandsbedrohung bei.

Zucht in Gefangenschaft kann nur bedingt zur Bestandserhaltung beitragen, weil diese Vögel das Zugverhalten einbüßen und den Winter über künstlich gefüttert werden müssen.

Weißstorch.

Schwarzstorch *(Ciconia nigra)* – Der scheue »Waldstorch« brütet in Baumkronen ruhiger Wälder in der Nähe von Feuchtbiotopen (Seen, Teichen, Überschwemmungsgebieten). Er ist schwarz-grün schillernd gefiedert, nur die Bauchseite weiß, Schnabel und Ständer sind rot (bei Jungvögeln graugrün). Auch er verbringt den Winter als »Langstreckenzieher« im tropischen Afrika. Die Ursachen der Bestandsbedrohung sind die gleichen wie beim Weißstorch. Hinzu kommt noch die Beunruhigung der Wälder durch Forstwirtschaft und Erholungsverkehr. In der Bundesrepublik gibt es noch 540 Brutpaare in entlegenen

Waldgebieten. Hilfsmaßnahmen können örtliche Schutzgebiete (Betretungsverbot) und Anlage von Nahrungsweihern im Wald mit Fischbesatz sein.

1470 | Kommt der Schwarzstorch auch im Gebirge vor?
Nein.

1471 | Wie ist der Schwarzstorch gefiedert?
Bauch- und Unterstoßgefieder sind weiß, alles Übrige glänzend schwarz mit grünlichem Schimmer.

1472 | Was ist die Nahrung des Schwarzstorches?
Fische, Amphibien, Reptilien, Würmer, Kleinnager.

1473 | Wie lebt der Schwarzstorch?
Monogam.

1474 | Ist der Schwarzstorch Jahresvogel?
Nein, er ist Zugvogel (→ Afrika).

1475 | Wo brütet der Schwarzstorch?
Ausschließlich in großen, ruhigen Waldungen.

1476 | Wer übernimmt die Aufzucht?
Beide Elternteile.

1477 | Wie wird der Schwarzstorch noch genannt?
Waldstorch.

Der Schwarzstorch brütet heute wieder in vielen Revieren Nord- und Ostdeutschlands.

Scharben

Scharben sind dunkel gefiederte Schwimm- und Tauchvögel, mit großen Schwimmhäuten (Rudern) und Hakenschnabel, mit dem sie Fische tauchend und unter Wasser schwimmend erbeuten. Bei uns ist diese Vogelgruppe hauptsächlich durch den Kormoran vertreten.

Kormoran *(Phalacrocorax carbo)* – Der fast gänsegroße Vogel (auch »Seerabe« genannt) brütet kolonienweise in Reisignestern auf Bäumen in der Nähe größerer Gewässer. Der Brutbestand des Kormorans ist nach einem drastischen Rückgang Mitte des 20. Jahrhunderts in den 1980er Jahren wieder stark angewachsen. Mit der Bestandsentwicklung in Verbindung gebracht wird der Gebrauch und das spätere Verbot von Umweltgiften wie PCB. In Deutschland kommt der Kormoran als Brutvogel vor allem in den neuen Bundesländern vor. Auch in den alten Bundesländern ist der Kormoran zwischenzeitlich vor allem an größeren Binnengewässern als Brutvogel anzutreffen. Als Durchzügler und Wintergast regelmäßig auch auf kleineren Binnengewässern. Der Kormoran unterliegt nicht dem Jagdrecht (für Probleme in der Fischereiwirtschaft ist die Naturschutzbehörde zuständig).

Kormoran auf Nest mit Jungen.

Das Gefieder des Kormorans ist im Gegensatz zu anderen Wasservögeln nicht Wasser abweisend und wird beim Tauchen durchnässt. Das verringert den Auftrieb unter Wasser und ermöglicht kurzfristig schnelleres Tauchen. Nach dem Tauchen muss der Vogel sein Gefieder längere Zeit an Luft und Sonne trocknen.

Kormorane sind sowohl Zug-, Strich- und Standvögel. Sie treten immer in Gesellschaft auf. Unter Wasser schwimmen sie gut und verfolgen dabei ihre Beute. Es wurden Tauchtiefen bis 3 m, eine Tauchdauer bis 60 Sekunden und Tauchstrecken bis 16 Meter nachgewiesen.

Kormorane brüten in Kolonien, zu denen bis 1000 Vögel gehören können.

Die kleinere Krähenscharbe *(Phalacrocorax* aristotelis) kommt ausschließlich an der Meeresküste (England, Island, Norwegen) vor; an der Nordseeküste als Wintergast.

Flugbild und Kopf des Kormorans.

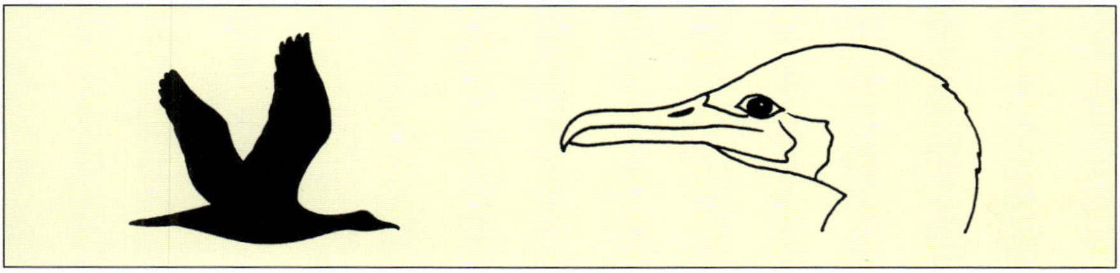

Kranichvögel *(Gruiformes)*

Kranich *(Grus grus)* – Die Kraniche sind in Europa mit einer einzigen Art vertreten, dem europäischen oder grauen Kranich.

Die Geschlechter sind gleich gefärbt.

Mit anderen langbeinigen und langhalsigen Vögeln (Störchen, Reihern) ist der Kranich nicht näher verwandt; er steht den Rallen näher. Er lebt paarweise als Bodenbrüter in ungestörten Mooren und Bruchwäldern und ernährt sich von Pflanzen (auch auf Feldern: Kartoffeln, Getreide) und Kleintieren, die 1 bis 2 Jungen vorwiegend von Insekten, Würmern und Schnecken. Einst über ganz Europa verbreitet und wegen seiner Größe und seines auffälligen Zugverhaltens (große Scharen in keilförmiger Zugformation), seiner laut »trompetenden« Stimme und imposanten Balztänze allgemein bekannt, gehört er heute bei uns zu den eher seltenen Vögeln. Er brütet in Schleswig-Holstein, in Niedersachsen sowie in den neuen Bundesländern. Wirksame Biotopschutzmaßnahmen (Erhaltung und Renaturierung von Mooren, Schutzgebiete mit Betretungsverbot zur Brutzeit) haben die Brutpopulation in Deutschland erfreulich ansteigen lassen. In größerer Zahl brütet der Kranich in Nord- und Osteuropa.

Kraniche leben in Feuchtgebieten und bauen Bodenhorste.

?

1478 | Welche Lebensräume bevorzugt der Kranich?
Große ungestörte Moorgebiete und lichte Bruchwälder.

1479 | Wie groß ist der Kranich?
Etwa 120 cm groß bei einem Gewicht von 5000 g.

1480 | Was ist die Nahrung des Kranichs?
Pflanzliche und tierische Nahrung etwa zu gleichen Teilen (Pflanzliche Kost → Getreide, Maiskörner).

1481 | Wie leben Kraniche?
In Einehe.

1482 | Sind Kraniche Standvögel?
Nein, sie sind Zugvögel (→ Afrika).

1483 | Wo steht das Nest der Kraniche?
In der Regel an sehr feuchten bis nassen Plätzen (Kleininseln im offenen Wasser).

Rallen *(Rallidae)*

Die Rallen bewohnen mit Ausnahme der Wiesenralle Feuchtbiotope: Vorwiegend finden wir sie an dicht bewachsenen Uferzonen von Gewässern, wo sie im Pflanzenbewuchs, im Schlamm, Seichtwasser und von Wasserpflanzen Kleintiere und z.T. auch pflanzliche Nahrung aufnehmen. Mit ihren sehr langen Zehen (Oberflächenvergrößerung) laufen sie über Schlamm und schwimmende Wasserpflanzen, können auch schwimmen und z.T. tauchen. Sie leben paarweise territorial, das Elternpaar zieht die Jungen gemeinsam auf, die Geschlechter sind gleich gefärbt.

Blässhühner bauen Rampennester. ♂ bauen auch noch während der Brutzeit.

Mit Ausnahme des Blässhuhns (Fulica atra) unterliegen alle Rallen nicht mehr dem Jagdrecht.

Blässhuhn *(Fulica atra)* – Das Blässhuhn (Blässralle) ist unsere größte Rallenart. Es ist als echter Schwimmvogel am stärksten an das Leben auf dem Wasser angepasst. Seine langen Zehen tragen seitliche Schwimmlappen. Blässhühner bewegen sich vorwiegend schwimmend fort und suchen ihre Nahrung zu einem großen Teil (im Winter fast ausschließlich) tauchend. Sie nutzen daher nicht nur wie die übrigen Rallen den Uferbewuchs und das ufernahe Seichtwasser, sondern auch größere und tiefere Gewässer.

Blässhuhngelege.

Im Winter sammeln sie sich oft in großen Scharen auf Seen und Flüssen. Zur Brutzeit sind Blässhühner unverträglich gegenüber Artgenossen (Territorialverhalten); bei genügend vorhandener Deckung beeinträchtigen sie aber das Brutgeschäft anderer Wasservögel (Enten) kaum.

Sein aus Pflanzenstängeln gebautes Nest legt das Blässhuhnpaar dicht am Uferrand im Schilfbewuchs an. Die etwa 5 bis 10 Eier werden rund 24 Tage von beiden Eltern abwechselnd bebrütet. Die Jungen sind Nestflüchter und tragen ein buntes Dunenkleid (schwarz mit auffallend rotgelb gezeichnetem Kopf).

Erwachsene Blässhühner sind mit ihrem schwarzen Gefieder mit hellem Schnabel und weißer Stirnplatte (»Blässe«) unverwechselbar. Sie schwimmen kopfnickend, tauchen »über Kopf« und fliegen von der Wasserfläche erst nach längerem platschenden »Anlauf« auf. In der Luft sind sie schnelle, aber wenig wendige Flieger. Häufig sind ihre glucksenden oder »bellenden« Rufe zu hören.

1484 | Welche Lebensräume besiedelt das Blässhuhn?
Alle stehenden oder langsam fließenden Gewässer mit Flachufern und Ufervegetation.

1485 | Woran erkennen wir die Blässralle (Blässhuhn)?
Am schwarzen Gefieder, dem hellen Schnabel und der charakteristischen weißen Stirnplatte.

1486 | Ernährt sich das Blässhuhn vegetarisch?
Überwiegend (Algen, faulendes Pflanzenmaterial etc.); gering auch Weichtiere und Insekten.

1487 | Wovon profitiert das Blässhuhn?
Von der Eutrophierung der Gewässer.

1488 | In welcher sozialen Form leben Blässhühner?
Jahresehe.

1489 | Sind Blässhühner Standvögel?
Bei uns ja, sie weichen jedoch harten Wintern aus (Winterflüchter).

1490 | Wo brüten Blässhühner?
In aus Pflanzen im Wasser aufgebauten Nestern in dichter Ufervegetation nahe dem offenen Wasser.

1491 | Wann balzen Blässhühner?
Je nach Witterung Februar bis April; mit Revierbesetzung, Territorialverhalten.

1492 | Wie erfolgt die Fortpflanzung?
Tretakt im Wasser.

1493 | Wer kümmert sich um die Aufzucht der Jungen?
Beide Elternteile. Der Vater führt, während die Mutter noch brütet.

1494 | Dürfen Blässhühner bejagt werden?
Ja, nach BJG vom 11.9. bis 31.12.

Alle übrigen Rallen
(unterliegen nicht dem Jagdrecht)

Teichhuhn *(Gallinula chloropus)* – Dem Blässhuhn am nächsten steht das Teichhuhn. Es ist etwa so groß wie ein Rebhuhn, schwärzlich-graugrün gefiedert, doch mit dunkelbraunem Rücken und Schwingen, Schnabel und Stirnblässe rot, die Ständer grün (»Grünfüßiges Teichhuhn«). Die langen Zehen tragen keine Schwimmlappen, doch kann man Teichhühner öfter über kürzere Strecken auch im offenen Wasser von Tümpeln oder in Ufernähe von Seen und Fließgewässern schwimmen sehen. Teichhühner überwintern häufig bei uns und nehmen dann zusammen mit Blässhühnern und Enten gerne Futterstellen an.

1495 | Wo finden wir das Teichhuhn?
Uferzonen und Verlandungsbereiche aller langsam fließenden und stehenden Gewässer (wie Blässhuhn).

1496 | Woran erkennen wir das Teichhuhn?
Rebhuhngroß, Gefieder der Oberseite olivbraun, Schnabelspitze gelb, rotes Stirnschild, grüne Ständer.

1497 | Wovon lebt das Teichhuhn?
Überwiegend von pflanzlicher Nahrung (Samen und Früchte von Wasser- und Sumpfpflanzen, Blattspitzen). An tierischer Nahrung werden Schnecken, Würmer, Käfer, Kaulquappen und Aas genommen.

1498 | Ist das Teichhuhn monogam?
Monogam in Jahresehe. Nach dem Schlüpfen baut das Männchen Ruhe- und Schlafnester für die Jungen.

Teichhuhn.

1499 | Wo brütet das Teichhuhn?
In Nestern in guter Deckung der Ufervegetation im oder nur wenig über dem Wasser, gelegentlich auch an Land.

Wasserralle *(Rallus aquaticus)* – Amselgroß ist die Wasserralle. Sie ist oberseits bräunlich, unterseits schiefergrau, Flanken schwarzweiß gestreift. Der rote Schnabel ist relativ lang und leicht gebogen, die Ständer sind rot. Sie lebt heimlich im Uferbewuchs

Wasserralle auf dem Gelege.

(Schilf). Wasserrallen sind Teilzieher mit Tendenz zu Standvögeln. Jene, die ziehen, verbringen den Winter in Nordafrika und im Mittelmeerraum. Ihre Nahrung besteht überwiegend aus Weichtieren, Insekten und Wirbellosen.

Wiesenralle *(Crex crex)* – Eine Ausnahme hinsichtlich ihrer Lebensweise bildet die Wiesenralle. Sie ähnelt sehr einer Wachtel und hat sich mit ihren relativ kurzzehigen Ständern weit von der Bindung an Wasser und Sumpf entfernt. Sie bewohnt den gleichen Lebensraum wie Rebhuhn und Wachtel (Wiesen, Getreide-, Kartoffel- und Rübenfelder), wurde dort früher, als sie noch häufiger war, auch bei der Jagd auf Feldhühner angetroffen und erlegt. Daher der volkstümliche Name »Wachtelkönig«. Heute ist die Wiesenralle sehr selten und im Bestand bedroht. Die Wiesenralle ist Langstreckenzieher und verbringt den Winter im südlichen Afrika. Sie kehrt selten vor Mitte April zurück.

Tüpfelsumpfhuhn *(Porzana porzana)*
Kleines Sumpfhuhn *(Porzana parva)*
Zwergsumpfhuhn *(Porzana pusilla)*
Noch seltener und unauffälliger sind die Sumpfhühner (Sumpfrallen). Die etwa starengroßen Zugvögel leben ähnlich wie die Wasserralle verborgen im Uferbewuchs. Das bräunliche Gefieder trägt dunkle und helle Streifen- und Fleckenzeichnungen. Die drei Arten Tüpfelsumpfhuhn, Kleines Sumpfhuhn und das sehr seltene Zwergsumpfhuhn sind schwer zu unterscheiden.

Oben: Wiesenralle (Wachtelkönig).
Mitte: Tüpfelsumpfhuhn.
Unten: Zwergsumpfhuhn.

Trappen *(Otididae)*

Großtrappe *(Otis tarda)* – Trappen sind die schwersten flugfähigen Vögel der Erde. Es sind kräftige Laufvögel, die nur nach Anlauf schwerfällig zum Flug abheben. Ihr Lebensraum sind weite, offene Steppengebiete, auch die »Kultursteppe« großer Ackerfluren. Als Brutvogel kommt die Großtrappe heute nur noch in geringen Restbeständen in den neuen Bundesländern (Sachsen, Brandenburg, Mecklenburg, vereinzelt auch in Thüringen), in Polen, Ungarn und im österreichischen Burgenland vor. In strengen Wintern erscheinen einzelne Trappen als Strichvögel aus dem Osten bei uns.

Der Trapphahn wird bis über 12 kg schwer und ist etwa doppelt so groß wie die Henne. In der Balz bläht er seinen Kehlsack weit auf, legt den Stoß über den Rücken und dreht die Unterseiten der Schwingen nach außen, so dass er wie eine große weiße Federkugel erscheint. Die Hennen bebrüten am Boden 2 bis 3 Eier rund vier Wochen lang und betreuen die Jungen (Nestflüchter) allein. Die Hähne stehen außerhalb der Balzzeit meist in kleinen Trupps oder einzeln. Die gemischte Nahrung besteht aus Sämereien, Pflanzenteilen und Kleintieren. Die Bestandsgefährdung und Ausrottung in weiten Teilen des ehemaligen Vorkommens beruht auf zunehmender Störung der freien Landschaft und auf der intensiven

Großtrappen sind »Bodenvögel« und eher schwerfällige Flieger.

Landwirtschaft. Ein großes Problem ist die zunehmende Verdrahtung der Landschaft.

Die früher übliche Bejagung ist heute in allen europäischen Ländern eingestellt. Bei uns unterliegt die Großtrappe zwar dem Jagdrecht, hat aber ganzjährige Schonzeit.

Es wird versucht, durch künstliche Aufzucht und Aussetzen in Schutzgebieten Restbestände zu erhalten und zu stärken. Das kann auf Dauer nur Erfolg haben, wenn gleichzeitig der nötige Lebensraum vor Störungen und nachteiligen Veränderungen geschützt werden kann.

Lebensraum

1500 | Welche Ansprüche stelle die Trappe an ihren Lebensraum?
Große, schwach gegliederte und waldarme Offenlandschaften in den Tiefebenen (Steppenvogel).

Körperbau

1501 | Wie schwer wird eine Großtrappe?
Mehrjährige Hähne 10 bis 15 kg, Hennen nur 4 bis 6 kg.

1502 | Gibt es einen deutlichen Geschlechtsdimorphismus?
Alte Hähne sind doppelt so groß und tragen beidseitig einen deutlich sichtbaren Bart, dessen Federn nach hinten unten gerichtet sind.

Nahrung

1503 | Welche Nahrung nimmt die Großtrappe?
Pflanzliche (junge Pflanzenteile) wie tierische Nahrung (Würmer, Mäuse, Amphibien, Reptilien).

Verhalten

1504 | Sind Großtrappen Einzelgänger?
Nein, sie leben (außerhalb der Balz-, Brut- und Aufzuchtszeit) gesellig.

1505 | Sind Großtrappen gute Flieger?
Nein, sie fliegen schwerfällig (leider Verluste durch Anfliegen von künstlichen Hindernissen → Stromleitungen).

1506 | Sind Großtrappen Standvögel?
Nein, sie sind Strichvögel (weichen schneereichen Wintern aus, Flug nach Westen → Atlantikküste).

Fortpflanzung

1507 | Wie läuft die Balz der Großtrappe ab?
Einzelbalz (Hähne balzen mehrere 100 Meter auseinader), die als Sichtbalz angelegt ist.

1508 | Leben Hähne monogam?
Nein.

1509 | Wo brütet die Henne?
Fast ausschließlich in landwirtschaftlichen Kulturen (→ hohe Verluste durch Bewirtschaftung).

Bejagung

1510 | Dürfen Trappen bei uns bejagt werden?
Nein, sie sind jagdbares Wild mit ganzjähriger Schonzeit.

Watvögel und Möwenvögel *(Charadriiformes)*

Regenpfeiferartige *(Charadriidae)*

Kiebitz *(Vanellus vanellus)* – Stand- und Strichvogel, der in milden Wintern in Westeuropa überwintert. Vogel der offenen, baumarmen und feuchten Landschaft. Fällt durch Gefiederzeichnung, die Federholle wie durch seine klangvollen Rufe und seinen Gaukelflug auf. Monogame Bodenbrüter mit meist 4 Eiern; brütet auch in Kolonien. Das ganze Jahr über gesellig. Nahrung überwiegend Insekten, deren Larven und Weichtiere, geringgradig auch pflanzliche Nahrung (Sämereien, Getreidekörner).

Der Kiebitz ist Kurzstreckenzieher sowie Strich- und Standvogel.

Möwen treten fast immer in großen Gesellschaften auf.

Früher galten Brachvogel- und Kiebitzeier als wichtige Lebensmittel.

Lebensraum

?

1511 | Welche Lebensräume bewohnt der Kiebitz?
Wir unterscheiden eine Wiesen- und Ackervögelpopulation.

Körperbau

1512 | Wie groß ist der Kiebitz?
Taubengroß, aber schlanker und längere Ständer.

1513 | Gibt es einen deutlichen Geschlechtsdimorphismus?
Nein.

Verhalten

1514 | Wie fällt der Kiebitz in der Luft auf?
Durch seine Flugmanöver und seinen typischen Ruf

1515 | Ist der Kiebitz Standvogel?
Gelegentlich, meist jedoch Kurzstreckenzieher.

1516 | Leben Kiebitze polygam?
Nein, saisonal monogam.

Fortpflanzung

1517 | Wo brütet der Kiebitz?
In Wiesen wie auf Äckern.

1518 | Sind die die Jungen Nesthocker?
Nein, Nestflüchter.

Schnepfenvögel *(Scolapacidae)*

Die Schnepfenvögel sind eine sehr artenreiche Vogelgruppe, aus der früher viele Arten unter dem Sammelbegriff »Sumpfvögel« bejagt wurden. Heute unterliegt nur die Waldschnepfe dem Jagdrecht.

Die Waldschnepfe hat sich in ihrer Lebensweise am weitesten von den »feuchten« Lebensräumen entfernt und den Wald besiedelt. Alle anderen Arten benötigen Sumpf- und Moorgebiete, Feuchtwiesen oder Flachwasserzonen zur Nahrungssuche und als Brutgebiete. Der Schwund dieser Lebensräume durch Trockenlegung und Kultivierung zu Trockenwiesen oder Ackerland sind ursächlich für den starken Rückgang und die Bestandsbedrohung vieler Schnepfenvogelarten.

Zu den Schnepfen im engeren Sinn gehören neben der Waldschnepfe die kleinere Bekassine, die sehr seltenen Doppel- und Zwergschnepfen, die der Bekassine ähneln, und als größter Schnepfenvogel der

Große Brachvogel. Nur diese, früher auch jagdlich bedeutsamen Arten, werden im Folgenden näher behandelt.

Die meisten Schnepfenvögel haben als »Watvögel« auffällig lange Ständer sowie recht lange Schnäbel zur Nahrungssuche in Schlick, Schlamm und Flachwasser. Die Geschlechter sehen äußerlich gleich aus; die meisten Arten leben in Jahresehe (Ausnahme Waldschnepfe). Sie sind Bodenbrüter, deren Gelege meist aus vier Eiern besteht; die Jungen sind Nestflüchter. Fast alle Arten sind Zug- oder zumindest Strichvögel, die den Winter in nahrungsreichen Gebieten verbringen (z.B. rasten nordische Brutvögel während der Zugzeit im Wattenmeer).

Großer Brachvogel am Gelege.

Großer Brachvogel *(Numenius arquata)* – Er hat auffallend lange Ständer und ist an seinem etwa 15 cm langen, nach unten gekrümmten Stecher und seinem melodischen Ruf (»Trü-trü-trü«) leicht zu erkennen. Er ist ein typischer Brutvogel feuchter Wiesen in Moorgebieten (»Wiesenbrüter«). Durch Trockenlegung und intensive Landwirtschaft ist er bei uns stark gefährdet. Nordische Brutvögel ziehen in größeren Scharen zur Zugzeit an die norddeutschen Küstengebiete. Seine Gefiederfärbung ist gelbbraungestreift mit schwarzbraunen Flecken und Binden. Die 4 Eier werden in eine Grasmulde gelegt. Er unterliegt nicht mehr dem Jagdrecht!

1519 | Wo brütet der Große Brachvogel?

In Mooren und Feuchtwiesen.

Die Uferschnepfe hat wie die meisten anderen Schnepfenvögel auch einen geraden Schnabel. Der des Brachvogels ist nach unten gebogen. Der Schnabel des zu den Stelzenläufern gehörende Säbelschnäbler ist nach oben gebogen.

1520 | Woran erkennen wir den Großen Brachvogel?
An dem langen nach unten gebogenen Schnabel, seinen auffallend langen Ständern, dem gelbbraun-gestreiften Gefieder.

1521 | Wo überwintert der Brachvogel?
Im Wattenmeer.

Waldschnepfe *(Scolopax rusticola)* – Die Grundfarbe der Waldschnepfen ist bräunlich bis erdfarben mit viel Bänderung. Der Scheitel ist quergestreift (im Gegensatz zur Bekassine, deren Kopf längsgestreift ist). Charakteristisch ist der lange, gerade Schnabel (Stecher).

Die Balz beginnt im Frühjahr während des Zuges in die Brutgebiete.

Waldschnepfen leben in feuchten Waldpartien am Boden. Während der Balz streichen die Männchen (Schnepfenstrich) in der Abenddämmerung an Waldlichtungen, Waldrändern, Niederungen und Talhängen entlang auf der Suche nach Weibchen. Die Weibchen sitzen am Boden und locken die Männchen mit einem eigenen Ruf zum Landen. Bisweilen kommt es zwischen zwei Männchen, die über dasselbe Balzgebiet streichen, zur rasanten Verfolgungsjagd, dem Schnepfenduell oder Schnepfenstechen.

Vom Zugverhalten und von den Balzflügen abgesehen, streichen Schnepfen nur bei Störung ab und halten sich meist unauffällig am Waldboden auf.

Nahrung – Beim »Wurmen« oder »Stechen« bohrt die Waldschnepfe ihren Stecher bis zur Wurzel in weichen Waldboden. Mit dem Tastorgan, mit dem ihr Oberschnabel ausgestattet ist, findet sie die Beute, biegt das vordere Drittel des Oberschnabels auf, erfasst den Wurm und zieht ihn an die Oberfläche. Oft bewegt sie sich beim Wurmen im Kreise.

Bejagung – Die Frühjahrsjagd ist seit 1977 in Deutschland verboten. Die meisten Schnepfen werden anlässlich von Waldtreibjagden zufällig oder – bei häufigem Vorkommen in Rastgebieten – auf der Suche und beim Buschieren mit dem Hund erbeutet.

Steckbrief Waldschnepfe
Körperbau: Gewicht ♂ ♀ 300 bis 350 g. Kein Geschlechtsdimorphismus.
Lautäußerungen: Hähne streichen mit dumpfem »Quorren« und mit durchdringend hohen Psiwitt-Rufen (»Puitzen«).
Lebensweise: Überwiegend Zugvogel, in wintermilden Gebieten auch Strich und Standvogel.
Fortpflanzung: Polygam. Balzflüge ab Ende März. Bodenbalz. Nest = Erdmulde; meist 4 Eier; Brutzeit 22 Tage; Nestflüchter.
Nahrung: Weichtiere und Wirbellose auf und im Boden; teilweise auch Sämereien, Beeren, Keimlinge.

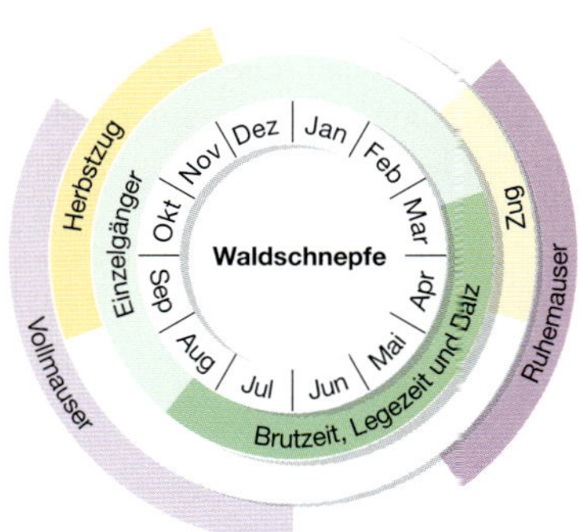

Jahreszyklus

Körperbezeichnungen bei der Waldschnepfe.

Als Trophäen begehrt sind die beiden Malerfederchen vom Schwingenbug und der Schnepfenbart, ein pinselartiges Federbüschelchen an der Bürzeldrüse. Auch die ganze Schnepfe wird gelegentlich präpariert. Als Kuriosum ist die frühere Zubereitung des Darmtraktes nach besonderen Rezepten unter dem Begriff »Schnepfendreck« anzusehen.

Jährlich werden in der Bundesrepublik Deutschland ca. 10 000 Waldschnepfen erlegt.

Lebensraum

1522 | Welche Lebensräume sagen der Waldschnepfe besonders zu?

Wälder mit feuchten oder humusreichen Böden (Waldvögel).

Körperbau

1523 | Woran ist die Waldschnepfe zu erkennen?

An ihrem langen Schnabel, dem auffallend hoch im Kopf angeordneten Augen sowie der dunklen Querbänderung über dem Kopf.

1524 | Welche Besonderheiten weist der Stecher der Waldschnepfe auf?

Er ist mit vielen Tastorganen ausgestattet, die Spitze des Oberschnabels ist beweglich.

1525 | Wo ist der Schnepfenbart?

Er steht als Rosette auf der zitzenförmigen Hauterhebung der Bürzeldrüse auf dem Rücken des Stoßes. Er gilt als Trophäe und wird am Hut getragen.

1526 | Was sind Malerfedern?
Kleine, harte Federchen mit feiner Spitze → äußerste rudimentäre Feder der Handschwinge (ca. 2,5 cm lang).

Nahrung

1527 | Welche Nahrung bevorzugt die Waldschnepfe?
Würmer, Insekten.

Verhalten

1528 | Bleiben die Schnepfen ganzjährig bei uns?
Die Schnepfen sind Teilzieher oder Zugvögel. Bei uns überwinternde Schnepfen werden als Lagerschnepfen bezeichnet.

1529 | Welche Gebiete werden im Winter geräumt?
Die nördlichen und nordöstlichen Brutreviere (z.B. Skandinavien, Russland).

1530 | Wann trifft die Waldschnepfe bei uns ein?
Im März/April. Zusammen mit der Bachstelze.

1531 | Wann sind Balzflüge zu beobachten?
Von März bis Juli. (Erst- und Zweitgelege).

Fortpflanzung

1532 | Welche Laute sind bei der Balz zu hören?
Das Quorren und das Puitzen der Schnepfenhähne sowie das Locken der Weibchen → leise Pieptöne.

1533 | Wo brütet das Weibchen?
Auf dem Waldboden.

1534 | Wie viele Eier enthält ein Gelege und wie lange werden sie bebrütet?
Regelmäßig 4 Eier, die drei Wochen bebrütet werden → Nestflüchter.

1535 | Wer führt die Küken?
Die Henne.

Bejagung

1536 | Welche heute verbotene Bejagungsart hatte besondere Tradition?
Der Schnepfenstrich im Frühjahr.

Stimmung beim Schnepfenstrich.

1537 | Wie werden die Waldschnepfen in Deutschland heute bejagt?
Im Herbst als Zufallsbeute bei Treibjagden, beim Stöbern oder Buschieren.

1538 | Womit werden Waldschnepfen geschossen?
Mit dünnem Schrot.

1539 | Welche Besonderheit der Verwertung war früher üblich?
Das Essen des so genannten »Schnepfendrecks« → nicht gesäubertes Darmkonvolut.

Waidmännische Ausdrücke

Lagerschnepfe	bei uns überwinternde Waldschnepfe
Malerfedern	je eine kleine Feder (Daumenschwinge) am Flügelbug
puitzen	Lautäußerung (Locklaut) bei beiden Geschlechtern
quorren	Balzlaut des Hahnes
Schnepfenbart	Federbüschelchen auf der Bürzeldrüse
Schnepfenstrich	Balzflug
stechen	Nahrungssuche nach Würmern im Boden
Stecher	Schnabel
wurmen	gleichbedeutend mit stechen

Die Bekassine besiedelt nur Feuchtgebiete mit guter Deckung.

Das Gelege wird mit Halmen laubenartig abgedeckt.

Bekassine *(Gallinago gallinago)* – Sie ist etwa halb so groß wie die Waldschnepfe. Ihre Schwingen sind schmaler und spitz zulaufend. Beim »Aufstehen« ruft sie »Ätsch!« und bis zu einer gewissen Höhe fliegt sie pfeilschnell im Zickzack. Die hellen Kopfstreifen sind längsgerichtet. Die Bekassine lebt auf offenen Moor- und Feuchtflächen, Streuwiesen und dergleichen. Im Frühjahr hört man in der Abenddämmerung ihr eintöniges »Ticke-ticke, ticke-ticke«. Noch bekannter ist ihr

Bekassine beim Meckerflug mit abgespreizten äußeren Schwanzfedern.

»Meckern« im Sturzflug während der Balz (»Himmelsziege«). Das Meckern entsteht, wenn im Sturzflug durch den Luftzug die gespreizten Stoßfedern vibrieren.

1540 | Wo finden wir die Bekassine?

In Feuchtgebieten (Feuchtwiesen, Marschgebieten, Geestmooren, Rieselfelder).

1541 | Wie erkennen wir die Bekassine?

Drosselgroßer Schnepfenvogel mit einer Gefiederlängsbänderung über dem Kopf.

1542 | Wie ist der Balzflug der Bekassine?

Er ist durch das »Meckern« gekennzeichnet → meckerähnliche Töne (Himmelsziege) im Sturzflug durch Luftvibration an den abgespreizten äußersten Stoßfedern.

Doppelschnepfe *(Gallinago media)* – Sie ist drosselgroß, ihre Stoßunterfedern sind fast weiß. Sie kommt nur in Norddeutschland vor und liebt feuchte Wiesen. Sie balzt im Mai. Im Gegensatz zur Bekassine fliegt sie stumm und schwerfällig. Sie unterliegt nicht mehr dem Jagdrecht.

Zwergschnepfe *(Lymnocryptes minimum)* – Die nur starengroße Zwergschnepfe ist die kleinste Schnepfenart. Sie steht stumm auf und fliegt nicht im Zickzack.

Wie die Bekassine trägt sie Längsbänder auf dem Kopf, hat aber im Unterschied zu jener kein Weiß im Stoß. Sie unterliegt nicht mehr dem Jagdrecht!

Links: Der Kopf der Bekassine ist längs gebändert (Waldschnepfe quer).

Unten: Die Zwerg- oder Haarschnepfe ist nur starengroß und tritt kaum in Erscheinung.

Möwen *(Laridae)*

Möwen sind schlanke, in ihrem vorwiegend weißen Gefieder mit grauen oder dunklen Partien und mit roten oder gelben Schnäbeln und Ständern »elegant« wirkende Vögel. Sie sind ausgezeichnete Flieger und Segler auf langen Schwingen, schwimmen hoch auf dem Wasser (Zehen mit Schwimmhäuten) und laufen auch kürzere Strecken trippelnd an Land. Die meisten Arten leben an den Meeresküsten, nur die Lachmöwe weitgehend auch an Seen im Binnenland.

Möwen sind Allesfresser, die ihre Nahrung von der Wasseroberfläche sowie im Strand- und Uferbereich aufnehmen. Einige größere Arten sind Nesträuber (Eier und Küken anderer Bodenbrüter). Die starke Vermehrung mancher Möwenarten ist auf das reichliche Nahrungsangebot durch Abfälle zurückzuführen (Fischereiabfälle in Häfen und an Küsten, Müllkippen, Kläranlagen, Futterplätze für Wasservögel in Städten). Möwen brüten kolonieweise am Boden oder auf Felsklippen. Das Gelege besteht in der Regel aus 3 Eiern. Das Paar (Jahresehe) betreut die Brut gemeinsam, beide Geschlechter sind gleich gefärbt. Jungvögel (bei Großmöwen bis ins 4. Lebensjahr) tragen ein bräunliches Jugendkleid. Die Jungen sind Nesthocker.

Alle Möwen unterliegen dem Jagdrecht. Jagdzeit haben jedoch nur die hier aufgeführten häufigen Arten. Als gute Flieger erscheinen Großmöwen von der Küste im Winter oft auch auf größeren Binnengewässern. Alle übrigen, hier nicht einzeln aufgeführten Möwenarten haben ganzjährige Schonzeit.

Den Möwen ähnlich, aber wesentlich kleiner und schlanker sind die Seeschwalben (Sternidae). Alle einheimischen Arten sind selten bzw. im Bestand bedroht, so vor allem die auch im Binnenland brütende Fluss-Seeschwalbe (Sterna hirundo). Die Seeschwalben unterliegen nicht dem Jagdrecht.

Lachmöven sind Kolonienbrüter, die nur 1–2 Eier pro Jahr erbrüten.

Mantelmöwe *(Larus marinus)* – Größer als die Silbermöwe (starker Schnabel), Oberseite der Schwingen schwarz, Schnabel und Ständer gelb. Seltener als die Silbermöwe, kein Brutvogel an den deutschen Küsten, jedoch regelmäßig in kleineren Flügen als Wintergast aus Nordeuropa und England.

Heringsmöwe *(Larus fuscus)* – Kleiner und zierlicher als Silber- und Mantelmöwe, Gefiederzeichnung der Mantelmöwe ähnlich (Oberseite schwarzgrau). Brutvogel an der Nordseeküste, jedoch viel seltener als die Silbermöwe, gelegentlich an großen Binnenseen.

Silbermöwe *(Larus argentatus)* – Häufigster Vertreter der Großmöwen (etwa Bussardgröße) im Küstenbereich. Gefieder weiß, Rücken und Schwingen oberseits grau, Schwingenspitzen schwarz, Schnabel gelb, Ständer rötlich (nördliche Rasse) oder gelb (südliche Rasse). Bedingt durch ihre starke Zunahme erscheint sie immer häufiger auch im Binnenland, vor allem als Überwinterer an größeren Gewässern.

Sturmmöwe *(Larus canus)* – Etwas größer als die Lachmöwe, Schwingen und Rücken oberseits blaugrau, Kopf weiß, Schnabel und Ständer gelb. Brutvogel an der Nord- und Ostseeküste, im Binnenland selten. Verhalten ähnlich der Lachmöwe.

Lachmöwe *(Larus ridibundus)* – Eine kleine, etwa taubengroße Möwe, weiß mit grauen Schwingen und dunklen Enden der Handschwingen, im Brutkleid dunkelbrauner Kopf, im Ruhekleid weiß mit kleinem dunklem Ohrfleck, Schnabel und Ständer rot, bei Jungvögeln gelbbraun.

Außer an der Küste gibt es auch an Binnengewässern größere Brutkolonien (an Ufern und auf Inseln auch kleinerer Seen).

Außerhalb der Brutzeit in großen Schwärmen, dazu Wintergäste aus Osteuropa.

Neben der Nahrung aus Gewässern stellen gemähte Wiesen, frisch gepflügte Äcker und offene Müllkippen eine hervorragende Nahrungsressource für die Möwen dar. Im Winter halten sie sich oft »futterzahm« auch in Städten auf.

Die genannten fünf Arten haben nach BJG Jagdzeit vom 1. Oktober bis 10. Februar, Ländergesetze beachten.

Die Eier der Lachmöwe sind Tarnfarben. Der Nistplatz wird vom Männchen bestimmt.

Müllkippen sind Anziehungspunkte für Lachmöwen.

Allgemeines

1543 | Welche Arten kommen im Binnenland vor?
Am häufigsten Lach- und Silbermöwe, aber auch Mantel- und Heringsmöwe (Gastvögel).

1544 | Wo finden wir die Lachmöwe?
An größeren Binnengewässern als Brutvogel (Kolonie), häufig in Schwärmen an Mülldeponien.

1545 | Welche Nahrung nehmen Lachmöwen auf?
Insekten, Würmer, Mäuse, wenig Jungfische und Laich.

1546 | Warum folgen Lachmöwen dem Pflug oder dem Güllefass?
Optimierung des Nahrungsangebotes.

1547 | Wo brüten die übrigen Möwenarten?
In Kolonien als Bodenbrüter an der Küste und auf den Inseln (3 Eier, Nestflüchter).

1548 | Welche Arten unterliegen dem Jagdrecht?
Alle Möwenarten. Nach dem BJG haben aber nur die Lach-, Sturm-, Silber-, Mantel- und Heringsmöwe eine Schusszeit. (Achtung: Ländergesetze beachten).

1549 | Welche Arten finden wir nur an den Küsten?
Die Raubmöwen (sehr selten auch im Binnenland).

1550 | Was sind Raubmöwen?
Familie Stercorarlidae: Spatel-, Schmarotzer- und Falkenraubmöwe sowie Skuas (selten). Greifvogelartige Seevögel mit dunklem Gefieder.

1551 | Was für Schnäbel haben Möwen?
Pickschnäbel.

1552 | Wie sind die Füße der Möwen beschaffen?
Sie tragen Schwimmhäute.

Unterscheidungskennzeichen.

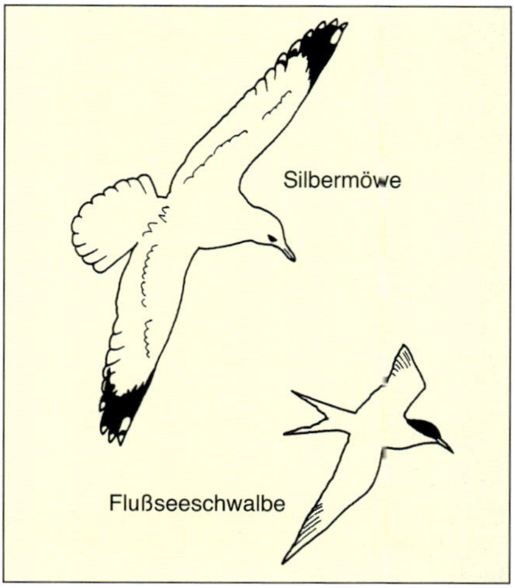

Eulen (*Stringiformes*)

Eulen sind beutegreifende Vögel, die weitgehend nachtaktiv sind. Äußere Zeichen dieser Anpassung sind das Frontgesicht, das mit den großen Augen räumliches Sehen auch in der Dämmerung ermöglicht sowie der feine Gehörsinn, der von schalltrichterartigen Federstrukturen am Kopf (»Schleier«) unterstützt wird. Der lautlose Flug der Eulen wird durch das besonders weiche Gefieder ermöglicht. Der Kopf kann aufgrund der hohen Beweglichkeit zwischen Kopf und den ersten zwei Halswirbeln bis zu 270° gedreht werden, ohne dass die Eule ihre Körperhaltung verändern muss. Anpassungen an das Erbeuten und Kröpfen ausschließlich lebender Beutetiere sind der krumme Schnabel und die scharf bewehrten Fänge. Letztere sind wie die Ständer stets befiedert, die Außenzehe ist als Wendezehe konstruiert. Ähnlichkeiten mit den Greifvögeln sind nur in der Ernährungsweise gegeben; verwandtschaftlich stehen die Eulen den Greifvögeln fern. Die früher übliche Bezeichnung der Eulen als »Nachtgreifvögel« ist irreführend, da sie nicht zu den Greifvögeln zählen.

Die Eulen bauen keine Nester; sie sind entweder Höhlenbrüter (wie die Käuze), benutzen alte Nester anderer Vogelarten, v.a. Krähen- und Elsternnester (Waldohreule) oder sind Bodenbrüter (Sumpfohr-

Der Uhu ist die größte heimische Eule.

eule). Die rundlichen, weißen Eier werden ohne Nistmaterial auf die Unterlage gelegt und vom ersten Ei an bebrütet, so dass die Jungen im Abstand des Legezeitpunktes der Eier schlüpfen. Die Nesthocker mit einem zunächst weißen Dunenkleid werden von beiden Eltern betreut. Eulen leben in Einehe, die Geschlechter sind äußerlich nicht zu unterscheiden.

Hauptbeute sind Kleinsäuger (vorwiegend Mäuse), zum Teil auch Kleinvögel; kleine Eulenarten (Steinkauz, Sperlingskauz) erbeuten auch Insekten; nur der Uhu schlägt auch größere Beutetiere (Kaninchen, Hasen, Krähen, Wasservögel u.a.). Die Gewölle gleichen äußerlich denen der Greifvögel, sie enthalten jedoch unversehrte Knochenteile, die von den Greifvögeln weitgehend verdaut werden.

Obwohl vorwiegend nachtaktiv, sehen Eulen auch bei Tag ausgezeichnet; manche Arten jagen auch bei Tag. Meist verbringen sie den Tag aber ruhend in Deckung aufgeblockt auf einem Ast, wobei sie sich gern von der Sonne bescheinen lassen. Werden sie trotz ihrer Reglosigkeit und guten Tarnfärbung von anderen Vögeln entdeckt (kleine Singvögel, Rabenvögel, Greifvögel), so »hassen« diese unter Warngeschrei auf die Eule. Aus diesem Verhalten leitet sich die Verwendung von Eulen (besonders Uhu) zur Lockjagd (»Hüttenjagd«) auf Rabenvögel und Greifvögel ab.

Alle Eulen sind nach dem Naturschutzrecht besonders geschützt und unterliegen nicht dem Jagdrecht. Mit Ausnahme von Waldkauz und Waldohreule sind die verbleibenden Arten im Bestand gefährdet.

Eingeteilt werden die Eulen in die Familien der Käuze (Waldkauz, Rauhfußkauz, Steinkauz, Sperlingskauz), der Ohreulen (Uhu , Waldohreule, Sumpfohreule) und der Schleiereulen. Letztere sind bei uns nur mit einer Art vertreten.

Schleiereulen *(Tytonidae)*

Schleiereule *(Tryto alba)* – Schlanke, krähengroße Eule, ohne Federohren, mit dunklen Augen. Gefieder oben hell graubraun, unterseits gelbbraun oder fast weiß mit nagelförmigen Längsflecken. Der sehr große, helle, herzförmige »Schleier« nimmt das ganze Gesicht ein. Die dämmerungs- und nachtaktive Eule ist eng an menschliche Siedlungen gebunden; Nischenbrüter auf Dachböden, in Scheunen, Kirchtürmen u. dgl. Zieht in guten »Mäusejahren« 2 bis 3 Bruten auf. In strengen Wintern sind die Verluste hoch. Bedroht ist die Schleiereule besonders durch Mangel an geeigneten Nistplätzen. »Eulenlöcher« in Scheunen-

Die Schleiereulen bilden eine eigene Familie. Die Federschleier um die Augen dienen als Schallreflektoren.

giebeln, Schallöcher an Kirchtürmen sollten ihr daher wieder geöffnet werden; sie nimmt auch gern Nisthilfen (offene Kisten) im Dachgebälk an.

?

Lebensraum

1553 | Ist die Schleiereule ein Waldvogel?
Nein, als Kulturfolger ist sie dem Menschen gefolgt.

1554 | Worunter leidet die Schleiereule am meisten?
Fehlende Brutmöglichkeiten.

1555 | Woher hat die Schleiereule ihren Namen?
Von ihrem deutlich ausgeprägtem, herzförmigen Gesichtsschleier (→ Schalltrichter).

Nahrung

1556 | Was ist die Hauptnahrung der Schleiereule?
Mäuse, selten Kleinvögel (Sperlinge).

1557 | Was enthält das Gewölle der Schleiereule?
Knochen der Beutetiere (Eulen haben weniger Magensäure als Greifvögel).

Verhalten

1558 | Ist die Schleiereule nur nachtaktiv?
Nein, dämmerungs- und nachtaktiv.

Fortpflanzung

1559 | Wo brütet die Schleiereule?
Auf Dachböden, in Kirchtürmen, Scheunen.

Steckbrief Schleiereule

Lebensraum: Offene Niederungsgebiete mit wenig Schnee und offenen Gebäuden.
Fortpflanzung: Dauerehe. Dunkle Brutnischen. Gewölle als Nestunterlage. Brutdauer 30–34 Tage. ♀ brütet. ♂ füttert. Nestlingsdauer bis 44 Tage. 1–2 (3) Jahresbruten, je nach Mäusejahr.
Verhalten: Standvogel, aber gelegentlich evasionsartige Abwanderungen. Ansitzjagd und Suchflug. Beute am Boden und im Flug.

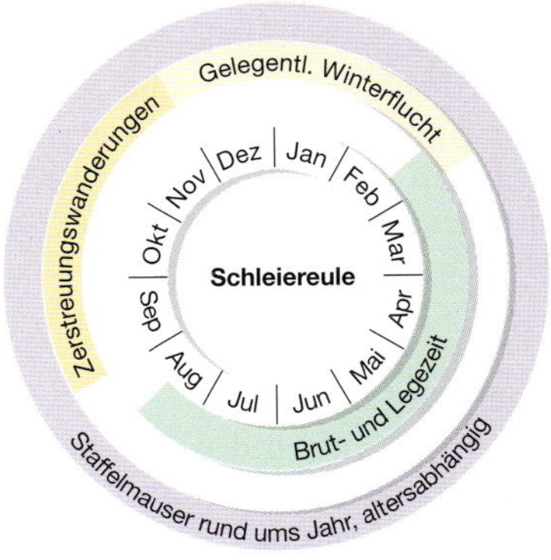

Jahreszyklus

1560 | Wie sieht ihr Nest aus?
Schleiereulen bauen kein Nest.

1561 | Wie viele Eier legt sie?
4 bis 8 Eier, in guten Mäusejahren bis 14 Eier; dann sind auch zwei Bruten möglich. Bei Nahrungsmangel keine Brut.

1562 | Wie sehen die Eier aus?
Weiß und rundlich.

Kauzeulen *(Strigidae)*

Uhu *(Bubo bubo)* – Der Uhu ist die größte einheimische Eule (fast so groß wie der Steinadler). Charakteristisch sind seine großen Federohren und die orangegelben Augen. Er brütet auf dem Boden meist in Nischen von Felswänden, seltener in alten Greifvogelhorsten. Außer Kleinsäugern zählen auch Igel, Wildkaninchen, Hasen, Katzen, Jungfüchse, Wasservögel, Tauben, Krähen, Rauhfußhühner, Fasane, Greifvögel (die er von Schlafbäumen schlägt) sowie alle kleineren Eulenarten zu seinem Beutespektrum. Der Uhu ist die einzige Eule, die auch tote Beutetiere nimmt. Durch Verfolgung, Unfälle an Drahtleitungen und Störungen an den Horstplätzen war der Uhu von der Ausrottung bedroht. Nach strengem Schutz, Horstbewachung und systematischem Aussetzen von in Gefangenschaft gezüchteten Uhus konnten die Bestände großräumig wieder angehoben werden, so dass der Bestand z. Z. gesichert ist.

Uhu.

Da die Haltung lebender Eulen gesetzlich stark eingeschränkt ist, wird die »Hüttenjagd« heute nur noch mit Hilfe von Uhuattrappen ausgeübt, die aus Hasenbälgen und Hühnerfedern hergestellt werden können.

Steckbrief Uhu

Lebensraum: Gegliederte Landschaften vom Tiefland bis Hochgebirge, bevorzugt mit Felswänden.
Fortpflanzung: Dauerehe. Horste, Felsbänder oder Höhlungen als Niststandorte. 2–3 Eier. Brutdauer 31–36 Tage. ♀ brütet. ♂ füttert. Nestlingsdauer in Bodennestern bis 25 Tage, in Fels- und Baumhorsten bis 50 Tage. 1 Jahresbrut.
Verhalten: Standvogel.

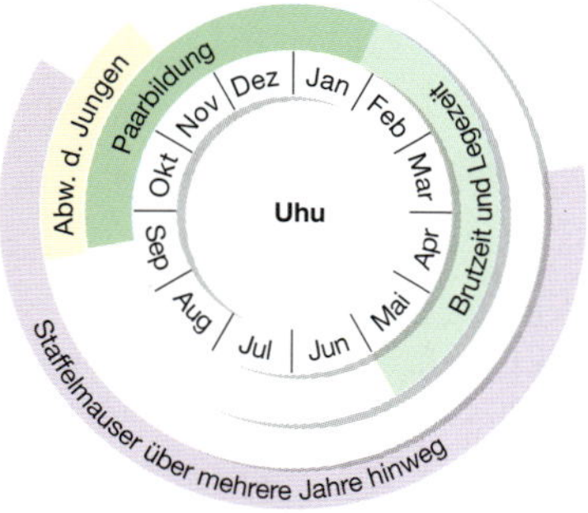

Jahreszyklus

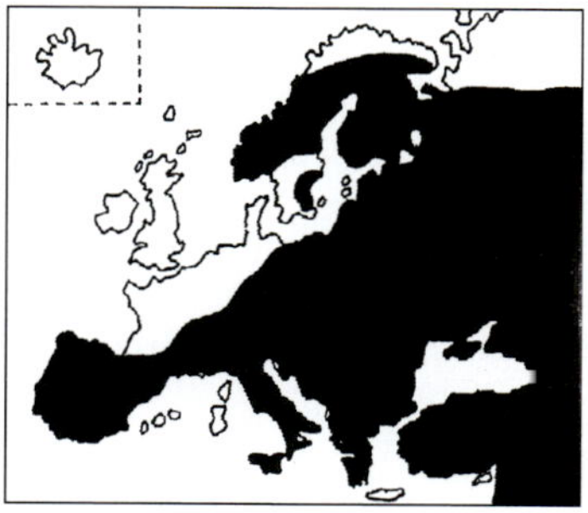

Verbreitungsgebiet

Lebensraum

1563 | Welche Lebensräume bevorzugt der Uhu?
Waldreiche Mittelgebirge, Offenlandschaften mit Klippen, Berghängen, Kiesgruben, Steinbrüche.

Körperbau

1564 | Welche Spannweite erreicht der Uhu?
160 bis 170 cm.

Nahrung

1565 | Was ist die Nahrung eines Uhus?
Säuger bis Hasengröße, Vögel bis Auerhuhngröße. Im Gegensatz zu anderen Eulen wird Aas (Verkehrsopfer) angenommen.

Verhalten

1566 | Wann ist der Reviergesang des Uhus zu hören?
Im Herbst und zur Balzzeit (Februar bis April).

Fortpflanzung

1567 | Wo brütet der Uhu?
Ganz überwiegend in Felsnischen. Sehr selten in Althorsten anderer Vögel oder auf der Erde.

Waldohreule *(Asio otus)* – Kennzeichen der Ohreulen sind zwei als »Ohren« oder »Hörner« bezeichnete Schmuckfederbüschel auf dem Kopf. Die nachtaktive Waldohreule ist neben dem Waldkauz unsere am weitesten verbreitete Eule. Sie ist schlanker und etwas kleiner als der Waldkauz (knapp Krähengröße), hat orangegelbe Augen, das Gefieder ist braun mit dunkler Zeichnung (baumrindenfarbig). Die Waldohreule ist

Waldohreulen brüten gerne in Greifvogelhorsten, Krähen- oder Taubennestern, an Waldrändern oder in Feldgehölzen.

Steckbrief Waldohreule
Lebensraum: Bevorzugt Waldränder, Feldgehölze, Parklandschaften.
Fortpflanzung: Benutzt Nester von Rabenvögeln, Tauben, Reiher u.a. Saisonehe. 4–5 (–10) Eier. Brutdauer 27–28 Tage. ♀ brütet. ♂ füttert. Flugfähig mit 35 Tagen.
Verhalten: Strich- und Standvogel. Junge streifen im Herbst umher. Meist Flugjagd, seltener Ansitz.

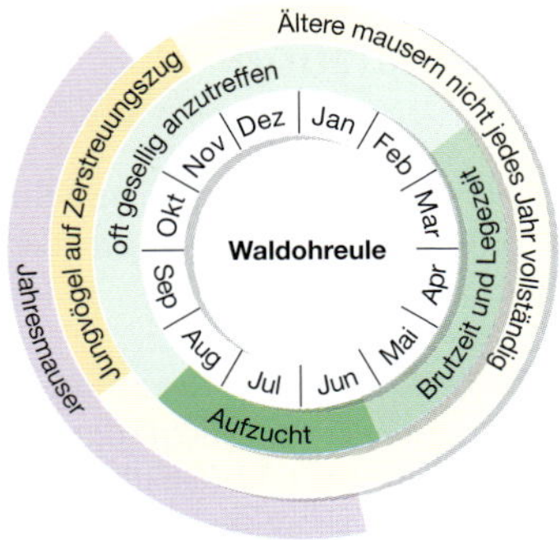

Jahreszyklus

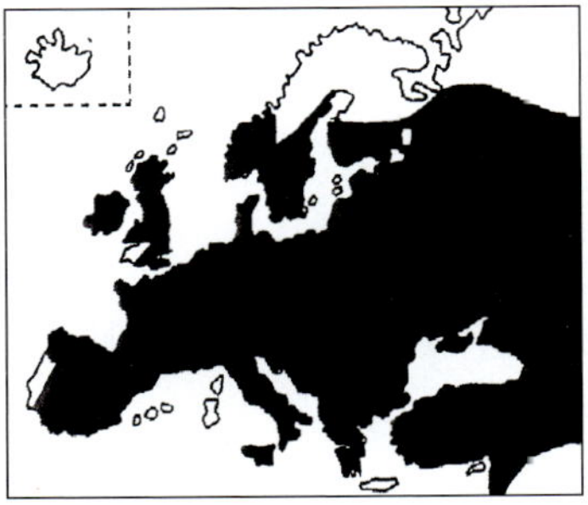
Verbreitungsgebiet

Freibrüter, vorwiegend in alten Krähennestern. Sie erbeutet überwiegend Mäuse an Waldrändern und lässt sich leicht durch »Mäuseln« anlocken. Da sie weniger auf andere Beute (Kleinvögel) ausweichen kann, leidet sie stark unter strengen Wintern und kommt dann manchmal truppweise in städtische Anlagen vor. Auffällig sind die Bettelrufe der Jungen (Ästlinge) im Frühsommer, die dem Fiepen des Rehwildes ähneln.

Lebensraum

1568 | Welche Lebensräume bevorzugt die Waldohreule?
Waldränder (Nadel- und Laubholzwälder), Flurgehölze, Parks.

Körperbau

1569 | Mit wem kann die Waldohreule verwechselt werden?
Mit dem Uhu, sie ist aber bedeutend kleiner.

Nahrung

1570 | Wird die Waldohreule dem Niederwild gefährlich?
Nein.

Verhalten

1571 | In welcher Jahreszeit ist die Waldohreule zu hören?
Vom Herbst bis in den März.

Fortpflanzung

1572 | Wo brütet die Waldohreule?
In verlassenen Nestern und Horsten anderer Vögel.

1573 | Wie viele Eier umfasst ihr Gelege?
3 bis 8 Eier.

1574 | Wie viele Bruten tätigt sie?
Zweitbruten sind vom Nahrungsangebot abhängig, selten.

Sumpfohreule *(Asio flammeus)* – Die Federohren der zumeist tagaktiven Sumpfohreule sind sehr kurz und kaum sichtbar, ihre Augen mehr gelb als orange. Sie ist Bodenbrüter im Offenland (Heiden, Moore), bei uns als Brutvogel selten, aber regelmäßig als Durchzügler und Wintergast aus dem Norden. Zur Zugzeit liegen Sumpfohreulen häufig truppweise in Brachland, Rüben- und Kartoffeläckern und streichen bei der herbstlichen Suchjagd überraschend vor dem Hund ab.

Sumpfohreule.

Lebensraum

1575 | Ist die Sumpfohreule ein Waldvogel?
Nein, sie lebt in Mooren, Heiden, Dünen.

Körperbau

1576 | Wie groß ist die Sumpfohreule?
Länge 38 cm, Flügelspannweite 100 cm.

Nahrung

1577 | Welche Nahrung bevorzugt sie?
Mäuse und Ratten.

Verhalten

1578 | Ist die Sumpfohreule Standvogel?
Strichvogel, teilweise auch Standvogel.

1579 | Ist die Sumpfohreule auch tagaktiv?
Ja.

1580 | Lebt die Sumpfohreule gesellig?
Im Winter ja.

Fortpflanzung

1581 | Wo brütet die Sumpfohreule?
Bodenbrüter.

Steckbrief Sumpfohreule
Lebensraum: Moore, Verlandungsgürtel, Feuchtwiesenlandschaften, Brachland.
Fortpflanzung: Bodenbrüter. Saisonehe. 7–10 Eier. Legeabstand 2 Tage. Brutdauer 24–28 Tage. Nestlingsdauer bis 17 Tage.
Verhalten: Dämmerungs- und (seltener) tagaktiv. Niedriger Suchflug auch mit Rütteln. Flug erinnert an Weihen. Außerhalb der Brutzeit oft in lockeren Gruppen. Im Winter regelmäßig Gäste aus dem Osten.

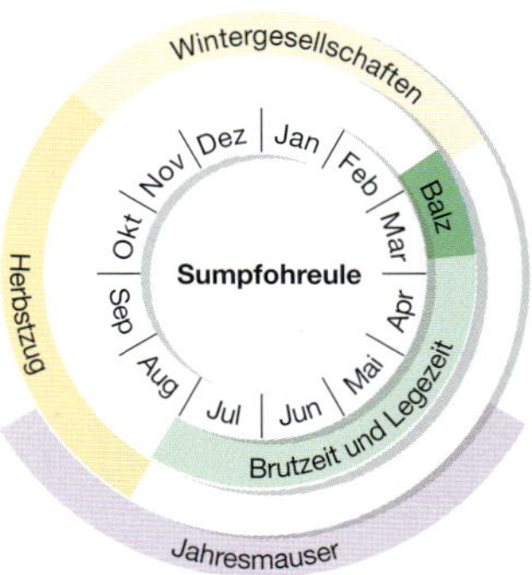

Jahreszyklus

1582 | Wie verhält sich das Männchen während der Brut- und Aufzuchtszeit?
Es trägt Futter herbei, das vom Weibchen verfüttert wird.

Sperlingskauz *(Glaucidium passerinum)* – Die kleinste einheimische Eule (knapp Starengröße), Gestalt ähnlich dem Steinkauz (flacher Kopf, gelbe Augen), Unterseite sehr hell mit schmalen braunen Längsstreifen. Höhlenbrüter in Spechthöhlen vorwiegend in Nadelwäldern der Gebirge in höheren Lagen. Oft tagaktiv, erbeutet mehr Kleinvögel als Mäuse und legt auch Vorratslager an. Auffallend ist der Gesang des Sperlingskauzes (von unten nach oben vorgetragene Tonleiter), der vor allem in der Morgen- und Abenddämmerung zu hören ist.

Lebensraum

1583 | Welche Lebensräume bevorzugt der Sperlingskauz?
Nadel- und Mischwälder der Gebirge und Vorgebirge.

Körperbau

1584 | Wie groß ist der Sperlingskauz?
Er ist mit Starengröße die kleinste mitteleuropäische Eulenart.

Nahrung

1585 | Was ist die Hauptnahrung des Sperlingskauzes?
Kleinnager (alle Mäusearten), Kleinvögel.

1586 | Legt er Nahrungsvorräte an?
Ja, in so genannten Fraßhöhlen (Winterdepots).

Verhalten

1587 | Wie stellen wir die Anwesenheit des Sperlingskauzes fest?
Am tonleiterartigen Gesang im Frühjahr und im Herbst. Er ist tag- und dämmerungsaktiv.

Im Winter fängt der Sperlingskauz hauptsächlich Kleinvögel, während der Brutzeit jedoch überwiegend Mäuse.

Steckbrief Sperlingskauz
Lebensraum: reich strukturierte (Berg-)Wälder mit hohem Nadelholzanteil.
Fortpflanzung: Saisonehe. Höhlenbrüter. Kein Nistmaterial. 3–7 Eier. Legeintervall 2 Tage. Brutdauer 28–29 Tage. ♀ brütet. ♂ füttert. Nestlingsdauer bis 34 Tage. 4 Wochen Führungszeit.
Verhalten: Standvogel. Dämmerungs- und tagaktiv. Gelegentlich Invasionen aus Nord- und Osteuropa. ♂ singt das ganze Jahr.

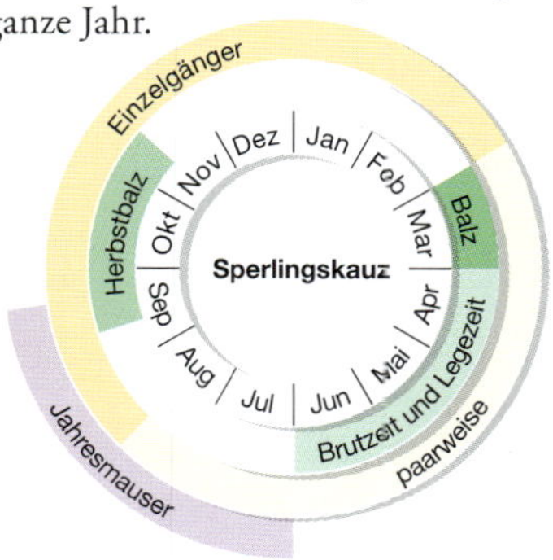

1588 | Wo brütet der Sperlingskauz?
In Baumhöhlen, verlassenen Bruthöhlen der Mittelspechte.

1589 | Welche Feinde hat der Sperlingskauz?
Alle größeren Eulen, Greifvögel und Baummarder.

Fortpflanzung

1590 | Wann balzt der Sperlingskauz?
Im März bis April.

Steinkauz *(Athene noctua)* – Viel kleiner als der Waldkauz (knapp Taubengröße), gedrungene Gestalt mit flachem Kopf, gelbe Augen, Gefieder braun mit lebhafter heller Fleckung. Bevorzugte Lebensräume sind offene »Parklandschaften«, Obstgärten, Ortschaften. Jagt in der Dämmerung und oft auch bei Tag auf Mäuse, Kleinvögel und

Der Steinkauz ist bei der Nahrungswahl flexibel und nimmt neben Kleinnagern und Kleinvögeln auch Reptilien und Insekten.

Steckbrief Steinkauz

Lebensraum: Offene Wiesenlandschaften mit reichlich Gehölzen (Obstbäume). Braucht ganzjährig kurze Vegetation.

Fortpflanzung: Dauerehe. Höhlenbrüter. 3–5 Eier. Brutdauer 23–29 Tage. ♀ brütet. ♂ füttert. Nestlingsdauer ca. 35 Tage.

Verhalten: Standvogel. Nacht- und tagaktiv. Spechtartiger Wellenflug. Ansitzjagd und niedriger Suchflug. Sucht am Boden hüpfend nach Insekten und Würmern.

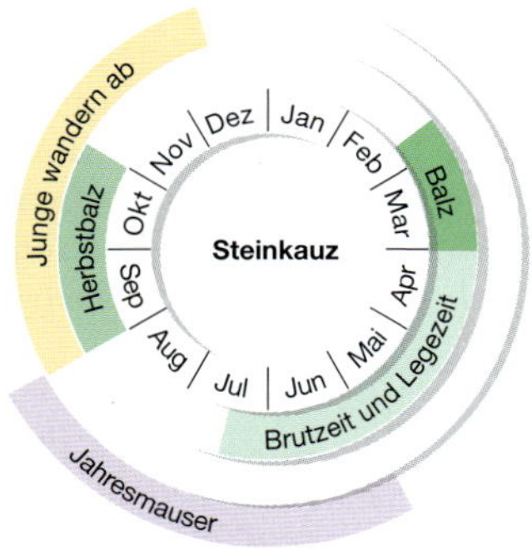

Jahreszyklus

Insekten. Der Steinkauz ist im Bestand bedroht, vornehmlich da ihm Nisthöhlen in alten Obstbäumen und verfallenen Gebäuden fehlen. Durch Anbringen von Niströhren kann die Population gestützt werden. In strengen Wintern treten starke Verluste ein. Sein monotoner Reviergesang und der miauende Lockruf sind nur noch selten zu hören.

Lebensraum

1591 | Welche Lebensräume bevorzugt der Steinkauz?

Offene Kulturlandschaften der Ebene mit Baumgruppen, Kopfweiden, Feldgehölzen, Obstgärten etc.

Körperbau

1592 | Wie groß ist der Steinkauz?

Länge 22 cm, Flügelspannweite bis 60 cm.

Nahrung

1593 | Was ist die Hauptnahrung des Steinkauz?

Mäuse und Kleinvögel.

Verhalten

1594 | Ist der Steinkauz Stand- oder Strichvogel?

Standvogel. Bei hoher und länger andauernder Schneelage wegen Beutemangels hohe Verluste.

Fortpflanzung

1595 | Wo brütet der Steinkauz?

In Baumhöhlen (Kopfweiden), gelegentlich in Kaninchenbauen.

1596 | Nimmt er künstliche Bruthilfen an?

Ja, Nisthilfen in Form von Röhren.

Waldkauz *(Strix aluco)* – Fast bussardgroß, gedrungene Gestalt mit »dickem Kopf« und dunklen Augen. Gefieder unterschiedlich von braun bis grau mit dunklen Streifen. Der anpassungsfähige Waldkauz ist nicht nur in Wäldern, sondern auch in Ortschaften verbreitet. Vorwiegend Höhlenbrüter in Baumhöhlen und entsprechend großen Nistkästen, aber auch in Gebäuden (Dachböden, Kirchtürmen, Ruinen), notfalls auch Freibrüter in alten Krähennestern oder am Boden. Zu seinem Nahrungsspektrum zählen hauptsächlich Kleinnager (Mäuse, Ratten, Bilche), aber besonders im Winter auch Vögel bis Drossel- und Taubengröße. Im Sommer werden auch Reptilien und Amphibien genommen. Der heulende Ruf (Reviergesang) und der schrille Lockruf »kuit« sind häufig (schon ab Spätwinter) zu hören. Durch »Mäuseln« kann man den Waldkauz in der Abenddämmerung nahe heranlocken.

Der Waldkauz kommt in einer dunklen und einer hellen Gefiederfärbung vor.

Steckbrief Waldkauz

Lebensraum: Lichte Wälder und andere baumreiche Landschaften, auch urban.

Fortpflanzung: Herbst- und Frühjahrsbalz. Dauerehe. Höhlenbrüter. 3–5 Eier. Legeintervall 3 Tage. Brutdauer 28–29 Tage. ♀ brütet. ♂ füttert. Nestlingsdauer 25 Tage. Selbstständig nach 3 Monaten.

Verhalten: Standvogel. Territorial. Einzelgänger oder paarweise. Dämmerungs- und nachtaktiv. Ansitzjagd und Suchflug.

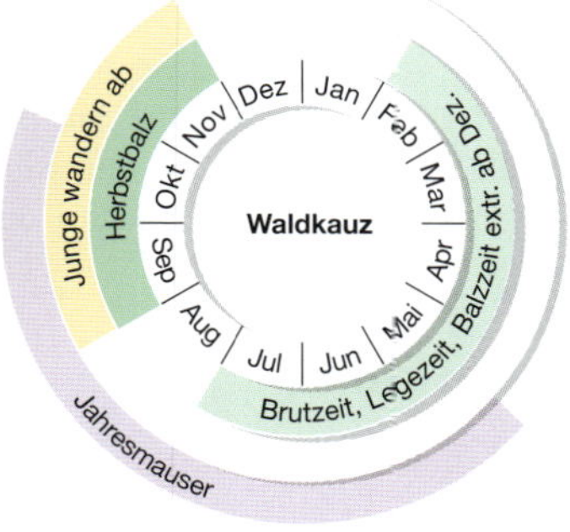

Jahreszyklus

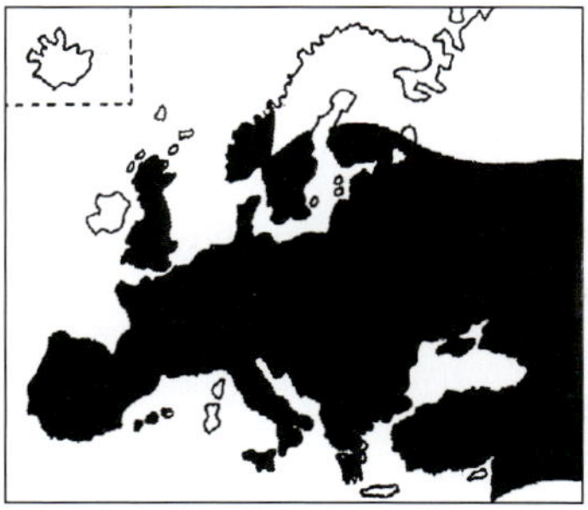

Verbreitungsgebiet

Körperbau

1597 | Wie groß ist der Waldkauz?
Etwa bussardgroß.

1598 | Hat der Waldkauz Federohren?
Nein, er trägt aber einen Gesichtsschleier.

1599 | Welche beiden Färbungen des Waldkauzes gibt es?
Die rotbraune und die graue Gefiederfärbung (kein Hinweis auf Alter und Geschlecht).

Nahrung

1600 | Was ist die Hauptnahrung des Waldkauzes?
Kleinnager (vor allem Wühlmäuse), Vögel bis Taubengröße.

Verhalten

1601 | Ist der Waldkauz Standvogel?
Ja.

1602 | Ist der Waldkauz auch tagaktiv?
Nein, er ist dämmerungs- und nachtaktiv.

Fortpflanzung

1603 | Wo brütet der Waldkauz?
In Baumhöhlen, selten in Greifvogelhorsten, auf Dachböden oder in Erdhöhlen.

1604 | Baut der Waldkauz eine Nestunterlage?
Nein.

Rauhfußkauz *(Aegolius funeris)* – Etwa so groß wie der Steinkauz, aber mit dickem rundem Kopf, ebenfalls helle Augen, Bauchseite sehr hell, Ständer samt Zehen weiß befiedert. Höhlenbrüter in Spechthöhlen in den Wäldern der Alpen und Mittelgebirge; jagt auch am Tag auf Kleinnager und Kleinvögel. Der unverkennbare »Reviergesang« im Frühjahr ähnelt dem Lockruf von Truthühnern. Die Nahrung des Rauhfußkauzes besteht aus Kleinnagern und bis zu 50 Vogelarten bis Drosselgröße.
Sein Hauptproblem in unseren Wirtschaftswäldern ist der Mangel an Nisthöhlen. Er nimmt aber auch künstliche Bruthöhlen an und besiedelt dann auch einförmige Fichtenwälder.

Rauhfußkauz.

Lebensraum

1605 | Wo lebt der Rauhfußkauz bei uns?
In Nadel- und Mischwäldern der Mittelgebirge und ihrer Vorberge.

Steckbrief Rauhfußkauz
Lebensraum: Nadelholzwälder im Alpenraum und einigen Mittelgebirgen.
Fortpflanzung: Saisonehe. Bezieht überwiegend Schwarzspechthöhlen. 2–8 Eier. Brutdauer 26–27 Tage. ♀ brütet. ♂ füttert. Nestlingsdauer bis 38 Tage. Führungsdauer 6 Wochen. Gel. 2 Bruten.
Verhalten: Stand- und Strichvogel. Territorial. Nachtaktiv. Ansitzjäger. Beuteüberschuss wird als Vorrat deponiert.

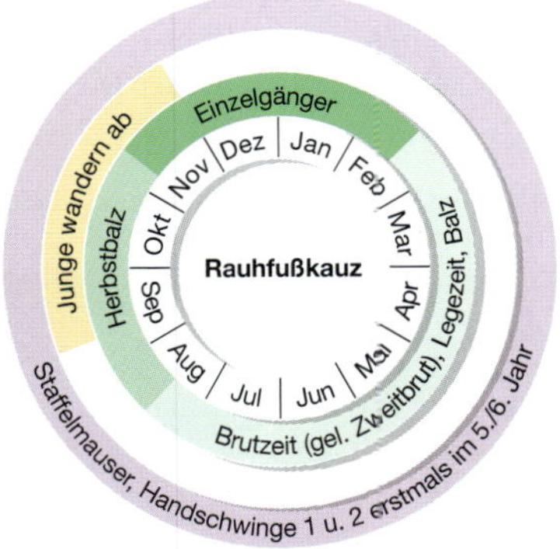

Jahreszyklus

Körperbau

1606 | Wie groß ist der Rauhfußkauz?
Etwa so groß (klein) wie der Steinkauz.

Nahrung

1607 | Was ist die Nahrung des Rauhfußkauzes?
Er jagt im Wald vornehmlich Kleinsäuger (Mäuse!), nachtaktiv.

Fortpflanzung

1608 | Wo brütet der Rauhfußkauz?
Vornehmlich in alten Bruthöhlen des Schwarzspechtes.

Übersicht der heimischen Eulen

Vorkommen

- Allgemein verbreitet und häufig, auch im Kulturland: Waldkauz, Waldohreule
- Verbreitet, doch nicht in Wäldern und im Gebirge, teilweise neuerdings selten geworden: Steinkauz, Schleiereule
- Verbreitet in Bergwäldern: Rauhfußkauz, Sperlingskauz
- Selten im Mittelgebirge und in den Alpen: Uhu
- Selten in Mooren und auf Heideflächen: Sumpfohreule

Brutplätze

- Höhlenbrüter im geschlossenen Wald: Rauhfußkauz, Sperlingskauz, Waldkauz
- Baumhöhlenbrüter im Kulturland: Steinkauz, Waldkauz
- in Gebäuden, Scheunen, Mauerlöchern usw.: Schleiereule, Waldkauz, Steinkauz
- auf Felsbändern, Felsterrassen usw.: Uhu
- auf dem Boden: Sumpfohreule
- in Krähen- und Elsternnestern: Waldohreule

Besondere Merkmale

- Federohren: Uhu, Waldohreule
- Kleiner als Taube: Steinkauz, Rauhfußkauz, Sperlingskauz
- Dunkle Augen: Waldkauz, Schleiereule
- Gelbe Augen: Sumpfohreule, Steinkauz, Rauhfußkauz, Sperlingskauz
- Gelbrote Augen: Uhu, Waldohreule

Sperlingsvögel *(Passeriformes)*

Die Singvögel sind weltweit die artenreichste Vogelgruppe. Bei uns kommen rund 100 Arten vor, die zu 20 Familien gehören. Es sind kleine bis mittelgroße Vögel. Große Arten wie die Rabenvögel sind Ausnahmen. In ihrer Lebensweise und Ernährung sind Singvögel an spezielle Lebensbedingungen angepasst. Es gibt ausgesprochene Körnerfresser (z.B. Finken), Insektenfresser (z.B. Grasmücken, Schwalben) und Vögel mit vielseitiger Ernährung (z.B. Meisen, Drosseln). Je nach Ernährungsweise sind es Zug-, Strich- oder Standvögel. Sie besiedeln die verschiedensten Landschaftsformen und nisten entweder als Bodenbrüter (z.B. Lerchen), als Gebüsch- und Baumbrüter (z.B. Finken, Drosseln), als Nischenbrüter (z.B. Bachstelzen) oder Höhlenbrüter (z.B. Meisen, Kleiber).

Alle heimischen Singvögel leben paarweise und bauen arttypische, oft sehr komplizierte Nester; das Elternpaar zieht die Jungen gemeinsam auf; viele Arten haben mehr als nur eine Brut im Jahr. Die Jungen sind Nesthocker und werden von den Eltern gefüttert.

Der Name »Singvögel« kommt von der besonderen Entwicklung des Stimmapparates, der durch besondere Muskeln imstande ist, melodische Gesänge hervorzubringen. Neben dem oft bunten Gefieder ist es vor allem der Gesang der Männchen

Die aufgesperrten Rachen der bettelnden Jungvögel haben den Sperlingsvögeln den Namen gegeben. Sie bilden eine eigene zoologische Ordnung.

im Frühjahr, der zahlreiche Singvogelarten bei den Menschen bekannt und beliebt gemacht hat. Neben »Allerweltsvögeln«, die in großer Zahl auch Kulturland und Ortschaften bewohnen (z.B. Haussperling, Kohlmeise, Amsel), gibt es seltene und in ihrem Bestand bedrohte Arten (z.B. Pirol, Blaukehlchen, Uferschwalbe).

Die heimischen Singvögel gehören im Wesentlichen folgenden Familien an: Lerchen, Schwalben, Stelzen, Drosseln, Grasmücken, Fliegenschnäpper, Meisen, Würger, Sperlinge, Finken, Ammern, Rabenvögel. Wie heute noch in süd- und südwesteuropäischen Ländern, war früher auch in Mitteleuropa der Vogelfang ein bedeutender Zweig der Jagdausübung. Seit 1934 ist der Vogelfang in Deutschland verboten. Heute unterliegen sämtliche Singvögel dem Naturschutzrecht; die meisten von ihnen genießen besonderen Schutz. Das gilt jetzt auch für Haussperling, Star, Amsel, Eichelhäher, Elster und Rabenkrähe, die vom Schutz ausgenommen waren. Durch diese Arten können, wenn sie in großer Zahl auftreten, wirtschaftliche Schäden (z.B. im Obst- und Weinbau) entstehen sowie andere Vogelarten beeinträchtigt werden (»Nesträuber«). Das Naturschutzrecht sieht für solche begründeten Einzelfälle behördliche Ausnahmeregelungen vor. Umstritten ist der Schutz für Rabenkrähe, Elster und Eichelhäher. Sie durften früher unbeschränkt im Rahmen des Jagdschutzes erlegt werden. Von Jägerschaft und Landwirten wird angestrebt, diese Arten als Wild dem Jagdrecht zu unterstellen wie in einigen Bundesländern zwischenzeitlich auch geschehen. Mit Änderungen der Rechtslage in weiteren Bundesländern ist zu rechnen. Im Folgenden sind diejenigen Arten vorgestellt, die vor 1986 keinen »besonderen Schutz« hatten und von denen möglicherweise künftig wieder einige Arten bejagt werden könnten.

Drosseln *(Turdidae)*

Alle Drosselarten unterliegen heute ausschließlich dem Naturschutzrecht. Sie werden deshalb als besondere Gruppe behandelt.

Die Drosseln bilden eine eigene Familie, zu der weltweit ca. 300 Arten in etwa 45 Gattungen gehören. Bis in die erste Hälfte des 20. Jahrhunderts galten Drosseln als wichtiges Jagdwild (Dohnenstiege). In einigen Nachbarländern werden sie heute noch bejagt, ohne deshalb weniger zu werden. Viele Arten sind Umweltprofiteure.

Misteldrossel.

Misteldrossel *(Turdus viscivorus)* – Die Misteldrossel ist unsere größte Drossel – deutlich größer als die Amsel. Sie ähnelt der Singdrossel. Außer in Misch- und Laubwäldern besiedelt sie auch Nadelwälder in höheren Lagen. Sie brütet auch auf höheren Bäumen, ihr Gesang ist schon im Vorfrühling zu hören. Aus klimatisch rauhen Lagen zieht sie im Herbst bis zum Mittelmeer.

Wacholderdrossel *(Turdus pilaris)* – Die Wacholderdrossel ist mit rostrotem Rücken und Schwingen, grauem Kopf und Bürzel, dunklem Stoß und weißer, braun gefleckter Bauchseite unsere »bunteste« Drossel. Sie hat in den letzten Jahrzehnten ihr Brutgebiet ausgedehnt und brütet – oft in kleinen Kolonien – auf halbhohen Bäumen in Feldgehölzen, Parkanlagen und Gärten. Nach der Brutzeit zieht sie in Schwärmen bis nach Südeuropa, dafür kommen viele Wintergäste aus dem Norden zu uns. Als »Krammetsvogel« wurde diese Drosselart früher im Herbst gefangen und geschossen.

Singdrossel *(Turdus philomelus)* – Die Singdrossel ähnelt dem Amselweibchen, ist aber heller braun mit lebhaft hellgefleckter Unterseite. Der laute Gesang ist nicht so melodisch wie der der Amsel. Sie ist mehr Waldvogel und zieht vor dem Winter bis nach Nordafrika.

Rotdrossel *(Turdus iliacus)* – Die kleine Rotdrossel oder Weindrossel ist ein nordischer Brutvogel, der im Sommer bei uns selten ist, aber als Durchzügler im Herbst in größeren Schwärmen auftreten kann.

Ringdrossel *(Turdus torquatus)* – Die Ringdrossel ist fast so groß wie die Amsel, das Männchen ebenfalls schwarz, aber mit einem breiten weißen Brustschild. Bei uns brütet die Ringdrossel nur in den Bergwäldern der Alpen und höherer Mittelgebirge. Im Herbst kommen Durchzügler aus Nordeuropa vor.

Amsel *(Turdus merula)* – Die Amsel oder Schwarzdrossel – ursprünglich ein Waldvogel – ist heute als »Kulturfolger« ein weit verbreiteter und häufiger Bewohner unserer Städte und Gärten. Keine andere Drosselart hat sich so eng dem Menschen angeschlossen wie die Amsel. Die Männchen sind im Brutkleid schwarz mit gelbem Schnabel; Weibchen und Jungvögel schlicht graubraun mit heller brauner, etwas gefleckter Unterseite. Bekannt ist der melodisch flötende Revier anzeigende Gesang im zeitigen Frühjahr. Das ganze Jahr über ist der scharf »tickende« Warnlaut zu hören, vor allem abends vor dem Aufsuchen des Schlafplatzes. Die Amsel baut ihr Nest wie alle Drosseln aus Halmen mit etwas Erde ausgekleidet gern in niedriges Gebüsch und Hecken, aber auch an Gebäuden auf Fensternischen, Balkone u. dgl. In 2 bis 3 Bruten zieht das Paar je 4 bis 7 Junge auf. Trotz großer Verluste durch streunende Katzen und oft großer Winterverluste - die »Stadtamseln« sind weitgehend Standvögel – sind Amseln in allen Gartengebieten so zahlreich, dass sie gelegentlich Schäden an Beeren und Kirschen verursachen, die sie im Herbst bevorzugt aufnehmen. Sonstige Hauptnahrung sind Würmer und Insekten, die sie am Boden hüpfend und im Falllaub stochernd erbeuten.

Stare *(Sturnidae)*

Star *(Sturnus vulgaris)* – Auch der Star ist ein allgemein bekannter Vogel, der sich eng dem Menschen angeschlossen hat. Er ist Höhlenbrüter und bewohnt von Natur aus vorwiegend Baumhöhlen an Waldrändern. Durch das Anbringen von Nisthilfen (Starenkästen) hat der Mensch Stare in großer Zahl in Gärten und Ortschaften geholt (ursprünglich deshalb, um Jungstare – 2 Jahresbruten bis zu 6 Junge – leichter ausnehmen zu können). Stare suchen vorwiegend offenes Gelände nach Insekten und Würmern ab, die sie schrittweise laufend (nicht hüpfend wie die Amsel) am Boden aufsammeln. Auf Viehweiden begleiten sie das Weidevieh und fangen Insekten von den Körpern der Rinder, auf denen sie einfallen und umherlaufen. Auch am Rotwild ist ein solches Verhalten zu beobachten.

Nach der Brutzeit sammeln sich die Stare zu immer größer werdenden Schwärmen, ziehen auf der Suche nach Nahrung umher und fallen zum Übernachten in Baumkronen und Schilfbeständen ein. Diese Großschwärme können erhebliche Schäden im Obst- und Weinbau verursachen. Hier werden umfangreiche Maßnahmen zum Vertreiben der Stareschwärme angewandt (Knallapparate, vom Tonband abgespielte Warnrufe u. dgl.). Es können auch Abschussgenehmigungen an bestellte Flurhüter bzw. an Grundstückseigentümer erteilt werden.

Den Winter verbringen die Stare in West- und Südeuropa, in milden Gegenden überwintern sie bei uns. Die adulten Stare sind nach der Mauser im Herbst als »Perlstare« mit weißen Federspitzen übersät. Im Frühjahr kehren sie paarweise zu ihren Brutplätzen zurück und haben jetzt als »Glanzstare« ein metallisch schwarzgrün schillerndes Gefieder mit wenigen weißen Flecken, da sich die Federspitzen allmählich abnützen.

Solche Starenschwärme können aus 10 000 Vögeln und mehr bestehen, die gemeinsam Schlafplätze in Schilfbeständen aufsuchen.

Sperlinge *(Passeridae)*

Haussperling *(Passer domesticus)* – Er ist unter dem Namen »Spatz« enger und verbreiteter Begleiter und Hausgenosse des Menschen, Spatzen brüten in Spalten und Mauerlöchern an Gebäuden, auch in Baumhöhlen und Nistkästen; jährlich 2 bis 3 Bruten mit je rund 5 Jungen. Im Sommer, v.a. zur Jungenaufzucht, verzehren Spatzen vorwiegend Insekten; ansonsten leben sie von Sämereien und Abfällen. Wegen gelegentlicher Schäden im Gartenbau und in Freiland-Geflügelzuchten (Futterdieb) war er nicht besonders geschützt. Inzwischen ist der Bestand an Haussperlingen deutlich zurückgegangen, so dass besserer Schutz gerechtfertigt erscheint.

Der ähnliche Feldsperling (Passer montanus) (er ist kleiner mit ganz braunem Oberkopf und Nacken), der an reifen Getreidefeldern in Schwärmen auftreten kann, ist ebenfalls besonders geschützt.

1609 | Singvögel stehen unter dem besonderen Schutz des Naturschutzrechtes. Gibt es davon Ausnahmen?

Nein, seit 1986 nicht mehr (Novellierung der Bundes-Artenschutzverordnung).

1610 | Gibt es Singvögel, die dem Jagdrecht unterliegen?

Ja, die Rabenvögel. Sie gehören zoologisch zu den Singvögeln. Nach Bundesrecht unterliegt der Kolkrabe dem Jagdrecht, nach Landesrecht in einigen Ländern auch Elster, Rabenkrähe (z.B. Jagdzeit Rhl.-Pf. 1.8. bis 15.3.).

1611 | Welche Schäden an landwirtschaftlichen Kulturen können Star und Amsel anrichten?

Starenschwärme im Herbst verursachen erhebliche Schäden in Obstkulturen und Weingärten. Amseln verursachen vereinzelt Schäden in Gartenkulturen (Beerenobst). Sie dürfen gegebenenfalls nur aufgrund einer naturschutzrechtlichen Sondergenehmigung (auf begründeten Antrag) verfolgt werden.

Feldsperling (Oberkopf und Nacken braun).

1612 | Was sind »Perlstar« und »Glanzstar«?

Nach der Mauser im Herbst haben erwachsene Stare ein »perlig« weiß getupftes Gefieder. Die weißen Spitzen nutzen sich ab; im Frühjahr glänzt das Gefieder schwarzgrün schillernd.

1613 | Wo brütet der Star?

Als Höhlenbrüter in Baumhöhlen und Nistkästen.

1614 | Wo brütet die Amsel?

Als Freibrüter in Hecken, Gebüsch, auch an Gebäuden.

1615 | Zu welcher Vogelfamilie gehört die Amsel?

Zu den Drosseln (Schwarzdrossel).

1616 | Wie unterscheidet sich der Haussperling vom Feldsperling?

Der Haussperling ist graubraun, hat einen grauen Kopf (Männchen mit schwarzem Brustschild); der Feldsperling ist zierlicher, lebhafter braun gezeichnet mit völlig braunem Kopf und Nacken, beide Geschlechter gleich mit schwarzem Wangenfleck.

Rabenvögel *(Corvidae)*

Rabenvögel sind eine Familie der Singvögel. Zu ihnen zählen die einheitlich schwarzgrau gefärbten eigentlichen Raben, Krähen und Dohlen sowie die bunt gefiederten Häher und die Elster. Bei allen Arten sind die Geschlechter äußerlich nicht zu unterscheiden. Sie leben paarweise in Jahresehe, manche auch in Dauerehe. Sie sind Nahrungsgeneralisten, die z.T. in der Kulturlandschaft günstige Lebensbedingungen finden. So ernähren sich z.B. Rabenkrähe und Kolkrabe im Winter weitgehend von Abfällen und treten scharenweise an Müllkippen auf. Aaskrähe, Kolkrabe und Eichelhäher brüten einzeln und territorial, Saatkrähe und Dohlen sind ausgesprochene Koloniebrüter. Sie bauen Reisignester auf Bäumen; nur die Dohlen sind Höhlenbrüter. Sprichwörtlich ist die Gelehrigkeit von Rabenvögeln in Gefangenschaft. Dieser »Klugheit« entspricht die große Aufmerksamkeit und Lernfähigkeit frei lebender Vögel, die sie schnell Gefahren erkennen und vermeiden lassen.

Aaskrähen und Elstern kommen häufig vor und sind als »Nesträuber« sowie als Fressfeinde von Junghasen und Hühner- und Entenküken bekannt. In der zoologischen Systematik werden die Unterarten Rabenkrähe und Nebelkrähe zu einer Art »Aaskrähe« zusammengefasst; Die Aaskrähe wird westlich der Elbe durch die

Alle Rabenvögel sind, so wie die Kolkraben, Aasverwerter. Kolkraben besiedeln wieder viele Räume, in denen sie längst als ausgestorben galten.

Rabenkrähe, östlich der Elbe durch die Nebelkrähe vertreten. Beide Arten sind untereinander fruchtbar. Dies gilt auch für ihre Nachkommen.

Während der Kolkrabe bundesweit dem Jagdrecht unterliegt, genießen alle übrigen Arten nach dem Naturschutzrecht besonderen Schutz.

Saatkrähe *(Corvus frugilegus)* – Sie ist knapp so groß wie die Rabenkrähe, aber schlanker und mit blauviolettem Schimmer am Gefieder. Der Schnabel ist schmaler und spitzer. Hauptunterscheidungsmerkmal ist die unbefiederte, grauweiße, grindige Hautpartie um die Schnabelwurzel, die das Gesicht erwachsener Saatkrähen kennzeichnet. Achtung: Jungvögel im 1. Lebensjahr haben das Gesicht wie die Rabenkrähe voll befiedert. Die Saatkrähe ist Koloniebrüter in Parklandschaften, Feldgehölzen und an Waldrändern im Flachland. Als Brutvogel ist sie bei uns seltener. Aus Osteuropa kommen große Schwärme, die bei uns überwintern, auf der Feldflur und an Müllkippen tagsüber Nahrung suchen (oft gemeinsam mit Rabenkrähen, Dohlen und Lachmöwen) und zum Übernachten in hohe Baumgruppen einfallen, oft in städtischen Anlagen, auf Friedhöfen und dergleichen. Die Nahrung besteht hauptsächlich aus Sämereien und Kleintieren; an keimender Getreidesaat können Schäden entstehen. Saatkrähen sind nicht jagdbar!

Steckbrief Saatkrähe

Lebensraum: Saatkrähen lieben offene Landschaften und leben auch urban.

Fortpflanzung: Partnersuche schon im Herbst. Dauerehe. Kolonienbrüter. 3–5 Eier. Brutdauer 16 Tage. Nestlingsdauer bis 35 Tage. ♀ brütet. ♂ füttert. 1 Jahresbrut.

Verhalten: Standvogel, Teilzieher, Kurz- und Mittelstreckenzieher. Im Herbst Massenschlafplätze. Soziale Hierachie.

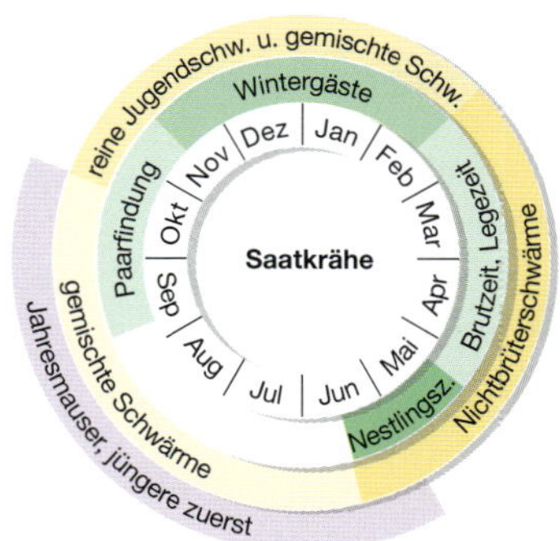

Jahreszyklus

■ Lebensraum

1617 | Wo leben Saatkrähen bevorzugt?

In ackerbaulich genutzten Gebieten mit kleinen Feldgehölzen der Ebene, vornehmlich in Osteuropa.

Saatkrähen sind an ihrer hellen Schnabelwurzel leicht zu erkennen.

Körperbau

1618 | Woran lassen sich adulte Saatkrähen von Rabekrähen unterscheiden?
An der unbefiederten, grauweißen, grindig erscheinende Schnabelwurzel. Achtung: Junge Saatkrähen fehlt die grauweiße Schnabelwurzelfärbung!

Nahrung

1619 | Wovon ernähren sich Saatkrähen?
Insekten, Würmer, Engerlinge, Raupen, Mäuse sowie vegetarisch.

Verhalten

1620 | Wie leben Saatkrähen?
Gesellig in großen Schwärmen.

Fortpflanzung

1621 | Wo brüten Saatkrähen?
Auf Bäumen in Feldgehölzen, Parks, Einzelbäumen. Immer in Kolonien.

1622 | Wie viele Eier werden wie lange bebrütet?
4 bis 5 Eier, Brutdauer: nur 16 Tage.

Bejagung

1623 | Dürfen Saatkrähen bejagt werden?
Nein.

Rabenkrähe *(Corvus corone corone)* – Sie ist unser häufigster, allgemein bekannter Rabenvogel, kurz »Krähe« genannt. Sie ist nur etwa halb so groß wie der Kolkrabe, im Flug erscheint das Stoßende abgeflacht. Das Krähenpaar baut sein Reisignest auf hohen Bäumen an Waldrändern und in Feldgehölzen. Die offene Flur wird zur Nahrungssuche aufgesucht. Große geschlossene Wälder werden gemieden. Als ausge-

Steckbrief Aaskrähe
Lebensraum: Bevorzugt halboffene Landschaften, Küste bis ins Gebirge.
Fortpflanzung: Dauerehe. Nester bis 30 m hoch. 2–6 Eier. ♀ brütet. ♂ füttert. Brutdauer 18–20 Tage. Nestlingsdauer bis 35 Tage.
Verhalten: Bei uns Standvogel, im Osten Zugvogel. Während Brutzeit territorial. Nichtbrüter stören Brutpaare. Ab November Wintergäste und gemischte Schwärme mit Dohlen und Saatkrähen.

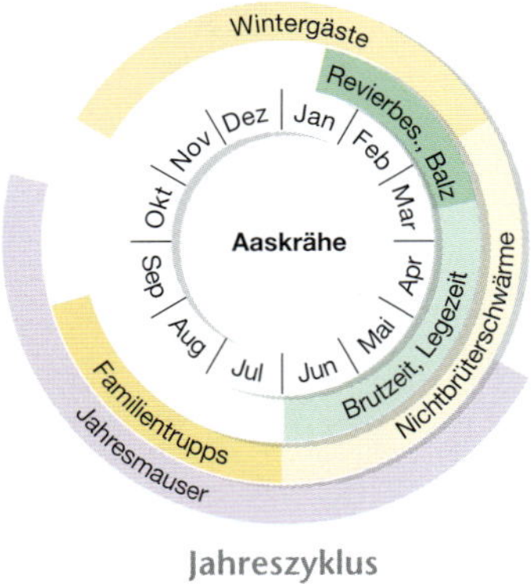

Jahreszyklus

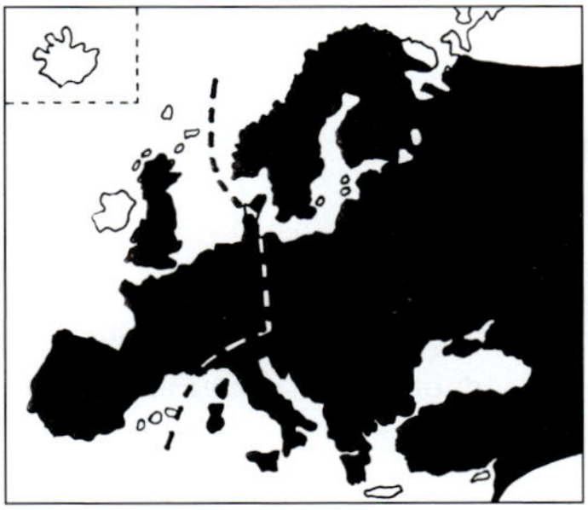

Verbreitungsgebiet

Rabenkrähe.

Nebelkrähe.

sprochener Allesfresser nimmt die Rabenkrähe unter anderem auch Vogelgelege, nestjunge Vögel, Junghasen. Auf Straßen überfahrene Tiere sowie Abfälle auf Müllkippen, Dunghaufen, Rieselfeldern, in Städten auch Futterplätze und dergleichen bieten hervorragende Lebensbedingungen in der Kulturlandschaft. Neben den Brutpaaren gibt es Schwärme von »Nichtbrütern«, die auch Krähennester plündern und so zur Regulation der eigenen Art beitragen. Diese Junggesellenschwärme werden hauptsächlich aus einjährigen, noch nicht paarungsbereiten Vögeln gebildet. Nach der Brutzeit (rund 3 Wochen, danach 4 Wochen Nestlingszeit) ziehen die Rabenkrähen in Schwärmen umher, im Winter oft in Gesellschaft von Saatkrähen und Dohlen.

Nest einer Rabenkrähe.

Nebelkrähe *(Corvus corone cornix)* – Rabenkrähe und Nebelkrähe sind zwei »geographische Rassen« derselben Art (Corvus corone). Sie werden unter der Bezeichnung »Aaskrähe« zusammengefasst. Die Lebensweise der Nebelkrähe gleicht völlig der der Rabenkrähe. Das Gefieder ist nur an Schwingen, Stoß und Kopf schwarz; Rücken und Unterseite sind grau. Während die Rabenkrähe Westeuropa und das westliche Mitteleuropa besiedelt, kommt die Nebelkrähe in ganz Nord-, Ost- und Südeuropa (südlich der Alpen) vor. Die Grenze beider Rassen geht entlang der Elbe quer durch Deutschland. In Österreich weitgehend Nebelkrähen, ebenso südliche Schweiz und ganz Italien.

1624 | Was sind Raben- und was sind Nebelkrähen?

Nebel- und Rabenkrähe sind Unterarten einer einzigen Art, der Aaskrähe. Nebelkrähe vorrangig östlich, Rabenkrähe vorrangig westlich der Elbe lebend.

1625 | Können sich die beiden fruchtbar paaren?

Ja, ihre Nachkommen sind ebenfalls fruchtbar.

Lebensraum

1626 | In welchen Lebensräumen erreichen Krähen ihre höchste Brutdichte?
In offenen Kulturlandschaften, die durch Feldgehölze, Busch- und Baumgruppen gegliedert sind.

Körperbau

1627 | Was für einen Schnabel haben Krähen?
Pickschnabel.

1628 | Wie alt können Krähen werden?
Älter als 10 Jahre.

Nahrung

1629 | Wovon ernährt sich die Rabenkrähe?
Sie ist ein Allesfresser/Nahrungsgeneralist.

1630 | Scheiden Rabenkrähen Gewölle aus?
Ja.

Verhalten

1631 | Sind Krähen Standvögel?
Bei uns ja, in Osteuropa nein.

1632 | Sind Rabenkrähen territorial?
Die Brutpaare sind territorial.

1633 | Welche zwei Gruppen von Krähen unterscheiden wir im Sommerhalbjahr?
Junggesellenschwärme und Brutpaare.

1634 | Sind Krähen intelligente Vögel?
Ja, sie sind sehr lernfähig.

1635 | Welche Schäden verursachen Krähen in der Landwirtschaft?
Abpicken von auflaufenden Getreide- und Maisblättchen, Herauspicken des Saatkornes, Zerpicken von Silageabdeckungen.

1636 | Haben Krähen Einfluss auf das Niederwild?
Raben- und Nebenkrähen prädieren Gelege aller Art und nehmen Jungtiere von Säugern und Vögeln. Die Einflussgröße auf das Niederwild ist jedoch nicht quantifiziert.

Fortpflanzung

1637 | Wie ist das Brutverhalten der Rabenkrähe?
Saisonale Monogamie, nur das Weibchen brütet.

Bejagung

1638 | Sind Raben- und Nebelkrähe jagdbares Wild?
In einigen Bundesländern ja.

1639 | Welchem besonderen Schutz unterstehen die beiden Arten?
Der EU-Vogelschutzrichtlinie und dem Naturschutzgesetz.

1640 | Wie werden die beiden Arten (legal) bejagt?
Mit der Flinte und der kleinkalibrigen Büchse.
Der Schuss mit dem Kleinkaliber ist heute, infolge dichter Besiedlung, in vielen Revieren riskant. Krähen werden gelegentlich auch mit dem Habicht oder dem Wanderfalken bejagt (gebeizt).

1641 | Ist es erlaubt, Krähen zu fangen?
Nein, Ausnahme Schleswig Holstein, Einzelfang auf Antrag möglich.

Kolkrabe *(Corvus corax)* – Der mächtige, fast doppelt rabenkrähengroße Kolkrabe ist der größte Rabenvogel und damit auch unser größter Singvogel. Er ist tiefschwarz mit metallischem Schimmer, sein Schnabel groß und klobig. Im Flug erscheint der Stoß keilförmig auslaufend. Auf breiten Schwingen segeln Kolkraben gern im Aufwind an Berghängen. Ihr klangvoll tiefer Ruf »klong-klong« ist vor allem im Frühjahr zur Balzzeit oft zu hören. Der Mitte des 20. Jahrhundert als bedroht eingestufte Rabe hat sich im letzten Jahrzehnt stark vermehrt. In allen nördlichen, östlichen und südlichen Bundesländern ist er heute Brutvogel. Neben den territorialen Brutpaaren streifen Schwärme junger, unverpaarter Raben umher. Der Horst steht auf Bäumen oder in Felswänden. Die Brut (2–6 Eier) beginnt schon im Februar/März; Brutzeit rund 20 Tage, Nestlingszeit 40 Tage. Die Familie bleibt bis zum Herbst beisammen. Als Allesfresser lebt der Kolkrabe von allen Tieren, die er bewältigen kann (von Insekten, Mäusen, Vogelgelegen bis Jungwild), vor allem von Aas (Fallwild) und auch von Abfällen (Müllkippen).

Kolkrabe, deutlich größer als Rabenkrähe.

Der Kolkrabe unterliegt dem Jagdrecht, hat jedoch ganzjährige Schonzeit (beachte landesrechtl. Bestimmungen, z.B. Jagdzeit in Mecklenburg-Vorpommern).

Steckbrief Kolkrabe

Lebensraum: Sehr flexibel, von der Küste bis über Waldgrenze, Wälder und offene Landschaften.

Fortpflanzung: Dauerehe. Horst in Bäumen und Felswänden, dann oft mehrere Horste. 2–6 Eier. Brutdauer 19–21 Tage. ♀ brütet. ♂ füttert. Nestlingszeit mind. 40 Tage. 1 Jahresbrut.

Verhalten: Standvogel, Nichtbrüter streifen weit umher.

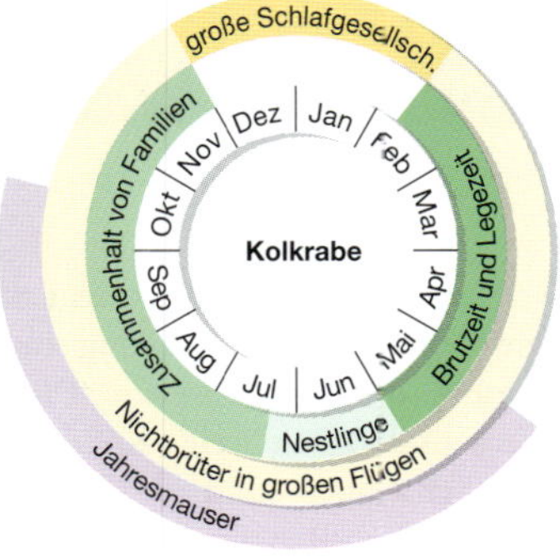

Jahreszyklus

Verbreitungsgebiet

Lebensraum

1642 | Welche Lebensräume bevorzugt der Kolkrabe?
Er bevorzugt Waldgebiete.

Körperbau

1643 | Wie unterscheiden wir Kolkrabe und Rabenkrähe?
Der Kolkrabe ist annähernd doppelt so groß wie die Rabenkrähe.

1644 | Wie alt können Kolkraben werden?
Bis zu 40 Jahren.

Nahrung

1645 | Wovon lebt der Kolkrabe?
Er ist Allesfresser/Nahrungsgeneralist.

Verhalten

1646 | Wie ist das Sozialverhalten der Kolkraben?
Sie leben als Brutpaare zusammen (mindestens Jahresehe), unverpaarte Tiere schließen sich zu Junggesellenschwärmen zusammen.

Fortpflanzung

1647 | Sind Kolkraben polygam?
Nein.

1648 | Wo brüten Kolkraben?
In Baumhorsten oder in Felswänden.

1649 | Wie viele Eier enthält das Gelege und wie lange werden sie bebrütet?
4 bis 6 Eier, Brutdauer 20 Tage.

1650 | Wie lange sitzen die Jungen im Horst?
40 Tage Nestlingszeit.

1651 | Wie lange bleiben die Familien zusammen?
Bis August/September.

Bejagung

1652 | Darf der Kolkrabe in Deutschland bejagt werden?
Nein. Ausnahmen auf Länderebene.

Elster.

Elster *(Pica pica)* – Sie ist etwa nur halb so groß wie die Rabenkrähe. Auffällig sind ihr langer Stoß, die kontrastreiche Färbung (Schultern und Bauch weiß, Kopf, Brust, Rücken, Schwingen und Stoß dunkel, grünblau schillernd) sowie ihr »schackernder« Ruf. Zur Brutzeit leben Elstern paarweise in offener Wald-Feld-Landschaft, die

Elsterhorste werden mit Lehm ausgekleidet und sind meist überdacht.

Nester stehen in höheren Büschen und Bäumen in Feldgehölzen, an Waldrändern, in Alleen und Parkanlagen. Das Elsternpaar baut in der Regel mehrere Nester, bevor es sich für eines, das dann sorgfältig ausgebaut wird, entscheidet. Die Nestmulde wird mit Lehm ausgestrichen und mit sperrigem Reisig kuppelförmig überdacht (»Kugelnest«). Nach der Aufzucht (je ca. 3 Wochen Brut- und Nestlingszeit) streichen Elstern in Trupps umher. Sie halten sich meist an Gebüsch und Gehölze, meiden die weite offene Feldflur ebenso wie geschlossene Wälder. Als Allesfresser leben sie vorwiegend von Insekten und anderen Kleintieren, sind auch Nesträuber; im Winter nehmen sie Sämereien, Früchte sowie Aas. Ebenso wie Rabenkrähe und Mäusebussard sind Elstern oft in der Nähe von Verkehrsstraßen zu beobachten, wo sie die Reste überfahrener Tiere beseitigen.

Steckbrief Elster

Lebensraum: Offene und halboffene Landschaften, auch urbane Gebiete.
Fortpflanzung: Horstmulde mit Lehm, überdacht. Jahresehe und Dauerehe. 5–7 Eier. Brutdauer 17–18 Tage. ♀ brütet. ♂ füttert. Nestlingsdauer 22–27 Tage. Führung ca. 5 Wochen. 1 Jahresbrut.
Verhalten: Standvogel. Territorial. Schlafplatzgesellschaften. 1-2jährige leben ganzjährig in lockeren Trupps.

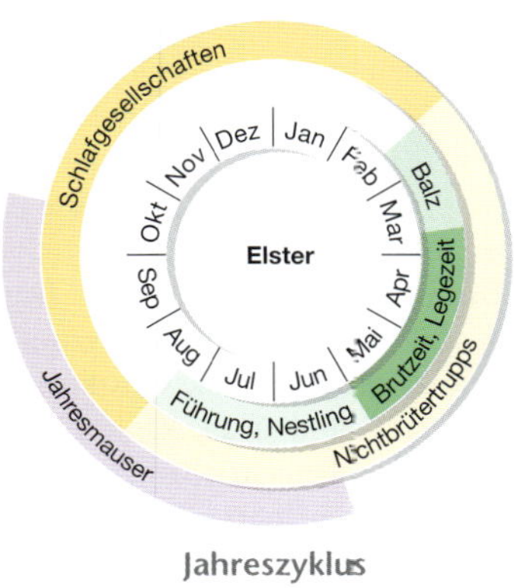

Jahreszyklus

Lebensraum

1653 | Ist die Elster ein Kulturflüchter?
Nein, ein Kulturfolger. Gerade in urbanen Bereichen kommt es zu hohen Siedlungsdichten.

Körperbau

1654 | Wodurch fällt die Elster auf?
Durch ihr schwarz-weißes Gefieder, ihren langen Stoß und ihre schackernden Lautäußerungen.

Fortpflanzung

1655 | Wo finden wir die Horste der Elster?
In hohen Bäumen oder in dichten Hecken.

1656 | Baut jedes Brutpaar nur ein Nest?
Nein, sie bauen mehrere Spiel- und Schlafnester.

1657 | Woran erkennt man den Elsternhorst?
Er ist ein kugelig geschlossenes Gebilde aus Reisig, innen in der Regel mit einer Lehmmulde ausgestattet.

Bejagung

1658 | Darf die Elster bejagt werden?
In einigen Bundesländern ja.

1659 | Welche Jagdarten auf die Elster waren /sind gebräuchlich?
Ausschießen der Nester, Fang mit Lockelstern → heute beides verboten. Am erfolgreichsten sind Ansitze mehrerer Jäger an den Schlafbäumen im Herbst. Auch die Lockjagd bringt Erfolg → Nachahmung des »Schackerns« durch Schütteln einer halbgefüllten Streichholzschachtel.

Eichelhäher.

Eichelhäher *(Garrulus glandarius)* – Der Eichelhäher ist einer unserer häufigsten und bekanntesten Waldvögel. Er fällt durch sein buntes Gefieder und die rätschenden Warnrufe auf, die auch von anderen Tieren (Wild) verstanden werden. Er ahmt gerne andere Vogelrufe nach, so den miauenden Schrei des Mäusebussards. Zur Balz im Vorfrühling ist sein schwätzender Gesang oft anhaltend zu hören. Das Paar baut sein kleines Reisignest in guter Deckung von höheren Büschen oder in dichte Bäume. Mit etwa 16 Tagen Brut- und knapp 3 Wochen Nestlingszeit hat er die kürzeste Aufzuchtzeit unter den Rabenvögeln. Nach der Aufzuchtzeit streifen die Häher in Trupps umher. Zu ergiebigen Nahrungsquellen wie fruchttragende Eichen, Obstkulturen, reifes Getreide und Mais kann sich ein regelmäßiger »Häherstrich« bilden. Im Sommer leben Eichelhäher vorwiegend von Insekten und anderen Kleintieren, sie sind auch Nesträuber kleinerer Singvögel. Bemerkenswert ist die »Hähersaat«: Häher bevorraten viele Eicheln und Bucheckern, die sie nicht gleich fressen. Da sie nicht alle Verstecke im Waldboden wieder finden, tragen sie so zur Verbreitung von Eichen und Buchen bei, deren schwere Samen sonst nicht über größere Strecken verfrachtet werden könnten.

Körperbau

1660 | Wie groß ist der Eichelhäher?
Länge 34 cm, Gewicht 125 g.

1661 | Was ist markant an ihm?
Die blauschwarz gebänderten Flügeldecken sowie sein rätschender Ruf.

Nahrung

1662 | Welche Nahrung nimmt der Eichelhäher auf?
Insekten, Gelege, Jungvögel, Samen von Buchen und Eichen, Mais, Getreide.

1663 | Hat der Eichelhäher Einfluss auf das Niederwild?
Nein.

Verhalten

1664 | Sind Eichelhäher Standvögel?
Vögel unserer Populationen sind Standwild.

1665 | Wie fällt der Eichelhäher im Flug auf?
Er ist ein »Flatterflieger«.

1666 | Wodurch macht er sich in der Landwirtschaft unbeliebt?
Fressschäden an reifenden Maiskolben.

1667 | Warum ist der Häher im Wald nützlich?
Er versteckt als Wintervorräte Eicheln und Bucheckern.

Steckbrief Eichelhäher
Lebensraum: Gut strukturierte Wälder und halboffene Landschaften.
Fortpflanzung: Saisonehe, auch Dauerehe. 3–7 Eier. Brutdauer 16–19 Tage. ♀ brütet. ♂ füttert. Nestlingsdauer bis 23 Tage. 1 Jahresbrut, aber Ersatzgelege.
Verhalten: Standvogel, jedoch immer wieder Invasionen aus dem Osten. Lebt außerhalb Brutzeit meist einzeln. Auf dem Zug und im Spätwinter in Trupps.

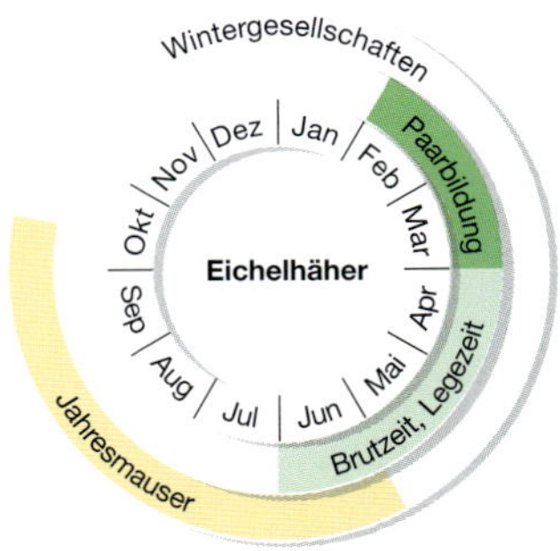

Jahreszyklus

Fortpflanzung

1668 | Wo finden wir das Nest des Eichelhähers?
Die kleinen, flachen Nester werden im Wald in der Regel auf halber Baumhöhe angelegt.

1669 | Wie viele Eier hat sein Gelege?
4 bis 8 Eier (6).

1670 | Leben Eichelhäher polygam?
Nein, saisonal monogam.

Tannenhäher *(Nucifraga caryocatactes)* – Etwa so groß wie der Eichelhäher. Kaffeebraunes Gefieder, übersät mit kleinen weißen Flecken; Schwingen und Stoß sind schwarz, der Oberkopf einfarbig dunkelbraun. Bei uns kommt der Tannenhäher nur in Bergwäldern der Alpen und höherer Mittelgebirge (Schwarzwald, Harz, Bayerischer Wald) vor. Hier vertritt er den Eichelhäher. Im Winter weicht er gern in Tallagen und Vorländer aus. Die Nahrung entspricht an Vielseitigkeit der des Eichelhähers, jedoch bevorzugt er die Samen von Nadelbäumen sowie Haselnüsse. Wo Arven (Zirbelkiefern) vorkommen, ernährt er sich weitgehend von deren Samen (Zirbelnüssen) und trägt mit »Hähersaat« viel zur Verbreitung der Bäume bei.

Tannenhäher sind Einzelgänger.

Der bei uns vorkommende Alpentannenhäher gehört der »dickschnäbligen« Rasse an. In strengen Wintern kommen gelegentlich invasionsartig »dünnschnäblige« Sibirische Tannenhäher zu uns, die bis auf den schlankeren Schnabel der einheimischen Rasse sehr ähneln. Diese Einwanderer treten auch im Flachland auf und bleiben zum Teil auch über Sommer, verschwinden aber bald wieder.

Steckbrief Tannenhäher

Lebensraum: Nadelwälder im Gebirge, in denen Kiefernarten (Zirben) wachsen. Invasionsvögel auch im Flachland.

Fortpflanzung: Saisonehe, 3–5 Eier. Brutdauer 17–19 Tage. ♀ und ♂ brütet. Nestlingsdauer bis 28 Tage. Junge werden noch 7 Wochen geführt. 1 Jahresbrut.

Verhalten: Standvogel, aber Invasionen aus dem Osten. Brütende Standvögel verteidigen Reviere, zumindest Nestbereich.

Jahreszyklus

Lebensraum

1671 | Wo lebt der Tannenhäher?
In Nadelwäldern der Gebirge Süddeutschlands sowie im Harz.

Körperbau

1672 | Wie groß ist der Tannenhäher?
Etwa so groß wie ein Eichelhäher.

1673 | Wie ist sein Gefieder?
Dunkelbraun mit vielen weißen Tropfen-Flecken. Schwanzfedern weiß besäumt, weiße Unterstoßfedern.

Nahrung

1674 | Welche Nahrung sucht sich der Tannenhäher?
Haselnüsse, Samen von Nadelbäumen (Zirbe), Eicheln, Bucheckern, Insekten, Vogeleier und -brut.

Verhalten

1675 | Für die Erhaltung welcher Baumart ist der Tannenhäher wichtig?
Für die Zirbe (mundartig: Zirbenhäher).

Dohle *(Corvus monedula)* – Die Dohle ist ein mittelgroßer Rabenvogel, wenig größer als der Eichelhäher, dunkel schwarzgrau gefiedert mit hellgrauen Augen, der Schnabel ist relativ kurz. Dohlen sind Koloniebrüter in Baumhöhlen (Auwälder) ebenso wie in Felsnischen und Mauerlöchern; gern besiedeln sie Ruinen, Kirchtürme und andere hohe Gebäude (»Turmdohle«), in enger Nachbarschaft zum Menschen. In den Brutkolonien herrscht eine ausgeprägte soziale Rangordnung. Die Paare halten in lebenslanger Dauerehe zusammen. Als Allesfresser nehmen sie im Sommer vorwiegend Insekten, Würmer und andere Kleintiere auf. Sie sind auch Nesträuber und fressen Obst und Beerenfrüchte. Im Winter erscheinen Schwärme von Wintergästen aus Osteuropa, meist gemeinsam mit Saatkrähen, in der Feldflur und an Abfallplätzen.

Lebensraum

1676 | Sind Dohlen Waldvögel?
Ursprünglich waren sie Waldvögel. Heute fast ausschließlich in Städten.

Steckbrief Dohle
Lebensraum: Lichte Buchenaltbestände mit ausreichend Höhlen, Gebäude nahe Parkanlagen oder landwirtschaftlichen Flächen.
Fortpflanzung: Koloniebrüter. Dauerehe. 4–7 Eier. Brutdauer 16–19 Tage. ♀ und ♂ brütet. Nestlingsdauer bis 35 Tage. 1 Jahresbrut.
Verhalten: Standvogel und Teilzieher. Im Winter oft gemeinsam mit Saatkrähen. Brutplätze an Gebäuden oft zusammen mit Straßentauben oder Turmfalken.

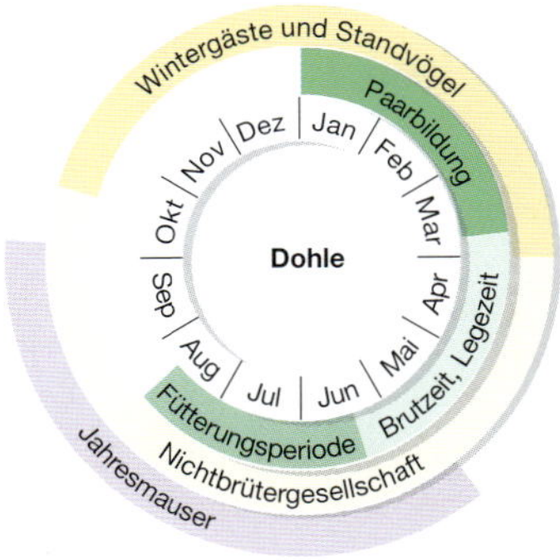

Jahreszyklus

Dohlen leben immer gesellig.

Körperbau

1677 | Wie unterscheiden sich Dohlen von Rabenkrähen?
Sie sind kleiner und haben ein hellgraues Wangen- und Nackengefieder sowie ein auffallend bläulich-weißes Auge.

Nahrung

1678 | Welche Nahrung bevorzugen Dohlen?
Großes Nahrungsspektrum wie bei allen Rabenvögeln, wobei der pflanzliche Anteil überwiegt.

Verhalten

1679 | Sind Dohlen gesellige Vögel?
Ja, sie leben in Schwärmen.

1680 | Sind Dohlen Jahresvögel?
Bei uns ja.

1681 | Vergesellschaften sich Dohlen mit Saat- oder Rabenkrähen?
Ja, im Winter häufig.

Fortpflanzung

1682 | Wo brüten Dohlen?
Heute ganz überwiegend in Gebäuden (Kirchturm etc.). Baumbrüterpopulation ist stark zurückgegangen.

Steckbrief Bergdohle
Lebensraum: Alpiner Raum oberhalb Waldgrenze, bei Schlechtwetter im Tal.
Fortpflanzung: Gruppenbalz im Winter. Nest meist einzeln. Dauerehe. 3–5 Eier. Brutdauer 18–21 Tage. ♀ und ♂ brütet. Nestlingsdauer über 30 Tage. 1 Jahresbrut.
Verhalten: Standvogel. Ganzjährig Schwärme. Zivilisationsfolger, der an Berggasthäusern, Skiliften oder im Tal an Schulen usw. nach Futter bettelt.

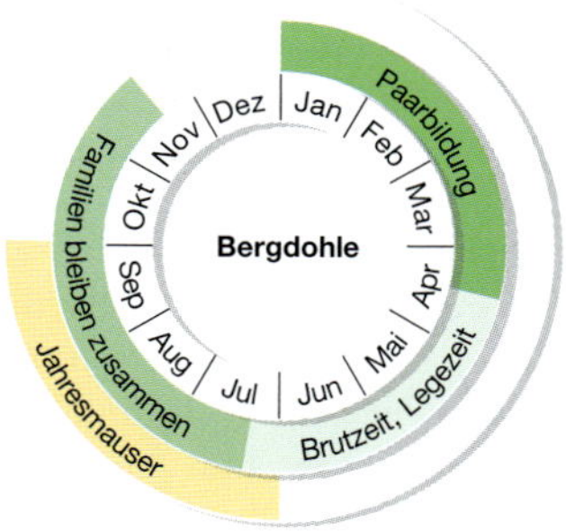

Jahreszyklus

Bergdohle *(Pyrrhocorax graculus)* – Die »Bergdohle« ist der bekannteste Vogel der Alpen. Der glänzend schwarze Vogel mit gelbem Schnabel und roten Ständern führt im Aufwind an Felswänden seine segelnden Flugspiele vor und wird oft futterzahm. Er brütet gesellig in Felsspalten oberhalb der Waldgrenze. Auf der Nahrungssuche streichen die Vögel bis in die Täler, vor allem im Winter auch in Ortschaften, an Abfall- und Futterplätzen. Die Alpendohle ist ein ausgesprochener Hochgebirgsvogel, der bei uns außerhalb der Alpen nicht vorkommt.

Alpenkrähe *(Pyrrhocorax pyrrhocorax)* – Sie ähnelt der Alpendohle, hat aber einen längeren, roten, leicht gebogenen Schnabel. Sie brütet nicht im deutschen Alpenbereich; seltener Irrgast aus West- und Südeuropa. Regelmäßiger Brutvogel ist sie in den französischen Alpen, in den Pyrenäen, in weiten Teilen Spaniens und im südlichen Italien sowie in Griechenland. Im 19. Jahrhundert noch auf Helgoland!

Alpendohle.

Alpenkrähe.

B Wildkrankheiten

Allgemeines

Das Bundesjagdgesetz (BJagdG) weist dem Jäger verantwortungsvolle Aufgaben im Zusammenhang mit dem Vorkommen von Wildkrankheiten zu. So ist er im Rahmen des Jagdschutzes verpflichtet, das Wild vor einer Reihe von Gefahren, darunter auch vor Wildseuchen, zu schützen (§ 24 BJagdG, § 9 Tierseuchengesetz). Bei Auftreten einer Wildseuche hat er bei der zuständigen Behörde eine entsprechende Anzeige zu erstatten (§ 24 BJagdG). Außerdem muss er schwerkrankes Wild unverzüglich erlegen, um es vor »vermeidbaren Schmerzen oder Leiden zu bewahren«, sofern er es nicht fangen und erfolgreich versorgen kann (§ 22a BJagdG). Diese Bestimmungen verpflichten den Jäger, sich ausreichende Kenntnisse über die wichtigsten Wildkrankheiten, insbesondere über Tierseuchen, anzueignen. Darüber hinaus muss er beurteilen können, ob und wie schwer ein Wildtier erkrankt ist. Voraussetzung hierzu ist ein gewisser Erfahrungsschatz über das Aussehen und das Verhalten des gesunden Wildes, den sich der Waidmann im Verlaufe der Jagdpraxis durch Beobachtungen im Revier erwerben muss.

Krankheitsursachen

Man unterscheidet unbelebte und belebte Krankheitsursachen. Zu den unbelebten gehören Gifte (z.B. Schädlingsbekämpfungsmittel, chemische Düngemittel, Pflanzenschutzmittel), Witterungseinflüsse (z.B. Frost), Verletzungen (z.B. durch Straßenverkehr, Rangkämpfe, landwirtschaftliche Maschinen, Drahtzäune) und Nahrungsmangel (vor allem am Winterende).

Zu den belebten Krankheitsursachen, den Krankheitserregern im engeren Sinne, rechnet man Viren, Bakterien, Pilze und sogenannte Parasiten. Wenn diese Erreger zu Erkrankungen führen, spricht man von Infektionskrankheiten. Zur Entstehung derartiger Krankheiten bedarf es in der Regel bestimmter Voraussetzungen, die zu einer Schwächung der Abwehrkräfte des tierischen Organismus führen und ihn so für die Infektion empfänglich machen. Einige wesentliche Beispiele hierfür sind: länger dauernde, belastende, extreme Witterungsbedingungen (Regenjahre, Trockenperioden); anhaltende Beunruhigungen des Reviers und der Einstände des Wildes durch den Menschen (Erholungsbetrieb, Sommer- und Wintersport, Pilze- und Beerensammeln, Forstarbeiten); Straßenverkehr; gravierende Änderungen des Biotops durch landwirtschaftliche Maßnahmen (Verringerung der Äsungsmenge, Verminderung der Äsungsvielfalt, Fehlen von Wildkräutern); zu hohe Wilddichte durch Überhege; industriell bedingte Schadstoffimmissionen. Wenn also im Revier gehäuft Krankheitsfälle beim Wild beobachtet werden oder Fallwild aufgefunden wird, sollte nach Ermittlung der unmittelbaren Krankheits- oder Todesursache stets der Frage nach den schwächenden Einflüssen aus der Umwelt nachgegangen werden.

Feststellung der Krankheiten

Fallwild und krank erlegtes Wild sowie krankhaft veränderte Organe können tierärztlichen Untersuchungsinstituten zur Ermittlung der Krankheits- bzw. Todesursache zugeleitet werden. Die in den verschiedenen Bundesländern in Frage kommenden Stellen sind in der Tabelle Seite 448–450 aufgelistet.

Tierkörperbeseitigung

Körper und Körperteile von frei lebendem Wild, die nicht als Nahrungsmittel für den Menschen verwendet werden, unterliegen im Allgemeinen keiner gesetzlichen Beseitigungsvorschrift. Es kann beispielsweise das Gescheide von gesund erlegtem Schalenwild nach dem Aufbrechen im Revier offen liegen bleiben oder als Raubwildköder am Luderplatz Verwendung finden. Anders ist es aber, wenn von derartigen Tierkörpern oder Tierkörperteilen gesundheitliche Gefahren für den Menschen oder andere Tiere ausgehen oder wenn eine Verunreinigung und Schädigung der Umwelt, z.B. des Bodens und der Gewässer, zu befürchten ist. Dann gelten die Bestimmungen des Tierkörperbeseitigungsgesetzes, nach denen das Material so zu beseitigen ist, dass die genannten Gefährdungen ausgeschlossen sind. Tierkörper sind dann auf Anordnung der zuständigen Behörde in Tierkörperbeseitigungsanstalten unschädlich zu beseitigen. Es gibt auch die Möglichkeit, sie zur Ermittlung der Krankheits- bzw. Todesursache an eine tierärztliche Untersuchungsanstalt zu verbringen, von wo aus die zerlegten Tierkadaver nach den diagnostischen Untersuchungen an eine Tierkörperbeseitigungsanstalt weitergeleitet werden.

Rechtliche Grundlagen

?

1 | Welche Gesetze regeln den Umgang mit krankem Wild?
Bundesjagdgesetz, Tierschutzgesetz, Tierseuchengesetz und -Verordnungen

2 | Welche öffentlichen Stellen sind für Wildkrankheiten zuständig?
Landesuntersuchungsämter, Veterinäramt (Amtstierarzt), Untere Jagdbehörde

3 | Wann liegt eine Wildseuche vor?
Der Jäger kann nur den Verdacht äußern,

wenn eine Wildkrankheit in einem bestimmten Gebiet gehäuft vorkommt.

4 | Welche Krankheiten treten beim Wild seuchenhaft auf?

Zahlreiche Infektionskrankheiten durch Viren, Bakterien oder selten durch Parasiten.

5 | Welche Pflichten hat der Jäger beim Auftreten von Wildseuchen?

Der Verdacht ist dem zuständigen Veterinäramt anzuzeigen.

6 | Wie wirkt der Jäger Wildseuchen entgegen?

Er wirkt an der Bekämpfung mit, indem er z.B. dem Amtstierarzt Behausungen von Wildtieren zeigt, Impfköder auslegt, die Population verringert.

Begriffsbestimmungen

7 | Was ist eine Infektionskrankheit?

Eine Krankheit, die durch Prionen, Viren, Bakterien, Pilze oder Parasiten hervorgerufen wird.

8 | Was ist ein Virus?

Das Virus ist ein Krankheitserreger, der nur mit dem Elektronenmikroskop sichtbar gemacht werden kann.

9 | Was ist ein Bakterium?

Bakterien sind mikroskopisch nachweisbar. Sie können bei gehäuftem Vorkommen im Körper eine Krankheit hervorrufen.

10 | Was sind Pilze?

Pilze können als Krankheitserreger wirken. Viele Pilzarten sind nur mikroskopisch sichtbar.

11 | Was ist ein Parasit?

Ein Parasit ist ein Schmarotzer im Körper, der bei gehäuftem Vorkommen zur Krankheit führen kann.

12 | Was ist ein Zwischenwirt?

Ein Wirt, in dem sich Entwicklungsformen, z.B. Larven von Parasiten vorübergehend oder auf Dauer aufhalten und weiterentwickeln.

13 | Was ist ein Endwirt?

Ein Wirt, in dem bestimmte Parasiten geschlechtsreif werden.

14 | Was versteht man unter Inkubationszeit?

Der Zeitraum von der Infektion bis zum Beginn der Krankheit.

15 | Was versteht man unter Infektionstüchtigkeit?

Krankheitserreger können eine unterschiedliche Infektionstüchtigkeit (auch Virulenz genannt) haben und somit auch unterschiedliche Grade von Krankheiten verursachen.

Wildseuchen

Beim Wild können anzeigepflichtige Tierseuchen auftreten. Ihre Bekämpfung regelt sich nach den Bestimmungen der Tierseuchengesetzgebung, insbesondere des Tierseuchengesetzes mit der Verordnung über anzeigepflichtige Tierseuchen in der jeweils geltenden Fassung. Von folgenden anzeigepflichtigen Seuchen ist bekannt, dass sie auch bei Wildtieren vorkommen können: Aujeszkysche Krankheit, Brucellose der Rinder, Schweine, Schafe und Ziegen (hierzu sind auch Wisent, Schwarzwild und Mufflon zu rechnen), Enzootische Hämorrhagie der Hirsche (= örtlich gehäuft vorkommende Blutungskrankheit), Geflügelpest (auch als Vogelgrippe bekannt), Maul-

und Klauenseuche, Milzbrand, Newcastle-Krankheit, Rauschbrand, Schweinepest, Tollwut, Transmissible Spongiforme Enzephalopathie (TSE). (Näheres wird bei den einzelnen Krankheiten abgehandelt). Zur Anzeige ist jedermann verpflichtet, der über eine entsprechende Sachkunde verfügt und einen Seuchenverdacht hat. Die Feststellung einer Seuche erfolgt dann durch den zuständigen Amtstierarzt. Das TierSG und die auf das TierSG gestützten Rechts- und Verwaltungsvorschriften der Länder schreiben bestimmte Maßnahmen zur Bekämpfung von Seuchen vor. Nach § 24 (3) TierSG kann z. B. angeordnet werden, dass wildlebende Tiere, die für eine Seuche empfänglich sind, zum Zwecke der Seuchenbekämpfung zu töten sind, wenn keine anderen Maßnahmen möglich sind. Dabei darf allerdings die betroffene Tierart nicht ausgerottet werden. Der Jagdausübungsberechtigte ist zur Hilfeleistung verpflichtet und hat erforderlichenfalls Angaben über den Aufenthaltsort der Tiere sowie die Lage ihrer Behausungen (Baue, Nester) zu machen. Für Tierverluste, die durch die Seuche oder die angeordneten Bekämpfungsmaßnahmen entstehen, wird bei Wild im Gegensatz zu landwirtschaftlichen Nutztieren vom Staat keine Entschädigung gewährt (§ 68 [1] 8. TierSG).

Außer den Bestimmungen im TierSG sind für den Jäger die Vorschriften des Bundesjagdgesetzes maßgebend. Hier werden in § 24 die Maßnahmen beim Auftreten von Wildseuchen festgelegt: »Tritt eine Wildseuche auf, so hat der Jagdausübungsberechtigte dies unverzüglich der zuständigen Behörde anzuzeigen; sie erlässt im Einvernehmen mit dem beamteteten Tierarzt die zur Bekämpfung der Seuche erforderlichen Anweisungen«. Aus diesem Wortlaut geht eindeutig hervor, dass auch bei Wildseuchen die Bekämpfung durch staatliche Organe (Untere Jagdbehörde, Veterinäramt) geregelt wird. Was unter dem Begriff »Wildseuchen« zu verstehen ist, wird nicht eigens erläutert. In einigen älteren Jagdbüchern wird die Ansicht vertreten, jede beim Wild gehäuft auftretende Infektionskrankheit könne zur Wildseuche erklärt werden. Hierfür fehlt allerdings die gesetzliche Grundlage. Nach dem TierSG können es nur derartige Seuchen sein, die beim Wild auftreten und auf Haustiere übertragen werden (§ 1 [1] TierSG) oder die menschliche Gesundheit gefährden können.

16 | Welche Rechtsvorschriften regeln den Umgang mit Wildseuchen?
BJagdG, TierSG mit den entspr. Verordnungen (VO), z. B. SchweinepestVO, TollwutVO

17 | Welche Behörden sind für Wildseuchen zuständig?
Veterinäramt im Landratsamt

18 | Wer kann dem Jagdausübungsberechtigten in Zusammenhang mit Wildseuchen Anweisungen geben?
Amtstierarzt

19 | Wie wird seuchenverdächtiges Wild unschädlich beseitigt?
Auf Anweisung des Amtstierarztes in einer Tierkörperbeseitigungsanstalt oder in einem Landesuntersuchungsamt.

20 | Wie bringen sie einen möglicherweise an Tollwut erkrankten Fuchs zur Untersuchung?
Er wird mit Latexhandschuhen gefasst, mit diesen in einen Plastiksack getan und zum Untersuchungsinstitut gebracht.

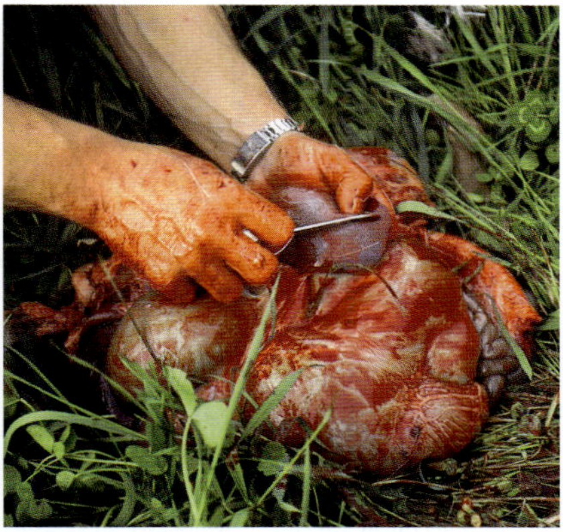

Alle an dem Wildkörper entnommenen Organe werden auf »bedenkliche Merkmale« untersucht.

Krankheits-Merkmale

Die Anzeichen für eine Erkrankung sind vielfältig und richten sich im Wesentlichen danach, welches Organ erkrankt ist. So spricht beispielsweise ein durch Losung verschmutzter Spiegel für eine Darmerkrankung mit Durchfall; Atembeschwerden, Husten und Niesen weisen auf krankhafte Veränderungen in den Atmungsorganen hin; Haarausfall und Schuppenbildung sprechen für eine Entzündung oder Stoffwechselstörung der Haut, usw. Häufig ist mit einer Organkrankheit eine Veränderung im Benehmen des Wildtieres gekoppelt, sei es durch eine Schwächung oder durch ein Übergreifen des Krankheitsprozesses auf Gehirn und Rückenmark. So kann es, beispielsweise bei der Tollwut, zum Verlust der natürlichen Scheu vor dem Menschen, ja sogar zur Ausbildung einer Aggressivität (Angriffslust) kommen. Lang andauernde Krankheiten führen zu einer Abmagerung, zum sogenannten Kümmern. Todesfälle können die Folge sowohl eines akuten als auch eines chronischen Krankheitsgeschehens sein.

Infektionskrankheiten

Infektionskrankheiten werden durch lebende Krankheitserreger hervorgerufen. Man unterscheidet im Wesentlichen Infektionskrankheiten durch Viren, Bakterien, Pilze und Parasiten. Im Rahmen des Auftretens von spongiformen Gehirnerkrankungen (BSE, TSE) werden auch die ursächlich wirksamen Prion-Proteine den Seuchen-Erregern zugerechnet.

?

21 | Wodurch wird die Entstehung von Infektionskrankheiten begünstigt?
1. durch schwächende Faktoren wie Nahrungsmangel, einseitige Äsung, Fehlen von »Heilkräutern«, Umweltgifte.
2. durch länger einwirkende Stressfaktoren, wie extreme Witterungsbedingungen, zu hohe Populationsdichte, ständige Beunruhigung der Einstände.

Krankheiten durch Viren

Viren sind Krankheitserreger, die zu ihrer Entwicklung in Zellen eindringen und diese zerstören. Sie sind nur mit dem Elektronenmikroskop sichtbar zu machen. Es gibt eine Vielzahl von Virusarten und von diesen zahlreiche Subtypen, die nur in bestimmten, dafür spezialisierten Labors bestimmt werden können.

22 | Wie wird die Tollwut eingestuft?
Die Tollwut gilt als gefährlichste Infektionskrankheit, weil sie auf zahlreiche warmblütige Wirbeltiere und den Menschen übertragbar ist. Die Krankheitser-

reger gelangen in der Regel über frische Wunden in den Körper, breiten sich entlang den Nervenbahnen bis zum Gehirn aus und vermehren sich dort, wodurch die Krankheit ausgelöst wird.

23 | Wie wird die Tollwut übertragen?

Die Viren werden über die Speicheldrüsen ausgeschieden und beim Biss auf andere Tiere bzw. auf den Menschen übertragen. Bei der Fledermaustollwut ist eine Übertragung über die Luft bekannt.

24 | Wie lange ist die Inkubationszeit?

Tage bis Monate

25 | Welche Wildarten können an Tollwut erkranken?

Das registrierte Vorkommen der Tollwut bei Wildtieren in der Bundesrepublik Deutschland wies in den letzten Jahrzehnten etwa folgende Verteilung auf: Fuchs um 85 %, Reh um 6 %, Marder und Dachs unter 5 %. Einzelfälle betrafen Rothirsche, Damhirsche, Sauen, Mufflons, Waschbären, Iltisse und Wiesel. Die Zahlen sind durch flächendeckende Impfmaßnahmen rückläufig: 1984 allein in der Bundesrepublik 7056 Fälle, 1994 in Deutschland 1378, 1996 dann 153 und 2001 schließlich nur mehr 50 Fälle. Dennoch gab und gibt es immer wieder Neuausbrüche, was teilweise an der mangelhaften Wirksamkeit des Impfstoffes oder an der nicht flächendeckenden Ausbringung der Köder gelegen haben mag.

26 | Wer ist Hauptüberträger der Tollwut?

Den wesentlichsten Anteil an der Verbreitung hat bei uns der Fuchs, in Osteuropa und Asien auch Marderhund und Wolf. Die Musteliden (Dachs, Marder, Wiesel) spielen eine untergeordnete Rolle. Das Schalenwild stellt in der Regel das Ende der Infektionskette dar. Eine Ausnahme stellt tollwütiges Damwild dar, das den Erreger durch Bisse auf andere Tiere übertragen kann. Die Fledermaustollwut ist relativ selten, sie tritt jedoch regional gehäuft auf.

27 | Welche beiden Formen der Tollwut werden unterschieden?

Die urbane Tollwut (von lateinisch urbanus = städtisch) mit Hund und Katze als Hauptträger und die silvatische Tollwut (von lateinisch silva = Wald) mit dem Fuchs als Hauptträger. Je nach den örtlichen Verhältnissen können beide Formen ineinander übergehen. Bei dem gegenwärtig in Europa verbreiteten Seuchenzug handelt es sich um die silvatische Form.

28 | Welche Verlaufsformen der Tollwut gibt es?

Erkrankungen an Tollwut können sehr unterschiedlich verlaufen, deshalb ist jedes von der Norm abweichende Verhalten des Wildes zunächst als tollwutverdächtig anzusehen, insbesondere der Verlust der natürlichen Scheu vor dem Menschen. Wutkranke Füchse dringen mitunter am Tage in geschlossene Ortschaften oder in Gehöfte ein, greifen Menschen an, beißen sich mit Hunden oder verbeißen sich in Gegenstände (so genannte rasende Wut). Eine Erkrankung an Tollwut endet – auch beim Menschen – immer tödlich.

29 | Welche Verhaltensänderungen zeigen erkrankte Wildtiere?

Bei fortgeschrittener Krankheit fallen Lähmungserscheinungen, Torkeln, Unterkieferlähmung oder Schwäche auf (so genanntes Paralysestadium). Tollwütige Marder und Dachse sind besonders aggressiv gegen den Menschen, gleiches wird von erkrankten Rehen und Hirschen berichtet. Oft klagen die Tiere laut oder mit heiserer Stimme,

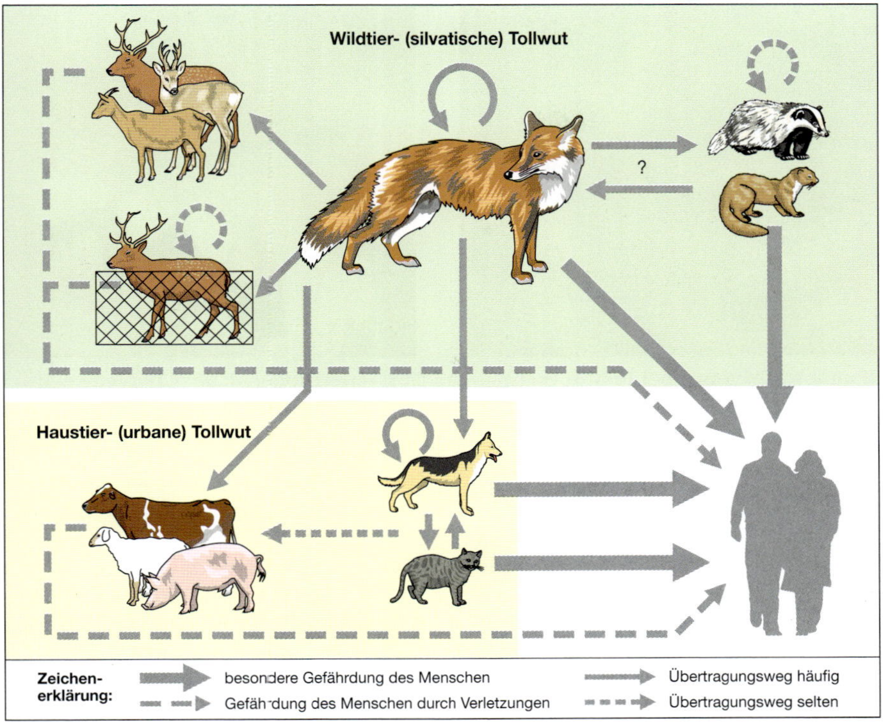

bevor sie verenden. Beim Reh ist in vielen Fällen die Kopfhaut durch Scheuern an Bäumen abgeschürft oder durch Anrennen an Gegenstände verletzt und blutbeschmiert.

30 | Welche Maßnahmen werden gegen die Verbreitung der Tollwut getroffen?

Es gilt die Verordnung zum Schutze gegen die Tollwut in der jeweils aktuellen Fassung. Jedes im Revier mit deutlichen Verhaltensstörungen angetroffene Wild ist nach dem Erlegen sofort zur Untersuchung auf Tollwut an das zuständige Untersuchungsinstitut (s. S. 448 ff.) einzusenden bzw. zu überbringen. Auch Fallwild sollte, soweit nicht eine andere Todesursache zweifelsfrei ersichtlich ist, zunächst als tollwutverdächtig angesehen und eingesandt werden. Vorsicht ist grundsätzlich auch bei durch Verkehrsunfälle verletzten bzw. getöteten Tieren geboten; erwiesenermaßen beruhen manche Unfälle auf einer krankheitsbedingten Schwächung der betroffenen Tiere, die deswegen den herannahenden Fahrzeugen nicht schnell genug ausweichen können. Nachgewiesene Tollwutfälle werden von dem diagnostischen Institut sofort bei dem zuständigen Veterinäramt zur Anzeige gebracht (Anzeigepflicht gemäß Tierseuchengesetz).

31 | Wie wird der Erfolg der Tollwutimmunisierung mittels Impfköder überprüft?

Der Impferfolg wird an Hand der Immunisierungsrate überprüft. Dazu müssen aus

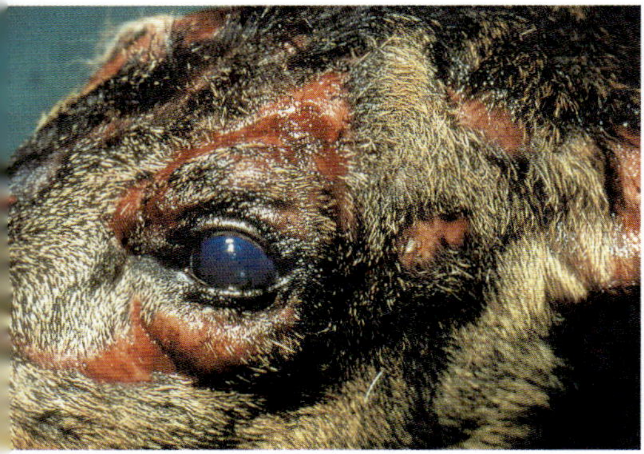

Hautabschürfungen bei Tollwut (Reh).

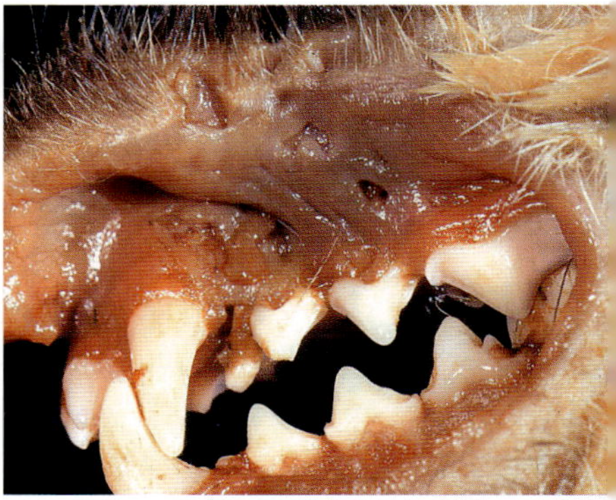

Bissverletzungen in der Oberlippe eines Marders bei Tollwut.

dem gefährdeten Bezirk jährlich mindestens 323 Füchse untersucht werden. Die Stichproben sind auf das Gebiet gleichmäßig zu verteilen, Jungfüchse sollen bis zur Herbstauslage der Impfköder nicht untersucht werden.

32 | Was ist ein »gefährdeter Bezirk«?

Die Umgebung einer Stelle, an der ein tollwütiges Tier angetroffen oder aufgefunden worden ist, wird bis zu einem Umkreis von mindestens 40 Kilometern bzw. einer Fläche von mindestens 5000 Quadratkilometern zum »gefährdeten Bezirk« erklärt. Konsequenzen ergeben sich daraus namentlich für Hundehalter und für die in dem Bezirk zuständigen Jagdausübungsberechtigten.

33 | Wann wird ein »gefährdeter Bezirk« wieder für tollwutfrei erklärt?

Die Behörde erklärt den gefährdeten Bezirk als tollwutfrei, wenn über einen Zeitraum von mindestens vier Jahren kein weiterer Tollwutfall mehr aufgetreten und die geforderte Anzahl von Füchsen untersucht worden ist. Bei Impfköder-Auslage zur oralen Immunisierung über drei Jahre erfolgt die Erklärung »Tollwutfrei« nach weiteren zwei Jahren, wenn kein neuer Tollwutfall mehr aufgetreten ist.

34 | Kann die Behörde die Untersuchung von Füchsen anordnen?

Die Veterinärbehörde ordnet im Falle eines Ausbruchs der Fuchstollwut ferner die Untersuchung der Füchse an. Danach müssen jährlich mindestens acht Füchse pro 100 Quadratkilometern (= zehntausend Hektar) untersucht werden. Wenn nach vier Jahren kein weiterer Fall festgestellt worden ist, wird die Untersuchungsdichte auf vier Füchse reduziert.

35 | Was hat der Jagdausübungsberechtigte zu tun?

Jagdausübungsberechtigte haben dafür zu sorgen, dass seuchenverdächtigen wildlebenden Tieren sofort nachgestellt wird und dass diese erlegt und unverzüglich unschädlich beseitigt werden. Ausgenommen von der Verpflichtung zur unschädlichen Beseitigung ist Untersuchungsmaterial zur Feststellung der Tollwut; bei Füchsen und kleineren Tieren ist das der ganze Körper, bei größeren nur der Kopf. Wird das Untersuchungsmaterial nicht der zuständigen Behörde oder einem staatlichen

Veterinäruntersuchungsamt abgeliefert, so ist der zuständigen Behörde mitzuteilen, wo es sich befindet.

36 | Wovon hängt die Häufigkeit der Tollwut ab?

Von der Dichte der Fuchspopulation. Je kleiner die Zahl der Füchse in einem Gebiet ist, desto geringer ist die Gefahr der Ausbreitung der Tollwut. Mit dem Erlöschen der Fuchstollwut reißt die Infektionskette ab, und es treten keine weiteren Fälle mehr auf, solange die Seuche nicht von benachbarten Gebieten in das tollwutfreie Areal eindringt.

37 | Wie lange sind die Viren infektiös?

Selbst wenn der Tierkadaver bereits Zeichen von Verwesung trägt, kann er noch von infektionsfähigen Krankheitserregern besiedelt sein. Auch im Boden bleiben die Viren, je nach der Außentemperatur, mehrere Tage bis Monate infektiös; je wärmer es ist, um so schneller sterben die Krankheitserreger ab.

38 | Wie kann sich der Jäger vor einer Tollwutinfektion schützen?

Grundsätzlich besteht die Möglichkeit einer vorbeugenden Impfung. Bei Kontakt mit einem wutkranken Tier, vor allem aber, wenn man von diesem verletzt worden ist, muss sofort ein Arzt aufgesucht und eine Impfbehandlung eingeleitet werden, durch die eine Erkrankung in der Regel verhindert werden kann.

39 | Wie kann man Haustiere (z.B. Jagdhunde) vor Tollwut schützen?

Außer einer Schutzimpfung von Hunden, insbesondere von Jagdhunden, kommen Schutzimpfungen vor allem bei Weidetieren (Rinder, Pferde) zur Anwendung.

40 | Was muss der Jäger tun, der jagdbares Wild erlegt / gefunden hat, bei dem Tollwutverdacht besteht?

Fallwild ist zum Zwecke der unschädlichen Beseitigung nur mit Einmalhandschuhen anzufassen. Der Verdacht ist anzeigepflichtig. Die Kadaver sind zu untersuchen oder unschädlich zu beseitigen.

41 | Gibt es nur eine Schweinepest?

Nein, man unterscheidet die Europäische und die Afrikanische Schweinepest, die durch unterschiedliche Viren verursacht werden.

42 | Welche Symptome zeigt an Schweinepest erkranktes lebendes Schwarzwild?

Keine typischen Symptome; mitunter nur einzelne der folgenden Erscheinungen: Verlust der natürlichen Scheu, gekrümmter Rücken, struppiges Haarkleid, durch schmierige Losung verschmutzte Umgebung des Weidloches, schwankender Gang, Krämpfe, Durst, Appetitlosigkeit (Fieber!), Atembeschwerden, Schwäche, Kümmern.

43 | Welche Veränderungen finden sich im toten Wildkörper?

Flohstichartige Blutungen in der Schwarte (wegen des Hautfarbstoffs nur schwer erkennbar), in der Unterhaut, im Brustfell, im Kehlkopf, in den Schleimhäuten der

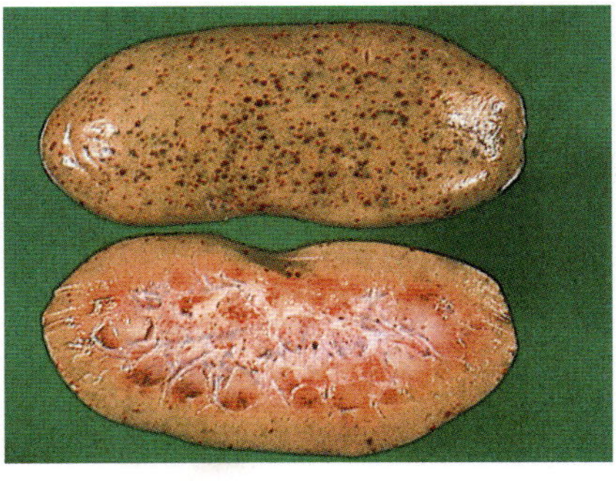

Nierenblutungen bei Schweinepest (oben Nierenoberfläche, unten Schnittfläche).

Atmungs- und Verdauungsorgane, am Herzen, in Nieren und Harnblase, im Gehirn; blutig durchtränkte Lymphknoten; Darmentzündung mit Geschwürbildung; mitunter Lungenentzündung; Milzrandinfarkte (auffällig als derbe trockene tiefrote Knoten am Milzrand).

44 | Wie wird Schweinepest übertragen?

Die Übertragung des Erregers erfolgt durch Kontakt von Tier zu Tier oder über die Nahrung und die Ausscheidungen (Fleischprodukte, Schlachtabfälle, Küchenabfälle).

45 | Ist die Schweinepest auch auf Hausschweine übertragbar?

Empfänglich sind Haus- und Wildschweine.

46 | Wer regelt die Bekämpfung der Schweinepest?

Es gilt die Verordnung zum Schutz gegen die Schweinepest und die Afrikanische Schweinepest in der jeweils aktuellen Fassung. Sie bestimmt die Bekämpfungsmaßnahmen in Schweineställen und »sonstigen Standorten«, auch in Gattern.

47 | Welche Tiere erkranken bevorzugt an der Schweinepest?

Vor allem Frischlinge. Ältere Tiere können die Infektion symptomlos überstehen, scheiden aber das Virus mit der Losung aus.

48 | Womit darf Schwarzwild auf gar keinen Fall angekirrt oder gefüttert werden?

Mit Schlachtabfällen oder Abfällen aus dem Wirtshaus.

49 | Welche Maßnahmen werden bei Schweinepest behördlicherseits getroffen?

Das Auftreten der Schweinepest bei Wildschweinen ist in einem Zusatzparagraphen der Schweinepest-Verordnung geregelt (§ 14a). Danach legt die Behörde nach amtlicher Feststellung der Schweinepest »das Gebiet um die Abschuss- oder Fundstelle als gefährdeten Bezirk fest«, wobei Seuchensituation, Wildschweinpopulation und deren Wanderungen berücksichtigt werden (hierbei wäre Gelegenheit, die Kenntnisse der Jagdausübungsberechtigten zur Beratung einzubringen!). Um den gefährdeten Bezirk wird ein Überwachungsgebiet festgelegt. An den Hauptzufahrtswegen werden Schilder »Wildschweinepest – Gefährdeter Bezirk« angebracht. In diesem Bezirk müssen Besitzer von Hausschweinen diese »so absondern, dass sie nicht mit Wildschweinen in Berührung kommen können« und an den Ställen »Desinfektionsmöglichkeiten ... einrichten«. »Verendete sowie erlegte seuchenkranke oder seuchenverdächtige Wildschweine sind unschädlich zu beseitigen.« Die Bekämpfung der Schweinepest wird von der Behörde geplant, in der Regel wird eine verstärkte Bejagung »unter Berücksichtigung epidemiologischer und wildbiologischer Erkenntnisse« angeordnet. So empfiehlt es sich, im Zentrum des Schweinepestbereiches auf die Bejagung zu verzichten und die Rotte durch Fütterung zusammenzuhalten, während in der weiteren, nicht durch Pest betroffenen Umgebung die Bestände drastisch auszudünnen sind. Auf keinen Fall dürfen die Leitbachen aus den Rotten herausgeschossen werden, um nicht Wanderungen auszulösen, die das Wild jeder Kontrolle entziehen.

50 | Was hat der Jagdausübungsberechtigte zu tun?

Die Jagdausübungsberechtigten haben im »gefährdeten Bezirk« nach Anweisung der Veterinärbehörde folgendes zu beachten und auszuführen:

1. Es ist jedes erlegte Wildschwein zu kennzeichnen und ein Begleitschein auszustellen.
2. Von jedem erlegten Wildschwein sind Proben für die virologische und serologische Untersuchung zu entnehmen und mit dem Tierkörper, dem Aufbruch und dem Begleitschein einer »Wildsammelstelle« zuzuführen.
3. Bei Gesellschaftsjagden hat das Aufbrechen erlegter Tiere an einem zentralen Ort zu erfolgen.
4. Der Fundort jedes verendet aufgefundenen Wildschweins ist unverzüglich der Veterinärbehörde anzuzeigen, der Wildkörper ist ebenfalls schnellstens der Untersuchungseinrichtung zuzuleiten.
5. Der Aufbruch jedes erlegten Wildschweins ist in einer Tierkörperbeseitigungsanstalt (TBA) unschädlich zu beseitigen.
6. Der Tierkörper eines erlegten virologisch Schweinepest-positiven Wildschweins wird in einer TBA unschädlich beseitigt.
7. Gleiches kann auch für serologisch Schweinepest-positive Tierkörper gelten.

Im »Überwachungsgebiet« hat der Jagdausübungsberechtigte auf Anweisung der Veterinär-Behörde folgendes zu beachten:
1. von 30 % aller jährlich erlegten Wildschweine sind Proben zur virologischen und serologischen Untersuchung zu entnehmen und einzusenden.
2. Der Aufbruch ist unschädlich zu beseitigen.
3. Krank erlegte oder verendet aufgefundene Wildschweine sind unverzüglich zu kennzeichnen und zur Untersuchung zu bringen.

Selbst außerhalb des »gefährdeten Bezirks« und des »Überwachungsgebietes« kann die Behörde anordnen:
1. die Entnahme und Einsendung von Proben erlegter Wildschweine für die virologische und serologische Untersuchung,
2. die Zuleitung verendet aufgefundener Wildschweine zur Untersuchung unter Angabe des Fundortes.

Diese Untersuchung kann auch die Erfassung anderer Krankheiten einbeziehen, beispielsweise die Aujeszkysche Krankheit. Wird Schweinepest amtlich festgestellt, hat die zuständige Behörde dem Bundesministerium für Ernährung, Landwirtschaft und Forsten einen Tilgungsplan vorzulegen.

Unvollkommenes »Ausschuhen« nach überstandener Maul- und Klauenseuche, Reh.

51 | Was hat mit dem Wildbret von an Schweinepest erkrankten Wildschweinen zu geschehen?

Es ist unschädlich zu beseitigen.

52 | Welche Wildarten können an Maul- und Klauenseuche erkranken?

Die Krankheit ist bedeutsam als Seuche des Klauenviehs. Empfänglich ist auch alles Schalenwild, erkrankt aber nur in Einzelfällen; Gattertiere sind gefährdeter. Andere Tierarten und der Mensch sind nur in Ausnahmefällen betroffen.

53 | Wie äußert sich die Krankheit?

Blasenbildung an der Schleimhaut von Äser und Lecker; Entzündung an unbehaarten Stellen der Decke und an den Schalen; manchmal Ablösung der Schalen (Ausschuhen); Bewegungsstörungen, Lahmheit; meist nach 1 bis 2 Wochen Ausheilung; nur selten tödlicher Verlauf.

54 | Ist die Maul- und Klauenseuche anzeigepflichtig?
Es besteht Anzeigepflicht. Es gilt die Verordnung zum Schutze gegen die Maul- und Klauenseuche in der jeweils aktuellen Fassung. Die Verordnung gilt für Klauentiere in Ställen und an »sonstigen Standorten«, also auch in Gattern. Für die MKS bei Wildtieren enthält die Verordnung keine gesonderten Vorschriften.

55 | Wie wird diese Krankheit übertragen?
Die Ansteckung des Schalenwildes erfolgt über die Äsung auf Weiden von infiziertem Vieh. Für die Verbreitung der Seuche spielt das Schalenwild eine untergeordnete Rolle.

56 | Welche Maßnahmen trifft die Veterinärbehörde?
Die zuständige Behörde ordnet Maßnahmen zur Bekämpfung und zur Vorbeugung der Erregerverschleppung an. Der Umkreis von mindestens drei Kilometern wird zum »Sperrbezirk« und der von mindestens 10 Kilometern zum »Beobachtungsgebiet« erklärt. Die Schutzmaßnahmen werden 30 Tage nach dem letzten Krankheitsfall und nach der Durchführung der angeordneten Maßnahmen aufgehoben.

57 | Ist das Wildbret erkrankter Tiere verwertbar?
Der gesamte Tierkörper muss unschädlich beseitigt werden.

58 | Welche Tierarten sind von der Aujeszkysche Krankheit betroffen?
Die Infektionskrankheit wurde außer bei einer Reihe von Haustieren (vornehmlich Schwein und Fleischfresser), auch bei Rehen und Sauen, beim Haarraubwild (Dachs, Marder, Iltis, Fuchs, Luchs, Wolf, Waschbär) und bei Ratten nachgewiesen. Hauptträger sind Schweine.

59 | Wie wird diese Krankheit übertragen?
Die Infektion erfolgt über die Nahrung. Beim jagdbaren Wild gehören Erkrankungen zu den Seltenheiten, allerdings sind an Blutproben immer wieder Hinweise darauf gefunden worden, dass auch Wildschweine infiziert sein können.

60 | Welche Symptome können festgestellt werden?
Verdächtige Anzeichen sind tollwutähnliches Verhalten, Krämpfe, Zittern, Selbstverstümmelung (Juckreiz).

61 | Besteht Anzeigepflicht?
Ja. Es gelten die Bestimmungen der Verordnung zum Schutze gegen die Aujeszkysche Krankheit in der jeweils aktuellen Fassung für Schweine in Gehöften und »sonstigen Standorten«, demgemäß auch in Wildgattern.

62 | Wie ist mit dem Wildbret erkrankter Tiere zu verfahren?
Unschädliche Beseitigung des Tierkörpers oder – falls eine Verwertung gewünscht wird – Behandlung des Wildbrets nach Anweisung des beamteten Tierarztes.

63 | Was versteht man unter Enzootische Hämorrhagie der Hirsche?
Bei dieser in der Liste der anzeigepflichtigen Tierseuchen aufgeführten Krankheit handelt es sich um eine von Stechmücken übertragene virusbedingte Krankheit, die in Nord- und Mittelamerika vorkommt, bei uns vorerst lediglich theoretische Bedeutung hat. Die fieberhafte Erkrankung verläuft mit zunehmender Schwäche und hochgradiger Blutungsneigung infolge Blutgefäßschäden.

64 | Was versteht man unter Transmissible Spongiforme Enzephalitis (TSE)?

Diese der BSE (Bovine Spongiforme Enzephalitis) der Rinder vergleichbare Krankheit, verursacht durch Prion-Proteine und durch eine Gehirnschädigung gekennzeichnet, ist unter Wildtieren bislang nur bei Hirschen in Nordamerika sowie bei der Transmissiblen Mink Encephalopathie der Nerze bekannt geworden. Sie wird bei den Cerviden als Chronic Wasting Disease (CWD, = chronisch schwächende Krankheit) bezeichnet und kommt bei Maultierhirsch, Rothirsch und Wapiti vor. Wegen der möglichen Gefährdung unseres Wildes wurde die Verfütterung von Tiermehl an Wildtiere in Deutschland schon vor Jahren verboten. Darüber hinaus werden derzeit laufend Stichproben von Reh- und Hirsch-Gehirnen auf diese Krankheit untersucht, bislang ohne positiven Befund.

65 | Welche Wildart ist von der Myxomatose betroffen?
Es erkranken Haus- und Wildkaninchen.

66 | Welche Symptome zeigen sich bei dieser Krankheit?
geschwulstartige Anschwellung und Entzündung der Lidbindehäute, knotenförmige Verdickungen der Haut an den Löffeln, am Äser, am Weidloch und an den Geschlechtsorganen, Abmagerung, Atembeschwerden, oft hohe Todesraten. Viele erkrankte Kaninchen fallen dem Straßenverkehr zum Opfer, weil sie sehbehindert und geschwächt sind. Bei manchen Kaninchen fällt eine Aufhellung des Haarkleides und ein Haarverlust im Bereich der Seher auf, was als Brille bezeichnet wird.

67 | Muss das Auftreten der Myxomatose vom Jäger angezeigt werden?
Bei gehäuftem Auftreten Anzeige gemäß § 24 des BJagdG. Scharfe Bejagung infizierter Populationen zur Verringerung der Besatzdichte.

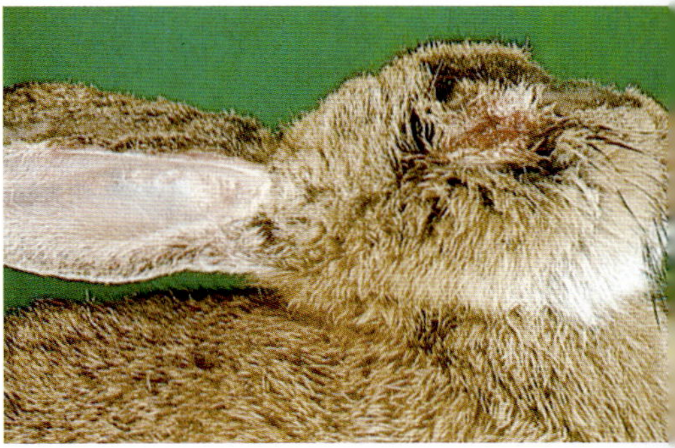

Myxomatose beim Wildkaninchen: entzündete, verklebte Seher; Knoten in der Haut der Löffel.

68 | Wie erfolgt die Ansteckung?
Die Virusübertragung erfolgt durch Hautparasiten oder über Wunden, die Atemluft und die Schleimhäute. Bei hoher Populationsdichte kommt es namentlich bei Wildkaninchen zu einem ausgeprägt seuchenartigen Verlauf.

69 | Können Kaninchen Resistenz bilden?
Ja. Von diesen Tieren aus erfolgt der Neuaufbau der Population.

70 | Ist das Wildbret von an Myxomatose erkrankten Kaninchen genusstauglich?
Nein, unschädliche Beseitigung.

71 | Welche Wildarten können an Papillomatose erkranken?
Betroffen sind vor allem Gams und Steinwild, aber auch Rotwild, Hase, Kaninchen und andere Wildtiere.

72 | Wie zeigt sich diese Krankheit?
Warzenbildung bis zu Faustgröße, bevorzugt am und im Äser einschließlich des Leckers, des Schlundes und des Weidsackes, mitunter an den Läufen. Die Warzen am

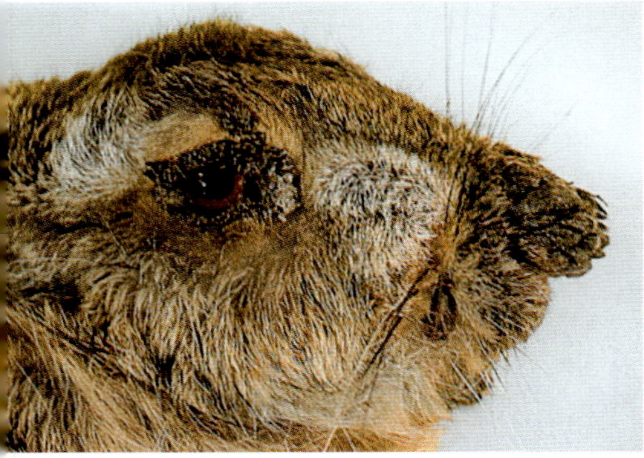

Papillomatose an den Augenlidern und an der Nasenöffnung eines Hasen.

Äser und im Magen beeinträchtigen die Nahrungsaufnahme, die betroffenen Tiere kommen ab, manchmal verhungern sie. Die Erkrankung der Läufe kann zu Bewegungsstörungen führen.

73 | Wie erfolgt die Infektion?
Es kommt meist eine Infektion einzelner Tiere, seltener ein seuchenartiger Verlauf vor. Die Erregerübertragung erfolgt über offene Wunden, auch über Hautparasiten.

74 | Kann die Krankheit ausheilen?
Oft tritt Selbstheilung ein, namentlich im Frühjahr. Stark abgekommene Tiere sind zu erlegen.

75 | In welcher Jahreszeit tritt sie hauptsächlich auf?
Die Krankheit tritt besonders in den Wintermonaten auf.

76 | Wie ist das Wildbret zu beurteilen?
Sofern die erkrankten Tiere nicht zu stark abgekommen sind, ist das Wildbret nach Beseitigung der veränderten Teile genießbar. Sind zahlreiche Tumore vorhanden, ist eine Untersuchung durch den amtlichen Tierarzt erforderlich.

77 | Was versteht man unter Geflügelpest und Newcastle-Krankheit?
Geflügelpest (auch Klassische Geflügelpest oder Vogelgrippe) und Newcastle-Krankheit (auch Atypische Geflügelpest) werden durch verschiedene Viren hervorgerufen. Die Krankheiten sind in der Geflügelpest-VO in der jeweils aktuellen Fassung gemeinsam aufgeführt. Die Verordnung gilt u.a. für »... Enten, Gänse, Fasane, Hühner, Perlhühner, Rebhühner, Tauben, Truthühner und Wachteln, die zur Zucht oder zur Erzeugung von Fleisch oder Konsumeiern oder zur Aufstockung des Wildbestandes gehalten werden.«

78 | Welche Federwildarten erkranken?
Unter dem Wildgeflügel waren früher Infektionen selten. Bei der aus Asien stammenden Vogelgrippe Typ A H5N1 sind in Europa aber bevorzugt Wildvögel betroffen (Schwäne, Greifvögel). Auch die bei zahlreichen Vogelarten aufgetretenen, der Newcastle-Krankheit zugerechneten Fälle bei Fasanen, Rebhühnern, Wachteln, Tauben, Enten, Gänsen, Störchen usw. sind sehr wahrscheinlich keine Newcastle-Erkrankungen, sondern Viruskrankheiten mit ähnlichem Erscheinungsbild. Die Unterscheidung von der Vogelgrippe macht demgemäß stets eine virologische Untersuchung erforderlich.

79 | Welche Symptome zeigen sich?
Gesträubtes Gefieder, Mattigkeit, Atembeschwerden, manchmal Durchfall, Lähmungen und Krämpfe. Am eröffneten Tierkörper fallen Blutungen in der Leibeshöhle und an vielen Organen sowie eine geschwürige Darmentzündung auf, bei der Klassischen Geflügelpest auch eine Entzündung der übrigen Leibeshöhlenorgane.

80 | Ist die Geflügelpest anzeigepflichtig?

Ja. Eine Impfung gegen Newcastle-Krankheit ist möglich und unter bestimmten Umständen sogar vorgeschrieben. Impfstoffe gegen Geflügelpest sind noch nicht entwickelt. Ist der Ausbruch der Krankheit amtlich festgestellt worden, ist der Standort mit einem Hinweis auf »Geflügelpest – (bzw. Newcastle-Krankheit) – Unbefugter Zutritt verboten« zu sperren. Das Gebiet um den befallenen Standort wird zum »Geflügelpest- (bzw. Newcastle-Krankheit) Sperrbezirk« erklärt. Ferner wird im weiteren Umkreis ein Beobachtungsgebiet festgelegt. Die Sperre wird 30 Tage nach dem letzten Krankheitsfall und Desinfektion wieder aufgehoben. Die zuständige Behörde ordnet bei Geflügelpest oder Newcastle-Krankheit die Tötung und unschädliche Beseitigung an. Bei Newcastle-Krankheit kann sie für Tauben und in Gefangenschaft gehaltenem Wildgeflügel davon absehen, wenn sichergestellt wird, dass für die Dauer von 60 Tagen nach Abklingen der Krankheitserscheinungen die Tauben nicht aus dem Taubenschlag oder das Wildgeflügel nicht aus dem Betrieb verbracht werden und alles, was mit Krankheitserregern in Berührung gekommen ist (Dung, Einstreu, Geräte, Kleidung usw.), unschädlich beseitigt oder desinfiziert wurde. Katzen sind zu Hause zu halten. Hunde dürfen nur angeleint geführt werden.

81 | Wie erfolgt die Ansteckung?

Über die Atemluft und die Ausscheidungen. Säugetiere können infiziert werden (Katze, Marder), vermutlich über den Verzehr gefangener erkrankter Vögel. Bei engem Kontakt zu infiziertem Geflügel können auch Menschen erkranken und sterben.

82 | Ist das Wildbret erkrankter Tiere teilweise verwertbar?

An Geflügelpest oder Newcastle-Krankheit verendetes oder krank erlegtes Wildgeflügel ist unschädlich zu beseitigen.

83 | Welche Federwildarten erkranken an Geflügelpocken?

Außer beim Hausgeflügel kommt diese Krankheit bei einer Reihe von Wildvögeln vor, unter anderem bei Fasanen, Rebhühnern, Tauben, Greifvögeln, Krähen, Finken. Übertragung erfolgt durch Kontakt, über die Nahrung, eventuell auch durch Insekten. Erkrankungen gelangen vor allem in den Herbst- und Wintermonaten zur Beobachtung.

84 | Wie fällt die Erkrankung äußerlich auf?

Am Schnabel, an Kehllappen, Kamm, Ohrlappen, manchmal an den Ständern bilden sich zunächst blasenartige, bald danach borkige Pocken (Hautform).

85 | Welche Symptome sind im Tierkörper feststellbar?

Mitunter gibt es schwere diphterieartige Entzündungen in den Verdauungsorganen mit Durchfall. Auch die Lunge kann

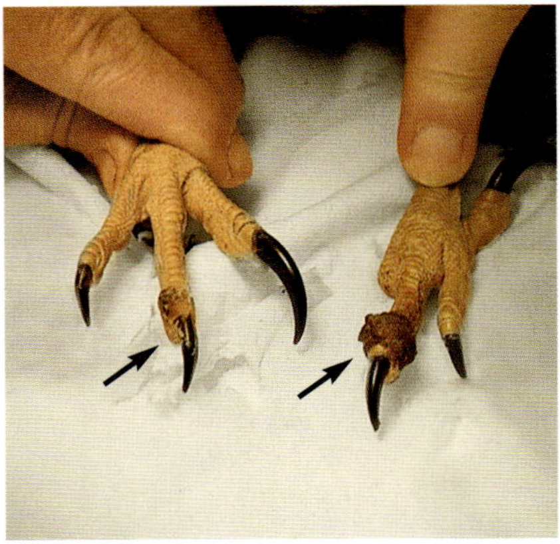

Pockeninfektion bei einem Greifvogel.

betroffen sein, wodurch dann Atembeschwerden und so genanntes Schnabelatmen verursacht werden (Schleimhautform). Eine akute Form mit Störungen des Allgemeinbefindens, Appetitlosigkeit, Schwäche und aufgeplustertem Federkleid führt innerhalb Stunden zum Tode.

86 | Wie kann in Fasanerien gegen diese Krankheit vorgegangen werden?

In Fasanerien kann eine Trinkwasservakzine (Impfstoff) vorbeugend angewendet werden. Ansonsten unschädliche Beseitigung der veränderten Organe oder des ganzen Körpers erkrankter Tiere.

87 | Welche Tierarten erkranken an Ornithose?

Bevorzugt erkranken Vögel, vor allem Tauben. Infektionen sind auch bei Säugetieren nachgewiesen worden. Der Mensch ist in besonderem Maße gefährdet.

88 | Welche Symptome zeigen erkrankte Tiere?

Augen- und Nasenfluss, Durchfall, schmutziges gesträubtes Federkleid, Mattigkeit, Appetitmangel, Abmagerung, Leber- und Milzschwellung, Blutungen.

Geschwürige Entzündung der Schleimhaut im Äser bei einer Virusinfektion (derartige Veränderungen können beispielsweise bei der Schleimhautkrankheit und beim bösartigen Katarrhalfieber vorkommen).

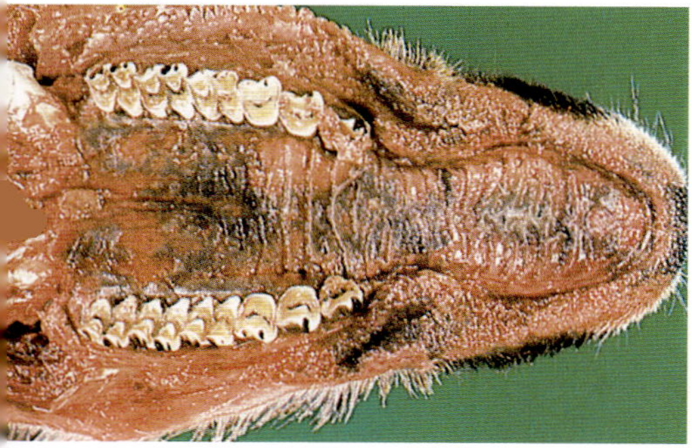

89 | Ist die Ornithose anzeigepflichtig?

Nein, lediglich die Erkrankung bei Papageien, die dann »Psittakose« heißt.

90 | Was versteht man unter Schleimhautkrankheit beim wiederkäuenden Schalenwild?

Bei Rehen und Hirschen, die an den Folgen einer Darmentzündung mit Durchfall gestorben sind, konnte wiederholt eine Virusinfektion als Krankheitsursache nachgewiesen werden.

91 | Wie erfolgt die Infektion von Wildtieren?

Möglicherweise erfolgt die Infektion der Rehe und Hirsche auf Viehweiden.

92 | Wie ist das Krankheitsbild?

Wässriger Durchfall. Unter den Organveränderungen stehen Schleimhautdefekte und Entzündungserscheinungen im Äser, im Schlund und im Weidsack im Vordergrund.

93 | Welche Maßnahmen setzt der Jäger gegen diese Krankheit?

Einer Erregerverschleppung ist dadurch entgegenzuwirken, dass der Magen-Darm-Trakt nach dem Aufbrechen erlegter, durchfallerkrankter Rehe unschädlich beseitigt wird.

94 | Wie ist das Wildbret zu beurteilen?

Das Wildbret von abgekommenen Tieren ist unschädlich zu beseitigen. Bei nicht abgekommenen Tieren ist wegen der Darmentzündung (bedenkliches Merkmal!) eine Fleischuntersuchung zu veranlassen, sofern die Wirtschaftlichkeit durch die Kosten dieser Untersuchung nicht in Frage gestellt wird.

95 | Was ist »Virale Leberentzündung« der Hasen?

International wird sie als European Brown Hare Syndrome (EBHS) (Krankheitssyndrom des europäischen braunen Hasen) bezeichnet. Sie breitete sich seit 1986 innerhalb kurzer Zeit in den meisten europäischen Ländern aus und ist vor allem in den Herbst- und Wintermonaten eine der Haupttodesursachen bei Hasen sowohl in der freien Wildbahn als auch in Hasenfarmen. Auch Schneehasen sollen empfänglich sein. Ursache und Krankheitserscheinungen sind denen bei der »Hämorrhagischen Krankheit der Hauskaninchen« ähnlich, die Viren beider Krankheiten sind aber nicht identisch.

96 | Wie ist der Krankheitsverlauf?

Der Verlauf kann, wie aus Infektionsversuchen bekannt wurde, sehr kurz sein und innerhalb weniger Tage zum Tode führen. Betroffen sind überwiegend erwachsene Tiere. Erkrankte Hasen verlieren ihre Scheu, erscheinen orientierungslos, manchmal sind sie aggressiv. Sie werden zunehmend schwach, nehmen keine Äsung mehr auf, haben Muskelzittern und Bewegungsstörungen, lassen sich vom Hund greifen, werden Opfer im Straßenverkehr oder verenden ohne Fremdeinwirkung. Beim Aufbrechen ist eine Gelbsucht auffällig, die deutlichsten Veränderungen sind an der Leber in Form von Schwellung, Gelbfärbung und Brüchigkeit festzustellen, die Milz ist ebenfalls geschwollen.

97 | Kann die Krankheit bekämpft werden?

Bislang sind keine wirksamen Maßnahmen bei Wildtieren bekannt.

98 | Kann das Wildbret erkrankter Hasen verwertet werden?

Oft zeigen die Tiere noch einen normalen

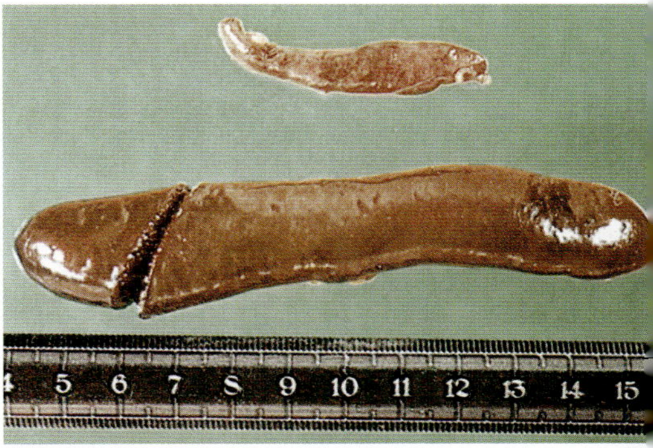

Milzschwellung beim Hasen (oben normale Hasenmilz). Eine derartige Milzschwellung weist auf eine Infektionskrankheit durch Bakterien hin (z.B. Rodentiose, Hasenseuche, Hasenpest, Brucellose).

Ernährungszustand. Wegen der krankhaften Organveränderungen sind sie dennoch unschädlich zu beseitigen. Eine Fleischuntersuchung durch einen amtlichen Tierarzt ist unrentabel.

99 | Durch wen wird die Gamsblindheit übertragen?

Durch Kontakt und Insekten, auch über Ausscheidungen von Augen und Nase.

100 | Welche Wildarten erkranken an der Gamsblindheit?

Gams- und Steinwild. Ähnliche Erkrankungen kommen auch gelegentlich beim Rehwild vor.

101 | Handelt es sich um eine anzeigepflichtige Wildkrankheit?

Nein. Der Jäger hat nur bei seuchenhaftem Auftreten eine Anzeige nach § 24 BJagdG zu erstatten.

102 | Wie wirkt sich diese Krankheit aus?

Erkrankte Tiere haben tränende und verklebte Augen, z.T. erblinden sie, magern ab, können abstürzen. In vielen Fällen Heilung nach 1–2 Wochen.

103 | Was begünstigt den Ausbruch dieser Krankheit?
Die warme Jahreszeit, Sommer bis Frühherbst, ferner Überpopulation mit zu engem Kontakt der Tiere untereinander.

Krankheiten durch Bakterien

Es gibt vielerlei unterschiedliche Bakterien, die zu Krankheitserregern bei Tieren werden können. Sie sind in der Natur weit verbreitet, oft leben sie auf den Schleimhäuten der Atmungs- und Verdauungsorgane, ohne das betreffende Tier zu schädigen. Sie werden erst krankmachend, wenn die Abwehrkräfte und das Wohlbefinden des Tieres erheblich herabgemindert worden sind. Vielfach erfolgt dies durch Biotopeinflüsse, z.B. Beunruhigung der Einstände, Nahrungsmangel, Fehlen von Kräutern, Belastung durch Chemikalien. Eine Bekämpfung gehäuft oder gar seuchenartig auftretender, bakteriell bedingter Krankheiten ist dann am wirksamsten durch eine Verbesserung der Lebensbedingungen zu erreichen, z.B. Schaffung von Ruhezonen im Revier, Anlage von kräuterreichen Wildäckern, Bepflanzung von Wegrändern und Gräben mit einheimischem Buschwerk und unterschiedlichen Kräuterarten.

104 | Welche Federwildarten werden von der Geflügelcholera befallen?
Hühnervögel, aber auch Wassergeflügel. Beim Federwild in freier Wildbahn selten.

105 | Spielt diese Krankheit in freier Wildbahn eine große Rolle?
Nein, jedoch kann sie in Volieren zum Problem werden.

106 | Wie ist das Krankheitsbild?
Plötzliche Todesfälle, bei längerem Verlauf Atembeschwerden durch Lungenentzündung, Durst, Mattigkeit, Schleim aus Nasenlöchern und Schnabel. Von der atypischen Geflügelpest oft nur durch den Labornachweis der Bakterien abzugrenzen.

107 | Lässt sich die Krankheit in Fasanerien vorbeugend bekämpfen?
In Volieren kann zur Vorbeugung ein Impfstoff eingesetzt werden. Zur Behandlung dienen antibiotische Medikamente und ein Heilserum.

108 | Besteht eine Anzeigepflicht?
Nein. Da die Krankheitserscheinungen allerdings nicht von denen bei der anzeigepflichtigen Vogelgrippe (Geflügelpest) unterscheidbar ist, empfiehlt sich vorsichtshalber eine Anzeige beim zuständigen Veterinäramt.

109 | Ist das Wildbret erkrankter Tiere verwertbar?
Nein, es ist unschädlich zu beseitigen.

110 | Welche Bedeutung hat die Hasenseuche (Pasteurellose, Hämorrhagische Septikämie)?
Sie ist eine der bedeutsamsten Krankheiten und kann bei Hasen und Kaninchen vor allem unter den Jungtieren zu hohen Verlusten führen.

111 | Wer begünstigt diese Krankheit?
Kalte nasse Witterung

112 | Wie fällt die Krankheit auf?
Meist lassen sich kranke Tiere wegen fort-

geschrittener Schwäche vom Hund greifen, oder sie werden als Fallwild gefunden.

113 | Welche organischen Veränderungen lassen sich feststellen?
Bei einer Sektion fallen vor allem krankhaft veränderte Atmungsorgane auf, wie Nasen-, Lungen- oder Brustfellentzündung.

114 | Wie wird gegen die Krankheit vorgegangen?
Abschuss aller verdächtigen Tiere. Bei starkem Hasenbesatz Ausdünnen der Population. Fallwild ist unschädlich zu beseitigen.

115 | Ist das Wildbret erkrankter Tiere genusstauglich?
Für den Verzehr durch den Menschen untauglich, deshalb unschädliche Beseitigung.

116 | Welche Wildarten können an Wild- und Rinderseuche erkranken?
Erkranken kann alles wiederkäuende Schalenwild. Früher nahm die Krankheit wiederholt einen seuchenhaften Verlauf, gegenwärtig tritt sie nur selten bei Einzeltieren auf.

117 | Wie ist der Krankheitsverlauf?
Vorherrschend ist eine kurze Krankheitsdauer (24–36 Stunden) mit Atembeschwerden, mitunter auch Durchfall. Auffallendste Organveränderungen finden sich an Lunge, Herzbeutel und Brustfell mit entzündlichen Auflagerungen.

118 | Ist die Krankheit anzeigepflichtig?
Nein, sie wurde bereits seit längerer Zeit aus der Liste der anzeigepflichtigen Krankheiten gestrichen. Bei seuchenhaftem Auftreten der Krankheit ist Anzeige nach § 24 Bundesjagdgesetz zu erstatten.

119 | Welche Gegenmaßnahmen sind erforderlich?
Abschuss krankheitsverdächtiger Tiere. Desinfektionsmaßnahmen werden empfohlen (z.B. am Fundplatz von Fallwild). Im Gatter ist gesundes Wild von erkrankten Tieren zu trennen, außerdem kann eine Behandlung mit Antibiotika durchgeführt werden (Tierarzt!).

120 | Ist das Wildbret genusstauglich?
Da sich die Bakterien über das Blut auf den ganzen Körper ausbreiten, ist das Wildbret als genussuntauglich zu bewerten und unschädlich in einer Tierkörperbeseitigungsanstalt zu entsorgen.

121 | Was versteht man unter Yersiniose?
Eine Erkrankung durch Yersinia-Bakterien. Vorwiegend erkranken Nagetiere und Hasenartige, gelegentlich auch Rehe und anderes Schalenwild, ferner Vögel und der Mensch. Große Verluste treten bei Hasen auf, namentlich in der kälteren und nassen Jahreszeit, auch infolge einer Massierung der Tiere auf zu kleinen Äsungsflächen.

122 | Unter welchen Namen ist diese Krankheit noch bekannt?
Unter Pseudotuberkulose, Rodentiose

Schleimig eitrige Luftröhrenentzündung eines Hasen bei Yersiniose (Rodentiose).

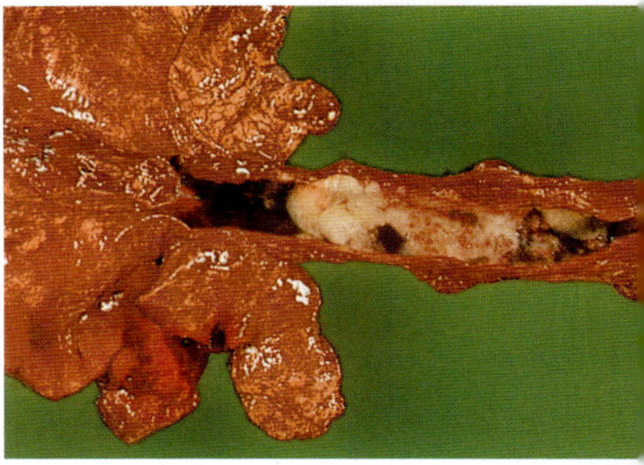

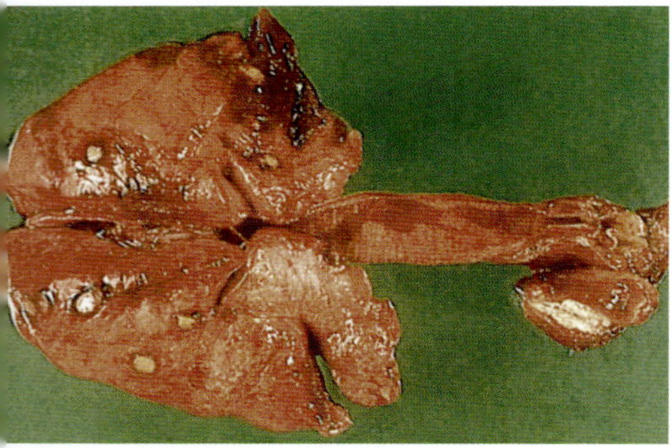

Entzündungsherde in der Lunge und in einem Halslymphknoten eines Hasen bei Yersiniose (Rodentiose).

123 | Wie ist der Krankheitsverlauf?

Stark abgekommene Tiere werden vom Hund gegriffen; gehäufte Fallwildfunde. Beim Aufbrechen findet man vielfach stecknadelkopf- bis haselnussgroße helle Herde und Abszesse in den Darmlymphknoten, in Leber, Milz, Nieren und anderen Organen. Manchmal ist auch nur ein einzelnes Organ verändert. Die Milz ist jedoch in der Regel auf ein Mehrfaches vergrößert.

124 | Welche Maßnahmen werden gegen die Yersiniose ergriffen?

Absuchen des Reviers mit einem gut abgerichteten Hund nach geschwächten Tieren und Fallwild. Wildbretbeurteilung: Für den Verzehr durch den Menschen untauglich. Unschädliche Beseitigung.

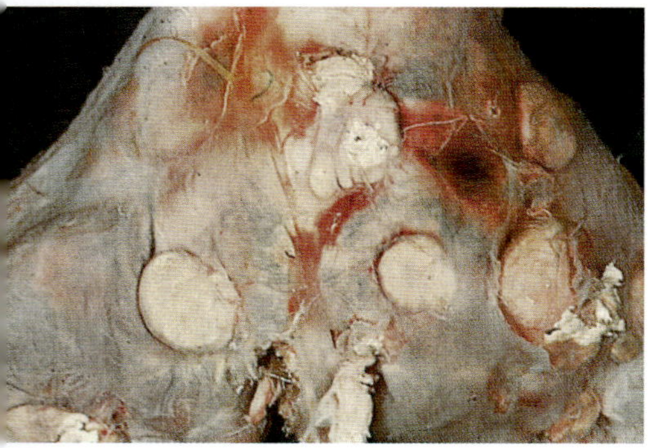

125 | Was ist die Staphylokokkose?

Eine Erkrankung durch Staphylokokken (Eitererreger). Die Bakterien verursachen bei vielen Tieren und beim Menschen eitrige und abszedierende Entzündungen, gelegentlich kommt auch eine septische Verlaufsform (so genannte Blutvergiftung) vor. Bei Hasen, mitunter auch Kaninchen, entwickelt sich als Erkrankung von Einzeltieren eine besondere Form in der Unterhaut.

126 | Welche organischen Veränderungen zeigen die Krankheit?

Unter dem Balg, aber auch in inneren Organen bilden sich Abszesse bis zu Hühnereigröße. Die Milz ist stets geschwollen.

127 | Ist das Wildbret erkrankter Tiere genusstauglich?

Grundsätzlich wird empfohlen, auf den Verzehr des Wildbrets zu verzichten. Lediglich in Fällen mit einem einzelnen Entzündungsherd und ansonsten gutem Ernährungszustand kann eine Verwendung nach Entfernen des Abszesses in Betracht gezogen werden.

128 | Was ist Tularämie?

Eine Infektionskrankheit durch Bakterien Francisella tularense. Die Krankheit ist auch unter dem Namen Nagerpest bekannt und kann gebietsweise gehäuft vorkommen, wird aber im Allgemeinen nur selten festgestellt.

Knotenförmige Abszesse in der Unterhaut eines Hasen bei Staphylokokkose.

129 | Welche Wildarten sind von der Tularämie betroffen?
Sie tritt bevorzugt bei Hasen, Wildkaninchen und Nagetieren, aber auch bei anderen Wild- und Haussäugetieren sowie bei Vögeln auf.

130 | Wie ist das Krankheitsbild?
Erkrankte Tiere sind geschwächt und leicht vom Hund zu greifen. Von den Organveränderungen stehen Lymphknotenveränderung und Milzschwellung (ähnlich wie bei der Yersiniose) im Vordergrund; es können aber auch Abszesse in verschiedenen Organen gefunden werden.

131 | Wie wird die Tularämie verbreitet?
Durch Kontakt und Insekten.

132 | Ist die Tularämie auf den Menschen übertragbar?
Ja.

133 | Wie ist die Tularämie von der Pseudotuberkulose zu unterscheiden?
Durch eine bakteriologische Untersuchung.

134 | Ist das Wildbret von an Tularämie erkrankten Wildes genusstauglich?
Nein. Es ist unschädlich zu beseitigen.

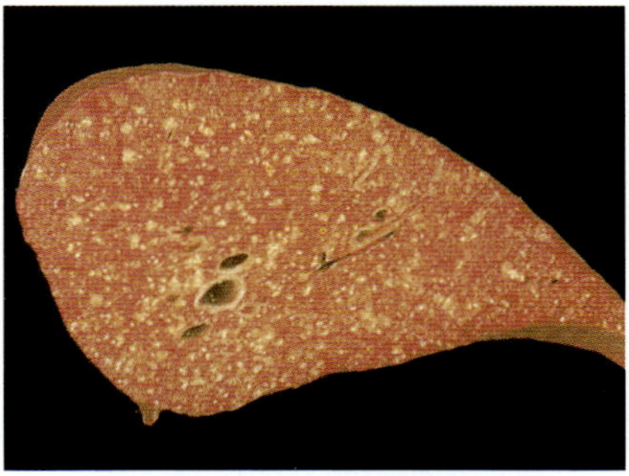
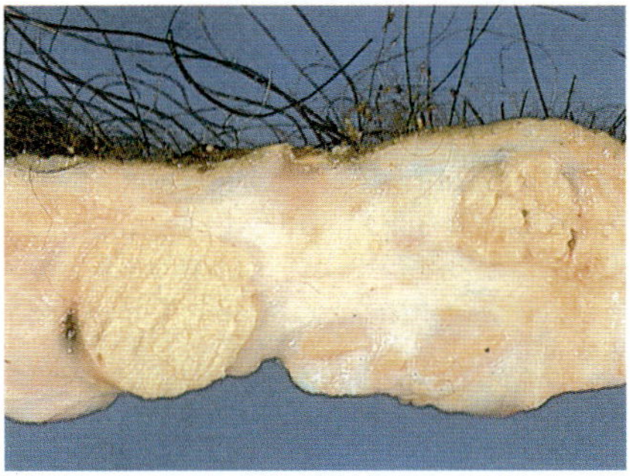

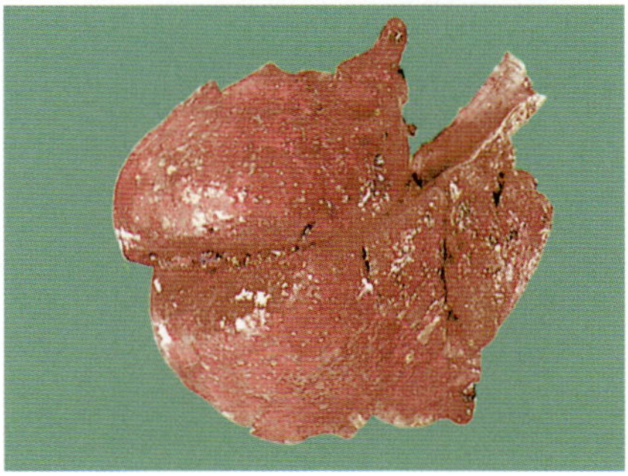

Von oben nach unten:

Durchsetzung der Lunge eines Hirschkalbes mit tuberkulösen Knoten (Querschnitt durch einen Lungenlappen).

Abszesse in und unter der Schwarte eines abgekommenen Keilers.

Abszesse in Leber und Niere eines Rehes.

Lungenentzündung bei einem Rehkitz durch Infektion mit Schimmelpilzen.

135 | Zu welcher Gruppe von Wildkrankheiten gehört die Brucellose?
Zu den bakteriell bedingten Krankheiten

136 | Wie wird diese Krankheit noch genannt?
Seuchenhaftes Verwerfen

137 | Welche Wildarten werden vorwiegend befallen?
Unter den Wildtieren hauptsächlich bei Hasen, seltener bei Kaninchen, vereinzelt auch bei Rehen, Gämsen und anderem Schalenwild vorkommend; auf den Menschen übertragbar! Die Krankheit gelangt im Allgemeinen selten zur Beobachtung, mitunter ist eine Häufung in bestimmten Gegenden feststellbar. Problematisch ist das Auftreten der Brucellose in Gehegen, beispielsweise von Sauen.

138 | An welchen Organen finden sich Symptome dieser Krankheit?
Eiterungen und Abszessbildungen, vor allem an den Geschlechtsorganen, aber auch in inneren Organen stehen im Vordergrund. Milzschwellung.

139 | Ist die Brucellose eine anzeigepflichtige Krankheit?
Das Auftreten der Brucellose bei den Haustierarten Rind, Schwein, Schaf und Ziege ist anzeigepflichtig.

140 | Welche äußeren Anzeichen am erlegten Schalenwild müssen den Jäger alarmieren?
Bei männlichen Tieren ist eine Anschwellung der Brunftkugeln auffällig, die häufig einseitig stärker ausgeprägt ist, weibliche Tiere können verwerfen.

141 | Welche Vorsichtsmaßnahmen trifft der Jäger bei Verdacht auf Brucellose?
Bei Verdacht auf Brucellose (geschwollene Brunftkugeln) ist auf das Aufbrechen zu verzichten oder dabei mit größter Vorsicht vorzugehen (Gummihandschuhe, keine Verunreinigungen an Kleidung und Boden, Desinfektion der Gerätschaften).

142 | Was geschieht mit infizierten Tierkörpern?
Die unschädliche Beseitigung von krank erlegtem Wild und von Fallwild ist erforderlich.

143 | Welche Formen der Tuberkulose gibt es?
Nach der Tilgung der Rindertuberkulose durch tierärztliche Seuchenbekämpfungsmaßnahmen kommt die Krankheit beim Wild nur noch sehr selten vor, abgesehen von Rot- und Damwildgehegen, wo die Krankheit unter Umständen zum Problem werden kann. In Fasanerien hingegen können Erkrankungen an Geflügeltuberkulose gehäuft auftreten (Tuberkulose des Geflügels ist eine meldepflichtige Krankheit!). Eine Übertragung auf den Menschen ist möglich.

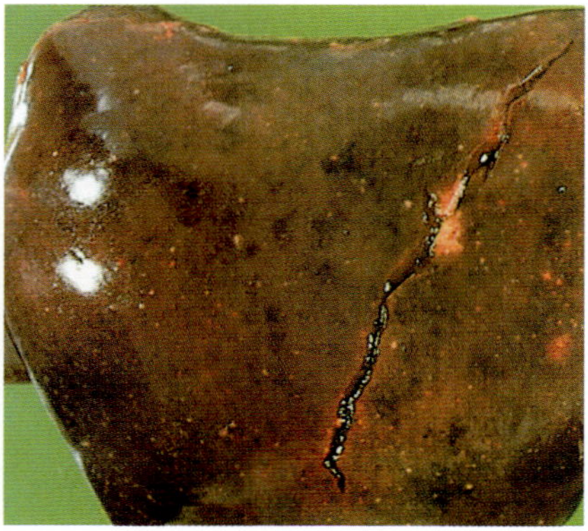

Leberentzündung im Verlauf der Yersiniose bei einem Reh (sogenannte Pseudotuberkolose).

144 | Welche Krankheitserscheinungen sind bekannt?
Die Krankheit hat einen sehr langsamen Verlauf. In fortgeschrittenen Fällen kommt es je nach dem befallenen Organ zu Atembeschwerden, Verdauungsstörungen, Abmagerung, Schwäche. Beim Aufbrechen fallen knotigspeckige oder eitrig eingeschmolzene, verkäste, manchmal verkalkte Herde in den Organen und in den zugehörigen Lymphknoten auf.

145 | Wie erfolgt die Verbreitung der Tuberkulose?
Über die Atemluft und die Ausscheidungen infizierter Tiere.

146 | Wie ist das Wildbret erkrankter Tiere zu beurteilen?
Veränderte Organe sind genussuntauglich, desgleichen auch der Tierkörper, wenn eine Abmagerung vorliegt. Im Zweifelsfalle ist eine Fleischuntersuchung durch einen amtlichen Tierarzt zu veranlassen.

147 | Was ist die Salmonellose (Paratyphus)?
Eine bakteriell bedingte Infektionskrankheit. Die als Fleischvergifter bezeichneten Salmonella-Bakterien kommen bei zahlreichen Säugetieren und Vögeln, besonders bei Wassergeflügel vor. Meist erkranken nur Einzeltiere, in Fasanerien und Gattern können hingegen größere Verluste auftreten. Nicht in jedem Fall einer Infektion kommt es zur Erkrankung des Tieres, häufig gibt es so genannte stumme Infektionen, bei denen die Tiere gesund erscheinen, aber über die Losung oder die Eier die Krankheitserreger ausscheiden und dadurch andere Tiere und den Menschen gefährden.

148 | Welche Symptome finden sich bei dieser Krankheit?
Plötzliche Todesfälle infolge einer Septikämie (so genannte Blutvergiftung) kommen gelegentlich bei jungen Tieren vor, sonst sind sie selten. Vorherrschend sind Fälle von Magen-Darm-Entzündung mit Durchfällen (verschmutzter Spiegel, verklebtes Haar- bzw. Federkleid im Bereich des Weidloches).

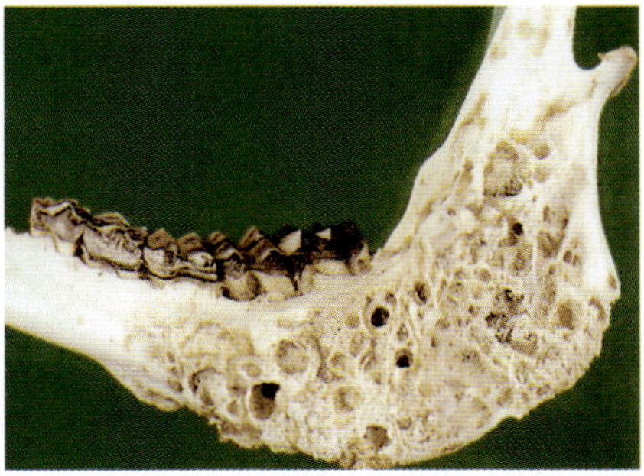

Abgekochtes Präparat eines Rehunterkiefers mit Aktinomykose; hochgradige Auftreibung des Knochens.

149 | Wie ist das Wildbret erkrankter Tiere zu beurteilen?
Durch Kochen werden zwar die Krankheitserreger abgetötet, ihre Toxine (Gifte) aber nicht sicher unschädlich gemacht; sie verursachen eine so genannte Lebensmittelvergiftung.

150 | Was ist Aktinomykose?
Eine Infektionskrankheit durch Bakterien der Gattung Actinomyces.

151 | Bei welcher Wildart tritt die Aktinomykose bevorzugt auf?
Unter den Wildtieren ist die Krankheit am häufigsten beim Reh, seltener bei anderen Tierarten (übriges Schalenwild, Hase, Dachs u.a.) anzutreffen.

152 | Wie wird diese Krankheit übertragen?
Es handelt sich um eine Einzeltiererkran-

kung; Übertragungen von Tier zu Tier kommen nicht vor. Die Infektion geht von Verletzungen in der Haut oder im Äser aus, in welche die auf den Schleimhäuten und im Darm lebenden Bakterien (keine Pilze!) eindringen, wo sie sich im Gewebe vermehren.

153 | Wie sieht das Krankheitsbild aus?
Entweder als Knochenaktinomykose (meist einseitig am Unterkiefer) oder als Weichteilaktinomykose (Lecker, Milchdrüse, Haut) auftretend, ist die Krankheit stets mit erheblicher entzündlicher Gewebszubildung verbunden. Bei fortgeschrittenem Prozess kommt das betroffene Tier ab.

154 | Ist das Wildbret erkrankter Tiere genusstauglich?
Nach Entfernen der Veränderungen kann das Wildbret zum Verzehr verwendet werden. Bei abgekommenen Tieren ist eine Fleischuntersuchung durch einen amtlichen Tierarzt zu veranlassen.

155 | Was ist Milzbrand?
Eine Infektion durch sporenbildende, im Boden über lange Zeit infektionstüchtige Bakterien. Diese im Tierseuchengesetz als anzeigepflichtig aufgeführte Krankheit kommt beim Wild in unseren Breiten äußerst selten vor. In der Verordnung zum Schutze gegen den Milzbrand und den Rauschbrand in der jeweils aktuellen Fassung wird allerdings auf das Vorkommen von Milzbrand extra hingewiesen. Danach dürfen an Milzbrand verendete oder wegen der Krankheit getötete Wildtiere nicht enthäutet und nur mit Genehmigung der zuständigen Behörde von dem Standort entfernt werden und dies lediglich zum Zwecke der unschädlichen Beseitigung oder zu diagnostischen Zwecken. Es besteht Infektionsgefahr für den Menschen.

156 | Welche Wildart erkrankt an Moderhinke?
Unter den Wildtieren bevorzugt Mufflons, die auf Schafweiden geäst haben, auf denen die Erreger der Moderhinke vorhanden sind. Begünstigend ist weicher, feuchter Boden. Nicht jede Form der Schalendeformation und des Auswachsens ist allerdings die Moderhinke.

Krankheiten durch Pilze (Organmykose)

157 | Welche Bedeutung haben Organmykosen?
Relativ selten kommt es zu örtlichen Entzündungsprozessen in der Lunge und im Magen-Darm-Kanal durch Ansiedelung von Schimmel- oder Sprosspilzen. Erkranken können Säugetiere und Vögel.

158 | Welches Krankheitsbild entsteht?
Je nach dem erkrankten Organ stehen Atembeschwerden oder Verdauungsstörungen im Vordergrund; mitunter ist der Krankheitsverlauf so schnell, dass die Tiere nur mehr als Fallwild aufgefunden werden.

159 | Worauf muss der Jäger achten?
Beim Aufbrechen sind knotenförmige, abszessähnliche Gewebsveränderungen in verschiedenen Organen und mitunter kleieartige Beläge auf der Schleimhaut von Magen und Darm auffällig.

160 | Ist das Wildbret genusstauglich?
Die Veränderungen sind Abszessen gleichzusetzen. Bei mehreren Entzündungsherden und Abmagerung ist der Tierkörper unschädlich zu beseitigen oder einer Fleischbeschau durch einen amtlichen Tierarzt zu unterziehen.

Krankheiten durch Parasiten

Die große Zahl der bei Tieren vorkommenden unterschiedlichen Parasitenarten wird in Außen- und Innenparasiten unterteilt. Außenparasiten schmarotzen auf der Haut, Innenparasiten besiedeln die inneren Organe. Für den Jäger sind Parasiten die bekanntesten Krankheitserreger des Wildes, weil sie am leichtesten und oft schon mit bloßem Auge erkannt werden können.

Ihre Bedeutung für die Entstehung von Krankheiten wird häufig überschätzt. Das Vorkommen von Parasiten bedeutet nicht in jedem Fall, dass das Wirtstier daran auch erkranken muss. Bei vielen Tieren, die gut im Feist stehen und die völlig gesund erlegt werden, lassen sich Parasiten nachweisen, oft sogar in erstaunlich großer Zahl.

Krankmachend wirken sich die Parasiten im Tierkörper in der Regel erst dann aus, wenn die Abwehrkraft des Wirtstieres schwindet und so das Gleichgewicht im Verhältnis zwischen Wirt und Schmarotzer gestört wird. Hierfür gibt es vielerlei Ursachen, z.B. Witterungsunbilden, Äsungsmangel, einseitige Äsung, Verletzungen, Überhege, anhaltende Störungen im Revier. Bei einer Störung des Parasit-Wirt-Gleichgewichtes kann es zu einer massiven Infektion und zum Auftreten von Krankheitserscheinungen kommen. Erschwerend wirkt sich ein Parasitenbefall bei anderen Infektionskrankheiten, z.B. durch Viren, Bakterien, aus.

Ektoparasiten (Hautparasiten)

?

161 | Was sind Zecken?
Zecken sind blutsaugende Parasiten aus der Klasse der Spinnentiere. Besondere Bedeutung für Säugetiere haben die Schildzecken (Holzböcke) und für Vögel die Lederzecken sowie die rote Vogelmilbe.

Entwicklungszyklus der Schildzecke.

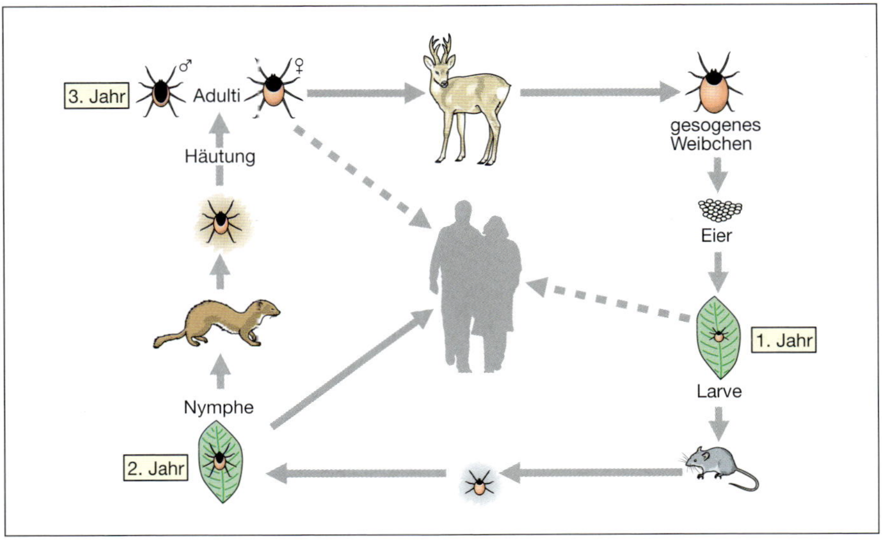

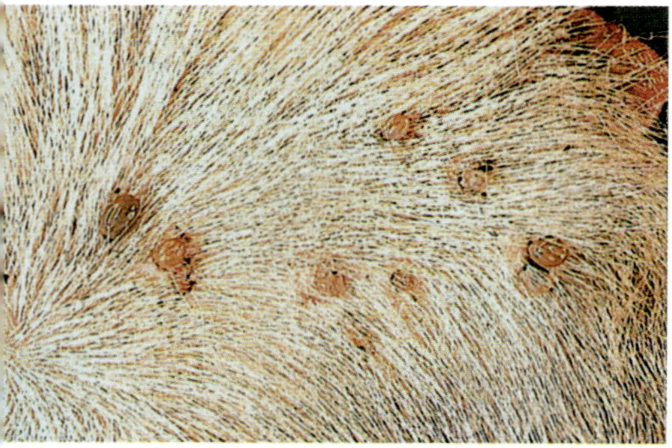

Starker Befall bei einer Rothirschdecke mit unterschiedlich vollgesogenen Zecken.

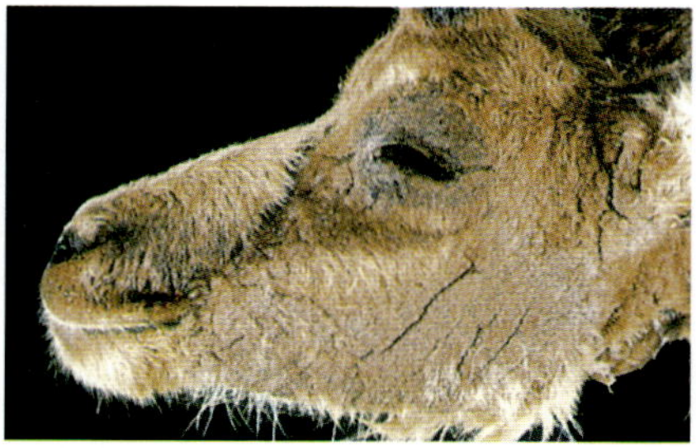

Haupt einer räudekranken Gamsgeiß.

162 | Welche Wirte werden von Zecken befallen?

Alle Wildarten und der Mensch, hauptsächlich in der Zeit von März bis Oktober.

163 | Wie erfolgt die Übertragung der Zecken?

Die Parasiten lassen sich von Gras und Büschen aus einer Höhe von höchstens einem Meter auf den Wirtskörper fallen.

164 | Welche Folgen kann Zeckenbefall haben?

Als blutsaugende Parasiten können sie Krankheiten übertragen, z.B. die Nagerpest (Tularämie), die durch Viren verursachte Zeckenencephalitis bei Mensch und Tier (bestimmten Personengruppen, z.B. Jägern, Wildbrethändlern, Schäfern wird in gefährdeten Gebieten eine Schutzimpfung angeraten) und die bakteriell bedingte Borreliose (Lyme-Krankheit).

165 | Sind Jagdhunde bei Zeckenbiss für Borrelliose anfällig?

Ja

166 | Was sind Räudemilben?

Räudemilben sind ebenfalls Parasiten aus der Klasse der Spinnentiere.

167 | Welche Wildarten werden von Räudemilben befallen?

Bei Haarraubwild (Fuchs, Dachs, Marder, Iltis usw.), Schwarzwild, Gams, Hirsch und Reh. Am bedeutsamsten ist die Gamsräude, die in Räudegebieten teilweise erhebliche Verluste verursacht, da sie bei den gesellig in Rudeln lebenden Gämsen leicht von Stück zu Stück übertragen wird.

168 | Welche Altersklassen sind betroffen?

Alle Altersklassen, wobei geschwächte Tiere offenbar stärker betroffen sind.

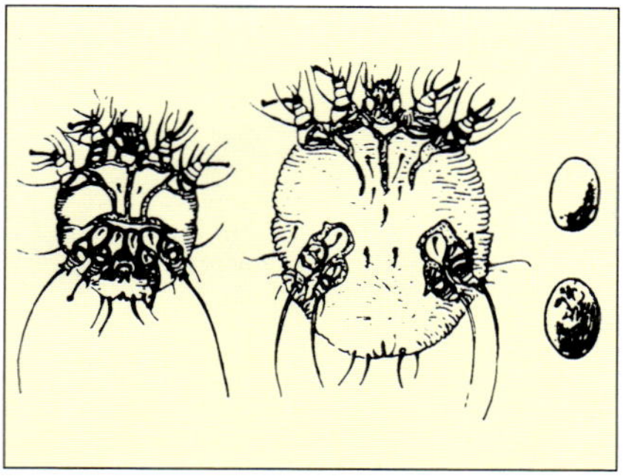

Links männliche Räudemilbe, rechts weibliche Räudemilbe; daneben zwei Eier der Räudemilbe.

169 | Wie sieht das Schadbild der Räude aus?

Die mit Juckreiz verbundene Krankheit ist durch eine entzündliche Hautverdickung mit Haarausfall, Abschuppung, Verschorfung und Borkenbildung gekennzeichnet. Anfangsstadien sind besonders an Haupt und Träger zu erkennen.

170 | Wie lassen sich die Milben feststellen?

Die Parasiten lassen sich nur mikroskopisch in einem Hautgeschabsel nachweisen.

171 | Welche Maßnahmen gegen die Räude werden ergriffen?

Über die Ursachen der Ausbreitung der Sarcoptesräude, namentlich der Gamsräude, und über die Vorgänge im Einzeltier bei der Auseinandersetzung mit den Parasiten (Empfänglichkeit, Immunität) sind noch viele Fragen offen. Darum gibt es noch keine allgemein gültigen Bekämpfungsmethoden. Eine gewisse Bekämpfung der Räude ist durch den Abschuss allen kranken und räudeverdächtigen Wildes möglich. Das ist auch aus tierschützerischen Gründen erforderlich.

Befall mit Grabmilben (Sarkoptesräude) am Vorderlauf einer Gams.

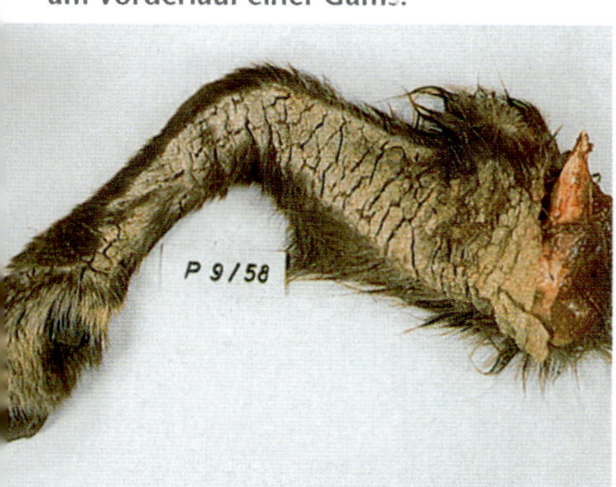

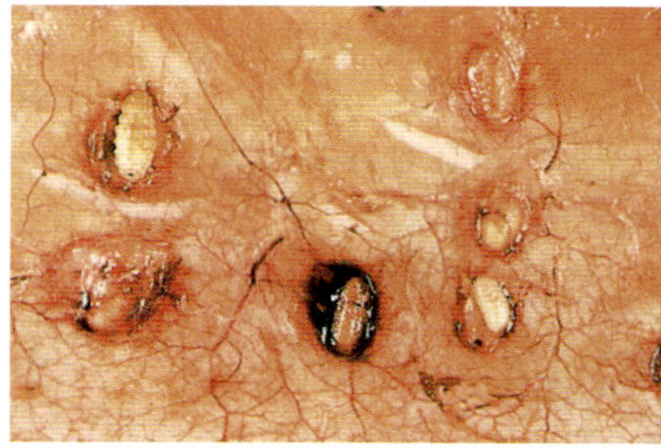

Zahlreiche Dassellarven mit Entzündung in der Unterseite der abgezogenen Decke eines Rehes.

172 | Was sind Dasselfliegen?

Fliegen, die in der Zeit von Mai bis August an die Haare der Läufe oder Flanken des Schalenwildes ihre Eier ankleben.

173 | Was sind Dassellarven?

Larven, die aus den Eiern der Dasselfliegen schlüpfen.

174 | Wie ist die Entwicklung der Dasselfliegen?

Die aus den Eiern schlüpfenden lanzettförmigen Larven durchbohren die Haut und wandern in der Unterhaut zum Rücken und zur Lende. Diese Wanderung dauert

Rachendassellarvenbefall bei einem Reh (Schädel in Längsrichtung gespalten).

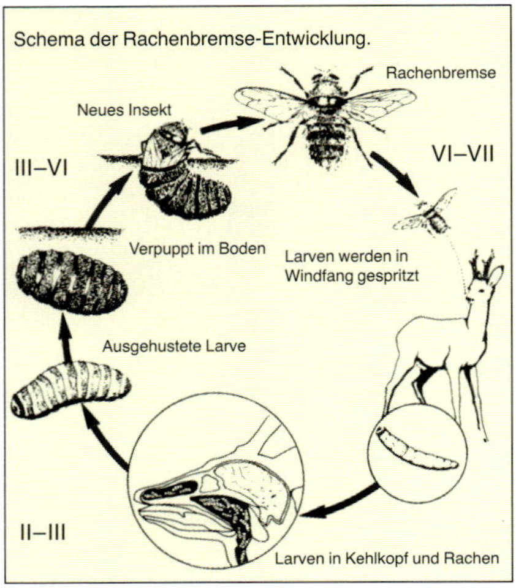

Rachenbremsenentwicklung im Jahresverlauf (römische Ziffern = Monate).

bis Dezember an. In der Unterhaut am Rücken erfolgt in der Zeit von Dezember bis März/April die weitere Entwicklung der Larven. An der Stelle ihrer Einnistung entsteht in der Haut ein Loch, das sich bis zum Schlüpfen vergrößert. Im April verlassen die Larven durch diese Öffnung den Wirtskörper und verpuppen sich am Boden. Nach etwa einem Monat ist die Entwicklung abgeschlossen, und es schlüpfen die reifen Fliegen, um sich zu paaren und fortzupflanzen.

175 | Welche Wildarten werden von Dassellarven befallen?

Verschiedene wiederkäuende Schalenwildarten, hauptsächlich Reh und Hirsch.

176 | Wie schädigen Dassellarven das Wirtstier?

Während der Wanderung verursachen die Larven starken Juckreiz, so dass sich die befallenen Tiere scheuern und dabei Hautabschürfungen zuziehen. An der Einnistungsstelle entwickelt sich als Gewebereaktion ein Knoten, die so genannte Dasselbeule.

177 | Sind Dassellarven für Schalenwild lebensbedrohlich?

Bei hochgradigem Befall werden die Wirtstiere geschwächt, sie kommen ab und werden anfällig für andere Krankheitserreger und können lebensbedrohliche Folgeschäden verursachen.

178 | Welche Auswirkungen haben Dassellarven auf die Haut?

An der Decke entsteht durch die Schlupflöcher eine erhebliche Wertminderung, die sich besonders bei der Lederherstellung (z.B. Hirschleder) auswirkt.

179 | Was sind »Rachenbremsen« (korrekt Rachendassellarven)?

Larven einer anderen Dasselfliegenart, die im Nasenrachenraum parasitieren.

180 | Welche Wildarten werden von Rachenbremsenlarven befallen?

Wiederkäuendes Schalenwild, hauptsächlich Reh und Rotwild.

181 | Wie kommen die Larven in den Rachenraum?

Von Juni bis Juli bzw. August spritzen die Weibchen im Fluge die bereits geschlüpften Larven in den Windfang des Wirtstieres. Von dort wandern die Larven in die hintere Nasenhöhle und später in den Rachen, wo sie sich in der Schleimhaut festhaken. Ihre Größenentwicklung beginnt Ende des Winters (Februar/März), ihre Verpuppungsreife erreichen sie ab März (Hirsch) bzw. April (Reh) bis in den Sommer. Dann lösen sie sich aus der Verankerung und können ausgeniest, ausgehustet oder ausgeschleudert werden (»Schleuderkrankheit«). Sie verpuppen sich auf der Erde unter Falllaub für etwa 20–40 Tage.

182 | Welchen Einfluss haben Rachenbremsenlarven auf das Rehwild?
Die Schädigung des Wirtstieres ist umso stärker, je mehr Larven es befallen haben. Im Frühjahr, wenn durch das Größenwachstum der Larven die Nasen- und Rachenhöhle eingeengt wird, leiden die hochgradig befallenen Tiere an Atembeschwerden, Hustenanfällen und Niesen. Mitunter kommen sie ab, vereinzelt sterben sie an einer durch eingeatmete Larven verursachten Lungenentzündung.

183 | Wie erkennen Sie den Rachenbremsenbefall?
Der sichere Nachweis kann nur am längs durchgesägten Haupt eines erlegten Tieres erfolgen.

184 | Was ist eine Lausfliege?
Man unterscheidet Hirschlausfliegen (bei Rotwild, Reh und Elch), Gamslausfliegen und Geflügellausfliegen. Beim Muffelwild kommt auch die Schaflausfliege vor. Die Parasiten können auf andere Tiere und den Menschen übergehen.

185 | Wie schaden Lausfliegen dem Wirtstier?
Sie sind Blutsauger. Bei starkem Befall beunruhigen sie die Wirtstiere und rufen Juckreiz hervor. Scheuerwunden sind die Folge.

186 | Welche Schadwirkung haben Flöhe, Läuse, Zecken und Hirschlausfliegen?
Sie sind blutsaugende Insekten und können Infektionserreger übertragen. So übertragen Zecken die Viren der Zeckenencephalitis und die Bakterien der Borelliose; Flöhe können die Überträger der Myxomatoseviren oder der Bakterien der Nagerpest und Staphylokokkose sein, ebenso Läuse oder Lausfliegen.

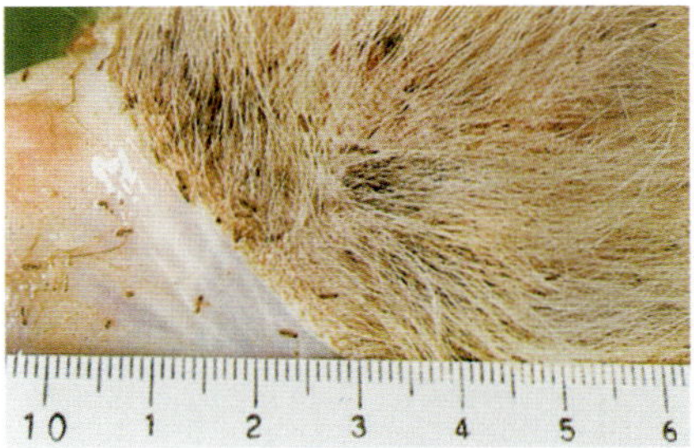

Haarlingsbefall bei einem zweijährigen abgekommenen Rehbock.

187 | Was sind Haarlinge?
Haarlinge sind Parasiten aus der Klasse der Insekten.

188 | Welche Wildarten werden von Haarlingen befallen?
Alle Wildarten, vor allem geschwächte Tiere.

189 | Wovon ernähren sich Haarlinge?
Haarlinge ernähren sich von Hautschuppen und von Entzündungsmaterial der verletzten Haut.

190 | Was sind Federlinge?
Federlinge sind Insekten, die im Federkleid parasitieren.

191 | Welche Symptome hinterlassen Federlinge am Federwild?
Federverlust, Schäden an den Federn, Juckreiz mit Kratzen.

Endoparasiten (Innenparasiten)

192 | Wirkt das Immunsystem gegen Endoparasiten?
Wie gegenüber allen Krankheitserregern reagiert der Organismus auch gegen Innenparasiten je nach seiner Abwehrkraft entweder mit Immunität, Duldung oder Entzündung.

Entwicklungsstadien der großen Lungenwurmarten.

193 | Welche Parasiten schmarotzen in der Lunge des Schalenwildes?

Es werden große und kleine Lungenwürmer unterschieden.

194 | Welche Wildarten werden befallen?

Die großen Lungenwürmer schmarotzen in Reh-, Rot- und Damwild.

Lungenwurmbefall bei einem Frischling. Der Hauptbronchus ist eröffnet worden.

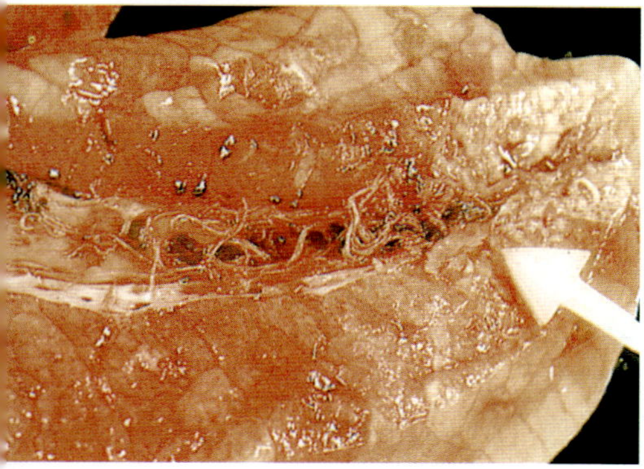

195 | Wie sind die Entwicklungskreisläufe der Lungenwürmer?

Die großen Lungenwürmer leben geschlechtsreif in den Bronchien und in der Luftröhre und legen dort Larven ab. Diese wandern zum Schlund, werden ausgehustet oder abgeschluckt und mit der Losung ausgeschieden. Sie entwickeln sich auf der Äsung zu infektionstüchtigen Larven weiter. Die kleinen Lungenwürmer (Reh, Gams, Steinwild, Mufflon, Hirsch) sitzen im Lungengewebe. Sie brauchen kleine Land- oder Wasserschnecken, die Lungenwürmer des Schwarzwildes den Regenwurm als Zwischenwirte.

196 | Wie ist das Krankheitsbild bei Lungenwurmbefall?

Bei stärkerem Befall kommt es zur Entzündung der Bronchien und der Lunge. Die Tiere husten viel und magern ab.
Die Lungenwürmer lassen sich oft in den Bronchien nachweisen, der Befall mit kleinen Lungenwürmern ist an knotenförmigen, gelbgrünlich verfärbten Verhärtungen des Lungengewebes erkennbar.

Entwicklungsstadien der kleinen Lungenwurmarten.

197 | Welche Wildart wird hauptsächlich von Rotwürmern (Luftröhrenwürmern) befallen und wo schmarotzen diese?
Ausschließlich Federwild, besonders Fasanen und Rebhühnern; erhebliche Verluste kommen mitunter bei Küken in Fasanerien vor.

198 | Wie erfolgt die Ansteckung mit Luftröhrenwürmern?
Durch Aufnahme von Larven mit dem Futter oder Trinkwasser auch durch die Aufnahme der so genannten Stapelwirte (Schnecken, Regenwürmer).

Entwicklungsstadien des Schweinelungenwurms.

199 | Welche Zwischenwirte sind bei Lungenwürmern bekannt?
Die kleinen Lungenwürmer des wiederkäuenden Schalenwildes brauchen Land- oder Wasserschnecken, die Lungenwürmer der Sauen brauchen Regenwürmer als Zwischenwirte.

200 | Welche Schäden verursachen Luftröhrenwürmer im Wirtstier?
Ein geringer Befall verläuft symptomlos. Bei erheblichem Befall wird Husten, Niesen, Atemnot, Schwäche, Abmagerung beobachtet. Die Würmer lassen sich bei toten Tieren in der Luftröhre, bei lebenden Tieren an den Wurmeiern in der Losung nachweisen. Die Luftröhre ist stets entzündet, manchmal verstopft.

201 | Welche Wildarten werden vom Großen Leberegel befallen?
Reh- und Rotwild, Gams und andere Schalenwildarten sowie Hase und Wildkaninchen.

202 | Welche Wildarten werden vom Kleinen Leberegel befallen?
Wiederkäuendes Schalenwild, Hase und Wildkaninchen.

Lungenwurmbrutknoten in einer Rehlunge. Diese Knoten sind vorwiegend im hinteren Lungenhauptlappen lokalisiert.

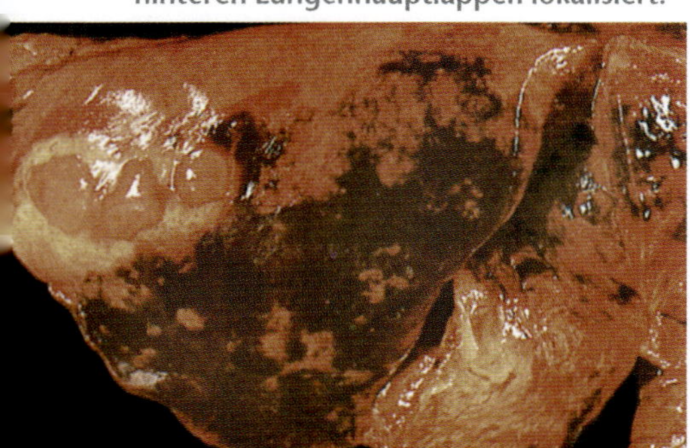

203 | Wie werden Leberegel übertragen?
Larven der Leberegel gelangen über die Äsung in die Verdauungsorgane.

204 | Wie ist die Entwicklung des Großen Leberegels?
Die geschlechtsreifen Parasiten legen Eier ab, die mit der Losung ins Freie gelangen. Für die weitere Entwicklung ist ein Zwischenwirt, die Zwergschlammschnecke, erforderlich. Haben sich in den Eiern die Wimperlarven entwickelt, schlüpfen diese und dringen in Zwergschlammschnecken ein, vermehren sich dort über mehrere Stadien und verlassen als Schwanzlarven den Zwischenwirt, um sich am Gras anzuheften und in infektionstüchtige Dauerformen umzuwandeln. Sie werden beim Äsen mit aufgenommen und gelangen in den Darm der Wirtstiere, durchbohren die Darmwand, gelangen über die Bauchhöhle in die Leber, wandern etwa 6 Wochen im Lebergewebe herum und entwickeln sich danach in den Gallengängen zu geschlechtsreifen Leberegeln.

205 | Wie ist die Entwicklung des Kleinen Leberegels?
Die Eier werden von bestimmten kalkliebenden Landschnecken aufgenommen; die im Schneckendarm schlüpfenden Larven vermehren sich und werden später in Schleimkugeln ausgeschieden, die von Ameisen verzehrt werden. In den Ameisen entwickelt sich die eigentliche Ansteckungsform des Leberegels innerhalb von 7 Wochen. Eine Larve dringt in das Gehirn der Ameise vor und verursacht eine abnorme Verhaltensweise dergestalt, dass sich die Ameise bei der abendlichen Abkühlung nicht in ihre Erdhöhle begibt, sondern sich am Grashalm festbeißt. So kann sie mitgeäst werden. Im Labmagen der Endwirte werden die Larven durch die

Entwicklungsstadien des großen Leberegels.

Einwirkung der Magensäure frei, gelangen in den Zwölffingerdarm und erreichen über den hier einmündenden Gallengang die Leber, wo sie schließlich im Gallengangsystem geschlechtsreif werden.

206 | Wie schädigt der Große Leberegel sein Wirtstier?

Eine starke Infektion kann, insbesondere während der Wanderphase, zu einer schweren Entzündung der Leber und der Gallengänge, zu Durchfall und Abmagerung führen.

207 | Wie schädigt der Kleine Leberegel sein Wirtstier?

Schädigung des Wirtstieres ist im Allgemeinen nur gering. Bei hochgradigem Befall kann sich allerdings eine Leberzirrhose entwickeln.

208 | Welche Zwischenwirte haben die Leberegel?

Der große Leberegel benötigt für seine Entwicklung Zwergschlammschnecken, der kleine Leberegel Landschnecken und Ameisen als Zwischenwirte.

209 | Ist das Wildbret von Tieren mit Leberegelbefall genusstauglich?

Bei geringgradigem Befall, ja. Ein höhergradiger Befall führt zu Durchfall, Abma-

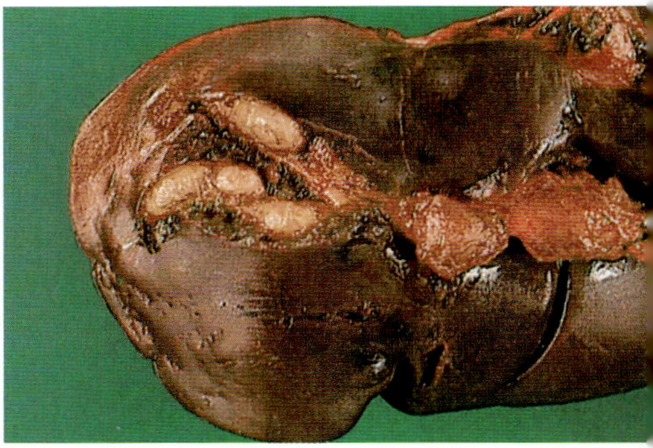

Chronischer Befall einer Rehleber mit dem großen Leberegel.

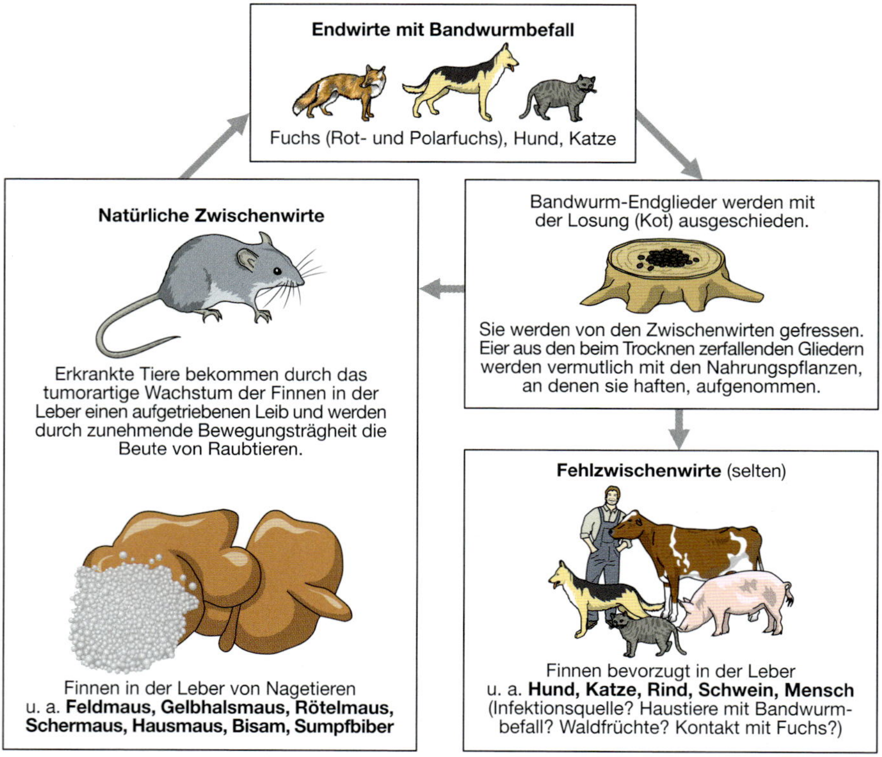

Entwicklungskreislauf des kleinen Fuchsbandwurms.

gerung, vielleicht Gelbsucht. Dann ist eine Untersuchung durch einen amtlichen Tierarzt erforderlich.

210 | Was sind Bandwürmer?

Bandwürmer sind Darmparasiten

211 | Welche Wildarten werden von Bandwürmern befallen?

Schalenwild, Hasenartige Nagetiere, Haarraubwild und Federwild einschließlich Wassergeflügel.

212 | Wie vermehren sich Bandwürmer?

Bandwürmer brauchen für ihre Entwicklung Zwischenwirte, die mit der Nahrung Eier der Bandwürmer aufnehmen, worauf sich in bestimmten inneren Organen die Zwischenstadien, die Bandwurmfinnen, bilden. Aus den Bandwurmfinnen entwickeln sich die Bandwürmer, wenn sie mit der Nahrung in den Darm des Endwirtes gelangen.

213 | Wie bezeichnet man das Entwicklungsstadium der Bandwürmer im Zwischenwirt?

Die Bezeichnung ist Bandwurmfinne.
Es handelt sich um blasige, weißliche oder durchscheinende Gebilde von unterschiedlicher Größe, die an oder in inneren Organen oder in der Muskulatur zu finden sind.

214 | Wie groß sind Finnen?
Die Finnenblasen sind stecknadelkopf- bis gänseeigroß.

215 | Welches sind die wichtigsten Finnen beim Wild?
Dünnhalsige Finne (vom geränderten Bandwurm in Fuchs, Musteliden, Hund). Sie kommt bei Reh-, Rot-, Dam-, Gams- und Schwarzwild vor und ist bis hühnereigroß.
Rehfinne (Bandwurm in Fuchs und Hund). Sie kommt bei Reh- und Rotwild vor. Die Blasen sind bis erbsengroß und sitzen in der Muskulatur, im Herzen, in der Zunge und im Zwerchfell.
Erbsenförmige Finne (vom gesägten Bandwurm in Fuchs und Hund). Die Finnen sind bis erbsengroß und kugelig und sitzen oft in großer Zahl im Darmgekröse und an den Bauchorganen von Hase und Kaninchen.
Bindegewebsfinne (Bandwurm im Fuchs). Vorkommen bei Hase und Wildkaninchen in der Unterhaut und im Bindegewebe zwischen der Muskulatur der Läufe mit bis zu hühnereigroßen Blasen
Gehirnblasenwurm (Bandwurm in Fuchs und Hund). Kommt beim wiederkäuenden Schalenwild vor. Die Blasen sitzen im Gehirn und rufen durch fortschreitendes Größenwachstum die so genannte Drehkrankheit hervor.
Echinokokken vom fünfgliedrigen Bandwurm des Fuchses (auch, wenngleich selten, von Hund oder Katze). Unter den essbaren Wildtieren sind vor allem Bisamratten mit Finnen befallen. Die Finnen durchsetzen tumorartig die Leber und andere Organe (alveoläre Echinokokkose).

216 | In welchen Körperteilen finden sich Finnen?
Sie hängen tropfenförmig oder kugelig an Organen in der Bauch- oder Brusthöhle,

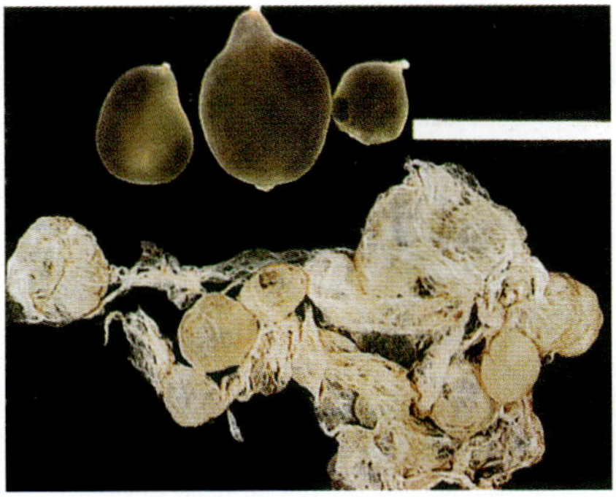

Befall mit der dünnhalsigen Bandwurmfinne *(Cysticercus tenuicollis)* im Netz eines Rehes; oben: drei herausgelöste Finnen.

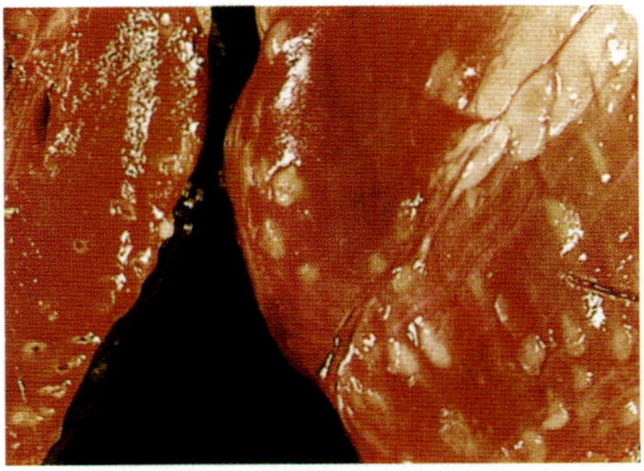

Rehfinnen *(Cysticercus cervi)*. Zahlreiche Finnen in der Herzmuskulatur.

Befall der Oberschenkelmuskulatur eines Rehes mit der Rehfinne *(Cysticercus cervi)*.

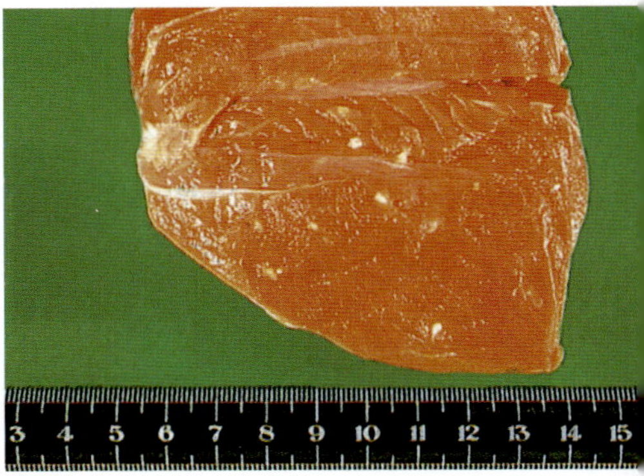

z. B. an Bauchfell, Leber, Magen, Darmgekröse, Netz, Brustfell, Gehirn.

217 | Was ist bei Finnenbefall des Schalenwildes, der Hasen und Kaninchen zu beachten?

Diese Finnen sind Entwicklungsstadien von Bandwürmern des Hundes oder Haarraubwildes. Das bedeutet, dass mit Finnen behaftete Organe nicht an Hunde verfüttert oder im Revier liegengelassen werden dürfen, sondern unschädlich zu beseitigen sind, um den Entwicklungskreislauf zu unterbrechen.

218 | In welchen Körperteilen finden sich geschlechtsreife Bandwürmer?

Im Darm der Endwirte

219 | Wie schädigen Bandwürmer ihre Wirtstiere?

Die Würmer schädigen bei starkem Befall besonders die Jungtiere, die unter Verdauungsstörungen mit Durchfall, Appetitmangel und Abmagerung leiden können. Ältere Tiere erkranken in der Regel nicht. Die Finnen entwickeln sich im Allgemeinen ohne größere Beeinträchtigung der Wirtstiere (Ausnahme Gehirnblasenwurm und alveoläre Echinokokkose). Am Ort ihrer Einnistung können sie eine Entzündung verursachen. Mitunter sterben sie ab.

220 | Wer ist beim Bandwurm Zwischenwirt?

Die Bandwurmarten des wiederkäuenden Schalenwildes und der Hasen und Kaninchen haben Moosmilben als Zwischenwirte. Geflügelbandwürmer benötigen je nach der Art Käfer, Schnecken, Fliegen oder Ameisen. Die Finnen, die im Schalenwild, in Hase und Kaninchen gefunden werden, stammen von Bandwürmern des Haarraubwildes (Fuchs, Marder, Iltis usw.) oder des Hundes.

221 | Was versteht man unter Echinokokken?

1. Finnen vom dreigliedrigen Bandwurm des Hundes. Gelegentlich beim Schalenwild als taubeneigroße Blasen anzutreffen. Diese Finnen haben ihren Sitz hauptsächlich in der Leber und in der Lunge (einkammeriger Hülsenwurm).
2. Finnen vom fünfgliedrigen Kleinen Fuchsbandwurm, vorwiegend mit tumorartigem Wachstum in der Leber.

222 | Wie beugen Sie Bandwurmbefall vor?

Hunde mit Bandwurmbefall sind zu entwurmen. Der Aufbruch (vor allen Dingen Leber und Gescheide, Herz und Muskulatur) des erlegten Wildes ist gründlich auf Finnenbefall zu überprüfen. Finnenbehaftete Organe sind unschädlich zu beseitigen; keinesfalls dürfen sie im Revier liegen bleiben oder an den Hund verfüttert werden.

223 | Was sind Rundwürmer?

Rundwürmer sind fadenförmige Würmer von je nach ihrer Art unterschiedlicher Länge, die ihren Sitz in verschiedenen Organen haben.

224 | Welche Parasiten finden wir im Darmsystem des Wildes?

Es gibt eine große Anzahl unterschiedlicher Fadenwurmarten, die bei den Wildtieren im Magen-Darmkanal parasitieren: der gedrehte Magenwurm, Haarwürmer, Spulwürmer, Hakenwürmer, Peitschenwürmer und Palisadenwürmer.

225 | Wie werden Magen- und Darmwürmer übertragen?

Ihre Eier gelangen mit der Losung in die Außenwelt. Je nach den Witterungsbedingungen schlüpfen nach unterschiedlich langer Zeit die Larven, die nach Erlangung

Entwicklung des Magenfadenwurms.

der Infektionsreife mit der Äsung aufgenommen werden und sich im Magen oder Darm zu geschlechtsreifen Würmern entwickeln.

226 | Was sind die Folgen hochgradigen Wurmbefalls?
Es kommt zur Entzündung der Magen- und Darmschleimhaut, verbunden mit Durchfall, Abmagerung und Schwäche. Hinzu kommt Blutarmut, die auf einem erheblichen Blutentzug durch manche Wurmarten beruht, z.B. beim Befall des wiederkäuenden Schalenwildes mit dem roten Magenwurm.
Bei länger andauernder Erkrankung kümmern die Tiere, Kitze bleiben in der Entwicklung zurück, die Trophäenentwicklung ist beeinträchtigt (das Vorkommen von Knopfböcken im Revier kann aber durchaus auch andere Ursachen haben!).

227 | Welche Arten leiden unter Spulwurmbefall?
Spulwurmbefall kommt bei allen Wildarten vor, am ausgeprägtesten beim Schwarzwild.

228 | Was begünstigt die Ausbreitung der Magen- und Darmwürmer?
Konzentration der Wildtiere auf engem Raum, z.B. im Gehege.

229 | Was versteht man unter Toxoplasmen?
Einzellige Parasiten, die in verschiedenen Organen Schäden verursachen können. Endwirt ist die Katze.

230 | Was sind Kokzidien?
Einzellige Krankheitserreger, die nur mit dem Mikroskop nachweisbar sind

231 | Welche Wildarten werden von Kokzidien als Wirte benutzt?
Sie können bei allen Wildtieren mit eigenen Arten vorkommen, die nicht auf andere Wildtiere übergehen.

232 | In welchen Formen tritt die Kokzidiose beim Kaninchen auf?
Als Darmkokzidiose, die bei stärkerem Befall mit Durchfall einhergeht, und Leberkokzidiose, bei der sich in der Leber weißliche Knoten bis Erbsengröße finden.

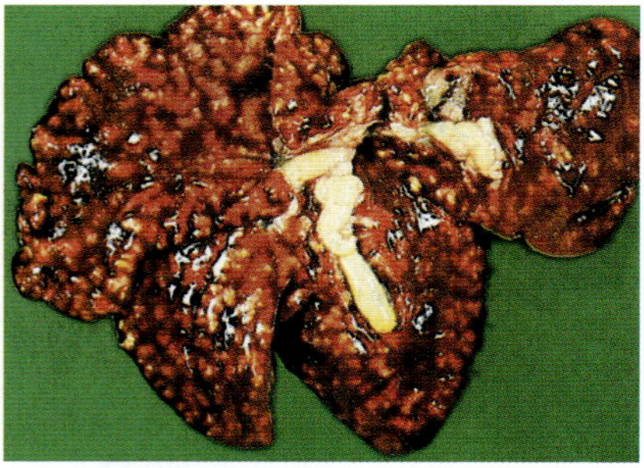

Hochgradige Gallengangskokzidiose in einer Wildkaninchenleber.

233 | Welche Tiere werden bevorzugt befallen?
Bevorzugt geschwächte und Jungtiere.

234 | Wo schmarotzen Kokzidien?
Besonders bedeutsam ist die Darmkokzidiose bei Hasen und Kaninchen, die vor allem im Spätsommer und im Herbst (schlechte Witterung, Mangel an Kräutern infolge landwirtschaftlicher Bodenbearbeitung) erhebliche Verluste verursacht.

235 | Wie ist das Krankheitsbild?
Die Krankheit ist bei Haar- und Federwild durch eine Darmentzündung mit wässrigem bis blutigem Durchfall gekennzeichnet. Die Leberkokzidiose der Kaninchen fällt durch weiße Knötchen in der Leber auf.

236 | Was sind Sarkosporidien?
Sarkosporidien sind einzellige Parasiten in der Herz-, Skelett- und Schlundmuskulatur von Wildwiederkäuern, Schwarzwild, Hasenartigen, Bären und Nagetieren.

237 | Was sind Trichinen?
Trichinen sind Muskelparasiten bei Schwarzwild, Haarraubwild und allesfressenden Nagetieren. Der Genuss rohen oder ungenügend erhitzten, mit Trichinen infizierten Wildbrets dieser Tierarten kann auch beim Menschen zur Erkrankung führen. Aus diesem Grunde ist gesetzlich eine Trichinenschau vorgeschrieben, wenn das Wildbret als Nahrungsmittel für den Menschen vorgesehen ist.

238 | In welchen Wildarten finden sich Trichinen?
In Schwarzwild, Haarraubwild, Nagetieren, den Haustieren Schwein und Hund vorkommend. Der wichtigste Trichinenträger ist der Fuchs.

239 | Wie vermehren sich Trichinen?
Nach Aufnahme infizierten Fleisches entwickeln sich im Darm die geschlechtsreifen Würmer, welche Larven ausscheiden, die sich durch die Darmwand bohren und in der Muskulatur ansiedeln.

240 | Wie sind Trichinen nachweisbar?
Die Larven sind mikroskopisch nachweisbar, sie liegen spiralig in Muskelzellen.

241 | Zu welchen Symptomen kommt es?
Die im Darm massenhaft abgelegten Larven verursachen durch das Eindringen in die Darmwand Durchfall und Darmkoliken. Die Larven in der Muskulatur führen zu Schmerzen, Bewegungsstörungen, Lähmungserscheinungen, Steifheit, Appetitlosigkeit und Abmagerung.

242 | Welche Wildarten müssen auf Trichinen beschaut werden?
Wildschweine, Bären, Füchse, Sumpfbiber, Dachse und andere fleischfressende Tiere, wenn deren Wildbret vom Menschen verzehrt werden soll.

243 | Wer führt die Trichinenbeschau durch?
Die Untersuchung auf Trichinen führt der amtliche Tierarzt durch.

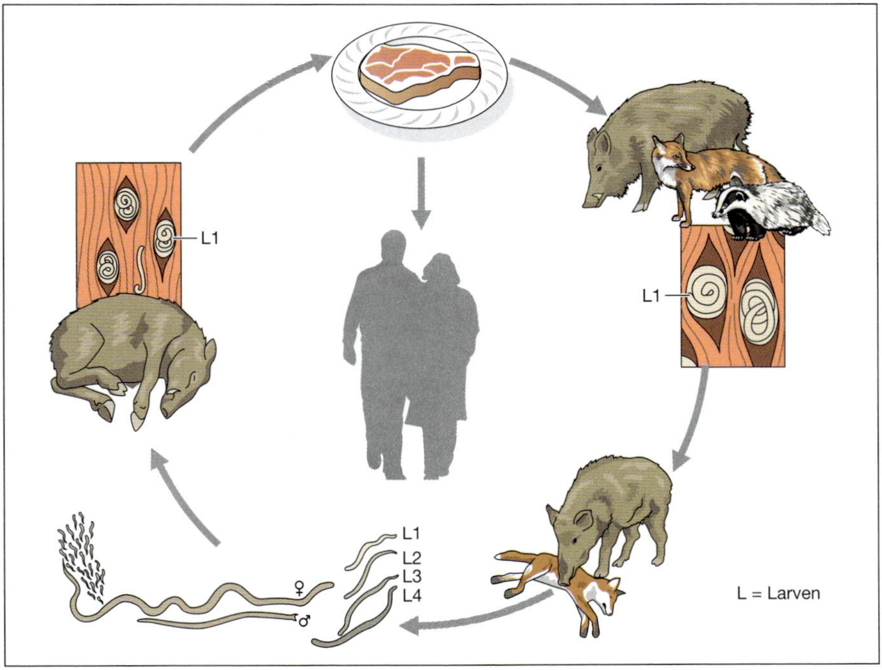

Entwicklung der Trichinose.

244 | Muss der Jäger das komplette Tier zur Beschau anliefern?

Nein. Sofern der Jäger eine entsprechende Ausbildung erhalten hat und die Genehmigung der zuständigen Behörde besitzt, darf er die Proben selber entnehmen und zur Untersuchung überbringen.

245 | Auf was muss der Jäger beim Aufbrechen von Wild achten, das zur Trichinenbeschau muss?

Es darf das Zwerchfell nicht entfernt werden.

246 | Was hat mit befallenen Wildtieren zu geschehen?

Die Kadaver möglicher Trichinenträger sind unschädlich zu beseitigen, keinesfalls am Luderplatz auszulegen.

247 | Wer verursacht die Kreuzlähme des Rotwildes?

Hierfür kommen verschiedene Ursachen in Frage, wie Verletzungen, Stoffwechselstörungen (Kupfermangel), selten auch im Rückenmark schmarotzende Parasiten.

248 | Welche Symptome zeigt die Kreuzlähme?

Bewegungsstörungen, Schwäche und Einbrechen der Hintergliedmaßen.

249 | Ist das Wildbret eines an Kreuzlähme erkrankten Hirsches genusstauglich?

Das entscheidet der amtliche Tierarzt bei der Untersuchung, zu der er wegen des bedenklichen Merkmals hinzugezogen werden muss.

Nicht infektiöse Erkrankungen

Außer den vorstehend beschriebenen erregerbedingten Krankheiten kommt in der freien Wildbahn eine Vielzahl weiterer Krankheitsursachen in Frage, denen der Jäger in seinem Revier begegnen kann. Hierzu gehören Vergiftungen in gleicher Weise wie Verletzungen (Verkehr, soziale Auseinandersetzungen), Auswirkungen von Klima und Witterung (Blitz, Steinschlag, Lawinen), genetische Fehlregulationen (Missbildungen auf erblicher Grundlage) und Tumoren.

■ Vergiftungen

Vergiftungen kommen im Allgemeinen selten und nur in Einzelfällen vor, weil das Wild instinktiv keine unverträglichen und schädlichen Substanzen aufnimmt. Lediglich unter bestimmten Umständen, z.B. Äsungsmangel, kann es zu gehäuften Vergiftungsfällen kommen.

Krankheitserscheinungen: Sie sind abhängig von der Art des Giftes. Bei der Zerlegung gestorbener oder erlegter Tiere lässt sich meist nur ein Vergiftungsverdacht aussprechen, weil eindeutige Hinweise auf das Gift selten vorliegen (Ausnahme z.B. roter Giftweizen oder Bleischrot im Magen). Im Zweifelsfall ist eine (sehr kostenaufwendige) toxikologische Untersuchung einzuleiten.

Vermeidung von übermäßiger Anwendung von Schädlingsbekämpfungsmitteln, sachgemäße Anwendung von Dünge- und Beizmitteln. Verzicht auf die Verwendung von Bleischrot, Maßnahmen zum Schutz des Wildes beim Auslegen von Nagergiften (Rodentiziden).

?

250 | Wie kommt es beim Wild zu Vergiftungen?

Als Ursache von Vergiftungen beim Wild sind zahlreiche Stoffe bekannt: verschiedene Düngemittel (bei übermäßiger Kopfdüngung in Trockenperioden), Saatgutbeize (bei Überdosierung), Insektizide (bei unsachgemäßer Anwendung und Überdosierung), Gifte zur Nagetierbekämpfung (z.B. rot gefärbtes Giftgetreide) und zur »Schadvogelbekämpfung« (z.B. Strychnin, Phosphor), Abgase von Industriebetrieben (z.B. Fluor- oder Arsenvergiftungen in der Umgebung von Aluminiumfabriken). In jüngster Zeit wurde durch toxikologische Untersuchungen vielfach ein erhöhter Schwermetallgehalt (z.B. Cadmium, Blei) in den inneren Organen, besonders in Leber und Nieren, von Wildtieren nachgewiesen.

251 | Wie sind die Krankheitsbilder bei Vergiftungen?

Hauptsymptome können Krämpfe, Schmerzäußerungen, Bewegungsstörungen, Erbrechen, Kolik und Durchfall sein. Bei längerem Krankheitsverlauf kommt es oft zur Schädigung von Nieren und Leber (Gelbsucht!) sowie zu Abmagerung, Haarverlust und Geweihmissbildungen.

252 | Welche Vergiftungen gehen auf den Jäger zurück?

Bleivergiftungen durch Schrotblei (nach der Aufnahme durch gründelndes Wassergeflügel, aber auch nach nichttödlichen Schrotschussverletzungen. In beiden Fällen verursacht das Blei eine schleichende Vergiftung und führt nach längerer Zeit einen qualvollen Tod herbei, oft durch sekundäre Infektion mit Bakterien oder Pilzen).

253 | Wirken alle Giftpflanzen bei Wildtieren toxisch?
Nein. Beispielsweise kann Rehwild ohne Schaden Eiben äsen.

254 | Wie ist das Wildbret vergifteter Tiere zu beurteilen?
Als Nahrungsmittel für den Menschen untauglich.

Mykotoxikosen

255 | Was versteht man unter Mykotoxikosen?
Das sind Erkrankungen nach der Aufnahme von Giften verschiedener Pilze, insbesondere von Schimmelpilzen.

256 | In welcher Jahreszeit treten derartige Krankheiten gehäuft auf?
Gehäuft in der kalten Jahreszeit.

257 | Wo steckt sich das Wild häufig mit diesen Krankheitserregern an?
Bei der Aufnahme von verschimmelter Äsung.

258 | Welche Symptome sind zu erkennen?
Die von den Schimmelpilzen gebildeten Pilzgifte rufen meist eine Magen-Darm-Entzündung hervor, die durch erheblichen

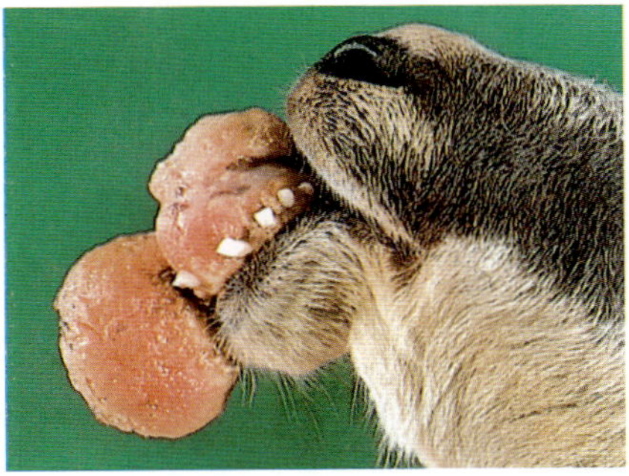

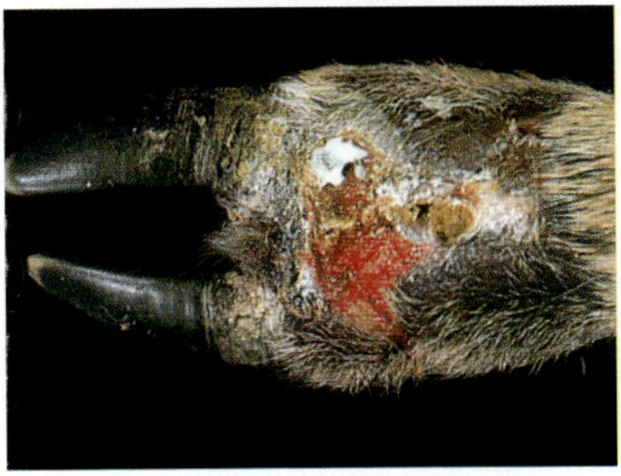

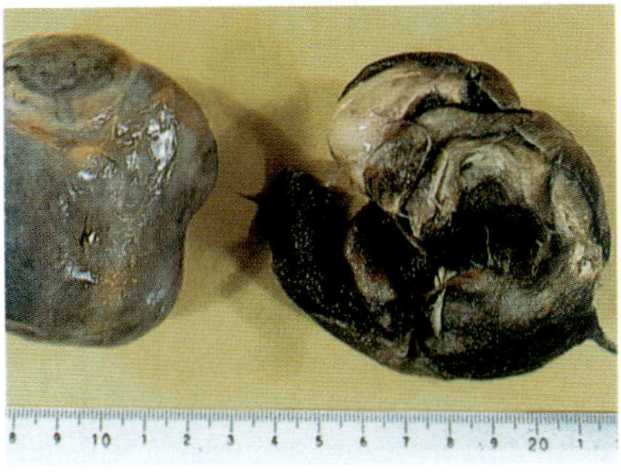

Von oben nach unten:

Bösartige Knochengeschwulst am Unterkiefer einer Gams.

Stark ausgewachsene Schalen eines Mufflons infolge ungenügender Abnutzung in einem Waldrevier.

Chronische Entzündung nach Verletzung oberhalb der Schalen in einem Rehlauf.

Zwei in der Bauchhöhle eines Hasen gefundene, mißgebildete Junge bei Bauchhöhlenträchtigkeit.

Wasserentzug zum Abkommen und Tod der Tiere führen kann. Es wurde außerdem von einer Erblindung bei Rehen berichtet, die durch einen auf Rapspflanzen wachsenden Pilz verursacht wurde.

259 | Welche Folgen hat eine Verschimmelung der Äsung?

Sie führt durch die Gifte der Schimmelpilze zu einer Erkrankung der Tiere mit Durchfall und Abmagerung.

260 | Ist das Wildbret erkrankter Tiere verwertbar?

Stark abgekommene Tiere sind als untauglich zu bewerten. Im Zweifelsfall ist eine Fleischuntersuchung zu veranlassen.

Botulismus

261 | Was ist Botulismus?

Die Krankheit wird durch Gifte bestimmter Bakterien in verwestem Fleisch und verdorbenen Speisen, selten auch im Boden, hervorgerufen, weshalb manchmal von Fleischvergiftung gesprochen wird.

262 | Welche Wildarten sind davon betroffen?

Besonders gefährdet sind Tiere in Fasanerien (durch Verfütterung von Fleischmaden) und Wasser- und Sumpfvögel an seichten Gewässern, wo es örtlich zum Massensterben kommen kann. Auch Säugetiere können erkranken: gehäufte Todesfälle kamen in Nerzzuchten vor, im Übrigen handelt es sich meist um Einzelfälle.

263 | Was begünstigt Botulismus?

Warme Witterung; stehende Gewässer, in denen Tierkadaver liegen.

264 | Wie ist das Krankheitsbild?

Die Gifte wirken im Nervensystem, es kommt zu Bewegungsstörungen, schlaffer Lähmung, Schluckstörungen, Sehstörungen, Schlafsucht und Schwäche, häufig zu Durchfällen und Atembeschwerden.

Schäden durch Biotopveränderung

265 | Welche Veränderungen in der Landschaft wirken negativ auf die Gesundheit der Wildtiere?

Flurbereinigung, Intensivierung der Landwirtschaft, Trockenlegen von Feuchtgebieten, Beseitigung von Rainen, Hecken und Feldgehölzen sowie Abbrennen von Brachflächen, Bahndämmen usw. stellen eine radikale Umgestaltung der Biotope dar. Äsungsmangel, einseitige Äsung, Fehlen von Wildkräutern, Fehlen des Sichtschutzes und der Einstände sind die Folgen und verursachen größere, teilweise bedrohliche Verluste unter den Wildtieren. Kurzfristig kommt es zu vermehrten Erkrankungen und Todesfällen, langfristig wird unter Umständen die gesamte Population bestimmter Wildarten bedroht (siehe bei: Steinadler, Auerwild, Birkwild, Rebhuhn).

266 | Welche Krankheitsbilder sind umweltbedingt?

Die Beeinträchtigung der natürlichen Lebensgrundlagen führen zur Schwächung der Tiere. Abmagerung und Anfälligkeit gegenüber Krankheitserregern ist die Folge. Beispiel: Die große Zahl der jeweils im Herbst an der Rodentiose und anderen Infektionskrankheiten zugrundegehenden Hasen beruht mit hoher Wahrscheinlichkeit auf einem ungenügenden, einseitigen und kräuterarmen Äsungsangebot.

Witterungsschäden

267 | Welchen Einfluss hat die Witterung auf die Entstehung von Krankheiten?

Langanhaltende extreme Witterungsbedingungen, z. B. Regen- oder Trockenperioden, Hitze- oder Kälteperioden können die Tiere schwächen und dadurch die Entstehung von Infektionskrankheiten begünstigen.

268 | Welche Wettersituationen wirken nachteilig auf die Gesundheit der Wildtiere?

Winterliche Witterungsbedingungen sind für alle Wildarten ein Regulativ der Wilddichte. Die durch Schnee und Kälte verursachte Verringerung des Äsungsangebotes bewirkt eine Art natürliche Auslese: Vor allem alte, kranke und kümmernde Tiere fallen den Wetterunbilden zum Opfer.
Im Frühling, Sommer und Herbst sind es regnerische und kalte Wetterperioden, die zu teilweise hohen Verlusten führen, namentlich beim Jungwild der empfindlichen Niederwildarten Hase, Fasan und Rebhuhn.

269 | Welche Krankheitsbilder treten auf?

Bei der Zerlegung von im Winter gefallenen Tieren ist das Fehlen von Feist auffällig, häufig sind auch Verletzungen an den Läufen feststellbar (verursacht durch Harschbildung bei hohen Schneelagen). Das Fallwild in den übrigen Jahreszeiten erweist sich oft als Opfer einer sekundären Infektionskrankheit.

270 | Wodurch erklären sich größere Verluste unter den Junghasen bei nasskalter Witterung im Sommer und Herbst?

Durch Kokzidiose = Darmentzündung durch Kokzidien (einzellige Parasiten).

271 | Welche Maßnahmen werden getroffen?

Radikaler Abschuss alter, schwacher und kümmernder Tiere im Revier.

So genanntes Frostgeweih beim Rehbock.

Verletzungen

272 | Welche Ursachen können Verletzungen haben?

Weichteil- oder Skelettverletzungen kommen in unterschiedlichem Schweregrad vor. Folgende Ursachen sind besonders bedeutsam: Kollisionen mit Fahrzeugen im motorisierten Straßenverkehr, landwirtschaftliche Geräte (z. B. Mähmaschinen) und Einrichtungen (Stacheldraht, u. ä.), Witterungseinflüsse (Lawinen, Steinschlag), Brände, Fehler in der Jagdausübung (z. B. unsachgemäß gestellte Fallen, mangelnde Kenntnis und Fertigkeit in der Handhabung der Jagdwaffen), Rangkämpfe. Verletzungen zählen zu den wesentlichsten Verlustursachen beim Wild.

273 | Welche Krankheitserscheinungen hinterlassen Verletzungen?

Viele Verletzungen haben den sofortigen Tod zur Folge. In anderen Fällen entwickeln sich je nach der Art und dem Schwe-

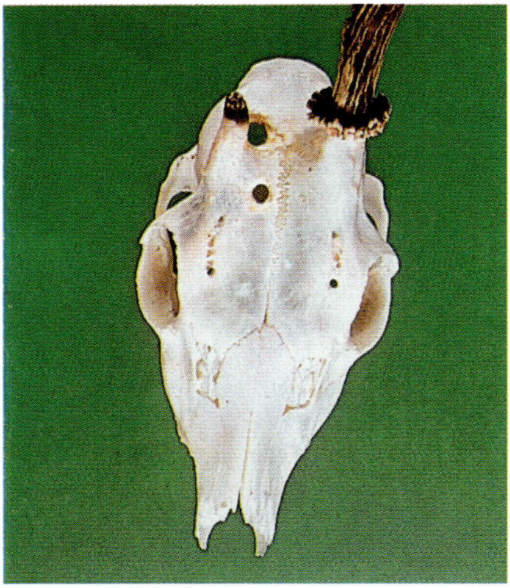

Kampfverletzung, Rehbock. Zwei Perforationen am rechten Schädeldach, Verkümmerung der rechten Stange.

Perückenbildung, Rehbock nach Verletzung am Kurzwildbret.

regrad unterschiedliche Krankheitsbilder, die einerseits zur Ausheilung führen, andererseits aber auch langes Siechtum mit Todesfolge nach sich ziehen können, wenn sich Komplikationen bei der Heilung, besonders durch Wundinfektionen, ergeben. Die Art der Verletzung ist häufig bereits äußerlich sichtbar oder an den Bewegungen und dem Verhalten des Wildes zu erkennen.

274 | Wie reagieren Wildtiere auf Knochenfrakturen?

An den Bruchenden bildet sich nach Wochen ein Kallusgewebe, welches die Knochen wieder miteinander verbindet. Nicht immer wird der ursprüngliche Zustand wieder hergestellt. Der Prozess ist immer mit Schmerzen verbunden, weshalb verletzte Tiere Bewegungsstörungen zeigen.

275 | In welcher Jahreszeit sind offene Wunden bei Wildtieren besonders kritisch?

In der warmen Jahreszeit. Fliegen können ihre Eier in die Wunde ablegen, die Maden verhindern die Abheilung (Myiasis).

276 | Ist das Wildbret verletzter Tiere genusstauglich?

Die Entscheidung, ob das Wildbret der wegen Verletzungen getöteten Tiere für den Verzehr durch den Menschen tauglich ist, erfordert eine besonders gewissenhafte Untersuchung des Tierkörpers. Zu beachten ist z. B., dass verunfalltes Wild nicht selten bereits vorher krank war und nur deshalb zu Schaden kam, weil sein Reaktionsvermögen beeinträchtigt war. Bei schweren entzündlichen Veränderungen im Bereich von Verletzungen empfiehlt sich die unschädliche Beseitigung des Wildbrets. Veränderte Teile sind ohnehin genussuntauglich. Im Übrigen ist stets zu bedenken, dass bei Vorliegen bedenklicher Merkmale eine Fleischuntersuchung durch einen amtlichen Tierarzt vorgeschrieben ist.

Missbildungen, Mutationen, Farbabweichungen

277 | Was sind Missbildungen?

Vorkommen: Missbildungen sind angeborene Abweichungen von der normalen Gestalt des Körpers bzw. der Organe. Sie kommen selten vor.

278 | Wie kommt es zu Missbildungen?

Es gibt genetische Ursachen, aber auch Entwicklungsstörungen in der Gebärmutter während der Trächtigkeit.

279 | Welche Missbildungen können an Skelett und Organen auftreten?

Doppel- oder Mehrfachbildungen (Beispiele: überzählige Gliedmaßen, Zähne)
Fehlen, Verkümmerung oder abnorme Gestalt von Organen (Beispiele: Fehlen der Augen, Stummelschwanz, Unter- oder Oberkieferverkürzung, Schnabelverbiegung)
Geschlechtsanomalien (Beispiele: Zwitterbildungen = gleichzeitig männliche und weibliche Geschlechtsmerkmale; Kryptorchismus = eine oder beide Brunftkugeln befinden sich in der Bauchhöhle)

280 | Wie wirken sich Missbildungen aus?

Sehr viele Fälle von Missbildungen verursachen keine Beeinträchtigung der Lebensfähigkeit (z.B. Farbvarianten der Haare). In anderen Fällen sind die betroffenen Tiere nicht lebensfähig. Wieder andere fallen als Jungtiere frühzeitig Raubtieren zum Opfer.

281 | Was versteht man unter Mutation?

Mutation ist eine Veränderung der Erbanlagen, beispielsweise für die Färbung der Haare, die an die Nachkommen weitervererbt wird.

Alter Bruch eines Rosenstockes mit Kallusbildung.

Vermutlich angeborene Fehlstellung der Schneidezähne bei einem 8 Monate alten Hasen.

Angeborene Mißbildung an einem Rehhinterlauf.

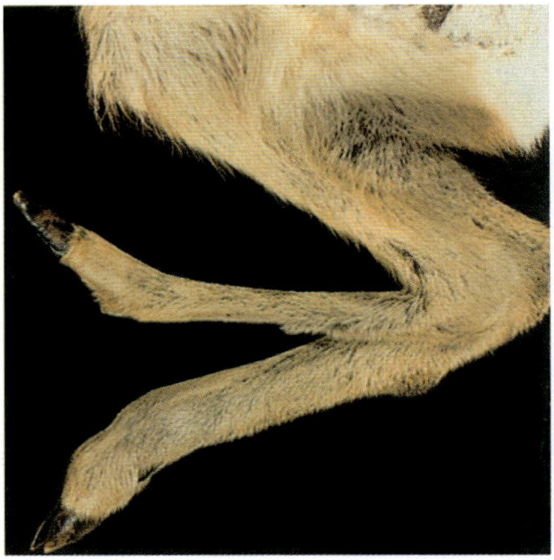

Stangenteilung bei einem Rehbock, vermutlich infolge Bastverletzung.

282 | Was sind erworbene Abnormitäten?

Im Laufe des Lebens entstandene krankhafte Veränderungen an Körperteilen oder Organen sind Folgeerscheinungen von Entzündungen, Stoffwechselstörungen oder Verletzungen. Die am meisten beobachteten Veränderungen sind am Geweih von Rehbock und Hirsch (Kümmerformen, zu wenig oder überzählige Stangen oder Sprossen, Perückenbildung, Frostgeweih, Stangen- und Rosenstockbrüche). Bedeutsam sind ferner: Auswachsen der Schalen (Beispiel: bei Muffelwildhaltung auf zu weichem Boden), Zahnabnormitäten, Steinbildungen (Beispiele: Nierenbeckensteine, Harnblasensteine, Bezoare im Pansen [Weidsack] des wiederkäuenden Schalenwildes), Störung der Trächtigkeit (Beispiele: Steinfrucht, Bauchhöhlenträchtigkeit).

283 | Welche Ursachen haben Geweihmissbildungen beim Rehbock und Hirsch?

Verschiedene chronische Krankheiten, z. B. durch Parasiten oder diverse Gifte; mangelhafte oder einseitige Äsung; Dauerstress; Verletzungen; Perückenbildungen sind ein Hinweis auf Hormonstörungen, meist nach Verletzungen am Kurzwildbret.

284 | Was ist Melanismus?

Melanismus = Schwarzfärbung infolge übermäßiger Pigmentierung.

285 | Was verursacht Albinismus?

Albinismus = Fehlen von Farbpigmenten, so dass die Tiere weißfellig und rotäugig sind.

Weiße Farbvariante bei einem Rothirsch.

286 | Wie verhält sich der Jäger bei Wild mit Missbildungen?
Wenn mit den Organveränderungen Leiden verbunden sind, sind die Tiere unverzüglich zu erlegen.
Wildbretbeurteilung: Die veränderten Organe sind zu entfernen, das Wildbret ist gewissenhaft auf mögliche Folgeschäden zu untersuchen. Sollten solche vorliegen, beispielsweise Abmagerung, ist eine Fleischuntersuchung zu veranlassen.

Geschwülste

287 | Wo finden wir bei Wildtieren Geschwülste?
Grundsätzlich können sich an jedem Organ (z.B. Leber, Lunge) und Gewebe (z.B. Knochen, Muskulatur) Geschwülste entwickeln, die gut- oder bösartig sind, einzeln oder in größerer Zahl auftreten. Sie kommen beim Wild aber wesentlich seltener vor als beispielsweise beim Menschen. Die meisten Geschwülste kamen bislang beim Reh zur Beobachtung.

288 | Sind Geschwülste für das betroffene Tier nachteilig?
Das Geschwulstwachstum führt in seinem Verlauf zu einer zunehmenden Auszehrung des betroffenen Tieres.

289 | Ist das Wildbret dieser Tiere genusstauglich?
Die veränderten Gewebeteile sind zu entfernen. Sind mehrere Geschwülste entwickelt oder ist das Tier abgekommen, so ist eine Fleischuntersuchung oder eine unschädliche Beseitigung zu veranlassen.

Verhalten und Gefährdung des Jägers

Krankheiten durch Viren und Bakterien

290 | Warum muss sich der Jäger mit Wildkrankheiten befassen?
Nach dem BJagdG ist er verpflichtet, das Wild vor Gefahren, unter anderem vor Wildseuchen zu schützen. Das setzt voraus, dass er den Gesundheitszustand des Wildes in seinem Revier beurteilen und bei auftretenden Krankheiten die richtigen Bekämpfungsmaßnahmen einleiten kann. Außerdem muss er in jedem Falle entscheiden können, ob das Wildbret als Nahrungsmittel für den Menschen verwendbar ist. Dafür sind Kenntnisse über Wildkrankheiten eine unerlässliche Voraussetzung. Er ist also nicht nur für die Gesundheit des Wildes verantwortlich, sondern auch für die der Menschen, die mit krankem Wild in Berührung kommen und durch übertragbare Krankheiten gefährdet werden können.

291 | Durch welche Infektionskrankheiten des Wildes ist der Mensch besonders gefährdet, und wie erfolgt die Infektion?
Tollwut durch Biss oder durch Kontakt mit dem Speichel eines tollwütigen Tieres; Salmonellose durch Verzehr von mit Salmonellabakterien besiedeltem Wildbret; Brucellose und Tularämie durch Kontakt mit infiziertem Wildbret; Trichinellose durch Verzehr von nicht ausreichend

erhitztem trichinösem Wildbret; Echinokokkose durch Aufnahme von Eiern des fünfgliedrigen Fuchsbandwurms.

292 | Welche Wildkrankheiten sind darüber hinaus eine Gefahrenquelle für den Menschen, wenngleich Übertragungen selten sind?
Maul- und Klauenseuche, Lippengrind (Ecthyma contagiosum), Pocken, Yersiniose (Rodentiose), Staphylokokkose, Tuberkulose, Milzbrand, atypische Geflügelpest. Infektionen entstehen durch Kontakt und werden durch mangelhafte Hygiene gefördert.

293 | Wie kann sich der Jäger vor der Tollwut schützen?
In Gebieten mit aktuellem Tollwutvorkommen ist größte Vorsicht beim Aufbrechen und Versorgen erlegter Wildtiere geboten, außerdem sollte bei erlegtem Haarraubwild, auch wenn es dem Augenschein nach völlig gesund war, auf das Abbalgen, Präparieren usw. zugunsten einer Tollwutuntersuchung verzichtet werden.

Derjenige, der einen Fuchs oder Marder abbalgt, sollte möglichst gegen Tollwut geimpf sein und mit Mundschutz und Gummihandschuhen arbeiten.

294 | Wie ist der Krankheitsverlauf der Ornithose beim Menschen?
Die Krankheitserscheinungen ähneln anfangs weitgehend einer Grippeinfektion, allerdings sind die üblichen Behandlungsmethoden meist wirkungslos. Die Krankheit kann sich über Monate erstrecken und sogar tödlich enden.

■ Krankheiten durch Parasiten

295 | Welche Endoparasiten können vom Wild auf den Menschen übertragen werden?
Die gefährlichste Endoparasitose ist die Trichinellose. Gleichfalls gefährlich sind Eier des Kleinen Fuchsbandwurmes *Echinococcus multilocularis.*

296 | Welche Krankheiten werden beim Menschen durch Zeckenbiss übertragen?
1. Frühsommer-Meningoenzephalitis (FSME) = Zecken-Enzephalitis
2. Borelliose

297 | Wie schützen Sie sich vor der Zecken-Enzephalitis?
Es besteht die Möglichkeit einer vorbeugenden Impfung.

298 | Ist eine vorbeugende Impfung gegen Borelliose möglich?
Nein, bislang ist kein wirksamer Impfstoff entwickelt worden.

299 | Worauf achten Sie nach einem Zeckenbiss?
Ob sich im Bereich der Bissstelle eine entzündliche Röte entwickelt, die mit einer kreisförmigen Wanderröte einhergeht.

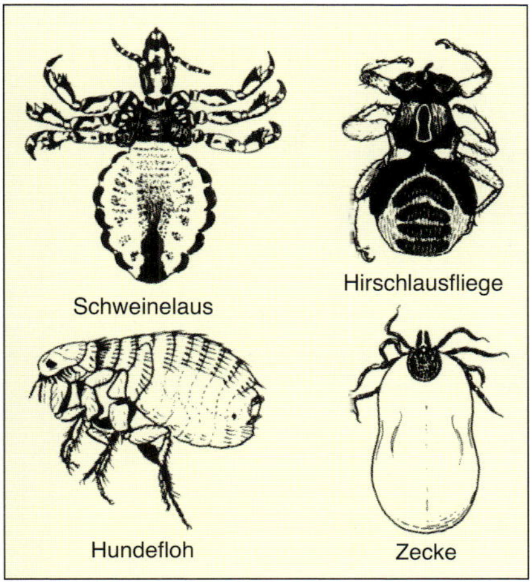

Häufig vorkommende Außenparasiten.

Dann ist unverzüglich ein Arzt aufzusuchen.

300 | Wie schützen Sie sich vor einer Aufnahme von Eiern des Kleinen Fuchsbandwurmes?
Am sichersten ist es, erlegte Füchse nicht abzubalgen. Andernfalls werden Latexhandschuhe und Mundschutz empfohlen, Fell vor dem Abbalgen durchfeuchten.

301 | In welchem Körperteil schmarotzen Bandwürmer?
Geschlechtsreife Bandwürmer im Darm des Endwirtes, die Larven im Körperinneren und verschiedenen Organen, überwiegend in Zwischenwirten.

302 | Wird der Mensch von Trichinen befallen?
Ja. Durch den Verzehr ungenügend erhitzten trichinösen Wildbrets.

303 | Wie ist das Krankheitsbild beim Menschen?
Die Krankheit wird bestimmt durch die Reaktion des Körpers auf die in die Muskelzellen einwandernden Larven.

Schutzmaßnahmen, Ermittlung von Krankheitsursachen

304 | Was ist bei Versand von Untersuchungsmaterial zu beachten?
Es ist erforderlich, das Untersuchungsmaterial so schnell wie möglich zur Untersuchung zu bringen, entweder durch direkte Anlieferung oder mit Postschnellpaket.
Die Verpackung hat so zu erfolgen, dass keine Krankheitserreger verstreut werden, am günstigsten in Plastikbehältern, -beuteln usw. Das Material darf nicht lebenswarm, sondern nur in gut ausgekühltem Zustand verpackt werden, andernfalls erfolgt eine schnelle Zersetzung der Gewebe, wodurch die Befunderhebung erschwert bzw. unmöglich werden kann. Gegebenenfalls sind, besonders bei hochsommerlichen Temperaturen, der Sendung Kühlelemente beizulegen.
Zu jeder Einsendung gehört ein ausführlicher Vorbericht (siehe Schema unten!) mit Angaben über eventuell beobachtete Krankheitserscheinungen, Häufigkeit der Todesfälle, Befunde bei früheren Sektionen und gegebenenfalls Vorbeugungs- und Behandlungsmaßnahmen.

305 | Wie behandeln Sie seuchenverdächtiges Wild?
Es ist nach Möglichkeit an ein Untersuchungsinstitut zu überbringen, andernfalls unverzüglich an einer Tierkörperbeseitigungsanstalt (TBA) unschädlich zu entsorgen.

■ Tabelle: Verzeichnis der Ämter und Institute, an denen Wilduntersuchungen durchgeführt werden (Stand 2005)

Bundesland/ Anschrift	Art der Untersuchungen*
Baden-Württemberg	
Staatl. Tierärztl. Untersuchungsamt, Löwenbreitestr. 18/20, 88326 Aulendorf	T, K
Tierhygienisches Institut Freiburg, Am Moosweiher 2 (Postfach 5140), 79108 Freiburg	T, K
Staatl. Tierärztl. Untersuchungsamt Heidelberg, Czernyring 22b, 69115 Heidelberg	T, K
Chemisches und Veterinäruntersuchungsamt Stuttgart, Sitz Fellbach – Außenstelle Stuttgart – Azenbergstr. 16, 70174 Stuttgart	T, K
Bayern	
Südbayern: Landesamt für Gesundheit und Lebensmittelsicherheit (LGL), Veterinärstr. 2 , 85764 Oberschleißheim	T, K
Nordbayern: Landesamt für Gesundheit und Lebensmittelsicherheit (LGL), Eggenreuther Weg 43, 91058 Erlangen	K
Institut für Tierpathologie der Ludwig-Maximilians-Universität München, Veterinärstr. 13, 80539 München	K (nur Haarwild)
Tiergesundheitsdienst Bayern e.V. Zentralinstitut, Senator-Gerauer-Str. 23, 85586 Grub bei München	K
Institut für Geflügelkrankheiten der Ludwig-Maximilians-Universität München, Veterinärstr. 3, 85764 Oberschleißheim	K (nur Federwild)
Berlin	
Institut für Lebensmittel, Arzneimittel und Tierseuchen (ILAT) im Berliner Betrieb für Zentrale Gesundheitliche Aufgaben, Invalidenstr. 60, 10557 Berlin	T, K
Institut für Veterinärpathologie der Freien Universität Berlin, Straße 158 Nr. 15, 14163 Berlin	K
Brandenburg	
Staatl. Veterinär- und Lebensmitteluntersuchungsamt, Schlachthofstr. 18, 03044 Cottbus	T, K
Staatl. Veterinär- und Lebensmitteluntersuchungsamt, Fürstenwalder Poststr. 73, Postfach 469, 15234 Frankfurt/Oder	T, K
Staatliches Veterinär- und Lebensmitteluntersuchungsamt, Pappelallee 20, 14469 Potsdam-Bornstedt	T, K
Bremen	
Landesuntersuchungsamt für Chemie, Hygiene und Veterinärmedizin, Skt.-Jürgen-Straße, 28208 Bremen	K
Hamburg	
Hygiene Institut Hamburg, Abteilung Lebensmittelhygiene und Veterinärmedizinische Diagnostik, Marckmannstraße 129a, 20357 Hamburg	T, K

* T = Tollwut, K = Krankheitsursachen

Bundesland/ Anschrift	Art der Untersuchungen*
Hessen	
Staatl. Medizinal-, Lebensmittel- und Veterinäruntersuchungsamt Südhessen, Außenstelle Frankfurt/M., Deutschordenstr. 48, 60528 Frankfurt/M.	T, K
Staatl. Medizinal-, Lebensmittel- und Veterinäruntersuchungsamt Mittelhessen, Marburger Str. 54, 35396 Gießen	T, K
Staatl. Medizinal-, Lebensmittel- und Veterinäruntersuchungsamt Nordhessen, Druseltalstr. 61, 34131 Kassel; Postfach 410160, 34114 Kassel	T, K
Institut für Veterinärpathologie der Justus-Liebig-Universität, Frankfurter Str. 96, 35392 Gießen	K
Institut für Geflügelkrankheiten der Justus-Liebig-Universität, Frankfurter Str. 91, 35392 Gießen	K (nur Federwild)
Mecklenburg-Vorpommern	
Landesveterinär- und Lebensmitteluntersuchungsamt Rostock, Außenstelle Neubrandenburg, Demminer Str. 46–48, 17034 Neubrandenburg; Postfach 1804, 17008 Neubrandenburg	T, K
Landesveterinär- und Lebensmitteluntersuchungsamt Rostock, Thierfelder Str. 18, 18059 Rostock; Postfach 102064, 18003 Rostock	T, K
Landesveterinär- und Lebensmitteluntersuchungsamt Rostock, Außenstelle Schwerin, Neumühler Str. 10–12, 19057 Schwerin	T, K
Niedersachsen	
Staatl. Veterinäruntersuchungsamt Braunschweig, Dresdenstr. 6, 38124 Braunschweig	T, K
Staatl. Veterinäruntersuchungsamt Hannover, Eintrachtweg 17, 30173 Hannover	Seuchenverdacht
Staatl. Veterinäruntersuchungsamt Oldenburg, Philosophenweg 38; Postfach 2403, 26121 Oldenburg i. O.	T, K
Staatl. Veterinäruntersuchungsamt Oldenburg, Außenstelle Stade, Heckenweg 6, 21680 Stade	T, K
Institut für Pathologie der Tierärztlichen Hochschule Hannover, Bünteweg 17, 30559 Hannover	K (außer Federwild)
Institut für Wildtierforschung an der Tierärztl. Hochschule Hannover, Bischofsholer Damm 15, 30173 Hannover	K
Klinik für Geflügel der Tierärztlichen Hochschule Hannover, Bünteweg 17, 30559 Hannover	K (nur Federwild)
Tierärztliches Institut der Landwirtschaftlichen Fakultät der Universität Göttingen, Groner Landstr. 2, 37073 Göttingen	K
Institut für Wildbiologie und Jagdkunde der Universität Göttingen, Büsgenweg 3, 37077 Göttingen	K
statt Tiergesundheitsamt Hannover: Ahlemer Institut, Zentrum für Tiergesundheit, Milch- und Lebensmittelanalytik, Heisterbergallee 12, 30453 Hannover	K
Landwirtschaftskammer Weser-Ems, Institut für Tierzucht, Tierhaltung und Tiergesundheit Mars-La-Tour-Str. 1, 26121 Oldenburg; Postfach 2549, 26015 Oldenburg	K
Landwirtschaftskammer Weser-Ems, Institut für Tierzucht, Tierhaltung und Tiergesundheit, Nebenstelle Meppen, August-Prieshof-Str. 1, 49716 Meppen	K

* T = Tollwut, K = Krankheitsursachen

Bundesland/ Anschrift	Art der Untersuchungen*
Nordrhein-Westfalen	
Staatl. Veterinäruntersuchungsamt Arnsberg, Zur Taubeneiche 10–12, 59821 Arnsberg 2	T, K
Staatl. Veterinäruntersuchungsamt Detmold, Westerfeldstraße 1, 32758 Detmold; Postfach 2754, 32717 Detmold	T, K
Staatl. Veterinäruntersuchungsamt Krefeld, Deutscher Ring 100 47798 Krefeld	T, K
Chemisches Landes- und Staatl. Veterinäruntersuchungsamt, von-Esmarch-Str. 12, 48149 Münster	T, K
Forschungsstelle für Jagdkunde und Wildschadenverhütung, Dezernat der Landesanstalt für Ökologie, Bodenordnung und Forsten / Landesamt für Agrarordnung Nordrhein-Westfalen, Forsthaus Hardt, Pützchens Chaussee 228, 53229 Bonn	K
Rheinland-Pfalz	
Landesveterinäruntersuchungsamt Rheinland-Pfalz, Blücherstraße 34; Postfach 1320, 56073 Koblenz	T, K
Saarland	
Staatl. Institut für Gesundheit und Umwelt, Abt. Veterinärmedizin, Saarbrücken Hellwigstr. 8–10, 66121 Saarbrücken	T, K
Sachsen	
Landesuntersuchungsanstalt für das Gesundheits- und Veterinärwesen Sachsen, Sitz Dresden / Standort Chemnitz – Abteilung 4: Tierische Lebensmittel und veterinärmedizinische Diagnostik, Zschopauer Str. 186, 09126 Chemnitz	T, K
Landesuntersuchungsanstalt für das Gesundheits- und Veterinärwesen Sachsen, Standort Leipzig – Betriebsteil Wiederitzsch, Bahnhofstr. 58/60, 04448 Wiederitzsch	T, K
Institut für Veterinär-Pathologie, Margarete-Blank-Str. 4, 04103 Leipzig	T, K
Landesuntersuchungsanstalt für das Gesundheits- und Veterinärwesen Sachsen, Sitz Dresden / Standort Dresden, Jägerstr. 10, 01099 Dresden	T, K
Sachsen-Anhalt	
Landesveterinär- und Lebensmitteluntersuchungsamt Halle, Freiimfelder Str. 66/68, 06112 Halle/Saale	T, K
Landesveterinär- und Lebensmitteluntersuchungsamt Stendal, Haferbreiter Weg 132–135, 39576 Stendal; 39554 Stendal, Postfach 148	T, K
Schleswig-Holstein	
Lebensmittel- und Veterinäruntersuchungsamt des Landes Schleswig Holstein, May-Eyth-Str. 5, 24537 Neumünster; Postfach 2743, 24517 Neumünster	T, K
Thüringen	
Thüringer Medizinal-, Lebensmittel- und Veterinäruntersuchungsamt, Naumburger Str. 96b, 07743 Jena	T, K
Thüringer Medizinal-, Lebensmittel- und Veterinäruntersuchungsamt, Juri-Gagarin-Ring 124, 99084 Erfurt	T, K
Thüringer Medizinal-, Lebensmittel- und Veterinäruntersuchungsamt, Tennstedter Straße 9, 99947 Bad Langensalza	T, K

* T = Tollwut, K = Krankheitsursachen

Schema für einen Untersuchungsantrag

Einsender: Name:
Anschrift:
Revier:
Landkreis:

Untersuchungsmaterial: Tierkörper — Tierkörperteil: z.B. Kopf
Organe: z.B. Lunge, Leber

Tierart: **Alter:** **Geschlecht:**

besondere Kennzeichen (z.B. Ohrmarke):

Vorbericht:
z.B. tot aufgefunden, krank erlegt (jeweils Datum angeben!), in Gefangenschaft gestorben oder getötet (wie?), Häufigkeit der Todesfälle

Krankheitserscheinungen:
auch Krankheitsdauer, evtl. Behandlung

Untersuchungsantrag:
z.B. Tollwut, Krankheitsursache, Todesursache

Bemerkungen:
z.B. Befunde bei früheren Sektionen
Art der Entwurmungen, Fütterung

C Jagdhunde

Jagdhunderassen und deren Arbeitsgebiete 454

Jagdhundehaltung 487

Anschaffung eines Jagdhundes 500

Ausbildung und Führung 504

Zucht- und Prüfungswesen 529

Hundekrankheiten 544

Jagdhunderassen und deren Arbeitsgebiete

Der Hund ist das älteste Haustier; seine Domestikation liegt mehr als 12000 Jahre zurück. Seine Wildform ist der Wolf, der durch seine hohe Lernfähigkeit und sein ausgeprägtes Sozialverhalten beste Voraussetzungen mitbrachte, um sich als Haustier in die »Rudelgemeinschaft« mit dem Menschen einzufügen. Die ersten »Hauswölfe« waren sicher noch keine Jagdgefährten der Menschen, sondern dienten vermutlich als Schlachttiere zur Nahrung, bald wohl auch als Wächter der Lager und Wohnstätten. Als Schaf und Ziege als weitere Haustiere vorhanden waren, dürfte der Weg über die Verteidigung dieser Herden gegen wilde Raubtiere bis zum Helfer beim Aufspüren von Wild und zur weiteren Verwendung als »Jagdgehilfe« begonnen haben.

Diese vorgeschichtliche Verwendung des Hundes liegt weitgehend im Dunkeln; in den schriftlichen und bildlichen Zeugnissen früher Hochkulturen erscheint jedenfalls der Jagdhund bereits in vielgestaltiger Form. Bevor die Jagd hauptsächlich mit Feuerwaffen ausgeübt wurde, also bis ins 18. Jahrhundert, bedeutete »jagen« ausdrücklich das Verfolgen von Wild mit Hilfe

Die Tiroler Bracke war und ist ein vielseitiger Waldgebrauchshund.

Übersicht Jagdhunderassen

Haarart / Rassengruppe	**Kurzhaar** Kurze, knappe Behaarung am ganzen Körper und im Gesicht, Haar entweder glatt und fein (Glatthaar) oder bürstenartig grob (Stockhaar), kurze, aber dichte Unterwolle.	**Langhaar:** Körper lang behaart, Rute mit »Fahne«, an Läufen »Hosen«, Haar seidig glatt, gewellt oder gekräuselt, Gesicht stets kurz und glatt behaart. Zu feines und übermäßig langes Haar unerwünscht.	**Rauhhaar:** Körperbehaarung sehr unterschiedlich, knapp »stichelhaarig« bis zottig, Gesicht immer mit »Bart« und buschigen Augenbrauen. Unterwolle dicht und fest. Zu weiches und wolliges Haar unerwünscht.
Bracken Dachsbracken	Deutsche Bracke Westfäl. Dachsbracke Brandlbracke Tirolerbracke Alpenländ. Dachsbracke Beagle u.a.		Steirische Rauhhaarbracke (Peintingerbracke) Alpenländ. Dachsbracke
Schweißhunde	Hannoverscher Schweißhund Bayerischer Gebirgsschweißhund		
Stöberhunde		Deutscher Wachtelhund* Cockerspaniel* Springerspaniel*	
deutsche Vorstehhunde	Deutsch-Kurzhaar* Weimaraner (K)*	Deutsch-Langhaar Großer Münsterländer Kleiner Münsterländer Weimaraner (L)	Deutsch-Stichelhaar* Griffon* Deutsch-Drahthaar* Pudelpointer*
englische Vorstehhunde	Pointer	Engl. Setter Irish-Setter Gordon-Setter (Schott. S.)	
französische Vorstehhunde	(Braque – versch. Rassen)	Bretone* (und andere Epagneuls)	(Griffon, Barbet)
ungarische Vorstehhunde	Ungarisch-Kurzhaar*		Ungarisch Drahthaar*
Dachshunde	Kurzhaarteckel	Langhaarteckel	Rauhhaarteckel
Terrier	Deutscher Jagdterrier* Foxterrier* Jack-Russel-Terrier		Deutscher Jagdterrier* Foxterrier* (Irish Terrier, Welsh Terrier) Jack-Russel-Terrier
Apportierhunde (Retriever)	Labrador Retriever	Golden Retriever	

* = Rute gewöhnlich kupiert

von Hunden. Wehrhaftes Wild (Keiler, Bär) konnte nur mit der blanken Waffe abgefangen werden, wenn starke, doggenartige »Packer« es überwältigt hatten. Flüchtiges Wild (Rotwild, Reh, Hase) wurde von Hundemeuten »zu Stande gehetzt« oder in Fangnetze getrieben. Im Wald geschah das durch Bracken, die mit der Nase auf Spur und Fährte des Wildes jagten, im offenen Gelände durch Windhunde, die das Wild auf Sicht im schnellen Lauf verfolgten. Kleine Stöberhunde dienten zum Aufstöbern von Niederwild in dichter Deckung, um es in Netze zu treiben oder um es mit dem Beizvogel (Falke oder Habicht) zu erbeuten. Auch niedrige, kurzläufige Hunde, Vorläufer unserer Erdhunde zur Bauarbeit auf Raubwild, wurden verwendet.

Das Bild änderte sich, als die Vervollkommnung der Feuerwaffen die Jagdtechnik völlig veränderte. Der Jäger war nun wehrhaftem Wild auch ohne Hilfe der Hunde überlegen, und er vermochte scheues und schnelles Wild auch über größere Entfernung zu erlegen. Die früher dazu nötigen Hunde wurden entbehrlich (Packer, Hatzhunde, Meutehunde, Windhunde). »Vor dem Schuss« wurden Hunde nur noch zum Aufsuchen und Aufstöbern von Niederwild benötigt; dazu kam nun aber die Arbeit »nach dem Schuss« zur Nachsuche von angeschossenem und verendetem Wild.

Eine weitere Änderung brachte die gesellschaftliche Entwicklung. Mit dem Ende der Feudalherrschaft verschwanden auch die großen, kostspieligen Hundehaltungen der Fürstenhöfe. Die neue »bürgerliche« Jagd, endgültig etabliert nach der Revolution 1848, bevorzugte den vielseitig verwendbaren Jagdgebrauchshund für den Einzelgänger. Von dieser Entwicklung ist der Einsatz von Jagdhunden, ungeachtet der großen Stöberjagden, bis heute geprägt.

Allgemeines

?

1 | Von wem stammt der Hund ab?
Man kann davon ausgehen, dass der europäische Hund vom Wolf abstammt. Für diese Ansicht spricht, dass Wolf und Hund sich fruchtbar kreuzen.

2 | Wie entstanden die heute bei uns geführten Rassen?
Der Hund als Jagdgehilfe des Menschen erscheint erstmals um 10 000 v. Chr.
Man jagte zuerst mit zwei unterschiedlichen Gruppen von Hunden: Der auf Sicht hetzende, schnelle Windhund, wie ihn die Steppenvölker entwickelten, und die mit der Nase jagende Bracke schlechthin. Die weitere Entwicklung führte lange später zum Typus des Stöberhundes, der wiederum hinüberleitet zu den Vorstehhunden.

3 | Was gehört zu den Anlagen eines Hundes?
Zu den wichtigen, angeborenen Anlagen eines Jagdhundes, je nach Rasse, zählen: Spur- bzw. Fährtenwille. Wildschärfe, Hetzwillen, Stöbern, Vorsuche und Vorstehen, Spur- bzw. Fährtenlaut.

4 | Bei welcher Jagdhundegruppe ist der Spurlaut besonders wichtig?
Bracken, Schweißhunde, Stöberhunde.

5 | Was versteht man unter einem Vollgebrauchshund?
Jagdhunde, die alle durchschnittlichen Voraussetzungen zur Wasserjagd, Feldjagd und Waldjagd, vor und nach dem Schuss, erfüllen. Besonders die deutschen Vorstehhunde finden ihre Verwendung als Vollgebrauchshunde.

Körperbezeichnungen beim Hund.

6 | Was ist ein Waldgebrauchshund?
Der klassische Waldgebrauchshund ist der Deutsche Wachtelhund, der zum Brackieren, Stöbern und Buschieren im Wald seine Verwendung findet. Daneben werden aber auch Vertreter anderer Rassen als Waldgebrauchshunde geführt.

7 | Was ist ein »Erdhund«?
Zu den »Erdhunden« zählen die Teckel- und Terrierrassen, die zur Bodenjagd, besonders für den Fuchs, eingesetzt werden.

8 | Was versteht man unter Stockmaß?
Es ist die Messung der Schulterhöhe. Dem Hund wird in natürlicher Haltung auf einer ebenen Fläche stehend, mit Hilfe einer Messkluppe von den Ballen des Vorderlaufes bis zum Widerrist die Höhe gemessen.

9 | Wie viele Zähne hat das Dauergebiss des Hundes?
42 Zähne

10 | Was für ein Gebiss soll der Jagdhund haben?
Scheren- oder Zangengebiss.

11 | Welche Gebissformen sind fehlerhaft?
Vorbeißer, Rückbeißer, Vorzähnigkeit, Winkelgebiss, Spaltgebiss.

Zahnformel (Dauergebiss) des Hundes:

$$\frac{J3\ \ C1\ \ P4\ \ M2}{J3\ \ C1\ \ P4\ \ M3} = 42$$

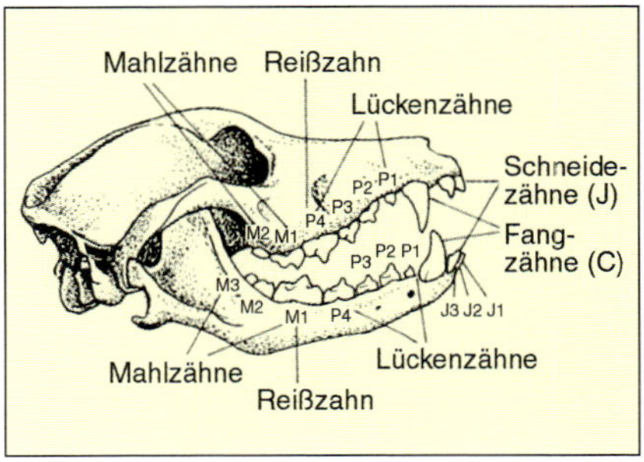

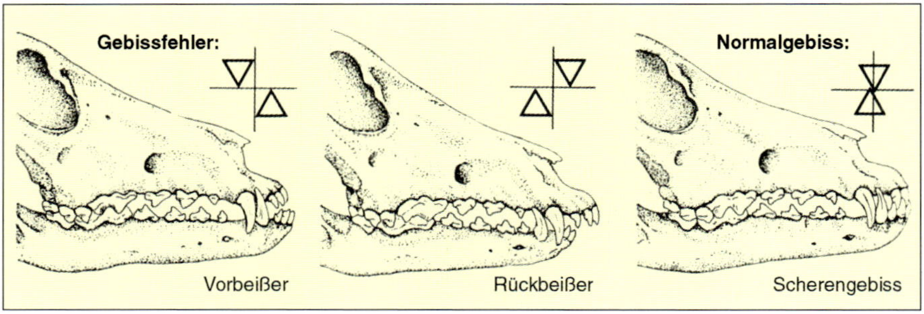

Gebissfehler und Normalgebiss des Hundes.

12 | In welchem Alter ist der Zahnwechsel abgeschlossen?

Zwischen 9 und 12 Monate.

13 | Was ist beim Hund eine Fahne?

Die langen Haare an der Rute langhaariger Hunde.

14 | Was sind beim Jagdhund die »Fransen«?

Die langen Haare an den Vorderläufen langhaariger Hunde.

15 | Was versteht man unter der Kruppe?

Die Kruppe wird gebildet vom Becken und Kreuzbein. Sie soll beim Hund lang und breit sein und im Allgemeinen gut bemuskelt.

16 | Wie werden beim Hund die Ohren genannt?

Beim Terrier spricht man von Ohren (sie stehen). Bei allen anderen Jagdhunden heißen die Ohren Behänge.

Skelett des Hundes.

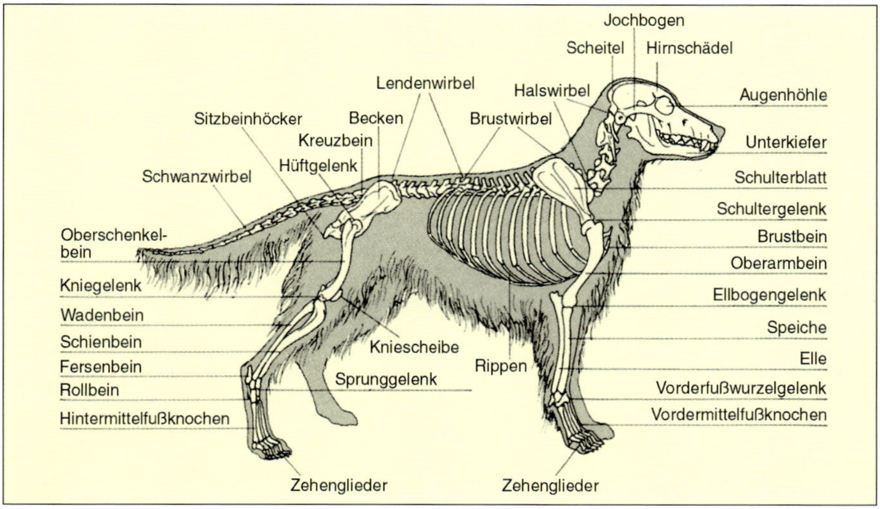

17 | Was ist eine Pfostenschau?
Hierbei beurteilen die Zuchtvereine, in wie weit ein Hund dem Standard seiner Rasse entspricht. Die einzelnen Hunde werden vorgestellt und ihre Form besprochen. Dazu wurden die Hunde früher am Pfosten angebunden. Heute stehen sie beim Hundeführer. Diese »Formbewertung« ist eine der Voraussetzungen zur späteren Zuchtzulassung.

18 | Wie entstehen Problemhunde?
Durch mangelhafte Kenntnisse bzw. Fehler der Hundeführer bezüglich der Hundeerziehung- und Ausbildung. Fundamentale Fehler in diesen Bereichen lassen gut veranlagte Jagdhunde zu unbrauchbaren Jagdgehilfen des Jägers werden.

Bracken

Bracken (auch Laufhunde oder »jagende Hunde« genannt) sind die ältesten Jagdhundformen, von der im Lauf der Zuchtgeschichte fast alle anderen Jagdhunde abgeleitet wurden. Sie werden sowohl einzeln als auch (früher vorwiegend) in der Meute zum ausdauernden, fährtenlauten Jagen von Wild verwendet.

Bracken sind spurlaute, spurwillige und ausdauernde Hunde. Der Schwerpunkt ihrer Verbreitung lag ursprünglich dort, wo das Wild eher dünn gesät oder die Reviere schwer zugänglich waren. Sie sollten es finden und laut jagend vor den oder die Schützen bringen. Ein Hund, der in der Lage ist, die Spur eines Hasen zu halten, hat alle Voraussetzungen für die Schweißarbeit. So ist es verständlich, dass im deutschsprachigen Raum heute sehr viele Bracken mehr oder weniger als reine Schweißhunde geführt werden. Daneben lernt die vielseitig ausgebildete Bracke auch das Verlorenbringen von geringem Niederwild und ist damit als »Waldgebrauchshund« vielseitiger einsetzbar als spezialisierte Schweißhunde. In den skandinavischen Ländern, in Teilen Frankreichs und in der Schweiz hat das Brackieren heute noch eine viel größere Bedeutung als bei uns. Von den früher zahlreichen bodenständigen Brackenformen hat sich bei uns nur noch die *Deutsche Bracke* (Westfälische, Sauerländer oder Olper Bracke) erhalten, andere sind längst verschwunden.

In der Schweiz finden wir den *Schwyzer-, Luzerner-* und *Jura-Laufhund* und von jeder dieser Rassen gibt es wiederum einen kleinen – niedrigen – »Ableger«, der *Niederlaufhund* genannt wird.

Weitere Verbreitung, vor allem in den Hochwildrevieren der Alpen und der Mittelgebirge, haben die österreichischen Gebirgsbracken gefunden; sie werden heute – im Gegensatz zu früher – vorwiegend als Schweißhunde, weniger zum Brackieren verwendet.

Ursprünglich aus der Slowakei stammt die *Schwarzwildbracke,* die in Deutschland unter dem Namen »Kopov« bekannt wurde. In Aussehen, Form und Farbe gleicht

Die Gebirgsbracken werden heute überwiegend als Waldgebrauchshunde geführt.

die Schwarzwildbracke der bekannten Brandlbracke. Seine jagdliche Verwendung findet der »Kopov« im Stöbern auf Schalenwild (Schwerpunkt Schwarzwild) und in der Schweißarbeit.

Erinnert werden muss auch an die verschiedenen Brackenschläge des südosteuropäischen Raumes, etwa der *Save-Bracke,* die heute noch in Slowenien häufig geführt wird oder die Istrianer Bracke. In Deutschland sind diese Rassen kaum bekannt.

Eigene Brackenschläge finden wir in Skandinavien. So die in Schweden beheimateten *Stövare* oder in Finnland den *Finsk Stövare.*

In den Ländern der klassischen Reitjagd, also in Großbritannien und Frankreich entstanden eigene Brackenformen, die noch in alter Art zur Meutejagd, vorzugsweise auf Fuchs und Schalenwild, verwendet werden. Nur ausnahmsweise wird in diesen Ländern eine Bracke auf Schweiß geführt.

Übersicht Bracken inklusive der Laufhunde und Stövare

Alle Bracken sollen festes Stockhaar tragen, ausgenommen Steirische Bracke mit Stichelhaar

Deutschland	
Deutsche Bracke (DBr)	rot bis gelb mit schwarzem Sattel/Mantel, weiße Abzeichen, 40 bis 53 cm.
Westfälische Dachsbracke (WDBr)	rot bis gelb mit schwarzem Sattel/Mantel, weiße Abzeichen, 30 bis 38 cm
Österreich	
Alpenländische Dachsbracke (ADBr)	semmel- bis dunkelhirschrot, schwarz mit rostrotem Brand, gelegentlich weißer Stern, 34 bis 42 cm
Brandlbracke (BrBr)	schwarz mit rotem Brand, rötlichbraun, rotgestichelt, 46 bis 58 cm
Tirolerbracke (TBr)	rot, schwarz-rot, rotgelb und dreifarbig, 42 bis 50 cm
Steirische Rauhhaarbracke (StRBr)	fahlgelb bis hirschrot, 45 bis 53 cm
England	
Beagle (Bg)	rot-weiß-schwarz, dreifarbig und zweifarbig, 33 bis 40 cm
Slowakei	
Schwarzwildbracke (Kopov)	wie Brandlbracke, 40 bis 50 cm
Schweiz	
Laufhunde	alle vier Schläge Rüden 49 bis 59 cm, Hündinnen 47 bis 57 cm
Berner Laufhund	weiß-schwarz mit lohroten Abzeichen
Jura Laufhund	ähnlich Brandl Bracke
Schwyzer Laufhund	rot-weiß
Luzerner Laufhund	wie Berner Laufhund, aber »blaue« Grundfarbe
Niederlaufhunde	vier Schläge wie oben, jedoch Rüden nur 35 bis 43 cm und Hündinnen 33 bis 40 cm
Schweden	
Schiller Stövare	schwarz mit rotem Brand oder lohfarben, 53 bis 57 cm
Hamilton Stövare	dreifarbig, 51 bis 61 cm
Smaland Stövare	schwarz mit Brand, 46 bis 50 cm
Finsk Stövare	dreifarbig mit schwarzem Mantel 54 bis 59 cm
Drever	schwarz-weiß, rehbraun-weiß oder dreifarbig, 30 bis 38 cm

Die Deutsche Bracke wird gelegentlich auch als »Sauerländer Bracke«, »Westfälische Bracke« oder nach ihrem Hauptzuchtort als »Olper Bracke« bezeichnet. Früher wurde diese Bracke hauptsächlich als Hasenhund eingesetzt, wobei es bei der klassischen Brackenjagd mehr um das Erleben als um die Strecke geht. In den letzten Jahren wird sie immer häufiger bei großen Drück- und Stöberjagden verwendet. Das Stockmaß beträgt zwischen 40 und 53 cm. Das Zuchtbuch führt der Deutsche Bracken Klub e.V.

Die Westfälische Dachsbracke (WDBr) ist niedriger und langsamer als die Deutsche Bracke. In Schweden wird die Westfälische Dachsbracke unter der Rassenbezeichnung »Drever« gezüchtet, wobei ein Zuchtaustausch mit Deutschland stattfindet. Das Stockmaß liegt zwischen 30 und 38 cm. Auch für die WDBr führt der Deutsche Bracken-Club e.V. mit Sitz in Olpe das Zuchtbuch. Die Zahl der jährlichen Welpen in Deutschland liegt unter 50.

Die Brandlbracke (BrBr) wird im Ursprungsland Österreich auch als Kärntner Bracke oder »Vieräugel« bezeichnet. Sie ist ein leichter, eleganter, spurlauter Hund mit einer Schulterhöhe von 46 bis 58 cm. Farbe schwarz mit rotem Brand (Abzeichen), vereinzelt auch rot oder rotgestichelt oder schwarz mit weißem »Brackenstern«. Sie wird heute meist als vielseitiger Waldgebrauchshund mit dem Schwerpunkt Schweißarbeit geführt. In Deutschland werden jährlich nicht mehr als ca. 100 Welpen gezüchtet. Die Brandlbracke wird vom Deutschen Brackenverein e.V. betreut.

Die Tirolerbracke hat ein Stockmaß von 42 bis 50 cm, ist also meist kleiner als die Brandlbracke und mit dieser eng verwandt. Sie kommt in mehreren Farbvariationen vor: schwarz mit rotem Brand, rot und rotgelb; hinzu kommen weiße Abzeichen. Mehrheitlich werden TBr. als »vielseitige Schweißhunde« geführt. Das heißt, sie werden auch zum Brackieren verwendet. Bei der Gebrauchsprüfung müssen sie auch leichtes Wild bringen. In Deutschland führt der Klub Tirolerbrakke e.V. das Zuchtbuch. Jährlich werden ca. 20 bis 30 Welpen ins Zuchtbuch eingetragen

Um 1880 kreuzte der steirische Hammerherr Peintinger Hannoveraner Schweißhunde mit Istrischen Bracken. Daraus entstand die rote bis fahlgelbe Steirische Rauhhaarbracke, auch unter dem Namen Peintingerbracke bekannt. Mit einer Schulterhöhe zwischen 45 und 53 cm ist sie ein eleganter, leichter Hund für alpines Gelände. Die StRBr wird in Deutschland vom Deutschen Brackenverein e.V. betreut. Das Welpenaufkommen in Deutschland ist sehr gering und dürfte kaum über 20 liegen.

Die Alpenländische Dachsbracke (ADBr) gehört zu den vom JGHV offiziell anerkannten Schweißhunderassen. Dies bedeutet, dass diese Bracke in Deutschland überwiegend für die Schweißarbeit eingesetzt wird. Die Herkunft der Alpenländischen Dachsbracke kommt natürlich aus den Bracken, den jagenden Hunden. Die Farbe dieser Hunderasse ist dunkelhirschrot, sowie schwarz mit rostrotem Brand. Das Stockmaß beträgt 34 bis 42 cm. Das Herkunftsland ist Österreich.

Die Schwarzwildbracke (Slovensky Kopov) entsprich im Aussehen weitgehend der Brandlbracke, ihr Stockmaß beträgt 40 bis 50 cm. Da es immer wieder Brandlbracken gibt, die ihren Standard unterschreiten und ebenso Kopov, die ihren Standard überschreiten, ist es oft sehr schwer zu sagen, um was für einen Hund es sich handelt. Der »Kopov« wird bei uns überwiegend als Stöberhund auf Schalenwild, Schwerpunkt Schwarzwild, und als Nachsuchenhund geführt. 1991 wurde in Eisenach der Schwarzwildbracken-Verband e.V. gegründet, der 1994 dem JGHV beitrat.

Der Beagle (Bg) stammt aus England, wo er in der Meute zur Hasenjagd eingesetzt wird. Er hat einen guten Spurlaut, aber eine geringe Wildschärfe. In seiner Heimat wird er überwiegend als Meutehund gehalten. Für die Schweißarbeit ist er nur für Todsuchen geeignet, da die Mehrzahl der Beagles krankes Wild nicht zu Stande hetzen oder nieder ziehen. Das Stockmaß beträgt 33 bis 40 cm. Ein Zuchtbuch führen gleich zwei Vereine: Beagle Club Deutschland e.V. und der Verein Jagd-Beagle e.V.

Der Schweizer Laufhund wird in vier Schlägen gezüchtet: Berner Laufhund (weiß-schwarz mit lohroten Abzeichen) Luzerner Laufhund (wie vorstehend aber Grundfarbe »blau«), Jura Laufhund oder Bruno (ähnlich Brandlbracke) und Schwyzer Laufhund (weiß-orange). Im Stockmaß liegen sie zwischen 47 und 59 cm. Die Laufhunde werden heute noch zum Brackieren von Schalenwild eingesetzt, aber auch zur Schweißarbeit. Von allen vier Schlägen gibt es jeweils noch eine niederläufige Variante (Niederlaufhunde) mit einem Stockmaß von 33 bis 43 cm.

19 | Welche Bracken werden hauptsächlich in der Schweiz geführt?
Berner-, Schwyzer- und Juralaufhunde. Jede dieser drei Rassen (eigentlich sind es nur Schläge) wird sowohl hochläufig als auch kurzläufig als so genannte Niederlaufhunde gezüchtet. Die Niederlaufhunde entstanden, weil in einigen Kantonen das Stockmaß der zur lauten Jagd verwendeten Hunde begrenzt wurde.

20 | Für welche Arbeiten werden Bracken eingesetzt?
Für die Brackier- Schweiß- und Stöberarbeit.

21 | Welche Anlagen sind bei Bracken besonders wichtig?
Spurwille, Spursicherheit und ein lockerer Spurlaut.

22 | Welche Haarform haben Bracken?
Mit Ausnahme der stichelhaarigen Rauhhaarbracke sind alle Bracken stockhaarig.

23 | Was versteht man unter Laufhund?
Alle Bracken sind Laufhunde.

24 | Kann man Bracken zum Vorstehen abrichten?
Nein, ihnen fehlt die Anlage zum Vorstehen.

25 | Eignen sich Bracken für die Wasserarbeit?
Nein, da sie in der Regel nicht die Anlage zur Wasserfreude haben. Es gibt aber durchaus einzelne Bracken, die gerne ins Wasser gehen.

26 | Müssen Bracken apportieren?
Ja. Apportieren gehört zur Gebrauchsprüfung.

■ Schweißhunde

Alle Schweißhunde gehen auf Bracken zurück. Beim *Hannoverschen Schweißhund* war es die alte, längst ausgestorbene Heidbracke. Der *Bayerische Gebirgsschweißhund* entstand, als man den inzwischen rein gezüchteten Hannoverschen Schweißhund gezielt mit österreichischen Gebirgsbracken kreuzte. Direkter Vorläufer des »Hannoveraners« war der alte »Leithund«. Leithunde waren besonders feinnasige und fährtentreue Hunde, mit denen die Fährte des einzelnen Hirsches »bestätigt« wurde, als Voraussetzung für die Jagd mit der Meute. Die ruhige, konzentrierte Arbeit auf der gesunden Hirschfährte, am langen »Leitseil«, wurde später zur Grundlage für die Nachsuche auf angeschweißtes Hochwild.

Beide Schweißhunde sind heute »Schalenwildspezialisten«. Sie werden daher vorwiegend von ebenso »spezialisierten« Forstleuten und Berufsjägern in Hochwildrevieren geführt. Besonders der Hannoversche Schweißhund wird vorzugsweise in Regionen bzw. großen Jagdrevieren mit hohem Hochwildabschuss abgeführt. Hingegen wird der Bayerische Gebirgsschweißhund oft in reinen Rehwildrevieren für Nachsuchen eingesetzt.

Als dritte Schweißhunderasse wurde 1997 vom Jagdgebrauchshundeverband die *Alpenländische Dachsbracke* anerkannt, was nichts daran ändert, dass es sich bei ihr um eine reine Bracke handelt. Ursprünglich wurde die Dachsbracke jedoch als vielseitiger kleiner Waldgebrauchshund geführt, und gelegentlich sogar zur Baujagd eingesetzt. Heute, wo das Brackieren ohnehin fast in Vergessenheit geraten ist, wird die Mehrzahl der Dachsbracken fast ausschließlich als Schweißhund geführt, neuerdings aber auch wieder vermehrt als Stöberhund auf Schalenwild.

Übersicht anerkannte Schweißhunderassen

Hannoverscher Schweißhund (HSH)	Bayerischer Gebirgsschweißhund (BGS)	Dachsbracke (DBr)
stockhaarig rot und rot schwarz gestromt nur Hochwildnachsuchen	stockhaarig rot, rot gestromt, schwarz gestromt Schalenwildnachsuchen	stockhaarig rot, schwarz mit rotem Brand Schalenwildnachsuchen und Brackierarbeit

Der Hannoversche Schweißhund (HSH) ist ein schwerer und ruhiger Hund (man unterscheidet einen schwereren »Leithundtyp« und einen leichteren »Brackentyp«), mit einem Stockmaß von 50 bis 60 cm, meist hirschrot mit schwarzer »Gesichtsmaske«, aber auch braunrot und »gestromt« (und dann mit besonders tiefschwarzem Kopf und Gesicht). Er ist der unmittelbare Nachfahre des Leithundes des Mittelalters. Nach der so genannten Jägerhofmethode wird er auf der kalten Gesundfährte als junger Hund ausgebildet bzw. abgeführt. Betreut wird der HSH durch den Verein Hirschmann e.V.

Der Bayerische Gebirgsschweißhund (BGSH) ist aus dem Hannoverschen Schweißhund und roten Gebirgsbracken entstanden, daher brackenartig leichter und eleganter, besser zum Steigen und Springen (z.B. bei der Nachsuche auf Gams) geeignet. Die Farbe ist fahl- bis hirschrot, die schwarze Gesichtsmaske mehr oder weniger stark ausgeprägt. Sein Stockmaß beträgt 44 bis 52 cm. Das Zuchtbuch führt der Klub für Bayerisch Gebirgsschweißhunde e.V. Inzwischen fallen mehr Welpen aus Schwarz- als aus Leistungszuchten.

27 | Welche Arbeiten werden von einem Schweißhund verlangt?
Allgemeiner Gehorsam, Vorsuche, Riemenarbeit, Hetzen, Stellen und evtl. Niederziehen von geringem Schalenwild.

28 | Müssen Schweißhunde spurlaut sein?
Sie müssen fährtelaut sein, da der Führer ansonsten eine Hatz nicht akustisch verfolgen kann. Viele HS und BGS erfüllen diese Forderung jedoch nicht.

29 | Haben Schweißhunde eine bessere Nase als andere Jagdhunderassen?
In erster Linie sind sie Spezialisten, deren Nasenleistung jener anderer feinnasiger Hunde entspricht.

30 | Welche Eigenschaften zeichnen Schweißhunde meist aus?
Feinste Nase, Finderwillen, Hetzpassion, Lautfreudigkeit, Wildschärfe und Wesensfestigkeit.

31 | Wie wird das Alter eines Schweißhundes bezeichnet?
Behang. Bei Schweißhunden bezieht sich die Bezeichnung auf den Ausdruck »Behängezeit« für die Zeit, in der der Hund am langen Riemen der Hochwildfährte »nachhängt«.

Stöberhunde

Stöberhunde sind kleine bis mittelgroße langhaarige Hunde, deren ursprüngliche Aufgabe es war, Niederwild aus dichter Deckung (Gebüsch, Schilf) aufzustöbern. Dazu müssen sie ausdauernd selbständig suchen, hartnäckig auch in Dornen und Schilf, wasserfreudig sein, spurlaut jagen und sich trotzdem gehorsam lenken lassen. Diese vielseitigen Eigenschaften befähigen sie bei entsprechender Abrichtung neben dem eigentlichen Stöbern und der Wasserarbeit auch zum Buschieren sowie »nach dem Schuss« zum Verlorenbringen von Niederwild und zur Schweißarbeit auf Schalenwild. Heute wird vor allem der *Deutsche Wachtelhund* – neben der Schweißarbeit, bei der er Hervorragendes leistet – als Stöberhund bei großen Schalenwildjagden eingesetzt. Gerade unter den Wachtelhunden finden sich aber auch Vertreter, die hervorragend brackieren. Der Deutsche Wachtelhund entstand aus dem alten Vogelhund, der auch früher teilweise schon als Wachtelhund bezeichnet wurde. Erste schriftliche Nachweise gehen zurück bis 1669. Doch erst im Übergang vom 19. ins 20. Jahrhundert entstand, durch Einkreuzung von Spanielblut, der »Deutsche Wachtelhund«, so wie wir ihn heute kennen. Trotz seines liebenswürdigen Wesens ist der DW kein Hund für Gelegenheitsjäger; sein lebhaftes Temperament ist nicht

Übersicht Stöberhunde

Einziger Deutsche Stöberhund		
Deutscher Wachtelhund (DW)	$^1/_3$ kupiert*	welliges Langhaar braun, braunschimmel oder rehrot
Englische Stöberhunde		
Cockerspaniel (CSp.)	kupiert*	Langhaar rot, schwarz, schwarz-weiß, schwarzschimmel
Springerspaniel (SpSp.)	kupiert*	Langhaar braun-weiß, schwarz-weiß

* Das Kupieren ist in Deutschland grundsätzlich verboten. Für Jagdhunde besteht derzeit noch eine Ausnahmeregelung. In einigen Nachbarländern dürfen auch Jagdhunde nicht mehr kupiert werden

Der Deutsche Wachtelhund (DW) ist ein besonders vielseitig einsetzbarer »Waldgebrauchshund«. Er wird in zwei getrennten Farbschlägen als Brauner und Braunschimmel gezüchtet (daneben kommen auch braun/weiße »Schecken« und selten Rote und Rotschimmel vor). Die Verwendbarkeit reicht vom gehorsamen Buschieren über das Stöbern zu Land und Wasser bis (bei besonders ausgeprägtem Spurwillen) zum Brackieren (»Weitjager«). Beim Verlorenbringen von Niederwild bewährt er sich ebenso wie auf der Schweißfährte von Schalenwild; bei genügender Schärfe auch in der Saumeute. Das Zuchtbuch führt der Verein für Deutsche Wachtelhunde e.V.

Der Cockerspaniel (CSp.) ist die bei uns bekannteste der vielen englischen Spanielrassen. Er ist bei etwa 45 cm Schulterhöhe und mit regelmäßig kurz kupierter Rute von gedrungener Gestalt, rot, schwarz mit rotem »Brand«, schwarz/weiß gescheckt oder Schwarzschimmel. Als kleiner, eher kurz jagender, trotzdem temperamentvoller Stöberer ist er ähnlich einsetzbar wie der DW. Hinsichtlich Körperkraft (beim Verlorenbringen) und Ausdauer (Weitjager, Hetze) ist er diesem jedoch unterlegen. Das Stockmaß beträgt 38 bis 41 cm. Da der Cockerspaniel vielfach aus jagdfremder Liebhaberei gezüchtet wird, ist besonders darauf zu achten, einen Hund aus jagdlicher Leistungszucht zu erhalten.

Der Springerspaniel (SpSp.) ist größer als der Cocker, bei sonst ähnlichen Eigenschaften (jagt meist stumm) daher körperlich besser zu ausdauerndem Verlorenbringen (Hase) geeignet. Der Cocker- sowie der Springerspaniel sind besonders geeignet zur Buschierarbeit in guten Kaninchen- und Fasanenrevieren, sowie in der Wasserarbeit. Er ist in der Regel braun/weiß gescheckt. Stockmaß bis 51 cm. Beide Spanielrassen werden in Deutschland von drei Zuchtvereinen im JGHV betreut:

- Jagdspaniel-Klub e.V.
- Verein Jagdgebrauchsspaniel e.V.
- Verein Jagdspaniel e.V.

leicht zu bändigen und verlangt nach ständiger Arbeit im Revier.

Während wir unter den Wachtelhunden ausgesprochene Weitjager finden, neigen die beiden deutlich kleineren *Spaniels* – *Springer-* und *Cocker-Spaniel* – eher zur »Jagd unter der Flinte«. Sie werden in Deutschland als vielseitige kleine Gebrauchshunde geführt. In der Schweiz liegt ihr Arbeitsschwerpunkt bei den Rehwildtreibjagden, wo sie als Stöberer eingesetzt werden. Daher wird ihr »Spurlaut« in der Schweiz gelegentlich auch auf der Rehfährte geprüft. Neben Springer- und Cocker-Spaniel gibt es aber noch eine ganze Reihe weiterer Spaniels, die jedoch in Deutschland kaum jagdliche Bedeutung haben. Die Heimat der Spaniels ist Großbritannien, wo sie als Stöberspezialisten rein auf Niederwild geführt werden.

Sprachlich führt das Wort Stöberhund gelegentlich zu Missverständnissen. Grundsätzlich müssen wir unterscheiden zwischen den eigentlichen, hier genannten Stöberhunden und all jenen Hunden anderer Rassen, die ebenfalls zum Stöbern eingesetzt werden. So ist das Stöbern beispielsweise ein Prüfungsfach bei der Verbandsgebrauchsprüfung (VGP) und Teil der Gebrauchsprüfung des Deutschen Jagdterrier-Clubs e.V. Gleichwohl handelt es sich beispielsweise bei einem stöbernden Deutsch Drahthaar nicht um einen Stöber-, sondern um einen Vorstehhund.

32 | Welche Anlagen müssen beim Stöberhund vorhanden sein?

Eine gute Nase, Finderwille, Spurlaut, Spurwille, Spursicherheit, Stöbern, Wasserfreude und Schussfestigkeit.

33 | Welche Arbeiten werden von einem Stöberhund verlangt?

Stöbern, Buschieren, Wasserarbeit und Apportieren.

34 | Kann nur mit Stöberhunden gestöbert werden?

Nein. Jagdhunde, die Spurlaut sind und die Eigenschaften zum Stöbern haben, können ebenfalls als Stöberhunde eingesetzt werden.

35 | In welchen Schlägen wird der DW gezüchtet?

Der einfarbige Dunkelbraune, der Braunschimmel und der Rehrote.

36 | Welche Arbeitstypen werden beim Deutschen Wachtelhund unterschieden?

Der einfarbig Dunkelbraune als »Kurzjager«, geeignet zum Buschieren und der Braunschimmel als »Weitjager«, gut als Hetzer für angeschweißtes Wild.

37 | Welche Farbschläge kennen wir bei den Spaniels?

Schwarz, Schwarz/Weiß, Blauschimmel, Rotbraun. Es kommen fast alle Jagdhundfarben vor, jedoch keine gestromten Hunde.

Bauhunde

Zu den Bau- oder Erdhunden werden nur die *Dachshunde* und *Terrier* gerechnet, wobei keineswegs alle Terrierrassen zu den Bauhunden zählen. Der Name dieser Hundegruppe bezieht sich auf ihren Einsatz »unter der Erde« – für die Bauarbeit. Terrier und die Dachshunde haben gemeinsam, nämlich dass sie klein genug sind, um dem Raubwild (Fuchs, Dachs) in den Bau zu folgen. Im Bau sind die Erdhunde »Spezialisten«, deren Arbeit von keinem größeren Hund geleistet werden kann. Daneben sind sie aber – bei entsprechender Abrichtung – auch als vielseitige kleine Waldgebrauchshunde verwendbar. Ihre Grenzen liegen dabei in der körperlichen Leistungsfähigkeit, z.B. beim Verlorenbringen von Niederwild oder bei der Arbeit in schwierigem Gelände. So ist dem Jagdterrier zwar ein ordentliches Maß an Wasserfreude erblich mitgegeben, an großen verschilften oder mit üppiger Unterwasserflora bewachsenen Gewässern sind ihm aber physische Grenzen gesetzt.

Trotz allem kann ein möglichst vielseitig ausgebildeter Erdhund ein vollwertiger Jagdgefährte sein, wenn sein Führer die Leistungsgrenzen beachtet. Unter den meist beengten Haltungsbedingungen (Stadtwohnung) ist der kleine Hund meist der geeignetere. Der Erdhund ist aber, bei entsprechender Jagdgelegenheit, auch eine sinnvolle Ergänzung des großen Gebrauchshundes oder eines reinen Schweißhundes.

Dachshunde (Teckel, Dackel) entstanden durch entsprechende Zuchtauslese aus Bracken. So ist der *Kurzhaarteckel* (KT) nach wie vor eine astreine »Zwergbracke«, deren »Zwischenform« wahrscheinlich ein der Dachsbracke ähnlicher Hund war! Gezüchtet wird der Kurzhaarteckel in der Farbe rot oder schwarz mit rotem »Brand«, seltener braun, der den Bracken und Dachsbracken besonders nahesteht. Er ist nur noch selten zu sehen und in reinen Liebhaberzuchten häufiger anzutreffen als in jagdlichen Leistungszuchten.

Durch Einkreuzung von kleinen langhaarigen Stöberhunden entstand der *Langhaardackel* (LT), rot oder schwarz mit rotem »Brand«. Auch er wird heute jagdlich eher selten geführt.

Mit Abstand am häufigsten begegnen wir auf der Jagd dem dritten und zeitlich jüngsten Teckelschlag, dem *Rauhhaarteckel* (RT). Er entstand durch Einkreuzung verschiedener kleiner Terrierrassen, das förderte seine Schärfe, ohne das alte Brackenerbe Spurlaut und Spurwille zu beeinträchtigen.

Das Interesse am Raubwild wird beim Junghund im Revier draußen geweckt. Sein handwerkliches »know how« erlernt er hingegen am Übungsbau.

Wie bei allen rauhhaarigen Jagdhunden soll sein Haar knapp, dicht und drahtig sein, nicht zu lang und zu weich. Er ist meist »wildsaufarbig« (schwarzgrau »gestichelt«), seltener »dürrlaubfarbig« (braun oder graubraun).

In allen drei Haararten werden besonders kleine Dachshunde als *Zwergteckel* vom Normalstamm getrennt gezüchtet. Die kleinsten Zwergteckel sind als »Kaninchenteckel« sogar zur Arbeit in Kaninchenbauen geeignet. Doch bringt die Zucht auf extreme Kleinheit, wie bei allen Zwergrassen von Haustieren, erbliche Mangelerscheinungen mit sich.

Neben der Bauarbeit ist ihre Stärke das spurlaute Stöbern und Jagen auf Spur und Fährte (bis hin zum Brackieren in kleinerem Rahmen) – und daher bei entsprechender Abrichtung auch die feinnasig konzentrierte Arbeit am Schweißriemen bei der Nachsuche.

Die *Terrier* sind die eigentlichen Erdhunde (der Name kommt vom lateinischen »terra« = Erde). Sie sind die einzigen Jagdhunde, die nicht ursprünglich auf Brackenformen zurückgehen; daher haben sie auch keine »Behänge« (Schlappohren) sondern aufrechtstehende spitze oder »gekippte« Ohren. Sie waren ursprünglich Rattenfänger (»Rattler«) in Haus und Hof und auch reine »Kampfhunde« gegen Raubwild. Auf dem Kontinent, nicht in der Heimat der Terrier, in Großbritannien, wurde aus den Rattenfängern und Dachswürgern vielseitigere kleine Gebrauchshunde gezüchtet.

Leider wird der früher bei uns weit verbreitete englische *Foxterrier* nur noch selten jagdlich geführt. Er ist weiß mit schwarzen oder braunroten Platten. Gezüchtet werden zwei Haarvarianten – glatt- und rauhhaarig.

Viel häufiger ist der aus dem Foxterrier und anderen Terrierrassen entstandene *Deutsche Jagdterrier* (DJT). Er ist schwarz mit rotem »Brand«, meist rauh-, seltener kurzhaarig. Auch beim DJT wurde die Schärfe in der Zucht lange Zeit überbetont. Inzwischen ist durch sorgfältige Zuchtauslese ein vielseitigerer und »umgänglicherer« kleiner Waldgebrauchshund entstanden. Als reiner Bauhund wird er nur noch selten gehalten. Bei entsprechender Abrichtung ist er zum Stöbern und zur Wasserarbeit ebenso einsetzbar wie zum Verlorenbringen von leichtem Niederwild und zur Schweißarbeit. Er ist mit längeren Läufen dem Dachshund vor allem an »Geländegängigkeit« und Schnelligkeit überlegen. Dagegen hat der Dachshund (im Durchschnitt) Pluspunkte in Spurlaut, zähem Spurwillen und ruhigerem Temperament.

Der *Jack Russel Terrier* (JRT) ist rein weiß, oder weiß mit lohfarbenen, gelben oder schwarzen Abzeichen an Kopf oder am Rutenansatz. Sein Name hat der JRT nach dem englischen Jagdbegeisterten Pfarrer John (Jack) Russel, der um 1820 mit der Zucht dieses überwiegend weißen Arbeitsterriers begann. Russel wollte aber eine Reinzucht unter allen Umständen vermeiden. Und so kreuzte er seine »Working-Terrier« (Arbeits-Terrier) immer wieder mit allen möglichen anderen Terrierrassen ein. Dabei zeigte sich auch die Überlegenheit des Jack Russell Terriers gegenüber mancher Reinzucht. Die bewusste »Nicht-Reinzucht« blieb bis in die jüngste Vergangenheit Tradition. Seinen heutigen Namen erhielt der Jack Rassel Terrier erst lange nach dem Tod seines »Erfinders«.

In England findet der JRT besonders seinen Einsatz als »Begleithund« der Foxhoundmeute. Seine Aufgabe ist es, den vor der Meute in den Bau geflüchteten Fuchs wieder zu sprengen. In Deutschland wird der JRT vom Parson-Russel-Terrier Club (im JGHV) betreut. Er wird immer häufiger von Nichtjägern als reiner Modehund gehalten.

Übersicht Bauhunde, geordnet nach Herkunft, Rasse, Schlag

Deutsche Bauhunde		
Kurzhaar-Teckel (KT)	unkupiert	rot oder schwarz mit rotem Brand
Langhaar-Teckel (LT)	unkupiert	rot oder schwarz mit rotem Brand
Rauhhaar-Teckel (RT)	unkupiert	schwarzgrau »gestichelt«
Jagdterrier (DJT)	1/3 kupiert	Rauhhaar und Glatthaar, schwarz mit rotem Brand, selten rein braun
Englische Bauhunde		
Foxterrier (FT)	kupiert	Rauhhaar und Glatthaar, weiß, weiß mit schwarzen Abzeichen
Jack-Rassel (JRT)	kupiert	Rauhhaar und Glatthaar, weiß, weiß mit gelben/schwarzen Abzeichen

Der früher weit verbreitete englische Foxterrier (FT) wird bei uns nur noch selten geführt. Er ist weiß mit schwarzen oder braunroten Platten, kurz- oder drahthaarig. Das Stockmaß für Rüden darf 39 cm nicht überschreiten, Hündinnen sollen etwas kleiner sein. Für die Saumeute ist die weiß-bunte Farbe des Fox praktischer als das »schwarz-braun« der Jagdterrier, wobei schon mancher Jagdterrier dadurch im Eifer des Gefechtes mit der Sau zusammen totgeschossen wurde. Der Foxterrier wird betreut vom »Deutschen Foxterrier-Verband e.V.«. Dieser trägt jährlich etwa 1500 Welpen in sein Zuchtbuch ein.

Der Deutsche Jagdterrier (DJT) wurde aus dem Foxterrier und anderen Terrierrassen herausgezüchtet. Er ist schwarz mit rotem »Brand«, meist rau-, seltener kurzhaarig. Stockmaß 33 bis 40 cm. Wurde er ursprünglich als scharfer »Kampfhund« für die Baujagd und in der Saumeute eingesetzt, so ist er heute durch sorgfältige Zucht als kleiner vielseitiger Waldgebrauchshund verwendbar. Durch seine längeren Läufe ist er gegenüber dem Teckel »geländegängiger« und in der Schnelligkeit überlegen. Der »Deutsche Jagdterrier-Club e.V.« führt das Zuchtbuch.

In Deutschland findet der JRT seine jagdliche Verwendung als Saufinder und Rotten-Sprenger. Allerdings jagt der JRT fast nur sichtlaut. Der für den Jäger und für das Wild wichtige Spurlaut (tierschutzgerechte Jagdausübung) ist beim JRT nicht so ausgeprägt wie beim Deutschen Jagdterrier. Er ist rein weiß, oder weiß mit lohfarbenen, gelben oder schwarzen Abzeichen an Kopf oder am Rutenansatz. Sein Name hat der JRT nach dem englischen jagdbegeisterten Pfarrer John (Jack) Russel, der um 1820 mit der Zucht dieses Terriers begann. Stockmaß 25 bis 31 cm. Das Zuchtbuch führt der »Parson-Russel-Terrier Club Deutschland e.V.«.

Dachshunde (Teckel, Dackel) sind ursprünglich »Zwergbracken« und eigentlich erst in zweiter Linie Erdhunde. Neben der Bauarbeit ist ihre Stärke das spurlaute Stöbern und Jagen auf Spur und Fährte. Teckel sind hervorragend für die Schweißarbeit geeignet. Ihre kurzen Läufe setzen ihnen aber bei der Hatz in schwierigem Gelände Grenzen. Teckel gibt es in drei Haarvariationen: Kurzhaarteckel (KT), in der Farbe rot oder schwarz mit rotem »Brand«; der Langhaarteckel (LT), rot oder schwarz mit rotem »Brand« (Abb. nebenstehend); sowie der am häufigsten geführte Rauhhaarteckel (RT), dem durch die Einkreuzung verschiedener kleiner Terrierrassen besonders die Schärfe gefördert wurde (Abb. unten). Abweichend von dem Normalstamm der Dachshunde wird der Zwergteckel gezüchtet. Die kleinsten Zwergteckel sind als »Kaninchenteckel« sogar zur Bauarbeit in Kaninchenbauen geeignet.

38 | Welche Anlagen müssen beim Bauhund vorhanden sein?
Für die Arbeit im Bau vor allem Schärfe, gepaart mit Jagdverstand und Wesensfestigkeit. Für die Arbeit über der Erde sind Nase, Spurlaut, Spurwille, Spursicherheit und beim Terrier noch Wasserfreude erforderlich.

39 | Für welche Arbeiten über der Erde werden Fox- und Jagdterrier noch eingesetzt?
Bevorzugt bei Stöberjagden auf Schalenwild.

40 | Welche Schläge unterscheiden wir bei den Terriern?
Glatthaarige und rauhhaarige.

41 | Wie entstand der DJT?
Herausgezüchtet wurden alle bei uns jagdlich geführten Terrierrassen aus dem alten englischen Foxterrier.

42 | Welche Teckelschläge werden unterschieden?
Kurzhaarteckel, Langhaarteckel, Rauhhaarteckel und Zwergteckel.

43 | Was sind die Arbeitsgebiete eines Dackels (Teckels)?
Die Bodenjagd, die Stöberjagd und die Schweißarbeit.

44 | Woher kommt der Jack Russel Terrier?
Aus England.

45 | In welchen Schlägen wird er gezüchtet?
Er wird rauhhaarig und glatthaarig in rein weiß, oder weiß mit lohfarben, gelben oder schwarzen Abzeichen an Kopf oder am Rutenansatz gezüchtet.

46 | Kann man Jack Russel zur Schweißarbeit einsetzen?
Für leichte (einfache) Schweißarbeiten können diese Hunde eingesetzt werden.

Vorstehhunde allgemein

Die Vorstehhunde sind die entwicklungsgeschichtlich jüngste Gruppe unserer Jagdhunde. Ihre kennzeichnende Eigenschaft ist das Vorstehen. Das heißt, sie stoßen in Deckung liegendes Wild, sobald sie es durch die Nase gefunden haben, nicht nach Art der Stöberhunde oder Bracken sofort heraus um es zu verfolgen, sondern sie bleiben wie gebannt abwartend vor dem Wild stehen. Dieses für die Vorstehhunde typische Verhalten geht auf eine Verhaltensweise zurück, die wir auch bei anderen Rassen und sogar bei Wildhunden beobachten können: Das momentane Verharren und »Maßnehmen« vor dem Zusprung auf die Beute. Auch der mausende Fuchs zeigt uns dieses Verhalten. Das kurze »Markieren« wurde durch die Zucht zum langdauernden Vorstehen gesteigert, denn es ist eine für den Jäger im freien Feld sehr vorteilhafte Eigenschaft: Der Hund zeigt ihm dabei an, wo das Wild liegt.

Schon vor Aufkommen der Feuerwaffen wurde Niederwild (Rebhühner, Wachteln) samt dem vorstehenden Hund mit großen Decknetzen bedeckt und so erbeutet. Auch für die Falkenbeize war der Vorstehhund nützlich, weil er dem Falkner Zeit gab, mit seinem Falken aufzurücken. So entstand aus Bracken- und Stöberhundformen, auch teilweise mit Einkreuzung von rauhhaarigen Hütehunden, eine Fülle kurz-, lang- und rauhhaariger Vorstehhunderassen.

Die Jagd mit der Flinte machte den Vorstehhund unentbehrlich, besonders bei der Flugwildjagd. So wurde der »Hühnerhund« zum unentbehrlichen Begleiter des Feldjägers. Die Suche war die hauptsächliche Jagdart. Während jedoch in anderen euro-

Übersicht Vorstehhunde

Deutsche Vorstehhunde:	
kurzhaarig	
Deutsch Kurzhaar (DK)	kupiert, braun, braunschimmel, schwarzschimmel
Weimaraner: Kurzhaar (WK)	kupiert, silbergrau,
rauhhaarig	
Deutsch Drahthaar (DD)	kupiert, braun, braunschimmel, schwarzschimmel
Deutsch Stichelhaar (DST)	kupiert, braun, braunschimmel
Pudelpointer (PP)	kupiert, braun oder schwarz
Griffon (Gr)	kupiert, braun-grau-schimmel
langhaarig	
Weimaraner Langhaar (WL)	unkupiert, silbergrau
Großer Münsterländer (GM)	unkupiert, schwarz-weiß
Kleiner Münsterländer (KlM)	unkupiert, braun-weiß
Deutsch Langhaar (DL)	unkupiert, braun, braunschimmel
Englische Vorstehhunde:	
kurzhaarig	
Pointer (P)	unkupiert, zitronenfarben-weiß, braun-weiß, schwarz-weiß, auch einfarbig schwarz oder braun
langhaarig	
Englischer Setter (ES)	unkupiert, weißbunt
Irischer Setter (IS)	unkupiert, rot, rot-weiß
Gordon(Schottischer)Setter(GS)	unkupiert, schwarzrot
Französische Vorstehhunde:	
langhaarig	
Bretonischer Vorstehhund (EB)	kupiert, braun-weiß, schwarz-weiß
Ungarische Vorstehhunde (Magyar Vizsla):	
kurzhaarig	
Kurzhaariger Vizsla (UK)	kupiert, rehbraun
rauhhaarig	
Drahthaariger Vizsla (DU)	kupiert, rehbraun

päischen Ländern Vorstehhunde als »Feldjagdspezialisten« gezüchtet und geführt wurden, ging die Entwicklung im deutschsprachigen Raum in Richtung vielseitiger Jagdgebrauchshund, der – ausgenommen die Bauarbeit – bei allen Arbeiten vor und nach dem Schuss einsetzbar ist. Deshalb sind Vorstehhunde heute die am weitesten verbreiteten und häufigsten Jagdhunde Mitteleuropas.

47 | Was ist das Arbeitsgebiet eines Vorstehhundes?

Die Vorstehhunde, (mit Einschränkung Pointer und Setter) sind vielseitige Gebrauchshunde in Feld, Wald und Wasser.

48 | Welche Anlagen müssen beim Vorstehhund vorhanden sein?

Nase, Spurwille, Suche, Vorstehen, Wasserfreude und Arbeitsfreude.

49 | Welche deutschen Vorstehhunde sind kurzhaarig?

Nur Deutsch-Kurzhaar und Weimaraner. Beide werden (noch) kupiert.

50 | Welche Vorstehhunde haben einen Bart?

Deutsch-Stichelhaar, Deutsch-Drahthaar, Griffon, Pudelpointer, der Ungarische Vorstehhund (Drahthaar), der Böhmisch Rauhbart und die französischen Barbet.

51 | Welche Vorstehhunde werden in Deutschland (noch) kupiert?
Deutsch-Kurzhaar, Deutsch-Drahthaar, Deutsch-Stichelhaar, Weimaraner, Griffon, und Pudelpointer.

Deutsche Vorstehhunde

Die meisten deutschen Vorstehhunde haben einen gemeinsamen Ursprung und werden deshalb weniger als getrennte Rassen, sondern als verschiedene (kurz-, lang-, rauhhaarige) »Schläge« einer gemeinsamen Rasse aufgefasst. Allerdings wird nach dem FCI/VDH-Reglement immer dann von einer Rasse gesprochen, wenn ein eigener Standard vorliegt. In ihrer Leistungsfähigkeit stimmen sie weitgehend überein, entsprechende Abrichtung zum vielseitigen Jagdgebrauchshund vorausgesetzt. Es ist deshalb schwer, zwischen den einzelnen Schlägen zu differenzieren; Auch gibt es innerhalb jeder Gruppe einzelne Zuchtlinien, die besondere Schwerpunkte vertreten. Es ist daher weitgehend Sache persönlicher Bevorzugung, welchen Vorstehhund der Jäger führt. Viel wichtiger als die Frage nach der Rasse oder dem Schlag ist jene, ob der Jäger überhaupt die Gelegenheit hat, einen Vorstehhund zu halten und zu führen. Bei beschränkten Jagd- und Haltungsmöglichkeiten empfiehlt sich eher ein Vertreter der kleineren Rassen, für harten Einsatz ein größerer und robuster Schlag. Beim Haar kommt es weniger auf die Länge als vielmehr auf die Qualität der Behaarung (nicht zu dünn, zu lang oder zu weich, dichte Unterwolle) an.

Die seit Jahrzehnten rückläufigen Niederwildbesätze schmälern das Arbeitsfeld der Vorstehhunde. Vielen Jägern fehlt auch die adäquate Haltungsmöglichkeit.

Deutsch-Kurzhaar (DK) – braun und Braunschimmel sowie Schwarzschimmel häufig, meist mit Schwergewicht auf Feldreviere. Die Gesamterscheinung des DK soll edel und harmonisch sein, seine Form Ausdauer, Schnelligkeit und Kraft gewährleisten. Das Stockmaß beim Rüden beträgt 62 bis 66 cm, bei der Hündin weniger, jedoch nicht unter 58 cm. Das Zuchtbuch führt der Deutsch-Kurzhaar-Verband e.V. Jährlich werden etwa 2000 Welpen eingetragen.

Beim Weimaraner handelt es sich um den ältesten deutschen Vorstehhund. Er gilt als besonders wesensfest und scharf. Der Kurzhaarige Weimaraner erinnert in der Form an einen Deutsch-Kurzhaar. Zwischen beiden bestehen dennoch äußerliche Unterschiede. Der Weimaraner ist größer als der DK, wobei das Stockmaß beim Rüden bei 50 bis 70 cm bei Hündinnen bei 57 bis 65 cm liegt. Wie alle deutschen Vorstehhunde wird er kupiert. Die Farbe ist silber-, reh- oder mausgrau.

Der seltenere Langhaarige Weimaraner (WL) entstand sprunghaft aus dem WK und ist ebenfalls von der typisch fahlgrauen bis silbergrauen Farbe und hat ein helles, bernsteinfarbenes Auge. Der Langhaar-Weimaraner bleibt unkupiert. Das Stockmaß entspricht dem seines kurzhaarigen Bruders. Da beide Weimaraner ausgeprägt stumm jagen, sind ihrem Einsatz auf der Schalenwild-Wundfährte Grenzen gesetzt. Die Weimaraner, Kurz- und Langhaar, werden in Deutschland vom »Weimaraner-Klub e.V.« betreut.

Der Deutsch-Langhaar (DL) ist der bekannteste unter den deutschen langhaarigen Vorstehhunden und ist bekannt als der »alte Försterhund«. Er findet seine Verwendung als vielseitiger Jagdgebrauchshund, mit dem Schwerpunkt »nach dem Schuss«. Die braune Farbe ist heute beim DL dominant gegenüber der Schimmel-Farbe. Das Stockmaß beträgt 60 bis 70 cm. Sein Haarkleid prädestiniert ihn für die Wald- und Wasserarbeit. Das Zuchtbuch führt der Deutsch Langhaar-Verband e.V. Jährlich werden ca. 800 Welpen in das Zuchtbuch eingetragen.

Der Große schwarz-weiße Münsterländer (GM) ist eine Spielart des Deutsch-Langhaar und wurde zunächst auch in dessen Zuchtbuch geführt. Wird beim DL die schwarze Farbe verboten, so ist sie beim GM das »Markenzeichen«. Somit ist der Große Münsterländer genetisch eine Variante des Deutsch-Langhaar. Seit 1923 wird das Zuchtbuch für GM vom »Verband Große Münsterländer e.V.« geführt. Das Stockmaß der Rüden beträgt 60 bis 65 cm, das der Hündinnen 58 bis 63 cm. Geführt wird er als vielseitiger Gebrauchshund mit lockerem Spurlaut und ausgeprägter Schärfe. Jährlich werden ca. 400 Welpen ins Zuchtbuch eingetragen.

Der Kleine Münsterländer (KlM) ist immer Braunschimmel oder rein braun und der kleinste deutsche Vorstehhund, also eine völlig eigenständige Rasse und keine Zwergform des GM. Das Stockmaß der Rüden liegt zwischen 52 und 56 cm, das der Hündinnen zwischen 50 und 54 cm. Früher wurde der KlM häufig als »Heidewachtel« bezeichnet. Er ist aber mit dem Deutschen Wachtelhund in keiner Weise verwandt. Der Kleine Münsterländer ist ein tüchtiger Vorstehhund und hat seine Stärke in der Arbeit nach dem Schuss. Betreut wird der KlM vom »Verband für Kleine Münsterländer Vorstehhunde e.V.«. der auch jährlich ca. 1200 Welpen im Zuchtbuch einträgt.

Der Deutsch-Stichelhaar (DSt.) mit knappem, drahtigem Rauhhaar ist die älteste, heute aber seltenste Ursprungsrasse der rauhhaarigen Vorstehhunde. Das Stockmaß der Rüden beträgt 60 bis 70 cm, das der Hündinnen 58 bis 68 cm. Das Zuchtzentrum und die Heimat dieser Rasse ist Ostfriesland. Der Deutsch-Stichelhaar hat den größten Anteil an der Entstehung des Deutsch-Drahthaar, was zur Folge hat, dass man diese beiden Rassen oft nicht unterscheiden kann. Jährlich werden nicht mehr als ca. 50 Welpen ins Zuchtbuch des »Verein Deutsch-Stichelhaar e.V. von 1892« eingetragen.

Der Griffon (Gr) ist ein ausgezeichneter Feld- und Wasserhund, der seine Entstehung dem in Deutschland lebenden Holländer Korthals verdankt (»Korthals-Griffon«). Das dichte, typische kokosmattenartige Haar in blau-grauer Farbe mit braunen Platten und der dicht behaarte Kopf mit dem deutlich vorhandenen Schnurrbart und den Augenbrauen unterscheiden den Griffon von anderen rauhhaarigen Vorstehhunderassen. Die Rute wird nur 1/3 bis nicht ganz 1/2 kupiert. Betreut wird er vom »Griffon-Klub e.V.«. Jährlich werden etwa 70 Welpen ins Zuchtbuch eingetragen.

Der Deutsch-Drahthaar (DD) ist der in Deutschland am häufigsten geführte Jagdhund. Seine Farbe ist braun, Braunschimmel und auch Schwarzschimmel. Das Haar ist von unterschiedlichem Typ (bis fast kurzhaarig), entstanden aus rauhhaarigen Ursprungsformen (DSt., Griffon) und Kurzhaar (DK). Das Stockmaß beträgt 57 bis 68 cm. Der Verein »Deutsch-Drahthaar e.V.« ist der mitgliedstärkste Zuchtverein. Jährlich werden ca. 4000 Welpen im Zuchtbuch eingetragen. Seine Verwendung ist vielseitig und in allen Anforderungen leistungsstark.

Der Pudelpointer (PP) ist meist einfarbig braun mit kleinen weißen Abzeichen, selten auch schwarz. Das Haar ist knapp, manchmal fast kurzhaarig. Der PP entstand aus gezielter Kreuzung von Pointer und Barbet (Wasserpudel). Mit 60 bis 68 cm Stockmaß bei den Rüden und 55 bis 63 cm bei den Hündinnen ist er ein sehr großer Hund. Wegen ihrer Verwandtschaft (und im DD auch züchterischen Vermischung) sind rauhhaarige Vorstehhunde ihrem Aussehen nach oft nicht exakt einem bestimmten Schlag zuzuordnen. Betreut wird der PP vom »Verein Pudelpointer e.V.«, der alljährlich etwa 140 Welpen in sein Zuchtbuch einträgt.

Englische Vorstehhunde

Die Briten haben sozusagen das Urheberrecht für zwei Vorstehhunderassen, nämlich für den *Pointer* und die *Setter*. Was nun den Pointer betrifft, so wird er zwar von den Briten reklamiert. Seine Wiege stand aber höchstwahrscheinlich nicht im Vereinigten Königreich, sondern in Spanien. Und er ist sogar der Stammvater der drei Setter Schläge. Ursprünglich waren die aus Spanien stammenden Pointer recht schwere, grobzellige Hunde. Um sie leichter und vor allem eleganter zu machen kreuzten die Briten vor allem Foxhounds ein. Die Setter werden in drei Schlägen gezüchtet: *English-Setter*, *Irish-Setter* und *Gordon-Setter*. Letzterer wird auch als Schottischer Setter bezeichnet. Ihr langes Haar bekamen die Setter erst durch weitere Einkreuzungen – mit Spaniels. Diese Spaniels waren freilich mit den heutigen Cocker- oder Springerspaniels nicht zu vergleichen. Nebenbei sei erwähnt, dass Langhaar auch sprunghaft aus Kurzhaar entstehen kann.

Die Briten selbst setzen ihre Pointer und Setter bis heute ausschließlich bei der Suche im Feld ein. Zum Stöbern oder Buschieren verwenden sie hauptsächlich Spaniels, während das erlegte Wild von den Retrievern gesucht und gebracht wird. Es herrscht also eine strenge Arbeitsteilung. Außerhalb ihres Heimatlandes werden die Englischen Vorstehhunde vor allem zur Feldjagd verwendet. Sie sind vorwiegend »Feldspezialisten« für die Suchjagd. Allerdings werden die in Deutschland gezüchteten Hunde möglichst vielseitig (ähnlich wie die deutschen Jagdgebrauchshunde) ausgebildet und eingesetzt. Der Schwerpunkt liegt aber allgemein bei der Feldarbeit. Ihre Nase prädestiniert sie durchaus auch zur Schweißarbeit. Dem stehen aber die oft geringe Schärfe und der mangelhafte Laut entgegen.

Der Pointer (P) ist knapp kurzhaarig, mit langer unkupierter Rute, der Kopf mit ausgeprägten Lefzen und Stirnabsatz (»Stop«), die Farbe recht unterschiedlich: einfarbig rot oder schwarz mit weißen Abzeichen oder weiß mit mehr oder weniger großen roten, braunen oder schwarzen Flecken und Platten. Seine Schulterhöhe soll bei Rüden zwischen 63 und 69 cm liegen, bei Hündinnen zwischen 61 und 66 cm. Der Pointer ist der klassische Vorstehhund für anspruchsvolle Niederwildreviere, der in Deutschland sowohl vom »Verein für Pointer und Setter« als auch vom »Pointer-Club-Deutschland« betreut wird.

Der English-Setter (auch unter dem Namen Lavarack-Setter bekannt) wird in mehreren Farbvariationen gezüchtet: Schwarz mit Weiß, Orange mit Weiß, »Zitrone« mit Weiß und lederbraun mit Weiß sowie als Tricolour. Die Schulterhöhe der Rüden beträgt 65 bis 68 cm, die der Hündinnen 61 bis 65 cm. In Deutschland wird der English-Setter von zwei Zuchtvereinen betreut: vom »English-Setter-Club e.V.« und vom »Verein für Pointer und Setter«. Letzterer betreut, wie sein Name schon verrät, neben den drei Setter Schlägen auch den Pointer.

Der Irische Setter (IS) ist bei uns fast nur als »Mahagoni-Setter« bekannt, also mit mahagonirotem Haarkleid. Daneben gibt es aber auch eine rot-weiße Variante, die bei uns kaum zu sehen ist. Vermutlich ist sie sogar älter und der mahagonifarbene Setter aus ihr herausgezüchtet. Für jede gibt es einen eigenen Rassestandard. Rüden sollen eine Schulterhöhe von 58 bis 67 cm haben, Hündinnen eine solche von 55 bis 61 cm. Betreut wird der Irish-Setter sowohl vom »Verein für Pointer und Setter« wie auch vom »Irish-Setter-Club«. Letzterer kümmert sich allerdings nur um den mahagonifarbenen Iren.

Der Schottische Setter oder Gordonsetter (GS) ist schwarz mit rotem »Brand«. Er zeigt mehr Schärfe und ist auch wasserfreudiger als die beiden anderen Setter und wird auf dem Festland gerne als vielseitiger Gebrauchshund geführt. Mit 66 cm (Rüden) und 62 cm (Hündinnen) Schulterhöhe ist er auch geringfügig kleiner als die beiden andern Setter. Betreut wird er vom »Verein für Pointer und Setter« sowie vom »Gordon-Setter-Club«. Verglichen mit den deutschen Vorstehhunden ist die Zahl aller drei Setter gering. Häufiger finden wir sie in Frankreich und Italien.

52 | Welche Arbeiten werden von Pointer und Setter in ihrer Heimat verlangt?
Nur das Suchen und Vorstehen von Niederwild (ohne Rehwild).

53 | Kann man mit einem Pointer stöbern?
Nein, seine Stärke ist das Vorstehen.

54 | In welchen Farbschlägen wird der Pointer gezüchtet?
Einfarbig rot oder schwarz mit weißen Abzeichen oder weiß mit mehr oder weniger großen roten, braunen oder schwarzen Flecken und Platten.

55 | Können Sie einen Pointer auf einer Verbandsschweißprüfung führen?
Ja, da der Zuchtverein dem Jagdgebrauchshundverband e.V. (JGHV) angeschlossen ist.

56 | Eignen sich Setter für die Wasserarbeit?
Ja, da er vielseitiger einsetzbar ist als der Pointer.

57 | Werden bei uns Setter zur Stöberarbeit eingesetzt?
Nein, weil sie dazu nicht die Anlagen haben.

58 | Welche englischen Vorstehhunde sind langhaarig?
Die Setter.

59 | Gibt es auch rauhhaarige Setter?
Nein.

Französische Vorstehhunde

Von den zahlreichen französischen Vorstehhundrassen hat sich vor allem der *Bretone (Epagneul Breton)* bei uns verbreitet. Wie in Westeuropa und Dänemark, hat er auch bei uns viele Freunde gefunden, weil er (ähnlich wie unser Kleiner Münsterländer) die Bedürfnisse von Jägern gut befriedigt, die zwar einen Vorstehhund benötigen (Feldjagd), aber nicht so gut einen großen, robusten und schwerer führigen Hund halten und auslasten können.

Die übrigen französischen Rassen werden bei uns selten geführt, neuerdings aber vom Verein für Französische Vorstehhunde e.V., betreut. Es gibt verschiedene kurzhaarige *(Braque)*, langhaarige *(Epagneul)* und auch rauhhaarige Rassen *(Griffon, Barbet)*. Eine große Rolle werden sie bei uns schon aus Mangel an Arbeit auch künftig nicht spielen.

Epagneul Breton (EB), der »Bretone«, ist ein langhaariger, besonders kleiner (der kleinste) Vorstehhund, von weißer Grundfarbe mit rotbraunen Platten und kurz kupierter (wenn nicht sogar angeborener) Stummelrute. Als Stockmaß sind maximal 51 und minimal 46 cm zugelassen. Das Aussehen erinnert mehr an einen Spaniel, doch ist er ein richtiger Vorstehhund. Der Bretone ist ein ausgeglichener, aufmerksamer, intelligenter und leichtführiger Jagdhund. In Deutschland wird diese Rasse durch den »Club für Bretonische Vorstehhunde e.V.« betreut und es werden jährlich ca. 50 Welpen ins Zuchtbuch eingetragen.

60 | Für welche Arbeiten werden die französischen Vorstehhunde eingesetzt?
Wie die Deutschen Vorstehhunde als Vollgebrauchshunde.

61 | Welches ist der kleinste Vorstehhund?
Der Bretonische Vorstehhund.

62 | Kann man einen Epagneul Breton auf der VGP führen?
Ja, genauso wie jeden anderen Vorstehhund.

63 | Wird der Epagneul Breton auch kurzhaarig gezüchtet?
Nein.

Ungarischer Vorstehhund

Der *Magyar Vizsla* entstand im 18. Jahrhundert aus der ungarischen Bracke, die vor allem mit gelben türkischen Jagdhunden (Windhunde) eingekreuzt wurde. Im 19. Jahrhundert floss dann auch das Blut weiterer Hunderassen in die Zucht, vor allem Pointerblut. Inzwischen hat der Vizsla auch bei uns viele Freunde gefunden hat. Er ist fahl- bis rehrot (ähnlich wie der Gebirgsschweißhund, aber nie mit dunkler Gesichtsmaske, die Rute wird kupiert). Die vielseitige Leistungsfähigkeit (überwiegend Stummjäger) entspricht etwa unserem Deutsch-Kurzhaar. Neben der vorherrschenden kurzhaarigen Form (Ungarisch-Kurzhaar, UK) gibt es auch den selteneren rauhhaarigen Ungarischen Drahthaar (UD), der aus Kreuzungen mit Deutsch-Drahthaar entstanden ist. Vertreter beider Schläge sind in der Regel leichtführige Jagdhunde mit ausgeprägter Jagdleidenschaft. Sie haben die Anlagen für eine gute Nase, ein festes Vorstehen, für Stöbern, Apportieren, Wasserfreudigkeit und die ausgezeichnete Fähigkeit zur Kontakthaltung mit dem Führer. Leider fehlt bei dieser Rasse sehr häufig der Spurlaut, was die Stöberarbeit einschränkt. Der kurzhaarige, ungarische Vorstehhund (UK) ist in Deutschland häufiger anzutreffen als der rauhhaarige.

Der kurzhaarige Magyar Vizsla (UK) ist immer von semmelgelber bis sandgelber Farbe. Vereinzelt kommen kleine weiße Flecken an Brust oder Pfoten vor. Das Haar ist rau, aber kurz und dicht anliegend. Rüden sollen ein Stockmaß zwischen 56 und 61 cm haben, Hündinnen ein solches zwischen 52 und 57 cm. Wie bei allen kurzhaarigen Vorstehhunden (ausgenommen Pointer) werden ihre Ruten kupiert. Der Magyar Vizsla zeichnet sich durch ein gutes Gedächtnis, Lernvermögen und Leichtführigkeit aus.

Abgesehen von der Behaarung entspricht der rauhhaarige (drahthaarige) Vizsla (sprich: Wizsla) im Standard weitgehend dem kurzhaarigen. Durch die Einkreuzung von deutschen drahthaarigen Vorstehhunden entstand dieser Schlag in den dreißiger Jahren des 20. Jahrhunderts. In Deutschland werden die Vizsla betreut durch den Zuchtverein »Verein Ungarischer Vorstehhunde e.V.«. Durchschnittlich werden in Deutschland etwa 80 Welpen ins Zuchtbuch eingetragen. Für die Stöberjagd, wo laut jagende Hunde erforderlich sind, werden oft dem Vizsla Grenzen gesetzt, da dieser als Stummjager eingestuft werden kann.

64 | Unterscheidet sich das Arbeitsgebiet der ungarischen Vorstehhunde von jenem der Deutschen Vorstehhunde?

Nein, die Arbeitsgebiete der Vizsla sind vergleichbar mit denen der Deutschen Vorstehhunde.

65 | Können Sie mit einem Magyar Vizsla in Deutschland eine Prüfung ablegen?

Ja, er wird zu allen Prüfungen des »Verein Ungarischer Vorstehhunde e.V.« und des JGHV zugelassen.

66 | In welchen Farbschlägen wird der Magyar Vizsla gezüchtet?

In den Farbschlägen fahl- bis rehrot und in der vorherrschenden kurzhaarigen Form bzw. der selteneren rauhhaarigen.

Apportierhunde

Apportierhunde sind mittelgroße, stämmige Hunde, lang- oder stockhaarig, im Aussehen etwa zwischen Stöber- und Vorstehhunden, die in England als Apportierspezialisten zum Verlorenbringen von Niederwild gezüchtet wurden. Dazu müssen sie bei ruhigem Temperament und ausgeprägtem Gehorsam feinnasig, spurwillig und ausdauernd sein, auch besonders wasserfreudig. Die bei uns gezüchteten und verwendeten *Retriever* werden auch vielseitiger eingesetzt; sie eignen sich bei entsprechender Abrichtung zum Buschieren und für die Schweißarbeit. Sie jagen jedoch auf Spur und Fährte meist stumm! Bekannt sind bei uns vor allem der *Golden Retriever* (langhaarig, goldbraun), der zu einem Modehund wurde, und der *Labrador Retriever* (stockhaarig, schwarz, braun oder gelb).

Übersicht Apportierhunde

Ihr Heimatland ist England

stockhaarig		
Labrador Retriever (LR)	unkupiert	cremefarben, schwarz, braun
Flat-Coated Retriever (FCR)	unkupiert	schwarz, braun
langhaarig		
Golden Retriever (GR)	unkupiert	cremefarben

Der Name Golden Retriever (GR) sagt schon, dass diese Rasse goldfarben bis cremefarben ist, aber niemals schwarz. Seine Stärke ist der Finderwille zum Apportieren von Niederwild, ob im Feldrevier oder im Wasser. Leider muss man heute in Deutschland sehr lange suchen, bis man einen Golden Retriever aus einer reinen Leistungszucht bekommt.
Diese Hunderasse ist ein beliebter Modehund geworden. In Deutschland betreut wird der GR vom »Deutsche Retriever-Club e.V.«.

Flat-coated Retriever. Er ist der gemeinsame Ahnherr des GR und LR. Seine jagdlichen Qualitäten sind am ehesten dem Labrador vergleichbar. In Deutschland wird er sehr selten geführt.

Der Labrador Retriever (LR) ist ein beliebter Apportierhund für die Wasserarbeit. Das Stockmaß der Rüden soll 56 bis 57 cm betragen, das der Hündinnen 54 bis 56 cm. Dem Labrador fehlen häufig Wildschärfe und Spurlaut, was seine Verwendung einschränkt. In Deutschland wird der LR durch den »Deutschen Retriever-Club« und durch den »Labrador-Retriever-Club« betreut.

67 | Wo ist die Heimat der Apportierhunde?

England.

68 | Welche Arbeiten werden von Apportierhunden in ihrer Heimat verlangt?

In England wird der Apportierhund neben dem Vorstehhund geführt. Man sagt ihm nach, dass er alles apportiert was sich nicht wehrt.

69 | Muss ein Retriever spurlaut sein?

Nein, seine Aufgabe ist die reine Apportierarbeit.

70 | Wie werden Apportierhunde in Deutschland jagdlich eingesetzt?

Zum Verlorensuchen im Wald und im Wasser, aber zunehmend auch zur Schweißarbeit.

71 | Kann man einen Labrador auf der VGP führen?

Nein, denn er steht nicht vor. Geführt werden kann er aber auf der Gebrauchsprüfung seines Zuchtverbandes ohne Vorstehen, mit Zusatzfächern »Verlorensuchen im Wald«.

Sonstige

Neben den in Deutschland bekannten klassischen Jagdgebrauchshunderassen erscheinen in unseren Jagdrevieren immer mehr Jagdhunde fremder Herkunft, aber auch in Deutschland entstandene Neuzüchtungen. Motive für die Wahl einer »neuen« Jagdhunderasse sind ein gewisser Hang zur »Exklusivität«, aber auch negative Erfahrungen mit Vertretern der traditionell bei uns geführten Rassen. Ob eine fremde oder neue Hunderasse immer für unsere Jagdverhältnisse geeignet ist, ist eine andere Sache.

Dass einige Jäger (es sind die Ausnahmen) bei der Wahl zu »anderen« Jagdhunderassen schon zum widernatürlichen Verhalten neigen, zeigt, dass Hunde wie Pit Bull oder Bullterrier als Jagdhunde angeboten werden. Solche Hunde jagen stumm, sind nicht wildscharf, sondern wilde »Beißmaschinen« mit geringer Reizschwelle und eine Zumutung für das Wild. Mit solchen Hunden ist eine tierschutzgerechte Jagdausübung nicht möglich, und für die Öffentlichkeit bzw. für das Ansehen der Jägerschaft sind Kampfhunde eine Gefahr.

Die russisch-europäische Jagdhunderasse Laika wurde im Zuge der deutschen Wiedervereinigung 1990 vom Jagdgebrauchshundeverband übernommen. In der ehemaligen DDR wurde die Laika durch Jäger in den russischen Streitkräften besonders bekannt. Das Wort »Laika« stammt aus der russischen Sprache und heißt »Verbellen«. Die Laika jagt gesundes Schalenwild mit Auge und Nase stets stumm und gibt erst am gestellten Wild Standlaut. Hierbei ist es wichtig, dass der Hund nicht scharf stellt und das Wild »bewegt«, sondern »hütet« und an einer Stelle bindet. In Deutschland werden die wenigen Laika-Hunde durch den Zuchtverband Laika-Club e.V. betreut.

Keinen internationalen Standard und jagdkynologisch nicht anerkannt durch den Jagdgebrauchshundeverband (JGHV) ist der *Rhodesian Ridgeback* (Jagdhund für die Löwenjagd in Afrika).

Das gilt auch für den *Westfalenterrier* (glatt- und rauhhaarig, Farbe »weizenblond«) und den aus Deutschem Jagdterrier und Airdale Terrier entstandene *Heideterrier,* in dem auch etwas Bullterrierblut fließt.

Neuerdings finden *Laikas* unter den deutschen Jägern Liebhaber. Am meisten geführt wird die Russisch-Europäische Laika, seltener die Westsibirische und die Ostsibirische Laika. Nur sehr wenige Jäger führen den *Schwedischen Elchhund* oder den *Grauen Norwegischen Elchhund.* Dasselbe gilt für den *Karelischen Bärenhund.*

72 | Warum werden Neuzüchtungen von Jagdhunderassen vom Jagdgebrauchshundeverband (JGHV) nicht anerkannt?

Neue Hunderassen entstehen oft in so genannten Dissidentenverbänden. Dort werden ohne Kontrolle willkürlich Hunde miteinander gekreuzt und mit einem neuen Rassenamen in den Handel gebracht. Diese Hunde entsprechen meist nicht dem Rassestandard und haben keine bessere Leistungssteigerung und Gesunderhaltung als die bisher anerkannte Hunderasse.

73 | Welche Rassen werden den Nordischen Hunden zugerechnet?

Die Russisch-Europäische Laika, die Westsibirische Laika und die Ostsibirische Laika.

74 | Für welche Arbeiten können diese Hunde eingesetzt werden?

Die Laika suchen stumm das Wild und verbellen es dann lediglich. Der Jäger kann sich dann an das Wild heranpirschen und es evtl. erlegen.

75 | Was ist der Nachteil dieser Rassen?

Dass die meisten Angehörigen dieser Rassen absolut stumm jagen und sehr oft keine Wildschärfe zeigen.

Jagdhundehaltung

Grundsätzliches zur Hundehaltung – Für das Halten und Züchten von Hunden gelten seit dem 1. September 2001 die Bestimmungen der vom Bundesministerium für Verbraucherschutz, Ernährung und Landwirtschaft erlassenen Tierschutz-Hundeverordnung. Sie sind auch vom Halter eines Jagdhundes zu beachten.

Grundsätzlich ist es jedem freigestellt, ob er seinen Hund in der Wohnung oder im Freien hält. Es muss sichergestellt sein, dass der Hund gemäß seiner Rasse, seinem Alter und seinem Gesundheitszustand ausreichend Auslauf und ausreichend Sozialkontakte erhält, das heißt Umgang mit einer Betreuungsperson hat.

Haltung in der Wohnung (Vorschriften) – Für die Räume sind genügend Tageslichteinfall (Fenster von mindestens einem Achtel der Bodenfläche oder eine ergänzende Beleuchtung entsprechend dem Tag-Nacht-Rhythmus) und ausreichende Frischluftversorgung vorgeschrieben. Nicht beheizbare Räume müssen einen trockenen, wärmegedämmten Liegeplatz oder eine Schutzhütte haben, die vor Luftzug und Kälte schützen.

Vor- und Nachteile: Ihre Vorteile liegen im engen Kontakt mit dem Hundeführer und in der guten Überwachungsmöglichkeit. Die Nachteile überwiegen. Es ist kaum vermeidbar, dass der Hund auch mit den übrigen Familienmitgliedern in ständigem Kontakt ist, mit Leckerbissen verwöhnt wird, den Kindern als Spielgefährte dient und von mehreren Leuten in guter Absicht erzogen wird. So besteht die Gefahr, dass der Hund für die Jagdpraxis unbrauchbar wird. Ein weiterer Nachteil liegt in der Verweichlichung des Hundes gegenüber den Witterungsunbilden der kälteren Jahreszeit und damit in der Gefährdung der Gesundheit durch den täglichen Wechsel aus geheizten Räumen in Kälte und Nässe.

Der Jagdhund sollte ständiger Begleiter des Jägers sein und nicht im Zwinger oder Auto verbummeln.

Haltung in der Hütte und im Zwinger – Die Haltung im Freien dient der Abhärtung des Hundes gegenüber Nässe, Kälte und Witterungsschwankungen. Wer genügend Platz hat, wird einen Zwinger einrichten. Die Tierschutz-Hundeverordnung schreibt für die Haltung im Freien eine Schutzhütte und zusätzlich einen witterungsgeschützten, schattigen Liegeplatz mit wärmegedämmtem Boden vor. Ein derartiger Liegeplatz ist dem Hund auch für Ruhezeiten während der Ausbildung zur Verfügung zu stellen.

Die Schutzhütte muss der Größe des Hundes angepasst sein, sie soll aus wärmedämmendem, trockenem Material bestehen, so dass sie der Hund mit seiner Körperwärme warm halten kann, dennoch soll sie eine verhaltensgerechte Bewegung des Tieres zulassen. Es empfiehlt sich, die Hütte für Reinigungszwecke mit einem abnehmbaren oder aufklappbaren Deckel zu versehen.

Für die Bodenfläche des Zwingers ist die Widerristhöhe (Größe des Tieres im Schulterbereich) maßgebend. Bei einer Widerristhöhe bis zu 50 cm hat sie 6 m^2, von 50 bis 65 cm 8 m^2, darüber 10 m^2 zu betragen. Für jeden weiteren Hund im selben Zwinger ist die Hälfte dieser Bodenfläche hinzuzurechnen. An der Einfriedung des Zwingers darf sich der Hund nicht verletzen. Sie muss so gestaltet sein, dass der Hund sie nicht überwinden kann, Stromleitungen müssen so hoch sein, dass sie der aufgerichtete Hund mit seinen Vorderpfoten nicht berühren kann. Der Boden muss trocken und leicht zu reinigen sein. Der Zwinger muss dem Hund an mindestens einer Seite freie Sicht nach draußen bieten, mehrere Zwinger auf einem Grundstück sollen so gestellt sein, dass die Hunde miteinander Sichtkontakt haben.

Anbindehaltung, Hund im Fahrzeug – Die Vorschriften der Tierschutz-Hundeverordnung über eine Anbindehaltung kommen für Jagdhunde kaum in Betracht, weil diese grundsätzlich nicht an der Kette gehalten werden, und im Zwinger ist eine Anbindung ohnehin verboten. Bei der Ausbildung darf der Hund von der Betreuungsperson mit einer mindestens 3 m langen Leine angebunden werden.

Verbleibt ein Hund ohne Aufsicht in einem Fahrzeug, ist für ausreichende Frischluft und eine angemessene Lufttemperatur zu sorgen. Empfehlenswert ist es, ausreichend frisches Trinkwasser bereitzustellen, bei Kälte braucht der Hund ein wärmendes Lager.

Fütterung und Pflege – Gemäß der Tierschutz-Hundeverordnung ist der Hund mit artgemäßem Futter in ausreichender Menge und Qualität sowie jederzeit mit Trinkwasser zu versorgen. Die Betreuungsperson ist für die regelmäßige Pflege und Gesundheitsüberwachung und für eine saubere und ungezieferfreie Unterbringung verantwortlich. Die Pflegemaßnahmen dienen dem Wohlbefinden des Tieres, der Vorbeuge gegen Krankheiten und dem Kontakt mit dem Hundeführer. Im Vordergrund steht die Körperpflege. Die Reinigung des Felles erfolgt am besten durch häufiges Schwimmen. Regelmäßiges, möglichst tägliches Bürsten oder Kämmen sind weitere wichtige Säuberungsmaßnahmen. Von dem Waschen mit Toilettenseifen oder Shampoos wie bei Stadt- und Schoßhunden wird bei Gebrauchshunden dringend abgeraten; derartige Mittel zerstören den natürlichen Hautschutz, wodurch sich die Anfälligkeit gegenüber Krankheitserregern erhöht.

Verschmutzte Augen werden mit Kamillentee oder Borwasser und einem sauberen, am besten frisch gebügelten Tuch, verschmutzte Ohren mit einem leicht ballistolgetränkten Wattestäbchen gereinigt. Im Winter sind die Pfoten nach jedem Auslauf gründlich von Streusalzresten zu säubern. Die Krallen sollen bei ungenügender Abnutzung mit einer Krallenschere gekürzt, Wunden an den Ballen mit Hautsalben geschützt werden. Eine Zahnpflege ist bei richtiger Ernährung überflüssig. Wichtig ist die tägliche Überprüfung der Ausscheidungen, insbesondere der Losung, ob Hinweise auf Verdauungsstörungen oder Parasitenbefall vorliegen.

Zur Pflege gehört auch die regelmäßige Inspektion von Zwinger und Hütte sowie gegebenenfalls deren Reinigung und Desinfektion mit für den Hund unschädlichen Mitteln. Selbstverständlich sollten Futter- und Tränkenapf stets peinlich sauber gehalten werden.

Ausstellungsverbot – Kupierte Hunde dürfen nur ausgestellt werden, sofern die Amputation von Körperteilen, bei einigen Jagdhunderassen beispielsweise der Rute, durch das Tierschutzgesetz erlaubt ist oder auf Grund einer tierärztlichen Indikation erfolgen musste.

Rechtliche Grundlagen

?

76 | Welche Gesetze sind für die Hundehaltung von Bedeutung?

Das Tierschutzgesetz und die Tierschutz-Hundeverordnung.

Zwingerhaltung / Wohnungshaltung

77 | Wie groß muss der Zwinger sein?

Widerristhöhe	Mindest-Bodenfläche
bis 50 cm	6 m^2
über 50 bis 65 cm	8 m^2
über 65 cm	10 m^2

für jeden weiteren in demselben Zwinger gehaltenen Hund sowie für jede Hündin mit Welpen muss zusätzlich die Hälfte der für einen Hund vorgeschriebenen Bodenfläche zur Verfügung stehen.

78 | Wie muss die Hütte beschaffen sein?

Die Schutzhütte muss aus wärmedämmendem und gesundheitsunschädlichem Material hergestellt und so beschaffen sein, dass der Hund sich daran nicht verletzen und trocken liegen kann. Sie muss so bemessen sein,

1. dass der Hund sich darin verhaltensgerecht bewegen und hinlegen und
2. den Innenraum mit seiner Körperwärme warm halten kann, sofern die Schutzhütte nicht beheizbar ist.

Hundezwinger-Anlage.

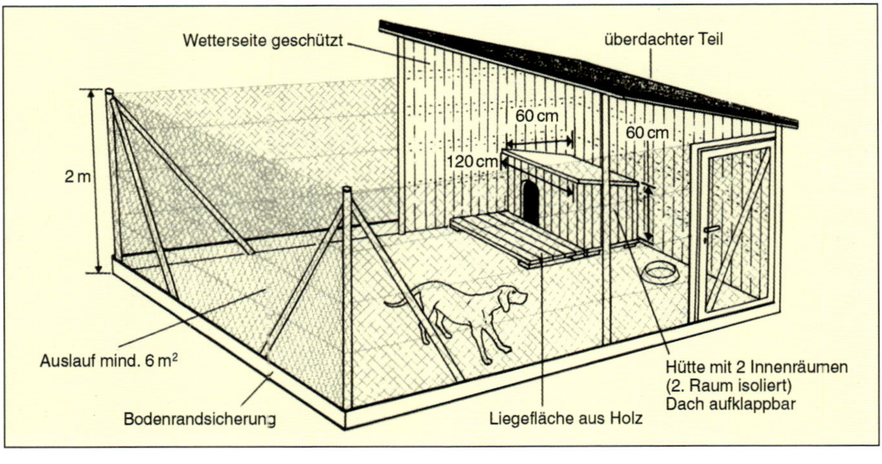

79 | Was ist bei Zwingerhaltung besonders zu beachten?
Die Einfriedung des Zwingers muss aus gesundheitsunschädlichem Material bestehen und so beschaffen sein, dass der Hund sie nicht überwinden und sich nicht daran verletzen kann. Hunde dürfen im Zwinger nicht angebunden werden.

80 | Welche Vorschriften gelten für die Haltung in der Wohnung?
Tierschutz-Hundeverordnung

81 | Wie soll der Hund im Haus gehalten werden?
Der Hund soll in der Gemeinschaft mit dem Mensch (Familie) seinen festen Hundeplatz in einem Hundekorb oder auf einer Decke bekommen.

82 | Welche Vorteile kann die Haltung im Haus haben?
Man kann schnell erkennen, falls der Hund krank oder verletzt ist. Die Beziehung zwischen Hund, Hundeführer und Familie wird gefestigt.

83 | Unter welchen Umständen ist der Hund im Zwinger besser aufgehoben?
Wenn er im Haus unter der Ablehnung durch Familienangehörige zu leiden hätte oder wenn er sich dort nicht ungestört zurückziehen kann (etwa wegen der Kinder) oder wenn ihm dort nur ein ungünstiger Platz zugewiesen werden kann.

84 | Darf ein Jagdhund an der Kette gehalten werden?
Ja, falls dies den Anforderungen an die Anbindehaltung der Tierschutz-Verordnung entspricht.

■ Der Hund als Rudelmitglied

85 | Empfiehlt sich die Jagdhundehaltung, wenn man selbst berufstätig und der Ehepartner gegen die Hundehaltung ist?
In Verantwortung gegenüber dem Hund ist hier eine Hundhaltung gut zu überlegen.

86 | Auf wen soll der Hund fixiert sein?
Auf den Hundeführer.

87 | Was fördert die Bindung des Hundes an seinen Führer?
Enger Kontakt, Zuspruch, Konsequenz im Umgang, Futter durch den Hundeführer, Einbindung in den Jagdbetrieb, gemeinsame Jagd.

88 | Ist es sinnvoll, mit einem Welpen oder Junghund ausgiebig zu spielen?
Mit dem Welpen oder Junghund spielen ist sinnvoll, aber in dosierter Form.

Auch wenn der Hund in der Wohnung gehalten wird, muss er eine ungestörte Rückzugsmöglichkeit haben.

Fütterung

Der Hund wird zwar als Fleischfresser bezeichnet, braucht aber dennoch pflanzliche Kost. Darin gleicht er seinem Stammvater, dem Wolf, der seinen Bedarf an pflanzlichen Stoffen im Wesentlichen aus den Innereien seiner Beutetiere abdeckt. Es entspricht also einer naturgemäßen Ernährung, wenn eine gemischte Kost angeboten wird, wobei für den Hund der Anteil an Fleisch zwei Drittel, der an Beikost ein Drittel betragen soll.

Das Hauptfutter soll den Eiweiß- und Energiebedarf des Hundes decken und besteht überwiegend aus Muskelfleisch sowie Innereien wie Herz, Lunge, Leber, Nieren und Milz von Haustieren und Wild. Ein gutes Ergänzungsfutter sind Pansen von Wiederkäuern und von Schalenwild, entweder getrocknet (auch im Handel erhältlich) oder »grün« und nur grob gereinigt. Nicht verfüttert werden darf rohes Schweinefleisch, weil dabei ein Virus, die Aujeszkysche Krankheit (Pseudowut), übertragen werden kann.

Wichtige Bestandteile des animalischen Futters sind tierische Fette (etwa 10–20 %) und hin und wieder Knochen (am besten Kalbsknochen, keine Geflügelröhrenknochen). Unter Umständen können auch Eier, Milchprodukte oder Fische verfüttert werden. Das Fleisch sollte möglichst roh, eventuell sogar »anbrüchig« (in beginnender Zersetzung) sein, das entspräche einer artgemäßen Nahrung. Neuerdings wird aber verstärkt gefordert, nur gekochtes Fleisch zu verfüttern, um der Gefahr einer Übertragung von Krankheitserregern, z.B. Fleischvergiftern (Salmonellen), vorzubeugen.

Das Beifutter, die sogenannte vegetabilische Kost, besteht überwiegend aus Getreideflocken oder Reis, eventuell auch Teig-

Im Alter von sechs Wochen lassen sich die Anlagen der Welpen schon recht gut beurteilen. Wer beabsichtig, einen Welpen zu erwerben, sollte ihn sich schon einige Zeit vor Übernahme aussuchen.

waren. Obst und bestimmte Gemüsearten, z.B. Karotten (keine blähenden Hülsenfrüchte), stellen eine geeignete Ergänzung dar. Kartoffeln sind weniger geeignet, desgleichen Brot (ausgenommen Vollkornbrot). Es schadet nicht, wenn das Futter leicht gesalzen ist; Gewürzzusätze sind überflüssig, teilweise sogar schädlich.

Vielfach wird ein Zusatz von Kalziumpräparaten, Vitamintabletten, Lebertran oder anderen »Aufbaustoffen« zum Futter empfohlen. Bei einer ausgewogenen Nahrung sind solche Beimengungen jedoch entbehrlich, sie können unter Umständen sogar gesundheitsgefährdend sein (Vitaminüberdosierung!). Sie sind daher nur nach tierärztlicher Verordnung zu verabreichen. Im übrigen begegnen viele Hunde einem Mangel an Vitaminen und Spurenelementen auf natürliche Weise, nämlich durch die gelegentliche Aufnahme von Gras oder Obst.

Für Hundehalter, die wenig Zeit oder Lust zur Zubereitung des Futters haben, gibt es eine Erleichterung durch im Handel erhältliches Fertigfutter. Dieses wird in Dosen oder als Trockenfutter, auch als Tiefkühlkost angeboten und enthält im Allgemeinen alle erforderlichen Nährstoffe, Vitamine, Mineralien und Spurenelemente. Dosenfutter muss aber, da es sich um Weichfutter handelt, aus Gründen der Zahnpflege mit Kalbsknochen ergänzt werden.

Immer muss frisches Wasser zur Verfügung stehen; dann und wann darf es auch süße oder dick-saure Milch sein. Der Flüssigkeitsbedarf erhöht sich mit dem Salzgehalt der Nahrung.

Die trächtige Hündin braucht zunächst nicht mehr Nahrung als gewöhnlich. Erst gegen Ende der Trächtigkeit ist die Futtermenge, vor allem der Eiweißanteil, zu steigern. Das werdende Muttertier darf jedoch nicht »gemästet« werden, da es sonst zu Geburtsstörungen kommen kann.

Nach dem Werfen ist der Nahrungsbedarf als Folge der Milchproduktion deutlich höher. Daher sind mehrere grössere Mahlzeiten proTag erforderlich, wobei das Futter besonders mit Obst und Gemüse, eventuell auch mit Kalkpräparaten, angereichert werden muss.

Welpen erhalten anfangs ein Übergangsfutter. Man beginnt mit der Beifütterung in der 3. bis 4. Lebenswoche, während noch ausreichend Muttermilch zur Verfügung steht. Zunächst bietet man mit Trockenkindermilch aufgewertete Kuhmilch an, eine Woche später Fleischbrühe, der geriebenes Gemüse und Obst beigemengt sein kann. Ab der 6. Lebenswoche wird zerkleinertes Fleisch vorgesetzt, das auch mit Vitaminträgern und in zunehmendem Maße mit Getreideflocken oder Reis vermischt wird.

Die Menge und Anzahl der täglichen Mahlzeiten richtet sich grundsätzlich nach dem Alter, der Größe und der Leistung des Hundes. Ein Welpe, der im Alter von 7 bis 9 Wochen abgesetzt wird, braucht täglich noch 4–6 Mahlzeiten. Das verringert sich ab etwa der 14. Woche auf 3, ab 6 Monaten auf 2 und ab 12 Monaten auf 1 Fütterung. Die Fütterungszeiten sollen regelmäßig eingehalten werden und die Futtermenge soll etwa so bemessen sein, dass sie der Hund auf einmal vertilgt. Übriggelassene Speisen dürfen nicht stehen bleiben, sondern sind bald zu beseitigen. Es sollte zur guten Gewohnheit werden, dass Futter- und Tränkebehälter stets gründlich gereinigt werden.

Fütterungsfehler können die Entstehung von Krankheiten fördern oder verursachen. Einige Beispiele: Ausgesprochen schädlich für die Zähne sind Süßigkeiten wie Schokolade, Zuckerstücke, Pralinen und dergleichen. Stark gewürzte Speisen wie Pökelfleisch, geräuchertes Fleisch und Salzhering können, wenn nicht ausreichend Trinkwasser vorhanden ist, zur Schädigung von Leber und Nieren führen. Eine einseitige Zusammenstellung des Futters ruft auf die Dauer Mangelkrankheiten hervor. Die Verfütterung von übermäßig viel Knochen, namentlich vom Schwein, hat mitunter die Bildung von »Knochenkot« mit Verstopfung zur Folge.

89 | Wie oft wird ein ausgewachsener Hund gefüttert?
Ein- bis zweimal täglich.

90 | Wer soll den Hund füttern?
Der Hundeführer.

91 | Wie wird ein Hund artgerecht gefüttert?
Durch gemischte Kost, d.h. zwei Drittel Fleisch und den Rest als vegetabilische Kost (Getreideflocken, Reis, Obst, Gemüsearten).

92 | Welche Futtermenge braucht ein Hund pro Tag?
Die Menge richtet sich nach Alter und Leistung des Hundes. Die Futtermenge soll so bemessen sein, dass der Fressnapf leer gefressen wird.

93 | Können Hunde auch fasten?
Außerhalb der Jagdzeit, in der vom Hund keine große Leistung verlangt wird, schadet ein Fastentag in der Woche nicht.

94 | Wann erhöhen Sie die Futterration ihres Hundes?
Bei der Hündin gegen Ende der Trächtigkeit, oder grundsätzlich in Zeiten hoher Leistung.

95 | Dürfen Sie ihrem Hund rohes Schweinefleisch füttern?
Nein. Es besteht der Gefahr der Aujeszkysche Krankheit.

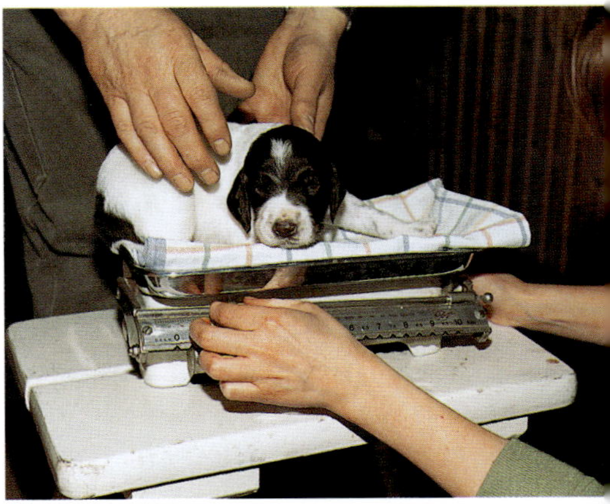

Verantwortungsbewusste Züchter prüfen auch regelmäßig das Gewicht der Welpen.

96 | Was dient der Zahnpflege des Hundes?
Das regelmäßige benagen weicher, nicht splitternder Knochen (z.B. Kalbsknochen).

97 | Was muss dem Hund immer zugänglich sein?
Täglich frisches Trinkwasser.

98 | Welche Gefahr besteht, wenn Sie ihren Hund nur mit industriellem Fertigfutter füttern?
Es besteht grundsätzlich keine Gefahr, doch wird der Hund für Abwechslung dankbar sein.

99 | Ihr Hund frisst Gras. Lassen Sie ihn gewähren?
Ja. Er reguliert damit Magenübersäurung oder er hat unverdauliche Gegenstände im Magen.

100 | Warum vergräbt der Hund Knochen und Fleisch?
Es ist der angeborene Instinkt, momentan nicht zu verzehrende Beute in Sicherheit zu bringen.

Gesundheitspflege

101 | Welche Maßnahmen führen wir regelmäßig durch?
Mehrfachimpfung und Wurmkur.

102 | Was tun wir, wenn der Hund bei niedrigen Temperaturen im Wasser war?
Sofort trocken reiben, eine Decke um den Hund legen und diesen in einen warmen Raum bringen.

103 | Lassen Sie den Hund hinter ihrem Auto laufen?
Nein, weil er dabei die giftigen Auspuffgase einatmet. Wenn überhaupt, dann sollte der Hund vor dem Auto laufen, zumal wir ihn dann im Auge haben.

Die Zentralheizung ist sicher kein geeigneter Liegeplatz für den Hund.

104 | Wo legen wir den Hund in unserer Wohnung nicht ab?
Nicht direkt neben der Heizung, und nicht in einem kalten oder nassen Raum oder im Durchzug.

Impfplan für Jagdhunde

Impfplan	Grundimmunisierung		Nachimpfung	Wiederholung
Impfung gegen	6. bis 8. Woche	8. bis 10. Woche	11. bis 14. Woche	
Parvovirose	+		+	jährlich
Zwingerhusten	+		+	jährlich
Hepatitis		+	+	mind. alle 2 Jahre
Leptospirose		+	+	jährlich
Staupe		+	+	mind. alle 2 Jahre
Tollwut		+	+	jährlich

Zucht

Wer erstmals mit seinem Hund züchten will, wende sich zunächst an den zuständigen Zuchtverein. Dort wird er beraten und über die Zuchtbestimmungen informiert. Allgemein gilt, dass sowohl der Rüde als auch die Hündin eingetragen sein und eine Zuchteignungsprüfung abgelegt haben müssen (nach näheren Bestimmungen des jeweiligen Zuchtvereins).

Das Ziel ist, nur gesunde und wesensfeste Jagdhunde zur Zucht zuzulassen. Sie müssen frei von zuchtausschließenden Mängeln, insbesondere Erbfehlern, sein und dem Standard ihrer Rasse entsprechen. Ob der Züchter für seine Hündin selbst einen Rüden bestimmen darf, der die Zuchtkriterien erfüllt, oder ob dies der zuständige Zuchtwart bestimmt, richtet sich nach dem jeweiligen Zuchtverband. Der Eintritt der Geschlechtsreife variiert von Rasse zu Rasse. Rüden werden i.d.R. im Alter von einem Jahr geschlechtsreif, Hündinnen mit 6 bis 8 Monaten. Letztere werden zweimal im Jahr läufig (sie kommen in die Hitze) – meist im Spätwinter und Spätsommer. Rüden sind das ganze Jahr hindurch in der Lage, eine Hündin zu befruchten.

Die Hitze dauert rund drei Wochen und teilt sich in drei Phasen: Die Vorhitze (1. bis 9. Tag), gekennzeichnet durch das Anschwellen der Schnalle und beginnendem Färben (blutiger Ausfluss); in ihr werden die Rüden olfaktorisch angelockt, aber noch nicht geduldet. Die Haupthitze findet vom 10. bis 15. Tag statt. Das Färben lässt nach und die Hündin »steht« jetzt, das heißt, sie lässt die Rüden zu. Vom 11. bis 20. Tag befindet sich die Hündin in der Nachhitze; sie wird ruhiger, kann aber Rüden immer noch zulassen.

Der Deckakt dauert 10 bis 45 Minuten. Nach meist kurzem Aufreiten geht der Rüde von der Hündin herunter. Beide hängen dann aber noch längere Zeit (während der die Samenabgabe erfolgt) fest.

Die Trächtigkeit liegt im Mittel bei 63 Tagen (56 bis 66 Tage); sie ist rasseabhängig. Die hochträchtige Hündin zeigt einen vergrößerten Bauchumfang und ein Anschwellen des Gesäuges. In den letzten Tagen vor dem Werfen wird sie unruhig.

Die Geburt dauert wenige Stunden (3–24). Die Hündin beißt nach jeder Geburt eines Welpen die Nabelschnur ab und frisst die Nachgeburt auf. In den folgenden Tagen bemerkt man bis zur Dauer von 3 Wochen einen rötlichen bis grünlichbraunen Ausfluss aus der Schnalle.

Die Welpen werden gleich nach der Geburt von der Hündin trocken geleckt. Sie streben bald nach dem Gesäuge und suchen eine Zitze. Ihre Augenlider sind bis zum 9. Tag geschlossen, die volle Sehkraft erreichen sie mit etwa 3 Wochen.

In der Regel wird eine Hündin frühestens bei der 3. Hitze (Zuchtreife) zum Decken zugelassen. Deckrüden sollten das zweite Lebensjahr vollendet haben. Die Hündin sollte höchstens einmal jährlich wölfen. Nach Möglichkeit ist eine Geburt im Frühjahr anzustreben, damit die Welpen in einer günstigen Jahreszeit heranwachsen können.

Für das Wölfen stellen wir am besten in einem ruhigen, etwas abgedunkelten Raum eine Wurfkiste bereit, die der Größe der Hündin angepasst ist. Um die Wände der Wurfkiste läuft innenseitig in etwa 15 cm Höhe eine breite Leiste, damit die Welpen von der Hündin nicht versehentlich erdrückt werden. Die Geburt muss überwacht, gleichzeitig aber jede unnötige Störung vermieden werden.

Welpen, die ins Zuchtbuch kommen, wurden früher vom Zuchtwart tätowiert, heute werden sie allgemein gechipt.

Geboren werden die Welpen blind und taub. Erst im Alter von 10 bis 13 Tagen öffnen sie die Augen, und mit gut zwei Wochen können sie sehen. Etwa ab dem 15. Lebenstag funktioniert auch der Gehörsinn. Mit ca. 18 Tagen machen sie ihre ersten Gehversuche, doch dauert es noch geraume Zeit, ehe ihre Motorik völlig funktioniert.

Unmittelbar nach dem Wölfen erfolgt das Entfernen etwaiger Wolfskrallen und das Kupieren der Ruten. Die Ruten dürfen jedoch nur dann gekürzt werden, »wenn der Eingriff im Einzelfall ... bei jagdlich zu führenden Hunden für die vorgesehene Nutzung des Tieres unerlässlich ist und tierärztlichen Bedenken nicht entgegenstehen«. Die Ausnahme für den Einzelfall gilt jedoch jeweils für die gesamte Rasse. Die Amputation darf nur ein Tierarzt vornehmen. Das gilt auch für die Wolfskrallen an den Hinterläufen, durch die sich der Hund im Jagdbetrieb gelegentlich schwere Verletzungen zuzieht.

Bald nach dem Wölfen erfolgt durch den Zuchtwart die Tätowierung und die Eintragung des Wurfes ins Zuchtbuch. Jeder Welpe erhält einen Doppelnamen. Der erste Namen ist der persönliche des Hundes und der zweite ist der Zwingername (z.B. »Adolf vom Gießbachtal«). Die meisten Zuchtvereine bestimmen, dass die Namen aller Welpen eines Wurfes, unabhängig vom Geschlecht, mit dem gleichen Buchstaben beginnen. Der »A-Wurf« wäre demnach der erste Wurf, der in einem eingetragenen Zwinger fällt, der »B-Wurf« der zweite. An Stelle der früher grundsätzlich üblichen Tätowierung tritt immer häufiger ein in der Nackengegend unter die Haut verpflanzter Mikrochip.

Die Abstammung eines Hundes wird durch die Ahnentafel dokumentiert. In ihr finden wir neben Name, Geschlecht, Geburtstag, Kennzeichen und Zuchtbuchnummer auch die Vorfahren des Hundes, einschließlich aller ihrer Prüfungen. Ferner werden neben dem Züchter alle Besitzer des Hundes vermerkt.

Wird für die Welpenaufzucht eine fremde Hündin als Amme gebraucht, so hat das keinen Einfluss auf die Erbanlagen und die wesensmäßige Entwicklung der Welpen.

Für die Welpen ist entscheidend, dass sie bald nach der Geburt hochwertige Kolostralmilch (Kolostrum) erhalten. Diese vermittelt ihnen als Immunschutz lebenswichtige passive Antikörper. Deshalb ist es notwendig, dass die Neugeborenen so bald wie möglich nach der Geburt am Gesäuge trinken. Diese erste Flüssigkeitszufuhr trägt auch wesentlich zum Kreislaufvolumen des Neugeborenen bei. Eine gute Immunität und ein stabiles Herz-Kreislauf-System senken das Risiko der Frühsterblichkeit.

Welpen sind auch wärmebedürftig. Sie unterkühlen schnell. Der Zitterreflex bei Kälte besteht in den ersten 6 Lebenstagen noch nicht. Daher sind Welpen zur Erhaltung ihrer Körpertemperatur auf äußere Wärmequellen wie den Körper der Mutter angewiesen.

Die Welpen werden normalerweise bis zum Alter von 6 bis 7 Wochen gesäugt und können dann abgesetzt werden.

Wird eine Hündin ungewollt von einem anderen Rüden belegt, so hat dies keinen Einfluss auf die Erbanlagen der Hündin und auf spätere Würfe aus erwünschten Paarungen.

Die Abgabe an einen neuen Besitzer sollte aus tiermedizinischer Sicht erst bei komplettem Impfschutz, also etwa im Alter von etwa 12 Wochen erfolgen. Da sich aber der Hund in diesem Alter bereits in einer wichtigen Prägephase befindet, geben viele Züchter die Welpen schon mit 10 Wochen ab. In diesem Falle muss aber der neue Halter das Befinden des übernommenen Tieres besonders aufmerksam beobachten und bei jedem kleinsten Krankheitsanzeichen sofort den Tierarzt aufsuchen. Wird nämlich ein Hund früher abgegeben, besteht bei inkomplettem Impfschutz die Gefahr einer Schwächung und Erkrankung des Hundes, was durch den Stress des Besitzerwechsels ausgelöst werden kann (neue Umgebung, anderes Futter, Fehlen des Muttertieres, der Geschwister und der bisherigen Bezugspersonen).

Eine unerwünschte Trächtigkeit kann innerhalb weniger Tage nach dem Deckakt durch einen Tierarzt mittels Hormoninjektionen abgebrochen werden. Zu einem späteren Zeitpunkt besteht lediglich die Möglichkeit operativer Eingriffe. Hormonbehandlungen werden auch zur Verhinderung bzw. Unterdrückung der Hitze vorbeugend durchgeführt. In jedem Fall ist ein Tierarzt zu konsultieren. Zu bedenken ist, dass mit den Hormongaben gesundheitliche Gefahren verbunden sind. Andere Vorbeugungsmittel, z.B. geruchtilgende Tabletten, Schürzen oder ähnliches sind unzuverlässig. Die sicherste Vorbeugungsmaßnahme gegen eine ungewollte Belegung ist eine strenge Überwachung der läufigen Hündin, besonders in und gegen Ende der Haupthitze.

Übersicht Zuchtvoraussetzungen

- Hundezüchter ist Mitglied in einem Zuchtverein des JGHV
- Hund muss in höchstmöglicher Weise über rassespezifische Eigenschaften verfügen
- Hund muss die erforderlichen Leistungsprüfungen haben
- Hund muss gesund sein
- Ahnentafel muss vorhanden sein
- Zuchtwart des jeweiligen Zuchtvereins muss seine Zustimmung geben
- Zuchtwart bestimmt in der Regel die Verbindungen der Hunde

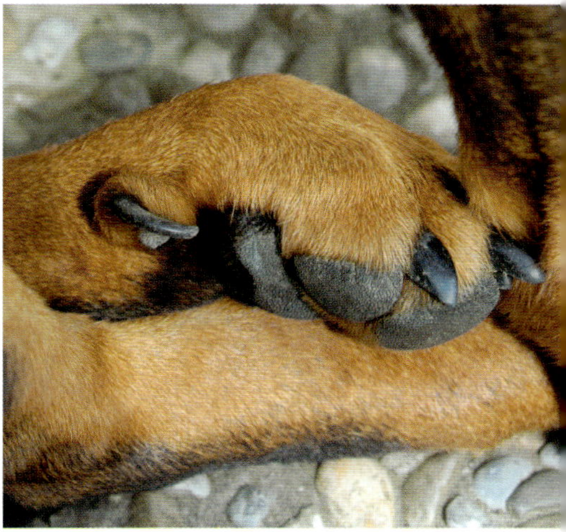

Manche Welpen werden mit Wolfkrallen geboren, die entfernt werden müssen.

105 | Wie kann die Identität eines Hundes festgestellt werden?

Mit Hilfe der Tätonummer im Ohr/Behang und neuerdings mit Hilfe eines dem Hund unter die Decke implantierten Chips.

106 | Was sind »Schwarz-« und was sind »Leistungszuchten«?

»Schwarzzuchten« sind willkürliche Verbindungen von Hunden ohne Absprache mit einem Zuchtverein.
»Leistungszuchten« erfolgen nur mit vom jeweiligen Zuchtverband zugelassenen Hündinnen und Rüden.

107 | Was versteht man unter einer »Hundefabrik«?

»Hundefabriken« sind kommerzielle ausgerichtete Zuchten, oft ohne Rücksicht auf Leistungs- und Gesundheitszustand der Elterntiere.

108 | In welchem Alter tritt erstmals die Hitze ein?

Zwischen dem 6. und 8. Lebensmonat.

109 | Was versteht man unter Zuchtreife?
Unter Zuchtreife versteht man ein Mindestalter, mit dem Hunde zur Zucht verwendet werden sollen. Hündin ab der 3. Hitze; Rüde im Alter von frühestens 2 Jahren.

110 | In welchen Abständen wird die Hündin läufig?
Die Hündin wird in der Regel alle 6 Monate läufig.

111 | Wie macht sich die Hitze bemerkbar?
Anfangs durch das Anschwellen der Schnalle und danach durch einen blutig-wässrigen Ausfluss. Die Hündin »färbt«.

112 | Was versteht man unter Vorhitze?
Die erste Phase der Hitze, 1. bis 9. Tag.

113 | Wann ist die Hündin deckbereit?
In der zweiten Phase der Hitze, der Haupthitze. 10. bis 15. Tag.

114 | Wie lange dauert der Deckakt?
Der Deckakt dauert zwischen 10–45 Minuten.

115 | Was versteht man unter Hängen?
Nach dem Aufreiten des Rüden auf die Hündin kommt die längere Phase des »Hängens«, während der die Samenabgabe erfolgt. Dabei geht der Rüde von der Hündin herunter, hängt aber mit der Brunftrute (Penis, Glied) in der Schnalle (Scheide) fest. Es ist Tierquälerei, die Tiere jetzt gewaltsam oder durch Kaltwassergüsse zu trennen.

Die Wurfkiste soll innen einen Leistenrand haben, damit die Hündin Welpen nicht versehentlich erdrücken kann.

116 | Was versteht man unter Nachhitze?

Die 3. Phase wird als Nachhitze bezeichnet. Die Hündin wird ruhiger und ist spätestens ab dem 20. Tag nicht mehr paarungsbereit.

117 | Wie lange dauert die Hitze insgesamt?

Die Hitze der Hündin dauert bis zu 24 Tagen.

118 | Wie lange ist die Tragzeit?

Im Mittel bei 63 Tagen.

119 | Ist es möglich, dass die Welpen eines Wurfes von zwei verschiedenen Rüden stammen?

In der 2. Phase, der Haupthitze, ist es möglich, dass die Hündin von mehreren Rüden befruchtet werden kann.

120 | Welche unterschiedlichen Erbgänge kennen Sie?

Dominante und rezessive Erbgänge.
Dominante Merkmale treten immer in Erscheinung.
Rezessive Merkmale werden von dominanten Eigenschaften überdeckt, können aber bei weiterer Vererbung (nächste oder übernächste Generation) wieder in Erscheinung treten.

121 | Was ist eine Wurfkiste?

Eine Kiste, die der Größe der Hündin angepasst ist und in der sie wölfen soll. Zum Schutz der Welpen werden innenseitig an der Oberkante etwa 5 cm breite Leisten angebracht. Diese sollen verhindern, dass ein Welpe von der Hündin versehentlich an die Wand gedrückt wird.

122 | Wie kommen die Welpen zur Welt?

Behaart und blind.

123 | Wie verhält sich die Hündin nach der Geburt?

Die Hündin beißt nach jeder Geburt des Welpen die Nabelschnur ab und frisst die Nachgeburt auf.

124 | Was sind Wolfsklauen?

Es ist eine selten vorkommende Kralle an der Innenseite der Hinterläufe, die nicht mit dem Laufknochen verwachsen sind, sondern an der Haut hängen. Wolfsklauen werden in den ersten Lebenstagen entfernt, damit sie sich der Hund nicht später im Gelände abreißt.

125 | Welche Jagdhunderassen werden in Deutschland kupiert?

Die Rassen: Deutsch-Drahthaar, Deutsch-Stichelhaar, Pudel-Pointer, Deutsch-Kurzhaar, Weimaraner-Kurzhaar, Deutsche Wachtelhund, Terrier und Spaniel.

126 | Wer darf kupieren?

Das Kupieren ist nur durch einen Tierarzt erlaubt.

127 | Wie oft werden Welpen gefüttert?

Anfangs fünf- bis sechsmal am Tag.

128 | Wann werden Welpen erstmals entwurmt?

Gegen Spulwürmer in der 6. Lebenswoche.

129 | Wann wird erstmals geimpft?

Ab der 7. Lebenswoche gegen Staupe, Hepatitis, Leptospirose und Parvovirose (Katzenseuche).

Anschaffung eines Jagdhundes

Grundsätzlich sollte sich der Jäger überlegen, ob er für einen Jagdhund genügend Platz, Zeit und Arbeitsmöglichkeiten hat. Kann er diese grundsätzlichen Fragen bejahen, muss er gut überlegen, welche Rasse unter den gegebenen Umständen infrage kommt. Wenn er keinen Züchter in seiner Umgebung kennt, wird er Kontakt mit einem Zuchtverein aufnehmen.

Besondere Vorsicht ist beim Kauf von so genannten »Modehunden« geboten, also von solchen Rassen, die gerne von Nichtjägern gehalten werden, da bei ihnen viele Züchter nur »auf Schönheit« und nicht auf jagdliche Leistungen züchten. Vor dem Kauf des Welpen sollte man sich den Zuchtzwinger ansehen und eventuell den Welpen im Alter von sechs Wochen aussuchen. In diesem Alter lässt sich schon erkennen, ob die Welpen gesund sind und unter welchen Umständen diese aufgezogen werden. Wichtig ist auch, dass es sich um Jagdhunde aus einer vom Jagdgebrauchshundeverband (JGHV) anerkannten Leistungszucht handelt. Bei der Übernahme (Kauf) muss der Welpen mindestens acht Wochen alt, gesund, tätowiert, entwurmt und geimpft sein. Kaufvertrag, Impfpass und Ahnentafel werden dem neuen Besitzer mit dem Welpen ausgehändigt. Damit dem Welpen die Trennung vom Wurf nicht so schwer fällt, sollte der Züchter dem neuen Besitzer eine Decke oder ähnliches mit den Gerüchen der Wurfgeschwister mitgeben. Ist die Trennung von den Wurfgeschwistern für den Welpen auch noch mit einer längeren Autofahrt verbunden empfiehlt sich, vorher den Tierarzt um Rat zu fragen. Meist helfen dem Welpen schon wenige »Notfalltropfen« über entstehende Probleme hinweg.

Wenn der Welpe seinen künftigen Besitzer und dessen Familie schon vorher im Spiel kennen lernt, fällt die Trennung von den Wurfgeschwistern und der Mutterhündin leichter.

Wahl der Rasse

?

130 | Muss jeder Jäger unbedingt selbst einen Hund halten?
Nein, da für den gelegentlichen Bedarf in der Regel brauchbare Jagdhunde zur Verfügung stehen.

131 | Welche Kriterien sollten bei der Anschaffung eines Jagdhundes berücksichtigt werden?
Zeit, Platz, Arbeits- bzw. Einsatzmöglichkeiten für den Jagdhund. Die ganze Familie sollte voll die Anschaffung eines Jagdhundes unterstützen.

132 | Wie hoch ist gegenwärtig der Preis für einen Welpen aus Leistungszucht?
Der Welpenpreis ist sehr unterschiedlich und liegt im Durchschnitt, je nach Rasse, für Jagdhundwelpen aus Leistungszuchten zwischen 900,– € bis 1500,– €.

133 | Wie bekommen Sie Kontakt zu einem Züchter?
Jeder Zuchtverband hat einen Zuchtwart, der genau die Züchter bzw. aktuellen Würfe kennt. Die Adresse der Zuchtverbände findet man im DJV-Handbuch, in den Jagdzeitschriften oder im Internet.

Gesundheit / Wohlbefinden

134 | Auf was achten Sie beim Kauf eines Hundes?
Dass er aus einer Leistungszucht kommt, gesund ist, beim Züchter gut behandelt wurde. Wird ein Welpe erworben, muss er geimpft und entwurmt sein und eine ordentliche Ahnentafel vorliegen.

135 | In welchem Alter kann ein Welpe von der Mutter getrennt werden?
Ein Welpe darf erst im Alter von acht Wochen von der Mutter getrennt werden (Tierschutz-Hundeverordnung).

136 | Was ist bei Übernahme eines Welpen besonders wichtig?
Der Welpe bzw. der ganze Wurf sollte in seinen acht Lebenswochen engen Kontakt zu Menschen (Züchterfamilie) und den Umwelt- und Lebenseinflüssen seiner Umgebung haben.

137 | Was ist zu beachten, wenn bei Übernahme eine längere Autofahrt ansteht?
Dass der Welpe vorher nicht gefressen hat. Die ihm unangenehme Autofahrt wird mehrfach unterbrochen, wobei der Hund sich im Freien bewegen darf. Zu empfehlen ist die Verabreichung so genannter »Notfalltropfen«. Hunde, die bei ihrer ersten längeren Fahrt überfordert werden, bleiben oft für immer »autoscheu«.

138 | Was tun Sie, wenn ihr Hund das Autofahren nicht erträgt?
Während der Fahrt legt man den Welpen am besten in den Arm des Beifahrers und verabreicht ihm das vom Tierarzt verordnete Medikament oder die Notfalltropfen. Häufige Fahrtunterbrechungen und Bewegung erleichtern den Transport

139 | Was erleichtert dem Welpen die Trennung aus der gewohnten Umgebung?
Bei der Übergabe vom Züchter sollte dem Welpen eine Decke oder ähnliches mit den gewohnten Gerüchen seiner Wurfgeschwister mitgegeben werden. Wichtig ist der intensive menschliche Kontakt zu den neuen Rudelmitglieder und seiner Bezugsperson (Führer).

■ Papiere und Leistungszeichen

140 | Sind Hunde aus einer Leistungszucht Hunden ohne Papiere grundsätzlich überlegen?

Bei Hunden aus einer Leistungszucht ist die Wahrscheinlichkeit, dass sie die erforderlichen Anlagen besitzen, groß. Andererseits sorgte die sehr enge Zuchtbasis mancher Rassen auch für Erbfehler wie hohe Allergieanfälligkeit, Linsenluxation. Bei Leistungszuchten werden Krankheiten und Erbfehler der Zuchthunde durch den Züchter und Zuchtwart weitgehend ausgeschlossen. Diese Dinge beachtet der Züch-

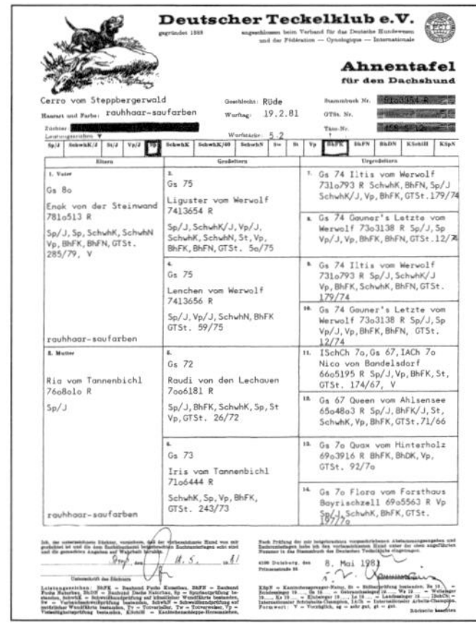
Deutscher Teckelklub e.V.
gegründet 1888
Ahnentafel für den Dachshund
Cerro vom Steppbergerwald — Geschlecht: Rüde — Stammbuch Nr. [redacted]
Haarart und Farbe: rauhhaar-saufarben — Wurftag: 19.2.81 — GTSt. Nr. [redacted]
Züchter: [redacted] — Täto-Nr. [redacted]
Wurfstärke: 5.2

Eltern	Großeltern	Urgroßeltern
1. Vater: Gs 8o Enok von der Steinwand 781o513 R Sp/J, Sp, SchwhK, SchwhN Vp, BhFK, BhFN, GTSt. 285/79, V rauhhaar-saufarben	3. Gs 75 Liguster vom Werwolf 7413654 R Sp/J, SchwhK/J, Vp/J, SchwhK, SchwhN, St, Vp, BhFK, BhFN, GTSt. 5o/75	7. Gs 74 Iltis vom Werwolf 731o793 R SchwhK, BhFN, Sp/J SchwhK/J, Vp, BhFK, GTSt. 179/74
		8. Gs 74 Gauner's Letzte vom Werwolf 73o3138 R Sp/J, Sp Vp/J, Vp, BhFK, BhFN, GTSt. 12/74
	4. Gs 75 Lenchen vom Werwolf 7413656 R Sp/J, Vp/J, SchwhN, BhFK GTSt. 59/75	9. Gs 74 Iltis vom Werwolf 731o793 R Sp/J, SchwhK/J Vp, BhFK, SchwhK, BhFN, GTSt. 179/74
		10. Gs 74 Gauner's Letzte vom Werwolf 73o3138 R Sp/J, Sp Vp/J, Vp, BhFK, BhFN, GTSt. 12/74
2. Mutter: Ria vom Tannenbichl 76o8olo R Sp/J rauhhaar-saufarben	5. Gs 72 Raudi von den Lechauen 7oo6181 R Sp/J, BhFK, SchwhK, Sp, St Vp, GTSt. 26/72	11. ISchCh 7o, Gs 67, IACh 7o Nico von Bandelsdorf 66o5195 R Sp/J, Vp, BhFK, St, GTSt. 174/67, V
		12. Gs 67 Queen vom Ahlsensee 65o48o3 R Sp/J, BhFK/J, St, SchwhK, Vp, BhFK, GTSt. 71/66
	6. Gs 73 Iris vom Tannenbichl 71o6444 R SchwhK, Sp, Vp, BhFK, GTSt. 243/73	13. Gs 7o Quax vom Hinterholz 69o3916 R BhFK, BhDK, Vp, GTSt. 92/7o
		14. Gs 7o Flora vom Forsthaus Bayrischzell 69o5563 R Vp Sp/J, SchwhK, BhFK, GTSt. 197/7o

8. Mai 1981

Ahnentafel eines Rauhhaar-Teckels.

Übersicht Leistungszeichen

Bestandene Prüfungen oder Nachweise einzelner Leistungen werden durch besondere Leistungszeichen vermerkt, die vor oder nach dem Namen des Hundes stehen und auch in die Ahnentafel eingetragen werden. Die gebräuchlichsten Leistungszeichen sind folgende:

\	(Spurlautstrich)	nachgewiesener Spurlaut auf der Hasenspur (bei Vorstehhunden auch lautes Stöbern)
\\	(Weitjagerstrich)	brackenartig langanhaltendes Jagen und »Zurückbringen« des Hasen auf der Spur beim Deutschen Wachtelhund
/	(Würgestrich)	im praktischen Jagdbetrieb nachgewiesenes Abwürgen von wehrhaftem Raubwild
—	(Totverbeller)	nachgewiesenes Totverbellen
I	(Totverweiser)	nachgewiesenes Totverweisen
:	(Schweißpunkte)	Leistungsnachweis auf natürlicher Schweißfährte von Schalenwild
Btr.	(Bringtreue)	Bringtreueprüfung bestanden
Vb.	(Verlorenbringen)	Verlorenbringerprüfung bestanden
Sw I, II, III/I, II, III		Verbands-Schweißprüfung bestanden (I = sehr gut, II = gut, III = ausreichend; Angaben vor dem Schrägstrich gelten für die Prüfung über 20 Stunden, nach dem Schrägstrich für die erschwerte Prüfung über 40 Stunden)
FS I, II, III		Verbands-Fährtenschuhprüfung bestanden (Leistungszeichen sonst wie VSwP).
SchH I, II		Schutzhundprüfung bestanden (Klasse I und II)
spl.	spurlaut	festgestellt beim Jagen auf der Hasenspur
sil., sl.	sichtlaut	
st.	stumm	
H	Härte	bei einzelnen Rassen unterschiedlicher Hinweis auf nachgewiesene Raubwildschärfe
RS	Raubwildschärfe	
m.S.	mit Schärfe	

Hunde, die besonders schwierige Prüfungsbedingungen erfüllen, erhalten bei manchen Rassen spezielle »Siegertitel« wie z.B. Psg. Prüfungssieger (bei DW); KS Kurzhaarsieger (bei DK); Gs Gebrauchssieger (bei Teckeln)

International werden die Prädikate CACIT (Anwartschaft auf das internat. Leistungschampionat) und CACIB (Anwartschaft auf das internat. Schönheitschampionat) verliehen.

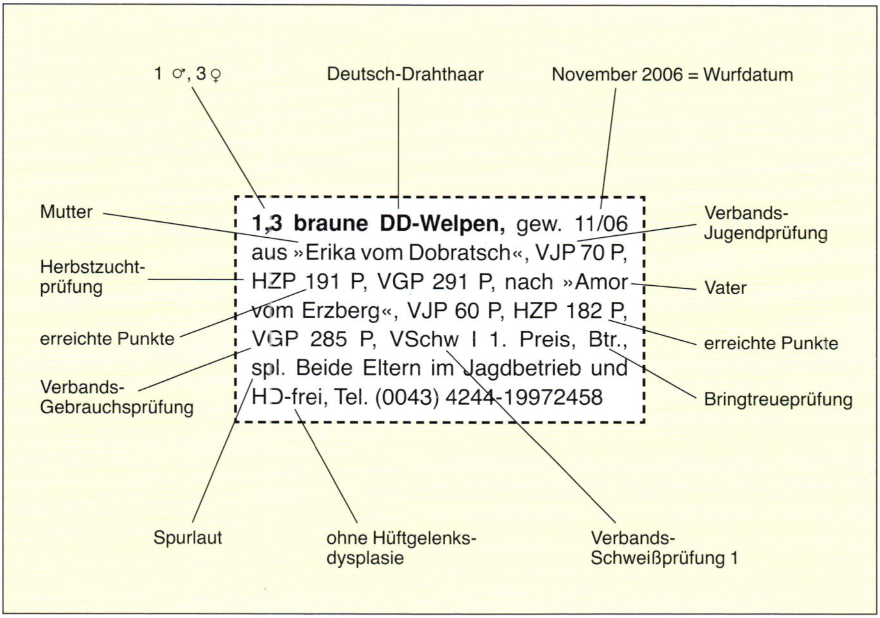

Verkaufsanzeige eines Deutsch-Drahthaar Wurfes.

ter einer »Schwarzzucht« nicht. Natürlich sind bei den Hunden ohne Papiere auch leistungsstarke dabei, meist aber nur beim ersten Wurf. Diese Erkenntnisse rechtfertigen aber keine »Schwarzzucht«.

Anlagen

Übersicht Anlagen

- Spurlaut
- Hetzlaut
- Standlaut
- Finderwille
- Wildschärfe
- Wasserfreude
- Nervenstärke
- Vorstehen
- Bringfreude
- Ausdauer

141 | Welche Eigenschaften des Hundes sind genetisch bedingt?

Die Anlagen: Nase, Spurlaut, Wesensfestigkeit, Wasserfreude, Form- und Orientierungssicherheit.

142 | Können Anlagen durch Abrichtung gebildet werden?

Grundsätzlich nein. Vorhandene Anlagen können aber durch Verständnis und Übung gefördert (freigelegt) werden.

143 | Wann ist ein Hund spurlaut?

Wenn er – ohne das Wild zu sehen – dessen frischer Spur lauthals folgt.

144 | Wie wird dem Hund der Spurlaut beigebracht?

Spurlaut muss als Anlage vorhanden sein. Bei manchen Hunden muss diese Anlage aber gefördert und ausgebaut werden.

145 | Was ist der Unterschied zwischen Spurlaut und Sichtlaut?
Beim Spurlaut folgt der Hunde der Spur laut, ohne das Wild zu sehen. Beim Sichtlaut gibt der Hund nur Laut, solange er das Wild sieht.

146 | Was versteht man unter »Spurwille«?
Der Hund will sichtlich mit Passion auf der Spur nach vorne arbeiten und das Wild verfolgen.

147 | Was ist »Spursicherheit«?
Wenn der Hund eine Spur über eine längere Strecke sicher hält.

148 | Wann ist ein Hund wirklich wasserfreudig?
Wenn er das Wasser unaufgefordert und freudig annimmt.

149 | Wie wird die Schärfe eines Jagdhundes festgestellt?
Nur im Rahmen des Jagdbetriebes.

150 | Welche Formen der Schärfe werden unterschieden?
Wildschärfe, Raubwildschärfe und Mannschärfe.

151 | Welche Eigenschaften zeigt ein Hund, der krank geschossenes Raubwild fängt und abwürgt?
Er zeigt die Raubwildschärfe.

152 | Wie wird ein Hund bezeichnet, der bei Schussabgabe erschrickt und ängstlich wirkt?
Der Hund ist schussscheu.

Ausbildung und Führung

Die Anlagen eines Hundes sind die Grundlagen, auf denen die Ausbildung aufbaut. Sie soll die angewölften Anlagen fördern und für die spätere Praxis des Hundes entwickeln. Hinzu kommen Fähigkeiten, die nicht angewölft sind, sondern erlernt werden müssen.

Grundlage jeder Abrichtung ist der »Gehorsam« des Hundes, seine Ein- und Unterordnung in die Gemeinschaft mit dem Führer. Darauf müssen wir bei der Erziehung des Welpen bereits in frühester Jugend hinwirken.

Lernfähigkeit und die Anlage, sich dem Führer unterzuordnen, sind individuell unterschiedlich vorhanden. Der Mensch als Hundeabrichter muss auf diese Fähigkeiten eingehen, indem er mit Überlegung und Konsequenz so auf den Hund einwirkt, dass dieser die erwünschten Verhaltensweisen zuverlässig annimmt (sie lernt und sich merkt). Dabei müssen wir vom Hund nicht nur die Unterordnung unter unseren Willen verlangen (oder erzwingen), sondern vor allem sein Vertrauen in unsere überlegene Führerschaft gewinnen und festigen, also (vom Hund aus gesehen) das gleiche Verhältnis, wie es unter Wildhunden (Wölfen) zwischen den Rudelmitgliedern und dem Leittier besteht.

Das Wissen um diese natürlichen Voraussetzungen im Verhalten des Hundes erleichtert bei der Abrichtung vieles und hilft Fehler vermeiden. Die Fehler entstehen meist dann, wenn der Hund »vermenschlicht« und daher ungerecht behandelt (sowohl bestraft wie verwöhnt) wird. Der Hund kann aber nicht wie wir Menschen abstrakt denken oder Pflicht- und Moralvorstellungen empfinden. Er kann nur – das aber in erstaunlich hohem und feinfühligem Maß – aus Erfahrung lernen, das heißt sich merken, wie er sich in bestimmten Situationen zu verhalten hat, damit wir als »Rudelführer« mit ihm zufrieden sind.

Da sich die Wünsche des Hundes nicht von vornherein mit den unseren decken, besteht die Kunst der Abrichtung darin, dem Hund alles das, was er tun soll, konsequent anzugewöhnen, dagegen alles, was wir nicht wünschen, zu verleiden. Wir können dem Hund nicht »sagen«, was wir von ihm wollen, sondern wir können nur in den entsprechenden Situationen immer wieder in gleicher Weise auf ihn einwirken (je nachdem angenehm oder unangenehm, mit »Lob« oder »Strafe«), bis er nach ausreichender Wiederholung »begriffen« hat, wie er sich verhalten soll. Das Lernen des Hundes beruht also auf wiederholten Erfahrungen, die er sich merkt.

Der gute Abrichter muss sich also in das Wesen des Hundes hineinversetzen. Er darf den Hund nicht »vermenschlichen«, sondern muss sein eigenes Denken »verhundlichen«, um sich dem Hund verständlich zu machen. Dazu gehören Geduld, Konsequenz und ein allgemein ausgeglichener, beherrschter Charakter. Ungeduldige und jähzornige Menschen sind schlechte Lehrer und Abrichter.

Bevor man sich einen Hund anschafft, sollte man zum besseren Verständnis seines Wesens die Fachbücher (Piper-Verlag) des 1991 verstorbenen Verhaltens- und Hundeforschers EBERHARD TRUMLER sorgfältig lesen. Ergänzend dazu zur Ausbildung des Junghundes eignet sich dann das Abrichtelehrbuch (BLV Jagdbuch) von CARL TABEL »Der Jagdgebrauchshund« und BAATZ »Hundeausbildung für die Jagd«, sowie KREWER »Jagdhunde in Deutschland«.

Die Dressurangel ist ein gutes Hilfsmittel, wenn es darum geht, den Junghund ans Wasser zu gewöhnen.

Abrichtehilfsmittel

?

153 | Welche wichtigen Hilfsmittel benötigen wir zum Abrichten eines Gebrauchshundes?
Eine Umhängeleine, eine Feldleine, den Schweißriemen, eine Ablegekette, den Apportierbock, die Dressurangel und die Trillerpfeife.

154 | Was ist eine Führerleine?
Eine einfache Hundeleine mit Handschlaufe.

155 | Welchen Vorteil hat die Umhängeleine?
Eine Umhängeleine hängt man quer über die rechte Schulter und führt den Hund an der linken Seite. Dabei hat man z.B. für die Jagdwaffe zur Schussabgabe beide Hände frei.

156 | Wozu dient die Trillerpfeife?
Zur Abgabe von Kommandos für den Hund auf weitere Entfernung (Hörweite).

157 | Was ist eine Feldleine?
Ein 20 Meter langes leichtes Seil mit Haken. Sie dient zur Einarbeitung (Gehorsam) des Vorstehhundes am Hasen und beim Vorstehen.

158 | Was ist eine Ablegekette?
Eine mit Leder umwickelte Kette. Sie wird benötigt, wenn der Hund beim Ablegen die Leine zerbeißt, sich »abschneidet«. Es werden auch Lederriemen verwendet, denen ein Stück Kette angefügt ist. Besonders bei Junghunden ist diese Methode wirksam.

159 | Was ist eine Dressurangel?
Die Dressurangel besteht aus einem 3 bis 4 Meter langen, wenig biegsamen Stock, einer gleichlangen Schnur und einem »Köder« in Form eines faustgroßen Ballens

Verschiedene Apportierböcke, Halsungen, Feldleine und Umhängeleine zählen zur Grundausstattung.

Der Telebock schießt das Dummy bis 120 Meter weit.

von Decken- oder Balgfetzen. Sie dient dazu, dem Junghund regelmäßig Bewegung zu bieten, seinen Jagdtrieb zu fördern und als Hilfsmittel zur Einarbeitung des Kommandos »Halt«.

160 | Was ist ein Apportierbock?

Ein Bringgegenstand aus Holz in unterschiedlicher Größe bis zu 8 kg Gewicht. Meist wird er in der Mitte mit einem Balgfetzen umwickelt. Es gibt »fixe« Apportierböcke und solche, bei denen man durch seitliches Aufstecken von Metallscheiben das Gewicht variieren kann. Daneben gibt es auch schmale Ledersäcke, die variabel mit Sand befüllt werden. Der schwere Apportierbock wird erst nach dem Zahnwechsel eingesetzt (ab dem 8. bis 9. Monat).

161 | Wie lang sollte ein Schweißriemen mindestens sein?

6 bis 10 Meter.

162 | Welche Hilfsmittel verwenden Sie bei Vorstehübungen?

Trillerpfeife und Feldleine.

163 | Was ist ein Fährtenschuh?

Der Fährtenschuh ist ein ca. 5 cm starkes Hartholz in Schuhsohlenform, das so zugeschnitten ist, dass man von unten Schalen von Hochwild einklemmen kann. Durch eine Lederferse und Lederriemen wird der Fährtenschuh unter dem Jagdschuh befestigt. Der Fährtenschuh dient zur Einarbeitung der Jagdhunde, besonders der Schweißhunde, für die Nachsuchenarbeit.

Allgemeine Erziehung

Die Grundlagen für vertrauensvolle Unterordnung werden bereits bei der Erziehung des Welpen gelegt. Der Welpe durchläuft in den ersten 4 bis 5 Lebensmonaten mehrere »Prägungsphasen«, das sind kurze Zeitabschnitte, in denen er für erlebte Eindrücke besonders empfänglich ist und die seine weitere Entwicklung unwiderruflich prägen. Deshalb ist es besonders wichtig, dass der kleine Welpe (der meist im Alter von 8 bis 10 Wochen zu seinem neuen Besitzer kommt) richtig behandelt wird. Wir dürfen ihn weder unbeachtet sich selbst überlassen, noch überschwenglich verwöhnen. Er muss seinen festen Platz in der Familie haben, mit Menschen und anderen Hunden Kontakt aufnehmen, seine nähere Umgebung (Haus, Garten) erkunden, die nötige Ruhe haben – aber zugleich an eine regelmäßige Ordnung und an eine übergeordnete Bezugsperson als »Rudelführer« gewöhnt werden. Der erste Lernschritt ist die Stubenreinheit. Wenn wir den Welpen während der ersten Tage nie in der Wohnung allein lassen, ihn nach den Fütterungen und bei entsprechender Unruhe gleich ins Freie lassen, wird er bald lernen, sich bei Bedarf auffällig zu melden. (Eine Tierquälerei wäre es, den Welpen für das Malheur nachträglich zu strafen – das würde sein Begriffsvermögen überfordern und sein Vertrauen zu uns erschüttern.)

Im Zusammenhang mit der Fütterung lernt der Welpe seinen Rufnamen und unseren Pfiff als Locksignale kennen, die etwas Angenehmes (Lob, Futter) bedeuten.

Seinen Liegeplatz schätzt der ruhebedürftige Welpe als sicheren Aufenthalt. Bald »verknüpft« er unser Wort »Platz!« damit, wenn wir ihn dorthin tragen und loben, wenn er liegenbleibt.

Macht er sich anderswo unerwünscht zu schaffen, sagen wir scharf »pfui!«. Schon wird er nach der strafenden Behandlung gern den sicheren Zufluchtsort aufsuchen – und wird dort von uns gelobt. Das ist bereits die Vorstufe für das spätere Ablegen!

Gegen Halsband und Leine sträubt sich zuerst jeder Welpe. Sobald er jedoch begriffen hat, dass es »Gassigehen« bedeutet, gewinnt er schnell eine freudige Einstellung dazu. Früh gewohnt, fällt dann auch die Übung der korrekten Leinenführigkeit leichter.

Früh lassen sich auch bereits unterhaltsame Nasenübungen veranstalten: Eine kurze »Futterschleppe« mit einem Stückchen Fleisch bis zur Futterschüssel auf den Boden gerieben oder mit Milch getropft schnüffelt schon der kleine Welpe begierig aus. Beim Spielen im Garten oder auf einem kurzen Spaziergang verstecken wir uns plötzlich unbemerkt. Der Welpe vermisst uns, winselt, sucht – und begreift, dass er seine Nase gebrauchen kann, um seinem Herrn auf die Spur zu kommen (großes Lob und Wiedersehensfreude!).

Kleine Reviergänge mit den Welpen fördern frühzeitig deren Interesse.

So wächst der Welpe allmählich in erstere Übungen hinein. Wenn wir vor jeder Fütterung und bei jedem An- und Ableinen konsequent das Kommando »Sitz!« verlangen, kann es mit 3 bis 4 Monaten schon recht gut klappen. Das Sichtzeichen (der erhobene Zeigefinger) ersetzt allmählich das gesprochene Hörzeichen (das sich vom Wort »sitz« auf ein »tz« verkürzt). Im Hinblick auf den späteren Jagdgebrauch wollen wir alle Kommandos so leise wie möglich geben. Lieber Sicht- als Hörzeichen, denn bei der Pirsch muss es lautlos zugehen. Der Hund beobachtet uns so aufmerksam und hört so fein, dass jedes lautstarke Herumkommandieren nur ein Armutszeugnis für den Abrichter ist!

164 | Welche Entwicklungsphasen werden unterschieden?

- Die vegetative Phase (1. und 2. Lebenswoche)
- Die Übergangsphase (3. Lebenswoche)
- Die Prägungsphase (4.–7. Lebenswoche)
- Die Sozialisierungsphase (8.–12. Lebenswoche)
- Die Rangordnungsphase (13.–16. Lebenswoche)
- Die Rudelordnungsphase (5. und 6. Monat)
- Pubertätsphase

165 | Was sind die ersten Ziele beim Umgang mit einem Welpen?

Ein guter Übergang vom Züchter zur neuen Umgebung und zur neuen Bezugsperson (Führer).

166 | Wie fördern wir die Stubenreinheit?

- Den Welpen nicht ständig in der Wohnung herumlaufen lassen, sondern an seinem Platz gewöhnen.
- Nach jeder Fütterung mit dem Welpen nach draußen gehen.
- Wird der Welpe unruhig und macht sich bemerkbar, dann sofort mit ihm nach draußen gehen, damit der sich evtl. lösen kann.
- Den Welpen an regelmäßige Zeiten für nach draußen gewöhnen.

167 | Wann ist ein Hund stubenrein?

Wenn er sein Bedürfnis mit Gewissheit nicht mehr in die Wohnung macht und sich meldet, wenn er nach draußen muss. Natürlich muss der Hund auch dazu vorher die Gelegenheit haben, im Freien zu nässen und sich zu lösen.

168 | In welchem Alter beginnt die Erziehung?

Mit Übernahme des Welpen.

169 | Woran müssen wir den Welpen zunächst gewöhnen?

An seine neuen »Rudelmitglieder« und seine neue Umgebung.

170 | Was sind die ersten Kommandos, die der Welpe befolgen soll?

Wir rufen seinen Namen, worauf er zu uns kommen soll.

171 | Was müssen wir vor Erteilung eines Kommandos bedenken?

Wir dürfen nicht mehr verlangen, als dem Hund nach seinem Ausbildungsstand und seiner körperlichen Verfassung möglich ist. Wir müssen aber auch auf die Erfüllung unseres Befehls konsequent bestehen. Neue Kommandos muss er erst kennen lernen und sie »ins Ohr bekommen« und richtig verknüpfen lernen.

172 | Auf was müssen wir bei der Früherziehung Rücksicht nehmen?

Dass wir den Welpen nicht überfordern und auf keinen Fall die Geduld verlieren oder Gewalt anwenden.

Down-Übung – der Hund liegt flach auf dem Bauch.

Übung zur Leinenführigkeit.

173 | Wie verständigen wir uns akustisch mit dem Hund?
Durch Rufen und/oder der Hundepfeife.

174 | Was versteht man unter Stubendressur?
Es sind die ersten Abrichteschritte, die wir mit dem Hund im Alltag (und eben auch in der »Stube«) üben können. Dazu gehören u.a. die Leinenführigkeit, das Ablegen, Sitz und leichte Apportierübungen.

175 | Wo und wie üben wir die Leinenführigkeit?
Grundsätzlich läuft der Hund links und angeleint vom Hundeführer. Im Raum können wir dicht an einer Wand entlang gehen, im Freien entlang von Hindernissen, wie Zäune, Hecke, Gräben oder Bäumen. Geht der Hund mit seinen Vorderläufen über die Kniehöhe hinaus, so geben wir im scharfen Ton das Kommando »bei Fuß« und gleichzeitig mit der Führer- oder Umhängeleine einen deutlichen Ruck. Auch eine dünne Rute, die wir ein Stück vor unserem Knie auf und ab bewegen, veranlasst den Hund Abstand zu ihr zu halten. Da sich der Hund bei dieser Übung voll konzentrieren soll, darf man am Anfang nicht länger als 10 Minuten üben. Bei und nach der Arbeit muss der Hund gelobt werden und Zuspruch bekommen.

176 | Welches Kommando verwenden wir bei der Leinenführigkeit?
»Bei Fuß«.

177 | Wie üben wir das Gehen frei bei Fuß?
Tadellose Leinenführigkeit ist die Voraussetzung für das einwandfreie »Gehen frei bei Fuß«.

178 | Wie soll der Hund sich beim Gehen frei bei Fuß verhalten?

Er soll dicht auf Beinhöhe des Hundeführer laufen. Bleibt der Führer stehen, so muss der Hund sofort anhalten und »Sitz« machen.

179 | Wann ist der Hund »leinenführig«?
Wenn er freudig bei Fuß geht und nicht an der Leine zerrt, stehen bleibt oder sich setzt, sobald der Führer stehen bleibt.

180 | Mit welcher Dressurübung wird die Unterordnung gefördert?
Mit der Übung »Down« oder »Halt«.

181 | Wie wird der Hund in Downlage gebracht?
Wir drücken ihn erst sanft auf den Boden, greifen dann mit der einen Hand die Vorderläufe und drücken mit der anderen seinen Kopf flach zwischen die Läufe. Während wir unsere Hand noch einige Zeit unterstützend auf seinem Kopf lassen, loben wir ihn. Bei der einwandfreien Downlage liegt der Hund gerade auf den Hinterläufen (nicht auf einer Keule), die Vorderläufe nebeneinander nach vorn ausgestreckt und den Kopf zwischen ihnen fest auf dem Boden aufgelegt.

182 | Welche Zeichen geben wir dem Hund für die Downlage?
Senkrechtes Heben eines Arms und das Kommando »down«.

183 | Wie gewöhnen wir den Hund an das Ablegen?
Schon als Welpe soll dieser das Ablegen kennen in Verbindung mit einer Decke, einer alten Jacke, Rucksack oder ähnliches. Später legen wir ihn bei allen möglichen Gelegenheiten, etwa bei Revierarbeiten, bei Pirschgängen oder beim Ansitz ab. Zunächst wird er nur ganz kurz und mit Sichtkontakt abgelegt, dann immer länger und ohne Sichtkontakt.

Vorstehhund ist frei abgelegt (ohne Leine) am Rucksack.

184 | Wie legen wir den Hund ab?
Konsequent auf oder neben einem Gegenstand (Rucksack, Mantel usw.), zunächst angeleint, später auch frei.

185 | Wie unterbinden wir dass der abgelegte Hund die Leine abschneidet?
Mit Hilfe einer Ablegekette.

186 | Was tun Sie, wenn ihr Junghund auf mehrfaches Rufen nicht kommt?
Auf keinen Fall dem Hund nachlaufen, sondern in die entgegen gesetzte Richtung gehen oder in die Hocke gehen, um optisch kleiner (entfernter) zu wirken.

187 | Wie behandelt man einen Jagdhund, der von der Hetze eines gesunden Rehs zurück kommt?
Sofort anleinen und mit Verachtung strafen. Laut schimpfen oder ihn mit der Gerte zu strafen ist falsch.

188 | Wie gewöhnen wir den Hund ans Wasser?
Wir lassen den Junghund in der warmen Jahreszeit gemeinsam mit einem älteren Hund im Wasser stöbern, gehen mit ihm schwimmen und durchqueren häufig klei-

Apportieren aus dem tiefen Wasser.

ne Bäche. Apportierfreudige Junghunde lässt man zunächst aus ganz flachem Wasser apportieren.

189 | Welches Kommando verwenden wir, um den Hund ins Wasser zu schicken?
»Wasser voran«

190 | Wann bezeichnen wir einen Welpen / Junghund als wasserfreudig?
Wenn dieser unbefangen und freudig ins Wasser geht.

191 | Was müssen wir bei einem zaghaften Hund am Wasser vermeiden?
Auf keinen Fall darf man den Hund mit lauten Kommandos bearbeiten oder ihn gar ins Wasser werfen.

192 | Wie fördern wir die Wasserfreude des Hundes?
In dem wir den Hund im Wasser stöbern lassen oder evtl. die Dressurangel einsetzen.

193 | Wie gewöhnt man den Junghund an die Schussabgabe?
Mit Ruhe beim Reviergang abgewendet vom Hund mit Schrot in die Luft schießen, ihn sofort loben und ihm den Schreck nehmen.

194 | Was muss der abgelegte Hund bei Schussabgabe tun?
Die Schussruhe bewahren, nicht aufspringen oder bellen.

195 | Wie lässt sich Nervenschwäche feststellen?
Es ist nicht einfach, die Nervenschwäche eines Hundes festzustellen. Nervenschwäche darf man nicht mit Vorsicht, schneller Reaktionsfähigkeit, oder Passion verwechseln. Zeigt der Hund ein gedrücktes Verhalten, klemmt ständig die Rute ein und wirkt stark verunsichert, kann man von Nervenschwäche sprechen. Scheues und ängstliches Verhalten beim Schuss oder gegenüber Menschen ist ebenfalls meist eine Nervensache.

196 | Was sind die am häufigsten gebrauchten Kommandos bei der Früherziehung?
- »Bei Fuß« für die Leinenführigkeit,
- »Ablegen« auf dem Hundeplatz,
- »Sitz« um sich niederzusetzen,
- »Pfui«, um auf Fehler hinzuweisen,
- »So ist brav« oder ähnlich zum Loben,
- Hundepfeife oder den Rufnamen zum Herkommen.

197 | Was wird unter Führigkeit verstanden?
Die Bereitschaft zur Unterordnung, dass er unsere Kommandos befolgt und im täglichen Umgang nicht zur Belastung wird.

198 | Wie prüfen und fördern wir den Spurlaut?

Prüfen und fördern kann man den Spurlaut, in dem man im Revier dem Hund jede sich bietende frische Hasenspur anbietet und ihn diese arbeiten lässt.

199 | Worauf müssen wir beim Ansetzen des Hundes auf eine warme Hasenspur achten?
Dass der Hund den Hasen nicht sieht. Er wird an der Sasse angesetzt, wobei der Führer anfangs an einer ablaufenden Feldleine oder Umhängeleine noch einige Meter mit ihm die Spur arbeitet.

200 | Wann ist die Arbeit auf der Hasenspur besonders schwierig?
Bei Rückenwind und bei Frost.

201 | Wie lange etwa soll der Hund den Hasen jagen?
Je nach Gelände und Schwierigkeitsgrad (Zeitverlust, Witterungsbedingungen) soll der Junghund die Hasenspur mindestens 300 bis 500 Meter sicher arbeiten.

202 | Können wir den Spurlaut ersatzweise auch auf der Rehfährte üben?
Die Rehfährte ist zum Spurlaut üben kein Ersatz, da diese Witterung gegenüber der Hasenspur wesentlich intensiver ist und länger steht. Die Nasenleistung des Hundes wird bei der Rehfährte weniger gefordert als bei der Hasenspur. Hinzu kommt, dass man bei der Hasenspur im offenen Gelände die Hundearbeit gut kontrollieren kann.

203 | In welchem Alter beginnen wir mit den ersten Apportierübungen?
Konsequente Apportierübungen gehen beim Gebrauchshund nicht ohne Zwang. Daher soll der Hund im Wesen gefestigt sein und die Gehorsamfächer wie »Bei Fuß gehen«, »Ablegen« und evtl. »Down« beherrschen. Wichtig ist auch, dass der Zahnwechsel des Hundes abgeschlossen ist. Somit soll mit Apportierübungen nicht vor Ende des ersten Lebensjahres begonnen werden.

204 | Welche Kommandos verwenden wir bei Apportierübungen?
Beim Aufnehmen des Apportiergegenstandes »Fass apport«, dann »Bring apport«, vor dem Ausgeben »Sitz« und schließlich »Gib aus«. Später kommt noch »Such verloren apport« dazu.

205 | Kann man das Apportieren spielerisch üben?
Nein. Zwar kann der Spieltrieb als Einstieg genutzt werden, Apportierübungen sind aber stets Zwangsübungen. Der Hund darf zwar nicht überfordert werden, muss aber jeden verlangten Schritt durchführen.

206 | Welche Gegenstände lassen wir zuerst apportieren?
Einen leichten Apportierbock mit Stroh umwickelt (Strohbock) oder einen leichten Apportiersack aus Leder.

Leichter Apportierbock aus Weichholz.

207 | In welchen Arbeitsschritten gehen wir beim Apportieren vor?

- Hund duldet die Hand des Führers im Fang.
- Hund duldet den Strohbock oder Kaninchenbalg im Fang, hält und trägt ihn.
- Dieselben Übungen mit dem leichten Apportierbock.
- Hund greift auf Kommando den in der Hand gehaltenen Stroh- oder Apportierbock.
- Hund nimmt auf Kommando den Apportierbock vom Boden auf.
- Hund nimmt leichtes kaltes Wild auf und bringt es.
- Hund nimmt schweren Apportierbock auf und bringt ihn.

208 | Worauf müssen wir achten?

Dass jeder Übungsschritt vom Hund konsequent und sauber ausgeführt wird, bevor wir den nächsten Arbeitsschritt machen.

209 | Wie soll der erste Apportierbock beschaffen sein?

Er sollte leicht, nicht zu groß und starr sein. Er wird am Anfang mit Stroh oder einem Kaninchenbalg umwickelt.

210 | In welchem Alter können wir zur Arbeit mit dem schweren Apportierbock übergehen?

Etwa im Alter von einem Jahr, wenn der Hund das Wachstum abgeschlossen hat, damit keine Schäden u.a. an den Halswirbeln entstehen.

211 | Welches Gewicht soll ein im Apportieren fertig durchgearbeiteter Vorstehhund tragen?

Ca. 8,0 kg.

212 | Wann gehen wir zum Apportieren von Federwild über?

Wenn der Hund die Bringübungen mit dem Apportierbock und Fuchsbalg zuverlässig beherrscht.

213 | Welche Vögel sind dem Hund besonders unangenehm?

Krähe und Schnepfe.

214 | Was ist ein Knautscher?

Ein Hund, der geringes Niederwild wie z.B. Rebhuhn oder Kaninchen beim Apportieren so fest fasst, dass das Wildbret entwertet wird.

215 | Wie wird dem Hund das Knautschen abgewöhnt?
Taube und Ei sind Gegenstände, mit denen wir dem Hund ein zartes Fassen angewöhnen können.

216 | Wie gestalten wir den Übergang zum Verlorenbringen?
Indem wir dem Hund mit Apportier-Wild eine Schleppe legen, das er bringen muss.

217 | Womit legen wir eine Schleppe?
Am Anfang mit leichtem Niederwild wie Kaninchen oder Ente.

218 | In welchem Gelände legen wir die Schleppe?
Am Anfang in übersichtlichem Gelände, damit wir den Hund bei der Arbeit genau beobachten können.

219 | Worauf müssen wir beim Legen einer Schleppe achten?
Auf die Windrichtung.

Sobald der Hund sich auf der Schleppe festgesaugt hat, wird die Leine geöffnet und gleitet durch die Halsung.

220 | Wie lassen wir den Hund die Schleppe arbeiten?
Der Hund arbeitet die Schleppe die ersten 20 bis 30 m am Riemen, erst dann sucht er frei.

221 | Mit welchem Kommando schicken wir den Hund auf die Schleppe?
»Such verloren Apport«

222 | Wann changiert ein Hund?
Der Begriff kommt aus dem Bereich der Schweißhundeführung. Wechselt der Hund von einer angenommenen Spur, Fährte oder Schleppenspur auf eine andere Spur oder Fährte, so changiert er.

223 | Was tun wir, wenn der Hund das gefundene Schleppenwild nicht bringt?
Der Hund wird angeleint und mit dem Kommando »Halt-vorwärts« bis zum Schleppenwild gearbeitet. Dort angekommen bekommt der Hund das Kommando »Apport« und muss dann das Schleppenwild bis zum »Anschuss« apportieren. Anschließend wiederholt man die Übung mit Ruhe, aber auf kürzere Entfernung.

Fächer vor dem Schuss

224 | Was versteht man unter »Fächer vor dem Schuss«?
Einsatz des Hundes um zum Jagderfolg zu kommen, dazu gehört das Stöbern, Suche und Vorstehen.

225 | Welche Regel gilt für die Folge der Abrichtefächer vor dem Schuss?
Vom Feld übers Wasser in den Wald.

226 | Wie verständigen wir uns mit dem Hund bei der Einarbeitung im Feld?
Mit Handzeichen, Kommandos und Hundepfeife.

227 | Welches Hilfsmittel verwenden wir bei Suche und Vorstehen?
Feldleine und Hundepfeife

228 | Wie nennen wir es, wenn der Junghund gemeinsam mit einem erfahrenen Hund vorsteht, ohne das Wild selbst in der Nase zu haben?
Sekundieren.

Das Vorstehen ist eine Anlage, die durch Abrichtung gefördert wird.

229 | Wie wirken wir akustisch auf den Hund ein, der Wild in der Nase hat und vorsteht oder nachzieht?
Damit er nicht einspringt wird dem Hund mit der Trillerpfeife das Kommando »Down« / »Halt« gegeben.

Übersicht Fächer vor dem Schuss

Bracken	Schweißhunde	Stöberhunde	Bauhunde*	Vorstehhunde**
Führigkeit	Führigkeit	Führigkeit	Führigkeit	Führigkeit
Hasenspur mit Nase, Spurlaut, Spurwille		Hasenspur Nase, Spurlaut, Spurwille	Hasenspur Nase, Spurlaut, Spurwille	Hasenspur Nase, Spurlaut, Spurwille
		Stöbern	Stöbern	Stöbern
		Stöbern im Wasser	Stöbern im Wasser	Stöbern im Wasser
			Bauarbeit	
				Suche im Feld
				Vorstehen
Ablegen	Ablegen	Ablegen	Ablegen	Ablegen
Verteidigen	Verteidigen	Verteidigen	Verteidigen	Verteidigen
Schussfestigkeit	Schussfestigkeit	Schussfestigkeit	Schussfestigkeit	Schussfestigkeit
Anschneideprüfung	Anschneideprüfung	Anschneideprüfung	Anschneideprüfung	Anschneideprüfung

* Teckel
** Bei Vorstehhunden wird Spur- oder Sichtlaut nicht zwingend verlangt.

230 | Verwenden wir bei der Vorsteharbeit ein Elektroreizgerät (Teletakt)?
Der Gebrauch und Einsatz von Elektroreizgeräten (Teletakt) ist für Jagdhunde verboten. Derzeit bemüht sich der Jagdgebrauchshundeverband (JGHV) gemeinsam mit Verbänden aus dem Diensthundewesen eine Genehmigung für den Gebrauch von Elektroreizgeräten (Teletakt) zu erwirken.

231 | Was versteht man unter Schusshitze?
Bei der Schussabgabe versucht der Hund ohne Kommando loszubrechen oder zeigt Ungeduld. Das ist in der Regel ein Erziehungsfehler.

232 | Wann prellt ein Vorstehhund nach?
Wenn er ohne Kommando aufstehendem Wild nachläuft – »nachprellt«.

233 | Wann zieht ein Vorstehhund nach?
Wenn er dem sich (ver)drückenden Wild langsam nachzieht.

234 | Was versteht man unter »Durchstehen«?
Ein sicheres, festes Vorstehen des Hundes, der dabei die Ruhe vor dem Wild bewahrt.

235 | Was ist ein Blinker?
Ein Blinker ignoriert wahrgenommenes Wild, weicht ihm aus und sucht unbeeindruckt weiter.

236 | Was ist ein Blender?
Ein Blender steht auch dann vor, wenn kein Wild vorhanden ist.

237 | Welche Leistungen muss der Hund vor dem Schuss im Wasser erbringen?
Das Stöbern in deckungsreichem Gewässer (Schilf).

238 | Was tun wir, ehe wir den Hund ins Wasser schicken?
Wir nehme ihm die Halsung ab, damit er sich nicht im Schilf oder an Holz verfangen kann.

239 | Darf der Hund erst einen Schilfbestand umschlagen, ehe er ins Wasser geht?
Der erfahrene Hund orientiert sich zunächst am Wind, den er sich vom Ufer aus holt. Daher ist dieses Verhalten kein Fehler.

240 | Wie wird die Suche im Schilf gefördert?
Indem wir eine erlegte Ente ins Schilf werfen (der Hund darf dies nicht sehen) und dann den Hund suchen und apportieren lassen.

241 | Ist die Arbeit mit der lebenden Ente erlaubt?
Ja. Allerdings darf die Ente keine gestutzten Schwingen haben. Lediglich mit einem Papierstreifen an den Schwingenfedern wird kurzfristig im Wasser die Flugfähigkeit beeinträchtigt. Da die Arbeit mit der lebenden Ente ständig in der Kritik der Öffentlichkeit steht, müssen die jeweiligen Landesjagdgesetz bzw. Durchführungsverordnungen beachtet werden.

Die Arbeit hinter der lebenden (ausgesetzten, flugunfähigen) Ente ist umstritten.

242 | Was ist eine Schwimmspur?
Die Witterung der schwimmenden Ente liegt noch einige Zeit auf dem Wasser. Sie muss der Hund schwimmend ausarbeiten.

243 | Wie fördern wir das Stöbern im Schilf?
Indem wir den Hund regelmäßig an einem mit Enten oder Blässhühnern besetzten Gewässer arbeiten lassen oder eine lebende Ente im Schilf aussetzen und anschließend den Hund zum Stöbern schicken.

244 | Wo üben wir mit dem Hund das Stöbern?
In kleineren übersichtlichen Wäldchen oder Feldgehölzen, die nicht größer als 1 Morgen (2500 qm) sein sollten und in denen wahrscheinlich Wild steckt.

245 | Welche Aufgabe hat der Hund bei dieser Arbeit?
Wild zu suchen, aufzustöbern und es bis an die Grenze des Treibens zu verfolgen.

246 | Mit welchem Kommando schicken wir den Hund zum Stöbern?
»Such voran«.

Auch die Anlage zum Stöbern muss durch Abrichtung gefördert werden.

247 | Ist es sinnvoll zwei oder drei Hunde gleichzeitig zum Stöbern zu schicken, damit diese eine Meute bilden?
Der klassische Stöberhund ist in der Regel Solojäger. Wir arbeiten ihn daher am besten alleine ein. Im praktischen Jagdbetrieb werden aber durchaus mehrere Stöberhunde gleichzeitig eingesetzt, wobei jeder für sich alleine arbeitet.

248 | Wie können wir Sorge dafür tragen, dass der Junghund auch tatsächlich Wild finden kann?
Wir schicken ihn nur dort zum Stöbern, wo vorher Wild bestätigt wurde oder wir setzen vorher Niederwild aus.

249 | Darf der Hund gefundenes Haarwild über die Grenzen des Treibens hinaus verfolgen?
Nein, er soll möglichst bogenrein jagen, um das im benachbarten Treiben steckende Wild nicht verfrüht hoch zu machen.

250 | Wann ist ein Hund »bogenrein«?
Wenn der Stöberhund vorkommendes Wild nicht nennenswert über die Grenzen eines Treibens, »den Bogen«, hinaus verfolgt.

251 | Muss der Stöberhund rehrein sein?
Heute wird ein großer Teil des Rehwildes vor Stöberhunden erlegt. Daher muss und kann der Stöberhund nicht absolut rehrein sein.

252 | Wann ist ein Hund absolut rehrein?
Wenn er einer frischen, gesunden Rehfährte oder einem vor ihm abspringenden Reh nicht unaufgefordert folgt. Diesen Gehorsam am Schalenwild lernt der Hund nur mit absoluter Konsequenz durch Beherrschen des Halt-Kommandos.

253 | Wann ist ein Hund »waidlaut«?
Wenn er laut »jagt«, ohne Wild gefunden zu haben oder wenn er länger laut jagt, obwohl er eine Spur / Fährte verloren hat.

254 | Wann (in welchem Alter) setzen wir den Junghund bei der Stöberjagd ein?
Der Hund soll mindestens ein Jahr alt und sicher im Gehorsam sein.

255 | Wo machen wir den Bauhund mit seiner Arbeit vertraut?
Am Übungsbau des Teckel- oder Terrier-Clubs oder an einem Kunstbau im Revier.

256 | Wie muss ein Kunstbau beschaffen sein?
Aus Röhren mit 20 cm Durchmesser, mit einer oder mehreren Ausfahrten und einem Kessel.

257 | Welche Vorteile hat die Arbeit am Kunstbau?
Im Bedarfsfall kann man dem Hund helfen, weil der Kessel oder die Röhren von außen geöffnet werden können. Kunstbaue kann man immer unter Berücksichtigung guten Schussfeldes anlegen.

258 | Schicken wir den Junghund gleich in den Naturbau?
Nein, da der unerfahrene Junghund leicht vom Fuchs oder Dachs geschlagen wird.

259 | Was versteht man unter »sprengen«?
Wenn der Bauhund den Fuchs aus dem Bau jagt »sprengt« er ihn.

260 | Wie machen wir den Junghund mit Raubwild vertraut?
In dem wir ihn regelmäßig an erlegtem/ überfahrenen Raubwild und an dessen Losung wittern und zufassen lassen.

Der Übungsbau ermöglicht dem Führer jederzeit den Zugriff zum Hund.

261 | Fördern wir die Schärfe an der lebenden Katze?
Nein. Die Förderung der Schärfe ergibt sich im Jagdbetrieb. Das »Abrichten« an lebenden Katzen ist grundsätzlich verboten!

262 | In welchem Alter beginnen wir mit dem Bauhund ernsthaft zu arbeiten?
Gegenüber dem Fuchs muss sich der Bauhund mit Kraft und einem festen Gebiss wehren können. Daher muss der Bauhund für die Baujagd mindestens 1 $^1/_2$ Jahre alt sein. Gebiss und Körperbau müssen voll entwickelt sein.

263 | Welche Baue meiden wir?
Felsbauten sowie alte Bergbaustollen, alte Bunkeranlagen u.ä.

264 | Wie fördern wir die »Dachsreinheit« des Bauhundes?
Indem wir jeglichen Kontakt mit dem Dachs meiden. Ist anzunehmen, dass er ungewollt an einen Dachs geraten ist, gehen wir außer Sicht und Wind, damit der Hund, wenn er zwischendurch aus dem Bau kommt, durch unsere Anwesenheit nicht noch bestärkt wird.

Arbeitsfächer nach dem Schuss

Übersicht Fächer nach dem Schuss

Schweißhunde
- Vorsuchen
- Riemenarbeit auf krankes Schalenwild
- Hetzen von krankem Schalenwild
- Stellen von krankem Schalenwild
- Verhalten am erlegten Wild

Vorstehhunde / Stöberhunde
- Verlorensuchen (Finden) von Niederwild
- Verlorenbringen (Apportieren) von Niederwild
- Raubwildschärfe am kranken Raubwild
- Korrektes Festhalten von apportiertem Niederwild

265 | Was versteht man unter »Fächer nach dem Schuss«?

Es beinhaltet die Hundearbeit bei Nachsuchen auf krankes / verendetes Schalenwild- oder Niederwild.

266 | Wie bereiten Sie ihren Hund zur Nachsuche auf Schalenwild vor?

Er wird auf der Kunstfährte eingearbeitet, wobei wir die Schwierigkeit nach Länge und Stehzeit steigern. Erst wenn der Hund auch schwierige Übernacht-Kunstfährten zuverlässig arbeitet, darf er auch Schalenwild nachsuchen.

Legen einer Schweißfährte mit Tropfflasche und Markierkreide.

267 | Was ist der Unterschied zwischen Schleppe und Schweißfährte?

- Bei der Schleppe wird ein Stück Wild oder Teile davon (Balg, Decke, Knochen, Lungenbrocken usw.) auf dem Boden gezogen.
- Schweißfährten werden mit Schweiß/ Blut getupft oder gespritzt.

268 | Kann man zum Legen von Schweißfährten auch Rinderblut verwenden?

Ja, Rinderblut ist für die Einarbeitung des Hundes auf der Schweißfährte eine Alternative.

269 | Wie gewinnen und lagern Sie Schweiß?

Wir fangen den Schweiß in einem größeren Gefäß (z.B. Eimer) auf und lassen ihn durch ein Küchensieb und einen Trichter »portionsgerecht« in kleine Kunststoffflaschen laufen. Diese lassen sich problemlos in der Gefrietruhe lagern.

270 | Welche Möglichkeiten eine künstliche Übungsfährte zu legen gibt es?

- Schleppen von faustgroßen Lungen- oder Pansenstückchen oder Deckenfetzen
- Spritzen von Wildschweiß oder Rinderblut
- Tupfen von Wildschweiß oder Rinderblut
- Treten einer Übungsfährte mit dem Fährtenschuh

271 | Wie stellen Sie den künstlichen Anschuss her?
Es wird etwas Schnitthaar verstreut und Schweiß / Blut verspritzt. Zusätzlich kann mit einem Ast der Boden verwundet werden.

272 | Wie markieren Sie die künstliche Schweißfährte?
Mit Textilband, Kunststoffbänder oder mit Papier, immer in Sichtweite an Bäumen oder mit Kreidestrichen. Unverrottbare Bänder werden wieder eingesammelt.

273 | Wie soll der Verlauf einer künstlichen Schweißfährte sein?
Soweit möglich soll die Fährte mit dem Wind gehen und sie soll einen oder mehrere Haken und ein künstliches Wundbett enthalten.

274 | Was findet der Hund am Ende einer Übungsfährte?
Am Ende der Übungsfährte liegt eine Wilddecke oder Sauschwarte mit etwas Futter als Lob der erfolgreichen Arbeit.

275 | Wie lange soll eine Übungsfährte sein und wie lange soll sie stehen?
Die ersten Übungsfährten werden nur wenige hundert Meter und von kurzer Stehzeit (wenige Stunden) gelegt. Die Stehzeit kann relativ schnell gesteigert werden, da das Riechvermögen auch beim Junghund schon voll vorhanden ist und über Nacht stehender Schweiß problemlos wahrgenommen wird. Eher haben Junghunde mit ihrer Ausdauer Probleme, so dass die Länge der Fährte behutsam gesteigert werden muss.

276 | Hat der Hund noch ausreichend Witterung, wenn es auf die Kunstfährte regnet?
Außer nach Extremniederschlägen ist eine Kunstfährte auch nach Regen für den Hund noch gut wahrnehmbar. Der Schweiß (oder das Blut) wird vom Regen zwar abgewaschen, die Witterung ist aber für die Hundenase immer noch vorhanden.

Am Ende der künstlichen Schweißfährte liegt ein Stück Wild oder eine Decke.

277 | Muss der Schweißriemen aus Leder sein?
Nein, es gibt heute gute (sogar bessere) Alternativen aus anderen Materialien wie z. B. Cordura.

278 | Mit welchem Kommando wird der Hund zur Fährte gelegt?
Mit dem Kommando »Zur Fährte« oder »Such verwund mein Hund«.

279 | Wie soll der Hund eine Schweißfährte ausarbeiten?
Der Hund soll ruhig, konzentriert und sicher die Schweißfährte ausarbeiten.

280 | Was tun Sie, wenn der Hund zu faseln beginnt?
Der schon etwas erfahrene und passionierte Hund beginnt zu »bögeln«, wenn er die Fährte verloren hat und nimmt sie selbstständig wieder auf, sobald er sie findet. Der Hundeführer kann den von der Fährte abgekommenen Hund auch abtragen und beim letzten gefundenen Schweiß / Schalenabdruck / Schnitthaar, neu ansetzen.

281 | Wann und wie tragen Sie den Hund ab?
Wenn man die Riemenarbeit des Hundes auf der richtigen Fährte abbrechen will, so bleibt man stehen, hebt den Hund vorne hoch und versucht ihn »abzutragen«. Kleine Hunde kann man auf den Arm nehmen.

282 | Wie wird der Hund beim Zeigen von Pirschzeichen ermuntert?
Mit den Worten »So ist brav« oder »Lass sehen, mein Hund«.

Totverbeller am gefundenen Rehbock.

283 | Wie erzieht man den Hund zum Verweiser?
Er wird bei jedem Zeigen oder Verweisen von Pirschzeichen auf der Fährte gelobt. Wir legen im Revier Fallwild, Decken, Wildläufe, Knochen u.ä. aus und gehen mit dem freilaufenden Hund »zufällig« in der Nähe vorbei. Wenn er das »Wild« findet rufen wir ihn bei Fuß, loben ihn und schicken ihn erneut zum »Wild«. Abgeschlossen wird die Übung mit einer Belohnung.

284 | Muss der Hund Totverbeller sein?
Nein, das muss nicht unbedingt sein. Bei starkem Wind oder im Gebirge wird das Verbellen oft gar nicht gehört.

285 | Wird der Hund am Stück belohnt?
Ja, indem man das dem Hund mit Worten und Freude oder mit Futter deutlich zeigt.

286 | Darf der Hund das gefundene Stück beuteln?
Ja, er hat ja am Ende seiner Arbeit »Beute« gemacht. Allerdings muss man aufpassen, dass das Beuteln nicht in ein Rupfen und Anschneiden übergeht.

287 | Was versteht man unter Verlorenbringen?
Der Hund sucht frei und selbstständig das erlegte Wild und bringt es seinem Führer.

288 | Welche Übung dient der Einarbeitung des Verlorenbringers?
Wir werfen ein frisch erlegtes Wild kontrolliert in gut bewachsenes Gelände (z.B. Kulturfläche, Wildstaudenfläche usw.), gehen hernach mit dem Hund »zufällig« an der Fläche vorbei, lassen den Hund »Sitz« oder »Down« machen, geben einen Schuss ab und schicken dann den Hund zur Verlorensuche.

289 | Mit welchem Kommando wird der Hund zur Verlorensuche geschickt?
»Such verloren apport«.

290 | Wie lautet das Kommando, wenn der Hund gefundenes Niederwild bringen soll?
»Apport«

291 | Was ist ein Totengräber?
Ein Hund, der gefundenes Wild nicht dem Führer bringt, sondern es im Gelände vergräbt. Meistens sind Fehler bei der Abrichtung die Ursache. Die Korrektur ist schwierig und erfordert sehr viel Erfahrung.

292 | Wie begegnen Sie dieser Eigenschaft?
Ursachen, wodurch der Hund zum »Totengräber« wird, liegen u.a. in der nicht gefestigten Beziehung zwischen Hund und Führer, oder daran, dass der Hund im Apportieren nicht sauber durchgearbeitet wurde oder daran, dass er bei den Bringübungen überfordert wurde. Absolut notorischen »Totengräbern« kann man diese Eigenschaft nicht abgewöhnen, sie sind aber selten.

293 | Wie fördern wir die Bringtreue?
Indem man Störungen einbaut. Man lässt während der Arbeit einen zweiten Hund laufen, gibt einen Schuss ab, benutzt die Hasenklage usw. Ein Grundsatz dazu lautet: Der Hund bringt, weil er muss, nicht weil es ihm Spaß macht!

294 | Warum darf der Hund eine aus dem Wasser apportierte Ente nicht ablegen, ehe er sich das Wasser aus der Decke schüttelt?
Bei noch lebenden Enten besteht die Gefahr, dass sie zurück ins Wasser laufen, während sich der Hund schüttelt.

Auf der Schleppe muss der Hund das ausgelegte Wild finden und Bringen.

Die Führung in der Praxis

295 | Darf der Jagdhund in einem Tollwutsperrgebiet jagdlich geführt werden?
Ja, vorausgesetzt der Hund ist tollwutgeimpft.

296 | Welche Hunde darf man nicht zur Gesellschaftsjagd mitnehmen?
Hunde, die nicht gegen Tollwut geimpft sind und läufige Hündinnen sowie Hunde, die nicht sozialverträglich sind.

297 | Wer bestimmt, ob ein Hund bei einer Gesellschaftsjagd geschnallt werden darf?
Der Jagdleiter.

298 | Welche Schüsse erfordern i.d.R. die schwierigsten Nachsuchen?
Krell-, Gebrech-/Äser- und Weidwundschüsse.

299 | Welche Wetterlage erschwert die Nachsuche besonders?
Große Hitze, strenger Frost und sehr starke Niederschläge.

Schnitthaare sind oberhalb der Wurzeln abgeschossen. Streifschüsse produzieren besonders viele Schnitthaare.

Farbe und Konsistenz des Schweißes (hier Lungenschweiß) lassen Rückschlüsse auf den Sitz des Geschosses zu.

300 | Welche Schweißarten finden Sie am Anschuss?

- Lungenschweiß (hellrot und meist blasig)
- Leberschweiß (dunkel und etwas »grie-sig«)
- Milzschweiß (fast schwarz)
- Wildbretschweiß (reines »Herzrot«)
- Wildbretschweiß mit Knochenmark vermischt (sieht dann aus wie blasiger Lungenschweiß)
- Weidwundschweiß (grün verunreinigt)

301 | Sie finden am Anschuss eines Rehs Leberschweiß. Wie gehen Sie vor?

Bei Rehwild sind Leberschüsse in der Regel sehr schwere Verletzungen. Trotzdem muss man eine Wartezeit von mindestens zwei Stunden einhalten, bevor man nachsucht. Geht man vorher dem Wild nach, so kann man es evtl. im Wundbett hoch machen und die Nachsuche erschweren.

302 | Am Anschuss einer Sau finden sie Gescheideinhalt. Was tun Sie?

Sauen mit Weidwundschüssen erfordern eine Wartezeit von mindestens vier Stunden. Bei solchen Schüssen können Sauen noch sehr weit laufen und die ersten Stunden im Wundbett noch leben.

303 | Was erwartet Sie bei reichlich Lungenschweiß?

Einen tödlichen Schuss, wobei das Wild durchaus noch 200 Meter flüchten kann. Bei solchen eindeutigen Schüssen genügt eine sehr geringe Wartezeit.

304 | Welche Pirschzeichen finden Sie bei einem Äser- / Gebrechschuss?

Teile vom Lecker, vom Kopfbereich, vom Kieferknochen, kurzes Gesichtshaar und Zähne. Solche Nachsuchen sind sehr schwierig.

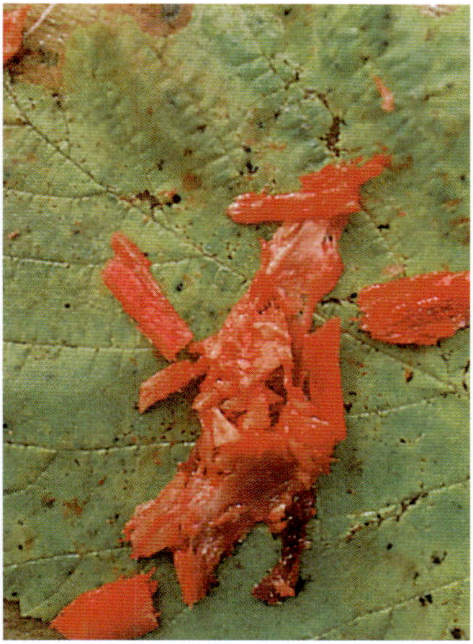

Beschaffenheit und Form von Knochensplittern geben Hinweise auf die Art der bevorstehenden Nachsuche.

305 | Ein Alttier hat einen Äserschuss bekommen. Was tun Sie?
Äserschüsse sind Nachsuchen für einen erfahrenen Schweißhund, der erst nach einer Wartezeit von mindestens vier Stunden nachsuchen soll. Da solche Nachsuchen meist über die Reviergrenzen hinaus gehen, müssen die Reviernachbarn verständigt und Vorstehschützen organisiert werden.

306 | Wie markieren Sie den Anschuss?
Klassisch mit einem Anschussbruch, besser mit einem Markierungsband.

307 | Wie beginnen Sie die Nachsuche?
Zuerst muss sorgfältig der Anschuss kontrolliert werden, um Klarheit über den Sitz des Geschosses und den wahrscheinlichen Verlauf der Nachsuche zu bekommen. Dabei wird der Hund in Sichtweite abgelegt.

Neben Schnitthaar, Schweiß und Knochensplitter findet sich gelegentlich auch »Weißes« (Feist) am Anschuss.

Auf dem Brombeerblatt findet sich Panseninhalt. Rehwild geht mit einem solchen Schuss nicht mehr weit, Sauen schon.

308 | Was versteht man unter »fährtenrein«?
Wenn der Hund an der ihm zugewiesenen Fährte eisern festhält und andere Fährten (Verleitfährten) ignoriert.

309 | Was ist eine Verleitfährte?
Gesundfährten, die eine Krankfährte kreuzen oder einige Zeit begleiten.

310 | Was versteht man unter »umschlagen«?
Steht die Fährte in eine Dickung, so wird diese mit dem Hund (Vorsuche) oder alleine »umschlagen« um festzustellen, ob das kranke Wild steckt.

311 | Was ist ein Wundbett?
Ein Lager, in dem sich das kranke Wild während seiner Flucht gebettet hat.

312 | Was ist ein Tropfbett?
Auf der Fluchtstrecke bleibt das verletzte Wild stehen. Dabei tropft der Schweiß nach unten auf einen Fleck, das »Tropfbett«.

Wachtelhund stellt laufkrankes Alttier.

313 | Wo wird der Hund zur Hatz geschnallt?
Am noch warmen Wundbett oder wenn das ziehende Wild vor dem Hund flüchtig wird.

314 | Wer bestimmt, wann der Hund bei der Nachsuche geschnallt wird?
Immer der Hundeführer.

315 | Was versteht man unter Fährtelaut?
Wenn der hetzende Hund auf der Fährte Laut gibt.

316 | Was ist Hetzlaut?
Wenn der Hund das kranke Wild lauthals hetzt (mit dem »Hetzlaut« verfolgt).

317 | Was ist Standlaut?
Wenn der Hund das kranke Wild stellt und dabei Laut gibt.

318 | Wer gibt dem vom Hund gestellten Schalenwild den Fangschuss?
Nur der Hundeführer oder (in seltenen Ausnahmen!) ein anderer direkt von ihm beauftragter Jäger, weil immer Gefahr besteht, dass beim Fangschuss der Hund verletzt oder erschossen wird.

319 | Was ist ein Totverbeller?
Ein Hund, der durch »Totverbellen« zu erkennen gibt, dass er verendetes Wild gefunden hat.

320 | Welchen Nachteil hat das Totverbellen?
Der Laut des Hundes ist häufig gelände- und witterungsbedingt nicht zu hören.

321 | Was ist ein Totverweiser?
Der Totverweiser kehrt, wenn er verendetes Wild gefunden hat, zu seinem Führer zurück und zeigt ihm dies durch sein spezielles Verhalten an. Anschließend führt

er ihn am Riemen oder im »Pendelverkehr« zum Wild.
Es gibt verschiedene Methoden des Verweisens:

- Freies Verweisen
- Lautes Verweisen
- Verweisen am Riemen
- Verweisen mit dem Bringsel

322 | Wie zeigt ein Bringselverweiser, dass er ein verendetes Stück Wild gefunden hat?

Der zum Verweisen geschickte Hund trägt ein »Bringsel« (Knebel aus Holz oder Leder) an der Halsung. Hat er gefunden, nimmt er das »Bringsel« in den Fang und läuft so zu seinem Führer. Dieser nimmt ihn an den Riemen und folgt ihm zum Stück.

323 | Was ist ein Anschneider?

Ein Hund der verendetes Wild findet und es dann anschneidet (er frisst es an).

324 | Was dient der Sicherheit des zur Hatz geschnallten Hundes?

Leuchtfarbene breite Signalhalsbänder, auf denen der Name des Hundes und die Telefonnummer seines Führers vermerkt sind. Neuerdings gibt es auch Halsbänder mit einem kleinen Sender, so dass der Hund, wenn er nicht zurück findet, telemetriert und gefunden werden kann.

325 | Welche Lautarten des Hundes sind im Jagdbetrieb zu hören?

- Spurlaut (der Hund folgt mit der Nase einem Stück Haarniederwild).
- Fährtenlaut (der Hund folgt mit der Nase einem Stück Schalenwild).
- Hetzlaut (der Hund folgt Nieder- oder Schalenwild auf Sicht).
- Standlaut (der Hund verbellt ein gestelltes Stück Wild).
- Totverbellen (der Hund verbellt totes Wild).

Die auffällige Kenndecke schützt den Hund.

- Waidlaut (Hund gibt Laut, obwohl kein Wild vorhanden ist).
- Baulaut (Hund gibt im Bau laut, obwohl der Bau leer ist).

326 | Ein Hase wurde krank geschossen. Wie lange warten Sie mit der Nachsuche?

Der Hund wird sofort am Anschuss angesetzt, weil sich die Witterung des Hasen schnell verflüchtigt.

Bringselverweiser signalisiert, dass er gefunden hat.

Der Deutsch-Langhaar ist ein harter und vielseitiger Gebrauchshund, der auch von Waldjägern gerne geführt wird.

327 | Ein geflügelter Fasan fällt in einem Senfschlag ein. Was tun Sie?

Dort wo der Fasanenhahn aufgeschlagen und/oder wo er in den Senfschlag gelaufen ist, wird sofort der Verlorenbringer angesetzt.

328 | Bei welcher Arbeit soll der Vorstehhund mit hoher Nase arbeiten?

Bei der Arbeit vor dem Schuss sucht der Vorstehhund mit hoher Nase deckungsreiche Felder ab um Niederwild zu finden und es vorzustehen, damit es der Jäger erlegen kann.

329 | Wie wird ein Hund genannt, der verendet gefundenes Niederwild verscharrt?

»Totengräber«.

330 | Wo wird der Hund bei der Nachsuche auf einen Hasen geschnallt?

Am Anschuss, dort lieg meist etwas Wolle.

331 | Wann »sticht« der Hund einen Hasen?

Wenn der Hund die Spur des Hasen arbeitet und dieser unmittelbar vor ihm aus der Sasse flüchtet.

332 | Ihr Hund findet ein verendet in einen Kartoffelacker gefallenes Rebhuhn nicht. Was tun Sie?

Ich warte etwas, bis sich die Witterung meines eigenen Hundes verflüchtigt hat, und bitte dann einen anderen Jäger mit erfahrenem Verlorenbringer, das Huhn zu suchen.

333 | Wann wird dem Hund die Halsung abgenommen?

Vor der Wasser- und vor der Bauarbeit. Allerdings tragen heute viele Bauhunde aus Sicherheitsgründen ein Senderhalsband, mit dessen Hilfe sie unter der Erde geortet werden können.

334 | Welche spezielle Halsung dient der Sicherheit des Bauhundes?

Für den Bauhund gibt es Halsungen mit Sender (Telemetrie) zum Orten, falls man dem Hund helfen muss.

Zucht- und Prüfungswesen

Allgemeines

Unsere Jagdgesetze verlangen bei bestimmten Jagdarten den Einsatz brauchbarer Jagdhunde. Das sind in der Regel (nach den Landesjagdgesetzen) alle Such-, Drück- und Treibjagden, die Wasserwildjagd sowie sämtliche Nachsuchen.

Das Gesetz verlangt jedoch nicht, dass jeder einzelne Jäger oder Revierinhaber selbst einen brauchbaren Hund halten muss. Vorgeschrieben ist nur die Verwendung eines brauchbaren Hundes bei den genannten Jagdarten. Das bedeutet, dass der Jäger, Revierinhaber bzw. Jagdleiter, der selbst keinen brauchbaren Hund hat, dafür sorgen muss, dass im Bedarfsfall ein entsprechender Hund zur Verfügung steht. Allgemein wird diese Bestimmung von den Jagdbehörden sehr »locker« gehandhabt. Sie können jedoch im Einzelfall auch den

Niederwildjagd ohne einen gut ausgebildeten Verlorenbringer ist gesetzwidrig.

Heute wird nur noch selten brackiert.

Nachweis verlangen, dass für ein betreffendes Revier ein brauchbarer Jagdhund stets verfügbar ist (im Besitz des Revierinhabers, Jagdaufsehers oder ständigen Jagdgastes). Diesen Nachweis zu erbringen, wird kaum einem Jäger schwer fallen.

Der Sinn dieser Vorschrift liegt nicht im Einsatz von Jagdhunden »vor dem Schuss«, also als Jagdhelfer zum Suchen und Auffinden von Wild, um es schießen zu können. Das ist lediglich eine Annehmlichkeit im eigenen Interesse des Jägers. Der Einsatz brauchbarer Jagdhunde ist vielmehr klar auf die »Arbeit nach dem Schuss« abgestellt, also auf die Nachsuche. So ist beispielsweise bei der Wasserjagd fast zwingend mit einer »Arbeit nach dem Schuss« zu rechnen, selbst dann, wenn alles beschossene Wild entweder klar vorbeigeschossen oder sofort tödlich getroffen wird. Denn wie auch sollte der Jäger eine tot ins Schilf gestürzte Ente ohne Hund auch finden und bergen? Und das gilt selbstverständlich auch für den mit zwei Schroten im Gescheide noch flüchtenden Hasen. Manchmal ist der Jäger auch gar nicht selbst in der Lage, sicher zu beurteilen, ob ein Stück Wild getroffen wurde oder nicht. Der Hund kann das, Dank seiner hervorragenden Nase, viel leichter.

Die Pflicht zur Nachsuche und zur Verwendung eines brauchbaren Hundes hat also ganz klar drei Gründe:

- Dem Wild soll ein unnötig langes Leiden erspart werden,
- erlegtes Wild soll geborgen und einer sinnvollen Verwertung zugeführt werden,
- krankes oder verendet herumliegendes Wild soll bei der Öffentlichkeit keinen Unmut gegen die Jagd erregen.

Da es gerade bei der Niederwildjagd häufig darauf ankommt, einen Hund sofort einsetzen zu können, genügt es nicht, sich eines Helfers mit brauchbarem Hund zu versichern, der auf Abruf erscheint. Vielmehr muss ein solcher, zumindest bei jeder Niederwildjagd zugegen sein. Für schwierige Nachsuchen auf Schalenwild sollte immer ein erfahrener Schweißhund eingesetzt und eine Wartezeit von mindestens vier Stunden eingehalten werden. In dieser Zeit kann das Wild in Ruhe »krank« werden. Eindeutige Totsuchen (Lungenschuss) können nach einer geringen Wartezeit mit brauchbaren Gebrauchshunden nachgesucht werden.

?

335 | Ist der Jäger verpflichtet einen geprüften Jagdhund zu halten?
Der Jäger nicht, aber in einigen Bundesländern der Jagdausübungsberechtigte.

336 | Erkennt der Gesetzgeber nur Hunde aus einer Leistungszucht an?
Nein, in einigen Bundesländern werden auch Hunde ohne Papiere zur Jagd-Eignungs-Prüfung zugelassen.

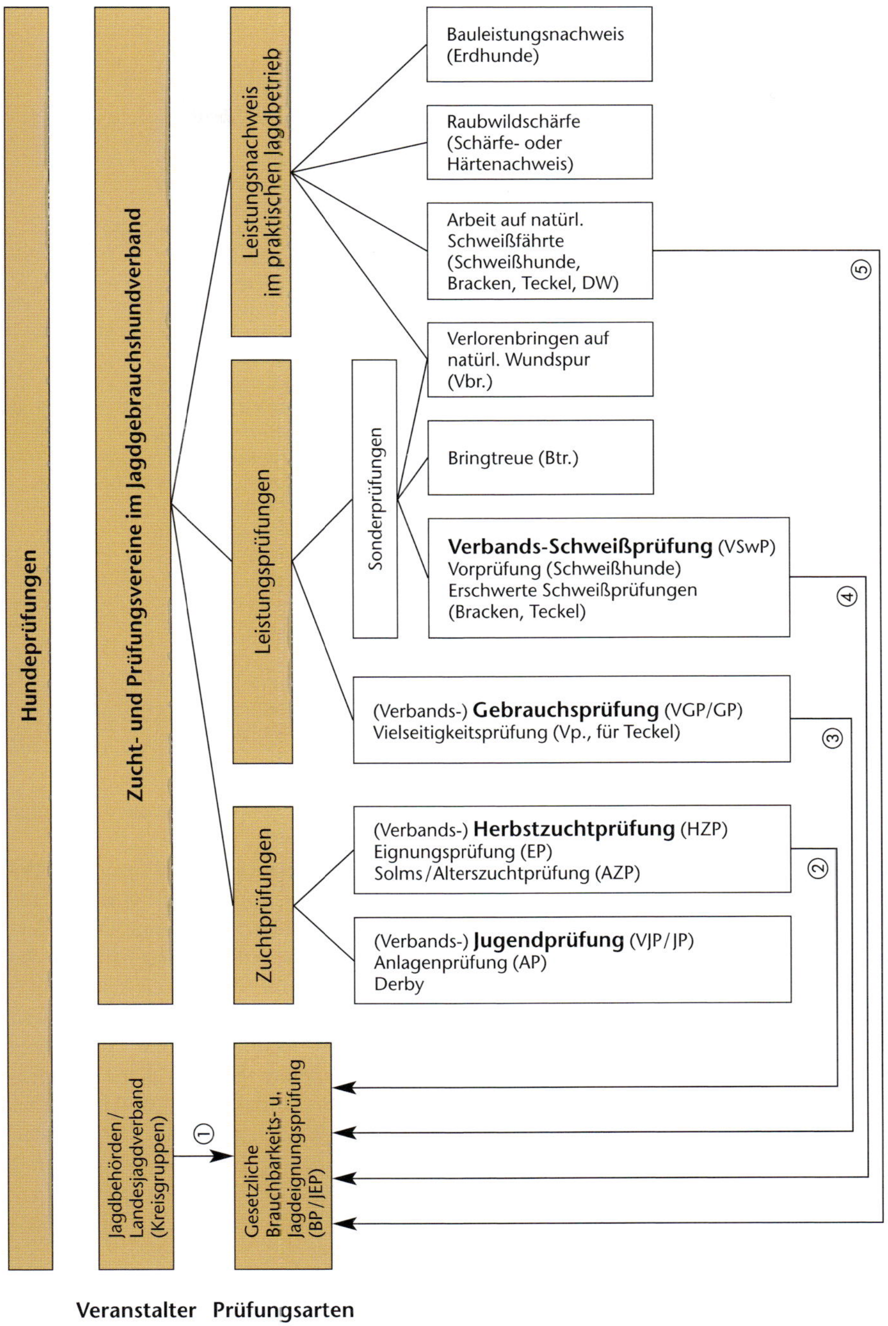
Hundeprüfungen
Zucht- und Prüfungsvereine im Jagdgebrauchshundverband
Leistungsnachweis im praktischen Jagdbetrieb
Leistungsprüfungen
Zuchtprüfungen
Sonderprüfungen
Bauleistungsnachweis (Erdhunde)
Raubwildschärfe (Schärfe- oder Härtenachweis)
Arbeit auf natürl. Schweißfährte (Schweißhunde, Bracken, Teckel, DW)
Verlorenbringen auf natürl. Wundspur (Vbr.)
Bringtreue (Btr.)
Verbands-Schweißprüfung (VSwP)
Vorprüfung (Schweißhunde)
Erschwerte Schweißprüfungen (Bracken, Teckel)
(Verbands-) Gebrauchsprüfung (VGP/GP)
Vielseitigkeitsprüfung (Vp., für Teckel)
(Verbands-) Herbstzuchtprüfung (HZP)
Eignungsprüfung (EP)
Solms/Alterszuchtprüfung (AZP)
(Verbands-) Jugendprüfung (VJP/JP)
Anlagenprüfung (AP)
Derby
Jagdbehörden/ Landesjagdverband (Kreisgruppen)
Gesetzliche Brauchbarkeits- u. Jagdeignungsprüfung (BP/JEP)
①
②
③
④
⑤
Veranstalter
Prüfungsarten

Vereinswesen

Übersicht Verbandswesen

Zuchtvereine für Jagdhunde, die dem Jagdgebrauchshundeverband angehören: Stand 2006

- Verein Deutsch-Drahthaar e.V.
- Griffon-Club e.V. Worms
- Verein Pudelpointer e.V.
- Verein Deutsch-Stichelhaar e.V. gegr. 1892 Sitz Aurich
- Deutsch-Kurzhaar-Verband
- Weimaraner-Klub Verein zur Züchtung der Weimaraner Vorstehhunde Sitz Fulda
- Verein Ungarischer Vorstehhunde e.V.
- Club für Bretonische Vorstehhunde
- Deutsch-Langhaar-Verband Sitz Hannover
- Verband Große Münsterländer e.V.
- Verband für Kleine Münsterländer Vorstehhunde e.V.
- VBBFI (Französische Vorstehhunde) e.V.
- Verein für Pointer und Setter
- Verein Hirschmann zur Zucht und Führung des Hannoverschen Schweißhundes
- Club für Bayerische Gebirgsschweißhunde 1912 e.V.
- Irish-Setter-Club Deutschland e.V.
- Gordon-Setter-Club Deutschland e.V.
- English-Setter-Club Deutschland e.V.
- Deutscher Pointerclub e.V.
- Deutscher Retriever-Club e.V.
- Jagdspanielclub 1907 e.V.
- Verein für Deutsche Wachtelhunde e.V.
- Deutscher Bracken-Club e.V.
- Verein Dachsbracke
- Deutscher Brackenverein (Vertreter für Brandl-, Tiroler und Steirischer Hochgebirgsbracken)
- Deutscher Jagdterrier-Club e.V.
- Verein Jagdgebrauchsspaniel e.V.
- Deutscher Foxterrier-Verband e.V.
- Deutscher Teckelklub e.V.
- Vereinigung der Meutehalter im deutschen Reiter- und Fahrerverband
- Beagle-Club Deutschland e.V.
- Verein Jagd-Beagle e.V.
- Labrador-Club Deutschland
- Verein für Jagd-Teckel
- Klub Tirolerbracke
- Laika-Club
- Parson-Jack-Russel Terrier Club
- Schwarzwildbrackenverein
- Jagdretriever Verein

Der Verband für das Deutsche Hundewesen (VDH) ist die oberste Dachorganisation der Hundehalter in Deutschland und repräsentiert 167 Mitgliedsorganisationen mit mehr als 650 Tsd. Mitgliedern. In die Zuchtbücher des VDH werden jährlich ca. 90 Tsd. Welpen eingetragen – gezüchtet nach den strengen Zuchtbestimmungen des VDH und mit entsprechenden Wurfkontrollen.

In Deutschland ist es legal, wenn ein Hundezüchter für die von ihm gezüchteten Hunde selbst Ahnentafeln ausstellt. Daher sind Inserate in Jagdzeitschriften mit dem Hinweis »mit Stammbaum« oder »mit Ahnennachweis« bzw. »mit Zertifikat« mit Vorsicht zu behandeln. Grundsätzlich stellt die Ahnentafel nicht der Züchter, sondern der für die jeweilige Rasse zuständige Zuchtverein aus.

Der Jagdgebrauchshundeverband (JGHV) ist ein Dachverband, dem die meisten deutschen Jagdhunde-Zuchtvereine angeschlossen sind. Er ist jedoch nicht Mitglied des VDH. Nicht alle Vereine, die sich mit der Zucht von Jagdhunden beschäftigen und nicht alle Jagdhunderassen sind vom JGHV anerkannt. Solche Vereine schließen sich teilweise direkt dem VDH an. Der JGHV regelt die Jagdhunde betreffenden Angelegenheiten im Einvernehmen mit dem Verband für das deutsche Hundewesen (VDH), der direkt für alle übrigen Rassen zuständig ist.

Außer den Zuchtvereinen gehören dem JGHV auch sämtliche »Prüfungsvereine«

Der »Sperlingshund«, das Markenzeichen des deutschen Jagdgebrauchshundverbandes.

(Jagdgebrauchshundevereine) an. Letztere befassen sich nicht mit der Zucht, sondern allgemein mit der Ausbildung von Hundeführern, halten Abrichtelehrgänge ab und führen Verbandsprüfungen (meist für Vorstehhunde) durch. Jagdhunde aller Rasse, die eine Gebrauchsprüfung bestanden haben (Verbands-Gebrauchsprüfung oder vergleichbare Prüfung eines Zuchtvereins) werden unter einer eigenen Eintragungsnummer in das Deutsche Gebrauchshunde-Stammbuch (DGStB) eingetragen. Diese DGStB-Nummer wird hinter der Zuchtbuchnummer des Hundes unterstrichen oder in Fettdruck angegeben.

Zuchtvereine, die nicht vom JGHV anerkannt (Mitglied) sind, stellen ebenfalls Ahnentafeln aus und halten Prüfungen ab. Hunde mit derartigen Ahnentafeln können allerdings nicht an den Prüfungen jener Zucht- und Prüfungsvereine teilnehmen, die Mitglied im JGHV sind. Auf Antrag werden zu den JGHV-Prüfungen auch Hunde aus jagdlichen Zuchten des Auslandes zugelassen, für die es keinen Zuchtverein unter dem Dach des JGHV gibt.

Die Jagdeignungs- oder Brauchbarkeitsprüfungen werden meist von jagdlichen Organisationen im Auftrag einer unteren Jagdbehörde abgehalten. Sie haben sich an das jeweilige Landesrecht zu halten. Geprüft werden nur Fächer »nach dem Schuss«. Festgestellt wird bei diesen Prüfungen die jagdliche Brauchbarkeit im Sinne von Mindestanforderungen. Über die bestandene Prüfung wird eine Bestätigung ausgestellt.

In einigen Bundesländern werden zur JEP auch Hunde ohne Papiere zugelassen.

337 | Was ist der oberste Dachverband des Jagdhundewesens?
Der Jagdgebrauchshundeverband e.V. (JGHV).

338 | Wer ist für die Anerkennung von Jagdhunderassen zuständig?
Der Jagdgebrauchshundeverband.

339 | Was ist der »Verband für das Deutsche Hundewesen e.V.« (VDH)?
Der VDH ist ein Dachverband, in dem die Nicht-Jagdhunde-Zuchtvereine organisiert sind.

340 | Was ist der Jagdgebrauchshundeverband (JGHV)?
Der Zusammenschluss und Dachverband der meisten Zuchtvereine in Deutschland. Der JGHV vertritt nach außen die Interessen des Jagdgebrauchshundewesens.

341 | Welche Jagdhunderassen werden beim Jagdgebrauchshundeverband (JGHV) aufgenommen?
Solche, die einen FCI-anerkannten Standard haben und die aufgrund ihrer Anlagen waidgerechtem Jagen in Deutschland dienen können.

342 | Wer ist für die Zucht und Prüfung der einzelnen Rassen zuständig?
Der Zuchtverband/Zuchtverein der jeweiligen Rasse.

343 | Was ist ein »eingetragener« Hund?
Der Welpe wird mit 6 bis 8 Wochen vom Zuchtwart des jeweiligen Zuchtvereins tätowiert und für ihn eine Ahnentafel ausgestellt. Gleichzeitig wird er mit Name,

Zwingername und Täto-Nummer beim Zuchtverband / Verein »eingetragen«. Neuerdings tritt an Stelle der Täto-Nummer bei einigen Zuchtvereinen ein Mikrochip, der alle Daten enthält, die auch in der Ahnentafel enthalten sind.

344 | Wer stellt die Ahnentafel aus?

Der Zuchtwart des jeweiligen Zuchtvereins oder einer vom Vorstand beauftragten Institution.

345 | Welche Angaben in der Ahnentafel sind für den Käufer eines Hundes besonders wichtig?

- Die Zuchtbuchnummer in der Ahnentafel, die mit der Tätowierungsnummer des Hundes übereinstimmen muss.
- Der Stempel des Zuchtvereins und JGHV (Sperlingshund im Stempel).
- Bei Schweißhunden muss der Zusatzstempel, der Achteck-Stempel des I.S.H.V. (Internationaler Schweißhunde Verband), vorhanden sein.
- Alle Angaben zu Eltern und weiteren Zuchtverbindungen (vier Generationen) müssen eingetragen sein.

346 | Was wird unter Rassestandard verstanden?

Die spezifischen und klassischen Merkmale, die in Summe nur auf diese eine Rasse (Erscheinungsbild) zutreffen; festgelegt vom Ursprungs-Zuchtverband.

347 | Was sind Verbandsrichter?

Verbandsrichter sind Prüfungsrichter für Hundeprüfungen, die nach den Richtlinien des Jagdgebrauchshundeverbandes für Verbandsprüfungen ausgebildet und bestätigt sind. Sie dürfen nicht nur bei den von ihrem Zuchtverband ausgerichteten Prüfungen richten, sondern grundsätzlich bei allen (standardisierten) Verbandsprüfungen.

Anlage- und Jugendprüfungen

Die Anlage- oder Jugendprüfung ist die erste Prüfung überhaupt, auf der ein Jagdhund im Alter von etwa 8 bis15 Monaten, also zur Zeit der beginnenden Abrichtung, auf seine Erbanlagen überprüft wird. Es ist eine reine Anlagenprüfung, die im Frühjahr stattfindet. Es werden noch keine »Leistungen« verlangt, vielmehr soll der Junghund zeigen, was »in ihm steckt«: Arbeit auf der Hasenspur mit Feststellung des Lautes; Anlage zum Suchen und Vorstehen (Vorstehhunde) bzw. Stöbern und Wasserfreudigkeit (Stöberhunde); allgemeine Führigkeit (Bereitschaft zur Unterordnung), Schussfestigkeit und Wesensfestigkeit. Dazu eine Beurteilung der körperlichen Entwicklung (»Formwert«), wobei auf erbliche Mängel besonders geachtet wird wie Gebissfehler (Vorbeißer, Rückbeißer, fehlende Zähne), Mißbildungen der Augenlider (Entropium, Ektropium) und Hodenfehler (Monorchismus, Kryptorchismus), schlechte Stellung der Läufe und Pfoten.

Bei den Schweißhunden tritt an Stelle der Anlagen- die Vorprüfung. Bei ihr wird allerding bereits Leistung mitgemessen.

348 | Welche Fächer werden bei der Jugendprüfung (JP) geprüft?

- Nase
- Spurlaut
- Spurwille
- Spursicherheit
- Stöberanlagen
- Wasserfreude
- Führigkeit
- Schussfestigkeit

349 | In welchem Alter absolviert der Hund die Jugendprüfung?

In Alter von etwa 8 bis 15 Monaten.

Übersicht Jugend-/Anlageprüfungen

Bracken einschließlich Beagle:
Anlageprüfung → Hasenspur, Gehorsam, Leinenführigkeit, Schussfestigkeit.

Schweißhunde:
BGS Vorprüfung → 1000 m Kunstfährte (Totverweisen oder Totverbellen freiwillig), Verhalten am und verteidigen von erlegtem Wild, Leinenführigkeit, Schussfestigkeit und Ablegen.
HS Vorprüfung → Riemenarbeit auf gesunder Kaltfährte von Hochwild, Vorsuche, Gehorsam, Ablegen mit Schussabgabe.

Stöberhunde:
DW Jugendprüfung → Hasenspur, Stöbern, Wasserarbeit, Schussfestigkeit.
CSp, SpSp Anlageprüfung → Hasenspur, Stöbern, Freiverlorensuche, Haarwildschleppe, Wasserarbeit, Schussfestigkeit.

Erdhunde:
Teckel Spurlautprüfung → Hasenspur (keine Altersgrenze).
DJT, FT Zuchtprüfung → Hasenspur, Bringen auf der Schleppe, Bringen von Wasserwild, Führigkeit, Schussfestigkeit (keine Altersgrenze).

Vorstehhunde:
Alle Rassen Verbands-Jugendprüfung (VJP) → Hasenspur, Suche, Vorstehen
Pointer und Setter ebenfalls VJP aber auch vereinsinterne Prüfung → Nase, Nachziehen, Stil, Schnelligkeit, Ausdauer, Führigkeit und Schussfestigkeit.
Alle Rassen auch Herbstzuchtprüfung (HZP) → Nase, Suche, Vorstehen, Arbeitsfreude, Stöbern hinter der Ente, Verlorensuchen in deckungsreichem Gewässer, Verlorenbringen von Federwild, Haarwildschleppe, Gehorsam.

Retriever:
Alle Rassen Bringleistungsprüfung als Zuchtprüfung → Bringen.

350 | Welche Fächer werden bei einer Anlagenprüfung geprüft?

- Arbeit auf der Hasenspur mit Feststellung des Lautes
- Anlagen zum Suchen und Vorstehen bei Vorstehhunde
- Stöbern und Wasserfreudigkeit bei Stöberhunde
- Allgemeine Führigkeit
- Schussfestigkeit
- Wesensfestigkeit

351 | Worin unterscheiden sich die Anlageprüfungen von Vorsteh- und Stöberhunden?

Bei Vorstehhunden wird u.a. das Suchen und Vorstehen; und bei Stöberhunden das Stöbern und die Wasserfreude geprüft.

352 | Nach welchem System erfolgt bei Anlageprüfungen die Bewertung?

Die jeweiligen Prüfungsfächer haben Fachwertziffern von 1 bis 3. Für seine Leistungen bekommt der Hund Noten von 0 bis 9 (0 = ungenügend, 9 = hervorragend). Diese Noten werden mit der Fachwertziffer multipliziert. Alle Noten zusammen ergeben dann die Gesamtpunktzahl.

Prüfer beobachten die Wasserarbeit.

353 | Welche Prüfung absolviert ein Vorstehhund zuerst?
Die Jungendprüfung (JP).

354 | Welche Anlageprüfung (AP) gibt es für die Teckel?
Die Spurlautprüfung, bei der folgende Fächer geprüft werden:
Nase
Spurlaut am Hasen
Spurwille
Schussfestigkeit

355 | Auf welcher Spur wird der Spurlaut geprüft?
Auf der Hasenspur.

356 | Welche Fächer absolviert ein DW auf der Anlageprüfung?
- Nase
- Spurlaut
- Spurwille
- Spursicherheit
- Stöberanlagen
- Wasserfreude
- Führigkeit
- Schussfestigkeit

357 | Wie nennt man die »Jugendprüfung« bei den Schweißhunden?
Vorprüfung. Gearbeitet werden Fährten, die mit einem Fährtenschuh getreten werden oder bestätigte Gesundfährten von Hochwild. Bei den BGS wird der Prüfungsfährte Schweiß beigegeben, bei den HS nicht.

358 | In welchem Alter wird ein Hund auf der Pfostenschau vorgestellt?
Im Alter von 12 Monaten. Die Zuchtvereine handhaben dies unterschiedlich.

359 | Wer beurteilt die Hunde auf einer Pfostenschau?
Formwertrichter, die vom VDH und dem zuständigen Zuchtverein anerkannt sind.

Die Formbewertung wird festgestellt, ob der Hund dem Rassestandard entspricht.

Herbstzuchtprüfung (HZP)

Auf der Herbstzuchtprüfung werden Vorstehhunde im Herbst ihres 2. Lebensjahres (1. Feld) geführt. Während bei der Jugendprüfung nur ihre Anlagen geprüft werden, will man bei der HZP sehen, wie diese sich unter dem Einfluss der Abrichtung weiterentwickelt haben. Es ist also bereits eine gewisse abrichtungsbedingte Leistung gefragt. Dazu gehören das Verlorenbringen auf Haar- und Federwildschleppe, die Wasserarbeit sowie der Gehorsam. Bei der HZP erfolgt neuerlich eine Beurteilung des Formwertes, um die körperliche Entwicklung zu begutachten. Für die HZP zugelassen werden nur eingetragene Vorstehhunde. Eine ähnliche Prüfung, die Eignungsprüfung (EP) gibt es allerdings für Deutsche Wachtelhunde. Sie ist vor allem für jene Hunde gedacht, die besonderer Umstände wegen nicht auf einer Jugendprüfung geführt wurden, zu der nur Hunde bis zu einem Alter von 18 Monaten zugelassen werden.

360 | Was ist eine HZP?
Die HZP ist eine kombinierte Anlagen- und Leistungsprüfung. Sie zählt noch zu den Zuchtprüfungen.

361 | Welche Fächer werden bei der HZP geprüft?
Anlage- und Abrichtefächer.

362 | Welche Sonderform der HZP gibt es für DK?
Solms – Kurzform für »Prinz-Solms-Gedächtnisprüfung«.

Herbstzuchtprüfung (HZP)
Anlage- und Abrichtefächer:

Anlagefächer:

- Nase
- Suche
- Vorstehen
- Führigkeit
- Wasserarbeit
  a Stöbern hinter der Ente
  b Verlorensuchen aus tiefem Schilfwasser

Abrichtefächer:

- Verlorenbringen von Federwild
  a Arbeit am geflügelten Huhn
  b Verlorensuche und -bringen
  c auf der Huhnschleppe
- Haarwildschleppe
- Art des Bringens
  a Hase und Kaninchen
  b Ente
  c Huhn oder Fasan
- Gehorsam
- Arbeitsfreude

Leistungsprüfungen

Die Verbandsgebrauchsprüfung (VGP) ist eine reine, anspruchsvolle Leistungsprüfung für Vorstehhunde. Der fertig abgerichtete Hund (meist im 3. Lebensjahr = 2. Feld) soll sozusagen seine »Meisterprüfung« ablegen. Neben sämtlichen in Betracht kommenden Arbeiten vor dem Schuss (Suche mit Vorstehen, Buschieren, Stöbern, Wasserarbeit) werden Verlorenbringen von Haar- und Federwild auf der Schleppe (auch Fuchs), Stöberarbeit und Verlorenbringen aus tiefem Schilfwasser sowie Schweißarbeit auf künstlicher Schweißfährte (ggfs. Totverbellen oder Totverweisen als Zusatz) geprüft, sowie bei allen Prüfungsfächern auf exakten Gehorsam geachtet. Noch einmal werden die Hunde auf Wesensmängel (Ängstlichkeit, Schussempfindlichkeit) und körperliche Fehler überprüft. Die bestandene Gebrauchsprüfung erfüllt grundsätzlich auch den Nachweis der gesetzlichen Brauchbarkeit, da sie wesentlich höhere Anforderungen als die Brauchbarkeits- oder Jagdeignungsprüfung stellt.

Die Verbandsprüfung nach dem Schuss (VPS) stellt eine Sonderform dar. Die einzelnen Fächer entsprechen jenen der VGP, jedoch werden keine Feldfächer geprüft.

Auch die Bringtreueprüfung (Btr) ist eine Sonderprüfung für Vorstehhunde, bei welcher der Hund zeigen muss, dass er zufällig gefundenes Wild auch ohne Befehl des Führers diesem bringt.

Die Verlorenbringerprüfung (Vb) erfolgt auf der natürlichen Spur von Fuchs oder Hase.

Die Gebrauchsprüfung (GP) steht bei den meisten Nicht-Vorstehhunden an Stelle der VGP. Die bei ihr geforderten Leistungen entsprechen grob jenen der VGP. Für Wachtelhunde gibt es zusätzlich die Prüfung nach dem Schuss (PnS), bei welcher alle Fächer nach dem Schuss in (verglichen mit der GP) erschwerter Form geprüft werden. Bei den Terriern kommt noch die Arbeit unter der Erde hinzu.

Die Vielseitigkeitsprüfung (Vp) ist sozusagen die GP der Teckel. Sie entspricht der Summe aller Fächer einer Gebrauchsprüfung. Sonst werden die einzelnen Leistungen der Teckel auf jeweils getrennten Prüfungen festgestellt (Spurlaut-, Stöber-, Schweißprüfung, Bauleistungsnachweis).

Die Verbandsschweißprüfung (VSwP) gehört ebenso zu den Leistungsprüfungen wie die Verbandsfährtenschuhprüfung (VFSP). Zu beiden werden Hunde aller Rassen zugelassen, die vorher den Nachweis des lauten Jagens erbracht haben. Hunde, die eine dieser beiden Prüfungen erfolgreich absolviert haben, gelten für reine Schalenwildreviere grundsätzlich als brauchbar im Sinne des Gesetzes.

Bei Schweißhunden gibt es die Vorprüfung (entsprechend der Jugendprüfung) und die Hauptprüfung (HP). Auf der Hauptrüfung arbeiten die Hunde keine Kunstfährte. Vielmehr findet die HP im Rahmen des Jagdbetriebes statt. Das heißt, die Hunde müssen krankes Schalenwild nachsuchen, wobei es nach Möglichkeit zur Hatz kommen soll. Da nun die anfallenden Nachsuchen nicht standardisiert werden können, ist ein guter Preis bei der HP auch etwas vom Zufall und Prüfungsglück abhängig. Die HP wird im Rahmen von größeren Gesellschaftsjagden auf Hochwild oder durch schwierige Nachsuche bei der Einzeljagd durch mindestens zwei Prüfungsrichter abgenommen.

Prüfungsrichter der Zuchtverbände müssen eine Anwärterzeit bei verschiedenen Prüfungsarten (Anlage- und Leistungsprüfungen) über mehrere Jahren durchlaufen bevor sie als Prüfungsrichter anerkannt werden.

Übersicht Leistungsprüfungen

Für alle Rassen
- Verbandsschweißprüfung (VSwP)
- Verbandsfährtenschuhprüfung (VFSP)
- Verbandsprüfung nach dem Schuss (VPS)
- Bringtreueprüfung (Btr)
- Verlorenbringer-Prüfung (Vb)

Bracken
- Gebrauchsprüfung (GP)
- Verbandsschweißprüfung (SwP)
- Sonderschweißprüfungen (SSwP)

Teckel
- Eignungsprüfung (EP)
- Gebrauchsprüfung (GP)
- Verbandsschweißprüfung (VSwP)
- Schweißprüfungen (SwP)
- Waldprüfung (WP)
- Bauprüfung (BP)
- Prüfungen für Kaninchen- und Zwergteckel
- Vielseitigkeitsprüfung (VP)

Schweißhunde
- Hauptprüfung (HP)

Stöberhunde
- Eignungsprüfung (EP)
- Gebrauchsprüfung (GP)
- Prüfung nach dem Schuss (PnS)

Terrier
- Bauprüfung (BP)
- Zuchtprüfung (ZP)
- Gebrauchsprüfung (GP)
- Verbandsschweißprüfung (VSwP)
- Schweißprüfung (SP)

Kontinentale Vorstehhunde
- Herbstzuchtprüfung (HZP)
- Verbandsgebrauchsprüfung (VGP)

Englische Vorstehhunde
- Herbstzuchtprüfung (HZP)
- Herbstprüfung, »Spezialverein« im JGHV

Apportierhunde
- Bringleistungsprüfung
- Jagdgebrauchsprüfung (GP)
- Spezial-Jagdgebrauchsprüfung

Laika
- Gebrauchsprüfung (GP)

363 | Was gehört allgemein zu den Arbeiten »nach dem Schuss«?
Das Suchen und Finden von krankem oder verendetem Wild.

364 | Welche Hunde werden auf der VGP geführt?
Alle Vorstehhunde im JGHV, mit Ausnahme der Englischen Vorstehhunde, die haben eine spezielle Herbstprüfung.

365 | Wie alt ist i.d.R. ein Vorstehhund, der im Herbst auf der HZP geführt wird?
18 Monate

366 | Welche Fächer werden auf der VGP geprüft?
- Waldarbeit
- Wasserarbeit
- Feldarbeit
- Gehorsam
- Bringen
- Zusammenarbeit mit dem Führer
- Arbeitsfreude

367 | Welche Anforderungen werden im Fach Schweiß bei der VGP gestellt?
- Übernachtfährte oder einer Fährte die 2 bis 5 Stunden steht
- Beide sind 400 m lang mit zwei stumpfen Haken und werden mit Wildschweiß getupft oder gespritzt
- Für die Arbeit des Totverbellers oder Totverweisers wird die Fährte um 200 m verlängert. Der Hund wird dann am zweiten Wundbett geschnallt und muss frei zum Stück finden. Als Totverbeller zeigt er, dass er gefunden hat, oder als Totverweiser führt er zum Stück.

368 | Was wird in den Fuchsfächern der VGP gefordert?
- Fuchsschleppe
- Bringen von Fuchs auf der Schleppe
- Bringen von Fuchs über Hindernis

Der Hund steht das gefundene Wild vor.

369 | Welche Leistung muss der Hund bei der VGP im Wasser erbringen?
- Stöbern ohne Ente
- Stöbern hinter der Ente
- Verlorenbringen aus tiefem Wasser

370 | Wie wird bei der VGP der Gehorsam geprüft?
Der Hund muss sich jederzeit an flüchtendem Wild halten lassen, in allen Fächern des Gehorsams wie Leinenführigkeit, Folgen frei bei Fuß, Ablegen, Verhalten auf dem Stand (Schussruhe) firm sein sowie bei allen Arbeiten seinen Gehorsam unter Beweis stellen.

371 | Welche Rassen werden zu einer VSchwP zugelassen?
Alle Rassen, die vom Jagdgebrauchhundeverband anerkannt sind.

372 | Welche Schwierigkeiten beinhaltet eine VSwP?
- Stehzeit mindestens 20 Stunden, bei erschwerter VSwP 40 Stunden
- Fährtenlänge 1000 m

Verbands-Gebrauchsprüfung (VGP) Prüfungsfächer

I. Waldarbeit
- Schweißarbeit (Riemenarbeit, Totverbeller, Totverweiser
- Fuchsschleppe
- Hasen- oder Kaninchenschleppe
- Stöbern
- Buschieren

II. Wasserarbeit
- Stöbern ohne Ente
- Stöbern hinter Enten
- Verlorenbringen aus tiefem Schilfwasser

III. Feldarbeit
- Nase
- Suche
- Vorstehen
- Manieren am Wild einschließlich Nachziehen
- Arbeit am geflügelten Huhn (Fasan) einschließlich Bringen
- Oder Verlorensuchen Huhn (Fasan)

IV. Gehorsam
- Gehorsam im Wald
- Verhalten auf dem Stand
- Folgen frei bei Fuß
- Ablegen
- Riemenführigkeit
- Gehorsam bei der Wasserarbeit
- Gehorsam im Feld
- Schussruhe
- Benehmen vor Wild
  a) Federwild
  b) Haarwild

V. Bringen
- Fuchs
- Hase oder Kaninchen
- Federwild
  a) Ente
  b) Huhn oder Fasan
- Über Hindernis mit Fuchs

- Schweißmenge 1/4 Liter
- Fährtenverlauf mit 3 scharfen Haken

373 | Muss der Hund auf der VSchwP totverbellen?

Pflicht ist nur die Riemenarbeit, Totverbellen und Totverweisen können aber auf Antrag des Hundeführers geprüft werden.

374 | Was beinhaltet die Verbandsprüfung (VPS) nach dem Schuss?

Die einzelnen Prüfungsfächer entsprechen der VGP (Schweißarbeit auf Übernachtfährte) jedoch ohne die Feldfächer (vor dem Schuss).

375 | Welche Hunde werden zu dieser Prüfung zugelassen?

Hunde aller Rassen, die körperlich in der Lage sind, die Fächer dieser Prüfung abzuleisten und die vom JGHV oder VDH anerkannte Ahnentafeln haben.

376 | Wie bekommt der Hund das Verlorenbringerzeichen?

Der Hund muss in zwei Fällen einen Hasen und Fuchs auf der natürlichen Wundspur über mindestens 300 m verloren suchen und bringen.

377 | Was ist eine Bringtreueprüfung?

Mindestens 2 Stunden vorher wird ein toter Fuchs in einer Dickung ausgelegt. Der Hund wird ohne Bringbefehl zum Stöbern geschickt und soll den Fuchs finden und selbständig bringen.

378 | Wie wird der Härtenachweis erbracht?

Der Härtenachweis darf nur im Rahmen der praktischen Jagdausübung erbracht werden, wobei der Hund i.d.R. Fuchs oder Katze abtut. Eine derartige Arbeit muss von zwei glaubhaften Zeugen bestätigt werden.

Abkürzungen für Hundeprüfungen

BP	Brauchbarkeitsprüfung	zur Feststellung der »gesetzlichen Brauchbarkeit«
JEP	Jagdeignungsprüfung	
VJP	Verbands-Jugendprüfung	nach einheitlicher Prüfungsordnung des Jagdgebrauchshundverbandes (für Vorstehhunde)
HZP	Herbstzuchtprüfung	
VGP	Verbands-Gebrauchsprüfung	
VSwP	Verbands-Schweißprüfung	für Hunde aller Rassen
D	Derby (Frühjahrszuchtprüfung für Deutsch-Kurzhaar und Engl. Vorstehhunde)	
S	Solms (Herbstzuchtprüfung für Deutsch-Kurzhaar)	
AZP	Alterszuchtprüfung (bei manchen Vorstehhunden)	
IKP	Internationale Kurzhaar-Prüfung	nach eigenen Prüfungsordnungen für Stöberhunde und Terrier
JP	Jugendprüfung	
JZ	Jugendzuchtprüfung	
EP	Eignungsprüfung	
FS	Feldsuche	
gen	genügend	
GP	Gebrauchsprüfung	
Gs/G.Sg	Gebrauchssieger	
gew.	geworfen, gewölft	
JGP/R	Jagdgebrauchsprüfung	
j	aus jagdlicher Zucht	
JGHV	Jagdgebrauchshundverband	
LL	Leistungsliste	
LZ	Leistungszucht	
PO	Prüfungsordnung	
SW I	Verbands-Schweißprüfung auf der über 20 Stunden alten Fährte mit I. Preis bestanden	
SW II	Verbands-Schweißprüfung bestanden: auf der über 20stündigen Fährte II. Preis	
SW III	Verbands-Schweißprüfung bestanden: auf der über 40stündigen Fährte III. Preis	
FS I	Verbands-Fährtenschuhprüfung (Prüfung sinngemäß wie VswP)	
Tvb	Totverbeller	
VJP	Verbands-Jugendprüfung	
VJP 67 P	Verbands-Jugendprüfung mit 67 Punkten bestanden	
VGP I	VGP mit I. Preis bestanden	
Vbr.	Verlorenbringerprüfung auf natürlicher Wundspur (Hase oder Fuchs)	
VZPO	Verbands-Zuchtprüfungsordnung(en)	
VGPO	Verbands-Gebrauchsprüfungsordnung (s.o.)	
VPS	Verbandsprüfung nach dem Schuss	
VHZP	Vereins-Herbstzuchtprüfung (s.o.)	
wdl	Waidlaut	
WP	Wasserprüfung	
ZPO	Zuchtprüfungsordnung	
A-Sgr.	Ausstellungssieger	
Btr.	Bringtreue-Prüfung (am Fuchs)	
JEP	Jagdeignungsprüfung	
HN	Härtenachweis	
Sp.	Spurlautprüfung bestanden	
St.	Stöberprüfung bestanden	
SchwhK	Schweißprüfung auf Kunstfährte bestanden	
SchwhN	Leistungsnachweis auf natürlicher Schweißfährte	
BhFK	Bauleistungsnachweis Fuchs/Kunstbau	
BhFN	Bauleistungsnachweis Fuchs/Naturbau (für Arbeit am Dachs steht D statt F)	
Vp.	Vielseitigkeitsprüfung bestanden	

Steht J hinter dem Leistungszeichen (z.B. Sp./J) bedeutet es, dass der Hund bei der Prüfung nicht älter als 12 Monate war (»Jugend«).

Jagdeignungsprüfung / Brauchbarkeitsprüfung

Als Nachweis der vom Gesetzgeber verlangten jagdlichen Brauchbarkeit gelten die Brauchbarkeits- oder Jagdeignungsprüfungen. Sie stellen ausschließlich Mindestanforderungen an die Eignung für die Arbeit »nach dem Schuss«. Sie werden im Auftrag der Jagdbehörde von der Jägerschaft (Kreisgruppen, Vereine) unter Mitwirkung von Prüfungsrichtern der jagdkynologischen Organisation durchgeführt.

Die Prüfungsordnungen sind in den einzelnen Bundesländern Bestandteil der Durchführungsverordnungen zu den Landesjagdgesetzen.

379 | Welche Hunderassen werden zur JEP zugelassen?

Alle Jagdhunderassen. Einige Bundesländer erweitern die Zulassung durch »Jagdtaugliche Hunderassen«.

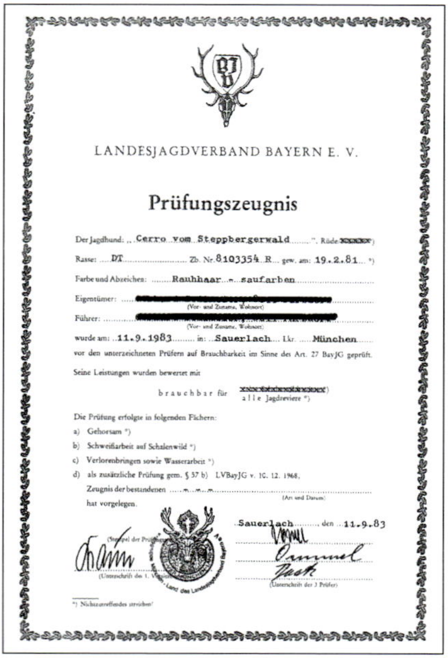

LANDESJAGDVERBAND BAYERN E. V.

Prüfungszeugnis

Der Jagdhund: „Cerro vom Steppbergerwald", Rüde xxxxx)
Rasse: DT Zb. Nr. 8103354 R gew. am: 19.2.81 *)
Farbe und Abzeichen: Rauhhaar - saufarben
Eigentümer: [redacted]
(Vor- und Zuname, Wohnort)
Führer: [redacted]
(Vor- und Zuname, Wohnort)
wurde am: 11.9.1983 in: Sauerlach Lkr. München
vor den unterzeichneten Prüfern auf Brauchbarkeit im Sinne des Art. 27 BayJG geprüft.

Seine Leistungen wurden bewertet mit

brauchbar für xxxxxxxxxxxxxxx) alle Jagdreviere *)

Die Prüfung erfolgte in folgenden Fächern:

a) Gehorsam *)
b) Schweißarbeit auf Schalenwild *)
c) Verlorenbringen sowie Wasserarbeit *)
d) als zusätzliche Prüfung gem. § 37 b) LVBayJG v. 10. 12. 1968, Zeugnis der bestandenen - - - (Art und Datum) hat vorgelegen.

(Stempel der Prüfungs…)

(Unterschrift des 1. Vorsitz…)

Sauerlach, den 11.9.83

(Unterschrift der 3 Prüfer)

*) Nichtzutreffendes streichen!

380 | Welche Fächer werden auf der Brauchbarkeitsprüfung (Jagdeignungsprüfung) geprüft?

- Schweißarbeit
- Bringen von Nutzwild
- Bringen aus dem tiefen Wasser
- Gehorsam
- Schussfestigkeit.

381 | Kann man einen Teckel auf der Brauchbarkeitsprüfung (Jagdeignungsprüfung) führen?

Ja, eine eingeschränkte Brauchbarkeitsprüfung nur auf der künstlichen Schweißfährte.

382 | Was gehört beim Vorstehhund zu den Arbeiten »nach dem Schuss«?

- Schweißarbeit
- Verlorenbringen

383 | Wie wird das Bringen geprüft?

- Verlorenbringen aus tiefem Schilfwasser
- Arbeit am geflügelten Huhn (Fasan) einschließlich Bringen
- Oder Bringen auf der Huhnschleppe (Fasan)
- Bringen von Fuchs / Bringen von Fuchs über Hindernis
- Bringen von Hase oder Kaninchen
- Bringen von Federwild a) Ente, b) Huhn oder Fasan

384 | Wie alt muss die künstliche Schweißfährte bei der Brauchbarkeitsprüfung mindestens sein?

Allgemein 2 bis 5 Stunden. Bei der »eingeschränkten« Brauchbarkeits-Prüfung für Schweißhunde und Teckel die Übernachtfährte von mindestens 14 Stunden.

385 | Wo wird bei der Brauchbarkeitsprüfung die Haarwildschleppe gelegt?

In unübersichtlichem Gelände.

Prüfungszeugnis JEP.

386 | Muss ein Teckel bei der JEP apportieren?
Nein. Für Teckel gilt die »eingeschränkte« JEP.

387 | Welche Verhaltensformen des Hundes führen zum Durchfallen bei der Brauchbarkeitsprüfung?
- Schussscheue
- Verweigerung beim Bringen von Nutzwild
- Schweißarbeit ohne Erfolg
- Gehorsamsfehler (als Jagdbegleiter für den Jäger nicht geeignet).

Häufig gebrauchte Abkürzungen bei Jagdhunden

	Bracken		
DBr	Deutsche Bracke	StBr	Steirische Rauhhaarbracke
WDBr	Westfälische Dachsbracke	ADBr	Alpenländische Dachsbracke
BrBr	Brandlbracke	Bg	Beagle
TBr	Tirolerbracke	Fh	Foxhound
Kop	Kopov (Schwarzwildbracke)		
	Schweißhunde		
HS	Hannoverscher Schweißhund	BGS	Bayerischer Gebirgsschweißhund
	Stöberhunde		
DW	Deutscher Wachtel	SpSp	Springerspaniel
CSp	Cockerspaniel		
	Teckel		
KT	Kurzhaarteckel	LT	Langhaarteckel
RT	Rauhhaarteckel		
	Terrier		
FT	Foxterrier	DJT	Deutscher Jagdterrier
JRT	Jack-Russel-Terrier		
	Vorstehhunde		
DK	Deutsch-Kurzhaar	Gr	Griffon
W	Weimaraner	P	Pointer
DL	Deutsch-Langhaar	ES	English-Setter
GM (GrM)	Großer Münsterländer	IS	Irish-Setter
KlM	Kleiner Münsterländer	GS	Gordon-Setter (schottischer Setter)
DSt	Deutsch-Stichelhaar	EB	Épagneul breton (Bretone)
DD	Deutsch-Drahthaar	UK	Ungarischer Vorstehhund – Kurzhaar
PP	Pudelpointer	UD	Ungarischer Vorstehhund – Drahthaar
	Apportierhunde		
LR	Labrador-Retriever	LK	Laika
GR	Golden-Retriever	FCR	Flat-coated-Retriever

Hundekrankheiten

Krankheiten sind der Ausdruck gestörter Lebensfunktionen des Körpers bzw. seiner Organe. Sie werden beim Hund, wie bei allen Lebewesen, im allgemeinen durch die Einflüsse aus der Umwelt hervorgerufen, die den Organismus in seiner Anpassungsfähigkeit überfordern, z. B. in Haltung, Pflege und Ernährung sowie durch Krankheitserreger, Gifte, Witterungseinflüsse. Der Hundehalter kann vielen Erkrankungen seines Tieres durch optimale Haltungs- und Fütterungsbedingungen vorbeugen.

Ist ein Hund krank, zeigt sich das an seinem veränderten Verhalten. Will ein Hundebesitzer beurteilen können, ob sein Hund gesund oder krank ist, muss er das normale Verhalten seines Schützlings kennenlernen. Dazu bedarf es neben einer längeren intensiven Beobachtung des Hundes in allen möglichen Lebenslagen auch einer gewissen Grundkenntnis von den allgemeinen Merkmalen der Gesundheit. Bestehen Anzeichen für eine Krankheit, ist in jedem Fall ein Tierarzt zu Rate zu ziehen.

Der gesunde Hund

Das Benehmen ist altersabhängig. Im allgemeinen erwartet man Lebhaftigkeit, Aufmerksamkeit, Bewegungs- und Lauffreudigkeit und Interesse an den Vorgängen in der Umgebung des Hundes. Bei jungen Hunden kommt noch ein ausgeprägter Spieltrieb hinzu. Der Blick ist klar. Das Fell ist bei richtiger Pflege glatt und glänzend. Ein nennenswerter Haarausfall tritt nur im Haarwechsel, vor allem im Frühjahr, auf. Der Nasenspiegel ist meist feucht. Ein trockener Nasenspiegel allein ist jedoch kein Alarmsignal. Der Appetit ist bei ausgewogener Kost gleichbleibend, nur bei großer

Der Weimaraner bringt den gefundenen Fuchs seinem Führer auch durch den Bach.

Hitze herabgesetzt. Manchmal erbricht der Hund nach der Mahlzeit. Dies ist nicht immer krankhaft, nur wenn es fortlaufend in kurzen Abständen erfolgt, ist der Verdacht auf eine Erkrankung gerechtfertigt. Hunger und Durst sind abhängig von der Leistung und der Umgebungstemperatur. Die übermäßige Aufnahme von Wasser, wiederholt über längere Zeit, ist krankheitsverdächtig. Die Losung soll wurstförmig, dick-pastös und braun gefärbt sein. Bei sehr festem, kalkig-knochenhartem Kot ist die Knochenration herabzusetzen. Vorübergehend dünnbreiiger Kot ist ungefährlich. Durchfall hingegen bedarf einer sofortigen Behandlung.

Liegen Hinweise auf eine Erkrankung vor, sollte der Hundeführer die Körpertemperatur messen. Hierzu verwendet man ein Fieberthermometer, das nach Anfeuchten vorsichtig in den After eingeführt und nach der vorgeschriebenen Zeit (abhängig vom Fabrikat) abgelesen wird. Normalwerte: 37,5 bis 38,5 °C, bei jungen Hunden bis 39,5 °C. Deutlich höhere oder niedrigere Werte weisen auf eine Erkrankung hin. Es gibt aber auch Krankheiten, bei denen die Körpertemperatur zeitweise oder ständig im Normbereich liegt.

Die Beurteilung der Atmung ist schwierig, wenn der Hund hechelt. Im Ruhezustand beträgt die Zahl der Atemzüge (bei geschlossenem Fang) zwischen 10 bis 30 in der Minute.

Körperliche Mängel

?

388 | Was bedeutet die Abkürzung »HD«?
Hüftgelenksdysplasie (HD), ist eine Verformung der Hüftgelenke und beeinträchtig die Beweglichkeit des Hundes.

389 | Welche Krankheit tritt beim Teckel häufig auf?
Die Dackel- oder Teckellähme, ein Bandscheibenschaden.

390 | Welche körperlichen Mängel treten relativ häufig beim DJT auf?
Linsenluxation

391 | Bei welcher Rasse treten häufig Allergien auf?
Besonders bei Weimaranern und Wachtelhunden.

392 | Welche Körpertemperatur hat der gesunde Hund?
Normalwert: 37,5 bis 38,5 °C, bei jungen Hunden bis 39,5 °C.

393 | Wie wird beim Hund die Körpertemperatur gemessen?
In dem man ein Fieberthermometer, das man vorher anfeuchtet, vorsichtig in den After einführt.

Übersicht wichtigster Hundekrankheiten

Virusinfektionen:	Tollwut, Aujeszkysche Krankheit (Pseudowut), Staupe (Darm-, Lunge- und Hirnstaupe), Zwingerhusten, Welpensterben, Hepatitis (ansteckende Leberentzündung), Parvovirus.
Bakterielle Erkrankungen:	Leptospirose (Stuttgarter Hundeseuche oder Weilsche Krankheit), Borelliose, (Übertragung durch Zecken).
Parasitäre Erkrankungen:	Bandwurmbefall (Fuchsbandwurm, Hundebandwurm u.a.), Spulwurmbefall, Flohbefall.

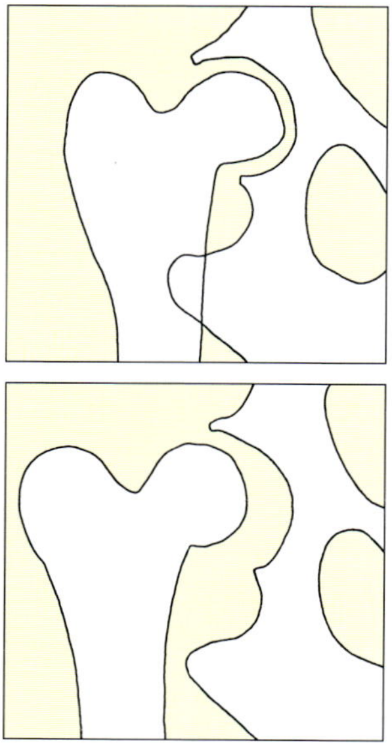

Fortgeschrittene Dysplasie

gesundes Hüftgelenk

Hüftgelenkdysplasie (HD) schematisch dargestellt.

394 | Welche Gefahr besteht, wenn eine Hündin sterilisiert wird?
Übergewicht und Harninkontinenz.

395 | Welche Geschwülste treten bei Hunden auf?
Gutartige und bösartige Geschwülste. Die Tumoren können in jedem Organ oder Gewebe entstehen und sich von dort auf andere Organe und den ganzen Körper ausbreiten.

396 | Welche Gebissfehler treten beim Hund auf?
Vorbeißer (Unterkiefer vorstehend); Rückbeißer (Unterkiefer zu kurz); Fehlen von Zähnen; falsche Zahnstellung.

397 | Wie entstehen Harnwegsentzündungen?
Bei Jagdhunden häufig infolge unsachgemäßer Behandlung (z.B. den Hund nass im Auto lassen) nach dem jagdlichen Einsatz in der nasskalten Jahreszeit.

398 | Was verursacht Gebährmutterentzündungen?
Unregelmäßige Läufigkeit und hormonelle Läufigkeitsunterdrückung.

399 | Wie äußert sich Scheinträchtigkeit?
Gesäugeveränderung, Milchbildung und »Nestbauverhalten« der Hündin. Weiterhin Ausfluss aus der Schnalle, starker Durst und Appetitlosigkeit.

400 | Wie kommt es beim Jagdhund zu Harnwegserkrankungen?
Indem der Hund sehr oft der Kälte und Nässe ausgesetzt ist.

401 | Was versteht man unter Ohrenzwang?
Entzündung oder Reizung der Gehörgänge durch Fremdkörper, Milben, Verletzungen oder einer Infektion im äußeren Ohr.
Zu späte Behandlung von Ohrzwang führt zu einer chronischen Verlaufsform.

402 | Wie erkennen Sie, dass ihr Hund unter Ohrenzwang leidet?
Durch Kopfschütteln, häufiges Kratzen, Schmerzäußerung bei Berühren des Ohres und/oder einem übelriechendem Ohrensekret.

403 | Welche beiden Formen des Ohrzwangs kennen Sie?
Parasitäre Form durch Milbenbefall und Bakterielle Form durch Eiterherde.

404 | Wie wird Ohrzwang verhindert oder geheilt?
Regelmäßige Reinigung und Pflege der Ohren oder evtl. Behandlung durch Ohrentropfen.

405 | Was ist eine Analbeutelentzündung?
Starke Eindickung des Sekrets in den Analbeuteln beiderseits des Weidloches, wenn sich diese längere Zeit nicht entleert haben, vor allem bei zu weicher Losung.

Allgemeines Wohlbefinden

406 | An welchem Körperteil ist die Stimmung des Hundes abzulesen?
Am Gesichtsausdruck und an der Rute.

407 | Worauf achten wir täglich?
Allgemeines Verhalten des Hundes, Kotkontrolle sowie die Futter- und Wasseraufnahme.

408 | Welches Hausmittel hilft als Erstversorgung bei Durchfall?
Nahrungsentzug und Diätfutter.

409 | Was versteht man unter »Schlittenfahren«?
Afterrutschen auf dem Boden.
Der Hund will dabei meist seine Analbeutel (Analdrüsen) entleeren. Durch starke Füllung können sich diese entzünden. Dadurch entsteht starker Juckreiz. Der Tierarzt spült die Drüsen aus und entleert sie durch Druck mit Daumen und Finger.

410 | Was verursacht beim Jagdhund eine übermäßige Zahnsteinbildung?
Falsche Ernährung, zuviel Füttern von Nass- oder Weichfutter.

411 | Wie wird diese behandelt?
Eine Zahnsteinentfernung kann nur unter Narkose beim Tierarzt durchgeführt werden. Zahnpflege durch Kauen von Knochen, Büffelleder oder ähnlichem.

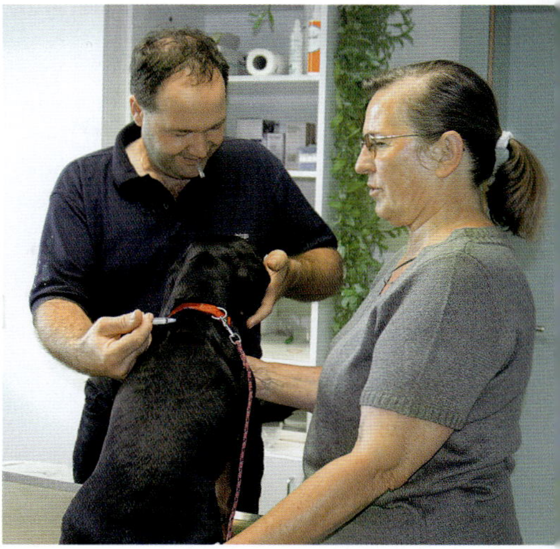

Die Mehrfachimpfung wird alljährlich wiederholt.

Infektionskrankheiten

412 | Welches sind die zur Zeit wichtigsten Virusinfektionskrankheiten der Hunde?
Parvovirose, Welpensterben, Staupe, Zwingerhusten, Aujeszkysche Krankheit.

413 | Welche Krankheiten sind für Welpen bis 12 Wochen besonders bedrohlich?
Parvovirose (Katzenseuche), Staupe.

414 | In welchem Alter wird der Hund erstmals geimpft?
Mit acht Wochen.

415 | Wann wird die Tollwutschutzimpfung wiederholt?
Im jährlichen Abstand.

416 | Wie steckt sich der Hund mit dem Tollwutvirus an?
Durch Bissverletzung.

417 | Warum ist die Schutzimpfung gegen Tollwut beim Jagdhund besonders wichtig?
Die Gefahr, mit einem tollwütigen Fuchs in Berührung zu kommen, ist beim Jagdhund im allgemeinen größer als bei anderen Hunden. Da nicht-geimpfte Hunde nach Kontakt mit tollwütigen Tieren sofort getötet werden müssen, geimpfte Hunde dagegen nur unter Beobachtung gestellt werden, versteht es sich von selbst, das Leben seines Jagdhundes durch die jährlich zu wiederholende Impfung zu schützen.

418 | Kann der Amtstierarzt die Tötung eines tollwutverdächtigen Jagdhundes anordnen?
Nur wenn er nicht aktuell gegen die Tollwut schutzgeimpft wurde.

419 | Gegen welche Infektionskrankheiten sind Hunde regelmäßig zu impfen?
Staupe, ansteckende Leberentzündung, Stuttgarter Hundeseuche, Parvovirose, Tollwut.

420 | Was ist die Aujeszkysche Krankheit?
Eine Virenerkrankung, die durch das Verfüttern von rohem Schweinefleisch verursacht werden kann. Das Erscheinungsbild ist ähnlich wie bei der Tollwut. Daher heißt diese Krankheit auch »Pseudowut«.

421 | Welche Symptome zeigt diese Krankheit?
Schwankender Gang, anfangs Fieber, dann Speicheln, Schluckstörungen, Lichtscheue, gelegentlich Tobsuchsanfälle, Benagen der Läufe bis zur Selbstverstümmelung (Juckreiz), oft schneller Todeseintritt innerhalb 24 Stunden.

422 | Was ist Parvovirose?
Eine Virenerkrankung, mit dem Erscheinungsbild: Vergiftungsartig mit wiederholtem Erbrechen und blutigem Durchfall; oft kein Fieber.

423 | Wie schützt man den Jagdhund vor Parvovirose?
Durch vorbeugende Schutzimpfung.

424 | Ihr Hund hat starken Augen- und Nasenausfluss. Auf was schließen Sie?
Es kann eine übliche Erkältung sein. Es können auch die Symptome einer Staupe-Erkrankung sein, dann aber oft in Verbindung mit Durchfall.

425 | Wer ruft die Staupe hervor?
Ursache durch Staupeviren.

426 | Welche Verlaufsformen der Staupe gibt es?
Im wesentlichen als fieberhafte Entzündung der Atmungsorgane (Atembeschwerden, Husten), der Kopfschleimhäute (Augen- und Nasenausfluss) und Darmkatarrh; manchmal mit pustelartiger Haut-

1 Hochgradige Zahnsteinbildung infolge unsachgemäßer Futterzusammensetzung.
2 Karies am ersten Mahlzahn im Oberkiefer.
3 Haarausfall und Entzündung der Haut infolge Infektion mit der Haarbalgmilbe (Demodex-Räude).
4 So genanntes Staupegebiss eines jungen Hundes: ungleichmäßige Zahnentwicklung, Zahnschmelzdefekte.
5 Räude durch Grabmilben (Sarkoptesräude).
6 Geschwülste im Bereich des Schwanzansatzes.
7 Herdförmige, pustelartige Hautentzündung bei Staupeinfektion.
8 Eingewachsene Afterkralle mit Blutung (die stark gebogene Kralle wurde zur Demonstration aus der Hautperforation herauspräpariert).

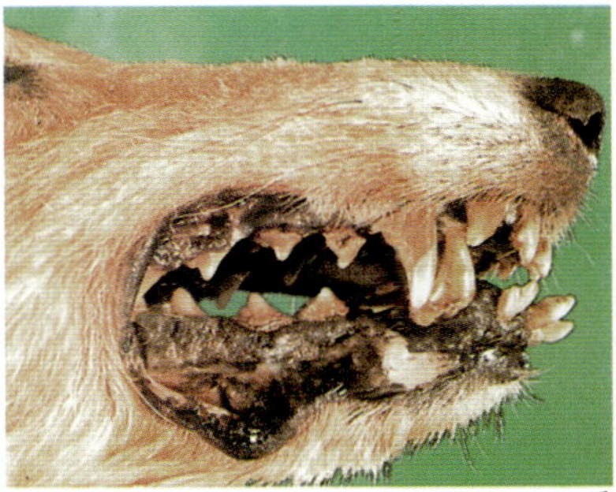

1

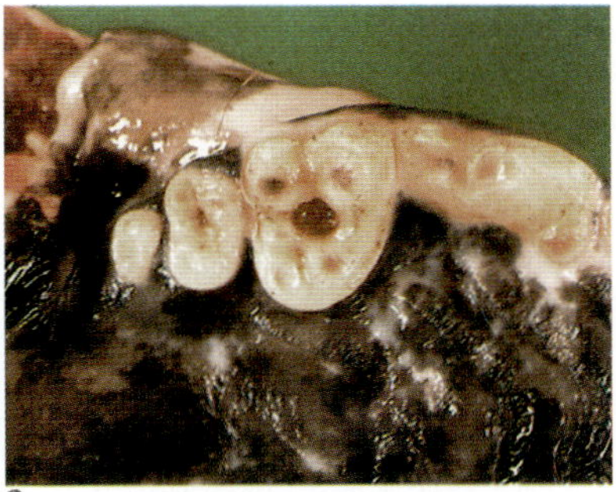

2

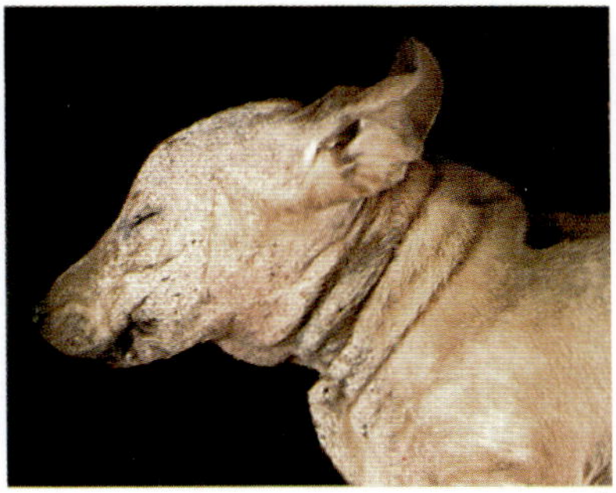

3

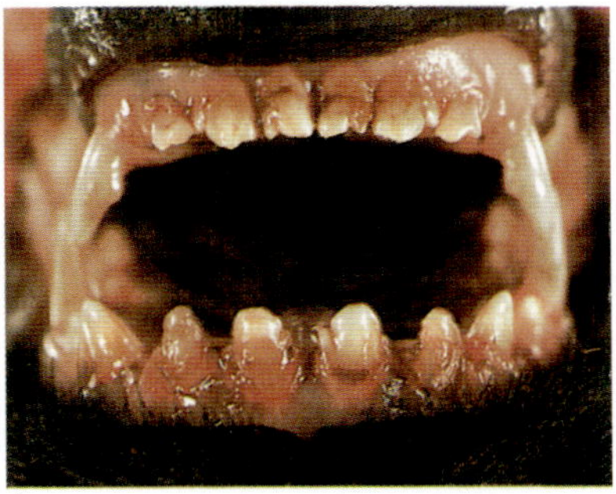

4

5

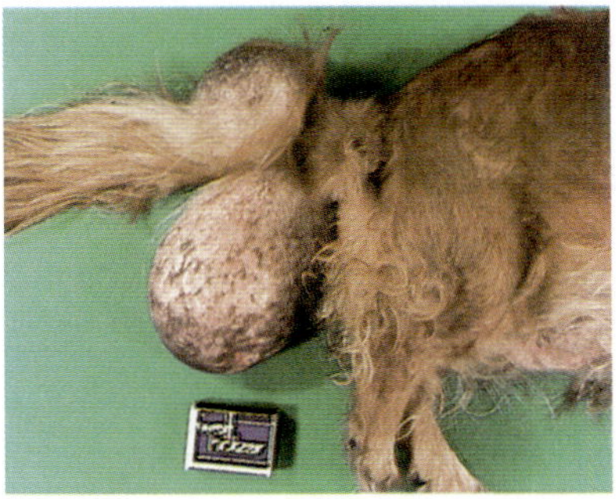

6

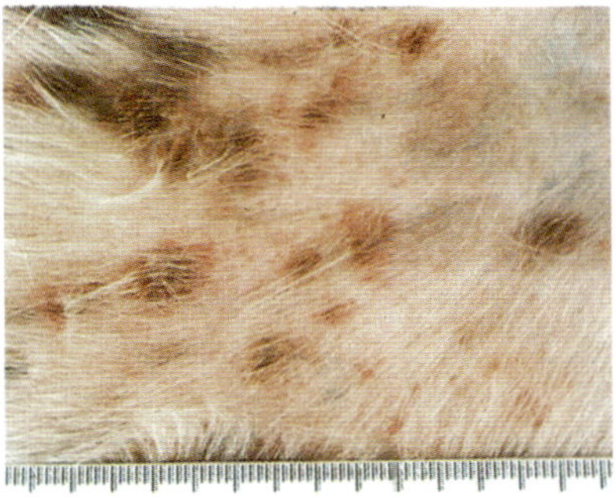

7

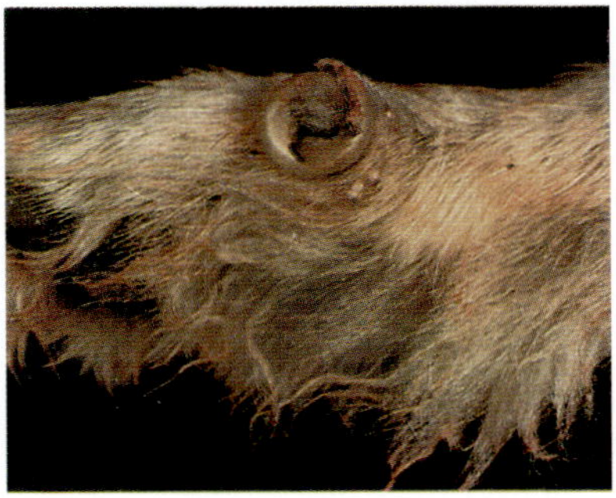

8

entzündung, im späteren Stadium mit Verhornung der Ballen und des Nasenspiegels verbunden (sogenannte Hartballenkrankheit); in der Spätphase mitunter als Hirn- oder nervöse Staupe mit Zuckungen, Krämpfen; eine überstandene Staupe ist oft an den deformierten Zähnen des Tieres zu erkennen (sogenanntes Staupegebiss mit Defekten des Zahnschmelzes).

427 | Wer verursacht die Hepatitis beim Hund?
Ansteckende Leberentzündung (Hepatitis) wird verursacht durch Viren (gleiche Erreger wie bei der sogenannten Fuchsencephalitis).

428 | Welche Symptome zeigt der Hund bei Hepatitis?
Vergiftungsartig; Erbrechen; blutiger Durchfall; hohes Fieber; schneller Verlauf.

429 | Was versteht man unter Weilscher Krankheit?
Sie ist auch bekannt unter dem Namen »Leptospirose«. Ursache sind sogenannt Schraubenbakterien. Die Krankheit kommt relativ selten vor. Sie ist ausgehend von Ratten und auf den Menschen übertragbar. Das Erscheinungsbild: Fieber mit Blutungsneigung und Gelbsucht.

430 | Was enthält der Impfstoff (Vakzine) ihres Hundes?
Es sind inaktive Vieren, die den Hund gegen Staupe, Hepatitis, Leptospirose, Tollwut, Parvovirose (SHLTP) und Zwingerhusten schützen.

431 | Was versteht man unter Zwingerhusten?
Es handelt sich um eine hochansteckende Virenerkrankung, die sich wie eine Grippeerkrankung zeigt. Besonders bei Welpen kommt der Zwingerhusten vor.

432 | Was ist vermutlich die Ursache, wenn der Hund seinen Kopf schief hält, die Behänge schüttelt und an ihnen kratzt?
Der Hund hat Ohrenzwang.

433 | Bei welchen Infektionen des Hundes besteht die Gefahr einer Ansteckung des Menschen?
Infektionen durch Viren: Tollwut.
Infektionen durch Bakterien: Salmonellose, Weilsche Krankheit; eiternde Entzündungen der Haut.
In diesem Zusammenhang wird auch die Tuberkulose genannt, die aber so selten auftritt, dass sie praktisch bedeutungslos ist. Außerdem ist der Infektionsweg in der Regel umgekehrt, vom Menschen auf den Hund.
Infektionen durch Pilze: Pilzerkrankungen der Haut.
Infektionen durch Parasiten: Außenparasiten wie Flöhe, Zecken und Räudemilben. Spulwürmer (Larvenwanderung beim Menschen), 3gliedriger und 5gliedriger Bandwurm (Echinokokkose beim Menschen).

Ektoparasiten

434 | Mit welchen Ektoparasiten werden Jagdhunde häufig konfrontiert?
Mit Flöhen und Zecken.

435 | Warum werden konsequent die Hundeflöhe bekämpft?
Sie sind unangenehm für den Hund, können sich auf den Menschen übertragen und sind Überträger von Krankheiten wie Tularämie oder Nagerpest.

436 | Welche Gefahr besteht beim Kontakt des Hundes mit Raubwild?
Die Gefahr der Übertragung der Tollwut.

437 | Wie kann man gegen Ektoparasiten vorbeugen?
Durch medikamentöse Floh- und Zeckenprophylaxe.

■ Endoparasiten

438 | In welchem Alter sollen Welpen erstmals gegen Spulwürmer behandelt werden?
Mit sechs Wochen.

Oben: Massiver Spulwurmbefall beim Welpen, der Darm ist bei der Sektion des Tieres eröffnet worden.

Unten: Der kürbiskernförmige Hundebandwurm. Der Parasit hatte den Darm durch ein durchgebrochenes Darmgeschwür (oben, Pfeil) verlassen und befand sich zum größten Teil in der Bauchhöhle.

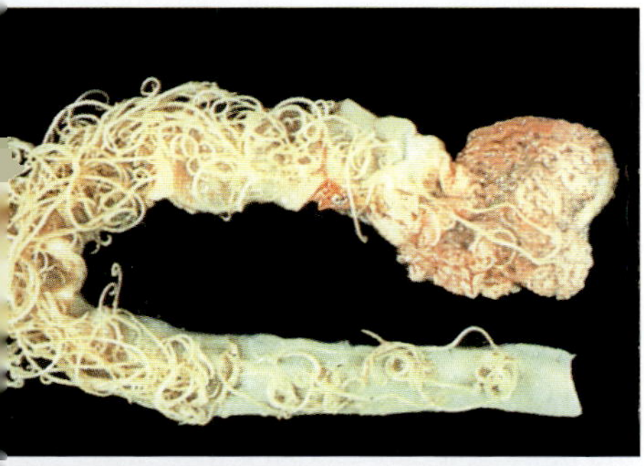

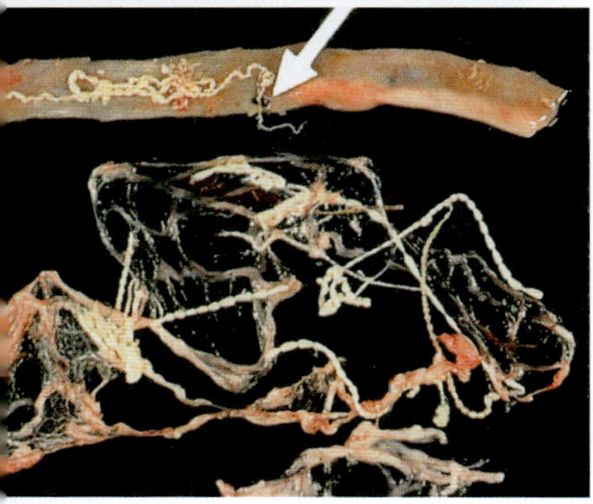

439 | Gegen welche Parasitenstadien sind Wurmmittel wirkungslos?
Gegen Eierstadien.

440 | Welche Parasiten können durch den Verzehr von rohem Fleisch auf den Hund übertragen werden?
Spul- und Bandwürmer.

441 | Welche Darmschmarotzer kommen beim Jagdhund vor?
Band-, Spul-, Peitschen-, Faden- und Hakenwürmer.

442 | Welches Verhalten zeigt ihr Hund bei Wurmbefall?
Der Wurmbefall kann sich zeigen mit Abmagerung, »Schlittenfahren« und Durchfall.

443 | Welche Bandwürmer schmarotzen im Jagdhund?
Es sind die Echinokokken.

444 | Wie merken Sie, dass ihr Hund einen Bandwurm hat?
Durch Bandwurmglieder im Hundekot.

445 | Ist der Hund Wirt oder Zwischenwirt des Bandwurms?
Der Hund kann Wirt sowie auch Zwischenwirt des Bandwurms sein.

446 | Wie bekämpfen Sie beim Hund Bandwürmer?
Durch eine Wurmkur.

447 | Kann der Hund an Kokzidiose erkranken?
Ja, durch die Aufnahme von Pflanzenfresserkadaver (Kaninchen, Hase).

448 | Was tun Sie gegen diese Krankheit?
Man sollte dem Hund grundsätzlich verbieten, Aas zu fressen.

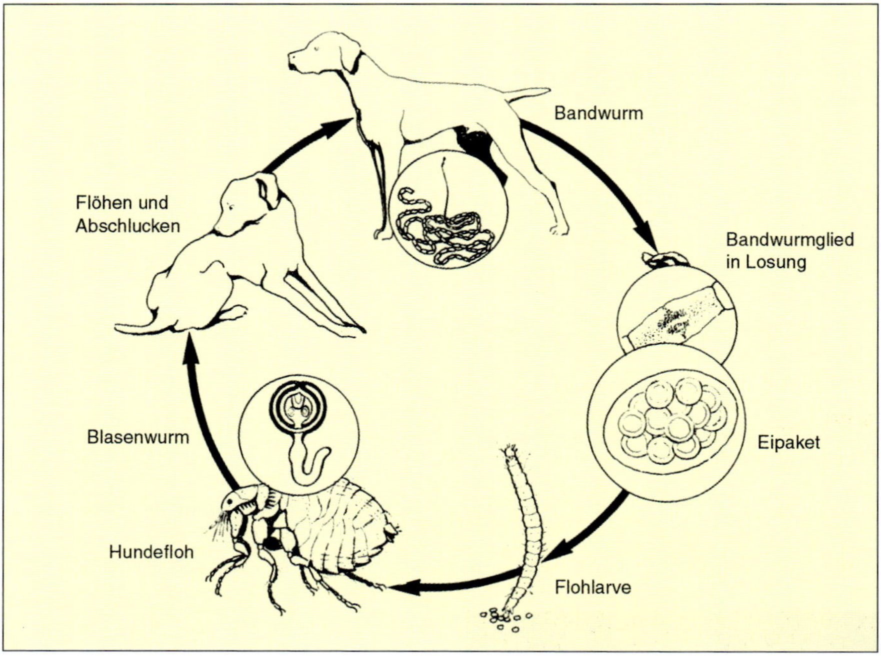

Schema der Entwicklung des kürbiskernförmigen Hundebandwurmes.

Verletzungen

449 | Was tun Sie, wenn ihr Hund vom Keiler geschlagen wird?
Erstversorgung der Wunde durch einen Druckverband und sofort einen Tierarzt aufsuchen.

450 | Welche Vorsorge treffen Sie, wenn Sie ihren Hund bei einer Stöberjagd auf Schwarzwild einsetzen?
Jagdleitung und Hundeführer sollten immer Verbandsmaterial für die Erstversorgung mitführen. Für den Jagdtag muss bekannt sein, welcher Tierarzt im Notfall sofort aufgesucht werden kann. Stöberhunde kann man mit Schutzwesten gegen Verletzungen durch das Schwarzwild schützen.

Vergiftungen

451 | Welche Symptome zeigt der Hund bei einer Vergiftung?
Die Symptome sind Erbrechen, Durchfall und Blutung (besonders bei Rattengift).

452 | Was tun Sie bei Vergiftungsverdacht?
Sofort einen Tierarzt aufsuchen. Die Verpackung oder Reste des Giftes, das der Hund eventuell gefressen hat, dem Tierarzt mitbringen.

Waidmännische Ausdrücke am Hund:

Behang (Behänge)	Ohren
Decke	Fell
Fahne	Haarbehang der Rute
Fang	Schnauze
Fänge	Eckzähne
Färben	Austreten von Schweiß aus der Schnalle der hitzigen Hündin
Feuchtglied	männliches Glied
Gebäude	Körper
Gebiss	Zähne
Gesäuge	Milchdrüsen
Geschröt	Hoden
Klauen	Krallen
Läufe	Beine
Lefzen	Lippen
Rute	Schwanz
Schnalle	weiblicher Geschlechtsteil
Weidloch	After
Losung	Kot

Aus dem Arbeitsbereich des Jagdhundes:

Appell	Gehorsam
Apportieren	Bringen
Blenden	Vorstehen ohne Wild
Blinken	vorhandenes Wild nicht anzeigen
Buschieren	Suchen im Busch
Faseln	unsicheres Herumsuchen
firm oder ferm	fertig abgerichtet
Geläut	anhaltender Spurlaut eines oder mehrerer Jagdhunde (Bracken)
Hals oder Laut geben	Bellen
Hasenreinheit	Nichtbeachtung von Hasen
Hatz, Hetze	Wild verfolgen
Markieren	Anzeigen von Wild
Nachprellen	aufstehendem Wild ohne Befehl nachhetzen
Nase	Geruchssinn
Nässen	Wasser lassen
Revieren	Gelände absuchen
Schärfe	Angriffslust
Stechen	Wild hochmachen
Schusshitzig	unruhig im Schuss
Schussscheu	Ängstlichkeit bei Schuss
Wesens-festigkeit	Zuverlässigkeit, Nervenruhe
Sonstiges:	
Abgesäugt	Ende der Saugperiode
Belegen, decken	begatten
Hängen	nach Kopulation verbunden bleiben
Hitze	Läufigkeit der Hündin
Hündin	weiblicher Hund
Rüde	männlicher Hund
Welpen	nestjunge Hunde
Wölfen	Gebären
Wurf	Geschwister (Wurf-G.)

D Land- und Waldbau

Grundlagen

Deutschland liegt mit Ausnahme der hohen Gebirgslagen im Übergangsgebiet vom maritimen zum kontinentalen Klima. Es ist dies ein relativ ausgeglichenes, warmgemäßigtes Klima im Vergleich zu den Extremen im reinen maritimen oder kontinentalen Bereich. Dies zeigt sich auch darin, dass die meisten landwirtschaftlichen Kulturpflanzen überall angebaut werden können. Der Ackerbau muss in den Mittelgebirgen und in den Alpen dem Grünland weichen, weil dort mit zunehmender Höhe die Vegetationszeit abnimmt und die zunehmenden Regenmengen die Ernte deutlich erschweren. Der kontinentale Einfluss nimmt von Nordwesten nach Südosten zu. Die Jahresmitteltemperaturen liegen im Rheingebiet bei etwa 9 °C, in Bayern bei 7 bis 8 °C und in den höheren Lagen der Mittelgebirge unter 6 °C. Deutlicher ausgeprägt ist der kontinentale Einfluss in den Wintermonaten. So liegen die Januartemperaturen im Nordwesten bei + 1 bis + 2 °C, im Südosten Bayerns aber bei – 2 bis – 3 °C. Dies bewirkt, dass im Nordwesten rund 60 Frosttage gezählt werden, im Südosten aber fast das Doppelte.

Die Jahresniederschläge liegen in Deutschland im Schnitt bei 600 bis 800 mm. Im Nordwesten liegen sie bei 800 mm, in Ostdeutschland bei 500 bis 600 mm. In Südbayern steigen die Niederschläge von 800 mm auf 1500 mm am Rand der Alpen und in den Hochlagen auf über 2000 mm. In den Hochlagen der Mittelgebirge werden 1200 mm und mehr erreicht. Relativ trocken ist es in der Kölner Bucht, in Nordhessen sowie in Teilen Mittel- und Unterfrankens.

Im Unterschied zum Großklima ist das lokale Klima zu sehen, das durch die Geländegestaltung, Siedlungen, Wälder oder

Moore kleinräumig zu sehr unterschiedlichen Auswirkungen führen kann.

Seit einigen Jahrzehnten ist eine deutliche Erwärmung des Weltklimas zu beobachten. Solche zum Teil relativ raschen Änderungen hat es zu allen Zeiten gegeben. Der Wechsel von Warm- und Eiszeiten dürfte hauptsächlich durch den Kurs der Erde um die Sonne, die Stellung der Erdachse wie auch die Aktivitäten auf der Sonnenoberfläche ausgelöst sein. Der jetzige Anstieg der Durchschnittstemperaturen fällt allerdings recht heftig aus. Der anthropogene Einfluss auf dieses Geschehen durch z.B. massiven Verbrauch fossiler Energieträger, mit der Folge einer Erhöhung des Treibhauseffektes wegen der Zunahme des CO_2-Anteils in der Atmosphäre, wird auf 30 Prozent geschätzt. Welche Auswirkungen dieser globale Temperaturanstieg hat, ist schwer einzuschätzen, es deutet sich aber an, dass es vermehrt zu lokalen Extremwettererscheinungen kommt.

Sehr empfindlich reagieren unsere Waldbäume, da sie ganzjährig und über Jahrzehnte dem sich ändernden Klima und zusätzlich den Luftverunreinigungen z.B. durch Schwefeldioxid, Stickoxide und Ammoniak ausgesetzt sind. So litten z.B. die Fichten unter dem Trockenstress des Extremsommers 2003 und infolge davon kam es zu einem massiven Borkenkäferbefall.

Standort – Licht, Wasser, Luft

?

1 | In welcher Klimazone liegt die Bundesrepublik?
Immerfeuchtes, gemäßigtes Klima.

2 | Wie hoch sind die Jahresniederschläge?
Die Jahressumme der Niederschläge liegt im allgemeinen zwischen 500 und 1000 mm, am Alpenrand können sie noch deutlich höher ausfallen. Typische Gebiete für relativ niedrige Regenmengen von 400 bis 600 mm sind etwa die Fränkischen Platten, die Kölner Bucht, das Mainzer Becken und große Teile Ostdeutschlands.

Rund ein Quadratkilometer freie Landschaft geht täglich verloren durch Bebauung oder Abbau von Rohstoffen.

3 | Wie hoch sind die Jahresmitteltemperaturen?
Die Jahresmitteltemperaturen entsprechen unserem gemäßigten Klima. So wurde etwa im Verlauf der Jahre 1971 bis 2000 in München eine mittlere Lufttemperatur von 7,8 °C gemessen und in Oldenburg 9,1 °C. Das Minimum der mittleren Jahrestemperatur liegt im Schnitt bei 0 °C bis –2 °C im Januar, das Maximum im Juli bei 15–20 °C.

4 | Welche Aufgabe hat der Boden?
Der Boden gibt den Pflanzen Halt, er ist Speicher und Vermittler von Nährstoffen und Wasser.

5 | Welche Rolle spielt das Licht?
Mit Hilfe der Energie des Sonnenlichtes können Pflanzen durch das in den Blättern vorhandene Chlorophyll aus dem Kohlendioxid der Luft und aus Wasser Kohlehydrate aufbauen.

6 | Woher kommt das Wasser, das den Pflanzen zur Verfügung steht?
Es handelt sich um Grundwasser, Oberflächenwasser und Niederschläge.

7 | Welche Aufgaben hat das Wasser?
Wasser ist entscheidend für die Abläufe im Boden, von der chemischen Verwitterung bis zum Lösen der Pflanzennährstoffe. Nur einen Teil des an den Bodenteilchen haften bleibenden Wassers (Haftwasser) können die Pflanzen über die Saugkraft der Wurzeln nutzen (nutzbare Feldkapazität), der nicht nutzbare Teil wird Totwasser genannt.

8 | Welche Aufgabe hat die Luft?
Luft braucht der Boden genauso wie das Wasser. Der Gasaustausch, also das Zuführen von Sauerstoff und die Abgabe von Kohlendioxid, findet über die größeren Bodenporen statt.

Bodenerosion in einem Maisschlag.

Die Böden

Übersicht Bodenarten

Bodenarten	
Abgrenzungen	
Sand, sandig	S, s
reiner Sand	Ss
Schluff, schluffig	U, u
reiner Schluff	Uu
Lehm, lehmig	L, l
Ton, tonig	T, t
reiner Ton	Tt
schwach, mittel, stark	2, 3, 4

Fingerprobe	
Sand	Einzelteilchen gut sicht- und fühlbar; körnig, haftet nicht an den Fingern
Schluff	Einzelteilchen nicht oder kaum sicht- und fühlbar; mehlig, haftet deutlich in den Fingerrillen
Ton	Einzelteilchen nicht sicht- oder fühlbar; schmierig, gut form- und ausrollbar

9 | Wie sind unsere Böden entstanden?
Unsere Böden sind durch physikalische und chemische Verwitterung sowie durch biologische Umwandlungsprozesse entstanden.

10 | Wie bestimmt sich der Wert eines Bodens für die Pflanze?
Wie rasch und mit welchem Ergebnis die biologische Umsetzung im Boden erfolgt, hängt vom Ausgangsmaterial und den Umweltbedingungen ab, wie Feuchtigkeit, Wärme, Durchlüftung und dem sehr wichtigen pH-Wert.

11 | Was versteht man unter Bodenart?
Bodenart bezeichnet die prozentualen Anteile von Ton, Schluff und Sand in einem Boden. So wird zum Beispiel ein Boden mit 30 % Tonanteil und 40 % Schluffanteil als »schwach toniger Lehm« bezeichnet. Ton, Schluff und Sand unterscheiden sich anhand ihrer Korngröße und bilden den Feinboden (Korngröße bis max. 2,0 mm).

12 | Was versteht man unter Boden-Skelett?
Mineralische Korngrößen im Boden mit über 2 mm Durchmesser (Grieß, Kies, Steine usw.) bilden das Bodenskelett.

13 | Was versteht man unter Humus?
Als Humus bezeichnet man die gesamte abgestorbene Bodensubstanz. Er entsteht durch die Arbeit von Bodentieren und Mikroorganismen, die Pflanzenmasse abbauen.

14 | Welche Bedeutung hat der Humus?
Der Humus hat entscheidende Bedeutung für die Bodenfruchtbarkeit: Er bindet Wasser und Nährstoffe, stabilisiert das Bodengefüge, sorgt für rasche Bodenerwärmung und enthält Kohlenstoff und Stickstoff. In der Ackerkrume beträgt der Humusgehalt 2 bis 5 %, im Grünlandboden 5 bis 8 %.

15 | Was ist für die Bodenfruchtbarkeit entscheidend?
Der Anteil an Humus im Boden.

16 | Welche Bodenart ist besonders fruchtbar?
Lehmboden

17 | Welche Böden binden Wasser besonders stark?
Tonböden

18 | Welche Böden sind besonders wasserdurchlässig?
Sandböden

19 | Wie bezeichnen Sie den pH-Wert 7?
Ein pH-Wert von 7 wird als neutral bezeichnet.

20 | Welcher pH-Wert im Boden ist günstig?
Im Bereich von 6 bis 7 ist die Mobilisierung und Pflanzenverfügbarkeit der Nährstoffe am besten.

21 | Was sind saure Böden?
Saure Böden haben einen niedrigen pH-Wert (bei uns bis etwa 2,5). Bereits bei einem Wert von 5,5 kommt es zur Festlegung von Phosphor, und andere Nährstoffe wie etwa Kalium und Magnesium werden ausgewaschen.

22 | Was sind basische Böden?
Basische Böden liegen im pH-Wert über 7.

23 | Was zeichnet Sandböden aus?
Sandböden sind »arme« Böden, da sie weder Wasser noch Nährstoffe speichern können. Es sind leicht bearbeitbare (»leichte«) Böden.

24 | Was zeichnet Tonböden aus?
Tonböden sind »kalte« Böden, das heißt, sie erwärmen sich schlecht, sie sind schwer bearbeitbar (»schwer«). Oft sind sie staunass, da kaum wasserdurchlässig, das

Bodenwasser ist nur wenig pflanzenverfügbar, der Nährstoffgehalt ist hoch.

25 | Was zeichnet Lehmböden aus?
Lehmböden stehen zwischen den Extremen, sie sind sehr ertragsfähig, Lößlehme sind absolute Spitzenböden.

26 | Was ist ein Bodenprofil?
Der Boden ist nicht gleichförmig aufgebaut, sondern in Schichten gegliedert, die in etwa parallel zur Oberfläche verlaufen, den so genannten Bodenhorizonten.
Der Aufbau des Bodens aus diesen Bodenhorizonten wird als Bodenprofil bezeichnet.

27 | Was versteht man unter Bodentyp?
Aufgrund bestimmter Kombinationen von Bodenhorizonten lässt sich der Bodentyp feststellen.

28 | Was sind Rankerböden?
Flache, ertragsarme, meist direkt auf dem Gestein aufliegende Böden in Hoch- und Mittelgebirgslagen.

29 | Was sind Rendzinaböden?
Flache, humusreiche Böden, meist auf Kalkgestein. Geringe Wasserspeicherfähigkeit.

30 | Was sind Schwarzerdeböden?
Beste, humusreiche Böden mit günstigem Bodengefüge, sehr aktivem Bodenleben und hoher Wasserspeicherfähigkeit.

31 | Was sind Braunerde- und Parabraunerdeböden?
Böden mit braunem Unterboden. Braunerde lagert meist auf silikat- und quarzreichem Gestein, sie ist flachgründig. Parabraunerde aus Löß zählt mit zu den fruchtbarsten Böden.

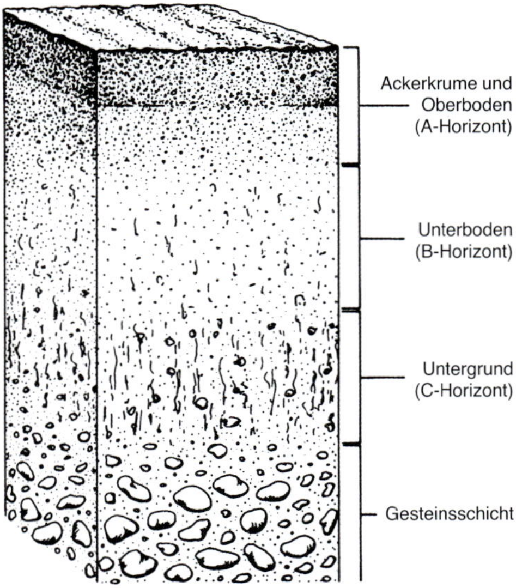

Bodenprofil.

32 | Was kennzeichnet Podsole?
Sauer, nährstoffarm, kaum Bodenleben, geringe Wasserspeicherfähigkeit, meist auf Sandschicht.

33 | Was versteht man unter Pelosol?
Da aus Tonablagerungen entstanden, bei Feuchte quellend, leicht staunass. Bei Trockenheit stark schrumpfend (»Stundenböden«).

34 | Was zeichnet Pseudogleyeböden aus?
Staunaß, leicht verschlämmend.
Bei Trockenheit kein Wasservorrat.

35 | Was sind Gleyeböden?
Tal- und Niederungsböden, bei hoch anstehendem Grundwasser (weniger als 40 cm) schlechte Trittfestigkeit und Befahrbarkeit.

36 | Was sind Moorböden?
Alle Böden mit über 30 cm starkem Torfhorizont und 30 % organischer Substanz, kalte Böden. Bei Ackernutzung stark durch Winderosion gefährdet.

37 | Was sind Marschböden?
Sie entstanden aus Meeresablagerungen, sind kalkarm mit verdichtetem Untergrund. Nur Grünlandnutzung möglich.

38 | Was versteht man unter Stundenböden?
Aus Tonablagerungen entstandene Böden (Pelosol), die bei Feuchte stark quellen und bei Trockenheit stark schrumpfen. Die Zeit für eine gute Bodenbearbeitung ist jeweils auf nur wenige Stunden beschränkt.

39 | Was versteht man unter Mineralböden?
Mit Mineralböden bezeichnet man die Bodenhorizonte, die unterhalb der organischen Auflage (0-Horizont) liegen, also ab dem A-Horizont (→ B-; → C-). Des weiteren werden mit Mineralboden Gesteins- und Verwitterungsböden bezeichnet als Gegensatz zu Moorböden, bei denen keine mineralischen Bodenhorizonte erreicht werden.

Nährstoffe

Übersicht Nährstoffe

Hauptnährstoffe	Spurenelemente
Stickstoff	Bor
Phosphor	Eisen
Kalium	Mangan
Magnesium	Kupfer
Schwefel	Zink
Kalk	Molybdän

40 | Wie wird der Zustand eines Bodens festgestellt?
Es wird eine Bodenprobe genommen, mit der sich der pH-Wert des Bodens sowie die Kalkversorgung, der Gehalt an Kalium und Phosphor, wie auch anderer Haupt- und Spurennährstoffe feststellen lässt.

41 | Was sind Hauptnährstoffe
Stickstoff, Phosphor, Kalium, Magnesium.

42 | Wie wirkt Stickstoff?
Stickstoff (N) ist die Voraussetzung für das Wachstum der Pflanze, ist Baustoff für Eiweiß und Aminosäuren, und er ist Bestandteil des Blattgrüns (Chlorophyll). Pflanzen mit zu geringer N-Düngung sind hellgrün und kümmern, während überdüngte dunkelgrün (»blau«) sind und mastig wirken. Die am häufigsten verwendeten N-Dünger sind Ammonsulfatsalpeter (z.B. Kalkammonsalpeter, Stickstoffmagnesia). Natronsalpeter und Kalksalpeter gehören zu den sehr schnell wirkenden Salpeterdüngern.

43 | Welchen Vorteil bietet Kalkstickstoff?
Kalkstickstoff (Perlkalkstickstoff) hat neben der düngenden zusätzlich die für den Boden sehr günstige Kalkwirkung.

44 | Welche Aufgabe hat Phosphor?
Phosphor (P_2O_5) kann von der Pflanze nur in gelöster Form aufgenommen werden. Regelmäßige Phosphatdüngung verbessert die Bodengare. Phosphor beschleunigt die Abreife und erhöht die Ertragssicherheit der Pflanzen. Mangel an Phosphor bedingt kleine, kümmerliche Pflanzen. Die Blätter sind starr und schmutzig-grün.

45 | Wozu braucht die Pflanze Kali?
Kalium, »Kali«, K_2O fördert die Wasseraufnahme der Pflanze und bremst die Was-

serabgabe. Die Frostresistenz wird erhöht, Qualität und Lagerfähigkeit der Produkte werden gefördert. Schlecht mit Kali versorgte Pflanzen wirken welk und schlaff, die Blätter werden vom Rand her gelb und sterben ab. Auf humusarmen Lehmböden und auf Aueböden kommt es zu so starker Festlegung des Kaliums (Fixierung), dass es kaum mehr pflanzenverfügbar ist. Die Düngergaben müssen dann deutlich erhöht werden.

46 | Was bewirkt Magnesium?

Magnesium (MgO) reguliert im Zusammenspiel mit anderen Nährstoffen den pH-Wert und den Wasserhaushalt der Pflanze. Magnesiummangel bremst die Phosphataufnahme. Typische Magnesiummangelerscheinungen sind die Aufhellungen zwischen den Blattadern.

47 | Was bewirkt Kalk?

Kalk (CaO oder $CaCO_3$) ist ein wichtiger Bodendünger, der vor allem den pH-Wert anhebt, also die Bodensäure vermindert. Kalk fördert weiter die Bodenstruktur und die biologische Aktivität im Boden. Kalkmangel ist selten, eine Unterversorgung führt zu verringertem Wachstum.

48 | Welche Kalkdünger unterscheiden wir?

Kohlensaurer Kalk, Kohlensaurer Magnesiumkalk, Branntkalk, Konverter Kalk, Hüttenkalk.

49 | Was zählt zu den Spurennährstoffen?

Bei den Spurennährstoffen handelt es sich um Schwermetalle wie Bor, Eisen, Kupfer, Mangan, Zink, Molybdän.

50 | Welche Wirkung haben die Spurennährstoffe?

Spurennährstoffe benötigen die Pflanzen nur in geringer Menge, aber sie sind genauso wichtig für das Gedeihen wie die Hauptnährstoffe.

Wiesen müssen regelmäßig gekalkt werden.

Landwirtschaft

Landwirtschaft gestern und heute

Seit rund 6000 Jahren wird in unseren Breiten Ackerbau betrieben. Die Anbaupalette beschränkte sich über lange Zeit auf Einkorn, Hafer, Gerste, Hirse, Erbsen und Bohnen. Erst mit den Römern kamen neue Nutzpflanzen wie Obst und Gemüse, aber auch verbesserte Anbauverfahren in den germanischen Raum. Nach der Völkerwanderung um etwa 800 n.Chr. war die Drei-Felder-Wirtschaft bereits weit verbreitet, die Anbaupalette war um Roggen, Weizen und Mohn erweitert. Bis ins 18. Jahrhundert stiegen die Erträge nur langsam. Man erntete bei Getreide nur etwa die sechsfache Menge dessen, was man ausgesät hatte, also etwa 6 Dezitonnen (dt = 100 kg) je Hektar (ha). Spielte das Wetter nicht mit, waren Missernten und Hungersnöte unausweichlich.

Mitte bis Ende des 18. Jahrhunderts wurde der Ackerbau intensiviert. Man begann die Felder mit Kalk zu düngen, es wurde tiefer gepflügt, Unkraut bekämpfte man mit der Egge, vor allem aber wurden die Brachflächen mit Bodenverbesserern wie Luzerne, Rotklee oder Esparsette bebaut.

Den entscheidenden Schritt nach vorne brachte Ende des 19. Jahrhunderts die Einführung des Mineraldüngers. Zugleich gelang es, leistungsfähige Pflanzensorten zu züchten. Seit Beginn des vorigen Jahrhunderts bis in die 50er Jahre stiegen so die Erträge jährlich um 1,5 bis 2 %. Damit lagen 1950 die Getreideerträge bei 25 bis 30 dt/ha.

In den letzten 60 Jahren verlief die Entwicklung stürmisch. Gezielter Einsatz von mineralischem Dünger und chemischen Pflanzenschutzmitteln, sowie enorme Züchtungserfolge im pflanzlichen wie im tierischen Bereich führten aus der Mangelsituation nach dem zweiten Weltkrieg bereits Ende der 60er Jahre zur Überschussproduktion. Durchschnittlich 70 dt Weizen je ha, bezogen auf das Bundesgebiet, werden heutzutage geerntet, die Spitzenerträge liegen bei 80 bis 100 dt je ha.

Trotz aller Überschussproblematik, die wir heute haben, sollte man sich immer vor Augen halten, dass es noch nicht allzu lange her ist, dass der Hunger in Europa besiegt werden konnte. Klimatische Änderungen, die nicht einmal dramatisch sein müssen, aber auch wirtschaftliche Einflüsse, wie etwa eine zurückgehende Ölversorgung, können in kürzester Zeit die Überschusssituation ins Gegenteil verkehren.

Die rasante Entwicklung in den letzten 60 Jahren, hierbei vor allem auch der hohe Technisierungsgrad in allen Arbeitsbereichen, führte zu einer ganz erheblichen Abwanderung aus der Landwirtschaft und der Aufgabe unrentabler Höfe (Strukturwandel).

Von den rund 35,7 Mio. ha der Gesamtfläche der Bundesrepublik Deutschland wurden 2004 rund 19 Mio. ha (gut 53 %) landwirtschaftlich genutzt und 10,5 Mio. ha (etwa 29,5 %) forstwirtschaftlich. Rund 100 ha landwirtschaftlich genutzter Fläche (LF) gehen täglich verloren für Bau- und Infrastrukturmaßnahmen.

Die Zahl der Betriebe mit über 2 ha LF (alle Rechtsformen) betrug 2007 349 000. Im alten Bundesgebiet hält der Strukturwandel (kleine Betriebe hören auf, die großen wachsen) weiter an. Gut 3 % der Betriebe geben jährlich auf, die Wachstumsschwelle (ab dieser Betriebsgröße nimmt die Zahl der Betriebe zu) liegt bei 70 ha. Im Haupterwerb (über 2 ha LF) wurden 2007 in Deutschland 150 000 Betriebe bewirtschaftet und im Nebenerwerb 176 700. Die vorherrschende Betriebsform in der Alt-Bundesrepublik ist der bäuerli-

In vielen Feldrevieren nimmt heute der Maisanbau den größten Flächenanteil ein.

che Familienbetrieb. In der Form von Personengesellschaften wurden rund 19 100 Betriebe geführt und als juristische Personen rund 5270.

Reiht man die Einzelunternehmen nach der betriebswirtschaftlichen Ausrichtung, so stehen (Jahr 2007) an erster Stelle die Futterbaubetriebe mit einer Zahl von 157 700. Es folgen die Ackerbaubetriebe mit 77 100, die Dauerkulturbetriebe mit 27 500. An Veredelungsbetrieben wurden 11 000 gezählt, sowie an Betrieben mit Pflanzenbau und Viehhaltung 44 200.

Von der LF wurden 2007 11,877 Mio. ha als Ackerland und 4,875 Mio. ha als Dauergrünland genutzt. Getreide wurde auf 6,571 Mio. ha gebaut (Weizen 3,0 Mio. ha, Wintergerste 1,42 Mio. ha), Futterpflanzen standen auf 2,08 Mio. ha (davon Silomais mit 1,4 Mio. ha), Ölfrüchte auf 1,39 Mio. ha und Hackfrüchte auf 0,746 Mio. ha.

Bei Winterweizen lagen die Erträge 2008 bei durchschnittlich 81,2 dt/ha, es folgten Wintergerste mit 75,2 dt/ha, Hafer mit 43,9 dt/ha, Körnermais und Corn-Cobs-Mix mit 94,2 dt/ha, Kartoffeln mit 432 dt/ha und Zuckerrüben mit 624,3 dt/ha. Trotz rückgängigem Aufwand an Pflanzenschutz und Düngung ist auch weiterhin mit 2 % Ertragssteigerungen pro Jahr zu rechnen, die vor allem aus dem Zuchtfortschritt resultieren.

Von den rund 268 800 viehhaltenden Betrieben hielten 2007 101 000 Milchkühe, 51 000 Mastschweine und 29 000 Zuchtschweine.

Der Anteil landwirtschaftlich Erwerbstätiger verringerte sich von 1980 mit 4,5 % (früheres Bundesgebiet) auf etwa 2,2 % im Jahr 2007 in Gesamtdeutschland. Der Arbeitskräftebesatz verringerte sich drastisch vom Jahr 1950 mit 29,2 AK/100 LF (früheres Bundesgebiet) auf nur noch etwa 3,1 im Jahr 2007. Ernährte ein Landwirt im Jahr 1950 10 Personen, so steigerte sich diese Zahl bis zum Jahr 2006 auf 134.

Bodenbearbeitung

51 | Was soll mit der Bodenbearbeitung erreicht werden?

Beseitigung von Strukturschäden im Boden, Bekämpfung von Unkraut, Einarbeitung von Ernterückständen, Dünger und Vorbereitung des Saatbettes.

Dreischariger Drehpflug.

Saatbeet vorbereiten mit Schlepp- und Kreiselegge.

Bodenfräse.

Alle Arbeitsmaßnahmen müssen darauf gerichtet sein, den Boden fruchtbar zu halten und vor Erosion zu schützen. Eine fehlerhafte Bodenbearbeitung macht sich bald durch sinkende Ernteerträge bemerkbar.

52 | Was versteht man unter Bodengare?

Mit Bodengare bezeichnet man eine günstige Struktur des Bodens, die wichtig für den Luft- und Wasserhaushalt ist.

53 | Wie wird die Bodengare erreicht?

Durch verschiedene Anbaumaßnahmen. So z.B. dadurch, dass auf dem im Herbst gepflügten Acker gröbere Strukturen durch den Frost zerkleinert werden (Frostgare). Vor allem lässt sich die Gare fördern, indem für eine möglichst durchgehende Pflanzendecke gesorgt wird (Schattengare). Durch diese Beschattung trocknet der Boden weniger aus, die Temperaturunterschiede zwischen Tag und Nacht sind nicht so groß, was die Krümelbildung im Oberboden begünstigt.

54 | Wie soll das Saatbeet beschaffen sein?

Im oberen Bereich locker und krümelig, damit das Saatgut in seiner optimalen Tiefe abgelegt werden kann und der Boden gut

Grubber mit nachlaufender Stangenwalze.

durchlüftet ist. Zugleich aber muss die Krume (der bearbeitete Teil des Bodens) nach unten dichter werden, damit genügend Bodenschluss für die kapillare Wasserbewegung vorhanden ist.

55 | Welche Geräte werden zur Bodenbearbeitung eingesetzt?
Pflug, Fräse, Grubber, Egge, Walze, Schleppe.

56 | Wie arbeitet der Pflug?
Er wendet und lockert die Erde bis in etwa 30 cm Tiefe. Die Wendewirkung ist gut, das Einarbeiten von Ernterückständen und Wirtschaftsdünger ist weniger befriedigend.

57 | Wie wirkt die Fräse?
Die Fräse bearbeitet mit rotierenden Zinken (Antrieb über die Schlepperzapfwelle) den Oberboden bis 15 cm Tiefe. Sie durchmischt den Boden gut und arbeitet Stroh und Aufwuchs hervorragend ein.

58 | Wozu wird ein Grubber verwendet?
Der Grubber folgt dem Pflug. Er lockert mit starren oder federnden Zinken den Unterboden bis etwa 15 cm und mischt den Oberboden, er bricht Erdkrusten. Auch der Stoppelumbruch ist mit dem Grubber möglich, sowie mit entsprechend dimensionierten Geräten eine Tiefenlockerung.

59 | Was wird mit der Egge gemacht?
Sie lockert den Oberboden (bis 10 cm), Schollen und Krusten werden zerkleinert. Mit leichten Eggen wird Unkraut bekämpft.

60 | Wozu dient die Walze?
Hauptsächlich zum Andrücken hoch gefrorenen Bodens, aber auch zum Krustenbrechen oder Anwalzen von Feinsämereien. Rauwalzen bestehen aus mehreren, unterschiedlich geformten Ringen; Glattwalzen haben einen glatten Guss- oder Stahlmantel, sie werden meist auf Grünland eingesetzt.

61 | Wozu wird die Schleppe benutzt?
Zum Einebnen des Saatbettes. Mit der Schleppe erreicht man eine gut gekrümelte Oberfläche.

62 | Wie bezeichnet man das flache Umpflügen der Stoppeln?
Schälen

63 | Welcher Arbeitsgang ist im Frühjahr auf Wiesen und Weiden zur Pflege erforderlich?
Entfernen von vorhandenen Maulwurfshügeln. Walzen oder Abschleppen.

Saat

64 | Welche Saatverfahren werden unterschieden?
Breitsaat, Frässaat, Drillsaat.

Maissaat in Einzelkornablage.

65 | Wie erfolgt eine Breitsaat?
Entweder flächig per Hand, mit dem Düngerstreuer oder der Drillmaschine; anschließend Einarbeitung mit Egge oder Fräse (Futterbau, Grünlandaussaat).

66 | Was zeichnet die Frässaat aus?
Die Frässaat erlaubt das Herrichten des Saatbettes und das Aussäen in einem Arbeitsgang, so genannte Minimal-Bestelltechnik. Der Boden muss hierzu nicht gepflügt werden.

67 | Was ist eine Drillsaat?
Die Drillsaat erfolgt mit exaktem Reihenabstand (Getreide). Bei der Einzelkornsaat ist der Abstand der Saatkörner auch innerhalb der Reihe genau einzuhalten (Zuckerrüben).

Düngung

68 | Wozu wird gedüngt?
Zur Ertragssteigerung und Qualitätsverbesserung der Produkte.

69 | Welche Düngungsarten werden unterschieden?
Grunddüngung, Kopfdüngung, Spätdüngung.

70 | Schadet eine Überdüngung der Pflanze?
Auch ein Übermaß ist schädlich, so führt z.B. zuviel Stickstoff zum Lager von Getreide.

71 | Wie wirkt sich eine Unterversorgung mit Nährstoffen aus?
Sie führt zu Mangelerscheinungen. Das gilt auch für die Wachstumsfaktoren Licht, Wasser, Temperatur.

72 | Was sind Mineraldünger (Handelsdünger)?
Nur über den Handel erhältliche Dünger, im Gegensatz zu den Wirtschaftsdüngern, die aus dem landwirtschaftlichen Betrieb stammen.

73 | Wie werden Handelsdünger ausgebracht?
Meist mit Schleuder- oder Pendelstreuer, die an der Drei-Punkt-Hydraulik des Schleppers angebracht sind und über die Zapfwelle angetrieben werden. Über das Zusammenspiel von Fahrgeschwindigkeit, Zapfwellenumdrehungen und Düngerauslauf kann die auszubringende Menge sehr gut abgestimmt werden.

74 | Welche Hauptnährstoffe enthalten Handelsdünger?
Stickstoff, Phosphor, Kali und Magnesium. Diese werden heute meist als Mineraldünger (»Kunstdünger«) in gekörnter Form ausgebracht, da sie so einzeln und in kombinierter Form (Mehr-Nährstoffdüngung) gezielt eingesetzt werden können.

75 | Was ist eine Grunddüngung?
Phosphor und Kali werden vor dem Herstellen des Saatbettes ausgebracht.

Düngerstreuer.

76 | Was versteht man unter Kopfdüngung?
Stickstoff wird in bestimmten Entwicklungsstadien des Pflanzenbestandes ausgebracht, um ein intensives Wachstum zu erreichen.

77 | Was ist eine Spätdüngung?
Stickstoffgaben für Getreide und zwar einmal zwischen Schossen und Ährenschieben, um den Ertrag zu steigern, und zum anderen zwischen Ährenschieben und Blüte, um die Qualität zu steigern.

78 | Wie werden Mineraldünger ausgebracht?
Meist mit Schleuder- oder Pendelstreuer, die an der Dreipunkthydraulik des Schleppers angebracht sind und über die Zapfwelle angetrieben werden.

79 | Was wird als Wirtschaftsdünger bezeichnet?
Stallmist, Jauche, Gülle aber auch Klärschlamm und Müllkompost aus kommunalen Einrichtungen.
Bei den beiden letztgenannten muss mit Folgeproblemen aufgrund von z.B. Schwermetallrückständen gerechnet werden.
Auch die organischen Rückstände auf dem Feld gehören zu den Wirtschaftsdüngern, wie etwa das ausgedroschene Stroh und die Ernterückstände, bestehend aus Wurzel-, Halm- und Blattmasse (z.B. Rübenblatt).

80 | Was bewirken organische Dünger?
Sie vermehren den Humusanteil im Boden und erhöhen regelmäßig gegeben die Leistungsfähigkeit des Bodens: Bei leichten Böden erhöht sich die Wasserhaltefähigkeit, schwere Böden werden lockerer, die Umsetzungsvorgänge werden gefördert.

81 | Welche Gefahr besteht bei unsachgemäßer Gülleausbringung?

Traktor mit Güllefass.

Durch Abschwemmen kann es zur Eutrophierung von Oberflächengewässern kommen (Stickstoff- und Phosphoreintrag). Das Grundwasser kann geschädigt werden, wenn dem Boden mehr Nährstoffe zugeführt als durch die Ernte entzogen werden. Die Atmosphäre wird durch Ammoniakbelastung geschädigt, wenn bei trockenem, heißem und windigem Wetter Gülle ausgebracht wird.

82 | Was ist Gründüngung?
Mit Gründüngung bezeichnet man das Einarbeiten von Zwischenfrüchten. Zwischenfruchtpflanzen sind z.B. Sommer- oder Winterraps, Rübsen, Senf, Ölrettich, verschiedene Kleearten (vor allem Inkarnatklee, Esparsette, Seradella). Sie werden vollständig in den Boden eingearbeitet oder nach dem Abernten als Viehfutter verwendet. Die Gründüngung hat an Bedeutung gewonnen, da immer mehr Betriebe viehlos wirtschaften und der Feldfutterbau rückläufig ist.

83 | Was bewirkt Gründüngung?
Die Gare insgesamt wird gefördert. Speziell die Schattengare fördert das Bakterienleben im Boden. Weiter bleibt der Boden

vor Erosion (Wind, Wasser) geschützt und die Nitratauswaschung in das Grundwasser wird vermindert.

84 | Welche Pflanzen eignen sich zur Gründüngung?

Raps, Rübsen, Senf, Lupine, verschiedene Kleearten.

85 | Warum haben Hülsenfrüchte als Gründünger eine bessere Düngewirkung als Halmfrüchte (Getreide)?

Sie haben mehr Blatt- und Wurzelmasse, sie sind Stickstoffsammler (über die Knöllchenbakterien) und fördern die Bodengare.

86 | Welche Pflanzen aus dem Zwischenfruchtbau bieten dem Wild Herbst- und Winteräsung?

Raps, Rübsen, Senf, Kleearten, Seradella, Esparsette, Felderbsen, Ackerbohnen, Wicken, Ölrettich, Stoppelrüben, Lupinen, Welsches Weidelgras.

87 | Welche Vorteile als Gründüngungspflanzen haben Leguminosen?

Lupinen, Felderbsen, Ackerbohnen haben viel Blattmasse und zum Teil auch deutlich mehr Wurzelmasse als andere Feldfrüchte und sie sind Stickstoffsammler.

88 | Welche Gefahr besteht bei Überdüngung?

Nährstoffe können in das Grundwasser oder in Oberflächengewässer gelangen. Unter Umständen kann es auch zu toxischen Anreicherungen einzelner Nährstoffe in den Kulturpflanzen kommen. Getreide kann durch überhöhte Stickstoffgaben an Standfestigkeit verlieren, d.h. die Halme knicken um (Lagergetreide).

89 | Was versteht man unter Nitratauswaschung?

Bodenbakterien wandeln das in der Gülle enthaltene Ammonium um. Wird das so entstandene Nitrat nicht von den Pflanzen aufgenommen (Vegetationsruhe Dezember bis Februar), gelangt es auf wasserdurchlässigen Standorten in tiefere Bodenschichten und gefährdet das Grundwasser.

90 | Was sind Zeigerpflanzen (Weiserpflanzen)?

Sie zeigen Nährstoffversorgung, Bodenreaktion (sauer/alkalisch) und Wasserhaushalt an. So zeigt Sauerampfer einen sauren Boden an, Gelbklee einen alkalischen, Wiesenknöterich einen staunassen und echtes Labkraut einen trockenen Boden.

91 | Wie wirken einseitige Nährstoffgaben?

Veränderung des Artenspektrums im Grünland. Im Feldbau führen sie zu Mangelerscheinungen bei den Kulturpflanzen.

92 | Wie erfolgt die Düngung im Grünland?

Mit Gülle und mineralischen Düngern.

Senf im Zwischenfruchtanbau bietet dem Wild Herbst- und Winteräsung sowie Deckung.

Pflanzenschutz

Übersicht Pflanzenschutz

Verfahren: Chemisch, mechanisch, thermisch, biologisch

Chemische Mittel: Akarizide, Bakterizide, Fungizide, Herbizide, Insektizide, Molluskizide, Nematizide, Rodentizide

Pflanzenschutzspritze in Getreide.

93 | Wer ist für die Zulassung von Pflanzenschutzmitteln zuständig?
Bundesamt für Verbraucherschutz und Lebensmittelsicherheit (BVL)

94 | Welche Pflanzenschutzverfahren werden unterschieden?
Chemische, mechanische, thermische und biologische.

95 | Was sind Herbizide?
Unkrautbekämpfungsmittel

96 | Gegen wen richten sich Rodentizide?
Gegen Schadnager (z.B. Mäuse, Ratten).

97 | Was sind Fungizide?
Substanzen, die Schadpilze bekämpfen.

98 | Was sind Beizmittel?
Chemische Mittel, mit denen Pflanz- oder Saatgut vorbeugend gegen Schädlinge geschützt wird.

99 | Wie werden Getreidesaaten vor Pilzbefall geschützt?
Mit dem Ausbringen von Fungiziden.

100 | Wie erkennt man, ob ein Pflanzenschutzmittel in Deutschland zugelassen ist?
An einem dreieckigen Kennzeichen des Bundesamtes für Verbraucherschutz und Lebensmittelsicherheit (BVL), auf dem die Zulassungsnummer eingetragen ist.

101 | Welche Formen des Pflanzenschutzes werden unterschieden?
Integrierter und biologischer Pflanzenschutz.

102 | Was versteht man unter chemischem Pflanzenschutz?
Den Einsatz chemischer Mittel. Sie sind vergleichsweise preiswert, wirken schnell und lassen sich rasch und ohne großen Aufwand ausbringen. Beim Ansetzen der Spritzbrühe sowie beim Ausbringen ist besondere Vorsicht geboten. Reste von Spritzmitteln oder Spritzbrühe dürfen nicht in offene Gewässer gelangen. Ebenso ist auf den Schutz der Bienen zu achten. Bienenschädliche Mittel dürfen nicht in blühende Bestände oder auf blühende Unkräuter ausgebracht werden.

103 | Wie wird der Verbraucher vor schädlichen Rückständen geschützt?
Es dürfen nur zugelassene Präparate eingesetzt werden, die angegebenen Konzentrationen und die Wartezeiten (Zeit vom Ausbringen bis zur Ernte) müssen unbedingt eingehalten werden.

104 | Welche Wirkstoffe werden im chemischen Pflanzenschutz eingesetzt?

Akarizide (gegen Milben), Bakterizide (gegen Bakterien), Fungizide (gegen Pilze), Herbizide (gegen Unkräuter), Insektizide (gegen Insekten), Molluskizide (gegen Schnecken), Nematizide (gegen Nematoden), Rodentizide (gegen Nagetiere).

105 | Welche Wirkstoffe werden vorbeugend eingesetzt?

Beizmittel, Saatgutpuder, Saatgutinkrustierung und Vergrämungsmittel. So wird z.B. Maissaatgut gebeizt oder inkrustiert, um es vor Fasanenfraß zu schützen.

106 | Was versteht man unter mechanischem Pflanzenschutz?

Hier werden Egge, Fräse oder Pflug zur Bekämpfung von Problemkräutern oder -gräsern eingesetzt. Im Maisanbau hat die so genannte thermische Bekämpfung (Abbrennen der Unkräuter) eine gewisse Bedeutung erlangt. Der mechanische Pflanzenschutz gewinnt wieder an Bedeutung (z.B. Einsatz in Wasserschutzzonen).

107 | Was ist integrierter Pflanzenschutz?

Hier wird versucht, so wenig chemische Mittel wie möglich einzusetzen und statt dessen mehr biologische oder pflanzenhygienische Maßnahmen in den Vordergrund zu rücken, wie Resistenzzüchtung, Einsatz von Feindpflanzen, Maßnahmen der Bodenkultur, Beachten von Klima- und Wettereinflüssen. Chemische Mittel werden erst dann eingesetzt, wenn die Schadschwelle überschritten wird, das heißt wenn der zu erwartende Schaden höher als die Kosten der Bekämpfung ist. Vorteilhaft hierbei sind die geringen Rückstandsprobleme, das Schonen der Nützlinge und die geringe Resistenzbildung. Allerdings werden an das Können des Betriebsleiters hohe Ansprüche gestellt.

108 | Was versteht man unter biologischem Pflanzenschutz?

Hierbei versucht man den natürlichen Ablauf eines biologischen Gleichgewichtes in Gang zu bringen. Die Schädlinge werden z.B. durch den Einsatz ihrer natürlichen Feinde bekämpft. Hierzu werden auch Viren, Bakterien oder Pilze gezüchtet, die die Schädlinge befallen oder vernichten. Weitere Möglichkeiten bestehen durch den Einsatz unfruchtbar gemachter Schadinsekten, die den Fortpflanzungszyklus unterbrechen oder von Pheromonen (Sexuallockstoffe), die die Schädlinge in Fallen locken, z.B. Borkenkäferfallen. Aber auch der Anbau von »Feindpflanzen«, z.B. in der Nematodenbekämpfung gehört in diesen Bereich wie auch das Fördern von Nutzvögeln (Schaffen von Brutmöglichkeiten).

109 | Was bedeutet der Begriff »Wartezeit« im Zusammenhang mit dem Pflanzenschutz?

Der Zeitabstand von der letzten Ausbringung eines Mittels bis zur Ernte des behandelten Bestandes.

110 | Wie nähert sich die Gentechnik dem Pflanzenschutz?

Mit der Gentechnik versucht man pflanzenfremde DNS-Bruchstücke in die DNS der zu schützenden Pflanze einzubauen, die die Pflanze anregen, selbst diese ihr sonst fremden, schädlingsspezifischen Abwehrstoffe zu entwickeln.

Landwirtschaftliche Kulturen

111 | Was ist Fruchtfolge?
Baut man auf dem gleichen Acker mehrere Jahre lang die gleiche Pflanze, schaukelt sich der Schädlings- und Krankheitsdruck so hoch, dass die Pflanze nicht mehr wirtschaftlich sinnvoll angebaut werden kann. Durch den geplanten Anbau verschiedener Ackerfrüchte im Ablauf der Jahre auf dem selben Feldstück werden durch den Wechsel von Halm- und Blattfrüchten, Winter- und Sommerung, Humuszehrern und Humusmehrern diese Gefahren vermieden. Ebenso wichtig ist ein Wechsel zwischen Flach- und Tiefwurzlern. Insgesamt soll die Bodenfruchtbarkeit erhalten und vermehrt werden.

112 | Was ist gemeint, wenn man sagt, die Pflanze ist »selbstverträglich«?
Die entsprechende Pflanze kann mehrere Jahre hintereinander auf dem gleichen Acker angebaut werden, ohne dass Fruchtfolgeschäden (Krankheiten, Überhandnahme bestimmter Schädlinge) auftreten. So ist z.B. Mais sehr gut selbstverträglich.

113 | Welche Pflanze ist besonders stark selbstverträglich?
Mais z.B. kann man ohne die genannten Probleme viele Jahre hintereinander auf der gleichen Fläche anbauen.

114 | Bei welcher Pflanzenfamilie ist die Selbstverträglichkeit besonders gering?
Kreuzblütlern muss nach jedem Anbau eine drei- bis vierjährige Pause erfolgen (Kohlhernie-Gefahr).

115 | Was ist eine Vorfrucht?
Die Fruchtfolge hat auch ertragsfördernde Wirkung über die so genannte Vorfruchtwirkung. Diese ergibt sich aus den Vorteilen für die nachfolgende Kultur durch Garezustand, pflanzliche Rückstände oder durch das Stickstoffsammeln der Leguminosen. Je schlechter ein Boden ist, umso besser zeigt sich die Vorfruchtwirkung.

Früher lag ein Drittel der Anbaufläche brach.

116 | Was ist Dreifelderwirtschaft?
Eine dreigliedrige Fruchtfolge.

117 | Was ist eine Rotationsbrache?
Die Rotationsbrache wurde im Rahmen der Flächenstilllegung durchgeführt, in dem Sinne, dass der stillzulegende Flächenanteil nicht immer das gleiche Flurstück betrifft. Sie kann in der Fruchtfolge die Blattfrucht ersetzen. Nimmt man für die Begrünung Kleegrasgemenge, wird der Vorfruchtwert der Rotationsbrache erhöht.

118 | Was versteht man unter Zwischenfruchtanbau?
Sofort nach der Getreideernte wird der Acker mit entsprechenden Pflanzen bebaut, die das Feld bis zur Aussaat der nächsten Hauptfrucht bedeckt halten.

119 | Wozu dient der Zwischenfruchtanbau?
Förderung der Bodengare und des Wasserhaushalts, Verminderung der Wind- und Wassererosion, der Nitratauswaschung ins Grundwasser sowie Unterdrückung des Unkrauts. Zwischenfrucht bietet dem Wild Äsung.

Sonderkultur Hopfen.

120 | Welche Pflanzen werden als Zwischenfrüchte angebaut?
Hauptsächlich Raps, Rübsen, Kleearten.

121 | Was sind landwirtschaftliche Sonderkulturen?
Kulturarten, deren Anbau auf bestimmte Regionen begrenzt ist, z.B. Hopfen, Tabak, Wein, Obst- und Gemüsebau.

122 | Was versteht man unter extensiver Bewirtschaftung?
Bewirtschaftungsintensität, Pflanzenschutz und Düngung werden weitgehend zurückgefahren. Ziel sind nicht mehr Höchsterträge.

123 | Was versteht man unter ökologischem Landbau?
Landbaumethoden, die im Gegensatz zum konventionellen Landbau, den Einsatz von Mineraldüngern und chemischem Pflanzenschutz ganz oder weitgehend ablehnen.
Unterschieden werden der biologisch-dynamische Landbau nach dem Schweizer Anthroposophen Rudolf Steiner und der organisch-biologische Landbau nach Dr. Hans Müller (Schweiz) und Hans Peter Rusch (Bundesrepublik Deutschland).

124 | Was zeichnet die biologisch-dynamische Wirtschaftsweise aus?
Die biologische Aktivität von Boden und Pflanze sowie die natürlichen Kreisläufe sollen intensiviert werden. Die Pflege der hofeigenen Düngemittel spielt dabei eine wichtige Rolle. Um die Rotte anzuregen und zu lenken, werden Heilkräuterpräparate eingesetzt. Der Einsatz von Mineraldünger ist nicht zugelassen, der Pflanzenschutz erfolgt mechanisch-physikalisch

und über den Einsatz von Kieselpräparaten. Da der Erdorganismus, so die Lehre, seine Energie aus dem Kosmos, von der Sonne, den Gestirnen bezieht, werden diese Einflüsse in der praktischen Arbeit ganz bewusst berücksichtigt.

125 | Worauf zielt der organisch-biologische Landbau ab?

Auf die Förderung des Bodenlebens, um so eine Steigerung der Bodenfruchtbarkeit zu erreichen. Der Boden wird nur flach gewendet, dafür aber tief gelockert. Im Unterschied zum biologisch-dynamischen Landbau wird hier der Mist meist flächig auf dem Feld kompostiert und mit Urgesteinsmehl vermischt. Geachtet wird auf vielseitigen Anbau, vor allem mit Zwischenfrüchten, hier besonders Leguminosen. Mineraldünger mit ätzender oder brennender Wirkung dürfen nicht eingesetzt werden. Chemischer Pflanzenschutz ist nur in gewissen Ausnahmen zulässig.

126 | Was unterscheidet konventionellen von ökologischem Landbau?

Der konventionelle Pflanzenbau arbeitet mit dem Einsatz von Mineraldüngern und chemischen Pflanzenschutzmitteln, der ökologische Landbau lehnt diese ab.

127 | Welchen Anteil hat der ökologische Landbau an der Gesamtlandwirtschaft?

Im Jahr 2007 betrug die Zahl der Betriebe des ökologischen Landbaus 18 703 (rein pflanzenbauliche Betriebe wie auch solche mit Tierhaltung). Das entsprach 5 % der Gesamtzahl landwirtschaftlicher Betriebe. Die ökologisch genutzte Fläche betrug 856 300 ha, das waren 5,1 % der Gesamt-LF. Die durchschnittliche Größe der Öko-Betriebe betrug 46,3 ha.

128 | Was versteht man unter dem Begriff Landbau?

Die Produktion von Feldfrüchten und Futterpflanzen.

129 | Wieviele Quadratmeter umfasst jeweils ein Hektar, ein Morgen, ein Ar und im süddeutschen Sprachraum ein Tagwerk?

1 Hektar = 10 000 qm; 1 Morgen = 2500 qm; 1 Ar = 100 qm; 1 Tagwerk = rund 3407 qm.

130 | Wo befinden sich an der Getreidepflanze die Grannen?

Die Grannen befinden sich an der Ähre (typisch z. B. bei Gerste und Roggen).

Pflanzenkunde

Übersicht landwirtschaftliche Kulturpflanzen

Getreide	Hackfrüchte	Kreuzblütler	Sonstige
Weizen (Sommer- und Winterform)	Beta-Rüben (Zucker- und Futterrübe)	Raps	Sonnenblumen
Gerste (Sommer- und Winterform)	Kartoffeln	Rübsen	Erbsen
Hafer	Topinambur	Brassica-Rüben (Kohl-, Stoppelrübe, Markstammkohl)	Bohnen
Roggen (Sommer- und Winterform)		Rettich	
Triticale		Kultursenf	
Mais		Kohl	
		Meerrettich	

Weizen.

131 | Welche landwirtschaftlichen Kulturpflanzen sind nicht heimisch?
Mais, Kartoffeln, Topinambur, Tabak.

132 | Welche Getreidearten werden bei uns angebaut?
Die wichtigsten Getreidearten bei uns sind Weizen (Sommer- und Winterform), Gerste (Sommer- und Winterform), Hafer, Roggen (Sommer- und Winterform), Triticale und Mais.

133 | Welcher Pflanzenfamilie wird das Getreide zugerechnet?
Die Kulturpflanze Getreide gehört zu den Süßgräsern. Bereits vor 10 000 Jahren wurden deren Samen als Nahrungsmittel genutzt.

134 | In welchen Regionen wächst Getreide?
Da Getreide sehr anpassungsfähig ist, der Produktionsaufwand niedrig, die Mecha-

Gerste.

Roggen.

nisierung des Anbaus leicht und das Erntegut sehr gut lagerfähig ist, hat sich Getreideanbau von den Tropen bis zum Polarkreis ausgebreitet.

135 | Wie werden die Getreidearten unterteilt?
In Winter- und Sommerformen.

136 | Welche Arten gehören zum Wintergetreide?
Wintergerste, Winterweizen, Winterroggen.

137 | Welche Getreidearten werden nur im Frühjahr gesät?
Sommergerste, Sommerweizen, Sommerroggen, Hafer, Hirse, Mais.

138 | Wann wird Wintergetreide gesät?
Wintergetreide wird im Herbst ausgesät und geht nach der ersten Blattbildung als kleine Pflanze durch den Winter. Die Pflanzen brauchen einen gewissen Kälteschock um Frucht tragen zu können. Sie werden im Sommer des folgenden Jahres geerntet.

139 | Wann wird Sommergerste gesät?
Sie sollte möglichst früh im Jahr gesät werden.

140 | Wann wird Wintergerste gesät?
Mitte September. Sie verträgt bis minus 20 °C, ist aber durch Auswintern (z.B. Auffrieren des Bodens bei Kahlfrost und durch Schneeschimmel) gefährdet.

141 | Welche Böden sind für Gerste ungeeignet?
Nasse, stark verschlämmende oder moorige Böden sind nicht geeignet.

142 | Wozu wird Gerste verwendet?
Sommergerste wird zu einem großen Teil als Braugerste verwendet. Wintergerste wird verfüttert.

Hafer.

Mais.

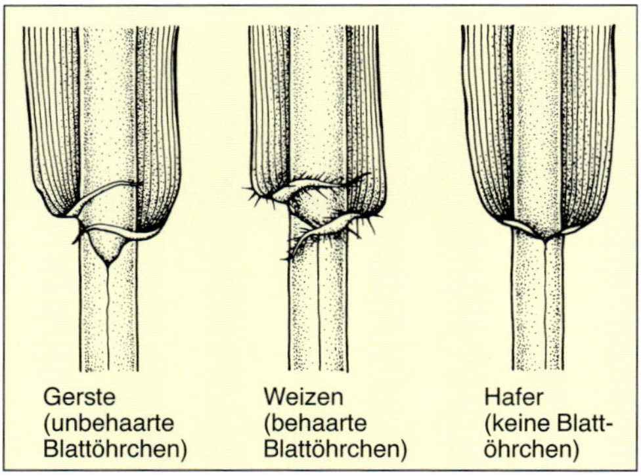

Unterscheidungsmerkmale der Getreidearten.

143 | Wann wird Weizen gesät?
Der Winterweizen wird Mitte bis Ende Oktober ausgesät und Sommerweizen möglichst früh im Jahr.

144 | Welche Bodenansprüche stellt Weizen?
Geeignet sind fast alle Böden außer Trockenlagen, sauren Böden oder frischem Wiesenumbruch. Die Humusversorgung und Wasserhaltefähigkeit des Bodens sollten gut sein. Weizen braucht hohe Düngergaben.

Mähdrusch in Lagergetreide.

145 | Wozu wird Weizen hauptsächlich verwendet?
Verwendung findet der Weizen für Back-, Futter- und Brauzwecke.

146 | Was ist Dinkel?
Dinkel ist eine primitive Weizenart für rauere Lagen.

147 | Was ist Triticale?
Triticale ist eine Kreuzung aus Weizen und Roggen, ähnelt im Äußeren dem Weizen und hat vom Roggen die Robustheit gegen Kälte und Trockenheit.

148 | Wann wird der Hafer gesät?
Möglichst früh im Jahr, sobald der Acker bearbeitet werden kann.

149 | Welche Bodenansprüche stellt Hafer?
Geringe Bodenansprüche, braucht aber ausreichend Feuchtigkeit. Er gedeiht auf kultivierten Moorböden, sauren Waldböden wie auch auf Wiesenumbruch.

150 | Wozu wird Hafer angebaut?
Hafer wird fast ausschließlich verfüttert.

151 | Welche Roggenarten werden angebaut?
Hauptsächlich Winterroggen. Der deutlich ertragsschwächere Sommerroggen wird nur in extremen Lagen eingesetzt. Tetra-Roggen und Hybrid-Roggen haben ein nur geringes Vorkommen.

152 | Welche Ansprüche stellt der Roggen?
Der Roggen ist anspruchslos und unempfindlich gegen Trockenheit.

153 | Woher stammt der Mais?
Aus Mittelamerika. Dank rascher Züchtungserfolge (niedrige FAO-Zahlen = kür-

zere Reifezeit) sowie gut technisierbarer Anbau- und Erntetechnik konnte er sich stark bei uns ausbreiten.

154 | Welche Standortansprüche stellt Mais?
Lagen ohne Spät- und Frühfröste. Keine großen Ansprüche an die Bodenqualität. Im Juli und August braucht er viel Wasser; hohe Selbstverträglichkeit. Bei mehrjährigem Anbau treten Bodenverdichtungen und Erosion auf.

155 | Wann wird der Mais gesät?
Ende April

156 | Welche Maisnutzungen unterscheiden wir?
Grünmais, Silomais, Körnermais.

157 | Wozu dient Grünmais?
Grünmais wird zur Viehfütterung nach frühräumenden Früchten angebaut. Geerntet wird die Gesamtpflanze nach der Milchreife.

158 | Wie wird Silomais genutzt?
Es wird die gesamte Pflanze in der Teigreife mit Maishäckslern geerntet und dann einsiliert. Silomais lässt sich auch gut in der Wildfütterung einsetzen. Bei der Ernte sollte die Gesamtpflanze einen Trockensubstanzgehalt von 25 bis 35 % haben.

159 | Wann wird Körnermais geerntet?
Beim Körnermais werden nur die Körner gedroschen, das Stroh bleibt auf dem Feld. Der Erntezeitpunkt ist erreicht, wenn der Feuchtigkeitsgehalt der Körner unter 40 Prozent gesunken ist.

160 | Wie verläuft die Entwicklung bei den Getreidearten (außer Mais)?
Keimen, erste Blattbildung, Bestocken, Schossen, Ährenschieben, Blüte, Abreife. Entscheidend für die Ertragsbildung sind die Bestandsdichte (ährentragende Halme je m²), Kornzahl je Ähre und das Korngewicht. Aufgrund dieser Zahlen lässt sich für die Wildschadensregelung der Ertrag schätzen.

161 | Was versteht man unter Notreife?
Notreife entsteht, wenn ein Getreidebestand aufgrund von Trockenheit, extremer Hitze oder Krankheitsbefall abrupt abstirbt. Es kommt zu gering gefüllten Körnern (Schmacht- oder Schrumpfkorn).

162 | Was versteht man unter Auswuchs?
Herrscht zur Erntezeit zu feuchtes Wetter, droht vor allem bei Roggen und Hafer Auswuchs, das heißt das Getreide beginnt am Halm zu keimen.

163 | Was versteht man unter Totreife?
Die Totreife ist erreicht, wenn das Korn noch einen Wassergehalt von 14 bis 16 % hat. Der Bestand bekommt eine hellfahle Färbung. Optimaler Zeitpunkt für das Dreschen.

164 | Wie wird das Getreide geerntet?
Mit dem Selbstfahrmähdrescher.

165 | In welchem Monat beginnt die Silomaisernte?
September

166 | Welches Getreide ist in hohem Maße selbstverträglich?
Mais

167 | Welche Getreideart hat besonders lange Grannen?
Gerste

168 | Welche Getreideart ist besonders anspruchslos und wächst noch in Hochlagen?
Roggen

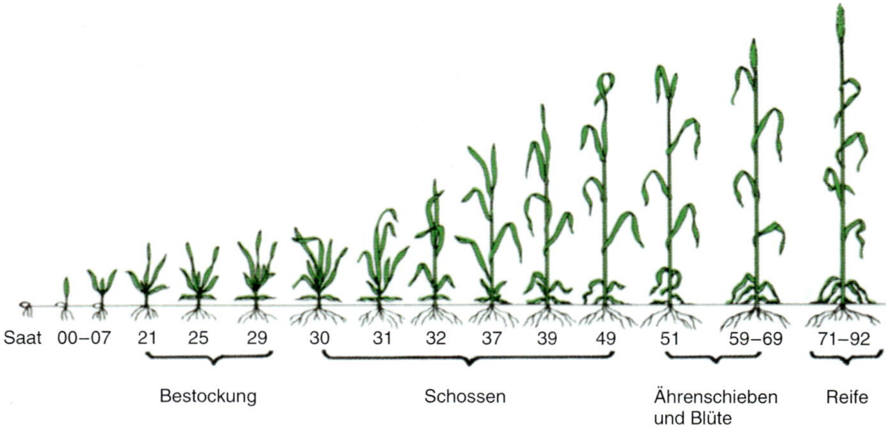

Entwicklung im Getreideanbau.

169 | Was ist Lagergetreide?
Wenn der Bestand ganz oder teilweise wie plattgewalzt am Boden liegt. Ursache ist meist eine Überdüngung mit Stickstoff, wodurch die Standfestigkeit der Halme leidet. Bei Sturm oder schwerem Regen fallen die Halme dann leicht um.

170 | Was sind Hackfrüchte?
Wurzel-, (Beta- und Brassicarüben) oder Knollenfrüchte (Kartoffel, Topinambur). Sie bringen höhere Nährstofferträge je Hektar als Getreide, sind rohfaserarm und enthalten viel Wasser (bis zu 90 %). Wegen ihres süßlichen Geschmacks werden sie auch vom Wild gerne angenommen.

171 | Was sind Beta-Rüben?
Hierzu gehören Zucker- und Futterrüben. Die Zuckerrübe braucht tiefgründige, humose Böden mit annähernd neutralem pH-Wert.

172 | Wie werden Futterrüben unterteilt?
Die Futterrüben (Runkelrüben) unterteilt man entsprechend ihrem Trockensubstanzgehalt (TS) in vier Gruppen: Masserüben (11 bis 12 % TS), Kompromissrüben (13 bis 14 % TS), Gehaltsrüben (15 bis 16 % TS), Zuckerfutterrüben (18 bis 19 % TS). Bodenansprüche und Anbaumaßnahmen entsprechen denen der Zuckerrübe.

173 | Welche Bedeutung hat der Futterrübenanbau?
Obwohl die Futterrübe ein hervorragendes Futtermittel ist, geht ihre Anbaufläche zurück, da sich auf den meist kleinen Schlägen eine Mechanisierung der Pflege- und Erntemaßnahmen nicht lohnt und damit sehr viel Handarbeit anfällt.

174 | Was sind Zuckerrüben?
Die Zuckerrübe wird hauptsächlich zur Zuckerherstellung verwendet, das Rübenblatt kann frisch verfüttert, siliert oder zur Gründüngung benutzt werden.

175 | Wie lassen sich Futter- und Zuckerrübe im Feld unterscheiden?
Der nach unten spitz zulaufende Rübenkörper der Zuckerrübe steckt tief im Boden, während der walzenförmige Körper der Futterrübe nur eine geringe Bodentiefe hat.

176 | Welche Ansprüche stellen Rüben?
Gute Wasserführung, feinkrümelige Oberfläche. In der Fruchtfolge kommt sie nach Getreide und ist selbst eine gute Vorfrucht für Getreide. Bei mehrmaligem Anbau von Rüben auf der gleichen Fläche oder in Fruchtfolge mit Kreuzblütlern steigt die Nematodengefahr.

177 | Wie werden Rüben im Feld eingelagert?
In so genannten Mieten.

178 | Was sind Brassica-Rüben?
Sie gehören zur Familie der Kreuzblütlergewächse. Von Bedeutung sind die Kohlrübe, Stoppelrübe und der Markstammkohl.

179 | Was ist beim Anbau von Brassica-Rüben zu beachten?
Eine enge Fruchtfolge mit anderen Kreuzblütlern ist zu vermeiden. Die Brassica-Rüben selbst sind gute Vorfrüchte für Getreide.

180 | Welche Böden bevorzugt die Kartoffel?
Sie braucht lockere, warme Böden, mit guter Durchlüftung und Wasserversorgung.

181 | Welche Hackfrüchte werden angehäufelt?
Kartoffeln

182 | Welche Kartoffelanbauten werden unterschieden?
Stärke-, Speise- und Pflanzkartoffeln.

183 | Wozu gehört Topinambur?
Er ist ein Sonnenblumengewächs.

184 | Wie pflanzt sich Topinambur fort?
Über Samen und über Knollen.

Futterrübe.

Kartoffeln.

Topinambur in Blüte.

185 | Welche Standorte eignen sich für Topinambur?

Geeignet sind alle Böden vom leichten Sand bis zum schweren Ton.

186 | Wozu wird Topinambur angebaut?

Hauptsächlich zur Wildfütterung. Wegen des hohen Inulingehaltes sind die Topinamburknollen auch ein Lebensmittel für Diabetiker. Ferner wird Topinambur für Schnapsbrennereien angebaut (Topinambur-Schnaps).

187 | Warum ist die Topinamburpflanze für den Jäger interessant?

Die obere Hälfte der Stängel des Topinamburs kann als Laubheu oder als Silage genutzt werden, die Knollen schlägt das Wild aus dem Boden. Im Boden verbleibende Knollen reichen meist zur Weiterführung des Bestandes aus. Topinambur ist auch als Deckungspflanze für das Niederwild gut geeignet.

188 | Was gehört zu den Kreuzblütlern?

Zu den Kreuzblütlern gehören unter den landwirtschaftlichen Kulturpflanzen Raps, Rübsen, Brassica-Rüben, Rettich, Kultursenf, Kohl, Meerrettich.

189 | Welchen Boden bevorzugt der Raps?

Wegen seiner typischen Pfahlwurzel braucht der Raps tiefgründige Böden. Staunässe oder zu trockene Böden sind nicht geeignet, der pH-Wert des Bodens sollte bei 6,5 liegen.

190 | Wozu wird Raps angebaut?

Das Rapsöl der erucafreien Sorten wird in der Ernährung eingesetzt, das Öl von erucasäurehaltigen Sorten findet technische Verwendung. Meist werden jedoch so genannte Doppel-Null-Sorten (00-Sorten) angebaut, d.h. erucasäurefrei und glucosinolatarm. Raps wird zunehmend auch als nachwachsender Rohstoff verwendet (Rapsmethylester – RME). Raps wird auch im Zwischenfruchtbau eingesetzt, wobei

Raps.

entweder die gesamte Pflanze eingearbeitet oder die Blattmasse vorher verfüttert wird.

191 | Wann wird Raps ausgesät?
Zwischen dem 20. und 25. August. Auf schweren Böden möglichst schon ab dem 10. August. Nach dem Räumen der Vorfrucht muss im Herbst noch genügend Vegetationszeit vorhanden sein, damit der Raps noch ein kräftiges Rosettenstadium bilden kann.

192 | Wann blüht der Winterraps?
Erste Maihälfte

193 | Was ist beim Rapsanbau zu beachten?
Raps hat für alle Kulturen eine hervorragende Vorfruchtwirkung, ist aber nicht selbstverträglich. Wegen Kohlherniegefahr ist eine Anbaupause von 3 bis 4 Jahren notwendig.

194 | Was ist Senf?
Senf gehört zu den Kreuzblütlern. Er ist eine gut spätsaatverträgliche Zwischenfrucht, die viel Masse bringt. Senf blüht gelb.

195 | Wozu wird Senf genutzt?
Hauptsächliche Nutzung über Zwischenfruchtbau und als Futterpflanze, auch Ölgewinnung möglich.

Der Ölrettich ist ein Kreuzblütler. Er bildet eine tiefreichende Pfahlwurzel. Die Blätter sind gelappt und rauh behaart. Ölrettich blüht weiß bis violett. Die Blüten verteilen sich über die verschiedenen Triebe, die Blühzeit ist relativ lang. Die hellbraunen Samen sitzen in nach oben spitz zulaufenden Schoten. Ölrettich wird hauptsächlich im Zwischenfruchtbau eingesetzt. Die Ansprüche an Boden und Klima sind gering. Er sollte vor Mitte August gesät werden und benötigt eine reichliche Düngung. Ölrettich kann auch in der Fütterung grün oder siliert eingesetzt werden.

196 | Wann wird Senf gesät?
Anfang August

197 | Was sind Rübsen?
Dem Raps verwandt, mit sehr ähnlichem Aussehen, Winter- und Sommerform.

198 | Welche Bodenansprüche stellen Rübsen?
Rübsen stellt geringere Ansprüche an Boden und Klima, ist aber trotzdem wegen geringerer Ertragsfähigkeit gegenüber Raps deutlich zurückgegangen.

199 | Wo finden Rübsen Verwendung?
Rübsen werden im Zwischenfruchtbau eingesetzt.

200 | Was gehört zu den Ölfrüchten?
Raps, Rübsen, Senf, Ölrettich, Sonnenblumen.

Die Sonnenblume gehört zur Familie der Korbblütler. Futtersorten erreichen eine Höhe von 2,50 m, Sorten zur Körnernutzung erreichen 1,0 bis 1,5 m. Sonnenblumen werden durch Insekten bestäubt. Der Kornansatz ist mit über 80 % hoch. Die Körner enthalten 50 bis 60 % Fett. Die Sonnenblume hat keine hohen Ansprüche an den Boden, wichtig ist jedoch eine ausreichende Wasserversorgung. Zum Keimen braucht die Sonnenblume 8 bis 10 °C. Eine ausreichende Reife wird nur in klimatisch begünstigten Regionen erreicht. Die Ernte der Körner erfolgt mit dem Mähdrescher.

Von der Hülsenfrucht Wicke wird bei uns die Saatwicke als Sommerform und die Zottelwicke als Winterform angebaut. Das Wurzelwerk der Wicken ist fein verzweigt. Die oberirdischen Sprossen sind 1,00 bis 1,5 m lang, stark verzweigt, rankend und lagern früh. Die Blüten sind je nach Sorte dunkelviolett oder weiß. Die Wicken haben relativ geringe Ansprüche an Boden und Klima. Saatwicken werden nach früh räumendem Getreide zusammen mit Stützfrüchten angebaut. Vor dem ersten Frost werden sie zum Silieren geerntet. Zottelwicken werden bis Mitte September als Winterzwischenfrucht zusammen mit Winterroggen für die Futternutzung angebaut.

201 | Wozu wird die Sonnenblume angebaut?

Zur Speiseölgewinnung.

202 | Was versteht man unter Feldfutteranbau?

Neben der Grünlandwirtschaft ist der Feldfutterbau Grundlage der Rinderhaltung. Typische Früchte sind kleeartige Pflanzen, Luzerne, Futtergräser sowie deren Gemische. Auch Silo- und Grünmais sowie die Futterrüben zählen zum Feldfutter.

203 | Welche Betriebe bauen Feldfutter an?

Rinder haltende Betriebe

204 | Welche Hülsenfrüchte finden im Feldfutterbau Verwendung?

Körnerleguminosen. Diese Hülsenfrüchte wie Ackerbohne, Erbse, Wicke und Lupine gehören zu den Schmetterlingsblütlern. Trotz ihrer sehr positiven Eigenschaft über die Symbiose mit Knöllchenbakterien Stickstoff im Boden anzusammeln, ist ihre Anbaufläche relativ gering.

205 | Wie werden die Leguminosenarten genutzt?

Als Gründüngung und als Grünfutter. Die Körnergewinnung für eiweißreiches Kraftfutter im Hauptfruchtbau ist nicht sehr lohnend, da die Erträge stark witterungsabhängig sind, die Bestände ungleich abreifen, woraus sich Ernteschwierigkeiten und ein kostenträchtiges Nachtrocknen ergeben.

206 | Was für Böden beansprucht die Erbse?
Geeignet sind fast alle Böden, wichtig ist eine gesicherte Wasserversorgung.

207 | Welche Wickenarten werden bei uns angebaut?
Die Sommer- oder Saatwicke sowie die Winter- oder Zottelwicke.

208 | Wann werden Wicken gesät?
Sie sollten früh gesät werden (Ende Juli, Anfang August), da ihre Jugendentwicklung langsam ist. Diese Körnerleguminosen werden entweder im Gemisch miteinander oder mit Hafer (auch Sommerroggen) angebaut.

209 | Wozu werden Wicken angebaut?
Als Körnerfrucht oder zur Grünfütterung.

210 | Welche Kleearten werden im Feldfutteranbau verwendet?
Rotklee, Inkarnatklee, Weißklee, Bastardklee, Alexandrinerklee, Perserklee, Gelbklee, Hornschotenklee, Esparsette.

211 | Welchen pH-Wert bevorzugt Klee?
Klee braucht einen feinkrümeligen, humosen Boden mit einem pH-Wert von etwa 7. Er entzieht dem Boden viel Kalk.

212 | Eignen sich Sandböden für den Kleeanbau?
Humusarme, leichte Sandböden sind für Klee nicht geeignet.

213 | Welche Grasarten werden als Feldfutter angebaut?
In Reinsaat werden vor allem Welsches Weidelgras, Einjähriges Weidelgras und Knaulgras angebaut. Für Kleegrasmischungen kommen hauptsächlich Wiesenschwingel, Wiesenlieschgras, Glatthafer, Deutsches Weidelgras und Knaulgras in Frage.

214 | Wie wird Futtergras genutzt?
Als Frischfutter wie auch als Silage oder Heu.

215 | Welche Ansprüche stellt die Luzerne?
Sie ist Wärme liebend, empfindlich gegen hohe Luftfeuchtigkeit sowie Staunässe, der Kalkbedarf ist hoch. Da sie zu den Leguminosen gehört, dürfen nicht mehr als 30 kg Stickstoff je Hektar gegeben werden.

216 | Wie lange ist die Umtriebszeit der Luzerne?
Luzerne kann über zwei bis drei Jahre dreimal pro Jahr genutzt werden, darf aber nicht zu tief geschnitten werden.

Die Kleeanbauflächen (im Bild Luzerne) gingen fast dramatisch zurück.

217 | Wie wird Luzerne genutzt?
Luzerne kann als Untersaat für den Zwischenfruchtanbau (Pfahlwurzel bis zu 2 m Tiefe) eingesetzt oder in Reinsaat zur Produktion von Heu oder Cobs genutzt werden. Sie ist eine der ertragreichsten Futterpflanzen.

218 | Welche Ansprüche stellt Rotklee?
Kühles, gemäßigtes Klima mit mittlerer Luftfeuchtigkeit. Außer humusarmen, sehr leichten Sanden und sauren Böden verträgt der Rotklee alle Böden gut.

219 | Wozu wird Seradella angebaut?
Als Gründüngung und als Grünfutter für Rinder. Für Rot- und Rehwild, Hase, Kaninchen, Fasan und Rebhuhn ist der Äsungswert hoch.

220 | Welche Ansprüche stellt die Esparsette?
Esparsette braucht einen trockenen Standort vom Boden oder von den Niederschlägen her. Der Wärmeanspruch ist nicht so hoch wie bei Luzerne.

221 | Wozu baut man Ackerspörgel an?
Ackerspörgel ist eine uralte Grünfutterpflanze. Heute jedoch nur noch vereinzelt im Zwischenfruchtbau eingesetzt. Geeignet für leichtere Böden und feuchtes Klima.

Futterholen mit Frontmähwerk und Ladewagen.

222 | Welchen Nutzen hat Phacelia?
Die blau blühende Phacelia ist eine ausgezeichnete Bienenweide. Aus der Familie der Wasserblattgewächse stammend ist sie mit keiner anderen Nutzpflanze verwandt und daher bestens zur Auflockerung der Fruchtfolge geeignet.

223 | Waren offene Grünlandgebiete ursprünglich typische Vegetationsformen in Mitteleuropa?
Offene Graslandschaften sind keine typische Vegetationsform in Mitteleuropa. Noch vor gut tausend Jahren waren sie auf die salzigen Böden an der Meeresküste, die Auenlandschaften an den Unterläufen der Flüsse, die Steppen halbtrockener Gebiete und die Berge oberhalb der Baumgrenze beschränkt. Alles andere war Urwald. Erst mit zunehmender Besiedelung wuchs die offene Landschaft.

224 | Wie lässt sich Grünland definieren?
Grünland lässt sich kurz definieren als eine »dauernde, von zahlreichen Pflanzenarten im Gemisch gebildete Grasnarbe«. Es wird als Wiese, Weide oder Mähweide genutzt.

225 | Was sind typische Grünlandstandorte?
Typische Gründlandstandorte sind Gebiete mit entweder hohen Jahresniederschlägen (über 700 mm), relativ hohem Grundwasserstand, Überschwemmungsgebiete oder Hanglagen, die mit schweren Maschinen nicht mehr befahren werden können.

226 | Welche Standorte werden nur als Grünland genutzt?
Jene, auf denen keine Ackernutzung möglich ist, bei fakultativem (wahlweise) Grün-

Übersicht Grünland und Grünlandnutzung, Wiese, Weide, Heu, Öhmd, Silo, künstliche Trocknung usw.

Wiese	– nur Schnittnutzung (einmalig bis fünf-, sechsfach) entweder für – Rauhfutter (Heu = 1. Schnitt / Grummet, Öhmd = folgende Schnitte) Heuschnitt Ende Mai / Anfang Juni – Silage (mehrmaliger Schnitt) erster Silageschnitt Anfang Mai – Cobs = Trockenpellets (mehrmaliger Schnitt) Heißluftgetrockneter Grünlandschnitt
Weide	– ausschließliche Nutzung durch Beweiden (Rinder, Pferde, Schafe) – extensive Formen: Hutung, Standweide – intensive Formen: Koppel-, Umtriebs-, Portionsweide
Mähweide	– Wechsel zwischen Mäh- und Weidenutzung auf der gleichen Fläche

land ist dagegen auch Umbruch zur Ackernutzung möglich. Folgende Bodentypen sind für Gründland kennzeichnend: Ranker, Pelosol, Podsol, Gley, Pseudogley, Aueböden, Marsch und Moorboden.

227 | Wie wird Grünland genutzt?

Die Nutzung des Grünlandes über Weide reicht von armen Hutungen und den Almen über extensive Standweiden hin zu den Umtriebsweiden verschiedener Intensität bis zu den Portionsweiden, auf denen dem Vieh per Elektrozaun täglich eine bestimmte »Weideportion« zugeteilt wird.

228 | Aus was setzt sich eine Wiese zusammen?

Die Grünlandflora setzt sich aus 20 Pflanzenfamilien zusammen, die wichtigsten sind die Süßgräser. Etwa 1600 verschiedene Pflanzenarten sind auf dem Dauergrünland Mitteleuropas zu finden.

229 | Was kennzeichnet Süßgräser?

Süßgräser sind meist mehrjährig. Entsprechend ihren Wuchseigenschaften werden sie in Ober- und Untergräser eingeteilt. Obergräser herrschen auf Wiesen vor, Untergräser auf Weiden. Dieser Unterschied zeigt sich deutlich nach der Mahd. Da Obergräser keine oder nur schwache Basalblätter haben, ist die Narbe der Wiese lückig. Die Weidenarbe dagegen ist nach der Mahd noch dicht.

230 | Welche wichtigen Süßgräser wachsen in der Wiese?

Wichtige Süßgräser sind unter anderem: Wiesenfuchsschwanz, Wiesenlieschgras, Wiesenschwingel, Knaulgras, Goldhafer, Deutsches und Welsches Weidelgras, Quecke, Wiesenrispe, Rotschwingel, Weißes und Rotes Straußgras, Trespe und Zittergras.

Grasablagerung in Siloballen.

231 | Was versteht man unter Sauergräsern?

Sauergräser wachsen meist auf vernässten Stellen und auf Streuwiesen. Zu ihnen gehören die Seggen, Wollgräser und die Simsenarten.

232 | Welche Leguminosen finden wir im Grünland?

Die wichtigsten Leguminosen des Dauergrünlandes sind Wiesenrotklee, Weißklee, Gelbklee, Fadenklee, Hornklee, Sumpfhornklee, Wiesenplatterbse, Esparsette. Ausgenommen den Weißklee sind Leguminosen nicht mit sich selbst verträglich. Ihr Anteil im Grünland wechselt daher beständig.

233 | Was versteht man im Grünland unter Kräutern?

Alle Pflanzen des Grünlandes, die nicht den Gräsern oder Leguminosen zugeordnet werden können, zählen zu den Kräutern. Zum Teil verbessern diese den Futterwert des Aufwuchses (Löwenzahn, Frauenmantel, Schafgarbe, Spitzwegerich), giftige Arten können ihn aber auch deutlich verschlechtern (Sumpfschachtelhalm, Scharfer Hahnenfuß, Herbstzeitlose, Weißer Germer, Jakobskreuzkraut).

234 | Welche Grünlandkräuter verbessern den Futterwert des Wiesenaufwuchses?

Wichtige Kräuter auf dem Grünland sind aus der Familie der Doldenblütler Wiesenkerbel, Bärenklau, Wiesenkümmel, Wilde Möhre, von den Lippenblütlern Günsel und Wiesensalbei, die Klappertopfarten aus der Familie der Rachenblütler, weiter die Wegericharten und von den Korbblütlern Löwenzahn, Wiesenpippau, Gänseblümchen, Schafgarbe. Von den Knötericharten sind zu nennen der stumpfblättrige Ampfer und der Sauerampfer.

235 | Wie hoch soll der Kräuteranteil einer Wiese sein?

Kräuter sollten nicht mehr als 10 % des Aufwuchses ausmachen, da sie sonst die Gräser verdrängen und es bei der Ernte, vor allem beim Heuen, zu starken Bröckelverlusten kommt.

236 | Werden Wiesenkräuter auch chemisch bekämpft?

Ja, wenn sie ein gewisses Ausmaß erreicht haben, ist allein durch Abstellen der Bewirtschaftungsfehler keine Verbesserung der Grünlandnarbe mehr zu erreichen. Dann erfolgt mit chemischen Präparaten entweder eine Bekämpfung der Einzelpflanzen oder bei starker Verunkrautung eine Flächenspritzung.

237 | Welche Kräuter werden durch einseitige Gülledüngung gefördert?

Stickstoff liebende Arten wie Stumpfblättriger Ampfer, Wiesenkerbel und auch Bärenklau.

238 | Welche Kleeart ist besonders trittfest?

Weißklee

239 | Was sind Zeigerpflanzen?

Pflanzen, die Nährstoffversorgung, Bodenreaktion oder den Wasserhaushalt des Bodens anzeigen. So weist z. B. der Sauerampfer auf eine saure Bodenreaktion hin, Gelbklee auf eine alkalische, Wiesenknöterich zeigt einen staunassen Boden an, echtes Labkraut dagegen einen trockenen.

240 | Welche Pflanzen weisen auf Vernässung hin?

Binsen, Seggen, Rasenschmiele, Pfeifengras, Großer Wiesenknopf, Mädesüß, Beinwell, Sumpfschachtelhalm, Wiesenknöterich, Sumpfdotterblume, Kohldistel, Kriechender Hahnenfuß.

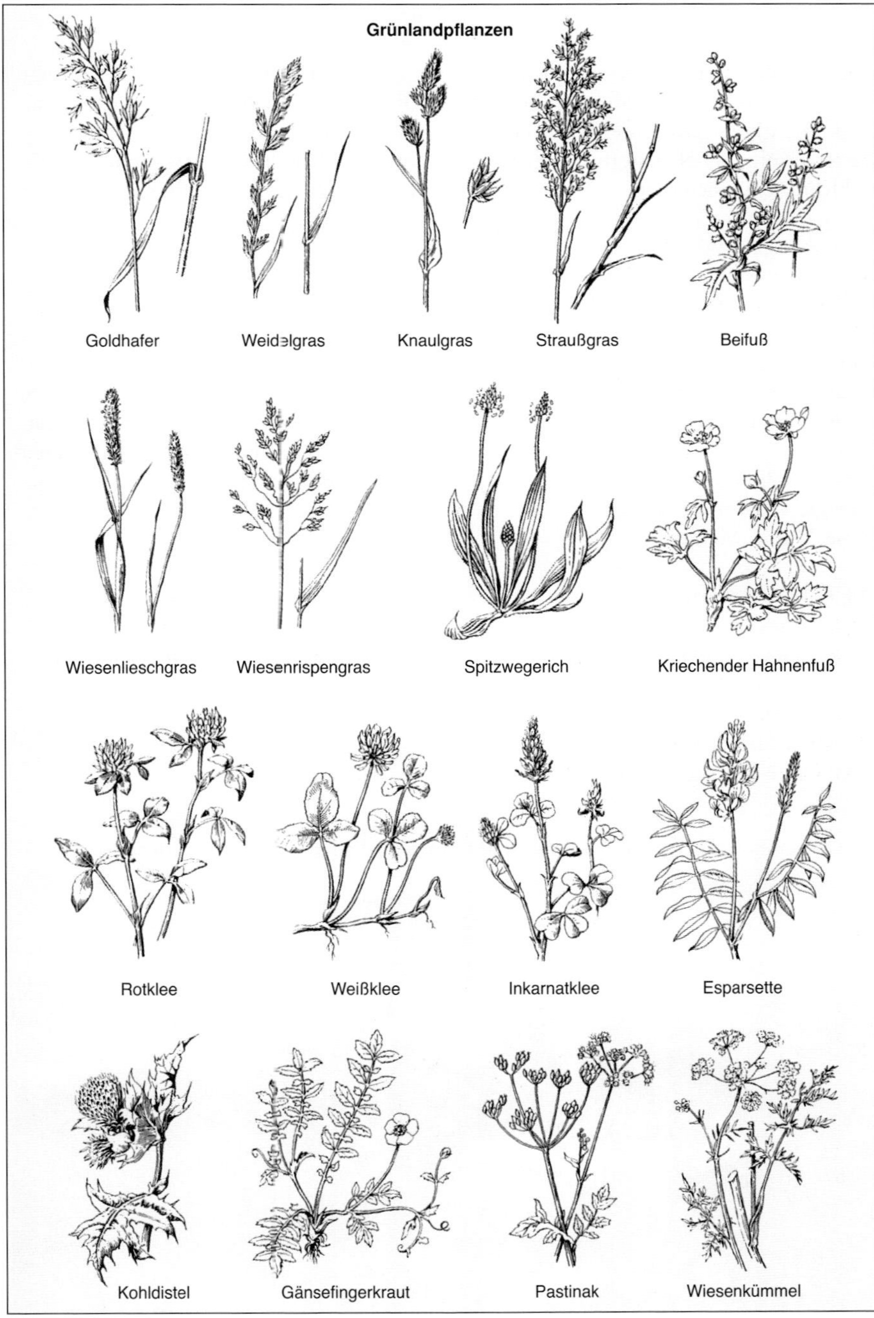

Grünlandpflanzen

241 | Was versteht man im Grünland unter »Pflanzengesellschaft«?
Je nach Standort und Nutzung bilden sich typische Pflanzengesellschaften heraus, die die Standorteigenschaften wie Boden, Wasserversorgung, Nährstoffversorgung und Klima erkennen lassen.

242 | Was sind wichtige Pflanzengesellschaften des Grünlandes?
Die wichtigsten Pflanzengesellschaften des Grünlandes sind Trockenrasen, Borstgrasrasen, Röhrichte und Großseggenriede sowie die Wirtschaftswiesen mit Fettwiesen, Feuchtwiesen und Weißkleeweiden.

243 | Welche Formen der Grünlandnutzung werden unterschieden?
Wiese, Weide, Mähweide.

244 | Mit welchem Ertrag ist bei einer Wiese zu rechnen?
Bei Wiesen schwankt die Nutzungsintensität von der ein- oder zweischürigen Wiese mit einem Ertrag von 25 bis 50 dt Grüngut je Hektar mit 1000 bis 2000 KStE (Kilo-Stärke-Einheiten = Maßeinheit für den Energiegehalt des Futters) bis hin zur mehrschnittigen Wiese, die bis zu 130 dt/ha mit 5000 bis 7000 KStE bringt. Diese mehrfache Nutzung bis hin zu fünf oder sechs Schnitten ist nur über Silage- und vor allem die Cobsgewinnung (heißluftgetrocknetes und gepresstes Erntegut) zu erreichen.

245 | Wie wird der Aufwuchs von Wiesen konserviert?
Durch Vergärung (Silage), natürliche Trocknung (Heu) und künstliche Trocknung (Cobs). Die Silagegewinnung nimmt zu, da das Wetterrisiko deutlich niedriger ist als bei Heu. Zudem ist die Gärfutterbereitung im Fahrsilo arbeitswirtschaftlich sehr günstig.

246 | Was ist Heu, was Grummet?
Mit Heu wird der getrocknete erste Wiesenschnitt bezeichnet, mit Grummet das Trockengut aus den weiteren Schnitten.

247 | Wann ist beim Heu der ideale Schnittzeitpunkt?
Vor der Blüte der Gräser.

Der Ernteablauf im Grünland wird immer schneller, die Parzellen immer größer.

248 | Was ist Silage?
Das Konservieren von Grünfutter durch die Bildung natürlicher Säuren (Gärung) nennt man Silieren.

249 | Welche Pflanzenarten eignen sich zum Silieren besonders gut?
Sehr gut geeignet sind Silomais, Rübenblätter, Kohlarten, Topinambur, aber auch Wiesengras, Welsches Weidelgras, Kleegras und milchreifer Hafer.

250 | Was ist die Voraussetzung für einen einwandfreien Silierprozess?
Um eine gute Silage zu bekommen, das heißt möglichst geringe Verluste an Stärkeeinheiten, keine Fehl- oder Nachgärungen, ist es wichtig, die richtige Silierpflanze auszuwählen. Sie sollte einen hohen Zuckergehalt, aber einen niedrigen Eiweißgehalt haben.

251 | Muss das Siliergut völlig trocken sein?
Das Siliergut sollte auf einen Wassergehalt von 50 bis 70 % vorgewelkt sein (Mais wird aus dem stehenden Bestand gehäckselt). Wichtig ist, dass das Ausgangsmaterial möglichst wenig verschmutzt ist.

252 | Auf was muss man beim Befüllen des Silobehälters achten?
Der Behälter muss möglichst rasch und in einem Durchgang gefüllt werden, das möglichst kurz gehäckselte Pflanzenmaterial muss gut verdichtet und zum Abschluss der Silierbehälter absolut luftdicht verschlossen werden.

253 | Wie verläuft der Prozess der Milchsäurevergärung?
Die Konzentration der Milchsäure im Silo tötet Schaderreger wie Schimmelpilze, Colibakterien, Butter- und Essigsäurebildner ab. Nach etwa 4 bis 6 Wochen bei einem pH-Wert von rund 4 sterben die Milchsäurebakterien ab, die Gärung ist abgeschlossen und das Futter für eine längere Zeit verlustfrei haltbar.

254 | Wie werden schwer vergärbare Pflanzen siliert?
Bei schwer vergärbaren Pflanzen und/oder ungünstigen Voraussetzungen kann man den Siliervorgang durch Zugabe von Siliерhilfsmitteln wie Propion- oder Ameisensäure beschleunigen (rasches Absenken des pH-Wertes im Siliergut).

255 | In welchen Behältern wird siliert?
In Fahrsilos (kostengünstig) und in Hochsilos (bauliche Einrichtungen).

256 | Wie werden Silobehälter luftdicht verschlossen?
Mit speziellen Silofolien (Fachhandel, Lagerhäuser), die dann mit Erde oder Steinen an den Rändern beschwert werden.

257 | Wird zuerst das Heu oder zuerst die Silage gemäht?
Heu wird später als Silage gemäht, es hat daher mehr Rohfaser, was sich günstiger bei der Wiederkäuerfütterung auswirkt (mehr zu Silage und Heu siehe unter Feldfutter).

258 | Was versteht man unter künstlicher Trocknung?
In zentralen Trocknungsanlagen wird das frische Mähgut getrocknet und zu Cobs gepresst. Mit diesem Verfahren lassen sich zwar die Nährstofferträge je kg/TS erhöhen, aber die hohen Energiekosten setzen dem Verfahren enge Grenzen.

259 | Welche Flächen werden vorzugsweise beweidet?
Flächen, die mit Maschinen nur schwer befahrbar sind oder hofnahe Flächen.

260 | Wie wird das Grünland gedüngt?
Zum Teil über Mineraldünger, vor allem aber auch über die Wirtschaftsdünger Festmist, Gülle und Jauche.

261 | Welche Probleme gibt es bei der Grünlanddüngung?
Diese kann bei hohen Niederschlägen und bei der Schneeschmelze zu einem starken Eintrag von Dünger in Oberflächengewässer und Nitratauswaschung ins Grundwasser führen, wenn außerhalb der Vegetationsperiode große Mengen ausgebracht werden.

262 | Welchen Einfluss nimmt Gülle auf die Pflanzengesellschaft?
Sie fördert vor allem stickstoffliebende Massenkräuter, die ab einem bestimmten Anteil an der Narbe als Unkräuter einzustufen sind, wie Wiesenkerbel, Bärenklau, Ampfer, Quecke. Aber auch wertvolle, gern gefressene Kräuter wie z. B. der Löwenzahn können so zu »Unkraut« werden.

263 | Warum spielen Pflanzenkrankheiten im Grünland eine untergeordnete Rolle?
Da das Grünland von vielseitig zusammengesetzten Pflanzengesellschaften gebildet wird, sind im Gegensatz zum Ackerbau Krankheiten und Schädlinge kaum ein Thema.

264 | Welche kleineren Tierarten können sich im Grünland nachteilig auswirken?
Von Bedeutung sind nur die Wühlmaus, Feldmaus, Maulwurf, Larven der Wiesenschnake und Engerlinge des Maikäfers.

Almen sind künstlich geschaffenes Kulturland, das der Bauer offen halten muss.

265 | Wie wird der Ertrag von Almen berechnet?
Als Bewertungsmaßstab der Almflächen dient im oberbayerischen Sprachraum das »Kuhgras«, im schwäbischen die »Kuhweide«. Damit ist die Futterfläche gemeint, die notwendig ist, um eine ausgewachsene Kuh (1 GV = Großvieheinheit, entspricht 500 kg) über die 100 Tage Almweide zu bekommen. Auf guten, sonnenseitigen Almen entspricht 1 Kuhgras etwa 1 ha, auf der Schattenseite dagegen 1,5 bis 2 ha. Für ein einjähriges Rind rechnet man 0,5 Kuhgräser, für ein Schaf 0,2.

266 | Wie lange ist die Vegetationszeit auf Almen?
Anfang Juni bis Mitte, Ende September.

267 | Wie werden Almen genutzt?
Als Weiden für Rindvieh, Schafe und Pferde. Früher wurde auf den Almen hauptsächlich Milchvieh gehalten, wobei die Milch vor Ort zu Butter oder Käse verarbeitet wurde, heute wird meist wegen Personalmangels hauptsächlich Jungvieh aufgetrieben.

268 | Dienen Almen nur der landwirtschaftlichen Produktion?
Nein, sie sind auch landschaftsprägend und wirken der Bodenerosion entgegen.

269 | Was versteht man unter Waldweide?
Alte Weiderechte der Bauern im Bergwald, vor allem noch in Oberbayern.

270 | Was ist mit »Wald- und Weidetrennung« gemeint?
Die Ablösung von Weiderechten im Bergwald durch Abfindung in Geld oder durch das Bereitstellen entsprechender Lichtweideflächen (Weide außerhalb des Waldes).

Landwirtschaft und Wildhege

271 | Welche Hülsenfrüchte eigenen sich zum Anbau auf dem Wildacker?
Verschiedene Bohnenarten, vor allem die Ackerbohne, Wicken, Süßlupinen.

272 | Welche Pflanzen- oder Futterarten eignen sich zum Silieren?
Silomais, Wiesengras, Welsches Weidelgras, Klee, Rübenblatt, Kartoffeln, Apfeltrester, Waldsilage.

273 | Welche Ölfrüchte eignen sich für den Anbau auf dem Wildacker?
Raps, Rübsen, Senf.

274 | Welche Futterpflanze wird vom Wild als Sommeräsung und als Heu genommen?
Luzerne.

275 | Welche Futterpflanzen sind gut zur Anlage von Sommeräsungsflächen geeignet?
Klee und Kleegrasmischungen.

276 | Welche Hackfruchtarten eignen sich auf dem Wildacker als Äsung für Schalenwild?
Alle Rübenarten, Kartoffeln, Topinambur, Möhren.

277 | Welche Pflanze ist wegen ihrer Winterhärte gut für den Wildacker geeignet?
Markstammkohl; er verträgt bis zu minus 12 °C.

278 | Welche Vorteile bringen Feldhekken für die Landwirtschaft?
Windschutz bis auf eine Entfernung vom 15fachen der Heckenhöhe, verringerte Verdunstung in den angrenzenden Flächen,

erhöhte Taurate. Daraus resultieren je nach Kultur Ertragssteigerungen bis zu 30 %. Weiters Erosionsschutz an Böschungen und Bachufern.

279 | Was kann der Landwirt unternehmen, um das Ausmähen von Jungwild zu vermeiden?
Bewährt hat sich der Einsatz von »Wildrettern«, die an das Mähwerk anmontiert werden. Mit Federzinken oder Ketten durchkämmen sie den nächsten zu mähenden Streifen und machen so sich drückendes Jungwild hoch.

Wildschäden

280 | Wann ist Getreide besonders durch Schalenwild gefährdet?
Ab der Teigreife.

281 | Wie erkennt man die Milchreife?
Milchreife bezeichnet das Reifestadium des Getreides, in dem das Korn auf Druck einen milchigen Saft abgibt.

Schwarzwild wurde längst zum Problemwild.

282 | Welche Hackfrucht wird vom Schwarzwild besonders geschädigt?
Vor allem Kartoffeln.

283 | Welche Hackfrüchte werden auch durch Mäuse, Ratten, Biber und Bisam geschädigt?
Bevorzugt Futter- und Zuckerrüben.

284 | Womit werden landwirtschaftliche Kulturen vorübergehend gegen Schwarz- und Rotwildschäden geschützt?
Überwiegend mit E-Zäunen, ferner mit chemischen und akustischen Mitteln sowie durch Präsenz des Jägers.

285 | Bei welchen Feldfrüchten wirken sich im Frühjahr nach der Aussaat Wildschäden durch Schwarzwild besonders stark aus?
Bei Kartoffeln und Mais.

286 | In welchem Zeitraum sind Kartoffeln durch Wild besonders gefährdet?
Durch Schwarzwild unmittelbar nach dem Legen. Zwischen Saat und Blüte nimmt es die angefaulten, süßen Saatkartoffel. Das Blattwerk wird von Rot- und Rehwild verbissen. Im Reifestadium bricht Schwarzwild nach Kartoffeln, Rotwild schlägt sie aus.

287 | Welche Wildarten gehen im Raps zu Schaden?
Rapssaaten werden vor allem von Rehwild und Wildkaninchen (am Rand) beäst, ferner vom Biber und von Schwänen. Später entstehen durch Rot-, Dam-, Muffel- und Schwarzwild vor allem Lager- aber auch Fraßschäden.

288 | Welche Tierarten schädigen Sonnenblumen?
Saaten einschließlich Keimlinge werden hauptsächlich von Tauben, Kleinvögeln

Im Getreide sind Lager- und Trampelschäden oft höher als die Fraßschäden.

und Kleinnagern geschädigt. Jungpflanzen finden bei Hase und Kaninchen Interesse. Rot- und Rehwild verbeißen gerne Blätter, noch weiche Triebe und die Samenstände. Ferner werden die Samen von zahlreichen Vogelarten ausgepickt.

289 | Wie lassen sich beim Maisanbau Wildschäden durch den Fasan vermeiden?
Saatgut beizen, tiefer säen, Scheuchen aufstellen.

290 | Wer schädigt junge Maissaaten?
Schwarzwild, Fasane, Tauben und Rabenvögel nehmen Saatmais auf. Gelegentlich legen auch Kaninchen, Hamster und Ratten die Saatkörner frei und nehmen sie auf.

291 | Wer hinterlässt im Mais ähnliche Schadbilder wie Schwarzwild?
Der Dachs, allerdings in geringerem Ausmaß.

292 | Wer interessiert sich für Maiskolben ab der Milchreife?
Schwarzwild, Rotwild, Damwild, Rehwild, Dachs, Biber, Rabenvögel u.a.

293 | Welche Sekundärschäden hinterlässt Schalenwild in Feldkulturen?
Es entstehen Tritt- und Lagerschäden, die die Fraßschäden übersteigen können.

294 | Welche Wildarten können nennenswert Wintersaaten schädigen?
Wiederkäuendes Schalenwild, Kaninchen, Wildgänse und Schwäne.

Forstwirtschaft

Die Geschichte des Waldes

Wald ist ohne den Einfluss des Menschen das natürliche Schlussglied der Vegetationsentwicklung im gesamten mitteleuropäischen Raum. Lediglich extreme Lagen wie Moore oder Felsregionen des Hochgebirges tragen keinen Wald.

Der Wald wurde bereits im Mittelalter von den siedelnden Menschen in den vielfältigsten Arten beansprucht und auch teilweise »übernutzt«. Die Ausdehnung der Landwirtschaft konnte nur auf den nach Waldrodungen »eroberten« Flächen erfolgen.

Um den Wald sachgerecht und dauernd nutzen und erhalten zu können, wurde etwa vor 250 Jahren eine geregelte Forstwirtschaft eingeführt. Vorrangige Aufgaben dieser »Forstordnungen« waren die Wiederaufforstungen geplünderter und verwüsteter Wälder. Bei diesen Wiederbewaldungsmaßnahmen wurden meist die weniger anspruchsvollen Nadelbaumarten gewählt. Dagegen weiß man, dass die natürlichen »Waldgesellschaften« ausgenommen jene der extremen Hochlagen, überwiegend aus Laubbäumen bestehen.

Seit der Mensch jedoch eine geregelte »Forstwirtschaft« betreibt, ist diese auf seine Bedürfnisse ausgerichtet. Diese änderten sich aber kurzfristig immer wieder, so dass die Ziele der Forstwirtschaft auch stets einem Wandel unterlagen.

Das Industriezeitalter, es ist gekennzeichnet von der Erz- und Salzgewinnung und der Glasherstellung. Die für diese energieaufwendigen Wirtschaftszweige benötigten Brennholzmengen führten vielfach zur Kahlschlagwirtschaft und zur Übernutzung der Bestände.

Die einschneidendsten Wirkungen auf den Wald gingen stets von Kriegen aus. Die Rüstungsindustrie, Kriegsjahre und Wiederaufbauphasen verlangten eine Übernutzung der Wälder.

Zwischen Landwirtschaft und Waldwirtschaft besteht eine enge und traditionelle Verbindung. Der Wald diente, neben der Brennholz- und Nutzholzversorgung, durch Waldweide, Eichelmast, Laubheu und Waldstreu auch der Viehwirtschaft. Die Nahrungsmittelversorgung und somit das Bestreiten des Lebensunterhaltes für die

Nicht nur das gestiegene ökologische Bewusstsein, auch die schleichende Klimaerwärmung erzwingt einen Umbau der Wälder.

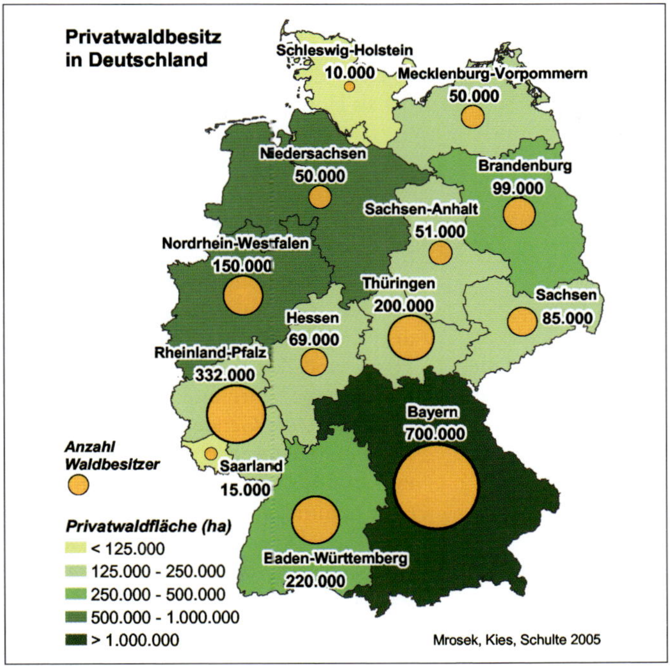

Übersicht Waldanteile der Bundesländer nach Besitzarten getrennt. (Aus: Allgemeine Forstzeitung 22/05.)

meist kinderreichen Familien stand oftmals im Vordergrund.

Deshalb ist die Geschichte des Waldes die Geschichte der Siedlungstätigkeit des Menschen, seiner gesellschaftlichen Entwikklungen und technischen Neuerungen bis zur Gegenwart.

Wirtschaftlichkeit beinhaltet Stabilität und Kontinuität. So weiß man aus forstbetrieblicher Erfahrung, dass die einfach nachzuziehenden und »pflegeleichten« Nadelreinbestände für Krankheiten und Schädlinge sehr anfällig sind.

Ein Beispiel hierfür ist der Kahlfraß von 1893 bis 1896 im Nürnberger Reichswald durch die Raupen des Kiefernspanners. Vernichtet wurden damals 10 000 ha geschlossene Kiefernwälder. Riesige Waldbrände 1975 in Niedersachsen, flächiger Befall durch die Kleine Fichtenblattwespe in verschiedenen Regionen Bayerns, die verheerenden Orkanstürme »Vivian« und »Wiebke« im Frühjahr 1990 sowie weitere folgende Kalamitäten sind warnende Beispiele dafür, wie anfällig eine Forstwirtschaft der »Reinbestände« ist.

Die Forstpolitik, die Beratung und die staatliche Förderung zielt daher wieder verstärkt auf die Begründung und Pflege naturnaher Wälder. Eine Erfassung der forstlichen Standortfaktoren (Boden, Klima, Wasser) soll den Waldbesitzern fachliche Hinweise liefern, welche Baumarten für die individuellen Ansprüche gewählt werden sollen.

Die Forstwirtschaft hat angesichts des Klimawandels sowie der notwendigen Eile für den Ausbau erneuerbarer Energien große Chancen. Die Ressource Wald weist hervorragende Ökobilanzen auf. Vor allem bäuerliche Waldwirtschaft mit der kleinteiligen Nutzung steht für Vielfalt.

Allgemeines

295 | Was versteht man unter Wald?
Unter Wald versteht man allgemein eine mit Waldbäumen (Forstpflanzen) bedeckte Grundfläche.

296 | Was ist eine geregelte Forstwirtschaft?
Eine geregelte Forstwirtschaft baut auf die Grundsätze der Nachhaltigkeit. Das heißt, es wird dem Kreislauf nicht mehr Biomasse entnommen als nachwächst.

297 | Welches Gesetz regelt grundsätzlich die Waldbehandlung?
Die Bundesländer regeln mittels eigener Waldgesetze individuell ihre Waldbehandlungsmaßnahmen. Das Bundeswaldgesetz ist in erster Linie ein Rahmengesetz.

298 | Wie groß ist der Bewaldungsanteil der BRD?
Der Waldanteil bedeckt mit gut 11 Mio. Hektar etwa 31 Prozent der Fläche der Bundesrepublik.

299 | Wer überwacht die Einhaltung der den Wald betreffenden Gesetze?
In erster Linie die Forstbehörden der Länder als Hoheitsträger.

300 | Was sind Forstbetriebsgemeinschaften?
Forstbetriebsgemeinschaften (oder Waldbesitzervereinigungen) sind freiwillige privatrechtliche Zusammenschlüsse von Waldbesitzern meist auf Landkreisebene mit dem Ziel, gemeinsam Holz zu vermarkten, Pflanz- und Zaunbaumaterial zu beziehen, Forstwege zu bauen und überbetrieblich Maschinen und Geräte einzusetzen. Ein weiteres Aufgabenfeld sind Waldbegänge und waldbauliche Programme zugunsten einer naturnahen, standortgerechten Forstwirtschaft. Diese Zusammenschlüsse übernehmen überbetrieblich durch Pflegeverträge auch die Bewirtschaftung und Pflege von Wäldern ihrer Mitglieder.

301 | Was sind Forstwirtschaftliche Vereinigungen?
Forstwirtschaftliche Vereinigungen sind freiwillige Zusammenschlüsse von anerkannten Forstbetriebsgemeinschaften und ähnlichen Zusammenschlüssen. Sie för-

Übersicht Waldfunktionen

Schutzfunktionen:	Produktion:
Klimaschutz	Holzproduktion
Windschutz	– Wertholz (Furniere, Möbelholz. Instrumentenholz)
Hochwasserschutz	– Bauholz
Steinschlagschutz	– Industrieholz (Platten, Papier)
Lawinenschutz	– Brennholz
Lärmschutz	Christbaumproduktion
Luft-Filterfunktion	Schmuckreisigproduktion
Erholungsfunktion	Harzgewinnung (nicht mehr aktuell)
	Gerbrindengewinnung (nicht mehr aktuell)
	Futtergewinnung (nicht mehr aktuell)

dern die Holzverwertung, den gemeinsamen Maschineneinsatz und beteiligen sich an der forstlichen Rahmenplanung.

302 | Welche Ziele verfolgen solche Zusammenschlüsse?

Die Zusammenschlüsse sind vorrangig auf die wirtschaftliche Verbesserung des Waldes gerichtet. Berufsvertretung sind die Bauernverbände und die Waldbesitzerverbände.

303 | Welche Aufgaben hat der Wald?

Wirtschaftliche, landeskulturelle und volkskulturelle Aufgaben. Er liefert den nachwachsenden und begehrten Rohstoff Holz, hat eine klimaausgleichende Wirkung und schützt den Boden vor Erosion.

304 | Wie ist die Bilanz Holzerzeugung zu Holzverbrauch in der BRD?

In den heimischen Wäldern stecken hohe Holzreserven, die über CLUSTER-Initiativen (gemeinsame Strategien, getragen von Marktpartnern, Politik, Wissenschaft und Wirtschaft) von der Holzindustrie aufgenommen und verarbeitet werden. Die Bilanz kann weitgehend als ausgeglichen bezeichnet werden.

305 | Welche Schutzfunktionen des Waldes kennen Sie?

Wasserschutz, Bodenschutz, Lawinenschutz, Klimaschutz, Immissionsschutz, Lärmschutz, Sichtschutz, Straßenschutz.

306 | Was ist ein Bodenschutzwald?

Bodenschutzwälder sind ausgewiesen auf zur Erosion (Bodenabschwemmung) neigenden Steilhängen des Gebirges und sonstige steilen Schluchten und Gräben. Durch eine pflegliche einzelstammweise Nutzung wird eine »Dauerbestockung« erreicht, die Bodenabschwemmungen, Muren und Lawinenabgänge verhindert.

307 | Welche Funktion haben Immissionsschutz- und Lärmschutzwälder?

Bei Industrieansiedlungen sowie Straßen- und Autobahntrassierungen werden Wäldern auch gezielt abschirmende, filternde und ausgleichende Aufgaben zugewiesen. Der Lärm von Verkehrswegen und Industrieanlagen kann dadurch bis zu einem Drittel vermindert werden.

308 | Was versteht man unter Erholungsfunktion?

Die Wälder erfüllen in unserer Gesellschaft in erheblichem Ausmaß Erholungsfunktionen. Es bedarf dabei bestimmter Ordnungsmaßnahmen, um die Interessen der »Waldbesucher« mit den Belangen der Grundeigentümer und den Jagdausübungsberechtigten in Einklang zu bringen.
Der Staat will durch Förderung der Forstwirtschaft einen Ausgleich der Interessen zwischen der Gesellschaft und den privaten Waldbesitzern herbeiführen.

309 | Was versteht man unter »naturnaher Forstwirtschaft«?

Forstleute und Waldbesitzer haben erkannt, dass eine naturnahe Forstwirtschaft langfristig beurteilt die stabilste und damit auch ökonomischste Wirtschaftsweise ist. Die Natur zeigt uns selbst, welche Glieder des Bestandes sich entwickeln und welche Baumarten sich als standorttauglich erweisen. Die Natur ist der beste Lehrmeister des auf Ertrag ausgerichteten Menschen. Ein alter Grundsatz hierzu besagt, dass Vielfalt bei den Baumarten und dem Alter der Bäume Stabilität zum Ausdruck bringt.

310 | Was versteht man unter Photosynthese?

In grünen Pflanzenteilen entsteht mit Hilfe von Blattgrün und Sonnenlicht aus Wasser und dem Kohlendioxid der Luft Zucker und Sauerstoff. Zucker ist Energie-

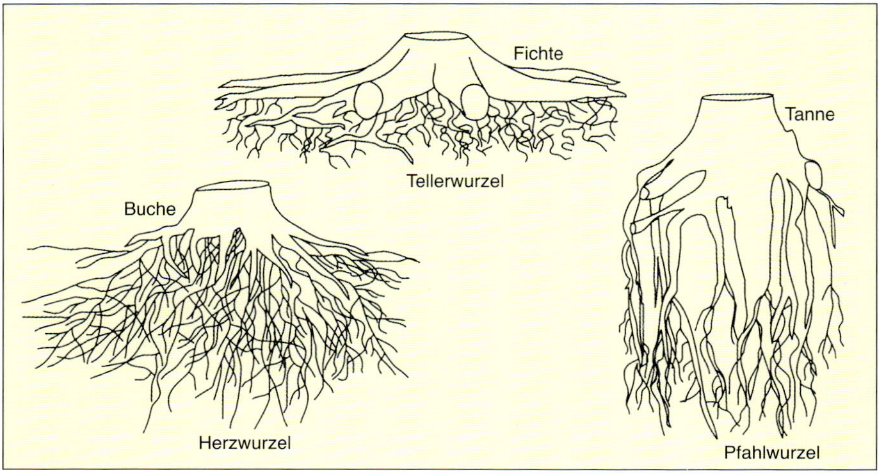

Typen des Wurzelsystems (Aus: »Waldwirtschaft«, BLV Verlag).

spender und Grundbaustoff für die Pflanzen. Die Photosynthese ist die Voraussetzung für das Leben aller Organismen und stellt den bedeutendsten Vorgang der biologischen Stoffproduktion dar.

311 | Was gehört zum Standort?

Klima, Vegetation, Boden, Höhenlage und Hangneigung. Diese Faktoren bestimmen entscheidend das Wachstum. In der praktischen Umsetzung dieser Kenntnisse bedient man sich auch bestimmter Zeigerpflanzen.

312 | Was ist ein Baum?

Bäume sind lebende Wesen. Manche können nach dem natürlichen Alter einige hundert Jahre alt werden. Ihr Erscheinungsbild hängt vom Standort, ihrer Umgebung und von der Pflege durch den Menschen ab.

313 | Aus was besteht ein Baum?

Der Baum besteht im wesentlichen aus drei Hauptteilen: den Wurzeln, dem Stamm und der Krone.

314 | Welche Aufgaben haben die Wurzeln?

Sie dienen der festen Verankerung des Baumes im Boden. Es sind verschiedene Wurzelsysteme bekannt, die den jeweiligen Anforderungen nach Stabilität gerecht werden.
Das Wurzelsystem mit Haupt- und Feinwurzeln ist verantwortlich für die Versorgung des Baumes – Stamm und Krone mit Wasser und Nährstoffen.

315 | Welche Wurzeln unterscheiden wir?

Pfahlwurzelsysteme bieten den besten Halt im Boden. Etwas weniger leistet die Herzwurzel. Die Fichte bildet auf flachgründigen Böden Flach- oder Tellerwurzelsysteme aus und ist damit stark windwurfgefährdet.

316 | Welche Bedeutung hat der Stamm?

Der Stamm ist durch seinen ausgeklügelten statischen Aufbau ein höchst belastbares Element. Die besonderen Eigenschaften des Holzes nach Druck-, Zug- und Biegefestigkeit werden in dieser Form von keinem anderen Material erreicht. Dabei gibt es aber baumartbedingte wesentliche Unterschiede. Dem Stamm, vor allem dem wertvollen Erdstammstück gilt bevorzugt das forstbetriebliche Interesse. Er bringt das meiste Geld.

317 | Aus was besteht der Stamm?
Der Stamm besteht aus Borke, Bast, Kambium, Kernholz, Splintholz.

318 | Wo erfolgt das Dickenwachstum der Bäume?
Die Wachstumszone liegt zwischen Rinde und Holz. Sie wird auch Kambium genannt.

319 | Was sind die Jahresringe?
Die jährlich während der Vegetationsperiode – von Frühjahr bis Herbst gebildeten Holzzellen lassen sich als so genannte Jahresringe erkennen. Sie können je nach den klimatischen Verhältnissen (extreme Trockenzeiten oder günstige feuchte Perioden) von Jahr zu Jahr breiter oder schmäler sein. Am gefällten Stamm kann man somit über die Jahresringe seine »Lebensgeschichte«, vor allem aber sein tatsächliches Alter ablesen.

320 | Welche Funktion hat die Rinde?
Die Rinde schützt den Baum vor Verletzungen. Sie ist gleichzeitig die Haut und das Gesicht des Baumes. Die Rinde ist bei manchen Baumarten wie zum Beispiel Eichen, Lärchen oder Douglasien besonders dick.

321 | Was passiert bei Verletzung der Rinde?
Bei Verletzungen der Rinde an Fichtenstämmen treten Pilze ein, die zu einer Rotfäule mit holzzerstörender Wirkung führen.

322 | Welche Funktion hat das Kambium?
Das Kambium ist die Wachstumszone des Stammes. Von der Kambiumschicht wird

Schichtenstruktur eines Baumes (Borke, Bast, Kambium, Kernholz, Splintholz) (Quelle: Holzabsatzfond, Bonn).

1 Borke als Schutz nach außen,
2 Bast, transportiert alle lebensnotwendigen Nährstoffe,
3 Kambium, die dünne Wachstumszone des Stammes (nach außen Bast und Borke, nach innen Holz),
4 Kernholzbereich, die harte Stütze des Stammes,
5 Splintholzbereich, regelt den Wasserhaushalt, enthält das feine Leitungs- und Speichersystem

nach außen hin Bast und Borke, nach innen Holz gebildet.

323 | Welche Aufgaben hat die Krone?
Die Krone ist die »Lunge« des Baumes. Mit ihren Blatt- und Nadelorganen kann die Krone die Sonnenenergie für die Photosynthese (Assimilation) und die Wasserverdunstung einfangen.

324 | Welche Aufgabe hat das Chlorophyll?
Es stellt in Blättern und Nadeln mit Hilfe des Sonnenlichtes aus Wasser und Kohlendioxid Zucker her. Als wichtiges Nebenprodukt wird dabei noch Sauerstoff freigesetzt.

325 | Wie funktioniert der Wasserkreislauf der Bäume?
Bei der Verdunstung von Wasser im Kronenbereich wird vom Baum durch die Wurzeln Wasser aufgesaugt und nach oben gebracht. Mit dem aufsteigenden Wasser werden die aus dem Boden gelösten Mineralsalze zu den Nadeln oder Blättern transportiert.

Ausreichend Samenbäume im Altbestand und angepasste Schalenwilddichten ermöglichen eine Naturverjüngung.

326 | Welchen Einfluss hat die Krone auf das Wachstum des Baumes?
Eine größere Baumkrone besitzt auch eine größere Blatt- oder Nadelmasse. Damit ist eine größere Photosyntheseleistung möglich. Der vermehrt entstehende Zucker wird in Zellulose als Hauptbestandteil des Holzes umgewandelt. Das Dickenwachstum des Baumes nimmt zu.

327 | Welche Möglichkeiten der Waldverjüngung gibt es?
Natürliche Verjüngung, Saat, Pflanzung, Stockausschlag.

328 | Welche Ansprüche werden an das Pflanzgut gestellt?
Die anerkannten Baumschulen werden nach den Bestimmungen über forstliches Saat- und Pflanzgut von staatlichen Fachstellen streng überwacht. So soll sichergestellt werden, dass nur bewährte und zugelassene Herkünfte Verwendung finden.

329 | Was bedeutet »Anflug«?
Darunter versteht man junge Bäume, die aus angeflogenen Samen, zum Beispiel Fichten und Birken, entstanden sind.

330 | Die Samen welcher Waldbäume werden vom Wind verfrachtet?
Fichte, Kiefer, Bergahorn, Esche, Birke, Tanne.

331 | Was bedeutet Aufschlag?
Unter Aufschlag versteht man junge Bäume, die aus nicht flugfähigen Samen natürlich entstanden sind. Dazu zählen zum Beispiel Eichen und Buchen.

332 | Was ist Stockausschlag?
Die Bäume erneuern sich durch Austrieb am Stock.

333 | Was versteht man unter Wildlingsgewinnung?

Pflanzen aus Naturanflug die vom Waldbesitzer selbst »ausgezogen« oder mit einem Ballenspaten ausgestochen und unmittelbar danach an einem anderen Ort wieder eingepflanzt werden. Sie sind kostengünstig und haben den Vorteil, dass sie mit dem Wuchsgebiet dank ihrer »Herkunft« vertraut sind.

334 | Welche Anforderungen werden an den Waldrand gestellt?

Er sollte stufig aufgebaut, artenreich und vielschichtig sein. Er sorgt für ein intaktes Innenklima im Bestand und schützt diesen gegen Wind, Sturm und vor zu starker Sonneneinstrahlung. Er verhindert daher eine »Aushagerung« des Bodens. Die Vielfalt an Sträuchern und Bäumen bietet mit ihren Früchten und Verzweigungen einer zahlreichen Vogelwelt Nahrung und Nistgelegenheit.

335 | Welche Pflanzverfahren gibt es?

Heute gelten sogenannte Klemm- und Lochpflanzung als fachgerecht. Dabei wird mit speziellen Pflanzhauen entweder ein großer Spalt im Boden hergestellt oder ein Erdpropf ausgehoben. In die entstandenen Öffnungen werden die Pflanzen eingesetzt. Dabei sollen die Wurzeln nicht gestaucht oder geknickt werden. Anschließend werden diese entweder mit dem Pflanzwerkzeug festgeklemmt oder festgetreten. Die früher übliche Winkelpflanzung gilt unter anderem wegen der Gefahr von Wurzeldeformationen als nicht mehr fachgerecht.

336 | Wann wird die Lochpflanzung angewandt?

Die Lochpflanzung wird überwiegend für Ballenpflanzen verwendet. Mit dem Spaten wird ein Loch ausgehoben, in das die Ballenpflanze gesetzt, verfüllt und angetreten wird.

Stockausschlag bei Eiche.

337 | Was ist Stockachselpflanzung?

Die Pflanze wird unmittelbar am Stock zwischen zwei Wurzelausläufern (Achsel) gepflanzt. Sie genießt zunächst den Schutz des alten Stockes und findet später über die verrotteten Wurzeln in Gängen leichter Zugang zu den tieferen Bodenschichten.

338 | Wann wird gepflanzt?

Im Frühjahr ab Mitte März und im Herbst ab Mitte September.
Laubhölzer und Lärchen sollten grundsätzlich in der blattlosen Zeit gepflanzt werden. Ballenpflanzen können dagegen das ganze Jahr über ausgebracht werden. Mit wurzelnackten Pflanzen sollte wegen der Gefahr des Austrocknens nur bei bedeckter oder trüber Witterung gearbeitet werden.

339 | Wie werden die angelieferten Pflanzen behandelt?

Das Pflanzenmaterial muss frisch und auf kürzestem Wege angeliefert werden. Die Wurzeln sind durch eine Abdeckung stets vor Sonne und Wind gegen das Austrocknen zu schützen.

340 | Was versteht man unter einer Kultur?

Eine Pflanzung, im Gegensatz zur Naturverjüngung.

341 | Was versteht man unter Pflege der Kultur?

Das Fördern der Kulturpflanzen durch Niedertreten oder Freischneiden der Konkurrenzgräser mit Sichel, Sense und Schere. Aus Gründen des Umweltschutzes wird in der Forstwirtschaft bei der Kulturpflege auf chemische Präparate überwiegend verzichtet.

342 | Was versteht man unter einer Dickung?

Von einer Dickung spricht man, wenn die Bäume bereits so groß geworden sind, dass sie sich mit den Ästen berühren. Sie bilden ein Dickicht. Diese Phase dauert bis zur natürlichen Astreinigung an.

Die ehemalige Kultur hat sich geschlossen und wurde zur Dickung.

Aus der Dickung wurde ein bodenkahles Stangenholz.

343 | Was ist eine »Jungbestandspflege«?

Pflegeeingriffe im Dickungsstadium. Dabei wird ein Übermaß an Stämmchen entfernt, langsam wüchsigere Mischbaumarten gefördert und schlechtformige Bäumchen entnommen. Arbeitsgeräte sind Heppe, Handsägen oder Freischneidegeräte.

344 | Was bezweckt die Jungwuchspflege?

Bei der Begründung und der Pflege des jungen Bestandes wird schon über das Bestockungsziel entschieden. So wird bereits im Jugendstadium eines Wirtschaftswaldes der Grundstein für die Art des Aufbaues, das Maß der Stabilität und den Grad der Qualität gelegt.

345 | Wann spricht man von einem Stangenholz?

Von einem Stangenholz spricht man, wenn ein Baumbestand einen Brusthöhendurchmesser (BHD) von 15 bis 20 cm erreicht hat. Unter BHD versteht man in der Fachsprache den Durchmesser des Stammes in »Brusthöhe«, das ist 1,30 m über dem Boden.

346 | Was ist ein Überhälter?
Ein zur Starkholzerzeugung vom vorherigen Bestand »übergehaltener« einzeln stehender Baum. Hierzu eignen sich besonders Kiefer und Lärche.

347 | Was ist ein Zukunftsstamm (Z-Stamm)?
Z-Stämme (= Zukunftsstamm) werden bei der Auslesedurchforstung begünstigt. Sie sollen herrschend, gesund, feinastig und nicht drehwüchsig sein. Die Krone muss gut entwickelt und gleichmäßig ausgeformt sein. Ein weiteres Kriterium ist die Standfestigkeit.

348 | Was versteht man unter Wertholz?
Besonders wertvolle astfreie Erdstammstükke der Fichte, Kiefer oder Lärche, oder aber astfreie Eichen- und Buchenstämme. Die »Wertigkeit« richtet sich nach der Möglichkeit der Verwendung wie zum Beispiel Schreinerware, Tonholz und Furniere.

349 | Welche Einflüsse mindern die Holzqualität?
Eine frühe Beschädigung des Stammes mit Eintritt von Fäulepilzen (Rotfäule) zum Beispiel durch Schälschäden oder Rückeschäden, führt zur teilweisen Entwertung des Stammes.

350 | Welche allgemeinen Pflegegrundsätze gelten in der Jungdurchforstung?
Die besten Bäume (Zukunftsbäume) werden durch Entnahme bedrängender Nachbarn in der Regel stark begünstigt. Dadurch vergrößert sich deren Krone und ihr Zuwachs an wertvollem Holz steigt.

Eine Kahlfläche mit belassenen Überhältern (Kiefern).

Das Stangenholz wurde zum Baumholz.

351 | Was ist ein Baumholz?

Ein Baumholz hat den BHD von 20 cm bereits überschritten. Der Bestand wird zunächst nach den Grundsätzen der Jungdurchforstung (JD) behandelt. Hier wird unterschieden zwischen Jungwuchspflege und Läuterung, bei denen die Schlechten ausgemerzt werden. Denn jetzt wird das Augenmerk auf die Besten gelegt. Auslesedurchforstung heißt daher das Pflegeprogramm!

352 | Wie bezeichnet man einen erntereifen Fichtenbestand?

Altholz.

353 | Was ist eine Altdurchforstung?

Die Altdurchforstung erfolgt, wenn die Bäume ihr Hauptlängenwachstum abgeschlossen haben. Das ist in der zweiten Hälfte der Umtriebszeit. Damit soll das Stärkenwachstum der aus der Jungdurchforstung übernommenen besten Stämme angeregt werden. Dazu bedarf es des Ausbaues ihrer Kronen.

354 | Was ist eine Enddurchforstung?

Die letzte Durchforstung eines Altbestandes vor der Endnutzung.

Im vorgelichteten Altholz entwickelt sich eine reiche Tannenverjüngung.

355 | Was ist ein Innenwaldrand?
Unter Innenwaldränder versteht man den Übergang zu kleinen offenen Flächen innerhalb des Waldes wie zum Beispiel Kahlflächen, Waldwegen, Wildwiesen, Holzlagerplätzen usw.

356 | Welche Funktionen haben Waldränder?
Sie sollen als stabiler Abschluss die dahinter liegenden Waldbestände vor Sturm, Frost und Sonne (Aushagerung) schützen.

357 | Wie sollen stabile Waldränder aufgebaut sein?
Sie sollen stufig sein und mit einem Heckensaum beginnen. Waldränder bedürfen auch der Pflege.

Entwicklungsphasen des Waldes

Anflug:	Junge Bäume, die auf natürlichem Wege aus angeflogenem Samen entstanden sind (z.B. Fichten, Birken).
Aufschlag:	Junge Bäume aus Samen, die nicht fliegen können aber auf natürlichem Wege entstanden sind (z.B. Eichen und Buchen).
Kultur:	Eine mit gepflanzten jungen Bäumen bestandene Waldfläche.
Dickung:	Die Bäume sind so groß geworden, dass sie sich gegenseitig berühren und ein Dickicht bilden.
Stangenholz:	Ein Baumbestand, dessen Durchmesser der Bäume auf Brusthöhe zwischen 10 und 20 cm beträgt.
Baumholz:	Ein Baumbestand, dessen Bäume auf Brusthöhe mehr als 20 cm stark sind.
Altholz:	Ein alter Wald, der aus dicken Bäumen besteht, die hiebsreif sind.

Beispiel für einen mehrstufig aufgebauten Wald.

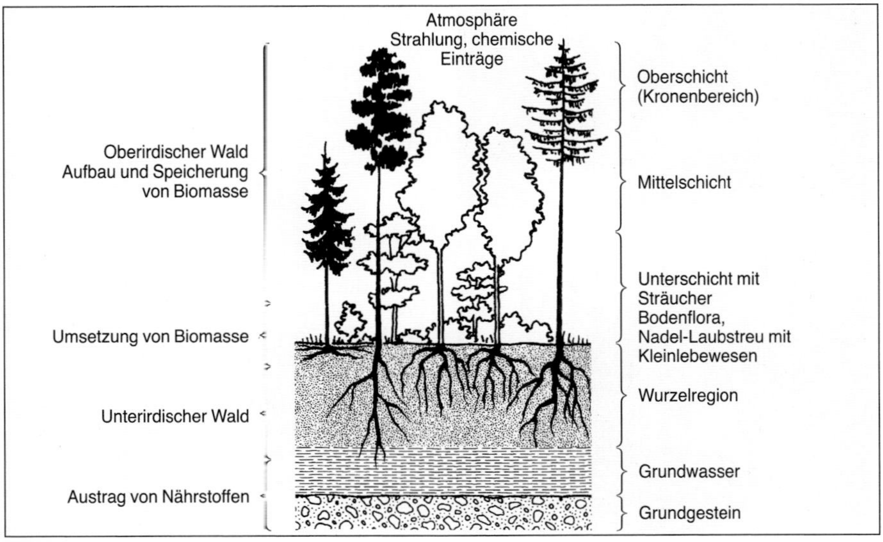

Baumarten

Tanne.
Natürliche Verbreitung von 400 bis 1800 m. Höhe 30 bis 50 m. Standortansprüche: frische, nährstoffreiche, mittel- bis tiefgründige Böden, hohe Luftfeuchtigkeit. Schattbaumart. Herzwurzler. Lebensdauer der Nadeln 8 bis 10 Jahre. Zapfen stehend. Nadeln unterseitig Silberstreifen. Umtriebszeit 120 Jahre. Verwertung: Bauholz, Industrieholz, Brennholz, Weihnachtsbäume, Schmuckreisig.

Europäische Lärche.
Natürliche Verbreitung Gebirgslagen bis über Waldgrenze. Höhe bis 40 m. Standortansprüche: frische, nährstoffreiche, lehmig-tonige, auch sandige Böden, Kalk wie Urgestein, lufttrockene, winterkalte Lagen. Lichtbaumart. Herzwurzler. Zapfen stehend, bleiben 2 bis 3 Jahre am Baum. Nadeln weich, büschelweise, nur im Sommer. Umtriebszeit 100 bis 140 Jahre. Verwertung: Möbelholz, Innenausbau, Fußböden.

Fichte.
Natürliche Verbreitung in montaner bis subalpiner Lage. Höhe 30 bis 40 (50) m. Standortansprüche gering, von frisch bis nass, von basenreich bis stark sauer. Halbschattbaumart. Flachwurzler. Lebensdauer der Nadeln 5 bis 12 Jahre. Zapfen hängend. Samenreife September bis November. Umtriebszeit 80 bis 100 Jahre. Verwertung: Bauholz, Industrieholz, Brennholz.

Kiefer.
Vom Tiefland bis 1600 m. Höhe bis 40 m. Standortansprüche: mäßig trocken bis nass, kalkhaltig bis sauer, Lehm-, Sand-, Kies- und Torfböden. Lichtbaumart. Pfahlwurzler. Lebensdauer der Nadeln 2 bis 3 Jahre, paarweise angeordnet. Zapfen hängend. Samen reifen erst im 2. Jahr. Umtriebszeit 120 bis 140 Jahre. Verwertung: Bauholz, Möbelholz, Industrieholz, Brennholz.

Douglasie.
Herkunft Nordamerika. Höhe bis 60 m. Standortansprüche: tiefgründige, feuchte, nährstoffreiche, lehmige Böden, regenreiche Klimalagen. Halbschattbaumart. Herzwurzler. Nadeln weich, duftend, Lebensdauer 6 bis 8 Jahre. Kleine, hängende Zapfen. Samen im ersten Jahr reifend. Umtriebszeit 80 Jahre. Verwertung: Bauholz, Industrieholz, Brennholz, Schmuckreisig.

Buche.
Vom Tiefland bis 1600 m. Höhe 25 bis 30 m. Standortansprüche: lockere, mittel- bis tiefgründige, steinige, kalkhaltige bis mäßig saure Lehmböden. Schattbaumart. Herzwurzler. Blüte April/Mai. Samenreife September/Oktober. Fruchtet in mehrjährigen Intervallen. Umtriebszeit 120 bis 140 Jahre. Verwendung: Möbelholz, Böden, Innenausbau, Industrieholz, Brennholz.

Eiche.
Trauben-Eiche vom Tiefland bis 700 m, Stiel-Eiche bis 100 m. Höhe bis 30 m. Standortansprüche. TE trockene, wärmere Standorte, SE tiefgründige nährstoffreiche Böden mit hoher Bodenfeuchtigkeit. Lichtbaumart. Pfahlwurzelsystem. Blüte April/Mai, Fruchtreife September/Oktober. Umtriebszeit für Schnittholz 150 bis 180 Jahre, für Furnierholz 250 bis 300 Jahre. Alter bis 800 Jahre.

Schwarz-Erle.
Vom Tiefland bis 800 m. Höhe bis 25 m. Standortansprüche: tiefgründige, auch staunasse, nährstoffreiche, kalkarme Lehm-, Ton- und Kiesböden. Herzwurzler, Stickstoffsammler, Uferfestiger. Blätter leicht verrottbar, bodenverbessernd. Samen in Zapfen sitzend. Umtriebszeit 60 bis 80 Jahre. Verwendung: Möbelholz, Schnitzholz, Wasserbau, Industrieholz.

Birke.
Vom Tiefland bis 1900 m. Höhe bis 25 m. Standortansprüche: mäßig nährstoffreiche, feuchte bis trockene, eher saure Lehm-, Sand- und Steinböden. Lichtbaumart. Flachwurzler. Pionierbaum. Weibliche und männliche Blüten getrennt (Kätzchen). Samenreife August/September. Umtriebszeit 60 bis 80 Jahre. Verwendung: Möbelholz, Innenausbau, Spielwaren, Industrieholz, Kaminholz.

Hainbuche.
Vom Tiefland bis 700 (1000) m. Höhe bis 25 m. Standortansprüche: mäßig nährstoffreiche, tiefgründige, frische, saure, sandige bis steinige Lehmböden, kalkfeindlich. Halbschattbaumart. Herzwurzler. Blütezeit Juni. Samenreife September/Oktober. Anbau meist als dienende Art unter Eichen. Umtriebszeit 70 bis 80 Jahre. Verwendung: sehr hartes Holz für Werkzeugherstellung, Industrieholz, Brennholz.

Berg-Ahorn.
Vom Tiefland bis 1600 m. Höhe bis 35 m. Standortansprüche: nährstoffreiche, tiefgründige, lockere und frische bis sickerfeuchte Böden. Halbschattbaumart. Herzwurzler. Blütezeit April/Mai. Samenreife September/Oktober. Umtriebszeit 100 bis 140 Jahre. Verwendung: Möbelholz, Innenausbau, Instrumentenholz, Brennholz. Geringere Verbreitung haben Spitz-Ahorn und Feld-Ahorn.

Esche.
Vom Tiefland bis 1000 m. Höhe bis 40 m. Standortansprüche: lockere, nährstoff- und basenreiche bis mäßig saure, feuchte Böden, auch flachgründige Ton- und Lehmböden. Leitbaumart im Auwald. Lichtbedürftig. Pfahlwurzel. Blütezeit Mai. Samenreife September/Oktober. Umtriebszeit 90 bis 100 Jahre. Verwendung: Möbelholz, Innenausbau, Böden, Furnierholz, Industrieholz, Brennholz.

Winter-, Sommer-Linde.
Vom Hügelland bis 1500 m. (SL), 1000 m (WL). Höhe bis 40 Meter. Standortansprüche: frische, nährstoffreiche, kalkhaltige bis mäßig saure steinige Lehmböden. Schattbaumart. Herzwurzler. Blütezeit Juni/Juli, Samenreife September. Umtriebszeit 100 bis 120 Jahre. Verwendung: Möbelholz, Instrumentenbau, Spielwarenfertigung, Schnitzerei, Drechslerei.

Silber-Pappel.
Natürliches Vorkommen im Tiefland: Höhe bis 30 m. Standortansprüche: Baum der Hartholzaue, nährstoff- und basenreiche Sand- und Lehmböden. Lichtbaumart. Wurzelsystem variabel. Umtriebszeit 50 bis 60 Jahre, aber forstlich ohne Bedeutung, da durch Hybridpappeln verdrängt. Verwendung: Möbelholz, Prothesen-, Zündholz- und Palettenherstellung, Industrieholz, Papierholz.

?

358 | Was sind Hauptbaumarten?
Vorherrschende Baumarten, die sowohl im einzelnen Mischbestand wie im Forstbetrieb den Produktionszeitraum bestimmen.

359 | Was sind Nebenbaumarten?
Mischbaumarten von geringem Mischungsanteil ohne wesentliche Bedeutung für das Bestandsgefüge, zum Beispiel Beimischung der Hainbuche bei der Werteichen-Wirtschaft.

360 | Was versteht man unter Kernwuchs?
Bäume, die aus Samen erwachsen sind. Gegenteil: Stockausschlag.

361 | Was versteht man unter Pionierhölzern?
Anspruchslose Baumarten. Dazu gehören Erle, Weide, Espe, Eberesche und Birke. Sie können auch unter ungünstigen Boden- und Klimabedingungen Freiflächen als Vorwald besiedeln.

362 | Welche Waldbaumarten sind nicht autochthon?
Darunter versteht man Arten, die entwicklungsgeschichtlich nicht am Standort entstanden sind, zum Beispiel Douglasie.

363 | Welche Nadelbaumarten finden bei uns eine weite Verbreitung?
Fichte, Tanne, Kiefer, Lärche, Douglasie.

364 | Wo ist das natürliche Verbreitungsgebiet der Fichte?
In den Gebirgen Europas trat sie meist in Höhen über 800 m bestandsbildend auf und erreichte vielfach die Waldgrenze.

365 | Wie wird die Fichte gerne bezeichnet?
Als der Brotbaum der Waldbesitzer. Sie ist wegen ihrer Wirtschaftlichkeit die am weitesten verbreitete Baumart.

366 | Welche Standorte sagen der Fichte zu?
Ihre Ansprüche an die Nährstoffe und an die Wärme sind bescheiden. Sie mag jedoch feuchte Standorte mit lockeren und humosen Böden und Jahresniederschläge von über 700 mm.

367 | Wie sind ihre Lichtansprüche?
Im Jugendstadium kommt sie mit wenig Licht aus, mit zunehmendem Alter steigt ihr Lichtbedürfnis.

368 | Wie hoch wird eine Fichte?
Die Fichte kann eine Höhe von 30 bis 50 m erreichen.

Fichten sind Flachwurzler.

369 | Wie lange ist die Umtriebszeit der Fichte?
80 bis 100 Jahre.

370 | Was ist eine Rottanne?
Der Stamm der Fichte wird von einer rötlich-braunen Rinde geschützt. Deshalb wird sie auch Rottanne genannt.

371 | Wie viele Nadeljahrgänge trägt eine Fichte?
Etwa 5 bis 6 Nadeljahrgänge, im Hochgebirge, wo sie in hohe Lagen bis zur Baumgrenze als Reinbestand vorkommt, bis zu 10 Jahrgänge.

372 | Wie sind die Zapfen der Fichte?
Sie hängen an den Zweigen und fallen nach der Reife und dem Samenabwurf geschlossen ab.

373 | Wo ist die Fichte besonders kalamitätsgefährdet?
Auf flachgründigen Standorten im Reinbestand durch Windwurf und Schädlingsbefall. Sie neigt bei der Erstaufforstung zu Rotfäule.

374 | Wozu wird Fichtenholz verwendet?
Fichtenholz ist als Bauholz, für den Innenausbau und für Möbelhersteller sehr begehrt.

375 | Wo ist das Hauptverbreitungsgebiet der Tanne?
Der Alpenraum, der Schwarzwald, der Bayerische und der Thüringer Wald mit tiefgründigen feuchten Böden. Sie liebt ein kontinuierlich feuchtes Klima und Jahresniederschläge über 800 mm.

376 | Braucht die Tanne viel Licht?
Die Weißtanne ist eine ausgesprochene Schattbaumart und bringt auf günstigen Standorten eine hohe Massenleistung.

377 | Wie hoch wird eine Weißtanne?
Sie erreicht ähnlich wie die Fichte Höhen von ca. 30 bis 50 m.

378 | Wie schaut die Krone einer alten Weißtanne aus?
Die Krone bildet im Alter eine Storchennestform.

379 | Wie unterscheiden sich die Zapfen der Tanne von denen der Fichte?
Die Zapfen der Tanne stehen aufrecht und nach dem Abfall der Schuppen bleiben die Zapfenspindeln stehen.

380 | In welcher Waldgesellschaft ist die Tanne unverzichtbar?
Wegen ihrer Schattenverträglichkeit ist die Tanne ein unverzichtbares Glied in der Plenterwaldwirtschaft. Sie kann sehr lange im Unterstand verweilen und bildet bei Lichtstellung auch im hohen Alter noch eine größere Krone.

381 | Welche Umtriebszeit hat die Tanne?
100 bis 120 Jahre.

382 | Welche Verwendung findet Tannenholz?
Stammholz wird für Bauzwecke verwendet. Im Wasserbau wird Tannenholz bevorzugt eingesetzt.

383 | Welche Nebennutzung gibt es bei der Tanne?
Christbaumgewinnung; Tannenreisig wird als Schmuckreisig verkauft.

384 | Wodurch ist die Tanne besonders gefährdet?
Die Tanne ist im Sämlings- und Pflanzenstadium stark verbissgefährdet. Es besteht eine hohe Empfindlichkeit gegen Luftschadstoffe.

Sich selbst verjüngender Plenterwald. Er wird von einem »dynamischen« System getragen.

385 | Ist die Douglasie bei uns heimisch?
Die Douglasie stammt aus Nordamerika. Seit etwa 100 Jahren wird sie in Deutschland mit Erfolg angebaut.

386 | Welche Böden liebt die Douglasie?
Sie liebt frische und tiefgründige Böden.

387 | Wozu eignet sich die Douglasie waldbaulich besonders gut?
Wegen ihres enormen, raschen und anhaltenden Jugendwachstums eignet sich die Douglasie zur Ergänzung lückiger älterer Kulturen.

388 | Was für ein Wurzelsystem hat die Douglasie?
Ein stabiles Herzwurzelsystem. Ihre Standfestigkeit wird geschätzt.

389 | Wann ist die Douglasie hiebsreif?
Bereits mit 80 Jahren.

390 | Wo findet die Kiefer ihr Hauptverbreitungsgebiet?
Auf sandigen und kargen Böden der Norddeutschen Tiefebene, Nordbayerns, Brandenburgs und des Pfälzer- und Odenwaldes.

391 | Wie ist ihr Lichtbedürfnis?
Die Kiefer, auch Föhre genannt, ist sehr lichtbedürftig.

392 | Welche Eigenschaften zeichnen sie aus?
Wegen ihrer tiefen Pfahlwurzel schätzt man ihre Standfestigkeit. Sie eignet sich daher auch als Überhälter.

393 | Was kennzeichnet die Nadeln der Kiefer?
Die 4 bis 8 cm langen Nadeln sind paarweise angeordnet.

394 | Wie viele Nadeljahrgänge sind auf einer gesunden Kiefer?
3 bis 4 Nadeljahrgänge.

395 | Was wissen Sie über die Zapfen der Kiefer?
Die Samen werden erst im 2. Jahr nach der Bestäubung reif. Sie fallen im darauffolgenden Winter aus.

396 | Wie sieht die Rinde der Kiefer aus?
Ihr Stamm ist im unteren Teil von einer starken schuppigen Rinde umgeben. Im oberen Drittel ist die Rinde glatt und hell. Sie heißt Spiegelrinde.

397 | Welche Umtriebszeit hat die Kiefer?
Die Umtriebszeit beträgt etwa 120 bis 140 Jahre.

398 | Durch wen wird die Kiefer besonders gefährdet?
Die Kiefer ist durch Schneebruch, Schüttepilz, Hallimasch, Rüsselkäfer, Kiefernspanner, Kieferneule und Buschhornblattwespe sehr gefährdet.

399 | Welche beiden Lärchen werden unterschieden?
Europäische Lärche und die Japanlärche.

400 | Was kennzeichnet waldbaulich die Europäische Lärche?
Die Europäische Lärche hat ein Herzwurzelsystem, kann bis zu 40 m hoch werden und eignet sich daher als Überhälter zur Wertholzerzeugung.

401 | Welche Ansprüche stellt die Lärche im Bestand?
Als Lichtholzart liebt sie Kopf frei – Fuß bedeckt. Kuppen und Oberhänge sowie südliche Bestandsränder sind geeignete Standorte.

402 | Was kennzeichnet die Nadeln der Lärche?
Sie befinden sich einzeln, spiralig um die Längstriebe und sitzen büschelweise auf Kurztrieben.

403 | Wie lange bleiben die Zapfen der Lärche am Baum?
Die kleinen runden Zapfen bleiben nach der Samenreife noch 2 bis 3 Jahre am Baum.

404 | Welchen Standort liebt die Lärche?
Die Lärche bevorzugt gut durchlüftete, nährstoffreiche, kiesige Böden.

405 | Warum wird die Lärche oft mit Buchen unterbaut?
Ein Unterbau der Lärche mit Buche hilft die schwer zersetzbare Streu der Lärche zu bewältigen.

406 | Wie verläuft das Wachstum der Japan-Lärche?
Die Japanlärche hat ein sehr schnelles Jugendwachstum, lässt dann aber nach. Daher kann sie bereits nach 60 bis 80 Jahren geerntet werden.

407 | Welche Umtriebszeit hat die Europäische Lärche?
Ihre Umtriebszeit beträgt 120 bis 140 Jahre.

408 | Welche Verwendung findet Lärchenholz?
Bei der Möbelherstellung, dem Innenausbau und als Fußböden.
Das Holz der Japan-Lärche ist wegen der weiten Jahresringe nicht so vielseitig verwendbar wie das der Europäischen Lärche.

409 | Welche Nadelbaumart wirft im Herbst ihre Nadeln ab?
Die Lärche.

410 | Welche Eichen sind in Deutschland heimisch?
Die Stieleiche und die Traubeneiche.
Die Roteiche stammt aus Nordamerika.

411 | Wie sind die beiden Arten zu unterscheiden?
Stieleiche – Blätter: kurz gestielt, »geöhrter« Blattgrund, oft unregelmäßiger Umriss. Früchte: Eicheln an langem Stiel.
Traubeneiche – Blätter: mit langem Stiel, Blatt keilförmig in Blattstiel übergehend, regelmäßiger Umriss. – Früchte: Eicheln in Trauben am Zweig sitzend.

412 | Welche Standorte liebt die Stieleiche?
Die Stieleiche bevorzugt tiefgründige nährstoffreiche Böden des Auwaldes und der Niederungen mit hoher Bodenfeuchtigkeit.

413 | Welche Standorte liebt die Traubeneiche?
Die Traubeneiche liebt trockenere Standorte und ist in wärmeren Lagen des Berg- und Hügellandes zu finden.

414 | Was beanspruchen beide Eichenarten?
Eichen sind Lichtbaumarten und lieben die Wärme. Deshalb gedeihen sie kaum über einer Höhe von 650 m. Durch ihr Pfahlwurzelsystem hat die Eiche eine hohe Standfestigkeit.

415 | Welche Umtriebszeiten haben Eichen?
Das Erntealter liegt für Schnittholz bei 150 bis 180 und bei Furnierholz bei 250 bis 300 Jahren.

416 | Wozu wird Eichenholz verwendet?
Die Eiche ist eine Baumart zur Wertholzerzeugung. Ein »Laubholznebenbestand« zum Beispiel aus Hainbuche soll dafür sorgen, dass möglichst astfreie Furnier- oder Schreinerware heranwächst.

417 | Warum wird die Rotbuche als »Mutter des Waldes« bezeichnet?
Diese »Auszeichnung« verdient sie, weil sie mit der »Laubstreu« ganz entscheidend zur Bodenverbesserung beiträgt.

418 | Wie sind die Lichtansprüche der Rotbuche?
Die Rotbuche ist eine Schattbaumart und daher unverzichtbar in der Plenterwaldwirtschaft.

419 | Welchen Standort bevorzugt die Rotbuche?
Sie bevorzugt tiefgründige, nährstoffreiche Kalkböden.

420 | Wie wird die Buche vermehrt?
Bei der Buche ist die natürliche Verjüngung sehr gut möglich. Die Pflanzung wird häufig auch mit selbstgewonnenen Wildlingen vorgenommen.

421 | Auf was muss waldbaulich in der Jugend geachtet werden?
In der Jugend ist auf den Dichtschluss zu achten, so dass eine frühe Astreinigung erreicht wird

422 | Wie sehen die Früchte der Buche aus?
Die Bucheckern sind dreieckig und braun. Sie fallen im Herbst aus einer stacheligen Einhäusung zu Boden.

423 | Fruchtet die Buche jedes Jahr?
Nein. Mit einer »Vollmast« kann man alle 5 bis 12 Jahre rechnen. Dazwischen ist eine »Sprengmast« möglich.

424 | Welche Tierarten sind an den Bucheckern interessiert?
Mäuse, aber auch alle Schalenwildarten sind an Bucheckern interessiert. Bei Schwarzwild beeinflussen »Mastjahre« wesentlich die Schwarzwildpopulationen.

Blütenstand der Hainbuche.

425 | Wie lange ist die Umtriebszeit?
Die Umtriebszeit der Rotbuche beträgt etwa 120 bis 140 Jahre.

426 | Wozu wird Buchenholz verwendet?
Buchenholz wird zur Möbelherstellung, für Parkett, Treppen und Spielzeug verwendet. Auch Brennholz liefert sie.

427 | Wie eng sind Rotbuche und Hainbuche verwandt?
Die Hainbuche gehört nicht zu den »Buchen«, sondern zu den Birkengewächsen.

428 | Wie sehen die Fruchtstände der Hainbuche aus?
Die Frucht der Hainbuche befindet sich als Nuss an der Basis eines dreilappigen Deckblattes.

429 | Wie wird die Hainbuche verbreitet?
Die Hainbuche wird durch natürliche Verjüngung und durch Pflanzung verbreitet.

430 | Ist die Hainbuche eine Hauptbaumart?
Die Hainbuche (Weißbuche) ist eine dienende Baumart. Sie erreicht nur eine Höhe von etwa 25 m und wird wegen der extremen Schattenverträglichkeit im Unter- und Zwischenstand zum Beispiel mit herrschenden Werteichen gemischt.

431 | Wofür wird das Holz der Hainbuche verwendet?
Das Holz der Hainbuche ist sehr hart und wird für Werkzeuggriffe, Stiele und Drehbänke verwendet. Sie eignet sich auch als Brennholz.

432 | Welche Erlen kommen in Deutschland autochthon vor?
Schwarzerle (Roterle), Weißerle und Grünerle.

433 | Welche der drei Arten hat eine wirtschaftliche Bedeutung?
Die Schwarzerle.

434 | Wo wächst die Schwarzerle?
Sie wächst an Bach- und Flussläufen und ist wegen ihrer großen Anpassungsfähigkeit weit verbreitet. Sie kommt von der Ebene bis auf eine Höhe von 800 m vor.

435 | Was zeichnet ihre Wurzel aus?
Ihr Wurzelwerk versorgt durch bestimmte Zellen (Lentizellen) die unter Wasser liegenden Wurzeln mit Sauerstoff. So können die Wurzeln den vernässten Untergrund tief erschließen.

436 | Was wissen Sie über das Laub der Erle?
Laub der Schwarzerle zersetzt sich sehr leicht und hat so eine gute bodenverbessernde Wirkung.

437 | Wozu wird die Schwarzerle gerne verwendet?
Die Schwarzerle ist ein Stickstoffsammler. Wegen ihres raschen Jugendwachstums eignet sich die Schwarzerle zum Schutz frostempfindlicher Baumarten als Vorwald.

438 | Wie lange ist ihre Umtriebszeit?
Im Reinbestand 80 – 100 Jahre. Sie ist jedoch sehr häufig in Beimischung zur Fichte anzutreffen.

439 | Wozu lässt sich ihr Holz verwenden?
Das Holz wird zur Möbelherstellung, zum Schnitzen, für Spielwaren und für den Wasserbau verwendet.

Bergahorn.

440 | Wozu werden Weiß- und Grünerle angebaut?
Als Pionierbaumart werden sie vorwiegend zur Stabilisierung von Bergrutschflächen eingesetzt.

441 | Welche Ahorne sind bei uns autochthon?
Berg-Ahorn, Spitz-Ahorn und Feld-Ahorn.

442 | Welche Art hat die weiteste Verbreitung?
Der Bergahorn hat mit Abstand die weiteste Verbreitung und kommt von der Ebene bis ins Gebirge auf 1500 m Höhe vor.

443 | Welche Standortansprüche hat der Berg-Ahorn?
Er liebt nährstoffreiche, tiefgründige, lockere und frische Böden und gedeiht im Halbschatten.

444 | Wie lange ist die Umtriebszeit des Berg-Ahorn?
100 bis 140 Jahre.

445 | Welche Probleme hat die Naturverjüngung?
Die üppige Naturverjüngung ist meist durch Wildverbiss stark gefährdet.

446 | Wo findet das Holz des Bergahorns Verwendung?
Es eignet sich für Möbel, Musikinstrumente und Furniere.

447 | Welche Eschenarten gibt es bei uns?
Überwiegend die gemeine Esche.

448 | Welche Standortansprüche stellt die Esche?
Sie bevorzugt frische tiefgründige humose Böden (z.B. Auwälder). Sie hat ein tiefreichendes Pfahlwurzelsystem. In der Jugend ist sie für eine Überschirmung gegen Frost dankbar. Im Alter will sie viel Kronenfreiheit.

449 | Wie lange ist die Umtriebszeit der Esche?
Die Umtriebszeit beträgt etwa 100 Jahre.

450 | Wofür wird das Holz der Esche hauptsächlich verwendet?
Für die Möbelherstellung, Werkzeuggriffe und Stiele.

451 | Welche Hauptbaumart zählt zu den Flachwurzlern?
Die Fichte.

452 | Welche Hauptbaumarten sind Herzwurzler?
Rotbuche, Berg- und Spitzahorn und Linde.

453 | Welche Baumarten werden zu den Lichthölzern gerechnet?
Lärchen, Kiefern, Eichen und Birken.

454 | Welche Baumarten stellen in der Jugend besonders geringe Lichtansprüche?
Tanne, Buche und Eibe sind Schattbaumarten. Sie sind vor allem im Jugendstadium tolerant gegen Beschattung.

455 | Was sind Halbschattbaumarten?
Fichte und die Ahorne.

456 | Welche Baumart hat das langsamste Jugendwachstum?
Die Weißtanne.

457 | Welche Eichenarten werden bei uns angebaut?
Stieleiche, Traubeneiche und Roteiche.

Schwarzkiefer.

458 | Welche Höhenlagen besiedelt die Buche?
Die Rotbuche kommt von der Ebene bis in etwa 1.600 m Höhe der Mittelgebirge und des Hochgebirges vor.

459 | Welche Buchenarten werden bei uns forstlich genutzt?
Die Rotbuche und die Hainbuche.

460 | Welche Kieferarten kommen bei uns in wesentlichen Beständen vor?
Die Gemeine Kiefer, Schwarzkiefer.

461 | Was versteht man unter Edellaubbaumarten?
Dazu gehören die Eschen, die Ahorne, die Ulmen und die Vogelkirsche. Diese Arten sind gegenüber dem Standort im Hinblick auf Nährstoffreichtum und Wasserversorgung anspruchsvoller.

462 | Welche Weidengewächse sind forstlich interessant?
Salweide, Silberweide, Korbweide.

463 | Was versteht man unter nachwachsenden Rohstoffen?
Pflanzliche Produkte, die nicht als Nahrungs- oder Futtermittel verwendet, sondern als Rohstoff für die Industrie (Energieerzeugung) eingesetzt werden.

464 | Welche Wildobst-Arten sind von forstlichem Interesse?
Kirsche, Elsbeere, Speierling.

465 | Welche Hauptbaumarten gedeihen auf trockenen Standorten?
Kiefer, Eiche.

466 | Welche Baumarten sind im Auwald beheimatet?
Eiche, Ulme, Esche, Aspe, Bergahorn, Weide, Linde, Erle.

467 | Welche Baumarten gehören typisch zum Bergmischwald?
Fichte, Tanne, Buche, Bergahorn.

468 | Welche Funktion hat die Tanne im Bergmischwald?
Tiefwurzler, Schattenverträglichkeit.

469 | Welche Funktion hat das Laubholz in Mischbeständen?
Bodenverbesserung, Resistenz gegen Schädlinge.

470 | Welche Baumarten treiben Stockausschläge?
Fast alle Laubbaumarten, insbesondere Rotbuche, Eiche, Erle, Weide, Pappel.

471 | Wann blüht die Eiche?
Mai/Juni.

472 | Was versteht man unter einem Mastjahr?
Ein Jahr, in welchem die masttragenden Baumarten (Eiche, Buche, Wildobstbäume, Ebereschen, Kastanien) Früchte abwerfen.

473 | Welche Baumart ist besonders durch Windwurf gefährdet?
Fichte.

474 | Wovon hängt die Standfestigkeit eines Baumes ab?
Von seiner Verankerung im Boden, dem Gefüge im Bestand und der Lage seines oberirdischen Schwerpunktes. Die Schwerpunktlage wird von der Kronengröße wesentlich beeinflusst. Das Verhältnis Baumhöhe und Stammdurchmesser in Brusthöhe drückt die Stabilität des Baumes sehr gut aus. Das heißt, dass bei einem geringen BHD (Brusthöhendurchmesser) im Verhältnis zur Baumhöhe die Stäbilität des Baumes ungenügend ist.

475 | Das Holz welcher Baumart wird besonders gerne zum Schnitzen verwendet?
Linde.

476 | Welche heimische Baumart hat das härteste Holz?
Hainbuche.

477 | Welche Laubbaumart ist stark durch einen Pilz bedroht?
Die Ulme, die durch einen Pilz zum Absterben gebracht wird, den der Ulmen-Splintkäfer überträgt.

478 | Welche Hauptbaumarten lassen sich besonders leicht natürlich verjüngen?
Fichte, Tanne, Buche, Bergahorn, Esche.

479 | Welche Baumarten lassen sich besonders gut aus Stecklingen / Steckhölzern vermehren?
Weiden, Erlen.

480 | Welche Baumarten sind besonders schnellwüchsig?
Pappel, Erlen, Douglasie.

481 | Wie wird die Eberesche im Wald eingeordnet?
Pionierbaumart, Weiserpflanze für Wildverbiss (verbissgefährdet).

482 | Welche Baumarten stellen besonders geringe Wasser- und Nährstoffansprüche?
Kiefer, Birke, Robinie.

483 | Welche Baumarten tragen eine vom Schalenwild besonders geschätzte Mast?
Eiche, Rotbuche, Kastanie, Wildobst.

484 | Welche Bedeutung hat im Wald »Totholz«?
Totholz, besonders von starken Laubbäumen, ist Lebensraum für viele gefährdete Tier- und Pflanzenarten.

Naturnähe in der Waldwirtschaft bietet viele Vorzüge.

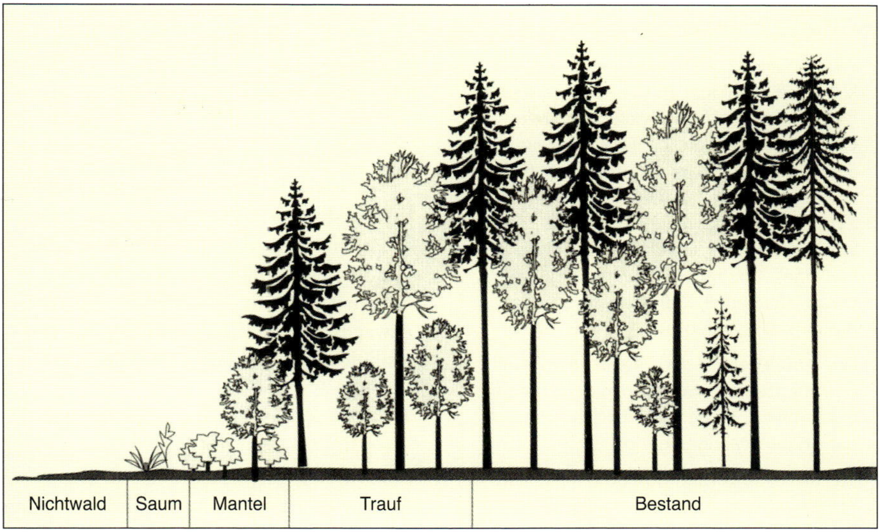

Aufbau-Schema eines funktionstüchtigen Waldrandes.

485 | Welche Baumarten gehören zu den Weichhölzern?
Linde, Erlenarten, Pappeln.

Sträucher

486 | Auf was deutet ein reicher Unterwuchs aus Holunder hin?
Holunder ist ein Anzeiger für gute Stickstoffversorgung.

487 | Wie unterscheiden sich Sträucher von Stauden?
Stauden bilden über der Erde Sprosse, die jährlich absterben. Sträucher sind ausdauernde Gewächse mit verholzten Sprossen über der Erde ohne Stammbildung.

488 | Welche Straucharten finden wir auch im lichten Altholz?
Schwarzer Holunder, Seidelbast, Pulverholz, Gewöhnlicher Schneeball, Schneeheide.

489 | Welche Holunderarten wachsen wo?
Schwarzer Holunder wächst gerne leicht beschattet, Roter Holunder auf Freiflächen, ebenso der Zwerg-Holunder.

490 | Welche kleine Strauchart blüht im Frühling zuerst?
Seidelbast.

491 | Welche Zwergsträucher werden vom Schalenwild verbissen?
Heidelbeere, Heidekraut.

492 | Welche Straucharten tragen Dorne?
Schlehen, Heckenrose, Berberitze, Weißdorn.

493 | Wie sind die Früchte des schwarzen Holunders zu bewerten?
Die schwarz glänzenden bis zu 6 mm großen »Steinfrüchte« werden sehr gerne von Vögeln wie z. B. Amseln, Drosseln und

Giftige Pflanzen und Gehölze

Weißer Germer, Efeu, Blauer Eisenhut, Tollkirsche, Schierling, Liguster, Herbstzeitlose, Roter Fingerhut, Maiglöckchen, Einbeere, Gemeine Heckenkirsche, Eibe, Gemeiner Seidelbast, Gefleckter Aronstab, Buschwindröschen, Scharfer Hahnenfuß, Schlafmohn, Zypressen-Wolfsmilch, Rauschbeere, Wiesenbärenklau, Goldlack, Lupine (vielblättrige), Goldregen, Pfaffenhütchen, Faulbaum, Stechapfel, Krähenbeere, Eberesche, Alpenrose, Schneebeere.

Eine Anreicherung der Gifte ist sowohl in den Pflanzenteilen als auch in den Früchten festzustellen. Bei einigen Pflanzen wirken nur größere Mengen giftig.

Im Falle einer Vergiftung sind unterschiedliche Symptome bekannt. Häufig treten Schwindelgefühl, Bauchschmerzen und Erbrechen auf. Bei Verdacht sollte ein Arzt oder eine Klinik aufgesucht werden.

Stare verzehrt. Die Menschen bereiten daraus häufig schmackhafte Säfte, Marmelade, Muse, Schnäpse und Sekt.

494 | Wie können Sträucher vermehrt werden?
Durch Steckhölzer, Stecklinge, Wurzelausläufer, Teilung und Samen.

495 | Welche Strauchart bietet dem Schalenwild auch im Winter grüne Blattäsung?
Brombeere, Heidelbeere, Heidekraut.

Waldnutzung

496 | Wie entsteht ein Niederwald?
Niederwälder entstehen aus Stockausschlag oder Wurzelbrut. Sie dienten vorwiegend der Brennholz- und der Gerbrindenerzeugung. Bevorzugt wurde hierfür die Eiche verwendet. Niederwälder sind nur noch vereinzelt in den Haubergen im Siegerland und an der Mosel anzutreffen. Vereinzelt auch im oberen Maintal.

497 | Was ist ein Mittelwald?
Der Mittelwald ist eine Weiterentwicklung des Niederwaldes. Er besteht aus einem zweischichtigen Aufbau. Die Unterschicht, aus Stockausschlägen entstanden, wird in kurzen Zeitabständen genutzt. Das durchgewachsene Oberholz, meist Eiche, wird als Bau- und Werkholz verwendet.

498 | Was versteht man unter Hochwald?
Hochwald ist die in der Forstwirtschaft übliche Betriebsart. Das besondere ist, dass die Bäume aus »Kernwüchsen«, also in Form von Samen oder Pflanzen hervorgegangen sind.

499 | Was ist ein Altersklassenwald?
Altersklassenwälder entstehen aus einer Pflanzung. Das heißt, die Bäume sind alle weitgehend gleich alt = Altersklasse.

500 | Was versteht man unter Umtriebszeit?
Hierunter versteht man die Gesamtzeit von der Bestandsbegründung bis zur Endnutzung (Ernte). Sie bezieht sich auf das wirtschaftliche Ziel.

501 | Welche Alterstufen werden im Altersklassenwald unterschieden?
Die Altersstufen im Altersklassenwald werden in Altersgruppen zu je 20 Jahren angegeben. Beispiel: Altersklasse I umfasst die Bäume zwischen 1 bis 20 Jahre.

502 | Wie lässt sich das Alter einer Fichtendickung bestimmen?
Durch Zählen der Astquirle und Zählen der Jahrestriebe.

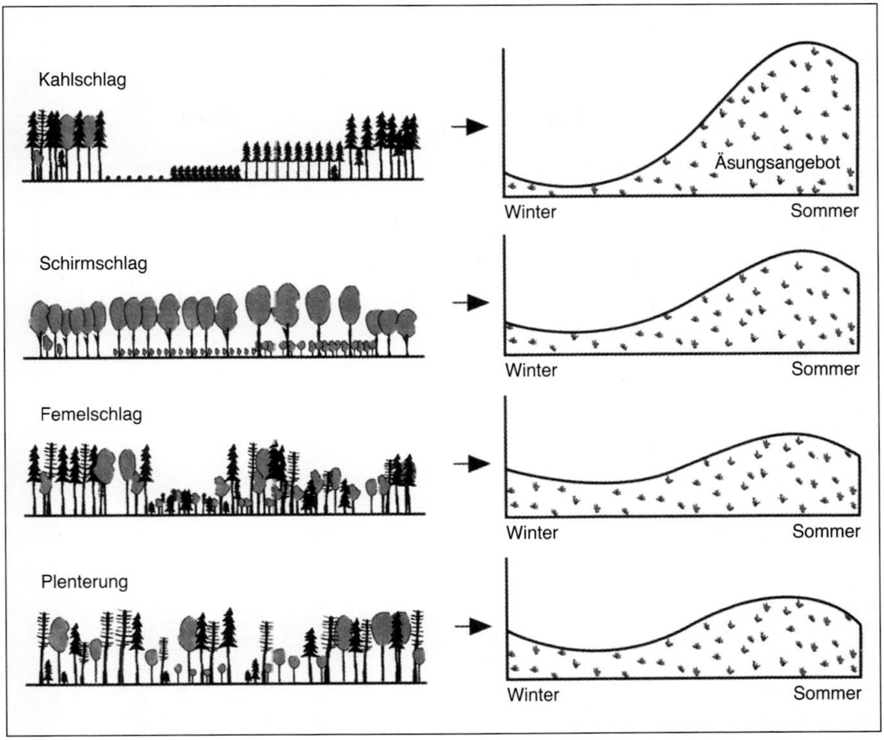

Verjüngungsform und Äsungsangebot im Jahresablauf (Aus: »Waldwirtschaft«, BLV Verlag).

503 | Was versteht man unter Wertastung?

Die Astung des unteren Stammteiles heranwachsender junger Bäume von ausgewählter, hoher Qualität ist eine wesentliche Maßnahme zur Erzeugung von »Wertholz«. Diese Investition sollte allerdings in den forstbetrieblichen Akten dokumentiert werden.

504 | Was ist ein Bestandsinnenklima?

Das Bestandsinnenklima kann durch den Waldbesitzer positiv beeinflusst werden. So können durch Pflegemaßnahmen Wärme und Lichteinfluß ebenso gesteuert werden, wie Luft und Wasserhaushalt. Die Verjüngung sollte möglichst unter Schirm durchgeführt werden.

505 | Was versteht man unter Pflanzverbänden?

In den Pflanzverbänden wird der Abstand von Forstpflanzen innerhalb einer Reihe sowie der Abstand von Reihe zu Reihe festgelegt. Die dabei benötigten Pflanzenzahlen pro ha sind naturgemäß von den Baumarten abhängig.

506 | Was sind »Z-Bäume«?

Zukunftsbäume von hoher Qualität, die bis zur Endnutzung erhalten bleiben sollen. Sie werden meist frühzeitig markiert, um bei Durchforstungen nicht versehentlich entnommen zu werden und durch wohlüberlegte Entnahme von Nachbarbäumen begünstigt.

507 | Was ist ein Altholz?

Unter Altholz versteht man ein erntereifes Baumholz. Dabei wird nicht die natürliche Altersgrenze als Maßstab gewählt, sondern das wirtschaftliche Ziel. Hier spielt der forstliche Standort sowie die Baumart eine bestimmende Rolle.

508 | Was versteht man unter einer zentralen Holzvermarktung?

Kleine Waldbesitzer können über Forstzusammenschlüsse ihre Holzerzeugnisse gut sortiert durch eine Angebotszusammenfassung am Markt besser platzieren und so einen angemessenen Preis erzielen.

509 | Was versteht man unter Zertifizierung?

Die deutsche Forstwirtschaft dokumentiert mit PEFC ihre nachhaltige Waldbewirtschaftung durch ein weltweit anerkanntes Zertifikat. PEFC steht für: »Pan-Europäische Forstzertifizierung«. Das heißt Nachhaltigkeit, Zuverlässigkeit, Glaubwürdigkeit und Anpassungsfähigkeit. PEFC ist eine gemeinnützige, regierungsunabhängige Organisation und bietet ein Logo für Holz und Holzprodukte. Dieses ermöglicht es den Kunden und der breiten Öffentlichkeit, sich durch den Kauf solcher Produkte ganz bewusst für eine verantwortungsvolle Waldbewirtschaftung zu entscheiden und sie zu fördern. Im Ergebnis bedeutet das naturnahe, artenreiche, standortgerechte und gemischte Wälder.

510 | Welche Ziele verfolgt die Zertifizierung?

Die anerkannte Zertifizierung der Forstbetriebe verfolgt das Ziel, dass das Produkt Holz beim Käufer, vor allem beim Endverbraucher, als umweltverträglich erzeugtes Gut ankommt und bevorzugt wird. In Europa gibt es allerdings Zertifizierungen mit unterschiedlichen Ansprüchen.

Einschichtiger Hochwald.

Zweischichtiger Hochwald.

Plenterwald.
(Aus: »Waldwirtschaft«, BLV Verlag).

511 | Welche Ansprüche stellt die Zertifizierung?

Sie verlangt vom Waldbesitzer den Nachweis, dass bei der Waldbewirtschaftung die Grundsätze der Nachhaltigkeit, der Zuverlässigkeit und der Glaubwürdigkeit befolgt werden.

512 | Wie sieht das amtliche Logo der Paneuropäischen Forstzertifizierung aus?

PEFC™

PEFC/04-01-01

513 | Hat die Jagd einen Einfluss auf zertifizierte Wälder?

Ja. Durch überhöhte Wildbestände kann zum Beispiel eine Verbissbelastung eintreten, die zu einer Artenverarmung der Wälder führt. Das würde gegen die Leitlinien der Paneuropäischen Forstzertifizierung (PEFC) verstoßen und schließlich den Verlust der Anerkennung sowie des Logos PEFC nach sich ziehen.

514 | Was versteht man unter naturgemäßer Waldwirtschaft?

Sie findet ihren Ursprung in der so genannten Dauerwald Idee. Das heißt, vermeiden von naturwidrigen Eingriffen wie Kahlschlag und standortswidrigen Bestockungen. Naturgemäße Waldwirtschaft arbeitet mit den Kräften der Natur, natürliche Verjüngungen, einzelstammweise Ernte unter Nutzung der individuellen Zuwachskräfte mit entsprechender Vorratspflege sind wesentliche Merkmale.

515 | Was bedeutet Plenterwirtschaft?

Eine Betriebsart, bei der verschiedene Bäume aller Altersstufen auf kleinster Fläche zu finden sind. Die Nutzung erfolgt einzelstammweise. Hauptsächlich verwendete Baumarten sind Fichte, Tanne und Buche. Die Plenterung ist als eine Betriebsart von optimalen biologischen Produktionsabläufen und von hoher Stabilität gekennzeichnet.

516 | Wie wirkt sich die Plenterwirtschaft auf die Jagd aus?

Die Jagd ist wegen der großflächigen Deckung erschwert. Das Nahrungsangebot für das Schalenwild schwankt jahreszeitlich geringer als bei anderen forstlichen Betriebsformen.

517 | Welche beiden Betriebsformen werden üblicherweise unterschieden?

Schlagweiser Hochwald und Plenterwald.

518 | Was versteht man unter Femelwirtschaft?

Unregelmäßige Schirm- und Löcherhiebe auf der ganzen Fläche. Damit wird eine ungleichaltrige und ungleichwüchsige natürliche Verjüngung erreicht. Eine Verbissgefährdung ist für die ersten heranwachsenden Femelgruppen gegeben.

519 | Was ist ein Saumschlag?

Die Verjüngung wird am Rande (amSaum des Altholzes) in einem unterschiedlich breiten Streifen (buchtig) geführt. So wird der Jungwuchs am Innensaum durch den Schirm des Altholzes, am Außensaum durch die Randstellung natürlich gefördert. Es handelt sich hierbei um ein weit verbreitetes Verfahren, überwiegend mit Naturverjüngung.

520 | Welchen Nachteil des Saumschlags kennen Sie?
Die Verbissgefahr durch Schalenwild ist wegen der günstig gelegenen Einstände in den angrenzenden Dickungen größer.

521 | Was ist ein Schirmschlag?
Im Altbestand wird das Kronendach (Schirm) mit mehreren Hieben allmählich nach Lichtbedarf der nachfolgenden Verjüngung aufgelockert und schließlich völlig geräumt. Die Verbisssituation durch Schalenwild wird entschärft, da zunächst flächig Äsungen im Halbschatten, aber keine Einstände vorhanden sind.

522 | Was ist ein Kahlschlag?
Die Entnahme aller Bäume einer Bestandsfläche bei einer Hiebsmaßnahme. Dabei wird das waldtypische ausgeglichene Klima zerstört, der Abbau des Humus sowie eine starke Verunkrautung der Schlagfläche eingeleitet. Die Kahlfläche wird »künstlich« bepflanzt. Es entsteht ein Altersklassenwald.

523 | Welchen Nachteil hat der Kahlschlag bezüglich des Schalenwildes?
Die im Zuge der Wiederaufforstung, meist aus Baumschulen stammenden Pflanzen, sind durch Schalenwild besonders stark verbissgefährdet.

524 | Welche Nachteile hat ein Fichtenreinbestand gegenüber einem Mischwald aus Fichte, Tanne, Buche?
Höhere Anfälligkeit gegenüber Windwurf und Insektenschäden, größere Gefährdung durch Wildschäden (Verbiss; Schälen); geringerer Anteil von Kraut- und Strauchflora, daher auch geringes Äsungsangebot für Wild.

Holzernte/ Holzverwertung

525 | In welchen Maßeinheiten wird Holz beim Verkauf berechnet?
In Festmetern, in Raummetern und nach Gewicht.

Die Erzeugung wertvollen Stammholzes ist Ziel einer erfolgreichen Forstwirtschaft.

526 | Wozu dienen Forststraßen?
Forststraßen, meist LKW-fähig ausgebaut, dienen neben der steten Erreichbarkeit des Waldes für reguläre Betriebsarbeiten wie auch zur Jagd, besonders aber zur Bewältigung von Kalamitäten.

Schichtholz aus Durchforstung in »Raummeter-Maß« aufgesetzt.

Prozessor (Vollernter) im Einsatz.

Gerüststangen sind am Markt sehr gefragt.

527 | Was ist Industrieholz?

Industrieholz fällt meist an bei Waldpflegemaßnahmen wie Durchforstungen sowie als Koppelprodukt in Starkholzhieben. Diese Hölzer gehen zur Papier- und Zellstoffherstellung sowie zur Plattenfabrikation.

528 | Was ist Brennholz?

Es handelt sich dabei meist um Hölzer, die wegen ihrer Astigkeit und Stammausformung keine höherwertigere Verwendung finden. Brennholz ist wegen der gestiegenen Energiekosten bei Öl und Gas wieder stärker nachgefragt und konkurrenzfähig.

529 | Was versteht man unter Holzernte?

Sie umfasst das Fällen und Aufarbeiten. Hierzu gehört das Entasten und Entrindung des Holzes, das Ablängen, das Bringen (Rücken) des Holzes vom Fällort zur Forststraße oder zum Holzlagerplatz, das Einteilen in Sortimente und das Vermessen.

530 | Was ist Schichtholz?

Schichtholz fällt bei Hieben neben dem Stammholz, oder bei regulären Durchforstungen jüngerer Stangenhölzer an. Es wird meist in Raummetern gemessen und gehandelt.

531 | Was ist Stammholz?

Stammholz ist das wertvolle lange Holz aus den Stämmen der Bäume. Stammholz wird in Festmetern gemessen und gehandelt.

532 | Wie wird Rohholz sortiert?

Für die Rohholzsortierung gelten die von der Europäischen Kommission erlassenen Handelsklassenbestimmungen. Es wird nach Stärke- und Gütesortierung unterschieden.

533 | Das Holz welcher Baumart ist besonders zum Schnitzen und Drechseln begehrt?

Lindenholz

Brennholzstapel im Bauernwald.

534 | Womit wird ein Bestand zur Holzernte aufgeschlossen?
Durch Rückegassen.

535 | Was versteht man unter »Auszeichnen« des Holzes?
Das ist ein Arbeitsvorgang, mit dem der Waldbesitzer oder Förster diejenigen Bäume meist mit Farbe kenntlich macht, die zur Fällung bestimmt wurden.

Motorsägeschutzausrüstung (MS).

536 | Was ist bei der Arbeit mit der Motorsäge zu beachten?
Der Umgang mit der Motorsäge ist sehr gefahrvoll, daher ist eine umfassende Schulung (Lehrgänge) und eine Sicherheitsausrüstung notwendig.

537 | Wer gibt die Fallrichtung eines Baumes vor?
Der Fallkerb mit anschließender Bruchstufe.

538 | Welche Geräte sind bei der Holzernte im Einsatz?
Motorsäge, Greifzug, Winden, Fällheber, Wendehaken, Schäleisen und Axt.
In allen Waldbesitzarten sind auch hochtechnisierte Erntemaschinen im Einsatz.

539 | Was ist ein Prozessor?
Das ist eine selbst fahrende Erntemaschine, die, auf der Rückegasse stehend, im Bestand die zur Fällung ausgezeichneten (markierten) Bäume abschneidet (fällt). Die Fortbewegung erfolgt auf Rädern bzw. Raupenbändern. Mittels des an einem Kranausleger montierten Fällkopfes werden Bäume in einem bestimmten Radius erfasst, gefällt und ausgezogen. Anschließend werden diese auf der Rückegasse mit dem Fallkopf entastet, auf optimale Länge abgetrennt und für den nachfolgenden Tragschlepper seitlich abgelegt.

540 | Was versteht man unter »Rückung«?
Den Abtransport des Holzes vom Fällort bis zum Lagerplatz für die LKW-fähige Abfuhr.

Forstwerkzeuge: Axt, Motorsäge, Fällkeile, Wendehaken, Messkluppe, Schäleisen, Sapie (von links nach rechts)

541 | Welche Bedeutung haben Pferde bei der Holzrückung?
Früher wurde ausschließlich mit Pferden oder Ochsen Holz gerückt. Heute werden Pferde vereinzelt wieder zum Rücken von Schwachholz eingesetzt oder zum Vorrücken innerhalb der Bestände bis an die Rückegassen, wo das Holz von Maschinen übernommen wird.

542 | Welche Geräte erleichtern das Bringen (Rücken) des Holzes?
Für das Bringen des schweren Stammholzes sind Forstschlepper mit Seilwinden im Einsatz. Für schwächeres Holz und kurze Abschnitte, sogenannte Fixlängen, eignen sich Tragschlepper mit Kran und Rungenaufbauten sowie von Schleppern gezogene Rückewägen mit kleineren Kränen. Unter den schwierigen Hochgebirgsbedingungen kommen vereinzelt auch Hubschrauber oder Seilkräne zum Einsatz.

543 | Was sind Rückeschäden?
Rückeschäden entstehen bei den verbleibenden Bäumen an den Wurzelanläufen und den Stämmen durch das »Ausrücken« gefällter, langer Stämme. Diese Beschädigung führt zum Eintritt der Fäulepilze.

544 | Wo wird das eingeschlagene Holz gepoltert?
Das eingeschlagene Holz wird auf Holzlagerplätzen, die LKW anfahrtauglich sind, gepoltert.

545 | Welche Aufgabe haben Holzlagerplätze?
Holzlagerplätze sind befestigte Lagerflächen mit Anschluss an Forststraßen, auf denen das zum Verkauf vorbereitete Waldholz bereitgestellt wird. Holzlagerplätze können, wenn sie temporär nicht beansprucht werden, auch als Wildäsungsflächen genutzt werden.

Rückeschäden an Fichte führen zur Rotfäule und zur Entwertung des Holzes.

546 | Welche Aufgabe haben forstliche Wirtschaftswege?
Eine Grunderschließung der Wälder mit Forststraßen ist für eine ordnungsgemäße Waldpflege und Waldbewirtschaftung unerlässlich. Vor allem der termingerechte Abtransport des verkauften Holzes aus dem Wald kann damit sichergestellt werden.

547 | Welcher Unterschied besteht zwischen einer Forststraße und einer »Rückegasse«?
Forststraßen sind für den schweren LKW-Verkehr (Holzabfuhr) ausgelegte feste Anlagen. Sie können durch leichter ausgebaute Schlepperwege in die Bestände ergänzt werden.
Rückegassen sind unbefestigte Schneisen, die in jüngere Bestände (Stangenholz) geschnitten werden, um die Holzernte (Durchforstung) bewältigen zu können.

548 Welche Vorteile bieten Forststraßen und -wege für die Jagd?
Sie ermöglichen die Anfahrt in abgelegene Revierteile und erleichtern den Abtransport des Wildes.
Entsprechend begrünte und gepflegte Straßenböschungen und -ränder bieten dem Wild auch Äsung.
Häufig werden Forststraßen auch zur Abschusserfüllung verwendet.

Kalamitäten

549 | Worunter leiden unsere Wälder?
Unter dem Einfluss von Luftschadstoffen sowie unter der Klimaerwärmung.

550 | Welche Wetter bedingten Schäden entstehen am Wald?
Weit verbreitet sind Schädigungen durch Nassschnee und schweren Raureif (Schneebruch) sowie durch Stürme (Windbruch) und lang anhaltende Trockenheit.

551 | Welche Insektenarten richten in Fichten, Kiefern und Eichen beträchtliche Schäden an (bitte in Reihenfolge)?
Fichte: Gespinstblattwespe, kleine Fichtenblattwespe, Borkenkäfer
Kiefer: Kiefernspanner, Kieferneule, Kiefernbuschhornblattwespe
Eiche: Eichenwickler, Schwammspinner.

552 | Wie verläuft der Befall des Hauptschädlings »Buchdrucker«?
Der Buchdrucker ist ein Borkenkäfer und befällt bevorzugt ältere und stärkere Fichten. Es gibt einen Befall an liegenden Stämmen und einen so genannten »Stehendbefall«. Der Käfer bohrt sich in die Rinde ein und legt seine Eier in verzweigte Gänge ab. Den Befall erkennt man frühzeitig am braunen Bohrmehl, das auf der Außenseite des Stammes zu sehen ist.
Nach wenigen Wochen schlüpfen die gefräßigen Larven. Durch die Larvengänge wird der Saftfluss unterbunden. Die Nadeln verfärben sich und fallen ab. Der Baum verliert seine Rinde und stirbt schließlich.

Übersicht Kalamitäten

Ursachen			
Klima:	**Umweltveränderungen:**	**Technik:**	**Tiere/Pilze:**
Trockenheit	sinkender Grundwasserspiegel	Fällungsschäden Bodenverdichtung	Wurzelfraß (Mäuse, Larven)
Sonnenbrand	Luftverschmutzung	Rückeschäden	Verbiss (viele Tierarten)
Nässe	Bodenversauerung Klimaerwärmung		Schälschäden (Schalenwild, Hasen, Nager)
Frost			Insekten
Schneedruck			Pilze (z.B. Rotfäule)
Windwurf			
Windbruch			

Größere Schäden entstehen meist erst dann, wenn mehrere Ursachen zusammen wirken.
Beispiel: Sinkender Grundwasserstand führt zu Trockenschäden. Sie ziehen Insektenschäden nach, diese führen zu Schneedruck oder Windwurf.
Oder: Schälschäden lassen Pilze ins Holz eindringen, allgemeine Schwäche begünstigt Insektenfraß, diese wiederum begünstigen Schneedruck oder Windbruch.

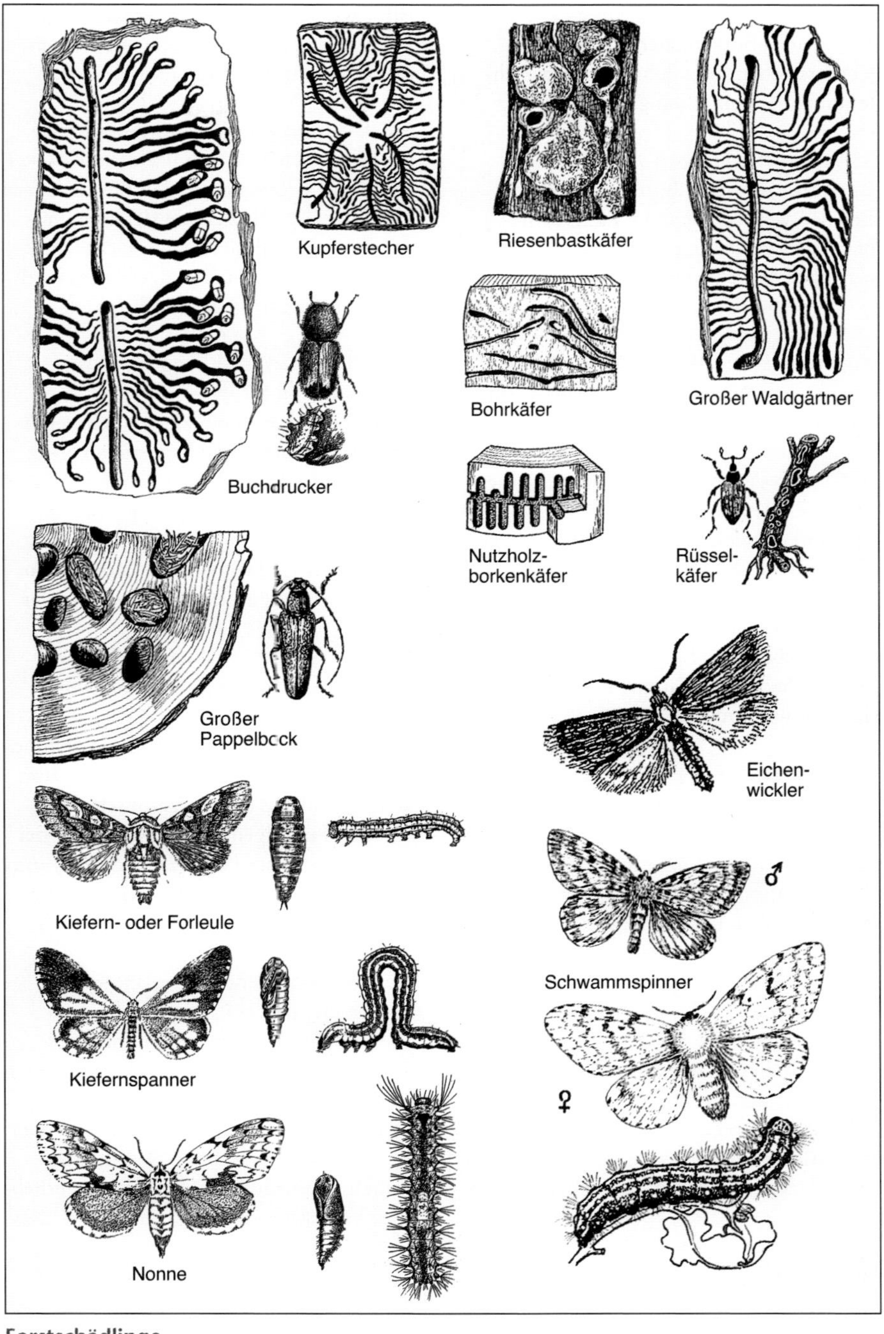

Forstschädlinge.

553 | Was ist ein Kupferstecher?
Der kleine »Borkenkäferbruder« heißt Kupferstecher. Er befällt bevorzugt Fichtendickungen und Stangenhölzer.

554 Welche Fichten schädigt der Buchdrucker vor allem?
Befallen werden vor allem Bäume, die bereits vorgeschädigt sind und daher eine geringere Abwehrkraft besitzen.

555 | Welche Witterung begünstigt die Ausbreitung des Borkenkäfers?
Eine warme Witterung begünstigt die massenhafte Vermehrung des Borkenkäfers.

556 | Kann man mit Fallen den Borkenkäferbefall einschränken?
Die Borkenkäferfalle zeigt lediglich die Flugaktivität der Käferpopulation auf. Die Bekämpfung der Borkenkäfer erfolgt überwiegend auf technisch-mechanischem Weg durch rechtzeitige Entrindung oder Entfernung befallener Bäume. Die Käfer und die Brut werden verbrannt.

557 | Warum muss Fichtenholz während der Vegetationszeit umgehend geschält werden?
Gefällte Fichtenstämme in Rinde ziehen in der Vegetationszeit Schädlinge wie die Borkenkäfer an und werden zu einer Brutstätte mit drohender Massenvermehrung.

558 | Wo ist der große braune Rüsselkäfer zu finden?
Er tritt bevorzugt in Kulturen von Nadelbaumarten auf, die auf Hiebsflächen des Vorjahres entstehen. Durch den »Pockennarbenfrass« wird die zarte Rinde der jungen Pflanzen beschädigt. Die Pflanze kann absterben.

559 | Welche Baumarten bevorzugt der Nutzholzbohrer?
Alles Nadelholz. Insbesondere frisch gefällte, noch nicht entrindete oder stehende und kränkelnde Fichten und Tannen.

560 | Woran erkennt man den Befall des gestreiften Nutzholzborkenkäfers?
Er ist im Unterschied zu den Borkenkäfern im Holz tätig. Bis zu 6 cm tief können seine Gänge in das Holz von Fichte und Kiefer sein. Die Qualität des Holzes wird dadurch erheblich beeinträchtigt.

561 | Wie sieht das Schadbild der Kieferneule aus?
Die Kieferneule ist ein kleiner Schmetterling, der in Kiefernreinbeständen vorkommt. Die Raupe frisst sowohl die Nadeln, wie auch die Knospen der Kiefer. Bei Kahlfraß treibt der Baum nicht mehr aus. Die Raupe lässt sich im Endstadium zu Boden fallen und verpuppt sich in der Streu.

562 | Wie schädigt die Fichtenblattwespe?
Die Raupe frisst in der Vegetationszeit die zarten Nadeln der Fichte. Es kommt zum Teil zu Kahlfraß und zu Verbuschungen und Mißbildungen der Baumkronen. Bei mehrjährigem starken Fraß kommt es zum Absterben der Bäume. Die Puppen überwintern im Waldboden.

563 | Welche Schäden verursachen Mäuse an Forstkulturen?
Die Erdmaus befrisst alle Jungpflanzen. Angefressene Pflanzen vertrocknen dadurch oder brechen ab. Die Rötelmaus benagt Jungpflanzen am Stamm bis teilweise über die Hälfte der Baumhöhe. Wühlmäuse richten unterirdisch an den Wurzeln erhebliche Verbissschäden an.

564 | Wie werden Mäuse im Wald umweltfreundlich bekämpft?

Die ökologisch sinnvollste Maßnahme ist, die natürlichen Feinde zu fördern. Dazu zählt vor allem das Aufstellen von Greifvogelstangen. Der Fuchs gilt auch als ein wirksamer Regulator der Mäusepopulation.

565 | Welche Gefahr besteht, wenn Mäuse vergiftet werden?

Die Mäuse sind eine wichtige Ernährungsgrundlage für Eulen und sonstige Greifvögel. Wenn vergiftete Mäuse von diesen aufgenommen werden, besteht die Gefahr der Vergiftung bei Eulen.

566 | Was versteht man unter »Neuartigen Waldschäden«?

Schäden an den Atmungsorganen (Nadeln und Blätter) der Bäume. Besonders die Tanne reagiert stark auf schädigende Immissionen. Seit dem Jahr 1983 werden in den einzelnen Bundesländern jährlich Schadenserhebung an allen Baumarten durchgeführt.

567 | Sind auch Laubbäume betroffen?

Gerade Laubbäume, wie Buche und Eiche, die ihre Blätter jährlich erneuern, zeigen zunehmende Schäden.

568 | Was sind die Ursachen des »Waldsterbens«?

Immissionen, vor allem Schwefeldioxid, Stickoxide, Schwermetalle und Foto-Oxidantien wirken über den so genannten »sauren Regen« auf die Blätter und den Boden. Dort kommt es zu einer Schädigung der Blattorgane und zur Zerstörung der Wachsschicht. Die Bodenversauerung zieht Schäden im Feinwurzelbereich und so eine Störung der Nährstoffaufnahme nach sich.

569 | Was ist der Lamettaeffekt?

Wenn die Nadelbäume einen Großteil ihrer älteren Nadeln verloren haben, hängen die entnadelten Zweige nackt wie Lametta herunter.

Schwefel- und Stickstoffverbindungen als Immissionsschadstoffe (Aus: »Waldwirtschaft«, BLV Verlag).

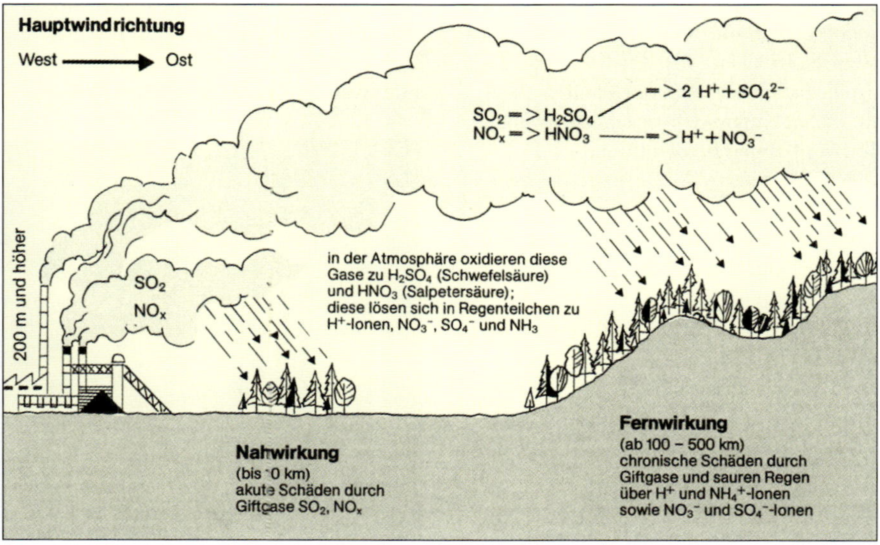

570 | Welche Gefahren gehen vom Wettergeschehen und von Naturereignissen aus?
Windwurf, Schneebruch, Trockenheit, Spätfrost, Lawinen, Feuer.

571 | Welcher Pilz schädigt besonders die Fichte?
Der Wurzelschwamm (Rotfäule). Er besiedelt sowohl lebendes als auch absterbendes Nadelholz. Der Pilz dringt bevorzugt durch Rindenverletzungen ein. Er zersetzt im Inneren die Holzzellen.

572 | Auf welchen Standorten ist die Fichte besonders anfällig gegen Rotfäule?
Bei Erstaufforstung auf ehemaligen Ackerstandorten ist die Fichte grundsätzlich anfällig gegen Rotfäule. Eine direkte Bekämpfungsmöglichkeit gibt es nicht.

573 | Welcher weitere Pilz schädigt auch Kiefer und Lärche?
Der Hallimasch entwickelt ein netzartiges weißes Pilzgeflecht, das bevorzugt am Stammfuß und Wurzelanlauf unter der Rinde vorkommt. An jungen Nadelholzpflanzen tritt Harz aus. An diesen Stellen siedeln sich meist auch noch andere Pilze an, die im Zusammenwirken häufig den Tod des Baumes herbeiführen.

574 | Von welchem Pilz wird die Douglasie befallen?
Von der Douglasienschütte.

575 | Welche Pilzkrankheit finden wir beim Ahorn?
Die Teerfleckenkrankheit.

Wildschäden

Die Jagdgesetze, insbesondere das Bundesjagdgesetz, weisen dem Schutz der Landeskultur, vor allem dem Wald gegenüber Wildschäden, eine überragende Bedeutung zu. So ist nach dem Bundesjagdgesetz »der Abschuss des Wildes so zu regeln, dass die berechtigten Ansprüche der Land-, Forst- und Fischereiwirtschaft auf Schutz gegen Wildschäden voll gewahrt bleiben sowie die Belange von Naturschutz und Landschaftspflege berücksichtigt werden«. Beim Thema Wildschäden und ihrer Vermeidung ist daher in erster Linie dem Vollzug der jagdrechtlichen Bestimmungen Rechnung zu tragen.

576 | Welche Wildarten verbeißen Forstkulturen?
Alle wiederkäuende Schalenwildarten, Feld- sowie Schneehase, Wildkaninchen.

577 | Welche Baumarten zählen zu den Hauptholzarten im Hinblick auf Wildschadenersatz?
Darunter versteht man die örtlich vorherrschenden Baumarten wie zum Beispiel Fichte, Buche, Tanne, Ahorn. Um Meinungsverschiedenheiten auszuschließen,

Die meisten Verbissschäden werden durch das Rehwild verursacht.

sollten die Hauptholzarten im Jagdpachtvertrag festgelegt werden.

578 | Welche Hauptbaumarten werden vom Rehwild besonders gerne verbissen?
Tanne, Buche, Ahorn, Eiche und Esche.

579 | Welche Verjüngungsart ist weniger durch Wildverbiss gefährdet?
Die natürliche Verjüngung.

580 | Durch welche Schalenwildart entstehen die meisten Verbissschäden?
Durch das Rehwild.

581 | Woran erkennt man den Unterschied zwischen Rehwild- und Hasenverbiss?
Der Feldhase »schneidet« mit seinen scharfen Zähnen den Zweig schräg und »glatt« ab. Beim Rehwild ist die Verbissstelle »fasrig«. Der Zweig wird »abgerupft«.

582 | Welche Tierarten (außer Schalenwild) verbeißen junge Waldbäume?
Hase, Wildkaninchen, Mäuse, Auerwild, Weidevieh, Eichhörnchen.

583 | Welche Maßnahmen dienen der Verminderung von Verbissschäden?
Anpassen der Wildbestände, intensive Durchforstung, Schutz von eingebrachten Minderheiten und Kleingruppen (etwa Laubhölzer oder Douglasien in Käfer- oder Schneebruchlöchern), sowie eine grundsätzliche Verbesserung der Lebensbedingungen des Schalenwildes.

584 | Was ist die häufigste Ursache für eine Zwieselbildung bei jungen Fichtenpflanzen?
Der Terminaltrieb (Mitteltrieb) wurde verbissen. Zwei gleichrangige Zweige haben die Leittriebfunktion übernommen. Ein solcher Baum liefert später nur noch Brennholzqualität.

585 | Welche Wälder haben die geringste Verbissanfälligkeit?
Dem Standort angepasste strukturreiche Mischwälder mit angepasster Wilddichte und einem geringen Jagddruck.

586 | Welche Verbissarten werden unterschieden?
Unterschieden werden Leittrieb- und Seitentriebverbiss. Beide können, je nach Baumart, im Winter oder im Sommer oder jederzeit entstehen (Winter- und Sommerverbiss).

587 | Welche Folgen haben Verbissschäden?
Wuchsverzögerung oder Verkrüppelung der jungen Bäume, steigender Pflegeaufwand, Ersatzpflanzung werden notwendig. Der Verbiss führt vor allem bei wichtigen Mischbaumarten (z.B. Tanne, der Buche oder der Eiche) insbesondere durch Wiederholung, zu geringerem Höhenwachstum, sodass diese wertvollen Baumarten weit zurückbleiben oder schließlich von anderen Baumarten wie zum Beispiel der Fichte »überwachsen« werden. Sie fallen häufig gänzlich aus. Man spricht hier von einem »Entmischungseffekt«.

588 | Was ist Totverbiss?
Unter einem Totverbiss versteht man einen mehrmaligen totalen Verbiss der gesamten Blatt- und Nadelmasse, der zum vorzeitigen Tod des Bäumchens führt.

589 | Ist es möglich, den Wildverbiss auf null zu senken?
Nein, denn junge Forstpflanzen gehören zum natürlichen Nahrungsspektrum des wiederkäuenden Schalenwildes und der Hasenartigen.

590 | Ist Verbiss automatisch Schaden?
Nein. Entscheidend ist, dass die nicht beschädigten Pflanzen in der Art, ihrer Anzahl und räumlichen Verteilung ausreichen, die Zielbestockung zu sichern.

591 | Was ist bei der Beurteilung von Verbissschäden wichtig?
Wie sieht das Verbiss-Bild aus? Welche Teile der Pflanze (Terminaltrieb, Seitentriebe) sind verbissen? Wer war der Verursacher?

592 | Welche Abwehrmaßnahmen gibt es gegen Wildverbiss?
Einzelschutz- und Flächenschutz-Abwehrmaßnahmen, Verringerung des Wildbestandes.

593 | Was kann der Waldbesitzer selbst zur Minderung von Verbissschäden beitragen?
Er kann durch intensive Durchforstung, durch die Tolerierung von Verbissgehölzen zur Verringerung des Verbisses beitragen. Bereitgestellte Einstands- und Äsungsflächen außerhalb des Waldes tragen zur Entkrampfung von Wald und Wild bei.

Gefegt werden seltene Baumarten.

594 | Wie entstehen Fegeschäden?
Fegeschäden entstehen beim Markieren des Einstandes (Territorialverhalten) des Rehbockes im Frühjahr, indem der Rehbock mit seinem Gehörn an Baumstämmchen den Bast abstreift und diese gleichzeitig mit Duftstoffen markiert.

595 | Was versteht man unter Schlagschäden
Unter Schlagschäden versteht man Beschädigungen von jungen Bäumen und Ästen durch schlagende Bewegungen mit dem Geweih.

596 | Welche Wildarten verursachen Fege- und Schlagschäden?
Fegeschäden werden durch den Rehbock, Schlagschäden durch den Hirsch verursacht.

597 | Was wird beim Fegen / Schlagen beschädigt?
Beschädigt werden die Rinde von Stämmen sowie die Äste von Bäumen.

598 | Wie werden Fegeschäden verhindert?
Durch das Anbringen von Schutzmanschetten, um das fegegefährdete Stämmchen (Einzelschutz). Beistellen eines »Rauhgipfels«.

599 | Welche Wirkung haben Fege- und Schälschäden?
Durch die Rindenverwundung treten zum Beispiel bei der Fichte Pilze ein, die zur Rotfäule führen. Rotfäule zerstört die Struktur des Holzes und entwertet dieses. Die Bestände werden labil, es kommt unter Einwirkung von Schnee und Sturm zu einem Zusammenbrechen des geschälten Bestandes. Bei Fegeschäden ist eine ähnliche Reaktion zu erwarten. Häufig trocknen gefegte Bäumchen aus und sterben ab. Lückige Bestände sind die Folge.

Rot-, Dam- und Muffelwild schälen.

600 | Welche Wildarten schälen?
Rotwild, Muffelwild, Damwild.

601 | Wie entstehen Schälschäden?
Schälschäden entstehen durch das Abziehen und Abnagen der Rinde an den Baumstämmen.

602 | Welche Folgen haben Schälschäden?
Es dringen Bakterien und Pilze ins Holz ein, wodurch es unter anderem zur Bildung von Rotfäule kommt. Die betroffenen Stammteile werden als Nutzholz entwertet, die Stämme brechen.

603 | Welche vorbeugenden Maßnahmen richten sich gegen das Schälen?
Richtige, artgerechte Fütterung des Wildes. Beruhigte Zonen für das Wild. Angepasste Wildbestände.

604 | Was ist ein Rindenhobel?
Mit dem Rindehobel oder Rindenkratzer wird die Rinde von Nadelhölzern (hauptsächlich) Fichte verletzt, damit es zu einem dosierten Harzausfluss kommt, der das Wild vom Schälen abhält.

605 | Bei welcher Baumart führt Rotwildschäle nicht zu Fäulnis?
Bei der Kiefer.

606 | Welche Baumart überwallt Schälschäden relativ gut?
Die Kiefer.

607 | Welche heimischen Schalenwildarten schälen?
Alle Hirschartigen, ausgenommen das Rehwild, ferner das Muffelwild.

608 | Bis zu welcher Höhe ist Schälschutz mindestens notwendig?
Mindestens bis 2 m hoch, in schneereichen Lagen höher.

Schälwunden führen zu Fäulnis.

Der Stützzaun.

609 | Womit schält das Rotwild?
Rotwild schält mit den Schneidezähnen des Unterkiefers.

610 | Warum ist die Sommerschäle schlimmer als die Winterschäle?
Bei der Sommerschäle wird die in Saft stehende Rinde flächig abgezogen. Die Schälwunde wird daher größer als bei der Winterschäle.

611 | Wie kann man Fichten gegen Schälschäden schützen?
Mechanisch-biologischer Schutz (Rindenhobel, PVC-Einband, Grüneinband mit Ästen, Schälpaste).

612 | Welche Bäume sind besonders schälgefährdet?
Bäume mit einer feinen und glatten Rinde.

613 | In welcher Jahreszeit werden Fichten »gehobelt«?
Während der Vegetationszeit.

614 | Welche Schutzmaßnahmen vor Schälschäden gibt es?
Gegen Schälschäden sind Rindenhobel, Anstrichmittel und Kunststoffbahnen sowie Grün- und Trockeneinbände in Verwendung. Schälschutz wird nur bei Zukunftsstämmen angebracht.

615 | Gegen welche Wildschäden schützt der Grüneinband?
Gegen Schälschäden.

616 | Was sind Wintergatter?
Für die Bewirtschaftung des Rotwildes meist im Hochgebirge angelegte Gatter, in die das Schalenwild (Rotwild) eingefüttert und den Winter über (Notzeit) dort gehalten und gefüttert wird. Damit sollen die Schälschäden im Wald-Revier deutlich reduziert werden. Das Wild kann im Frühjahr wieder entlassen werden und seine Lebensräume aufsuchen.

617 | Was ist Flächenschutz?
Unter Flächenschutz versteht man die Errichtung eines wilddichten Maschendrahtzaunes. Es sind in der Praxis der Pfahlzaun und der Stützenzaun bekannt. Eine quadratische Form der Zaunfläche ist am zweckmäßigsten. Der Zaun ist nur wirksam, wenn er »wilddicht« ist. Er soll daher nicht zu groß sein.

618 | Welche Bauarten kennen wir bei Zäunen?
Den Pfahlzaun (fest eingerammte Pfähle) und den Hängestützzaun (Stützenkreuze aus Holzstangen). Der Stützenzaun wird unter Spannung aufgestellt und kann im Bedarfsfall umgelegt und wieder leicht entfernt werden.

619 | Welche Nachteile hat Zäunung?
Verdrahtung der Landschaft und Entzug der Fläche als Wildlebensraum. Konkurrenzflora scheidet als Äsung aus. Mäuseplage, da der Fuchs ausgesperrt wird. Überwachung sehr arbeitsaufwändig. Im Steilhang und bei extremer Schneelage nicht anwendbar. Beseitigung des alten

Zaunmaterials ist allgemein ein Problem (Zaunung ist sehr teuer!).

620 | Wie hoch müssen Kulturzäune sein, um a. Rehwild und b. Rotwild abzuhalten?
Kulturzäune müssen als Schutz vor Rehwild 1,5 m und bei Rotwild 1,8 m hoch sein.

621 | Welche Wildarten können mit Knotengitter ferngehalten werden?
Je nach Maschenweite, Höhe und Aufbau alles Schalenwild und Hasen.

622 | Was versteht man unter Einzelschutz?
Mechanische Schutzmaßnahmen gegen Verbissschäden sind in der Praxis in Form von Drahthosen, Alufolien, Drahtspiralen, Astquirlen, Schafwolle und Wergfaser bekannt.

623 | Was ist chemischer Einzelschutz?
Als chemische Verbissmittel werden Teer, Hausmittel und Industriepräparate eingesetzt.

Kulturpflanzen werden durch Einzelschutz gegen Verbiss geschützt.

624 | Eine Buchenkultur soll gegen Kaninchenschäden eingezäunt werden. Wie groß dürfte maximal die Maschenweite sein?
Nicht weiter als 4 cm. Das Nähere, etwa Versenken des Zauns in den Boden, regeln die Länder.

625 | Welche Möglichkeiten der Verbisskontrolle gibt es?
Weiserzäune (sie zeigen, was sich unter Verbissausschluss verjüngt), Zähltrakte (sie zeigen was verbissen und was unverbissen vorhanden ist) sowie Aufnahme der verbissen Pflanzen in offenen Probeflächen.

626 | Was ist ein Weiserzaun?
Weiserzäune werden zur Kontrolle angelegt, um vergleichen zu können, welchen Einfluss das Schalenwild durch Verbiss auf die Vegetation hat. Die gezäunte Weiserfläche zeigt die natürliche Entwicklung der Vegetation ohne Schädigung.

627 | Wie funktioniert das Traktverfahren?
Es wird eine Traktstrecke (Messstrecke) fest ausgepflockt. Alljährlich oder im Abstand mehrerer Jahre wird jeweils 1 m rechts und links der Strecke der verbissene und der unverbissene Jungwuchs aufgenommen.

628 | Was bedeutet Waldweide?
Die Waldweide bedeutet für die Entwicklung der Vegetation eine Belastung.

629 | Welche Schäden hinterlässt Weidevieh im Wald?
Weidevieh hinterlässt im Wald Schäden durch Verbiss und Viehtritte.

E Naturschutz

Allgemeines

In Deutschland gab es 1836 die erste Unterschutzstellung eines Landschaftsbestandteiles, und zwar des Drachenfels im Siebengebirge. Der Drachenfels war durch den Abbau von Sandstein zum Bau des Kölner Doms gefährdet. Das Deutsche Reich verpflichtete sich 1919 in der Weimarer Verfassung erstmals zur Erhaltung und Pflege der Natur. Weitere Meilensteine sind die Gründung des ersten deutschen Naturparks, der Lüneburger Heide im Jahre 1921, das Reichsnaturschutzgesetz 1935 und der vorerst letzte Schritt, das Inkrafttreten des Bundesnaturschutzgesetzes 2009.

Früh hat man erkannt, dass Natur- und Umweltschutz eine Daseinsvorsorge für den Menschen ist. Heute wird die Wertschätzung der Natur als unsere Lebensgrundlage durch internationale Beschlüsse gestärkt, z. B. UN-Konferenz für Umwelt und Entwicklung (UNCED Rio 92) mit der »Gleichwertigkeit von Ökonomie, Ökologie und sozialer Gerechtigkeit«. Doch im Grunde sind diese Abkommen selten mehr als reine Absichterklärungen; die Realität sieht meist völlig anders aus.

Elementarer Natur- und Umweltschutz heißt Schutz der Lebenselemente: Erde, Wasser, Luft und Kosmos! In der Konsequenz: Schutz der Bodenfruchtbarkeit, Trinkwasserschutz, Schutz der Lufthülle bis hinauf in die Ozonschicht und Klimaschutz.

Die Missachtung dieser Lebenselemente führt unaufhaltsam zu Umweltkatastrophen, die ein erschreckendes globales Ausmaß angenommen haben. Die fortschreitende Umweltzerstörung wird durch die Medien hinreichend thematisiert. Gleichzeitig geht den meisten von uns der Bezug zur Natur immer mehr verloren, weil seit Beginn der Industrialisierung immer mehr Menschen in Städten leben. In den meisten der zu fast reinen Wohnsiedlungen mutierten Dörfern stellen die Bauern längst eine Minderheit dar. Damit verlieren jene, die noch Tag für Tag direkten Kontakt mit der Natur haben, mehr und mehr an Einfluss und zwar sowohl auf die Meinungsbildung wie auf die Politik.

Die globale Veränderung der Umwelt führte letztlich dazu, dass Naturschutz längst keine rein nationale Angelegenheit mehr ist. Die Parlamente in Berlin, Wien oder Paris haben in nationales Recht umzusetzen, was die EU beschließt, und die ihnen dabei zugestandenen Gestaltungsspielräume sind eher bescheiden. Andererseits ist auch die EU eingebunden in internationale Verträge.

In Deutschland unterscheiden wir zwischen amtlichem und privatem Naturschutz. Wie alle staatlichen Verwaltungen ist auch der Naturschutz stufig aufgebaut. Oberste Naturschutzbehörde ist das Bundesumweltministerium, unterste Verwaltungsebene sind die Kreise – Landratsämter und Ordnungsämter. Der staatliche Naturschutz ist in das Gesamtsystem der staatlichen Verwaltung eingebunden und stellt sicher nicht das stärkste Ressort dar. So hat schon der zuständige Minister in Sachen Naturschutz Rücksicht zu nehmen auf die Interessen und Wünsche seiner für Volks- und Landwirtschaft zuständigen Kollegen. Und selbst auf Kreisebenen stellen die meisten Entscheidungen nur Kompromisse dar.

Daneben steht der private Naturschutz, verkörpert durch zahlreiche, keineswegs immer am gleichen Strang ziehenden Organisationen. Verkompliziert wird die Sache letztlich noch dadurch, dass auch innerhalb der einzelnen Verbände nicht immer eine einheitliche Meinungsbildung erfolgt. Was auf Bundesebene für richtig und wichtig befunden wird, muss noch lange nicht die Zustimmung und Umsetzung auf unterster Ebene finden.

?

1 | Was ist elementarer Naturschutz?

Elementarer Naturschutz heißt Schutz der Lebenselemente: Erde, Wasser, Luft und Kosmos.
Schutz der Bodenfruchtbarkeit, Trinkwasserschutz, Schutz der Lufthülle bis hinauf in die Ozonschicht und Klimaschutz.

2 | Welche Ziele verfolgt der Naturschutz und die Landschaftspflege?

- Dass die Leistungs- und Funktionsfähigkeit des Naturhaushalts,
- die Regenerationsfähigkeit und nachhaltige Nutzungsfähigkeit der Naturgüter,
- die Pflanzen- Tierwelt einschließlich ihrer Lebensstätten und Lebensräume sowie
- die Vielfalt, Eigenart und Schönheit sowie der Erholungswert von Natur und Landschaft auf Dauer gesichert sind.

3 | Wie verhält sich der Naturschutz zur Jagd?

Im Prinzip ist Naturschutz auch Jagdschutz. Die Jagd in ihrem Fortbestand zu erhalten setzt zwingend den Schutz der Natur voraus.

4 | Ist Jagd generell Naturschutz?

»Jagd fördert den Schutz der Natur, macht ihn teilweise erst möglich und ist somit kein Gegensatz zum Naturschutz.«
Eine Definition der Umweltbehörde der Vereinten Nationen (IUCN) und eine internationale Anerkennung der Jagd.

Rechtliche Grundlagen

5 | Welche Gesetze sind für den Naturschutz maßgebend?
Das Bundes-Naturschutzgesetz 2009 (BNatSchG) als Rahmengesetz, die Bundesartenschutzverordnung 2005, sowie die Landesnaturschutzgesetze bzw. Landespflegegesetze der Bundesländer.

6 | Was versteht man unter amtlichem Naturschutz?
Den gesamten Arbeitsbereich der Naturschutzbehörden.

7 | Welche staatlichen Stellen sind für den Naturschutz zuständig?
Die Oberste, Höhere oder Obere und Untere Naturschutzbehörde.

8 | Wo findet man die Untere Naturschutzbehörde?
Bei den Landratsämtern (Kreisverwaltungsbehörde), in kreisfreien Städten bei der Stadtverwaltung.

9 | Was sind »§-58-Vereine«?
Anerkannte Naturschutzverbände oder -vereine.
Deutscher Jagdschutz-Verband, viele Landesjagdverbände oder z.B. der BUND sind anerkannte Naturschutzverbände.

10 | Welche Möglichkeiten der Einflussnahme auf Naturschutzentscheidungen haben die Jäger?
Zum einen durch die Anhörung des Verbandes, zum anderen mit der Verbandsklage.

11 | In welcher Weise kann sich ein Jäger aktiv im Naturschutz betätigen?
Indem er seine eigene Jagdausübung und Wildhege nach naturschützerischen Gesichtspunkten ausrichtet; sich örtlichen Initiativen des privaten Naturschutzes aktiv anschließt.

12 | Beinhaltet das BNatSchNeurG Strafbestimmungen?
Das Strafmaß reicht von Geldstrafen bis zu Freiheitsstrafen von bis zu fünf Jahren.

13 | Was ist eine »Rote Liste«?
Die Rote Liste ist ein Verzeichnis, das gefährdete Pflanzen- und Tierarten einteilt in:
- Ausgestorben.
- Vom Aussterben bedroht.
- Stark gefährdet.
- Gefährdet
- Extrem seltene Arten.
- Arten der Vorwarnliste.

Dieses Verzeichnis hat keinen offiziellen oder rechtlich verbindlichen Charakter, sondern den einer wissenschaftlichen Expertise.

Naturschutz- und Hegemaßnahmen können sich durchaus überschneiden.

14 | Welchen allgemeinen Schutz genießen wild wachsende Pflanzen und wild lebende Tiere?
Es ist verboten, wildlebende Tiere mutwillig zu beunruhigen oder ohne vernünftigen Grund zu fangen, zu verletzen oder zu töten. Wildwachsende Pflanzen dürfen nicht ohne Grund entnommen, beschädigt oder zerstört werden.

15 | Was ist ein Naturschutzbeirat?
Ein ehrenamtliches Berater-Gremium, das in einigen Bundesländern die Naturschutzbehörden fachlich berät.

16 | Was ist eine Naturschutzwacht?
Angehörige des Naturschutzdienstes. Im Wesentlichen haben sie die Aufgabe, Natur und Landschaft zu beobachten, naturschutzrechtliche Verstöße und Schäden zu melden.

Kennzeichen für Naturdenkmal.

17 | Welche Verbote dienen dem besonderen Schutz frei lebender Tiere?
Es ist – zum Schutz der Nist-, Brut- und Zufluchtsstätten freilebender Tiere – verboten:
1. Hecken, lebende Zäune, Feldgehölze oder -büsche zu roden, abzuschneiden, abzubrennen oder auf sonstige Weise zu beseitigen.
2. Im Außenbereich in der Zeit vom 1. März bis zum 30 September Hecken oder Gebüsch zu roden, abzuschneiden, zurückzuschneiden oder abzubrennen (z.B. Rh-Pf./LPflG § 24).
3. Die Bodendecker auf Wiesen, Feldrainen, ungenutztem Gelände, an Hecken oder Hängen abzubrennen.
4. Rohr- und Schilfbestände zu beseitigen.

In den Ländern weichen die einschlägigen Bestimmungen voneinander ab. Die jeweiligen Landesgesetze sind zu beachten.

18 | Wie werden Schutzgebiete / geschützte Objekte gekennzeichnet?
Durch Gebotsschilder: Nationalpark, Naturschutzgebiet, Landschaftsschutzgebiete, Wildschutzgebiet (Bayern) und Naturdenkmal.

Kennzeichen für Naturschutz-, Landschaftsschutz- und Wildschutzgebiete.

Formen des Naturschutzes

Der Naturschutz hatte seine Wurzeln im Singvogelschutz. Noch im ersten Drittel des 20. Jahrhunderts forderte der Vogelschutz die Bekämpfung der »Raubvögel«. Wichtige Anliegen frühen Naturschutzes waren beispielsweise die Winterfütterung der Singvögel und das Aufhängen von Nistkästen. Es hat relativ lange gedauert, ehe sich der Naturschutz von isolierten Betrachtungsweisen zu lösen vermochte. Spät hat man erkannt, dass nur der Schutz von Lebensräumen die Existenz von Arten sichern kann.

Der amtliche Naturschutz verlor schon früh an Glaubwürdigkeit, weil er den Spagat zwischen Strafandrohung für kleine Vergehen und Toleranz gegenüber großflächiger Zerstörung probte. So stellte zwar bereits das Reichsnaturschutzgesetz zahlreiche Pflanzenarten unter Vollschutz, akzeptierte aber deren flächige Zerstörung durch andere Interessensgruppen. Das gilt natürlich auch für zahlreiche Tierarten. So wurde das früher fast allgegenwärtige Birkwild nicht ein Opfer der Jagd, sondern ausschließlich der »Landeskultur«, die ihm die Lebensgrundlagen entzog. Daher hat auch die seit den 70er-Jahren andauernde Vollschonung der Rauhfußhühner diesen nichts gebracht.

Die Einrichtung von Naturschutzgebieten war sicher ein mutiger und richtiger Schritt. Ihr Nutzen wird allerdings dann fraglich, wenn sie Alibicharakter haben, das heißt, wenn außerhalb ihrer engen Grenzen die Naturzerstörung »lustig« weiter geht.

Mit der Gründung des ersten Nationalparks »Bayerischer Wald« 1970 erhielt der Naturschutz neue Impulse. Inzwischen

Feuchtgebiete bereichern jede Landschaft und sind heute besonders gefährdet.

haben wir mit 14 Nationalparks fast schon eine »Nationalparkflut«. Gleichzeitig hält der Naturverbrauch für Siedlungsgebiete, Verkehrswege und Industrie unvermindert an und beträgt heute pro Tag 117 Hektar, das sind rund 200 Fußballfelder. Heute ist Deutschland eines der zersiedeltsten und bevölkerungsreichsten Länder Europas.

Neben den Nationalparks wurden 14 Biosphärenreservate ausgewiesen und 93 Naturparks gegründet. Großflächige Feuchtgebiete für die Wasser- und Watvögel sind unter Schutz gestellt. Beispielsweise zählt im Norden das gesamte Wattenmeer (Weltnaturerbe) und im Süden der Chiemsee zu diesen internationalen Schutzgebieten.

Bei dieser scheinbar positiven Bilanz darf man nicht vergessen: 110 Ökosystemtypen mit einem Arteninventar von rund 73 000 Pflanzen- und Tierarten sind auf drei bis fünf Prozent der Fläche Deutschlands beschränkt. Der Rest ist »Wirtschaftsgrün«, das vom Menschen naturverträglicher gestaltet werden muss!

Begriffsbestimmung

?

19 | Was versteht man unter »Ökologie«?

Ökologie ist die Wissenschaft von allen Beziehungen der Lebewesen zu ihrer unbelebten und lebenden Umwelt.

20 | Was ist die Biosphäre?

Die Gesamtheit allen von Leben erfüllten Raums auf unserer Erdkugel – Festland, Meer und Atmosphäre.

21 | Was versteht man unter »Biozönose«?

Ein wissenschaftlicher Name für die Lebensgemeinschaft, also die Gesamtheit aller Pflanzen und Tiere, die in einem bestimmten Gebiet leben.

22 | Was sind Ökosysteme?

Das sind Lebensraumtypen, wie zum Beispiel Stillgewässer, Fließgewässer, Trockenrasen oder Feuchtwiesen – mit allem belebten und unbelebten Inventar.
Das Ökosystem Stillgewässer, der See oder Teich umfasst nicht nur all die Wasserkäfer, Libellen und Frösche, all die Binsen-, Laichkraut-, und Algenarten, es schließt auch den Säuregrad des Wassers, die Zusammensetzung des Bodens, den Niederschlag und die Temperaturwerte ein.

23 | Was ist ein Biotop?

Der Lebensraum, den eine Gemeinschaft aus Pflanzen und Tieren bewohnt.
Streuobstwiesen sind z. B. charakteristische Biotope für Neuntöter, Specht (nistet in selbstgezimmerten Baumhöhlen), Wiedehopf, Wendehals und Steinkauz (nisten in Spechthöhlen alter Bäume, gelegentlich an Gemäuern oder in Nistkästen).
Der Wald oder das Feld sind für den Feldhasen zwei völlig verschiedene Biotope.

24 | Was ist ein Habitat?

Ein spezieller Lebensraum für Pflanzen- oder Tierarten.
Der Magerrasen ist das Habitat für die geschützte Kuh- oder Küchenschelle und die Felsregion im Hochgebirge ist das Habitat für Alpenschneehuhn und Steinwild.

25 | Was ist eine ökologische Nische?

Die »Planstelle«, die ein Lebewesen in der Artengesellschaft ausfüllt.

26 | Was ist eine Habitat-Nische?

Ein kleiner, spezieller Lebensraum in einer großen Wirtschaftsfläche, wo sich Pflanzen und Tiere noch zurückziehen können, z. B. die Hecke oder das Feldgehölz.

27 | Was versteht man unter Artenschutz?
Die Bemühungen um Schutz und Erhaltung aller Pflanzen- und Tierarten.

28 | Welche Bedeutung hat der Biotopschutz?
Er steht heute vor dem Artenschutz, denn keine Art kann ohne geeigneten Biotop bestehen.

29 | Was versteht man unter Flächenschutz?
Besonders schützenswerte Landschaftsflächen.

30 | Was versteht man unter Objektschutz?
Einzelschöpfungen wie Bäume, Felsen, Findlinge, Gletscher die wegen ihrer Seltenheit, Alter, Eigenart oder Schönheit geschützt sind.

Flächenschutz

31 | Was ist eine Landschaftsplanung und wer betreibt sie?
Für den Bereich eines Landes wird ein Landschaftsprogramm aufgestellt, für Teile des Landes Landschaftsrahmenpläne und für Gemeinden Landschaftspläne. Mitentscheidenden Einfluss haben die zuständigen Naturschutzbehörden.

32 | Welche Arten der Unterschutzstellung gibt es?
National:
Naturschutzgebiete,
Landschaftsschutzgebiete,
Naturparks,
Naturdenkmäler,
Geschützte Landschaftsbestandteile
International:
Nationalparks nach IUCN,
Nationale Naturmonumente,
Biosphärenreservate der UNESCO,
Feuchtgebiete der RAMSAR-Konvention.
Im Jahr der Naturparke 2006 »Nationale Naturlandschaft« gab es 14 Nationalparks, 14 Biosphärenreservate und 93 Naturparks in Deutschland.

33 | Was sind Biosphärenreservate und National Naturmonumente?
Biosphärenreservate: Von der UNESCO anerkannte Gebiete, die repräsentativ, vom Menschen wenig beeinflusste Landschaften darstellen.
Nationale Naturmonumente: Zusätzliche Schutzgebiete, die aus wissenschaftlichen, naturgeschichtlichen, kulturhistorischen und landeskundlichen Gründen und wegen ihrer Seltenheit, Eigenart und Schönheit von herausragender Bedeutung sind. Dazu zählen beispelsweise eindrucksvolle Wasserfälle, Höhlen, Krater, Sanddünen oder Fossilienfundstellen sowie kulturell und archäologisch wichtige Stellen (Höhlenkunst der Eiszeitjäger).
Sie sind wie Naturschutzgebiete zu schützen.

34 | Welcher Landschaftstyp wird durch die RAMSAR-Konvention unter Schutz gestellt?
Das großflächige Feuchtgebiet, mit seinen Wasser- und Watvögeln.
Beispielsweise zählt im Norden das gesamte Wattenmeer und im Süden der Chiemsee zu diesen geschützten Feuchtgebieten.
Für die Jagd ist wichtig, dass die RAMSAR-Konvention (Iran 1971) eine »wohlausgewogene Nutzung der Bestände ziehender Wat- und Wasservögel« vorsieht.

35 | Was ist ein Naturschutzgebiet?
Ein Gebiet, in dem ein besonderer Schutz von Natur und Landschaft in ihrer Ganzheit oder in einzelnen Teilen erforderlich ist.

Der Nationalpark Bayer. Wald ist heute wieder Heimat des Luchses.

36 | Was unterscheidet einen Nationalpark von einem Naturschutzgebiet?

Für Nationalparke gelten neben dem nationalen Schutzstatus internationale Kriterien. Sie dienen neben dem reinen Naturschutz auch der wissenschaftlichen Forschung und der Information und Bildung der Bevölkerung.

37 | Welche Nationalparke gibt es in Deutschland?

Bayerischer Wald, Berchtesgaden; Schleswig-Holsteinisches-, Hamburgisches- und Niedersächsisches Wattenmeer; Vorpommersche Boddenlandschaft; Jasmund; Müritz; Unteres Odertal; Harz; Hainich; Sächsische Schweiz; Eifel und Kellerwald-Edersee.

38 | Was ist ein Naturpark?

Naturparke sind großflächige Gebiete, die
1. überwiegend Landschafts- oder Naturschutzgebiete sind,
2. in der Landesplanung für die Erholung oder den Fremdenverkehr vorgesehen sind.

39 | Was ist ein Landschaftsschutzgebiet?

Ein rechtsverbindlich festgesetztes, abgegrenztes Gebiet, in dem vor allem das Landschaftsbild wegen seiner Eigenart und Schönheit erhalten werden soll.

40 | Mit welcher Maßnahme können Landschaftsteile beruhigt werden?

Besucherlenkung durch die Ausweisung oder Verlegung von Wander-, Reit-, Fahrradwegen, Loipennetz, Wegegebot, -sperrung und Wildschutzgebieten (nach Landesrecht).

41 | Wie wird die Artenvielfalt in der Agrarlandschaft angehoben?

Durch die Vernetzung von Hecken und Feldgehölzen. Mit Projekten wie z.B. Ackerrandstreifenschutz für die Wildkräuter oder extensive Grünlandwirtschaft mit ihrem Blütenreichtum für die Schmetterlinge und natürlich mit dem Ökologischen Landbau; der schon lange ein etabliertes Vorbild ist.

Trockenlegung im Zeichen der landwirtschaftlichen Überproduktion ...

42 | Welche Biotope sind heute besonders gefährdet?
Die meisten Sonderstandorte wie Feuchtgebiete, Trockenrasen, Streuobstwiesen oder Feldhecken.

43 | Darf der Landwirt eine Feuchtwiese entwässern?
Wenn die Fläche als Feuchtwiese ausgewiesen ist, bedarf es der Genehmigung.

44 | Darf der Bauer einen Trockenrasen aufforsten?
Damit müssen Forst-, Landwirtschafts- und Naturschutzbehörde einverstanden sein.

Objektschutz

45 | Was ist ein Naturdenkmal?
Ein unter Naturschutz stehendes Landschaftselement: Entweder ein Einzelobjekt oder ein Flächennaturdenkmal bis zu 5 ha Größe, klar von seiner Umgebung abgegrenzt. Der gesetzliche Schutz begründet sich durch Seltenheit, Eigenart oder Schönheit sowie seinem Wert für die Wissenschaft, Heimatkunde und Naturverständnis. Es besteht ein absolutes Veränderungsverbot.

46 | Was sind Landschaftsbestandteile?
Einzelbäume, Baumgruppen, Alleen, Hecken, Feldgehölze, Röhricht, Moore und natürliche Kleingewässer können zu geschützten Objekten erklärt werden; die den strengen Anforderungen an ein Naturdenkmal nicht ganz entsprechen.

47 | Wie heißen die drei Zonen einer Feldhecke?
Saum-, Mantel- und Kernzone. Für die Artenvielfalt sind die Zonen von größter Bedeutung und müssen im Intervall gepflegt werden

48 | Darf der Landwirt im April eine Hecke auf den Stock setzen?
Feld-Hecken dürfen in der Nist- und Brutzeit nicht zurückgeschnitten werden.

49 | Darf der Landwirt im August auf seinem Acker liegendes Stroh verbrennen?
Nein, nur mit Genehmigung der Naturschutzbehörde.

50 | Darf der Grundbesitzer eine alte Lehmkuhle verfüllen?
Nein, die mit Regenwasser gefüllte Lehmkuhle ist ein Kleingewässer.

51 | Darf der Revierinhaber einen von seinem Vorgänger angelegten Teich ausbaggern, der zu verlanden droht?
Nur mit Genehmigung der Naturschutzbehörde, die vor allem den Zeitpunkt festlegt.

Jedes Gewässer lebt in einem ständigen Verlandungsprozess.

Geschützte Tiere

Von den größeren und jagdlich bedeutenden Arten sind nur wenige wirklich bedroht: Die Rauhfußhühner, das Steinhuhn und gebietsweise das Rebhuhn. Sie sind verschwunden oder verschwinden gerade, weil sie in unserem Land keine geeigneten Lebensräume mehr finden. Genau das Gleiche gilt für alle die anderen, jagdlich weniger interessanten Arten, seien es nun Insekten, Vögel, Kleinsäuger oder Reptilien. Wo die Feuchtwiese trocken gelegt wird, kann es keinen Brachvogel mehr geben, und wo der Trockenrasen mit Kiefern aufgeforstet wird, finden wir keine Schmetterlinge mehr.

Was hilft also der Schutz von Baumschläfer, Bayerische Kleinwühlmaus, Sumpfmaus, Birkenmaus, Alpenspitzmaus und Co, wenn ihnen gleichzeitig die Lebensräume entzogen werden?

Manchen kleinen Arten wie etwa dem Braunkehlchen hilft schon die Ausweisung von Naturschutzgebieten, sofern in diesen geeignete Braunkehlchen-Biotope vorhanden sind. Sie sind bereit, Inselvorkommen zu bilden. Andere Arten lassen sich nicht so leicht abspeisen.

Ohne den Artenschwund verharmlosen zu wollen müssen wir aber auch erkennen, das neue Arten zugewandert sind und bereits verschwundene Arten wieder zurückkehren. Als Beispiel sei der Biber genannt. An manchen Gewässersystemen hat er sich inzwischen so stark vermehrt, dass er örtlich zum Problem für die Wasser- und Landwirtschaft wurde. Nicht nur zunächst unerwünschte Arten wie Waschbär, Marderhund, Bisam und Nutria haben bei uns Fuß gefasst. Heute brüten bei uns auch Entenarten, die früher höchstens als seltene Wintergäste erschienen. Kranich, Fischadler und Seeadler befinden sich im Aufwind.

In Deutschland schlagen die Wogen des Wolfes wegen hoch. In den Abruzzen steigen die Schalenwildbestände trotz der Wölfe …

Und im Nachbarland Österreich kommt der einst fast ausgestorbene Fischotter – seit Kläranlagen die Flüsse säubern – selbst an innerstädtischen Gewässern wie der Mur in Graz vor. In Ostdeutschland heulen und reproduzieren wieder Wölfe und in einem halben Dutzend Bundesländern streift – wenn auch noch vereinzelt – wieder der Luchs durch die Wälder. Sogar der Bär hat, ehe man ihn erschoss, sich nach Bayern gewagt. Wir Jäger werden uns, wenn wir unsere Glaubwürdigkeit als Naturschützer nicht verspielen wollen, auch an die Rückkehr von Arten gewöhnen müssen, die wir früher als Konkurrenten betrachteten.

Die fortschreitende Klimaerwärmung wird das Artenspektrum weiter verändern. Arten, die bisher dem mediterranen Raum vorbehalten waren kommen über die Alpen. Gleichzeitig verlieren Eiszeitrelikte wie etwa der Schneehase an Lebensraum.

Säugetiere

?

52 | Welche nicht jagdbaren Säugetiere sind besonders geschützt?
Europäischer Nerz, Baumschläfer, Bayerische Kleinwühlmaus, Sumpfmaus, Birkenmaus, Alpenspitzmaus und alle Fledermäuse.

53 | Dürfen Sie gebietsfremde (nicht jagdbare) Tiere aussetzen?
Nein, das führt zur Faunenverfälschung.

54 | Welche Bedeutung haben Kleinsäuger?
Kleinsäuger spielen in Ökosystemen eine erhebliche Rolle als Konsumenten, Produzenten und Beutetiere.

55 | Welche heimischen Säuger sind Insektenfresser?

Der Igel, der Maulwurf, die Spitzmausarten und alle Fledermausarten.

56 | Wie finden sich Fledermäuse in der Dunkelheit zurecht?

Fledermäuse senden im Flug Ultraschalllaute aus, das zurückkehrende Echo fangen sie mit den Ohren auf und können damit ihre Umwelt mit den Beutetieren wahrnehmen.

57 | Welche Fledermaus ist ein typischer Baumhöhlenbewohner und welche Art bewohnt großvolumige Dachböden?

Der Große Abendsegler ist ein Baumhöhlenbewohner; sein Winterschlafquartier sind vor allem Spechthöhlen, aber auch Fassadenspalten und Hohlräume von Brücken und Burgen.
Das Große Mausohr ist die typische »Dachbodenfledermaus«; über Generationen hinweg ziehen die Weibchen ihre Jungen in denselben Dachböden auf.

58 | Welche nicht jagdbaren heimischen Säuger halten einen Winterschlaf?

Der Igel, der Hamster, die Fledermäuse und die Bilche.

59 | Wo verbringt der Igel den Winter?

In einem dichtgeschlossenen Windernest aus einem großen Haufen Reisig, Stroh, Heu und Laub, das im Inneren mit trockenem Gras und Moos ausgepolstert ist.

Oben: Siebenschläfer.

Mitte: Haselmaus.

Unten: Baumschläfer.

Links oben: Gartenschläfer.

Links Mitte: Abendsegler vor der Spechthöhle.

Rechts oben: Igel.

Rechts Mitte: Hufeisennase.

Rechts unten: Mausohr.

Der tiefe Pflug rottet den Hamster aus.

60 | Welche Bilcharten gibt es bei uns?
Die Haselmaus, den Sieben-, Garten- und Baumschläfer.

61 Wann paaren sich Eichhörnchen?
Im milden Winder schon im Januar bis in den Sommer.
Mit einer Tragzeit von 38 Tagen bringt das Weibchen zwei- bis fünfmal, meist 5 Junge zur Welt und ist somit ein wichtiges Beutetier für Baummarder und Habicht.

62 | Wo lebt der Feldhamster?
Im Ackerland mit überwiegend Getreideanbau.

63 | Was bedroht die Existenz des Hamsters?
Infolge moderner Bodenbearbeitung dem Tiefpflügen und innerer Bodenerosion ist er selten geworden.

64 | Dürfen Sie sich geschützte, nicht jagdbare und tot aufgefundene Tiere aneignen?
Nein, nur jagdbare Tiere darf sich der Jagdausübungsberechtigte aneignen.

Übersicht Insektenfresser

Spitzmäuse: Alpenspitzmaus, Feldspitzmaus, Hausspitzmaus, Sumpfspitzmaus, Waldspitzmaus, Zwergspitzmaus.

Maulwurf

Igel

Fledermäuse

Übersicht Winterschläfer

Fledermäuse: Abendsegler, Bechstein-Fledermaus, Braunes Langohr, Fransenfledermaus, Große Hufeisennase, Kleine Bartfledermaus, Kleine Hufeisennase, Mausohr, Mopsfledermaus, Zwergfledermaus, Wasserfledermaus. (Schlaf mit Unterbrechungen von Oktober bis März/April)

Bilche: Siebenschläfer, Baumschläfer, Gartenschläfer, Haselmaus. (Anfang Oktober bis April mit gelegentl. Aufwachen)

Murmeltier (Oktober bis April/Mai mit gelegentl. Aufwachen)

Feldhamster (Ende August bis Ende März)

Igel (Oktober bis Ende März/April)

Übersicht Winterruher

Bär (meist ab Anfang Dezember bis Februar, Bärinnen mit während des Winterschlafs geborenen Jungen auch bis Ende Mai)

Waschbär (unterbrochene Ruhe je nach Wetterlage)

Marderhund (wetterabhängig mit Unterbrechungen)

Dachs (wetterabhängig kurze, unterbrochene Ruheperioden im Hochwinter)

Eichhörnchen (unterbrochene Ruhe im Hochwinter, je nach Temperatur und Nahrung)

Vögel

65 | Welche nicht dem Jagdrecht unterliegenden Vogelarten sind besonders geschützt?
Für zahlreiche in Deutschland vorkommende Vogelarten beispielsweise Fischadler, Rohrdommel, Kranich, Großtrappe, Schwarzspecht und Blaukehlchen sind nach der EU-Vogelschutzrichtlinie besondere Schutzgebiete zu schaffen.

66 | Wodurch sind zahlreiche Vogelarten bedroht?
Durch Lebensraumverlust.

67 | Welche Vogelarten sind besonders bedroht?
Die meisten ziehenden Arten und solche, die sehr spezielle Lebensraumansprüche stellen wie etwa die Rauhfußhühner oder Limikolen.

68 | Welche Singvogelgruppe stellt die meisten Zugvögel?
Die Gruppe der Insektenfresser.

69 | Welche Insektenfresser zählen nicht zu den Zugvögeln?
Die Meisenarten, das Wintergoldhähnchen, Wasseramsel, Zaunkönig, Garten- und Waldbaumläufer.

Unser Star hat die halbe Welt erobert.

70 | Wie kann man Höhlenbrütern helfen?
Mit stehendem, starkem Totholz, Streuobstbäume (Hochstamm) und Nistkästen für Höhlenbrüter.
Erhalt sämtlicher bekannter Bäume mit Spechthöhlen (Markierung und Hiebverzicht!).

71 | Welche Eulenarten nehmen gerne Nistkästen an?
Die Käuze: Steinkauz, Rauhfußkauz und Waldkauz (nicht der Sperlingskauz).

Übersicht Höhlenbrüter

Geschlossene Höhlen (auch Nistkästen):
Brandgans, Schellente, Gänsesäger, Hohltaube, Rauhfußkauz, Sperlingskauz, Steinkauz, Waldkauz, Spechte, Eisvogel, Mauersegler, Uferschwalbe, Meisen, Kleiber, Baumläufer, Dohle, Star

Halbhöhlen, Spalten, Nischen:
Mittelsäger, Gänsesäger, Schleiereule, Steinkauz, Waldkauz, Uhu, Wanderfalke, Turmfalke, Garten-, Hausrotschwanz, Grauschnäpper, Haussperling, Baumläufer

72 | Welche Eulenart brütet am Boden?
Die Sumpfohreule.

73 | Welche Vogelarten bewohnen Baumhöhlen?
Zum Beispiel Spechte, Eulen (Käuze), Meisen, Schellente, Hohltaube und Wiedehopf.

74 | Welche Vogelarten brüten in selbst gegrabenen Erdhöhlen?
Eisvogel, Bienenfresser und Uferschwalbe.

75 | Wie wird im Wirtschaftswald Insekten fressenden Vögeln geholfen?
Durch stehendes und liegendes Totholz und mit Nistkästen.

76 | Welcher Vogel spießt Käfer und andere Insekten auf Dorne und Stacheln?
Der Neuntöter spießt Insekten häufiger als andere Würger auf Dornen von Büschen.

77 | Von was ernährt sich der Kuckuck?
Seine Nahrung besteht fast ausschließlich aus Insekten aller Art, vorzugsweise von haarigen Raupen die andere Vögel meistens verschmähen.

78 | Zu welcher Singvogelgruppe gehört der Kreuzschnabel?
Zu den Finken.

79 | Welchen Lebensraum bewohnt die Goldammer?
Sie lebt in der Feldflur mit vielen Hecken, Feldgehölzen, bis hin zum reichstrukturierten Waldrand.

Oben: Wiedehopf.

Mitte: Eisvogel.

Unten: Singdrossel.

Nachtschwalben (Ziegenmelker) gehören zu den Schwalmvögeln.

Feldsperling.

Neuntöter.

80 | Wo finden Sie den Ziegenmelker?
Der Ziegenmelker lebt in lichten Wäldern mit kleinen Schlägen oder in Moor- und Heideflächen.

81 | Wie unterstützt der Jäger den Vogelschutz?
Durch Anpflanzung und Pflege von Hecken und Aufhängen von Nistkästen, Markierung von Höhlenbäumen (Hiebverzicht im Forstbetrieb).

82 | Welche Bedeutung haben die Nester von Krähen und Elstern?
In alten Krähen- und Elsternnestern brüten gerne die Waldohreulen oder die Turmfalken und manchmal die Stockenten.

83 | Welchem Gesetz unterliegen Aaskrähe, Elster und Eichelhäher?
Je nach Bundesland unterliegen sie dem Naturschutzgesetz und / oder dem Landesjagdgesetz.

Reptilien

84 | Was sind Reptilien?
Das sind wechselwarme Kriechtiere mit einer von hornigen Schuppen oder Schilden bedeckten Haut, die Echsen, die Schlangen und die Sumpfschildkröte.

85 | Wie hoch ist die Körpertemperatur einer Schlange?
Die wechselwarmen Schlangen sind bei einer Körpertemperatur von 32 bis 38 °C aktiv, darunter inaktiv; sie fallen im Winter in Kältestarre.

86 | Zu welcher Gruppe gehört die Blindschleiche?
Zu den Echsen.

87 | Welche Eidechsen kommen bei uns vor?
Die Zauneidechse, Smaragdeidechse, Bergeidechse (Waldeidechse) und die Blindschleiche.

Kreuzotter.

Ringelnatter.

Übersicht Reptilien

Familie / Art	Lebensraum	Vermehrung
Schlangen:		
Kreuzotter (Höllenotter)	Heide, Moor, Bergwald	bis 18 lebende Junge*
Ringelnatter	Feuchtgebiete	10 bis 30 Eier
Äskulapnatter	Trockenstandorte, mildes Klima	bis 10 Eier
Würfelnatter	Uferbereiche	bis 25 Eier
Echsen:		
Zauneidechse	Hecken, Waldränder, urbane Bereiche	bis 20 Eier
Smaragdeidechse	Weinberge, Steinbrüche (Weinbergsklima)	
Waldeidechse	Hügel- u. Bergland	bis 12 lebende Junge
Blindschleiche	Grasland, Waldränder	bis 12 lebende Junge
Schildkröten:		
Sumpfschildkröte	Altwasser in klimatisch milden Lagen	bis 16 Eier

* Arten, die auch kältere Lebensräume bewohnen, bringen lebende Junge.

Die Blindschleiche gehört zu den Echsen.

Zauneidechse.

88 | Welche Schlangen kommen in Deutschland vor?
Die Schlingnatter, Äskulapnatter, Ringelnatter, Würfelnatter und die Kreuzotter.

89 | Welche Reptilien leben vorwiegend im Wasser?
Die Sumpfschildkröte (ständig), die Ringelnatter (häufig).

90 | Was ist eine »Höllenotter«?
Eine schwarze Kreuzotter – die dunkle Variante der Kreuzotter.

91 | Ist der Biss einer Kreuzotter tödlich?
Ein Kreuzotterbiss ist bei gesunden Erwachsenen und entgegen der gewöhnlichen Meinung selbst für Kinder selten tödlich, verursacht jedoch heftige Beschwerden, deshalb ist ein Arzt aufzusuchen.

92 | Wovon leben Reptilien?
Von lebenden Beutetieren: Von Insekten und dergleichen (Eidechsen) bis zu Amphibien (Nattern), Mäusen und Kleinvögeln (Nattern, Kreuzotter), Fischbrut und anderen Kleintieren im Wasser (Sumpfschildkröte, Ringelnatter).

93 | Wie pflanzen sich Reptilien fort?
Die meisten legen Eier, einige gebären lebende Junge (Bergeidechse, Kreuzotter). Sie betreiben keine Brutpflege.

94 | Wie überwintern Reptilien?
Reptilien überwintern einzeln oder gesellig in Höhlen, Felsspalten, im Mulm alter Baumstümpfe, Nagerhöhlen, Komposthaufen und fallen in eine Winterstarre.

95 | Was sind Amphibien?
Das sind wechselwarme Tiere (Lurche), die zeitweilig im Wasser und auf dem Land leben.

96 | Welche zwei Gruppen von Amphibien gibt es?
Froschlurche (Frösche und Kröten) und Schwanzlurche (Salamander und Molche).

97 | Welche Molche gibt es bei uns?
Teichmolch, Bergmolch, Fadenmolch und Kammmolch.

98 | Welche Frösche finden wir in Deutschland?
Laubfrosch, Grasfrosch, Moorfrosch, Springfrosch, Wasserfrosch und Seefrosch.

Übersicht heimische Amphibien Lebensräume, Fortpflanzung

Art	Lebensräume	Überwinterung	Laich
Froschlurche			
Frösche:			
Moorfrosch	Bruchwälder, Feuchtgebiete	an Land	Laichballen
Laubfrosch	Bäume, Büsche, wärmeliebend	an Land	Laichklumpen
Springfrosch	Laub- u. Mischwälder	im Wasser	Laichballen
Wasserfrosch	Wasser/Uferbereich	an Land	Laichballen
Seefrosch	ganzjährig im Wasser	im Wasser	Laichballen
Grasfrosch	Wald, Offenland	im Wasser	Laichballen
Kröten:			
Erdkröte	Agrarland, Wald	an Land	Laichschnüre
Geburtshelferkröte	Laubwald	an Land	an Land
Wechselkröte	trockene Kulturlandschaft	an Land	Laichschnüre
Knoblauchkröte	leicht grabbare Böden	an Land	Laichschnüre
Kreuzkröte	sandige Böden, Abbaugruben	an Land	Laichschnüre
Unken:			
Gelbbauchunke	flache, gut besonnte Kleingewässer		
Rotbauchunke	Tiefland, Überschwemmungsbereiche	an Land	Laichklumpen
Schwanzlurche			
Salamander:			
Feuersalamander	bewaldetes Berg- u. Hügelland	an Land	fertige Larven
Alpensalamander	Feuchtbereiche im Gebirge	an Land	lebende Junge
Molche:			
Kammmolch	Feuchtgebiete, Bodenabbaugruben	an Land	Einzelablage
Fadenmolch	Kleinstgewässer in Laubwaldgebieten	an Land	Einzelablage
Bergmolch	gewässerreiche Wälder im Gebirge	an Land	Einzelablage
Teichmolch	Grünlandgebiete mit Hecken und Wasser	an Land	Einzelablage

99 | Welche heimischen Krötenarten kennen Sie?
Erdkröte, Geburtshelferkröte, Wechselkröte, Knoblauchkröte, Kreuzkröte, Gelb- und Rotbauchunke.

100 | Wie verbringen Amphibien den Winter?
In Kältestarre im Boden oder im Schlamm von Gewässern.

1 Wasserfrosch.

2 Grasfrosch.

3 Erdkröte.

4 Wechselkröte.

5 Feuersalamander.

6 Alpensalamander.

1

2

3

4

5

6

Oben: Rotbauchunke.
Mitte: Bergmolch.
Unten: Teichmolch.

Insekten, Spinnen

101 | Wie unterscheiden sich Insekten von Spinnen?

Insekten haben einen segmentierten Körper aus drei Teilen, nämlich aus Kopf, Brust und Hinterleib.
Spinnen sind flügel- und fühlerlose Gliederfüßler, deren Kopf und Brust zur sogenannten Kopfbrust verwachsen ist. Insekten haben 6 Beine, Spinnen haben 8 Beine!

102 | Sind alle Insektenarten geschützt?

Unter besonderem Schutz stehen unter anderen alle Libellen, einige Arten Heuschrecken, alle Bienen und Hummeln, viele Käfer (z.B. Lauf-, Bock- und Hirschkäfer), die Roten Waldameisen und die Schmetterlinge.
Der Schutz bezieht sich auf alle Entwicklungsstadien: Eier, Larven, Raupen, Puppen und Imagos.

103 | Wodurch sind viele Schmetterlingsarten besonders gefährdet?

Hauptsächlich durch die Anwendung chemischer Schädlingsbekämpfungsmittel; entweder direkt durch Insektizide oder indirekt durch Vernichtung der Nahrungspflanzen mit Herbiziden und allgemeine Schadstoffbelastung der Luft.

104 | Welche Schmetterlinge legen ihre Eier an der Brennnessel ab?

Der kleine Fuchs, das Tagpfauenauge und der Admiral.

105 | Welche ökologische Bedeutung kommt vielen Insektenarten zu?

Sie sind zur Bestäubung vieler Pflanzen nötig. Sie sind überdies Nahrungsgrundlage zahlreicher Vogelarten.
Viele Insekten sind aber auch »Insektenfresser«, z.B. fressen Hornissen Wespen.

106 | Was sind Wanderfalter?
Das sind Schmetterlinge, die, meist im Spätsommer, aus dem Mittelmeerraum und Nordafrika zu uns kommen. Hierzu gehören n.a. Admiral, Distelfalter, Postillion, Taubenschwänzchen, Windenschwärmer, Lindenschwärmer und Totenkopfschwärmer.

107 | Wie überstehen Insekten den Winter?
Je nach Art unterschiedlich: in Form von Eiern oder Puppen, in Larvenstadien unter der Erde (z.B. Engerlinge), als fertige Tiere in Kältestarre in Schlupfwinkeln.

108 | Welche Insekten bilden Staaten?
Die Honigbiene, Hummeln, Wespen, Hornissen, vor allem Ameisen.

109 | Welche drei Hummelarten sind relativ häufig?
Die Erd-, Acker-, und Wiesenhummel.
Im gesamten deutschsprachigen Raum gibt bzw. gab es 36 Hummel- sowie 10 Schmarotzerhummelarten. Mindestens 3 Hummelarten sind in den letzten Jahren ausgestorben und 4 weitere sind selten geworden.

110 | Welche Bienenarten leben solitär?
Die Wildbienen sind »Einsiedlerbienen«, sie bilden keinen Saat und sind besonders wichtig für die Befruchtung der Wildäsungspflanzen.
In Deutschland sind 480 Wildbienenarten bekannt, 170 davon stehen auf der Roten Liste und 34 Arten sind bereits ausgestorben.

111 | Welche Bedeutung haben Ameisen für den Wald?
Die Roß-Ameise, Rote- und Kleine rote Waldameise sind wichtige Glieder für eine gesunde Waldlebensgemeinschaft. Ameisenhaufen (Nester) dürfen nicht zerstört werden!

Oben: Hirschkäfer (♂).
Mitte: Blaugrüne Mosaikjungfer.
Unten: Garten-Kreuzspinne.

1

2

1 Hornisse.
2 Kleiner Fuchs.
3 Appollofalter.
4 Segelfalter.
5 Schachbrettfalter.

3

4

5

112 | Welche Insekten ernähren sich von anderen Insekten?

Libellen, Wespen, Schlupfwespen, Hornissen; manche Käfer (Laufkäfer, Gelbrand- u.a. Wasserkäfer, Marienkäferlarve frisst Blattläuse); Ameisen und die Larve der Ameisenjungfer fängt Ameisen in Fanggrubentrichtern aus Sand.

113 | Dürfen die Nester von Wespen und Hornissen zerstört werden?

Hornissen, aber auch die Hummeln und einige Wespenarten sind nach der Bundesartenschutzverordnung besonders geschützt, also auch ihre Nester. Bei den Wespen gibt es Unterschiede; ein Teil genießt nur den begrenzten Schutz des Gesetzes über Naturschutz und Landschaftspflege § 41. Sie dürfen nicht mutwillig beunruhigt und nicht ohne vernünftigen Grund gefangen, verletzt oder getötet werden.

114 | Welche Spinnenarten sind besonders geschützt?

Streng geschützt sind bei uns 6 Spinnenarten, darunter die Kreuzspinne.

Sonstige Tiere

115 | Welche Krebsarten leben in unseren Binnengewässern?
Stein- und Edelkrebse als heimische Arten und der Amerikanische Krebs als eingebürgerte Art.

116 | Welche Weichtiere sind geschützt?
Unter den Weichtieren (Mollusken) alle Teich- und Flussmuscheln sowie die Weinbergsschnecke.

117 | Wovon lebt der Regenwurm?
Der Regenwurm verdaut organische Abfälle und Mineralbestandteile zusammen, durchmischt sie mit organischen Kalkverbindungen und Darmdrüsensäften und scheidet Humus aus.

118 | Warum ist der Regenwurm nützlich?
Der Regenwurm mit dem gesamten Bodenleben (Edaphon) ist für die Bodenbildung, -fruchtbarkeit, -gefüge und -regeneration von größter Bedeutung und Nahrung für viele Tierarten

Der Flusskrebs (Edelkrebs) ist wie alle anderen bei uns vorkommenden Krebse (Steinkrebs, Sumpfkrebs, Dohlenkrebs und Amerikanischer Flusskrebs) nachtaktiv. Zu den Krebsen zählen aber auch viele Kleintiere in unseren Gewässern wie etwa der Bachflohkrebs. Weltweit gibt es etwa 40 000 Krebsarten.

Weinbergschnecken sind Zwitter (hermaphrodit). Jedes Tier trägt also weibliche wie männliche Geschlechtsorgane. Bei der Paarung (Bild) treiben sie sich gegenseitig so genannte Liebespfeile aus Kalk in die Körper, die mit einem stimulierenden Sekret behaftet sind und den Paarungserfolg steigern. Gleichzeitig paaren sich die Tiere. 4–6 Wochen später erfolgt die Eiablage in flache Erdgruben. Weinbergschnecken sind geschützt.

Geschützte Pflanzenarten

Die Pflanzen sind natürlich an ihren Standort gebunden. Verändert sich durch Umwelteinflüsse das Leben im Boden, das Edaphon, so verändert sich auch die Pflanzengesellschaft. Ein relativ neuer Aspekt ist die generelle Gefährdung der Bodenfruchtbarkeit durch zunehmende Versauerung des Niederschlagswassers als Folge ständig bedrohlicher werdender Schwefel- und Stickstoffoxid-Emissionen, die aus Verbrennungsprozessen in Haushalt und Industrie und noch anderen Bereichen unserer fremdenergiesüchtigen Zivilisation stammen. Mit allen schädlichen Rückwirkungen auf das Leistungspotential der Böden und auch auf die Gesundheit der Pflanzen.

Der Schutz der geschützten Pflanzen setzt an erster Stelle den Schutz der Umwelt voraus! Wertvolle Bioindikatoren für die Luftverschmutzung sind die Flechten. Deshalb wurden die Doppelwesen aus Fadenpilzen und Algen in dieses BLV-Jägerlehrbuch aufgenommen.

An zweiter Stelle muss der Standort der Pflanzen, ihr spezielles Habitat geschützt werden. Beispielsweise wächst der insektenfressende Sonnentau nur im Hoch- und Zwischenmoor oder die Sibirische Schwertlilie (Iris) nur in Moorwiesen und an Gräben. Und nur auf dem sonnigen Mager-Trockenrasen wächst die Silberdistel und die Küchenschelle.

Die Aufklärungsarbeit vieler Naturschutzverbände hat dazu geführt, dass nur noch wenige Menschen besonders geschützte Pflanzen verbotenerweise pflücken: z.B. Frauenschuh und andere Orchideenarten, Seerose, Schwertlilienarten, Schlüsselblumen, Seidelbast, Alpenveilchen, Enzian und Edelweiß.

Für das Wild, den Menschen, die Pharmazie sind die Inhaltsstoffe der Wild-Heilpflanzen von größter Bedeutung.

Satte Farben ersetzen keinen Artenreichtum.

?

119 | Welche Rechtsgrundlage gibt es für den Schutz wild wachsender heimischer Pflanzen?
Im Rahmen des Naturschutzrechts die Bundesartenschutzverordnung (BArtSchV – Pflanzen).

120 | Haben alle heimischen Pflanzen denselben Schutzstatus?
Einige Wildpflanzenarten sind »streng geschützt«, andere »teilgeschützt« d.h. man darf die Wurzel nicht ausgraben.

121 | Welche geschützten Pflanzen darf man mit Erlaubnis pflücken?
Außerhalb von Naturschutzgebieten und Nationalparken kann nach § 6 BArtSchV das Sammeln oberirdischer Teile folgender Pflanzen erlaubt werden: Arnika, Silberdistel, Schneeglöckchen, Märzenbecher, Traubenhyazinthen (mit Ausnahme der schmalblütigen Traubenhyazinthe), Zweiblättriger Blaustern und Trollblume.

122 | Nennen Sie mindestens fünf Korbblütler.
Edelweiß, Alpen-Aster (geschützt!); Echte Kamille, alle Distelarten, Löwenzahn, Rainkohl und Wald-Habichtskraut sind begehrte Äsungspflanzen.

123 | Nennen Sie mindestens fünf Lippenblütler.
Alle Nessel-, Minze- und Salbeiarten. Thymian, Wald-Ziest und Heil-Ziest.

124 | Welche Pflanzenfamilie ist für Insekten besonders wichtig?
Die Schmetterlingsblütengewächse (eine Unterfamilie der Leguminosen) sind für die Ernährung der Insekten, aber auch für das Wild und für die Bodenfruchtbarkeit (Stickstoffsammler) wichtig. Sie treten als Krautartige, Sträucher und Bäume auf.

125 | Wodurch sind zahlreiche Wildpflanzen besonders bedroht?
Durch die intensive Landeskultur (Land- und Forstwirtschaft) mit großflächigen Monokulturen, Düngung und Einsatz von Herbiziden; Kultivierung von »Ödland«, Entwässerung von Feuchtgebieten (Mooren, Feuchtwiesen) und den »Landverbrauch« durch Baumaßnahmen.

126 | Nennen Sie einige besonders geschützte Wildpflanzen.
z.B. alle Orchideen-, Primel-, Iris- und Enzianarten, ferner Eibe, Stechlaub, Seidelbast, Seerose, Alpenveilchen, Edelweiß, Sonnentau, Frauenschuh und verschiedene Farnarten.

127 | Wo finden Sie den Sonnentau?
Im Hoch- und Zwischenmooren, sauren Torfböden, auf nacktem Torf und in Torfmoospolstern;
mit ihren reizbaren, klebrigen Drüsenhaaren (Tentakeln) und Verdauungsdrüsen auf den Blättern fängt und verdaut die Pflanze Insekten.

128 | Wo wächst die Sibirische Schwertlilie (Iris sibirica)?
In Moorwiesen und an Gräben, auch auf trockenen Standorten!

129 | Welches gelb blühende Hahnenfußgewächs wächst in Feuchtwiesen?
Der Kriechende Hahnenfuß – eine sehr begehrte Wildäsungspflanze – und die Sumpfdotterblume.

130 | Wo wachsen Silberdisteln und Küchenschellen?
Auf sonnigen Magerrasen bzw. Trockenrasen.

Gewöhnliche Kuhschelle.

Schwalbenwurz-Enzian.

Schachblume.

Diptam.

Helm-Knabenkraut.

Frühlings-Knotenblume, Märzenbecher.

Frauenschuh.

Adonisröschen.

Trollblumen.

Gelber Enzian.

Türkenbund.

Breitblättriges Knabenkraut.

Alpenrose.

Frühlingsenzian.

131 | Welche Pflanzen zählen zu den Orchideen?

Frauenschuh, die Waldvögeleinarten, die Knabenkrautarten und die Ragwurzarten.

132 | Welche Enzianarten blühen noch im Spätsommer und Frühherbst?

Schwalbenwurz-, Lungen-, Gefranster-, Feld-, Rauer-, Deutscher- und Bayerische Enzian.

133 | Welche Farnarten sind geschützt?

Hirschzunge, Hautfarn, Rautenfarn und Schildfarn.

134 | Gehört der Bärlapp zu den Moosen?

Nein, die Bärlapparten gehören zu den Gefäßsporenpflanzen. Sie waren schon vor rund 350 Mill. Jahren vorhanden.

135 | Ist das Sammeln von Pilzen erlaubt?

Das Sammeln von Pilzen ist erlaubt – selbstverständlich nur in kleinen Mengen für den Eigenbedarf.
In einigen Bundesländern kann das Sammeln zur Erhaltung der Pilze eingeschränkt werden.

136 | Was sind Flechten?

Die Flechten sind Doppelwesen aus Fadenpilzen und Algen von großem Formenreichtum.
Man unterscheidet in ihrer Form: Strauch-, Laub-, Krusten- und Gallertflechten. Durch ihre Empfindlichkeit sind sie wertvolle Bioindikatoren für die Luftverschmutzung.

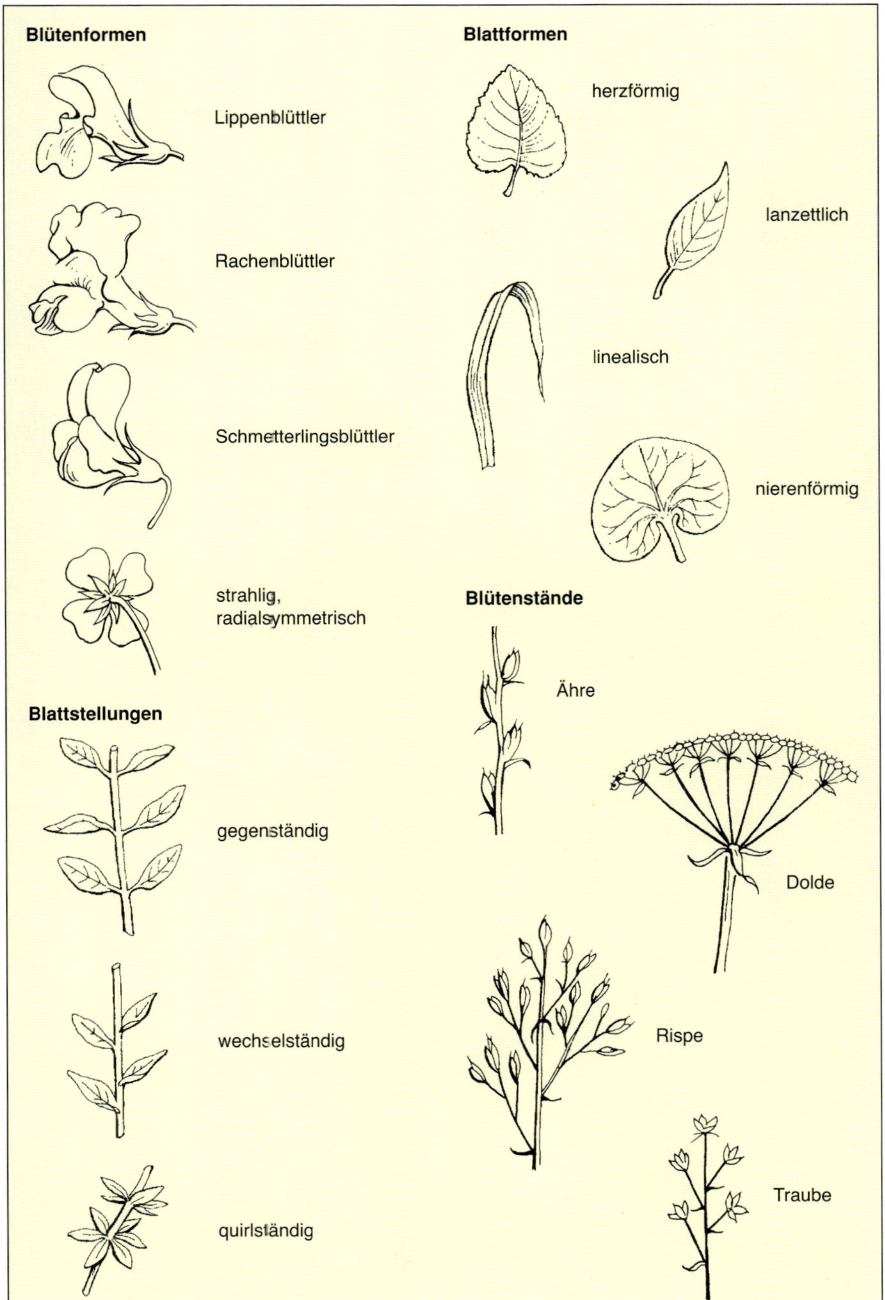

Blatt- und Blütenstellungen. (Aus: Der große BLV Pflanzenführer)

F Hege

Allgemein

Menschheitsgeschichte war lange Zeit Jagdgeschichte. Seit die Jägerkultur sesshaft wurde und mit Ackerbau und Tierzucht begann, gestaltete der Mensch die Naturlandschaft zur Kulturlandschaft.

Im Verlauf der vorgeschichtlichen Epochen bis zur Eisenzeit stieg die Bevölkerungsdichte in Mitteleuropa an und die Menschen entwickelten ständig neue technische Fähigkeiten. Vor der Eisenzeit hat es das Wald-Feldbau-System noch nicht gegeben. Erst in der Karolingerzeit wurde die Waldrodung geordnet, Bannwälder für die Jagd unter Schutz gestellt und die Feldflur nach der fränkischen Landordnung (Dreifelderwirtschaft) genutzt.

In althochdeutscher Zeit, also zwischen 750 und 1050 n. Chr. bedeutete das Wort »hegan« soviel wie »mit einem Hag, d.h. mit einer Hecke umgeben«. Und hier ist die Sprachwurzel für unseren Begriff »Hege«.

Alte bäuerliche Kulturlandschaften waren geprägt von einem Mosaik aus kleinparzellierten Feldern. Diese vielfältige Feldflur in enger Vernetzung, mit vielen Grenzlinien, bot eine heute fast unvorstellbare Mannigfaltigkeit an Lebensräumen für Pflanzen und Tiere. Noch im 18. Jahrhundert wurde eine Verordnung erlassen zur Umgrenzung (Hag) der Fluren mit Hecken.

In der vorindustriellen Kulturlandschaft vor dem 19. Jahrhundert erreichte der Mensch den größten Artenreichtum!

Die Hege wurde immer nötiger, je mehr die Naturlandschaft zur Kulturlandschaft wurde, je mehr Menschen den Lebensraum der Pflanzen und Wildtiere beanspruchten.

Die lebendigen Bilder aus der historischen Kulturlandschaft kennen wir noch, heute sind sie Vorbild für den Naturschutz – für die Renaturierung der Industrielandschaft – für die Hege.

Der Begriff Hege

?

1 | Zu welcher Zeit wurden die Grundlagen für die heutige Hege und Jagd gelegt?
In der zweiten Hälfte des 19. Jahrhunderts wurden die Grundlagen für die heutige Hege und Jagd gelegt.

2 | Was bezweckte jagdliche Hege ursprünglich?
In der Jagdregal-Epoche von ca. 1500 bis zum Ende der Feudalzeit 1848 waren große Wildbestände das Ziel der Hege, verbunden mit dem Nachteil der Wildschäden.

3 | Welche Ziele verfolgt jagdliche Hege heute?
Es geht um Arterhaltung und Artenvielfalt, um Verbesserung der Lebensbedingungen bedrängter Arten.

4 | Um was kümmert sich eine zeitgemäße Hege konkret?
Um Erhalt und Schaffung von notwendigen Strukturen der Lebensräume.

5 | Wer ist zur Hege verpflichtet?
Grundeigentümer (Jagdgenossenschaft) und Jagdausübungsberechtigte (Revierinhaber bzw. -pächter).

6 | Können die Grundbesitzer konkret zu Hegemaßnahmen gezwungen werden?
Nein, inwieweit die gesetzliche Hege auch den Grundeigentümer als eigentlichen Inhaber des Jagdrechts praktisch betrifft, ist z.Z. noch umstritten.

7 | Welche Ziele darf zeitgemäße Hege nicht verfolgen?
Überhöhte Wildbestände, die nicht artgemäß sind oder zu wesentlichen Schäden an der Umwelt führen (Wildschäden).

8 | Kann man die Revierverhältnisse dem Wildbestand anpassen?
Nein, der Wildbestand muss dem Lebensraum, den Revierverhältnissen angepasst werden, nicht umgekehrt.

9 | Sind Jagdeinrichtungen Gegenstände der Hege?
Nein, nur die Fallen (»Hege mit der Falle«).

Hege bedeutet nicht Zucht möglichst starker Trophäen und nicht das Erreichen möglichst großer Strecken, sondern in erster Linie Schutz halbwegs intakter Lebensräume.

Natürliche Äsung

10 | Was ist natürliche Äsung und was ist Fütterung?
Äsung wächst im Revier und steht qualitativ und quantitativ in Abhängigkeit vom Wildbestand. Futter wird zusätzlich angeboten und nimmt Einfluss auf natürliche Abläufe.

11 | Welche natürliche Äsung bietet der Wald dem Schalenwild im Winter?
Triebmasse der Waldbäume und Sträucher (z.B. Brombeere, Heidelbeere), Baumfrüchte (z.B. Eicheln) Gräser (meist dürr), Kräuter und Wurzeln.

12 | Welche Baumarten liefern Mast für das Schalenwild?
Vor allem Eichen und Rotbuchen.

13 | Welche natürliche Äsung kann man den Hasen im Spätwinter bieten?
Den ausgelegten Obstbaumschnitt.

14 | Welche Revierarbeiten kann der Jäger im Winter ausführen, um Rehen und Hasen zu helfen?
Durch die Pflege (auf den Stock setzen) von Hecken und Feldgehölzen, durch Umschneiden von Weichhölzern (z.B. Salweide) in Kulturen, durch Fällung einzelner Tannen (Erlaubnis!) in Jungbeständen u.a.

Ruhe im Revier

15 | Was benötigt das Wild im Winter vordringlich?
Ruhe und zwar vor dem Jäger ebenso wie vor Erholungssuchenden, damit es seinen Energieverbrauch seiner Art gemäß drosseln kann.

16 | Welche Möglichkeiten der Beruhigung bieten die Jagdgesetze?
Es können Wildschutzgebiete eingerichtet werden.

17 | Mit welchen weiteren Maßnahmen können Revierteile beruhigt werden?
Vor allem durch Besucherlenkung.

18 | Wie kann der Jäger zur Ruhe im Revier beitragen?
Mit einer wohlüberlegten Jagdausübung im Intervall von Zeit und Raum.
Das Jagdverbot zur Nachtzeit (BJG § 19) z.B. für Rot- und Rehwild hat nur dann einen Sinn, wenn die Nachtjagd im Wald auf Schwarzwild unterbleibt.

Loipen sollen in ihrem Verlauf die Bedürfnisse des Wildes berücksichtigen; darüber zu informieren ist Sache der Jäger.

Reviergestaltung

Die Möglichkeiten unter den Bedingungen eines Pachtreviers sind begrenzt. Entweder der Jagdausübungsberechtigte muss Grund anpachten, was oft schwierig ist oder Grund ankaufen. Im Falle der Pachtung soll der Vertrag so verfasst sein, dass ein »Rückbau« der Reviergestaltung nach Ablauf der Jagdpacht ausgeschlossen ist. Der Werterhalt einer ökologisch besser gestalteten Pachtfläche ist auch für den Grundstückseigentümer von Nutzen, z.B. die Streuobstbäume auf der Wildwiese usw. Bewährt hat sich die Förderung gewisser Rücksichtnahmen durch die Landwirte, etwa in Form von Ackerrandstreifen oder in der Zwischennutzung (z.B. Grünäsung im Herbst/Winter).

In den letzten Jahren bot die von der EU betriebene Flächenstilllegung gewisse Chancen für das Wild. Es ist aber mittelfristig zu erwarten, dass viele stillgelegten Flächen zur Gewinnung von Biomasse (nachwachsende Rohstoffe) genutzt werden.

Wo es um kostenintensive und aufwändige Maßnahmen, etwa die Herstellung eines Feuchtgebietes, handelt, ist der Jäger gut beraten, andere Interessenten (Gemeinde, Naturschutz, Bürgerinitiativen) als Verbündete zu gewinnen.

Wald- und Bodenerkrankung
Immer deutlicher ist die Walderkrankung im Kronenbereich der Bäume zu erkennen und setzt sich spiegelbildlich im Wurzelbereich fort. Das Feinwurzelwerk stirbt ab, ein ökologisches Indiz für die Bodenerkrankung. Die Bodenorganismen werden weniger und der Regenwurmbesatz schwindet. Die Brutdichte der Waldschnepfe ist vom Regenwurmbesatz abhängig! Die Lebensgemeinschaft Wald und Wild wird durch die Umweltverschmutzung bedroht. Im gesunden Boden ist die Biomasse an Regenwürmern pro Hektar, mit der Körpermasse einer Kuh vergleichbar. Solch ein Regenwurmbesatz produziert bis zu 50.000 Kilogramm wertvollste Humuserde pro Hektar und Jahr. Welch ein Wunder dieser Erde!

Beispiele für Reviergestaltungsmaßnahmen

Im Feld:

- Anlage von Hecken und Feldgehölzen ➔ Äsung, Einstand, Trittsteine und Windschutz für Niederwild und nichtjagdbare Arten.
- Verjüngung von Hecken und Feldgehölzen (immer sektionsweise) ➔ Gewinnung von Prossholz zur Äsung sowie von Steckhölzern zur Neuanlage von Hecken und Material für Benjeshecken, vor allem aber zur Heckenpflege.
- Anlage von Benjeshecken ➔ schnelle Deckung für Niederwild (später Nachbesserung und Beschleunigung durch Zupflanzung.
- Anlage von Wildäckern ➔ Äsung für Niederwild, Entlastung des Waldes vom Äsungsdruck, Bejagungshilfe.
- Schaffung / Förderung von Zwischenfrucht ➔ Äsung und Deckung für Niederwild.
- Schaffung von unbewirtschafteten Randstreifen entlang von größeren Schlägen, Gräben oder Hecken (lockere Einsaat verschiedener attraktiver Äsungspflanzen) ➔ Vernetzte Deckung, sichere Brutmöglichkeit und Äsung für Niederwild.

Im Wald:

- Anlage von Wildäckern ➔ vorwiegend Äsung für Schalenwild
- Wildwiesen ➔ Äsung für Schalenwild und Hase und Gewinnung von Winterfutter (Heu, Silage),
- Pflege (Mahd, Düngung) von Abteilungslinien, Schneisen, Rückegassen und Erdwege ➔ Äsung für Schalenwild und Hase.
- Ansaat von Lagerplätzen und ähnlichen Flächen mit Wildackerpflanzen oder Dauergrün ➔ Äsung für Schalenwild und Hase.
- Ansaat (Zwischensaat) von Kulturflächen ➔ Äsung für die Dauer von 2 bis maximal 3 Jahren

Wasser/Ufer:

- Schwellstufen für Restwasser in Gräben ➔ Wasser für Fasan, Ente, Rallen u.a.
- Uferbepflanzung an Gräben und Bachläufen ➔ Schaffung von Brutmöglichkeit und Ruhezonen.
- Überlegte, dosierte Fällung von Ufergehölzen ➔ Verjüngung der Begleitgehölze, Schaffung von Brutdeckung am Ufer, Versteckmöglichkeit für Enten im Wasser, Bereitstellung von Sonnenplätzen für Enten überm Wasser.
- Neubau von Kleingewässer ➔ Entenansiedelung, Brutgelegenheit für Wasservögel, Raststation (Ufergehölze) für jagdbare und nichtjagdbare Arten, Landschaftsgestaltung.
- Zonierung (Nutzungsbereiche) größerer Gewässer, Planung geregelter Zugänge ➔ Schaffung von Ruhezonen für Wasserwild.

Wildäcker

?

19 | Ist der Jäger verpflichtet Äsungsflächen anzulegen?
Nein, er ist nicht konkret verpflichtet, zumal er immer das Einverständnis des Grundeigentümers braucht.

20 | Was versteht der Jäger unter Ökologischem Wildackerbau?
Die naturnahe Ernährung von Boden, Pflanze und Wildtier. Nach dem »ökologischen Grundgesetz«: gesunder Boden – gesunde Pflanzen – gesunde Tiere – gesunde Menschen
Alle Äsungsflächentypen die in Anlehnung an die AGÖL-Rahmenrichtlinien für den ökologischen Landbau angebaut werden (siehe Kapitel Landbau). Diese Arbeitsweise ist eine glaubwürdige Verbindung zwischen Naturschutz und Wildhege.

21 | Was ist ein Wildacker?
Eine »temporäre« Äsungsfläche, auf der in regelmäßigen Abständen der Boden neu bearbeitet wird (Pflug, Egge, Fräse, Grubber), im Gegensatz zur Daueräsungsfläche in Form von Wildwiesen.

22 | Darf der Jäger überall Wildäcker anlegen?
Grundsätzlich nein. Erstens benötigt er das Einverständnis des jeweiligen Grundeigentümers, ferner hat er alle naturschutz- und wasserrechtlichen Bestimmungen zu berücksichtigen.

23 | Welche Anforderungen stellen Sie an einen Wildacker im Wald?
Er muss vor allem dann Äsung liefern, wenn das natürliche Angebot gering und die Wilddichte hoch ist – also im Winter.

24 | Welche Probleme ergeben sich im Winter mit Wildäcker im Wald?
Wenn sie überhaupt winterfeste Äsung liefern, ziehen sie das Wild der weiteren Umgebung an und werden sehr schnell abgeäst. Anschließend ist das Wild zum Waldverbiss gezwungen. Dort, wo Wildäcker am notwendigsten wären verunmöglicht sie oft die hohe Schneelage.

25 | Welche saftigen Wildackerpflanzen sind besonders frosthart?
Die Kohlpflanzen und der Topinambur im Erdhäufeldamm.

26 | Ist es sinnvoll, Wildäcker für Rehwild im Feld anzulegen?
Ja – generell und selbst dann, wenn sie nur in der Nacht genutzt werden können, denn Rehe, die im Feld satt werden, verbeißen im Wald weniger!

Sonnenblumen dienen dem Fasan als Nahrung wie als Winterdeckung.

Möglichst artenreiche Mischungen eignen sich für Wildäcker am besten.

27 | Sind im Rehwildrevier kleine oder große Äsungsflächen sinnvoll?

Ja, viele kleine Flächen sind grundsätzlich zielführender als wenige große. Im Wald ist eine Fläche von 0,1 ha schon ausreichend.

28 | Wie wird man bei der Wahl des Saatgutes den wenig bekannten Standortverhältnissen eines Wildackers gerecht?

Durch Wahl eines artenreichen Saatgutes, wobei sich einige Arten, entsprechend den Standortverhältnissen durchsetzen und andere zurückbleiben werden.

29 | Welche Flächen bieten sich im Wald zur Einsaat an?

Lichtreiche Schneisen, Leitungstrassen, Holzlagerplätze, Erdwege und gerodete Wildäsungsflächen.

30 | Was ist ein mehrjähriger Wildacker?

Ein Acker, der mit winterharten, ausdauernden (perennierenden) Pflanzen bestellt ist.

31 | Welche Äsungspflanzen sind mehrjährig?

Alle Gräser, viele Kräuter und einige Kleearten.

32 | Wann fruchtet der Waldstaudenroggen?

Im zweiten Jahr.

33 | Wann und mit welcher Mischung wird Hafer gesät?

Im (März –) April, wenn er in die Körnerfrucht kommen soll; die Juli- und Augustsaat liefert nur noch Blattäsung. Grundsätzlich soll jede Getreideart mit einer gemischten Kleeuntersaat angebaut werden. Nach der Körneräsung ist dann nicht nur Stroh, sondern eine ein- oder mehrjährige Kleefläche vorhanden.

34 | Welche Kreuzblütler eignen sich für den Wildacker?

Ölrettich, Raps, Rübsen (Sommer- u. Winter-), Weißer-Senf und die Futterkohlarten. Unter den Kohlarten ist der Markstammkohl, in Monokultur angebaut, für das

Wichtige Wildackerpflanzen

Oben links: Markstammkohl wird von nahezu allen Wildarten gerne genommen.

Oben Mitte: Der Buchweizen ist keine Getreideart, er gehört zu den Knöterichgewächsen.

Oben rechts: Die Sonnenblume wird vom Schalenwild, Hasen, Kaninchen und vom Fasan beäst.

Mitte: Die Esparsette gedeiht auf flachgründigen, kalkreichen Böden und erträgt Trockenheit.

Unten links: Futtermalven eignen sich in Mischungen als Sommer- und Herbstäsung.

Unten rechts: Hirse ist eine Pflanze der Flugwildhege, wird aber nur selten angebaut.

Rehwild problematisch: sein Inhaltstoff Isothiocyanat hemmt die Schilddrüsenfunktion und somit auch das Geweihwachstum.

35 | Wie erhöhen Sie den pH-Wert ihres Wildackers?

Mit einer Kalkdüngung, bestehend aus kohlensaurem Magnesium-Kalk oder Algenkalk (»Algomin«).

36 | Welche Wildackerpflanzen sind winterhart?

Die Futterkohlarten ertragen Frost bis zu –15 Grad.

37 | Welche Teile der Topinamburpflanze werden vom Wild genutzt?

Blattmasse, Blüten, Teile der Stängel und die Knollen.

38 | Welche Leguminosenarten eignen sich für den Wildacker?

Kleearten (auch einjährige), Wicken, Erbsen, Bohnen und Süßlupinen.

39 | Welche Kleearten sind einjährig?

Alexandriner-, Perser- und Bockshornklee. Für die Wildwiese sind sie ungeeignet.

40 | Was sind Körnerleguminosen oder Hülsenfrüchte?

Ackerbohne, Sojabohne, Futtererbse, Wicken (Winter-, Sommerwicke) und Lupinen.
Von den »Süßlupinen« ist erstens die Weiße Lupine (pH 6,5–7,0) und zweitens die Gelbe Lupine für kalkarme Böden (pH 4,5–6,0) geeignet. Die Blaue Lupine dient zur Grün-Wurzeldüngung (Pionierpflanze).

41 | Welche Kleearten sind mehrjährig?

Der wilde Wiesenrotklee, Acker-, Weiß-, Schweden-, Hornschoten- und Gelbklee.

42 | Welche Wildackerpflanzen bieten besonders gute Deckung?

Der Körnermais / Ackerbohnen mit Kleeuntersaat und der Topinambur.

43 | Welche Wildackerpflanzen werden vom Rehwild besonders gerne genommen?

Buchweizen, Kulturmalve, die meisten Leguminosenarten und Futterkohlpflanzen.

44 | Was ist eine Stützfrucht?

Das Getreide ist eine Stützfrucht an dem sich Wicken oder Futtererbsen hochranken können.

45 | Warum sind für Wildäcker artenreiche Saatmischungen empfehlenswert?

Weil wir häufig ohne Bodenuntersuchung arbeiten und so gewährleistet ist, dass mehrere Arten mit den Standortbedingungen zu Recht kommen und die Bedürfnisse des Wildes nach vielseitiger Nahrung befriedigt werden. Außerdem gibt es keine Probleme mit mangelnder Selbstverträglichkeit der Pflanzenarten.

Wildwiesen

46 | Welche Flächen sind für Rotwild im Waldrevier sinnvoll?

Wildwiesen und begrünte und gepflegte Schneisen, Abteilungslinien und ähnliche Flächen, die dem Wild möglichst ganztägig zugänglich sein sollten, damit es seinen natürlichen Rhythmus einhalten kann.

47 | Was sind Daueräsungsflächen?

Wildäcker mit perennierenden Äsungspflanzen, Klee-Grasflächen (Acker-Futterbau), Wildwiesen und andere Flächen mit Gräser-Leguminosen-Kräuteraufwuchs (z. B. Abteilungslinien).

Ungestörte Daueräsungsflächen sind im Rotwildrevier besonders wichtig.

48 | Welche Nutzungsmöglichkeiten bieten Wildwiesen?
Sie werden vom Wild als Äsungsflächen genutzt und dienen i.d.R. gleichzeitig der Silage- und Rauhfuttergewinnung.

49 | Auf was kommt es bei einer Winter-Grüneinsaat im Rehwildrevier an?
In keinem Fall sollen nur Futterkohlarten gesät werden, sondern auch Roggen, Winterwicke, Rotklee u.a. Zur rechtzeitigen Saat: ein Tag im Juli ist wertvoller als eine Woche im August und die ist wichtiger wie der ganze September.

50 | Was sollte eine Wildwiese im Rotwildrevier von einer solchen im Rehwildrevier unterscheiden?
Für Rotwild große Flächen mit vielen Ober- und Untergräsern, Wiesenblumen / Kräutern und Kleearten.
Für Rehwild kleine Flächen mit vielen Kräuter, Kleearten, wenigen Obergräsern und vielen Wiesenblumen.

51 | Welche Kleeart zeigt eine wertvolle und richtig gedüngte Wildwiese an?
Der wilde, ausdauernde Wiesenrotklee (nicht der gezüchtete Ackerrotklee) ist eine Zeigerpflanze für beste Qualität und mineralisch, organischer Düngung. Mit der Stickstoffdüngung verschwindet der Wiesenrotklee. Erst wenn der Samen vom Wiesenrotklee reif ist, soll die Wildwiese gemäht werden.

52 | Was sind Weiserpflanzen?
Wild-Pflanzen die auf den Bodenzustand hinweisen, im Acker- (A) sind sie zahlreicher als im Grünland (G).
Staunässe in Krume und Untergrund:
Ackerschachtelhalm, Ackerminze (A); Huflattich (A/G) u.a.
Schlechte Struktur und niedriger Kalkgehalt:
Die Ampferarten (A/G), Stiefmütterchen, Echte Kamille (A), Scharfer Hahnenfuß (G) u.a.
Schlechte Gare:
Ackerkratzdistel, Hundskamille (A) Knötericharten (A/G) u.a.
Gute Struktur und neutrale Reaktion:
Ackerwinde, Lichtnelke (A), Gelbklee, Löwenzahn, Salbei (G) u.a.

Übersicht wichtiger Weiserpflanzen

Versäuert: Heidelbeere, Besenginster, Torfmoose, Bärlapp, Roter Fingerhut, Sauerklee, Wurmfarn

Mäßig sauer: Efeu, Tollkirsche, Fuchskreuzkraut, Brombeere, Himbeere, Weidenröschen, Buschwindröschen

Basenhaltig: Sumpfdotterblumen, Waldschachtelhalm, Engelwurz, Blutweiderich, Mädesüß, Baldrian

Basenreich: Pulverholz, Liguster, Bärlauch, Springkraut, Brennnessel, Bingelkraut

Kalkreich: Weißdorn, Schwarzdorn, Wolliger Schneeball, Schwalbenwurz, Pfirsichblättrige Glockenblume, Leberblümchen

53 | Auf was schließen Sie, wenn in einer Wildwiese Binsen wachsen?
Die Binsen weisen auf Staunässe und niedrigen pH-Wert hin.

54 | Wie kann man dem Rotwild in großen Dickungskomplexen helfen?
Durch Anlage, Verbreiterung, Ansaat und Pflege von Äsungsschneisen, Rückegassen usw.

55 | Welche Nährstoffe begünstigen das Kräuterwachstum?
Phosphor (Hyperphosphat) und Kali.

56 | Welcher Nährstoff begünstigt das Massenwachstum der Gräser?
Der Stickstoffdünger.

Hecken und Feldgehölze

57 | Was ist eine Hecke und was ist ein Feldgehölz?
Hecken sind lineare Anpflanzungen oder Sameneintrag von Baum und Straucharten mit hohem Wiederausschlagsvermögen. Feldgehölze sind kleine Waldstücke oder Buschgruppen aus Laubholzarten. Beide sind für viele Bewohner der offenen Landschaft ein wichtiges Requisit des Biotops.

58 | Wo sollten Hecken angelegt werden?
In der ausgeräumten Feldlandschaft.

59 | Welche Straucharten wählen Sie zur Anlage einer Hecke?
Autochthone Arten wie: Heckenrosen, Schwarz-, Weißdorn, Schneeball, Roter-, Schwarzer Holunder, Haselnuss, Pfaffenhütchen, Hartriegel, Liguster, Himbeere, Brombeere u.a.

60 | Für welche Wildarten sind Hecken und Feldgehölze von besonderer Bedeutung?
Für die meisten Niederwildarten.

Übersicht Sträucher und Bäume für Hecken und Feldgehölze

Randzone: niedrige Sträucher, die Dornen tragen oder sehr dicht wachsen → heimische Wildrosen, Brombeere, Himbeere, Liguster.

Mantelzone: mittelhohe bis hohe Sträucher*, die unten dicht bleiben, mit und ohne Dornen → Weißdorn, Schwarzdorn, Pfaffenhütchen, Wolliger Schneeball (eher trockene Standorte); Weiden, Gem. Schneeball, Hartriegel (eher frisch-feuchte Standorte).

Kernzone: hohe Sräucher** bis niedrige Bäume → Hasel, Vogelbeere, Feldahorn, Hainbuche, Robinie (eher trockene Standorte); Roterle, Baumweide (eher frisch-feuchte Standorte).

* Je schmäler eine Hecke, umso niedriger muss sie sein.
** Die Kernzone soll oben dicht und unten licht sein.

61 | Was erhöht den Wert einer Hecke?
Die Pflanzenvielfalt, eine Vernetzung und die notwendige Pflege d.h. alle 8 bis 15 Jahre wird die Hecke in Etappen »auf den Stock gesetzt«.
Je älter Hecken sind und je weiter die Bewirtschaftungsintervalle auseinanderliegen, umso geringer ist die Artenzahl im Heckenkern und in der Mantelzone.

62 | Welche Funktionen haben Hecken und Feldgehölze für Vögel?
Sie sind Brutplätze, Nahrungsplätze, Schlafplätze und Raststationen.

63 | Wie wirken Hecken auf Beutegreifer?
Die Beutegreifer oder Prädatoren bejagen natürlich die Heckenstreifen.

64 | Welche Wildarten werden bei der Neuanlage einer Hecke wodurch zum Problem?
Feldhase Kaninchen und Rehwild verbeißen und Rehböcke fegen.

Pfaffenhütchen werden gerne verbissen.

Holunder trägt alljährlich überreich Beeren.

65 | Sie pflanzen eine Hecke und haben Rehwild im Revier. Was müssen Sie tun?
Bei hohem Rehwildbestand ist meist Zäunung erforderlich. Ansonsten werden Jungbäume und Sträucher tot gebissen.

66 | Wie können Sie verhindern, dass ihre neu gepflanzte Hecke von Gras und Wildkräutern erstickt wird?
Durch Mulchen oder durch Freistellen mit der (Motor-)Sense.

67 | Welche Vorteile hat das Mulchen?
Es hält vor allem höhere Grasarten und Wildstauden zurück, die Jungsträucher ersticken können. Zu dünne Mulchdecken werden schnell durchwachsen und wirken nur kurz. Unter der Mulchdecke entwickelt sich ein reiches Leben, das Weich- und Insektenfresser (vom Igel bis zum Jungfasan) dient.

68 | Aus welchen Zonen setzt sich eine Hecke, Feldgehölz oder Waldrand zusammen?
Saum-, Mantel- und Kernzone.

Der Liguster liebt frische Standorte.

Die Eberesche beansprucht viel Licht.

69 | Welche Aufgabe hat die Saumzone?
Die Saumzone ist ein wichtiger Lebensraum für Wildkräuter und Insekten, die wiederum Nahrungsgrundlage u.a. für das Federwild sind. Hier findet der Hase artgerechte Sommer- und Winteräsung.

70 | Welche Gehölze bevorzugen Sie für die Mantelzone?
Vor allen die dornentragenden Sträucher, z.B. die heimischen Wildrosen, Schwarz-, Weiß-, Sanddorn und Stechpalme (Illex) als immergrüne Deckungsstrauchgruppen.

71 | Welche Bäume bevorzugen Sie für die Kernzone?
Früchte tragende Bäume, z.B. Vogelbeere, Wildkirschen, Holzapfel, -birne, Feld-Ahorn, Linde, Schwarzerle, Hainbuche. Nadelholz sollte nicht oder nur sehr sparsam verwendet werden (z.B. Eibe).

Profil einer Waldrand- und Heckenzone.

Benjeshecken bieten sofort Deckung.

72 | Was ist eine Benjeshecke?
Locker aufgeschichtete Wälle aus Ästen und Zweigen in deren Schutz Sträucher und Bäume wachsen sollen, deren Samen durch Anflug und Vogelkot eingetragen werden. Eine Bodenbearbeitung und Beipflanzung beschleunigt den Erfolg.

73 | Wie lange dauert es, ehe aus toten Ästen eine lebende Benjeshecke entstanden ist?
Es kann 10 Jahre und länger dauern, weil sich unter den Ästen ein dichter Grasfilz bildet.

74 | Welche Aufgaben erfüllen Hecken?
Sie bieten dem Wild (und anderen Tieren) Deckung, Schutz vor extremer Witterung, Nistmöglichkeit und Nahrung. Sie dienen als Wind- und Erosionsschutz für die Landwirtschaft und sind landschaftsprägend.

75 | Welche niedrigen Straucharten sind wichtige Winter-Äsungspflanzen?
Himbeere, Brombeere und die meisten Zwergsträucher wie Heidekraut, Heidelbeere, Preiselbeere und Schneeheide.

Prossholzflächen

76 | Was ist Prossholz?
Sammelbegriff für holzige Zweige samt Rinde und Knospen, die sich als (Winter-) Äsung für bestimmte Wildarten eignen: Elch-, Reh-, Rot-, Dam-, Muffelwild, Feldhase und Wildkaninchen.

77 | Welche Holzarten eignen sich besonders für den Prossholzanbau?
Vor allen die schnellwüchsigen Weidenarten die auch das Wild im Revier verbeißt, Aspe, Eberesche, Hirschholunder und Robinie.

78 | Welche Probleme ergeben sich beim Prossholzanbau?
Früher Totverbiss durch das Wild, Mäusefraß, Unterdrückung durch Begleitflora. Ist das Prossholz dem Äser entwachsen, muss es alljährlich für das Wild geschnitten werden.

79 | Wie kann der Jäger dezentralisiert ohne Pflanzung Prossholz schaffen?
Durch Auslegen von Astmaterial, das beim Obstbaumschnitt, bei Landschaftsgärtnern oder bei den Straßenunterhaltern in großer Menge anfällt. Im Feld können die Asthaufen zu Benjeshecken umfunktioniert werden.

80 | Was sind natürliche Weich- oder Prossholzflächen?
Naturnahe aufgebaute Waldränder, Kulturflächen mit reichlich Anflug an Lichthölzern wie Weide oder der (kaum noch vorhandene) Niederwald mit seinen Stockausschlägen.

81 | Lassen sich durch den Anbau von Prossholz durch den Jäger Verbissschäden verhindern?
Die Prossholzjahrestriebe sind weniger

als Äsungsmasse sondern vor allem als Nahrungsausgleich und damit zur effektiven Verminderung von Verbiss- und Schälschäden von großer Bedeutung.

82 | Wie viel Triebmasse für das Wild wächst auf einer Prossholzfläche?

Theoretisch (unter Zaun) kann eine Weidenprossholzfläche von 0,25 ha bei gutem Standort jährlich etwa 20 dt Triebmasse (ohne Blattmasse) produzieren. Mit einem Weidenkäfig in Satteldachform, wo die Weiden durchwachsen, wird die Neuanlage geschützt.

83 | Welche Pflege ist für Prossholzflächen wichtig?

Das Wild äst bevorzugt nur die Spitzen der neuen Jahrestriebe, deshalb muss das Prossholz bei geringer Beäsung zurückgeschnitten werden.

84 | Wie können die meisten Weidenarten vermehrt werden?

Vor der Kätzchenblüte können Stecklinge geschnitten werden. Im Vorfrühling nach dem Bodenfrost werden die Stecklinge schräg in die Erde gesteckt.

Schaffung und Pflege von Feuchtgebieten

85 | Wer profitiert von neu geschaffenen Feuchtflächen?

Etwa 320 in Deutschland vorkommende höhere Tierarten hängen in ihrer Existenz vom Wasser in ausreichender Menge, Güte und Nahrung ab.
Dazu gehören die Fische, fast alle Frösche, Kröten, Molche sowie alle Sumpf- und Wasservögel. Allein im Röhricht leben über 20 gefährdete Vogelarten.

86 | Wie heißt die Grundregel für Fließgewässer?

Auf keinen Fall dürfen Fließgewässer – auch nicht kleinste Rinnsale, die ganzjährig Wasser führen – angestaut werden. Jeder Anstau zerstört die Fließwasserbiologie!

87 | Was müssen Sie vor Bau eines Teiches tun?

Die Zustimmung des Grundeigentümers ist erforderlich. Für Genehmigung und Planfeststellungsverfahren (§ 31 WHG) ist das Wasserwirtschaftsamt mit der Unteren Naturschutzbehörde oder Landespflegebehörde zuständig.

88 | Wie muss der Boden beim Bau eines Teiches sein?

Der Boden muss wasserundurchlässig sein oder eine Tondichtung bekommen.

89 | Was ist ein Himmelsteich?

Ein Himmelsteich ist ohne Zulauf durch ein Fließgewässer. Verdunstung und Versikkerung werden durch Niederschläge ausgeglichen. Folienteiche sind störanfällig, teuer und nicht zu empfehlen.

Was sind Feuchtgebiete?

Feuchtwiese (einmalige Mahd) → Nasswiese (einmalige Mahd oder alle zwei Jahre) → Bruchwald (wird meist durch Gräben entwässert).

Graben (künstlich) → Bach (natürlich) → Fluss.

Temporäre Kleinstgewässer (einfache Bodenvertiefungen, Radspuren usw.) → Tümpel (starke Wasserstandsschwankungen) → Teich (Naturteich, Kunstteich) → See (natürlich oder angestaut) → Niedermoor (zugewachsener See) → Hochmoor (Endstufe mit einsetzender Mineralisierung und Bewaldung).

90 | Was ist ein Grundwasserteich?
Der Grundwasserteich wird durch nachdrückendes Grundwasser gespeist.

91 | Wie soll die Uferlinie eines Teiches sein?
Mit vielen Ausbuchtungen.

92 | Worauf kommt es beim Profil eines Teiches an?
Das Teichprofil soll sich vom Ufer allmählich in die Tiefe absenken: Von der Weichholzzone (Erlen, Weiden), Röhricht-, Schwimm-, Tauchblattzone bis hinunter zur den Tiefenalgen und Muschelschalen.

93 | Was ist ein Mönch und wie funktioniert er?
An die tiefste Stelle im Teichdamm wird ein U-Schacht mit Unterablauf gesetzt und mit eingestellten Brettern das Wasser angestaut oder abgelassen. (Für die Gewässerbiologie ist der Mönch eine Barriere).

94 | Wie reduzieren Sie den Besucherdruck an ihrem Teich?
Durch eine möglichst breite Vernässung der Uferzone. Aufwändig und zusätzlich genehmigungspflichtig wäre ein breiter Ringgraben mit buchtigen Kolken als Amphibienbiotop.

95 | Welche Pflanzen der Flachwasserzone kennen Sie?
Röhricht, Schilf und Seggen.

96 | Was sind Schwimmblattgesellschaften?
Pflanzen, deren Blätter auf dem Wasser schwimmen wie Laichblattarten, Teich- und Seerosen.

97 | Wo brüten Enten am sichersten?
Auf Inseln, die möglichst weit vom Ufer entfernt sind (Ratten, Fuchs, Marder!).

98 | Sind Bruthäuser für Enten sinnvoll?
Nein, unser Ziel muss ein gewachsener Lebensraum sein und keine »Sozialwohnung ohne Nahrung«.
Auch eine Entenfütterung im Wasser (Verschmutzung / Eutrophierung) oder am Ufer (Rattenplage) kann man nicht als Hege bezeichnen.

99 | Welche Gefahr besteht für Entengelege in künstlichen Bruthilfen?
Erhöhte Temperatur und mangelnde Luftzirkulation können die Eier absterben lassen.

100 | In einem von uns gebauten Teich finden wir Fischbrut. Wie kann sie hineingekommen sein?
Wasservögel haben in ihrem Gefieder die Fischbrut zugetragen.

Hege durch landwirtschaftliche Maßnahmen

101 | Mit welchen Maßnahmen schafft der Landwirt zusätzliche Herbst- / Winteräsung?
Durch Zwischenfruchtanbau nach der Getreideernte.

102 | Was kann der Jäger dazu beitragen, dass Gründung und Zwischenfrucht attraktiver werden?
Indem der Jäger dem Landwirt entsprechendes Saatgut stellt oder bezuschusst.

103 | Wie lange sollte Gründung / Zwischenfrucht auf dem Feld stehen, um für die Hege attraktiv zu sein?
Bis etwa Mitte März.

Wintersaatflächen bieten auch dem Schalenwild Äsung und entlasten den Wald.

Welche landwirtschaftlichen Maßnahmen dienen der Hege?

Stilllegung
- Möglichst viele schmale Streifen und dezentralisiert
- mehrjährige Brache mit jährlicher Teilfräsung
- günstige Sortenwahl bei Ansaat
- wildgerechte Mahd (in Etappen und buchtenreich)

Reduzierung der Parzellengröße
- Gliederung durch schmale Brachstreifen

Randstreifen in Kulturen
- Reduzierung der Saatstärke
- Beisaat wildfreundlicher Pflanzen
- Verzicht auf Herbizid / Insektizid
- Überlassung als Wildäsung / Deckung

Zwischenfrucht / Gründung
- wildfreundliche Sortenwahl
- Überwinterung (Äsung und Deckung im Winter)

Randstreifen an Wegen
- Verzicht auf Umbruch
- Verzicht auf Herbizide / Insektizide
- reduzierte Mahd

Böschungen
- reduzierte Mahd oder Verzicht

Windschutzhecken
- Neuanlage
- richtige Platzierung (nicht an Wegen)
- Schaffung / Duldung von Randstreifen (Insekten für Federwildküken, Altgras für Hasen)
- Abstand bei Düngung / Chemieeinsatz

104 | Warum scheuen sich viele Landwirte, Gründung / Zwischenfrucht erst im Spätwinter umzubrechen?

Weil auf schweren Böden nach dem Pflügen die Frostgare fehlt und eine zu späte Verrottung der Grünmasse die frühe Saatkeimung hemmt und weil die Äcker dann oft so durchnässt sind, dass nicht gepflügt werden kann.

105 | Welches Stadium des Getreideanbaus fehlt heute weitgehend?

Die Stoppel.

106 | Welche Niederwildarten profitieren von der Winterstoppel?

Vor allen die Rebhühner, aber auch die Tauben, Enten, Gänse und Feldhasen. Stoppel bietet Äsung durch Wildkräuter.

107 | Welche Äsung steht dem wiederkäuenden Schalenwild im Winter im Feld hauptsächlich zur Verfügung?
Das Wintergetreide und der Winterraps.

108 | Welche Flugwildarten äsen im Wintergetreide?
Im Winter vor allem Schwäne, Gänse und Tauben, im Sommer auch Stockenten (Lagergetreide).

109 | Welche Wildart »verunreinigt« Wintersaaten und Grünkohlfelder gelegentlich?
In großen Flügen legen die Wildgänse ihr Gestüber (Federwildlosung) in das Wintergetreide – der Verbissschaden kann größer sein. Die Ringeltaubenflüge »verunreinigen« die Grünkohlfelder (Winterernte) beträchtlich.

110 | Wie reagiert Wintergetreide auf mäßigen Verbiss?
Es bestockt stärker in der Blatt- und Wurzelmasse.

Stilllegungsflächen müssen strukturreich sein.

111 | Was ist die wichtigste Maßnahme der Niederwildhege?
Die Schaffung von Deckung und Äsung.

112 | Was erwarten wir von Wildäckern für Niederwild?
Schon nach der Getreideernte eine gute Herbst / Winteräsung mit Deckung und vielen sonnigen, selbstbegrünten Ackerkraut-Lücken.

113 | Wie sieht ein geeigneter Rebhuhn-Lebensraum aus?
Ein reich strukturiertes Kulturland mit vielen Grenzlinien wie Feldraine, vernetzte Hecken (Sichtblenden für die Balz-Territorien), Böschungen, Altgras- und Ackerrandsteifen. Das kraut- und insektenreiche, bewirtschaftete Ackerland hilft dem Rebhuhn, nicht die Brachfläche.

114 | Für welche Niederwildarten sind ungespritzte Ackerrandstreifen und Wegränder mit Altgras und Wildkräutern besonders wichtig?
Für Rebhuhn und Feldhase.

115 | Wie kann der Jäger Stilllegungsflächen zur Niederwildhege nutzen?
Mit Einverständnis des Grundeigentümers kann der Jäger Äsungsstreifen anlegen.

116 | Worauf kommt es bei der Mahd von Stilllegungsflächen an?
Ein striktes Mahd- und Mulchverbot bestand bisher vom 1. April bis 15. Juli, während der Brut-, Setz, und Aufzuchtszeit. Die Mahd soll möglichst gestaffelt erfolgen.

117 | Wie können Maisflächen für das Wild attraktiver gemacht werden?
Durch ungespritzte Randstreifen und Untersaaten, welche die Ackerkräuter unterdrückt, aber nicht vernichtet.

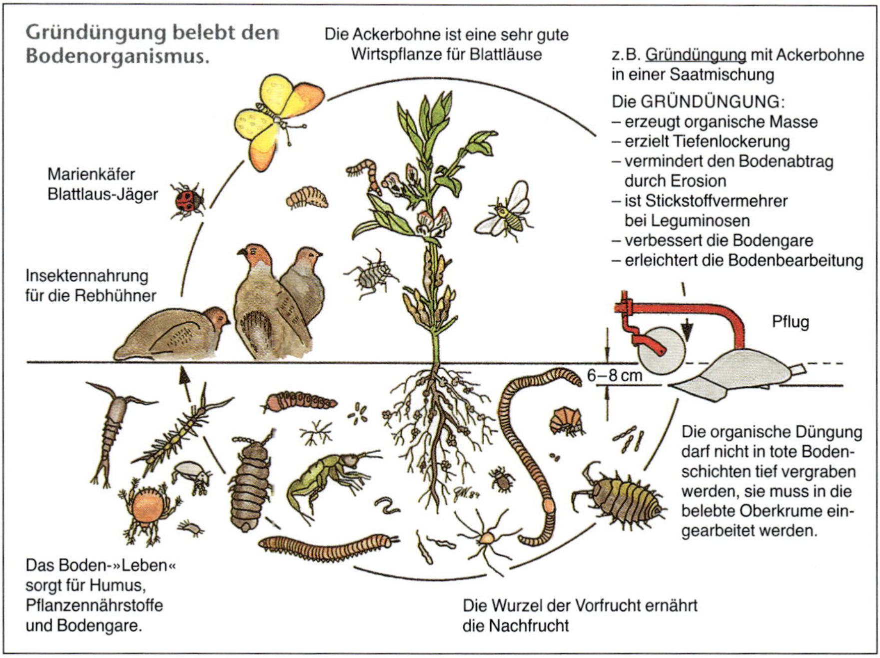

118 | Was sind Ackerrandstreifen?

Wenige Meter breite Streifen am Rande der Äcker, die nicht mit Pestiziden bzw. Herbiziden behandelt werden.

119 | Welche Extensivierungsmaßnahmen in der Landwirtschaft werden öffentlich gefördert?

Extensive Grünlandwirtschaft, Ackerrandsteifen, Erhalt, Anlage und Pflege von Streuobstwiesen u.a.

120 | Welchen Einfluss hat der Jäger bei Flurbereinigungsverfahren?

Der Jäger hat im Flurbereinigungsverfahren Parteienstellung.

121 | Wer wird im Verfahren angehört?

Nicht der einzelne Jäger vor Ort, sondern ein sachkundiger Vertreter des zuständigen Jagdverbandes.

122 | Welche Formen landwirtschaftlicher Wege kommen dem Niederwild entgegen?

Erd-/Schotterwege oder Plattenspurwege, am besten mit begrüntem Mittelstreifen und breiten Randstreifen. Sie bieten Altgräser, Wildkräuter und Hudermöglichkeit.

123 | Welche Arten profitieren von nicht versiegelten Wegen?

Feldhase (Kräuter, Altgras, Staubbad), Rebhuhn und Fasan (Blüten, Samen, Insekten, Hudermöglichkeit) sowie viele nicht bejagbare Arten wie z.B. Schwalben (Lehm für Nestbau).

124 | Welche verschwundenen Biotopflächen können durch die Flurbereinigung neu entstehen?

Hecken, Streuobstwiesen und Feuchtgebiete.

Hege durch forstliche Maßnahmen

Übersicht forstliche Maßnahmen für die Jagd

Möglichst breite Wegaufhiebe
Licht schafft Äsung auf Randstreifen, erleichtert Bejagung.

Verzicht auf Befestigung der nicht für Lkw notwendigen Wege
Dauerbegrünung und Pflege durch Jäger möglich.

Freihaltung momentan nicht benötigter Lagerplätze
Ansaat und Pflege durch Jäger.

Breiter Aufhieb von Abteilungslinien
Nutzung als Äsungs- und Bejagungsflächen.

Gliederung größerer Verjüngungsflächen mit Linien
Äsungsflächen und Bejagungshilfen.

Intensive Durchforstung
Schafft Äsung in den Einständen.

Aufarbeitung von Durchforstungsmaterial (z. B. Hackschnitzel)
Bringt Licht und Bodengrün in Durchforstungsbestände.

Zwischensaat bei Laubholzkulturen
Schafft Äsung und günstiges Kleinklima.

Erweiterte Pflanzabstände bei Kulturbegründung.
Schafft Äsung, hält Kulturen länger offen, bietet Sicht.

Naturnaher Waldbau
Breite Streuung und gute Vernetzung von Äsung und Deckung.

Hieb von Laubholz und Tanne im Winter
Schafft Äsung und lenkt von Jungbäumen ab.

125 | Welche Form der Waldverjüngung nutzt dem Schalenwild?
Die Naturverjüngungen durch kleinflächige Schirmhiebe, Saumhiebe und viele kleine Femelschläge die ökologisch sehr stabil sind, schaffen Deckung und Äsung.

126 | Welche positive Wirkung hat der Waldwegebau insbesondere für das Rehwild?
Durch den Lichteinfall entsteht reichlich Äsung und viele Territoriumsgrenzen.

127 | Welche forstliche Maßnahme schafft großflächig Äsung?
Die großen, lichten Kahlschläge produzieren die Äsung.

128 | Hat der großflächige Nadelholzanbau die Vermehrung des wiederkäuenden Schalenwildes begünstigt?
Ja, Nadelholz liefert vor allem im Winter mehr Verbissmasse als Laubholz. Zudem entstanden in vielen Feldrevieren durch Erstaufforstungen mit Nadelholz »Trittsteine« (Deckungsinseln), vor allem für Rehwild.

129 | Die Fällung welcher Baumart wird vom Rotwild im Winter gerne genutzt?
Die dünne Spiegelrinde der Kiefer wird vom Rotwild bevorzugt geäst.

130 | Die Fällung welcher Baumarten wird vom Rehwild im Winter gerne genutzt?
Die Triebe und Knospen der Tanne, Aspe und Eiche werden gerne vom Rehwild geäst.

131 | Welche Flächen im Wald lassen sich für das Rehwild nutzen?
z. B. Erdwege mit genügend Licht, Holzlagerplätze, Abteilungslinien, nicht mehr benutzte Pflanzgärten und ähnliche Flächen.

132 | Ist der Aufschluss des Waldes mit breiten Abteilungslinien und Rücke-

gassen für das Schalenwild positiv zu sehen?
Ja, durch den Lichteinfall entsteht Äsung.

133 | Wie werden begrünte Erdwege und Schneisen gepflegt?
Die Wege und Schneisen werden im Juli / August gemäht.

134 | Wieso nehmen wir zur Düngung von Wildwiesen, Schneisen und ähnlichen Flächen einen Phosphor- und keinen Stickstoffdünger?
Der Phosphordünger fördert die Kleearten (Stickstoffproduzenten) und die Krautflora. Der Stickstoffdünger fördert die Gräser, verhindert den Klee und verringert die Kräuterarten.

135 | Welche Vor- und welche Nachteile hat der Bau von Forstwegen?
Forstwegeränder bereichern die Äsung, aber im Wegebereich – im Konfliktbereich zwischen Mensch und Wild – wird die Äsungsaufnahme oft gestört.

136 | Welche forstlichen Maßnahmen dienen dem Haselwild?
Vernetzte Laubholzstreifen z.B. an Forststraßen, Gräben, Bachläufen, Abteilungslinien, Schonung und Förderung von Laubhölzern im Bestand und auf Hiebsflächen (z.B. Weide, Vogelbeere, Holunder).

137 | Welche Waldgesellschaft begünstigt die Waldschnepfe?
Der feuchte Bruchwald ist das Habitat für die Waldschnepfe.

138 | Welche forst-technischen Einrichtungen werden dem Auerwild zur Gefahr?
Kulturzäune, in denen sich das sehr schnell startende und niedrig fliegende Auerwild das Genick bricht.

Gefällte Tannen werden gerne abgeäst.

139 | Welche waldbaulichen Maßnahmen begünstigen das Auerwild?
Erhalt der alten Balzplätze in ihrer Struktur, Schaffung ausgedehnter lichter Altbestände mit reichen Verjüngungsinseln und Kleinstrukturen, gut ausgebildete Kraut- und Zwergstrauchschicht (geringes Wegenetz!)

140 | Welche Wildarten profitieren von großflächigen Windwürfen?
Die meisten Schalenwildarten, alle »Mäusefresser« und in den Hochlagen sogar das Birkwild.

141 | Ist die Durchforstung von Dickungen und Stangenhölzern mit Blick auf das Schalenwild günstig?
Ja, denn es lässt Licht auf den Waldboden und bringt in »trostlose Hungerburgen« krautartige Äsung.

142 | Was bewirken starke Durchforstungen in Baumhölzern?
Die lichte Durchforstung von Baumhölzern schafft Kraut- und Strauchäsung.

Fütterung

Im deutschsprachigen Kulturkreis hat die Winterfütterung der Wildtiere eine lange Tradition. Markgraf Philipp von Hessen ordnete schon im Winter 1556 die Fütterung an.

Nur in einem intakten Lebensraum mit reicher Herbstäsung kann sich das Wild die notwendigen Feistvorräte (Fettreserven) für den Winter anfressen. Diese Vorsorge ist für alle Wildtiere wichtig. Im Herbst nicht feist gewordene Tiere leiden sehr früh Not.

Zur Überlebensstrategie des Wildes im Winter gehören neben Feistvorräten, Stoffwechselabsenkung, Pansenzottenverkleinerung (Wiederkäuer) und stark gedrosselter Äsungsaufnahme vor allem die Einschränkung des Aktionsradius und der Bewegung. Die energiesparende Winterruhe darf nicht durch unnötigen Jagddruck gestört werden (keine »Bewegungsjagd« mehr).

Aus Tierschutzgründen ist die Jagdruhe ab der Wintersonnenwende wichtiger als die Winterfütterung des Wildes!

Eine erst im Hochwinter einsetzende Fütterung kommt zu spät. Bei fehlender Herbstmast können die Körperschäden des Wildes nicht mehr ausgeglichen werden. Nicht zu verantworten ist eine nährstoffreiche Kraftfuttergabe bei absinkendem Stoffwechsel oder gar im Stoffwechseltief etwa Mitte Februar. Wird in dieser Zeit Kraftfutter gereicht, werden Schäden sowohl im Tier wie auch an der Vegetation provoziert. Das gleiche gilt für die trockene Heufütterung ohne das wichtige Saftfutter (Speichelproduktion).

Die komplexe Ernährungsphysiologie des Wildes zeigt, dass nur ein schlechtes oder gutes Feistdepot (um die Wintersonnenwende) eine Entscheidungshilfe sein kann, ob im Revier gefüttert oder nicht gefüttert werden soll (Landesjagdgesetz beachten!).

Zur Winterfütterung gehört das richtige Futter zur rechten Zeit.

Fütterung Schalenwild

?

143 | Was ist Fütterung, was ist Kirrung?
Fütterungen sind feste Plätze, an denen das Wild mit zusätzlicher Nahrung versorgt werden soll. Im engeren Umkreis der Fütterungen darf nicht gejagt werden, ferner gibt es zeitliche Einschränkung (Landesrecht).
Kirrungen sind Plätze, an denen Wild – i.d.R. außerhalb der Notzeit – kleine Futtermengen angeboten werden, mit dem Ziel, das Wild dort leichter erlegen zu können (Beschränkungen durch Landesrecht). Der Kirrung vergleichbar ist der Luderplatz.

144 | Was ist eine Zählkirrung?
Im Schwarzwildrevier wird in der Säugezeit, in einer Jagdruhezeit von April bis Mitte Mai im Radius von 200 Metern an der Kirrung nicht gejagt, aber weiter gekirrt und die Frischlinge gezählt. Erst dann, wenn der Jäger den Zuwachs sieht und die Frischlinge zählen kann, wird ihm die anstehende Arbeitsleistung bewusst, denn etwa 80 % der Frischlinge aus dem bekannten Familienverband müssen erlegt werden

145 | Wie kann der Jäger prüfen ob das Wild gefüttert oder nicht gefüttert werden soll?
Der Jäger kann beim Aufbrechen des Wildes prüfen, ob vor der Winter-Sonnenwende genügend Nieren- oder Mastdarmfett vorhanden ist.
Mangelnder Feistansatz bei der Mehrzahl der erlegten Stücke deutet auf einen schlechten Lebensraum mit nicht angepasster Wilddichte hin.

In den Alpen überwintert heute noch viel Rotwild ohne Winterfütterung.

146 | Was ist vor jeder Fütterung zu beachten?
In allen Fällen sind die landesspezifischen Regelungen zu beachten – Landesjagdgesetz, Fütterungs- und Kirrverordnung.

147 | Ist die Fütterung von Rehwild in der Regel notwendig?
In den meisten Revieren ist vor Einbruch des Winters die Kondition (Feistdepot) des Rehwildes so gut, dass die Fütterung nicht notwendig ist. Vorraussetzung ist immer eine dem Lebensraum angepasste Wilddichte und die Jagdruhe ab Weihnachten.

148 | Wer muss mit dem Bau einer Rotwildfütterung einverstanden sein?
Der Grundeigentümer. Teilweise dürfen Rotwildfütterungen auch nur in Absprache mit den Hegegemeinschaften errichtet und betrieben werden.

149 | Wo sollen Rotwildfütterungen errichtet werden?
In Tal-, Hanglagen und lichten Altholzbeständen, wo das Wild weit äugen kann. Vor allem dort, wo es wenig gestört wird und die Gefahr von Schälschäden gering ist.

Futterlager mit Rübenmiete.

150 | Überwintert Rotwild auch in alpinen Lagen ohne Fütterung?

In vielen Revieren des Alpenraumes wird Rotwild auch heute noch nicht gefüttert, wobei die sonnseitigen Wintereinstände häufig durch Tourengeher gestört werden. Die Möglichkeit, zwischen Sommer- und Wintereinständen zu wechseln (Schattseite / Sonnseite) ist in der Mehrzahl der Alpentäler immer noch problemlos möglich und erfolgt auch!

151 | Dürfen Fütterungsanlagen von Waldbesuchern betreten werden?

Leider – grundsätzlich ja. Ein Verbot besteht in Deutschland nur, wenn um die Fütterung ein Wildschutzgebiet ausgewiesen wurde. Mehrheitlich überwintert Rotwild im deutschen Alpenraum in Wintergattern (»Halbjahres-Rotwild«).

152 | Welche baulichen Einrichtungen sind an Rotwildfütterungen üblich?

Heuschuppen / Stadel, Silobehälter, Rübenmiete, Futtergetreide-Vorratsbehälter, Futtertische oder -tröge, Geweihabwurfstangenvorrichtungen, Heuraufe oder mehrere Heupressballenraufen und ein Beobachtungsstand.

153 | Macht es Sinn, Rotwildfütterungen auf Revierebene zu planen?

Das großräumige Verhalten des Rotwildes macht eine Fütterungsplanung im Rotwildring erforderlich.

154 | Was sind Fütterungsgemeinschaften?

Die Reviernachbarn schließen sich zu einer Fütterungsgemeinschaft zusammen:
- Fütterungen werden unabhängig von den Reviergrenzen oder auf der Grenze eingerichtet.
- Futtereinkauf zentral, so dass an allen Fütterungen eine vergleichbare Qualität gewährleistet ist.
- Futterkosten werden auf die verschiedenen Reviere umgelegt.
- Fütterungszeit jeden Tag zur gleichen Zeit und die Fütterungsperiode wird abgestimmt – wichtig für Raumverteilung des Wildes und die Jagd.

Raufe für trocken gelagertes Heu oder Grassilage.

155 | Was ist ein Kälberstall?

Ein aus Rundhölzern mit je nach Wildart unterschiedlichen Einschlupfabständen gefertigter Staketenzaun, der nur Jungwild (und Rehen) den Zutritt zum Futter gestattet.
Der Rotwild-Kälberstall ist nur dann erforderlich, wenn der asoziale Abschuss der Alttiere erfolgt und die Waisenkälber abgeschlagen am Futterplatz stehen – sie sterben an Einsamkeit.

156 | Was ist ein Wintergatter?

Bei der Bewirtschaftung des Rotwildes vor allem im Hochgebirge angelegte Gatter, in die das Rotwild im Winter hineingefüttert und dort gehalten wird, bis im Frühling die frische wachsende Vegetation das Freilassen ohne die Folgen großer Verbiss- und Schälschäden erlaubt.
Aus Tierschutzgründen sind die Wintergatter sehr umstritten, denn das Wild verliert für lange Zeit seinen Charakter als frei lebendes Wild. Im Nationalpark Harz werden Wintergatter als unnatürlich abgelehnt.

157 | Womit wird Rotwild gefüttert?

Mit Erhaltungsfutter: Rauhfutter – hochwertigem Heu; Saftfutter – Gras-Kleesilage, Rüben, Trester und Futtergetreide zur rechten Zeit. Rauhfutter und Saftfutter sind die Grundlagen der Rotwildfütterung!

158 | Was gehört zum Saftfutter?

Silagen, Rüben, Futterkartoffeln, Futterkohl, Apfeltrester und Biertreber.

159 | Welche Menge an Saftfutter ist für die Erhaltungsfütterung eines Stückes Rotwild pro Tag notwendig?

Etwa 3 bis 5 kg Rüben pro Tag und Stück sollen dem Rotwild gereicht werden. Das Wild hat bei Heu, Getreide-, Pelletsfutter einen großen Wasserbedarf, der mit Saftfutter um die Hälfte reduziert wird!

Übersicht Futtermittel* für Schalenwild

Saftfutter:
Rüben, Kartoffel, Topinambur, Äpfel
Silagen
- Grünsilage
- Maissilage
- Biertrester
- Apfeltrester

Rauhfutter:
Heu (1. Schnitt), Öhmd (Folgeschnitte)
Laubheu (ohne große Bedeutung)

Kraftfutter:
Futtergetreide aller Art
Eicheln

* Genannt werden nur artgerechte Futtermittel

160 | Wann soll die Fütterung des Wildes eingestellt werden?

Wenn die Buschwindröschen im Vorfrühling örtlich blühen (Phänologische Jahreszeit), im Flachland früher als im Gebirge, soll die Winterfütterung des Wildes langsam beendet werden, wobei das jeweilige Landesrecht zu beachten ist.

161 | Was ist Silage?

Durch Milchsäuregärung unter Luftabschluss konserviertes Futter.

162 | Welche Futterstoffe eignen sich zum Silieren?

Wasserhaltige Futtermittel, wie z. B. Gras, Klee-Gras, Luzerne, Grünlaub- oder Maishäcksel, Trester und Treber.

163 | In welchem Vegetationszustand mähen Sie Wiesenaufwuchs für Grassilage?

Vor der Grasblüte (noch geringer Eiweißgehalt erleichtert Milchsäurevergärung).

Eicheln.

Roßkastanien.

Bucheckern.

164 | In welchem Zustand wird Grassilage eingebracht?
Das Siliergut sollte vorgewelkt sein (Wassergehalt 60 bis 70 %) und möglichst wenig Schmutzanteile enthalten.

165 | Wie wird Silage gelagert?
Im Hoch-, Erd- bzw. Fahr-, Behelf- (Fass, Holz oder Kunststoff) und Schlauchsilos (Rundballen).

166 | Zu welcher Futtermittelgruppe gehört der Apfeltrester?
Der Apfeltrester gehört zum Saftfutter, er ist nährwertarm aber vitaminreich.

167 | Was ist Biertreber?
Biertreber bleibt als eiweiß- und wasserhaltiges Futtermittel beim Bierbrauen übrig. Der Rohfasergehalt ist hoch, die Verdaulichkeit gering. Nur 3 bis 4 Tage ist der Treber haltbar, deshalb muss er siliert werden.

168 | Wie werden Rüben für die Winterfütterung gelagert?
Am besten in einer massiven Rübenmiete aus Eichenrundholz in Satteldachform gebaut und mit Strohpressballen frostsicher abgedeckt.

169 | Was ist Rauhfutter?
Gras-, Klee- und Luzerneheu (auch Laubheu).

170 | Was ist Heu und was ist Grummet?
Erster Schnitt ist Heu (Blüh- und Reifezustand), zweiter und weitere Schnitte liefern Grummet.

171 | Wie wird Heu für die Winterfütterung gelagert?
Im Futterhütten lose oder in Pressballen, in Raufen oder auf abgedeckten Reutern.

172 | Welchen Futterwert hat verregnetes Heu?
Bei schlechtem, verregnetem Heu kann die Summe aller Nährstoffe nur zu 40 % verdaut werden, bei einem guten trocken geerntetem und gelagertem Heu kann das Wild bis zu 70 % der Nährstoffe verdauen.

173 | Wie kann man Heu, das bei der Mahd von Wildwiesen anfällt, noch lagern?
Auf abgedeckten bodenfreien Reutern.

174 | Aus welchen Pflanzen lässt sich Laubheu gewinnen?
Aus Topinamburkraut oder aus dem

Pflanzenmaterial, das beim Ausmähen der Kulturflächen anfällt.

175 | Benötigt Schalenwild im Winter Kraftfutter?

Um dem Wild über den Winter zu helfen ist sicher kein Kraftfutter notwendig. In einigen Bundesländern ist es verboten, in anderen darf erst mit der Fütterung begonnen werden, wenn sich die Pansenschleimhaut bereits zurück baut und auf derartig energiereiches Futter nicht mehr eingestellt ist. Nicht zu verantworten ist eine nährstoffreiche Kraftfuttergabe bei absinkendem Stoffwechsel des Wildes oder gar im Stoffwechseltief.

176 | Kann man mit Kraftfutter Verbissschäden mindern?

Kraftfutter nach der Wintersonnenwende gefüttert, kann Wildschäden provozieren.

177 | Welche Gefahr besteht bei Fütterung mit Kraftfutter?

Wildwiederkäuern darf kein geschrotetes, gequetschtes Kraftfutter z. B. Kokos-, Sesamschrot oder gemahlenes Futtergetreide gereicht werden. Das geschrotete und wieder zu Pellets verarbeitete Industriekraftfutter ist ebenso ungeeignet, da es nicht lange genug wiedergekäut werden kann: Die Speichelproduktion wird vermindert, eine Pansenübersäuerung setzt ein und die Pansen- und Darmflora erkrankt. Je länger das Futter wiedergekäut und eingespeichelt wird, desto bekömmlicher ist es!

178 | Ist es sinnvoll im Wald Eicheln und Kastanien zu sammeln, um sie im Winter zu verfüttern?

Natürlich nicht – aber man kann Eicheln zukaufen.

179 | Welches Futter nehmen Rehe im Winter besonders gerne?

Waldsilage. Dazu wird der krautartige Aufwuchs der Schlagflora gehäckselt und mit 5 % Melasse gut zusammengepresst siliert. Der nährstoffarme Apfeltrester mit Futtergetreide angereichert, wird besonders gerne angenommen.

180 | Wie sollen die Futtermittel dem Rehwild gereicht werden?

Der trocken gelagerte Hafer wird erst beim Füttern in den feuchten, silierten Apfeltrester untergemischt, um das Zusammenfrieren zu verhindern. Zudem nimmt jedes Reh das Saft- und Getreidefutter nicht getrennt, sondern in einer Mischung auf.

181 | Soll man Schwarzwild im Winter füttern?

In immer milder werdenden Wintern braucht das Schwarzwild nicht gefüttert werden. Der Futterentzug reduziert aber die vorjährigen Frischlinge kaum und die Neugeborenen werden ja gesäugt. Ein nasskaltes Frühjahr ist für die Sterblichkeit der Frischlinge entscheidend und nicht die fehlende Fütterung. Im harten Winter 2005/06 sind Rotten verhungert.

Fütterung Niederwild

182 | Ist die Fütterung der Feldhasen notwendig?

Eine Lebenshilfe für den Feldhasen ist die Winterfütterung auf den großen Rüben-, Mais- (Energiemais) und Getreidemonokulturen, die in wenigen Tagen nach der Ernte gepflügt eine leblose Öde sind.

183 | Womit, wo und wann können Feldhasen gefüttert werden?

Mit Klee-Kräuterheu, Gehalts- oder Zuckerrüben, Markstammkohl und Obstbaumschnitt. Das Saftfutter ist an den Futterstellen wichtig! Vom Waldrand, von der Deckung entfernt, nach der Hasen-

Übersicht Niederwild-Fütterungen*

Winterattraktiver Wildacker (mit Abstand beste »Fütterung«!)
alle Niederwildarten

Fasanenschütte (in Deckung)
nur Fasane
Getreide, Rosinen, Kohl

Futterautomaten (in Deckung)
wenig zu empfehlen
Mais

Fasanen-Fütterung ohne bauliche Einrichtung (in Hecke oder Wildacker)
besser als Schütte (keine Konzentration, geringere Krankheitsübertragung)
Getreide, Rosinen, Kohl

Rebhuhnschütte (im offenen Feld)
nur Rebhühner
Getreide, Heublumen

Hasenfütterung (keine bauliche Einrichtung)
Futter wird auch von Kaninchen und Rehwild aufgenommen.
Heu, Rüben, Prossholz

Rehwildfütterung
In den meisten Bundesländern stark eingeschränkt oder verboten
Apfeltrester, Zuckerrüben (wenig frostempfindlich), Äpfel, Rauhfutter

* Genannt werden nur artgerechte Futtermittel

passgabelung sind viele verteilte Futterplätze anzulegen. Für den Fütterungsbeginn müssen die ersten Frostnächte abgewartet werden. Der Frost unterdrückt die Weiterverbreitung der Kokzidiose.

184 | Was zeichnet ein gutes Hasenrevier aus?

Möglichst lange Grenzlinien (kleine Parzellen), Fruchtvielfalt, breite, unbewirtschaftete Wegsäume mit Altgras und Kräutern ,keine zu intensive Landwirtschaft. Hecken können, müssen aber nicht sein.

185 | Was ist im Fasanenrevier wichtig?

Die vier »W« – Wald, Wasser, Wiesen und Weiden.
Klimatisch milde Reviere (bis etwa 400 m Höhenlage), vor allem solche mit Auwald.

186 | Womit werden Fasane gefüttert?

Drusch-, Getreidereinigungsabfall, der viele Körner und Unkrautsamen enthält. Ferner Mais, Weizen, Buchweizen, halbierte Rüben, Kohl, Rosinen und Vogelbeeren. Eichel und Bucheckern sorgen in kalten Winternächten dafür, dass der Kropf lange gefüllt bleibt.

187 | Wo wird eine Fasanenschütte platziert?

Innerhalb der Deckung, und zwar so, dass er gegen Greifvögel von oben dicht abgeschirmt ist und auf dem Boden freie Sicht gewährt, um anschleichendes Raubwild zu erkennen.

188 | Worauf achten wir beim Bau einer Fasanenschütte?

Darauf, dass keine Anwartbäume für Greifvögel in gefährlicher Nähe sind.

Rebhuhnschütten gehören ins offene Feld.

Schütten für Fasane und Rebhühner werden auch gerne von Beutegreifern aufgesucht.

189 | Wie wird in der Schütte gefüttert?
Der Spreu- oder Kaffhaufen wird immer wieder mit Futtermitteln angereichert. Das Saftfutter, die halbierten Rüben werden in den Kaff gebettet und der Kohl an die Eckpfosten gebunden.
Bei anhaltender Schneedecke darf das Ausschütten von Magensteinen (Waidkorn), die der Fasan – wie alle Hühnervögel – für den Verdauungsvorgang braucht, nicht versäumt werden.

190 | Welche Gefahren birgt die Fütterung in Schütten?
Das Schüttendach behindert die freie Sicht nach oben. An Schütten werden die Fasane konzentriert und ziehen daher Beutegreifer an.

191 | Kann man Fasane nur in Schütten füttern?
In Feldholzinsen und Hecken lassen sich Fasane mit weit ausgestreutem Futter versorgen.

192 | Nehmen Fasane auch Grünfutter an?
Ja, z.B. Grünkohl, Markstammkohl.

193 | Wo wird eine Rebhuhnschütte platziert?
Die Schütten, Spreuhaufen, die sich erwärmen, müssen im Aktionsraum der bestätigten Rebhuhnketten eingerichtet werden. Nicht in der Nähe von Hochspannungsmasten, Bäumen usw. – also vor allem potentielle Greifvogel-Aufblockstellen sind zu vermeiden.

194 | Womit werden Rebhühner gefüttert?
Als Futter werden Reste der Getreidereinigung und Weizen verwendet.

195 | Sind die Rebhuhnbestände mit Fütterung stabilisierbar?
Mit der Fütterung kann die Wintersterblichkeit der Rebhuhnketten und das Abwandern reduziert werden.

196 | Womit kann man den Rebhühnern im Winter wirklich helfen?
Als Bewohner der Krautsteppe lieben Rebhühner die freie Landschaft. Deshalb ist die selbstbegrünte Stoppelbrache, die erst im März umgepflügt wird, die beste Lebenshilfe. Rebhühner leben während der Wintermonate in erster Linie von Grünäsung (was die Körnerfütterung infrage stellt).

197 | Warum sollte man Wildenten nicht füttern?
Erstens sollten die wilden Stockenten keinen »Haustiercharakter« bekommen, zweitens verändern wir damit ihr normales Zugverhalten, drittens fördern wir die Infektion mit Krankheitserregern.

198 | Worauf ist bei der Kirrung von Wildenten zu achten?
Jede Kirrung unterliegt den Bestimmungen der Ausführungsverordnungen zum jeweiligen Landesjagdgesetz. Ausgebracht werden dürfen auf keinen Fall Lebensmittelreste (z.B. Backwaren), und es darf nicht im oder am Wasser gekirrt werden. Kirrungen ziehen immer Ratten an.

199 | Welche Gruppe der Wildenten nimmt Kirrungen / Fütterungen an?
Nur die Gründel- bzw. Schwimmenten.

Salzlecken, Suhlen, Medikamente

200 | In welcher Form wird dem Wild Salz angeboten?
In Form von Salzsteinen (Bergkernsalz), ferner Lecksteine, wie sie in der Landwirtschaft verwendet werden oder in Form von Kochsalz, mit dem regelmäßig Wurzelstöcke bestreut werden.

Salzlecken dienen dem Wild und der Wildbeobachtung.

201 | Welche Wildarten nehmen Salzlecken regelmäßig an?
Alles Schalenwild, Feldhasen und Tauben.

202 | Wann sollen die Salzlecken beschickt werden?
Grundsätzlich bedarf das Wild keiner künstlichen Salzzufuhr; es deckt seinen Salzbedarf über die Äsungspflanzen. Im Winter ausgelegte Salzsteine können den Verbiss- und Schälschaden erhöhen. Nach dem Haarwechsel im Oktober werden die Salzsteine eingezogen und im Mai neu ausgelegt. Salzlecken machen uns das Wild in erster Linie sichtbar.

203 | Wie deckt das Wild seinen Salzbedarf, wenn Salz nicht künstlich angeboten wird?
Den geringen Bedarf an Natrium deckt das Wild über die tiefwurzelnde Vegetation.

204 | Was ist eine Suhle?
Suhlen sind Schlammlachen, in denen sich Schwarzwild, Rot- und Sikahirsche suhlen (wälzen). Kahlwild steht im Wasser, es suhlt nicht im Schlamm.

205 | Welche Schalenwildart suhlt?
Das Schwarzwild, Rotwild und Sikawild.

206 | Wie kann man Suhlen künstlich anlegen?
An feuchten Erdstellen wird ein flaches Suhlenbett mit Lehm verdichtet.

207 | Auf was kommt es bei Suhlen an?
Die Suhlen sollen nicht tief sein, der Wasserstand wird reguliert und der Schlamm regelmäßig von Ästen und Steinen gereinigt (Rücksicht bei der Holzfällung).

208 | Wie werden Suhlen für Schwarzwild attraktiv gemacht?
Malbäume werden mit reinem Buchenholzkohlenteer (Lockmittel) gestrichen.

209 | Muss Schalenwild entwurmt werden?
Nein, zum Problem werden Endoparasiten (Innenparasiten) nur bei überhöhter Wilddichte oder ungeeignetem Standort. Außerdem ist die Verabreichung von Medikamenten an Wildtiere in den meisten Ländern verboten.

210 | Was ist von der medikamentösen Behandlung von Wildtieren zu halten?
Medikamente können den Wildtieren nur über die Winterfütterung (zur falschen Zeit) verabreicht werden.
Die Aufnahme der für den Behandlungserfolg notwendigen Wirkstoffmenge kann beim Wild nicht kontrolliert werden (Unter- und Überdosierung).
Durch die medikamentöse Behandlung wird bestenfalls nur die Krankheit selbst, nicht aber die Ursache bekämpft.

Suhlen dienen Rotwild und Schwarzwild zur Kühlung und Körperpflege.

Sonstige Hegemaßnahmen

Die Lebensbedingungen für das Schalenwild waren in der Vergangenheit keineswegs immer optimal. Wälder waren licht und hatten eher parkartigen Charakter. Sie dienten durch Jahrhunderte in erster Linie als Weideflächen für Pferde, Rinder, Schafe, Ziegen und Schweine. Ihr Wert wurde nicht in Holzertrag sondern in Weideertrag gemessen. Das Privileg der Jagd genoss der Adel; »gehegt« wurde vor allem außerhalb des Waldes zu Lasten der Bauern. Dieser Zustand war bereits mit Auslöser für die Bauernkriege wie für die Revolution von 1848.

Zunächst gab die Französische Revolution (1789) mit der Abschaffung der Adelsprivilegien und Frondienste, auch in Deutschland Anlass zur Unruhe und Reformhoffnungen. Zu dieser Zeit war das Hochwild hier – infolge landesherrlicher Verordnungen (z.B. Maria-Theresia) – allerdings in vielen Landesteilen in freier Wildbahn bereits verschwunden.

In Deutschland blieb es bis 1848 bei der Feudaljagd. Erst mit der Paulskirchenverfassung von 1849 wurden die feudalen Jagdrechte auf fremdem Grund und Boden abgeschafft. In den meisten der damaligen deutschen Länder traten schon wenige Jahre später die Vorläufer unserer heutigen Landesjagdgesetze in Kraft. Nach 1848 stand das Rehwild im Mittelpunkt jägerischer Betrachtung und seit damals steigen die Rehwildstrecken – europaweit – ungebrochen! Noch in der ersten Hälfte des 20. Jahrhunderts waren weite Landstriche des deutschsprachigen Raumes praktisch rehwildfrei. Nicht anders war es in unseren westlichen und südlichen Nachbarländern. Vor allem östlich der Elbe wurde mit Inkrafttreten der neuen Jagdgesetze die Jagd wieder vom Adel dominiert. Daher lagen und liegen die größten Rotwildvorkommen immer noch im Osten.

Ein Wandel trat mit dem Preußischen Jagdgesetz ein, das erstmals einen Abschussplan vorschrieb und die Einteilung des Schalenwildes in Alters- und Güteklassen vorsah. Es war bereits Grundlage für das 1934 erlassene Reichsjagdgesetz, das seine weiterentwickelte Fortschreibung in den heute geltenden Jagdgesetzen findet.

Der königl.-preuß. Forstmeister Ferdinand von Raesfeld hat in seinen epochalen Werken: »Das Rotwild« 1898, »Das Rehwild« 1905, »Das deutsche Weidwerk« 1914 und die »Hege« 1920, entscheidende Aussagen zu den wissenschaftlichen Grundlagen der heutigen Jagd getroffen. Er hat die Notwendigkeit erkannt, dass durch die »Hege mit der Büchse« vor allem das Jungwild stark bejagt werden muss. Es war damals durchaus noch üblich, dass man Jungwild überhaupt nicht bejagte. Zumeist am Beginn des 20. Jahrhunderts war der Abschuss von weiblichem und Jungwild verboten.

Den Aufbau natürlicher Altersklassen, ein ausgeglichenes Geschlechterverhältnis, eine vernünftige Wilddichte und das »Altwerdenlassen« von Schalenwild, hat er als einer der ersten auf der Ostseehalbinsel Darß erarbeitet.

Graf Silva-Tarouca hat zur selben Zeit durch seine Beobachtung und Hege in den Karpatenrevieren die gleichen Erkenntnisse gewonnen und im Buch: »Kein Heger, kein Jäger« in der zweiten Auflage 1926 publiziert.

Der Fürst Hans Heinrich XI. von Pleß hatte bereits vor 1900 in seinen großen Revieren in Schlesien, optimale Schalenwild-Populationsstrukturen aufgebaut durch die prozentuale Wahlbejagung in den Altersklassen.

Bis ins späte 20. Jahrhundert hinein waren die Abschussrichtlinien primär vom Wunsch nach möglichst vielen starken Trophäen geprägt. Die Wildbiologie als wissenschaftliche Disziplin hatte noch keine Bedeutung. Inzwischen hat die Mehrheit der Jäger (nicht nur in Deutschland) längst verstanden, dass das Wild und nicht unsere Wünsche im Vordergrund zu stehen hat.

Der Jäger wird weniger Fehler machen, wenn er sich bei seiner Hege und Jagdausübung an der Natur orientiert. Das Großraubwild, Wolf, Luchs und Bär haben das Schalenwild nie wahllos selektiert und überwiegend die jungen Altersklassen reduziert! Sie nehmen geringste Konditionsschwächen ihrer Beutetiere wahr. Raubwild kennt aber auch keine »Skrupel«. Eine Jagdethik, die uns Jägern selbstverständlich ist, sind ihm fremd.

Gesunde Schalenwildpopulationen sollen so beschaffen sein, wie sie die Natur hervorbringt, erhält und vergehen lässt!

Das Altwild – ob Leittier, Hirsch; Leitbache oder Keiler – ist für die soziale Existenzsicherung der Population von größter Bedeutung. Hochjagdbares, altes Wild zu hegen ist für den Jäger somit keine Trophäenjagd, sondern prinzipiell auch Artenschutz.

Entscheidend für den Qualitätsaufbau und Quantitätsabbau ist der richtige Streckenanteil in den Altersklassen, natürlich mit einer ausreichenden Jagdstrecke, vor allem an weiblichem Wild.

Der Jäger sollte sich als Teil der Natur begreifen und nicht diese nach seinen Wünschen formen wollen.

Eine einfache Formel für die Schalenwildbejagung:

- **Jungwild reduzieren** – das Jungwild ist leicht anzusprechen und hier erfolgt der stärkste jagdliche Eingriff.
- **Hauptwild schonen** – das mittelalte, ausreifende Hauptwild ist die tragende Säule einer jeden Wildpopulation!
- **Altwild ernten** – das ausgereifte Altwild (Kern der Population) wird vor dem Greisenalter erlegt.
- **Jagdethos** – immer wird das Jungwild vor dem Mutterwild erlegt!

Hege mit der Büchse

?

211 | Wonach richtet sich die »Hege mit der Büchse«?
Eine gesunde Schalenwildpopulation soll so beschaffen sein, wie sie die Natur ohne künstliche Eingriffe hervorbringt, erhält und vergehen lässt.

212 | An was muss der Wildbestand angepasst werden?
An den Lebensraum, nicht umgekehrt.

213 | Ist die Wilddichte für die Wildarten differenziert zu betrachten?
Die tragbare Wilddichte ist immer standortabhängig. Ferner gibt es Wildarten, die infolge hoher Wilddichte bei überreicher Äsung kümmern (z. B. Rehwild) und solche, die eine gewisse Dichte zu ihrem Wohlbefinden brauchen (z. B. Rotwild).

214 | Was ist das Ziel der »Hege mit der Büchse«?
Zunächst einmal die zahlenmäßige Anpassung des Wildbestandes an den jeweiligen Lebensraum. Ein ausgeglichenes Geschlechterverhältnis, eine vernünftige Wilddichte und eine naturnahe Altersstruktur.

215 | Ist eine Aufartung der Schalenwildbestände notwendig?
Nein, denn die durchschnittliche Verfassung eines Wildbestandes spiegelt in erster Linie seine Lebensumstände, nicht seine genetische Disposition.

216 | Welche Gefahr besteht, wenn sich Abschussrichtlinien an Geweihmerkmalen orientieren?
Durch systematische Ausmerzung bestimmter Merkmale gehen auch solche verloren, die wir nicht kennen, und die genetische Bandbreite verengt sich.

217 | Wie ist es möglich, dass die Schalenwildstrecken seit mehr als einem Jahrhundert europaweit steigen?
Das ist nur möglich, weil – insgesamt – weniger als der jeweilige Zuwachs genutzt wurde und weil sich gleichzeitig für einige Arten (z. B. Rehwild und Schwarzwild) die elementaren Lebensbedingungen verbessert haben.

218 | Ist eine sorgfältige Selektion zielführend, wenn der Abschuss insgesamt zu niedrig ist?
Nein, die Wahl und vor allem eine nachhaltige Zahl ist wichtig. Natürlich kann man nur mit dem überwiegend weiblichen Abschuss die Wilddichte senken.

219 | Wächst in Ländern, in denen die Hege mit der Büchse nie praktiziert wurde, auch starkes, gesundes Wild?
Besonders starkes Rehwild finden wir in Großbritannien und in Skandinavien, wo nie eine Rehwildhege in unserem Sinne betrieben wurde.

220 | Wozu führte der strenge Ausleseabschuss beim Rehwild in den ersten Nachkriegsjahrzehnten?
Zum Anstieg der Rehwildpopulationen.

221 | Was soll der Jäger bei der Abschusserfüllung herstellen?
Eine angemessene Wilddichte, einen gesunden Altersklassenaufbau und ein ausgeglichenes Geschlechterverhältnis.

222 | Wann »reguliert« der Jäger bei der Abschusserfüllung?
Wenn er zumindest den tatsächlichen Zuwachs abschöpft.

223 | Ist das Geschlechterverhältnis 1 : 1 beim Schalenwild zwingend und immer natürlich?

Unter naturnahen Verhältnissen oder in gering bejagten Wildbeständen schwankt das Geschlechterverhältnis. Der Jäger strebt dennoch das Verhältnis 1 : 1 an, um die Bestände in Griff zu bekommen.

224 | Wie groß ist der Einfluss des Jägers auf das Geschlechterverhältnis (GV) beim Rehwild?

Rein rechnerisch relativ gering, weil die Natur mit jedem neuen Geburtsjahrgang ohnehin korrigierend eingreift. Trotzdem sollte der Jäger bestrebt sein, eventuell vorhandene Überhänge weiblichen Wildes abzubauen.

225 | Kann der Jäger einen der Umwelt angepassten Abschuss mit »Kranken und Schwachen« erfüllen?

Der Wildbestand wäre desolat wenn der Abschuss nur mit krankem und schwachem Wild erfüllt werden könnte. Der Jäger erlegt überwiegend gesundes Wild und – bei Wahlmöglichkeit – vorrangig die »Kranken und Schwachen«.

226 | Woran erkennen wir, dass die Natur nicht nur die Stärksten Individuen bevorzugt?

Wäre dem so, müsste durch Jahrhunderte hinweg ein ständiger Anstieg der Körpergröße zu verzeichnen sein.

227 | Muss der Jäger bei Auer- und Birkwild »die alten Raufer« erlegen?

»Die alten Raufer« zu erlegen ist ein Fehler, denn sie sind die ranghohen Hähne – A- und B-Hahnen – von denen sich die Hennen treten lassen. Am Bodenbalzplatz kann sich der Jäger von den Hennen zeigen lassen welchen Hahn er nicht erlegen soll.

Jagd ist Nutzung nachwachsender Ressourcen und nicht »Produktion«.

Jungwildrettung

228 | Was sind die Ursachen für hohe Mähverluste bei den Rehkitzen?
Eine hohe Rehwilddichte, die großen Schläge und die schnelle Technik.

229 | Wie sollte der Bauer eine Wiese mähen, um Jungwild zu retten?
Wegen der Fluchtrichtung soll die Wiese immer von Innen nach Außen gemäht werden.

230 | Was können Sie tun, ehe eine Wiese gemäht wird?
Wiese am Abend vor der Mahd oder am Morgen vor der Mahd absuchen. Am Abend Scheuchen aufstellen oder Wiese verstänkern.

231 | Wie hoch ist der Aufwuchs einer Wiese, in der Rehkitze besonders gerne liegen?
Etwa 40 cm, so hoch, dass sich das Gras über dem abliegenden Kitz etwas schließt.

232 | Ist es sinnvoll, Scheuchen an Mähwiesen schon einige Tage vor der Mahd aufzustellen?
Nein, weil sehr schnell der Gewöhnungseffekt eintritt. Scheuchen helfen nur eine Nacht. Sie müssen am Abend vor der

Übersicht Möglichkeiten der Jungwildrettung

Rehwild
- Geißen im Herbst der Lebensraumsituation anpassen!
- Besonders gefährliche Wiesen regelmäßig bei Dunkelheit stören.
- Aufstellen von Scheuchen unmittelbar vor der Mahd (geringer Erfolg).
- Absuchen der Wiese in Personenkette unmittelbar vor der Mahd.
- Absuchen der Wiese mit Wärmefinder.
- Einsatz technischer Wildretter an Maschine (Effizienz eher gering).
- Heraustragen gefundener Kitze aus der Wiese.

Hase
- Insgesamt schwieriger (da kleiner) als bei Rehwild.
- Absuchen der Wiese mit Wärmefinder.

Fasan und Rebhuhn
- Frühzeitiges Beobachten der Wiese (Paarhühner, Fasanenhennen).
- Absuchen der Wiese in Personenkette.
- Absuchen der Wiese mit Wärmefinder.
- Gefundene Eier in Grastaschen packen, erschütterungsfrei transportieren und ausbrüten lassen.

Das Finden der abgelegten Kitze und Junghasen ist äußerst schwer.

Mahd aufgestellt und morgens abgebaut werden, wenn beim Wetterumschlag nicht gemäht wird.

233 | Welche technischen Geräte werden zur Rettung abgelegter Rehkitze eingesetzt?

In den ersten zwei Lebenswochen drücken sich die Rehkitze vor jeder Gefahr, so dass die Berührung mit Schleppketten und Federstäben nicht hilft.
Brauchbar sind die neuen elektronischen Kitzretter, die auf Körperwärme reagieren, der kühle Morgen ist wichtig.
Der Jäger kann mit dem Rehblatter, auf Kitzfiep gestimmt, die Ricke herbeilocken und dann erkennen, ob die Wiese mit Kitzen besetzt ist.

234 | Findet der Hund abgelegte Rehkitze leicht?

Die Hundenase findet die Kitze nicht leicht, weil sie kaum Witterung abgeben.

235 | Wie lassen sich Mähverluste beim Rehwild jagdlich reduzieren?

Kitzverluste nehmen ab, wenn die Zahl der Ricken entsprechend dem Lebensraum im Herbst reduziert wird. Sind die beliebten Setz- und Ablegeplätze im bodengrünen Waldbereich besetzt oder beunruhigt, so ziehen die Ricken in die Wiesen – untypische »Savannen«.

236 | Welche Grünlandnutzung ist für Rehkitze günstiger – Silomahd oder Heumahd?

Die Silomahd erfolgt schon vor der Setzzeit oder in einem Stadium, in dem der Aufwuchs den Kitzen zum Abliegen noch zu niedrig ist.

237 | Welches Jungwild ist in den Wiesen noch bedroht?

Vor allen die Junghasen.

Der modernen Landtechnik fallen viele Kitze zum Opfer.

238 | Wie kann man vor der Mahd gefundene Junghasen retten?

Mit künstlicher Aufzucht und nachfolgenden Aussetzen.
Für die Aufzucht der Junghasen wird eine Milch mit hohem Fettgehalt von 23 % in einer kleinen Schnullerflasche etwa 33 Tage gereicht; allerdings nehmen sie etwa ab dem 17. Tag auch in zunehmenden Maße Grünäsung auf, z. B. Löwenzahn, Wiesenrotklee, Wilde Möhre, Spitzwegerich und Gänseblümchen. Im Notfall kommen die Junghasen auch schon ab der 4. Lebenswoche, in die auch der Zahnwechsel fällt, ohne die Versorgung mit Milch aus.

239 | Wie können Fasanen- und Rebhuhngelege gerettet werden?

Im Idealfall schiebt man die Eier einem bekannten Gelege im Revier unter. Für die künstliche Brut und Aufzucht findet man am ehesten unter den Zwerghühnern noch eine Glucke – die Brutmaschine ist kein vollwertiger Ersatz dafür.

240 | Wie werden Fasanen- und Rebhuhneier transportiert?
Am besten werden die Eier erschütterungsfrei in Grasnestern transportiert.

241 | Welche Nahrung brauchen künstlich erbrütete Fasanenküken in der ersten Lebenswoche?
Vor allem tierisches Eiweiß, was im künstlichen Aufzuchtsfutter reichlich vorhanden ist oder hartgekochte Eier mit fein gewiegter Schafgarbe.

242 | Wie intensiv soll die Bindung der Küken an den Menschen sein?
Der Kontakt zum Menschen soll möglichst gering sein.

243 | In welchem Alter werden künstlich erbrütete Jungfasanen ausgesetzt?
Jungfasanen werden ab 12 Wochen ausgesetzt.

244 | Was ist eine Wildfasanerie?
Hier haben die Jungfasanen von Anfang an freien Auslauf auf der Aufzuchtwiese, während die Haushuhnglucke in einem verstellbaren Aufzuchtkasten mit Vorgitterstäben (und Drahtnachtgitter), durch die die jungen Fasanen hindurchschlüpfen können, gehalten wird. Haben die Jungfasanen nach etwa 8 bis 10 Wochen ihre Selbständigkeit erreicht, so verstreichen sie von der Wildfasanerie aus ins Revier.

Brut und Aufzucht ausgemähter Gelege ja. Massenaufzucht von lebenden Zielscheiben nein.

Aussetzen von Wild

245 | Darf der Jagdpächter jagdbares Wild im Revier aussetzen?
Das Aussetzen von Schwarzwild und Wildkaninchen ist gem. § 28 II BJG verboten. Fremde Tierarten dürfen nur mit Genehmigung der Obersten Jagdbehörde ausgesetzt werden. Zu den fremden Tierarten gehören nicht diejenigen Arten, die – wie Damwild ursprünglich vorhanden oder Muffelwild – im Laufe der vergangenen Jahrhunderte eingebürgert worden sind.

246 | Wer muss das Aussetzen von Muffelwild genehmigen?
Die Oberste Jagdbehörde.

247 | Welches Problem besteht, wenn zusätzlich Fasane aus Fasanerien zugekauft und ausgesetzt werden?
Zuchtfasanen fehlt es an der angeborenen Feindvermeidung, und sie locken nur unnötig Raubwild an. Außerdem verwässern sie das Erbgut der an den Standort angepassten Wildfasanen.

248 | Was ist die Voraussetzung beim Wiederaufbau von Fasanenrestbeständen?
Die Lebensraumverbesserung und die Raubwildbejagung.

249 | Ist es sinnvoll, Auerwild auszusetzen?
In der Regel nicht; fast alle bisherigen Versuche sind fehlgeschlagen.

250 | Macht es Sinn, Luchse auszusetzen?

Das ist umstritten und wird (nicht nur von Jägern) mehrheitlich verneint. Der Luchs versucht aber seit Jahrzehnten immer wieder bei uns einzuwandern. Stimmt der Lebensraum und lässt man ihn gewähren, kommt er.

251 | Sind Blutauffrischungen beim Schalen- oder Niederwild notwendig?

Seit hundert Jahren ist bekannt, dass die Blutauffrischung oder gar die Einkreuzung (z.B. von Wapiti und Rothirschen) erfolglos ist. Die Blutauffrischung ist heute kein Thema mehr.

Umgang mit Beutegreifern

252 | Welche Tierarten gefährden die Gelege von Fasan, Rebhuhn und Ente?

An erster Stelle gefährden die Wanderratten die Gelege der Bodenbrüter. Der Iltis ist ein erfolgreicher Jäger junger Ratten – mithin de facto kein Eierräuber.

253 | Sind Saatkrähen für Jungwild bedrohlich?

Alle Nahrungsuntersuchungen kamen zu dem Schluss, dass die Saatkrähe überwiegend nützlich ist.

Der an Vogelbruten oder jungem Geflügel angerichtete Schaden wird durch den Nutzen mehr als ausgeglichen.

Wo Steinwild nicht bejagt wird, lässt es den Menschen auf wenige Meter an sich heran kommen.

Elstern suchen systematisch nach Gelegen, werden aber auch selbst Opfer.

254 | Wie sehen die von Rabenvögeln geplünderten Eier aus?
Die Rabenvögel schlagen mit dem Schnabel, quer zur Eiachse, schmal und tief die Eier auf.

255 | Können Krähen einem gesunden Althasen gefährlich werden?
Einem gesunden Althasen können die Aaskrähen nicht gefährlich werden.

256 | Darf der Jäger Krähennester ausschießen?
Krähennester dürfen nicht ausgeschossen werden, weil in ihnen auch Waldohreule, Baumfalke oder Turmfalke brüten können und die Schonzeit es nicht erlaubt.

257 | Dürfen Rabenvögel gefangen werden?
Der Fang von Federwild ist verboten.

258 | Für welche anderen Arten sind die Horste der Rabenvögel wichtig?
Waldohreule, Turm- und Baumfalke.

Mäusebussarde sind in erster Linie Mäusejäger und Kadaververwerter.

259 | Kann man von der Zahl der Habichtshorste auf die Zahl der Brutpaare schließen?
Nein, weil jedes Paar mehrere Horste besitzt. Nur die frisch begrünten Horste sind beflogen.

260 | Macht es Sinn, im Winter die Mäusebussarde zu füttern?
Grundsätzlich nicht. Bei einer hohen Mäusebussarddichte ist die Wintersterblichkeit ein natürliches Regulativ.

261 | Wie sind Habicht und Bussard in Bezug auf die Kokzidiose zu sehen?
Dem Habicht werden erkrankte (geschwächte) Hasen bevorzugt zur Beute. Bussarde »entsorgen« an Kokzidiose verendete Hasen.

262 | Welche Niederwildarten werden vom Habicht geschlagen?
Hasen, Kaninchen, Fasane, Rebhühner, Schnepfen und Tauben.

263 | Hat der Eichelhäher Einfluss auf das Niederwild?
Nein, an tierischer Nahrung nimmt der Eichelhäher: Insekten, Würmer, kleine Wirbeltiere, Eier und Nestlinge von Waldvögeln.

264 | Welchen Einfluss haben Hauskatzen auf das Niederwild?
Sie reißen junges Federwild, Jungkaninchen und Junghasen. Nicht alle Katzen sind Niederwildjäger.

265 | Wo und wann begegnet der Jäger streunenden Hauskatzen regelmäßig?
Katzen benutzen wie alles Raubwild gerne die Feldwege und genau dort treffen wir sie am Morgen auf dem Heimweg und am Abend beim Auslaufen an.

Waschbär (Bild) und Marderhund lassen sich nicht mehr verdrängen.

266 | In welcher Jahreszeit werden freilaufende Hunde besonders zur Gefahr für das Wild?
Vor und in der Setzzeit und im Winter, wenn das Wild hoch beschlagen oder geschwächt ist.

267 | Wie soll der Jäger Waschbären und Marderhunde fangen?
Ausschließlich in Lebendfallen, weil sie sich in Totschlagfallen fast immer mit den Vorderbranten fangen; das ist Tierquälerei!

G Waffen, Munition, Optik

Allgemeines

Am 1. April 2003 ist das neue Waffengesetz (WaffG) in Kraft getreten, im Oktober 2003 folgte die Allgemeine Waffengesetz-Verordnung (AWaffV).

Das Waffengesetz umfasst den eigentlichen Gesetzestext, sowie zwei Anhänge (Anlage 1 Begriffsdefinitionen, Anlage 2 Waffenliste).

Die Verordnung präzisiert diverse Regelungen des Waffengesetzes. Der Rechtskreis Waffenrecht regelt den Umgang mit Waffen oder Munition unter Berücksichtigung der Belange der öffentlichen Sicherheit und Ordnung. Der Jäger hat zahlreiche Vorschriften daraus zu beachten. Verstöße gegen das Waffenrecht haben in der Regel den Entzug der waffenrechtlichen Erlaubnis (Waffenbesitzkarte) und damit u. U. des Jagdscheins zur Folge.

Wer mit Waffen oder Munition umgehen will, bedarf der Erlaubnis. Die Erlaubnis zum Erwerb und Besitz von Waffen wird durch die Ausstellung einer Waffenbesitzkarte (WBK) oder den Eintrag in eine bestehende Waffenbesitzkarte dokumentiert. Voraussetzungen für eine Erlaubnis sind, dass der Antragsteller das 18. Lebensjahr vollendet hat, die erforderliche Zuverlässigkeit und persönliche Eignung besitzt sowie die erforderliche Sachkunde und ein Bedürfnis nachgewiesen hat.

Wichtig: Die Behörde hat die Inhaber von waffenrechtlichen Erlaubnissen in regelmäßigen Abständen, mindestens jedoch nach Ablauf von drei Jahren erneut auf ihre Zuverlässigkeit und ihre persönliche Eignung sowie drei Jahre nach der ersten Erteilung der ersten waffenrechtlichen Erlaubnis das Fortbestehen des Bedürfnisses zu prüfen.

Deutlich verschärft wurden die Anforderungen hinsichtlich der Zuverlässigkeit. Als nicht zuverlässig gelten unter anderem Personen, die wegen eines Verbrechens oder wegen sonstiger vorsätzlicher Straftaten zu einer Freiheitsstrafe von mindestens einem Jahr verurteilt worden sind, bei denen Tatsachen die Annahme rechtfertigen, dass sie Waffen oder Munition missbräuchlich oder leichtfertig verwenden, damit nicht vorsichtig oder sachgemäß umgehen oder sie nicht sorgfältig verwahren. Auch wer wegen einer vorsätzlichen oder fahrlässigen Straftat im Zusammenhang mit dem Umgang von Waffen und Munition sowie wegen einer Straftat nach dem Waffen- oder Bundesjagdgesetz zu einer Freiheitsstrafe oder zu einer Geldstrafe von mindestens 60 Tagessätzen verurteilt worden ist, gilt in der Regel als nicht mehr zuverlässig.

Die persönliche Eignung besitzen unter anderem Personen nicht, die geschäftsunfähig, alkohol- oder drogenabhängig sind oder auf Grund in der Person liegender Umstände mit Waffen und Munition nicht sachgerecht umgehen können.

Von der Vorschrift, dass Personen unter 25 Jahren, die eine großkalibrige Schusswaffe erwerben wollen, ein medizinisch-psychologisches Zeugnis vorlegen müssen, sind Jäger befreit.

Die Sachkunde haben Jäger mit dem erfolgreichen Bestehen der Jägerprüfung nachgewiesen.

Ein Bedürfnis ist bei Inhabern eines gültigen Jagdscheins grundsätzlich gegeben. Bei Jägern die nicht Jahresjagdscheininhaber sind, wird das Bedürfnis für den Erwerb und Besitz von Schusswaffen und der dafür bestimmten Munition anerkannt, wenn:

- glaubhaft gemacht wird, dass sie die Schusswaffen und die Munition zur Jagdausübung, oder zum Training im jagdlichen Schießen einschließlich jagdlicher Schießwettkämpfe benötigen und
- Schusswaffe wie Munition nach dem Bundesjagdgesetz nicht verboten sind.

Jahresjagdscheininhaber dagegen müssen nicht glaubhaft machen, dass sie die Waffen benötigen. Sie können grundsätzlich Langwaffen (ohne zahlenmäßige Beschränkung) und zwei Kurzwaffen erwerben. Wollen sie weitere Kurzwaffen erwerben, müssen auch sie ein Bedürfnis nachweisen.

Langwaffen und Munition dafür dürfen wie bisher auf den gültigen Jagdschein erworben werden, Kurzwaffen gegen vorherige Erlaubnis (Eintrag in die WBK). Die Erlaubnis zum Erwerb der Munition für diese Kurzwaffen (auch für Fangschussgeber) muss in der WBK eingetragen sein.

Wer eine Waffe erwirbt oder besitzt darf sie noch nicht führen. Im Gesetz ist jetzt genau definiert, wann Jäger Schusswaffen führen sowie damit schießen dürfen:

a) zur befugten Jagdausübung einschließlich des Ein- und Anschießens im Revier,
b) zur Ausbildung von Jagdhunden im Revier,
c) zum Jagd- und zum Forstschutz.

Auch im Zusammenhang mit diesen Tätigkeiten (z.B. Fahrt ins Revier, kurze Besorgung auf dieser Strecke, beim Schüsseltreiben) ist das Führen der Waffe erlaubt. Allerdings darf die Waffe dabei nicht schussbereit sein!

Inhabern eines Jugendjagdscheins wird keine WBK ausgestellt, dass heißt sie können keine eigenen Waffen kaufen und diese im Eigentum haben. Sie dürfen Schusswaffen und Munition nur für die Dauer der Jagdausübung oder des Schießtrainings erwerben, besitzen, führen (dies auch im Zusammenhang mit diesen Tätigkeiten, s.o.) und damit schießen.

Ansonsten ist das Führen einer Schusswaffe wie bisher nur mit einem Waffenschein gestattet! Verboten bleibt auch weiterhin das Führen von Waffen bei öffentlichen Veranstaltungen.

Wer als Jäger eine Schusswaffe führt, muss Personalausweis (oder Pass), die WBK und einen gültigen Jagdschein mit sich führen. Diese Dokumente sind zur Kontrolle befugten Personen (z.B. Polizeibeamten) auf Verlangen vorzuzeigen.

Das Schießen außerhalb von Schießstätten sowie das Schießen auf Tiere, die nicht unter die »Jagdausübung« oder den »Jagdschutz« fallen, ist verboten. In solchen Fällen genügt der Jagdschein nicht, sondern es muss eine Schießerlaubnis beantragt werden.

Vereinfacht wurde die Möglichkeit des Verleihens von Schusswaffen. Wer als Inhaber einer Waffenbesitzkarte von einem Berechtigten lediglich vorübergehend eine Waffe erwirbt (sprich ausleiht), braucht keine Erlaubnis, das heißt, die Waffe muss nicht in die WBK eingetragen werden. Damit können jetzt sowohl Lang- wie Kurzwaffen verliehen werden, der Zeitraum ist jedoch auf maximal einen Monat beschränkt. Langwaffen können auch allein auf den Jagdschein hin verliehen werden.

Berechtigte können auch problemlos Schusswaffen und Munition eines anderen Jägers / WBK-Inhabers befördern oder (sicher) aufbewahren.

Wird eine Waffe transportiert (z.B. bei einer längeren Fahrt oder Reise in ein entferntes Revier) darf diese nicht schussbereit und nicht zugriffsbereit sein.

Grundsätzlich dürfen Waffen und Munition nur Berechtigten überlassen werden. Diese Berechtigung muss offensichtlich sein oder nachgewiesen werden (z.B. WBK, bei Langwaffen reicht auch der Jagdschein, bei Kurzwaffenverkauf muss die Erlaubnis in der WBK des Erwerbers eingetragen sein!). Achtung: Damit darf zum Beispiel beim Schüsseltreiben die Schusswaffe nicht dem Wirt zur Aufbewahrung überlassen werden (es sei denn dieser ist Jahresjagdscheininhaber und kann die Waffen sicher aufbewahren).

Zum Besitzwechsel: Wenn ein Berechtigter nicht gewerblich einem anderen Berechtigten eine Schusswaffe überlässt (verkauft, schenkt), so muss er dies binnen zwei Wochen der zuständigen Behörde schriftlich anzeigen und die WBK zur Berichtigung vorlegen.

Der Erwerber wiederum muss die Waffen innerhalb von zwei Wochen in seine WBK eintragen beziehungsweise sich eine WBK ausstellen lassen.

Ist eine Schusswaffe noch nicht in die WBK eingetragen, muss ein schriftlicher Nachweis mit sich geführt werden, dass die Anmeldefrist für diese Waffe noch nicht verstrichen ist. Dies gilt auch beim Führen von »Leihwaffen« auf der Jagd.

Wer Waffen, deren Erwerb der Erlaubnis bedarf, findet oder verliert, hat dies der zuständigen Behörde unverzüglich mitzuteilen. Bei »Fundstücken« kann die Behörde die Waffe sicherstellen oder anordnen, dass sie unbrauchbar gemacht oder einem Berechtigten überlassen wird. Bei Verlust von Waffen wird die örtliche Polizei zwecks Aufnahme von Ermittlungen von der zuständigen Behörde informiert.

Waffenaufbewahrung: Erstmalig wird auch die Aufbewahrung von Waffen und Munition im Gesetz geregelt. Grundregel: Alle Waffen sowie Munition müssen so aufbewahrt werden, dass sie nicht abhanden kommen können und vor unbefugtem Zugriff (auch von Familienangehörigen) geschützt sind. Das Gesetz schreibt aber nicht vor, wie das gewährleistet werden soll. Schusswaffen und Munition dürfen grundsätzlich nur getrennt voneinander aufbewahrt werden. Sollen Schusswaffen und Munition zusammen aufbewahrt werden, ist ein Sicherheitsbehältnis (Waffenschrank) des Widerstandsgrads 0 (DIN/EN 1143-1) Pflicht. Ausnahmen sind bei Sicherheitsbehältnissen mit Innenfach möglich (Detailregelungen siehe Übersicht S. 723).

Für Schusswaffen (Lang- und Kurzwaffen) gilt: Aufbewahrung mindesten in einem Schrank des Widerstandsgrades 0 (»Null« – »0-Schrank«), wobei ein Behältnis der Sicherheitsstufe B (nach VDMA 24992) als gleichwertig angesehen wird. Für bis zu zehn Langwaffen reicht auch ein Behältnis der Stufe A.

Erlaubnispflichtige Munition darf nur in einem Stahlblechbehältnis (auch ohne Klassifizierung) mit Schwenkriegelschloss (oder einer gleichwertigen Verschlussvorrichtung) oder in einem gleichwertigen Behältnis aufbewahrt werden.

Die sichere Aufbewahrung ist der Behörde auf Verlangen nachzuweisen. Bei begründeten Zweifeln kann die Behörde vor Ort nachprüfen. Die Unverletzlichkeit der Wohnung wird insoweit eingeschränkt, dass auch die Wohnräume – jedoch nur zur Verhütung dringender Gefahren – gegen den Willen des Inhabers betreten werden dürfen!

Waffenrechtliche Erlaubnisse können auch zurückgenommen beziehungsweise widerrufen werden (§ 45). Zum Beispiel dann, wenn kein Bedürfnis mehr vorliegt. Dies ist für einen Jäger von Bedeutung, wenn er beispielsweise den Jagdschein nicht mehr löst und somit kein Bedürfnis mehr dokumentiert. Allerdings hat die Behörde hier einen Ermessensspielraum: Aus besonderen Gründen kann auch in Fällen eines endgültigen Wegfalls des Bedürfnisses von einem Widerruf abgesehen werden.

Es besteht auch weiterhin die Möglichkeit, dass Schusswaffen vererbt werden. Voraussetzung ist, dass der Erblasser diese Waffen berechtigt besessen hat und der Erbe zuverlässig und persönlich geeignet ist. Dem Erben wird eine Frist von einem Monat (nach Annahme der Erbschaft) eingeräumt, eine WBK zu beantragen oder die Schusswaffen in eine bestehende WBK einzutragen. Diese Regelung ist jedoch auf fünf Jahre befristet. In diesem Zeitraum soll die Industrie ein System entwickeln, welches eine Schusswaffe ohne Zerstörung so blockieren soll, dass Nichtberechtigte damit nicht schießen können.

Verstöße gegen das Waffengesetz sind mit zum Teil erheblichen Strafen beziehungsweise Bußgeldern bewehrt und führen in der Regel auch zum Verlust der waffenrechtlichen Erlaubnis. Wer zum Beispiel ohne Erlaubnis eine erlaubnispflichtige Schusswaffe erwirbt, besitzt oder führt kann mit Freiheitsstrafe bis zu drei Jahren oder Geldstrafe bestraft werden; das gleiche gilt, wenn einem Nichtberechtigten Schusswaffen oder Munition überlassen werden.

Als Ordnungswidrigkeit (bis zu 10 000 Euro bewehrt) gilt beispielsweise das nicht fristgerechte An- oder Abmelden von Waffen oder wenn Jäger die vorgeschriebenen Dokumente nicht mit sich führen.

Es gibt zwei Anlagen zum Waffengesetz. In Anlage 1 werden waffen- und munitionstechnische sowie die waffenrechtlichen Begriffe definiert und erfolgt die Einteilung der Schusswaffen in Kategorien A bis D nach der Waffenrichtlinie.

Demnach sind Schusswaffen Gegenstände, die zum Angriff oder zur Verteidigung, zur Signalgebung, zur Jagd, zur Distanzinjektion, zur Markierung zum Sport oder zum Spiel bestimmt sind und bei denen Geschosse durch einen Lauf getrieben werden.

Langwaffen sind Schusswaffen, deren Lauf und Verschluss in geschlossener Stellung insgesamt länger als 30 cm sind und deren kürzeste bestimmungsgemäß verwendbare Gesamtlänge 60 cm überschreitet.

Auf der Jagd und im Umgang mit Waffen sind die Vorschriften des Waffengesetzes und die Unfallverhütungsregeln zu beachten.

Gesetzliche Grundlagen

?

1 | Was sind Feuerwaffen?
Zu den Feuer- oder Schusswaffen zählen die Langwaffen (Gewehre mit einer Gesamtlänge von mehr als 60 cm) wie Flinten, Büchsen und kombinierte Waffen sowie die Kurzwaffen (Pistole und Revolver).

2 | Wer erwirbt eine Waffe?
Eine Waffe oder Munition erwirbt, wer die tatsächliche Gewalt darüber erlangt.

3 | Wer besitzt eine Waffe?
Eine Waffe oder Munition besitzt, wer die tatsächliche Gewalt darüber ausübt.

4 | Wer überlässt eine Waffe?
Eine Waffe oder Munition überlässt, wer die tatsächliche Gewalt darüber einem anderen einräumt.

5 | Wer führt eine Waffe?
Eine Waffe führt, wer die tatsächliche Gewalt darüber außerhalb der eigenen Wohnung, Geschäftsräume oder des eigenen befriedeten Besitztums ausübt.

6 | Wer verbringt eine Waffe?
Eine Waffe oder Munition verbringt, wer diese Waffe über die Grenze zum dortigen Verbleib oder mit Ziel des Besitzwechsels in den, durch den oder aus dem Geltungsbereich des Gesetzes zu einer anderen Person oder zu sich selbst transportieren lässt oder selbst transportiert

7 | Wer nimmt eine Waffe im waffenrechtlichen Sinne mit?
Eine Waffe oder Munition nimmt mit, wer diese Waffe und Munition vorübergehend auf einer Reise ohne Aufgabe des Besitzes zur Verwendung in den, durch den oder aus dem Geltungsbereich des Gesetzes bringt

Beim Transport darf die Waffe nicht schussbereit und nicht zugriffsbereit sein.

8 | Wer schießt mit einer Waffe?
Wer mit einer Schusswaffe Geschosse durch einen Lauf verschießt, Kartuschenmunition abschießt, mit Patronen- oder Kartuschenmunition Reiz- oder andere Wirkstoffe verschießt oder pyrotechnische Munition verschießt.

9 | Wann und wo darf der Jäger eine Jagdwaffe führen?
Zur befugten Jagdausübung einschließlich des Ein- und Anschießens im Revier, zur Ausbildung von Jagdhunden im Revier, zum Jagd- und zum Forstschutz. Auch im Zusammenhang damit (Fahrt ins nahe gelegene Revier, kurze Besorgung auf der Strecke, Schüsseltreiben) darf die Jagdwaffe – nicht schussbereit! – geführt werden!

10 | Was gilt für den Transport der Waffe ins und vom Revier?

Bei einer längeren Fahrt oder Reise in ein entferntes Revier (Transport) darf die Waffe nicht schussbereit und nicht zugriffsbereit sein.

11 | Innerhalb welcher Frist müssen Sie eine Jagdwaffe anmelden?
Innerhalb von zwei Wochen, zwecks Eintragung in die WBK durch die Behörde.

12 | An wen dürfen Sie eine Jagdwaffe verkaufen?
Eine Langwaffe an den Inhaber eines Jahresjagdscheins, eine Kurzwaffe an den Inhaber einer WBK mit entsprechendem Voreintrag.

13 | Dürfen Sie ihre Langwaffe einem Freund ausleihen?
Ja, wenn dieser Inhaber eines Jahresjagdscheins ist, maximal einen Monat.

14 | Dürfen Sie ihre Kurzwaffe einem Freund ausleihen?
Ja, wenn dieser Inhaber einer WBK mit Voreintrag ist, maximal einen Monat.

15 | Was ist der staatliche Beschuss?
Jede Schusswaffe wird vom Beschussamt geprüft. Dafür werden Patronen mit stärkerer Ladung verwendet, die einen um etwa 30% höheren Gasdruck ergeben als die gesetzlich höchstzulässige Normalladung. Einstecklãufe werden zusammen mit der Waffe beschossen.

16 | Was ist ein Beschusszeichen?
Jeder durch Beschuss geprüfte Lauf und Verschluss erhält vom Beschussamt ein Beschusszeichen eingeschlagen.

17 | Was wird beim Beschuss geprüft?
Der Beschuss ist eine Gewaltprobe, um festzustellen, ob Läufe und Verschluss die erforderliche Festigkeit besitzen, und ob die Funktionssicherheit und Maßhaltigkeit gegeben ist.

18 | Welche Beschussarten gibt es?
Vor- oder Materialbeschuss und Endbeschuss sowie den Instandsetzungsbeschuss

19 | Was bedeutet der Buchstabe »N« unter dem Bundesadler in deutschen Beschusszeichen?
Abkürzung für »Nitro«, d.h. rauchloses Pulver.

20 | Wer hat die Durchführung des Beschusses beim staatl. Beschussamt zu veranlassen?
Der Hersteller bzw. Importeur der Waffe sowie jeder, der nachträglich die betreffenden Teile (Lauf, Verschluss) verändert (Büchsenmacher, beispielsweise nach dem »Aufbohren« eines Laufes zu größerem Kaliber oder Reparatur von Verschlussteilen).

21 | Wo befinden sich die Beschusszeichen?
Bundesadler und Kennbuchstabe auf jedem wesentlichen Teil sowie sonstigen höchstbeanspruchten Teilen, die zur Aufnahme des Laufes oder des Verschlusses dienen. Das sind z.B. Lauf, Basküle, Schlitten, Trommel, Verschluss, Griffstück.

Beispiel Beschusszeichen auf kombinierter Waffe.

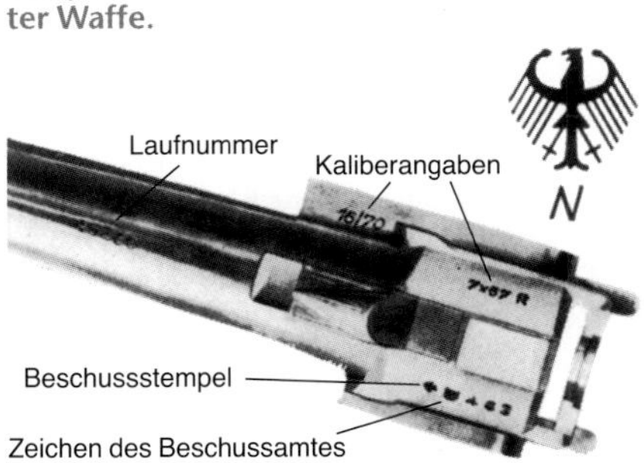

Beschusszeichen ab 1945

M	Vorbeschuss
SP	Endbeschuss mit Schwarzpulver
N	Endbeschuss mit rauchlosem Pulver (Nitropulver)
S	Zeichen für den Beschuss von Handfeuerwaffen für besondere Zwecke und Schussapparate
FB	Freiwilliger Beschuss
J	Instandsetzungsbeschuss

Adler in der neuen einfachen Form

J N V L

Beschuss- und Prüfzeichen nach dem 3. WaffV 1976

N	Normaler Beschuss bei Handfeuerwaffen, Böllern, Einsteckläufen oder Austauschläufen, die zum Verschießen von Munition mit Nitropulver mit normalem Gebrauchsgasdruck bestimmt sind.
V	Verstärkter Beschuss bei Handfeuerwaffen, Einsteckläufen oder Austauschläufen, die zum Verschießen von Munition mit überhöhtem Gasdruck bestimmt sind.
SP	Normaler Beschuss bei Handfeuerwaffen, Böllern, Einsteckläufen oder Austauschläufen, die zum Verschießen von Schwarzpulver bestimmt sind.
L	Normaler Beschuss bei Handfeuerwaffen, Böllern, Einsteckläufen oder Austauschläufen, bei denen zum Antrieb ein entzündbares flüssiges oder gasförmiges Gemisch oder eine Treibladung verwendet wird.
	Instandsetzungsbeschuss bei Handfeuerwaffen, Böllern, Einstekkläufen oder Austauschläufen, die nach § 16 Abs. 2 des Gesetzes erneut zu prüfen sind.
BWB 3333	Beschusszeichen auf Schusswaffen, die vom Bundesamt für Wehrtechnik und Beschaffung in Koblenz beschossen wurden.
BMI B	Erstbeschuss bei Schusswaffen, die von der Beschaffungsstelle des Bundesministers des Innern beschossen wurden.
BMI J	Instandsetzungsbeschuss bei Schusswaffen, die von der Beschaffungsstelle des Bundesministers des Innern nach einer Instandsetzung erneut beschossen wurden.
PTB	Zulassungszeichen für Handfeuerwaffen und Einsteckläufe nach § 21 des Gesetzes.
PTB	Zulassungszeichen für Schreckschuss-, Reizstoff- und Signalwaffen nach § 22 des Gesetzes.
BAM	Zulassungszeichen für pyrotechnische Munition nach § 23 des Gesetzes.
	Prüfzeichen nach § 16 Abs. 2 für Schussapparate. Die Zahl im kleineren Ouadrat bezeichnet die zwei letzten Ziffern der Jahreszahl, die Zahl in einer der Ecken des großen Quadrates das Quartal.

22 | Welche Bezeichnungen sind auf Läufen sonst noch angebracht?
Das Beschussdatum (ggf. verschlüsselt), eine laufende Nummer (Waffennummer), das Kaliber und das Ortszeichen des Beschussamtes.

23 | Haben auch Kurzwaffen Beschusszeichen?
Ja, am Lauf, bei Pistolen an Schlitten und Griffstück, bei Revolvern auf der Trommel.

24 | Wie erkennen Sie, ob ein Lauf amtlich beschossen ist?
An den Beschusszeichen, die von den staatlichen Beschussämtern in Läufe und ggf. Verschlussteile eingeschlagen werden.

25 | Muss auch ein Wechsellauf amtlich beschossen werden?
Für jeden Lauf ist ein amtlicher Beschuss vorgeschrieben.

26 | Muss eine Waffe neu beschossen werden, wenn der Lauf gekürzt wurde?
Ja. Grundsätzlich ist jede Waffe einem Instandsetzungsbeschuss zu unterziehen, wenn an einem wesentlichen Teil materialschwächende oder -verändernde Arbeiten vorgenommen worden sind.

27 | Können auch Privatpersonen Waffen zum Beschuss einliefern, oder geht dies nur über einen Büchsenmacher?
Jeder Waffenbesitzer kann seine Waffen direkt an ein Beschussamt einliefern.

28 | Müssen importierte Waffen in Deutschland unbedingt beschossen werden?
Importierte Waffen müssen dann in Deutschland beschossen werden, wenn sie kein anerkanntes Beschusszeichen eines anderen CIP-Mitgliedstaates tragen.

29 | Welche Beschusszeichen sind in Deutschland anerkannt?
Die Beschusszeichen folgender Länder: Belgien, Chile, Deutschland, Finnland, Frankreich, Großbritannien, Italien, Österreich, Russland, Slowakische Republik, Spanien, Tschechische Republik, Ungarn.

30 | Welche zusätzlichen Beschusszeichen können Flintenläufe haben?
Angaben über die Chokebohrung, verstärkter Beschuss und Stahlschrotbeschuss.

31 | Welche Beschussämter gibt es in Deutschland?

Ortszeichen der Prüfämter (ab 9.1972)

Für WE-Schrot (Stahlschrot) beschossene Waffen tragen ein spezielles Beschusszeichen (»Lilie«).

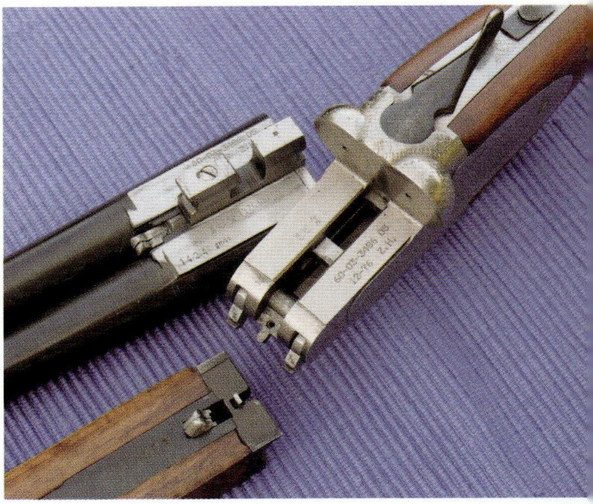

Aufbewahrung

Die Aufbewahrung von Waffen und Munition ist im WaffG geregelt. Grundregel: Sie müssen getrennt und so aufbewahrt werden, dass sie nicht abhanden kommen und unbefugte Dritte sie nicht an sich nehmen können.

Waffen sind entladen und entspannt aufzubewahren. Ist das Entspannen nur durch Abschlagen möglich, so kann eine Pufferpatrone verwendet werden. Aus Sicherheitsgründen und um die Magazinfeder zu schonen, ist das Magazin von Repetier- oder Selbstladewaffen zu entleeren.

Der Raum für die Aufbewahrung von Waffen soll gleichmäßig temperiert und trocken sein. Stark ausgekühlte Waffen, die in einen geheizten Raum gebracht werden, beschlagen leicht; sie müssen rechtzeitig durchgewischt und abgetrocknet werden. Längeres Aufbewahren in Lederfutteralen kann durch Gerbsäurereste im Leder zur Oxydation (Rostbildung) führen. Futterale sollen nur zum Transport, nicht zur Aufbewahrung dienen. Aus dem gleichen Grund sollen lederne Mündungsschoner abgenommen werden. Beim Transport in Fahrzeugen ist die Waffe so unterzubringen, dass sie keiner zu starken Erschütterung ausgesetzt ist.

?

32 | Wie muss die Jagdwaffe im Haus verwahrt werden?
So, dass sie nicht abhanden kommen und nicht in die Hände Unbefugter gelangen kann. Die Einzelanforderungen gem. WaffG sind zu beachten.

?

Unfallverhütung

Die Handhabung jeder Schusswaffe erfordert Disziplin und Selbstbeherrschung. Zu den Grundregeln im Umgang mit der Waffe gehört es z.B., dass man sie nur dort lädt, wo man auch zum Schießen berechtigt ist. Es ist selbstverständlich, das Gewehr zu entladen, wenn man einen Hochsitz besteigt oder verlässt, einen Graben überspringt oder in das Auto einsteigt. Dazu gehört auch, dass man vor Abgabe eines jeden Schusses prüft, ob das Hintergelände einen sicheren Kugelfang bietet und niemand durch den Schuss gefährdet wird. Niemals darf eine geladene oder ungeladene Waffe auf Mensch oder Tier gerichtet oder zielend angeschlagen werden, es sei denn auf Wild, das erlegt werden soll.

Bei Gesellschaftsjagden sind besondere Vorsichtsmaßnahmen notwendig, die – in einer Aufstellung zusammengefasst – mit jedem Jagdschein ausgegeben werden. (Siehe Kapitel »Treibjagden« sowie die Unfallverhütungsvorschriften).

Auf Sicherungen darf man sich nie verlassen, besonders dann nicht, wenn die Gefahr besteht, dass das Gewehr einer Erschütterung oder Beschädigung durch Sturz oder Fall ausgesetzt wird. Absolut sicher ist nur das entladene Gewehr! Handspanner sind im Allgemeinen sicherer, sobald sie entspannt sind, als bloß gesicherte Selbstspanner. Doch sind Handspannsysteme keinesfalls perfekt. Deshalb gilt auch hier: immer entladen, in jedem Fall wenn es die Unfallverhütungsvorschriften vorschreiben!

Eine weitere Unfallquelle können Fremdkörper im Lauf sein. Auch wenn es nicht gleich zu einem Unfall kommt, kann die Waffe beschädigt werden. Deshalb vor dem Laden durch den Lauf schauen (soweit technisch möglich). Besonders bei Schnee sollten die Läufe durch Mündungsschoner

Waffenaufbewahrung im privaten Bereich

(nach §36 WaffG und §13 AWaffV)

Definition Waffenschränke:

A = Sicherheitsstufe A nach VDMA 24992
B = Sicherheitsstufe B nach VDMA 24992
0 = Sicherheitsbehältnis Widerstandsgrad 0 nach DIN / EN 1143-1
1 = Sicherheitsbehältnis Widerstandsgrad 1 nach DIN / EN 1143-1

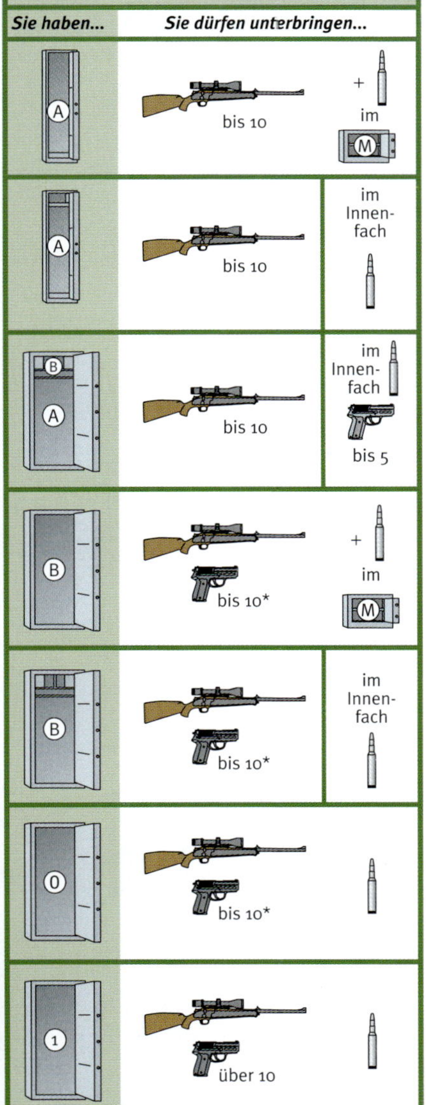

* Liegt das Gewicht des Behältnisses oder eine gleichwertige Verankerung gegen Abriss unter 200 kg, dürfen nur 5 Kurzwaffen darin aufbewahrt werden!

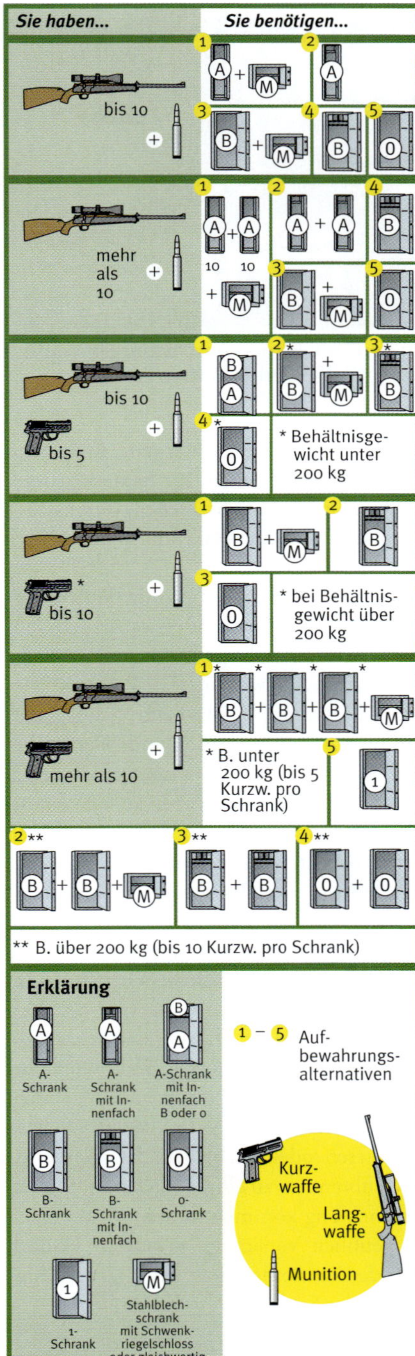

In den UVV ist geregelt, wann die Waffe zu entladen und zu öffnen ist.

oder Klebeband geschützt sein. Klebeband lässt sich ohne Folgen für Sicherheit oder Treffpunktlage durchschießen, durchsichtiges Klebeband lässt den Kontrollblick durch den Lauf zu.

Für jede Waffe darf nur die dafür geeignete Munition verwendet werden. Besonders gefahrenträchtig sind diejenigen Fälle, wo Patronen zwar in das Patronenlager bzw. Magazin passen, beim Schuss aber (infolge zu hoher Ladung und/oder stärkeren Kalibers) einen überhöhten Gasdruck ergeben. Daher die Angaben auf den Munitionspackungen und auf den Patronen selbst beachten! Munition für verschiedene Waffen ordentlich getrennt halten, damit es beim Griff in Schublade oder Patronentasche keine Verwechslungen gibt! Funktionsstörungen beim Schießen können an der Munition liegen, aber auch an der Waffe (z.B. zu kurzer, abgenützter Schlagbolzen, schlappe Schlagfeder). Es können vorkommen: Versager – der Schuss geht nicht los. Nicht sofort den Verschluss öffnen bzw. repetieren oder nachladen! Es könnte als »Nachbrenner« zu einer verzögerten Schussentwicklung kommen (selten); daher einen Augenblick vorsichtig abwarten. Danach bei der entnommenen Patrone den Einschlag des Schlagbolzens kontrollieren.

?

33 | Was ist zu tun, wenn bei der Waffe Funktionsstörungen oder Beschädigungen festgestellt werden?
Die Waffe darf nicht mehr verwendet werden und ist zum Fachmann (Büchsenmacher) zur Überprüfung und Reparatur zu bringen.

34 | Gibt es eine Stelle, wo Waffen überprüft und Ursachen von Mängeln gutachtlich festgestellt werden können?
Ja, einige Beschussämter und die DEVA (Deutsche Versuchs- und Prüfanstalt für Jagd- und Sportwaffen e.V., Düne 3, 33184 Altenbeken-Buke).

35 | Was regelt die Handhabung der Waffe im Jagdbetrieb?
Die Unfallverhütungsvorschriften (früher UVV – richtig: VSG 4.4 der Landwirtschaftlichen Berufsgenossenschaften) zusammen mit der Gebrauchsanweisung der Waffe.

36 | Auf Ihrer Doppelflinte fehlt der Beschussstempel »N«. Dürfen Sie damit

Drilling mit separater Kugelspannung (oben) sowie Hahnwaffe.

die heute gebräuchlichen Schrotpatronen verschießen?
Nein. Es können dann nur Schwarzpulverpatronen verschossen werden, wenn die Waffe dafür beschossen ist.

37 | Was sind die wichtigsten Vorgänge bei der Handhabung von Waffen, die jeder Jäger bei seinen eigenen Waffen zuverlässig beherrschen muss?
Laden und Entladen; Spannen und Entspannen; Sichern und Entsichern; gegebenenfalls Stechen und Entstechen; bei kombinierten Waffen Umstellung Schrot/Kugel; Zerlegen der Waffe (nur soweit für ordnungsgemäße Reinigung erforderlich).

38 | Woran ist äußerlich erkennbar, ob ein Jagdgewehr gespannt ist?
Bei Handspannern an der Stellung der Hähne bzw. des Spannschiebers. Bei manchen Selbstspannern an Signalstiften oder Signalwellen. Bei Selbstspanner Repetierbüchsen an der Stellung des Schlosses bzw. einer Spannanzeige.

39 | Gibt es auch Kennzeichen, ob das Gewehr geladen ist?
Nein, das ist äußerlich nicht erkennbar.

40 | Was muss der erste Handgriff sein, sobald der Jäger ein Gewehr in die Hand nimmt?
Er muss sich durch Öffnen des Verschlusses überzeugen, ob das Gewehr nicht geladen ist. Das gilt auch, wenn man die eigene Waffe aus dem Gewehrschrank nimmt; erst recht, wenn einem ein fremdes Gewehr – z.B. auf dem Schießstand – übergeben wird. Die Mündung zeigt dabei immer in eine sichere Richtung.

41 | Wo kann sich der Anfänger die nötige Sicherheit im Umgang mit Waffen aneignen?

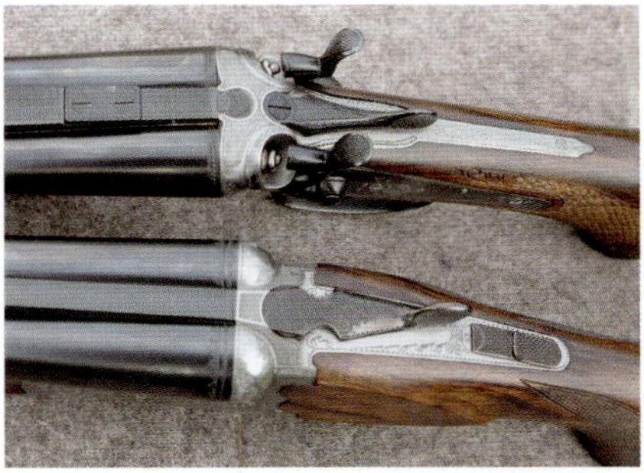

Eine Hahnwaffe (oben) hat im Gegensatz zur Selbstspannerwaffe keine Sicherung (hier als Schieber auf dem Kolbenhals).

Die erste Grundlage ist der Lehrgang zur Ausbildung für die Jägerprüfung. Dazu kommt die Teilnahme an den Übungsschießen der jagdlichen Organisationen.

42 | Müssen auch Gewehre mit Handspannung in unsicheren Situationen entladen werden?
Ja! Entspannte Handspanner sind zwar »sicherer« als gesicherte Selbstspanner, doch auch sie müssen in unfallträchtigen Situationen entladen werden.

43 | Wann ist ein Gewehr unbedingt zu entladen?
Immer außerhalb der eigentlichen Jagdausübung: wenn das Treiben beendet ist; wenn der Jäger Hindernisse (Zäune, Gräben) übersteigt, wenn er Hochsitze besteigt oder verlässt, beim Begehen von unsicherem Gelände (Glatteis, Steilhang), vor dem Einsteigen in Fahrzeuge, vor dem Betreten von Wohngebäuden, beim Verlassen des Reviers.

44 | Wie ist das Gewehr zu tragen, wenn der Jäger in Gesellschaft anderer Personen ist?
Immer so, dass die Mündung keines Falls auf Menschen gerichtet ist.

45 | Welche Sicherheitsvorkehrung sieht die UVV bei einer Gesellschaftsjagd vor?
Das entladene Gewehr ist mit geöffnetem Verschluss zu tragen. Der Jagdleiter kann anderes anordnen z.B. bei Schneefall »Waffe entladen, Mündung nach unten, Verschluss zu«.

46 | Wie sind Gewehre zu halten, wenn sie geladen oder entladen werden?
Immer in eine Richtung, in der niemand gefährdet werden kann. Nach dem Laden sind selbstspannende Schlosse zu sichern bzw. nachspannende Handspanner zu entspannen, sofern nicht sofort weiter geschossen wird.

47 | Darf bei der Wasserjagd von Booten aus geschossen werden?
Ja, im Sitzen. Im Stehen nur, wenn der Schütze gegen Sturz bzw. das Boot vor dem Umschlagen gesichert ist.

48 | Wann wird das Gewehr bei der Jagdausübung entsichert?
Erst während oder kurz bevor man in Anschlag geht.

49 | Wann wird ein Büchsenschloss eingestochen?
Erst, wenn man bereits auf das Wild in Anschlag gegangen ist, unmittelbar vor dem Schuss.

50 | Wie ist beim Entstechen (wenn man nicht zum Schuss gekommen ist) vorzugehen?
Die Waffe ist sofort zu sichern und wenn möglich der Verschluss zu öffnen. Erst nach dem Sichern entstechen!

51 | Was ist zum Schutz gegen Fremdkörper im Lauf zu tun?
Nach dem Reinigen und vor dem Laden durch den Lauf schauen. Besondere Vorsicht bei Schnee. Mündungsschoner benutzen. Ein die Mündung des Büchsenlaufes schützendes Klebeband kann ohne Gefahr durchschossen werden.

52 | Was ist zu tun, wenn der Schuss versagt?
Kurze Zeit abwarten, ob der Schuss nicht noch verzögert losgeht (»Nachbrenner«). Erst dann den Verschluss öffnen und die Versagerpatrone entnehmen.

Das Verhalten bei besonderen Gefahren, wie den Schuss vom Boot oder die Art der Warnkleidung, regeln die Unfallverhütungsvorschriften.

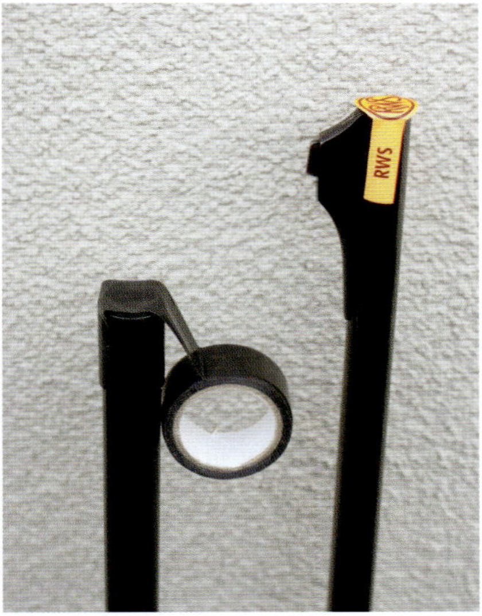

Klebeband schützt die Mündung und kann gefahrlos durchschossen werden.

53 | Was ist ein schlapper Schuss?
Ein Schuss, bei dem das Treibmittel (Pulver) nicht genug Kraft entwickelt (ersichtlich durch schwachen Schussknall und geringen Rückstoß).

54 | Welche Ursachen führen zu einem schlappen Schuss?
Die Pulverladung ist zu schwach oder nass oder das Schrotpatronen-Zwischenmittel dichtet nicht.

55 | Welche Gefahr birgt ein schlapper Schuss?
Dass das Geschoss oder der Pfropfen im Lauf stecken bleiben, der nächste Schuss die Waffe beschädigt und dabei der Schütze verletzt wird.

56 | Wie bemerken Sie einen schlappen Schuss?
Am ungewohnt schwachen Schussknall und Rückstoß.

57 | Wodurch kann überhöhter Gasdruck entstehen?
Durch Fremdkörper im Lauf oder durch fehlerhafte oder unpassende Munition.

58 | Was kann bei überhöhtem Gasdruck passieren?
Laufaufbauchung, Riss im Lauf, Laufsprengungen, Durchschlag des Zündhütchens mit Gasaustritt durch das Schlagbolzenloch ins Schloss (mögliche Folge Schloss- und Schaftsprengung).

59 | Was kann zur Laufsprengung führen?
Munitionsmängel, Fremdkörper im Lauf, Materialfehler

60 | Was ist ein Hülsenreißer, was ist ein Durchschläger?
Die abgeschossene Hülse ist im vorderen Bereich aufgerissen (Hülsenreißer) bzw. das Zündhütchen ist nach hinten durchgeschlagen (Durchschläger) mit der Gefahr der Schlossbeschädigung durch rückschlagende hochgespannte Pulvergase.

61 | Welche Ursachen haben Hülsenreißer und Durchschläger?
Materialfehler oder zu starke Ladung einzelner Patronen oder unstimmige Abmessungen (Toleranzüberschreitung) des Patronenlagers bzw. (beim Durchschläger) zu langer, unpassender oder beschädigter Schlagbolzen.

62 | Was versteht man unter »Doppeln«?
Das gleichzeitige Losgehen von zwei Schüssen aus mehrläufigen Gewehren.

63 | Was sind die hauptsächlichen Ursachen des Doppelns?
Funktionsstörungen der Gewehrschlosse/Abzüge oder Bedienungsfehler. (z.B. »dop-

peln« Kugel- und Schrotlauf von Büchsflinten, wenn bei eingestochenem Kugelschloss versehentlich mit dem 2. Abzug der Schrotschuss ausgelöst wird.)

64 | Was tun Sie bei einer Funktionsstörung oder Beschädigung Ihrer Waffe?

Nicht weiterschießen, sondern die Waffe zum Büchsenmacher bringen! Überhaupt – je nach Beanspruchung – die Waffe regelmäßig vom Büchsenmacher kontrollieren lassen.

65 | Welche besondere Gefahrenquelle beinhaltet das Abzugsystem?

Eine besonders große Gefahrenquelle bilden Stecherabzüge, v.a. der veraltete Deutsche Stecher. Wo immer möglich, sollte man Stecherabzüge meiden und gegen Flintenabzüge austauschen sowie Konstruktionen verwenden, mit denen auch ungestochen sauber geschossen werden kann.

66 | Was bedeutet »eine Waffe ist unterladen«?

Wenn das Patronenlager frei, jedoch das Magazin geladen ist. »Unterladen« steht rechtlich dem Zustand »geladen« gleich d.h. wenn eine Waffe als entladen gelten soll, muss auch das Magazin leer bzw. entnommen sein.

67 | Wo können Schrote abprallen und unkontrolliert weiter fliegen?

Schrote sind wegen ihrer unstabilen Kugelform besonders abprallgefährdet, dies umso mehr beim Auftreffen auf glatte harte Flächen wie Wasser, Eis oder gefrorenen Boden.

Pflege von Jagdwaffen

Nach dem Gebrauch ist der Lauf innen zumindest trocken zu wischen. Sehr bequem sind lange Textildochte mit eingearbeiteter kaliberkonformer Messingbürste (z.B. »QuickClean«). Je nach Beanspruchung, aber mindestens einmal im Jahr ist der Lauf mit einem Spezialöl zu behandeln. Es darf nicht »verharzen«, wegen der Möglichkeit, dass Öl durch das Schlagbolzenloch in das Schloss eintritt und dadurch Schlossteile nicht oder nicht mehr richtig funktionieren. Vor dem Schießen ist der Lauf zu entölen (mit trockenem Wergpolster durchwischen). Ölrückstände im Lauf können Treffpunktabweichungen ergeben (»Ölschuss«). Zum Reinigen verwendet man nur sauberes Reinigungsmaterial, am besten Filze, Werg oder Flanellläppchen. Metallischer Abrieb von Geschossmänteln wird mit Bronze-/Messingbürsten plus chemischen Mitteln gelöst. Der Wischstock muss zum Kaliber passen, sich nicht verbiegen und soll aus einem sich nicht abnützenden Material sein. Grundsätzlich sind Läufe vom Patronenlager her durch zu wischen. Tritt der Werghalter/Filz aus der Mündung aus, nicht zurückziehen, sondern abschrauben. Wurden Einsteckpatronen oder kurze, nicht mündungslange Einsteckläufe verwendet, so sind diese sowie der Lauf zu reinigen.

Stahldrahtbürsten sowie Stahlputzwolle dürfen nicht verwendet werden; sie schädigen das Laufinnere mehr als die Beanspruchung durch den Schuss – wie überhaupt mehr Läufe »tot geputzt« als ausgeschossen werden. Zulässig sind nur Bronze- oder Messingbürsten.

Kunststoff- oder Schichtholzschäfte sind weitgehend unempfindlich gegen Feuchtigkeitsverzug. Holzschäfte sind durch Behandlung mit Schaftöl gegen Eindringen von Feuchtigkeit zu schützen, da sonst

Textildochte und Filze sind praktisch zum Entfernen hygroskopischer Rückstände im Lauf. Bronze- und Messingbürsten werden zusammen mit chemischen Laufreinigern eingesetzt.

Verspannungen auftreten können. Dies betrifft vor allem ganzgeschäftete Büchsen, deren Vorderschaft nicht verspannungsfrei geteilt ist.

68 | Was ist zur Pflege von Waffen erforderlich?

Ist die Waffe nass (Regen, Beschlagen in warmen Räumen), soll sie vor dem Reinigen trocknen. Nach dem Schießen ist das Laufinnere von Rost verursachenden Schussrückständen zu reinigen. Das geschieht durch Trockenwischen mit einem Textildocht (»QuickClean«) oder mit einem Putzstock, an dem ein Werg oder Filz befestigt ist. Außen wird die Waffe mit einem leicht mit Öl benetzten Lappen abgewischt und der Schaft mit Schaftöl eingerieben.

69 | Welche »Putzmittel« sollen auf keinen Fall verwendet werden?

Stahldrahtbürsten und metallische Putzwolle beschädigen den Lauf. Metallische Ablagerungen im Lauf (Blei, Mantelmaterial) werden nicht »herausgekratzt«, sondern durch chemische Lösungsmittel entfernt, auch unter Zuhilfenahme von Messing- oder Bronzebürsten.

70 | Wie werden Einsteckläufe gereinigt?
In der Waffe. Gelegentlich sollte auch der »große« Lauf gereinigt werden.

71 | Von welcher Seite wird der Lauf durchgewischt?
Wenn möglich vom Patronenlager her. Über die Mündung hinausgeschobene Bürsten nicht zurückziehen sondern abschrauben. Bei Selbstladebüchsen führt man den Putzstock über die Mündung ein und schraubt Bürste, Werghalter usw. erst im Auswurffenster an.

72 | Warum sollen Gewehre nicht in ledernen Futteralen und mit aufgesetztem Mündungsschoner lange Zeit aufbewahrt werden?
Weil die Gerbsäure des Leders bei längerer Einwirkung die Brünierung des Metalls angreift.

73 | Was muss geschehen, bevor ein gereinigt und eingeölt aufbewahrtes Gewehr erneut verwendet wird?
Man soll nicht mit eingeöltem Patronenlager und Lauf schießen. Sie müssen daher vor dem nächsten Schießen mit sauberen Wergpolstern, Läppchen oder Filzen entölt werden. Selbst bei »noch so sorgfältigem« mechanischem Entölen ist genug Öl vorhanden um den Rostschutz zu gewährleisten.

74 | Was ist ein »Ölschuss«?
Der erste Schuss nach dem Einölen mit (meist) abweichender Treffpunktlage infolge von Öl im Büchsenlauf.

Ballistik

Als Teilbereich der Physik und Mechanik – »Lehre von den geworfenen Körpern« – beschreibt Ballistik (von griechisch *ballein*/ werfen) alle Vorgänge, die einen sich durch den Raum bewegenden Körper betreffen, insbesondere die aus einer Waffe verschossenen Projektile (Geschosse). Es wird unterschieden nach Innenballistik (Vorgänge in der Waffe beim Abschuss eines Projektils),

Mündungsballistik (auch Übergangs- oder Abgangsballistik): Vorgänge an der Laufmündung beim Schuss, Außenballistik (Vorgänge am Projektil während des Fluges), Zielballistik (Wirkung des Projektils im Ziel). Weitere Aspekte sind Geschoss-, Mündungs- und Auftreffenergie.

■ Allgemeines

75 | Was ist Jagdballistik?
Die Jagdballistik umfasst alle physikalischen Vorgänge, die ein aus der Waffe verschossenes Projektil betreffen.

76 | Wie wird die Ballistik unterteilt?
In Innenballistik, Mündungsballistik, Außenballistik und Zielballistik.

77 | Was versteht man unter Laborierung?
Ausdruck für Patronenrezeptur (»Ladung«). Sie beinhaltet bei Fabrikpatronen die Kaliberbezeichnung z. B. 7 × 64, die Geschossart z. B. H-Mantel und die Geschossmasse z. B. 11,2 g und wird zusätzlich durch eine Laborierungsnummer und ein Fertigungszeichen (FZ) gekennzeichnet.
Bei wiedergeladenen Patronen sind die Angaben zur Laborierung ausführlicher z. B. Hülse RWS, Zündhütchen RWS 5341,

Treibladungspulver 3,53 g Rottweil R 905 Los Nr. xy, Geschoss H-Mantel 11,2 g RWS, Patronenlänge 83,2 mm, ggf. Gasdruck und Mündungsgeschwindigkeit sowie eine Zusammenfassung der außenballistischen Daten (»Schusstafel«).

78 | Welche ballistischen Werte werden bei Büchsenpatronen z.B. auf der Packung angegeben?
Geschossgeschwindigkeit (Mündungsgeschwindigkeit V_0 und Geschwindigkeiten auf weitere Entfernungen, meist V_{100}, V_{200}, V_{300}); Geschossenergie (Auftreffwucht), ebenfalls in E_0, E_{100}, E_{200} u. dgl.; Gasdruck; Günstigste Einschießentfernung (GEE) sowie Angaben, wie weit die Treffpunktlage auf andere Entfernungen abweicht (Hochschuss bis zur GEE, Tiefschuss nach GEE).

79 | Wie genau sind die in Prospekten und auf den Packungen angegebenen ballistischen Werte?
Nur annähernd genau, da von vielen individuellen Faktoren und Einflüssen abhängig. Besonders die mögliche Abweichung der Treffpunktlage auf große Distanzen ist durch Probeschießen zu überprüfen.

80 | Was bedeutet Günstigste Einschießentfernung (GEE)?
Es ist diejenige Entfernung, auf der die Flugbahn des Geschosses die Visierlinie zum 2. Mal schneidet. Das Gewehr soll mit der betreffenden Patrone/Laborierung auf GEE »Fleck« eingeschossen werden.

81 | Welchen Vorteil hat es, wenn eine Büchse auf GEE eingeschossen wird?
Dadurch wird erreicht, dass das Geschoss im Bereich vor der GEE nicht allzu sehr »steigt«, und im Bereich nach der GEE auf jagdlich vertretbare Entfernung nicht übermäßig »fällt«.

82 | Bei welcher Distanz liegt die GEE?
Bei modernen Büchsenpatronen liegt die GEE meist um 150 bis 200 m und mehr, je nach der »Rasanz« (Gestrecktheit) der Flugbahn der betreffenden Laborierung.

83 | Wie kann ich auf GEE einschießen, wenn nur ein 100-m-Schießstand zur Verfügung steht?
Das Gewehr ist auf 100 m mit 3 bis 4 cm Hochschuss einzuschießen.

84 | Welchen Nachteil hat eine auf 100 m »Fleck« anstatt auf GEE »Fleck« eingeschossene Büchse?
Auf 100 m »Fleck« einschießen (wie das bei den langsamen und in der Distanz begrenzten Bleigeschossen üblich war), verschenkt den Vorteil der gestreckten Flugbahn moderner Geschosse auf die »möglicher Weise doch« notwendig werdenden größeren Schussdistanzen.

85 | Was ist beim Schuss steil bergauf oder bergab zu beachten?
Bei Standardladungen gilt der Spruch: »Bergauf und bergunter, halt immer drunter!«:
1. Da die senkrecht zur Erdoberfläche wirkende Erdanziehungskraft beim Winkelschuss verkürzt und daher weniger auf die Geschossflugbahn einwirkt als beim horizontalen Schuss, ist die Flugbahn gestreckter. Daraus ergibt sich im Vergleich zum Horizontalschuss ein laborierungsabhängiger Hochschuss. Dieser ist auf jagdliche Distanz am geringsten bei rasantem Geschoß und steilem Winkel, weswegen der Spruch »Bergauf und bergunter, halt drunter« vor allem für langsame Ladungen gilt.
2. Der Wildkörper hat eine Walzenform, sodass ein in der »10« der Scheibe sitzender Treffer auf dem Wildkörper – je nachdem ob hinauf oder hinunter geschossen wird –

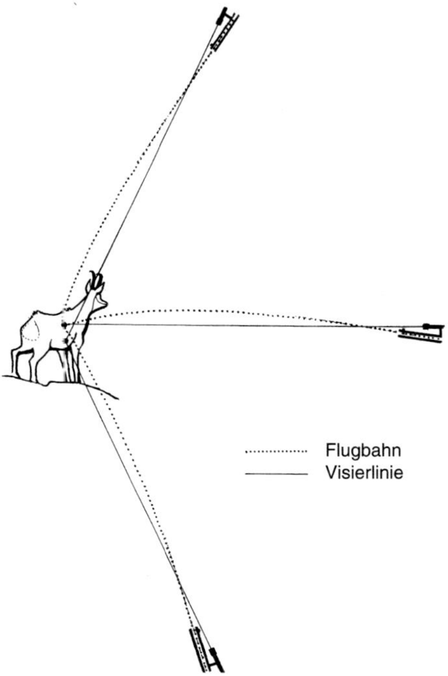

»Bergauf und bergunter, halt drunter« gilt vor allem bei wenig rasanten Ladungen.

einen Tief- oder Hochschuss ergeben wird. Das ist beim Abkommen zu berücksichtigen. Das Ausmaß einer Winkelschussabweichung kann nur durch praktisches Schießen mit der entsprechenden Waffen-/Montage-/Zielmittel-/Patronen-Kombination im Gelände ermittelt werden.
3. Beim nahen Steilschuss, z.B. von hoher Kanzel, ist der vertikale Abstand zwischen Visierlinie und Geschoßbahn zu bedenken – um dieses Maß muss man *höher* abkommen.

86 | Was ist beim Schuss im Hochgebirge zu beachten?

Der Luftwiderstand für das Geschoss ist in großen Höhen geringer. Dadurch ergibt sich aus dem im Flachland eingeschossenen Gewehr ein relativ geringer, daher vernachlässigbar Hochschuss.

Innenballistik

87 | Was ist Innenballistik?

Sie umfasst alle Vorgänge bei der Schussentwicklung wie Gasdruck und Geschossgeschwindigkeit vom Patronenlager bis zur Laufmündung.

88 | Was ist Freiflug?

Mit Freiflug bezeichnet man die Strecke des rotationslosen Geschossweges, auf der das Geschoss sich nicht mehr im Hülsenhals befindet, ohne aber in die Felder eingepresst worden zu sein.

89 | Welche Auswirkungen kann Freiflug haben?

Freiflug kann einerseits den Spitzengasdruck senken und andererseits in manchen Fällen die Präzision verschlechtern.

90 | Was ist der rotationslose Geschossweg?

Der Weg, der nach der Patronenzündung (Beginn der Geschoßbeschleunigung) vom Geschoss bis zum Eintritt in die Felder zurückgelegt wird. Die Länge des rotationslosen Geschossweges ist ein waffen- und laborierungsabhängiges Minimalmaß und wird bei Fabrikpatronen eingehalten.

91 | Welchen Vorteil hat der Wiederlader bezüglich des rotationslosen Geschosswegs?

Er kann dessen Maß d.h. die Patronenlänge auf die eigene Waffe d.h. das Patronenlager abstimmen (»maßschneidern«) und durch Schießversuche die beste Präzision dieser Ladung in seiner Waffe ermitteln. Das optimale Maß des rotationslosen Geschosswegs ist laborierungsabhängig. Achtung: »Aufsitzen« des Geschosses auf die Felder also fehlender rotationsloser Geschossweg führt meist zu hohem Gasdruck.

92 | Wo baut sich beim Schuss der höchste Gasdruck auf?
Im Patronenlager bzw. in den ersten Zentimetern des Laufes.

93 | Was ist ein Nachbrenner?
Wenn – meist wegen ungenügender Anzündung – die Patrone verzögert zündet. Wie beim »schlappen Schuss« sollte vor dem Nachladen der Lauf auf Fremdkörper überprüft werden.

Außenballistik

94 | Was ist Außenballistik?
Sie behandelt den Flug des Geschosses vom Verlassen der Laufmündung bis zum Ziel unter Berücksichtigung aller Außeneinflüsse.

95 | Welche Außeneinflüsse wirken auf die Flugbahn eines Geschosses?
Die Erdanziehungskraft, der Luftwiderstand und atmosphärische Einflüsse.

96 | Wie wird eine Waffe eingeschossen?
Da jedes Geschoss sofort nach Verlassen der Laufmündung zu fallen beginnt, muss es mit einer laborierungsabhängigen Überhöhung abgeschossen werden.

97 | Wo erreicht die Flugbahn eines Büchsengeschosses ihre Gipfelhöhe?
Bei etwa 60 % der Einschießentfernung.

98 | Wie wird die Geschwindigkeit des Geschosses bezeichnet?
Mit V (von lat. Velocitas) unter Anfügung der Distanz zur Mündung z.B. V_0 m (Mündungsgeschwindigkeit), V_{100} m (Geschossgeschwindigkeit auf 100 m) usw.

99 | Welche Faktoren beeinflussen wesentlich die Flugbahn eines Büchsengeschosses?
Erdanziehung und Luftwiderstand allgemein, Geschossgeschwindigkeit und Ballistischer Koeffizient (BC) im Besonderen.

Zielballistik

100 | Was versteht man unter Zielballistik?
Sie umfasst das Verhalten des Geschosses, sobald es im Ziel auftrifft (Schusswirkung).

101 | Was versteht man unter Joule?
Joule (gesprochen »Dschuul«, abgekürzt »J«) ist die internationale Maßeinheit für Energie, im Falle der Zielballistik handelt es sich um Bewegungsenergie (kinetische E.) des Geschosses. Für dessen zielballistische Wirkung ist aber außer der Energiemenge und der Geschosskonstruktion vor allem die Art und Geschwindigkeit der Energieabgabe maßgeblich.

Flugbahnen bei verschiedener Rasanz.

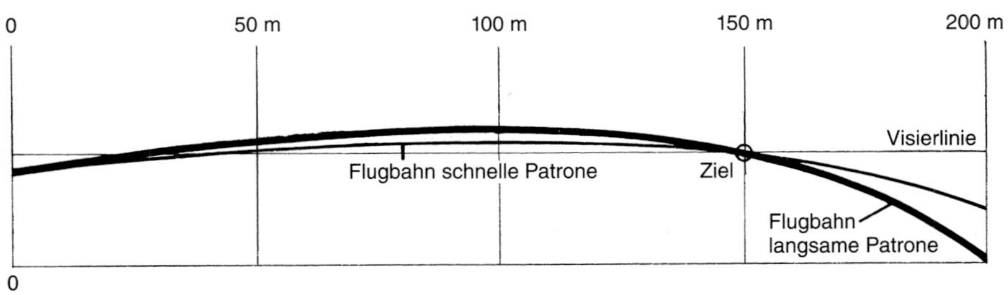

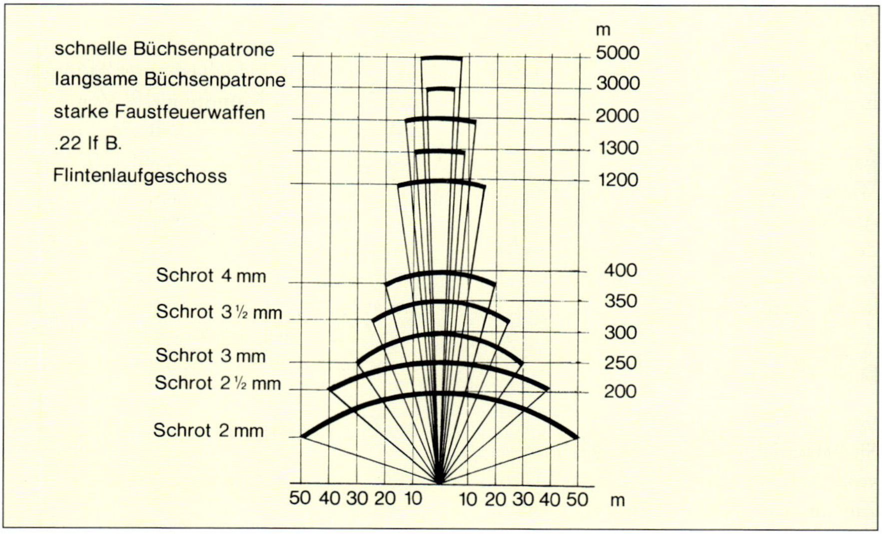

Gefahrenbereiche beim Büchsen- und Flintengeschoss.

Langwaffen

Die Entwicklung der Jagdbüchsen ist weitgehend mit der von Militärwaffen verbunden. Bis weit nach der Einführung etwa der Dreyseschen Kammerladungsbüchse (Hinterladung und Zündnadelschloss, ca. 1840) sowie dem Aufkommen der Mauserbüchse M/71 (die bereits ein Selbstspannerschloss hatte, Patronen mit Metallhülse verschoss und den Weg zur »Jahrtausendentwicklung« Mauser 98 einleitete) dominierten »jagdlich« abgeänderte Militärwaffen. Erst im späten 19. Jahrhundert erschienen wenige speziell für den zivilen Markt gebaute Büchsen, meist ein- und mehrläufige Kipplaufbüchsen sowie Blockbüchsen. Bei den Flinten setzte die Entwicklung zur ausschließlichen Jagdverwendung lange vorher ein. Bereits zur Zeit des Radschlosses, spätestens Perkussionsschlosses waren mehrläufige Jagdflinten üblich, übrigens eher in der »aufgebockten« Version (»Bockflinte«) als mit nebeneinander liegenden Läufen. Anfang des 19. Jahrhunderts gab Lefaucheux den Startschuss für Hinterladungs-Kipplaufflinten. Deren Weiterentwicklung schloss Büchs-/Bockbüchsflinten ein und fand Ende des 19. Jahrhunderts mit dem Hahndrilling (1892) ein nur vorläufiges Ende. Denn nicht lange danach waren die »Hammerless« genannten Selbstspanner-Kipplaufwaffen am Markt und werden in manchmal nur wenig abgeänderter Form heute noch gebaut – ergänzt allerdings durch moderne Handspanner-Versionen. Bei den Repetierbüchsen ist das früher herrschende System Mauser 98 inzwischen durch weitgehend abgeleitete Konstruktionen ergänzt. Andere Büchsentypen wie die durch den rapide zunehmenden Schwarzwildbestand Ende des 20. Jahrhunderts beliebter werdende Selbstladebüchse etablierten sich neben der Repetierbüchse. Dagegen gingen Bestand und Angebot für kombinierte bzw. mehrläufige Kipplaufwaffen etwas zurück.

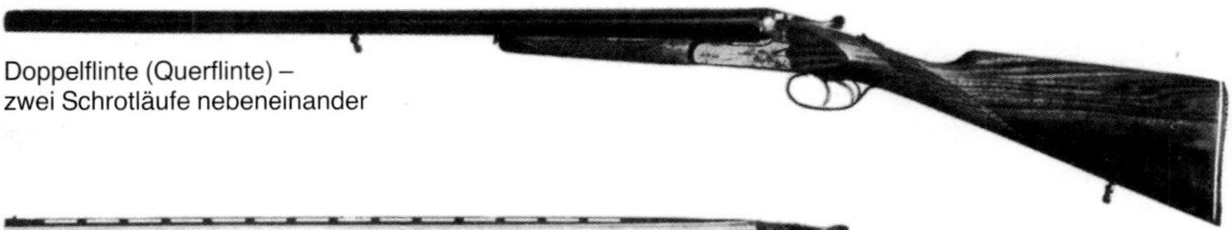

Doppelflinte (Querflinte) –
zwei Schrotläufe nebeneinander

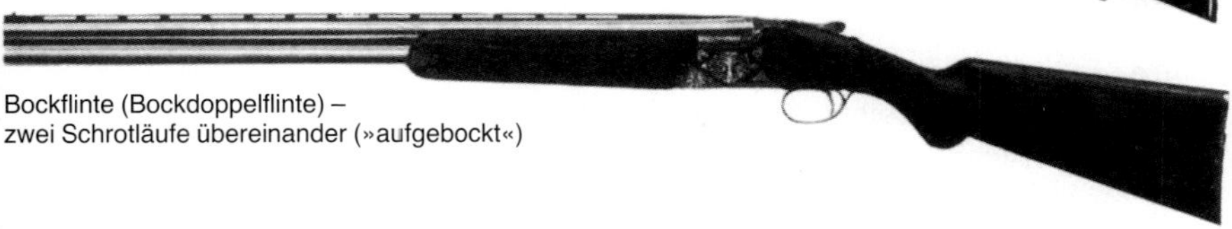

Bockflinte (Bockdoppelflinte) –
zwei Schrotläufe übereinander (»aufgebockt«)

Selbstladeflinte (Halbautomat –
nicht *»Automat«)* – ein Schrotlauf

Drilling –
hier zwei Schrotläufe oben, ein Büchslauf unten

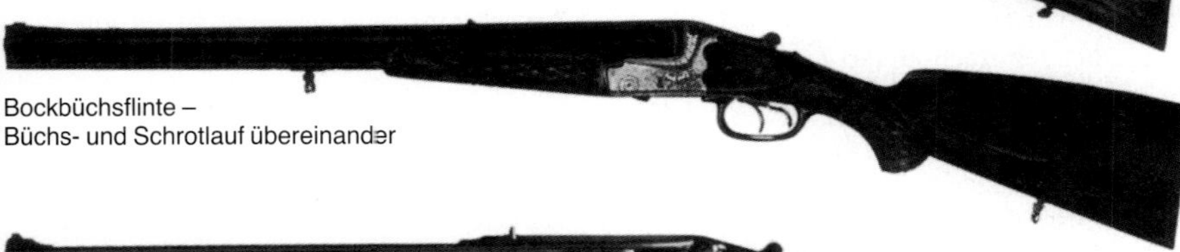

Bockbüchsflinte –
Büchs- und Schrotlauf übereinander

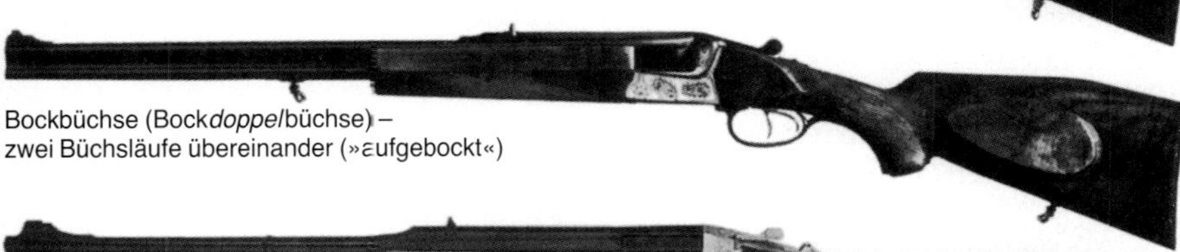

Bockbüchse (Bock*doppel*büchse) –
zwei Büchsläufe übereinander (»aufgebockt«)

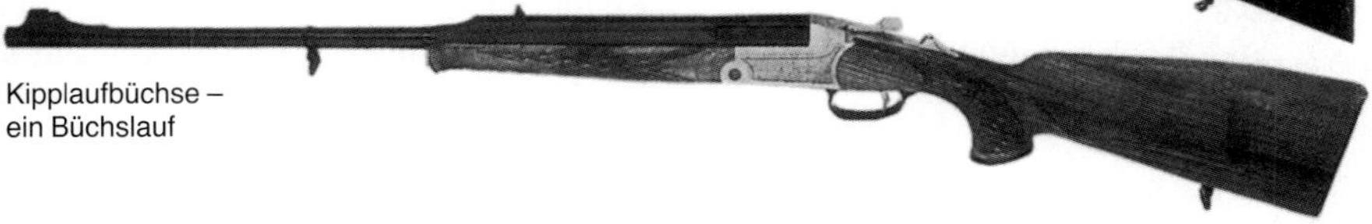

Kipplaufbüchse –
ein Büchslauf

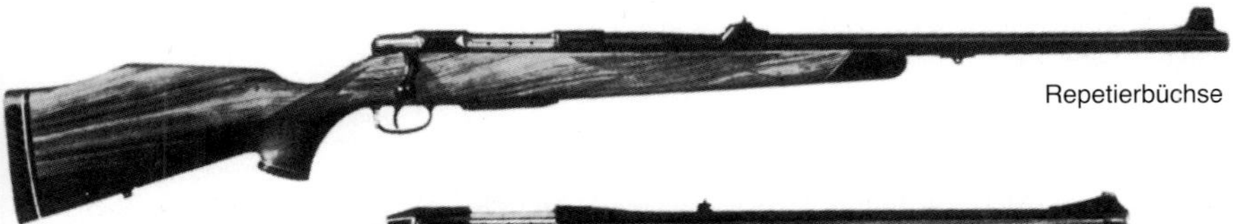

Repetierbüchse

Repetierstutzen

(s. auch Laufkombinationen Seite 743)

Allgemeines

102 | Was sind Langwaffen?
Waffen mit einer Gesamtlänge von mehr als 60 cm (dazu gehören sämtliche Jagdgewehre). Ersetzt den alten Begriff »Handfeuerwaffen«.

103 | Aus welchen Hauptteilen besteht eine Langwaffe?
Aus dem Schaft, dem Lauf mit Visiereinrichtung, dem Verschluss, sowie dem Schloss mit Abzug und Sicherung.

104 | Welches sind die gebräuchlichsten Typen von Jagdgewehren?
Bei den Flinten Doppelflinte und Bockflinte; bei den Büchsen die Repetierbüchse; bei den kombinierten Waffen Bockbüchsflinte und Drilling.

105 | Welche einläufigen Langwaffen gibt es?
Kipplaufbüchsen (seltener Kipplaufflinten), Repetierbüchsen und Repetierflinten, Selbstladebüchsen und Selbstladeflinten

106 | Was versteht man unter einer Flinte?
Flinten sind Gewehre mit glatten Läufen für den Schrotschuss auf Niederwild, auch für den Schuss mit dem Flintenlaufgeschoss (FLG).

107 | Welche einläufigen Flinten gibt es?
Einläufige Kipplaufflinten, Repetierflinten, Selbstladeflinten (halbautomatische Flinten)

108 | Was ist bei jagdlicher Verwendung von Selbstladeflinten und Selbstladebüchsen zu beachten?
Nach dem Jagdgesetz ist es verboten, mit Selbstladewaffen auf Wild zu schießen, die mehr als zwei Patronen im Magazin fassen. Der Besitz von mehr als 2-schüssigen Magazinen und deren Verwendung auf dem Schießstand ist dagegen nicht verboten.

109 | Welche zweiläufigen Flinten gibt es?
Doppelflinte (oder Zwilling) mit zwei nebeneinanderliegenden Schrotläufen; Bockflinte mit zwei übereinanderliegenden Schrotläufen

110 | Was ist eine kombinierte Waffe?
Kombinierte Waffen sind Waffen, bei denen Schrot- und Kugelläufe miteinander kombiniert sind.

Teile einer Doppelflinte.

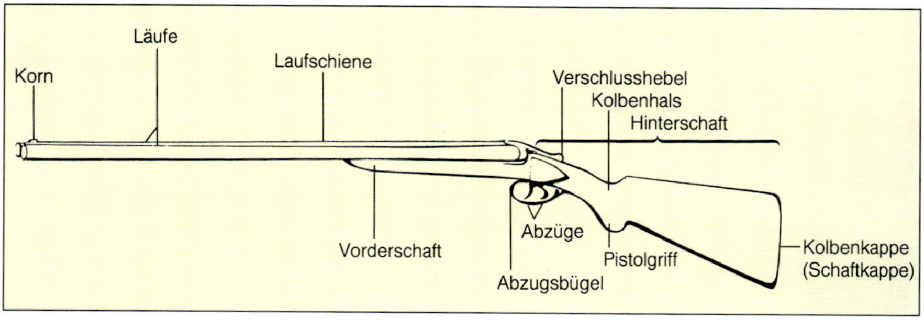

Halbschaft, Vollschaft und »Dreiviertel«-Schaft.

111 | Welches sind die gebräuchlichsten Kombinationen?

Die Bockbüchsflinte bzw. Büchsflinte mit übereinander bzw. nebeneinander liegendem Kugel- und Schrotlauf; der Drilling mit zwei nebeneinanderliegenden Schrotläufen und einem Kugellauf meist unten; der Doppelbüchsdrilling mit zwei nebeneinander liegenden Kugelläufen und einem Schrotlauf darunter; der Bockdrilling mit oben liegendem Schrotlauf, darunter einem großkalibrigen und seitlich dazwischen einem kleinkalibrigen Kugellauf. Seltener der Vierling als Kombination von zwei Schrotläufen sowie einem groß- und einem kleinkalibrigen Kugellauf.

112 | Was ist eine Büchse?

Büchsen sind Gewehre mit gezogenen Läufen für den Kugelschuss:
Repetierbüchse mit Mehrladeeinrichtung (Magazin);
einläufige Büchse (einschüssig) mit Kipplauf- oder Kipp-Block oder Blockverschluss;
Bockbüchse mit zwei übereinander- bzw. Doppelbüchse mit nebeneinanderliegenden Kugelläufen;
Bergstutzen mit zwei übereinanderliegenden Kugelläufen verschiedenen Kalibers.

113 | Welche Büchsen gibt es?

Repetierer, Selbstladebüchsen, Kipplaufbüchsen, Block(verschluss)büchsen, Doppelbüchsen, Bockbüchsen, Bergstutzen.

114 | Was kennzeichnet eine Repetierbüchse?

Sie hat einen Lauf und eine Mehrladeeinrichtung (Magazin). Die Zufuhr der Patronen in das Lager erfolgt von Hand z. B. durch Betätigung des Kammerstängels

115 | Was ist ein Stutzen?

Eine einläufige (Repetier-)Büchse mit kurzem Lauf (ca. 45 bis 55 cm), deren Schaft bis an die Laufmündung reicht (Ganzschaft).

Kipplauf-Stutzen sind besonders führig und elegant.

116 | Wozu bevorzugte man den Stutzen ursprünglich?
Für die Gebirgsjagd, weil er »führiger« ist als eine lange Büchse und der Ganzschaft den Lauf vor anschlagen an Fels usw. schützt.

117 | Welche Jagdwaffen haben zwei Kugelläufe?
Doppelbüchse, Bockbüchse und Bergstutzen haben lediglich zwei Kugelläufe, Doppelbüchsdrilling, Büchsflintendrilling und Bockdrilling haben zu ihren zwei Kugelläufen zusätzlich einen Schrotlauf, der Vierling hat neben seinen zwei Büchsläufen noch zwei Schrotläufe

118 | Was bedeutet die Bezeichnung »Bock-« (z.B. Bockbüchsflinte)?
Es handelt sich um ein Gewehr mit zwei übereinander angeordneten Läufen. Die oft benutzten Bezeichnungen »Bockdoppelflinte« oder »Bockdoppelbüchse« sind falsch (ein »Weißer Schimmel«), weil »... doppel ...« bereits in »Bock...« beinhaltet ist.

119 | Wofür werden Doppelbüchsen hauptsächlich benutzt?
Für Bewegungsjagden sowie allgemein für die Jagd auf Hochwild (»schneller 2. Schuss«).

Quer-(Doppel-) und Bockflinte.

120 | Was ist eine »zweiläufige Büchse«?
Bei den zweiläufigen Büchsen können die Läufe neben- und übereinander angeordnet sein (Doppelbüchse bzw. Bockbüchse, auch Bergstutzen).

121 | Was ist ein Bergstutzen?
Eine Bockbüchse mit einem groß- und einem kleinkalibrigen Kugellauf.

122 | Welche Einzellader sind gebräuchlich?
Kipplaufbüchsen, Kippblockbüchsen, Blockbüchsen sowie Einzellader-Zylinderverschlussbüchsen (wie zum Beispiel manche Jagd-Matchbüchsen).

123 | Was ist eine Kipplaufwaffe?
Eine Waffe die durch Abkippen des Laufes/Laufbündels geöffnet (und oft auch gespannt) wird.

124 | Was ist ein Drilling?
Der Drilling hat zwei nebeneinanderliegende Schrotläufe und meist darunter einen Kugellauf.

125 | Welche Laufanordnung hat ein Doppelbüchsdrilling (auch »Express-Drilling«)?
Er hat zwei meist nebeneinanderliegende Kugelläufe und meist darunter einen Schrotlauf.

126 | Was versteht man unter einem Bockdrilling?
Er hat einen oben liegenden Schrotlauf, darunter liegend einen großkalibrigem Kugellauf und seitlich anliegend einen kleinkalibrigem Kugellauf.

127 | Welche Laufanordnung hat ein Büchsflintendrilling?
Er hat den Schrotlauf links, sowie rechts und unten einen Kugellauf.

128 | Welche Laufanordnung hat eine Bockbüchsflinte?
Schrot- und Kugellauf liegen übereinander (in der Regel oben Schrot, unten Kugel).

129 | Welche Laufanordnung hat eine Büchsflinte?
Schrot- und Kugellauf liegen nebeneinander.

130 | Was ist ein Vorderschaft- bzw. »In-Line«-Repetierer?
Eine einläufige, mehrschüssige Büchse (oder Flinte) mit Kasten- (oder Röhren)-magazin. Repetiert wird durch Vor- und Zurückschieben des Vorderschafts bzw. der Laufgruppe.

131 | Was ist ein Unterhebelrepetierer?
Eine einläufige, mehrschüssige Büchse (selten Flinte) mit Kasten- oder Röhrenmagazin die mit einem Unterhebel repetiert wird.

132 | Welche Selbstladegewehre gibt es und was ist ihr Vorteil?
Selbstladeflinten und Selbstladebüchsen haben den Vorteil des schnellen 3. Schusses. Für den Schuss auf Wild sind sie nur erlaubt, wenn das Magazin nicht mehr als 2 Patronen fasst.

133 | Was unterscheidet Selbstlader (»halbautomatische Waffen«) von (voll)automatischen Waffen?
Beim Selbstlader muss jeder einzelne Schuss durch Betätigen des Abzugs ausgelöst werden; nur der Nachladevorgang erfolgt zwangsgesteuert (»automatisch«). Bei vollautomatischen Waffen unterscheidet man »Reihenfeuer« (mehrere Schüsse bei einmaliger Abzugbetätigung) und »Dauerfeuer« (die Waffe schießt, solange der Abzug gedrückt ist). Vollautomatische Waffen

Unterhebelrepetierer (UHR, »Lever-Action«).

(z.B. Sturmgewehre) sind für den privaten Gebrauch verbotene Kriegswaffen.

134 | Nach welchen zwei Systemen funktionieren Selbstladegewehre?
Beim Rückstoßlader wird die (mechanische) Kraft des Rückstoßes für den Ladevorgang genützt, während beim Gasdrucklader das Auswerfen der Hülse, das Spannen des Schlosses und Einführen einer neuen Patrone ins Lager durch die nach rückwärts geleiteten Pulvergase ausgeführt werden.

135 | Was versteht man unter »offener Visierung«?
Kimme und Korn (der früher gebräuchliche Diopter wurde als »geschlossene« V. bezeichnet)

136 | Was ist eine »Schonzeitwaffe«?
Eine meist kleinkalibrige Büchse bzw. kombinierte Waffe die (während der Schonzeit des Schalenwildes) der Jagd auf Kleinwild und Beutegreifer dient.

Schäfte

Der Schaft besteht überwiegend aus Nussbaumholz, auch aus Schichtholz oder Kunststoff. Es gibt je nach Waffentyp einteilige oder mehrteilige Schäfte. Die Maße besonders des Hinterschafts nach Länge, Senkung, Schränkung und Winkel der Schaftkappe sind verantwortlich dafür ob der Schaft dem individuellen Schützen passt. Der alte Satz von Krieghoff »Die Läufe schießen, aber der Schaft trifft« gelten vor allem für den Schuss auf bewegtes Wild.

137 | Welche Aufgabe hat der Schaft?
Es ist die »Handhabe« der Waffe. Wenn mit einem Gewehr gute Trefferergebnisse erzielt werden sollen, so muss der Schaft »passen«.

138 | Wofür ist der passende Schaft von besonderer Wichtigkeit?
Für den Schuss auf bewegte Ziele.

139 | Aus welchen Materialien werden Schäfte gefertigt?
Überwiegend aus Nussbaumholz, außerdem aus Buchen- und anderen Harthölzern, mehr und mehr aus Schichtholz und vor allem Kunststoff.

140 | Welche Vorteile haben Kunststoffschäfte?
Kunststoff verzieht sich nicht unter Feuchtigkeitseinfluss und ist strapazierfähiger.

141 | Was ist ein Schichtholzschaft?
Schichtholz wird aus meist versetzt verleimten und farblich abgesetzten Holzschichten gefertigt. Oft schwerer als Nussbaumholz, ähnlich verzugsfest wie Kunststoff.

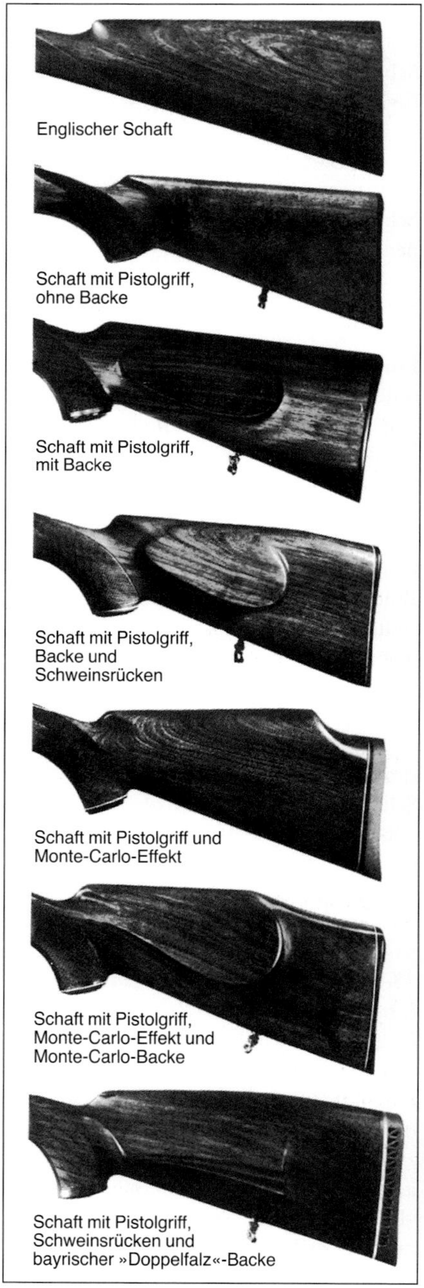

Schaftformen für Flinten und Büchsen.

142 | Welche Schaftformen sind bei Flinten üblich?
Meist ohne Backe, mit oder ohne Pistolgriff.

143 | Was versteht man unter »Backe«?
Eine mehr oder weniger schmuckvolle Auswölbung an der Schützenseite des Schaftes

144 | Wozu dient die Backe?
Sie soll dem Schützen durch »Anbacken« Halt beim Zielen gewähren.

145 | Welche Backenformen gibt es?
Die abgerundete oder »Deutsche Backe«, die »Bayerische Backe« mit kantigem Verlauf und die hochgezogene »Monte Carlo«-Backe.

146 | Was versteht man unter Vorderschaft?
Der vordere, unter dem Lauf liegende Teil des Schaftes

147 | Welche Funktion hat der Vorderschaft bei Kipplaufgewehren?
Er verbindet den Lauf mit dem System (Basküle), spannt beim Aufkippen die Schlosse (bei Selbstspannergewehren) und dient der Führhand des Schützen als Haltegriff. Kipplaufwaffen können meist erst nach Abnahme des Vorderschaftes zerlegt werden.

148 | Was ist ein Pistol(en)griff?
Ein nach unten aus dem Hinterschaft ragendes Auflager für die Schießhand.

149 | Welche Maßbezeichnungen gibt es für den Schaft?
Die Senkung an der »Nase«, die Senkung an der »Kappe«, die Schränkung, den Pitch und die Schaftlänge (Abzuglänge) (siehe Zeichnung).

150 | Was versteht man unter »Senkung«?
Die Abwinkelung des Schaftes aus der nach hinten verlängerten Längsachse des Gewehres. Gemessen wird die Senkung an der Schaftnase und an der Schaftkappe.

151 | Was versteht man unter »Schränkung«?
Die seitliche Ausbiegung des Hinterschaftes aus der Längsachse (»aus dem Gesicht«).

152 | Was versteht man unter »Pitch«?
Unter Pitch versteht man den Abstand der Laufmündung (Kornseite) von einer senk-

Senkung – Schränkung – Pitch (Doppelflinte).

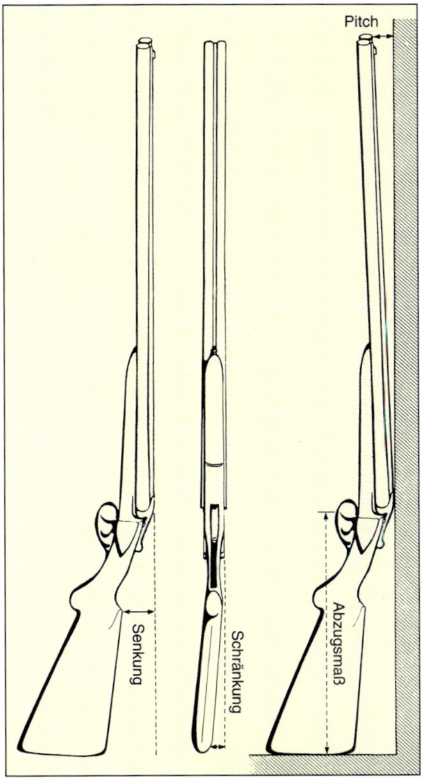

rechten Wand, an der die Waffe mit der Oberseite der Basküle anliegt, wobei die Schaftkappe oben (mit der »Ferse«) und unten (mit der »Zehe«) also flach auf dem Boden stehen muss. Durchschnittliche Pitchmaße liegen bei 25 bis 30 mm (positiver Pitch), keinesfalls soll die auf die Schaftkappe gestellte Flinte auf die Kornseite fallen (negativer Pitch).

153 | Wie wird die Schaftlänge gemessen?
Vom vorderen Abzug bis zur Mitte der Schaftkappe (sog. »Abzugmaß«).

154 | Was ist ein »Linksschaft«?
Gute Linksschäfte für Linkshänder haben nicht nur die Backe auf der rechten Seite, sondern sind auch nach links, d.h. »aus dem Gesicht« geschränkt

155 | Was ist eine »Fischhaut«?
Eine eingeschnittene oder gepresste Aufrauung an Pistolgriff, Kolbenhals und Vorderschaft soll den Händen des Schützen Halt geben.

156 | Was ist ein Schaftmagazin?
In den Hauptschaft bei Büchsen bzw. kombinierten Gewehren eingebautes Magazin mit Sprung- oder Klappdeckel für Reserve-Büchsenpatronen bzw. den kurzen Einstekklauf.

157 | Was ist ein »Lochschaft«?
Ergonomisch-schießtechnisch vorteilhaft sind mit einem Daumengriffloch (und steil stehendem Pistolgriff) versehene Hinterschäfte.

»Daumenlochschaft – hier Blaser R93 Success«.

Läufe

Leistungsfähigere (Nitro-) Pulver und ihre hohen Drücke machten bereits in der Mitte des vorletzten Jahrhunderts haltbarere Laufstähle erforderlich. Die früher aufwändig geschmiedeten Damastläufe wurden von stabilen Waffenläufen abgelöst, die aus tiefgebohrten und tiefgezogenen Stahlstangen hergestellt wurden. Beim Laufziehen wird aus einem Rohling das Laufinnere zunächst zylindrisch glatt gebohrt und anschließend werden die spiralförmigen Züge geschnitten. Eine andere Herstellungsart ist das Laufdrücken (»Knopfdrücken«), bei dem eine Nuss aus zähem Stahl mit negativem Profil durch die Laufbohrung gepresst wird. Das Hämmern ist die modernste Form der Laufherstellung. Hier wird der Laufmantel in einer hydraulischen Rundknetmaschine auf eine Form (Hämmerdorn) gehämmert, die der des späteren Laufinneren entspricht. Nach Herausziehen des Dornes erhält man einen besonders hart verdichteten Gewehrlauf und eine extrem glatte, daher langlebige Laufinnenfläche. Ein weiterer Vorteil des Hämmerns ist, dass ein außen und innen fertiger Lauf samt Patronenlager entsteht.

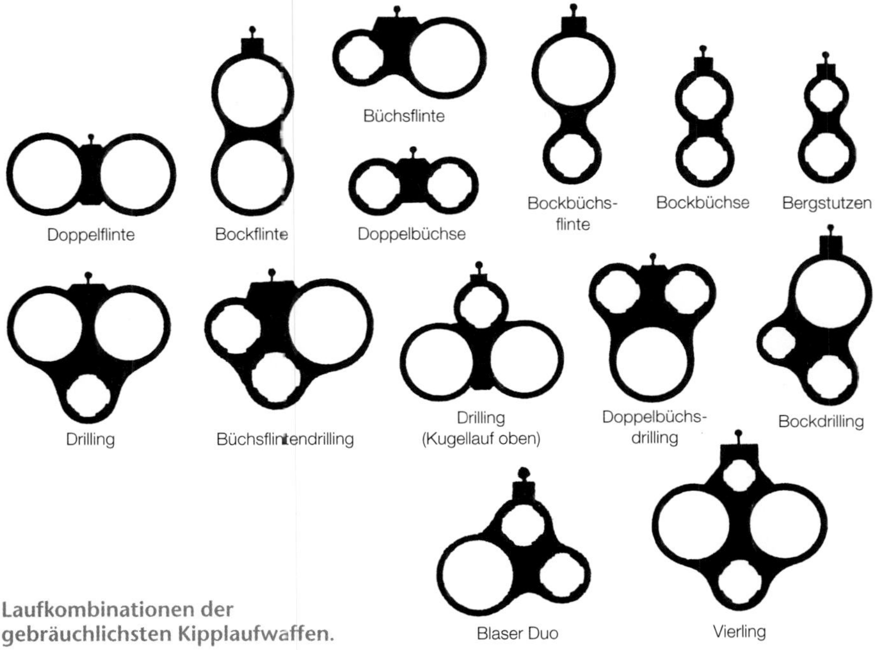

Laufkombinationen der gebräuchlichsten Kipplaufwaffen.

?

158 | Was ist ein Büchs(en)lauf?
Ein zum Verschießen von Büchsengeschossen bestimmter Lauf mit Zügen und Feldern. Auch Kugellauf oder Büchslauf genannt.

159 | Aus was bestehen Gewehrläufe?
Gewehrläufe bestehen aus vergütetem, rostträgem Stahl in Speziallegierungen.

160 | Wie werden Büchsenläufe hergestellt?
Mit dem Hämmerverfahren, dem Laufziehverfahren und dem Laufdrückverfahren.

161 | Was versteht man unter Drall?
Erstens die spiralförmigen Windungen von Zügen und Feldern im Büchsenlauf sowie zweitens die dadurch dem Geschoss mitgeteilte Drehbewegung.

162 | Was ist die Dralllänge?
Unter Dralllänge versteht man das Maß der Lauflänge, innerhalb der sich das Geschoss einmal um seine Längsachse dreht. Diese beträgt je nach Kaliber etwa 20 bis 40 cm.

163 | Was sind Züge und Felder?
Züge sind die spiralförmig ca. (0,1 –) 0,2 mm tief in die Innenseite des Laufes eingefrästen oder gehämmerten Vertiefungen, Felder sind die erhabenen, dazwischen stehen gebliebenen Teile.

164 | Welche Aufgabe haben Züge und Felder?
Züge und Felder geben dem Geschoss eine stabilisierende Eigendrehung (Drall/Rotation) um die Längsachse.

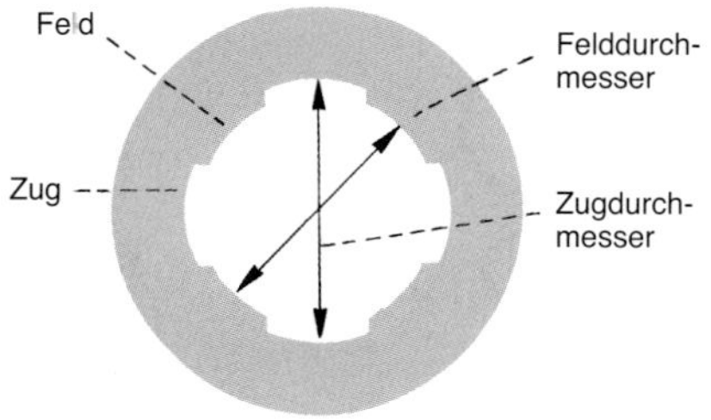

Querschnitt durch einen Büchsenlauf mit Zug- und Feld-Profil (4 Züge).

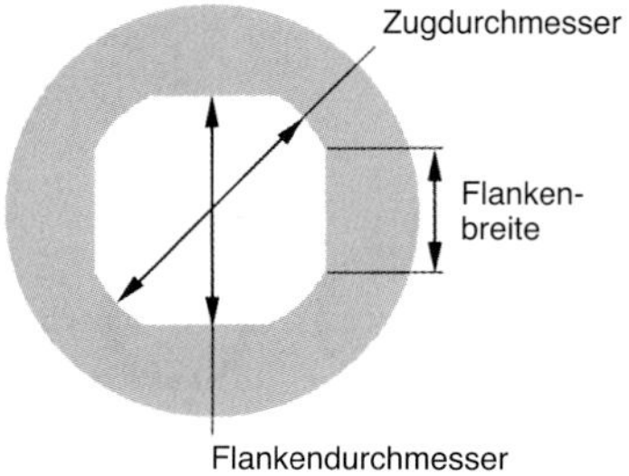

Querschnitt durch einen Polygonlauf.

165 | Welche Teile nennt man Felder?
Die stehen gebliebenen Teile.

166 | Wie oft dreht sich ein Büchsengeschoss im Lauf um seine eigene Achse?
Bei einer Lauflänge von 65 cm und einer Drall-Länge von 24 cm dreht sich z. B. ein Geschoss beim Durchgang durch den Lauf ca. 2 $^{1}/_{2}$mal um seine eigene Achse.

167 | Was versteht man unter Büchsenkaliber?
1. Im waffentechnischen Zusammenhang die in Millimetern gemessenen Zug- und Feldkalibermaße, z. B. hat das Kaliber 7 mm ein Feldmaß von 6,98 mm und ein Zugmaß von 7,24 mm.
2. Oft wird auch von einer Patrone z. B. 7 × 57 R als »Büchsenkaliber« gesprochen

168 | Wie nennt man die gedachte Linie durch die Mitte des Gewehrlaufes?
Seelenachse oder Rohrseele

169 | Was ist ein Polygonlauf?
Dessen Züge und Felder sind durch ein abgerundetes vieleckiges Querschnittsprofil ersetzt. Polygonläufe werden ausschließlich im Hämmerverfahren hergestellt und vor allem bei Militärwaffen verwendet.

170 | Was ist ein frei schwingender Lauf?
Er liegt nicht am Schaft an und kann so frei schwingen, was die Präzision günstig beeinflussen kann.

171 | Wozu dienen »Mündungs-« oder »Rückstoßbremsen«?
Hauptsächlich zur Verminderung des Hochschlages der Waffe. Dadurch läuft der Rückstoß geradliniger auf die Schützenschulter zu was den (gefühlten) Rückstoß vermindert. Mündungsbremsen erhöhen den Lärmpegel immens. Damit versehene Waffen sollten immer nur mit Gehörschutz benutzt werden.

172 | Was unterscheidet den Schrot- vom Büchsenlauf?
Schrotläufe sind grundsätzlich innen glatt, Büchsläufe immer gezogen.

173 | Gibt es auch gezogene Flintenläufe
Spezialflinten zum Verschießen von Flintenlaufgeschossen haben einen (ganz oder teilweise) gezogenen Lauf.

174 | Welche Lauflänge haben Büchsen?
Je nach Gewehrtyp beträgt die Lauflänge 51 bis 65 cm, im Extrem etwa 45 cm bis etwa 72 cm. Patronen mit starker Pulverladung erfordern zur optimalen Gasdruckentwicklung längere Läufe.

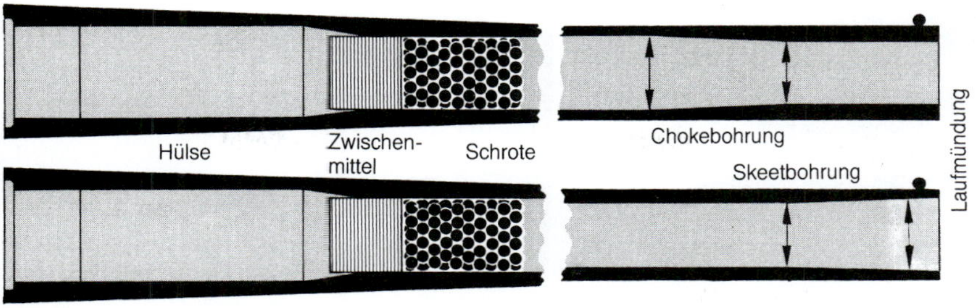

Mögliche Mündungsarten von Schrotläufen.

175 | Hat die Lauflänge Einfluss auf die Schusspräzision
Nein. Oft wird die beste Schusspräzision mit kurzen und dicken Läufen erzielt.

176 | Welche Längen sind bei Schrotläufen üblich?
Die Lauflängen liegen zwischen 65 und 76 cm, gelegentlich mehr.

177 | Welche Lauflängen sind bei kombinierten Waffen üblich?
Die Läufe sind zu Gunsten der Führigkeit häufig kürzer, zwischen 55 und 65 cm.

178 | Was sind Wechselläufe?
Läufe bei Repetierbüchsen bzw. Kipplaufbüchsen bzw. Laufbündel bei mehrläufigen Kipplaufwaffen die unter Benützung desselben Schaftes und Verschlusssystems gegeneinander ausgewechselt werden können.

179 | Was versteht man unter einer Choke-Bohrung?
Die Laufmündungen von Schrotläufen sind für die verschiedenen Verwendungszwecke unterschiedlich eng gehalten. Man spricht von einer Choke- bzw. Würgebohrung, wenn sich der Lauf an der Mündung verengt.

180 | Wozu dient die Choke- bzw. Würgebohrung?
Sie soll die Schrotgarbe beim Verlassen des Laufes in die Länge ziehen und im Garbendurchmesser verringern, was die Deckung verbessert und die wirksame Schussentfernung vergrößern kann.

181 | Was ist eine »Skeetbohrung«?
Skeetläufe sind so angelegt, dass sich das Laufende geringfügig erweitert (also das Gegenteil einer Chokebohrung). Hiermit erreicht man eine stärkere Streuung der Schrote.

Wechsellaufbündel (Bockbüchse) samt 2. Vorderschaft für eine Krieghoff-Bockbüchsflinte.

Doppelflinte mit Choke, Einsatz und Schlüssel.

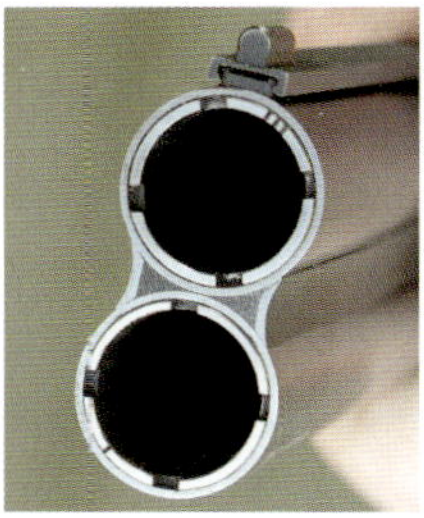

Bockflinte mit Chokeeinsätzen.

182 | Was versteht man unter »Zylinderbohrung«?
Davon spricht man wenn der Durchmesser der Mündung gegenüber dem Laufdurchmesser gleich ist.

183 | Welche Chokebohrungen sind üblich?
Es gibt Flintenläufe mit $^1/_4$-Choke-Bohrung (Verengung etwa 0,25 mm), $^1/_2$-Choke (0,45 mm), $^3/_4$-Choke (0,76 mm) und Voll-Choke (0,875 bis 1 mm).

184 | Was ist Polychoke, Multichoke usw.?
Mit solchen Mündungsaufsätzen oder -einsätzen wird ohne Werkzeug die gewünschte Chokewirkung unterschiedlich und stufenlos eingestellt.

185 | Was sind Wechselchokes?
Mit einfachem Werkzeug austauschbare Mündungseinsätze verschiedener Chokewirkung.

186 | Was ist eine Laufschiene?
Auf dem Lauf oder zwischen zwei Läufen befindliche Abdeckung. Nimmt die offene Visierung auf.

187 | Wozu dient ein Ejektor?
Bei Kipplaufgewehren zum Auswerfen der abgeschossenen Patronenhülse.

188 | Wie wird ein Ejektor betätigt?
Je nach Konstruktionsprinzip durch Gasdruck oder Federmechanismus.

189 | Wozu dient das Patronenlager?
Das Patronenlager nimmt die Patrone auf. Seine Abmessungen sind geringfügig größer als die der Patrone. Beim Schuss dichtet die Hülse das Patronenlager nach hinten ab (»Liderung«).

190 | Was ist ein Einstecklauf?
Ein in den Waffenlauf eingeschobenes Gerät aus kleinkalibrigem Lauf einschließlich Patronenlager. Meist als »Schonzeit-« oder «Rehwildkugel« im Schrotlauf.

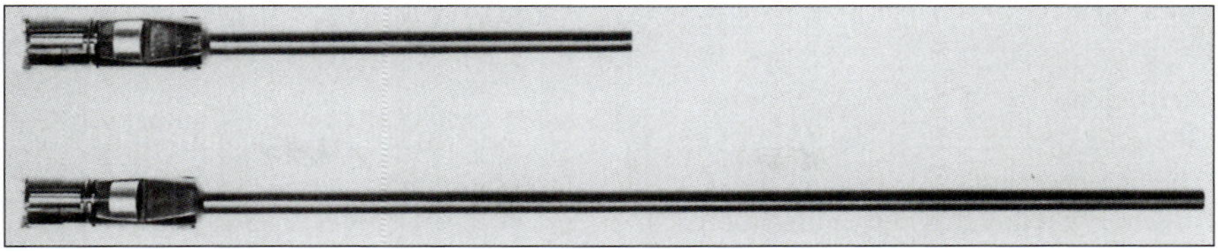

Einstecklauf (Krieghoff) oben EL 22 cm, unten EL 44 cm Länge.

191 | Wozu wird ein Einstecklauf gebraucht?
Um v. a. aus kombinierten Waffen preisgünstige Übungsmunition bzw. kleinkalibrige Büchsenpatronen verwenden zu können.

192 | In welchen Lauf des Drillings ist der Einstecklauf montiert?
Meist im rechten Schrotlauf, weil so der Stecher auch für die »Schonzeitkugel« benützt werden kann. Ist ein mit der großen Kugel gleicher Einstecklauf im linken Schrotlauf montiert, so sind schnelle Doubletten auch auf starkes Wild möglich.

193 | Welche Kaliber sind für Einsteckläufe gebräuchlich?
Meistens kleine Zentralfeuerpatronen wie .22 Hornet bzw. die rehwildtauglichen .222 Rem bis 6 × 70 R. Hochwildtaugliche Patronen sind möglich, belasten jedoch den Verschluss stärker, vor allem den von Drillingen. Randfeuerpatronen (.22 l.f.B., .22 Win. Mag.) werden immer seltener verlangt.

194 | Können Einsteckläufe beliebig ein- und ausmontiert werden?
1. Ist der Befestigungsmechanismus eines Einstecklaufs exakt gearbeitet, so hält er nach Aus- und Einbau die Treffpunktlage. Abweichungen lassen sich umso eher vermeiden, je weniger oft der Lauf aus- und eingebaut wird.
2. Durch den E-Lauf kann sich die TPL der anderen Läufe ändern.

195 | Was geschieht, wenn aus einer kombinierten Waffe mit fest verlöteten Läufen mehrere Kugelschüsse kurz nacheinander abgefeuert werden?
Wegen der Wärmeverspannung ergibt sich eine Treffpunktlageabweichung, deren Ausmaß nur durch Testschießen aus der eigenen Waffe ermittelt werden kann.

196 | Für welchen Lauf ist der vordere Abzug einer Bockbüchsflinte grundsätzlich gedacht?
Für den unteren, den Büchsenlauf.

197 | Was sind Reduzierhülsen?
Aufnahmehülsen für kleinere (Büchsen- oder Schrot-)Patronen, um diese anstatt der Originalpatrone verschießen zu können. Änderungen der TPL zur Originalpatrone sind die Regel.

Mündungslange E-Läufe in Bockbüchsflinte und Doppelbüchsdrilling.

198 | Wo befindet sich der Laufwählschalter der Flinte?
Meistens auf der »Scheibe« genannten Oberseite der Basküle, in den Sicherungsschieber integriert.
Andere Flinten haben den Laufwählschalter z. B. im Abzugbügel.

199 | Was ist ein Auszieher?
Bei Kipplaufgewehren ohne Ejektor wird vom Auszieher beim Abkippen der Läufe die Patrone oder Hülse aus dem Patronenlager herausgehoben, so dass man sie fassen und entfernen kann. Bei den Repetierbüchsen und Selbstladern übernimmt diese Aufgabe die am Verschlusszylinder sitzende Ausziehkralle

200 | Was ist ein Ejektor?
Bei Flinten und Doppelbüchsen gibt es einen Ejektor genannten Hülsenauswerfer. Er schleudert die Hülse beim Abkippen der Läufe selbsttätig hinaus.

201 | Wie wird die Hülse bei Repetierbüchsen und Selbstladern ausgeworfen?
Die Auszieherkralle erfasst die Hülse oder Patrone an der Hülsenbodenrille und wirft sie mit Hilfe des Ausstoßers beim Repetiervorgang aus.

202 | Welche offenen (nicht optischen) Zieleinrichtungen haben Flinten und wie werden sie benutzt?
Normalerweise Laufschiene und Korn, selten Hilfskorn. Eine Kimme ist nur auf speziellen FLG Flinten zu finden. Langes Zielen führt nur selten zum Erfolg. Immer gilt es, das sich bewegende Ziel mitschwingend mit der Laufmündung zu erfassen, zu überholen und im Vorschwingen den Schuss auszulösen. Man muss wissen, wie viel Laufschiene sichtbar sein darf, um richtig abzukommen. Dies muss sich jeder Schütze mit der eigenen Waffe auf dem Stand »erschießen«.

Zielfehler und ihre Auswirkungen beim Schuss über Kimme und Korn.

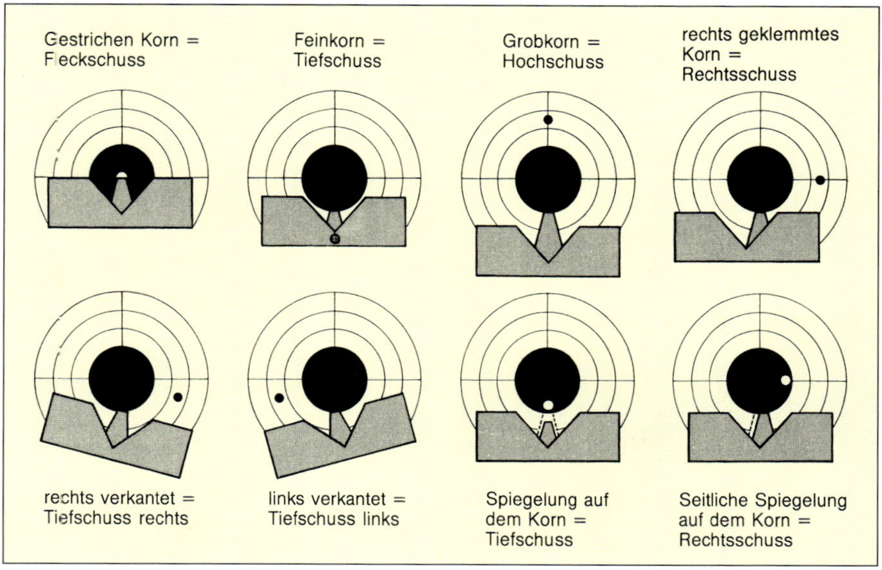

203 | Welche offene (nicht optische) Zieleinrichtung haben Büchsen und kombinierte Waffen?
Viele Büchsen und alle kombinierten Waffen sind mit Kimme und Korn ausgerüstet. Der Jäger muss sich von der damit erzielbaren Treffpunktlage überzeugen.

204 | Was ist ein Diopter?
Der Diopter ist ein Lochvisier (geschlossenes Visier, heute selten).

205 | Welche Nachteile haben Kimme und Korn?
Die Nachteile von Kimme und Korn sind nicht nur, dass man bei Dämmerung das Ziel nicht mehr genau genug erkennt bzw. bei weitem nicht so gut wie mit einem Zielfernrohr, sondern vor allem, dass das Auge vor allem des älteren Jägers die Bilder von drei verschieden weit entfernten Objekten, nämlich Kimme, Korn und Ziel, in einer Bildebene vereinigen muss.

Verschlüsse

Während die Entwicklung der Verschlüsse jagdlicher Repetierer meist von Militärkonstruktionen wie der Kammerladungsbüchse von Dreyse, dem Kommissionsgewehr M/88 und der Mauser 98 abgeleitet werden kann, verlief die Evolution der Kipplaufverschlüsse nicht ganz so geradlinig. Dies hängt damit zusammen, dass auf dem Kontinent und den britischen Inseln parallel geforscht und gebaut wurde. Von den vielen Kipplaufverschlüssen des 19. Jahrhunderts, ergänzt durch Weiterentwicklungen bis in unsere Zeit hinein, blieben letztlich nur die besten übrig: Überwiegend solche, die großteils maschinell gefertigt werden können.

Kipplaufverschluss, oben mit Selbstspannerschlossen (und separater Kugelspannung), unten mit Hahnschlossen.

206 | Welche Funktion hat der Verschluss?
Er verriegelt zusammen mit der beim Schuss nach hinten gasdicht abschließenden (»lidernden«) Patronenhülse das Patronenlager. Das verhindert das Entweichen hochgespannter Gase nach hinten.
Er bildet den Laufabschluss nach hinten, nimmt die Schlossteile auf und verbindet Lauf und Schaft. Die Festigkeit seiner Konstruktion muss dem Gasdruck der jeweiligen Munition angepasst sein.

207 | Welche Verschlüsse werden unterschieden?
Man unterscheidet Kipplauf-, Kammer- (Zylinder-) und Blockverschlüsse.

208 | Welche Verschlüsse finden wir bei Repetierbüchsen?
Kammer- = Zylinderverschlüsse, überwiegend Drehkammerverschlüsse und Geradzugverschlüsse.

Mauser M03 mit Handspannung.

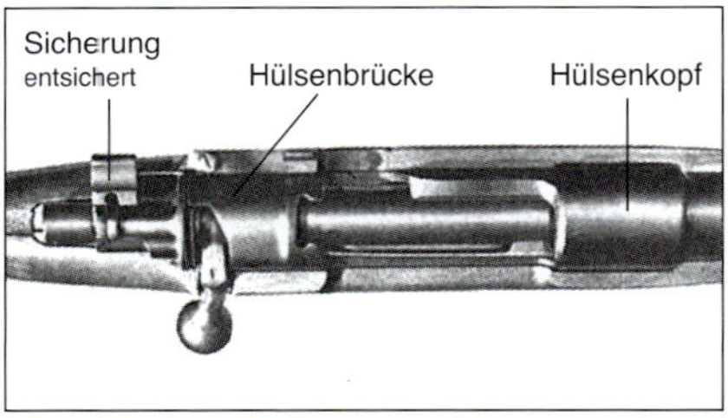

Bauart des Mauser-Systems 98.

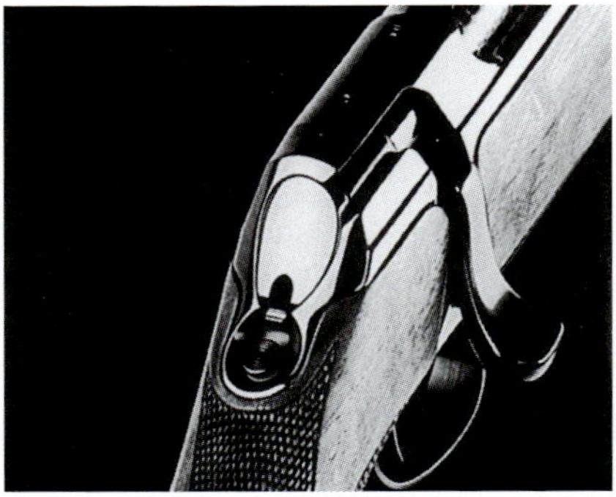

Repetierbüchse Sauer 202 mit Drehkammer-Verschluss und Sicherung auf dem Kolbenhals.

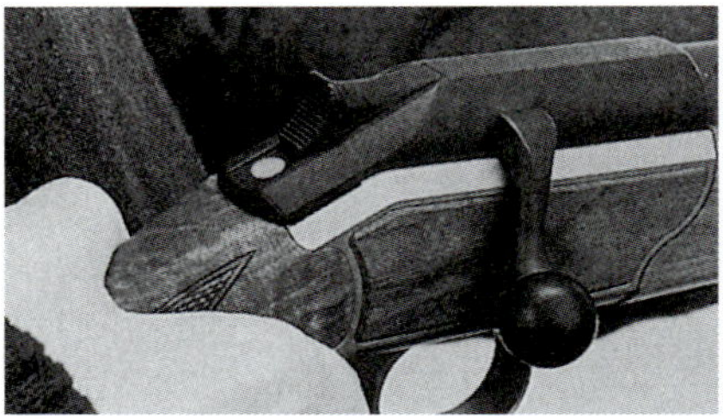

Blaser-Repetierbüchse R93 mit Geradzug-Verschluss; Spannschieber auf dem Kolbenhals (hier gespannt – roter Punkt sichtbar).

209 | Welches sind die häufigsten Verschlusssysteme bei Repetierern?

Vorläufer fast aller üblichen Jagd-Repetiergewehre ist das Kammerverschlusssystem Mauser Modell 98. Davon abgeleitet wurde auch das Mannlicher System. Außer diesen älteren Bauarten gibt es viele Neukonstruktionen.

210 | Wie funktioniert ein Zylinderverschluss?

Die Verschlusskammer wird mit dem Kammerstängel in der Kammerhülse bewegt. Die Verriegelung wird meist durch in entsprechende Ausnehmungen eingreifende Verschlusswarzen erzielt. Zylinderver-

Eine sehr stabile Kombination aus Kipplaufverschluss und Blockverschluss ist der Kippblock-Verschluss.

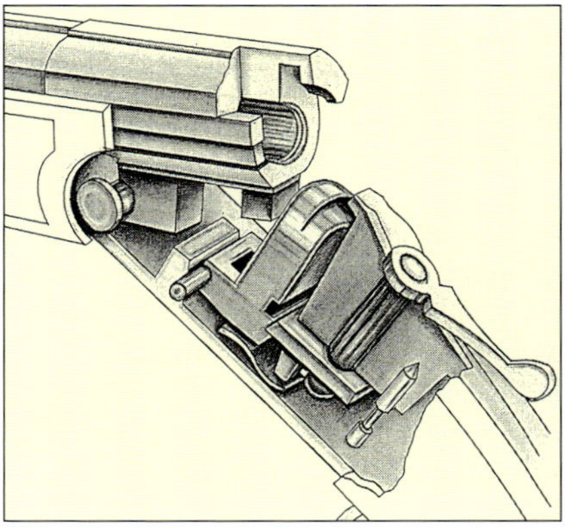

schlüsse funktionieren meist als Drehkammer-Verschluss; andere Konstruktionen greifen (wieder) das Prinzip des Geradzug-Verschlusses auf.

211 | Haben alle Repetierbüchsen einen Zylinderverschluss (Kammerverschluss) mit seitlichem Kammergriff (Kammerstängel)?

Nein; es gibt »Unterhebel Repetierer« (Lever Action) und »Vorderschaft Repetierer« (Pump Rifle), sowie die »In-Line«-Repetierbüchse »Semprio« von Krieghoff.

212 | Gibt es auch Repetier-Flinten?

Ja, mit Zylinderverschluss und Kammergriff sowie meist als »Pump Gun« bei denen der Verschluss mit dem Vorderschaft betätigt wird. Pump Guns ohne Hinterschaft (nur mit Pistolgriff) sind verboten.

213 | Was ist ein Blockverschluss?

Er findet bei einläufigen Büchsen Verwendung, bei denen Lauf und Kasten fest miteinander verschraubt sind. Der Verschlussblock bewegt sich vertikal im Verschlussgehäuse. Die Betätigung des Verschlusses und das Spannen des Schlosses erfolgen durch den Abzugsbügel.

214 | Bei welchen Waffen findet der Blockverschluss Verwendung?

Blockverschlüsse werden fast nur für einschüssige Büchsen verwendet (Blockbüchsen). Für ein- und mehrläufige Kipplaufbüchsen findet der Kippblock-Verschluss Anwendung.

215 | Welche Waffen haben Selbstladeverschlüsse?

Selbstladeverschlüsse findet man bei den »halbautomatischen« Selbstladegewehren in verschiedener Ausführung. Die Kraft des Rückstoßes (Rückstoßlader) oder des Gasdruckes (Gasdrucklader) wird hier für den Spann- und Ladevorgang ausgenutzt.

216 | Welche verschiedenen Ausführungen gibt es beim Kipplaufverschluss?

Es gibt einfache und doppelte Laufhakenverriegelungen, dazu den Greener- (einfacher Querriegel) und Kersten- (doppelter Querriegel)Verschluss sowie den Purdey Verschluss (Purdey-»Nase«) u.a. Bei Flinten oft anzutreffen ist der Keilverschluss, bei Büchsen der Kippblock-Verschluss.

217 | Was verriegelt der Greenerverschluss?

Der Greenerverschluss hat zusätzlich zu den Laufhaken einen einfachen Querriegel, der aus einer durchbohrten Verlängerung der Laufschiene besteht, die in einen Ausschnitt des Systemkastens eingreift.

218 | Was kennzeichnet den Kerstenverschluss?

Der Kerstenverschluss hat 2 seitliche Laufverlängerungen, die im Systemkasten verriegeln.

219 | Wie funktioniert der Purdey Verschluss?

Beim Purdey Verschluss ist an der Stoßfläche der Läufe eine Nase angebracht, die in eine Ausnehmung des Stoßbodens eingreift und dort verriegelt wird.

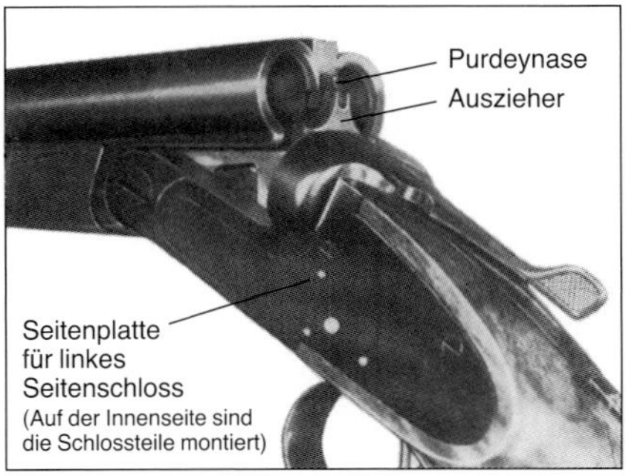

Seitenansicht eines Doppelflintenlaufes mit doppelter Laufhakenverriegelung.

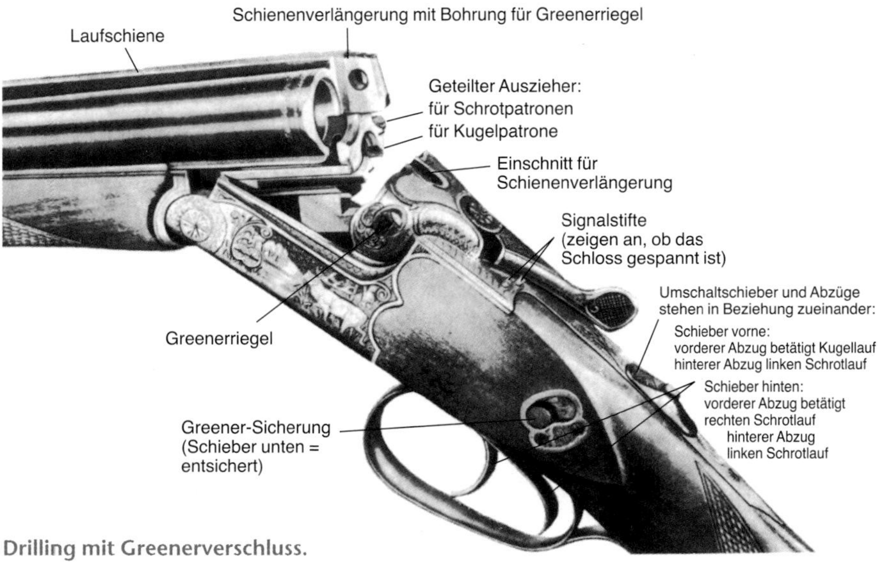

Drilling mit Greenerverschluss.

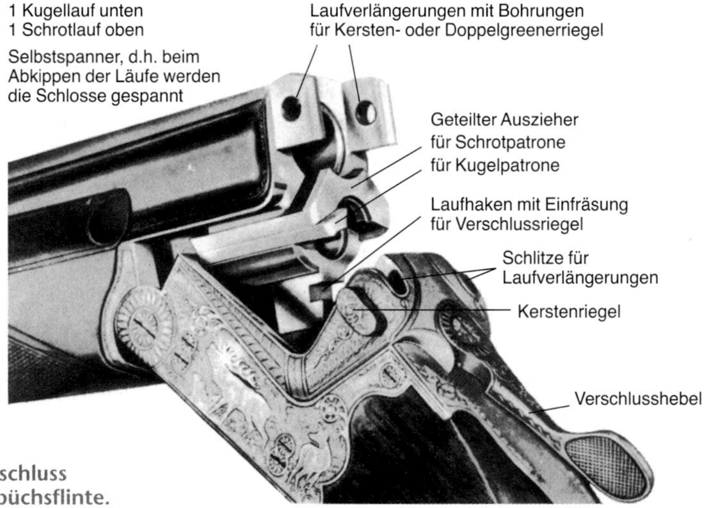

Kerstenverschluss
einer Bockbüchsflinte.

220 | Was ist ein Flankenverschluss?
Seine Kennzeichen sind seitliche Scharnierbolzen und die fehlenden Laufhaken.

221 | Welcher weitere Verschluss hat sich bei Bockbüchsen und Bockbüchsflinten durchgesetzt?
Der Keilverschluss.

222 | Welcher Verschluss ist oft bei stabilen Kipplaufbüchsen anzutreffen?
Der Kippblockverschluss verbindet die Vorteile der stabilen Block-Verriegelung mit denen der Kipplaufwaffe.

223 | Was versteht man unter Basküle?
Die Basküle ist der Verschlusskasten (das Gehäuse) und dient bei Kipplaufgewehren zur Aufnahme der Verschluss- und Schlossbestandteile.

224 | Was ist der Stoßboden bei Kipplaufwaffen?
Die Fläche der Basküle, an der die Läufe von Kipplaufgewehren im geschlossenen Zustand anliegen. Er dient dem Laufabschluss und nimmt über den Boden der Patronenhülse die Kraft des rückwärts wirkenden Gasdrucks auf.

225 | Wie wirkt sich ein lockerer Verschluss bei der Kipplaufwaffe aus?
Zumindest durch nachlassende Schussleistung, auch durch die Gefahr von Beschädigungen beim Schuss durch mangelnde Verriegelung.

226 | Wann wird in der Fachsprache eine Kipplaufwaffe als »gebrochen« bezeichnet?
Wenn sie geöffnet, aufgeklappt (»gekippt«) ist.

227 | Wie wird der Spannmechanismus betätigt?
Bei Selbstspanner-Kipplaufwaffen durch Abkippen der Läufe, bei Repetierern durch Öffnen bzw. Schließen des Schlosses, bei Handspannern durch Spannen der Hähne bzw. Betätigen des Spannhebels oder Spannschiebers.

Schlosse

228 | Welches sind die wichtigen Bestandteile des Verschlusses?
Des Verschluss besteht i.W. erstens aus der Verriegelung sowie zweitens dem Schloss, welches den Spann-, Schlag-, Abzugs- und Sicherungsmechanismus enthält.

229 | Wie wird eine Kipplaufwaffe gespannt?
Entweder wird beim Abkippen der Kipplaufwaffe das Schloss gespannt (Selbstspanner) oder durch Betätigung der Spanneinrichtung, meist Vorschieben des Spannschiebers (Handspanner).

230 | Wie wird eine Selbstspanner-Kipplaufwaffe entspannt?
Durch Halten des Abzugs/der Abzüge bei geöffneter Waffe und Schließen der Waffe.

231 | Wie wird eine Handspanner-Kipplaufwaffe entspannt?
Durch Zurücknahme des Spannschiebers

232 | Wie wird eine Repetierbüchse gespannt?
Beim Öffnen oder beim Schließen des Kammerverschlusses (Selbstspanner) oder durch Betätigung einer separaten Spanneinrichtung, meist Vorschieben eines Spannschiebers (Handspanner).

233 | Wie wird eine Repetierbüchse entspannt?
Beim Selbstspanner durch Öffnen des

Kammerverschlusses, Festhalten des Abzugs und Schließen des Kammerverschlusses bei festgehaltenem Abzug bzw. beim Handspanner durch Rücknahme des Spannstücks.

234 | Wie wird eine Hahnwaffe gespannt?
Durch Zurückziehen des Hahnes / der Hähne.

235 | Wie wird eine Hahnwaffe entspannt?
Durch Festhalten des Hahnes, Durchziehen und Festhalten des zugehörigen Abzugs sowie Vorlassen des Hahnes.

236 | Wie wird der Schuss ausgelöst?
Durch Betätigen des Abzuges wird der unter Federspannung stehende Schlagbolzen (bei Kammerverschlüssen) bzw. das auf den Zündstift aufschlagende Schlagstück (bei Kipplaufverschlüssen) freigegeben. Schlagbolzen bzw. Zündstift schlagen auf das Zündhütchen und lösen so den Schuss aus.

237 | Welche Schlosssysteme sind bei Kipplaufwaffen üblich?
Das Blitzsystem, das Anson & Deeley System, das Seitenschloss-System und verschiedene Ein- und Zweischloss-Handspannersysteme.

238 | Wie unterscheidet sich das Blitz- vom Anson & Deeley System?
Beim Blitzsystem sind die Schlossteile auf dem Schlossblech (Unterboden) montiert, beim Anson & Deeley System befinden sie sich im Systemkasten (»Kastenschloss«).

239 | Was sind Seitenschlosse?
Bei diesem System sind die Schlossteile auf den Innenseiten der Seitenplatten montiert.

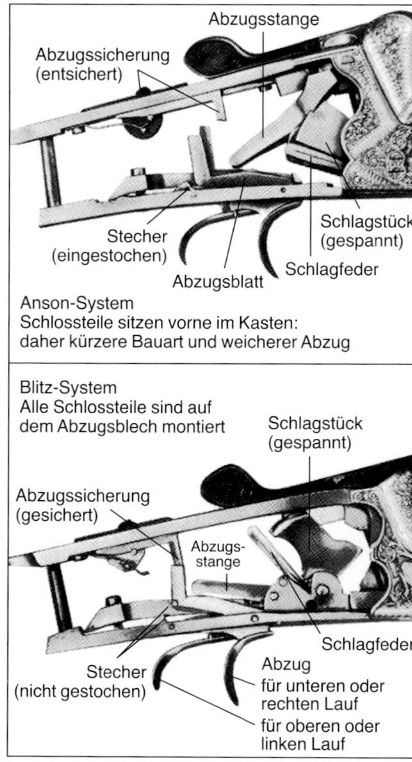

Einzelheiten von zwei Systemen für Kipplaufwaffen.

240 | Welche Vorteile haben Seitenschlosse?
Die Seitenschlosse sind meist leicht abnehmbar und dann gut zu reinigen. Sie ermöglichen geringere Abzugsgewichte (Abzugswiderstände).

Aufbau eines Seitenschlosses.

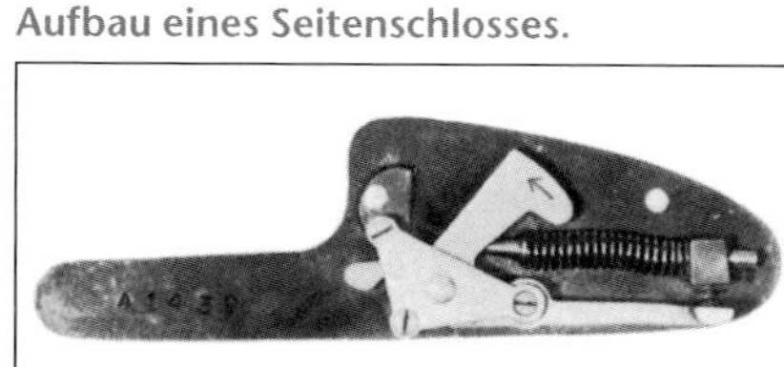

241 | Was ist eine »Basküle«?
Der »Kasten« der Kipplaufwaffe

242 | Was sind »Schlagstücke«?
Die innenliegenden »Hähne« der Kipplaufwaffe.

243 | Was sind Fangstangen?
Sie sollen bei manchen Kipplaufwaffen bei Bruch oder Ausrasten der Abzugstange die Schlagstücke festhalten (»fangen«).

244 | Was ist eine separate Kugelspannung?
Bei manchen Drillingen gängige Konstruktion, mit der die Kugel separat von Hand (meist per Spannschieber) gespannt werden kann und nicht zwangsgesteuert bereits beim Abkippen spannt. Dass sich die separate Kugelspannung beim Öffnen der Waffe selbständig spannt, wenn der Spannschieber in vorderer Position steht, ist gleicher Maßen (sicherheitstechnischer) Nachteil wie (praktischer) Vorteil.

245 | Welche Schlosskonstruktion hat die Hahnflinte?
Seitenschlosse mit außen liegenden Hähnen.

246 | Haben Hahngewehre eine Sicherung?
Hahngewehre haben keine Sicherung, da sie nur im Bedarfsfall durch Spannen der Hähne schussbereit gemacht und danach wieder entspannt werden.

247 | Wie hoch muss der Abzugswiderstand einer Flinte sein?
Mindestens so hoch, dass beim Zuklappen der Flinte keinesfalls der Schuss bricht.

248 | Wie wird der Drilling gestochen?
Durch Vordrücken des Rückstechers (des vorderen Abzugs).

Oben Selbstspanner mit Einabzug, unten Handspanner mit Doppelabzug.

249 | Wann wird gestochen?
Erst im Anschlag, kurz vor dem Schuss.

250 | Wann muss unbedingt entstochen werden?
Kommt man nicht zu Schuss, muss sofort entstochen werden. Es ist gefährlich, eine gestochene Waffe außer im Anschlag handzuhaben oder gar abzustellen.

251 | Was sind Signalstifte?
Bei manchen Waffen zeigen Signalstifte an, ob die Schlosse gespannt sind.

252 | Welche Funktion hat der Umschaltschieber beim Drilling?
Damit wird vom unteren Lauf auf den rechten Lauf umgeschaltet und umgekehrt.

Sicherungen

Alle Selbstspannergewehre haben eine Sicherung, die das unbeabsichtigte Auslösen eines Schusses verhindern soll. Es gibt verschiedene Sicherungssysteme, die durch einen außenliegenden Hebel, Druckknopf oder Schieber betätigt werden. Die Konstruktionen und ihre Handhabung sind so verschiedenartig und vielfältig, vor allem bei kombinierten Waffen und z.T. in Verbindung mit einer Handspannung. Zudem werden ständig neue erfunden, so dass sich jeder Jäger beim Erwerb einer Waffe genauestens über die Funktion des jeweiligen Spann-, Stech- und Sicherungsmechanismus informieren muss. Man sagt: »Sicherungen sind nur so sicher wie ihr Bediener!« oder »Die Sicherung sitzt zwischen den Ohren des Schützen!« womit auch ausgedrückt werden soll, dass man sich nie auf eine noch so gute mechanische Sicherung verlassen darf und jede Waffe immer und überall als »feuerbereit« behandeln muss. Am sichersten ist immer noch das ungeladene Gewehr.

?

253 | Bietet eine Sicherung absoluten Schutz vor dem unbeabsichtigten Lösen des Schusses?
Nein, absolut sicher ist nur das entladene Gewehr.

254 | Welche Sicherungssysteme gibt es?
Schlagstück-, Stangen-, Abzugssicherung.

255 | Welche Sicherung ist vergleichsweise zuverlässig?
Eine direkt auf das Schlagstück wirkende Sicherung. Noch sicherer sind (ungespannte) Handspannerwaffen, jedoch am sichersten ist die ungeladene Waffe.

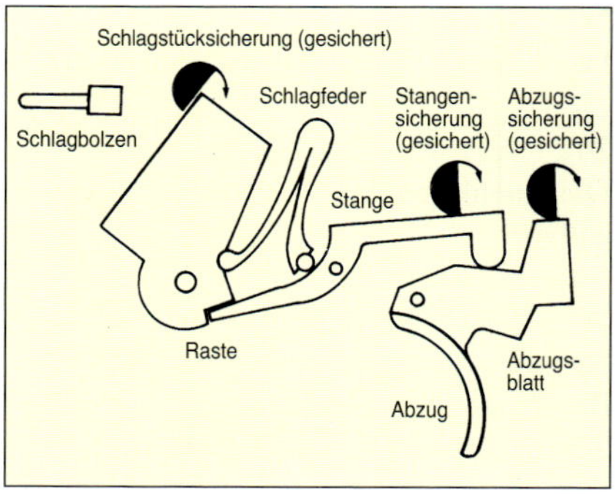

Schematische Darstellung der drei möglichen Sicherungssysteme einer Kipplaufwaffe.

256 | Auf welches Schlossteil wirkt die Sicherung bei Repetierern?
Sicherungen am Schlößchen wie die Flügelsicherung beim 98er wirken meist auf den Schlagbolzen. Schiebesicherungen wirken meist nur auf den Abzug.

257 | Wie werden Sicherungen betätigt?
Bei den Repetierbüchsen durch einen am Schlösschen (98er Flügelsicherung) oder seitlich horizontal gelagerten 3-Stellungs-Kipphebel bzw. durch einen Schieber auf dem Kolbenhals (Schiebesicherung). Bei Kipplaufwaffen meist durch einen Schieber auf dem oder seitlich am Kolbenhals. Zudem gibt es Druckknopfsicherungen im Abzugbügel, z.B. bei Selbstladebüchsen.

258 | Bei welcher Flügelstellung ist eine Repetierbüchse System 98 gesichert?
Wenn der Flügel nach rechts gestellt ist. In diesem Zustand ist auch die Kammer arretiert. Bei senkrechter Flügelstellung ist das Gewehr gesichert und die Kammer kann geöffnet werden.

Die Vielfalt der Bedienung von Spannsystem und Sicherung macht »Waffendrill« unumgänglich!

259 | Woran erkennt man bei den meisten Schiebesicherungen den jeweiligen Sicherungszustand?

Es ist entsichert, wenn ein roter Punkt sichtbar ist. In gesichertem Zustand erscheint ein »S« oder ein weißer Punkt.

260 | Was ist eine automatische Sicherung?

Eine nur auf den Abzug wirkende Sicherung meist an Flinten, die beim Öffnen/Schließen der Waffe zwangsgesteuert sichert. Automatische S. sind umstritten, weniger weil sie das schnelle Nachschießen verhindern sondern weil sie einen nicht immer vorhandenen »sicheren« Zustand vortäuschen.

261 | Wo liegt bei Flinten die Sicherung?

Bei Kipplaufflinten meist auf der »Scheibe« genannten Oberseite des Kolbenhalses, bei Selbstladeflinten und Vorderschaftrepetierflinten meist am oder im Abzugbügel.

262 | Welche Sicherungen sind bei Kipplaufwaffen gebräuchlich?

Schiebesicherungen auf der »Scheibe« (bei Bockflinten mit Einabzug oft kombiniert mit der Laufumschaltung) oder meist beim Drilling als »Greener Sicherung« seitlich am Kolbenhals

263 | Welche Sicherung ist zuverlässiger: Abzugsicherung oder Schlagstücksicherung?

Die Schlagstücksicherung – aber auch hier gilt: Sicherer ist das ungespannte und absolut sicher nur das ungeladene Gewehr.

264 | Welche Sicherungen sind an Repetierbüchsen üblich?

Es gibt Repetierbüchsen mit Schlagstück-, Abzugstollen- und Abzugsicherung sowie Handspanner (ohne Sicherung).

Abzüge

Der Jäger wird sich wegen verminderter Verwechslungs- d.h. Unfallgefahr dazu entschließen, nur ein Abzugssystem für alle geführten Waffen zu benützen. Flintenabzüge und Kombiabzüge (Flintenabzug mit Rückstecher) für Repetierbüchsen kommen diesem Sicherheitsbestreben entgegen, auch als Ergänzung des bei konventionellen Kombinationswaffen leider immer noch üblichen Stecherabzugs. Noch vorteilhafter jedoch ist die Verwendung stecherloser bzw. ohne Stecher benutzbarer Kipplaufwaffen.

Bei der Beurteilung eines Abzugs für den praktischen Gebrauch ist weniger entscheidend, ob er »hart« oder »weich« steht (er sollte aus Sicherheitsgründen eher hart stehen), sondern wie gut er kontrollierbar ist; ob er spielfrei (»trocken«) steht, ohne Vorzug und Kratzen auslöst und wie sicher er ist. Ein Stecherabzug ist schon aus konstruktiven und handhabungsbedingten Gründen nicht »sicher«.

?

265 | Welche Abzugsysteme werden unterschieden?

Flintenabzug/Direktabzug, Kombiabzug (Direktabzug plus Rückstecher), Stecherabzug (Rückstecher und Deutscher Stecher), Druckpunktabzug/Matchabzug.

266 | Was ist ein Flintenabzug?

Flintenabzüge sind Direktabzüge (also ohne Druckpunkt oder Stecher), die in allen Waffenarten Verwendung finden.

267 | Welcher Abzug ist bei Flinten gebräuchlich?

Flinten haben Ein- bzw. Doppelabzüge. Bei Einabzügen ist der Lauf meist wählbar d.h. der Schütze bestimmt welcher Lauf (zuerst) feuert. Bei Doppelabzügen ist der vordere Abzug für den rechten bzw. bei Bockwaffen für den unteren Lauf bestimmt und der hintere Abzug für den linken bzw. oberen Lauf.

268 | Welcher Abzug ist bei Bockflinten gebräuchlich?

Bei Bockflinten wird überwiegend der die Schlagmechanismen für beide Läufe nacheinander betätigende Einabzug verwendet. Seltener ist der zuerst meist den unteren Lauf feuernde Doppelabzug.

269 | Was ist ein Druckpunktabzug?

Der Druckpunktabzug ist wie früher vor allem bei Militärwaffen und deren Umbauten üblich aber auch z.B. bei manchen Selbstladebüchsen. Der Matchabzug ist ein besonders leicht stehender Druckpunktabzug.

270 | Was ist ein Kombiabzug?

Der Kombiabzug ist ein Direktabzug plus Rückstecher. Er wird überwiegend ungestochen als Flintenabzug geschossen. Nur für den Schuss von stabiler und sicherer Auflage kann er wie ein Rückstecher von hinten eingestochen werden.

271 | Wann spricht man von einem Einabzug?

Rückstecher in eingestochenem Zustand.

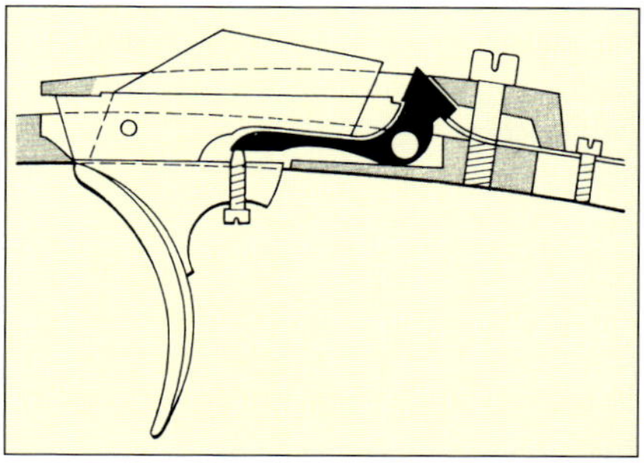

Büchsen mit Direktabzug, Flinten mit Ein- und Doppelabzug.

Bei Doppelflinten, insbesondere bei Bockflinten, bevorzugt man den Einbau eines Abzuges für beide Läufe, da man den zweiten Schuss, ohne Umgreifen schneller auslösen kann.

Universal-Abzug-System (UAS) für Krieghoff-Zweischloss-Modelle: Ein als Schwinggewicht ausgebildetes Sicherungsteil legt sich beim Rückstoß als Sperre über die Abzugstange und verhindert so das ungewollte Auslösen des Schusses. Das Krieghoff-UAS kann gestochen und ungestochen benützt werden.

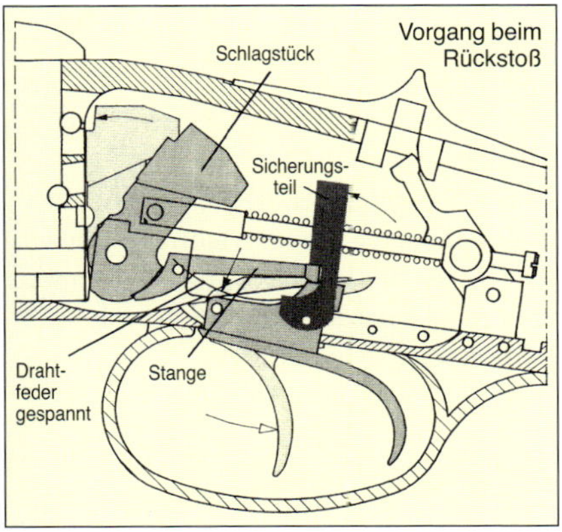

272 | Welche unterschiedlichen Einabzüge gibt es?

Den Einabzug mit mechanischer Laufumschaltung und den Einabzug mit Rückstoß-Laufumschaltung.

273 | Wozu dient ein Stecher?

Der Stecher dient zur Feineinstellung des Abzugs, um den Schuss durch feinste Berührung des Abzuges auslösen zu können. Die hohe Empfindlichkeit des gestochenen Abzugs ist eine erhebliche Gefahrenquelle.

274 | Wann wird gestochen?

»Gestochen« darf stets erst unmittelbar vor dem Schuss werden, nachdem das Gewehr in Anschlag gebracht und entsichert ist.

275 | Warum ist ein Stecher überwiegend nachteilig?

Die Handhabung des Stechers birgt große Unfallgefahren, daher haben sich Flintenabzüge immer mehr durchgesetzt. Für den raschen Schuss auf der Blattjagd oder Pirsch ist er nachteilig, auf der Drückjagd sogar gefährlich. Sein selbst unter Spitzenschützen umstrittener Vorteil kommt nur beim Schießen von fester Auflage zur Geltung.

276 | Was sind die Alternativen zum Stecher?

Kombinationsabzüge z.B. von Krieghoff, Sauer oder Heym ermöglichen die wahlweise Verwendung als Flinten- und Stecherabzug (wobei immer mehr gute Schützen den Flintenabzug bevorzugen). Den Stecher voll ersetzt haben die Direktabzüge z.B. der Blaser Waffen.

277 | Was heißt Entstechen?

Hat man ein Gewehr eingestochen und kommt nicht zum Schuss, so muss es gesichert und entstochen werden. Der durch Rückstecher oder Doppelzüngelstecher »gespannte« Abzug wird durch Entstechen wieder in seine ursprüngliche Lage gebracht.

278 | Wie wird Entstochen?

Beim Rückstecher wird der Abzug zwischen Daumen und Zeigefinger langsam zurückgeführt. Beim Doppelzüngelstecher hält der Mittelfinger den Stechabzug gedrückt und gibt ihn erst wieder frei, wenn der Zeigefinger den vorderen Abzug betätigt hat. Achtung: Vor dem Entstechen ist unbedingt zu sichern bzw. die Handspannung zurückzunehmen. Wenn möglich, wie bei Kipplaufwaffen, ist auch der Verschluss zu öffnen. Manche Waffen entstechen beim Öffnen der Waffe selbstständig.

279 | Welche Stecherarten werden unterschieden?

Rückstecher (auch Französischer Stecher – nur ein Abzugzüngel) und Deutscher Stecher (auch Doppelzüngelstecher – zwei Abzugzüngel)

280 | Wie erkennt man, ob ein Gewehr einen Stecher hat?

Beim Deutschen Stecher (nur an einläufigen Büchsen zu finden) am Vorhandensein von zwei Abzugzüngeln samt Stecherschraube, beim Rückstecher an der Stecherschraube.

281 | Was ist ein Deutscher Stecher?

Der Deutsche Stecher (sog. Doppelzüngelstecher) findet sich nur bei einläufigen Büchsen). In Neuwaffen wird er nicht mehr eingebaut.

282 | Wie funktioniert der Deutsche Stecher?

Nach Drücken und Einrasten des hinteren Züngels ist der Abzug (vorderes Züngel) »eingestochen«.

283 | Welche zusätzliche Gefahr birgt der Deutsche Stecher bei falscher Handhabung?

Drückt man aus Versehen (weil man diese Bewegung vom Rückstecher so gewohnt ist) das hintere Züngel nach vorne, so kann der Schuss brechen!

284 | Wie funktioniert der Französische Stecher?

Der Rückstecher (Französischer Stecher) wird durch Druck nach vorne eingestochen, d.h. feingestellt. V.a. konventionelle kombinierte Waffen sind damit ausgestattet.

285 | Wie wird der Widerstand des Stechers eingestellt?

Durch Verstellen der Stecherschraube (hineindrehen = feiner). Achtung: Ein zu fein eingestellter Stecher ist gefährlich weil er durch die leiseste Berührung auslöst, im Extrem sogar »von selbst«!

Feuerwaffen
Hinterladersystem für Patronenmunition

Blanke Waffen

Jagdmesser mit feststehender Klinge

Schließmesser (Klappmesser) mit Zusatzwerkzeug

Abfangmesser

Traditionswaffen (Hirschfänger, Waidblatt, Saufeder)

Langwaffen (Flinten – Büchsen – Kombinierte Waffen)

Waffen mit feststehendem Lauf

Blockverschlusswaffen

Repetierer
- Drehkammerverschluss
- Geradzugverschluss
- Unterhebelverschluss (Lever Action)
- Vorderschaftverschluss (Pump Action)
- »In-Line«-Verschluss (Krieghoff Semprio)

Selbstladewaffen (Selbstladeflinten, Selbstladebüchsen)

Kipplaufwaffen

Kipplaufflinte
- Einläufig
- Doppelläufig: Quer ①
  Bock ②

Kipplaufbüchsen
- Einläufig
- Mehrläufig:
  Doppelbüchse ③
  Bockbüchse ④
  Bergstutzen ⑤

Kombinierte Waffen
- Büchsflinte ⑥
- Bockbüchsflinte ⑦
- Drilling ⑧
- Doppelbüchsdrilling ⑨, Bockflintendrilling
- Triumpfbock oder
- Bockdrilling ⑩
- Vierling ⑪
- Büchsflintendrilling ⑫

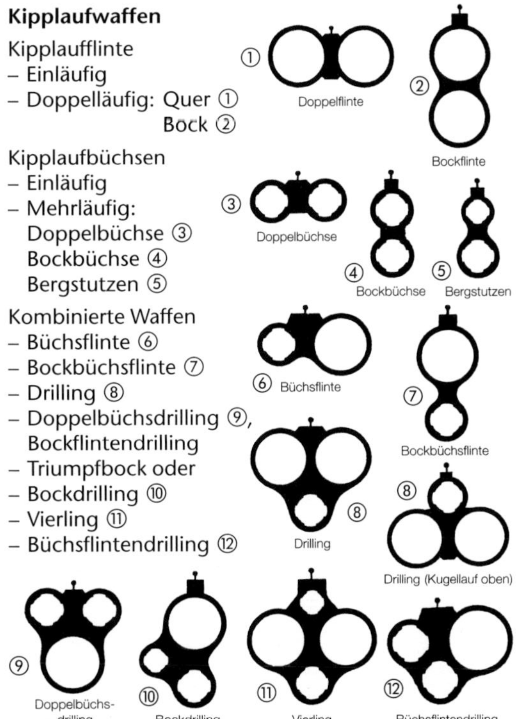

Kurzwaffen

Revolver

Pistolen

Selbstladepistole

Kipplaufpistole

Pistole mit Zylinderverschluss

Kurzwaffen

Im Unterschied zu Langwaffen (Gewehren) haben Kurzwaffen – früher sagte man »Faustfeuerwaffen« dazu – eine Gesamtlänge von weniger als 60 cm. Kurzwaffen sind keine Jagdwaffen. Ihr Hauptzweck ist die Verwendung als Polizei- und Militärwaffe, im jagdlichen Bereich dienen sie zum Fangschuss. Treffsicherheit und vor allem Wirksamkeit lassen auf größere Entfernung rasch nach. Neben den »Gebrauchswaffen« für den Jäger gibt es »Sportwaffen« zum (jagd)sportlichen Schießen. Das Waffengesetz stellt an Erwerb, Besitz und Führen von Kurzwaffen strengere Anforderungen als bei Langwaffen, jedoch wird für Jagdscheininhaber das »Bedürfnis« im Sinn des Waffengesetzes zum Erwerb und Besitz von zwei Kurzwaffen ohne besonderen Nachweis anerkannt. Das BJagdG verbietet es, mit Kurzwaffen auf Wild zu schießen (gesundes Wild zu »jagen«), ausgenommen bei der Bau- und Fallenjagd sowie bei Fangschüssen auf verletztes oder krankes Wild. Bei Fangschüssen auf Schalenwild mit der Kurzwaffe muss die Mündungsenergie des Geschosses mindestens 200 Joule betragen, bei Fangschüssen auf anderes Wild als Schalenwild ist keine Minimalleistung gefordert.

Die jagdliche Verwendung von Kurzwaffen beschränkt sich somit auf a) das Töten von Wild bei der Fallenjagd sowie b) auf das Erlegen von Wild bei der Baujagd (im Einschlag, d.h. falls der Bau aufgegraben wird und der Fuchs oder Dachs, meist mit Nahschuss in den Kopf, erlegt werden kann) sowie c) auf den Fangschuss im Verlauf einer Nachsuche, als Alternative zum Abfangen mit der »blanken Waffe« in solchen Fällen, wo der Fangschuss mit dem Gewehr unzweckmäßig oder nicht möglich ist. »Gebrauchswaffen« sind Selbstladepistolen und Revolver. Hinsichtlich Zuverlässigkeit und Praxiseignung gibt es keine Unterschiede. Selten werden einläufige, dann meist großkalibrige, leistungsfähige Kipplaufpistolen v.a. von Nachsuchenführern eingesetzt.

Oben einschüssige Kipplaufpistole, unten Pistole und Revolver.

Allgemeines

286 | Welche drei Arten von Kurzwaffen sind gebräuchlich?
Pistole mit Magazin und Selbstlademechanismus; Revolver mit Trommel zur Aufnahme mehrerer Patrone; Kipplaufpistole (einschüssig – selten).

287 | Wozu braucht der Jäger eine Kurzwaffe?
Zum Töten von Raubwild bei der Fallen- und Baujagd sowie für Fangschüsse.

288 | Worauf wird die Kurzwaffe bei der Fallen- und Baujagd eingesetzt?
Auf Raubwild, das in Kastenfallen lebend gefangen ist oder bei der Baujagd im Einschlag steckt. Oft genügen kleinkalibrige Patronen (.22 kurz, .22 l.f.B.).

289 | Welche Wahl der Kurzwaffe ist dem Jäger zu empfehlen?
Den Erwerb von zwei Kurzwaffen kann der Jäger ohne besonderen Bedürfnisnachweis beantragen. In Betracht kommen je eine kleinkalibrige Waffe für die Bau- und Fallenjagd (die gleichzeitig auch zum Übungsschießen verwendbar ist) und eine kompakte Gebrauchswaffe (z.B. Pistole 9 mm Luger oder Revolver .38 Special) für den Fangschuss auf Schalenwild. Eine schwere, großkalibrige Kurzwaffe speziell für den Fangschuss auf starkes Schalenwild kann von der Behörde bei Nachweis eines weiter gehenden Bedürfnisses (Nachsuchenführer) genehmigt werden.

290 | Wie unterscheiden sich Pistole und Revolver?
Abgesehen von den Kipplaufpistolen sind Pistolen Selbstlader. Nach dem ersten

Moderne Pistolen sind zuverlässig und für den Jäger geeignet.

Schuss erfolgen das Auswerfen der Hülse, Spannen des Schlosses und Nachladen der Patrone aus dem Magazin zwangsgesteuert (wie bei Selbstladegewehren). Revolver haben ein Trommelmagazin und müssen für jeden Schuss eigens gespannt werden (Spannen von Hand oder durch den Spannabzug).

291 | Was bedeutet der Begriff »Double Action«?
Er bedeutet (englisch) »doppelte Bewegung«; das heißt, der Hahn eines Revolvers (oder einer Pistole entsprechender Bauart) kann entweder von Hand gespannt werden oder wahlweise unmittelbar durch Betätigen des Abzugs (Spannabzug).

292 | Was bedeutet der Begriff »Single Action«?
Revolver und Pistolen ohne Spannabzug, bei denen der Hahn vor jedem (bei manchen Pistolen nur vor dem ersten) Schuss gespannt werden muss, fallen unter die Kategorie »Single Action« (einfache Bewegung).

293 | Welchen Vorteil hat der Spannabzug?
Man braucht nicht erst den Hahn zu spannen, sondern kann den Schuss sofort durch Durchziehen des Abzugs auslösen.

Bei der Selbstladepistole erfolgen weiteres Nachladen und Spannen durch den Selbstlademechanismus zwangsgesteuert; beim Revolver wird für jeden weiteren Schuss erneut der Spannabzug betätigt oder der Hahn von Hand gespannt.

294 | Welche Spannweise ist für einen genau gezielten Schuss zu empfehlen?
Das vorherige Spannen des Hahnes von Hand. Der Schuss kann dann ruhiger ausgelöst werden, ohne den Abzug mit starkem Druck durchziehen zu müssen.

295 | Kann für Pistole und Revolver die gleiche Munition verwendet werden?
Normalerweise nicht; es gibt für beide unterschiedliche Kaliber, und auch die Bauart der Patronen ist verschieden (Pistolen verschießen meistens Patronen ohne Rand, in Revolvern haben sich dagegen Randpatronen eingeführt). Allerdings eignen sich die kleinkalibrigen Randfeuerpatronen (.22 l.f.B., .22 Win. Mag.) gleichermaßen für Revolver und Pistole, zudem werden Pistolen auch für Randpatronen und Revolver auch für randlose Patronen angeboten.

296 | Wie werden randlose Patronen ausgezogen?
Randlose Patronen haben am Boden eine Ausziehrille (Randpatronen hingegen einen Rand).

297 | Welche Geschosse werden zumeist aus Kurzwaffen verschossen?
Vollmantelgeschosse und Bleigeschosse; für den Fangschuss auch Teilmantelgeschosse oder spezielle Fangschussgeschosse, teilweise mit Hohlspitze.

298 | Was ist bei der Verwendung der Kurzwaffe für Fangschüsse zu beachten?
Wo der Fangschuss mit der Langwaffe (dem Gewehr) nicht möglich oder unzweckmäßig ist, kann ein Fangschuss mit der Kurzwaffe tierschutzgerechter sein als das früher übliche »Abfangen« mit der »blanken Waffe«. Für den Fangschuss auf Schalenwild muss die Mündungsenergie (E_0) der Kurzwaffenladung mindestens 200 Joule betragen; für stärkeres Schalenwild, besonders Schwarzwild, wird jedoch eine E_0 von 400 bis 600 Joule empfohlen. Dazu eignen sich Patronen ab 9 mm Luger und .38 Special (HV), besonders wenn sie mit einem Deformationsgeschoss mit Hohlspitze verladen sind.

Revolver

299 | Welche Vor- und Nachteile hat der Revolver?
Vorteile sind übersichtliche Handhabung und die i.d.R. leistungsfähige Munition. Nachteile sind geringere Feuergeschwindigkeit, umständlicheres Nachladen (Ausstoßen der einzelnen Hülsen und Einlegen der neuen Patronen in die Trommel) sowie größere Dimension infolge der runden Trommel.

Benennungen eines Revolvers.

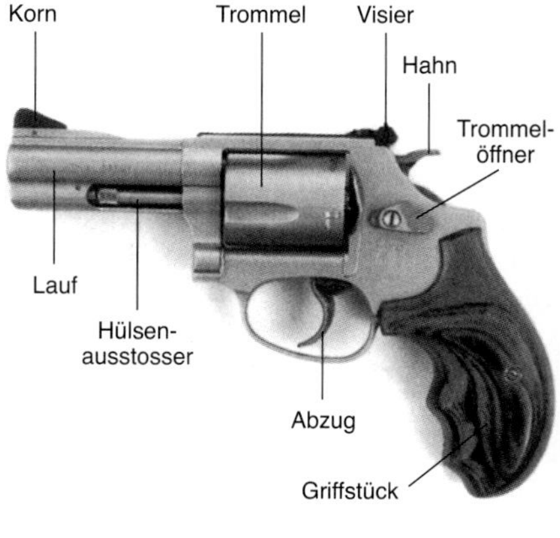

300 | Aus welchen Hauptteilen besteht ein Revolver?
Aus Rahmen mit Lauf und Griff, Spann- und Abzugsmechanismus (Hahn, Abzug) und Trommel.

301 | Wo sind beim Revolver die Patronen untergebracht?
In einer ausschwenkbaren Trommel (gleichzeitig Magazin und Patronenlager).

302 | Wie funktioniert ein Revolver?
Durch Betätigen des Spannabzuges (Double Action) oder Spannen des Hahns (Single Action) dreht sich die Trommel und bringt jeweils eine neue Patrone hinter den Lauf. Die Trommel enthält je nach Kaliber 5 bis 8 Schuss. Es gibt Revolver, bei denen sich die Trommel links herum dreht (z.B. Smith & Wesson) oder rechts herum (z.B. Colt).

303 | Was ist ein Double-Action-Revolver?
Er bedeutet (englisch) »doppelte Bewegung«; das heißt, der Hahn eines Revolvers (oder auch einer Pistole entsprechender Bauart) kann entweder von Hand gespannt werden oder wahlweise unmittelbar durch Betätigen des Abzugs (Spannabzug).

304 | Was ist ein Single-Action-Revolver?
Bei Revolvern mit »einfacher Bewegung« (Single Action, veraltet bzw. für Sportwaffen) muss der Hahn von Hand gespannt und für jeden Schuss neu gespannt werden.

305 | Wozu verwendet der Jäger einen Revolver?
Zur Bau- und Fallenjagd sowie zum Fangschuss auf krankes Wild.

306 | Wie kontrollieren Sie, ob der Lauf des Revolvers frei von Fremdkörpern ist?
Bei entladener und ausgeklappter Trommel von vorne durch die Mündung sehen.

307 | Welches sind gebräuchliche Revolverpatronen?
38 Spec.; .357 Mag.; 44 Mag.

308 | Wie wird der Revolver entspannt?
Durch Festhalten des Hahns, Durchziehen des Abzugs und Vorlassen des Hahns. Manche Modelle haben eine Sicherheitsrast in die der Hahn gebracht werden soll.

309 | Wie wird der Revolver entladen?
Zum Entladen wird der Trommelöffner betätigt und die Trommel ausgeschwenkt. Patronen oder Hülsen können mit dem Hülsenausstosser ausgeworfen werden.

310 | Haben Revolver eine Sicherung?
Nein, wie Hahngewehre sind sie entspannt, wenn der Hahn in Ruhestellung liegt.

Pistolen

311 | Welche Vor- und Nachteile haben Pistolen?
Vorteile: handliches, flaches Format, hohe Feuergeschwindigkeit, größere Patronenzahl im Magazin, schnelles Nachladen mit

Benennungen der Pistole (SIG-Sauer).

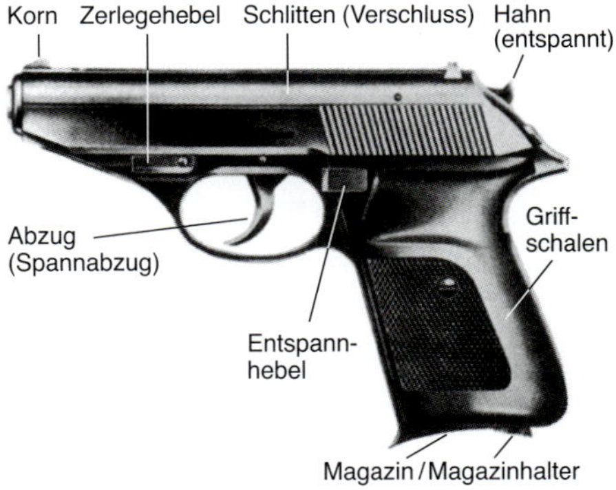

Reservemagazin. Nachteile: etwas kompliziertere Handhabung für Laien und daraus resultierende Funktionsstörungen.

312 | Aus welchen wichtigen Teilen besteht eine Selbstladepistole?
Aus dem Griffstück, dem Lauf, dem Verschlussstück (Schlitten), der Vorholfeder, die den Verschluss bewegt, dem Spann- und Abzugsmechanismus (ggf. Hahn, ggf. Sicherung, Abzug) und dem Magazin.

313 | Welche besonderen Unfallgefahren sind bei der Selbstladepistole zu beachten?
Die häufigste Unfallursache (z.B. beim Reinigen) ist, dass nach Entfernen des Magazins die Waffe für entladen gehalten wird, obwohl sich noch eine Patrone im Lauf befinden kann. Nach Herausnehmen des Magazins muss daher sofort der Schlitten zurückgezogen (Verschluss geöffnet) werden, um die ggf. noch im Lauf (Patronenlager) befindliche Patrone auszuwerfen. Umgekehrt genügt es nicht, die Patrone im Lauf auszuwerfen, wenn vorher das Magazin nicht entfernt wurde. Beim Zurückgleiten des Verschlussstücks wird nämlich die nächste Patrone aus dem Magazin in den Lauf geladen. Das ist gefährlich, weil die Pistole jetzt auch gespannt ist. Die gleiche Gefahr besteht, wenn man nach dem Schießen vergisst, die Pistole zu entspannen. Dies geschieht entweder über Vorlassen des Hahnes oder Betätigung der Sicherung bzw. Entspannwalze. Die Betriebsanleitung ist zu beachten.

Die drei Hauptteile der Pistole und ihre Funktionen.

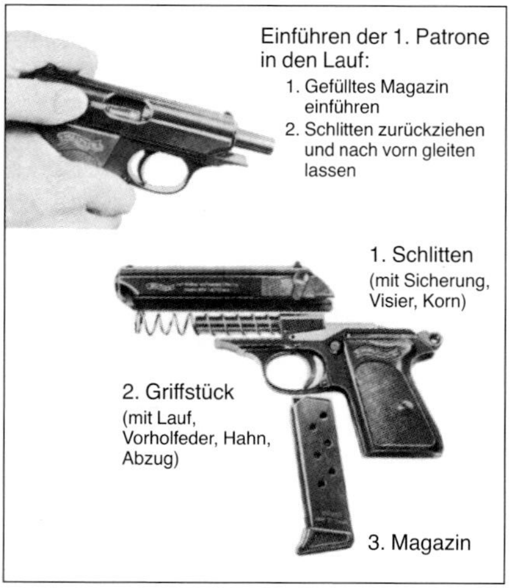

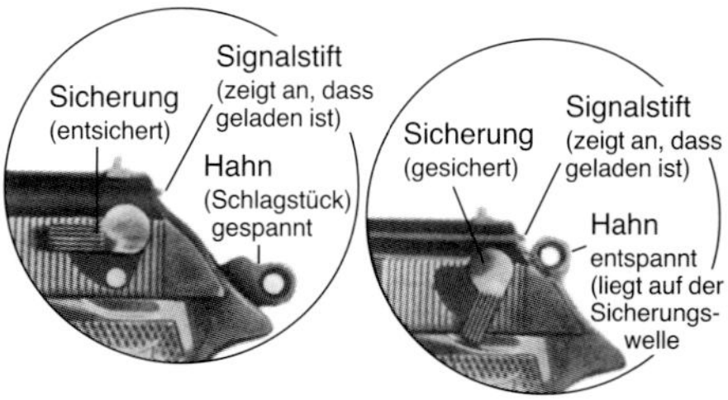

Signalstift, Sicherung, Hahn.

314 | Wie »arbeitet« eine Selbstladepistole?
Bei eingeführtem Magazin wird durch Zurückziehen und Wiedervorschnellen lassen des Schlittens eine Patrone aus dem Magazin in das Patronenlager geschoben und die Waffe gespannt. Betätigen des Abzugs zündet die Patrone, der Schlitten fährt zurück, dabei wirft der Auszieher/Ausstoßer die Hülse aus und im Vorgleiten führt der Verschluss eine neue Patrone aus dem Magazin zu.

315 | Was versteht man bei der Pistole unter »Schlitten«?
Anderer Ausdruck für Verschluss(stück)

316 | In welchem Funktionszustand befinden sich die meisten Pistolen nach Schussabgabe?
Geladen, gespannt und ungesichert

317 | Wie erkennt man, ob sich eine Patrone im Patronenlager befindet?

Bei manchen Modellen an dem aus seiner Bohrung herausragenden »Signalstift« oder an der etwas hervorstehenden Auszieherkralle.

318 | Wie wird die Pistole entladen?

1. Entnahme des Magazins, 2. Zurückziehen des Schlittens mit Auswerfen der im Lauf befindlichen Patrone (einschließlich visuelle Überprüfung »Patronenlager frei)«, 3. Vorlassen des Schlittens und 4. Entspannen ggf. 5. »schrankfertig machen«: Entladen des Magazins.

319 | Welches sind gebräuchliche Pistolenpatronen?

7,65 mm, 9 mm kurz, 9 mm Luger, .357 SIG, .40 S&W, .45 Auto.

Munition

Erst so wichtige Erfindungen Anfang bis Mitte des 19. Jahrhunderts wie die chemische Anzündung (das Zündhütchen), die Metallhülse, das Nitrozellulosepulver sowie das Mantelgeschoss machten die uns geläufige, für Gewehre und Kurzwaffen verwendete Patronenmunition möglich. Die Patrone besteht aus vier bzw. fünf Komponenten nämlich aus einer Hülse in deren Boden sich die Anzündung befindet, entweder im Rand des Hülsenbodens verteilt (Randfeuerpatronen) oder bei den Zentralfeuerpatronen in Form eines Zündhütchens (Kurz- und Büchsenpatronen) oder in Form einer mehrteiligen Zündung bei den Schrotpatronen. In der Hülse befindet sich das Treibladungsmittel (Pulver) und darüber die Geschossvorlage (Einzelgeschoss oder Schrotladung). Die Metallpatrone hat demnach vier Komponenten, bei der Schrotpatrone ist zwischen Pulverla-

Der Jäger verwendet Büchsen-, Schrot- und Kurzpatronen.

dung und Geschossvorlage ein der Gasabdichtung dienendes Zwischenmittel eingesetzt. (Es gibt auch sogenannte hülsenlose Munitionen, die sich jedoch nicht durchgesetzt haben.) Das Angebot an modernen Munitionen ist vielseitig und qualitativ besser denn je, auch was Geschosse und ihre Wirkung im Wildkörper betrifft.

Zu besonderer Sorgfalt sind diejenigen Jäger und Sportschützen verpflichtet, welche ihre Patronen selbst laden (Handlader oder Wiederlader). Die dazu nötigen Spezialkenntnisse werden aber nicht in der Jägerprüfung verlangt. Wer seine Patronen selbst laden oder wiederladen möchte, muss einen Sachkundenachweis nach dem Sprengstoffgesetz ablegen. Dieser ist nötig, um Treibladungspulver erwerben, befördern und aufbewahren zu dürfen. Die zur Herstellung von Patronen außerdem nötigen Komponenten (Bestandteile) sind im Fachhandel erhältlich (Messinghülsen, Zündhütchen, Geschosse für Metallpatronen bzw. Pappe- oder Plastikhülsen, Zündungen, Zwischenmittel und Schrote bzw. FLG für Flintenmunition), ebenso die benötigten Werkzeuge (Presse, Matrizen, Waage).

Allgemeines

320 | Was sind Randfeuerpatronen?
Die Zündmasse ist in den hohlen Rand des Patronenbodens eingegossen. Der Schlagbolzen schlägt auf den Patronenrand.

321 | Was sind Zentralfeuerpatronen?
Patronen mit einer Anzündung (Zündhütchen) im Zentrum des Patronenbodens.

322 | Wo an der Patrone wird das Kaliber bezeichnet?
Bei den Messingpatronen am Hülsenboden (z.B. 7 × 64) , bei den Schrotpatronen am Hülsenboden (z.B. 12) und an der Hülse (Längenangabe, z.B. 70 mm).

323 | Welche wichtigen Angaben finden Sie auf der Verpackung der Schrotpatronen?
Die C.I.P. Zulassung, das Kaliber, die Hülsenlänge, möglicher Weise eine Gasdruckangabe sowie den Hinweis auf verladenen Nicht-Bleischrot und die Schrotstärke.

Patronenpackungen mit ballistischen Angaben. Achtung, diese Daten sind nur Annäherungswerte und sind aus der eigenen Waffe zu überprüfen, besonders die Treffpunktlage.

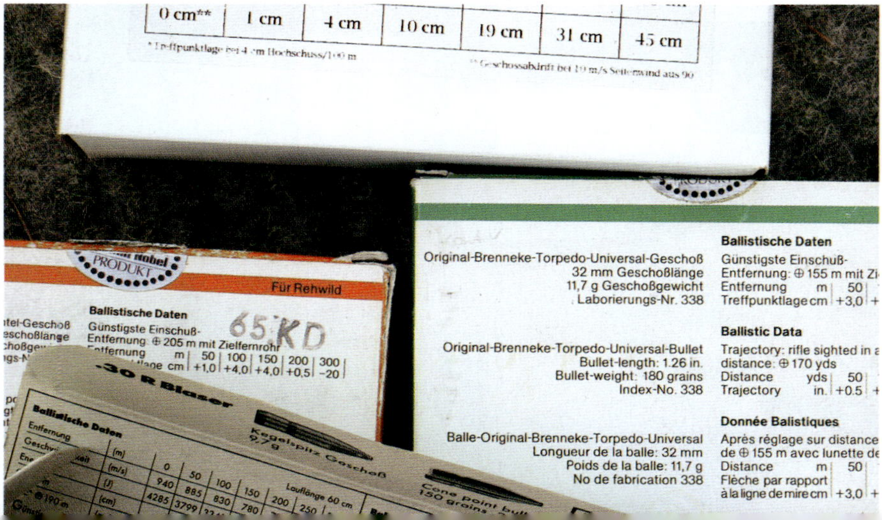

Ballistische Daten gebräuchlicher Jagdbüchsenpatronen

Kaliber	Fabrikat	Geschossgewicht g	Geschossart	Fluggeschwindigkeit in m/sec			Geschossenergie in Joule (1 Joule = 0,102 Kpm)			Treffpunktlage in cm zur Visierlinie bei ○ Fleckschuss über Visierung			Günstigste Einschießentfernung in m	Treffpunktlage in cm zur Visierlinie bei GEE-Fleckschuss durch das Zielfernrohr (GEE = Günstigste Einschießentfernung)				Gasdruck ca. bar (Cu)
				V_0	V_{100}	V_{200}	E_0	E_{100}	E_{200}	50 m	100 m	150 m		50 m	100 m	150 m	200 m	
.22 Winchester Magnum	Winchester	2,6	Teilm-Hohlsp.	615	430		491	245		+4,0	○	−16,0	100	+3,0	○	−14,0		1800
.22 Hornet*	RWS	3,0	Teilmantel	740	560	425	824	471	275	+2,5	○	−9,5	135	+3,0	+3,5	−3,0	−20,0	2800
.222 Remington	RWS	3,24	Teilmantel	970	785	625	1530	1001	638	+1,0	○	−4,0	185	+1,0	+4,0	+3,5	−2,5	3200
	Hirtenberger	3,56	Nosler	935	810	694	1574	1178	867	+1,0	○	−3,5	180	+1,0	+4,0	+3,0	−2,5	3200
5,6×50 Magnum	RWS	3,24	Teilmantel-S	1095	915	755	1942	1354	922	±0	○	−3,0	210	+0,5	+4,0	+4,0	+1,0	3300
5,6×50 R Magnum	RWS	3,24	Teilmantel-S	1070	890	740	1854	1285	883	+0,5	○	−3,0	205	+1,0	+4,0	+4,0	+0,5	3000
	Hirtenberger	3,6	Nosler	1000	860	734	1800	1331	970	+0,5	○	−3,0	195	+1,0	+4,0	+3,5	−0,5	3000
5,6×52 R Savage	Norma	4,6	Teilmantel-S	850	700	580	1667	1128	765	+0,5	○	−3,0	200	+0,5	+4,0	+4,0	0	3000
5,6×57	RWS	4,8	Kegelspitz	1040	920	805	2600	2031	1560	±0	○	−3,0	215	+0,5	+3,5	+4,0	+1,5	3800
5,6×57 R	RWS	4,8	Kegelspitz															
.243 Winchester	RWS	6,2	Kegelspitz	955	840	740	2825	2195	1700	+0,5	○	−4,0	190	+1,0	+4,0	+3,0	−1,5	3600
	Hirtenberger	6,2	Nosler	940	845	756	2739	2213	1772	+0,6	○	−4,6	190	+1,0	+4,0	+3,5	−1,5	3600
	Remington	5,2	Powerlokt	1042	909	789	2815	2139	1609	+0,5	○	−3,7	190	+0,5	+3,2	+3,3	−1,2	3600
	Sako	5,8	Teilmantel-S	955	860	775	2640	2140	1740	+0,6	○	−4,5	190	+1,0	+3,5	+3,1	−1,5	3600
6,5×57	Hirtenberger	8,1	Nosler	865	795	729	3030	2560	2152	+1,0	○	−5,0	180	+1,0	+4,0	+2,5	−3,0	3400
	RWS	8,2	Kegelspitz	870	795	715	3100	2590	2099	+1,0	○	−5,0	175	+1,5	+4,0	+2,5	−3,5	3400
6,5×57 R	Hirtenberger	6,8	Nosler	900	780	670	2754	2069	1526	+0,7	○	−5,0	175	+1,0	+4,0	+2,5	−3,5	2900
	RWS	8,2	Kegelspitz	845	770	695	2923	2433	1982	+1,0	○	−5,5	175	+1,5	+4,0	+2,5	−3,5	2900
6,5×68	Hirtenberger	6,8	Nosler	1070	950	840	3893	3069	2399	+0,5	○	−3,5	210	+0,5	+3,5	+3,5	+0,5	3800
	RWS	8,2	Kegelspitz	960	875	795	3777	3139	2590	+0,5	○	−4,0	200	+1,0	+4,0	+3,5	○	3800
.270 Winchester	Remington	8,4	Corelokt	948	861	780	3787	3129	2560	+0,5	○	−3,9	185	+0,5	+3,5	+3,0	−2,0	3600
7×57	RWS	9,0	Teilmantel-R	780	670	565	2737	2020	1432	+1,5	○	−8,0	150	+2,0	+4,0	○	−10,0	3400
	RWS	10,5	ID-Classic	800	705	635	3365	2609	2119	+1,5	○	−6,5	155	+1,5	+4,0	+0,5	−7,5	3400
7×57 R	RWS	8,0	Kegelspitz	890	780	685	3168	2434	1877	+1,0	○	−4,5	180	+1,5	+4,0	+3,0	−3,0	3000
	Hirtenberger	9,1	Nosler	820	750	684	3059	2559	2129	+1,0	○	−5,0	170	+1,5	+4,0	+2,0	−4,5	3000
	RWS	10,5	Kegelspitz	780	700	635	3198	2570	2119	+1,5	○	−7,0	155	+2,0	+4,0	+0,5	−8,0	3000
	RWS	11,2	H-Mantel K	750	675	610	3149	2551	2080	+1,5	○	−7,0	155	+2,0	+4,0	+0,5	−9,0	3000
	Hirtenberger	11,3	Nosler	735	675	618	3052	2574	2158	+1,5	○	−7,0	155	+2,0	+4,0	+0,5	−9,0	3000
	RWS	11,5	ID-Classic	750	695	645	3237	2776	2394	+1,0	○	−6,5	155	+5	+4,0	+0,5	−7,0	3000
7×64	RWS	8,0	Kegelspitz	970	855	750	3764	2924	2250	+0,5	○	−4,0	200	+1,0	+4,0	+4,0	○	3600
	Hirtenberger	9,1	Nosler	890	812	739	3604	3000	2485	+0,5	○	−5,0	185	+1,0	+4,0	+3,0	−2,0	3600
	Hirtenberger	10,0	ABC	820	720	627	3362	2592	1966	+0,6	○	−5,0	165	+1,5	+4,0	+1,5	−6,5	3600
	RWS	10,5	Kegelspitz	880	795	720	4061	3316	2717	+0,5	○	−5,0	180	+1,5	+4,0	+2,5	−2,5	3600
	RWS	10,5	ID-Classic	880	770	700	4061	3110	2570	+1,0	○	−5,5	175	+1,5	+4,0	+2,5	−3,5	3600
	RWS	11,2	Teilmantel-R	800	700	615	3581	2747	2119	+1,5	○	−7,0	155	+2,0	+4,0	+0,5	−8,0	3600
	RWS	11,2	H-Mantel K	850	765	690	4042	3277	2668	+1,0	○	−5,5	170	+1,5	+4,0	+2,0	−4,5	3600
	RWS	11,5	ID-Classic	865	795	735	4307	3630	3110	+0,5	○	−4,5	180	+1,0	+4,0	+2,5	−2,5	3600
7×65 R	Hirtenberger	9,1	Noslar	880	802	729	3524	2927	2418	+0,6	○	−4,5	180	+1,0	+4,0	+2,5	−2,5	3300
	Hirtenberger	10,0	ABC	800	700	607	3200	2450	1842	+0,7	○	−5,6	160	+1,5	+4,0	+1,0	−7,5	3300
	RWS	10,5	Kegelspitz	860	775	700	3885	3149	2570	+1,0	○	−5,5	175	+1,5	+4,0	+2,5	−3,5	3300
	RWS	10,5	ID-Classic	870	760	690	3973	3031	2502	+1,0	○	−5,0	175	+1,5	+4,0	+2,5	−3,5	3300
	RWS	11,2	H-Mantel K	830	750	675	3855	3149	2551	+1,0	○	−6,0	165	+1,5	+4,0	+1,5	−5,5	3300
	RWS	11,5	ID-Classic	835	765	705	4012	3365	2855	+0,5	○	−5,0	175	+1,0	+4,0	+2,5	−3,5	3300
7 mm Remington	Norma	9,7	Teilmantel-S	990	894	806	4756	3874	3148	+0,5	○	−4,0	185	+1,0	+3,5	+2,5	−3,0	3800
.308 Winchester	Hirtenberger	9,7	Nosler	890	800	716	3842	3104	2486	+0,9	○	−4,8	180	+1,0	+4,0	+2,5	−3,0	3600
	Winchester	9,7	Silvertip-Exp.	860	764	675	3590	2835	2217	+0,9	○	−5,1	170	+1,5	+3,9	+2,0	−4,0	3600
	RWS	11,7	UNI-Classic	780	690	615	3541	2786	2217	+3,5	○	−6,5	155	+3,0	+4,0	+0,5	−5,0	3600

Ballistische Daten gebräuchlicher Jagdbüchsenpatronen (Fortsetzung)

Kaliber	Fabrikat	Geschossgewicht g	Geschossart	Fluggeschwindigkeit in m/sec			Geschossenergie in Joule (1 Joule = 0,102 Kpm)			Treffpunktlage in cm zur Visierlinie bei O Fleckschuss über Visierung			Günstigste Einschießentfernung in m	Treffpunktlage in cm zur Visierlinie bei GEE-Fleckschuss durch das Zielfernrohr (GEE = Günstigste Einschießentfernung)				Gasdruck ca. bar (Cu)
				V_0	V_{100}	V_{200}	E_0	E_{100}	E_{200}	50m	100m	150m		50m	100m	150m	200m	
.30/06 Springfield	Winchester	7,1	Teilmantel-S	1030	852	695	3787	2590	1727	+0,4	O	–3,8	185	+0,8	+3,3	+2,4	–3,0	3400
	Remington	9,7	Corelokt	887	789	699	3826	3031	2374	+0,8	O	–4,7	175	+1,5	+4,0	+2,5	–3,0	3400
	Hirtenberger	11,6	Nosler	810	745	683	3895	3219	2706	+1,0	O	–5,0	170	+1,5	+4,0	+2,0	–5,0	3400
	RWS	11,7	UNI-Classic	840	745	665	4130	3267	2590	+1,0	O	–5.5	165	+1,5	+4,0	+2,0	–5,0	3400
.300 Win. Mag.	Norma	13	Vulkan	880	788	702	5034	4036	3303	+1,2	O	–4,5	175	+1,5	+4,0	+3,0	–4,0	3700
8×57 IR	RWS	12,7	Teilmantel-R	710	607	517	3198	2335	1697	+1,9	O	–8,5	140	+2,0	+3,8	–2,0	–15,0	2800
8×57 IS	Hirtenberger	8,0	Tlm.-Hohlsp.	855	720	598	2924	2074	1430	+0,5	O	–5,5	165	+1,5	+4,0	+1,5	–6,5	3400
	RWS	12,1	H-Mantel K	820	730	650	4071	3227	2560	+1,0	O	–6,0	160	+1,5	+4,0	+1,0	–6,5	3400
	RWS	12,8	ID-Classic	800	700	625	4101	3139	2502	0,0	O	–6,5	160	+1,5	+4,0	+1,0	–7,0	3400
8×57 IRS	RWS	12,7	Teilmantel-R	730	625	540	3384	2482	1854	+2,0	O	–9,0	140	+2,5	+4,0	–1,5	–4,0	2900
8×68 S	RWS	12,1	H-Mantel K	970	870	775	5690	4581	3630	+0,5	O	–4,0	195	+1,0	+4,0	+3,5	–0,5	3800
	Hirtenberger	13,0	ABC	875	775	680	4977	3904	3006	+0,5	O	–5,5	175	+1,0	+4,0	+2,0	–4,0	3800
	RWS	14,5	Kegelspitz	870	780	695	5484	4415	3502	+1,0	O	–5,5	175	+1,5	+4,0	+2,5	–3,5	3800
.338 Winch. Mag.	Winchester	14,6	Teilmantel-R	860	796	735	5250	4485	3821	+1,3	O	–5,5	170	+1,5	+4,0	+1,5	–4,5	3700
9,3×62	RWS	18,5	Teilmantel-R	695	605	530	4464	3384	2600	+2,0	O	–9,5	135	+2,5	+3,5	–2,5	–16,0	3400
	RWS	19,0	UNI-Classic	740	675	625	5199	4326	3708	+1,5	O	–7,0	155	+2,0	+4,0	+0,5	–8,5	3400
9,3×64	RWS	18,5	Teilmantel-R	820	695	605	6220	4464	3384	+1,5	O	–6,5	160	+1,5	+4,0	+1,5	–7,5	3800
9,3×72 R	RWS	12,5	Kupfer Teilm.	615	475	380	2364	1413	983	+3,5	O	–14,0	115	+3,0	+2,5	–8,5	–34,0	1800
9,3×74 R	RWS	16,7	H-Mantel K	750	675	605	4699	3806	3061	+1,5	O	–7,5	150	+2,0	+4,0	O	–9,5	3000
.375 H & H Magnum	Winchester	17,5	Teilmantel-R	820	730	646	5886	4670	3649	+1,0	O	–5,7	150	+2,0	+3,8	O	–9,0	3700
	Winchester	19,4	Silvertip-Exp.	771	684	603	5778	4552	3532	+1,2	O	–6,5	140	+2,0	+4,0	–1,0	–12,0	3700
.404 Rimless (10.75×73)	RWS	26,0	Vollmantel-R	705	600	535	6461	4680	3721	+2,0	O	–9,0	140	+2,5	+4,0	–1,0	–25,0	3200

324 Was ist eine »Pufferpatrone«?

Manche Kipplaufwaffen mit automatischer Sicherung und/oder Einabzug können nicht über den Abzug entspannt und müssen abgeschlagen werden. Zur Schlagbolzenschonung verwenden besonders umsichtige Jäger Pufferpatronen aus Metall oder Plastik. Anstelle des Zündhütchen haben sie einen elastischen, die Energie des Schlagbolzens auffangenden Einsatz aus Kunststoff. Zur Vermeidung von Verwechslungen sollten Pufferpatronen keinesfalls wie eine Patrone aussehen und man sollte auch keine Hülsen als P. verwenden. Außer für Waffen mit Blattfedern sind P. nicht unbedingt erforderlich, man kann die Schlosse auch »ohne« abschlagen.

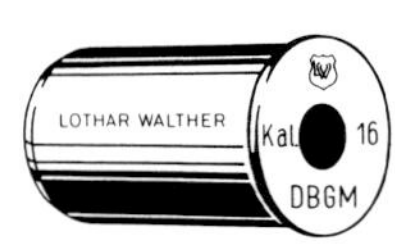

Pufferpatrone.

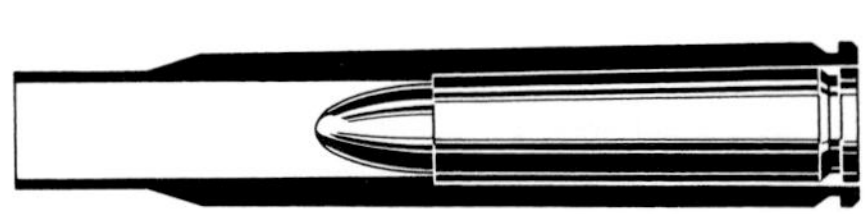

Reduzierhülse (Adapter) zur behelfsmäßigen Verwendung von schwächeren, kürzeren Patronen aus Läufen gleichen Kalibers (z.B. .30 Carbine aus .30-06).

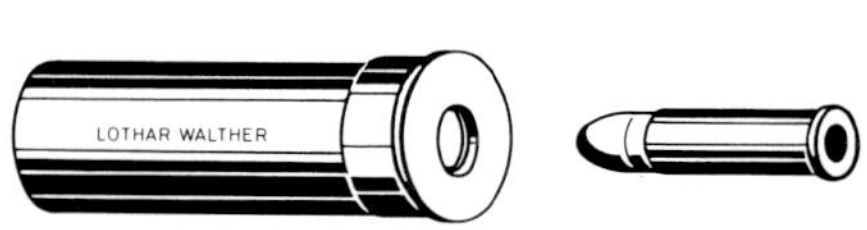

Fangschussgeber für Raubwild Kal. .38 Special für Schrotlauf Kal. 16.

325 | Was ist eine Reduzierhülse?
Reduzierhülsen (Adapter) dienen zur behelfsmäßigen Verwendung von schwächeren, kürzeren Patronen aus Läufen gleichen Kalibers (z.B. .30 Carbine aus .30-06 oder .32 H&R aus 8 × 57).

326 | Was ist ein Fangschussgeber?
Eine Reduzierhülse, mit der eine speziell für den Fangschuss geeignete Patrone aus der Lang- oder Kurzwaffe verschossen werden kann.

Schrotpatronen

327 | Welche Kaliber gibt es bei Schrotpatronen?
Üblich sind die Kaliber 12, 16 und 20, seltener 10, 24, 28, 32 und 36/.410.

328 | Was besagt die Kaliberbezeichnung 12?
Formt man aus einem englischen Pfund Blei (453,6 g) 12 gleichgroße Kugeln, so entspricht der Durchmesser jeder dieser Kugeln dem Innendurchmesser des Schrotlaufs im Kaliber 12. Demnach ist das Kaliber 12 dicker als das Kaliber 16.

329 | Welche Durchmesser haben die Flintenkaliber?
Der Durchmesser im Kaliber 12 beträgt tatsächlich 18,2 mm, im Kaliber 16 16,8 mm und im Kaliber 20 15,7 mm. Je kleiner die Kaliberzahl, desto größer der Laufdurchmesser. Das Kaliber ist auf dem Hülsenboden eingeprägt.

330 | Wie wird die Hülsenlänge gemessen?
Das Maß der Hülsenlänge bezieht sich auf die Hülse, nicht auf das (kürzere) Längenmaß der gebördelten oder sterngefalteten Patrone.

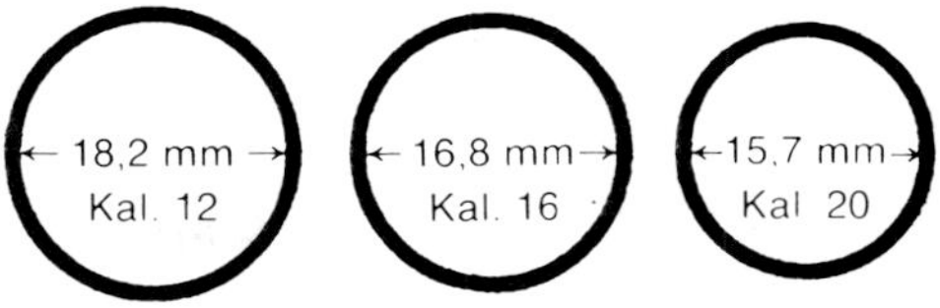

Die drei gebräuchlichsten Flintenkaliber in mm.

331 | Welche Hülsenlängen sind gebräuchlich?
Am gebräuchlichsten ist die Hülsenlänge 70 mm. Selten wird die früher übliche Länge von 65 mm verwendet; häufiger die Zwischengröße 67,5 mm. Von den langen »Magnum«-Schrotpatronen hat sich die mit 76 mm Hülsenlänge durchgesetzt.

332 | Dürfen 70 mm Hülsen auch aus Gewehren mit 65 mm Patronenlager verschossen werden?
Nein, denn im kürzeren Patronenlager ist nicht genügend Platz zum vollen Entfalten des Hülsenmundes, es kann zu Laufaufbauchungen oder Laufsprengungen kommen.

333 | Welche Patronenlager sind für 67,5 mm Hülsenlänge geeignet?
Patronen mit 67,5 mm Hülsenlänge können sowohl aus Flinten mit 65 mm langem, als auch mit 70 mm langem Patronenlager verschossen werden.

334 | Wie sind Schrotpatronen mit 70 mm Hülsenlänge gekennzeichnet?
Durch einen Längsstreifen und den Aufdruck 70 mm. Das gilt aber nicht für (alle) ausländischen Fabrikate, weswegen im Zweifel die Angaben auf der Patronenpackung zu beachten sind.

335 | Woraus besteht die Hülse einer Schrotpatrone?
Aus Pappe oder Kunststoff, mit einer Bodenkappe meist aus Metall mit einge-

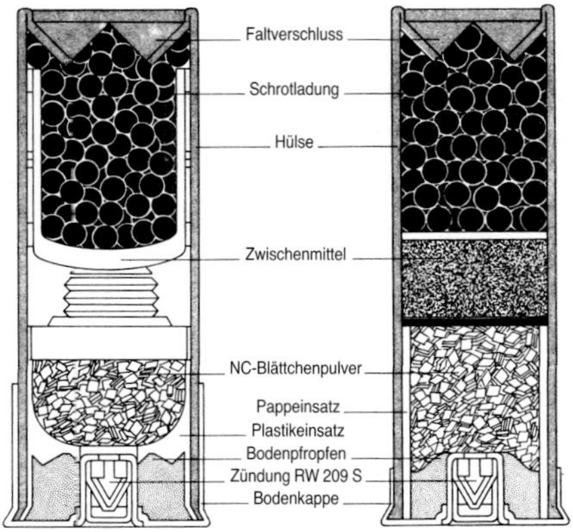

Schnitt durch eine Schrotpatrone mit verschiedenen Zwischenmitteln: links Plastikbecher, rechts Filzpfropfen.

setzter Zündung. Plastikhülsen haben den Vorteil, unempfindlicher gegen Feuchte zu sein, verrotten aber schlechter.

336 | Welche Hülsenverschlüsse werden unterschieden?

Verschlossen sind Schrotpatronen entweder durch den Stern- oder den Faltverschluss oder (heute seltener) mit Abdeckplättchen aus Pappe oder Kunststoff. Durch die Faltung wird der Innenraum der Patrone geringfügig verkleinert, was aber durch Verkürzung des Zwischenmittels ausgeglichen ist.

337 | Welche Treibladungsmittel werden bei Schrotpatronen verwendet?

Schrotpatronen werden mit vergleichsweise offensivem (schnell verbrennendem) Pulver geladen.

338 | Wie hoch ist der Gasdruck einer Schrotpatrone?

Der Gasdruck bei Schrotpatronen liegt je nach Kaliber und Hülsenlänge zwischen 740 und 1050 bar (gemessen mit mech.-elektr. Wandler).

339 | Was versteht man unter Zwischenmittel?

Das die Schrote von der Pulverladung trennende Zwischenmittel sind Pfropfen aus Filz oder Plastik, heute oft Schrotbehälter (Schrotbecher), die beim Schuss die Aufgabe haben, die sich bei der Verbrennung des Pulvers entwickelnden Gase gegen die Schrotladung hin abzudichten. Auch das in Streupatronen enthaltene Streukreuz zählt zu den Zwischenmitteln.

340 | Aus was bestehen die Schrote?

Überwiegend aus Hartblei- oder Weicheisenkugeln, deren Durchmesser in Millimeter angegeben wird und deren Menge sich nach dem Kaliber und der jeweiligen Schrotgröße richtet (siehe Tabelle in Frage 344).

341 | Wo dürfen keine Bleischrote verwendet werden?

An Gewässern, weil (noch nicht abschließend geklärt) die Gefahr besteht, dass gründelndes Wasserwild möglicherweise toxisch wirkendes Blei aufnimmt.

342 | Wie erkennt man die Schrotgröße auf der Patrone?

Auf allen Schrotpatronen ist entweder auf der Hülse oder dem Abdeckplättchen die Schrotgröße bzw. eine dafür geltende Nummer angegeben.

343 | Sind die Angaben international einheitlich?

Nein, die »Schrotnummern« sind in einzelnen Ländern verschieden, so dass eine verwirrende Vielfalt von Bezeichnungen vorhanden ist. Klar ist in jedem Fall die Angabe des Schrotdurchmessers in Millimeter.

344 | Wie viele Schrote enthält eine Patrone?

Anzahl der Bleischrote in der Patrone
Beispiel:

Kaliber	Schrotladung g	Schrotgröße in mm 2,5	3	3,5	4
12/70	35	390	225	140	95
16/70	31	335	195	120	80
20/70	26	290	170	105	70

Es handelt sich dabei um Durchschnittswerte. Das Gewicht der Schrotladung kann bei gleichem Kaliber unterschiedlich sein und damit auch die Zahl der Schrote.
2 mm Schrote nimmt man für das Skeetschießen, außerdem für schwaches Wild auf kurze Distanz auf Jagden mit eingeschränktem Sicherheitsbereich.
Die Tabelle gilt nur für Bleischrot und ähnlich schwere Schrote. Wegen ihrer geringeren Dichte müssen Weicheisenschrote (»Stahlschrote«) 2 bis 3 Stufen (0,5 bis 0,75 mm) »dicker« sein.

345 | Welche Schrotstärken werden bei der Jagd verwendet?

Jeder Jäger muss wissen, welche Schrotgröße er für die verschiedenen Wildarten benötigt. Die wichtigsten Bleischrotgrößen sind:
2 $^1/_2$ mm für Tauben, Rebhühner, Schnepfen, (Kaninchen);
2,7 mm gilt als universal von Taube bis Fuchs auf nicht zu große Entfernung;
3 mm für Kaninchen, Enten, Fasane, Hasen;
3 $^1/_2$ mm für weite Hasen und Füchse nur bei schwerer Ladung und engem Choke;
4 mm nur ausnahmsweise mit schwerer Ladung / engem Choke auf Ansitzfuchs.
Auf Gesellschaftsjagden sollten aus Sicherheitsgründen keine stärkeren Schrote als 3 mm verwendet werden.

346 | Welche Geschwindigkeit erreichen Schrote und wo wird diese gemessen?

Als Faustzahl für die V_0 (V= Velocitas / Geschwindigkeit) von Schroten gilt 400 m/s. Sie wird einige Meter (2,5 m bis 12,5 m) nach Verlassen des Laufes gemessen. Die V_5 beträgt je nach Schrotstärke 350 bis 370 m/s, die $V_{12,5}$ fällt bereits auf 260 bis 330 m/s. Bei der für den Schrotschuss etwa maximalen Distanz von 35 m (V_{35}) verringert sich die Fluggeschwindigkeit durchschnittlich auf 190 bis 240 m/s.

347 | Was versteht man unter »Streupatronen«?

Das sind Schrotpatronen, die schon auf kurze Entfernung eine gute Deckung bei großer Streuung ergeben, weil in die Schrotladung ein zusätzliches Zwischenmittel eingesetzt ist, meist ein Streukreuz, welches die Schrotgarbe gleichmäßig streut.

links: Hülsen von 67,5–89 mm
rechts: maßgeblich ist die Länge der abgefeuerten Hülse.

348 | Wozu werden Streupatronen verwendet?
Für Schüsse auf kurze Entfernung, z.B. bei der Kaninchenjagd um das Wild nicht zu zerschießen. Streupatronen haben besondere Vorteile in eng gebohrten Läufen.

349 | In welchem Bereich gefährdet ein Schrotschuss Menschen?
Bis 400 m können Menschen (z.B. das Auge) durch den Schrotschuss gefährdet werden. Faustregel: Schrotgröße in mm mal 100 in Metern, z.B. Schrotgröße 3 mm × 100 = 300 m Gefahrenbereich.

350 | Bei welchen Abgangswinkeln wird die höchste Reichweite mit Schroten erzielt?
Die größte Flugweite haben Schrote bei Abgangswinkeln von 20 bis 30 Grad.

351 | Wovon hängt die Wirkung eines Schrotschusses ab?
Vom der Ladung d.h. der Anzahl der Schrote (also nur indirekt vom Kaliber), der Schrotgröße und der Schussentfernung. Man erwartet von einer guten Schrotpatrone eine gleichmäßige »Deckung«, d.h. es müssen auf 35 m mindestens 60 bis 75 % der Schrote auf einer Scheibe von 75 cm Durchmesser gleichmäßig verteilt sein.

352 | Warum ist die gleichmäßige Deckung wichtig?
Weil die Schrotschusswirkung nicht nur auf Verletzungen durch einzelne Schrote beruht als vielmehr auf der Schockwirkung durch gleichzeitiges Auftreffen vieler Schrote ausreichender Auftreffwucht. Das wildstärkenangepasste Verhältnis »Deckung und Auftreffwucht« ist wichtig. Die Deckung steigt mit Abnahme des Durchmessers; bei gröberem Schrot ist die Auftreffwucht des Einzelkorns größer.

353 | Welche Schrotpatronenverschlüsse gibt es?
Den Falt- oder Sternverschluss sowie den Bördelverschluss mit Verschlussdeckel.

354 | Welche Pulverart wird in Schrotpatronen verwendet?
Im Vergleich zu Büchsenpatronen relativ schnellabbrennendes (offensives) Pulver.

355 | Welche Bleischrotgrößen sind für Jagdschrotpatronen gebräuchlich?
2,5 mm, 2,7 mm, 3 mm, 3,2 mm. Selten benötigt wird 2,0, 3,5 und 4 mm.

356 | Aus welchem Material werden Schrote in der Regel hergestellt?
Aus Hartblei, auch aus Weicheisen (»WE-«, »Stahlschrote«) sowie seltener aus Zink, Wismut usw.

357 | Wie sind Schrotpatronen äußerlich gekennzeichnet?
Auf dem Hülsenboden ist die Kaliberbezeichnung eingeprägt. Die Schrotgröße ist seitlich auf der Hülse (bei Bördelverschluss auf dem Verschlussdeckel) aufgedruckt.

358 | Wie wird die Schrotgröße angegeben?
In mm z.B. Schrotkorn-Durchmesser 2,5 mm, 3 mm, 3,5 mm, seltener mit Codenummern, z.B. Nr. 6 = 2,7 mm, Nr. 5 = 3,0 mm.

359 | Welche Bleischrotgrößen werden für sportliches Schießen verwendet?
2 mm, 2,2 mm und 2,4 mm.

360 | Welche Bleischrotgröße haben Streupatronen?
2,7 mm für Jagdzwecke und 2 mm für den Wurfscheibensport, wenn aus eng gebohrten Läufen eine größere Streuung erzielt werden soll.

361 | Welcher Fehler bei der Auswahl der Schrotstärke für ein bestimmtes Wild wird oft gemacht?
Es wird mit zu grobem Schrot geschossen. Je geringer der Durchmesser des einzelnen Schrotkornes, umso mehr Schrotkörner befinden sich in einer Patrone. Beim Schrotschuss kommt es aber nicht darauf an, dass einige wenige Schrotkörner ihr Ziel erreichen, sondern dass der Schuss das Ziel »deckt« (Schockwirkung), d.h. dass eine Vielzahl von Schrotkörnern ihr Ziel erreicht. Deshalb lässt sich die wirksame Schussentfernung nicht beliebig durch gröbere Schrote oder Erhöhung des Ladegewichts steigern. Sicherer ist, mit schwächeren Schroten auf kurze Entfernung zu schießen.

362 | Was versteht man unter Deckung?
Der Erfolg eines Schrotschusses hängt im Wesentlichen von der guten Deckung der Schrotgarbe ab. Unter Deckung versteht man die gleichmäßige Verteilung und die Anzahl der Schrotkugeln, die bei einem Schuss auf 35 m Entfernung (Streupatrone 25 m) eine Scheibe mit 75 cm Durchmesser erreichen. Man spricht von einer sehr guten Deckung, wenn 60 bis 75 % der Schrote die Scheibe treffen und die Verteilung gleichmäßig ist.

363 | Warum muss man sich mit seiner Flinte »einschießen«?
Um zu wissen wie und wohin die Läufe mit welcher Munition schießen (große Scheibe verwenden). Die Schrotgarbe sitzt umso höher, je mehr Laufschiene man beim Zielen sieht.

364 | Was sind Postenschrote (»Roller«)?
Weichbleischrote von 4,5 bis 8,6 mm Durchmesser. Sind wegen schlechterer Deckung auf größere als kürzeste Distanz keine Verbesserung im Vergleich zu kleineren Schroten. Der Schuss auf Schalenwild ist damit verboten.

365 | Wie baut sich eine Schrotpatrone auf?
Sie besteht aus der Hülse mit eingesetzter Zündung, der Pulverladung, dem Zwischenmittel und der Schrotladung. Der Hülsenmund ist mit einem Bördel- oder Sternverschluss verschlossen

366 | Welchen Durchmesser haben Schrote der früheren deutschen Nummer 5?
3 mm

367 | Kann eine Schrotpatrone mit 65 mm Hülsenlänge aus einem 70 mm langen Patronenlager verschossen werden?
Ja

Schussbild einer Streupatrone auf 25 m Schussentfernung.

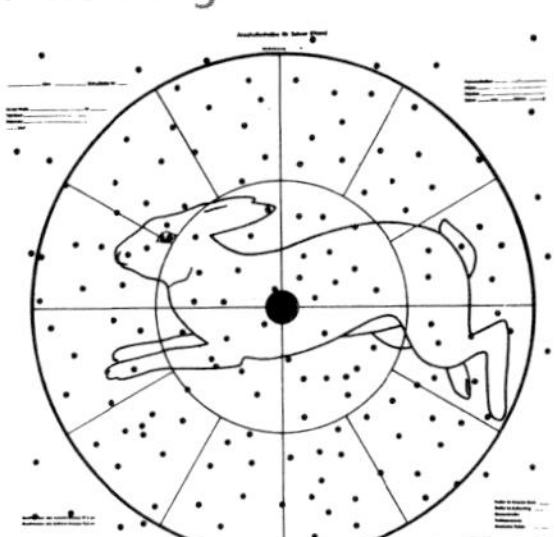

Schussbild einer Normalpatrone auf 25 m Schussentfernung: Das Wild ist zerschossen.

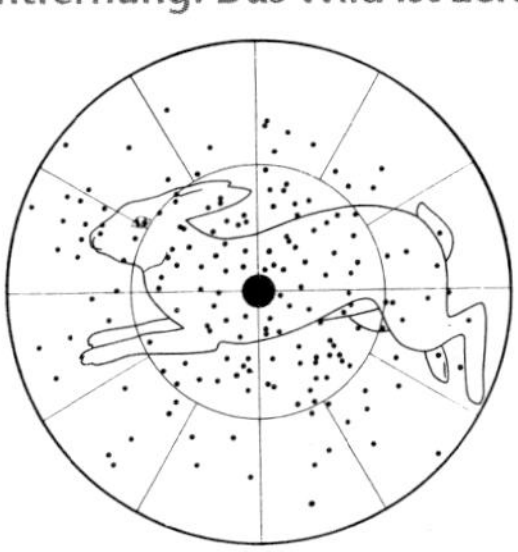

368 | Kann eine Schrotpatrone mit 67,5 mm langer Hülse aus einem 65 mm langen Lager verschossen werden?
Ja

369 | Was versteht man unter »Vorlage«?
Das ist die Schrotladung einer Schrotpatrone.

370 | Ihre Flinte ist eng gebohrt, wie können sie bei der Kaninchenjagd den Streukreis erweitern?
Durch Verwendung einer Streupatrone

371 | Welche Schrotstärke verwenden Sie bei der Jagd auf Schnepfen und Kaninchen?
2,5 mm für Schnepfen sowie 2,7 oder 3 mm auf Kaninchen, eine Universalgröße ist 2,7 mm

372 | Welche Entfernung sollte beim Schrotschuss auf Wild nicht überschritten werden?
Die Höchstgrenze für den wirksamen Schrotschuss liegt bei 35 bis höchstens 40 m. Darüber hinaus wird das bloße Krankschießen des Wildes wahrscheinlicher als ein zufällig tödlicher Treffer.

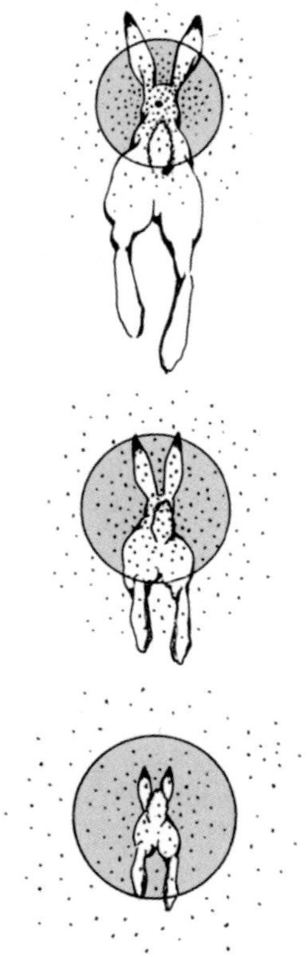

Auf die richtige Schussentfernung kommt es an. (Ein Schuss auf den untersten Hasen von hinten ist zu vermeiden.)

Flintenlaufgeschoss-Patronen

Anstelle der Schrotladung kann aus einer Schrotpatronenhülse auch ein Flintenlaufgeschoss (FLG) verfeuert werden. Ein FLG ist ein Einzelgeschoss, das aus dem glatten, heute auch (ganz oder teilweise) gezogenen Flintenlauf verschossen wird. Eine bekannte Konstruktion ist das Brenneke FLG. Es besteht aus einem zylindrischen Bleikopf mit Spitze, 12 schräggestellten Führungsrippen und ist fest mit dem Plastik-Zwischenmittel verbunden. Die Stabilisierung beruht auf dem Pfeil-/Bolzenprinzip, eine Drallstabilisierung findet nicht statt. Die Führungsrippen erlauben das Verschießen der Brenneke auch aus engen Chokebohrungen, denn der Druck, den die stauchbaren Führungsrippen des FLG auf die Laufwandung ausüben, ist nicht größer als der von Hartbleischroten einer normalen Schrotladung. Die Treffsicherheit der FLG ist in der Regel auf Schrotschussentfernung begrenzt, wobei aber manche Ladungen/Läufe bis 100 m tauglich sind. Einschießen zur Feststellung der Schussleistung und der Treffpunktlage ist unbedingt erforderlich. Die Verwendung des FLG auf Schalenwild ist erlaubt, ohne dass wie bei Büchsenpatronen die Sachlichen Gebote des BJagdG hinsichtlich der Mindestenergie auf 100 m (E_{100}) beachtet werden müssen. Die Abprallneigung der nicht drallstabilisierten FLG ist naturgemäß größer als die der drallstabilisierten Büchsenpatronengeschosse, was zu verstärkter Vorsicht hinsichtlich des Hintergeländes zwingt (Geschossfang!).

Schnitt durch eine Patrone mit Flintenlaufgeschoss.

373 | Was ist ein Flintenlaufgeschoss (FLG)?
Ein Einzelgeschoss aus Blei (Kupfer, Messing), das an Stelle der Schrote aus einer Schrotpatrone verfeuert wird.

374 | Wie hoch ist die Mündungsgeschwindigkeit (V_0) von FLG?
Die V_0 beträgt (je nach Ladung) etwa 410 bis 470 m/s; unterkalibrige, leichtere Triebspiegelgeschosse fliegen viel schneller.

375 | Welche Energie wird erreicht?
Die Auftreffwucht liegt je nach Ladung bei 25 m (E_{25}) um 1500–2000 Joule, bei 50 m (E_{50}) um 1000–1500 Joule. Für den Schuss auf Schalenwild mit FLG ist keine Mindestenergie gefordert. Die noch leistungsstärkeren »Magnum«-FLG dürfen nur aus so beschossenen Waffen benützt werden.

376 | Wozu dienen Flintenlaufgeschosse?
Zum Schuss auf Schalenwild (meist Schwarzwild) bei Drück- und Treibjagden (sowie zu Fangschüssen mit der Flinte auf Schalenwild).

377 | Auf welche Entfernung kann man einen treffsicheren Schuss abgeben?
Die Schussentfernung mit dem Flintenlaufgeschoss entspricht der üblichen Schrotschussentfernung. Z.B. Zielfernrohrwaffen mit freiliegenden Schrotläufen erlauben den treffsicheren Schuss mit FLG auch auf weit größere Entfernung. Besonderes Einschießen ist unbedingt erforderlich, da nicht jeder Flintenlauf das Geschoss gleich gut ins Ziel bringt.

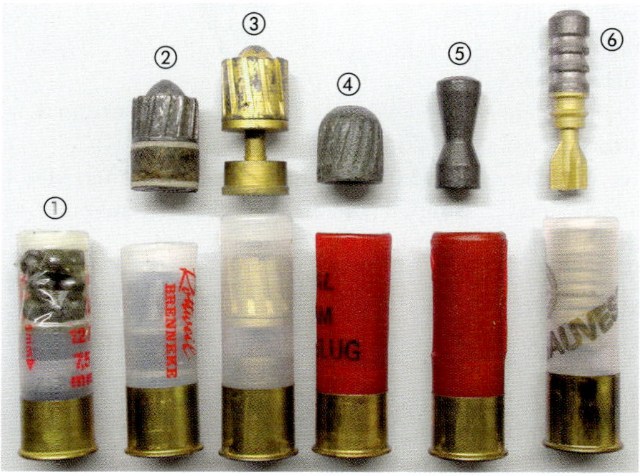

① Posten.

② Brenneke FLG mit Filzpfropfen.

③ Brenneke FLG mit Kunststoffpfropfen.

④ »Fingerhut« FLG.

⑤ unterkalibriges »Sabot« FLG.

⑥ unterkalibriges »Sabot« FLG mit Kunststoff-Leitwerk.

378 | Dürfen FLG aus Blei auch aus Vollchokeläufen verschossen werden?
Ja, sie sind aus jedem Schrotlauf, auch mit Würgebohrung, zu verschießen (nicht jedoch das aus Messing hergestellte Brenneke Super Sabot).

379 | Woran erkennt man Schrotpatronen mit Original Brenneke Flintenlaufgeschoss von außen?
Original Brenneke Patronen werden meist mit Hülsen aus durchsichtigem Plastik gefertigt, die das Geschoss von außen erkennen lassen.

380 | Wozu dienen die schrägen Rippen am Brenneke Flintenlaufgeschoss?
Sie ermöglichen dessen Durchgang durch die Würgebohrung, wobei die Bleirippen zusammengepresst werden.
Sie geben dem Geschoss keine stabilisierende Rotation.

381 | Wie weit kann ein Flintenlaufgeschoss das Hintergelände gefährden?
1200 m bei einem Abgangswinkel von ca. 30 Grad (viermal so weit wie beim Schrotschuss). FLG prallen leicht von Hindernissen ab.

382 | Welches Gewicht haben Flintenlaufgeschosse?
Je nach Kaliber etwa (19) 24 bis 39 Gramm.

383 | Welche V_0 haben unterkalibrige Treibkäfig-FLG?
Die V_0 liegt bei ca. 580 bis ca. 600 m/s und verringert sich bei V_{50} auf ca. 520 bis ca. 550 m/s.

384 | Wie hoch ist die Auftreffenergie unterkalibriger Treibkäfig-FLG?
Bei 50 m kann die Auftreffenergie bis 3000 Joule betragen.

385 | Ist der Schuss mit dem Flintenlaufgeschoss auf sämtliches Schalenwild erlaubt?
Ja, denn an FLG werden keine ballistischen Bedingungen für den Schuss auf Schalenwild gestellt.

386 | Was verleiht dem Flintenlaufgeschoss seine Richtungsstabilität?
Der vorne liegende Schwerpunkt (Pfeil- bzw. Bolzenstabilisierung)

Büchsenpatronen

?

Wir unterscheiden grundsätzlich nach:

Schonzeitpatronen, die nicht für Schalenwild zugelassen sind (das sind die Randfeuerpatronen Kaliber .22 sowie die Zentralfeuerpatrone .22 Hornet);

Rehwildpatronen, die für übriges Schalenwild nicht zugelassen sind (Kaliber unter 6,5 mm z.B. .222 Rem., 5,6 × 50(R), 5,6 × 52 R, 5,6 × 57(R), 6 × 70 R, .243 Win., sowie alte Patronen mit einer E_{100} unter 2000 Joule wie die 9,3 × 72 R;

Universal-Schalenwildpatronen für Rehwild und mittelstarkes Hochwild (das sind die gebräuchlichsten Patronen wie 6,5 × 57, 6,5 × 65, 7 × 57, 7 × 64, .270 Win., .308 Win, .30-06, 8 × 57 JS und deren Versionen mit Rand, für die eine große Zahl von Laborierungen verfügbar ist);

Hochwildpatronen für starkes Hochwild (8 × 68 S, 9,3 × 62, 9,3 × 64, 9,3 × 74 R und entsprechende);

Gamspatronen (besonders »rasante« Patronen für Weitschüsse wie die entsprechenden Ladungen der 6,5 × 57, 6,5 × 65, 6,5 × 68 und .270 Win.). Die in den anderen Alpenländern beliebten Gamspatronen kleinerer Kaliber wie .243 Win. oder 5,6 × 57 sind in D auf Hochwild nicht zugelassen.

Nach der Wirkung werden Zerlegungs-, Teilzerlegungs- und Deformationsgeschosse sowie Voll- bzw. Vollmantelgeschosse unterschieden. Teilzerlegungsgeschosse sind so konstruiert, dass der vordere Teil zerlegt (Splitterwirkung), während der massivere hintere Teil Tiefen- und Durchschlagswirkung mit Ausschuss ergeben soll. Nach diesem Prinzip wirken z.B. das Brenneke TIG, das RUAG Ammotec ID-Classic und das H-Mantelgeschoss. Deformationsgeschosse zerlegen kaum sondern »pilzen auf«, das heißt sie vergrößern – angepasst an den jeweiligen Zielwiderstand – durch Aufstauchen ihren Querschnitt. Eine solche Konstruktion ist z.B. das Swift A-Frame, aber auch die deformierenden Kupfervoll-Geschosse wie das Barnes-»TSX« oder das Reichenberg HDB. Voll- und Vollmantelgeschosse (Solids) sollen nicht zerlegen und dienen in kleinkalibrigen Patronen entweder dem Schuss auf Pelzträger oder für Dickhäuter (Großkaliber).

387 | Welche Bedingungen stellt der Gesetzgeber für Büchsenpatronen beim Schuss auf Schalenwild?

Für Rehwild ist eine Auftreffenergie auf 100 m (E_{100}) von mindestens 1000 Joule vorgeschrieben.

Auf alles übrige Schalenwild darf mit Büchsenpatronen unter einem Kaliber von 6,5 mm nicht geschossen werden. Zudem müssen im Kaliber 6,5 mm und darüber die Büchsenpatronen eine Auftreffenergie auf 100 m (E_{100}) von mindestens 2000 Joule haben.

388 | Wie ist eine Büchsenpatrone aufgebaut?

In einer Messinghülse befinden sich das Zündhütchen, die Pulverladung und das Geschoss.

389 | Welche zwei Typen von Büchsenpatronen werden nach ihrem Zündsystem unterschieden?

1. Randfeuerpatronen, das sind kleinkalibrige Patronen, bei denen der Zündsatz in den Hülsenbodenrand eingelassen ist und der Schlagbolzen auf den Hülsenrand schlägt, und 2. Zentralfeuerpatronen, bei denen der Zündsatz in Kapselform (Zündhütchen) in der Mitte des Hülsenbodens eingesetzt ist.

Die bekanntesten Büchsenpatronen

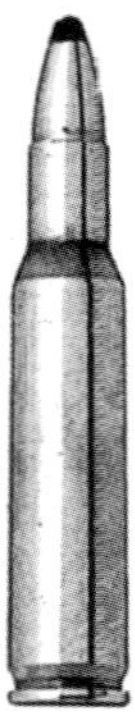

.222 Rem.
Teilmantel-Spitz
3,2 g

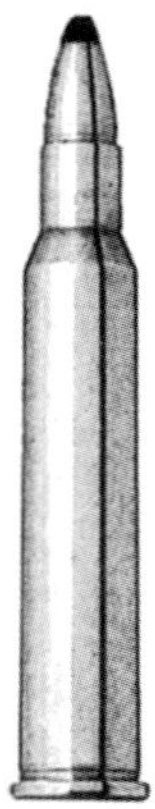

5,6 × 50 R Magnum
Teilmantel-Spitz
3,2 g

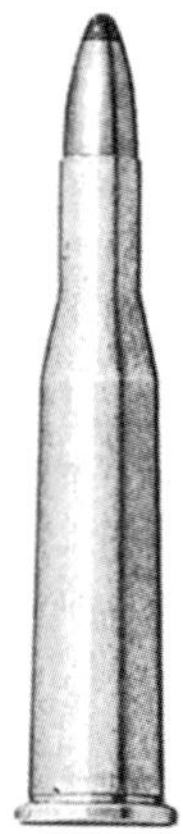

5,6 × 52 R
Teilmantel-Spitz
4,6 g

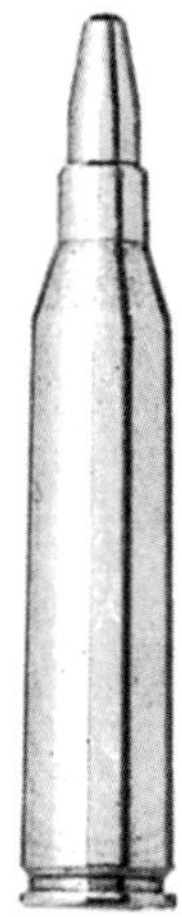

5,6 × 57
Kegelspitz
4,8 g

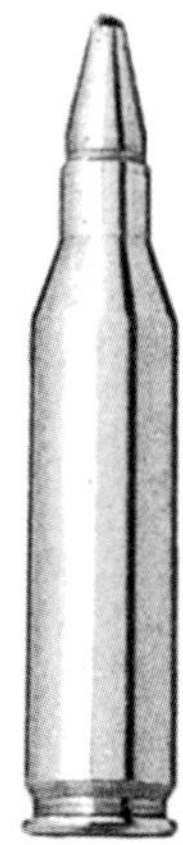

.243 Win.
Kegelspitz
6,2 g

6,5 × 57 R
TMF
6,0 g

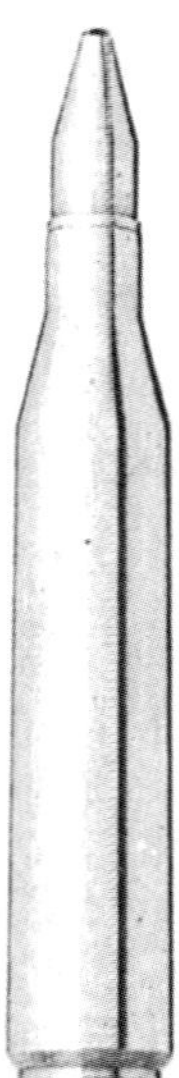

6,5 × 68
Kegelspitz
8,2 g

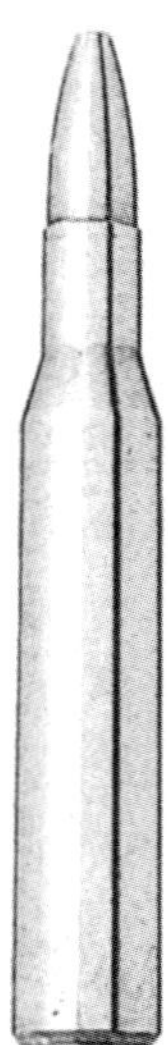

.270 Win.
Teilmantel-Spitz
8,4 g

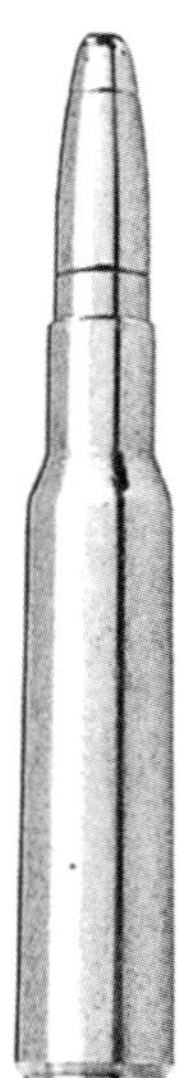

7 × 57
H.-Mantel-Kupferhohlspitz
11,2 g

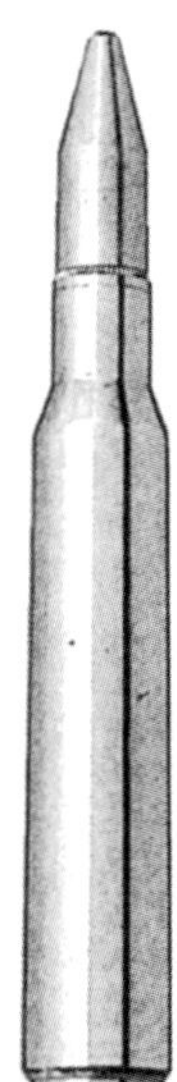

7 × 64
Kegelspitz
10,5 g

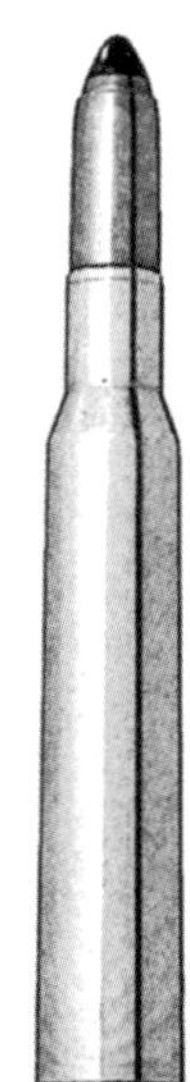

7 × 65 R
ID-Classic
11,5 g

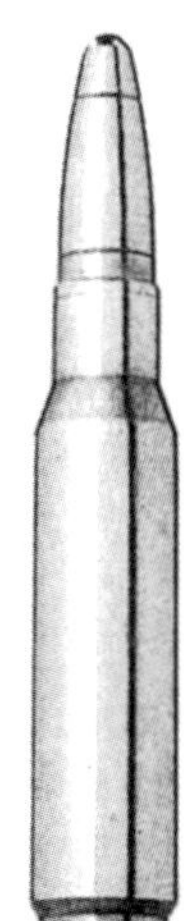

.308 Win.
H.-Mantel-Kupferhohlspitz
11,7 g

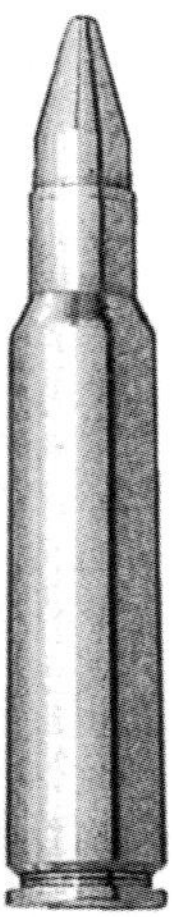

7,5 × 55
Kegelspitz
9,7 g

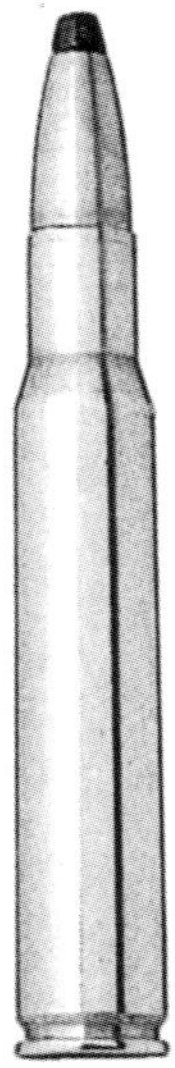

.30-06
Teilmantel-
Spitz
9,7 g

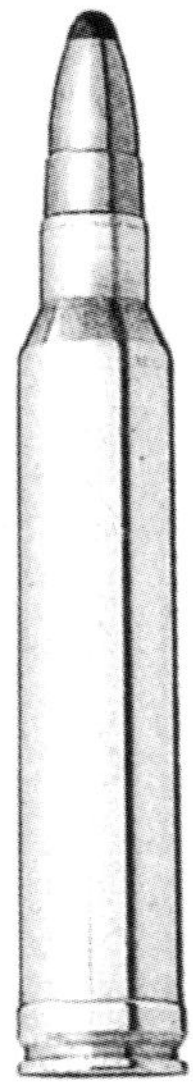

.300 Win. Mag.
UNI-Classic
11,7 g

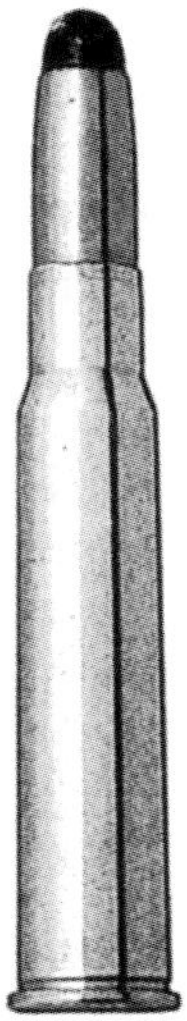

8 × 57 JR
Teilmantel-
Rundkopf
12,7 g

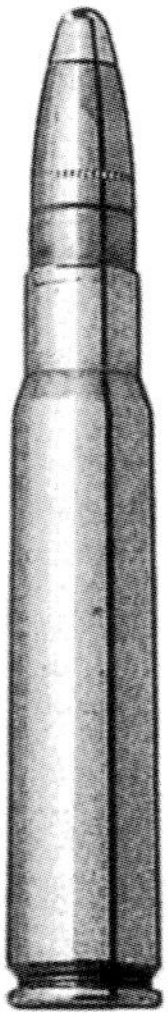

8 × 57 JS
H.-Mantel-
Kupferhohl-
spitz 12,1 g

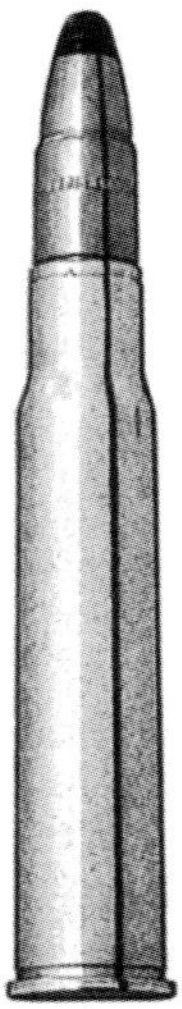

8 × 57 JRS
ID-Classic
12,8 g

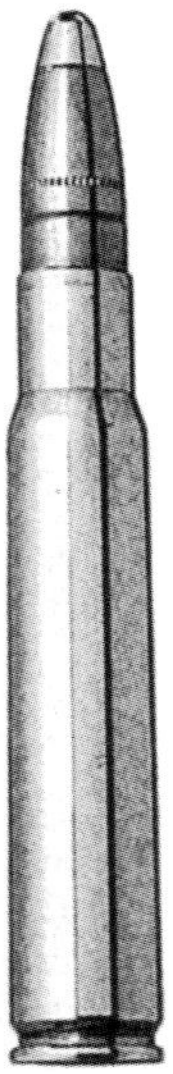

8 × 60 S
H.-Mantel-
Kupferhohl-
spitz
12,1 g

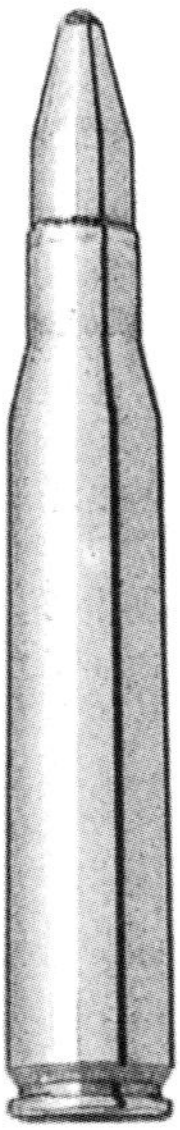

8 × 68 S
Kegelspitz
14,5 g

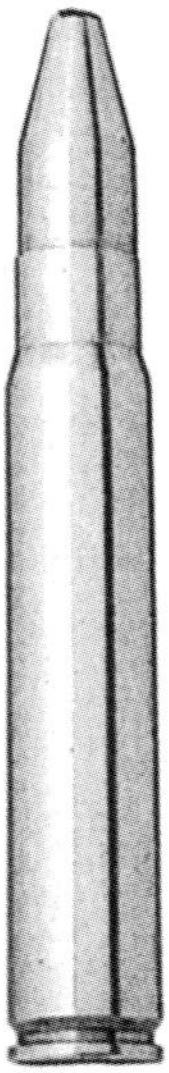

9,3 × 62
Kegelspitz
16,0 g

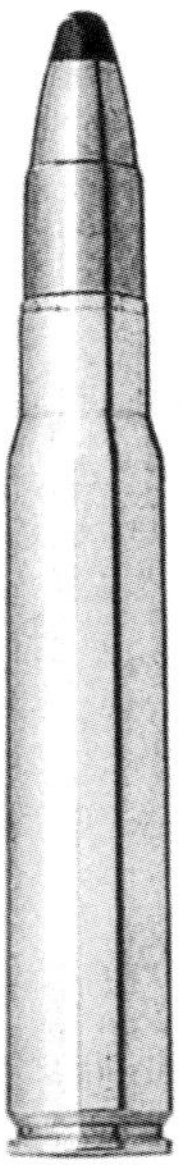

9,3 × 64
UNI-Classic
19,0 g

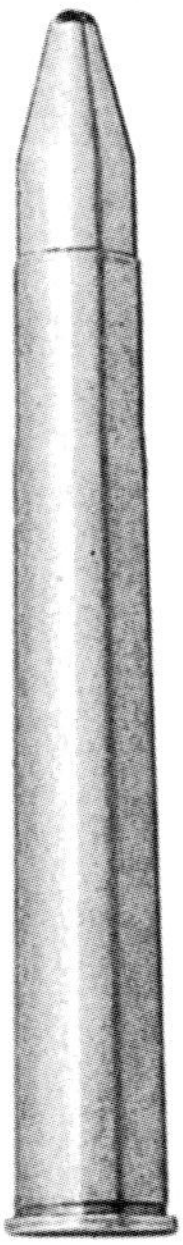

9,3 × 74 R
Kegelspitz
16,0 g

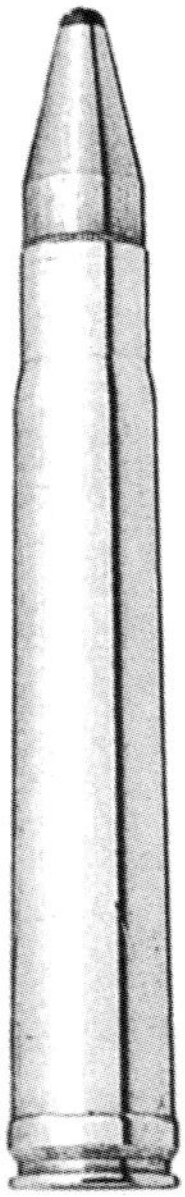

.375 H & H
Magnum
Kegelspitz
19,4 g

390 | Woraus besteht die Hülse einer Büchsenpatrone?
Hülsen für Büchsen- und Kurzwaffenpatronen sind durch den hohen Gasdruck großen Beanspruchungen ausgesetzt und werden aus hochwertigen Messinglegierungen gefertigt.

391 | Welche Aufgabe hat die Hülse?
Sie nimmt die anderen Patronenkomponenten auf (Zündhütchen, Treibladungspulver, Geschoss) und schließt beim Schuss den Lauf zum Verschluss hin gasdicht ab.

392 | Wie werden die Hülsen ihrer Form nach unterschieden?
Bei den Hülsen für Zentralfeuerpatronen unterscheidet man »randlose«, ohne vorstehenden Rand am Hülsenboden, jedoch mit einer Rille für den Eingriff des Patronenausziehers von Repetierbüchsen, z.B. 6,5 × 65, und Patronen mit Rand, der am Hülsenboden vorsteht und zum Ausziehen der Hülse aus dem Patronenlager von Kipplaufwaffen dient. Zur Unterscheidung steht hinter der Kaliberbezeichnung von Büchsenpatronen mit Rand ein »R« (z.B. 6,5 × 65 R).

393 | Was ist eine Gürtelhülse?
Patronen mit Gürtelhülse sind randlos, haben also keinen Rand, liegen jedoch mit der Vorderseite des Gürtels im Patronenlager an. Der Gürtel dient der Anlage im Lager, nicht etwa der »Verstärkung«.

394 | Wie werden die Maße für Kaliber und Hülsenlänge angegeben?
Die Maße für Kaliber und Hülsenlänge sind für manche Büchsenpatronen in Millimetern angegeben und teils gerundet wie bei 6,5 × 57 (eigentlich 6,7 × 56,7). Manche Büchsenpatronen werden nach dem Zollmaß bezeichnet, z.B. .243 Win. Geschossdurchmesser 0,243 Zoll/Inch. Oft sind Maße gerundet z.B.: .300 Win. eigentlich .308"/0,308 Zoll. Angaben zur Hülsenlänge fehlen bei fast allen nach dem Zollmaß bezeichneten Patronen. Oft angefügt ist die Firma, welche die Patrone auf den Markt brachte.

395 | Was versteht man unter Laborierung?
Die Zusammensetzung einer Patronenladung nach ihren wesentlichen Komponenten, wie Zündhütchen, Pulversorte und -gewicht, Geschossart und -gewicht, bei Schrotpatronen dazu die Zwischenmittel, Schrotgröße und -gewicht sowie die Verschlussart. Von den Munitionsherstellern wird jede Laborierung unter einem auf der kleinsten Packung aufgedruckten Fertigungszeichen (FZ) geführt. Nur Patronen gleichen FZ gewährleisten gleiche Treffpunktlage!

396 | Wie werden nicht mit »mm« gekennzeichnete Büchsenpatronen bezeichnet?
Mit dem genauen oder ungefähren Kaliber nach engl. Zoll (Inch) z.B.: .222 Rem. (genauer Geschossdurchmesser 0,224") oder .308 Win. (entsprechend dem Geschossdurchmesser 0,308").

397 | Welche Angaben sind beim Kauf von Büchsenpatronen erforderlich?
Kaliberbezeichnung, ggf. Hülsenlänge, mit oder ohne Rand, Geschosstyp und Geschossgewicht.
Zum Beispiel: 6,5 × 65 R, KS-Geschoss, 8,2 g.

398 | Wie wird das Kaliber eines Büchsenlaufes gemessen?
Durch Abnahme des Feld- und Zugkalibers mit einem Spezialwerkzeug (geht nur bei gerader Anzahl der Züge) oder Vermessung eines Bleidurchtriebs.

399 | Was bedeutet die Kaliberangabe .308 Win.?
.308 bedeutet (in diesem Fall) den Geschossdurchmesser, »Win.« meint den Hersteller Winchester.

400 | Was besagt die deutsche Kaliberbezeichnung bei Büchsenpatronen?
Den meist nur annähernden Durchmesser des Geschosses und die Hülsenlänge (ca. in Millimeter).

401 | Was bedeutet die Bezeichnung 7 × 64?
Eine Büchsenpatrone im Nennkaliber 7 mm (tatsächlicher Geschossdurchmesser 7,2 mm) mit 64 mm Hülsenlänge.

402 | Wo stehen die Kaliberangaben auf einer Büchsenpatrone?
Auf dem Hülsenboden.

403 | Welchen Gasdruck haben Jagdbüchsenpatronen?
Je nach Laborierung zwischen ca. 3000 und ca. 4400 bar mit mechanisch elektrischem Wandler (Piezoquarz) gemessen.

404 | Was ist der gefährlichste Abgangswinkel beim Kugelschuss?
Mit 30 bis 33 Grad Abgangswinkel erreicht man die größte Flugweite eines Geschosses.

405 | Woraus resultiert die Energie eines Büchsengeschosses?
Aus Geschossgeschwindigkeit und Geschossmasse.

406 | Was für ein Pulver wird in Büchsenpatronen verwendet?
Büchsenpatronen werden mit (im Vergleich zu Kurz- oder Schrotpatronen) relativ progressivem (langsam verbrennendem) Pulver geladen.
Der Gasdruck von Büchsenpatronen ist wesentlich höher als der von Schrotpatronen.

407 | Welche Büchsen-Geschosse gibt es?
Vollmantel- und Teilmantelgeschosse sowie Vollgeschosse aus einer einzigen Metalllegierung (Blei, Kupfer, Messing).

408 | Was bedeutet »Rasanz«?
Rasanz bezieht sich auf die Krümmung der Geschossflugbahn und ist keine absolute Messgröße: Rasanter beim direkten Vergleich ist die Ladung mit der flacheren Geschossbahn auf vorgegebene Zielentfernung, d.h. rasanter ist das Geschoss mit der höheren Durchschnittsgeschwindigkeit und dem höheren BC (Ballistischer Koeffizient). Rasante Ladungen steigern die Trefferwahrscheinlichkeit auf große Schussentfernungen. Rasanz wird im Sinne von »flachschießend« gebraucht, weswegen der Begriff »hochrasant« vermieden werden sollte.

409 | Wie groß ist der Gefahrenbereich bei einem Büchsenschuss?
Von 1500 (z.B. .22 l.f.B.) bis 6000 m.

410 | Was sind Patronen mit Rand?
Der überstehende Hülsenrand sorgt dafür, dass der Patronenauszieher die Hülse gut fassen kann. Randpatronen werden mit einem R hinter der Kaliberangabe bezeichnet (z.B. 7 × 57 R) und vor allem in Kipplaufwaffen und Blockbüchsen verwendet.

411 | Welche Besonderheiten gibt es im Kaliber 8 mm?
Es existieren zwei verschieden dicke 8 mm Kaliber. Grund war, dass die deutsche Militärpatrone M/88 (später 8 × 57 oder 7,9 × 57 genannt) verschiedentlich verändert wurde. Zudem versuchten manche Waffenhersteller, durch Verwendung enge-

rer Läufe die Schussleistung der Patrone 8 × 57 zu erhöhen. Neben der (veralteten) 8 × 57 J bzw. 8 × 57 JR (Geschossdurchmesser 8,08 mm) gibt es das um 0,12 mm stärkere Geschosskaliber 8,20 mm der 8 × 57 JS bzw. 8 × 57 JRS (der Zusatz »S« kommt vom damaligen Spitzgeschoss.

412 | Was muss man über das »S«-Kaliber wissen?

Patronen im Kaliber 8 mm mit der Bezeichnung »S« dürfen nicht aus Läufen für das Kaliber 8 × 57 J oder JR verschossen werden, da es dabei zu Laufsprengungen kommen kann. Die Gefahr liegt darin, dass »S«-Patronen zwar in das Lager der Patrone mit dem »dünneren« Geschoss hineinpassen, die S-Geschosse jedoch einen überhöhten Gasdruck im »zu engen« Lauf verursachen.

413 | Wie sind die »S«-Patronen besonders gekennzeichnet?

Durch die Kaliberbezeichnung. Eine weitere Kennzeichnung ist bei manchen RWS Patronen eingeführt: Das Geschoss ist sicht- und fühlbar gerändelt, zudem wird ein schwarzes Zündhütchen verwendet. Jede Packung hat zusätzlich die Warnaufschrift »Achtung! Nur für Läufe mit S-Kaliber«.

414 | Lassen sich Patronen Kaliber 8 × 57 IRS in Waffen Kaliber 8 × 57 IR laden und verschießen?

Ja, Patronen 8 × 57 IRS lassen sich laden aber gerade das ist die Gefahr: Verschießt man Geschosse des »S« Kalibers (8,20 mm) im zu engen »I« Lauf (8,08 mm), so ergeben sich zu hohe Drücke.

415 | Was bedeutet die Kaliberangabe 7 × 57?

Nennkaliber 7 mm (tatsächlich 7,2 mm), Hülsenlänge 57 mm.

416 | Patronen welcher Kaliber könnte man als Schonzeitpatronen bezeichnen?

Praktisch alle Kaliber, die wegen einer E_{100} von weniger als 1000 Joule nicht für den Schuss auf Rehwild zugelassen sind.

417 | Wie ist ein Teilmantel-Geschoss aufgebaut?

Ein am Geschossboden geschlossener Mantel aus plattiertem Flusseisen oder Tombak umschließt einen Bleikern, dessen Spitze meist frei liegt.

418 | Welche drei Formen von Teilmantel-Geschossen werden unterschieden?

Teilmantel-Rundkopf(TR)-, Teilmantel-Spitz (TS)- und Teilmantel-Flachkopf(TFK)-Geschoss.

419 | Welches sind die gebräuchlichsten Teilmantelkonstruktionen?

Teilmantel-Rundkopf bzw. Teilmantel-Spitz, H-Mantelgeschoss, Kegelspitzgeschoss (KS), Doppelkerngeschoss (DK), Brenneke TIG, RUAG Ammotec ID-Classic, Brenneke TUG, RUAG Ammotec UNI-Classic, Nosler Partition, Norma Oryx und Vulcan.

420 | Wie wirkt ein Teilmantelgeschoss im Wildkörper?

Beim Auftreffen wird die weiche Bleispitze zusammengedrückt, der Geschossvorderteil pilzt sich auf, Blei- und Mantelteile splittern ab. Der Geschossrest soll den Wildkörper möglichst durchdringen, im Schusskanal große Gewebezerstörung bewirken und Ausschuss ergeben. Je nach Konstruktion, ob das Geschoss mehr dazu neigt, sich (zumindest im vorderen Teil) zu zerlegen oder sich im Ganzen zu verformen (aufstauchen, »aufpilzen«), liegt ein Zerlegungsgeschoss oder Deformationsgeschoss vor.

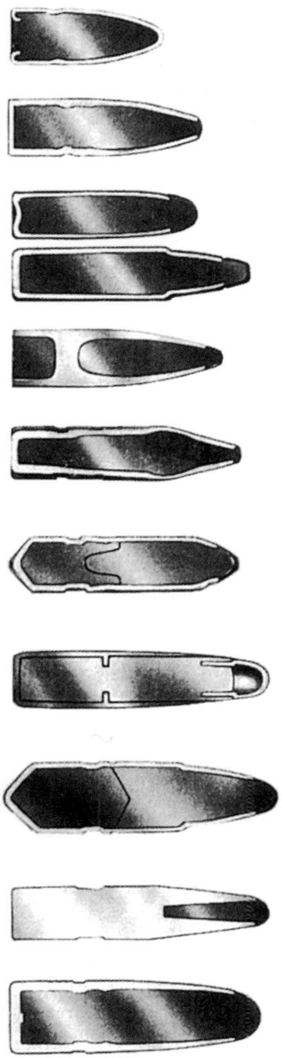

Vollmantelgeschosse werden nur noch in wenigen Büchsenkalibern hergestellt. Vorwiegend wird diese Geschossart verwendet, um Wildbretzerstörung zu vermeiden bzw. um bei Großkalibern eine entsprechende Eindringtiefe zu erreichen.

PPC – eine bewährte Geschossentwicklung. Das Tombak-Teilmantel-Geschoss mit kleiner Kopfdelle durchdringt das äußere Muskelgewebe, erst dann beginnt die Zerlegung des Geschosskörpers. Tiefenwirkung ist fast immer gewährleistet.

Teilmantel-Rundkopf-, Flachkopf- und Spitz-Geschosse bilden die Basis der modernen Geschossentwicklung. Dieser bewährte Geschosstyp wird ebenso bei kleinkalibriger wie bei Munition für schweres Wild angeboten.

Nosler Partition. Der Geschossaufbau gewährleistet kontrollierte Gewichtsverlust nach dem Einschuss. Die Verformung bewirkt den plötzlichen Schock des getroffenen Stückes, außerdem einen Ausschuss ohne große Zerstörung des Wildbrets.

Kegelspitz. Der Mantel des Geschosses weist verschiedene Wandstärken auf. Durch dieses Konstruktionsmerkmal wird ein gleichmäßiges Aufpilzen gewährleistet; ein wirksamer Restkörper gewährleistet den gewünschten Ausschuss.

ID-Classic. Beim RUAG Ammotec ID-Classic und Original-Brenneke-Torpedo-Ideal-Geschoss ragt der vordere weiche Bleikern in eine trichterförmige Vertiefung des hinteren härteren Geschosskerns. Dieser Aufbau begünstigt die pilzartige Deformierung des Geschosses.

H-Mantel. An der sogenannten H-Rille (Zweiteilung des Bleikerns) entsteht eine Soll-Bruchstelle. Der vordere Geschossteil wirkt durch Mantel- und Bleisplitter, während der hintere Geschossteil als kalibergroßer Durchschlagskörper erhalten bleibt.

UNI-Classic. Das RUAG Ammotec UNI-Classic und Original-Brenneke-Torpedo-Universal-Geschoss besitzt hohe Durchschlagskraft auch auf starkes Wild. Die Leistung bewirkt der hintere härtere Geschossteil, der kegelförmig in den vorderen weichen Bleikern ragt.

ABC. (Vorläufer der »bleifreien« Jagdgeschosse.) Der leichte Bleikern bewirkt nur die Deformierung der Geschossspitze. Das so aufgespreizte Geschoss rollt sich durch den Gewebewiderstand auf. Ein gerader Schusskanal sowie gestanzter Ausschuss mit Schnitthaaren sind das Ergebnis dieser Geschosskonstruktion.

Hammerhead. Ein Teilmantelgeschoss, dessen verstärkter Geschosskopf (Hartbleikern) für große Eindringtiefe mit hoher Energieabgabe konzipiert ist.

Geschossarten – Übersicht.

421 | Wohin geht die Entwicklung bei den Büchsengeschossen unter Berücksichtigung der Umwelt und des Verbraucherschutzes?

Hin zu den »bleifreien« Deformationsgeschossen, da diese sich dem Zielwiderstand anpassen, weniger Wildbret entwerten und gesundheitlich unbedenklicher beim Wildbretverzehr sind.

422 | Was ist ein Nosler Partition-Geschoss?
Dieses Geschoss amerikanischer Konstruktion hat einen Tombak-Mantel sowie zwei durch eine Zwischenwand getrennte Bleikerne.

423 | Wie wirkt dieses Geschoss?
Der Tombak-Mantel pilzt sich unter dem (teilweisen) Verlust des vorderen Bleikerns auf und sorgt für einen vergrößerten Schusskanal, während der hintere Geschossteil durch die verbleibende Masse für den Ausschuss sorgt.

424 | Was sind Barnes TSX- und Reichenberg HDB Geschosse?
Monolithische (aus nur einem Material bestehende) Vollkupfer-Deformationsgeschosse.

425 | Wie wirken Barnes TSX- und Reichenberg HDB Geschosse?
TSX und HDB haben eine zentrale Bohrung welche die gleichmäßige Aufpilzung in gleichmäßig nach außen einrollende Fahnen bewirkt. Sie wirken durch ihren großen Querschnitt und die zu praktisch 100 % verbleibende Masse. Umlaufende Rillen lassen hohe Geschwindigkeit bei normalem Druck zu und mindern die bei Kupfergeschossen vorkommende Laufverschmierung. Ähnlich wirken andere Vollgeschosse, wie das Winchester Fail Safe, das Lapua Naturalis oder das RWS Bionic.

426 | Wie ist ein Kegelspitz-Geschoss aufgebaut?
Äußeres Kennzeichen dieses Teilmantelgeschosses ist die kegelförmige Spitze. Der Geschossmantel aus zähem Tombak ist vorne relativ dünn und nimmt nach hinten in der Stärke zu, wodurch ein dem Zielwiderstand angepasstes Aufpilzen des Geschosses gewährleistet sein soll.

427 | Wie erkennt man ein H Mantel-Geschoss?
Kennzeichen sind die geschlossene Kupferhohlspitze sowie die Einschnürung des Mantels in der Mitte, die sogenannte H-Rille, die den Bleikern funktionell halbiert.

428 | Wie wirkt das H-Mantel-Geschoss?
Beim Auftreffen im Wildkörper zerlegt sich der vordere Geschossteil. Der ab der H-Rille verbleibende Geschossschaft bleibt dank seiner verstärkten Ummantelung als Durchschlagskörper erhalten und ergibt fast immer Ausschuss.

429 | Was kennzeichnet das Brenneke Torpedo-Ideal-Geschoss (TIG) und das Torpedo-Universal-Geschoss (TUG)?
Diese Geschosse haben einen zweigeteilten Bleikern, der sich dem Widerstand des jeweiligen Wildkörpers anpasst. Der vordere, weichere Kern sorgt für eine gute

Barnes »X«-Vollkupferhohlgeschoss und verschiedene Deformationsbeispiele.

Aufpilzung und Zerlegung, wobei sich der Geschossmantel in Streifen nach hinten aufrollt. Der beim TUG spitz gehaltene Heckkern, durchschlägt den Wildkörper und sorgt für Ausschuss.

430 | Werden auch Vollmantelgeschosse jagdlich verwendet?
Eine vertretbare Verwendung ist der Schuss mit Schalenwildpatronen auf schwaches Niederwild (z. B. Fuchs, Hase), wofür die Wirkung ausreicht, ohne so große Zerstörungen wie ein Teilmantelgeschoss zu verursachen. Nicht deformierende Vollgeschosse wie das Impala sind für Schalenwild geeignet.

431 | Welche Grenzen gelten für den Kugelschuss auf Schalenwild?
Solche Grenzen lassen sich ohne Betrachtung der genauen Umstände und je nach Ausrüstung, Auflage und Schießfertigkeit nicht leicht festlegen und können nicht starr sein.

432 | Nennen Sie mindestens sechs unterschiedlich konstruierte Büchsengeschosse!
Teilmantel Rundkopf, KS, TIG, Nosler Partition, Vollmantel, Vollgeschoss (Barnes TSX)

433 | Welche Büchsenkaliber sind bei Einsteckläufen gebräuchlich?
Überwiegend Schonzeitpatronen (z. B. .22 Hornet) und Rehwildpatronen (z. B. 5,6 × 50 R), inzwischen in Waffen mit kräftigen Verschlüssen auch hochwildtaugliche Patronen, um z.B. aus einer Bockbüchsflinte 8 × 57 IRS/20 mit Hilfe des Einstecklaufs eine »Bockbüchse« 2x 8 × 57 IRS zu machen.

434 | Was ist eine Hochgeschwindigkeitspatrone?
So nannte man früher schnelle Patronen mit einer V_{150} von 700 bis 800 m/s (Hochleistungspatrone) – als Höchstleistungspatronen wurden Patronen mit einer V_{150} von über 800 m/s bezeichnet. Wegen der allgemeinen Leistungssteigerung moderner Munitionen sind diese Einstufungen veraltet und werden nicht mehr angewendet.

435 | Wie wirken »bleifreie« Deformationsgeschosse, z.B. das Barnes TSX?
Beim Auftreffen deformiert die Geschossspitze in »Fahnen«, die sich einrollen und dem Geschoss einen an den Zielwiderstand und die Auftreffgeschwindigkeit angepasst größeren Querschnitt geben sollen. Vollgeschosse zeichnen sich durch eine große Tiefenwirkung aus, haben jedoch eine manchmal geringere Augenblickswirkung.

436 | Was sind »Kleinkaliberpatronen« (»KK«-Patronen)?
5,6 mm Patronen mit Randfeuerzündung zum Übungsschießen und für die Schonzeit, hauptsächlich .22 l.f.B. und .22 Winchester Magnum. .22 l.r. (»long rifle«) und .22 l.f.B (»lang für Büchsen«) bezeichnet die gleiche Patrone; die .22 Win.Mag. wird oft auch nur ».22 Magnum« genannt.

Kurzwaffenpatronen

437 | Kann für Pistole und Revolver die gleiche Munition verwendet werden?
Normaler Weise nicht; es gibt für beide Waffentypen Kaliber unterschiedlicher Bauart. Allerdings eignen sich die kleinkalibrigen Randfeuerpatronen .22 l.f.B. und .22 Win. Mag. gleichermaßen für Revolver und Pistolen; zudem werden Pistolen für Randpatronen und Revolver für randlose Patronen angeboten.

Wichtige Revolver- und Pistolenpatronen.

438 | Wie unterscheiden sich Pistolen- von Revolverpatronen?

Pistolenmunition ist meist randlos und hat eine Rille, Revolvermunition hat meist einen Rand. Manche Kurzpatronen lassen sich in Pistole und Revolver verwenden, auch die Randfeuerpatronen .22 kurz, .22 l.f.B. und .22 Win. Magnum.

439 | Welche Geschosse werden aus Kurzwaffen verschossen?

Aus Pistolen wie Revolvern werden Vollmantelgeschosse und Bleigeschosse geschossen; für besondere Zwecke (Fangschuss) auch Teilmantelgeschosse oder spezielle Fangschussgeschosse, teilweise mit Hohlspitze, die besonders gut wirken.

440 | Welches sind die gebräuchlichsten jagdlich geeigneten Kurzpatronen?

Verwendungszweck	Pistole	Revolver
Bau- und Fallenjagd	.22 kurz .22 l.f.B. .22 Win.Mag. 6,35 mm Browning	.22 kurz .22 l.f.B. .22 Win.Mag. .38 Special (Wadcutter)
Fangschuss geringes Schalenwild (Reh)	.22 Win.Mag.* 7,65 mm Browning 9 mm kurz	.22 Win.Mag* .32 H&R Magnum .38 Special
Fangschuss starkes Schalenwild	9 mm Luger .357 SIG .40 S & W 10 mm Auto .45 Auto	.38 Special (starke Laborierung) .357 Magnum .41 Magnum .44 Magnum

* nur sofern aus der Waffe eine $E_0 > 200$ J erreicht wird

Die für den Nachsuchenführer geeignete, einläufige Contender / Encore Kipplaufpistole gibt es in den genannten Kalibern sowie in leistungsfähigen Büchsenkalibern.

441 | Nennen Sie mindestens fünf Kaliber für Revolver.
.22 l.f.B., .22 Mag., .38 Spec., .357 Mag., .41 Mag., .44 Mag., .45 Long Colt, .454 Casull

442 | Nennen Sie mindestens fünf Kaliber für Pistolen.
.22 l.f.B., .22 Mag., 6,35 mm Browning, 7,65 mm Browning, 9 mm Luger, .357 SIG, .45 Auto

Wiederladen von Patronen

(diese Thematik gehört nicht zum Fragenkatalog bei der Jägerprüfung und wird nachstehend nur begrenzt und ergänzend dargestellt)

443 | Welche rechtlichen Voraussetzungen gibt es für das Wiederladen?
Treibladungspulver unterfällt dem Sprengstoffrecht. Wer Patronenhülsen laden oder wiederladen und dazu Treibladungspulver »erwerben, aufbewahren, verwenden, vernichten und befördern« will, benötigt eine Erlaubnis nach § 27 (1) des Sprengstoffgesetzes. Diese wird nach Bestehen einer staatlichen Prüfung und Nachweis eines – beim Jäger gegebenen – Bedürfnisses erteilt. Andere Komponenten (Zündhütchen, Hülsen, Geschosse) sowie die Werkzeuge zum Wiederladen sind frei erhältlich.

444 | Was ist »Laden«, was ist »Wiederladen«?
Beim Laden wird jeweils eine neue Hülse verwendet, beim Wiederladen eine gebrauchte Hülse wieder gefüllt. Wegen möglicher innerer Unterschiede von Hülsen verschiedener Herkunft und deswegen denkbarer Druck- und Leistungsunterschiede sollen nur Hülsen eines Herstellungsloses geladen und nur aus der eigenen Waffe verschossene Hülsen wiedergeladen werden.

445 | Was sind die Vorteile des Hand- oder Wiederladens?
Erhöhung der Präzision in der eigenen Waffe, Fertigung nicht mehr erhältlicher Munitionen, Erhöhung der Vielseitigkeit durch nicht handelsübliche und reduzierte Ladungen, Verbesserung der Schießleistung durch häufigeres Übungsschießen mit durch Wiederladen teils verbilligten Patronen.

446 | Was sind (schematisch) die Arbeitsschritte beim Wiederladen von Büchsen- und Kurzpatronen?
Inspektion und Vorbereitung der Hülse, Ausstoßen des verbrauchten Zündhütchens, wieder in Form bringen (Kalibrierung) der Hülse, Setzen des Zündhütchens, Einfüllen des Treibladungspulvers, Setzen des Geschosses.

447 | Ist die Weitergabe / der Verkauf nicht gewerbsmäßig handgeladener oder wiedergeladener Munition erlaubt?
Nur sehr eingeschränkt z. B. am Schießstand in geringer Menge zum Gebrauch vor Ort.

Optik

Unentbehrlich für jeden Jäger sind leistungsfähige, auf die Anforderungen verschiedener Jagdarten abgestimmte Jagdgläser (Ferngläser). Wesentliche Merkmale eines Fernglases sind die Vergrößerung und der Objektivdurchmesser (das Objektiv ist der dem Objekt zugewandte Linsenteil). Aus diesen beiden Werten lassen sich Dämmerungszahl und Austrittspupille berechnen. Vergrößerung (z.B. 8×) und Objektivdurchmesser (z.B. 56) sind auf jedem Fernglas angegeben. Die Dämmerungsleistung ist umso besser, je größer der Objektivdurchmesser und gleichzeitig die Vergrößerung sind. Nach oben sind jedoch Grenzen durch Gewicht und Handlichkeit des Geräts gesetzt. Auch kann die optische Leistung nur innerhalb gewisser Grenzen vom Auge überhaupt genützt werden. Viel mehr als von den rechnerischen optischen Daten ist die Güte eines optischen Geräts von der Qualität der Glassorten, der »Lichtrechnung« und der Verarbeitung abhängig. Ein weiteres wichtiges Merkmal ist die Qualität der »Vergütung«, das ist ein Überzug der Glasoberflächen mit einem reflexmindernden Belag, der die Helligkeit und andere Qualitätseigenschaften des Bildes steigert. Aus allen diesen Qualitätsmerkmalen zusammengenommen erklären sich die erheblichen Preisunterschiede zwischen »Billiggläsern« und Markenfabrikaten der Premiumklasse.

Wir unterscheiden superleichte Gläser wie 8×20 oder 10×25, leichte Pirschgläser zum beobachten bei Tageslicht wie 8 × 32 oder 10 × 32, universell brauchbare Jagdgläser für Tag und Dämmerung wie 7×42 oder 8 × 42 sowie Dämmerungsgläser wie 8×50 oder 8×56. Allerdings können viele ältere Jäger große Austrittspupillen nicht (mehr) nutzen, so dass für die Dämmerung ein 10 × 42 (AP 4,2 mm) ausreichen würde oder ein 10 × 56 empfehlenswert wäre.

Die Dämmerungszahl (DZ) ist ein immer im Zusammenhang mit der Austrittspupille zu sehendes Maß für die Leistung eines Glases bei schwachem Licht. Mit größerer Vergrößerung werden Sehfeld und die Schärfentiefe geringer. Hoch vergrößernde Gläser sind zur Freihandbeobachtung wenig geeignet, eine Ausnahme machen gute mechanisch bildstabilisierte wie das 20 × 60 S von Carl Zeiss.

Jagdgläser sollten »gummiarmiert« sein, um klappernde Geräusche zu vermeiden. Ein Mitteltrieb ist zur schnellen Schärfeeinstellung zweckmäßiger als die Einzeleinstellung der Okulare, andererseits haben Ferngläser mit dem breiter bauenden Porrosystem eine große Schärfentiefe und müssen, unterstützt durch die Adaptionsfähigkeit des Auges, nicht so oft nachfokussiert (»nachgestellt«) werden wie ein Fernglas mit dem wegen seiner schlanken Bauweise beliebten Dachkantprismensystem. Je nach Anordnung der Prismen (Glaskörper) im Innern des Fernglases ergibt sich die lange, schlanke Dachkantprismenform oder die kurze und breite, gedrungene »Porro«-Form. Für Brillenträger sind umstülpbare Okularmuscheln oder noch besser Dreh-/Schiebemuscheln nützlich, um auch durch die Brille das volle Gesichtsfeld zu haben. Allerdings haben nur qualitativ hochstehende Gläser richtige Brillenträger-Okulare.

Das Wichtigste am Zielfernrohr ist nicht seine Vergrößerung oder seine Dämmerungsleistung, sondern die Vereinfachung des Visierens. Während beim Visieren über Kimme und Korn das Auge drei Punkte »zusammenschauen« muss (nämlich Kimme, Korn und Ziel), muss der Jäger beim Zielfernrohr nur das Absehen (Zielkreuz, -stachel oder -punkt) auf das Ziel bringen. Viele Zielfehler werden dadurch von vornherein vermieden. Vergrößerung und Dämmerungsleistung sind zusätzliche Vorteile, die sicheres Zielen noch dann erlauben, wenn für die »offene Visierung« (Kimme und Korn) oder bei zu schwacher Vergrößerung das »Büchsenlicht« nicht ausreichen würde. Sinnlos und schädlich ist es dagegen, wenn man sich durch starke Vergrößerung zu übermäßig weitem Schießen verleiten lässt, denn die Optik holt das Ziel nur scheinbar näher heran. Die geringe Vergrößerung (1–3fach) wird zum Flüchtigschießen verwendet. Für den normalen Jagdbetrieb ist die 4–10fache Vergrößerung üblich, für den Ansitz in tiefer Dämmerung bzw. bei Nacht die 8–12fache. Bei gleicher Vergrößerung ist die Austrittspupille umso größer, je größer das Objektiv ist.

Zielfernrohre mit fester Vergrößerung dienen Spezialzwecken, universell bei gleich guter Qualität und hoher Strapazierfähigkeit sind variable Zielfernrohre mit 1,5 bis 6fach, 2,5–10fach oder 3–12fach. Beim variablen Zielfernrohr kann die Vergrößerung nach Bedarf schnell geändert werden. Das Absehen ist die Zielmarke im Zielfernrohr. Es besteht meist aus einem Fadenkreuz, Punkt oder Zielstachel. Als praktisch haben sich beleuchtete Absehen erwiesen, die ein gutes Abkommen bei schlechtem Licht ermöglichen sollen (Dämmerungsleuchtabsehen) sowie beim schnellen Schuss auf bewegtes Wild: Vor allem Zielgläser mit »Tag- und Nacht-Leuchtabsehen« z.B. die Carl Zeiss »Varipoint« oder das »Flash Dot« von Schmidt und Bender setzten sich durch. Absehenschnellverstellungen (ASV) und das Blaser/Zeiss iC-System machen Zielfernrohre universeller.

Zur Beobachtung auf weite Distanz oder zum Erkennen kleiner Details dient das Spektiv. Es gibt zwei Typen: Das beim Transport kurze, im Gebrauch lange Ausziehspektiv und das innenfokussierte, wasserdichte Festspektiv. Ergänzt kann die Ausrüstung werden durch Laser-Entfernungsmesser (lieferbar als Sologerät oder in Fernglas oder Zielfernrohr integriert).

Allgemeines

?

448 | Welche optischen Geräte sind bei der Jagd gebräuchlich?
Fernglas, Zielfernrohr, Spektiv, ggf. Entfernungsmesser

449 | Was ist das Objektiv, was das Okular?
Das Objektiv ist die dem Objekt zugewandte Linse, das Okular die hintere, dem Auge zugewandte.

450 | Was bedeutet beim optischen Gerät (Fernglas oder Zielfernrohr) die Angabe 8 × 56?
Ein Gerät mit 8-facher Vergrößerung und 56 mm Objektivdurchmesser.

451 | Auf welche Entfernung bezieht sich beim Fernglas die Angabe »Sehfeld 145 m«?
Beim Fernglas bezieht sich die Angabe des Sehfelds (»Gesichtsfeld«) auf 1000 m, beim Zielfernrohr auf 100 m.

452 | Gibt es einen Zusammenhang zwischen Vergrößerung und Sehfeld?
Je höher die Vergrößerung, desto enger ist gewöhnlicher Weise das Sehfeld.

453 | Wie errechnet sich die Austrittspupille?
Durch Division des Objektdurchmessers durch die Vergrößerung z.B. beim 8 × 56 (56 : 8) = 7 mm.

454 | Welche Wirkung hat die »Vergütung«?
Durch einen aufgedampften reflexmindernden Belag auf den Oberflächen der Gläser (Linsen und Prismen) wird weitgehend verhindert, dass Licht beim Durchgang durch das optische System durch Reflexion verloren geht. Mit der Vergütung kann die Tag- und Nachttransmission beeinflusst werden. Hohe Transmission wird nur durch besondere Vergütung sämtlicher Glasoberflächen erreicht.

455 | Ist die Vergütung äußerlich sichtbar?
Ja, durch einen farbigen Schimmer der Linsen. Die Art der Farbe hat keinen Einfluss auf die Qualität.

Ferngläser

456 | Aus welchen wichtigen Teilen besteht ein Fernglas?
Dem Gehäuse mit Brücke (und ggf. Mitteltrieb), den Okularen (ggf. mit Einzelverstellung), den Prismen und den Objektiven)

457 | Was sind die optischen Daten eines Fernglases?
Angegeben werden Vergrößerung und Objektivdurchmesser (z.B.: 7 × 42, das heißt 7fache Vergrößerung, 42 mm Objektivdurchmesser). Daraus kann man die Austrittspupille und die Dämmerungszahl errechnen.

458 | Worauf achten Sie beim Kauf eines Jagdglases für den Ansitz?
Es muss weniger auf Größe und Gewicht geachtet werden, als auf den Objektivdurchmesser. Als Ansitzgläser eignen sich qualitativ hochstehende Optiken ab den Nenndaten 10 × 42, vor allem aber 8 × 50, 10 × 50, 8 × 56 und 10 × 56.

Wasserdichte »Dialyt« Form mit Gummiarmierung und Drehaugenmuscheln.

459 | Was versteht man unter Austrittspupille (AP) und Lichtstärke?
Die AP errechnet sich in mm aus Objektivdurchmesser geteilt durch Vergrößerung, z.B. 40 : 8 = 5. Zu kleine AP reduziert die ins Auge fallende Lichtmenge, während Werte über 7 mm kaum mehr genützt werden können, denn insbesondere bei älteren Menschen kann die Pupillenweite unter 5 mm sinken. Die AP mit sich selbst multipliziert ergibt die als überholt geltende Bewertung der »Geometrischen Lichtstärke«, z.B. 5 × 5 = 25.

460 | Was versteht man unter Dämmerungsleistung?
Eine Bezeichnung für das Vermögen eines fernoptischen Geräts, Details in der Dämmerung scharf aufzulösen. Ist in erster Linie abhängig von der allgemeinen Qualität (vor allem der Vergütung) des Geräts und von dessen Dämmerungszahl (DZ). (Die DZ ist aussagekräftiger als die Geometrische Lichtstärke).

461 | Wie wird die Dämmerungszahl (DZ) errechnet?
Man multipliziert Vergrößerung und Objektivdurchmesser (z.B. 8 × 56 = 448) und zieht die Quadratwurzel aus dem Ergebnis (Wurzel aus 448 = 21,2).

462 | Wovon ist die Leistung eines Fernglases vor allem abhängig?
Außer von den rechnerischen Daten wird die Bildgüte von der Qualität der verwendeten Glassorten, ihrer Verarbeitung und von der »Vergütung« (reflexmindernder Belag) bestimmt.

463 | Kann man die Austrittspupille sehen?
Der bei guter Optik kreisrunde Lichtpunkt ist zu sehen, wenn man aus etwas Abstand auf das Okular schaut.

464 | Was ist der Dioptrienausgleich?
1. Anpassung des Fernglases an die unterschiedliche Sehleistung der beiden Augen. Nach erstmaliger Einstellung (oft fixierbar am rechten Okular) hat man auf alle Entfernungen beidseitig die gleiche Schärfe.
2. Beim Zielfernrohr (und Spektiv) dient der Dioptrieausgleich der Anpassung an das (ggf. mit Korrekturlinsen ausgestattete) Zielauge.

465 | Wie wird beim Fernglas die Sehschärfe eingestellt?
Durch gleichzeitiges Scharfstellen (Fokussieren) beider Okulare durch Verdrehen des Mitteltrieb (nach Einstellung des Dioptrieausgleichs) oder durch Einzelfokussierung der beiden Okulare.

466 | Was ist Mitteltrieb und was Einzelokulareinstellung?
Der Mitteltrieb befindet sich auf der Brücke des Fernglases, mit ihm werden beide Okulare verstellt, bei der Einzelokularverstellung wird jedes Okular für sich verdreht.

467 | Was bedeutet die Bezeichnung B/GA?
Brillenträgerokular / Gummiarmierung

■ Spektive

468 | Was ist ein Spektiv?
Ein Fernrohr (Ausziehfernrohr oder Teleskop) von starker Vergrößerung zur Beobachtung auf große Entfernung oder für kleine Details. Früher vor allem im Hochgebirge gebräuchlich, haben sich Spektive allgemein zur Fern- und Feinbeobachtung eingeführt.

469 | Welche Vergrößerung haben Spektive?
Bei fester Vergrößerung in der Regel 30- oder 32fach. Bei variabler Vergrößerung im Bereich 15- bis 40- oder 60fach.

470 | Welche Vorteile hat die variable Vergrößerung beim Spektiv?
Da bei geringer Vergrößerung das Gesichtsfeld und der Schärfebereich größer sind, kann man ein weit entferntes Objekt zunächst mit der schwachen Vergrößerung »einfangen« (um es leichter zu finden) und dann mit stärkerer Vergrößerung genauer beobachten. Auch wird mit geringerer Vergrößerung die Hitzeschlierenbildung minimiert.

Spektive: Ausziehfernrohre in kurzer und langer Form sowie starrer Bauweise (Mitte).

Optik für den Jäger: Spektiv und Fernglas.

471 | Wozu wird ein Spektiv benutzt?
Zum Beobachten auf große Distanz und für kleine Details auf normale Entfernung.

472 | Welche Nachteile haben Spektive?
Sie sind wegen der kleinen Austrittspupille bei schlechtem Licht weniger brauchbar. Ausziehspektive sind empfindlicher gegen Beschädigungen und nicht wasserdicht.

■ Zieloptik

473 | Welche Vorteile bietet ein Zielfernrohr?
Es erleichtert das Zielen auch noch bei schlechtem Licht, weil das Auge nur Absehen und Ziel »zusammenschauen« muss, sowohl bei ruhiger Auflage als auch bei bewegtem Ziel.

474 | Welche Vergrößerungen sind für verschiedene Zwecke üblich?
Zum Flüchtigschießen schwache Vergrößerungen (1–3fach).
Für den normalen Jagdgebrauch (Pirsch, Ansitz, Bewegungsjagd) 4–10fach.
Für die fortgeschrittene Dämmerung und den Nachtansitz 8–12fach).

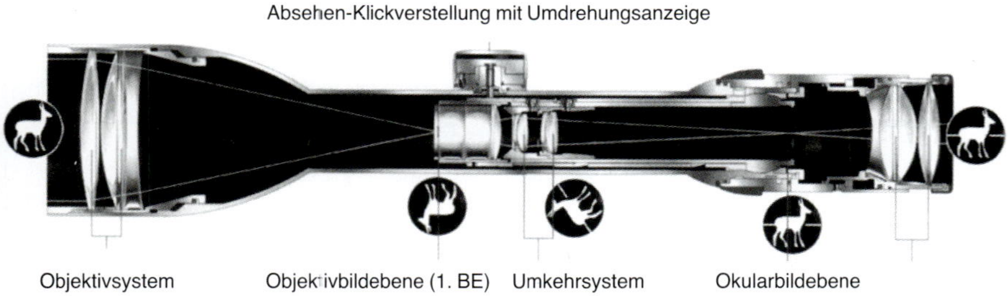

Schnittbild eines Zielfernrohrmodells (Zenith) mit variabler Vergrößerung von Schmidt & Bender.

475 | Welchen Vorteil haben variable Zielfernrohre?
Je nach Bedarf kann die günstigste Vergrößerung eingestellt werden.

476 | Welche wesentlichen Teile hat ein Zielfernrohr?
Objektiv, Mittenrohr (ggf. mit Montageschiene), Absehenverstelltürmchen, ggf. Bedienung für Beleuchtungseinheit, Okular mit Dioptrieverstellung und ggf. Vergrößerungsverstellung.

477 | Was ist das Absehen?
Die im Zielfernrohr angebrachte Zielmarke (Fadenkreuz, Zielpunkt, Zielstachel, o.ä.). Manche Absehen sind beleuchtet.

478 | Welche beleuchteten Absehen gibt es?
1. »Dämmerungsleuchtabsehen« sind teilbeleuchtete Absehen für Dämmerung und Nachtansitz: Die feine (teilweise) Beleuchtung des Absehens wird bei schlechtem Licht zugeschaltet und ist »gegen Null« dimmbar, um das Ziel nicht zu überstrahlen.
2. »Tag- und Nachtleuchtabsehen« sind (zuschaltbar) beleuchtete Absehen für Tag und Nacht: Das in einem weiten Bereich dimmbare Absehen (optimal als Zielpunkt ausgeführt) lässt selbst flüchtige Ziele schnell aufnehmen und ist bei entsprechendem Objektivdurchmesser bei Dämmerung und Nachtansitz universell einsetzbar.

479 | Wie kann das Absehen verstellt werden?
In den »Türmchen« am Mittenrohr sitzen Höhen- und Seitenverstellung, bei denen eine Rastendrehung der Stellschraube (ein »Klick«) eine Treffpunktverlagerung von meist 1 cm auf 100 m bewirkt.

480 | Was ist eine Absehenschnellverstellung (ASV)?
Aus individueller Waffe auf die Bahnkurve der Munition justierte ASV-ZF ermög-

Die wichtigsten Absehen: Abs. 4 wird bevorzugt.

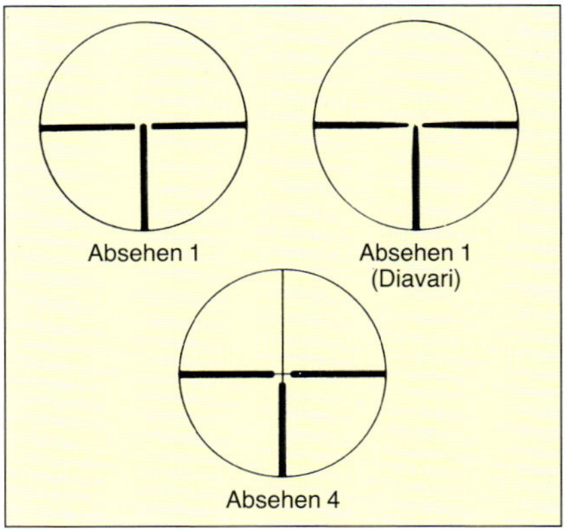

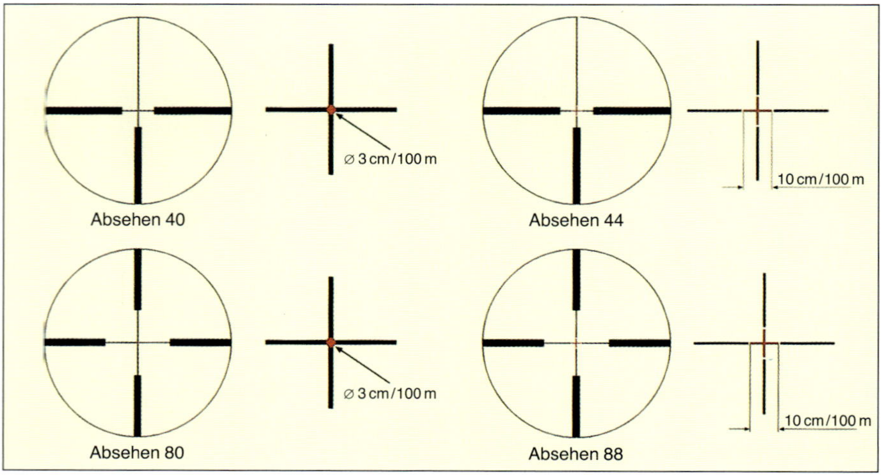

Leuchtabsehen für die Zielfernrohre der VM/V Serie von Zeiss.

lichen rasche Haltepunktkorrekturen in der Höhe, d. h. für weite Schüsse: Mit ASV am Höhenturm Zieldistanz einstellen und »Fleck« halten; unsicheres »drüberzielen« entfällt. Es gibt auch ASV für seitliche Haltepunktkorrekturen zum Ausgleich von Seitenwind.

481 | Was ist ein Ballistisches Absehen (BA)?

Zusätzliche Zielmarken des BA ermöglichen den Schuss auf andere Distanzen, als der zentrale Absehen-Zielpunkt justiert ist (vertikale Zielmarken) bzw. dienen zum Ausgleich von Seitenwind (horizontale Zielmarken).

482 | Ihr Schuss sitzt rechts, wohin korrigieren Sie das Absehen?

Nach rechts, auf den Schuss zu.

483 | Wie wird das Zielfernrohr auf dem Gewehr befestigt?

Durch die Montage. Diese muss sorgfältig ausgeführt werden, damit das Zielfernrohr ohne Verspannung fest sitzt und sich auch nach wiederholtem Abnehmen und Aufsetzen nicht lockert.

484 | Welche Zielfernrohrmontagen sind gebräuchlich?

Am gebräuchlichsten sind Schwenk- und Aufschubmontagen in verschiedenen Ausführungen. Manche Waffenhersteller haben hauseigene Montagen nur für ihre Waffen (Blaser Sattelmontage, Merkel SAM, Mauser DS). Vor allem aus Kostengründen wird die – nur wenn handwerklich sauber ausgeführt hochwertige – Suhler Einhakmontage immer weniger verwendet.

Blaser Sattelmontage – 100 000fach bewährt.

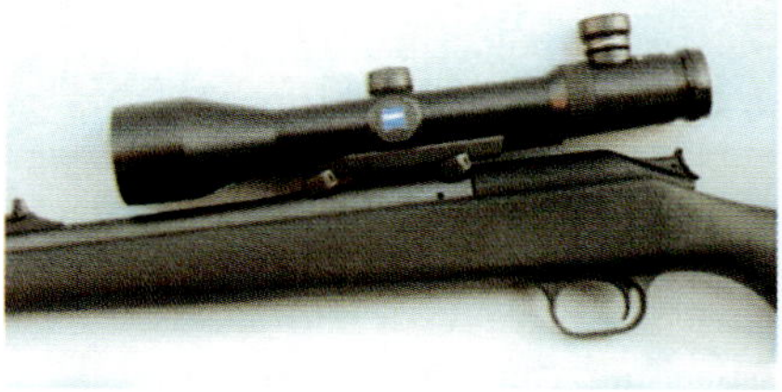

»Und da hast du immer gesagt, man kann das Repetieren nicht neu erfinden …
Na, dann hab ich mich eben ein einziges Mal geirrt.«
GENERATION SEMPRIO
www.castello-advertising.de
Mit der Krieghoff Semprio erleben Sie eine neue Generation in Sachen Geschwindigkeit, Sicherheit und Präzisi
Schießen und repetieren Sie in schneller Folge, ohne Ihr Ziel auch nur für einen Moment aus den Augen
verlieren oder die Waffe aus dem Anschlag nehmen zu müssen. Die Semprio In-Line Repetierbüchse ist der perfe
Allrounder und somit für Jungjäger die erste Wahl – für Ansitz, Pirsch oder Drückjagd. Mehr unter **www.semprio**
KRIEGHOFF

Schwenkmontagen sind weit verbreitet – hier eine von Recknagel auf DBD Krieghoff Optima.

Röhrenreflexvisiere wie die von Aimpoint hier auf der Sauer 202 Forest, dazu ein elektronischer Gehörschutz von Peltor.

485 | Was versteht man unter einem Drückjagdglas?

Ein Zielfernrohr mit kleiner Vergrößerung und großem Sehfeld (heute meist mit Tageslicht – Leuchtpunktabsehen)

486 | Was versteht man unter Parallaxe?

Eine Verschiebung zwischen Ziel und Absehen, wenn das Auge (bei schrägem Einblick in das Okular) außerhalb der Optikachse des Zielfernrohrs positioniert ist, oder wenn das Ziel nicht in der parallaxfrei eingestellten Entfernung liegt (oft 100 m). Parallaxe kann Treffpunktlageabweichungen verursachen, die sich aber auf jagdliche Distanzen meist nur im Zentimeterbereich bewegen.

487 | Was ist ein Rotpunktreflexvisier?

Ein Zielgerät (meist) ohne Vergrößerung mit dimmbarem Rotpunkt für Drückjagdwaffen. Auch für Kurzwaffen, selten auf Flinten. Es gibt Scheibenreflexvisiere (Zeiss Compact, Doctersight II) und Röhrenreflexvisiere (Aimpoint, Microdot, Zeiss Z-Point).

Auf manchen Flintenjagden ist ein (leichtes) Fernglas praktisch.

Die ZF-Beleuchtungseinheit sitzt auf dem Okular (Abb.) oder meist in einem Türmchen am Mittenrohr.

488 | Was sind die Vorteile des Rotpunktvisiers?

Sie werden »beide Augen offen« geschossen und haben daher ein praktisch unbegrenztes Sehfeld (Sicherheit!). Mit dem roten Punkt ist eine schnelle Zielaufnahme möglich.

489 | Was sind die Nachteile des Rotpunktvisiers?

Wegen der fehlenden Vergrößerung und der geringeren Transmission (dem meist dunkleren Bild) dieser Geräte kann man kaum ansprechen (z.B. wenn auf einer Bewegungsjagd Geiss und Kitze anwechseln). Es ist deshalb nicht so universell wie ein variables Zielfernrohr mit Tagesleuchtabsehen.

Blanke Waffen

Waren früher die persönlichen Kalten Waffen des gerechten Jägers wie Saufeder, Standhauer und Hirschfänger noch eine unabdingbare Notwendigkeit – heute braucht höchstens der Saujagdprofi ein langklingiges, stabiles Abfangmesser – so sind sie inzwischen wegen anderer Jagd-

Nicker, Abfangmesser, Saufeder und zwei Jagdmesser mit Zusatzwerkzeug.

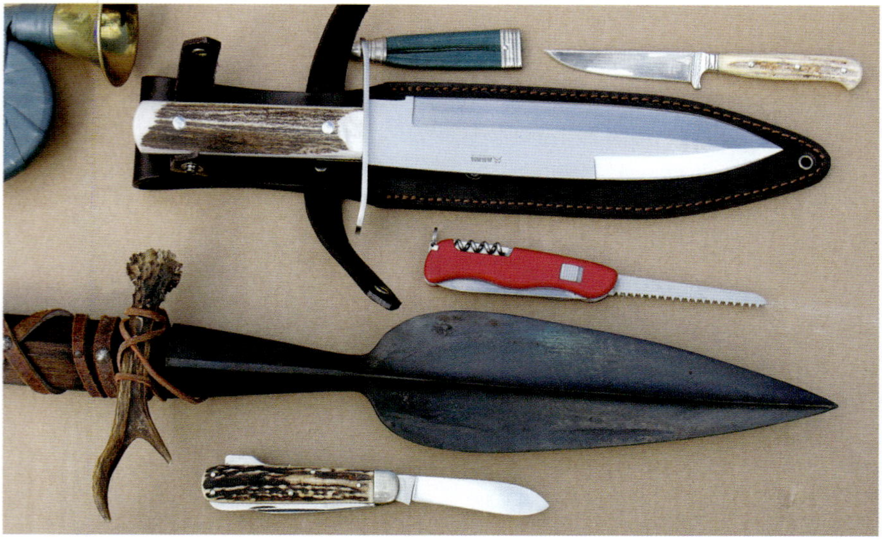

formen und durch die Verbesserung der Jagdwaffen- und Munitionstechnik obsolet geworden oder von besser für diese Spezialzwecke geeignetem Werkzeug abgelöst. Was der Jäger aber unbedingt braucht, ist ein zum Vespern sowie Aufbrechen geeignetes Waidmesser. Dieses sollte keinen zu dicken Klingenrücken aufweisen (sonst »klemmt« es in der Schlossnaht und die Speckscheiben werden zu dick) und braucht auch nicht zu lang zu sein: Eine 8 cm Klinge für Rehwild und 10 cm für Hochwild reichen aus. Ob man ein feststehendes Messer wählt oder ein stabiles Klappmesser ist eher eine Geschmacksache.

490 | Was sind blanke Waffen?
Als »blanke« oder »kalte Waffen« bezeichnen wir die traditionellen Hieb- und Stichwaffen des Jägers wie Saufeder, Waidblatt und Hirschfänger. Von praktischer Bedeutung sind heute nur noch die von der Funktion mehr Werkzeug als Waffe darstellenden Waidmesser.

491 | Was ist ein Standhauer?
Damit bezeichnete man früher ein Waidblatt.

492 | Wozu dient ein Waidblatt?
Im praktischen Jagdbetrieb gibt es Situationen, in denen ein Fangschuss nicht angebracht werden kann. In solchen Fällen ist das Waidblatt (oder ein anderes Abfangmesser) eine geeignete Waffe, um stärkeres Schalenwild abzufangen. Auch als Werkzeug zum Freischlagen eines Pirschpfades sowie beim Aufbrechen und Zerwirken von starkem Wild ist es zu gebrauchen, wurde aber mehr und mehr von dafür besser geeignetem Spezialwerkzeug ersetzt.

493 | Was ist eine Saufeder?
Ein »Jagdspieß« mit zweiseitig geschliffener Klinge, dient heute meist nur noch als Dekorationswaffe.

494 | Wozu wird eine Saufeder verwendet?
Zum Abfangen von Sauen, wenn diese von Hunden gestellt und »gebunden« (festgehalten) sind, falls der (tierschutzgerechtere) Fangschuss nicht möglich ist.

495 | Wozu dient ein Hirschfänger?
Er wird meist als Zierwaffe zur Uniform von Berufsjägern und Förstern getragen. Ursprünglich zum Abfangen von Schalenwild verwendet, nur in stabiler Ausführung dafür geeignet.

496 | Was versteht man unter einem Jagd- oder Waidmesser?
Ein Werkzeug, ohne das der Jäger nicht auskommt. Es gibt Jagdmesser mit feststehender Klinge oder als Klappmesser. Sie dienen hauptsächlich zum Aufbrechen und Zerwirken, selten zum Abfangen von schwachem Wild, sofern kein Fangschuss angebracht werden kann.

497 | Womit können Universaljagdmesser und die sog. »Universal-Tools« noch ausgerüstet sein?
Es gibt sie mit zusätzlicher Aufbrechklinge, zweiter Messerklinge, Korkenzieher, Kronenkorkenöffner und anderem Werkzeug wie Zangen, Feile und Säge.

498 | Welche Werkzeuge können zum Aufbrechen noch benutzt werden?
Manche Jagdmesser sind zusätzlich mit einer Säge ausgestattet, zum Aufsägen des Schlosses bei starkem Schalenwild.

Übungsschießen / Praxisschießen

Einer der wichtigsten Abschnitte der praktischen Jägerprüfung ist der Umgang mit der Waffe. Darauf wird deshalb besonderer Wert gelegt, weil bei leichtsinnigem Gebrauch von Waffen großes Unheil angerichtet werden kann. Jeder Jäger sollte in der Lage sein, mit seinen Schusswaffen sicher umzugehen und sie zu Reinigungszwecken so weit wie nötig zu zerlegen. Er muss wissen, wie man während der Jagd oder auf Schießständen die Jagdwaffe hält, wie man sie trägt, und welche Vorsichtsmaßnahmen außerdem notwendig sind. Im praktischen Teil der Jägerprüfung werden unter anderem folgende Themen im Umgang mit der Waffe geprüft: Laden, Entladen, Spannen, ggf. Einstechen (je nach Art der Waffe), Auswahl der zur Waffe passenden Munition, Prüfen ob eine Waffe geladen ist, Waffenhandhabung (geladen, ungeladen), Sichern und Entstechen nach »nicht zu Schuss kommen«, Entspannen sowie auf dem Schießstand Kugel- und Schrotschuss im jagdlichen Anschlag mit den nach Prüfungsordnung geforderten Treffergebnissen.

Fußstellung und Körperhaltung beim Schrotschuss

Nicht nur der saubere und schnelle Anschlag spielen beim Schrotschuss eine Rolle, sondern auch die Fußstellung und die Körperhaltung. Weder breitbeinig noch zu eng soll man stehen, die Füße in kleinem

Die sorgfältige Ermittlung der Treffpunktlage und viel Übung ist Voraussetzung für den waidgerechten Schuss.

Abstand zueinander (weniger als schulterbreit), der linke Fuß etwas vorgezogen (beim Rechtsschützen) so, dass die Fußspitze etwa dahin zeigt, wo die Taube getroffen werden will. Das Körpergewicht ruht gleichmäßig auf beiden Füßen, so dass es rasch nach rechts und links verlagert werden kann. Locker mit leicht nach vorne gebeugtem Oberkörper, sollte die Körperhaltung sein. Nicht nur Kopf und Arm – der ganze Körper, soll sich beim Schwingen mit der Waffe drehen.

Der richtige Anschlag

Machen Sie Anschlagübungen. Prüfen Sie, ob Ihnen der Schaft richtig liegt. Schließen Sie die Augen und schlagen Sie mehrmals mit der Flinte an. Schlagen Sie mit geschlossenen Augen so oft an, bis Sie glauben, dass Ihr Anschlag richtig ist. Dann öffnen Sie die Augen wieder. Wenn Ihnen Ihre Waffe passt, muss das Korn genau auf der Mitte der Schiene zu sehen sein. Sie sollen noch etwas Schiene sehen. Legen Sie einen Autoschlüssel hinten auf die Schiene und lassen Sie nun das Korn darüber stehen. Wenn Sie dann den Schlüssel wegnehmen, sehen Sie so viel Schiene, dass Sie das Ziel unten anfassen können.

Es ist hier leider nicht möglich, die praktische Handhabung bis ins Detail zu erklären, denn gerade für die Handhabung der Waffen ist es notwendig, sie in der Hand zu halten, mit ihnen umzugehen und durch diesen Umgang Sicherheit in der Handhabung zu erwerben. Darum ist jedem angehenden Jäger zu empfehlen, bei erfahrenen Jägern, Büchsenmachern und Schießwarten die Handhabung der Waffen immer wieder unter Anleitung zu üben, und schließlich so oft wie möglich das praktische Schießen auf Kipp- oder Rollhasen, Wurfscheiben und jagdliches Kugelschießen zu üben.

Diese Möglichkeiten werden im Rahmen der Ausbildungslehrgänge zur Jägerprüfung geboten. Die meisten Jagdvereine und Kreisgruppen führen regelmäßig vor Beginn der Jagdzeit Übungsschießen durch. Darüber hinaus ist auch – besonders für das Flintenschießen und für weite Schüsse mit der Büchse – der Besuch eines Lehrgangs zu empfehlen. Es gehört viel Übung dazu, neben der Sicherheit im Umgang mit der Waffe die notwendige Treffsicherheit zu erlangen, um beim Schuss auf lebendes Wild dieses so schnell wie möglich zu töten. Das ist beim Schuss auf stehende Ziele noch einfach, die Schwierigkeit nimmt aber zu, wenn flüchtiges Wild mit Kugel oder Schrot beschossen werden soll. Hier kommt es auf den richtigen Anschlag, das Vorschwingen, rechtzeitige Abdrücken und Durchschwingen an.

Wichtig ist es, die Schussentfernungen richtig zu schätzen. »Weitschießen« ist eine der schlimmsten tierquälerischen (und deshalb unwaidmännischen) Handlungsweisen, die sich ein Jäger zu Schulden kommen lassen kann. Die wirksame Schrotschussentfernung liegt mit den für die jeweilige Wildart tauglichen Schrotgrößen zwischen 20 und 40 Meter. Daran ändern auch besonders eng gebohrte »Weitschussflinten« und mit besonders starken Ladungen versehene »Weitschusspatronen« nichts, die manchmal in unverantwortlicher Weise angepriesen werden. Ein einzelnes grobes Schrotkorn kann zwar zufällig auch auf 80 Meter einen Hasen töten oder einen Fasan aus der Luft holen (wie es auch noch auf 200 oder 300 Meter das Menschenauge durchschlagen kann). Solche Zufallstreffer sind eher als »Unfälle« zu werten und bestätigen nur die Unverantwortlichkeit des Weitschießens.

Beim Büchsenschuss mit modernen Patronen kommt es nicht so auf genaues Entfernungsschätzen innerhalb der vertretbaren Schussentfernung an. Wenn die Büchse auf GEE, die jeweils günstigste Einschießentfernung der betreffenden Patrone eingeschossen ist, d.h. mit 4 cm Hochschuss auf 100 m, ergeben sich zwischen 50 und 200 m keine allzu großen Abweichungen vom »Fleckschuss«. Der bei Übungsschießen ermittelte Streukreis wird dabei das Blatt eines Rehs oder gar eines Stückes Rotwild in jedem Fall abdecken. Dabei ist aber zu bedenken, dass dieser Streukreis in der Praxis nicht nur vom technischen Einfluss von Büchse und Munition abhängt (wie er am Schießstand mit optimal aufgelegter Waffe unter weitgehendem Ausschluss von Störfaktoren ermittelt wird), sondern dass auch noch die »Schützenstreuung« dazukommt, die wesentlich größer werden kann, wenn Aufregung mit im Spiel ist (»Jagdfieber«).

Es ist deshalb richtig, beim Büchsenschuss nicht die größtmögliche Schussentfernung auszunützen, die sich theoretisch aus der Schussleistung von Waffe und Munition ergeben würde (Streukreis des Laufes, »Rasanz« der Patrone). Die Dämmerungsleistung und Vergrößerung der Zieloptik holt das Ziel nur scheinbar näher heran und erleichtert uns das Zielen; auf das ballistische Verhalten des Geschosses – also auf Flugbahn und Streuung – hat die Zieloptik überhaupt keinen Einfluss!

Daraus ergibt sich auch beim Kugelschuss eine verantwortliche Einschränkung der Schussentfernung. Eine starre Grenze der Schussentfernung kann hier nicht abgegeben werden doch in jedem Fall hilft es, seine persönlichen Grenzen und die der Kombination aus Waffe, Optik und Munition auf einem Großdistanzschießstand kennenzulernen und auszuloten. Solche Lehrgänge werden mit großem Erfolg auch von der PIRSCH durchgeführt. Derart eingeübte, somit erfahrene und beherrschte Schützen mit besonders leistungsfähiger Waffe, Optik und Munition setzen sich dann in die Lage, im Einzelfall z.B. im Hochgebirge oder in weiten Ebenen etwas weiter zu schießen. Solche Ausnahmen sollten jedoch kein Maßstab für den Durchschnittsjäger im Normalrevier sein.

Neben Aufregung und Zielfehlern sind beim Büchsenschuss Anschlagfehler häufige Fehlerquellen. Beim aufgelegten Schießen sollen Kipplaufwaffen etwa vor ihrem Schwerpunkt aufliegen; Waffen mit festem Vorderschaft möglichst weit vorne, wobei die beiden aufgelegten Ellbogen und die Auflage ein stabiles Dreieck bilden. Wenn möglich liegt die Führhand unter dem Kolben. Keinesfalls darf der Lauf anliegen oder Druck von oben auf Lauf und Zielfernrohr ausgeübt werden. Harte Unterlagen schaden kaum; Zwischenlegen der Hand/des Gewehrriemens verhindert ein Verprellen des Schusses. Beim Anstreichen müssen Hand oder Finger zwischengelegt sein. Weiche Auflagen sind eher nachteilig.

Der freihändige Büchsenschuss wird leider wenig geübt, so dass gerade auf kurze Entfernung beim Pirschen oder bei der Blattjagd Fehlschüsse häufig vorkommen. Ein Hilfsmittel, um nicht freihändig schießen zu müssen, wenn Auflegen oder Anstreichen nicht möglich sind, ist ein Pirsch-/Zielstock nach Art des vom Bergjäger verwendeten Bergstocks. Der Umgang mit ihm muss aber geübt sein.

Besondere Übung und Erfahrung setzt das Bewegungs-Schießen mit der Kugel voraus, wie es bei Treibjagden auf Schwarzwild erforderlich ist. Auch bei Drückjagden auf übriges Schalenwild muss oft auf kurze Entfernung schnell und freihändig geschossen werden.

Bei alledem muss der Schütze mit der technischen Funktion seiner Waffe sicher vertraut sein, die Handgriffe müssen ihm »in Fleisch und Blut übergegangen« sein – ähnlich wie dem routinierten Autofahrer

Nr. 1 Stehender Rehbock

Nr. 2 Stehender Überläufer

Nr. 3 Sitzender Fuchs

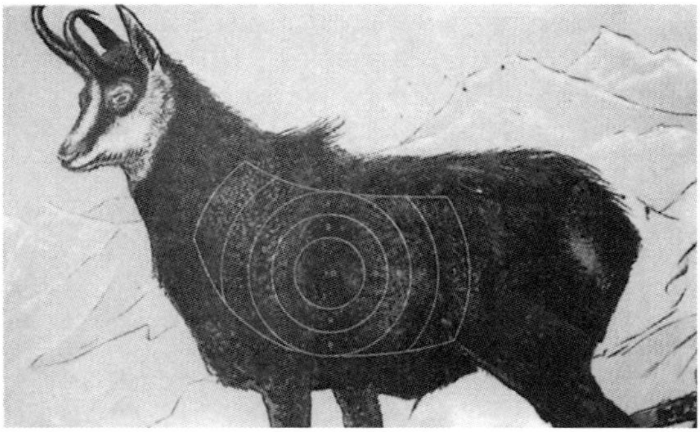

Nr. 4 Stehender Gamsbock

Nr. 5 Laufender Keiler

Die »DJV-Wildscheiben« gelten als Standard für den Schießstand.

die Bedienungshandgriffe des Fahrzeugs. Viel Vorsicht ist nötig, wenn wechselweise verschiedene Waffen mit unterschiedlicher Funktion verwendet werden. Der Stecherabzug, vor allem der Deutsche Stecher ist dabei außerordentlich nachteilig.

In den Ausbildungslehrgängen und bei den Jägerprüfungen werden als Lehr- und Prüfmaterial meist nur einige gängige Waffentypen verwendet. Auf diese konzentriert sich der Prüfungskandidat natürlich besonders. Erwirbt er später einen anderen Waffentyp, muss er beim Fachmann (Büchsenmacher) sich genauestens über alle Funktionen und die Handhabung informieren. Es gibt inzwischen eine so große Vielfalt von waffentechnischen Besonderheiten, dass kaum ein Spezialist alle Einzelheiten beherrscht. Umso wichtiger ist es, dass sich jeder Jäger mit seinen eigenen Waffen vertraut macht.

?

499 | Welche Vorsichtsmaßnahmen sind auf Schießständen vorgeschrieben?
Es muss eine verantwortliche Aufsichtsperson anwesend sein. Gewehrriemen müssen von den Waffen abgenommen sein. Nicht benutzte Waffen müssen entladen, der Verschluss geöffnet sein. Die Waffe darf erst auf dem Stand geladen werden.

500 | Wer darf auf einem zugelassenen Schießstand mit der Waffe üben?
Berechtigte und versicherte Personen.

501 | Dürfen Sie ihre Waffe auch im Revier einschießen?
Ja, die Waffengesetzgebung erlaubt auch das Einschießen im Revier.

502 | Gilt die Jagdhaftpflichtversicherung auch beim Schießen auf dem Schießstand?
Ja, sofern vereinbart.

503 | Darf auf dem Schießstand mehr als eine Patrone geladen werden?
Ja, wenn die Schießaufsicht vorher informiert wurde.

504 | Was versteht man unter »Skeet«?
Eine Flintendisziplin bei der bei wechselnden Standorten des Schützen in verschiedenen Winkeln aus »Niederhaus« und »Hochhaus« geworfene Wurfscheiben beschossen werden (früher »Turmschießen«).

505 | Was versteht man unter »Trap«?
Eine Flintendisziplin bei der aus wechselnden Standorten des Schützen aus einem davor liegenden Graben / Bunker immer vom Schützen wegfliegende Wurfscheiben beschossen werden (früher »Grabenschießen«).

506 | Was ist ein Kipphase?
Eine quer zur Schiessbahnrichtung auf Schienen laufende Scheibe mit den Umrissen eines flüchtenden Hasen. Wird die dreiteilige Scheibe voll getroffen, so kippen alle drei Teile um.

507 | Was ist ein Rollhase?
Eine rollende (bei Bodenunebenheiten springende) vor allem im Verlauf von Jagdparcours zu findende Wurfscheibe mit der ein flüchtender Hase bzw. Karnickel imitiert wird.

508 | Was ist ein Jagdparcours?
In abwechslungsreiches, bewaldetes Gelände eingepasste Schießanlage für das sportliche und jagdliche Schießen auf Wurf- und Rollscheiben unter möglichst jagdnahen Bedingungen.

509 | Wie erwarten Sie die Tontaube / den Kipphasen?
Im sog. Jagdlichen Anschlag.

510 | Welche Veränderung müssen Sie an ihrer Jagdwaffe vornehmen, ehe Sie auf einem Schießstand schießen?
Je nach Standvorschrift muss der Gewehrriemen abgenommen werden. Selbstverständlich ist der Verschluss offen, die Waffe entladen und die Mündung zeigt in eine Richtung, in der niemand gefährdet wird (nach oben bzw. auf den Kugelfang).

511 | Welche Schrotstärken dürfen Sie auf Schießständen verwenden?
Je nach Standvorschrift, meist nur bis 2,5 mm.

512 | Wie kann man den Kugelschuss auf flüchtiges Wild üben?
Durch Übungsschießen auf einem Schießstand mit »laufender« Keiler- und Überläuferscheibe oder noch besser in einem Bewegungs-Schießstand / Schießkino. Die Verwendung des Stechers ist auch hier aus Sicherheitsgründen abzulehnen.

513 | Was ist ein »laufender Keiler«?
Eine mit definierter Geschwindigkeit auf 50 oder 60 m quer laufende Scheibe (Keiler oder Überläufer).

514 | Auf welche Distanz wird auf DJV-Ständen mit der Kugel geschossen?
100 m auf stehende und 50 oder 60 m auf laufende Ziele.

515 | Welche Disziplinen sind beim Kugelschießen üblich?
100 m: Rehbock stehend angestrichen oder sitzend aufgelegt, Überläufer stehend freihändig, Fuchs liegend freihändig.
50/60 m: Laufender Keiler / Überläufer.

516 | Am Schießstand hat man es mit bekannten Schussentfernungen zu tun. Welche Schwierigkeit kommt in der Jagdpraxis dazu?
Das richtige Einschätzen der Entfernung, um die vertretbare Schussentfernung nicht zu überschreiten.

517 | Warum soll sich der Jäger bei der Schussdistanz zurückhalten, obwohl die technischen Eigenschaften von Waffe und Munition meist auch weitere Schüsse zulassen würden?
Weil die Treffsicherheit nicht allein von den technischen Gegebenheiten abhängt. Es kommt die »Schützenstreuung« hinzu, welche die technische Streuung eines Büchsenlaufes erheblich vergrößert.

518 | Wie groß ist in der Regel die technisch bedingte Streuung beim Kugelschuss auf 100 m?
Je nach Schussleistung des Laufes (die mit verschiedenen Patronenlaborierungen unterschiedlich sein kann) bis etwa 4 cm bei 5 Schuss / 100 m, bei älteren Waffen wesentlich mehr.

519 | Wie weit vergrößert sich die Streuung dann auf 200 m?
Manchmal gut auf das Doppelte und mehr. Das entspricht bereits ungefähr dem Durchmesser des Blattes bei einem Reh.

520 | Welchen Einfluss hat zusätzlich dazu die »Schützenstreuung«?
Sie kann die technisch bedingte Streuung erheblich vergrößern. Ein vom Hochsitz ruhig und mit fester Auflage gezielter Schuss wird die technische Streuung nur geringfügig vergrößern; freihändig oder mit unsicherer Auflage, im »Jagdfieber« oder nach körperlicher Anstrengung kann das Treffen zum Zufall werden.

Flintenanschlag.

521 | Wie kann der Jäger die technische Schussleistung eines Büchsenlaufes feststellen?
Durch aufgelegtes Schießen auf dem Schießstand; am zuverlässigsten mit einer festen Auflage wie z. B. einer Benchrest Ausrüstung (bestehend aus einer verstellbaren Vorderschaftauflage und einem »Ohrensäckchen« für den Hinterschaft) oder mit einem »Schießgestell«. Mit diesen Hilfsmitteln wird die Schützenstreuung nahezu ausgeschaltet.

522 | Was ist ein Schussbild?
Die Gesamtheit von mehreren (aussagekräftig ab 5) Schusslöchern auf einer Scheibe, aus dem gleichen Lauf hintereinander geschossen. Ein solches Schussbild zeigt ziemlich zutreffend die Streuung des Laufes auf die betreffende Entfernung. Es lässt sich dadurch auch ermitteln, mit welcher Laborierung der Lauf »am besten schießt«, d.h. die geringste Streuung ergibt.

523 | Was versteht man unter dem »Klettern« eines Laufes?
Durch Erwärmung des Laufes beim Schuss ändern sich die Laufschwingungen und dadurch die Treffpunktlage, meist zum

Gewehranschlag: Kopf aufrecht, Riemen gefasst.

Auf Ellenbogenauflage und bequemen Körperwinkel achten.

Hochschuss (»klettern«). Das gilt vor allem, wenn der Lauf nicht frei schwingen kann, sondern einseitig anliegt wie bei (falsch) ganzgeschäfteten Büchsen und fest verlöteten Laufbündeln. Für ein aussagekräftiges Schussbild ist es darum nötig, den Lauf zwischen den Schüssen abkühlen lassen. Bei freischwingenden Läufen tritt »Klettern« kaum oder nicht auf.

Die Finger liegen zwischen Lauf und Stock.

524 | Was ist beim Auflegen oder Anstreichen des Gewehrs beim Kugelschuss zu beachten?

Das Gewehr soll nicht vorne mit dem Lauf, sondern mit dem Vorderschaft aufgelegt bzw. angestrichen werden. Die Auflage muss stabil und soll nicht zu weich sein, aber auch nicht »prellen« (die Hand, den Gewehrriemen zwischenlegen). Eine harte Auflage ist besser als eine zu weiche oder federnde.

H Jagdpraxis

Allgemeines

Wer die Jagd ausüben will, muss einen auf seinen Namen ausgestellten gültigen Jagdschein besitzen. Dies kann ein Jahresjagdschein sein, wobei das Jagdjahr am 1. April beginnt und am 31. März endet, oder ein Tagesjagdschein. Ein solcher gilt jeweils an 14 aufeinander folgenden Tagen und kann innerhalb eines Jahres nach Belieben oft gelöst werden. Jahres- wie Tagesjagdscheine gibt es auch für Ausländer, die in Deutschland jagen wollen. Mit Greifvögeln oder Falken (Beizjagd) darf nur jagen, wer einen gültigen Falknerjagdschein besitzt. Zuständig für Erteilung und Verlängerung des Jagdscheines ist die für den Hauptwohnsitz des Antragstellers zuständige untere Jagdbehörde; bei Ausländern ist die Jagdbehörde jenes Landkreises zuständig, in dem dieser ein Revier gepachtet hat oder zur Jagd eingeladen ist. Voraussetzung für die Erteilung eines Jagdscheines ist die bestandene Jägerprüfung.

Der Jagdschein ist vergleichbar dem Führerschein. Dieser bescheinigt uns zwar grundsätzlich die Qualifikation zum Führen eines Kraftfahrzeuges, aber er stellt uns kein Fahrzeug zur Verfügung, das wir tatsächlich lenken dürfen. Auch der Jagdschein ist nicht mehr als ein Qualifikationsnachweis. Um die Jagd tatsächlich ausüben zu können, bedarf es eines eigenen Jagdrechts (Besitz einer Eigenjagd), eines Jagdpachtvertrages, eines Jagderlaubnisscheines oder einer Jagdeinladung.

Die Jagd selbst unterlag inhaltlich einem ständigen Wandel, und sie wird dies auch künftig hin tun. Viel von dem, was wir heute als waidgerechte Jagd bezeichnen, hätten unsere Großväter mit Abscheu betrachtet. Ebenso verabscheuen wir viel von dem, was unsere Großväter praktizierten. Das betrifft den Umgang mit »Raubwild« ebenso wie jenen mit Friedwild. Erinnert sei hier nur an die eingestellten Jagen, an Parforcejagden oder an die Erlegung von Federwild während der Brut- und Aufzuchtszeit, von Feldhasen im Sommer oder Hirschen in der Bastzeit. Selbstverständlich war der Gebrauch von allerlei Folterinstrumenten beim Fang von Raubwild, ebenso wie der Einsatz von Gift, der legal bis in die zweite Hälfte des 20. Jahrhunderts betrieben wurde. Wenn wir heute so oft unsere Tradition beschwören, dann dürfen wir die jagdliche Praxis zurückliegender Zeiten nicht vergessen. Andererseits galten Zielfernrohre und Hochsitze vor noch gar nicht allzu langer Zeit als unwaidmännische Erleichterungen der Jagdausübung.

Von den mannigfachen handwerklichen Fähigkeiten, die die alte Jägerei auszeichneten, sind uns unglaublich viele verloren gegangen. Dafür wurde die Jagd immer mehr von der Technik erobert. Das betrifft die ständige Weiterentwicklung von Waffen und Munition ebenso wie den Einsatz von Entfernungsmesser, von Nachtsichtgeräten, von »Wilduhren« oder Fotofallen an den Fütterungen. Der Wechsel vom Rucksack zum Geländewagen nahm Einfluss auf den Umgang mit erlegtem Wild und machte – man denke an die Totenwacht – aus einst notwendigem Brauch reines Brauchtum. Die Größe der Reviere wird längst nicht mehr in Reit- oder Gehstunden gemessen, und wo früher ein Jäger seine Fährte zog tun dies heute zehn. Wo man einst in der Hütte nächtigte, um drei Stunden Fußmarsch zu sparen, fährt man heute mit dem Geländewagen in einer viertel Stunde nach Hause. Auch der Einzug des Handys in den Jagdbetrieb hat zahlreiche Änderungen gebracht, bei den Gesellschaftsjagden wie auf der Einzeljagd.

Das Bild der Jagd, das die Gesellschaft heute pflegt, entspricht vielfach nicht der Realität. Daher ist es umso wichtiger, dass unser Tun als Jäger transparent und für die Gesellschaft nachvollziehbar und vertretbar ist. Heute wird weithin erwartet, dass die Jagd vor allem forstwirtschaftliche und landwirtschaftliche Zielsetzungen ermöglicht (Reduktion des Schalenwildes, damit der Jungwald wachsen kann; Reduktion von Schalenwild und teilweise auch Niederwild zum Schutze landwirtschaftlicher Kulturen). Die Bevorzugung jener Arten, die dem Jäger Trophäen und schießsportliches Erleben bringen, einerseits, und die Bekämpfung von Raubwild und »Raubzeug« andererseits, wird so nicht mehr verstanden und schon gar nicht mehr akzeptiert.

Die Gesellschaft steht aber auch natürlichen Abläufen und vor allem dem Tod immer distanzierter gegenüber. Sie wendet sich entschieden gegen das Töten von Tieren, erst recht in Form eines Freizeitvergnügens, aber sie bevorzugt billiges Fleisch aus der Massentierhaltung. In diesem Spannungsfeld wurde die Jagd zum Spagat zwischen gesellschaftlicher Erwartungshaltung und Drohung.

Jagd soll aber auch der Gesundheit und dem Wohlbefinden der bejagten Wildart dienen; sie soll beispielsweise Kümmern infolge überhöhter Wildbestände verhindern, sie soll innerartlichen Druck (z.B. beim Rehwild) reduzieren oder Wildkrankheiten (z.B. Tollwut) zurück drängen.

Um die ihr gesteckten Ziele erreichen zu können, bedient sich die Jagd unterschiedlicher Jagdstrategien und Jagdmethoden, die sich an den örtlichen Gegebenheiten orientieren sollen. Die Jagdstrategie (Zu-

Während Gesellschaftsjagden auf Niederwild an Bedeutung verlieren, »boomen« Drückjagden auf Schalenwild.

fallsbejagung, Intervallbejagung, Schwerpunktbejagung) gibt sozusagen die Richtung vor (z.B. wenig Jagddruck, viel Jagddruck), während die Jagdmethode den jagdhandwerklichen Weg beschreibt, der zum Strategieziel führen soll (z.B. Ansitzjagd, Pirsch, Drückjagd, Kirrjagd). Die verschiedenen Jagdmethoden werden – je nach örtlichen Verhältnissen – im Rahmen beider Jagdstrategien angewendet.

Unterschieden wird ferner zwischen Einzel- und Gesellschaftsjagd. Um eine Einzeljagd handelt es sich auch dann, wenn eine beliebige Zahl Jäger gemeinsam die Ansitzjagd ausübt (Sammelansitz). Diese Form der Einzeljagd wird aber dann zur Gesellschaftsjagd, wenn das Wild durch Treiber oder Hunde in Bewegung gebracht wird. Um Einzeljagd handelt es sich ferner, wenn nur drei Jäger ansitzen und einen Hund stöbern lassen. Sind jedoch vier Jäger und ein Hund beteiligt, entsteht i.d.R. eine Gesellschaftsjagd. Hier wird deutlich, dass die gesetzlichen Definitionen gelegentlich die Logik der Praxis vermissen lassen.

Eingeschränkt wird die Jagd durch eine Vielzahl jagd-, waffen-, naturschutzrechtlicher und sonstiger Bestimmungen, aber eben auch durch die Erwartungshaltung und Befindlichkeit der Bevölkerung.

Begriffe

Übersicht Jagdstrategie

	Jagdstrategie	
Zufallsjagd	**Schwerpunktjagd**	**Intervalljagd**
Sie erntet zufällig und orientiert sich primär an Zeit und Interessen des Jägers. Ihre Effizienz ist eher bescheiden, der Jagddruck mitunter sehr hoch.	Sie hat zum Ziel, auf begrenzter Fläche und in einem begrenzten Zeitrahmen die Wilddichte durch Abschuss möglichst gering zu halten. Im Wald soll Schwerpunktjagd eine schnelle und sichere Verjüngung des Waldes ermöglichen. Im Feld soll sie Schalenwild bis zur Ernte der Feldfrüchte abhalten.	Sie hat zum Ziel durch längere jagdliche Ruheperioden das Wild wieder vertrauter werden zu lassen. Je größer die Fläche ist, auf der Intervalljagd betrieben wird und je länger sie durchgeführt wird und je länger die Ruheperioden ausgedehnt werden, umso effizienter ist sie. Am schnellsten reagieren Rot- und Schwarzwild auf die Intervalljagd.

?

1 | Was wird unter Jagd verstanden?

Der Begriff Jagd ist in § 1 Bundesjagdgesetz definiert als die ausschließliche Befugnis dem Wild nachzustellen, es zu erbeuten und es sich anzueignen.

2 | Welche Voraussetzungen muss der Jäger erfüllen, um die Jagd ausüben zu dürfen?

1. Besitz eines gültigen Jagdscheins (der die bestandene Jägerprüfung voraussetzt) und
2. ein gültiger Jagdpachtvertrag oder
3. ein Unterpacht-Vertrag oder

4. ein entgeltlicher oder unentgeltlicher Jagderlaubnisschein oder
5. eine Jagdeinladung (Gesellschaftsjagd oder Einzeljagd unter Führung).

3 | In welchem Zustand darf die Jagd nicht ausgeübt werden?
Wer die Jagd in alkoholisiertem Zustand ausübt, stellt seine Zuverlässigkeit in Frage und kann sowohl seine Waffenbesitzkarte als auch den Jagdschein verlieren.

4 | Welche Dokumente muss der Jäger bei der Jagdausübung mitführen?
Personalausweis, Waffenbesitzkarte und Jagdschein, ggf. Jagderlaubnisschein oder Dienstausweis als bestätigter Jagdaufseher.

5 | Muss der Jagdpächter seinen Jagdpachtvertrag mitführen?
Nein, nur Waffenbesitzkarte und Jahresjagdschein, in dem die von ihm gepachteten Revierflächen vermerkt sind.

6 | Wer darf die Jagd tatsächlich alleine ausüben?
Nur wer Eigenjagdbesitzer, Pächter oder bestätigter Jagdaufseher ist oder einen Jagderlaubnisschein besitzt.

7 | Wer darf einen Jagdgast führen?
Der Jagdpächter sowie der bestätigte Jagdaufseher.

8 | Darf ein Jagdgast mit Erlaubnisschein einen anderen Jagdgast führen?
Nein.

9 | Wie definiert der Gesetzgeber die Gesellschaftsjagd?
Je nach Landesrecht in der Regel ab 4 Teilnehmer. Dabei kommt es darauf an, dass wirklich gemeinsam gejagt wird. Wenn 4 Jäger verteilt im Revier ansitzen, handelt es sich um eine Einzeljagd, wenn sie jedoch gemeinsam frettieren handelt es sich um eine Gesellschaftsjagd.

Nur Jagdpächter, bestätigte Jagdaufseher und Inhaber von Jagderlaubnisscheinen dürfen die Jagd alleine ausüben.

10 | Welche zeitlichen Beschränkungen gelten für Gesellschaftsjagden?
Je nach Landesrecht sind Treibjagden an Sonn- und Feiertagen grundsätzlich oder zumindest während der Zeit der Hauptgottesdienste verboten.

11 | In welchem Rahmen bewegt sich die Jagd weitgehend?
Im Rahmen der kompensatorischen Sterblichkeit.

12 | Was wird unter kompensatorischer Sterblichkeit verstanden?
Die Vielzahl der Sterblichkeitsfaktoren (z.B. Wetter, Krankheiten, Feinde, Jäger) ergänzen sich gegenseitig. Werden beispielsweise zu wenig Rehe erlegt, fallen mehr dem Straßenverkehr, dem Hunger oder dem Alterstod zum Opfer.

13 | Auf wen muss die Jagd Rücksicht nehmen?
Auf die Interessen und Gefühle der Bevölkerung.

14 | Was versteht man unter Intervalljagd?
Die Jagd wird innerhalb der gesetzlich vorgegebenen Jagdzeit auf möglichst großer Fläche nicht permanent ausgeübt, sondern nur in Intervallen, zwischen denen ausgedehnte Zeiten der Jagdruhe liegen. Damit soll der Jagddruck auf das Wild gesenkt und seine Vertrautheit gefördert werden.

15 | Was bezweckt die Schwerpunktjagd?
Ziel ist es, so lange und intensiv als möglich Jagddruck auszuüben. Dabei geht es einerseits darum, möglichst viel Wild zu erlegen, andererseits darum, durch hohen Jagddruck die Zuwanderung von Wild zu verhindern. Schwerpunktjagd findet auf lokal begrenzten Flächen statt.

16 | Wo wird Schwerpunktjagd ausgeübt?
Auf forstlichen oder landwirtschaftlichen Problemflächen, auf denen für begrenzte Dauer möglichst wenig Schalenwild leben soll. Sobald die Jungbäume über Äserhöhe oder die Feldfrüchte abgeerntet sind endet die Schwerpunktbejagung.

17 | Welche Wildarten realisieren jagdliche Ruhezeiten besonders schnell?
Zu den intelligentesten Wildarten, die jagdliche Ruhezonen oder Ruhezeiten besonders schnell realisieren, gehören Rotwild, Schwarzwild und Fuchs. Rehwild reagiert nicht so schnell.

■ Wetter und Jagd

18 | Was kündigt starkes Morgenrot an?
Ein Tiefdruckgebiet mit baldigem Regen, oft schon in den nächsten Stunden.

19 | Kündet Abendrot Regen an?
In der Regel nicht.

20 | Was sind Schönwetterwolken?
Einzelne Haufenwolken, die sich an warmen Tagen durch aufsteigende Feuchtigkeit bilden.

21 | Womit ist zu rechnen, wenn sich im Sommer Haufenwolken hoch aufblähen und verdichten?
Mit einem Gewitter.

22 | Was bedeutet es, wenn bei Schönwetter die Kondensstreifen der Flugzeuge ausfransen?
Die Luftfeuchtigkeit ist hoch, das Wetter wird umschlagen.

23 | Was bedeutet es, wenn die Wiesen im Sommer in der Früh taulos sind?
Möglicherweise ist ein Gewitter im Anzug, zumindest wird es bald regnen.

24 | Welche Gewitter bringen meist anhaltendes Schlechtwetter?
Kaltfrontgewitter, die am Morgen aufziehen.

25 | Wann zieht das Wild meist früh aus?
Sehr gute Zeiten sind im Sommer nach einem nachmittäglichen Gewitter, bei einsetzendem Regen nach Trockenheit oder überhaupt bei mäßigem, warmem Regen.

1

2

3

4

5

1 Morgenrot kündet baldigen Regen.

2 Einzelne Haufenwolken sind Schönwetterwolken.

3 Auch ausfransende Kondensstreifen bringen Wetterwechsel.

4 Abendgewitter sind meist kurzlebig.

5 Typische Inversionslage mit Nebel in den Tälern.

26 | Wann zieht das Wild in der Frühe meist zeitig ein?

Nach mondhellen Nächten, in denen es üppig äsen konnte.

27 | Wann zieht das Wild meist spät aus?
Bei schwülem Wetter, vor Gewittern und überhaupt beim raschen Wechsel von der Hochduck- zur Tiefdrucklage zieht das Wild häufig spät oder auch gar nicht.

28 | Welche Wetterlage ist im Gebirge jagdlich besonders günstig?
Herbstliche Inversionslagen (Temperaturumkehrschichten), bei denen Kälte und Nebel in den Tälern liegen, während oben bei angenehmen Temperaturen dauerhaft die Sonne scheint.

29 | Welche Vormittage sind bei der Schalenwildbejagung besonders attraktiv?
Sonnige Vormittage nach langen kalten Nächten im Herbst und Frühwinter.

30 | Was beeinflusst die Wahl unseres Ansitzplatzes wesentlich?
Der Jäger muss sich immer am Wind orientieren. An vielen Plätzen muss er sich damit abfinden, dass ein »guter« Wind auf der anderen Seite zum »schlechten« Wind wird. Starker Wind ist auch dem Wild häufig unangenehm und veranlasst es zu einem Standortwechsel. Dadurch macht starker Wind gelegentlich windgeschützte Örtlichkeiten besonders attraktiv.

31 | Welche Regel gilt für den Wind im Gebirge?
Bei Nacht und Schattenlage streicht er talwärts, bei Sonne bergauf. Die generelle Windrichtung kann sich also innerhalb eines Ansitzes oder Pirschganges ändern.

32 | Welche Wetterlagen beeinflussen Gesellschaftsjagden besonders negativ?
Starker Wind, starker Regen und Nebel. Bei Wind und Regen drückt sich das Wild häufiger als sonst. Sowohl die Geräusche der sich dem Wild nähernden Treiber wie die Geräusche des sich den Schützen nähernden Wildes werden vom Wind überlagert. Starker Regen beeinflusst nega-

Wenn die Nächte länger und kälter werden, nutzt das Rehwild gerne die Sonne.

tiv Reaktion und Schießleistung der Jäger. Nebel mindert die Sicht und erhöht dadurch die Gefahrenlage. Unter Umständen muss eine Gesellschaftsjagd bei Nebel abgesagt oder abgebrochen werden.

33 | Wie wirkt sich starker Regen auf die Ansitzjagd aus?
Die Linsen der Jagdoptik werden nass; wenn man Regenschutzkappen verwendet, müssen diese immer wieder zeitraubend entfernt und neuerlich aufgesetzt werden. Schnelle Schüsse sind daher oft nicht möglich.

34 | Welches Wetter begünstigt eine lebhafte Hirschbrunft?
Die Hirschbrunft ist am lebhaftesten (lautesten) bei kaltem, windarmem Wetter. Kühles Regenwetter ist immer noch besser als warmes Wetter. Bei warmem Frühherbstwetter schreien die Hirsche wenig.

35 | Fällt die Hirschbrunft bei warmem Wetter aus?
Nein, absolut nicht, die Tiere gelangen ebenso zum Östrus. Der Brunftbetrieb verläuft aber viel ruhiger und unspektakulärer.

36 | Welches Wetter begünstigt angeblich das Treiben der Böcke?
Angeblich schwül-heißes Hundstagswetter, was aber so nicht stimmt, denn das Brunftgeschehen geht immer von der Geiß aus, deren Östrus nicht vom Tageswetter abhängt. Nach alter Tradition geht der Jäger aber an heißen Tagen bevorzugt zum Blatten.

37 | Welchen Einfluss hat das Wetter speziell auf Niederwildtreibjagden?
Regen beeinflusst (Regenschutzkleidung) die Schießleistung negativ. Starker Wind macht das Federwild pfeilschnell und mindert die Trefferquote.

Ruhen spart Rehen Energie.

38 | Welchen Einfluss hat starker Frost auf die Jagd?
Wenn der Boden aufgefroren ist, kann sich der Jäger nicht geräuschlos fortbewegen.

39 | Wie verhält sich das Schalenwild bei Schnee?
Beim ersten Neuschnee zieht es oft fast gar nicht, weil es sich erst auf die veränderte Situation einstellen muss. Mit steigender Schneedecke reduziert vor allem das wiederkäuende Schalenwild seine Bewegungsaktivitäten, um Energie zu sparen. Es ruht, fährt seinen Stoffwechsel herunter und wartet, bis sich der lockere Neuschnee gesetzt hat. Dann kostet das Ziehen und Flüchten weniger Energie.

40 | Wie beeinflusst Trockenheit die Jagd?
Bei Trockenheit ist sehr schwer pirschen, weil dürre Blätter und Zweige, auf die der Jäger tritt, Geräusche verursachen. Außerdem ist das Schalenwild eher lethargisch und zieht spät.

Wildnutzung

Die Wildnutzung muss immer nachhaltig erfolgen. Sie darf demnach für die bejagten Wildarten nicht bestandsgefährdend sein. Das gilt auch dann, wenn die Tiere einer bestimmten Art in ihrem Bestand lokal oder grundsätzlich reduziert werden sollen. In einem solchen Falle gehen die Verluste der Art durch die Jagd über den Rahmen der kompensatorischen Sterblichkeit hinaus. Die Existenz der Art wird jedoch nicht in Frage gestellt, weil die Bejagung nach erfolgter Reduktion wieder zurückgefahren wird.

Erlegtes Wild ist Lebensmittel, das man ohne unnötige Verschmutzung liefert.

Ausnahmen vom Grundsatz der Nachhaltigkeit gibt es jedoch lokal begrenzt, etwa dort, wo der Gesetzgeber die Hege einer Wildart nur in einem begrenzten Gebiet zulässt und dieses vom Gesetzgeber verkleinert oder aufgelöst wird oder wenn eine neu zugewanderte Wildart lokal unerwünscht ist. Das betrifft insbesondere das Rotwild, aber auch Dam- und Muffelwild.

Grundlage jeder Nutzung ist eine Abschätzung des vorhandenen Bestandes der jeweiligen Art. Früher wurde insbesondere das Schalenwild im Frühjahr gezählt und dann der Zuwachs errechnet. Dabei ging man von relativ gleich bleibenden Zuwachsraten aus und bei den Neugeborenen wurde meist ein Geschlechterverhältnis von 1:1 unterstellt. Niederwild wurde hingegen weitgehend nach »Gefühl« bejagt. Man schoss, so lange man noch genug sah, was beim Hasen oft zu einer Übernutzung führte.

Heute weiß man, dass sich Rehwild und Schwarzwild überhaupt nicht zählen lassen und bei den übrigen Schalenwildarten sind – unter den üblichen jagdlichen Bedingungen – allenfalls nur grobe Schätzungen möglich. Daher wird heute beim Schalenwild weitgehend auf Bestandserfassungen verzichtet; die Abschusshöhe orientiert sich am Vegetationszustand und an der körperlichen Verfassung der jeweiligen Wildart (Wiederkäuer) und an der Schadenssituation in der Forst- und Landwirtschaft.

Während man früher davon ausging, dass die meisten Wildarten im Geschlechterverhältnis 1:1 geboren werden, weiß man heute, dass das Geschlechterverhältnis bei der Geburt von Jahr zu Jahr sehr großen Schwankungen unterliegen kann. Bei hoher Wilddichte und/oder Nahrungsknappheit werden meist deutlich mehr männliche als weibliche Jungen geboren. Durch diese Verschiebung des Zuwachses zur männlichen Seite bremst die Natur kurzfristig die Zuwachsraten. In der Regel sind weibliche Föten und weibliche Jungtiere schwächer als männliche. Sie werden daher in Krisensituationen als erste getilgt (Resorption, Abortus, frühe Jugendsterblichkeit). Eine seriöse, auf Bestandszählung oder Bestandsschätzung fußende Abschussplanung ist jedoch nicht möglich, wenn der zu erwartende Zuwachs nach Zahl und Geschlecht nicht erfassbar ist.

Auch die natürlichen Abgänge durch den Straßenverkehr, durch Krankheiten, Raubfeinde oder die Witterung sind nicht vorhersagbar. Daher ist es zielführender, den Zustand des Lebensraumes und die körperliche Verfassung des Wildes als Zeiger für die Abschussplanung heranzuziehen. In mehreren Bundesländern laufen Versuche, künftig auf den Rehwildabschussplan völlig zu verzichten.

Beim Niederwild ist es eher umgekehrt. Verantwortungsbewusste Jäger erfassen die Feldhasenbestände zumindest im Frühjahr und unmittelbar vor einer geplanten Jagd mit Hilfe der Scheinwerfertaxation, die Fasanenbestände durch Frühjahrs-, Sommer- und Frühherbstzählungen und die Rebhuhnbestände durch Zählung der Paarhühner im Frühjahr (Verhören der Hähne) und der Gesperre im Sommer.

Füchse und Marder können zahlenmäßig nicht erfasst werden. Beide Arten werden – insgesamt – weit unterbejagt, das heißt, die Bejagung erfolgt im Rahmen der kompensatorischen Sterblichkeit, ohne nennenswerte Bestandsreduzierung. Nur in einer – insgesamt – kleinen Zahl von Revieren trifft dies nicht zu. Andererseits sind besonders die Zuwachsraten beim Fuchs sehr stark an die Gradation (Vermehrung) der Feldmäuse gebunden. Schwache Mäusejahre sind auch schwache Fuchsjahre und umgekehrt.

Erfassung / Schätzung und Beurteilung von Wildbeständen

?

41 | Lässt sich unmarkiertes Schalenwild zählen?
Nein, Rehwild und Schwarzwild lassen sich überhaupt nicht zählen; die übrigen Arten lassen sich nur anschätzen.

42 | Welche Möglichkeiten der Bestandsschätzung gibt es beim Rotwild?
Im Gebirge kann man – bei ausreichend langer und hoher Schneelage – die Futterwildbestände erfassen. Im Mittelgebirge und Flachland kann unter sehr günstigen Bedingungen der Frühjahrsbestand mit Hilfe der Scheinwerferzählung erfasst werden, wobei in der Regel mit einer Dunkelziffer von mindestens 30 % zu rechnen ist. Bestandserfassungen auf Revierbasis sind beim Rotwild – Großreviere ausgenommen – ohnehin zwecklos.

43 | Wie lassen sich Gamsbestände anschätzen?
Schätzungen sind nur sinnvoll, wenn sie auf Basis einer Hegegemeinschaft gleichzeitig und mehrmals durchgeführt werden. Der typische Gamswildlebensraum ist nie voll einsehbar.

44 | Welche Weiser für die Tragbarkeit des Wildbestandes kann man beim Rehwild heranziehen?
Neben dem Verbiss der Hauptbaumarten achten wir auf Weiserpflanzen, die beim Rehwild als Äsungspflanzen beliebt sind und auf dessen körperliche Verfassung.

In Revieren mit geringem Waldanteil und gut überschaubarem Gelände lassen sich die Feldhasenbestände mit Scheinwerfertaxationen ganz gut erfassen. Gelegentlich wird mit dieser Methode auch Rotwild gezählt.

45 | Wie verschafft man sich einen Überblick über die Besatzdichte des Feldhasen?

Mit Hilfe der Scheinwerfertaxation, die aber mindestens dreimal durchgeführt werden muss und zwar: im Frühjahr zur Erfassung des Grundbestandes, im Sommer zur Erfassung des Bestandes plus Zuwachs und kurz vor der Treibjagd um zu sehen, ob die Kokzidiose den Zuwachs zu sehr gezehntet hat.

46 | Wie wird die Zahl der Rebhuhnbrutpaare ermittelt?

Rebhühner leben territorial in Einehe und die Hähne markieren im Frühjahr mit ihrem Ruf ihre Reviere, so werden die Brutpaare erfasst. Im Sommer werden die Ketten im Feld gezählt.

47 | Wie wird der Fasanenbestand angeschätzt?

Im März trennen sich die Wintergemeinschaften; jeder Hahn schart eine bestimmte Zahl Hennen um sich. Der Jäger fährt das Feldrevier ab und zählt die Harems bei der Äsung. Im Sommer werden die Gesperre gezählt.

48 | Ist es notwendig oder sinnvoll Ringeltauben zu zählen?

Nein, denn Ringeltauben streichen weit umher und fallen bei attraktivem Nahrungsangebot invasionsartig ein.

Verpaarte Rebhähne markieren mit ihrem Ruf ihre Reviere. Die Zahl der rufenden Hähne entspricht den Brutpaaren. Unverpaarte Hähne rufen nicht.

Grundsätze der Wildnutzung

Beim Niederwild hat die Jagd einen wesentlichen Einfluss auf die Bestandsentwicklung.

49 | Welche Wildarten werden nur auf Grund eines Abschussplanes bejagt?
Alle Schalenwildarten, Schwarzwild ausgenommen. Vorgeschrieben ist der Abschussplan ferner für Auer-, Birk- und Rackelhähne sowie für Murmeltiere. Diese Arten genießen jedoch ganzjährige Schonzeit.

50 | Warum wird Schwarzwild ohne Abschussplan bejagt?
Die Schwarzwildbestände sind nicht erfassbar und die Zuwachsraten stark schwankend.

51 | Auf welche Flächeneinheit beziehen sich die Angaben über die Wilddichte beim Schalenwild?
Normalerweise auf 100 ha.

52 | Welches Geschlechterverhältnis wird beim Schalenwild angestrebt?
Meist 1:1, doch ist der Einfluss des Jägers auf das Geschlechterverhältnis zumindest beim Reh- und Schwarzwild gering, und die natürlichen Geschlechterverhältnisse schwanken bei der Geburt und später stark.

Die Zusammensetzung der Rehwildsprünge ändert sich ständig. Zählungen sind daher mit einer besonders hohen Fehlerrate behaftet.

53 | Was versteht man unter Reduktionsabschuss?
Wenn nicht nur der Zuwachs genutzt, sondern der Bestand deutlich abgesenkt werden soll.

54 | Wann wird ein Wildbestand übernutzt?
Wenn deutlich mehr als der Zuwachs genutzt wird und dadurch (z.B. beim Feldhasen) der Grundbestand so niedrig wird, dass ihn andere Sterblichkeitsfaktoren in Bedrängnis bringen können.

55 | Wie hoch belaufen sich die jährlichen Junghasenverluste?
Je nach Witterung bis zu 80 %.

56 | Welches Stück schießen Sie bei Wahlmöglichkeit?
Das schwächere Stück, wobei wir hier vielfach optischen Täuschungen unterliegen.

57 | Welche Bachen dürfen nicht geschossen werden?
Leitbachen sollen grundsätzlich nicht geschossen werden.

In den ersten drei Lebenswochen haben Frischlinge keine feste Saugordnung.

Die Streifen der Frischlinge gehen erst im Alter von etwa drei Monaten verloren.

58 | Wir sehen ein Rudel Kahlwild; welches Tier schießen wir auf keinen Fall?
Das Leittier, das beim Ziehen als erstes erscheint.

59 | Was geschieht mit verwaisten Rotwildkälbern?
Sie werden vom Rudel ausgestoßen und kümmern. Harte oder lange Winter werden meist nicht überlebt.

60 | Was geschieht mit verwaisten, dreimonatigen Frischlingen?
Sie werden von der Rotte akzeptiert und kommen in der Regel problemlos durch. Entstammen sie einer Einzelrotte (nur 1 Bache mit Frischlingen) vagabundieren sie umher.

61 | In welchem Alter sind Rehkitze nicht mehr auf die Muttermilch angewiesen?
Im Alter von etwa 2,5 Monaten spielt die Muttermilch »ernährungstechnisch« keine Rolle mehr, wohl aber bedürfen die Kitze noch der Führung durch die Mutter.

62 | Sie wollen Ricke und Kitz erlegen. Welches Stück schießen Sie zuerst?
Grundsätzlich das Kitz oder die Kitze zuerst.

63 | Wie beurteilen Sie ein Rehkitz, das im November aufgebrochen 8 kg wiegt?
Es ist ausgesprochen schwach. Ein durchschnittliches Novemberkitz sollte aufgebrochen zumindest 12 kg wiegen.

64 | Wann verlieren Frischlinge ihre hellen Streifen?
Etwa im Alter von 3 Monaten.

65 | Wann werden Frischlingsbachen erstmals rauschig?
Wenn sie ein Körpergewicht von etwa 30 kg erreicht haben.

66 | Bis zu welcher Entfernung genügt die Schusspräzision eines Flintenlaufgeschosses?
Wenn die Waffe mit dem FLG eingeschossen ist bis auf 50 m.

Wichtig ist beim Schrotschuss: keine zu groben Schrote und möglichst nicht weiter als auf 30 Meter schießen.

67 | Bis zu welcher Entfernung ist der Schrotschuss zuverlässig und verantwortbar?
Bis 30 m; Entfernung wird häufig unterschätzt, so dass es oft 35 m sind.

68 | Welche Vergrößerung wählen Sie beim variablen Zielfernrohr beim Schuss auf flüchtiges Wild?
Die kleinstmögliche.

69 | Wenn eine Kette Rebhühner aufsteht, welches Huhn beschießen wir?
Nicht die beiden zuerst aufstehenden (meist die Althühner), sondern ein Randhuhn (keine Gefährdung anderer Hühner).

70 | Welcher Schuss auf Schalenwild gilt als unwaidmännisch?
Der Schuss spitz von hinten, auf stark schräg stehendes Wild und bei gesundem Wild der Schuss aufs Haupt.

71 | Welche Schrotschüsse gelten als unwaidmännisch?
Jene auf den Hasen in der Sasse, auf laufendes Federwild (Gänse ausgenommen), der Schuss »mitten hinein« und immer der Schuss auf zu große Entfernung.

72 | Wie soll Schalenwild im Schuss stehen?
Möglichst breit, wobei man sich leicht täuschen kann.

73 | Worauf achten Sie vor dem Schuss auf ein Reh?
Darauf, dass sich keine Hindernisse in der Schussbahn befinden.

Jagdliche Einrichtungen

Jagdliche Einrichtungen wie wir sie verwenden, sind jüngeren Datums und waren noch zu Beginn des 20. Jahrhunderts wenig bekannt. Selbst nach dem letzten Weltkrieg lehnten viele Jäger Hochsitze als unwaidmännisch ab. Überhaupt war die herrschaftliche Jagd bis ins 19. Jahrhundert hinein fast ausschließlich die Bewegungsjagd. Entweder musste sich das Wild bewegen (Eingestellte Jagen) oder die Jäger bewegten sich (Reitjagden). Das Sitzen und Auflauern war Sache der von den bevorzugten Bürgerlichen ausgeübten niederen Jagd.

So wurde die Ansitzjagd auf den Rehbock ausschließlich vom Boden ausgeübt und auch nur gelegentlich während der Blattzeit. Noch zu Beginn des 20. Jahrhundert wurden selbst die Hirsche überwiegend auf Bewegungsjagden geschossen.

Heute wird im deutschsprachigen Raum das meiste Schalenwild vom Ansitz aus erlegt, und selbst bei Bewegungsjagden sitzen oder stehen die Schützen – vor allem aus Sicherheitsgründen – auf baulichen Einrichtungen (Drückjagdstände). Ursprünglich war es der Glaube, der Jäger könne sich mit Hilfe eines Hochsitzes vom Wind unabhängig machen, was so jedoch nicht stimmt. Heute baut man Hochsitze in erster Linie wegen des besseren Einblicks in die Landschaft und aus Sicherheitsgründen (Kugelfang). Hinzu kommt, dass der auf einem Hochsitz sitzende Jäger in der Regel weniger stört als der am Boden sitzende.

Permanente Ansitzjagd erzeugt aber – bedingt durch die heute große Jägerdichte – einen nicht unerheblichen Jagddruck. Überdies hat das Wild vielerorts die Bedeutung von Hochsitzen erkannt und sein Verhalten geändert. In den letzten Jahren fanden daher Bewegungsjagden immer mehr Anhänger. Allerdings werden dazu in der Kulturlandschaft, siehe oben, Jagdeinrichtungen benötigt.

In anderen europäischen Ländern wird Schalenwild nach wie vor überwiegend

In Deutschland unterliegt der Bau von Jagdeinrichtungen den Unfallverhütungsvorschriften der Landwirtschaftlichen Berufsgenossenschaften. Die meisten unserer Nachbarn kennen solche Vorschriften nicht.

vom Boden aus bejagt. Die Skandinavier und Schweizer schießen die Rehe nach wie vor mit Schrot auf Treibjagden oder vor den Bracken. In Slowenien hingegen dominiert noch immer die Pirschjagd und Hochsitze sieht man äußerst selten.

Die bei uns heute noch als »Krone des Weidwerks« bezeichnete Pirsch hat stark an Bedeutung verloren. Ursachen sind das geänderte Verhalten des Wildes, die gravierenden Veränderungen im Wald (fehlende Sicht), die Unruhe auf den Feldern und vor allem der bei großer Jägerdichte hohe Störeffekt der Pirsch. Längere Pirschsteige verbinden meist Ansitzeinrichtungen (Hochsitze, Bodensitze) und sollen dann den vom Wild unbemerkten Wechsel zwischen verschiedenen Ansitzeinrichtungen ermöglichen. Im Hochgebirge haben Pirschsteige – wegen der Einblicke von Hang zu Hang – auch heute noch eine größere Bedeutung als im übrigen Land. Nachteilig ist immer, dass Pirschsteige leicht vom Publikum entdeckt und zu Wanderpfaden umfunktioniert werden. Ganz kann man auf Pirschsteige jedoch selten verzichten.

Beim Bau von Jagdeinrichtungen sind die einschlägigen gesetzlichen Bestimmungen (BJG, LJG, BGB, UVV u.a.) zu beachten. Grundsätzlich muss der Grundbesitzer mit der Errichtung einverstanden sein, er kann sie unter besonderen Umständen auch ablehnen. Auf alle Fälle steht ihm eine angemessene Entschädigung zu. In der Regel wird der Jäger aber für die Platzierung eines Hochsitzes keine »Pacht« bezahlen müssen. Anders sieht das bei größeren Rotwildfütterungen aus.

Jagdeinrichtungen haben immer die Auflagen der Unfallverhütungsvorschriften (UVV) zu berücksichtigen. Am häufigsten kommen jene der UVV Landwirtschaft zum Tragen, doch sind auch – je nach Bauausführung – andere UVV zu beachten.

Unfallverhütung

?

74 | Was ist bei Bau und Unterhaltung von Jagdeinrichtungen grundsätzlich zu beachten?

Der Grundbesitzer muss um Einverständnis gefragt werden. Die einschlägigen UVV sind zu beachten. Die Jagdeinrichtung muss sich in das Landschaftsbild einfügen.

75 | Wie sind Hochsitze zu errichten?

UVV Jagd § 7 (1) Der Unternehmer muss sicherstellen, dass

1. Hochsitze, ihre Zugänge sowie Stege fachgerecht errichtet und mit Einrichtungen gegen das Abstürzen von Personen gesichert sind,
2. bei ortsveränderlichen Hochsitzen die Standsicherheit gewährleistet ist,
3. Hochsitze vor jeder Benutzung, mindestens jedoch einmal jährlich, geprüft werden,
4. nicht mehr benötigte Einrichtungen abgebaut werden.

Durchführungsanweisung zu Absatz 1 Ziffer 1

1. Als Absturzsicherung bei Ansitzleitern wird die Waffenauflage angesehen.
2. Auf die Unfallverhütungsvorschrift »Allgemeine Vorschriften für Sicherheit und Gesundheitsschutz« (VSG 1.1) und die Unfallverhütungsvorschrift »Arbeitsstätten, bauliche Anlagen und Einrichtungen« (VSG 2.1) wird verwiesen.
3. Als fachgerecht hergestellt gelten Jagdeinrichtungen, wenn z.B. die Hinweise in der Broschüre »Sichere Hochsitzkonstruktion« beachtet sind.

Durchführungsanweisung zu Absatz 1 Ziffer 2

Auf die Unfallverhütungsvorschrift »Technische Arbeitsmittel« (VSG 3.1) wird verwiesen.

Früher mussten Holme eingekerbt werden, wodurch sie geschwächt wurden. Heute genügt ein untergesetzter starker Nagel.

76 | Können Zuwiderhandlungen gegen die UVV Jagd geahndet werden?
Ja, ordnungswidrig im Sinne des § 209 Absatz 1 Nr. 1 Siebtes Buch Sozialgesetzbuch (SGB VII) handelt, wer vorsätzlich oder fahrlässig den Bestimmungen des § 7 Abs. 1 Ziffern 3 oder 4 zuwiderhandelt.

77 | An welchen Leitern sind aufgenagelte Sprossen zulässig?
Aufgenagelte Sprossen sind nur an geneigt stehenden Leitern zulässig. Sie sind mit den Leiterholmen fest zu verbinden und auf diesen nach unten hin abzustützen.

78 | Müssen Leiterholme eingekerbt sein?
Nein, aber die Sprossen müssen nach unten hin abgestützt sein (z. B. Metallwinkel, Holzklötze usw.).

79 | Wie minimiert man die Gefahr des Abrutschens auf nassen Leitersprossen?
Die entrindeten Rundlinge werden der Länge nach aufgetrennt (halbiert), damit die Schuhsohle auf der Schnittkante Halt findet.

80 | Warum sollen Leitersprossen immer entrindet sein?
Weil sich die Rinde mit der Zeit löst und der Jäger bei feuchtem Wetter auf ihr leicht ausrutschen und stürzen kann.

Morsche Holme und Ständer dürfen nicht angeschuht werden.

81 | Wann sind schadhafte Jagdeinrichtungen zu reparieren?
Grundsätzlich unverzüglich.

82 | Wie werden Stege rutschsicher gemacht?
Durch Aufnageln von Maschengeflecht und / oder durch seitliches Anbringen von Latten, die das Abrutschen verhindern.

83 | Dürfen schadhafte Holme oder Stützen »angeschuht« werden?
Auf keinen Fall, sie sind umgehend auszuwechseln oder die Einrichtung ist abzureißen.

84 | Wer haftet, wenn ein Spaziergänger durch eine schadhafte Jagdeinrichtung zu Schaden kommt?
In der Regel der Jagausübungsberechtigte.

85 | Entlässt ein an der Hochsitzleiter angebrachtes Verbotsschild den Jagdausübungsberechtigten aus der Haftung?
Nein, denn der Jagdausübungsberechtigte muss damit rechnen, dass sein Hochsitz auch von Kindern oder Personen bestiegen wird, die nicht lesen können.

Das Verbotsschild entlässt uns nicht aus der Haftung für die Betriebssicherheit.

86 | Wie kann man verhindern, dass Hochsitze unbefugt bestiegen werden?
Dadurch dass die Leiter unten mit einem Laden verschlossen wird oder dadurch, dass man die untersten vier Sprossen durch eine abnehmbare Einhängeleiter ersetzt. Praxisgerecht sind aber beide Lösungen nicht.

■ Ansitzeinrichtungen

Welche Ansitzeinrichtungen unterscheiden wir?

Hochsitze		Bodensitze	
Kanzeln:	Leitersitze:	Ansitzhütten:	Ansitzschirme:
• geschlossen • überdacht • offen	• freistehend • angelehnt • Aufstieg von vorne mit Innenaufstieg • überdacht oder offen	• geschlossen	• überdacht • offen • mobil

87 | Wann spricht man von einer geschlossenen Kanzel?
Wenn die Seiten zugeschalt und mit Schießluken versehen sind.

88 | Was ist eine freistehende Leiter?
Eine Ansitzleiter, die so konstruiert (abgestützt) ist, dass sie nicht an einen Baum gelehnt werden muss.

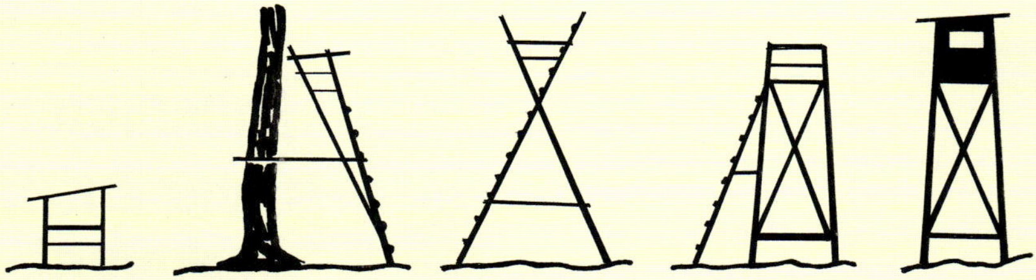

Ansitzeinrichtungen, rein schematisch dargestellt.

89 | Wird eine Kanzel / Ansitzleiter stabiler, wenn wir sie mit einem Baum verbinden?

Nein, denn sie muss alle Bewegungen des Baumes mitmachen. Tragende Nägel werden dadurch abgebrochen und Präzisionsschüsse sind bei Wind unmöglich.

90 | Welche Leitern oder Kanzeln empfehlen sich für Waldränder?

Solche mit »Innenaufstieg«, damit das vor dem Waldrand stehende Wild den Jäger beim Auf- oder Abstieg nicht bemerkt.

91 | Welchen Nachteil haben geschlossene Hochsitze (Kanzeln)?

Man sitzt isoliert, empfängt weniger Geräusche aus der Umgebung.

92 | Wie hoch muss eine Kanzel sein, um uns sicher aus dem Wind zu heben?

Kein offener Hochsitz hebt uns sicher aus dem Wind, da dieser nicht konstant linear über den Boden streicht. Der Jäger muss bei jeder offenen Ansitzeinrichtung den Wind beachten.

93 | Wo ist der Wind besonders unberechenbar?

An Waldrändern, an Hangkanten und an Wegen oder Schneisen kann der Wind drehen oder sich überschlagen.

94 | Womit kann man schnell einen provisorischen Ansitzschirm errichten?

Mit Hilfe eines im Rucksack mitgeführten Stücks Tarnnetz.

95 | Was ist ein Ansitzschirm oder Bodensitz?

Eine einfache, ebenerdige Ansitzeinrichtung, bestehend aus einer Sitzgelegenheit

»Luderhütten« (Ansitzhütten) dienen keineswegs nur der Fuchsbejagung.

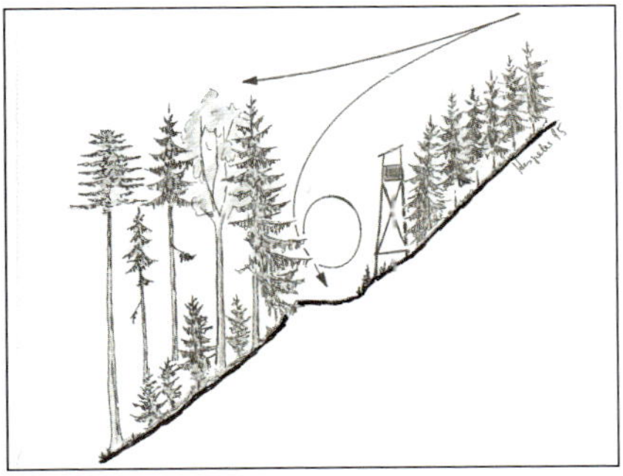

In »Löchern« kann der Wind kreiseln.

An Waldrändern kann der Wind überschlagen.

Wegeinschnitte o.ä. wirken wie Windkanäle.

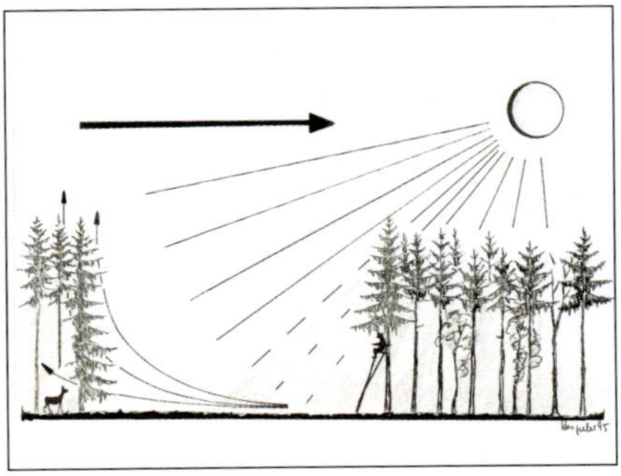

Starke Erwärmung zieht Kaltluft ab.

und einer Blende als Tarnung und Schießauflage. Komfortablere Bodensitze sind überdacht und teilweise wie eine geschlossene Kanzel zugeschalt.

96 | Welche Vorteile haben Bodensitze?
Man kann sie besonders diskret beziehen.

97 | Welche Nachteile haben Bodensitze?
Die Einsicht in das Vorfeld ist geringer als von einem Hochsitz aus und je nach Gelände fehlt der Kugelfang.

98 | Was ist eine Luderhütte?
Ein überdachter und geschlossener Bodensitz für die Nachtjagd am Luderplatz.

Kunstbau

99 | Wozu dienen Kunstbaue?
Sie sollen die Baujagd auf den Fuchs erleichtern.

100 | Aus welchen Materialien können Kunstbaue gefertigt werden?
Beispielsweise aus Beton-Fertigteilen, aus Kunststoffröhren, aus Steinen oder aus Holz.

101 | Wie viele Röhren muss ein Kunstbau haben, damit er vom Fuchs angenommen wird?
Eine Röhre genügt, wenn sie zwei Einläufe in den Kessel hat (Gabelung vor dem Kessel).

Kunstbaue werden vom Fuchs gerne angenommen und erleichtern die Bejagung.

102 | Worauf muss man beim Bau eines Kunstbaus achten?

Er muss so konstruiert sein, dass es nicht zwangsweise zur Konfrontation zwischen Fuchs und Bauhund kommt. Der Kessel muss trocken und zugfrei sein und soll sich möglichst leicht öffnen lassen.

103 | Ist es hilfreich, Heu oder Stroh in den Kessel zu geben?

Nein, denn Füchse ruhen auf dem blanken Boden.

104 | Womit kann man die Annahme des Kunstbaues begünstigen?

In dem man neben der Röhre die Blase einer ranzigen Fähe ausdrückt oder indem man anfangs etwas Getreide in die Röhren wirft, das Mäuse anzieht.

105 | Kann man Kunstbaue auch ohne Bauhund jagdlich nutzen?

Ja, man kann am Kunstbau ansitzen und warten, bis der Fuchs ausfährt, oder man kann den Kessel so konstruieren, dass der Fuchs mechanisch (z. B. mit einem Stab) zum Springen veranlasst wird.

106 | Welche Wildarten kann man im Kunstbau antreffen?

Kunstbaue, deren Röhren weiter als 20 cm sind, werden auch vom Dachs angenommen. Gelegentlich stecken sich im Kunstbau auch Katze, Steinmarder und Iltis.

Der Deutsche Wachtelhund wird als Waldgebrauchshund geführt.

Die Schweizer tragen den Gams gerne auf der Schulter, wobei die geschränkten Läufe mit der Stirn gehalten werden.

Sonstige Hilfsmittel

107 | Womit kann man Fuchs und Hase bequem tragen oder ein Reh ziehen?
Mit einem selbst gebastelten Wildträger (Handgriff aus Holz und Schlaufe)

108 | Was sollte der Jäger zum Bergen von Schalenwild immer im Rucksack / Auto haben?
Ein etwa 5 m langes Seil.

109 | Darf man erlegtes Wild in Kunststoffsäcken transportieren?
Auf keinen Fall, weil das Wild darin verhitzen würde.

110 | Wie wird im Gebirge schweres Wild geliefert?
Auf einem einrädrigen Hirschkarren oder einem Hörnerschlitten, unter dessen Kufen mitunter eine Achse mit zwei Rädern geschraubt wird.

111 | Wie kann leichteres Schalenwild bei Schneelage transportiert werden?
In einer muldenförmigen, als Schlitten einsetzbaren Wildwanne.

112 | Wie wird ein Gams getragen?
Entweder in einem geräumigen Rucksack oder (bequemer) auf einer Kraxe. In der Schweiz wird der geschränkte Gams auch im Nacken getragen, wobei die Läufe von der Stirn des Trägers gehalten werden.

113 | Wie kann sich der Jäger bei höherer Schneelage im Revier fortbewegen?
Entweder mit Kurzskiern oder mit Schneereifen.

114 | Welches Hilfsmittel braucht der Jäger im Hochgebirge auf steilen Grashängen oder in vereistem Gelände?
Steigeisen oder zumindest einfache »Grötel«.

Lockmittel

115 | Wie macht man Suhlen oder Wechsel für Schwarzwild attraktiv?
Durch Bestreichen von Malbäumen mit Buchenholzteer.

?

Die Einzeljagd

Die Einzeljagd unterscheidet sich rechtlich von der Gesellschaftsjagd. Letztere liegt nach den Bestimmungen der Landesjagdgesetze dann vor, wenn mehr als vier Teilnehmer (Jäger und Treiber) zusammenwirken. Bei der Einzeljagd übt der Jäger die Jagd keineswegs immer alleine aus. Auch beim so genannten Sammelansitz handelt es sich um Einzeljagd, denn die Teilnehmer wirken ja nicht zusammen. Anders ist die Situation, wenn das Wild bei einem Sammelansitz durch Hunde und/oder Treiber bewegt wird. Einzeljagd liegt ferner dann vor, wenn der Jäger von einem anderen Jäger (Pirschführer) begleitet wird. So sitzt der Jagdgast eventuell gemeinsam mit dem Jagdpächter oder einem Jagdaufseher auf einen Bock oder Hirsch an. Auch wenn zwei Jäger vorstehen und ein dritter durchgeht handelt es sich noch um Einzeljagd.

In gefährlichen Situationen muss der Jäger aus Sicherheitsgründen einen Begleiter mitnehmen, so will es die UVV. Allerdings ist dies in der Praxis (z.B. Berufsjäger, Förster) nicht immer durchführbar. Unter Gebirge wird in der UVV auch nicht dieses als Ganzes verstanden, sondern dessen gefährliche Zonen. Wer in den Talauen oder im Bergwald ansitzt und gesund ist benötigt sicher keinen Begleiter. Anders bei der Gamsjagd in felsigen Hochlagen. Aber dort wird jeder vernünftige Jäger ohnehin einen Begleiter mitnehmen oder in seiner Nähe wissen wollen, nicht zuletzt wegen der oft problematischen Bergung des erlegten Wildes.

Die Einzeljagd wird keineswegs nur auf Schalenwild ausgeübt. Fasan, Rebhuhn, Ente und Hase werden bei der Einzeljagd mit dem Hund (Suchjagd) bejagt. Enten werden beim Morgen- oder Abendstrich geschossen oder beim Anstand mit dem Entenlocker.

Auch der Ansitz auf den Fuchs (z.B. im Feld oder am Bau) ist Einzeljagd, ebenso der Ansitz auf Murmeltiere (in Deutschland ganzjährig geschont) der Taubenstrich, oder der Ansitz auf den Waldhasen (Hasenkur) gehören zur Einzeljagd. Für die vor allem in Nordrhein-Westfalen und Niedersachsen populären Taubenjagdtage, bei denen meist eine größere Zahl Jäger auf Tauben ansteht (ansitzt), handelt es sich –

Für viele Jäger ist die Einzeljagd immer noch am reizvollsten, besonders wenn sie kurze Pirsch und Ansitz verbinden können.

Übersicht Einzeljagd

Jagdart	Standort	Bejagte Wildarten	Merkmale
Ansitz	Wald- und Feldrevier – überall Ansitzeinrichtung, Sitzstock oder natürliche Sitzgelegenheit	Schalenwild, Fuchs und anderes Raubwild, Feldhase, Murmeltier* Ringeltauben	1 Jäger alleine oder geführt oder mehrere Jäger, bei denen jeder selbständig jagt
Anstand	Am Bau, am Wasser, im Feld, unter Schlafbäumen im Wald	Fuchs und Dachs, Enten, Gänse, Feldhase, Tauben, Elstern, Krähen, Schnepfen (Strich)*	1 Jäger alleine oder mehrere Jäger, bei denen jeder selbständig jagt.
Pirsch	Pirschsteige, Wege	Überwiegend Schalenwild, insbesondere Gamswild	1 Jäger alleine, gelegentlich geführt
Suche	Hauptsächlich im Feldrevier	Niederwild	Jäger + Hund
Brackenjagd	Hauptsächlich im Wald	Hase und Fuchs	Jäger + Hund
Stöberjagd	Hauptsächlich im Wald	Hase, Fuchs, Schalenwild	Jäger + Hund
Buschierjagd	Feld oder Buschgelände	Hase, Kaninchen, Rebhuhn, Fasan, Schnepfe	Jäger + Hund
Baujagd	Feldrevier und Waldrevier	Fuchs und anderes Raubwild	Jäger + Hund
Frettierjagd	Feldrevier und Waldrevier	Kaninchen	Jäger + Frettchen
Beizjagd	Feld oder Buschgelände	Niederwild, Rabenvögel	Jäger + Beizvogel (gelegentlich + Hund)
Balzjagd	oberhalb Waldgrenze im Wald	Birkhahn* Auerhahn*	1 Jäger (+ Führer) 1 Jäger (+ Führer)

* nicht mehr in Deutschland

solange die Tauben nicht bewegt werden – um Einzeljagd.

Als Einzeljagd können, neben der bereits erwähnten Suche, auch viele andere Jagdarten mit dem Hund ausgeübt werden (Stöbern, Brackieren, Baujagd).

Ebenso werden alle Varianten der Lockjagd (Fuchsreizen, Taubenlocken, Blattjagd, Jagd mit dem Hirschruf u.a.) als Einzeljagd ausgeübt, selbst dann wenn zwei Jäger gemeinsam jagen.

Unfallverhütung

?

116 | Wie muss die Jagdwaffe beschaffen sein?

Es dürfen nur Schusswaffen verwendet werden, die den Bestimmungen des Waffengesetzes entsprechen und nach dem Bundesjagdgesetz für jagdliche Zwecke

zugelassen sind. Die Waffen müssen funktionssicher sein und dürfen nur bestimmungsgemäß verwendet werden.
Eine Waffe ist z.B. funktionssicher, wenn sie zuverlässig gesichert werden kann, ihr Verschluss dicht ist und wenn sie keine Laufaufbauchungen, Laufdellen oder die Funktionssicherheit beeinträchtigende Rostnarben aufweist.

117 | Wozu dürfen Jagdwaffen nicht verwendet werden?

Keine bestimmungsgemäße Verwendung ist z.B. die Benutzung der Waffe zum Niederhalten von Zäunen beim Übersteigen, zum Aufstoßen von Hochsitzluken, zum Erschlagen des Wildes.

118 | Welche Munition ist zu verwenden?

Es darf nur die für die jeweilige Schusswaffe bestimmte Munition in einwandfreiem Zustand verwendet werden.

Beim Übersteigen von Zäunen muss das Gewehr entladen sein. Kipplaufwaffen sind zu brechen, bei allen anderen Waffen ist der Verschluss zu öffnen.

Durchführungsanweisung zu Absatz 2
1. Hinweise auf die verwendbare Munition geben z.B. die Angaben auf der Waffe.
2. In nicht einwandfreiem Zustand ist z.B. feucht gewordene Munition, selbst wenn sie getrocknet wurde.
3. Auch nicht gewerbsmäßig hergestellte Munition muss den gesetzlichen Bestimmungen entsprechen.

119 | Wie sind Flintenlaufgeschosse zu behandeln?

Flintenlaufgeschoßpatronen müssen so mitgeführt werden, dass Verwechslungen mit Schrotpatronen ausgeschlossen sind.

120 | Wann darf die Jagdwaffe geladen sein?

Schusswaffen dürfen nur während der tatsächlichen Jagdausübung geladen sein. Die Laufmündung ist stets – unabhängig vom Ladezustand – in eine Richtung zu halten, in der niemand gefährdet wird. Nach dem Laden ist die Waffe zu sichern.

121 | Wann ist die Waffe grundsätzlich zu entladen?

Beim Besteigen von Fahrzeugen und während der Fahrt muss die Schusswaffe entladen sein. Beim Besteigen oder Verlassen eines Hochsitzes, beim Überwinden von Hindernissen oder in ähnlichen Gefahrlagen müssen die Läufe (Patronenlager) entladen sein.

122 | Wann darf geschossen werden?

Ein Schuss darf erst abgegeben werden, wenn sich der Schütze vergewissert hat, dass niemand gefährdet wird. Eine Gefährdung ist z.B. dann gegeben, wenn Personen durch Geschosse oder Geschoßteile verletzt werden können, die an Steinen, gefrorenem Boden, Ästen, Wasserflächen oder am Wildkörper abprallen oder beim Durchschlagen des Wildkörpers abgelenkt

Vor dem Besteigen und vor dem Absteigen muss die Waffe entladen werden.

werden oder wenn beim Schießen mit Einzelgeschossen kein ausreichender Kugelfang vorhanden ist.

123 | Wohin zeigt die Laufmündung einer Repetierbüchse beim Entladen?
Schräg nach oben.

124 | Wohin zeigt die Laufmündung einer Kipplaufwaffe beim Entladen?
Auf den Boden.

125 | Was machen Sie, wenn eine Patrone nicht zündet?
Mindestens 10 Sekunden warten (Nachbrenner), wobei der Lauf auf einen Kugelfang gerichtet sein muss.

126 | Wann müssen Sie die Waffe auch auf dem Weg zum und vom Ansitz entladen?
Bei vereistem Boden.

127 | Was tun Sie mit ihrer bereits eingestochenen Waffe, wenn Sie nicht zu Schuss kommen?
Sofort sichern und dann entstechen.

128 | Bei welcher Einzeljagd müssen Sie einen Begleiter mitnehmen?
Bei einer mit besonderen Gefahren verbundenen Jagdausübung ist ein Begleiter zur Hilfeleistung mitzunehmen. Besondere Gefahren können sich ergeben z.B. durch Witterungs-, Gelände- und Bodenverhältnisse, vor allem im Hochgebirge, auf Gewässern und in Mooren oder bei der Nachsuche auf wehrhaftes Wild.

129 | Was müssen Sie bei der Bergjagd unbedingt mitführen?
Erste-Hilfe-Material und entweder ausreichend Patronen oder ein Signalinstrument.

130 | Was sollte bei ihrer Notausrüstung unbedingt dabei sein?
Eine Rettungsdecke aus isolierender Aluminiumfolie.

Rucksack: Verbandszeug, Desinfektionsmittel, Aludecke, Taschenlampe, Feuerzeug, Mehrzweckmesser, Astschere, Schweißeinlage, Markierzange.

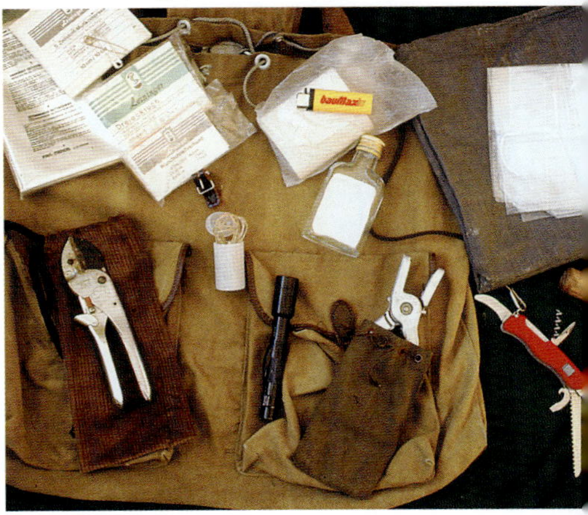

Für viele Jäger gehört das Handy längst zur jagdlichen Standardausrüstung.

131 | Was sollte der Jäger vor der Jägerprüfung und später als Wiederholung absolvieren?
Einen Kurs in Erster Hilfe.

132 | Wie machen Sie sich auf der Einzeljagd bei einem Unfall bemerkbar?
Durch das international geltende alpine Notsignal (Rufe, Trillerpfiff, Signalschüsse) oder mit Hilfe des Handys.

133 | Womit müssen Sie bei einem Handy immer rechnen?
Mit einem Funkloch.

■ Ansitz

134 | Was will der Jäger beim Ansitz erreichen?
Er will einen Einblick in den Wildbestand gewinnen, sich über das Verhalten des Wildes informieren sowie den Jagdschutz und die Jagd ausüben.

135 | Welche Vorteile hat eine überlegte Ansitzjagd?
Das Wild wird i.d.R. weniger gestört als bei der Pirsch und die Einblicke in das Verhalten des Wildes sind intimer.

136 | In welcher Tageszeit wird bevorzugt angesessen?
In den frühen Morgenstunden (beim Tagwerden) und am Abend. Rehwild tritt aber häufig auch am Vormittag aus. Auch der Ansitz auf Gams und Damwild erfolgt tagsüber.

137 | Wo verspricht der Ansitz im Rot- oder Schwarzwildrevier an heißen Tagen Erfolg?
An Suhlen, in denen das Wild Kühlung und Schutz vor Insekten sucht.

138 | Welche Nachteile hat die Ansitzjagd bei Nacht?
Nachtjagd bedeutet zusätzliche Störung, die sich auf das Verhalten des Wildes negativ auswirkt.

139 | Kann man die Ansitzjagd auch tagsüber erfolgreich ausüben?
Alle wiederkäuenden Schalenwildarten haben einen festen Rhythmus aus Äsungs-, Wiederkäu- und Ruheperioden. Das Wild ist also auch dann aktiv, wenn wir gewöhnlich nicht ansitzen, etwa am Vormittag.

140 | Wie unterscheidet sich der Ansitz in den frühen Morgenstunden von jenem am Vormittag?
Während der lauten Tageszeit äst das Wild mehr in den Einständen und tritt weniger auf Freiflächen.

141 | Was ist bei Ansitzeinrichtungen innerhalb der Einstände wichtig?
Die Ansitzeinrichtung muss möglichst ohne Störung des Wildes erreicht werden.

Vor Landwirten und Nichtjägern zeigen sich Rehe oft erstaunlich vertraut.

142 | Welche Vor- und Nachteile haben Ansitzeinrichtungen an oder bei Forststraßen oder Wanderwegen?
Das Wild ist Störungen gewöhnt, der Jäger kann die regelmäßigen Störungen beim Beziehen der Ansitzeinrichtung ausnutzen. Geräusche des Jägers werden von denen der Waldbesucher oder des Verkehrs kaschiert. Menschliche Witterung stört relativ wenig. Nachteilig ist, dass das Wild meist sehr spät zum Äsen auf die Seitenstreifen tritt oder die Forststraßen überquert.

143 | Was versteht man unter Hüttenjagd?
Die heute weitgehend vergessene Jagd auf Rabenvögel (früher vor allem Greifvögel) mit Hilfe eines auf einer Juhle sitzenden lebenden Uhus (oder einer Attrappe). Hinter der Juhle muss sich ein Baum befinden, in dem die Rabenvögel einfallen. Vor der Juhle steht die »Krähenhütte«, in der der Jäger sitzt. Mit der Unterschutzstellung der Rabenvögel durch die EU hat die Hüttenjagd weiter an Bedeutung verloren.

144 | Wo wird der Fuchs in hellen Nächten und bei Schnee bejagt?
Vorwiegend im Feld, entweder an einem Luderplatz oder mit der Hasenquäke (Reizjagd) oder bei einer Schleppe.

Pirsch

145 | Pirscht man besser alleine oder zu zweit?
Mit Ausnahme der Jagd im alpinen Raum pirscht man am besten alleine, um möglichst wenig zu stören.

146 | Welche Gefahr besteht bei häufigem Pirschen?
In kleinen Revieren und bei hoher Jägerdichte wird das Wild rasch vergrämt.

Von der Luderhütte aus kann man den Fuchs auch anmäuseln oder, wenn er weiter entfernt erscheint und keine Anstalten macht zuzustehen, anquäken.

147 | Was muss der Jäger bei der Pirsch besonders berücksichtigen?
Er muss den Pirschgang nach den Windverhältnissen planen.

148 | Wer hilft dem pirschenden Jäger, Wild frühzeitig zu erkennen?
Der begleitende und sauber »bei Fuß« gehende Hund.

149 | Welche Nachteile haben Pirschsteige?
Sie werden leicht von Wanderern, Pilzsuchern oder Mountainbikern entdeckt und missbraucht.

150 | Wozu sind saubere Pirschsteige erforderlich?
Beispielsweise zum störungsarmen Erreichen einer Ansitzeinrichtung.

151 | Womit werden längere Pirschsteige ergänzt?
Mit Ansitzschirmen und / oder Hochsitzen.

152 | Auf welche Wildarten wird die Lockjagd ausgeübt?
Auf Hirsch, Rehbock, Fuchs, Ente, Ringeltaube, Birkhahn, Haselhahn, Elster, Eichelhäher, soweit die Arten bei uns bejagt werden dürfen.

Lock- und Rufjagd

Übersicht Lockjagd

Wildart	Laute der Beutetiere	Laute der jeweiligen Art	Revier
Akustische Lockjagd:			
Rotwild		Mahnen	Feld- und Waldrevier
Rothirsch		Brunftschreie	Waldrevier
Rehwild		Kitzfiep, Geißfiep, Angstgeschrei	Feld- und Waldrevier
Schwarzwild	Kitzfiep (im Frühsommer)	Kontaktlaut	Feld- und Waldrevier
Fuchs	Hasenquäke, Kaninchenklage, Mauspfiff, Vogelangstruf	Bellen, Ranzruf (Wimmern)	Feld- und Waldrevier
Marder	Mauspfiff		Feld- und Waldrevier
Hermelin	Mauspfiff		überwiegend Feld
Stockente		Kontaktruf	Wasser und Feld
Ringeltaube		Revierruf des Taubers	Waldrevier
Wachtel		Revierruf des Hahns	Feldrevier
Haselhahn		Revierruf des Hahns	Waldrevier
Birkhahn		»Fauchen« des Hahns	Balzplatz
Elstern		Kontaktruf	Feld- und Waldrevier
Optische Lockjagd:			
Ringeltaube	Locktauben		Feldrevier
Wildenten	Lockenten (Attrappen)		Wasser und Feld
Wildgänse	Lockgänse (Attrappen)		Wintersaat
Krähen	Uhu (Attrappe)		Feldrevier

Instrumente für die Rufjagd auf den Brunfthirsch: Eifel-Hirschruf, Tritonmuschel, Ochsenhorn, Heracleumrohr (Riesenbärenklau) und Faulhaber-Hirschruf.

153 | Welche Formen der Lockjagd gibt es?
Das Wild kann akustisch gelockt werden oder mit Lockstoffen (meist Kirr- oder Luderbrocken) oder mit Attrappen.

154 | Womit wird der Brunfthirsch gelockt?
Der Jäger reizt den Hirsch mit den verschiedenen Rufen eines Rivalen oder mit dem Mahnen des Kahlwildes.

155 | Welche Instrumente sind hierzu gebräuchlich?
Tritonmuschel, Herakleumrohr, Glaszylinder oder die verschiedenen im Handel erhältlichen Hirschrufe.

156 | Was ahmt der Jäger bei der Lockjagd auf den Rehbock nach?
Den Fieplaut der Geiß oder das beim Treiben zu hörende »Angstgeschrei«.

157 | Lassen sich weibliches Rehwild und Kitze auch mit dem Ruf locken?
Im Frühherbst, so lange die Mutter-Kind-Bindung noch sehr eng ist, lässt sich die Geiß mit dem Kitzfiep rufen und die Kitze mit dem Geißfiep.

Verschiedene Rehblatter.

158 | Welche Instrumente werden dabei verwendet?
Meist variable »Rehblatter« aus Holz, Kunststoff oder Gummi.

159 | Mit welchen Lockrufen wird der Fuchs bejagt?
Auf nähere Distanz mit dem Mauspfiff (Instrument, Daumennagel, Handrücken oder nur mit den Lippen) und auf größere Distanz mit der Hasenklage, in Kaninchengebieten auch mit der Kaninchenklage.

160 | Macht es Sinn, einen mit der Mäusejagd beschäftigten Fuchs anzumäuseln?
Wenig, weil der Fuchs zuerst »seine« Maus bejagt. Oft steht er aber auch nach einiger Zeit noch zu.

161 | Womit lockt man ein Hermelin?
Mit dem Mauspfiff.

Verschiedene Fuchslocker: links Belllaut, Mitte Ranzlautlocker, rechts Hasenquäke mit Mauspfeifchen kombiniert.

162 | Womit wird der Ringeltauber gelockt?
Mit dem Revierruf.

163 | Welche Wildarten werden mit Futtermitteln gelockt?
Soweit in den einzelnen Bundesländern erlaubt: Schalenwild, Stockenten, Fuchs, Marder.

164 | Was ist der Unterschied zwischen Kirrung und Luder?
Gekirrt wird Friedwild, angeludert wird Raubwild.

165 | Ist die Kirrung von Schalenwild erlaubt?
Die Kirrung von Schwarzwild ist unter Auflagen in allen Bundesländern erlaubt, die von wiederkäuendem Schalenwild ist in den meisten Bundesländern untersagt.

166 | Womit wird Schwarzwild gekirrt?
Meist mit Körnermais, weil dieser eine hohe Lockwirkung hat und auch relativ leicht so angeboten werden kann, dass ihn andere Schalenwildarten nicht aufnehmen können.

167 | Wie sind Schwarzwildkirrungen i.d.R. anzulegen?
So, dass Kirrfutter von anderen Schalenwildarten nicht aufgenommen werden kann.

168 | Wie wird das erreicht?
Durch Einarbeiten des Kirrfutters ins Erdreich oder durch Vorlage in abgedeckten Kistchen oder in Behältern, die von den Sauen bewegt werden müssen, um ans Futter zu gelangen.

169 | Darf man Sauen mit Schlachtabfällen ankirren?
Nein, das ist – mit Blick auf die Schweinepest – streng verboten.

Die Kirrung von Schwarzwild ist in allen Bundesländern mit Auflagen erlaubt.

170 | Womit kirrt man (wenn erlaubt!) Rehwild an?
Am häufigsten mit Apfeltrester, aber auch mit Äpfeln, Kartoffeln, Rüben oder Körnermais.

171 | Was ist bei Luderplätzen zu beachten?
Eine Vielzahl von Rechtsvorschriften (z. B. Wasserschutzgesetz, Tierkörperbeseitigungsgesetz, Lebensmittelgesetz, Naturschutzverordnungen u.a.). Ferner besteht bei einer unsachgemäßen Beschickung immer die Gefahr öffentlichen Ärgernisses.

172 | Womit lässt sich der Fuchs anludern?
Mit Wildaufbruch und Fallwild, mit getrockneten Lungen- oder Pansenstücken oder mit pelletiertem Hunde- oder Katzenfutter.

173 | Muss ein Luderplatz »stinken«?
Nein, er soll überhaupt nicht stinken. Seine Wirkung beruht auf der regelmäßigen Beschickung und den Duftmarken, die die ihn besuchenden Füchse hinterlassen.

174 | Womit kann man Marder kirren?
Mit Dörrobst wie Rosinen oder Birnen, mit Eiern oder mit Honig.

175 | Womit werden Enten gekirrt und was ist dabei zu beachten?
Mit Getreide oder Eicheln, wobei die Bestimmungen des jeweiligen Bundeslandes zu beachten sind. Das Kirrfutter darf nicht im Wasser oder so am Ufer ausgebracht werden, dass es ins Wasser gelangen kann.

176 | Welche Wildarten werden mit Attrappen gelockt?
Ringeltauben und Stockenten, gelegentlich auch Wildgänse.

Anstand

177 | Auf welche Wildarten wird der Anstand / Ansitz am Boden ausgeübt?
Man kann generell auf alle Wildarten am Boden anstehen. Gebräuchlich ist der Anstand beim Entenstrich; auf Tauben im Feld, an der Salzlecke, an der Wasserstelle oder unter den Schlafbäumen; auf Elstern unter den Schlafbäumen (wo erlaubt!); auf den Hasen.

178 | Was versteht man unter Hasenkur?
Der Anstand oder Ansitz auf den zu Felde rückenden Hasen. Wird heute nur noch dort ausgeübt, wo die Feldhasen nicht mehr auf Treibjagden bejagt werden.

Als absolute Erstversorgung muss dem Hasen die Blase ausgedrückt werden, selbst wenn er danach gleich ausgenommen wird.

179 | Wo lohnt sich der Anstand auf Elstern (sofern erlaubt!)?
Unter den Schlafbäumen.

180 | Wo steht der Jäger auf Enten an?
Am Rande der Gewässer oder an den Äsungsplätzen (z. B. Lagergetreide).

181 | Wie unterscheiden sich Enten- und Gänsestrich?
Enten liegen tagsüber auf dem Wasser, streichen am Abend zu den Äsungsplätzen und streichen in der Früh' wieder zurück. Gänse liegen in der Nacht auf dem Wasser, streichen in der Früh zu den Äsungsplätzen und kehren am Abend zurück.

182 | Worauf achten Sie beim Anstand am Fuchsbau?
Auf guten Wind, darauf, dass der Fuchs mich nicht aus der Röhre heraus eräugen kann und auf das Schussfeld.

183 | Wo steht / sitzt der Jäger auf den Steinmarder an?
In der Nähe seines Schlafplatzes, meist hinter Gehöften oder am Dorfrand.

Steinmarder lassen sich mit »Süßem« leicht ankirren und bei Mond erlegen (Fotomontage).

Fangjagd

Übersicht erlaubte Fanggeräte*

Lebendfallen:	Totfangfallen:
Kastenfalle für Fuchs	Schwanenhals, Bügelweite 56–70 cm (844**)
Kastenfalle für Kleinraubwild	Mardereisen, Bügelweite 37 cm (844**)
Wippbrettfalle	
Röhrenfalle (844**)	

* Bitte immer die jeweils geltenden Landesverordnungen beachten!
** Seitenverweis für Abbildungen

184 | Welches Wild darf mit Fallen gefangen werden?
Raubwild, Wildkaninchen und Bisam und soweit nicht zum jagdbaren Wild erklärt, Nutria.

185 | Welche Fallen sind grundsätzlich verboten?
Überall verboten sind Tellereisen. Darüber hinaus können die Länder den Gebrauch weiterer Fallen verbieten.

186 | Darf jeder Jäger die Fangjagd ausüben?
Sofern die Länder keine abweichenden Regelungen getroffen haben ja. In einigen Bundesländern müssen aber Nicht-Berufsjäger nachweisen, dass sie an einem Fallenjagdlehrgang teilgenommen haben.

187 | Welche beiden Fallen-Gruppen werden unterschieden?
Totschlagfallen und Lebendfallen. Erstere müssen sofort tötend fangen, zweitere dürfen nur unversehrt fangen.

188 | Wie unterscheiden sich Abzugeisen von Tellereisen?
Die gespannten Bügel des Abzugeisens werden freigegeben und schlagen zu, wenn der in der Mitte platzierte Köderteller angehoben wird (Auslösung auf Zug). Die Bügel der Tellereisen schlagen zu, wenn Druck auf den in der Mitte platzierten Teller kommt (Auslösung auf Druck).

189 | Welche Abzugeisen werden unterschieden?
Der große Schwanenhals und das kleinere Eiabzugeisen.

190 | Für welche Wildart ist der Schwanenhals gedacht?
Hauptsächlich für den Fuchs.

191 | Nimmt der Altfuchs den in einem Fangbunker stehenden Schwanenhals an?
Höchst selten.

192 | Welche Wildart fängt sich im Schwanenhals, der außerhalb eines Fangbunkers aufgestellt wird?
Bevorzugt Schwarzwild!

193 | Gehen auch andere Wildarten in den frei aufgestellten Schwanenhals?
Ja, vor allem geschützte Greifvögel, aber auch jene Arten, die sich vorwiegend mit den Branten fangen wie Waschbär oder Katze, selbstverständlich auch (Jagd)Hunde.

194 | Fangen Totschlagfallen selektiv?
Am wenigsten Fehlfänge hat man mit dem Marderabzugeisen in einem entsprechend konstruierten Fangbunker und bei

Oben links: Betonrohrfalle.

Oben rechts: Marderabzugeisen im Fangbunker.

Links: Schwanenhals mit gefangenem Fuchs.

Verwendung eines Eis als Köder. Absolut selektiv fängt keine Totschlagfalle.

195 | Welche Wildart wird mit dem Eiabzugeisen gefangen?
Vorwiegend der Steinmarder. Unsachgemäß aufgestellt oder beködert fangen sich auch Katze (Wildkatze!), Waschbär (Brantenfänge), Fischotter, Iltis, Bussard und sogar Schwarzwild im Eiabzugeisen.

196 | Wie fangen sich Katzen und Waschbären im Eiabzugeisen?
Überwiegend mit den Branten (Tierquälerei). Die Fallen müssen daher so eingebaut werden, dass Katzen und Waschbären keinen Zugang haben.

197 | Gibt es noch andere Totschlagfallen?
Ja, eine ganze Reihe. Die bekanntesten Typen sind Scherenfalle, Rasenfalle und Marderschlagbaum. Sie fangen alle unselektiv und selten sofort tötend.

198 | Was ist bei der Verwendung von Abzugeisen zu beachten?
Fangeisen dürfen fängisch nur so aufgestellt werden, dass keine Personen gefährdet werden. Eine Gefährdung kann z.B. vermieden werden, wenn Fangeisen in verblendeten Fangbunkern, Fallenkästen oder Fangburgen eingebaut werden.

199 | Was ist ein Fangbunker?
Ein Gehäuse aus Holz oder Stein, in dem das Abzugeisen aufgestellt wird. Der Fangbunker soll verhindern, dass Menschen, Haustiere oder auch Greifvögel durch das Eisen zu Schaden kommen.

200 | Was ist eine Fangburg?
Ein Stroh- oder Asthaufen, in dem Mäuse mit Getreide angefüttert werden und der raubwildsicher umzäunt und mit einer oder mehreren Kastenfallen bestückt wird.

201 | Welche Vorsorge muss bei der Verwendung von Totschlagfallen getroffen werden?
Die UVV schreibt vor, dass sie nur dort aufgestellt werden dürfen, wo den Umständen entsprechend nicht damit gerechnet werden muss, dass Menschen die Falle finden oder zu Schaden kommen.

202 | Wie werden Fangeisen gespannt?
Die UVV schreibt vor, dass Fangeisen nur mit einer entsprechenden Vorrichtung (Spannbügel) gespannt werden dürfen.

203 | Gibt es technische Mindeststandards für Totschlagfallen?
Nach Bundesrecht nicht, wohl aber haben einige Länder Verordnungen erlassen, in denen Standards festgeschrieben sind.

204 | Womit wird gezielt das Hermelin gefangen?
Mit der Wieselwippbrettfalle. Ein erheblicher Teil der gefangenen Hermeline stirbt in der Falle infolge Stressbelastung. Der Sinn des Wieselfangs ist auch bei Praktikern umstritten.

205 | Mit welcher Falle fangen Sie den Waschbär?
Nur mit der Lebendfalle. Waschbären sind sehr neugierig und nehmen auch unverblendete und unbeköderte Kastenfallen an.

206 | Wo fangen Kastenfallen besonders gut?
Auf Zwangswechseln aller Art, besonders in Verbindung mit einem sauber gekehrten Fangsteig, aber auch in Zaunecken oder direkt an Gebäudewänden.

207 | Welcher Typ von Kastenfalle ist wenig tierschutzgerecht?
Die Draht-Kastenfalle, weil sich in ihr gefangenes Wild sehr unruhig verhält.

208 | Welche Lebendfallen eignen sich für den Fuchsfang?
Die große, mindestens 1,5 m lange Kastenfalle und die Betonrohrfalle.

209 | Wie wird die Betonrohrfalle aufgestellt?
Sie wird i.d.R. in die Erde eingebaut. Man kann sie aber auch auf die Erde stellen und verblenden.

210 | Dürfen Sie gefangenes Raubwild mit der Faustfeuerwaffe erlegen?
Ja.

Beizjagd

211 | Was versteht man unter Beizjagd?
Die Jagd mit Greifvögeln und Falken.

Die Beizjagd hat eine lange Tradition, ist aber heute insgesamt ohne große Bedeutung.

Der Wanderfalke schlägt seine Beute fast ausschließlich in der Luft.

212 | Wo liegen die Wurzeln der Beizjagd?
Die genaue Herkunft ist umstritten, vermutlich im Orient, eventuell auch weiter östlich.

213 | Welche rechtlichen Voraussetzungen gibt es für die Haltung von Beizvögeln?
Der Halter muss im Besitz eines Falknerjagdscheines sein (§ 3 BWildSchVo).

214 | Genügt der Jahresjagdschein zur Ausübung der Beizjagd?
Nein, wer mit Greifvögeln oder Falken jagen will muss im Besitz eines gültigen Falknerjagdscheines sein.

215 | Wer bekommt einen Falknerjagdschein ausgestellt?
Der Antragsteller muss sowohl die »normale« Jägerprüfung als auch die Falknerprüfung erfolgreich abgelegt haben.
Bei der Jägerprüfung entfallen allerdings die theoretische und die praktische Schießprüfung.

216 | Wie werden die verschiedenen Beizvögel unterteilt?
In Vögel vom Hohen Flug (Falken) und Vögel vom Niedrigen Flug (Sperber, Habicht, Adler).

217 | Welche Falkenarten werden zur Beizjagd verwendet?
Neben dem heimischen Wanderfalken auch Ger-, Lanner-, Lugger-, Prärie- und Sakerfalken.

218 | Was ist ein Anwarter?
Der Falke steht hoch in der Luft über dem Falkner oder dessen Hund und wartet darauf, dass Wild hochgemacht wird, das er dann jagt.

219 | Was versteht man unter »binden«?
Der Greifvogel oder Falke hält das Beutetier mit seinen Fängen fest.

220 | Kann man mit dem Wanderfalken Hasen beizen?
Nein, der Wanderfalke schlägt (fast) nur Flugwild und dieses weitgehend in der Luft.

221 | Welche Beizvögel tragen eine Haube?
Die Falken, weil diese ansonsten bevorzugt in die Ferne schauen und ständig zum Jagdflug starten wollen.

222 | Wann wird die Haube abgenommen?
Sobald Wild hoch wird, das der Falke jagen soll.

223 | Welcher Beizvogel lässt sich universell einsetzen?
Der Habicht. Er ist äußerst wendig, schlägt seine Beute in der Luft wie am Boden und jagt im deckungsreichen Gelände.

224 | Wird auch mit dem Sperber gebeizt?
Vereinzelt mit starken Sperberweibchen, jedoch ist das Spektrum der geeigneten Beutetierarten gering.

225 | Welche Jagdgehilfen werden bei der Beizjagd noch eingesetzt?
Vorstehhunde vor allem bei der Jagd mit Falken; Stöberhunde vor allem bei der Jagd mit dem Habicht. Der Habicht kommt auch bei der Frettierjagd zum Einsatz.

226 | Welches Wild wird mit dem Steinadler bevorzugt gejagt?
Feldhase und Fuchs.

227 | Darf der Falkner junge Habichte aushorsten, um sie abzutragen?
Nein, Beizvögel dürfen nur aus legaler Zucht bezogen werden. Illegale Beschaffung wird mit Bußgeldern belegt und wenn sie gewerbs- oder gewohnheitsmäßig begangen werden mit Freiheits- oder Geldstrafen (§ 30 BNatSchG).

228 | Darf der Falkner selbst Greifvögel oder Falken züchten?
Mit legal erworbenen und registrierten Vögeln darf ohne weitere Genehmigung gezüchtet werden.

?

Übersicht die wichtigsten Ausdrücke der Falknerei

Ästling	noch nicht flügger Jungvogel, der sich auf den Ästen um den Horst herum bewegt	Horstfeld	Brutrevier
Atzung	Nahrung	Horstzeit	Brutzeit
aufblocken	niederlassen auf Gestein, Boden, Baumstumpf oder ähnlichem	Hosen	lockere Befiederung der Ständer
aufhaken	niederlassen auf einem Ast	kröpfen	fressen
binden	greifen und festhalten der Beute	lahnen	Bettelruf der Jungen
Fänge	Füße	manteln	die Beute mit den Schwingen abdecken
Geschmeiß	Exkremente	Nestling	junger Greifvogel im Nest
Gewölle	Speiballen	schlagen	Beute greifen
Horst	Nest	Terzel	männlicher Vogel
		Waffen	Krallen
		Weib	weiblicher Vogel

Die Gesellschaftsjagd

Im Volksmund werden die Gesellschaftsjagd betreffende Begriffe nicht immer einheitlich verwendet. So werden beispielsweise unter einem Riegler größere Veranstaltungen bis hin zur legendären Gamstreibjagd verstanden, anderen Ortes wieder jagdliche Kleinstunternehmen, bei denen ein Durchgeher den Feisthirsch, den Fuchs oder die Rehe locker machen soll. Es ist folglich angebracht, wenn wir uns grundsätzlich auf den Terminus Bewegungsjagd einigen und dann spezifizieren. Die drei Grundformen der Niederwildtreibjagd – Streife, Vorstehtreiben und Kesseltreiben – kennt jeder. Bei Bewegungsjagden auf Schalenwild wird es schwieriger, weil die Gesetzgeber der Länder keinen einheitlichen Sprachgebrauch bei Treib- und Drückjagd kennen. Was im einen Bundesland bereits als Treibjagd gilt und somit eventuell verboten oder genehmigungspflichtig ist, kann im Nachbarbundesland noch als Drückjagd gelten. Der Begriff Treibjagd scheidet dann ganz eindeutig aus, wenn keine Treiber verwendet werden. Das ist bei den in den letzten Jahren immer häufiger praktizierten Stöberjagden auf Schalenwild der Fall, sofern auch die Hundeführer feste Stände beziehen.

Der Begriff Gesellschaftsjagd orientiert sich am Gesetzgeber des jeweiligen Bundeslandes, der sagt, ab wann das jagdliche Zusammenwirken mehrerer Jäger / Treiber als Gesellschaftsjagd gilt. Unter diesen Begriff fallen alle klassischen Treibjagden auf Nieder- und Schalenwild, aber auch die treiberarmen Drückjagden auf Schalenwild oder (wenn die entsprechende Personenzahl erreicht wird) die Drückjagd auf den Fuchs, ebenso die heute üblichen Stöberjagden, bei denen ausschließlich Hunde als »Treiber« eingesetzt werden. Auch klassische Einzeljagden wie das Fuchssprengen können bei entsprechender Schützenzahl zur Gesellschaftsjagd werden.

Überlegt und maßvoll betriebene Gesellschaftsjagden können nicht nur den Jagddruck mindern, sie bringen auch jagdliches Erleben. Sie nutzen die kurzen Herbst- und Wintertage und finden überdies in einer Zeit statt, in der Früh- und Abendansitz vielerorts nicht sehr effektiv sind und die berufstätigen Jäger nur am Wochenende Zeit zur Jagd finden.

Grundsätzlich muss bei Gesellschaftsjagden ein Jagdleiter bestellt werden. Diese Funktion kann durchaus ein revier- und sachkundiger Jagdgast übernehmen. Sehr große »Bewegungsjagden« können auch in zwei oder mehr kleinere eigenständige, wenn auch aufeinander abgestimmte Bewegungsjagden geteilt werden. Dann muss aber für jeden Teil ein eigener Jagdleiter bestimmt werden.

Gesellschaftsjagden beinhalten immer auch ein erhöhtes Risiko! Dies gilt für den Transport der Schützen ebenso wie für deren Umgang mit der Schusswaffe und die Disziplin beteiligter Treiber und sonstiger Helfer. Hinzu kommt bei groß angelegten Gesellschaftsjagen im Wald, dass der direkte optische und akustische Kontakt des Jagdleiters zu den Teilnehmern weitgehend verloren geht. Auch das heute allgegenwärtige Handy kann nicht immer Kontakt herstellen.

Große Gesellschaftsjagden bedeuten aber auch immer eine wesentliche Beunruhigung, nicht nur des jagdbaren Wildes, sondern des Reviers in seiner Gesamtheit. Treibjagden auf Niederwild sollten daher wie Drück- oder Stöberjagden auf Schalenwild möglichst nur einmal im Jahr auf gleicher Fläche stattfinden. Selbstverständlich kommt es auf die Größe einer Jagd und

Bei Bewegungsjagden auf Schalenwild werden die kurzen Wintertage genutzt.

auf die Art ihrer Durchführung an. Das stille Fuchsriegeln, bei dem einige Jäger die Pässe besetzen und ein Gehilfe hüstelnd durchdrückt, stellt sicher keine große Beunruhigung dar. Gleiches gilt für eine bescheidene Stöberjagd auf Rehe, bei der fünf Schützen postiert werden und ein, zwei Dackel das Wild locker machen.

Das Ziel von Gesellschaftsjagden muss immer sein »Strecke« zu machen. Sie dürfen nicht zum Selbstzweck, zum Alibi oder zur reinen Gesellschaftspflege verkommen. Grundsätzlich hat die Gesellschaftsjagd die ältere Tradition als die Einzeljagd. Das gilt schon für die Jagd der Frühzeit, für jene des Mittelalters und selbst für die Jagd der Neuzeit. In vielen europäischen Ländern wurde die Jagd immer weitgehend gemeinsam ausgeübt. Nur in Deutschland, Österreich und in einem Teil der ehemaligen sozialistischen Länder dominierte in der zweiten Hälfte des vergangenen Jahrhunderts die Einzeljagd.

Ob wir nun der Einzel- oder der Gesellschaftsjagd den Vorzug geben, sollte sich an den örtlichen Verhältnissen, an unserer Zielsetzung und nicht zuletzt auch an unserem ganz persönlichen Verständnis von Jagd orientieren. Für die Mehrzahl der bundesdeutschen Reviere werden in absehbarer Zeit beide Formen gleichberechtigt nebeneinander bestehen. Niemand wird zu dieser oder jener Jagdart gezwungen.

Übersicht Gesellschaftsjagden *) **)

Bezeichnung	Schützenzahl	bejagte Wildarten	Hunde	Treiber
Niederwildtreibjagd (Streife, Standtreiben, Kesseltreiben)	Etwa ab 10 Schützen und nach oben offen, abhängig vom Gelände.	Niederwild schlechthin, aber auch Schalenwild, insbesondere Schwarzwild.	Werden bei mobilen Jagden (z.B. Streife) nur zum Verlorensuchen und Apportieren eingesetzt, bei Standtreiben auch zum Stöbern.	Bei Niederwildtreibjagden im Idealfall 2 Treiber auf 1 Schützen.
Stöberjagd (kann auch Einzeljagd sein!)	Etwa ab 4 Schützen, nach oben offen. Bei Jagden auf Rot- und Schwarzwild meist ab 50 Schützen aufwärts, da sehr große Flächen bejagt werden.	Niederwild und Schalenwild.	Hunde suchen das Wild und »treiben« es den Schützen zu.	Bei großen Stöberjagden auf Schalenwild gehen teilweise einzelne Hundeführer mit durch, um Fangschüsse anbringen zu können.
Drückjagd	Etwa ab 4 Schützen, nach oben offen.	Fuchs und Schalenwild.		Treiber »drücken« durch.
Ansitzdrückjagd	Etwa ab 10 Schützen, selten über 20.	Schalenwild und Fuchs.		1 oder wenige »Durchgeher« bringen das Wild diskret in Bewegung.

Riegeljagd = lokale Bezeichnung sowohl für Stöberjagd auf Schalenwild als auch für Drückjagd auf Schalenwild.

*) Teilweise wird auch der Name »Bewegungsjagden« verwendet, weil bei diesen Jagdarten das Wild bewegt wird.

**) s. auch Seite 854

■ Unfallverhütung

?

229 | Wer leitet verantwortlich eine Gesellschaftsjagd?
Bei Gesellschaftsjagden muss der Unternehmer einen Jagdleiter bestimmen, wenn er nicht selbst diese Aufgabe wahrnimmt. Die Anordnungen des Jagdleiters sind zu befolgen.

230 | Kann ein Jagdgast Jagdleiter sein?
Ja, wenn er über die notwendige Orts- und Sachkenntnis verfügt.

231 | Welche Aufgaben hat der Jagdleiter?
Der Jagdleiter trägt Sorge dafür, dass nur Schützen mit gültigem deutschem Jagdschein teilnehmen. Er hat den Schützen und Treibern die erforderlichen Anordnungen für den gefahrlosen Ablauf der Jagd zu geben. Er hat insbesondere die Schützen und Treiber vor Beginn der Jagd zu belehren und ihnen die Signale bekannt zu geben. Der Jagdablauf wird von ihm geleitet.

232 | Können bei einer Gesellschaftsjagd auch mehrere Jagdleiter bestellt werden?
Ja, aber nur dann, wenn auch in mehreren Gruppen gejagt wird. Formal handelt es sich dann um mehrere (synchronisierte) Jagden.

233 | Wer darf als Schütze an einer Gesellschaftsjagd teilnehmen?
Wer einen gültigen Jahres- oder Tagesjagdschein (Inländer oder Ausländerjagdschein) besitzt und das 18. Lebensjahr vollendet hat.

234 | Welchen Personen muss der Jagdleiter die Teilnahme an der Jagd untersagen?
Der Jagdleiter hat Personen, die infolge mangelnder geistiger und körperlicher Eignung besonders unfallgefährdet sind, die Teilnahme an der Jagd zu untersagen.

235 | Was sagt die UVV über die Ausrüstung der Schützen und Treiber?
Bei Gesellschaftsjagden müssen sich alle an der Jagd unmittelbar Beteiligten deutlich farblich von der Umgebung abheben.
Als deutlich farbliche Abhebung eignen sich bei Treibern, Treiber- und Durchgehschützen z. B. gelbe Regenbekleidung oder Brustumhänge in orange-roter Signalfarbe, bei Schützen z. B. ein orangerotes Signalband am Hut.

Treiber und Hundeführer müssen Warnwesten tragen.

236 | Wie weit sollen die Schützen bei einem Vorstehtreiben auseinander stehen?
Etwa doppelte Schrotschussentfernung.

237 | Was tun Sie bei einem Vorstehtreiben nach Einnahme ihres Standes?
Ich gebe mich meinen Nachbarschützen durch Handzeichen zu erkennen und überzeuge mich, dass ich von diesen auch wahrgenommen wurde.

238 | Dürfen »Durchgehschützen« im Treiben schießen?
Durchgeh- oder Treiberschützen dürfen während des Treibens nur entladene Schusswaffen mitführen. Dies gilt nicht für Feldstreifen und Kesseltreiben.

239 | Wann dürfen Sie bei einer Drückjagd laden und schießen?
Je nach Anweisung des Jagdleiters entweder nach Einnahme des Standes oder es wird eine fixe Urzeit vereinbart oder es wird angeblasen.

240 | Wann darf bei Gesellschaftsjagden nicht mehr geschossen werden?
Nach dem Signal »Hahn in Ruh« oder nach einer vereinbarten Zeit.

241 | Wie wird die Flinte zwischen den Treiben getragen?
Die Waffe ist außerhalb des Treibens stets ungeladen, mit geöffnetem Verschluss und mit der Mündung nach oben oder abgeknickt, zu tragen. Bei besonderen Witterungsverhältnissen kann der Jagdleiter zulassen, dass Waffen geschlossen und mit der Mündung nach unten getragen werden, wenn sie entladen sind.

242 | Dürfen Sie nach dem Signal »Treiber in den Kessel« noch schießen?
Ja, aber nur nach hinten, nicht mehr in den Kessel.

243 | Was tun Sie bei einer Treibjagd nach dem Signal »Hahn in Ruh«?
Die Waffe entladen.

Die Beförderung auf landwirtschaftlichen Hängern darf nur im Sitzen erfolgen.

244 | Welche Vorschriften gibt es für den Transport der Schützen und Treiber bei einer Gesellschaftsjagd?
Personen dürfen nur auf Fahrzeugen mit Sitzgelegenheiten transportiert werden, die mit einem Geländer gesichert sind.

245 | Welche Vorkehrungen trifft der Jagdleiter bezüglich öffentlicher Verkehrswege?
Er verständigt rechtzeitig die Polizei von der geplanten Jagd und macht die Verkehrsteilnehmer mit Warntafeln auf die besondere Situation aufmerksam.

246 | Wie erkennen Sie auf einer Bewegungsjagd auf Schalenwild wohin sie nicht schießen dürfen?
Bereiche, in die nicht geschossen werden darf, werden mit Stangen, Signalbändern oder Farbmarkierungen gekennzeichnet.

247 | Wann dürfen Sie auch in einen freigegebenen Bereich nicht schießen?
Wenn durch einen Schuss Treiber, Nachbarschützen, Unbeteiligte oder Hunde gefährdet würden.

Niederwildjagden

248 | Wie funktioniert ein Vorstehtreiben?
Das vorgesehene Treiben wird mit Schützen umstellt und die Treiber gehen durch.

249 | Wo finden Vorstehtreiben statt?
Im Wald sowie grundsätzlich und überall dort, wo die Sichtverhältnisse begrenzt sind und folglich eine geordnete Streife nicht möglich ist.

250 | Welche besonderen Bestimmungen enthält die UVV zu Vorstehtreiben?
Bei Standtreiben haben der Jagdleiter oder

Bei der Streife müssen Schützen und Treiber unbedingt »Linie« halten.

die von ihm zum Anstellen bestimmten Beauftragten den Schützen ihre jeweiligen Stände anzuweisen und den jeweils einzuhaltenden Schussbereich genau zu bezeichnen. Nach Einnehmen der Stände haben sich die Schützen mit den jeweiligen Nachbarn zu verständigen; bei fehlender Sichtverbindung hat der Jagdleiter diese Verständigung sicherzustellen. Sofern der Jagdleiter nichts anderes bestimmt, darf der Stand vor Beendigung des Treibens weder verändert noch verlassen werden. Verändert oder verlässt ein Schütze mit Zustimmung des Jagdleiters seinen Stand, so hat er sich vorher mit seinen Nachbarn zu verständigen.

251 | Was ist die Voraussetzung für eine Treibjagd?

Es muss genügend Wild vorhanden sein. Kommen auf jedes erlegte Stück Niederwild drei oder mehr Schützen, ist die Treibjagd nicht zu rechtfertigen.

252 | Wird bei Treibjagden das gesamte Revier bejagt?

Nein, es ist vernünftig, wechselweise auf etwa einem Drittel der Fläche die Jagd ruhen zu lassen.

253 | Wie funktioniert eine Streife?

Es wird eine Schützenlinie gebildet, die langsam vorrückt. Im Idealfall geht zwischen zwei Treibern ein Schütze. Einige wenige gute Schützen stehen am Ende des Treibens vor. Bei der Böhmischen Streife werden auch noch zwei kurze Seitenflügel gebildet.

254 | Was ist die Voraussetzung für eine Streife?

Das Gelände muss guten Sichtkontakt über die komplette Linie hinweg zulassen. Dies ist nicht der Fall, wenn im Treiben große Maisschläge oder Gehölze liegen oder wenn das Gelände in sich sehr gegliedert ist.

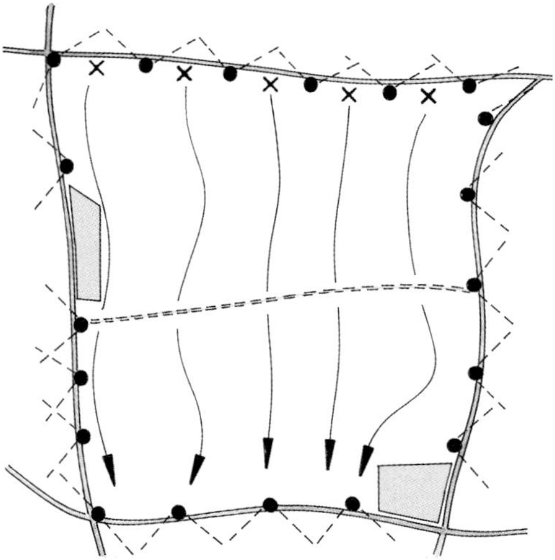

Standtreiben im Wald
Schützen stehen und schießen nach außen, Treiber und evtl. Hunde gehen durch.

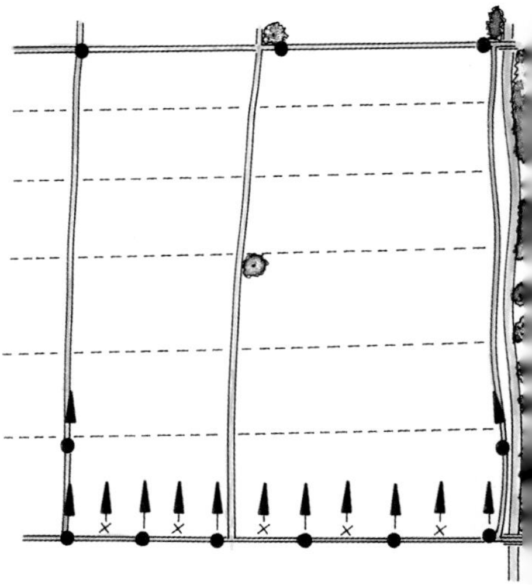

Böhmische Streife im Feld
Schützen und Treiber rücken gleichmäßig vor, Hunde bleiben am Riemen; einige Schützen werden vorgestellt.

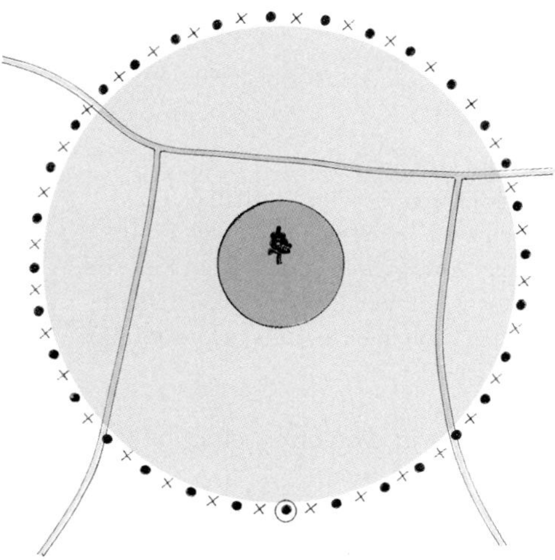

Kesseltreiben
Übersichtliches Gelände, große Zahl Jäger und Treiber, Durchmesser bis zu 1 km.

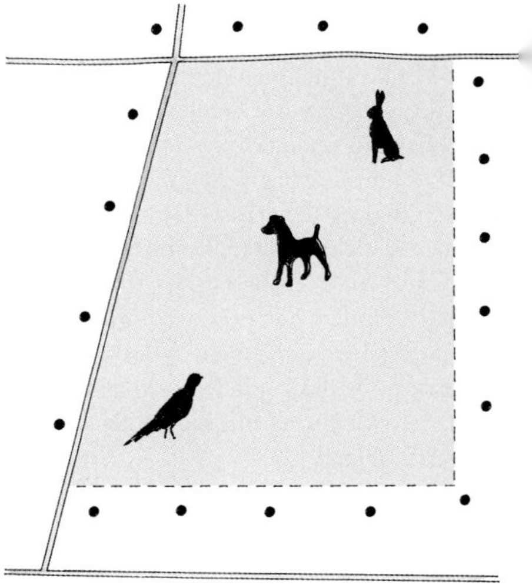

Stöbern im Feld oder im Wald
Schützen umstellen eine unübersichtliche Feldparzelle oder Dickung im Wald, Hunde arbeiten selbstständig.

255 | Wie sollte das Verhältnis Schützen zu Treiber bei einer Streife sein?
Im Idealfall 2 Treiber auf einen Schützen.

256 | Was ist ein Kesseltreiben?
Treiber und Schützen bilden einen Kreis und bewegen sich langsam auf dessen Mittelpunkt zu. Es darf so lange nach vorne und hinten geschossen werden, bis der Kreisdurchmesser nur noch 300 m beträgt. Dann wird das Signal Treiber in den Kessel geblasen. Jetzt bleiben alle Schützen stehen und schießen nur noch nach hinten, während die Treiber zum Mittelpunkt vorrücken.

257 | Was ist die Voraussetzung für ein Kesseltreiben?
Flaches Gelände, das Übersicht bietet und ein gleichmäßiges Vorrücken zulässt.

258 | Welche Wildarten werden hauptsächlich buschiert?
Hauptsächlich Kaninchen und Fasane.

259 | Welche Hunde werden zum Buschieren verwendet?
Buschieren lässt sich sowohl mit Vorstehhunden als auch mit Stöberhunden. Bedingung ist nur, dass der Hund »unter der Flinte« sucht.

260 | Was bedeutet »unter der Flinte suchen«?
Die Hunde dürfen nicht weiter als 20 m vor den Schützen suchen, damit diese aufstehendes Niederwild noch beschießen können.

261 | Auf welche Wildart wird die Suchjagd ausgeübt?
Als klassische Suchjagd wird die Hühnersuche bezeichnet. Dabei suchen 1 bis 3 Jäger mit Vorstehhunden das Feld ab. Sobald ein Hund vorsteht, begibt sich der nächste Jäger zu ihm, tritt die Hühner heraus und schießt. Generell kann die Suchjagd mit dem Vorstehhund aber auch auf Hasen und Fasane ausgeübt werden.

262 | Bei welcher Jagd werden auch Streupatronen verwendet?
Vor allem auf Kaninchen im Wald oder überall dort, wo auf kurze Distanzen geschossen werden muss.

263 | Welchen Mindestabstand sollten die Schützen bei einem Vorstehtreiben einnehmen?
Etwa doppelte Schrotschussentfernung.

264 | Was sind Durchgehschützen?
Schützen, die fehlende Treiber ersetzen.

Durchgeh- oder Treiberschützen dürfen während des Treibens nur entladene Schusswaffen mitführen. Dies gilt nicht für Feldstreifen und Kesseltreiben. In der praktischen Durchführung bedeutet dies, dass während Gesellschaftsjagden auf Schalenwild Durchgeh- oder Treiberschützen bzw. Hundeführer nur noch ihre Waffe für den Fangschuss laden dürfen, wenn der Hund krankes Wild stellt.
UVV § 4 (11)

Das Ablegen von Wild auf dem Boden ist aus wildbrethygienischen Gründen umstritten.

265 | Dürfen Kinder als Treiber eingesetzt werden?
Grundsätzlich nein.

266 | Wann dürfen Durchgehschützen auch schießen?
Das Mitführen der Schusswaffe kann für den Durchgeh- oder Treiberschützen zweckmäßig sein
– für den Fangschuss,
– für den Schuss auf vom Hund gestelltes Wild.

267 | Was ist auf Gesellschaftsjagden grundsätzlich verboten?
Das Durchziehen des Gewehres durch die Schützenlinie.

268 | Welche Schrotgröße ist bei der kombinierten Hasen- und Fasanenjagd angebracht?
Schrote Nummer 5 = 3 mm. Die Briten verwenden selbst hierbei Nummer 6 oder 7.

269 | Welches Jagdhorn wird auf Treibjagden während des Jagdablaufs vorrangig geblasen?
Das Fürst-Pless-Horn.

270 | Wie lassen sich bei der Treibjagd erlegte Alt- und Junghasen unterscheiden?
Am Strohschen Knötchen.

271 | Wann stellt der verantwortungsbewusste Jagdleiter die Bejagung der Hasen ein?
Wenn sich bei der Treibjagd bis Mittag die Hälfte oder mehr der erlegten Hasen als Althasen erweisen.

272 | Wer bezahlt den Beitrag zur Landwirtschaftlichen Berufsgenossenschaft?
Bei verpachteten Revieren der Jagdausübungsberechtigte und bei Regiejagdbetrieb der Eigenjagdbesitzer bzw. die Jagdgenossenschaft.

Schalenwildjagden

273 | Welche rechtlichen Unterschiede müssen wir bei Bewegungsjagden auf Schalenwild beachten?
Die Länder definieren Drückjagd und Treibjagd unterschiedlich, wobei Treibjagden auf Schalenwild teilweise verboten oder genehmigungspflichtig sind.

274 | Welche unterschiedlichen »Techniken« der Bewegungsjagd auf Schalenwild kennen Sie?
Das Wild kann von Treibern (Durchgeher) in Bewegung gebracht werden oder nur von Hunden (Stöberjagd) oder von beiden gemeinsam.

275 | In welcher Ordnung verlässt Rotwild das »Treiben«?
Das Leittier zieht / flüchtet vorweg, sein Kalb folgt an der Seite oder dicht dahinter.

276 | Welchen wichtigen Verhaltensunterschied in der Flucht gibt es zwischen Rot- und Rehwild?
Rotwild ist stets bestrebt im Rudel zusammen zu bleiben. Rehwild trennt sich häufig. Rotwild flüchtet gerne in große helle Räume (z.B. Althölzer). Rehe versuchen im Dunkeln (Dickung) zu bleiben. Rehe

Fluchtverhalten von Schalenwild bei Bewegungsjagden (nach WÖLFEL).

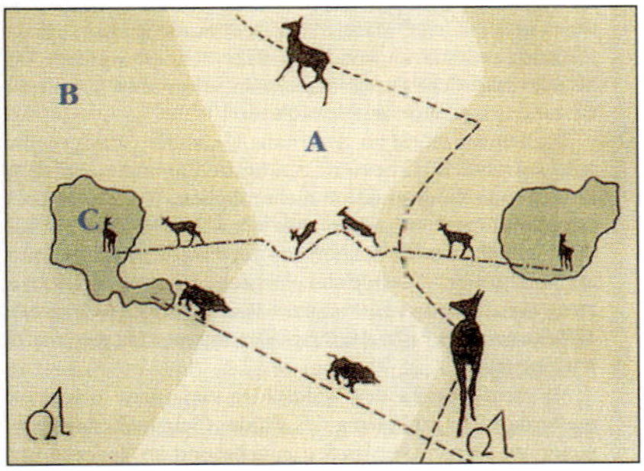

So kann das Wild ausschweißen und lüften.

sitzen eine Gefahr häufig aus, auch wenn diese sehr nahe ist.

277 | Lässt sich Rehwild treiben?
Im eigentlichen Sinne nicht. Es ist bestrebt, seinen gewohnten Wohnraum nicht zu verlassen und kehrt bogenförmig zum Ausgangspunkt zurück.

278 | Wie verhält sich Schwarzwild?
Schwarzwild wird vor allem bei häufiger Bejagung ausgesprochen dickfällig. Es lässt sich im Kessel von den Hunden verbellen ohne hoch zu werden. Wird es hoch, flüchtet es möglichst in der Rotte. Es nutzt bei der Flucht dunkle Bereiche.

279 | Wie verhält sich geriegeltes Gamswild?
Gamswild strebt stets in felsige Bereiche, wo ihm Treiber und Hunde nicht folgen können. Die Kitze bleiben bei den Geißen. Größere Rudel teilen sich meist. Mitunter drücken sich Gams sehr lange.

Mit Hunden jagen

Die Jagd mit Hunden stellt sicher eine der ältesten Jagdmethoden dar. Es ist zu vermuten, dass Hunde schon sehr früh als Treiber eingesetzt wurden. Ebenso ist wahrscheinlich, dass schon unsere Vorfahren laut jagende Hunde bevorzugt haben, einfach weil der Hundelaut sie über das nicht einsehbare Geschehen informierte. Andere Arbeiten, etwa das Apportieren oder das Vorstehen, kamen erst sehr viel später hinzu. Die »Urhunde« waren daher Bracken oder aber die Vorläufer dieser alten Hundegruppe.

Die Formulierung »Mit Hunden jagen« ist etwas irreführend. Umgangssprachlich meint man damit nämlich nicht jeden Jagdgang in Begleitung des Hundes, sondern den aktiven, sozusagen »eigenverantwortlichen« Einsatz des Hundes bei der Jagd. Eben dann, wenn der Hund selbst entscheiden muss. Das ist schon bei der Suchjagd und beim Buschieren der Fall, auch wenn der Führer dabei noch Einfluss auf seinen Hund nehmen kann. Bei der Stöberjagd reduziert sich dieser Einfluss schon stark und beim Brackieren völlig. Den wohl geringsten Einfluss auf seinen Hund hat der Jäger bei der Baujagd.

Im weiteren Sinne jagen wir mit dem Hund auch bei der Nachsuche. Dort haben wir zwar Einfluss auf ihn, wir können ihn korrigieren, abtragen oder ablegen, aber entscheidend für den Nachsuchenerfolg

Bracken und Stöberhunde lassen sich auch vielfältig einzeln einsetzen.

Übersicht »Mit Hunden jagen«

Brackieren	Stöbern	Buschieren	Suchen	Baujagd
Welche Hunde werden eingesetzt?				
Bracken oder andere spurlaute, spurwillige und spursichere Hunde. (858*)	Stöberhunde, aber auch Hunde anderer Rassen, soweit im Stöbern ausgebildet. (855*)	Vorstehhunde, Stöberhunde, gelegentlich auch Apportierhunde. (862*)	Im Feld Vorstehhunde (z.B. Hühnersuche), am Wasser auch Stöber- und Apportierhunde. (861*)	Bauhunde (Teckel und Terrier). (863*)
Welches Wild wird bejagt?				
Hase und Fuchs, in anderen Ländern auch Schalenwild.	Niederwild und Schalenwild.	Niederwild, insbesondere Hase, Kaninchen, Fasan, Schnepfe.	Niederwild, insbesondere Rebhühner, Fasan, Ente und Hase.	Primär Fuchs, gelegentlich auch Dachs, Marderhund und Waschbär.
Wie viele Jäger sind beteiligt?				
1 Jäger mit Hund, gelegentlich auch mehrere Jäger. Bei mehreren Jägern und Hunden oft Übergänge zur Stöberjagd.	1 Jäger (kleinste Form), aber nach oben völlig offen. In den letzten Jahren oft groß angelegte Stöberjagden auf Schalenwild mit bis zu 100 Jägern.	1 Jäger mit Hund oder kleine Jägergruppe mit mehreren Hunden (es muss im bebuschten Gelände noch Sichtverbindung bestehen).	1 Jäger mit Hund oder kleine Jägergruppe mit mehreren Hunden. Bei der klassischen Hühnersuche selten mehr als 2 Hunde und 5 Jäger.	1 Jäger mit Hund oder kleine Jägergruppe (etwa bis 4) mit mehreren Hunden, wobei immer nur ein Hund im Bau sein sollte.

* Seitenverweis für Abbildungen

sind doch das Können und die Zielstrebigkeit des Hundes. Kommt es zur Hatz, ist er in seinen Entscheidungen und Handlungen wieder völlig auf sich alleine gestellt.

Bei der Treibjagd haben wir vielleicht unseren Hund (am Riemen) dabei. Wir schnallen ihn, damit er uns einen geschossenen Hasen apportiert. Das mag ich noch nicht »Jagen mit Hunden« nennen, denn im Grunde könnten wir die zwanzig Schritt auch selbst laufen und den Hasen aufnehmen. Aber die Übergänge sind fließend. Geht der Hase nämlich mit schlenkerndem Hinterlauf noch fort, ist der Hund gefordert. Er muss dann arbeiten, ohne dass wir ihm helfen können. Zwar glauben viele Hundeführer sich korrigierend »einmischen« zu müssen, doch wird dem Hund dadurch die Arbeit meist eher erschwert als erleichtert. Eigenständig arbeitet der Hund natürlich auch, wenn ein von uns beschossener Fasan irgendwo im Schilf, im Riedgras oder Mais zu Boden geht und wir den Hund zur Verlorensuche schicken. In diesem Teilkapitel soll es jedoch nicht um Nachsuchen- oder Apportierarbeit gehen, sondern das eigentliche Jagen mit Hunden – Brackenjagd, Suchjagd, Buschierjagd, Stöberjagd und Baujagd. Zu letzterer gehört genau genommen auch das Frettieren.

Brackieren

280 | Welche Beschränkung der Brackenjagd sieht das Gesetz vor?
Die Brackenjagd darf nur auf Flächen von mindestens 1000 ha ausgeübt werden. Diese Fläche kann sich aber auf zwei oder mehr Reviere erstrecken.

281 | Kann man nur mit Bracken brackieren?
Nein, im Prinzip kann man mit Hunden beliebiger Rasse brackieren, vorausgesetzt, der jeweilige Hund ist spurlaut und sehr spurwillig. Solche Typen findet man häufig bei Wachtelhunden vom Weitjagertyp und bei Teckeln.

282 | Kann man mit jeder Bracke brackieren?
Nein, absolut nicht. Heute fehlt es manchen Bracken durchaus am Spurwillen. Auch legen viele Brackenführer keinen Wert auf diese alte, schöne Jagdart.

283 | Welche Wildarten können brackiert werden?
Üblich ist die Brackenjagd auf Feldhase, Schneehase (nicht in Deutschland!) und Fuchs. In Skandinavien werden auch Rehe brackiert. Früher wurde im Alpenraum auch Rotwild brackiert.

284 | Warum kommen bei der Brackenjagd weniger Füchse als Hasen zur Strecke?
Weil der gejagte Fuchs häufig einen Bau annimmt.

285 | Wie nennt man den »Hetzlaut« der jagenden Bracke?
Das »Geläut«.

286 | Auf welchem Verhalten des Hasen basiert die Brackenjagd?
Der Hase hat einen festen Wohnraum, den er nicht verlassen möchte. Vom Hund gejagt kehrt er bogenförmig an den Ausgangspunkt der Jagd zurück.

287 | Was sind »Buchten«?
Darunter versteht man den Bogen, den der Hase vor der Bracke läuft.

288 | Wie groß sind die Buchten, die ein Hase vor der Bracke läuft?
Meist nicht größer als 10 ha. Die Beschränkung der Brackenjagd auf Flächen über 1000 ha ist sachlich unbegründet.

289 | Wo erwartet der Jäger das brackierte Wild?
Meist in der Nähe des Ausgangspunktes. Lokal ist es aber auch Brauch, dass mehrere Jäger miteinander brackieren und sich verteilt vorstellen.

290 | Muss der Jäger für den brackierten Hasen gröbere Schrote laden, wenn dessen Balg nass sein kann?
Es stimmt nicht, dass der nasse Hasenbalg die Schrote schwerer durchlässt. Abgesehen davon ist das Haar des Hasen wasserabweisend und auch bei nassem Wetter fast immer trocken.

Suchjagd

291 | Wie viele Schützen sind zur Suchjagd notwendig?
Die Suchjagd kann durchaus alleine mit einem Hund ausgeübt werden.

292 | In welchem Gelände wird die Suchjagd ausgeübt?
Das Gelände muss übersichtlich sein, damit der Jäger den vorstehenden Hund sieht.

Früher war die Hühnersuche in vielen Revieren alltäglich – heute ist sie selten.

293 | Welche Wildarten werden auf der Suche bejagt?
Die »klassische« Suchjagd galt immer den Rebhühnern. Heute, wo die Rebhühner in den meisten Revieren geschont werden, gilt die Suchjagd hauptsächlich Hase und Fasan.

294 | Was ist die Voraussetzung jeder Suchjagd?
Ein Vorstehhund, der das Wild findet und dem Jäger Gelegenheit gibt, aufzurücken.

295 | Wie bringen Sie vom Hund vorgestandenes Federwild zum Abstreichen?
Der Hund erhält das Kommando »voran« oder man tritt das Wild selbst heraus.

Buschieren

296 | Auf welche Wildarten wird buschiert?
Am häufigsten werden Kaninchen buschiert. Selbstverständlich werden bei der Buschierjagd auch Schnepfen, Hasen und Fasane erlegt, daneben gelegentlich ein Fuchs oder vorbei streichende Ringeltauben oder Enten.

297 | Wie müssen die Hunde beim Buschieren arbeiten?
Die Hunde müssen unter der Flinte suchen und zwar nicht weiter als 20 m, damit der Jäger aufstehendes Wild noch in akzeptabler Entfernung beschießen kann.

298 | Welche Schrotstärke halten Sie beim Buschieren für angemessen?
Nicht stärker als 3 mm, da eher auf weiches Wild und kurze Entfernung geschossen wird.

299 | Welche Hunde eignen sich für die Buschierarbeit?
Vorsteh- und Stöberhunde.

Stöbern

300 | Worin unterscheidet sich das Buschieren vom Stöbern?
Bei der Stöberjagd beziehen die Jäger feste Stände und die Hunde arbeiten in einem umgrenzten Gebiet. Beim Buschieren folgt der Jäger seinem unter der Flinte suchenden Hund.

301 | Welche Anforderungen werden an einen Stöberhund gestellt?
Er muss vor allem spurlaut sein, damit die außen vorstehenden Schützen rechtzeitig über anwechselndes Wild informiert werden.

Beim Stöbern und Verlorenbringen arbeitet der Wachtelhund völlig selbstständig.

302 | Muss der Stöberhund bei einem aufstehenden Fasanenhahn Laut geben?

Nein. Der Hahn macht sich dem Jäger mit seinem Gegocker beim Aufstehen und im Flug mit seinem harten Schwingengeräusch bemerkbar.

303 | Auf welche Wildarten wird gestöbert

Gestöbert wird auf nahezu alle Niederwildarten, einschließlich Rehwild, und bei groß angelegten Jagden auch auf sonstiges Schalenwild.

304 | Wie groß ist das Treiben bei einer Rehwild-Stöberjagd?

Das richtet sich nach den örtlichen Verhältnissen (Waldstruktur, Jägerzahl). Die Untergrenze liegt etwa bei 3 ha, die Obergrenze bei mehreren hundert ha. Werden zu kleine Flächen bejagt, kommen die Rehe häufig zu schnell.

305 | Welches Problem ergibt sich, wenn auf Sauen gestöbert wird?

Erfahrene Sauen bleiben im Kessel sitzen oder rotten sich zusammen, ohne flüchtig zu werden. Um dies zu verhindern gehen oft Treiber oder Hundeführer mit durch, um die von den Hunden gestellten Sauen in Schwung zu bringen. Allerdings befinden sich bei reinen Stöberjagden nur Hunde im Treiben, keine Personen.

306 | Welche Eigenart zeigt der Fuchs bei Stöberjagden?

Er verdrückt sich gerne nach rückwärts. Daher muss auch hinten abgestellt werden und die Schützen müssen sich besonders diszipliniert und aufmerksam verhalten.

307 | Was muss man bedenken, wenn auf Kaninchen gestöbert wird?

Kaninchen nehmen schnell ihre Baue an. Folglich müssen bei den bekannten Bauen zuverlässige (besonnene) Schützen postiert werden.

308 | Welche Hunde eignen sich für die Stöberarbeit?

Vorsteh-, Stöber- und Bauhunde, teilweise auch Apportierhunde, soweit sie (was selten ist) spurlaut und gut eingearbeitet sind.

Schweißhund und Bracke haben eine kranke Sau gestellt.

Baujagd

309 | Ist die Baujagd Einzel- oder Gesellschaftsjagd?

Beides kann der Fall sein, je nach Schützenzahl. Je weniger Schützen beteiligt sind, umso mehr kann sich der Jäger auf den Bau selbst konzentrieren und umso weniger muss er auf Nachbarschützen achten (Sicherheitsaspekt).

310 | Auf welche Wildarten wird die Baujagd ausgeübt?

Heute in erster Linie auf den Fuchs, früher wurde auch der Dachs bevorzugt im Bau bejagt. Allerdings springt der Dachs selten. In der Regel muss er gegraben und der geöffnete Bau anschließend wieder geschlossen werden. Inzwischen hat der Dachs ab 1. November Schonzeit, so dass seine Bejagung während der »klassischen« Baujagdzeit im Spätherbst und Winter ohnehin nicht mehr statthaft ist.

311 | Welche Hunderassen eignen sich für die Baujagd?

Alle niedrigen Terrierrassen, soweit jagdlich geführt. Bei uns sind dies hauptsächlich der Deutsche Jagdterrier, der Foxterrier und der Jack-Russel-Terrier, ansonsten die Teckel in ihren drei Haarvarianten. Ursprünglich wurden auch die Dachsbracken zur Baujagd verwendet.

312 | In welcher Jahreszeit verspricht die Baujagd auf den Fuchs Erfolg?

Von November bis gegen Ende der Ranzzeit. Danach stecken fast nur noch die Fähen im Bau.

313 | Welche Baue sollten nicht bejagt werden?

Felsenbaue stellen immer ein großes Risiko für den Hund dar, weil sie nicht gegraben werden können.

Ein Halsbandsender hilft, den verklüfteten Hund im Bau zu orten.

314 | Auf was muss der Jäger bei der Baujagd besonders achten?

Er muss jeden Lärm und Bodenerschütterungen vermeiden, und er muss sich so positionieren, dass ihn der Fuchs nicht aus der Röhre heraus eräugt und dass er keinen Wind von ihm bekommt.

315 | Wie wird der Hund zum Bau geschickt?

Der Hund sucht sich eine befahrene Röhre selbst. Schlieft er nicht ein, verlassen wir den Bau und gehen zum nächsten. Falsch ist es, den Hund anzurüden, da dies ein im Bau steckender Fuchs immer mitbekommt, der dann nicht mehr springen will.

316 | Wie lange dauert es, ehe der Fuchs springt?

Das ist ganz unterschiedlich. Füchse, die noch keine negativen Erfahrungen bei der

Der krank geschossene Fuchs ist für den Hund ein ernster Gegner.

Baujagd gemacht haben und den auf dem Bau stehenden Jäger nicht bemerken, springen oft innerhalb weniger Minuten. Es kann aber auch eine halbe Stunde und sogar wesentlich länger dauern. Manche Füchse wechseln nur im Bau hin und her und verwirren den Hund oder sie fahren blitzschnell aus einer Röhre heraus und in die nächste hinein.

317 | Wie viele Füchse können in einem Bau stecken?
Vor allem in der Ranzzeit können mehrere Füchse (bis zu fünf) stecken. Sobald es einmal geschossen hat, lassen sich die anderen Füchse Zeit mit dem Springen.

318 | Welches technische Hilfsmittel erleichtert das Finden eines Bauhundes?
Heute gibt es kleine Sender, die dem Bauhund angelegt werden, um ihn schneller zu finden, wenn er den Bau nicht mehr selbst verlassen kann (siehe Seite 863).

319 | Was versteht man bei der Baujagd unter einem »Flieger«?
Darunter versteht man einen Bauhund, der nicht stur vor dem Fuchs liegt und diesen verbellt, sondern vielmehr laufend von unterschiedlichen Röhren aus zum Fuchs vordringt und diesen damit verunsichert und zum Springen veranlasst.

320 | Was ist ein Steher?
Ein Bauhund, der stur vor dem Fuchs liegt, ohne seine Position zu verändern oder der den Fuchs zu würgen versucht.

321 | Was versteht man unter »Verklüften«?
Wenn der Dachs zwischen sich und dem vorliegenden Hund Erdmaterial aufschichtet.

322 | Was versteht man unter »Überrollen«?
Wenn sich der Fuchs über den Hund hinweg oder an diesem vorbei ins Freie oder in einen anderen Teil des Baus flüchtet.

323 | Wann ist ein Hund »baulaut«?
Wenn er im Bau Laut gibt, obwohl sich in diesem kein Raubwild befindet.

324 | Was muss der Jäger bei der Baujagd mitführen oder in der Nähe wissen?
Geeignetes Grabwerkzeug, um dem Hund im Notfall helfen zu können oder einen vom Hund gewürgten Fuchs auszugraben.

325 | Was muss der Jäger tun, wenn er einen Bau gegraben hat?
Er muss ihn anschließend wieder so schließen, dass die Röhren erhalten bleiben.

Frettieren

326 | Was ist ein Frettchen?
Beim Frettchen handelt es sich um die domestizierte Form des Iltis, das in mehreren Farbvariationen gezüchtet und heute mehrheitlich als Modetier gehalten wird.

327 | Welche Tierarten können noch in einem Kaninchenbau stecken?
Vor allem der Iltis und gelegentlich streunende Katzen.

328 | Wie verhindern Sie, dass das Frettchen selbst ein Kaninchen erbeutet?
Das Frettchen wird nicht hungrig in den Bau gelassen. Außerdem bekommt es ein Glöckchen um, das die Kaninchen vor dem nahenden Feind warnt, oder es bekommt einen Beißkorb angelegt.

329 | Was tun Sie, wenn das Frettchen im Bau bleibt?
Ich stelle die dem Tier vertraute Transportkiste auf den Bau und hinterlasse frisches Wasser und etwas Futter, um später regelmäßig zu kontrollieren, ob das Frettchen wieder in seiner Transportkiste ist.

Das Frettchen soll die Kaninchen aus dem Bau sprengen.

330 | Was müssen Sie tun, wenn Sie mit ihrem Frettchen im EU-Ausland frettieren wollen?
Ich muss ihm vom Tierarzt einen Chip einpflanzen und einen EU-Gesundheitspass ausstellen lassen.

331 | Ist zur Baujagd auf Kaninchen das Frettchen unentbehrlich?
Nein, gelegentlich werden auch Kaninchenteckel eingesetzt. Allerdings sind Frettchen im Bau deutlich wendiger.

332 | Wird beim Frettieren immer mit der Schusswaffe gejagt?
Nein, frettiert wird auch im Rahmen der Beizjagd mit dem Habicht. Gelegentlich werden die Röhren auch mit Netzen abgedeckt, in die die Kaninchen springen, ehe sie der Jäger heraus nimmt und tötet.

333 | Wo wird bevorzugt mit Netzen frettiert?
In befriedeten Bezirken (z.B. auf Friedhöfen).

334 | Bedarf es eines Jagdscheines, um Frettchen zu halten?
Nein, aber wer mit dem Frettchen jagen will, muss eine Jagdberechtigung haben. Keines Jagdscheines bedarf es, um das Frettchen mit Einverständnis des Jagdausübungsberechtigten in den Bau zu schicken. Schießen oder die in Netzen gefangenen Kaninchen auslösen und töten darf nur, wer zur Ausübung der Jagd berechtigt ist.

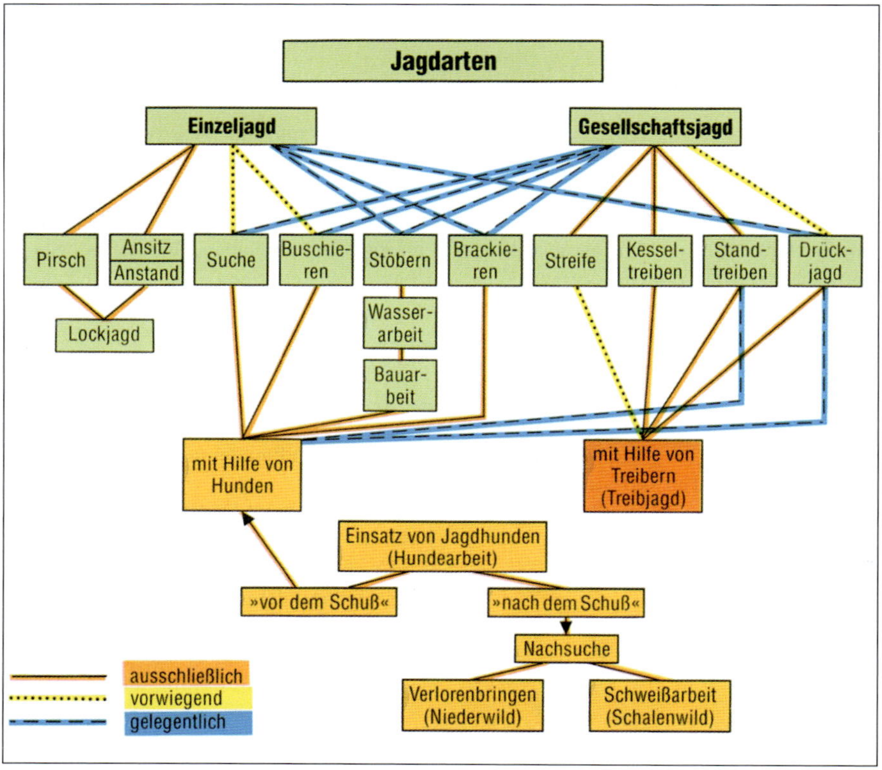

Übersicht Jagdarten.

Vor und nach dem Schuss

Der Jäger wird – schon aus ganz eigennützigen Gründen – immer bestrebt sein, dass das von ihm beschossene Wild im Feuer liegt. Schließlich will er es sich als Jagdbeute aneignen; er will es darüber hinaus gesetzeskonform verwerten und er muss dem Wild vermeidbare Leiden ersparen. Um diesen Anforderungen gerecht zu werden nimmt der verantwortungsbewusste Jäger regelmäßig an Übungsschießen mit Büchse und Flinte teil, und er schießt selbstverständlich seine Büchse vor Beginn der Jagdzeit an. Dieses Anschießen kann sich – wenn er ansonsten fleißig übt – auf einen oder zwei Kontrollschüsse im Revier beschränken. In der Regel werden Büchsen jedoch auf dem Schießstand angeschossen. Dabei wird zunächst ein Kontrollschuss gemacht, nötigen Falles die Treffpunktlage korrigiert und mit der sauber eingeschossenen Waffe noch einige Übungsschüsse abgegeben.

Flinten müssen in diesem Sinne nicht »angeschossen« werden. Wohl aber übt der verantwortungsbewusste Jäger regelmäßig und insbesondere vor Aufgang der Niederwildjagden auf dem Tontauben- und Kipphasenstand (oder Rollhasen). Praxisnahes Schießen ist vor allem auf so genannten Jagdparcours möglich, wo die Wurftauben viel unberechenbarer (und damit praxisnaher) kommen als beim etwas stereotyperen Skeet- oder Trapschießen.

Zur Vorbereitung auf die heute immer beliebter werdenden Schalenwild-Drückjagden nutzt der Jäger Stände mit laufendem Keiler oder er übt in einem Schießkino. Dort werden Szenen aus dem jagdlichen Alltag (sich in natürlicher Umgebung bewegendes Wild) auf eine Leinwand projiziert. Der Jäger schießt mit seiner gewohnten Jagdwaffe oder (je nach Technik des Schießkinos) mit Infrarotpatronen. Seine Treffer werden angezeigt, wobei der Film nach Schussabgabe meist stoppt. Mit Infrarot kann auch der Schrotschuss auf Niederwild geübt werden.

Selbstverständlich muss sein, dass Waffe und Optik immer in einwandfreiem Zustand sind!

Vor dem Schuss in der Praxis hat der Jäger – beim Schrot- wie beim Büchsenschuss – zunächst zwei Dinge festzustellen:
1. Darf das Wild, das er beschießen will, tatsächlich erlegt werden (Abschussplan, Schonzeit, Waidgerechtigkeit)?
2. Ist der Schuss ohne Gefährdung Dritter möglich?
Vor allem bei Gesellschaftsjagden und generell bei in Bewegung befindlichem Niederwild sind diese Entscheidungen intuitiv zu treffen.

Was die Gefährdung Dritter betrifft, so ist immer zu bedenken, dass Schrote, Flintenlaufgeschosse, Büchsengeschosse oder Teile davon unkontrolliert abprallen können. Eine Gefährdung besteht folglich nicht nur in direkter Richtung des Schusses, sondern auch rechts und links davon, also auch

Der abgelegte Hund beobachtet aufmerksam die Anschussuntersuchung.

durchaus im Winkel von 90 Grad. Über die vielen mit der Schussabgabe verbundenen Gefahren wird im Kapitel Waffen und Schießwesen ausführlich berichtet.

Wichtig ist ferner, das Wild in einem optimalen oder zumindest vertretbaren Winkel zu beschießen. Niederwild wird vorteilhaft von vorne beschossen, weil man dann immer noch die Möglichkeit hat, einen zweiten Schuss abzugeben, solange sich das Wild innerhalb einer akzeptablen Schussentfernung (etwa 30 m) befindet. Das Einhalten einer maximalen Schussentfernung entscheidet wesentlich über die Wirkung des Schrotschusses. Allerdings ist das Schätzen der Entfernung nicht immer ganz einfach, vor allem wenn – wie über offenem Wasser – keine Geländemarken vorhanden sind.

Wichtig ist beim Schrotschuss auch die Wahl der richtigen Schrotstärke. Häufig wird – aus der falschen Hoffnung, damit weiter schießen zu können – mit zu groben Schroten geschossen (siehe Seite 771 f.).

Schalenwild soll im Schuss breit stehen, also im Winkel von 90 Grad. Allerdings ist das auf größere Entfernung und / oder bei ungünstigen Lichtverhältnissen nicht immer einfach, weil der Jäger optischen Täuschungen unterliegt. Die Flugbahn des Geschosses muss frei von Hindernissen sein. Solche werden bei schlechtem Licht leicht übersehen und können zur Ablenkung des Geschosses führen.

Der Jäger muss sich unmittelbar vor Schussabgabe Position und Körperhaltung des Wildes einprägen. Ersteres ist wichtig, um später den Anschuss zu finden. Das Wissen um die Körperhaltung erleichtert die Beurteilung der später am Anschuss gefundenen Schusszeichen.

Von gleicher Wichtigkeit ist das Erkennen und richtige Deuten des »Zeichnens« des Wildes. Unter Zeichnen versteht man die durch das Geschoss, durch Geschossteile, durch Bestandteile des vom Geschoss getroffenen Bodens oder von Pflanzen sowie durch den vom Geschoss erzeugten Luftdruck ausgelösten Körperreaktionen des Wildes. Im erweiterten Sinne gehört auch das Fluchtverhalten des beschossenen Wildes zu den Schusszeichen. Das Zeichnen des Wildes lässt Rückschlüsse auf den Sitz des Geschosses, auf die Schwere der Verletzungen sowie auf die zu erwartende Nachsuchenarbeit zu.

Am Anschuss findet der Jäger Pirsch- oder Schusszeichen (lokal unterschiedlicher Sprachgebrauch). Hierzu gehören vom Geschoss abgerissene Haare, Knochensplitter, Wildbret, Organteile, Feist, Schlund-, Panseninhalt und Schweiß. Zu den Pirschzeichen gehören auch Schaleneindrücke und -ausrisse, abgeschossene Pflanzenteile und der Kugelriss im Boden.

Vor dem Schuss

?

335 | Auf was achtet der Jäger vor dem Schuss?

Auf das Hinterland (Sicherheit!), auf seinen eigenen Stand, auf den genauen Standort des Wildes, auf dessen Körperhaltung und auf eine freie Schussbahn.

336 | Wie kann er sich den Standort des beschossenen Wildes merken?

Mit Hilfe von Geländemarken wie Bäumen, Steinen, Gebäuden im Hintergrund usw.

337 | Wie merkt er sich seinen eigenen Stand?

Liegt das Wild nicht im Feuer, markiert er seinen Stand, bevor er ihn verlässt (entfällt, wenn der Schuss vom Hochsitz aus erfolgte).

Wie zeichnet das Wild?

338 | Auf was achtet der Jäger im Schuss?
Wie zeichnet das beschossene Wild, wohin flüchtet es, wie verhält sich anderes Wild?

339 | Ein Fasan steigt im Schuss steil hoch: Auf welchen Schuss tippen Sie?
Vermutlich hat er Schrote in der Lunge.

340 | Am Anschuss finden Sie hellroten, blasigen Schweiß. Welches Organ hat das Geschoss getroffen?
Die Lunge. Die Verletzung kann aber auch durch einen Splitter verursacht sein.

341 | Ein Reh schlägt im Schuss hinten aus. Wo wird der Schuss sitzen?
Vermutlich weich.

342 | Ein Reh klagt im Schuss. Was wurde vermutlich getroffen?
Es wird sich um einen Knochentreffer handeln.

343 | Ein Reh steigt im Schuss steil auf und flüchtet mit tiefem Haupt rasend in die Dickung. Was für ein Schuss wird das sein?
Vermutlich ein Herzschuss.

344 | Ein Schmaltier bleibt im Schuss mit gespreizten Läufen und vorgestrekktem Haupt einige Zeit stehen, ehe es flüchtet. Um was für einen Schuss könnte es sich handeln?
Möglicherweise um einen Äserschuss, bei dem das Stück zunächst benommen ist.

345 | Ein Stück Schalenwild bricht im Schuss schlagartig zusammen. Welchen Schuss vermuten Sie?
Es könnte – muss aber nicht – ein Krellschuss sein.

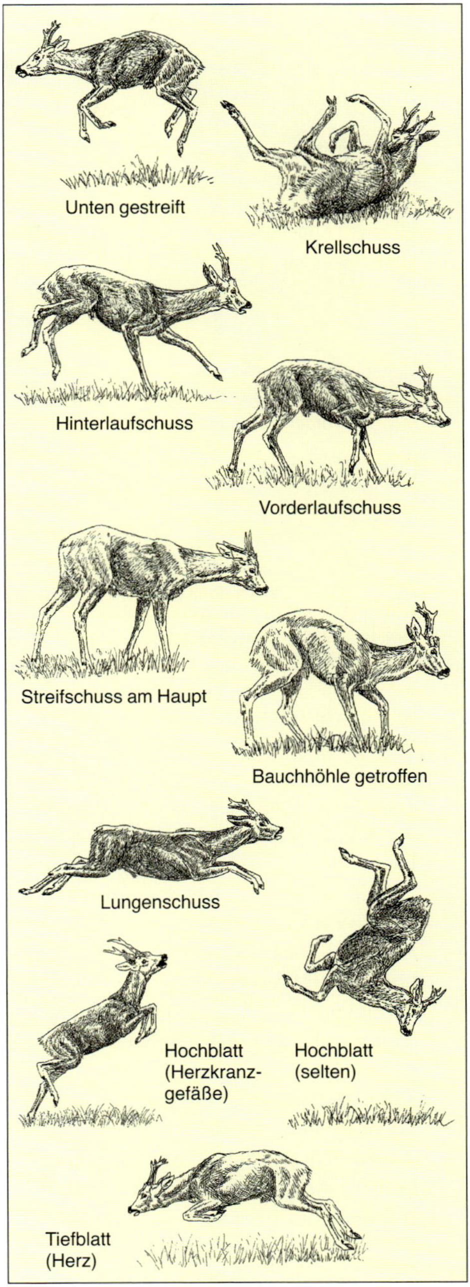

Zeichnen des Rehwildes.

Zeichnen des Schwarzwildes.

346 | Wie zeichnet ein Alttier mit Vorderlaufschuss?
Sind Knochen und Sehnen noch intakt, wird der Lauf meist leicht angezogen. Ist der Knochen zertrümmert schlenkert der Lauf.

347 | Was vermuten Sie, wenn am Anschuss eines Rehs viele Schnitthaare und Hautfetzen liegen?
Vermutlich handelt es sich um einen Streifschuss, muss aber nicht immer so sein.

348 | Am Anschuss eines Rehs finden Sie bräunlichen, grießigen Schweiß. Wo könnte der Schuss sitzen?
Da wird die Leber getroffen sein, möglicherweise nur von einem Splitter.

349 | Sie beschießen ein Kalb, das mit dem Alttier in den Bestand flüchtet. Kurz darauf hören Sie das Alttier in einiger Entfernung mehrmals schrecken. Was schließen Sie daraus?
Höchstwahrscheinlich ist das Kalb nach kurzer Flucht zusammen gebrochen.

350 | Sie beschießen eine Ricke, die abspringt und im Bestand schreckt. Was schließen Sie daraus?
Ich habe wahrscheinlich gefehlt, muss aber dennoch sorgfältig den Anschuss untersuchen, denn es könnte ja auch ein anderes Stück geschreckt haben.

351 | Sie beschießen in der Brunft einen Rehbock, der – scheinbar völlig gesund – mit der Geiß in die Dickung flüchtet. Nach einiger Zeit erscheint die Geiß alleine. Was schließen Sie daraus?
Vermutlich liegt der Bock verendet oder schwer krank in der Dickung.

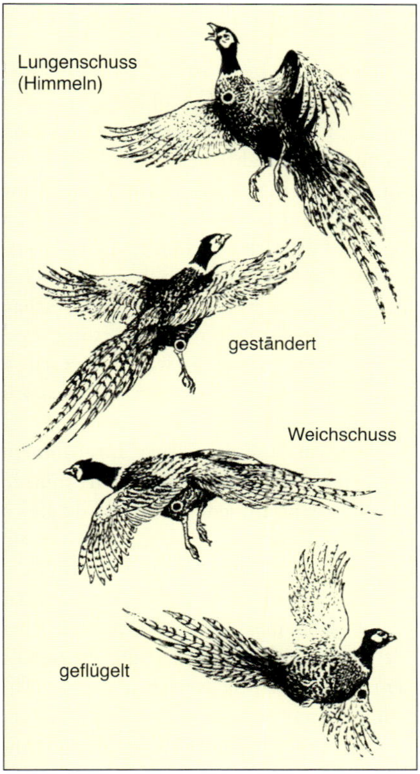

Zeichnen des Federwildes beim Schrotschuss.

352 | Sie beschießen einen Frischling, der mit dem Rest der Rotte wie gesund ab geht. Worauf achten Sie besonders?
Auf den Pürzel. Getroffene Sauen klappen den Pürzel ab.

353 | Ein beschossenes Wild bricht auf der Flucht hörbar durch dürres Geäst. Was schließen Sie daraus?
Vermutlich ist es getroffen und flüchtet bereits unkontrolliert.

Wie verhält sich der Jäger?

354 | Wie finden Sie am Anschuss feine Schweißspritzer?
Durch Abtupfen mit einem weißen Taschentuch.

355 | Was tun Sie, wenn ein geflügelter Fasan außerhalb des Treibens davon läuft?
Wenn kein brauchbarer Hund in der Nähe ist schieße ich nach, vorausgesetzt die Schussentfernung ist akzeptabel und ich gefährde niemanden.

356 | Was suchen Sie am Anschuss von Schalenwild?
Schusszeichen in Form von Schnitthaar, Schweiß, Knochensplitter, Feist, Schlund- und Panseninhalt, Kugelrisse sowie Schaleneingriffe.

357 | Wie wird krank geschossenes Schalenwild getötet?
Wann immer möglich mittels Fangschuss, nur im Notfall durch Abfangen mit der Klinge.

Mit einem weißen Taschentuch wird der Anschuss abgetupft.

358 | Sie finden ein Schmaltier noch lebend unweit vom Anschuss. Dürfen Sie den Fangschuss mit der Faustfeuerwaffe geben?
Ja, wenn die Mündungsenergie (E^0) mindestens 200 Joule beträgt.

359 | Welche Mündungsenergie muss ein Geschoss für den Fangschuss mit der Faustfeuerwaffe auf Raubwild erbringen?
Hier ist keine Mindestenergie vorgeschrieben. Die Länder können jedoch eine solche für die Abgabe von Fangschüssen bei der Bau- und Fallenjagd vorschreiben.

360 | Was versteht man unter »Abfedern«?
Früher übliche Art, krank geschossenes Federwild zu töten. Dabei wurde diesem eine Schwungfeder ausgerissen und diese durch die Öffnung im Hinterhaupt gestoßen. Gilt heute zu Recht als Tierquälerei.

361 | Wie töten Sie angeschweißtes Federwild?
Mit einem harten Schlag (Stock) auf den Hinterkopf.

362 | Wie wird ein krankgeschossener Hase tierschutzgerecht getötet?
Mit einem kräftigen Handkantenschlag ins Genick, eventuell auch mit einem Stock.

Wildverwertung

Die Zeiten, in denen es üblich war, selbst das erst nach Stunden versorgte, oft schon reichlich aufgeblähte Verkehrsfallwild ebenso ungeniert in den Handel zu bringen wie den penetrant duftenden Brunfthirsch oder das Tage hindurch ungekühlt und nicht ausgenommen im Schuppen hängende Niederwild, sind lange vorbei. Ohne Beschau darf Wild nicht mehr der Verwertung zugeführt werden, es sei denn wir essen es selbst. Das schließt dann aber auch aus, dass wir uns zum Wildbretessen Gäste einladen.

Trotzdem sind wir Jäger im Moment noch reichlich privilegiert: Wir müssen nämlich nicht mit jedem Stück Wild gleich zur Fleischbeschau. Man gesteht uns zu, eine erste Beschau selbst durchzuführen. Um dies zu tun müssen wir auch nicht das Fachwissen eines Veterinärs haben. Aber wir müssen ohne Zweifel alle Merkmale kennen und richtig werten, die eine offizielle Fleischbeschau notwendig machen. Sind keine derartigen Merkmale vorhanden, dürfen wir das betreffende Wildbret als Lebensmittel an Wildhandel oder Endverbraucher weiter geben. Doch zwischen Erlegung und Weitergabe stehen mehr Erfordernisse als die Suche nach verdächtigen Merkmalen. Es gilt, der geforderten Wildbrethygiene voll gerecht zu werden.

Das beginnt mit dem Aufbrechen und der Beschau und führt über den fachgerechten Transport, dem ordnungsgemäßen Kühlen, dem hygienisch einwandfreien Zerlegen bis zur Übergabe an den Endverbraucher. Alle diese Dinge dürfen wir nicht auf die leichte Schulter nehmen – denn wir haften, straf- und zivilrechtlich, mit unserem gesamten Vermögen für die Genusstauglichkeit unseres Produktes!

Fachgerecht gewonnenes und verarbeitetes Wildbret ist aber auch ein erstklassiges

Beim Aufbrechen von Schwarzwild darf die Gallenblase nicht verletzt werden.

Produkt, mit vielen Vorzügen gegenüber dem heute weitgehend industriell gewonnenen Fleisch und Fleischprodukten von Haustieren. Wir entwerten dieses Produkt jedoch auch selbst, wenn wir Wild nicht mehr Wild sein lassen, wenn wir es ernähren wie die Agroindustrie Schweine und Rinder – mit industriellem Kraftfutter!

Die Europäische Union hat das gesamte Lebensmittelrecht neu gefasst. Ziel ist ein hohes Maß an Verbraucherschutz.
Dieser Verpflichtung sind auch die Jäger unterworfen, wenn sie Wild bzw. Wildbret in den Verkehr bringen. Der Jäger haftet für die Genusstauglichkeit des Lebensmittels (Produkthaftung).
Der Jäger hat die Möglichkeit Wild/Wildbret in den Verkehr zu bringen:

- direkt an Privatpersonen, Metzger, Gastwirte,
- über zugelassene Wildverarbeitungsbetriebe.

Dabei sind die jeweiligen Vorschriften der Verordnung (EG) 178/2002, 852/2004, 853/2004 und 2075/2005 zu beachten.
Die sachgerechte Behandlung des Lebensmittels Wild beginnt bereits bei der Jagdausübung unter Beachtung des Tierschutzes. Ein ausgeruhtes Tier mit einem guten Schuss erlegt, liefert ein hochwertiges Lebensmittel. Lange Hetzen, schlechte Schüsse mindern den Wert des Wildbrets. Die sachgerechte Behandlung setzt sich fort über das Ansprechen (abnorme Verhaltensweisen), Schießen, Bergen, Aufbrechen, Untersuchen (bedenkliche Merkmale), Transportieren, Kühlen und Lüften bis zum Zerwirken. Dabei müssen jeweils die erforderlichen hygienischen Bedingungen eingehalten werden.

Rechtliche Vorschriften
VO (EG) 178/2002
Basisvorschrift des Lebensmittelrechtes
VO (EG) 852/2004
Allgemeine Hygienevorschriften
VO (EG) 853/2004
Spezielle Hygienevorschriften
VO (EG) 2075/2005
Amtliche Fleischbeschau auf Trichinen

Nationale Vorschriften
Lebensmittelhygiene-Verordnung (LMHV)
Tierische Lebensmittel-Hygieneverordnung (TierLMHV) – § 4 und Anlage 4 –

Die Verordnungen 852–854 gelten nicht
- für die Primärproduktion für den privaten häuslichen Bereich,
- für die direkte Abgabe kleiner Mengen Primärerzeugnisse an den Endverbraucher oder lokale Einzelhandelsgeschäfte, die die Erzeugnisse unmittelbar an den Endverbraucher abgeben (Gastwirte, Metzger).

Begriffsbestimmungen

Primärproduktion = Jagen und Fischen
Primärerzeugnis = Jagderzeugnisse (Wild einschließlich Aufbruch)

Kundige Person
- ist mindestens eine Person einer Jagdgesellschaft, die ausreichend geschult ist, um das Wild vor Ort einer ersten Untersuchung unterziehen zu können,
- Jäger, die ausreichend geschult sind, um als kundige Person gelten zu können.

Die kundige Person ist erforderlich,
- wenn erlegtes Großwild (Schalenwild), ohne Kopf und Organe, an zugelassene Wildverarbeitungsbetriebe abgegeben werden soll,
- wenn Kleinwild (Hasen, Kaninchen, Federwild) an zugelassene Wildbearbeitungsbetriebe abgegeben werden soll.

Angaben der kundigen Person
- Information vom Erleger einholen, ob am lebenden Stück abnorme Verhaltensweisen zu erkennen waren
- Wildkörper und Eingeweide auf bedenkliche Merkmale untersuchen
- Verdacht auf Umweltkontamination abklären

Bescheinigung darüber ausstellen mit Ort und Zeitpunkt der Erlegung

Übersicht – in Verkehr bringen von Wild bzw. Wildbret

1. Abgabe in der Decke an
a) Endverbraucher (Privatpersonen)
b) Einzelhändler (Metzger, Gastwirte)
c) zugelassene Wildbearbeitungsbetriebe

Bedingungen zu a und b
- keine Verhaltensstörungen/bedenkliche Merkmale
- geringe Mengen
- Abgabe im Bereich des Wohn- oder Erlegungsortes

Bedingungen zu c
- Bescheinigung einer kundigen Person (liegt eine Bescheinigung nicht vor, müssen die Organe – außer Magen/Darm – und der Kopf beigefügt werden).

2. Abgabe von Wildbret an
a) Endverbraucher (Privatpersonen)
b) Einzelhändler (Metzger, Gastwirte)

Bedingungen zu a und b
- keine Verhaltensstörungen/bedenkliche Merkmale
- geringe Mengen
- Abgabe im Bereich des Wohn- oder Erlegungsortes
- Registrierung (Landratsamt)
- Hygienevorschriften VO 852/2004

Grundsätzliches

363 | Was ist eine kundige Person?
Mindestens eine Person einer Jagdgesellschaft, die ausreichend geschult ist, um das Wild vor Ort einer ersten Untersuchung unterziehen zu können oder ein Jäger, der ausreichend geschult ist, um als kundige Person gelten zu können.

364 | Wann ist eine kundige Person erforderlich?
1. Wenn erlegtes Schalenwild, ohne Kopf und Organe, an zugelassene Wildbearbeitungsbetrieb abgegeben werden soll.
2. Wenn Kleinwild (Hasen, Kaninchen, Federwild) an zugelassene Wildbearbeitungsbetriebe abgegeben werden soll.

365 | Welche Aufgaben hat die kundige Person?
1. Informationen vom Jäger einholen, ob am lebenden Stück abnorme Verhaltensweisen zu erkennen waren.
2. Wildköper und Eingeweide auf bedenkliche Merkmale untersuchen
3. Verdacht auf Umweltkontamination abklären.
4. Bescheinigung darüber ausstellen mit Ort und Zeitpunkt der Erlegung.

366 | Was ersetzt die Bescheinigung?
Das Mitliefern von Kopf und roten Organen an den Wildbearbeitungsbetrieb.

367 | Auf welche Temperaturen sind Wildkörper abzukühlen?
Schalenwild auf + 7 °C., Kleinwild (Hasenartige, Federwild) auf + 4 °C.

Erstversorgung

368 | Welche wichtigen Bestimmungen hat der Jäger beim Umgang mit Wildbret zu beachten?
Die am 1. Januar 2006 in Kraft getretene EG Verordnungen 852/2004 bis 854/2004 (»Lebensmittelhygienepaket«), VO (EG) 178/2002 sowie die VO (EG) 2075/2005. LMHV und TierLMHV.

369 | Dürfen Sie bei der Drückjagd die erlegten Rehe von einem Treiber aufbrechen lassen?
Ja, vorausgesetzt der Treiber hat selbst die Jägerprüfung abgelegt oder ich stehe dabei, um die Untersuchung durchzuführen.

370 | Warum muss Wild möglichst unverzüglich aufgebrochen werden?
Weil schon nach einer halben Stunde die Darm-Barriere bricht. Die im Gescheide vorhandenen Bakterien breiten sich dann im gesamten Wildkörper aus und vermehren sich.

371 | Womit beginnen Sie konventionell das Aufbrechen eines Rehs?
Wenn das Stück auf dem Boden liegend aufgebrochen wird mit dem Drosselschnitt und dem Verknoten des Schlundes.

372 | Was machen Sie unmittelbar nach dem Drosselschnitt?
Ich öffne vorsichtig die Bauchdecke zwischen den auseinander gedrückten Keulen und Geschlechtsorganen.

373 | Wie öffnen Sie den Bauchraum beim Schalenwild?
Mit einem Schnitt, der zwischen den Keulen beginnt und bis zum Brustbein durchgezogen wird.

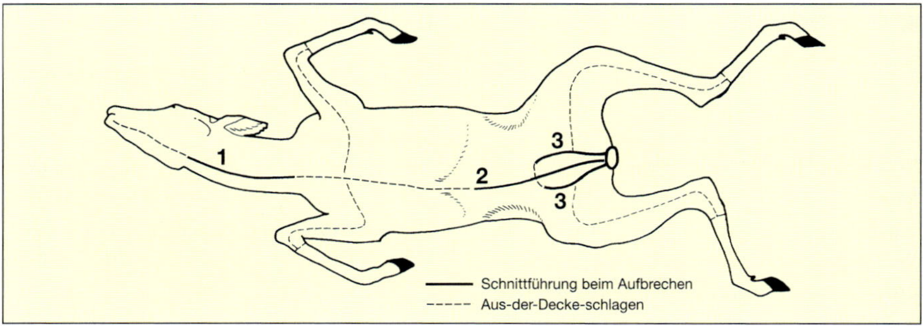

Aufbrechen nach der herkömmlichen Methode.

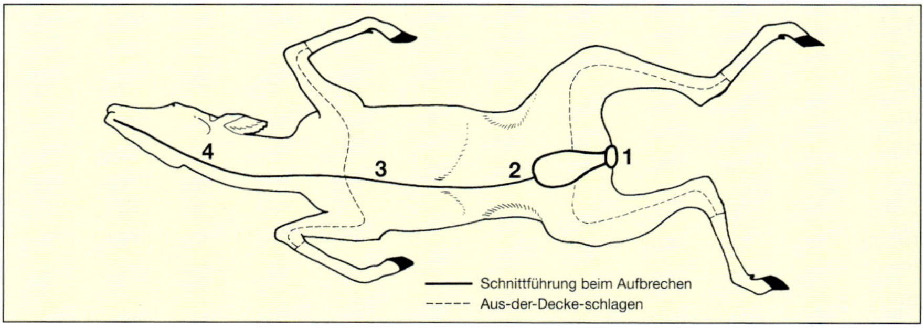

Aufbrechen nach der skandinavisch-osteuropäischen Methode, die auch im Hängen durchgeführt werden kann.

374 | Wie öffnen Sie die Brusthöhle?

Mit einem Kreisschnitt um das Zwerchfell. Meistens ist es auch üblich, gleich das Brustbein aufzutrennen. Dann ist der Drosselschnitt und das Verknoten des Schlundes nicht nötig.

375 | Welche Organe liegen im Brustraum?

Die Lunge, das Herz und die Speiseröhre (Schlund).

376 | Welche Organe liegen in der Bauchhöhle des Schalenwildes?

Der Pansen (Weidsack beim Schwarzwild), bezeichnet als großes Gescheide sowie Dünn- und Dickdarm, bezeichnet als kleines Gescheide, ferner Leber, Milz, Nieren, Blase und innere Geschlechtsorgane.

377 | Welches Organ darf beim Aufbrechen von Gams- und Schwarzwild nicht verletzt werden?

Die auf der Leber sitzende Gallenblase.

378 | Wo befinden sich beim Schalenwild die Brandadern?

Rechts und links im Becken.

379 | Bei welchen Wildarten müssen Sie beim Aufbrechen / Ausnehmen auf die Gallenblase achten?

Bei Schwarzwild, Gams-, Stein-, Muffelwild, Hase und Kaninchen. Gallenblase vorsichtig entfernen.

380 | Mit welchem Organ ist die Luftröhre verwachsen?
Mit der Speiseröhre (Schlund).

381 | An der Leber eines Rehs findet sich eine hühnereigroße Blase, was tun Sie?
Vermutlich handelt es sich um Finnen, daher wird die Leber mit der Finnenblase unverletzt entsorgt.

382 | Auf welchem Organ sitzt die Gallenblase?
Auf der Leber.

383 | Muss erlegtes Schalenwild auch bei winterlichen Temperaturen unverzüglich aufgebrochen werden?
Grundsätzlich ja.

384 | Was tun Sie bei einem Stück mit Pansenschuss?
Unverzüglich aufbrechen, Brust und Bauchhöhle mit fließendem Trinkwasser ausspritzen und alle eventuell verschmutzten Teile großzügig ausschneiden.

385 | Warum wird im Hochgebirge und in anderen Teilen Europas auf das Öffnen des Schlosses verzichtet?
Damit beim Liefern das Wildbret der Keulen nicht ausreißt und nicht verschmutzt. Meist wird bei dieser Methode auch auf den Drosselschnitt verzichtet.

386 | Wie wird in diesem Falle der Darm ausgelöst?
Es wird von außen ein Kreisschnitt um das Weidloch gezogen und Darm sowie Blase nach innen gezogen.

387 | Wird das Gescheide beim Aufbrechen von Schalenwild rechts oder links vom Wildkörper abgelegt?
Das ist völlig egal.

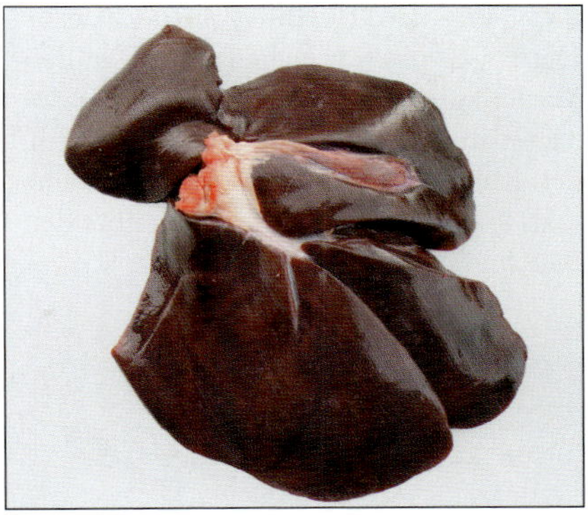

Wildschweinleber mit Gallenblase und Gallengängen. Die Gallenblase kann stumpf entfernt werden.

388 | Muss auch das Gescheide untersucht werden?
Ja, weil gerade im Darmbereich Entzündungen auftreten, die auf bakterielle Infektionen des Tieres schließen lassen, ebenso Bandwurmfinnen.

389 | Welche Organe des Schalenwildes gehören zum Jägerrecht?
Herz, Lunge, Leber, Milz, Nieren und Zwerchfell. Früher stand überdies demjenigen, der das Stück zerwirkte, der Vorschlag zu, also die ersten drei Rippen, einschließlich der zugehörigen Wirbel.

390 | Bei welcher Wildart wurde früher das Gescheide samt Inhalt verzehrt?
Bei der Waldschnepfe, als so genannter Schnepfendreck.

391 | Was tun Sie mit einem räudigen Fuchs?
Unschädlich entsorgen. Tierkörperbeseitigung, vergraben, oder verbrennen.

392 | Welche Erstversorgung ist bei Hasen und Kaninchen üblich?
Die Blase muss ausgedrückt werden.

393 | Wie wird die Blase ausgedrückt?
Der Hase / das Kaninchen wird so an den Vorderläufen gefasst, dass der Rücken des Tieres an unserem Oberschenkel Halt findet. Mit der freien Hand wird dann mehrmals kräftig in Richtung Keulen über den Bauch gestreift.

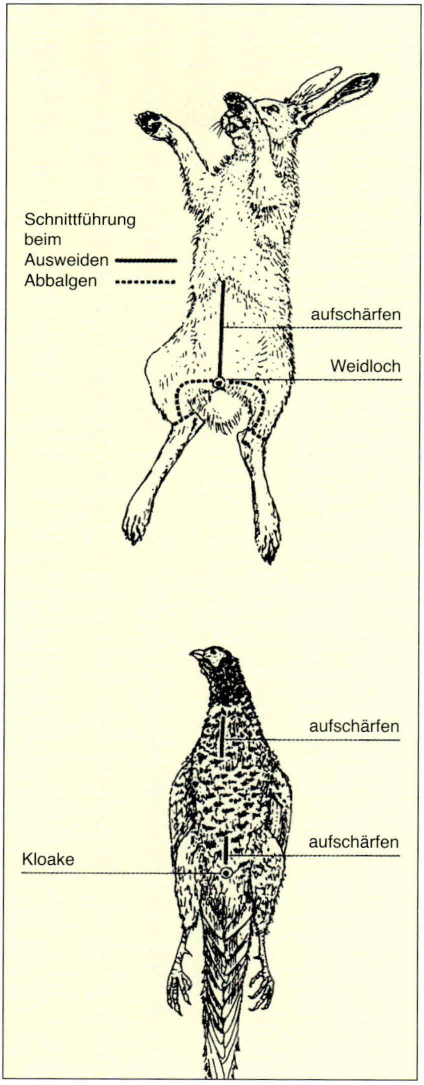

394 | Genügt es Hasen auszudrücken?
Nein, der Hase wird – wie Schalenwild – komplett ausgenommen.

395 | Sie haben einige Ringeltauben erlegt. Was tun Sie?
Ich entferne zunächst den Kropf, mache dann einen kleinen Schnitt von der Kloake zum Brustbein und entferne alle Organe aus der Bauchhöhle.

396 | Warum müssen Sie beim Federwild den Kropf entfernen?
Weil der Kropfinhalt sehr schnell säuert und sich Bakterien vermehren.

397 | Wie werden erlegte Hühnervögel versorgt?
Ebenso wie Ringeltauben.

398 | Wie werden Wildenten versorgt?
Im Prinzip wie das übrige Federwild, doch wird der Kropf erst beim Rupfen oder Abbalgen entfernt.

399 | Wem gehört der Aufbruch vom Schalenwild?
Grundsätzlich dem Jagdausübungsberechtigten. Nach altem Brauch wird er aber jenem überlassen, der das Stück aufgebrochen hat, auch dann, wenn dieser nicht selbst Jäger ist.

Untersuchung auf Genusstauglichkeit

400 | Muss jedes Stück Haarwild zur amtlichen Fleischuntersuchung?
Nein, nur jene Stücke, bei denen Verhaltensstörungen, bedenkliche Merkmale oder Verdacht auf Umweltkontamination festgestellt werden.

401 | Welche Merkmale gelten als bedenklich?

In der VO (EG) 854/2004 werden im Abschnitt IV Spezifische Vorschriften, Kapitel VIII Frei lebendes Wild, alle jene Merkmale aufgelistet, bei deren Vorliegen der amtliche Tierarzt das Fleisch für genussuntauglich zu erklären hat. Das sind

- vor dem Erlegen erkennbare abnorme Verhaltensweise und Störungen des Allgemeinbefindens (z.B. verschmutzter Spiegel aufgrund von Durchfall);
- generalisierte Tumore und Abszesse, wenn sie in verschiedenen inneren Organen oder in der Muskulatur vorkommen;
- Gelenkentzündungen (Arthritis), Hodenentzündung (Orchitis), krankhafte Veränderungen der Leber oder Milz, Darm- und Nabelentzündungen;
- nicht von der Jagd herrührende Fremdkörper in Leibeshöhlen, im Magen, im Darm und Harn, sofern Brust- oder Bauchfell verfärbt sind;
- Parasitenbefall (Hinweis: gemeint sind hier nicht die Hirschlaus, Lungenwurm, Leberegel etc., sondern sich im Fleisch befindliche Trichinen, Bandwurmfinnen, Zysten von Sarkosporidien u.ä.);
- übermäßige Gasbildung im Magen- und Darmtrakt mit Verfärbung der inneren Organe (Hinweis: stets gegeben a) bei Hase und Kaninchen, die ungekühlt – Kerntemperatur 4 °C – länger als zwölf Stunden unausgeweidet bleiben, b) bei Schalenwild, das verendet oder über mehrere Stunden – z.B. über Nacht – unausgeweidet gelegen hat); (Hinweis: rauschige Keiler sind genussuntauglich!)
- alte offene Knochenbrüche;
- Auszehrung (Kachexi) und oder generalisierte oder lokalisierte Schwellungen/ Geschwülste (Ödeme);
- frische Verklebungen oder Verwachsungen mit Brust- oder Bauchfell, oder sonstige auffällige und großflächige Veränderungen wie beispielsweise Verwesung (aber auch Verhitzen);

Und nach Abschnitt II Kapitel V:

- Erhebliche Abmagerung (untergewichtige Stücke!);
- Verunreinigungen oder Verschmutzungen durch Fäkalien oder sonstige Kontaminationen (stets bei Weidwundschüssen und bei Verschmutzungen u.a. durch Laub, Erde und Tannennadeln gegeben).

Bei Wild, das eines der vorgenannten Merkmale aufweist und an einen Wildbearbeitungsbetrieb geliefert wird, muss der amtliche Tierarzt über die Genusstauglichkeit des Fleisches entscheiden! (Kapitel VIII, Buchstaben A und B).

402 | Was ist bei Schwarzwild zu beachten?

Bezüglich der Fleischbeschau gilt für Schwarzwild dieselbe Regelung wie für alles übrige Schalenwild. Es muss aber jedes Stück Schwarzwild zur Trichinenbeschau.

403 | Werden im Wildbret enthaltene Trichinen beim Braten zuverlässig abgetötet?

Nicht zuverlässig, daher muss auch jenes Schwarzwild beschaut werden, das wir in der eigenen Küche verwerten.

404 | Wer muss Schwarzwild zur Trichinenbeschau anmelden?

Der Revierinhaber. Dieser kann jedoch andere Personen damit beauftragen, etwa andere Jäger, Gastwirte oder Metzger.

405 | Darf der Revierinhaber einen Frischling ohne Trichinenbeschau abgeben?

Ja, aber nur wenn der Käufer Jäger, Gastwirt oder Metzger ist.

406 | Darf der Revierinhaber unbeschautes Schwarzwild an Nichtjäger abgeben?

Nein, denn ihnen fehlt die Sachkunde.

407 | Ist die Abgabe von unbeschautem Schwarzwild an Wildhändler oder Gastwirte statthaft?
Ja, der Revierinhaber kann diese Personen mit der Anmeldung zur Beschau beauftragen.

408 | Wie erkennt ein Wildkäufer, ob eine Sau amtlich auf Trichinen beschaut wurde?
An den amtlichen Trichinenschau-Stempeln oder dem Begleitpapier.

409 | Wo finden sich die Trichinenschau-Stempel?
Auf der Innenseite der Keulen, oder dem Brustbein.

410 | Kann der Jäger die Trichinenbeschau selbst durchführen?
Nein, das ist ausschließlich Sache des amtlichen Tierarztes oder des von diesem beauftragten Fleischkontrolleurs.

411 | Welche Teile des Wildkörpers muss der Jäger »beschauen«?
Grundsätzlich alle, also auch sämtliche inneren Organe.

412 | Welchen Status hat der Jäger bei dieser Aufgabe?
Er hat bei der Beschau von Haar- und Federwild die Position eines »amtlichen« Fleischkontrolleurs.

413 | Wann beginnt die Untersuchung auf bedenkliche Merkmale?
Beim Ansprechen des lebenden Stückes.

414 | Auf was achten Sie bei der Beurteilung der Genusstauglichkeit erlegten Wildes?
Auf abnormes Verhalten, auf bedenkliche Merkmale und auf Verdacht auf Umweltkontamination.

415 | Muss ein Rehbock, der am Abend einen Laufschuss erhielt, und am anderen Vormittag durch Fangschuss zur Strecke kommt, zur Fleischuntersuchung?
Ja, denn er weist offene Verletzungen auf, die bereits vor dem Fangschuss vorhanden waren.

416 | Ein Reh bricht mit Pansenschuss verendet zusammen. Muss es zur Fleischuntersuchung?
Nein, nur wenn ein abnormes Verhalten, bedenkliche Merkmale oder der Verdacht auf Umweltkontamination feststellbar sind.

417 | Wann verhitzt Wild besonders schnell?
Bei Wärme und hoher Luftfeuchtigkeit.

418 | Welches Wildbret gilt grundsätzlich als nicht genusstauglich?
Wildbret von Fallwild.

419 | Was bedeutet ein erheblich aufgeblähter Pansen?
Es hat eine erhebliche Gasbildung stattgefunden, und das Stück muss zur amtlichen Fleischuntersuchung angemeldet oder entsorgt werden.

420 | Auf welche Organe muss in diesem Zusammenhang besonders geachtet werden?
Insbesondere auf Leber, Milz und Nieren.

421 | Was ist im Zweifelsfalle immer geboten?
Die Anmeldung zur amtlichen Fleischuntersuchung.

422 | Ein Reh wurde angefahren. Sie finden es zwei Stunden später. Dürfen Sie es gleich an einen Gastwirt verkaufen?

Nein, wenn bedenkliche Merkmale vorhanden sind nicht.

423 | Ein am Abend beschossenes Reh wird am nächsten Morgen unweit vom Anschuss mit Herzschuss gefunden. Müssen Sie zur amtlichen Fleischuntersuchung?
In der Regel ja, denn die Bakterienvermehrung hat längst eingesetzt.

424 | Ist ein Reh mit Lungenwurmbefall genusstauglich?
Wenn es ansonsten gesund ist, ja.

425 | Darf verendet gefundenes Schalenwild in Verkehr gebracht werden?
Nein.

426 | Die Bauchdecke eines Hasen schimmert nach dem Abbalgen grünlich. Was bedeutet das?
Die grüne Farbe ist ein Zeichen von Fäulnis, der Hase somit genussuntauglich.

427 | Welche Teile sind für die Trichinenuntersuchung vom Schwarzwild zu entnehmen?
Eine Probe von mindestens 10 g Gewicht aus dem Zwerchfellpfeiler sowie eine Probe von mindestens 10 g Gewicht aus der Unterarmmuskulatur. Dies gilt auch für Dachse und andere.

428 | Dürfen Sie eine Sau zerwirken, ehe die Trichinebeschau abgeschlossen ist?
Nein.

429 | Beim Aufbrechen eines Rehs haben Sie Wucherungen im Brustraum entdeckt. Dürfen Sie das Wildbret in den Handel bringen?
Das Stück muss zunächst zur amtlichen Fleischuntersuchung.

Transport

430 | Eignen sich Foliensäcke zum Transport von Wild?
Nein, Wild, das verwertet werden soll, darf nie in Foliensäcken transportiert werden, da es in diesen verhitzt.

431 | Wie muss Schalenwild transportiert werden?
In der Regel bereits aufgebrochen und möglichst luftig.

432 | Darf man Hase oder Federwild zum Transport im Kofferraum aufeinander schichten?
Nein, Wildkörper, die der Verwertung zugeführt werden sollen, dürfen nicht aufeinander gelagert werden.

433 | Wie wird Niederwild bei Gesellschaftsjagden transportiert?
Luftig hängend auf dem Wildwagen. Federwild wird mit dem Kopf oben aufgehängt, Hasen und Kaninchen an den

Mehrheitlich muss Verkehrsfallwild zur amtlichen Fleischuntersuchung.

Hinterläufen. Zwischen den Treiben wird das Wild ausgenommen.

434 | Wann spricht man von einer »stickigen Reife«?
Wenn in Folge späten Aufbrechens oder unsachgemäßen Transportes das Wildbret eine dunkle Farbe und einen strengen Geruch angenommen hat.

435 | Was geschieht mit solchen Stücken?
Entweder sie werden gleich unschädlich entsorgt oder zur Fleischbeschau angemeldet, was sich bei Rehen und Wildschweinen meist nicht lohnt.

436 | Wie wird ein erlegter Gams transportiert?
In einem geräumigen Rucksack, auf einem Tragegestell oder geschränkt über der Schulter. Die Schweizer legen sich die geschränkten Läufe auch um die Stirn, wobei der Gams im Nacken ruht.

437 | Was tun Sie, wenn Rotwild in so schwierigem Gelände zur Strecke kommt, dass Sie es nicht als Ganzes bergen können?
An Ort und Stelle zerwirken und die Teile einzeln heraus tragen.

438 | Dürfen Sie dieses Stück in den Handel bringen?
Nein, denn Schalenwild darf nur in einem den Vorschriften der Lebensmittelhygieneverordnung entsprechenden Zerwirkraum zerlegt werden.

439 | Was tun Sie mit Federwild, das zum Präparieren bestimmt ist?
In den Schnabel und in Schusswunden (z.B. Kugelschuss beim Auerhahn) wird Watte oder saugfähiges Papier (z.B. Tempo) gesteckt, um den Schweißaustritt zu verhindern. Bereits ausgetretener Schweiß wird sorgfältig abgetupft.

440 | Sie haben in Brandenburg eine Sau geschossen und billig erworben. Dürfen Sie diese im Kofferraum mit nach Bayern nehmen und dort in Verkehr bringen?
Nein, denn der ungekühlte Transport von Wild oder Wildteilen darf nicht länger dauern als 2 Stunden, auch dann nicht, wenn der Wildkörper zuvor auf eine Kerntemperatur von +7 °C. heruntergekühlt wurde.

441 | Innerhalb welcher Zeit müssen im Balg befindliche, nicht ausgeweidete Hasen und Kaninchen in einem be- oder verarbeitenden Betrieb angeliefert werden?
Alsbald.

442 | Wie hat der Transport zu erfolgen?
Bei einer Raumtemperatur von +4 °C.

■ Wildkammer

443 | Welchen Standard muss eine Wildkammer erfüllen?
a) Boden und Wände müssen leicht zu reinigen und zu desinfizieren sein,
b) Fenster müssen fliegensicher vergittert sein,
c) es muss ein Abfluss vorhanden sein,
d) ein Waschbecken mit Warmwasserzufluss,
e) ein Wasseranschluss mit Schlauch,
f) eine Arbeitsplatte mit leicht zu pflegender und zu desinfizierender Oberfläche (kein Holz) und
g) Licht,
h) ein rostfreies Gehänge zum Aufhängen des Wildes,
i) Kühlkammer oder Kühlschrank.

444 | Gibt es auch Vorschriften die Hilfsgeräte wie Gehänge betreffen?
Ja, die VO (EG) 852/2004

445 | Auf welche Körpertemperatur muss erlegtes Schalenwild herunter gekühlt werden?
Auf eine Kerntemperatur von +7 °C.

446 | Wie lange dauert es mindestens, bis ein Reh in der Kühlkammer eine Kerntemperatur von 7° Celsius erreicht hat?
24 bis 48 Std.

447 | Warum muss erlegtes Wild heruntergekühlt werden?
Um die Vermehrung von Bakterien zu unterbinden.

448 | Gelten für Hasen, Kaninchen und Federwild dieselben Anforderungen?
Ja, mit der Ausnahme, dass sie auf +4 °C. Kerntemperatur heruntergekühlt werden müssen.

449 | Wie lange können sachgerecht versorgte Hasen und Wildkaninchen vor dem Abbalgen im Kühlraum hängen?
Etwa eine Woche.

450 | Wann ist der Reifeprozess im Wildbret abgeschlossen?
Je nach Wildart zwischen 24 Std. (Hasen, Kaninchen) und 90 Std. (Hirsch).

451 | Wie entsteht die Totenstarre?
Durch die Umwandlung des in den Muskeln gespeicherten Glykogen in Milchsäure. Sobald das Glykogen zu 80 % umgebaut ist, verhärten die Muskeln.

452 | Wie löst sich die Totenstarre wieder?

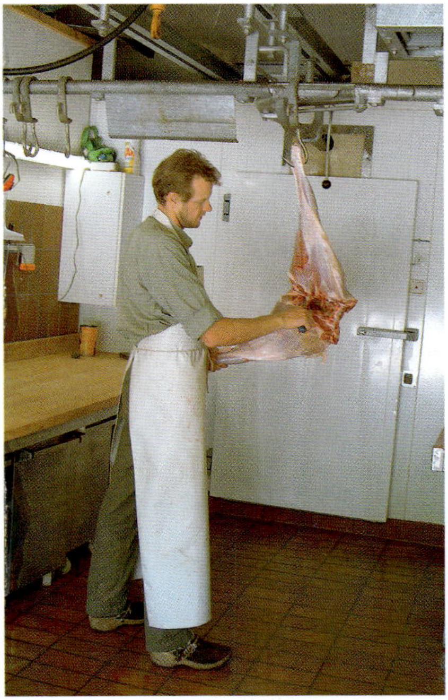

Wild, das in den Handel gebracht wird, darf nur in vorschriftsmäßig ausgestatteten Zerwirkräumen zerlegt werde.

Während der Totenstarre steuern Enzyme biochemische Prozesse, bei denen Muskelverhärter und bestimmte Eiweißmoleküle aufgelöst werden. Dadurch löst sich die Totenstarre wieder.

453 | Welche Veränderungen sind beim pH-Wert zu beobachten?
Mit Eintritt der Totenstarre sinkt der pH-Wert, wodurch kurzfristig die Vermehrung von Bakterien reduziert wird. Später steigt der pH-Wert wieder an, wobei sich die Totenstarre löst.

454 | Welche Folgen hat das ohne Kühlung?
Die jetzt ansteigende Vermehrung der Bakterien setzt Fäulnisprozesse in Gang.

455 | Steigt der pH-Wert auch durch andere Ereignisse?
Ja. Bei Stress wird in den Muskeln sehr schnell Glykogen abgebaut, wodurch (siehe oben) der pH-Wert steigt.

456 | Dürfen sie Wild in der Decke oder im Balg frosten, um sie später zu verarbeiten?
Nein. Haarwild darf in Balg oder Decke maximal auf eine Oberflächentemperatur von – 1 °C. heruntergekühlt werden. Der Wildkörper selbst ist dann noch nicht gefrostet.

457 | Auf welche Temperatur muss Federwild gekühlt werden?
Wie Hasen und Kaninchen auf + 4 °C.

458 | Wie lange benötigt Federwild für die Fleischreife?
Etwa 12 bis 24 Std.

459 | Wie lange kann man Federwild ungerupft abhängen lassen?
Auf + 4 °C. heruntergekühlt etwa 5 Tage.

Verwertung

460 | Welche Wildarten werden aus der Decke geschlagen?
Alle wiederkäuenden Schalenwildarten.

461 | Welche Wildarten werden abgebalgt?
Hasenartige, Nager, Raubwild und Vögel.

462 | Welche Wildarten werden abgeschwartet?
Schwarzwild und Dachs.

463 | Was bedeutet beim Schalenwild »zerwirkt«?
Der aus der Decke geschlagene (abgeschwartete) Wildkörper wird zerlegt.

464 | In welche Teile wird ein Reh zerlegt?
In 2 Keulen, 2 Blätter, 2 Wände, den Träger, den Rücken und das Haupt.

465 | Was versteht man unter »Kochwildbret«?
Das sind jene Teile, die sich weniger zum Braten eignen: Träger, Wände und Blätter.

466 | Dürfen Sie ein Reh selbst zerwirken und in den Handel bringen?
Ja, sofern ich dies in einem den lebensmittelhygienischen Vorschriften entsprechenden Raum tue.

467 | Dürfen Sie aus dem Wildbret Wurstwaren oder Schinken herstellen und diese in den Handel bringen?
Ja, wenn die Herstellung durch einen Fleischer erfolgt und ich für den Verkauf ein Gewerbe angemeldet habe.

468 | Beim Zerwirken zeigt sich auf der Innenseite der Wände ein Schmierfilm. Dürfen Sie diesen mit Essig abwaschen?
Nein

469 | Bei welchen Wildarten ist die Verwertung in der Paarungszeit eingeschränkt?
Bei allen Schalenwildarten, ausgenommen Rehwild.

470 | Ist das Wildbret eines Brunfthirsches genusstauglich?
Die Genusstauglichkeit ist eingeschränkt. Es kann erst durch längeres Frosten (mehrere Monate) als Lebensmittel verwendet werden.

471 | Hilft diese Methode auch beim Wildbret eines rauschigen Keilers?
Nein. Das Wildbret rauschiger Keiler und Bachen ist grundsätzlich nicht zum Verzehr geeignet.

472 | Tritt starker Brunftgeruch nur während der eigentlichen Brunftzeit auf?
Nein. Einzelne Hirsche (auch junge!) entfalten noch im November und Dezember starken Brunftgeruch, wenn einzelne Tiere zur Nachbrunft kommen.

473 | Beim Zerwirken werden Dassellarven festgestellt; muss das Stück zur Fleischbeschau?
Nein.

474 | Wie viel Prozent des Wildbretgewichtes (ohne Haupt) entfallen beim Schalenwild etwa auf die einzelnen Körperteile?

Rücken	29 %
Keulen	46 %
Blätter	18 %
Hals, Rippen	7 %

475 | Wie viel Prozent vom Lebendgewicht des Schalenwildes entfallen etwa auf die Organe der Brust- und Bauchhöhle?
Etwa ein Drittel.

476 | Wo trennen Sie beim Zerwirken eines Kalbes die Hinterläufe ab?
Wie bei anderem Schalenwild auch am Fersengelenk.

477 | Wie schwer ist etwa ein gesunder, ausgewachsener Hase?
Etwa bis 6,5 kg.

478 | Muss man Wildbret vor der Zubereitung in eine Beize legen?
Nein, mit der Beize wollte man früher den »strengen Wildgeschmack« mildern, der in Wirklichkeit Fäulnisgestank infolge mangelnder Wildbrethygiene war.

479 | Was versteht man unter Hautgout?
Fäulnisgeruch, der beim unsachgemäßen Abhängen des Wildkörpers entsteht. Wurde früher als typisch und edel begriffen.

480 | Lässt sich die Fäulnis durch Einlegen des Wildbrets in eine Beize (Essig, Rotwein, Buttermilch) beseitigen?
Gemildert wird zwar der Fäulnisgeschmack, aber nicht die Fäulnis selbst.

481 | Darf Wildbret zu Tartar verarbeitet oder anderweitig roh (Carpaccio) angeboten werden?
Nein, das untersagt die »Hackfleischverordnung«.

482 | Darf man dann auch keine aus Wildbret hergestellte Salami anbieten?
Doch, das ist erlaubt, weil hier das Pökelsalz konserviert.

483 | Darf der Jagdpächter einem Treiber einen nicht ausgeweideten Hasen schenken?
Nein, weil er sich vor der Abgabe von Haarwild an Privatpersonen, Gaststätten und Wildeinzelhändler vergewissern muss, dass das Wildbret für den menschlichen Verzehr tauglich ist.

484 | Welche Enten sind besonders schwer zu rupfen?
Jene, die noch nicht voll vermausert sind.

485 | Müssen Enten unbedingt gerupft werden?
Nein, man kann Enten auch abbalgen. Dann fehlt zwar die nach dem Braten

knusprige Haut, unter dieser sitzen aber auch die meisten Schadstoffe (Fettgewebe).

486 | Dürfen Sie Fasanen und Stockenten ohne Geflügelfleischuntersuchung an einen Gastwirt verkaufen?
In »kleinen Mengen«, sofern keine bedenklichen Merkmale festgestellt wurden.

487 | Welche Verwertungsmethode ist bei Wildenten noch gebräuchlich?
Es werden nur die beiden Brustfilets gerupft und ausgelöst. Der Rest wird abgebalgt und zu Brühe u.a. verarbeitet.

488 | Wie werden Tauben verwertet?
Man kann sie komplett rupfen oder nur die Brust rupfen und die beiden Brustmuskeln auslösen.

489 | Sie wollen Tauben im eigenen Haushalt verwerten. Wie lange können Sie diese aufbewahren?
In gerupftem Zustand im Kühlschrank etwa 2 Tage, in der Gefriertruhe gut ein halbes Jahr.

490 | Wie kann man ein Murmeltier verwerten?
Das allerdings tranig schmeckende Wildbret wird im Alpenraum vielfach gegessen. Das cortisonreiche Feist wird ausgelassen und als Salbe verarbeitet.

491 | Kann man einen Dachs verwerten?
Wenn er auf Trichinen beschaut wurde ja. Früher wurde das Wildbret selbstverständlich gegessen. Heute werden in Frankreich für geräucherten Dachsschinken Spitzenpreise bezahlt. Grundsätzlich eignet sich das Wildbret auch zur Wurstherstellung. Das Dachsschmalz (Fett) wird ausgelassen und als entzündungshemmende Salbe (z.B. bei Rheuma) verarbeitet oder als Lederfett verwendet.

492 | Wie werden Decken / Schwarten behandelt, die nicht unverzüglich zum Gerber gebracht werden können?
Entweder man muss sie zum Trocknen aufspannen oder die Fleischseite dick mit Salz bestreichen, zusammenfalten und kühl lagern.

493 | Worauf ist beim Abbalgen von Raubwild zu achten?
Die Bälge dürfen nicht durch Schnitte beschädigt werden; Krallen müssen bis zum letzten Glied ausgelöst werden; Ohrmuscheln bleiben am Kern; Lider, Lefzen und der Nasenschwamm dürfen nicht beschädigt werden; die Luntenwurzel muss völlig aus dem Balg gezogen werden.

494 | Wie werden Raubwildbälge behandelt?
Sie werden mit der Hautseite nach außen auf ein Spannbrett gegeben, dabei werden die Läufe sowie die aufgetrennte Lunte mit Zeitungspapier beklebt oder mit Sägemehl bestreut, damit sich die Haut nicht einrollt und fault. Kurz bevor die Bälge trocken sind werden sie gedreht.
Statt sie aufzuspannen kann man die Bälge aber auch salzen und so zum Gerber bringen.
Dachsschwarten werden entweder gesalzen oder mit kleinen Nägeln auf eine Bretterwand o.ä. geheftet.

495 | Müssen Bälge und Schwarten gespannt werden, damit sie ihre Größe behalten?
Nein, auch wenn sei beim Trocknen schrumpfen bekommen sie beim Gerben wieder ihre ursprüngliche Größe.

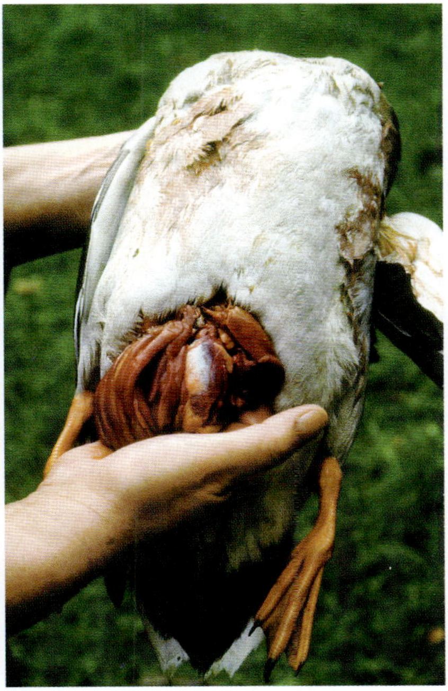

Ein kleiner Schnitt von der Kloake bis zum Brustbein ermöglicht das saubere Ausnehmen aller Federwildarten wie z.B. oben Wildente und rechts Wildtaube.

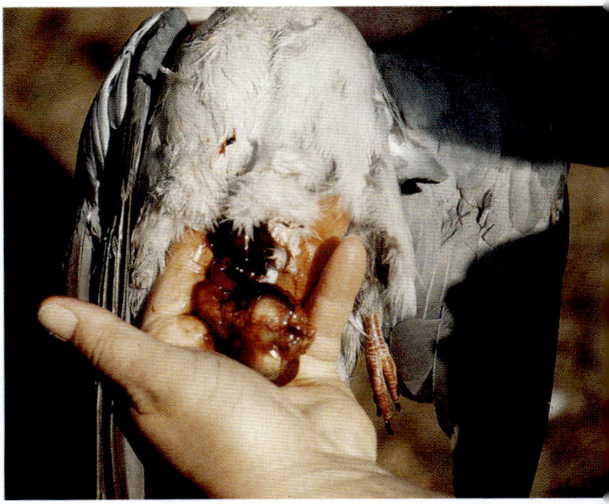

Mitte: Enten kann man auch einfach abbalgen.

Rechts unten: Bei Tauben ist es besonders wichtig, unmittelbar nach ihrer Erlegung den Kropf zu öffnen. Die abgebildete Taube hatte 56 Bucheckern im Kropf.

Trophäen

496 | Hat der Jäger als Gast ein Anrecht auf Überlassung der Trophäen des von ihm erlegten Wildes?
Grundsätzlich nein, aber es ist Brauch, einem Jäger legal und selbst erbeutete Trophäen zu überlassen.

497 | Wie behandeln Sie ein Rehgeweih / Hirschgeweih?
Das von der Decke befreite Haupt wird zunächst einen Tag lang gewässert, danach so lange abgekocht, bis sich Wildbret und Sehnen vom Knochen ablösen lassen. Anschließend wird der blank geputzte Schädelknochen mit Wasserstoffperoxyd behandelt und gebleicht.

498 | Wie wird eine Gamskrucke präpariert?
Im Prinzip wie Geweihe, die Krucken werden aber zur Schonung des Pechbelages mit Lappen umwickelt und so bald als möglich von den Stirnzapfen abgezogen. Vorher vermisst man den Abstand der Kruckenspitzen zueinander, um diese später wieder in der originalen Stellung aufsetzen zu können.

499 | Wo trennen Sie den Kiefer eines Keilers ab, um die Waffen auszulösen?
Rund zwei Drittel der Keilerwaffen stecken im Kiefer.

500 | Wie lösen Sie Keilerwaffen aus?
Kieferknochen werden abgesägt und ca. 30 Minuten gekocht, danach lassen sich die Zähne auslösen. Dann wird das Zahnmark sauber entfernt. Die gereinigten Zähne müssen langsam trocknen um nicht zu springen.

501 | Womit werden Keilerwaffen ausgegossen?

Auch die Waffen der Bachen können als Trophäen präpariert und montiert werden.

Vor dem Aufsetzen werden sie – ebenfalls um nicht zu reißen – mit einem Zweikomponentenkleber, mit Bienenwachs oder Paraffin gefüllt.

502 | Welche Gefahr besteht bei Keilerwaffen, die nicht ausgegossen werden?
Keilerwaffen reißen leicht.

503 | Wie verhindern Sie, dass Schädelskelette Fettflecken bekommen?
Beim Auskochen wird ein Fett lösendes Mittel beigegeben. Die gereinigten Schädel werden dann 48 Stunden in eine Mischung aus Ponal und Wasser (1:1) getaucht.

504 | Wie sägen Sie den Schädelknochen eines Rehbockes durch?
Am einfachsten geht das mit einer Gehörnsäge (Einspannvorrichtung).

505 | Was gilt bei einem Hirsch als Trophäe?
Das Geweih, die Grandeln und der Hirschbart.

506 | Wo wachsen die Haare für den Hirschbart?
Am Träger (Brunftmähne).

507 | Welche Trophäen liefert ein Alttier?
In erster Linie die Grandeln, gelegentlich die Decke.

508 | Welche Trophäen liefert eine Sau?
Von den Keilern die Waffen, die Federn als Saubart und (von allen Sauen) gelegentlich die Schwarte.

509 | Wo wird der Saubart gerupft?
Die längsten Haare finden sich im Nacken und Vorderrücken.

510 | Welche Trophäen liefert ein Gams?
Die Krucken, den Bart, gelegentlich die Decke.

511 | Wo hat der Gamsbock die längsten Haare?
Auf der Kruppe.

512 | Wann wird der Gamsbart gerupft?
Im November und Dezember, bei frischem Fallwild auch später

513 | Welche Trophäen kennt man beim Hasen?
In manchen Gegenden werden die Vibrissen zum Hasenbart gebunden. Gelegentlich stecken sich Jungjäger die Blume ihres ersten Hasen hinters Hutband.

514 | Haben Rehe Grandeln?
Ja, aber das kommt sehr selten vor.

515 | Welche Trophäen findet der Jäger gelegentlich im Pansen von Rot-, Gams- oder Steinwild?
Die Bezoarkugeln. Das sind feste, verfilzte Ballen aus Haaren und Äsungsfasern, die durch die rollende Pansenbewegungen rund werden. Gelegentlich erhalten sie

Trophäen: Hasenbart (li. o.), Fuchshacken (re. o.), Malerfedern (li. u.), Eichelhäherfedern (re. u.).

durch Ablagerung anorganischer Salze einen festen Überzug und werden dann als Magensteine bezeichnet.

516 | Welche Trophäen liefert der Fuchs?
Balg und Fangzähne, die zu Schmuck verarbeitet werden.

517 | Wozu können Fuchs- und Marderbälge verarbeitet werden?
Zu Mänteln, Jacken, Krägen, Muffen, als Wämesäcke für Kinderwagen oder als Tagesdecken.

518 | Wie viele Fuchsbälge werden etwa für eine Jacke benötigt?
Etwa 20

519 | Wie viele Marderbälge werden für eine Jacke benötigt?
Etwa 40

520 | Welche Marderart liefert die wertvolleren Bälge?
Der Steinmarder.

Von links nach rechts:
Dachsbart (vom Rücken), kenntlich am hellen Reif, kürzer als die anderen Bärte.
Gamsbart (vom Ziemer und Rücken), kenntlich am silbergrauen Reif.
Hirschbart (von der Brunftmähne), kenntlich am hellbraunen Reif.
Saubart (vom Genick und Widerrist), Borsten sind braun bereift und gespließt.

521 | Was gilt beim Murmeltier als Trophäe?
Die orangefarbenen Nagezähne und der Balg oder das komplette Tier als Präparat.

522 | Welche Trophäen liefert der Dachs?
Den Dachsbart (Haare der Rückenlinie) und die Schwarte.

523 | Welche Trophäen liefert sonstiges Raubwild?
In der Regel die (Winter-)Bälge, teilweise werden die Schädel ausgekocht und aufbewahrt. Üblich sind auch Teil- und Vollpräparate.

524 | Was gilt bei der Waldschnepfe als Trophäe?
Die Malerfedern (die beiden äußersten Handfedern) und der Schnepfenbart (am Pürzel) oder die ganze Schnepfe als Präparat.

525 | Welche Trophäen liefert der Stockerpel?
Die Locken (gehakelte Stoßfedern).

526 | Sie wollen das Haupt eines Keilers oder eines Rehbockes präparieren lassen. Wo trennen Sie das Teil ab, das Sie zum Präparator bringen?
Unmittelbar hinter den Vorderläufen.

527 | Welche Wildarten liefern Haare, die zu Bärten gebunden werden?
Hirsch, Gams, Sau, Dachs und Feldhase (Vibrissen).

528 | Welche »Felle« eignen sich als trittfeste Vorleger?
Die Sommerdecken der Rehe, Sauschwarten und Dachsschwarten.

1 2

3 4

5 6

7 8

9 10

Losungen:

1 Rothirschlosung, Kotbeeren zusammengepresst (Frühjahr).

2 Rotwildlosung mit Zäpfchen und Näpfchen (hat mit dem Geschlecht nichts zu tun).

3 Rehwildlosung, einzelne Kotbeeren, kommt aber auch gepresst vor.

4 Schwarzwildlosung.

5 Fuchslosung, meist mit Mäusehaaren durchsetzt, im Sommer auch Obstkerne.

6 Dachslosung (Frühjahr).

7 Marderlosung, je nach Nahrung oft schwarzblau und mit Obstkernen.

8 Hasenlosung, hellbraun, rund, flachgedrückt. Struktur erkennbar.

9 Kaninchenlosung, kleiner als Hasenlosung, mehr kugelförmig und zahlreich.

10 Auerwild (Fichtenwald).

1 2

3 4

5 6

Gewölle:

1 Mäusebussard.

2 Habicht (mit Taubenring).

3 Turmfalke.

4 Baumfalke.

5 Uhu (mit Rattenschädel).

6 Waldkauz.

Jagdliches Brauchtum

Das Brauchtum ist auch heute noch ein fester Bestandteil der Jagd und des jagdlichen Selbstverständnisses. Gleichwohl haben unsere Vorfahren auf Brauchtum im Sinne von Ritual wenig Wert gelegt. Die von ihnen gepflegten »Bräuche« waren schlicht brauchbare Handlungen des Jagdhandwerks. So hatten die Bruchzeichen eine Bedeutung in Zeiten, da es weder Handy noch Kugelschreiber noch exakte Revierkarten gab und Papier noch eine teure, kostbare Sache war. Die Bruchzeichen waren aber lokal durchaus verschieden, und man wollte ja auch gar keine Vereinheitlichung – um sie nicht für jedermann durchschaubar zu machen!

Ganz und gar lokal geprägt war die Jägersprache. Noch vor einem Jahrhundert waren völlig andere Ausdrücke gebräuchlich – und wieder regional ganz unterschiedlich – als heute. Die Rehgeiß wurde vielerorts als Reh-Ziege bezeichnet. Das Dam-Alttier hingegen als Dam-Geiß usw. selbst der heute allgemein gültige und schöne Jägergruß »Weidmannsheil« hatte gebietsweise einen Vorläufer in Form des sonst nur bei Bergleuten gebräuchlichen »Glück auf«.

Der Gebrauch von Jagdhörnern war bei Gesellschaftsjagden eine elementare Notwendigkeit. Wie auch hätte man sich sonst verständigen sollen? Man konnte eben nicht schnell mit dem Auto auf die andere Talseite fahren und schon gar nicht telefonieren. Aber auch die Jagdsignale waren lokal völlig verschieden und mit den heutigen nicht zu vergleichen. Die ursprüng-

Das Verblasen der Strecke bildet einen stimmungsvollen Abschluss des Jagdtages. Früher war das allerdings nicht überall üblich, und die Totsignale sind recht jung.

Übersicht jagdliches Brauchtum

Jägersprache:
Einzelne Elemente sind sehr alt, wurden aber lokal völlig unterschiedlich gepflegt.
1934 wurde die Jägersprache vereinheitlicht und traditionelle lokale Sprachgebräuche aufgehoben.
Die Jägersprache ist in Weiterentwicklung begriffen.

Bruchzeichen:
Wurden früher ebenfalls lokal unterschiedlich verwendet und 1934 vereinheitlicht. Heute nur noch symbolische Bedeutung.

Brüche des Jagdablaufs:	Standplatzbruch, Hauptbruch, Wartebruch, Warten aufgegeben, Anschussbruch, Fährtenbruch, Warnbruch
Brüche am Wild:	Letzter Bissen, Inbesitznahmebruch
Brüche am Jäger:	Standesbruch, Schützenbruch, Trauerbruch
Bruch für Jagdhund:	die Hälfte des Schützenbruches für erfolgreiche Nachsuche

Jagdhornblasen:
Ursprünglich nur »technische« Leitsignale, später auch Totsignale und »Schmuckstücke«.
Zunächst eintönige Hifthörner (aus Horn), rein zur Verständigung.
Französische Reitjagdhörner (Parforcehörner) bei Reitjagden und eingestellten Jagen.
Militärhörner zum Leiten (Steuern) von großen Niederwildjagden, unterschiedliche Modelle.
Eintönige Signalhörner aus Metall zur Verständigung bei Treibjagden.
Um 1900 lokal Posthörner, später statt der Kordeln und Quasten Lederriemen.
Anfang des 20. Jahrhunderts Ausdehnung des Jagdhornblasens auf Totsignale (Strecke verblasen).
In der 2. Hälfte des 20. Jahrhunderts Ausweitung auf »Umrahmungsblasen« (bei jagdlichen Veranstaltungen).

Hubertusmesse:
Erstmals 1965 in Heidelberg aufgeführt, seither weite Verbreitung.

Jagdkleidung:
Ursprünglich nur Uniformen beim Jagdpersonal, im Alpenraum jedoch immer Tracht.
Bürgerliche Jägerei trug nach 1848 Zivilkleidung, meist weißes Hemd und dunkler Anzug.
Grüne Kleidung kam erst gegen Mitte des 20. Jahrhunderts auf.

Legen der Strecke:
In der heutigen Form 1934 eingeführt.

Jägerschlag:
In der heute gebräuchlichen Form ohne jagdlichen Hintergrund und Tradition, sondern diversen Orden entlehnt (Vorbild = Ritterschlag). Ursprünglich wurden nur gelernte Jäger vor versammeltem Jagdbetrieb vom Lehrherrn »frei geschlagen« (»aufs Maul geschlagen«).

lichen Hörner waren ein- oder allenfalls zweitönig, die Signale höchst simpel. Das Verblasen der Strecke war völlig unbekannt. Mehrtönige Hörner wurden im deutschsprachigen Raum erst mit der Einführung der vorher schon vor allem in Frankreich gepflegten Parforcejagden und dann der eingestellten Jagen populär. Mit der Erfindung von Hinterladerflinten gewannen Niederwildjagden an Bedeutung. Damit ergab sich zu deren Leitung und Ausrichtung die Notwendigkeit eines Signalsystems. Die Mehrzahl der verwendeten »Leitsignale« wurde dem militärischen Schlacht-Reglement entlehnt. Beispiele: »Linker Flügel vor« oder »Das Ganze halt«.

Verwendet wurden völlig unterschiedliche Militärhörner, später »Jagdtrompeten« genannt. Als sich die Preußen das Königreich Hannover einverleibten, verboten sie beispielsweise sofort die Verwendung der länglichen Hannoverschen Hörner bei der Jagd...

Das heute gebräuchliche Fürst-Pless-Horn ist nichts anderes als ein mit grünem Leder umwickeltes Posthorn, das Fürst-Pless in seiner Standesherrschaft dem Personal verordnete.

Im Zuge der Gleichschaltung der 30er-Jahre wurde es verbindlich zum »Jagdhorn« erklärt und gleichzeitig die vorher unterschiedlichen »Schlachtsignale« vereinheitlicht und durch zahlreiche Neukompositionen (insbesondere »Totsignale«) ergänzt. Ein Teil der Totsignale entstand erst im letzten Drittel des 20. Jahrhunderts. Totsignale hatten schon deshalb wenig Bedeutung, weil das Legen der Strecke, wie wir es heute kennen, noch in der ersten Hälfte des 20. Jahrhunderts weitgehend unbekannt war.

Tatsächlich alt ist die Jagdmusik. Zahllose Kompositionen alter Meister werden heute noch konzertant gepflegt. Eine andere alte und gleichwohl fast vergessene Jägertradition war das Singen. Heute gibt es nur noch ganz wenige Jägerchöre – schade darum!

Nicht vergessen wollen wir, dass auch die früher üblichen Bräuche der Wildverwertung, angefangen vom Aufbrechen über die Totenwacht bis zum Zerwirken den Notwendigkeiten der Zeit entsprachen. Wer beispielsweise seinen Rehbock noch zwei Stunden weit im Rucksack heim tragen musste, der tat – des Wildbrets wegen! – gut daran, vorher so lange eine »Totenwacht« zu halten, bis der Bock einigermaßen ausgekühlt war. Auch die Jagdzeiten müssen wir im Zusammenhang mit der Technik der Zeit sehen. So können wir den Frühjahrsbock im losen, grauen Winterhaar zwar einigermaßen hygienisch in unserer Wildwanne transportieren. Stopfen wir ihn in den Rucksack, ist hernach das Wildbret voller Haare. Auch dass man den Rehbock lieber im kalten Dezember (ohne Geweih) schoss als im schwülwarmen Juli ist logisch – Kühltruhen waren noch nicht erfunden!

Gleichwohl wollen wir »brauchbares« Brauchtum pflegen, auch wenn viele Teile dieses Brauchtums noch keine 100 Jahre alt sind. Es schadet niemanden, so lange es frei von Kitsch und Penetranz ist, und es ist nicht ohne Reiz.

Allgemeines

?

529 | Welcher Grundsatz gilt für Brauchtum?
Brauchtum muss brauchbar sein!

530 | Wie alt ist das jagdliche Brauchtum?
Die wenigsten Bräuche sind älter als hundert Jahre. Viele entstanden erst im 20. Jahrhundert.

531 | Wird Brauchtum bei uns absolut einheitlich verstanden?
1934 wurde ein einheitliches Brauchtum konstruiert und verordnet. Tatsächlich aber haben sich bis heute lokale Bräuche gehalten, vor allem in der Jägersprache.

Jägersprache

532 | Welchen Sinn macht die Jägersprache?
Die Jägersprache ist eine »technische« Sprache für den Jagdgebrauch, die sich

allerdings vielfach sehr weicher und teilweise auch verharmlosender Ausdrücke bedient.

533 | Kenntdie Jägersprache regionale Unterschiede?
Durchaus. Erinnert sei nur an die norddeutsche Ricke und die süddeutsche Geiß. Auch der beispielsweise im Allgäu, in Vorarlberg und Teilen der Schweiz immer noch gebräuchliche Ausdruck »Hornerer« für einen Hirsch wird im Norden nicht verstanden.

534 | Macht es Sinn, sich mit anderen Jägern in der Jägersprache zu unterhalten?
Durchaus, weil sie viele Dinge viel präziser und kürzer benennt als die deutsche Umgangssprache.

535 | Macht es Sinn, gegenüber Nichtjägern die Jägersprache zu benutzen?
Es ist eine Frage des Taktes, ob man im Gespräch eine Sprache benutzt, die der Gesprächspartner nicht versteht. Wir haben eine gemeinsame, allgemein verständliche Muttersprache.

Brüche

536 | Was sind Brüche?
Kommunikationsmittel aus einer Zeit, in der es schwierig war, Nachrichten anders zu übermitteln.

Bruchzeichen, wie sie FREVERT 1934 festlegte.

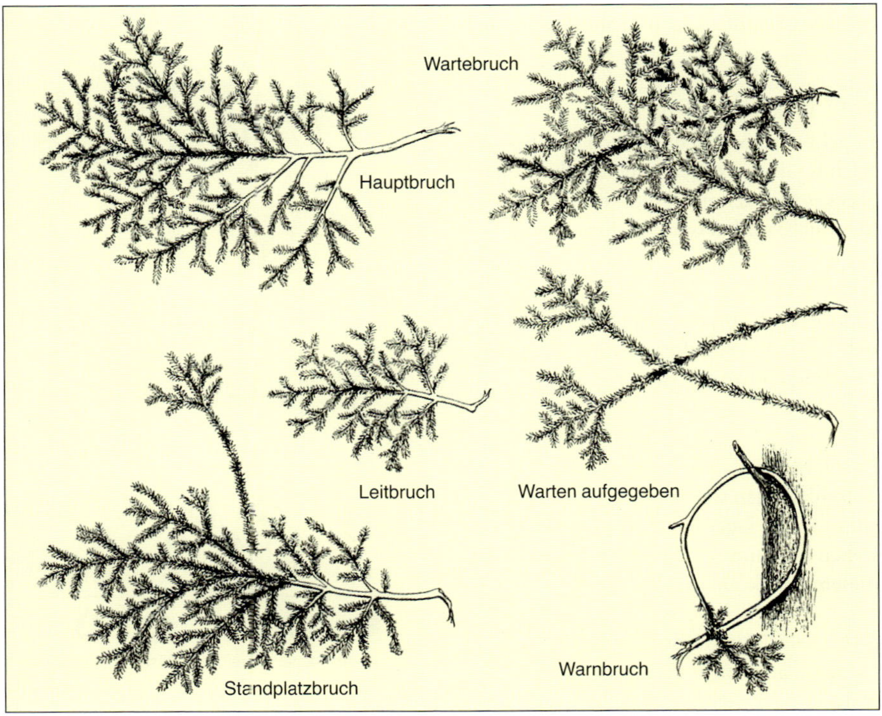

537 | Welche Brüche haben heute noch Bedeutung?
Aus Gründen der Tradition haben sich vor allem der Erlegerbruch, der letzte Bissen, der Inbesitznahme- und der Trauerbruch gehalten. Die meisten anderen Brüche haben kaum mehr praktische Bedeutung.

538 | Welche Nachteile haben am Boden liegende oder steckende Brüche?
Sie werden leicht übersehen oder mit zufällig am Boden liegenden Zweigen verwechselt.

539 | Wie sieht ein Leitbruch aus?
Er ist halbarmlang und befegt.

540 | Ist es heute noch üblich den Anschuss zu verbrechen?
Ja, aber bei Gesellschaftsjagden setzen sich immer mehr die gut erkennbaren und eindeutigen Textilbänder und ähnliche Materialien durch.

541 | Was ist ein Fährtenbruch?
Er gehört zum Anschussbruch und bezeichnet das Geschlecht des beschossenen Stückes (gewachsene Spitze nach hinten = männlich) und dessen Fluchtrichtung.

542 | Was ist ein Leitbruch?
Er ist halb so lang wie ein Hauptbruch und wird in Verbindung mit diesem gelegt. Er soll irgendwo hin führen.

543 | Wozu dient ein Warnbruch?
Er soll beispielsweise vor Gefahren wie Totschlagfallen warnen und ist insofern sinnlos. Der Jäger weiß, wo er seine Fallen stehen hat, und das Publikum kann er mit diesem Bruch nicht warnen.

544 | Was ist ein Hauptbruch?
Es ist ein armlanger Zweig, der gelegt, gesteckt oder gehängt wird. Man kann mit ihm beispielsweise einem Jagdgast signalisieren, wo ein Pirschsteig beginnt.

545 | Was ist ein Wartebruch?
Er signalisiert einem nachfolgenden Jäger, dass dieser an der betreffenden Stelle warten soll. Gibt dieser das Warten auf, bricht er die Seitenzweige der beiden gekreuzten Brüche ab.

546 | Wie wird ein Trauerbruch getragen?
Mit der Nadelunterseite nach außen, auf der linken Hutseite.

Hochwildstrecke.

547 | Welche Holzarten gelten als »brauchtumsgerecht«?
Alle heimischen Nadelholzarten, ausgenommen die Lärche, ferner die beiden heimischen Eichen und die Erle. Allerdings wird diese Beschränkung heute nicht mehr sehr ernst genommen.

Streckelegen

548 | In welcher Reihenfolge wird das Wild nach der Jagd zur Strecke gelegt?
Zuerst das Hochwild, dann das Niederwild. Männliches Wild rangiert vor weiblichem Wild; starkes Wild rangiert vor schwachem Wild; Haarwild rangiert vor Federwild. Jedes zehnte Stück einer Art wird eine halbe Körperlänge vorgezogen.

549 | Auf welcher Körperseite liegt das Wild?
Auf der rechten Körperseite.

550 | Wo stehen die Schützen?
Vor der Strecke (sie schauen dem Wild ins Gesicht).

Niederwildstrecke.

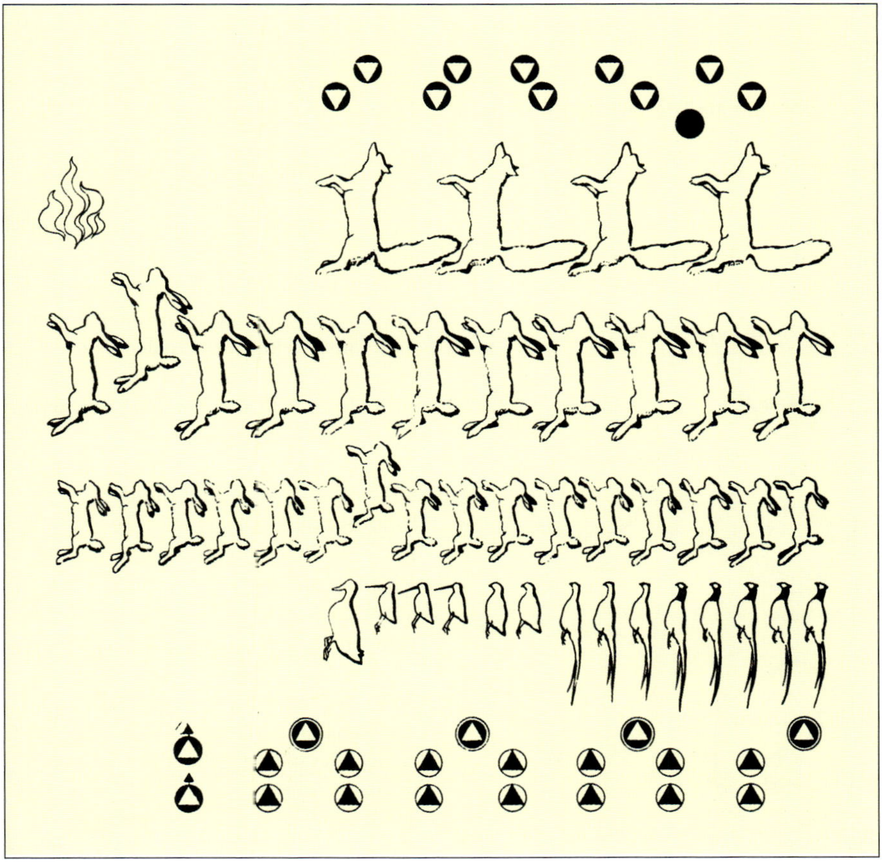

551 | Wo stehen die Bläser?
Hinter dem Wild.

552 | Wo stehen die Treiber?
Hinter den Bläsern.

553 | Wo stehen die Hundeführer?
Links neben den Treibern.

554 | Wo steht der Jagdleiter?
Vor den Schützen, am Kopf der Strecke.

555 | Wie läuft das Streckelegen ab?
Das Wild ist auf Brüche gebettet oder wird von solchen umrahmt. Der Jagdleiter gibt die Strecke bekannt und überreicht den Schützen die Brüche. Die Bläser verblasen die Strecke.

556 | Wer gilt als Erleger, wenn Schalenwild von mehreren Schützen beschossen wurde?
Jener, der den ersten Schuss angetragen hat, der alleine nach angemessener Zeit zum Tode geführt hätte.

Verschiedene Jagdhörner.

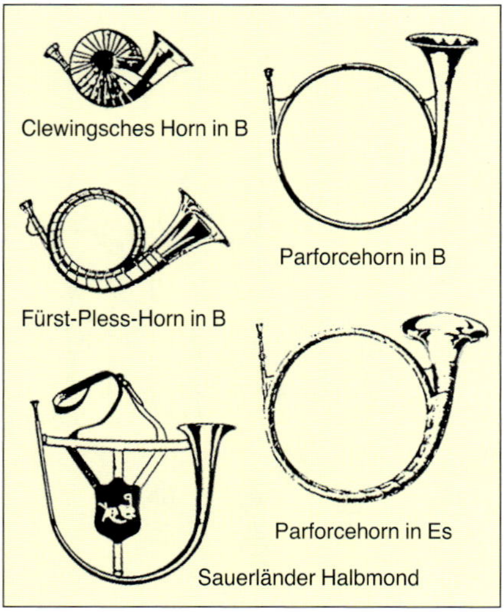

557 | Wie ist das beim Niederwild?
Als Erleger gilt, wer die Flucht des Stückes beendet hat, wobei reine Fangschüsse auf das bereits an den Platz gebundene Wild nicht zählen.

Jagdhornblasen

558 | Welchen Sinn hatte das Jagdhornblasen früher?
Es diente ausschließlich der Verständigung bei der Jagdausübung.

559 | Wie alt ist das Fürst-Pless-Horn?
Es ist ein mehrere Jahrhunderte hindurch gebräuchliches Posthorn, das in der zweiten Hälfte des 19. Jahrhunderts vom Fürsten Pless in Schlesien als Signalhorn für die Niederwildjagden übernommen wurde.

560 | Welche Hörner waren früher üblich?
Ursprünglich wurde auf Ochsenhörnern »gehupt«. Erst Ende des 18. Jahrhunderts wurden bei Gesellschaftsjagden Signalhörner aus Metall in unterschiedlicher Form und Tonlage eingesetzt. In der ersten Hälfte des 20. Jahrhunderts wurden fast ausschließlich kleine, ein- oder zweitönige Signalhupen verwendet.

561 | Was ist eine Sauerländer Halbmond?
Ein großes, halbmondförmiges, weithin schallendes Horn in der Tonlage B, das hauptsächlich bei der Brackenjagd in den Haubergen verwendet wurde und wird.

562 | Was ist ein Parforcehorn?
Ein Signalhorn der französischen Parforcejagden, das so groß gebaut wurde, dass man es beim Reiten über der Schulter tragen kann. Es hat mit dem jagdlichen Brauchtum des deutschsprachigen Raumes

nichts zu tun, hat aber seit den 70er-Jahren Einzug bei uns gehalten und bereichert vor allem die konzertante Jagdmusik. Parforcehörner sind in den Tonlagen B, Es und D ausgelegt.

563 | Was ist ein Clewingsches Taschenhorn?
Ein von Professor Clewing entworfenes kleines Plesshorn, das in der Tasche getragen werden kann.

564 | Was ist ein Ventilhorn?
Ein Plesshorn mit Ventilen, auf dem auch die Zwischentöne geblasen werden können.

565 | Was ist ein Waldhorn?
Ein Konzerthorn mit Ventilen.

566 | Was ist eine Hubertusmesse?
Die Hubertusmesse kommt ebenfalls aus dem französischen Sprachraum und wurde im deutschen Sprachraum (in Heidelberg) erstmals 1965 aufgeführt. Dabei wird die Messe thematisch auf den Hubertusgedanken ausgerichtet und von Parforcehornbläsern begleitet.

567 | Was verstand man früher unter einer Jägermesse?
Eine verkürzte Form der Heiligen Messe, die im katholischen Raum speziell bei den Standesherrschaften zu Beginn eines Jagdtages gelesen wurde.

568 | Was versteht man unter »Strecke verblasen«?
In der zweiten Hälfte des 20. Jahrhunderts hat es sich eingebürgert, das zur Strecke gelegte Wild zu verblasen. Die dabei verwendeten Totsignale wurden weitgehend von Professor Clewing im Auftrag der Deutschen Jägerschaft komponiert. Ein Teil der Totsignale kam auch erst gegen Ende des 20. Jahrhunderts hinzu.

Die Hubertusmessen sind eine recht junge »Erfindung«. Ihren Wert als Bestandteil jägerischen Brauchtums schmälert dies jedoch nicht.

569 | Was versteht man unter »Leitsignalen«?
Das sind jene Signale, die bei einer Gesellschaftsjagd als Anweisungen für Schützen und Treiber dienen. Es waren ursprünglich Militärsignale, mit denen vor Erfindung von Funk und Feldtelefon vor allem Angriffe geleitet wurden. Sie wurden von den großen Standesherrschaften zur Leitung der »Niederwildschlachten« übernommen und waren daher auch nie einheitlich, da jede Armee ihre eigenen Signale hatte.

570 | Welches sind die wichtigsten Leitsignale?
Das »Anblasen« (Beginn des Treibens), »Nicht mehr in den Kessel schießen« und das »Abblasen«.

571 | Welche Tonlage hat das Fürst-Pless-Horn?
Die Tonlage in B.

572 | Welche Tonlage haben Parforcehörner?
Die meisten sind in Es gehalten, es gibt aber auch Umschalthörner in B/Es und Trompe de Chasse in D.

I Jagdrecht

Allgemeines

Im Laufe der geschichtlichen Entwicklung haben sich verschiedene jagdliche Rechtsordnungen (»Jagdsysteme«) herausgebildet. In der Frühzeit war die Jagd Allgemeingut und Lebensgrundlage. Als die Menschen in Dorfgemeinschaften sesshaft wurden und in zunehmendem Maß von Ackerbau und Viehzucht lebten, kam es zu ersten Einschränkungen: Die Jagd blieb das Recht des »freien Mannes« im gesamten Wohnbereich der Gemeinschaft; die »Unfreien« (ohne eigenen Grundbesitz) waren davon ausgeschlossen bzw. leisteten nur Hilfsdienste. Im Mittelalter, als sich kompliziertere Herrschaftsverhältnisse bildeten, wurde die Jagd allmählich immer mehr zum Vorrecht (Privileg, Regal) der Landesherren (Könige, Fürsten). Das blieb im Wesentlichen so bis zu den bürgerlichen Revolutionen im 18. und 19. Jahrhundert (Französische Revolution 1789, Deutschland 1848). Das Jagdrecht (bzw. sein Missbrauch durch den Adel) war mit ein bedeutender Antrieb für die »Bauernkriege«. Die Vorrechte des Adels wurden aufgehoben und die Jagd wieder der Bevölkerung allgemein oder zumindest jedem Grundeigentümer (Bauer) freigegeben.

Die Verhältnisse der »freien Jagd« aus der geschichtlichen Frühzeit ließen sich aber nicht wiederherstellen, da die Bevölkerungsdichte inzwischen stark angewachsen war und sich die gesellschaftliche Struktur verändert hatte (Städte, beginnende Industrialisierung).

Es war daher notwendig, die Ausübung der Jagd zu ordnen und in verschiedener Hinsicht einzuschränken, um Jagdunfälle und Streitigkeiten zu vermeiden (jagdpolizeiliche Gründe), um die Nachhaltigkeit der Jagdnutzung zu sichern (jagdwirtschaftliche Gründe) und schließlich um das

Wild überhaupt zu erhalten und vor der Ausrottung zu schützen (naturschützerische Gründe).

Jagdrechtliche Maßnahmen erstrecken sich daher auf Einschränkungen und besondere Anforderungen persönlicher Art (Zulassung zur Jagd, Ausbildung und Prüfung der Jäger), sachlicher Art (Verbot bestimmter Jagdmethoden, Jagd- und Schonzeiten, zahlenmäßige Beschränkung der Jagdbeute, Abschussplanung) und örtlicher Art (Schongebiete bzw. örtliche Zuständigkeit von Jägern für bestimmte Jagdbezirke).

Von diesen Grundlagen aus haben sich verschiedene Rechtsordnungen entwickelt, die sich grob in zwei große Gruppen einteilen lassen: »Lizenzjagd« und »Revierjagd«.

Bei der **Lizenzjagd** hat grundsätzlich jeder Bürger (soweit er die persönlichen Voraussetzungen erfüllt) Anrecht auf die Jagdausübung im ganzen Land. In Staaten mit diesem Jagdsystem sind dafür in der Regel die Jagdzeiten nur sehr kurz (oft nur wenige Tage), die Jagdbeute je Jäger und die zulässigen Jagdmethoden sind stark beschränkt, und in bestimmten Gebieten (Schon- oder Banngebieten) ruht die Jagd. Die Lizenzjagd nimmt entweder gar keine Rücksicht auf das Grundeigentum, oder der Grundeigentümer kann die Jagd auf seinem Grund verbieten, darf dann aber auch selbst dort nicht jagen. In manchen Staaten gibt es Sonderregelungen für (Groß-)Grundbesitzer insofern, als neben der kurzen allgemeinen Jagdzeit der Grundeigentümer auf seinem Grund für bestimmtes Wild eine längere Jagdzeit hat, oder indem »Eigenjagdreviere« überhaupt von der allgemeinen Jagd ausgenommen sind.

Bei der **Revierjagd** ist die Jagdberechtigung für den einzelnen Jäger oder für eine Gemeinschaft von Jägern örtlich auf ein bestimmtes Revier (Jagdbezirk) beschränkt. Die damit verbundene Beschränkung der Jägerzahl je Flächeneinheit und die persönliche Verantwortlichkeit eines »Revierinhabers« oder einer Jagdgesellschaft für »ihren« Bezirk ermöglicht eine großzügigere Handhabung der Jagdzeiten und der Jagdbeschränkungen. Das wirkt sich auch auf die jagdpolizeiliche Überwachung und die Durchführung von Wildhege und Wildschadensverhütung aus. In Staaten mit Lizenzjagd ist das vorwiegend eine staatliche Aufgabe, wofür eine gute organisierte und zahlreiche Truppe von Jagdaufsichtsorganen bei den Jagd- und Wildschutzbehörden »flächendeckend« eingesetzt werden muss. In Staaten mit Revierjagd beschränkt sich die behördliche Überwachung weitgehend darauf, die jeweiligen Revierinhaber oder Jagdleiter in die Pflicht zu nehmen, damit die Reviere ordnungsgemäß verwaltet werden. Die Rechtsgrundlagen, wie die Reviere zustande kommen, sind unterschiedlich. In den meisten Ländern liegt das eigentliche Jagdrecht beim Staat, also nicht bei den Grundeigentümern. (Ausgenommen z. T. Großgrundbesitz mit eigenen Jagdbezirken.) Die örtliche Zuständigkeit ergibt sich entweder aus den Grenzen der politischen Gemeinden (z.B. Südtirol, Schweizer Revierkantone), oder die Jagdreviere werden von den Behörden nach jagdwirtschaftlichen Gesichtspunkten gebildet (z.B. Kollektivjagden in den osteuropäischen Staaten). Verantwortlich für das Revier ist meist eine Jagdgesellschaft, die aus ihrer Mitte einen Jagdleiter bestellt. Die einzelnen Jäger sind gleichberechtigt.

Das bei uns bestehende Reviersystem hat die Besonderheit, dass das Jagdrecht unmittelbar an das Grundeigentum gebunden ist. Der eigentliche Inhaber des Jagdrechts ist also der Grundeigentümer. Der Grundeigentümer darf die Jagd aber nur dann selbst ausüben, wenn sein Grundbesitz eine bestimmte zusammenhängende Mindestgröße hat. Alle Eigentümer von kleineren

Grundflächen sind (innerhalb der Gemeinden) zu Jagdgenossenschaften zusammengeschlossen und verfügen gemeinsam über die Jagdnutzung des Gesamtreviers. Die Nutzung erfolgt in der Regel durch Verpachtung, doch kann die Jagdgenossenschaft das Revier auch durch angestellte Jäger in eigener Regie nutzen (wovon selten Gebrauch gemacht wird). Die Verpachtung ist bei uns nur an »natürliche Personen« zulässig (also einen einzelnen Jagdpächter oder – bei gewisser Größe des Reviers – an mehrere »Mitpächter«), nicht dagegen an »juristische Personen« (z. B. Vereine, Firmen).

Aus dieser Besonderheit unseres Reviersystems ergeben sich zwei verschiedene Kategorien von Jägern: Revierinhaber (das sind die Jagdpächter oder Eigenjagdbesitzer), diese gelten nach dem Gesetz als »Jagdausübungsberechtigte«, und Jäger ohne Revier, die nicht »jagdausübungsberechtigt sind, sondern die Jagd nur mit Erlaubnis eines Revierinhabers ausüben dürfen (Jagdgäste). (Dazu kommen noch angestellte Jagdaufsichtsorgane wie Jagdaufseher, Berufsjäger und Forstbedienstete, die je nach ihrer Ausbildung und Dienststellung entweder den z.T. auch jagdausübungsberechtigten Jagdgästen gleichgestellt sind oder weitergehende, polizeiliche Befugnisse haben.)

Welche Gesetze nehmen Einfluss auf die Jagdausübung?

1 | Welche Jagdgesetze gibt es in Deutschland?
Das Bundes- und die Landesjagdgesetze.

2 | Was sind Verordnungen?
Im Rahmen der Gesetze vom zuständigen Minister erlassene Anweisungen zum Vollzug der Gesetze.

Bundesjagdgesetz (BJG)

§ 1 Der Begriff Jagdausübung

3 | Was versteht man unter Jagdrecht?
§ 1 (1) Die ausschließliche Befugnis, auf einem bestimmten Gebiet wildlebende Tiere, die dem Jagdrecht unterliegen (Wild), zu hegen, auf sie die Jagd auszuüben und sie sich anzueignen. Mit dem Jagdrecht ist die Pflicht zur Hege verbunden.

4 | Wem gehören die wildlebenden Tiere?
Freilebende Tiere sind »herrenlos«, sie gehören niemand. Soweit es sich um Wild im Sinn des Jagdgesetzes handelt, hat der Jagdberechtigte lediglich ein Aneignungsrecht.

5 | Wie erwirbt der Jäger Besitz an jagdbarem Wild?
Durch Erlegung, Fang oder Aneignung von Fallwild. Das bezieht sich auch auf Teile von Wildtieren z.B. Eier oder Abwurfstangen.

6 | Wem gehört Fallwild?
Dem Jagdausübungsberechtigten.

7 | Wem gehört gewildertes Wild?
Dem Jagdausübungsberechtigten.

8 | Welche Pflicht ist mit dem Jagdrecht verbunden?
Mit dem Jagdrecht ist die Pflicht zur Hege verbunden.

9 | Welche Ziele verfolgt die Hege?
§ 1 (2) Die Hege hat zum Ziel die Erhaltung eines den landschaftlichen und lan-

deskulturellen Verhältnissen angepassten artenreichen und gesunden Wildbestandes sowie die Pflege und Sicherung seiner Lebensgrundlagen.

10 | Wer ist zur Hege verpflichtet?

Der Jagdausübungsberechtigte und die Jagdgenossenschaft.

11 | Was ist bei der Jagdausübung zu beachten?

§ 1 (3) Bei der Ausübung der Jagd sind die allgemein anerkannten Grundsätze deutscher Waidgerechtigkeit zu beachten.

12 | Auf was erstreckt sich die Jagdausübung?

§ 1 (4) Die Jagdausübung erstreckt sich auf das Aufsuchen, Nachstellen, Erlegen und Fangen von Wild.

13 | Hat der Jagdausübungsberechtigte grundsätzlich das Recht Wild zu fangen?

Ja, aber nur ihm Rahmen der gesetzlichen Vorschriften. So ist beispielsweise der Fang von Rehwild verboten und wer einen Saufang aufstellen will bedarf der Genehmigung der Unteren Jagdbehörde. Die Aufnahme des Fangens unter das Jagdrecht verhindert jedoch, dass nicht zur Jagdausübung Berechtigte Wild fangen.

14 | Was schließt die Jagdausübung ein?

§ 1 (5) Das Recht zur Aneignung von Wild umfasst auch die ausschließliche Befugnis, krankes oder verendetes Wild, Fallwild und Abwurfstangen sowie die Eier von Federwild sich anzueignen.

§ 2 Jagdbare Tiere

15 | Welche Tierarten unterliegen dem Jagdrecht?

§ 2 (1) Tierarten, die dem Jagdrecht unterliegen sind:
1. Haarwild:
Wisent *(Bison bonasus L.)*,
Elchwild *(Alces alces L.)*,
Rotwild *(Cervus elaphus L.)*,
Damwild *(Dama dama L.)*,
Sikawild *(Cervus nippon* TEMMINCK),
Rehwild *(Capreolus capreolus L.)*,
Gamswild *(Rupicapra rupicapra L.)*,
Steinwild *(Capra ibex L.)*,
Muffelwild *(Ovis ammon musimon* PALLAS),
Schwarzwild *(Sus scrofa L.)*,
Feldhase *(Lepus europaeus* PALLAS),
Schneehase *(Lepus timidus L.)*,
Wildkaninchen *(Oryctolagus cuniculus L.)*,
Murmeltier *(Marmorta marmota L.)*,
Wildkatze *(Felis silvestris* SCHREBER),
Luchs *(Lynx lynx L.)*,
Fuchs *(Vulpes vulpes L.)*,
Steinmarder *(Martes foina* ERXLEBEN),
Baummarder *(Martes martes L.)*,
Iltis *(Mustela putorius L.)*,
Hermelin *(Mustela erminea L.)*,
Mauswiesel *(Mustela nivalis L.)*,
Dachs *(Meles meles L.)*,
Fischotter *(Lutra lutra L.)*,
Seehund *(Phoca vitulina L.)*.
2. Federwild:
Rebhuhn *(Perdix perdix L.)*,
Fasan *(Phasianus colchicus L.)*,
Wachtel *(Coturnix coturnix L.)*,
Auerwild *(Tetrao urogallus L.)*,
Birkwild *(Lyrurus tetrix L.)*,
Rackelwild *(Lyrurus tetrix × Tetrao urogallus)*,
Haselwild *(Tetrastes bonasia L.)*,
Alpenschneehuhn *(Lagopus mutus* MONTIN),
Wildtruthuhn *(Meleagris gallopavo L.)*,
Wildtauben *(Columbidae)*,
Höckerschwan *(Cygnus olor* GMEL.),
Wildgänse (Gattungen *Anser* BRISSON und *Branta* SCOPOLI),

Wildenten *(Anatinae)*,
Säger (Gattung *Mergus L.)*,
Waldschnepfe *(Scolopax rusticola L.)*,
Blässhuhn *(Fulica atra rusticola L.)*,
Möwen *(Laridae)*,
Haubentaucher *(Podiceps cristatus L.)*,
Großtrappe *(Otis tarda L.)*,
Graureiher *(Ardea cinerea L.)*,
Greife *(Accipitridae)*,
Falken *(Falconidae)*,
Kolkrabe *(Corvus corax L.)*.

16 | Können die Länder weitere Tierarten für jagdbar erklären?

§ 2 (2) Die Länder können weitere Tierarten bestimmen, die dem Jagdrecht unterliegen.

17 | Welche Arten wurden von einzelnen Ländern beispielsweise für jagdbar erklärt?

z. B. Marderhunde, Waschbär, Nutria, Mink, Nilgans, Elster, Rabenkrähe, Eichelhäher.

18 | Können die Länder in § 2 BJG aufgenommene Tierarten als jagdbares Wild streichen?

Nein, sie können nur weitere Tierarten für jagdbar erklären.

19 | Welche Wildarten gehören zum Schalenwild?

§ 2 (3) Zum Schalenwild gehören Wisente, Elch-, Rot-, Dam-, Sika-, Reh-, Gams-, Stein-, Muffel- und Schwarzwild.

20 | Welche Wildarten gehören zum Hochwild?

§ 2 (4) Zum Hochwild gehören Schalenwild außer Rehwild, ferner Auerwild, Steinadler und Seeadler. Alles übrige Wild gehört zum Niederwild.

21 | Woher kommt der Begriff Niederwild?

Hochwild war ursprünglich dem Adel vorbehalten, während Niederwild teilweise dem Bürgertum (dem niedrigeren Volk) zur Bejagung überlassen wurde.

§ 3 Inhaber des Jagdrechts

22 | Wer ist Inhaber des Jagdrechtes?

§ 3 (1) Das Jagdrecht steht dem Eigentümer auf seinem Grund und Boden zu. Es ist untrennbar mit dem Eigentum am Grund und Boden verbunden. Als selbständiges dingliches Recht kann es nicht begründet werden.

23 | Darf jeder Jagdrechtsinhaber die Jagd ausüben?

Nein, die Fläche, auf der ihm das Jagdrecht zusteht, muss einen Jagdbezirk bilden. Die Jagd ausüben darf ferner nur, wer einen gültigen Jagdschein besitzt.

24 | Was ist mit Flächen, auf denen kein Eigentum begründet ist?

§ 3 (2) Auf Flächen, an denen kein Eigentum begründet ist, steht das Jagdrecht den Ländern zu.

25 | Was ist der Unterschied zwischen Jagdrecht und Jagdausübungsrecht?

Wer das Jagdrecht hat, kann das Recht zur Jagdausübung eventuell selbst nutzen, es verpachten oder anderweitig vergeben. Ihm steht der Nutzen aus der Jagdausübung zu. Das Recht zur Jagdausübung setzt nicht den Besitz der bejagten Flächen voraus.

26 | Darf jeder Jagdrechtsinhaber sein Jagdrecht auch ausüben?

§ 3 (3) Das Jagdrecht darf nur in Jagdbezirken nach Maßgabe der § 4 ff. ausgeübt werden.

27 | Können Jagdrecht und Jagdausübungsrecht personengleich sein?
Ja.

28 | Was ist ein Jägernotweg?
Nach näheren Bestimmungen durch die Länder können die Unteren Jagdbehörden Personen, die zur Jagdausübung befugt sind, das Recht einräumen, in einem benachbarten Jagdbezirk Privatwege als Jägernotweg in Jagdausrüstung zu begehen und zu befahren, wenn sie ihren Jagdbezirk nicht auf einem dem allgemeinen Verkehr dienenden Weg oder nur auf einem unzumutbaren Umweg erreichen können.

29 | Kann der Jagdausübungsberechtigte des benachbarten Jagdbezirkes den Jägernotweg verhindern?
Nein, der Jägernotweg wird von der Behörde festgelegt.

§ 4 Jagdbezirke

30 | Welche Jagdbezirke werden unterschieden?
§ 4 Jagdbezirke, in denen die Jagd ausgeübt werden darf, sind entweder Eigenjagdbezirke (§ 7) oder gemeinschaftliche Jagdbezirke (§ 8).

31 | Darf jeder Grundstückseigentümer die Jagd ausüben?
Nein, die Jagd darf nur in Jagdbezirken (= Jagdreviere) ausgeübt werden. Jagdbezirke sind zusammenhängende Grundflächen, deren Größe, Gestalt und Beschaffenheit eine Ausübung des Jagdrechts gewährleisten.

32 | Welches Jagdsystem gilt in Deutschland?
Ausschließlich das Revierjagdsystem.

33 | Welche verschiedenen Jagdbezirke gibt es bei uns?
Es gibt Eigenjagdbezirke und gemeinschaftliche Jagdbezirke.

34 | Wer stellt die Jagdbezirke fest?
Die Untere Jagdbehörde.

35 | Was ist ein Hochwildrevier?
Ein Revier, in dem zum Hochwild zählendes Schalenwild, das der Abschussplanung unterliegt, regelmäßig vorkommt. Vorkommen von Schwarzwild allein (kein Abschussplan) oder nur Auerwild (kein Schalenwild) macht ein Revier nicht zum Hochwildrevier.

36 | Welche praktische Bedeutung hat die Unterscheidung von Hoch- und Niederwild?
Als Hochwild galten die großen und wertvollen Wildarten, deren Bejagung den »hohen Herren« (Landesfürsten) vorbehalten war; Niederwild durfte z.T. auch vom »niederen Adel« und Bürgern bejagt werden. Die Zuordnung einzelner Wildarten wechselte im Lauf der Geschichte, teilweise wurde neben Hoch- und Niederjagd noch eine »Mitteljagd« unterschieden. Heute liegt die einzige praktische Bedeutung nur noch darin, dass nach Landesrecht die Pachtdauer für Hochwildreviere meist länger ist als für Niederwildreviere (i.d.R. 12 statt 9 Jahre).

§ 5 Gestaltung von Jagdbezirken

37 | Müssen Jagdbezirksgrenzen mit Besitz- oder Gemeindegrenzen identisch sein?
§ 5 (1) Jagdbezirke können durch Abtrennung, Angliederung, Austausch von Grundflächen abgerundet werden,

wenn dies aus Erfordernissen der Jagdpflege und Jagdausübung notwendig ist.

38 | Werden Jagdbezirke durch Straßen, Eisenbahnen oder Flussläufe getrennt?

§ 5 (2) Natürliche und künstliche Wasserläufe, Wege, Triften und Eisenbahnkörper sowie ähnliche Flächen bilden, wenn sie nach Umfang und Gestalt für sich allein eine ordnungsmäßige Jagdausübung nicht gestatten, keinen Jagdbezirk für sich, unterbrechen nicht den Zusammenhang eines Jagdbezirkes und stellen auch den Zusammenhang zur Bildung eines Jagdbezirkes zwischen getrennt liegenden Flächen nicht her.

39 | Kann ein Jagdbezirk auch nur aus einer Wasserfläche mit dem Ufer bestehen?

Ja, wenn eine ordnungsgemäße Jagdausübung möglich ist.

40 | Können sich über Abrundungen die Pächter ohne Behörde einigen?

Nein, allenfalls können benachbarte Jagdausübungsberechtigte für Teilbereiche ihrer Reviere Jagderlaubnisscheine austauschen.

§ 6 Befriedete Bezirke

41 | Wo ruht die Jagd?

§ 6 Auf Grundflächen, die zu keinem Jagdbezirk gehören, und in befriedeten Bezirken ruht die Jagd. Eine beschränkte Ausübung der Jagd kann gestattet werden. Tiergärten fallen nicht unter die Vorschriften dieses Gesetzes.

42 | Was sind befriedete Bezirke?

Grundflächen, auf denen die Jagd grundsätzlich nicht ausgeübt werden darf. Kraft Gesetzes »befriedet« sind in allen Bundesländern Wohngebäude und die sich anschließenden Hofräume und Hausgärten, Flächen innerhalb bebauter Ortsteile sowie Friedhöfe.

43 | Was gilt für die beschränkte Jagdausübung auf befriedeten Bezirken?

Nach näheren Bestimmungen durch die Länder kann die Jagdbehörde dem Eigentümer oder Nutzer eine beschränkte Jagdausübung gestatten (z. B. zur Verhütung von Schäden durch Wildkaninchen, zum Fang von Raubwild).

44 | Wem gehört das Wild, das in befriedeten Bezirken zur Strecke kommt?

Dem Grundeigentümer.

45 | Wer haftet für Wildschäden in befriedeten Bezirken?

Wildschäden gehen zu Lasten des Grundeigentümers.

§ 7 Eigenjagdbezirke

46 | Was ist ein Eigenjagdbezirk?

§ 7 (1) Zusammenhängende Grundflächen mit einer land-, forst- oder fischereiwirtschaftlich nutzbaren Fläche von 75 Hektar an, die im Eigentum ein und derselben Person oder einer Personengemeinschaft stehen.

47 | Kann die Mindestfläche eines Eigenjagdbezirks auf zwei Bundesländer verteilt sein?

§ 7 (2) Ländergrenzen unterbrechen nicht den Zusammenhang von Grundflächen, die gemäß Absatz 1 Satz 1 einen Eigenjagdbezirk bilden. In den Fällen des Absatzes 1 Satz 3 besteht ein Eigenjagdbezirk, wenn nach den Vorschriften des Landes, in dem der überwiegende Teil der auf mehrere Länder sich erstreckenden Grundflächen liegt, für die Grundflächen insgesamt die Voraussetzungen für einen Eigenjagdbezirk vorliegen würden. Im Übrigen gelten für jeden Teil eines über mehrere Länder sich erstreckenden Eigenjagdbezirkes die Vorschriften des Landes, in dem er liegt.

48 | Können völlig eingefriedete Flächen, die kleiner sind als 75 ha, zu Eigenjagdbezirken erklärt werden?
§ 7 (3) Vollständig eingefriedete Flächen sowie an der Bundesgrenze liegende zusammenhängende Grundflächen von geringerem als 75 Hektar land-, forst- oder fischereiwirtschaftlich nutzbaren Raum können allgemein oder unter besonderen Voraussetzungen zu Eigenjagdbezirken erklärt werden; dabei kann bestimmt werden, dass die Jagd in diesen Bezirken nur unter Beschränkungen ausgeübt werden darf.

49 | Was geschieht mit Flächen fremder Eigentümer, die von einem EJB umschlossen werden?
Sie werden Teil des Eigenjagdbezirkes.

50 | Wer ist im Eigenjagdbezirk Jagdrechtsbesitzer?
Der Grundeigentümer.

51 | Wer ist im Eigenjagdbezirk jagdausübungsberechtigt?
Der Grundeigentümer. Dieser kann das Jagdausübungsrecht jedoch verpachten.

52 | Kann ein Flusslauf einen Eigenjagdbezirk darstellen?
Ja.

53 | Was sind kommunale Eigenjagden?
Eigenjagdbezirke im Besitz von Kommunen (Gemeinden, Städten, Landkreisen u. dgl.).

54 | Wie groß muss ein Eigenjagdbezirk im Zusammenhang mindestens sein?
Nach dem BJG mindestens 75 ha (die Länder können die Mindestfläche höher ansetzen).

55 | Zählt beim Eigenjagdbezirk die überbaute Fläche mit?
Nein.

56 | Kann ein Eigenjagdbezirk auch einem gemeinschaftlichen Jagdbezirk zugeschlagen werden?
Ja, wenn der Eigentümer einverstanden ist.

§ 8 Gemeinschaftliche Jagdbezirke

57 | Was ist ein gemeinschaftlicher Jagdbezirk (GJB)?
§ 8 (1) Alle Grundflächen einer Gemeinde oder abgesonderten Gemarkung, die nicht zu einem Eigenjagdbezirk gehören, bilden einen gemeinschaftlichen Jagdbezirk, wenn sie im Zusammenhang mindestens 150 Hektar umfassen.

58 | Wer verwaltet den gemeinschaftlichen Jagdbezirk?
Die Jagdgenossenschaft als Körperschaft des öffentlichen Rechts.

59 | Zählen bei der Mindestgröße die Siedlungsflächen mit?
Ja.

60 | Kann ein GJB einen EJB völlig umschließen?
Ja.

61 | Können die Flächen von zwei oder mehr Gemeinden einen GJB bilden?
§ 8 (2) Zusammenhängende Grundflächen verschiedener Gemeinden, die im Übrigen

zusammen den Erfordernissen eines gemeinschaftlichen Jagdbezirks entsprechen, können auf Antrag zu gemeinschaftlichen Jagdbezirken zusammengelegt werden.

62 | Kann ein gemeinschaftlicher Jagdbezirk geteilt werden?
(3) Die Teilung gemeinschaftlicher Jagdbezirke in mehrere selbständige Jagdbezirke kann zugelassen werden, sofern jeder Teil die Mindestgröße von 250 Hektar hat.

63 | Können die Länder die Mindestgrößen bei Teilung ändern?
§ 8 (4) Die Länder können die Mindestgrößen allgemein oder für bestimmte Gebiete höher festsetzen.

64 | Was ist mit »bestimmte Gebiete« gemeint?
z.B. im Hochgebirge.

65 | Was geschieht mit Flächen, die wegen ihrer geringen Größe weder einen EJB noch einen GJB bilden?
Sie werden einem anderen Jagdbezirk angegliedert.

66 | Wem steht im GJB das Jagdrecht zu?
§ 8 (5) In gemeinschaftlichen Jagdbezirken steht die Ausübung des Jagdrechts der Jagdgenossenschaft zu.

§ 9 Jagdgenossenschaften (JG)

67 | Wer bildet die Jagdgenossenschaft (JG)?
§ 9 (1) Die Eigentümer der Grundflächen, die zu einem gemeinschaftlichen Jagdbezirk gehören, bilden eine Jagdgenossenschaft. Eigentümer von Grundflächen, auf denen die Jagd nicht ausgeübt werden darf, gehören der Jagdgenossenschaft nicht an.

68 | Wie viel bejagbare Fläche muss jemand besitzen, um Jagdgenosse zu sein?
Hier gibt es keine Mindestgröße.

69 | Wer gehört der JG nicht an?
Eigentümer von Grundflächen, auf denen die Jagd nicht ausgeübt werden darf, gehören der Jagdgenossenschaft nicht an.

70 | Wer führt und vertritt die JG?
§ 9 (2) Die Jagdgenossenschaft wird durch den Jagdvorstand gerichtlich und außergerichtlich vertreten. Der Jagdvorstand ist von der Jagdgenossenschaft zu wählen. Solange die Jagdgenossenschaft keinen Jagdvorstand gewählt hat, werden die Geschäfte des Jagdvorstandes vom Gemeindevorstand wahrgenommen.

71 | Welche Rechtsform hat eine Jagdgenossenschaft (JG)?
Eine Körperschaft des öffentlichen Rechts, der alle Grundeigentümer als Zwangsmitglieder angehören.

72 | Welche Aufgaben hat die JG?
Sie entscheidet über die Jagdnutzung. Diese kann durch Verpachtung erfolgen oder in Regie, wobei ein verantwortlicher Jäger angestellt werden muss.

73 | Wer ist Jagdgenosse?
Eigentümer einer bejagbaren Fläche.

74 | Kann ein Grundeigentümer seine Mitgliedschaft in der JG kündigen?
Nein, es handelt sich um eine Zwangsmitgliedschaft.

75 | Kann auch eine Firma oder eine Körperschaft Jagdgenosse sein?
Jagdgenosse ist jeder Eigentümer einer zum GJB gehörenden Fläche, also auch eine Firma oder eine Körperschaft.

76 | Wie muss die JG zur Jahreshauptversammlung einladen?
In ortsüblicher Weise (z.B. im Gemeindeblatt)

77 | Wann ist die Jagdgenossenschaft beschlussfähig?
Wenn ordnungsgemäß eingeladen wurde.

78 | Wie werden Entscheidungen der JG getroffen?
§ 9 (3) Beschlüsse der Jagdgenossenschaft bedürfen sowohl der Mehrheit der anwesenden und vertretenen Jagdgenossen, als auch der Mehrheit der bei der Beschlussfassung vertretenen Grundfläche.

§ 10 Jagdnutzung

79 | Wie nutzt die Jagdgenossenschaft ihr Recht?
§ 10 (1) Die Jagdgenossenschaft nutzt die Jagd in der Regel durch Verpachtung. Sie kann die Verpachtung auf den Kreis der Jagdgenossen beschränken.

80 | Nach welchem Modus kann die JG ihr Revier verpachten?
Sie kann Angebote einholen und nach eigenem Gutdünken den Zuschlag erteilen. Sie kann an den Meistbieter versteigern oder sich den Zuschlag unter mehreren Bietern vorbehalten.

81 | Welche weiteren Möglichkeiten der Jagdnutzung hat die JG?
§ 10 (2) Die Jagdgenossenschaft kann die Jagd für eigene Rechnung durch angestellte Jäger ausüben lassen. Mit Zustimmung der zuständigen Behörde kann sie die Jagd ruhen lassen.

82 | Sind im Regiejagdbetrieb die Pirschbezirksinhaber Jagdausübungsberechtigte im Sinne des Gesetzes?
Nein, Jagdausübungsberechtigt ist in diesem Fall die Jagdgenossenschaft, vertreten durch ihren angestellten Jäger.

83 | Kann die JG auf die Nutzung ihrer Jagd verzichten?
Nur mit Zustimmung der Unteren Jagdbehörde.

84 | Was geschieht mit dem Jagdpachtertrag?
§ 10 (3) Die Jagdgenossenschaft beschließt über die Verwendung des Reinertrages der Jagdnutzung. Beschließt die Jagdgenossenschaft, den Ertrag nicht an die Jagdgenossen nach dem Verhältnis des Flächeninhaltes ihrer beteiligten Grundstücke zu verteilen, so kann jeder Jagdgenosse, der dem Beschluss nicht zugestimmt hat, die Auszahlung seines Anteils verlangen. Der Anspruch erlischt, wenn er nicht binnen einem Monat nach der Bekanntmachung der Beschlussfassung schriftlich oder mündlich zu Protokoll des Jagdvorstandes geltend gemacht wird.

85 | Wie wird der Jagdpachterlös anteilig verteilt?
Meist entsprechend der Flächengröße. Es kann aber auch Wald und Feld zu unterschiedlichen Preisen verpachtet werden.

86 | Unter welchen Voraussetzungen kann die JG die Jagd in Regie ausüben?
Sie muss formal einen Jäger anstellen, was nicht bedeutet, dass sie diesem auch ein Gehalt bezahlt.

§ 10a Bildung von Hegegemeinschaften

87 | Was ist eine Hegegemeinschaft (HG)?
§ 10a (1) Für mehrere zusammenhängende Jagdbezirke können Jagdausübungs-

berechtigten zum Zwecke der Hege des Wildes eine Hegegemeinschaft als privatrechtlichen Zusammenschluss bilden.

88 | Sieht das BJG Hegegemeinschaften zwingend vor?
§ 10a (2) Abweichend von Absatz 1 können die Länder bestimmen, dass für mehrere zusammenhängende Jagdbezirke die Jagdausübungsberechtigten zum Zwekke der Hege des Wildes eine Hegegemeinschaft bilden, falls diese aus Gründen der Hege im Sinne erforderlich ist und eine an alle betroffenen Jagdausübungsberechtigten gerichtete Aufforderung der zuständigen Behörde, innerhalb einer bestimmten Frist eine Hegegemeinschaft zu gründen, ohne Erfolg geblieben ist.

89 | Wer regelt die Hegegemeinschaften betreffende Einzelheiten?
§ 10a (3) Das Nähere regeln die Länder.

90 | Können Hegegemeinschaften Abschusspläne festsetzen?
Nein, die Festsetzung der Abschusspläne fällt in die Hoheit der Unteren Jagdbehörden.

§ 11 Jagdverpachtung

91 | Kann das Jagdausübungsrecht in Teilen verpachtet werden?
§ 11 (1) Die Ausübung des Jagdrechts in seiner Gesamtheit kann an Dritte verpachtet werden. Ein Teil des Jagdausübungsrechts kann nicht Gegenstand eines Jagdpachtvertrages sein; jedoch kann sich der Verpächter einen Teil der Jagdnutzung, der sich auf bestimmtes Wild bezieht, vorbehalten. Die Erteilung von Jagderlaubnisscheinen regeln, unbeschadet des Absatzes 6 Satz 2, die Länder.

92 | Muss die Jagdverpachtung öffentlich bekannt gemacht werden?
Nein, die JG kann sich auch intern auf einen oder mehrere Pächter einigen.

93 | Was zählt als öffentliche Bekanntmachung?
Veröffentlichung im Gemeindeblatt oder in einer Tageszeitung

94 | Ist die JG bei Verpachtung an das Höchstgebot gebunden?
Nein.

95 | Ist die JG bei einer Versteigerung an das Höchstgebot gebunden?
Grundsätzlich ja.

96 | Wann darf der Jagdvorsteher beim Zuschlag und beim Pachtabschluss nicht mitwirken?
Wenn er selbst Pachtbewerber ist.

97 | Wann dürfen schriftliche Pachtgebote geöffnet werden?
Erst nach Ablauf der Angebotsfrist.

98 | Ist es möglich, nur Teile eines GJB zu verpachten?
§ 11 (2) Die Verpachtung eines Teils eines Jagdbezirkes ist nur zulässig, wenn sowohl der verpachtete als auch der verbleibende Teil bei Eigenjagdbezirken die gesetzliche Mindestgröße, bei gemeinschaftlichen Jagdbezirken die Mindestgröße von 250 Hektar haben. Die Länder können die Verpachtung eines Teils von geringerer Größe an den Jagdausübungsberechtigten eines angrenzenden Jagdbezirkes zulassen, soweit dies einer besseren Reviergestaltung dient.

99 | In welcher Form muss ein Jagdpachtvertrag abgeschlossen werden?
Der Jagdpachtvertrag ist schriftlich abzuschließen.

100 | Wie lange ist die Mindestpachtzeit?
Bei Niederwildrevieren 9 Jahre und bei Hochwildrevieren 12 Jahre.

101 | Kann ein laufender Jagdpachtvertrag verlängert werden?
Ja. Ein laufender Jagdpachtvertrag kann auch auf kürzere Zeit verlängert werden.

102 | Wie groß ist die Fläche, die ein Jäger höchstens pachten darf?
§ 11 (3) Die Gesamtfläche, auf der einem Jagdpächter die Ausübung des Jagdrechts zusteht, darf nicht mehr als 1000 Hektar umfassen; hierauf sind Flächen anzurechnen, für die dem Pächter auf Grund einer entgeltlichen Jagderlaubnis die Jagdausübung zusteht.
Der Inhaber eines oder mehrerer Eigenjagdbezirke mit einer Gesamtfläche von mehr als 1000 Hektar darf nur zupachten, wenn er Flächen mindestens gleicher Größenordnung verpachtet; der Inhaber eines oder mehrerer Eigenjagdbezirke mit einer Gesamtfläche von weniger als 1000 Hektar darf nur zupachten, wenn die Gesamtfläche, auf der ihm das Jagdausübungsrecht zusteht, 1000 Hektar nicht übersteigt.
Für Mitpächter, Unterpächter oder Inhaber einer entgeltlichen Jagderlaubnis gilt Satz 1 und 2 entsprechend mit der Maßgabe, dass auf die Gesamtfläche nur die Fläche angerechnet wird, die auf den einzelnen Mitpächter, Unterpächter oder auf den Inhaber einer entgeltlichen Jagderlaubnis, ausgenommen die Erlaubnis zu Einzelabschüssen, nach dem Jagdpachtvertrag oder der Jagderlaubnis anteilig entfällt.
Für bestimmte Gebiete, insbesondere im Hochgebirge, können die Länder eine höhere Grenze als 1000 Hektar festsetzen.

103 | Kann der Jagdpächter einen Teil der Revierfläche oder einen Teil der Jagdnutzung unterverpachten?
Wenn der Verpächter damit einverstanden ist und wenn damit die zulässige Höchstzahl der Pächter nicht überschritten wird.

104 | Was ist ein Jagdjahr?
Das Jagdjahr beginnt am 1. April und endet am 31. März.

105 | Kann die JG die Verpachtung auf die Bejagung bestimmter Wildarten beschränken?
Nein.

106 | Wer wird als »Revierinhaber« bezeichnet?
Der Jagdausübungsberechtigte.

107 | Wie ist ein Jagdpachtvertrag abzuschließen?
§ 11 (4) Der Jagdpachtvertrag ist schriftlich abzuschließen. Die Pachtdauer soll mindestens neun Jahre betragen. Die Länder können die Mindestpachtzeit höher festsetzen. Ein laufender Jagdpachtvertrag kann auch auf kürzere Zeit verlängert werden. Beginn und Ende der Pachtzeit soll mit Beginn und Ende des Jagdjahres (1. April bis 31. März) zusammenfallen.

108 | Welche Rechte hat der Besitzer eines Jagderlaubnisscheines?
In Sachen Jagdschutz hat er die Rechte eines Jagdgastes.

109 | Wann ist ein Jäger jagdpachtfähig?
§ 11 (5) Pächter darf nur sein, wer einen Jahresjagdschein besitzt und schon vorher einen solchen während dreier Jahre in Deutschland besessen hat. Für besondere Einzelfälle können Ausnahmen zugelassen werden.

110 | Kann, wer erst einen Jahresjagdschein gelöst hat, einen entgeltlichen Jagderlaubnisschein bekommen?
Ja, denn er ist ja nicht Pächter.

111 | Kann, wer das Jagdausübungsrecht erbt und erst zwei Jahresjagdscheine gelöst hat, als Pächter in den Vertrag eintreten?
Die zuständige Behörde kann Ausnahmen zulassen. (§ 11 (5))

112 | Wann wird ein Jagdpachtvertrag von der Behörde beanstandet?
§ 11 (6) Ein Jagdpachtvertrag, der bei seinem Abschluss den Vorschriften des Absatzes 1 Satz 2 Halbsatz 1, des Absatzes 2, des Absatzes 3, des Absatzes 4 Satz 1 oder des Absatzes 5 nicht entspricht, ist nichtig. Das gleiche gilt für eine entgeltliche Jagderlaubnis, die bei ihrer Erteilung den Vorschriften des Absatzes 3 nicht entspricht.

113 | Wie wird die Einhaltung der Höchstpachtfläche kontrolliert?
§ 11 (7) Die Fläche, auf der einem Jagdausübungsberechtigten oder Inhaber einer entgeltlichen Jagderlaubnis nach Absatz 3 die Ausübung des Jagdrechts zusteht, ist von der zuständigen Behörde in den Jagdschein einzutragen; das Nähere regeln die Länder.

§ 12 Anzeige von Jagdpachtverträgen

114 | Wem müssen Jagdpachtverträge angezeigt werden?
§ 12 (1) Der Jagdpachtvertrag ist der zuständigen Behörde anzuzeigen. Die Behörde kann den Vertrag binnen drei Wochen nach Eingang der Anzeige beanstanden, wenn die Vorschriften über die Pachtdauer nicht beachtet sind oder wenn zu erwarten ist, dass durch eine vertragsmäßige Jagdausübung die Vorschriften des § 1 Abs. 2 verletzt werden.

115 | Welche Behörde ist zuständig?
Die Untere Jagdbehörde.

116 | Welche Zeit bleibt der Jagdbehörde angezeigte Jagdpachtverträge zu beanstanden?
Die Behörde kann den Vertrag binnen drei Wochen nach Eingang der Anzeige beanstanden.

117 | Wann muss sie den Jagdpachtvertrag beanstanden?
Wenn die Vorschriften über die Pachtdauer nicht beachtet sind oder wenn zu erwarten ist, dass durch eine vertragsmäßige Jagdausübung die Vorschriften des § 1 Abs. 2 verletzt werden.

118 | Was beabsichtigt der Beanstandungsbescheid?
§ 12 (2) In dem Beanstandungsbescheid sind die Vertragsteile aufzufordern, den Vertrag bis zu einem bestimmten Zeitpunkt, der mindestens drei Wochen nach Zustellung des Bescheides liegen soll, aufzuheben oder in bestimmter Weise zu ändern.

119 | Was geschieht, wenn die Vertragsparteien die beeinspruchten Vertragsteile nicht abändern?
§ 12 (3) Kommen die Vertragsteile der Aufforderung nicht nach, so gilt der Vertrag mit Ablauf der Frist als aufgehoben, sofern nicht einer der Vertragsteile binnen der Frist einen Antrag auf Entscheidung durch das Amtsgericht stellt. Das Gericht kann entweder den Vertrag aufheben oder feststellen, dass er nicht zu beanstanden ist. Die Bestimmungen für die gerichtliche Entscheidung über die Beanstandung eines Landpachtvertrages gelten sinnge-

mäß; jedoch entscheidet das Gericht ohne Zuziehung ehrenamtlicher Richter.

120 | Wann darf der Pächter die Jagd tatsächlich ausüben?

§ 12 (4) Vor Ablauf von drei Wochen nach Anzeige des Vertrages durch einen Beteiligten darf der Pächter die Jagd nicht ausüben, sofern nicht die Behörde die Jagdausübung zu einem früheren Zeitpunkt gestattet. Wird der Vertrag binnen der in Absatz 1 Satz 2 bezeichneten Frist beanstandet, so darf der Pächter die Jagd erst ausüben, wenn die Beanstandungen behoben sind oder wenn durch rechtskräftige gerichtliche Entscheidung festgestellt ist, dass der Vertrag nicht zu beanstanden ist.

§ 13 Erlöschen von Jagdpachtverträgen

121 | Wann erlischt ein Jagdpachtvertrag?

§ 13 Der Jagdpachtvertrag erlischt, wenn dem Pächter der Jagdschein unanfechtbar entzogen worden ist. Er erlischt auch dann, wenn die Gültigkeitsdauer des Jagdscheines abgelaufen ist und entweder die zuständige Behörde die Erteilung eines neuen Jagdscheines unanfechtbar abgelehnt hat oder der Pächter die Voraussetzungen für die Erteilung eines neuen Jagdscheines nicht fristgemäß erfüllt.

122 | Kann ein laufender Jagdpachtvertrag in gegenseitigem Einvernehmen aufgelöst werden?

Ja.

123 | Erlischt der Jagdpachtvertrag beim Tod des Pächters?

Nein, er geht an die Erben über, doch können diese nur in den Vertrag eintreten, wenn sie jagdpachtfähig sind.

§ 13a Rechtsstellung der Mitpächter

124 | Läuft der Jagdpachtvertrag weiter, wenn die JG einem von mehreren Pächtern kündigt?

§ 13 Sind mehrere Pächter an einem Jagdpachtvertrag beteiligt (Mitpächter), so bleibt der Vertrag, wenn er im Verhältnis zu einem Mitpächter gekündigt wird oder erlischt, mit den übrigen bestehen;
Dies gilt nicht, wenn der Jagdpachtvertrag infolge des Ausscheidens eines Pächters den Vorschriften des § 11 Abs. 3 nicht mehr entspricht und dieser Mangel bis zum Beginn des nächsten Jagdjahres nicht behoben wird.

§ 14 Wechsel des Grundeigentümers

125 | Welche Auswirkungen hat der komplette Verkauf einer verpachteten Eigenjagd auf den Pachtvertrag?

§ 14 (1) Wird ein Eigenjagdbezirk ganz oder teilweise veräußert, so finden die Vorschriften der § 571 bis 579 des Bürgerlichen Gesetzbuchs entsprechende Anwendung.

126 | Haben Grundstücksverkäufe in einem GJB Einfluss auf den Pachtvertrag?

§ 14 (2) Wird ein zu einem gemeinschaftlichen Jagdbezirk gehöriges Grundstück veräußert, so hat dies auf den Pachtvertrag keinen Einfluss. der Erwerber wird vom Zeitpunkt des Erwerbes an auch dann für die Dauer des Pachtvertrages Mitglied der Jagdgenossenschaft, wenn das veräußerte Grundstück an sich mit anderen Grundstücken des Erwerbers zusammen einen Eigenjagdbezirk bilden könnte.

§ 15 Jagdscheine allgemein

127 | Wer braucht einen Jagdschein?

§ 15 (1) Wer die Jagd ausübt, muss einen auf seinen Namen lautenden Jagdschein mit sich führen und diesen auf Verlangen den Polizeibeamten sowie den Jagdschutzberechtigten (§ 25) vorzeigen.

128 | Bedarf es zum Sammeln von Abwurfstangen eines Jagdscheines?

§ 15 (1) Fortsetzung: Zum Sammeln von Abwurfstangen bedarf es nur der schriftlichen Erlaubnis des Jagdausübungsberechtigten.

129 | Berechtigt der Jahresjagdschein zur Ausübung der Beizjagd?

§ 15 (1) Fortsetzung: Wer die Jagd mit Greifen oder Falken (Beizjagd) ausüben will, muss einen auf seinen Namen lautenden Falknerjagdschein mit sich führen.

130 | Welche Behörde ist für die Erteilung / Verlängerung der Jagdscheine zuständig?

§ 15 (2) Der Jagdschein wird von der für den Wohnsitz des Bewerbers zuständigen Behörde als Jahresjagdschein für höchstens drei Jagdjahre (§ 11 Abs. 4) oder als Tagesjagdschein für vierzehn aufeinander folgende Tage nach einheitlichen, vom Bundesminister für Ernährung, Landwirtschaft und Forsten (Bundesminister) bestimmten Mustern erteilt.

131 | Wo ist der Jagdschein gültig?

§ 15 (3) Der Jagdschein gilt im gesamten Bundesgebiet.

132 | Für welchen Zeitraum ist ein Jahresjagdschein gültig?

Für die Dauer eines Jahres und zwar vom 1. April bzw. dem Tag seiner Ausstellung bis 31. März.

133 | Welche verschiedenen Jagdscheine gibt es?

Jugendjagdschein, Jahresjagdschein, Tagesjagdschein, Jahres- und Tagesjagdschein für Ausländer und Falknerjagdschein.

134 | Von was wird die Erteilung eines Jagdscheines abhängig gemacht?

§ 15 (5) Die erste Erteilung eines Jagdscheines ist davon abhängig, dass der Bewerber im Geltungsbereich dieses Gesetzes eine Jägerprüfung bestanden hat, die aus einem schriftlichen und einem mündlich-praktischen Teil und einer Schießprüfung bestehen soll; er muss in der Jägerprüfung ausreichende Kenntnisse der Tierarten, der Wildbiologie, der Wildhege, des Jagdbetriebes, der Wildschadensverhütung, des Land- und Waldbaus, des Waffenrechts, der Waffentechnik, der Führung von Jagdwaffen (einschließlich Faustfeuerwaffen), der Führung von Jagdhunden, in der Behandlung des erlegten Wildes unter besonderer Berücksichtigung der hygienisch erforderlichen Maßnahmen, der Beurteilung der gesundheitlich unbedenklichen Beschaffenheit des Wildbrets, insbesondere auch hinsichtlich seiner Verwendung als Lebensmittel, und im Jagd, Tierschutz sowie Naturschutz und Landschaftspflegerecht nachweisen; mangelhafte Leistungen in der Schießprüfung sind durch Leistungen anderen Prüfungsteilen nicht ausgleichbar.

135 | Wovon können die Länder die Zulassung zur Jägerprüfung abhängig machen?

§ 15 (5) Fortsetzung: Die Länder können die Zulassung zur Jägerprüfung insbesondere vom Nachweis einer theoretischen und praktischen Ausbildung abhängig machen.

136 | Wer muss keine Jägerprüfung nachweisen?
§ 15 (5) Fortsetzung: Für Bewerber, die vor dem 1. April 1953 einen Jahresjagdschein besessen haben, entfällt die Jägerprüfung. Eine vor dem Tag des Wirksamwerdens des Beitritts in der Deutschen Demokratischen Republik abgelegte Jagdprüfung für Jäger, die mit der Jagdwaffe die Jagd ausüben wollen, steht der Jägerprüfung im Sinne des Satzes 1 gleich.

137 | Müssen Ausländer, die einen deutschen Jagdschein lösen wollen auch zwingend die deutsche Jägerprüfung ablegen?
§ 15 (6) Bei der Erteilung von Ausländerjagdscheinen können Ausnahmen von Absatz 5 Satz 1 und 2 gemacht werden.

138 | Welches Alter ist zur Erteilung eines Jahresjagdscheines notwendig?
Das vollendete 18. Lebensjahr.

139 | Welches Dokument muss nur bei der erstmaligen Ausstellung eines Jagdscheines vorgelegt werden?
Das Zeugnis über die bestandene Jägerprüfung.

140 | Welche Dokumente müssen immer vorliegen?
Der Versicherungsnachweis. Ein polizeiliches Führungszeugnis wird von der jeweiligen Behörde eingeholt.

141 | Wie hoch ist die Mindestdeckungssumme der Jagdhaftpflichtversicherung?
500 000 € für Personenschäden und 50 000 € für Sachschäden.

142 | Berechtigt der Jagdschein alleine zur Jagdausübung?
Nein, der Jagdschein stellt keine Jagderlaubnis dar.

143 | Benötigen Sie zur Fallenkontrolle einen gültigen Jagdschein?
Zur reinen Fallenkontrolle nicht, wohl aber zum Fängischstellen einer Falle.

144 | Von was wird die Erteilung eines Falknerjagdscheines abhängig gemacht?
§ 15 (7)Die erste Erteilung eines Falknerjagdscheines ist davon abhängig, dass der Bewerber im Geltungsbereich dieses Gesetzes zusätzlich zur Jägerprüfung eine Falknerprüfung bestanden hat; er muss darin ausreichende Kenntnisse des Haltens, der Pflege und des Abtragens von Beizvögeln, des Greifvogelschutzes sowie der Beizjagd nachweisen.

145 | Welche Falkner müssen keine Jägerprüfung nachweisen?
§ 15 (7) Fortsetzung: Für Bewerber, die vor dem 1. April 1977 mindestens fünf Falknerjagdscheine besessen haben, entfällt die Jägerprüfung; gleiches gilt für Bewerber, die vor diesem Zeitpunkt mindestens fünf Jahresjagdscheine besessen und während der Geltungsdauer die Beizjagd ausgeübt haben. Das Nähere hinsichtlich der Erteilung des Falknerjagdscheines regeln die Länder. Eine vor dem Tag des Wirksamwerdens des Beitritts in der Deutschen Demokratischen Republik abgelegte Jagdprüfung für Falkner steht der Falknerprüfung im Sinne des Satzes 1 gleich.

146 | Wann benötigen Sie bei der Beizjagd einen Jagd- oder Falknerschein?
Wenn ich den Beizvogel selber trage.

§ 16 Jugendjagdschein

147 | Wem wird ein Jugendjagdschein ausgestellt?
§ 16 (1) Personen, die das sechzehnte Lebensjahr vollendet haben, aber noch

nicht achtzehn Jahre alt sind, darf nur ein Jugendjagdschein erteilt werden.

148 | Unter welchen Umständen darf der Besitzer eines Jugendjagdscheines die Jagd ausüben?

§ 16 (2) Der Jugendjagdschein berechtigt nur zur Ausübung der Jagd in Begleitung des Erziehungsberechtigten oder einer von dem Erziehungsberechtigten schriftlich beauftragten Aufsichtsperson; die Begleitperson muss jagdlich erfahren sein.

149 | Wann gilt der Erziehungsberechtigte oder die von ihm beauftragte Begleitperson als jagdlich erfahren?

Wenn er/sie zur Lösung eines Jagdscheines berechtigt ist.

150 | Berechtigt der Jugendjagdscheins zur Teilnahme an einer Gesellschaftsjagden?

§ 16 (3) Der Jugendjagdschein berechtigt nicht zur Teilnahme an Gesellschaftsjagden.

151 | Kann einem Jugendlichen auch ein Tagesjagdschein ausgestellt werden?

Nein.

152 | Dürfen Sie mit dem Jugendjagdschein die Fallenjagd ausüben?

Ja, aber nur in Begleitung.

§ 17 Versagung des Jagdscheines

153 | Welchen Personen muss der Jagdschein versagt werden?

§ 17 (1) Der Jagdschein ist zu versagen
1. Personen, die noch nicht sechzehn Jahre alt sind;
2. Personen, bei denen Tatsachen die Annahme rechtfertigen, dass sie die erforderliche Zuverlässigkeit oder körperliche Eignung nicht besitzen;
3. Personen, denen der Jagdschein entzogen ist, während der Dauer der Entziehung oder einer Sperre (§ 18, 41 Abs. 2);
4. Personen, die keine ausreichende Jagdhaftpflichtversicherung (1 000 000 Deutsche Mark für Personenschäden und 100 000 Deutsche Mark für Sachschäden) nachweisen, die Versicherung kann nur bei einem Versicherungsunternehmen mit Sitz in der Europäischen Wirtschaftsgemeinschaft oder mit Niederlassung im Geltungsbereich des Versicherungsaufsichtsgesetzes genommen werden;
die Länder können den Abschluss einer Gemeinschaftsversicherung ohne Beteiligungszwang zulassen.

154 | Wem kann der Jagdschein versagt werden?

§ 17 (2) Der Jagdschein kann versagt werden
1. Personen, die noch nicht achtzehn Jahre alt sind;
2. Personen, die nicht Deutsche im Sinne des Artikels 116 des Grundgesetzes sind;
3. Personen, die nicht mindestens drei Jahre ihren Wohnsitz oder ihren gewöhnlichen Aufenthalt ununterbrochen im Geltungsbereich dieses Gesetzes haben;
4. Personen, die gegen die Grundsätze des § 1 Abs. 3 schwer oder wiederholt verstoßen haben.

155 | Welche Grundsätze sind in § 17 (2) gemeint?

Die allgemein anerkannten Grundsätze deutscher Waidgerechtigkeit.

156 | Wem fehlt die erforderliche Zuverlässigkeit?

§ 17 (3) Die erforderliche Zuverlässigkeit besitzen Personen nicht, wenn Tatsachen die Annahme rechtfertigen, dass sie

1. Waffen oder Munition missbräuchlich oder leichtfertig verwenden werden;
2. mit Waffen oder Munition nicht vorsichtig und sachgemäß umgehen und diese Gegenstände nicht sorgfältig verwahren werden;
3. Waffen oder Munition an Personen überlassen werden, die zur Ausübung der tatsächlichen Gewalt über diese Gegenstände nicht berechtigt sind.

157 I Wer besitzt die erforderliche Zuverlässigkeit grundsätzlich nicht?

§ 17 (4) Die erforderliche Zuverlässigkeit besitzen in der Regel Personen nicht, die
1. a) wegen eines Verbrechens,
b) wegen eines vorsätzlichen Vergehens, das eine der Annahmen im Sinne des Absatzes 3 Nr. 1 bis 3 rechtfertigt,
c) wegen einer fahrlässigen Straftat im Zusammenhang mit dem Umgang mit Waffen, Munition oder Sprengstoff,
d) wegen einer Straftat gegen jagdrechtliche, tierschutzrechtliche oder naturschutzrechtliche Vorschriften, das Waffengesetz, das Gesetz über die Kontrolle von Kriegswaffen oder das Sprengstoffgesetz zu einer Freiheitsstrafe, Jugendstrafe, Geldstrafe von mindestens 60 Tagessätzen oder mindestens zweimal zu einer geringeren Geldstrafe rechtskräftig verurteilt worden sind, wenn seit dem Eintritt der Rechtskraft der letzten Verurteilung fünf Jahre nicht verstrichen sind; in die Frist wird die Zeit eingerechnet, die seit der Vollziehbarkeit des Widerrufs oder der Rücknahme eines Jagdscheins oder eines Waffenbesitzverbotes nach § 40 des Waffengesetzes wegen der Tat, die der letzten Verurteilung zugrunde liegt, verstrichen ist; in die Frist nicht eingerechnet wird die Zeit, in welcher der Beteiligte auf behördliche oder richterliche Anordnung in einer Anstalt verwahrt worden ist;
2. wiederholt oder gröblich gegen eine in Nummer 1 Buchstabe d genannte Vorschrift verstoßen haben;
3. geschäftsunfähig oder in der Geschäftsfähigkeit beschränkt sind;
4. trunksüchtig, rauschmittelsüchtig, geisteskrank oder geistesschwach sind.

158 I Wovon kann die Behörde die Erteilung eines Jagdscheins abhängig machen?

§ 17 (6) Sind Tatsachen bekannt, die Bedenken gegen die Zuverlässigkeit oder die körperliche Eignung begründen, so kann die zuständige Behörde dem Beteiligten die Vorlage eines amts- oder fachärztlichen Zeugnisses über die geistige und körperliche Eignung aufgeben.

§ 18 Einziehung des Jagdscheines

159 I Wann kann ein Jagdschein eingezogen werden?

§ 18 Wenn Tatsachen, welche die Versagung des Jagdscheines begründen, erst nach Erteilung des Jagdscheines eintreten oder der Behörde, die den Jagdschein erteilt hat, bekannt werden, so ist die Behörde in den Fällen des § 17 Abs. 1 und in den Fällen, in denen nur ein Jugendjagdschein hätte erteilt werden dürfen (§ 16), sowie im Falle der Entziehung gemäß § 41 verpflichtet, in den Fällen des § 17 Abs. 2 berechtigt, den Jagdschein für ungültig zu erklären und einzuziehen.

160 I Wird die Jagdscheingebühr rückerstattet?

§ 18 Fortsetzung: Ein Anspruch auf Rückerstattung der Jagdscheingebühren besteht nicht.

161 I Wer ist für die Einziehung zuständig?

Die Untere Jagdbehörde.

162 | Wann kann ein eingezogener Jagdschein neuerlich beantragt werden?

§ 18 Fortsetzung: Die Behörde kann eine Sperrfrist für die Wiedererteilung des Jagdscheines festsetzen.

§ 19 Sachliche Verbote

163 | Welche sachlichen Verbote beinhaltet das BJG?

§ 19 (1) Verboten ist

1. mit Schrot, Posten, gehacktem Blei, Bolzen oder Pfeilen, auch als Fangschuss, auf Schalenwild und Seehunde zu schießen;

2. a) auf Rehwild und Seehunde mit Büchsenpatronen zu schießen, deren Auftreffenergie auf 100 m (E_{100}) weniger als 1000 Joule beträgt;

b) auf alles übrige Schalenwild mit Büchsenpatronen unter einem Kaliber von 6,5 mm zu schießen; im Kaliber 6,5 mm und darüber müssen die Büchsenpatronen eine Auftreffenergie auf 100 m (E_{100}) von mindestens 2000 Joule haben;

c) auf Wild mit halbautomatischen oder automatischen Waffen, die mehr als zwei Patronen in das Magazin aufnehmen können, zu schießen;

d) auf Wild mit Pistolen oder Revolvern zu schießen, ausgenommen im Falle der Bau- und Fallenjagd sowie zur Abgabe von Fangschüssen, wenn die Mündungsenergie der Geschosse mindestens 200 Joule beträgt;

3. die Lappjagd innerhalb einer Zone von 300 Metern von der Bezirksgrenze, die Jagd durch Abklingeln der Felder und die Treibjagd bei Mondschein auszuüben;

4. Schalenwild, ausgenommen Schwarzwild, sowie Federwild zur Nachtzeit zu erlegen; als Nachtzeit gilt die Zeit von eineinhalb Stunden nach Sonnenuntergang bis eineinhalb Stunden vor Sonnenaufgang; das Verbot umfasst nicht die Jagd auf Möwen, Waldschnepfen, Auer-, Birk- und Rackelwild;

5. a) künstliche Lichtquellen, Spiegel, Vorrichtungen zum Anstrahlen oder Beleuchten des Zieles, Nachtzielgeräte, die einen Bildwandler oder eine elektronische Verstärkung besitzen und für Schusswaffen bestimmt sind, Tonbandgeräte oder elektrische Schläge erteilende Geräte beim Fang oder Erlegen von Wild aller Art zu verwenden oder zu nutzen sowie zur Nachtzeit an Leuchttürmen oder Leuchtfeuern Federwild zu fangen;

b) Vogelleim, Fallen, Angelhaken, Netze, Reusen oder ähnliche Einrichtungen sowie geblendete oder verstümmelte Vögel beim Fang oder Erlegen von Federwild zu verwenden;

6. Belohnungen für den Abschuss oder den Fang von Federwild auszusetzen, zu geben oder zu empfangen;

7. Saufänge, Fang- oder Fallgruben ohne Genehmigung der zuständigen Behörde anzulegen;

8. Schlingen jeder Art, in denen sich Wild fangen kann, herzustellen, feilzubieten, zu erwerben oder aufzustellen;

9. Fanggeräte, die nicht unversehrt fangen oder nicht sofort töten, sowie Selbstschussgeräte zu verwenden;

10. in Notzeiten Schalenwild in einem Umkreis von 200 Metern von Fütterungen zu erlegen;

11. Wild aus Luftfahrzeugen, Kraftfahrzeugen oder maschinengetriebenen Wasserfahrzeugen zu erlegen; das Verbot umfasst nicht das Erlegen von Wild aus Kraftfahrzeugen durch Körperbehinderte mit Erlaubnis der zuständigen Behörde;

12. die Netzjagd auf Seehunde auszuüben;

13. die Hetzjagd auf Wild auszuüben;

14. die Such- und Treibjagd auf Waldschnepfen im Frühjahr auszuüben;

15. Wild zu vergiften oder vergiftete oder betäubende Köder zu verwenden;
16. die Brackenjagd auf einer Fläche von weniger als 1000 Hektar auszuüben;
17. Abwurfstangen ohne schriftliche Erlaubnis des Jagdausübungsberechtigten zu sammeln;
18. eingefangenes oder aufgezogenes Wild später als vier Wochen vor Beginn der Jagdausübung auf dieses Wild auszusetzen.*)
(2) Die Länder können die Vorschriften des Absatzes 1 mit Ausnahme der Nummer 16 erweitern oder aus besonderen Grünen einschränken; soweit Federwild betroffen ist, ist die Einschränkung nur aus den in Artikel 9 Abs. 1 der Richtlinie 79/409/EWG des Rates vom 2. April 1979 über die Erhaltung der wild lebenden Vogelarten (ABI. EG Nr. L 103 S. 1) in der jeweils geltenden Fassung genannten Gründen und nach den in Artikel 9 Abs. 2 dieser Richtlinie genannten Maßgaben zulässig.
(3) Die in Absatz 1 Nr. 2 Buchstaben a und b vorgeschriebenen Energiewerte können unterschritten werden, wenn von einem staatlichen oder staatlich anerkannten Fachinstitut die Verwendbarkeit der Munition für bestimmte jagdliche Zwecke bestätigt wird. Auf der kleinsten Verpackungseinheit der Munition ist das Fachinstitut, das die Prüfung vorgenommen hat, sowie der Verwendungszweck anzugeben.

164 | Was ist Nachtzeit im Sinne des BJG?

Als Nachtzeit gilt die Zeit von eineinhalb Stunden nach Sonnenuntergang bis eineinhalb Stunden vor Sonnenaufgang.

165 | Welches Wild darf zur Nachtzeit erlegt werden?

Nur Schwarzwild und Raubwild sowie Möwen, Waldschnepfen, Auer-, Birk- und Rackelwild.

166 | Wer ist für Ausnahmebewilligungen vom Nachtjagdverbot zuständig?

Die Untere Jagdbehörde.

167 | Ist die Verwendung von Nachtzielgeräten zulässig?

Nein.

168 | Sind Leuchtabsehen zulässig?

Ja.

169 | Wer definiert den Begriff »Notzeit«?

Die meisten Länder haben zwar die Zeiten, in denen nicht gefüttert werden darf festgelegt, aber den Begriff Notzeit nicht definiert.

170 | Welches Wild darf aus dem Kraftfahrzeug geschossen werden?

Es ist grundsätzlich verboten, Wild aus Luftfahrzeugen oder Kraftfahrzeugen zu erlegen.

171 | Ist es erlaubt, die Waffe beim Schuss auf Schalenwild auf dem Autodach aufzulegen?

Ja, nur aus dem Auto heraus darf nicht geschossen werden.

172 | Darf eine Katze aus dem Auto heraus erlegt werden?

Ja, denn sie gehört nicht zum jagdbaren Wild.

173 | Welche Jagd mit Hunden ist nicht erlaubt?

Die Hetzjagd, jedoch fällt das Stöbern und Brackieren mit Hunden nicht unter diesen Begriff.

174 | Bezieht sich das Verbot der Hetzjagd nur auf die Verwendung von Hunden?

Nein, Wild darf auch nicht mit Pferden oder Fahrzeugen gehetzt werden.

175 | Wer darf Abwurfstangen sammeln?
Der Jagdausübungsberechtigt, der Jagdaufseher und alle vom Jagdausübungsberechtigten schriftlich ermächtigten Personen.

176 | Sind alle »Sachlichen Verbote« im BJG geregelt?
Nein, die Länder können weitere sachliche Verbote erlassen.

§ 19a Beunruhigung von Wild

177 | Ist das Fotografieren von Wildtieren grundsätzlich erlaubt?
§ 19a Verboten ist, Wild, insbesondere soweit es in seinem Bestand gefährdet oder bedroht ist, unbefugt an seinen Zuflucht-, Nist-, Brut- oder Wohnstätten durch Aufsuchen, Fotografieren, Filmen oder ähnliche Handlungen zu stören. Die Länder können für bestimmtes Wild Ausnahmen zulassen.

§ 20 Örtliche Verbote

178 | Wo oder wann darf die Jagd grundsätzlich nicht ausgeübt werden?
§ 20 (1) An Orten, an denen die Jagd nach den Umständen des einzelnen Falles die öffentliche Ruhe, Ordnung oder Sicherheit stören oder das Leben von Menschen gefährden würde, darf nicht gejagt werden.

179 | Wann wird beispielsweise die öffentliche Ruhe gestört?
Während der Zeit des Gottesdienstes oder während einer Beerdigung.

180 | Kann die Jagd darüber hinaus örtlich verboten werden?
Ja, beispielsweise ganz oder teilweise in Naturschutzgebieten, Wildschutzgebieten oder Nationalparks.

§ 21 Bejagungsregelungen

181 | Wie ist der Abschuss zu regeln?
§ 21 (1) Der Abschuss des Wildes ist so zu regeln, dass die berechtigten Ansprüche der Land, Forst und Fischereiwirtschaft auf Schutz gegen Wildschäden voll gewahrt bleiben sowie die Belange von Naturschutz und Landschaftspflege berücksichtigt werden.

182 | Was soll mit den Abschussregelungen erreicht werden?
§ 21 (1) Fortsetzung: Abschussregelungen sollen dazu beitragen, dass ein gesunder Wildbestand aller heimischen Tierarten in angemessener Zahl erhalten bleibt und insbesondere der Schutz von Tierarten gesichert ist, deren Bestand bedroht erscheint.

183 | Was ist ein Abschussplan?
Der Abschussplan teilt die jeweilige Wildart nach Geschlecht und Altersklassen auf und bestimmt die Abschusshöhe.

184 | Schreibt das BJG vor, welche Details der Abschussplan enthalten muss?
Nein, der Bund überlässt dies den Ländern.

185 | Gibt es bereits Ausnahmen von der Pflicht des Abschussplanes für Rehwild?
Ja, es laufen Modellversuche, bei denen Rehwild – bisher mit bestem Erfolg – ohne Abschussplan bejagt wird.

186 | Wer erstellt den Abschussplan?
§ 21 (2) In gemeinschaftlichen Jagdbezirken ist der Abschussplan vom Jagdausübungsberechtigten im Einvernehmen mit dem Jagdvorstand aufzustellen. Innerhalb von Hegegemeinschaften sind die

Abschusspläne im Einvernehmen mit den Jagdvorständen der Jagdgenossenschaften und den Inhabern der Eigenjagdbezirke aufzustellen, die der Hegegemeinschaft angehören. Das Nähere bestimmt die Landesgesetzgebung.

187 | Für welche Wildarten ist ein Abschussplan vorgeschrieben?

§ 21 (2) Fortsetzung: Schalenwild (mit Ausnahme von Schwarzwild) sowie Auer-, Birk- und Rackelwild dürfen nur auf Grund und im Rahmen eines Abschussplans erlegt werden, der von der zuständigen Behörde im Einvernehmen mit dem Jagdbeirat (§ 37) zu bestätigen oder festzusetzen ist. Seehunde dürfen nur auf Grund und im Rahmen eines Abschussplans bejagt werden, der jährlich nach näherer Bestimmung der Länder für das Küstenmeer und Teile davon auf Grund von Bestandsermittlungen aufzustellen ist.

188 | Für welches Gebiet gilt ein Abschussplan?

Die Abschusspläne werden revierweise erstellt. Teilweise wird Rot- und Damwild (vor allem Hirsche) auch hegeringweise freigegeben, so genannte Gruppenabschüsse.

189 | Wird Fallwild auf den Abschussplan angerechnet?

Ja.

190 | Sind vermähte Rehkitze auf den Abschussplan anzurechnen?

Ja, sofern die einzelnen Bundesländer keine andere Regelung getroffen haben.

191 | Kann ein Abschussplan für bestimmte Wildarten ganz oder für bestimmte Gebiete verweigert werden?

§ 21 (3) Der Abschuss von Wild, dessen Bestand bedroht erscheint, kann in bestimmten Bezirken oder in bestimmten Revieren dauernd oder zeitweise gänzlich verboten werden.

192 | Wer regelt den Abschuss in den Staatsforsten?

§ 21 (4) Den Abschuss in den Staatsforsten regeln die Länder.

193 | Welche Formalitäten sind mit der Erlegung von Schalenwild verbunden?

Je nach Wildart und Bundesland muss eine Streckenmeldung an die Untere Jagdbehörde geschrieben werden. In allen Bundesländern hat der Jagdausübungsberechtigte eine Streckenliste zu führen, die am Ende des Jagdjahres abgeschlossen und der Unteren Jagdbehörde vorgelegt werden muss.

194 | Wird erlegtes Niederwild auch erfasst?

Niederwild wird in den Streckenlisten erfasst.

195 | Darf abschussplanpflichtiges Schalenwild unter besonderen Umständen auch ohne Plan erlegt werden?

Krankes Schalenwild darf ohne formale Freigabe erlegt werden, wenn es darum geht, dem Tier vermeidbares Leiden zu ersparen und eine Abschussbeantragung nicht zielführend wäre.

§ 22 Jagd- und Schonzeiten

196 | Wer gibt die Jagd- und Schonzeiten vor?

§ 22 (1) Nach den in 1 Abs. 2 bestimmten Grundsätzen der Hege bestimmt der Bundesminister durch Rechtsverordnung mit Zustimmung des Bundesrates die Zeiten,

Bundesverordnung über die Jagdzeiten

□ weiß = Jagdzeit ■ = Schonzeit

	Jan.	Feb.	März	April	Mai	Juni	Juli	Aug.	Sept.	Okt.	Nov.	Dez.
Rotwild												
Kälber			■	■	■	■	■					
Schmalspießer			■	■	■							
Schmaltiere		■	■	■	■							
Hirsche/Alttiere		■	■	■	■	■	■					
Dam-/Sikawild												
Kälber			■	■	■	■	■	■				
Schmalspießer			■	■	■	■						
Schmaltiere		■	■	■	■	■						
Hirsche/Alttiere		■	■	■	■	■	■	■				
Rehwild												
Kitze			■	■	■	■	■	■				
Schmalrehe		■	■	■								
Ricken (Geißen)		■	■	■	■	■	■	■				
Böcke	■	■	■	■						15. ■	■	■
Gamswild	■	■	■	■	■	■	■					15. ■
Muffelwild		■	■	■	■	■	■					
Schwarzwild												
Frischlinge												
Überläufer												
Keiler/Bachen		■	■	■	■	■ 16.						
Feldhase	15. ■	■	■	■	■	■	■	■	■			
Wildkaninchen												
Fuchs												
Stein-/Baummarder			■	■	■	■	■	■	■	■ 16.		
Iltis			■	■	■	■	■					
Hermelin			■	■	■	■	■					
Mauswiesel			■	■	■	■	■					
Dachs	■	■	■	■	■	■	■				■	■
Rebhuhn	■	■	■	■	■	■	■	■				15. ■
Fasan	15. ■	■	■	■	■	■	■	■	■			
Wildtruthahn												
Hähne	15. ■	■	■ 16.		15. ■	■	■	■	■			
Hennen	15. ■	■	■	■	■	■	■	■	■			
Ringel-/Türkentaube		20. ■	■	■	■	■	■	■	■	■		
Höckerschwan		20. ■	■	■	■	■	■	■	■	■		
Graugans	15. ■	■	■	■	■	■	■		■	■		
Bläß-, Saat-, Ringel-,	15. ■	■	■	■	■	■	■	■	■	■		
Kanadagans	15. ■	■	■	■	■	■	■	■	■	■		
Stockente	15. ■	■	■	■	■	■	■	■				
Pfeif-, Krick-, Spieß-, Berg-,	15. ■	■	■	■	■	■	■	■	■			
Reiher-, Tafel-, Samt- und	15. ■	■	■	■	■	■	■	■	■			
Trauerente	15. ■	■	■	■	■	■	■	■	■			
Waldschnepfe	15. ■	■	■	■	■	■	■	■	■	■ 16.		
Bläßhuhn		20. ■	■	■	■	■	■	■	■ 11.			
Lach-, Sturm-, Silber-,		10. ■	■	■	■	■	■	■	■			
Mantel-, Heringsmöwe		10. ■	■	■	■	■	■	■	■			

Alle nicht aufgeführten Wildarten (ohne Jagdzeit) sind ganzjährig geschont.

in denen die Jagd auf Wild ausgeübt werden darf (Jagdzeiten). Außerhalb der Jagdzeiten ist Wild mit der Jagd zu verschonen (Schonzeiten).

197 | Wo findet der Jäger die Jagd- und Schonzeiten verzeichnet?

In der Bundesverordnung über die Jagdzeiten und in den entsprechenden Landesverordnungen.

198 | Kann von der Bundesverordnung über die Jagdzeiten abgewichen werden?

§ 22 (1) Fortsetzung: Die Länder können die Jagdzeiten abkürzen oder aufheben; sie können die Schonzeiten für bestimmte Gebiete oder für einzelne Jagdbezirke aus besonderen Gründen, insbesondere aus Gründen der Wildseuchenbekämpfung und Landeskultur, zur Beseitigung kranken oder kümmernden Wildes, zur Vermeidung von übermäßigen Wildschäden, zu wissenschaftlichen, Lehr- und Forschungszwecken, bei Störung des biologischen Gleichgewichts oder der Wildhege aufheben. Für den Lebendfang von Wild können die Länder in Einzelfällen Ausnahmen zulassen.

199 | Was ist mit Wild, für das keine Jagdzeit festgesetzt wurde?

§ 22 (2) Wild, für das eine Jagdzeit nicht festgesetzt ist, ist während des ganzen Jahres mit der Jagd zu verschonen.

200 | Gibt es für solche Wildarten auch Ausnahmen?

§ 22 (2) Fortsetzung: Die Länder können bei Störung des biologischen Gleichgewichts oder bei schwerer Schädigung der Landeskultur Jagdzeiten festsetzen oder in Einzelfällen zu wissenschaftlichen, Lehr- und Forschungszwecken Ausnahmen zulassen.

201 | Können dem Wild Schonzeiten auch ganzjährig versagt werden?

§ 22 (3) Aus Gründen der Landeskultur können Schonzeiten für Wild gänzlich versagt werden (Wild ohne Schonzeit).

202 | Welche Wildarten haben nach Bundesrecht keine Schonzeit?

Schwarzwild (Frischlinge, Überläufer), Fuchs und Wildkaninchen.

203 | Welche Tiere, für die keine Schonzeit festgesetzt wurde, sind trotzdem grundsätzlich geschont?

§ 22 (4) In den Setz- und Brutzeiten dürfen bis zum Selbständigwerden der Jungtiere die für die Aufzucht notwendigen Elterntiere, auch die von Wild ohne Schonzeit, nicht bejagt werden.

204 | Was wird unter »Elterntiere« verstanden?

Grundsätzlich jene, die sich an der Aufzucht beteiligen, unabhängig vom Geschlecht.

205 | Fällt unter diesen Schutz auch der Kaninchenrammler?

Nein, denn er beteiligt sich nicht an der Aufzucht.

206 | Kann auch dieser Schutz aufgehoben werden?

§ 22 (4) Fortsetzung: Die Länder können für Schwarzwild, Wildkaninchen, Fuchs, Ringel- und Türkentaube, Silber- und Lachmöwe sowie für nach Landesrecht dem Jagdrecht unterliegende Tierarten aus den in Absatz 2 Satz 2 und Absatz 3 genannten Gründen Ausnahmen bestimmen.

207 | Wann kann beispielsweise der Schutz der Elterntiere beim Schwarzwild aufgehoben werden?

Bei Ausbruch der Schweinepest.

208 | Wann dürfen Greifvögel ausgehorstet werden?
§ 22 (4) Fortsetzung: Die nach Landesrecht zuständige Behörde kann im Einzelfall Aushorsten von Nestlingen und Ästlingen der Habichte für Beizzwecke aus den in Artikel 9 Abs. 1 Buchstabe c der Richtlinie 79/409/EWG genannten Gründen und nach den in Artikel 9 Abs. 2 dieser Richtlinie genannten Maßgaben genehmigen.

209 | Dürfen Gelege von Fasan und Rebhuhn ausgenommen werden, um Eier künstlich zu erbrüten?
§ 22 (4) Fortsetzung: Das Ausnehmen der Gelege von Federwild ist grundsätzlich verboten. Die Länder können jedoch zulassen, dass Gelege in Einzelfällen zu wissenschaftlichen, Lehr- und Forschungszwecken oder für Zwecke der Aufzucht ausgenommen werden.

210 | Dürfen Sie Fasanengelege mit nach Hause nehmen, um die Eier künstlich zu erbrüten?
Nein, wohl aber dürfen ausgemähte Gelege ausgenommen werden.

211 | Von welchen Arten dürfen die Länder das Sammeln von Eiern erlauben?
§ 22 (4) Fortsetzung: Die Länder können ferner das Sammeln der Eier von Ringel- und Türkentauben sowie von Silber- und Lachmöwen aus den in Artikel 9 Abs. 1 der Richtlinie 79/409/EWG genannten Gründen und nach den in Artikel 9 Abs. 2 dieser Richtlinie genannten Maßgaben erlauben.

§ 22a Verhinderung von vermeidbaren Schmerzen …

212 | Unter welchen Umständen darf Wild in der Schonzeit erlegt werden?
§ 22a (1) Um krank geschossenes Wild vor vermeidbaren Schmerzen oder Leiden zu bewahren, ist dieses unverzüglich zu erlegen; das gleiche gilt für schwerkrankes Wild, es sei denn, dass es genügt und möglich ist, es zu fangen und zu versorgen.

213 | Ein Rehbock ist eindeutig von Rachenbremsenlarven befallen. Ist dies ein Abschussgrund im oben gedachten Sinne?
Eindeutig nein, denn Rachenbremsen sind weit verbreitet und die befallenen Rehe sind nicht schwer krank.

214 | Wann darf krank geschossenes Wild über die Reviergrenze hinweg verfolgt werden?
§ 22a (2) Krankgeschossenes oder schwerkrankes Wild, das in einen fremden Jagdbezirk wechselt, darf nur verfolgt werden (Wildfolge), wenn mit dem Jagdausübungsberechtigten dieses Jagdbezirkes eine schriftliche Vereinbarung über die Wildfolge abgeschlossen worden ist.

215 | Was versteht man unter Wildfolge?
Die Verfolgung krank geschossenen Wildes über die Reviergrenze hinweg.

216 | Ist die Wildfolgeregelung bundeseinheitlich?
§ 22a (2) Fortsetzung: Die Länder erlassen nähere Bestimmungen, insbesondere über die Verpflichtung der Jagdausübungsberechtigten benachbarter Jagdbezirke, Vereinbarungen über die Wildfolge zu treffen; sie können darüber hinaus die Vorschriften über die Wildfolge ergänzen oder erweitern.

217 | Wer vereinbart das Recht zur Wildfolge?
Die Reviernachbarn miteinander. Es

gibt aber auch spezielle Wildfolgeregelungen für Schweißhundeführer auf Basis einer Hegegemeinschaft oder eines Landkreises.

218 | Was muss der Revierinhaber mindestens tun, wenn krank geschossenes Wild ins Nachbarrevier wechselt und keine Wildfolge vereinbart wurde?
Die Stelle des Überwechselns markieren und den Reviernachbarn oder einen seiner Beauftragten verständigen und sich zur Nachsuche bereithalten.

219 | Darf über die Reviergrenze hinweg ein Fangschuss angetragen werden?
Nur wenn Wildfolge vereinbart wurde.

220 | Wer erteilt die Erlaubnis zur Wildfolge in einem befriedeten Bezirk?
Der Grundstückseigentümer oder der Nutzungsberechtigte.

221 | Auf welchen Abschussplan wird Schalenwild angerechnet, das im Nachbarrevier zur Strecke kommt?
Auf den Abschussplan des Reviers, in dem das Wild tatsächlich zur Strecke kam.

222 | Wer darf das im Nachbarrevier zur Strecke gekommene Wild verwerten?
Auch das Wildbret gehört jenem Revier, in dem das Wild zur Strecke kam.

223 | Können die Revierinhaber in diesem Punkt eine abweichende Regelung treffen?
Ja, hier steht einer privatrechtlichen Vereinbarung nichts im Wege.

§ 23 Inhalt des Jagdschutzes

224 | Was wird unter Jagdschutz verstanden?
§ 23 Der Jagdschutz umfasst nach näherer Bestimmung durch die Länder den Schutz des Wildes insbesondere vor Wilderern, Futternot, Wildseuchen, vor wildernden Hunden und Katzen sowie die Sorge für die Einhaltung der zum Schutz des Wildes und der Jagd erlassenen Vorschriften.

225 | Wie ist die Jagdschutzbefugnis fixiert?
Die Jagdschutzbefugnis gilt beim Jagdpächter oder Eigenjagdbesitzer nur für das Revier, in dem er jagdausübungsberechtigt ist, beim Jagdaufseher für den Dienstbezirk, für den er bestätigt wurde.

226 | Wo finden sich die Strafbestimmungen über die Wilderei?
Im Strafgesetzbuch § 292 folgend.

227 | Was versteht man unter Wilderei?
Ein Eingriff in fremdes Jagdrecht.

228 | Wann ist der Tatbestand der Wilderei erfüllt?
Sobald dem Wild unberechtigt nachgestellt wird. Es muss also kein Wild erlegt worden sein, um diesen Tatbestand zu erfüllen.

229 | Wann liegt »schwere Wilderei« vor?
Wenn Wild in der Schonzeit oder zur Nachtzeit erlegt wird.

230 | Worin besteht der Unterschied zwischen Wilderei und Diebstahl?
Der Wilderer eignet sich Wild als herrenlose Sache an und verletzt dabei fremdes Jagdrecht. Der Dieb eignet sich etwas an, das bereits einem anderen gehört z. B. ein bereits erlegtes Reh.

231 | Ein Autofahrer überfährt einen Hasen und nimmt ihn mit. Was liegt vor?
Jagdwilderei.

232 | Ein Autofahrer bemerkt ein am Straßenrand liegendes erlegtes Reh und nimmt es mit. Was liegt vor?
Diebstahl.

233 | Ein Verkehrsteilnehmer eignet sich ein am Straßenrand liegendes überfahrenes Reh an. Was liegt vor?
Wilderei (auch bei Fallwild ist nur der Jagdberechtigte aneignungsberechtigt).

234 | Ein Reh wurde vom Jäger aufgebrochen und zum Ausschweißen an einen Ast gehängt, um es später abzuholen. Ein Autofahrer (Spaziergänger) sieht es und nimmt es mit. Was liegt vor?
Diebstahl.

235 | Ein Treiber erschlägt unbemerkt einen Hasen, versteckt diesen und holt ihn später. Was liegt vor?
Jagdwilderei.

236 | Ein Treiber lässt einen erlegten Hasen in seinem Rucksack verschwinden und nimmt ihn mit nach Hause. Was liegt vor?
Diebstahl.

237 | Ein Jagdgast mit Jagderlaubnisschein erlegt berechtigt ein Reh, verschweigt dies jedoch und nimmt es mit nach Hause. Was liegt vor?
Diebstahl.

238 | Ein Jagdgast mit Jagderlaubnisschein hat ein Schmalreh frei, erlegt aber vorsätzlich einen Bock. Was liegt vor?
Wilderei eines Halbberechtigten.

§ 24 Wildseuchen

239 | Was muss der Jäger bei Auftreten einer Wildseuche tun?
§ 24 Tritt eine Wildseuche auf, so hat der Jagdausübungsberechtigte dies unverzüglich der zuständigen Behörde anzuzeigen.

240 | Was tut die Jagdbehörde bei Auftreten einer Wildseuche?
Sie erlässt im Einvernehmen mit dem beamteten Tierarzt die zur Bekämpfung der Seuche erforderlichen Anweisungen.

241 | Welche Krankheiten sind immer anzuzeigen?
Tollwut, Gamsräude, Schweinepest, Maul- und Klauenseuche, Geflügelpest, Myxomatose, Chinaseuche (RHD).

242 | Was hat mit seuchenverdächtigem Wild zu geschehen?
Es ist der Untersuchung zuzuführen.

243 | Wann wird ein bestimmtes Gebiet zum »gefährdeten Bezirk« erklärt?
Tollwut-Verordnung § 8, Schutzmaßregeln für den gefährdeten Bezirk:
(1) Ist der Ausbruch oder der Verdacht des Ausbruchs der Tollwut bei einem Haustier oder einem wild lebenden Tier amtlich festgestellt worden und kann im Falle der amtlichen Feststellung des Ausbruchs der Tollwut bei einem Haustier eine Infektion in diesem Gebiet auf Grund epizootiologischer Nachforschungen nicht ausgeschlossen werden, so erklärt die zuständige Behörde unter Berücksichtigung der örtlichen Gegebenheiten ein Gebiet mit einer Fläche von mindestens 5 000 Quadratkilometern oder mit einem Radius von mindestens 40 Kilometern um die Tierhaltung, die Abschuss-, Tötungs- oder Fundstelle zum gefährdeten Bezirk und gibt dies öffentlich bekannt.

§ 25 Jagdschutzberechtigte

244 | Wer ist zum Jagdschutz verpflichtet?

§ 25 (1) Der Jagdschutz in einem Jagdbezirk obliegt neben den zuständigen öffentlichen Stellen dem Jagdausübungsberechtigten, sofern er Inhaber eines Jagdscheines ist, und den von der zuständigen Behörde bestätigten Jagdaufsehern. Hauptberuflich angestellte Jagdaufseher sollen Berufsjäger oder forstlich ausgebildet sein.

245 | Kann der Jagdpächter auf die Ausübung des Jagdschutzes verzichten?

Nein, denn er ist ja dazu verpflichtet.

246 | Welche Befugnisse hat ein bestätigter Jagdaufseher?

§ 25 (2) Die bestätigten Jagdaufseher haben innerhalb ihres Dienstbezirkes in Angelegenheiten des Jagdschutzes die Rechte und Pflichten der Polizeibeamten und sind Hilfsbeamte der Staatsanwaltschaft, sofern sie Berufsjäger oder forstlich ausgebildet sind. Sie haben bei der Anwendung unmittelbaren Zwanges die ihnen durch Landesrecht eingeräumten Befugnisse.

247 | Wer gilt als bestätigter Jagdaufseher?

Wer von der Unteren Jagdbehörde angelobt, bestätigt und mit einem Dienstausweis (teilweise auch Dienstabzeichen) versehen wurde.

248 | Wie müssen sich Jagdschutzberechtigte ausweisen?

In Ausübung des Jagdschutzes ist ein Dienstausweis (bestätigte Jagdaufseher, Forstbeamte) mitzuführen; private Revierinhaber sind durch den Jagdschein ausgewiesen. In den meisten Bundesländern sind außerdem Jagdschutzabzeichen vorgeschrieben, die am Hut oder am Rockaufschlag zu tragen sind. Beim Einschreiten gegen Personen muss der Dienstausweis vorgezeigt werden, soweit das aus Sicherheitsgründen zumutbar ist.

249 | Welche Rechte hat der Jagdschutzberechtigte gegenüber einem Wilderer?

Er hat
a) das Anhalterecht (er darf ihn am Weitergehen oder Weiterfahren hindern),
b) das Abnahmerecht (er darf ihm Jagd- und Fanggeräte, Hunde und Frettchen abnehmen),
c) Personenfeststellungsrecht (Feststellung der Personalien).

250 | Dürfen Jagdschutzbefugnisse auch an Jagdgäste übertragen werden?

Nur teilweise, z. B. das Füttern des Wildes in Notzeiten sowie der Abschuss von Hunden und Katzen nach landesrechtlichen Vorschriften.

251 | Ist ein bestätigter Jagdaufseher auch dann jagdschutzberechtigt, wenn er als Gast im Nachbarrevier jagt?

Nein, dort nicht.

252 | Welche Befugnisse hat ein Jagdpächter gegen Wilderer?

Im Einzelnen sind die Jagdschutzbefugnisse in den Landesjagdgesetzen geregelt. Allgemein beschränkt sich die Befugnis eines Jagdpächters darauf, Personen, die in seinem Revier unberechtigt jagen oder die er außerhalb öffentlicher Wege mit Jagdausrüstung antrifft (oder die sonstige Verstöße gegen jagdrechtliche Vorschriften begangen haben) zur Feststellung ihrer Personalien anzuhalten sowie ihnen widerrechtlich erbeutetes Wild und Jagdaus-

Befugnisse des Jägers

Wer darf was?	Revier-inhaber	Jagdgast	Jagdaufseher nicht bestätigt	Jagdaufseher bestätigt	Jagdaufseher Berufsjäger Förster[1]
Schutz des Wildes vor Futternot und Feinden allgemein.	ja	nur wenn Auftrag durch Jagdausübungsberechtigten vorliegt.		ja	ja
Töten streunender Hunde und Katzen[2].	ja	nur mit schriftlicher Ermächtigung des Jagdausübungsberechtigten.		ja	ja
Anhalten von Personen in Jagdausrüstung abseits von öffentlichen Wegen[3]; Abnahme von Waffen und Jagdgerät (Hunde, Beizvögel, Frettchen).	ja	nein	nein	ja	ja
Vorläufige Festnahme von auf frischer Tat betroffenen Straftätern zur Feststellung der Personalien (§ 127 StPO)	ja	ja	ja	ja	ja
Selbsthilfe gegenüber Wilderern (Anhalten und Abnehmen erlegten Wildes auch mit Gewalt § 859 BGB)	ja	nein	nein	ja	ja
Anhalten und Durchsuchen von nur verdächtigen Personen	nein	nein	nein	ja	ja
Volle polizeiliche Befugnisse (unmittelbarer Zwang, erweiterter Waffengebrauch, Festnahme, Durchsuchung und Beschlagnahme, Hilfsbeamter der Staatsanwaltschaft).	nein	nein	nein	nein	ja

1) Welcher Personenkreis als forstlich ausgebildet gilt und welche forstlich ausgebildete Personen in Sachen Jagdschutz Hilfsbeamte der Staatsanwaltschaft sind, bestimmen die Länder. Beamte des forstlichen Leitungsdienstes sowie Beamte des mittleren und gehobenen forstlichen Innendienstes gehören i. d. R. nicht dazu.

2) Katzen 200/500 m vom letzten bewohnten Haus, Hunde i. d. R. wenn außerhalb der Einwirkung ihres Führers; große Unterschiede in den Ländern, Landesjagdrecht beachten!

3) Öffentliche Wege müssen nicht für den Kraftfahrzeugverkehr freigegeben und auch keineswegs befestigt sein. Viele existieren nur noch auf Karten und sind in der Natur kaum zu finden. Trotzdem gilt das Anhalterecht auf ihnen nicht!

rüstung abzunehmen. Weitergehende (polizeiliche) Befugnisse hat der private Jagdpächter nicht.

253 | Welche Befugnisse haben nicht bestätigte Jagdaufseher?
Sie haben keine Jagdschutzbefugnisse und sind den Jagdgästen gleichgestellt.

254 | Was ist bei jeder Jagdschutzhandlung immer zu wahren?
Die Verhältnismäßigkeit der Mittel.

255 | Ein Jagdgast (oder nicht bestätigter Jagdaufseher) trifft einen Wilderer auf frischer Tat an. Was darf er tun?
Straftäter, die auf frischer Tat betroffen werden, dürfen von jedermann festgenommen werden, um sie an der Flucht zu hindern und ihre Personalien festzustellen.

256 | Welche Voraussetzung muss gegeben sein?
Voraussetzung für dieses »Jedermannsrecht« ist, dass es sich um eine Straftat handelt (Vergehen oder Verbrechen, nicht bloß Ordnungswidrigkeit), dass der Täter auf frischer Tat betroffen oder verfolgt wird und dass seine Personalien nicht sofort festzustellen sind. Unter diesen Voraussetzungen darf z. B. der Jagdgast einen ihm unbekannten Wilderer festnehmen und der nächsten Polizei- oder Forstdienststelle übergeben.

257 | Wo finden wir die Strafbestimmungen über Wilderei?
Nicht im Jagdgesetz, sondern im allgemeinen Strafrecht (Strafgesetzbuch § 292).

258 | Welche Bestimmungen über Wilderei enthält das Strafgesetzbuch?
Wilderei ist so definiert: »Wer unter Verletzung fremden Jagdrechts dem Wilde nachstellt, es fängt, erlegt oder sich zueignet, oder eine Sache, die dem Jagdrecht unterliegt, sich zueignet, beschädigt oder zerstört.«

259 | Wie wird Wilderei bestraft?
Wilderei ist eine Straftat; in einfachen Fällen ist sie mit Freiheitsstrafe bis zu 3 Jahren bedroht. In besonders schweren Fällen beträgt die Freiheitsstrafe mindestens 3 Monate bis zu 5 Jahren.

260 | Ist es für den Tatbestand der Wilderei erforderlich, Wild zu erlegen?
Nein; es genügt bereits das Nachstellen (in der Absicht der Erlegung bzw. Aneignung).

261 | Was ist unter »einer Sache, die dem Jagdrecht unterliegt« zu verstehen?
Im rechtlichen Sinn sind auch Tiere »Sachen«, außerdem gehören dazu Fallwild, Gelege und Abwurfstangen. Der Tatbestand der Wilderei liegt also auch dann vor, wenn sich jemand »unter Verletzung fremden Jagdrechts« z. B. ein Rehkitz oder anderes Jungwild aneignet, Eier von Federwild sammelt, Gelege zerstört, sich Fallwild ganz oder teilweise (z. B. Decke oder Schädel) aneignet oder Abwurfstangen mitnimmt.

262 | Welche Arten von Wilderei werden unterschieden?
Eine besonders heimtückische Art der Wilderei ist das Schlingenstellen. Daneben wird dem Wild mit einer großen Zahl anderer, oft raffiniert ausgedachter Fanggeräte und Fangmethoden nachgestellt. Solche »unwaidmännischen« Methoden erfüllen den Tatbestand eines besonders schweren Falles und daneben meist auch der Tierquälerei.
Der »Wildschütz« mit der Schusswaffe spielt heute nicht mehr die beherrschende Rolle wie in früheren Zeiten. Zumindest

in bestimmten Gegenden mit einschlägiger »Tradition« ist aber nach wie vor mit solchen Tätern zu rechnen. Dabei geht es dem Wilderer heute nicht nur um Wildbret und/oder Trophäen; manche Täter haben sich darauf spezialisiert, geschützte und seltene Tiere für Präparationszwecke zu erbeuten. (Hier sind Verstöße gegen das Naturschutzrecht von solchen gegen das Jagdrecht zu trennen.)
Eine immer wieder vorkommende Form der Wilderei sind Übergriffe von Jagdscheininhabern über die Reviergrenze in Nachbarreviere (auch im Zusammenhang mit der Wildfolge).
Die heute häufigste Art der Wilderei ist das Wildern vom Kraftfahrzeug aus (»Autowilderer«). Dabei wird Wild meist bei Nacht im Scheinwerferlicht (auch durch besondere Suchscheinwerfer) mit meist kleinkalibrigen Waffen (mit oder ohne Schalldämpfer) geschossen. Großer Aktionskreis und schneller Ortswechsel sowie der Abtransport der Beute ohne viele Spuren zu hinterlassen machen es besonders schwierig, Autowilderer auf frischer Tat zu stellen.

263 | Ein Jagdgast erlegt in dem Revier, in dem er Jagderlaubnis hat, Wild und eignet es sich ohne Wissen des Revierinhabers an. Welcher Tatbestand liegt vor?
Hier ist zu unterscheiden, ob er das betreffende Wild an sich erlegen durfte (z.B. einen ihm erlaubten Rehbock); in diesem Fall wäre die unerlaubte Aneignung eine Unterschlagung. Handelt es sich dagegen um Wild, dessen Erlegung ihm nicht erlaubt war, begeht er Wilderei.

264 | Ein Jagdpächter erlegt in seinem Revier vorsätzlich in der Schonzeit einen Hirsch. Welcher Tatbestand liegt vor?
Keine Wilderei (da der Jagdpächter nicht sein eigenes Jagdrecht verletzen kann), sondern eine Ordnungswidrigkeit nach dem Jagdgesetz (Schonzeitvergehen).

265 | Ein Jagdpächter sucht einen von ihm angeschweißten Rehbock über die Jagdgrenze hinweg nach, findet ihn verendet im Nachbarrevier und eignet ihn sich an, obwohl keine Wildfolge vereinbart ist. Welcher Tatbestand liegt vor?
Wilderei (Verletzung fremden Jagdrechts; aneignungsberechtigt ist der Inhaber des Reviers, in dem der Bock verendet ist).

266 | Worin besteht der Unterschied zwischen Wilderei und Diebstahl?
Wilderei ist ein Vergehen gegen fremdes Jagdrecht; Diebstahl richtet sich gegen fremdes Eigentum. (Da das frei lebende Wild herrenlos ist, kann es auch nicht gestohlen werden; der Wilderer verletzt vielmehr das Aneignungsrecht des Jagdberechtigten.)

267 | Was muss der Jäger beachten, wenn er einen Wilderer festnehmen möchte?
Zunächst muss der Jäger überlegen, welche Befugnisse er besitzt. Volles Eingriffsrecht haben nur Berufsjäger und Forstbeamte mit polizeilichen Befugnissen, auch gegenüber Tatverdächtigen (siehe oben). Das »Jedermannsrecht« zur Festnahme eines Straftäters gilt nur, wenn dieser auf frischer Tat betroffen wird. Abzuwägen ist, ob das Festnahmerecht auch durchsetzbar ist. Gegenüber körperlich überlegenen, bewaffneten oder in Überzahl befindlichen Tätern kann der Jäger leicht in eine Notwehrsituation kommen. Er ist dann zwar u. U. zum Waffengebrauch berechtigt, sollte diese Situation aber möglichst von vornherein durch überlegtes Verhalten

vermeiden. Noch problematischer ist die Anwendung von Gewalt, um Täter an der Flucht zu hindern. Auf sich allein gestellt, kann der Jäger nachher leicht in juristische Beweisnot geraten, wenn er seinen Eingriff zu rechtfertigen hat.

268 | Was gilt für den Waffengebrauch gegenüber Wilderern?
Ein »erweitertes Waffengebrauchsrecht« zur Anwendung von »unmittelbarem Zwang« haben nur diejenigen Jagdschutzberechtigten, die als Hilfsbeamte der Staatsanwaltschaft polizeiliche Befugnisse haben.

269 | Ist der Waffengebrauch bundeseinheitlich geregelt?
Der Waffengebrauch in diesem Rahmen ist nach dem polizeilichen Eingriffsrecht geregelt (Einzelheiten in den Polizeiaufgabengesetzen der Länder). Auch dabei werden an den Waffengebrauch sehr strenge rechtliche Maßstäbe angelegt. Berufsjäger und Forstbeamte sind aufgrund ihrer Ausbildung mit den einschlägigen Vorschriften vertraut.
In allen anderen Fällen beschränkt sich das Waffengebrauchsrecht auf die Notwehr, in Ausnahmefällen auch auf den Notstand.

270 | Welche Voraussetzungen müssen bei Notwehr gegeben sein?
Der Angriff muss rechtswidrig sein, er muss »gegenwärtig« sein (also stattfinden oder unmittelbar bevorstehen; die bloße Drohung genügt nicht); und die Art der Verteidigung muss »erforderlich« sein – sie darf also das notwendige und gerechtfertigte Maß nicht überschreiten.

271 | Rechtfertigt eine Notwehrsituation grundsätzlich den Schusswaffengebrauch?
Der Einsatz der Schusswaffe ist nur zulässig, wenn von einem körperlich überlegenen und/oder bewaffneten Gegner unmittelbare Gefahr für Leib und Leben droht und andere Verteidigungsmittel nicht möglich oder erfolglos sind (z.B. Stockhiebe, Einsatz eines scharfen Hundes).

272 | Was ist Notwehrüberschreitung?
Die missbräuchliche Anwendung von Notwehr, wenn die o.g. Bedingungen nicht gegeben sind bzw. nicht beachtet werden. Notwehrüberschreitung ist strafbar, besonders wenn sie vorsätzlich geschieht. (Bei Irrtum über die Voraussetzungen sowie wenn jemand in Furcht oder Schrecken die Notwehr überschreitet, liegen mildernde Umstände vor.)

273 | Wie unterscheidet sich Notwehr und Notstand?
Notwehr richtet sich gegen eine Person, Notstand richtet sich gegen eine Sache.

274 | Welche Möglichkeit hat der Jäger im Falle eines Notstandes?
Er darf diese Sache beschädigen oder zerstören, um die Gefahr von sich oder einem anderen abzuwenden (§ 228 BGB). Der Jäger darf also z.B. einen auf ihn gehetzten bissigen Hund erschießen oder auf das Auto schießen, wenn Wilderer, die er auf frischer Tat gestellt hat, ihn zu überfahren drohen. Für die Rechtmäßigkeit der Notstandshandlung gelten sinngemäß die gleichen Bedingungen wie für die Notwehr.

275 | Was ist »übergesetzlicher Notstand«?
Die bewusste Verletzung einer Rechtsvorschrift, um ein höherwertiges Rechtsgut wahren zu können (z.B. Fangschuss auf Schalenwild mit Schrot, wenn kein anderes Mittel verfügbar ist, um das kranke Wild zu erlösen).

276 | Was ist Selbsthilfe?
Selbsthilfe sind Maßnahmen, um einen Rechtsanspruch durchzusetzen, wenn polizeiliche Hilfe nicht rechtzeitig zu erlangen ist und wenn ohne sofortiges Eingreifen die Gefahr besteht, dass der Anspruch nicht mehr verwirklicht werden kann.

277 | Nennen Sie ein Beispiel für Selbsthilfe?
Selbsthilfe übt z.B. ein Bestohlener, wenn er dem gestellten Dieb das entwendete Eigentum wieder abnimmt. Im Jagdschutz entspricht dem die Befugnis des Revierinhabers, einem Wilderer widerrechtlich erlegtes Wild abzunehmen (um den Aneignungsanspruch durchzusetzen).

278 | Darf bei Selbsthilfe Gewalt angewendet werden?
Ja, aber nur im vertretbaren Verhältnis zum Rechtsanspruch. Ähnlich wie bei Notstand und Notwehr darf die Gewalt nur so weit gehen, wie zur Erreichung des Zieles unbedingt notwendig, und die Folgen des Eingriffs müssen vertretbar sein.

279 | Schließt die zulässige Gewalt auch den Waffengebrauch ein?
Waffengebrauch gegen Personen ist dabei nicht vertretbar. (Der Revierinhaber darf z.B. einem Wilderer, der mit einem erlegten Reh flüchtet, nicht nachschießen.

280 | Wer ist zum Jagdschutz gegen wildernde Hunde und Katzen berechtigt?
In der Regel der Jagdausübungsberechtigte sowie der von der zuständigen Behörde bestätigte Jagdaufseher. Beachte aber die landesrechtlichen Bestimmungen.

281 | Unter welchen Voraussetzungen dürfen wildernde Hunde getötet werden?
Bedingung ist allgemein, dass sich der Hund der Einwirkung seines Herrn entzogen hat. Die Entfernung vom Haus oder (Spaziergang) vom Hundehalter spielt grundsätzlich keine Rolle; maßgebend ist, ob der Hundehalter in der Lage ist, auf den Hund einzuwirken, um ihn am Verfolgen von Wild zu hindern.

282 | Ist die Regelung zum Abschuss wildernder Hunde bundeseinheitlich?
In den Bundesländern ist es unterschiedlich geregelt, ob die Tötungsbefugnis bereits bei unbeaufsichtigtem Streunen gegeben ist oder erst, wenn der Hund unmittelbar dem Wild nachstellt. (Die Tötungsbefugnis ist z. T. auch dann nicht gegeben, wenn es möglich wäre, den Hund einzufangen.)

283 | Müssen Hunde im Jagdrevier, zumindest im Wald, an der Leine geführt werden?
Grundsätzlich besteht kein Leinenzwang (allerdings ist § 8 (3) der Tollwut-Verordnung zu beachten). Doch ist der Hundehalter dafür verantwortlich, dass sich sein Hund nicht seiner Einwirkung entzieht. Je nach Landesrecht begeht eine Ordnungswidrigkeit, wer Hunde unbeaufsichtigt in einem Jagdrevier laufen lässt.

284 | Ist der Hundehalter für den Schaden haftbar, den sein Hund durch Reißen von Wild anrichtet?
Ja; der Revierinhaber kann den Hundehalter privatrechtlich auf Schadenersatz verklagen, wenn der Hund nachweislich Wild gerissen hat.

285 | Welche Hunde sind von der Tötungsbefugnis im Jagdschutz grundsätzlich ausgenommen?
Hirtenhunde, Jagdhunde, Blindenhunde, Sanitätshunde, Polizeihunde, soweit sie

als solche kenntlich sind und solange sie vom Berechtigten zu ihrem Dienst verwendet werden oder sich aus Anlass der dienstlichen Verwendung nur vorübergehend der Einwirkung ihres Führers entzogen haben.

286 | Wie sind die genannten »Diensthunde« kenntlich?

Blindenhunde, Sanitätshunde und Diensthunde der Polizei (auch Zoll, Grenzschutz) tragen beim Diensteinsatz Kennzeichen an Halsband oder Geschirr (farbige Decken oder Plaketten mit Rotem Kreuz, Polizeistern u. dgl.). Bei Hirtenhunden kommt es darauf an, dass der Jagdschutzberechtigte bei gebührender Sorgfalt die Hunde kennen muss, die im Revier und der näheren Umgebung als solche verwendet werden. (Hirtenhunde sind meist sehr gehorsam und neigen nicht zum Streunen.)

287 | Welcher Grundsatz gilt vor jedem Hundeabschuss?

Die Tötung sollte das letzte Mittel sein, wenn der Hund tatsächlich eine Gefahr oder eine ständige Beunruhigung für das Wild darstellt, die sich nicht anders beseitigen lässt, wenn sein Besitzer unbekannt ist oder wenn Verwarnungen des Besitzers nicht helfen.

288 | Wann darf eine streunende Katze getötet werden?

Je nach Landesrecht in einer Entfernung von mindestens 200 m vom nächsten bewohnten Haus (teilweise größere Entfernung!), wobei es nicht darauf ankommt, dass die Katze tatsächlich »wildert«.

289 | Was gilt für die Tötung gefangener Katzen?

Dieselben Regelungen wie für den Abschuss von Katzen.

§ 26 Fernhalten des Wildes

290 | Wer darf Wild von Grundstücken fernhalten?

§ 26 Der Jagdausübungsberechtigte sowie der Eigentümer oder Nutzungsberechtigte eines Grundstückes sind berechtigt, zur Verhütung von Wildschäden das Wild von den Grundstücken abzuhalten oder zu verscheuchen. Der Jagdausübungsberechtigte darf dabei das Grundstück nicht beschädigen, der Eigentümer oder Nutzungsberechtigte darf das Wild weder gefährden noch verletzen.

291 | Muss der Grundeigentümer Maßnahmen des Jagdpächters zum Fernhalten des Wildes immer dulden?

Ja, aber nur soweit diese zumutbar sind.

292 | Darf der Grundeigentümer ohne Rücksprache mit dem Jagdausübungsberechtigten das Wild verscheuchen?

Ja, wenn dies zur Abwehr von Schäden notwendig ist.

§ 27 Verhinderung übermäßiger Wildschäden

293 | Welche Möglichkeiten gibt es, übermäßige Wildschäden zu verhindern?

§ 27 (1) Die zuständige Behörde kann anordnen, dass der Jagdausübungsberechtigte unabhängig von den Schonzeiten innerhalb einer bestimmten Frist in bestimmtem Umfange den Wildbestand zu verringern hat, wenn dies mit Rücksicht auf das allgemeine Wohl, insbesondere auf die Interessen der Land-, Forst- und Fischereiwirtschaft und die Belange des Naturschutzes und der Landschaftspflege, notwendig ist.

294 | Hat die Jagdbehörde die Möglichkeit der Ersatzvornahme?

§ 27 (2) Kommt der Jagdausübungsberechtigte der Anordnung nicht nach, so kann die zuständige Behörde für dessen Rechnung den Wildbestand vermindern lassen.

295 | Wie sieht die Ersatzvornahme aus?
Ein erfahrenen Jäger wird mit der Erfüllung des Abschusses beauftragt.

§ 28 Sonstige Beschränkungen der Hege

296 | Darf Schwarzwild in freier Wildbahn gehegt werden?
§ 28 (1) Schwarzwild darf nur in solchen Einfriedungen gehegt werden, die ein Ausbrechen des Schwarzwildes verhüten.

297 | Welche Tierarten dürfen nicht ausgesetzt werden?
§ 28 (2) Das Aussetzen von Schwarzwild und Wildkaninchen ist verboten.

§ 29 Schadenersatzpflicht

298 | Wer haftet für Wildschäden?
§ 29 (1) Wird ein Grundstück, das zu einem gemeinschaftlichen Jagdbezirk gehört oder einem gemeinschaftlichen Jagdbezirk angegliedert ist (§ 5 Abs. 1), durch Schalenwild, Wildkaninchen oder Fasanen beschädigt, so hat die Jagdgenossenschaft dem Geschädigten den Wildschaden zu ersetzen.

299 | Wie wird der Wildschaden unter den Jagdgenossen aufgeteilt?
§ 29 (1) Fortsetzung: Der aus der Genossenschaftskasse geleistete Ersatz ist von den einzelnen Jagdgenossen nach dem Verhältnis des Flächeninhalts ihrer beteiligten Grundstücke zu tragen.

300 | Was ist Wildschaden?
Schaden an Grund und Boden und Nutzpflanzen.

301 | Ist die JG immer ersatzpflichtig?
§ 29 (1) Fortsetzung: Hat der Jagdpächter den Ersatz des Wildschadens ganz oder teilweise übernommen, so trifft die Ersatzpflicht den Jagdpächter. Die Ersatzpflicht der Jagdgenossenschaft bleibt bestehen, soweit der Geschädigte Ersatz von dem Pächter nicht erlangen kann.

302 | Wer trägt den Wildschaden in einer Eigenjagd?
§ 29 (2) Wildschaden an Grundstücken, die einem Eigenjagdbezirk angegliedert sind (§ 5 Abs. 1), hat der Eigentümer oder der Nutznießer des Eigenjagdbezirks zu ersetzen. Im Falle der Verpachtung haftet der Jagdpächter, wenn er sich im Pachtvertrag zum Ersatz des Wildschadens verpflichtet hat. In diesem Falle haftet der Eigentümer oder der Nutznießer nur, soweit der Geschädigte Ersatz von dem Pächter nicht erlangen kann.

303 | Wer muss in einem Eigenjagdbezirk Wildschäden ersetzen?
§ 29 (3) Bei Grundstücken, die zu einem Eigenjagdbezirk gehören, richtet sich, abgesehen von den Fällen des Absatzes 2, die Verpflichtung zum Ersatz von Wildschaden (Absatz 1) nach dem zwischen dem Geschädigten und dem Jagdausübungsberechtigten bestehenden Rechtsverhältnis.

304 | Wann ist der Jagdausübungsberechtigte eines Eigenjagdbezirkes immer ersatzpflichtig?
§ 29 (3) Fortsetzung: Sofern nichts anderes bestimmt ist, ist der Jagdausübungsberechtigte ersatzpflichtig, wenn er durch unzu-

länglichen Abschuss den Schaden verschuldet hat.

305 | Schäden welcher Wildarten sind ersatzpflichtig?
Ersatzpflichtig sind nur Schäden, die durch Schalenwild, Wildkaninchen oder Fasane verursacht werden.

306 | Ist der Schaden an eingelagerten Feldfrüchten zu ersetzen?
Nein, die Früchte müssen so eingelagert sein, dass sie vom Wild nicht geschädigt werden können. Als eingelagert gelten beispielsweise eingemietete Rüben oder Siloballen, nicht jedoch Rüben, die ein oder zwei Nächte auf dem Acker liegen, um abtransportiert zu werden.

307 | Ist es Wildschaden, wenn ein Reh mit einem Fahrzeug kollidiert?
Nein, und es gibt auch keine Ersatzpflicht.

308 | Sind Schäden von Beutegreifern an Haustieren Wildschäden?
Ja, da sie durch Wild (z.B. Fuchs oder Habicht) verursacht wurden, sie sind aber nicht ersatzpflichtig.

309 | Feldhasen haben in erheblichem Umfang Zuckerrüben angenagt. Ist der Schaden ersatzpflichtig?
Nein, weil Hasenschäden nach Bundesrecht nicht ersatzpflichtig sind, solche von Kaninchen jedoch sehr wohl.

310 | Welche Situation entsteht, wenn Krähen und Fasane gemeinsam eine Maissaat schädigen?
Es muss ermittelt (abgeschätzt) werden, zu welchem Prozentsatz die Fasane am Schaden beteiligt waren. In der Praxis ist dies kaum korrekt möglich, so dass eine gütliche Einigung angestrebt werden sollte.

311 | Welche Wildarten können in einem Maisfeld gemeinsam zu Schaden gehen und wie wirkt sich das auf die Ersatzpflicht aus?
Neben Schwarzwild kann auch der Dachs oder Nager wie Ratte, Nutria, Biber und Bisam beteiligt sein, ebenso Vögel.
Hier ist zu prüfen, wie hoch die Sekundärschäden sind. Ersatzpflichtig ist nur der vom Schwarzwild verursachte Schaden.

312 | Worauf ist beim Verbiss einer Buchenkultur zu achten?
Ob der Verbiss durch Schalenwild oder Wildkaninchen (beide ersatzpflichtig) oder durch Hasen (nicht ersatzpflichtig) verursacht wurde.

313 | Müssen Verbissschäden an Weinreben durch Rehwild und Kaninchen ersetzt werden?
Nach Bundesrecht nicht, wohl aber, beispielsweise in Baden-Württemberg, wenn dies im jeweiligen Bundesland so geregelt ist.

314 | Hasen und Kaninchen benagen im Winter gemeinsam Obstbäume. Wie muss der Schaden ersetzt werden?
Hier muss geprüft werden, welchen Anteil am Schaden die Kaninchen haben (ersatzpflichtig).

315 | Wildkaninchen verursachen Schaden in einem Hausgarten. Wer muss den Schaden ersetzen?
Da es sich um einen befriedeten Bezirk handelt, ist der Schaden nicht ersatzpflichtig.

316 | Sauen verwüsten einen im Feld gelegenen Friedhof. Muss der Jagdpächter oder die Jagdgenossenschaft den Schaden ersetzen?
Nein, denn auch der Friedhof ist ein befriedeter Bezirk, auf dem die Jagd ruht.

317 | Was sind Wildschadensausgleichskassen?

Die Länder können bestimmen, dass für bestimmtes Wild der Schadenersatz durch Schaffung eines Wildschadensausgleichs auf eine Mehrheit von Beteiligten zu verteilen ist (Wildschadensausgleichskasse).

§ 30 Wildschaden durch Wild aus Gehegen

318 | Wer haftet für Schäden, die aus Gehegen ausgebrochenes Wild verursacht?

§ 30 Wird durch ein aus einem Gehege ausgetretenes und dort gehegtes Stück Schalenwild Wildschaden angerichtet, so ist schließlich derjenige zum Ersatz verpflichtet, dem als Jagdausübungsberechtigten, Eigentümer oder Nutznießer die Aufsicht über das Gehege obliegt.

§ 31 Umfang der Ersatzpflicht

319 | In welchem Umfang müssen Wildschäden ersetzt werden?

§ 31 (1) Nach den § 29 und § 30 ist auch der Wildschaden zu ersetzen, der an den getrennten, aber noch nicht eingeernteten Erzeugnissen eines Grundstücks eintritt.

320 | Zu welchem Zeitpunkt wird der Schaden geschätzt?

§ 31 (2) Werden Bodenerzeugnisse, deren voller Wert sich erst zur Zeit der Ernte bemessen lässt, vor diesem Zeitpunkt durch Wild beschädigt, so ist der Wildschaden in dem Umfang zu ersetzen, wie er sich zur Zeit der Ernte darstellt.

321 | Was ist bei der Schadensbemessung zu berücksichtigen?

§ 31 (2) Fortsetzung: Bei der Feststellung der Schadenshöhe ist jedoch zu berücksichtigen, ob der Schaden nach den Grundsätzen einer ordentlichen Wirtschaft durch Wiederanbau im gleichen Wirtschaftsjahr ausgeglichen werden kann.

§ 32 Schutzvorrichtungen

322 | Wann erlischt der Anspruch auf Wildschadenersatz?

§ 32 (1) Ein Anspruch auf Ersatz von Wildschaden ist nicht gegeben, wenn der Geschädigte die von dem Jagdausübungsberechtigten zur Abwehr von Wildschaden getroffenen Maßnahmen unwirksam macht.

323 | Welche Wildschäden sind nicht zu ersetzen?

§ 32 (2) Der Wildschaden, der an Weinbergen, Gärten, Obstgärten, Baumschulen, Alleen, einzeln stehenden Bäumen, Forstkulturen, die durch Einbringen anderer als der im Jagdbezirk vorkommenden Hauptholzarten einer erhöhten Gefährdung ausgesetzt sind, oder Freilandpflanzungen von Garten oder hochwertigen Handelsgewächsen entsteht, wird, soweit die Länder nicht anders bestimmen, nicht ersetzt, wenn die Herstellung von üblichen Schutzvorrichtungen unterblieben ist, die unter gewöhnlichen Umständen zur Abwendung des Schadens ausreichen. Die Länder können bestimmen, welche Schutzvorrichtungen als üblich anzusehen sind.

324 | Können die Länder auch Schäden in Baumschulen oder Weingärten ersatzpflichtig machen?

Ja.

§ 33 Jagdschaden Schadenersatzpflicht

325 | Wie hat sich der Jäger zu verhalten?

§ 33 (1) Wer die Jagd ausübt, hat dabei die berechtigten Interessen der Grundstückseigentümer oder Nutzungsberechtigten zu beachten, insbesondere besäte Felder und nicht abgemähte Wiesen tunlichst zu schonen.

326 | Wie unterscheiden sich Wild- und Jagdschaden?

Schaden, der durch Wild entsteht, ist Wildschaden; Schaden, der durch den Jäger entsteht, ist Jagdschaden.

327 | Für welche (Jagd-)Schäden haftet der Jagdausübungsberechtigte?

§ 33 (2) Der Jagdausübungsberechtigte haftet dem Grundstückseigentümer oder Nutzungsberechtigten für jeden aus missbräuchlicher Jagdausübung entstehenden Schaden; er haftet auch für den Jagdschaden, der durch einen von ihm bestellten Jagdaufseher oder durch einen Jagdgast angerichtet wird.

328 | Welche Jagdmethoden sind zum Schutz vor Jagdschäden verboten?

Die Ausübung der Treibjagd auf Feldern, die mit reifender Halm- oder Samenfrucht oder mit Tabak bestanden sind, ist verboten; die Suchjagd ist nur insoweit zulässig, als sie ohne Schaden für die reifenden Früchte durchgeführt werden kann.

329 | Kann Jagdschaden auch durch den Bau von Jagdeinrichtungen entstehen?

Ja, etwa wenn Bäume vernagelt werden.

330 | Wer haftet, wenn Jagdschaden durch einen Jagdgast verursacht wird?

Der Jagdausübungsberechtigte haftet auch für den Jagdschaden, der durch einen von ihm bestellten Jagdaufseher oder durch einen Jagdgast angerichtet wird.

331 | Sind Jagdschäden durch die Jagdhaftpflichtversicherung gedeckt?

Nein.

§ 34 Geltendmachung des Schadens

332 | Welche Meldefristen sind zu wahren?

§ 34 Der Anspruch auf Ersatz von Wild- oder Jagdschaden erlischt, wenn der Berechtigte den Schadensfall nicht binnen einer Woche, nachdem er von dem Schaden Kenntnis erhalten hat oder bei Beobachtung gehöriger Sorgfalt erhalten hätte, bei der für das beschädigte Grundstück zuständigen Behörde anmeldet. Bei Schaden an forstwirtschaftlich genutzten Grundstücken genügt es, wenn er zweimal im Jahre, jeweils bis zum 1. Mai oder 1. Oktober, bei der zuständigen Behörde angemeldet wird. Die Anmeldung soll die als ersatzpflichtig in Anspruch genommene Person bezeichnen.

333 | Wo sind Wildschäden anzumelden?

Üblicherweise bei der Gemeindeverwaltung.

334 | Wann kann der Grundeigentümer auf die formale Anmeldung des Schadens verzichten?

Wenn er sich mit dem Jagdausübungsberechtigten schon vor Ablauf der Meldefrist einigt. Die Einigung sollte schriftlich mit Zeugen erfolgen.

§ 35 Verfahren in Wild- und Jagdschadenssachen

335 | Wovon können die Länder die Beschreitung des Klageweges abhängig machen?

§ 35 Die Länder können in Wild- und Jagdschadenssachen das Beschreiten des ordentlichen Rechtsweges davon abhängig machen, dass zuvor ein Feststellungsverfahren vor einer Verwaltungsbehörde

(Vorverfahren) stattfindet, in dem über den Anspruch eine vollstreckbare Verpflichtungserklärung (Anerkenntnis, Vergleich) aufzunehmen oder eine nach Eintritt der Rechtskraft vollstreckbare Entscheidung (Vorbescheid) zu erlassen ist. Die Länder treffen die näheren Bestimmungen hierüber.

336 | Welche Möglichkeiten der Schadensabwicklung gibt es?

Durch gütliche Einigung oder durch Anmeldung des Schadens bei der Gemeinde und ein sich anschließendes Verfahren.

337 | Was ist ein Vorverfahren?

Der § 35 BJagdG stellt es den Ländern frei, in Wild- und Jagdschadenssachen das Beschreiten des ordentlichen Rechtsweges davon abhängig zu machen, dass zuvor ein Feststellungsverfahren vor einer Verwaltungsbehörde (Vorverfahren) stattfindet, in dem über den Anspruch eine vollstreckbare Verpflichtungserklärung (Anerkennt-

Übersicht Verfahrenswege bei Wildschäden

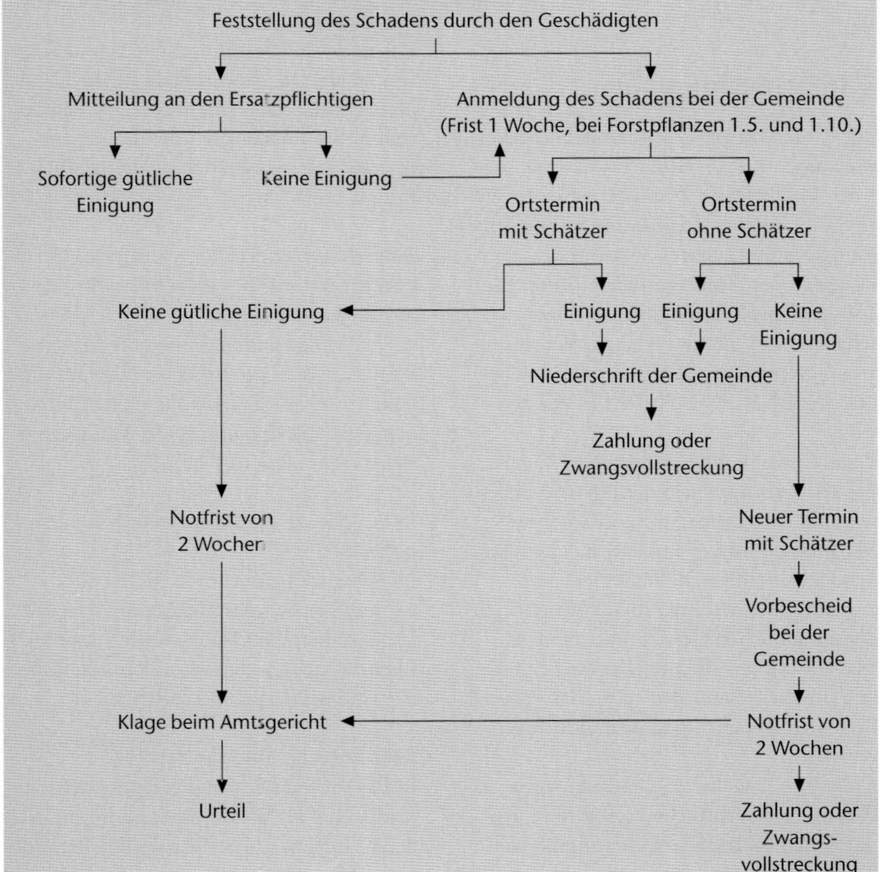

nis, Vergleich) aufzunehmen oder eine nach Eintritt der Rechtskraft vollstreckbare Entscheidung (Vorbescheid) zu erlassen ist.

338 | Womit endet das Vorverfahren?
Mit dem Ortstermin ohne Schätzer.

339 | Was ist ein Wildschadensschätzer?
Die Untere Jagdbehörde bestellt nach jeweiligem Landesjagdrecht amtliche Wildschadensschätzer.

340 | Kann Wildschadenersatz eingeklagt werden?
Ja.

§ 36 Ermächtigungen

341 | Welche Durchführungsverordnungen kann der Bund erlassen?
§ 36 (1) Der Bundesminister wird ermächtigt, durch Rechtsverordnung mit Zustimmung des Bundesrates, soweit dies aus Gründen der Hege, zur Bekämpfung von Wilderei und Wildhehlerei, aus wissenschaftlichen Gründen oder zur Verhütung von Gesundheitsschäden durch Fallwild erforderlich ist, Vorschriften zu erlassen über
1. die Anwendung von Ursprungszeichen bei der Verbringung von erlegtem Schalenwild aus dem Erlegungsbezirk und der Verbringung von erlegtem Schalenwild in den Geltungsbereich dieses Gesetzes,
2. den Besitz, den Erwerb, die Ausübung der tatsächlichen Gewalt oder das sonstige Verwenden, die Abgabe, das Feilhalten, die Zucht, den Transport, das Veräußern oder das sonstige Inverkehrbringen von Wild,
3. die Ein-, Durch- und Ausfuhr sowie das sonstige Verbringen von Wild in den, durch den und aus dem Geltungsbereich dieses Gesetzes,
4. die Verpflichtung zur Führung von Wildhandelsbüchern,
5. das Kennzeichnen von Wild.

§ 37 Jagdbeirat und Vereinigung der Jäger

342 | Was ist ein Jagdbeirat?
§ 37 (1) In den Ländern sind Jagdbeiräte zu bilden, denen Vertreter der Landwirtschaft, der Forstwirtschaft, der Jagdgenossenschaften, der Jäger und des Naturschutzes angehören müssen.

343 | Wie setzt sich der Jagdbeirat zusammen?
Vertreten sind zumindest Land- und Forstwirtschaft, Jagdgenossenschaft, Jäger und Naturschutz. Die einzelnen Bundesländer treffen Bestimmungen über die Zusammensetzung und Bestellung des Jagdbeirats.

344 | In welchen Fällen kann der Vereinigung der Jäger eine Mitwirkung eingeräumt werden?
§ 37 (2) Die Länder können die Mitwirkung von Vereinigungen der Jäger für die Fälle vorsehen, in denen Jagdscheininhaber gegen die Grundsätze der Waidgerechtigkeit verstoßen (§ 1 Abs. 3).

345 | Wie ist die Jagdverwaltung aufgebaut?
Die Oberste Jagdbehörde ist Teil des zuständigen Bundesministeriums. In den Ländern bestehen Jagdbehörden auf drei Ebenen – im Landkreis, im Regierungsbezirk und bei der Landesregierung.

346 | Was ist ein Jagdberater?
In Bayern werden von den Jagdbehörden Jagdberater als Wahlbeamte bestimmt, deren Aufgabe es ist, die jeweilige Behörde in Jagdsachen zu beraten.

347 | Welche Funktion hat ein Kreisjägermeister?

Das ist, je nach Landesrecht, ganz unterschiedlich. Auch gibt es nicht in allen Bundesländern Kreisjägermeister.

348 | Was ist eine anerkannte Vereinigung der Jäger?

Nach Vorgaben der Bundesländer Vereinigungen von Jägern, die mindestens 50 % der Jagdscheininhaber vereinen.

§ 38 Straftaten

349 | Welche Straftatbestände kennt das BJG?

1. Abschuss von in seinem Bestand bedrohten Wild.
2. Abschuss von Wild, für das keine Jagdzeit festgesetzt wurde.
3. Abschuss von Elterntieren, die noch zur Aufzucht der Jungen erforderlich sind.

350 | Wie hoch ist der Strafrahmen?

§ 38 (1) Mit Freiheitsstrafe bis zu fünf Jahren oder mit Geldstrafe wird bestraft, wer
1. einer vollziehbaren Anordnung nach § 21 Abs. 3 zuwiderhandelt,
2. entgegen § 22 Abs. 2 Satz 1 Wild nicht mit der Jagd verschont oder
3. entgegen § 22 Abs. 4 Satz 1 ein Elterntier bejagt.

351 | Wie hoch ist der Strafrahmen, wenn der Täter fahrlässig handelt?

§ 38 (2) Handelt der Täter fahrlässig, so ist die Strafe Freiheitsstrafe bis zu sechs Monaten oder Geldstrafe bis zu einhundertachtzig Tagessätzen.

§ 39 Ordnungswidrigkeiten

352 | Wann handelt der Jäger ordnungswidrig?

§ 39 (1) Ordnungswidrig handelt, wer
1. in befriedeten Bezirken die Jagd ausübt oder einer Beschränkung der Jagderlaubnis (§ 6) zuwiderhandelt;
2. auf vollständig eingefriedeten Grundflächen die Jagd entgegen einer nach § 7 Abs. 3 vorgeschriebenen Beschränkung ausübt;
3. auf Grund eines nach § 11 Abs. 6 Satz 1 nichtigen Jagdpachtvertrages, einer nach § 11 Abs. 6 Satz 2 nichtigen entgeltlichen Jagderlaubnis oder entgegen § 12 Abs. 4 die Jagd ausübt;
4. als Inhaber eines Jugendjagdscheines ohne Begleitperson die Jagd ausübt (§ 16);
5. den Vorschriften des § 19 Abs. 1 Nr. 3 bis 9, 11 bis 14, 16 bis 18, § 19 a oder § 20 Abs. 1 zuwiderhandelt;
6. zum Verscheuchen des Wildes Mittel anwendet, durch die Wild verletzt oder gefährdet wird (§ 26);
7. einer Vorschrift des § 28 Abs. 1 bis 3 über das Hegen, Aussetzen und Ansiedeln zuwiderhandelt;
8. den Vorschriften des § 33 Abs. 1 zuwiderhandelt und dadurch Jagdschaden anrichtet;
9. den Jagdschein auf Verlangen nicht vorzeigt (§ 15 Abs. 1).

353 | Welche Ordnungswidrigkeits-Tatbestände gelten als vorsätzlich oder fahrlässig begangen?

§ 39 (2) Ordnungswidrig handelt, wer vorsätzlich oder fahrlässig
1. die Jagd ausübt, obwohl er keinen gültigen Jagdschein mit sich führt oder obwohl ihm die Jagdausübung verboten ist (§ 41 a);
2. den Vorschriften des § 19 Abs. 1 Nr. 1, 2, 10 und 15 zuwider handelt;
3. Schalenwild oder anderes Wild, das nur im Rahmen eines Abschussplanes bejagt werden darf, erlegt, bevor der Abschussplan bestätigt oder festgesetzt ist (§ 21

Abs. 2 Satz 1), oder wer den Abschussplan überschreitet;
3a. entgegen § 22 Abs. 1 Satz 2 Wild nicht mit der Jagd verschont;
4. als Jagdausübungsberechtigter das Auftreten einer Wildseuche nicht unverzüglich der zuständigen Behörde anzeigt oder den Weisungen der zuständigen Behörde zur Bekämpfung der Wildseuche nicht Folge leistet (§ 24),
5. einer Rechtsverordnung nach § 36 Abs. 1 oder 5 oder einer landesrechtlichen Vorschrift nach § 36 Abs. 2 zuwiderhandelt, soweit sie für einen bestimmten Tatbestand auf diese Bußgeldvorschrift verweist;
6. zur Jagd ausgerüstet unbefugt einen fremden Jagdbezirk außerhalb der zum allgemeinen Gebrauch bestimmten Wege betritt.

354 | Womit können Ordnungswidrigkeiten geahndet werden?

Die Ordnungswidrigkeit kann mit einer Geldbuße bis zu 5000,– Euro geahndet werden.

355 | Wer ahndet jagdliche Ordnungswidrigkeiten?

Die Untere Jagdbehörde.

§ 40 Einziehung

356 | Können Gegenstände in Verbindung mit einer Straftat oder Ordnungswidrigkeit eingezogen werden?

§ 40 (1) Ist eine Straftat nach § 38 oder eine Ordnungswidrigkeit nach § 39 Abs. 1 Nr. 5 oder Abs. 2 Nr. 2, bis 3a oder 5 begangen worden, so können
1. Gegenstände, auf die sich die Straftat oder Ordnungswidrigkeit bezieht, und
2. Gegenstände, die zu ihrer Begehung oder Vorbereitung gebraucht worden oder bestimmt gewesen sind, eingezogen werden.
§ 74 a des Strafgesetzbuches und § 23 des Gesetzes über Ordnungswidrigkeiten sind anzuwenden.

357 | Wer kann die Entziehung des Jagdscheines anordnen?

Die Untere Jagdbehörde.

§ 41 Anordnung der Entziehung des Jagdscheines

358 | Welche Gründe führen zur Entziehung?

§ 41 (1) Wird jemand wegen einer rechtswidrigen Tat
1. nach § 38 dieses Gesetzes,
2. nach den § 113, 114, 223 bis 227, 239, 240 des Strafgesetzbuches, sofern derjenige, gegen den sich die Tat richtete, sich in Ausübung des Forst-, Feld-, Jagd- oder Fischereischutzes befand, oder
3. nach den § 292 bis 294 des Strafgesetzbuches verurteilt oder nur deshalb nicht verurteilt, weil seine Schuldunfähigkeit erwiesen oder nicht auszuschließen ist, so ordnet das Gericht die Entziehung des Jagdscheines an, wenn sich aus der Tat ergibt, dass die Gefahr besteht, er werde bei weiterem Besitz des Jagdscheines erhebliche rechtswidrige Taten der bezeichneten Art begehen.

359 | Was ordnet das Gericht gleichzeitig mit dem Entzug des Jagdscheines an?

§ 41 (2) Ordnet das Gericht die Entziehung des Jagdscheines an, so bestimmt es zugleich, dass für die Dauer von einem Jahr bis zu fünf Jahren kein neuer Jagdschein erteilt werden darf (Sperre). Die Sperre kann für immer angeordnet werden, wenn zu erwarten ist, dass die gesetzliche Höchstfrist zur Abwehr der von dem

Täter drohenden Gefahr nicht ausreicht. Hat der Täter keinen Jagdschein, so wird nur die Sperre angeordnet. Die Sperre beginnt mit der Rechtskraft des Urteils.

360 | Kann die Sperre lebenslänglich angeordnet werden?
Ja.

361 | Kann das Gericht die Sperre vorzeitig aufheben?
§ 41 (3) Ergibt sich nach der Anordnung Grund zu der Annahme, dass die Gefahr, der Täter werde erhebliche rechtswidrige Taten der in Absatz 1 bezeichneten Art begehen, nicht mehr besteht, so kann das Gericht die Sperre vorzeitig aufheben.

362 | Wer entzieht den Jagdschein tatsächlich?
Die Untere Jagdbehörde.

363 | Kann auch eine Ordnungswidrigkeit zur Entziehung führen?
Nein.

364 | Was kann das Gericht anordnen, wenn der Täter zum Tatzeitpunkt keinen Jagdschein besaß?
Die spätere Verweigerung der Ausstellung eines Jagdscheines.

365 | Können gegen die Anordnung Rechtsmittel eingelegt werden?
Ja.

§ 41a Verbot der Jagdausübung

366 | Was kann zu einem Jagdverbot führen?
§ 41a (1) Wird gegen jemanden
1. wegen einer Straftat, die er bei oder im Zusammenhang mit der Jagdausübung begangen hat, eine Strafe verhängt oder
2. wegen einer Ordnungswidrigkeit nach § 39, die er unter grober oder beharrlicher Verletzung der Pflichten bei der Jagdausübung begangen hat, eine Geldbuße festgesetzt, so kann ihm in der Entscheidung für die Dauer von einem Monat bis zu sechs Monaten verboten werden, die Jagd auszuüben.

367 | Ab welchem Zeitpunkt gilt das Jagdverbot?
§ 41a (2) Das Verbot der Jagdausübung wird mit der Rechtskraft der Entscheidung wirksam. Für seine Dauer wird ein erteilter Jagdschein, solange er nicht abgelaufen ist, amtlich verwahrt; das gleiche gilt für einen nach Ablauf des Jagdjahres neu erteilten Jagdschein. Wird er nicht freiwillig herausgegeben, so ist er zu beschlagnahmen.

368 | Was ist der Unterschied zwischen Jagdscheinentzug und Verbot der Jagdausübung?
Bei einem Jagdverbot wird der Jagdschein nicht eingezogen, sondern nur für begrenzte Zeit amtlich verwahrt.

369 | Für welchen Zeitraum kann ein Jagdverbot ausgesprochen werden?
Von einem bis zu sechs Monaten.

§ 42 Landesrechtliche Straf- und Bußgeldbestimmungen

370 | Können die Länder zusätzlich Straf- und Ordnungswidrigkeitstatbestände aufnehmen?
§ 42 Die Länder können Straf- und Bußgeldbestimmungen für Verstöße gegen die von ihnen erlassenen Vorschriften treffen, soweit solche nicht schon in diesem Gesetz enthalten sind.

Bundeswildschutzverordnung (BWschV)

Am 1. 4. 1986 ist die Bundeswildschutzverordnung in Kraft getreten. Sie ergänzt das Bundesjagdgesetz aufgrund der in § 36 vorgesehenen Ermächtigung, um den Besitz, Erwerb, den Handel und sonstiges Inverkehrbringen von Wild näher zu regeln. Die früher bestehenden landesrechtlichen Vorschriften auf diesem Gebiet waren hauptsächlich darauf abgestellt, den Wildbrethandel zu kontrollieren (um die Wilderei besser bekämpfen zu können). Deshalb bestanden Vorschriften in erster Linie über Wildursprungszeichen und Wildhandels-

Übersicht über die Bundes-Wildschutzverordnung

(Anlagen 1–5: die jeweils geltenden Anlagen sind angekreuzt)

Wildart		Anlagen				
		1	2	3	4	5
Haarwild						
Steinwild	●	x				x
Schneehase	●	x				x
Murmeltier	●	x				x
Seehund	●	x				x
Federwild						
Rebhuhn		x	x			
Fasan		x	x			
Wachtel	●	x				x
Auerwild	●	x				x
Birkwild	●	x				x
Rackelwild	●	x				x
Haselwild	●	x				x
Alpenschneehuhn	●	x				x
Wildtruthuhn		x				
Hohltaube	●	x				x
Ringeltaube		x	x			
Turteltaube	●	x				x
Türkentaube		x				
Höckerschwan		x				
Graugans		x	x			
Bläßgans		x		x		
Saatgans		x				
Kurzschnabelgans	●	x				x
Ringelgans		x				
Weißwangengans	●	x				x
Kanadagans		x				
Stockente		x	x			
Löffelente	●	x				x
Schnatterente	●	x				x
Pfeifente		x	x			
Krickente		x	x			
Spießente		x	x			
Kolbenente	●	x				x
Bergente		x				
Reiherente		x		x		
Tafelente		x	x			
Schellente	●	x				x
Brandente	●	x				x
Eisente	●	x				x
Samtente		x				
Trauerente		x				
Eiderente	●	x				x
Mittelsäger	●	x				x
Gänsesäger	●	x				x
Zwergsäger	●	x				x
Waldschnepfe		x		x		
Bläßhuhn		x	x			
Mantelmöwe		x				
Heringsmöwe		x				
Silbermöwe		x				
Sturmmöwe		x				
Lachmöwe		x				
Schwarzkopfmöwe	●	x				x
Zwergmöwe	●	x				x
Dreizehenmöwe	●	x				x
Haubentaucher	●	x				x
Graureiher	●	x				x
Kolkrabe	●	x				x
alle einheimischen Greifvögel (Greife u. Falken)	●				x	

● = ohne Jagdzeit (ganzjährig geschont)

bücher. Die Erwartung, hier eine neue, bundeseinheitliche Regelung zu bringen, hat die Bundes-Wildschutzverordnung nicht erfüllt. Sie ist mehr auf den Schutz gefährdeter Wildarten abgestellt, und zwar mit Schwerpunkt auf dem Federwild. Die Bestimmungen sind recht kompliziert und unübersichtlich. Ohne auf alle Einzelheiten einzugehen, sollen die Grundzüge soweit dargestellt werden, wie es für die Jagdpraxis nötig ist.

Alle Wildarten, die der Bundeswildschutzverordnung unterliegen, sind in der folgenden Übersicht aufgeführt. Dazu ist angegeben, welche Vorschriften im Einzelnen für die betreffende Wildart gelten, nämlich unterschieden nach den Anlagen 1–5.

Anlage 1 enthält die allgemeinen, weit gefassten Verbote, während die Anlagen 2 und 3 gewisse Ausnahmen davon zulassen. Anlage 4 enthält die besonderen Vorschriften für die Haltung von Greifvögeln, Anlage 5 spezielle Vorschriften für die gewerbliche Verarbeitung (z.B. durch Präparatoren).

Allgemeines

Anlage 1

371 | Was wird in Anlage 1 geregelt?

Es ist allgemein verboten, diese Tiere (lebend oder tot) sowie Teile von ihnen oder aus ihnen gewonnene Erzeugnisse in Besitz zu nehmen, zu erwerben, sie zu be- oder verarbeiten oder irgendwie zu verwenden; diese Tiere dürfen auch nicht gehandelt werden (abgeben, anbieten, veräußern, in den Verkehr bringen). Ausgenommen von diesen Verboten ist das Aneignungsrecht des Jagdausübungsberechtigten, das ihm nach dem Jagdgesetz zusteht. Insofern ändert sich also für den Jäger nichts; die Aneignungs- und Besitzverbote betreffen ihn nicht. Eine beachtenswerte Einschränkung ist aber dabei: Der Jagdausübungsberechtigte darf über ein solches Tier, das er sich rechtmäßig angeeignet hat, nicht beliebig verfügen. Er darf es lediglich für sich selbst verwerten oder verschenken, jedoch nicht verkaufen (»gegen Entgelt an Dritte abgeben«), auch nicht »zum Zweck des Verkaufs halten, befördern oder anbieten«. Das gilt ebenfalls für alle Teile oder Erzeugnisse solcher Tiere, also Wildbret, Trophäen, Präparate u. dgl.

Anlage 2

372 | Was regelt Anlage 2 BWschV?

Für die hier genannten Tiere gilt eine Ausnahme von den Vorschriften der Anlage 1: Der Jagdausübungsberechtigte darf sie verkaufen, und zwar auch gewerblich. (Hier bleibt also für den Revierinhaber alles beim alten; er darf solches Wild an den Wildbrethandel oder die Gastronomie abgeben und überhaupt beliebig »in den Verkehr bringen«.)

Anlage 3

373 | Was wird in Anlage 3 geregelt?

Die hier genannten Tiere darf der Jagdausübungsberechtigte ebenfalls verkaufen, aber nicht gewerblich. (Wildbrethändler, Gastronomen oder Präparatoren dürfen solche Tiere nicht handeln.)

Anlage 4

374 | Was regelt Anlage 4 BWschV?

Diese Anlage bezieht sich ausschließlich auf Greifvögel. Für diese gelten die allgemeinen Verbote nach Anlage 1 nur deshalb nicht, weil sie neben dem Jagdrecht zugleich Naturschutzbestimmungen nach EG-Richtlinien unterliegen, wofür gleichlautende Verbote gelten. Zusätzlich regelt hier die Bundeswildschutzverordnung die Haltung von Greifvögeln in Gefangenschaft. Die Haltung (außer zu wissenschaftlichen Zwecken) wird vom Besitz des Falknerjagdscheines abhängig gemacht, die Zahl der gehaltenen Greifvögel wird beschränkt und eine besondere Kennzeichnung von gehaltenen und gezüchteten Greifvögeln wird vorgeschrieben. Zu- und Abgang sind der Behörde zu melden.

Anlage 5

375 | Was regelt Anlage 5 BWschV?

Wer die hier aufgeführten Tiere lebend oder tot in den Verkehr bringt, sie erwirbt oder verarbeitet, muss ein Aufnahme- und Auslieferungsbuch führen, das eine behördliche Kontrolle ermöglicht. (Diese Vorschrift betrifft insbesondere Präparatoren.) Für den Jäger – besonders den verantwortlichen Revierinhaber – ist also wichtig zu wissen, was er mit Wild, das er sich rechtmäßig angeeignet hat, weiter tun darf:

- Darf er es unbeschränkt auch an Gewerbebetriebe verkaufen?
- Darf er es nur »nicht gewerblich« (privat) verkaufen?
- Darf er es überhaupt nicht verkaufen, sondern nur für sich behalten oder unentgeltlich abgeben (verschenken)?

Für Wild, das nicht in den Anlagen 1–5 der BWschV aufgeführt ist, bleibt es bei den bisherigen jagdgesetzlichen Regelungen. Nicht berührt von den neuen Vorschriften ist auch der »Altbesitz« (z.B. Trophäen, Präparate), der vor dem 1.4.1986 rechtmäßig erworben wurde. Auch gelten die Vorschriften nicht für solche Rebhühner, Fasanen, Wachteln und Stockenten, die in Gefangenschaft gezüchtet und nicht herrenlos sind.

376 | Welche Bestimmungen enthält Anlage 5 für Präparatoren?

Für die in Anlage 5 aufgeführten Arten (es sind diejenigen mit ganzjähriger Schonzeit) werden besondere Anforderungen an Handel und Verarbeitung gestellt. Dafür ist ein Ein- und Auslieferungsbuch vorgeschrieben, das die behördliche Kontrolle ermöglichen soll.

377 | Wie steht es mit der Aneignung von Tieren, die tot aufgefunden werden?

Sofern das Tier dem Jagdrecht unterliegt, hat nur der Revierinhaber das Aneignungsrecht. Bei anderen wildlebenden Tieren ist nach dem Naturschutzrecht zu unterscheiden:
a) Tiere ohne besonderen Schutz darf sich jedermann aneignen;
b) Tiere, die unter besonderem Schutz stehen, darf sich niemand aneignen.

378 | Gilt das Aneignungsverbot auch für Teile der besonders geschützten Tiere?

Ja, ausnahmslos (z.B. Skelette, Felle, Federn, Eier, Larven, Puppen u. dgl.).

379 | Gibt es Ausnahmen von dem Aneignungsrecht?

Ja; für Lehr- und Forschungszwecke sowie im Einzelfall auch für die persönliche Aneignung. Die Erlaubnis erteilt die Naturschutzbehörde. Darüber hinaus ist es – vorbehaltlich jagdrechtlicher Vorschriften – zulässig, verletzte, hilflose oder kranke Tiere aufzunehmen und gesund zu pflegen. Sie müssen aber wieder in die Freiheit entlassen werden.

380 | Welches Wild darf der Revierinhaber nicht verkaufen, sondern nur selbst verwerten oder verschenken?

a) Dasjenige Wild, das in der BWildSchVO (Anlage 1) aufgeführt ist (ohne die Ausnahmen nach Anlage 2 und 3);

b) ferner das Wild, das sinngemäß gleichen EG-Naturschutzrichtlinien (zusätzlich zum Jagdrecht) unterliegt (das sind Fischotter, Wildkatze, Luchs, Großtrappe und alle Greifvögel).

381 | Beziehen sich die Einschränkungen auch auf Trophäen und Präparate dieser Wildarten?
Ja; sie beziehen sich auf lebendes und totes Wild sowie auf alle seine Teile und daraus gewonnenen Erzeugnisse.

382 | Bei einer Taubenjagd wurden 20 Ringeltauben und 12 Türkentauben erlegt. Darf die gesamte Strecke an einen Gastwirt verkauft werden?
Nur die Ringeltauben (Anlage 2). Die Türkentauben darf der Revierinhaber verschenken, wenn er sie nicht selbst verwertet (Anlage 1).

383 | Ein Revierinhaber hat sich einen in seinem Revier verunglückten Auerhahn präparieren lassen. Darf er das Präparat später zum Verkauf anbieten?
Nein (Anlage 1).

384 | Ein Jagdpächter ist von Beruf Gastwirt. Darf er in seinem Revier geschossene Waldschnepfen auf der Speisekarte anbieten?
Nein, Waldschnepfen dürfen nicht gewerblich verkauft werden (Anlage 3).

385 | Ein Jagdpächter findet in seinem Revier einen Mäusebussard und einen Waldkauz als frisch getötete Unfallopfer an einer Landstraße. Darf er sich die Vögel präparieren lassen?
Den Bussard ja (Aneignungsrecht nach dem Jagdgesetz); den Kauz nur mit vorheriger Genehmigung der Naturschutzbehörde (unterliegt nicht dem Jagdrecht).

386 | Ein Jagdpächter schenkt einige erlegte Lachmöwen einem befreundeten Präparator; dieser möchte die präparierten Vögel verkaufen. Wie ist die Rechtslage?
Der Jagdpächter darf die Möwen verschenken (nicht verkaufen!); der Präparator darf die Vögel nicht für gewerbliche Zwecke verarbeiten und nicht verkaufen (Anlage 1).

387 | Welche Bedingungen muss jemand erfüllen, der Greifvögel halten möchte?
Er muss Inhaber eines gültigen Falknerjagdscheins sein; er darf insgesamt nicht mehr als 2 Greifvögel halten (beschränkt auf Habicht, Steinadler und Wanderfalke) und die gehaltenen Vögel müssen dauerhaft und unverwechselbar gekennzeichnet sein (vorgeschriebene Fußringe). – Ausnahmen gibt es für Greifvogelhaltungen zu wissenschaftlichen Zwecken und zur Zucht.

Bundesartenschutzverordnung (BArtSchV)

Die Bundesartenschutzverordnung in der Neufassung von 1999 bestimmt, welche Pflanzen- und Tierarten unter den »besonderen Schutz« des Bundes-Naturschutzgesetz fallen. (Dabei sind ferner Bestimmungen des Washingtoner Artenschutzübereinkommens und der EWG-Verordnung Nr. 3626/82 berücksichtigt.)

In den Anhanglisten zur Bundesartenschutzverordnung sind die besonders geschützten Pflanzen- und Tierarten einzeln aufgeführt. Besonders hervorgehoben sind dabei diejenigen Arten, die vom Aussterben bedroht sind. Den Jäger betreffen besonders die Bestimmungen über Säugetiere und Vögel. Dafür gilt, dass zunächst grundsätzlich alle heimischen Arten besonders geschützt sind (sofern sie nicht dem Jagdrecht unterliegen). Davon gibt es nur wenige Ausnahmen.

388 | Was enthält die Bundesartenschutzverordnung?

Besonders geschützte Pflanzen und Tiere.

389 | Wie steht es mit der Aneignung von Tieren, die tot aufgefunden werden?

Sofern das Tier dem Jagdrecht unterliegt, hat nur der Revierinhaber das Aneignungsrecht. Bei anderen wildlebenden Tieren ist nach dem Naturschutzrecht zu unterscheiden:
a) Tiere ohne besonderen Schutz darf sich jedermann aneignen;
b) Tiere, die unter besonderem Schutz stehen, darf sich niemand aneignen.

390 | Gilt das Aneignungsverbot auch für Teile der besonders geschützten Tiere?

Ja, ausnahmslos (z.B. Skelette, Felle, Federn, Eier, Larven, Puppen u. dgl.).

391 | Gibt es Ausnahmen von dem Aneignungsrecht?

Ja; für Lehr- und Forschungszwecke sowie im Einzelfall auch für die persönliche Aneignung. Die Erlaubnis erteilt die Naturschutzbehörde. Darüber hinaus ist es – vorbehaltlich jagdrechtlicher Vorschriften – zulässig, verletzte, hilflose oder kranke Tiere aufzunehmen und gesund zu pflegen.

392 | Darf man sie anschließend behalten?

Nein, sie müssen wieder in die Freiheit entlassen werden.

393 | Welche Säugetiere sind ohne besonderen Schutz?

Säugetiere ohne besonderen Schutz (»ungeschützt«) sind:
Schermaus, Rötelmaus, Erdmaus, Feldmaus, Hausmaus, Wanderratte, Bisam, Nutria, Marderhund, Waschbär. (Waschbär und Marderhund unterliegen in den meisten Bundesländern dem Jagdrecht.)

394 | Welche Verbote beinhaltet die BArtSchV?

§ 12 (1) Es ist verboten, in folgender Weise wildlebenden Tieren der besonders geschützten Arten und der nicht besonders geschützten Wirbeltierarten, die nicht dem Jagd- oder Fischereirecht unterliegen, nachzustellen, sie anzulocken, zu fangen oder zu töten:
1. mit Schlingen, Netzen, Fallen, Haken, Leim und sonstigen Klebstoffen,
2. unter Benutzung von lebenden Tieren als Lockmittel,
3. mit Armbrüsten,
4. mit künstlichen Lichtquellen, Spiegeln oder anderen beleuchtenden oder blendenden Vorrichtungen,
5. mit akustischen, elektrischen oder elektronischen Geräten, durch Begasen oder Ausräuchern oder unter Verwendung von Giftstoffen vergifteten oder betäubenden Ködern oder sonstigen betäubenden Mitteln,
6. mit halbautomatischen oder automatischen Waffen, deren Magazin mehr als zwei Patronen aufnehmen kann,
7. oder unter Verwendung von Visiervorrichtungen für das Schießen bei Nacht mit elektronischen Bildverstärkern oder Bildumwandlern,
8. unter Verwendung von Sprengstoffen,
9. aus Kraftfahrzeugen oder Luftfahrzeugen oder
10. aus Booten mit einer Antriebsgeschwindigkeit von mehr als 5 km/Stunde.

Satz 1 Nr. 1 gilt, außer beim Vogelfang, für Netze und Fallen nur, wenn mit ihnen Tiere in größeren Mengen oder wahllos gefangen oder getötet werden können.

395 | Für welche nicht besonders geschützte Tierarten gelten Besitz- und Vermarktungsverbote?
Amerikanischer Biber, Schnappschildkröte, Geierschildkröte, Grauhörnchen.

396 | Welche Vogelarten sind ohne besonderen Schutz?
Im Gegensatz zu früheren Regelungen gibt es zur Zeit keine Ausnahmen; das heißt, sämtliche einheimischen Vogelarten (soweit sie nicht dem Jagdrecht unterliegen) genießen den besonderen Schutz des Naturschutzrechts. Dieser weitgehende Schutz ist besonders hinsichtlich Rabenkrähe, Elster und Eichelhäher, teilweise auch Star, Amsel und Haussperling (die vor 1986 ungeschützt waren) umstritten.

397 | Können Rabenvögel in den Katalog der jagdbaren Tiere aufgenommen werden?
Mit der Aufnahme der drei Rabenvogelarten in den Anhang II/2 »Jagdbare Arten« der Vogel-Richtlinie 79/409/EWG wurde die rechtliche Grundlage geschaffen, diese dem Jagdrecht zu unterstellen.

398 | Gibt es Wildarten, die dem Jagdrecht unterliegen und für die zugleich auch gewisse naturschutzrechtliche Vorschriften gelten?
Dies trifft zu auf Fischotter, Wildkatze, Luchs, Großtrappe, Knäkente, Moorente und sämtliche Greifvögel. Sie sind allerdings nicht mehr wie früher unmittelbar in der Bundesartenschutzverordnung aufgeführt, sondern nach internationalem Recht auf dem Umweg über die EWG-Verordnung.

399 | Wird dadurch das Aneignungsrecht des Jagdausübungsberechtigten berührt?
Das Aneignungsrecht des Jagdausübungsberechtigten wird dadurch nicht berührt, jedoch gelten die übrigen Verkehrs- und Vermarktungsverbote für besonders geschützte Arten, analog zur Anlage 1 der Bundes-Wildschutzverordnung.

400 | Welche Spinnenarten sind besonders geschützt?
Die Kreuzspinne und einige Kanker-Arten.

401 | Dürfen Sie in einem Bach ihres Reviers Krebse Fangen?
Nein, weil Krebse dem Fischereirecht unterstehen. Steinkrebs und Edelkrebs gelten überdies als besonders geschützt.

402 | Können die Bundesländer durch diese Verordnung nicht geschützte Arten mit Schutz versehen?
Ergänzende bzw. abweichende Bestimmungen können die Naturschutzgesetze und -verordnungen der einzelnen Bundesländer enthalten.

403 | Welche Kriechtiere und Amphibien genießen den Schutz dieser Verordnung?
Besonders geschützt sind alle heimischen (europäischen) Arten der Kriechtiere (Reptilien) und der Lurche (Amphibien).

404 | Welche Pflanzenarten sind besonders geschützt?
Aus der umfangreichen Liste sollen nur einige besonders wichtige Arten oder Gruppen aufgeführt werden:
Eisenhut; Adonisröschen; Anemonen; Akelei; Arnika; Grasnelken; Rautenfarne; Silberdistel; Alpenwaldrebe; Alpenveilchen; Seidelbast; Pfingstnelken; Diptam; Fingerhut; Sonnentaugewächse; Strand-

distel; Sumpfwolfsmilch; Schachblumen; Schneeglöckchen; Enziane; Christrose; Schwertlilien; Sumpfporst; Edelweiß; Alpenrosen; Märzenbecher; Lein; Bärlappgewächse; Straußfarn; Traubenhyazinthe; Narzissen; See- und Teichrosen; Orchideen; Königsfarn; Karlszepter; Hirschzunge; Schlüsselblumen; Küchenschelle; Steinbrechgewächse; Hauswurzgewächse; Soldanellen; Wassernuss; Trollblume.

405 | Welchen Sinn haben die »Roten Listen«?
Sie geben den aktuellen Stand der Gefährdung von Tier- und Pflanzenarten wieder.

406 | Wer stellt die Roten Listen auf?
Sie werden von Naturschutzorganisationen aufgestellt und laufend ergänzt.

407 | Welche Arten gelten als vom Aussterben bedroht?
Die BArtSchVO führt u.a. folgende einheimische Arten auf (Auszug aus Anlage 1, nach systematischer Verwandtschaft geordnet)

Säugetiere

Fledermäuse (alle Arten)
Biber
Baumschläfer
Bayerische Kleinwühlmaus
Sumpfmaus
Birkenmaus
Europäischer Nerz
Alpenspitzmaus

Vögel

Ohrentaucher
Rothalstaucher
Schwarzhalstaucher
Purpurreiher
Rohrdommel
Zwergdommel
Weißstorch
Singschwan
Zwergschwan
Alpen-Steinhuhn
Wachtelkönig
Kleines Sumpfhuhn
Tüpfelsumpfhuhn
Zwergsumpfhuhn
Goldregenpfeifer
Trauerseeschwalbe
Küstenseeschwalbe
Brandseeschwalbe
Tordalk
Ziegenmelker
Eisvogel
Bienenfresser
Blauracke
Wiedehopf
Schwarzspecht
Grauspecht
Mittelspecht
Weißrückenspecht
Dreizehenspecht
Heidelerche
Raubwürger
Mornellregenpfeifer
Großer Brachvogel
Doppelschnepfe
Zwergschnepfe
Kampfläufer
Alpenstrandläufer
Flussuferläufer
Bruchwasserläufer
Waldwasserläufer
Teichwasserläufer
Rotschenkel
Odinshühnchen
Säbelschnäbler
Flussseeschwalbe
Neuntöter
Rotkopfwürger
Schwarzstirnwürger
Sperbergrasmücke
Halsbandschnäpper
Zwergschnäpper
Blaukehlchen
Zaunammer
Ortolan
Drosselrohrsänger
Seggenrohrsänger
Rohrschwirl
Brachpieper
Birkenzeisig
Würfelnatter
Kreuzotter
Smaragdeidechse
Mauereidechse

Reptilien

Europäische Sumpfschildkröte
Äskulapnatter
Würfelnatter
Kreuzotter
Smaragdeidechse
Mauereidechse

Amphibien

Kammmolch
Wechselkröte
Rotbauchunke
Knoblauchkröte
Gelbbauchunke
Laubfrosch
Geburtshelferkröte
Moorfrosch
Kreuzkröte
Springfrosch

Insekten

17 Arten Libellen
90 Arten Heuschrecken
39 Arten Käfer
11 Arten Schmetterlinge

Krebse

Edelkrebs

Weichtiere

Flussperlmuschel
Europäische Auster
4 Arten Teichmuscheln

Gesetz über Naturschutz und Landespflege (BNatSchG)

Der Naturschutz fordert von Hege und Jagdausübung immer mehr Beschränkungen. So beinhalten die für Naturschutzgebiete erlassenen Verordnungen häufig Bejagungsverbote für bestimmte Wildarten oder zeitliche Beschränkungen. Untersagt werden mitunter bestimmte Formen der Jagdausübung, etwa Treibjagden, wenn es um den besonderen Schutz bedrohter Pflanzengesellschaften geht oder die Anlage von Schwarzwildkirrungen. Aber auch konventionelle Hegemaßnahmen wie die Anlage von Wildäckern oder Fütterungen können untersagt werden. Eingeschränkt werden kann der Bau von Jagdeinrichtungen, wenn durch diese das Landschaftsbild nachteilig beeinträchtigt würde. Der Jäger muss damit leben, will er nicht als Gegner des Naturschutzes gebrandmarkt werden. Selbstverständlich bedeutet das nicht, dass er mit jeder Einschränkung (manche machen tatsächlich wenig Sinn) einverstanden sein muss. Es ist seine Aufgabe, mit fundiertem Wissen zu einer Versachlichung beizutragen.

Generell dienen Schutzgebiete und überhaupt Schutzvorschriften der Natur in ihrer Gesamtheit. Sie dienen nicht dem Schutz jagdlicher Interessen. Daher können einzelne Revierinhaber Nachteile erleiden. Die Auswirkungen auf die Jagd können ganz unterschiedlich sein. So richtet sich ein Verbot der Entenbejagung in einem Naturschutzgebiet eindeutig gegen die Interessen des Jagdrechtsinhabers wie gegen jene des betroffenen Revierinhabers; das örtlich begrenzte Verbot kann aber durchaus zu höheren Jagdstrecken des betroffenen Reviers (wenn auch Gewässer ohne Schutzstatus vorhanden sind) wie benachbarter Reviere führen.

Ohne fundierten Schutz der Natur im passiven wie im aktiven Sinne wird es langfristig auch keine Jagd mehr geben. Daher hat der Jäger grundsätzlich ein vitales Interesse am Schutz der Natur, auch wenn er nicht mit allen Forderungen und Vorstellungen des amtlichen wie des privaten Naturschutzes konform geht.

■ Allgemeines

408 | Welche Ziele verfolgt das Gesetz?

§ 1 Natur und Landschaft sind auf Grund ihres eigenen Wertes und als Lebensgrundlagen des Menschen auch in Verantwortung für die künftigen Generationen im besiedelten und unbesiedelten Bereich so zu schützen, zu pflegen, zu entwickeln und, soweit erforderlich, wiederherzustellen, dass

1. die Leistungs- und Funktionsfähigkeit des Naturhaushalts,
2. die Regenerationsfähigkeit und nachhaltige Nutzungsfähigkeit der Naturgüter,
3. die Tier- und Pflanzenwelt einschließlich ihrer Lebensstätten und Lebensräume sowie
4. die Vielfalt, Eigenart und Schönheit sowie der Erholungswert von Natur und Landschaft

auf Dauer gesichert sind.

409 | Haben diese Ziele unbedingt Vorrang gegenüber anderen (z.B. wirtschaftlichen) Ansprüchen?

Nein; die Naturschutzziele sind gegen anderweitige Ansprüche der Allgemeinheit abzuwägen.

410 I Was beinhaltet das Bundesnaturschutzgesetz?

Es stellt allgemeine Ziele und Grundsätze für Naturschutz und Landschaftspflege auf. Es ist ein Rahmengesetz, das durch nähere Bestimmungen der Landesgesetze ergänzt wird.

411 I Welcher Grundsatz gilt für die Nutzung von Naturgütern?

Der Grundsatz sparsamer, schonender und nachhaltiger Nutzung, um den Naturhaushalt nicht zu beeinträchtigen.

412 I Welche Naturgüter sind besonders zu schützen?

Der Boden und seine Fruchtbarkeit; Gewässer und Luft (Schutz vor Verunreinigungen); der Pflanzenwuchs (Vegetation), besonders der Wald und der Uferbewuchs von Gewässern; die Tierwelt.

Schutz von Natur und Landschaft

413 I Was ist ein Biotopverbund?

§ 3 (1) Die Länder schaffen ein Netz verbundener Biotope (Biotopverbund), das mindestens 10 Prozent der Landesfläche umfassen soll. Der Biotopverbund soll länderübergreifend erfolgen. Die Länder stimmen sich hierzu untereinander ab.

(2) Der Biotopverbund dient der nachhaltigen Sicherung von heimischen Tier- und Pflanzenarten und deren Populationen einschließlich ihrer Lebensräume und Lebensgemeinschaften sowie der Bewahrung, Wiederherstellung und Entwicklung funktionsfähiger ökologischer Wechselbeziehungen.

(3) Der Biotopverbund besteht aus Kernflächen, Verbindungsflächen und Verbindungselementen. Bestandteile des Biotopverbunds sind:

1. festgesetzte Nationalparke,
2. im Rahmen des § 30 gesetzlich geschützte Biotope,
3. Naturschutzgebiete, Gebiete im Sinne des § 32 und Biosphärenreservate oder Teile dieser Gebiete,
4. weitere Flächen und Elemente, einschließlich Teilen von Landschaftsschutzgebieten und Naturparken, wenn sie zur Erreichung des in Absatz 2 genannten Zieles geeignet sind.

(4) Die erforderlichen Kernflächen, Verbindungsflächen und Verbindungselemente sind durch Ausweisung geeigneter Gebiete im Sinne des § 22 Abs. 1, durch planungsrechtliche Festlegungen, durch langfristige Vereinbarungen (Vertragsnaturschutz) oder andere geeignete Maßnahmen rechtlich zu sichern, um einen Biotopverbund dauerhaft zu gewährleisten.

414 I Welche Auflagen macht das BNatSchG der Landwirtschaft?

§ 5 (4) Die Landwirtschaft hat neben den Anforderungen, die sich aus den für die Landwirtschaft geltenden Vorschriften und § 17 Abs. 2 des Bundes-Bodenschutzgesetzes ergeben, insbesondere die folgenden Grundsätze der guten fachlichen Praxis zu beachten:

– Bei der landwirtschaftlichen Nutzung muss die Bewirtschaftung standortangepasst erfolgen und die nachhaltige Bodenfruchtbarkeit und langfristige Nutzbarkeit der Flächen gewährleistet werden.
– Vermeidbare Beeinträchtigungen von vorhandenen Biotopen sind zu unterlassen.
– Die zur Vernetzung von Biotopen erforderlichen Landschaftselemente sind zu erhalten und nach Möglichkeit zu vermehren.
– Die Tierhaltung hat in einem ausgewogenen Verhältnis zum Pflanzenbau zu stehen und schädliche Umweltauswirkungen sind zu vermeiden.

– Auf erosionsgefährdeten Hängen, in Überschwemmungsgebieten, auf Standorten mit hohem Grundwasserstand sowie auf Moorstandorten ist ein Grünlandumbruch zu unterlassen.
– Die natürliche Ausstattung der Nutzfläche (Boden, Wasser, Flora, Fauna) darf nicht über das zur Erzielung eines nachhaltigen Ertrages erforderliche Maß hinaus beeinträchtigt werden.
– Eine schlagspezifische Dokumentation über den Einsatz von Dünge- und Pflanzenschutzmitteln ist nach Maßgabe des landwirtschaftlichen Fachrechts zu führen.

415 | Was verlangt das BNatSchG von der Forstwirtschaft?

§ 5 (5) Bei der forstlichen Nutzung des Waldes ist das Ziel zu verfolgen, naturnahe Wälder aufzubauen und diese ohne Kahlschläge nachhaltig zu bewirtschaften. Ein hinreichender Anteil standortheimischer Forstpflanzen ist einzuhalten.

416 | Welche Auflagen hat die Fischerei?

§ 5 (6) Bei der fischereiwirtschaftlichen Nutzung der oberirdischen Gewässer sind diese einschließlich ihrer Uferzonen als Lebensstätten und Lebensräume für heimische Tier- und Pflanzenarten zu erhalten und zu fördern. Der Besatz dieser Gewässer mit nicht heimischen Tierarten ist grundsätzlich zu unterlassen. Bei Fischzuchten und Teichwirtschaften der Binnenfischerei sind Beeinträchtigungen der heimischen Tier- und Pflanzenarten auf das zur Erzielung eines nachhaltigen Ertrages erforderliche Maß zu beschränken.

417 | Welch grundsätzliche Einschränkung gilt für die Land-, Forst- und Fischereiwirtschaft?

§ 18 (1) Die land-, forst- und fischereiwirtschaftliche Bodennutzung ist nicht als Eingriff anzusehen, soweit dabei die Ziele und Grundsätze des Naturschutzes und der Landschaftspflege berücksichtigt werden. Die den in § 5 Abs. 4 bis 6 genannten Anforderungen sowie den Regeln der guten fachlichen Praxis, die sich aus dem Recht der Land-, Forst- und Fischereiwirtschaft und § 17 Abs. 2 des Bundes-Bodenschutzgesetzes ergeben, entsprechende land-, forst- und fischereiwirtschaftliche Bodennutzung widerspricht in der Regel nicht den in Satz 1 genannten Zielen und Grundsätzen.

418 | Wer kann Nutzungsbeschränkungen für die Land-, Forst- und Fischereiwirtschaft erlassen?

Die Länder erlassen entsprechende Rechtsvorschriften. Sie regeln die Beteiligung anderer Behörden bei Planungen und Maßnahmen der für Naturschutz und Landschaftspflege zuständigen Behörden. Darüber hinaus erlassen die Länder Vorschriften, nach denen Erziehungs-, Bildungs- und Informationsträger auf allen Ebenen über die Bedeutung von Natur und Landschaft sowie über die Aufgaben des Naturschutzes informieren, das Verantwortungsbewusstsein für ein pflegliches Verhalten gegenüber Natur und Landschaft wecken und für einen verantwortungsvollen Umgang mit den Naturgütern werben.

419 | Können die Länder eigene Vorschriften erlassen?

§ 41 (1) Die Länder erlassen Vorschriften über den Schutz der wild lebenden Tiere und Pflanzen. Dabei ist insbesondere zu regeln,
1. Tiere nicht mutwillig zu beunruhigen oder ohne vernünftigen Grund zu fangen, zu verletzen oder zu töten,
2. Pflanzen nicht ohne vernünftigen Grund von ihrem Standort zu entnehmen

oder zu nutzen oder ihre Bestände niederzuschlagen oder auf sonstige Weise zu verwüsten,
3. Lebensstätten nicht ohne vernünftigen Grund zu beeinträchtigen oder zu zerstören, soweit sich aus § 42 Abs. 1 kein strengerer Schutz ergibt.

Schutz wildlebender Tiere und Pflanzen

420 I Welche Pflanzen und Tiere unterliegen dem Naturschutzrecht?

Alle wild wachsenden Pflanzen; von den wildlebenden Tieren alle, die nicht dem Jagd- und Fischereirecht unterliegen.

421 I Wo sind die besonders geschützten Pflanzen- und Tierarten verzeichnet?

In der Bundes-Artenschutzverordnung.

422 I Dürfen »ungeschützte« Pflanzen und Tiere beliebig behandelt werden?

Nein; nach näheren Bestimmungen der Bundesländer dürfen auch Pflanzen und Tiere, die nicht unter besonderem Schutz stehen, nicht unnötig oder mutwillig bzw. ohne vernünftigen Grund beeinträchtigt (beschädigt, gefangen, getötet, beunruhigt) werden. »Ungeschützte« Tierarten gelten z.T. als Schädlinge.

423 I Dürfen sie auf beliebige Weise verfolgt und getötet werden?

Nein; nach Landesrecht sind verbotene Fang- und Tötungsmethoden näher bestimmt. Allgemein sind die Forderungen des Tierschutzgesetzes (Vermeidung überflüssiger Leiden und Schmerzen) zu beachten.

424 I Welche Nist-, Brut- und Zufluchtstätten wildlebender Tiere sind besonders geschützt?

Hecken, Gebüsche, Feldgehölze, einzeln stehende Bäume, Rohr- und Schilfbestände dürfen (nach Landesrecht ständig oder zeitweise) nicht beseitigt werden, das Abflämmen der Bodendecke ist verboten. Diese naturschutzrechtliche Bestimmung ist gerade auch für die Hege des Niederwildes von großer Bedeutung.

425 I Dürfen Tiere nach Belieben ausgesetzt werden?

Nein; das Aussetzen (Auswildern, Einbürgern) von Wildtierarten muss von der Naturschutzbehörde genehmigt sein. (Für Arten, die dem Jagdrecht unterliegen, ist die Jagdbehörde zuständig.)

426 I Wo finden wir die näheren Bestimmungen über Naturschutzgebiete, Landschaftsschutzgebiete usw.?

In den Naturschutzgesetzen der Bundesländer, die den Rahmen des Bundesnaturschutzgesetzes ausfüllen.

427 I Was ist die FFH-Richtlinie?

Die FFH-Richtlinie (Fauna-Flora-Habitat) sieht vor, die biologische Vielfalt auf dem Gebiet der Europäischen Union durch ein nach einheitlichen Kriterien ausgewiesenes Schutzgebietssystems dauerhaft zu schützen und zu erhalten. Damit wird der Erkenntnis Rechnung getragen, dass der Erhalt der biologischen Vielfalt nicht alleine durch den Schutz einzelner Habitate sondern nur durch Einbeziehung eines Biotopverbundes, der den unterschiedlichen ökologischen Ansprüchen der zu schützenden Arten und Lebensraumtypen gerecht wird, erreicht werden kann. Zu diesem Zweck sind in den Anhängen der Richtlinie Lebensraumtypen (Anhang I) und Arten (Anhang II) aufgeführt, deren Verbreitung und Vorkommen bei der Auswahl von geeigneten Schutzgebieten als Kriterien herangezogen werden sollen.

428 | Was sind »Natura 2000« Gebiete?
Mit dem Inkrafttreten der Fauna-Flora-Habitatrichtlinie, FFH-Richtlinie (Richtlinie 92/43/EWG), des Rates vom 21. Mai 1992 zur »Erhaltung der natürlichen Lebensräume sowie der wildlebenden Tiere und Pflanzen« im Juni 1992 ist erstmals ein umfassendes rechtliches Instrumentarium zum Lebensraum- und Artenschutz in der Europäischen Union geschaffen worden.
Das Schutzgebietssystem Natura 2000 ist in Deutschland zusätzlich mit der Umsetzung in nationales Recht im April 1998 rechtsverbindlich und schließt auch die Gebiete nach der Vogelschutz-Richtlinie (Richtlinie 79/409/EWG) des Rates vom 2. April 1979 zur »Erhaltung der wildlebenden Vogelarten« mit ein.

429 | Welche Aufgaben hat der Artenschutz?
§ 39 (1) Die Vorschriften dieses Abschnitts dienen dem Schutz und der Pflege der wildlebenden Tier- und Pflanzenarten in ihrer natürlichen und historisch gewachsenen Vielfalt. Der Artenschutz umfasst
1. den Schutz der Tiere und Pflanzen und ihrer Lebensgemeinschaften vor Beeinträchtigungen durch den Menschen,
2. den Schutz, die Pflege, die Entwicklung und die Wiederherstellung der Biotope wild lebender Tier- und Pflanzenarten sowie die Gewährleistung ihrer sonstigen Lebensbedingungen,
3. die Ansiedlung von Tieren und Pflanzen verdrängter wild lebender Arten in geeigneten Biotopen innerhalb ihres natürlichen Verbreitungsgebiets.

430 | Was wird unter einer Population verstanden?
Eine biologisch oder geographisch abgegrenzte Zahl von Individuen.

431 | Gelten Arten, die in vorgeschichtlicher Zeit hier lebten, als heimisch?
Eine wild lebende Tier- oder Pflanzenart, die ihr Verbreitungsgebiet oder regelmäßiges Wanderungsgebiet ganz oder teilweise
a) im Inland hat oder in geschichtlicher Zeit hatte oder
b) auf natürliche Weise in das Inland ausdehnt,
gilt als heimisch.

432 | Sind verwilderte Arten als heimisch anzusehen?
Als heimisch gilt eine wild lebende Tier- oder Pflanzenart auch, wenn sich verwilderte oder durch menschlichen Einfluss eingebürgerte Tiere oder Pflanzen der betreffenden Art im Inland in freier Natur und ohne menschliche Hilfe über mehrere Generationen als Population erhalten.

433 | Sind Arten, die von selbst zu uns eingewandert sind, als heimisch anzusehen?
Ja.

434 | Wann gilt eine Art als »gebietsfremd«?
Als gebietsfremd gilt eine wild lebende Tier- oder Pflanzenart, wenn sie in dem betreffenden Gebiet in freier Natur nicht oder seit mehr als 100 Jahren nicht mehr vorkommt,

435 | Was sind Landschaftspläne?
§ 16 (1) Die örtlichen Erfordernisse und Maßnahmen des Naturschutzes und der Landschaftspflege sind auf der Grundlage des Landschaftsprogramms oder der Landschaftsrahmenpläne in Landschaftsplänen flächendeckend darzustellen. Die Landschaftspläne sind fortzuschreiben, wenn wesentliche Veränderungen der Landschaft vorgesehen oder zu erwarten sind. Die Ziele der Raumordnung sind zu beachten;

die Grundsätze und sonstigen Erfordernisse der Raumordnung sind zu berücksichtigen.

436 | Was haben Nationalparke zum Ziel?

§ 24 (1) Nationalparke sind rechtsverbindlich festgesetzte einheitlich zu schützende Gebiete, die
1. großräumig und von besonderer Eigenart sind,
2. in einem überwiegenden Teil ihres Gebiets die Voraussetzungen eines Naturschutzgebiets erfüllen und
3. sich in einem überwiegenden Teil ihres Gebiets in einem vom Menschen nicht oder wenig beeinflussten Zustand befinden oder geeignet sind, sich in einen Zustand zu entwickeln oder in einen Zustand entwickelt zu werden, der einen möglichst ungestörten Ablauf der Naturvorgänge in ihrer natürlichen Dynamik gewährleistet.
(2) Nationalparke haben zum Ziel, im überwiegenden Teil ihres Gebiets den möglichst ungestörten Ablauf der Naturvorgänge in ihrer natürlichen Dynamik zu gewährleisten. Soweit es der Schutzzweck erlaubt, sollen Nationalparke auch der wissenschaftlichen Umweltbeobachtung, der naturkundlichen Bildung und dem Naturerlebnis der Bevölkerung dienen.

437 | Ist die Ausübung der Jagd in Naturschutzgebieten erlaubt?

Grundsätzlich ja, Einschränkungen im Einzelfall richten sich nach Landesrecht bzw. nach der jeweiligen Schutzverordnung für das betreffende Gebiet.

Erholung in Natur und Landschaft

438 | Welche Landschaftsteile dürfen von jedermann frei betreten werden?

§ 56 Die Länder gestatten das Betreten der Flur auf Straßen und Wegen sowie auf ungenutzten Grundflächen zum Zweck der Erholung auf eigene Gefahr. Sie können weitergehende Vorschriften erlassen. Sie können auch das Betreten aus wichtigen Gründen, insbesondere aus solchen des Naturschutzes und der Landschaftspflege, des Feldschutzes und der landwirtschaftlichen Bewirtschaftung, zum Schutz der Erholungsuchenden oder zur Vermeidung erheblicher Schäden oder zur Wahrung anderer schutzwürdiger Interessen des Grundstücksbesitzers einschränken sowie andere Benutzungsarten ganz oder teilweise dem Betreten gleichstellen. Die erlaubnisfreie Benutzung von oberirdischen Gewässern richtet sich nach den §§ 23 und 24 des Wasserhaushaltsgesetzes (WHG) sowie den Wassergesetzen der Länder.

439 | Was gilt für Erholung und Freizeitgestaltung?

Erholung und Naturgenuss werden als eine Zweckbestimmung des Naturschutzes herausgestellt; freier Zugang und Erschließung der Landschaft zu diesem Zweck werden gefordert. (Das Gesetz berücksichtigt dabei zu wenig die Erfahrung, dass übermäßige Erholungsnutzung, besonders der Massentourismus, den Naturhaushalt erheblich belastet.)

440 | Gibt es Einschränkungen des allgemeinen Betretungsrechts?

Nur aufgrund einzelner, örtlich und zeitlich begrenzter Anordnungen im Rahmen von Naturschutzgebieten und Wildschutzgebieten (nach Landesrecht).

441 | Gilt das allgemeine Betretungsrecht auch für Reiten, Fahren und Lagern?

Nein; für das Reiten, das Fahren (mit

nicht motorisierten Fahrzeugen), das Lagern (Zelten, Aufstellen von Wohnwagen) und für Veranstaltungen gelten nach Landesrecht Beschränkungen. Das Fahren mit Motorfahrzeugen ist grundsätzlich auf öffentliche Verkehrswege beschränkt, soweit diese nicht für Kraftfahrzeuge gesperrt sind.

442 | Welche Vorschriften, außer dem Naturschutzrecht, gelten für das Betreten des Waldes?

Die Vorschriften des Bundeswaldgesetzes und der Waldgesetze der Länder.

443 | Jemand möchte Wildtiere beobachten und fotografieren. Kann er sich auf das freie Betretungsrecht berufen, wenn er die Tiere dabei stört und beunruhigt?

Nein; soweit es sich um Tiere handelt, die dem Jagdrecht unterliegen, gilt § 19a Bundesjagdgesetz (Schutz des Wildes vor Beunruhigung); für Tiere, die nach dem Naturschutzrecht unter besonderem Schutz stehen, gibt es ähnliche Vorschriften in den Landesnaturschutzgesetzen. Demnach rechtfertigt es das allgemeine Betretungsrecht nicht, Wildtiere (besonders solche, die geschützt sind) zu stören (besonders nicht an ihren Nist-, Wohn-, Brut- und Zufluchtstätten).

444 | Dürfen Gewässer auch von jedermann benutzt werden?

Die erlaubnisfreie Benutzung von oberirdischen Gewässern richtet sich nach den §§ 23 und 24 des Wasserhaushaltsgesetzes (WHG) sowie den Wassergesetzen der Länder.

Mitwirkung von Vereinen

445 | Welche Vereine haben ein Mitwirkungsrecht?

§ 58 (1) Einem nach § 58 BNatSchG vom Bundesministerium für Umwelt, Naturschutz und Reaktorsicherheit anerkannten rechtsfähigen Verein ist Gelegenheit zur Stellungnahme und zur Einsicht in die einschlägigen Sachverständigengutachten zu geben.

446 | In welchen Verfahren müssen die Jäger gehört werden?

Soweit die Landesjagdverbände nach § 58 BNatSchG anerkannt sind
§ 58 (1) Fortsetzung:
1. bei der Vorbereitung von Verordnungen und anderen im Range unter dem Gesetz stehenden Rechtsvorschriften auf dem Gebiet des Naturschutzes und der Landschaftspflege durch die Bundesregierung oder das Bundesministerium für Umwelt, Naturschutz und Reaktorsicherheit,
2. in Planfeststellungsverfahren, die von Behörden des Bundes durchgeführt werden, soweit es sich um Vorhaben handelt, die mit Eingriffen in Natur und Landschaft verbunden sind und der Verein einen Tätigkeitsbereich hat, der das Gebiet der Länder umfasst, auf die sich das Verfahren bezieht,
3. bei Plangenehmigungen, die von Behörden des Bundes erlassen werden, die an die Stelle einer Planfeststellung im Sinne der Nummer 2 treten und für die eine Öffentlichkeitsbeteiligung vorgesehen ist, soweit er durch das Vorhaben in seinem satzungsgemäßen Aufgabenbereich berührt wird.

447 | Sind Verstöße gegen das Naturschutzrecht Straftaten?

In den meisten Fällen sind es nur Ordnungswidrigkeiten (Bußgeld bis zu 50 000 Euro). Einige erschwerte Tatbestände (gewerbs- oder gewohnheitsmäßig; gegen vom Aussterben bedrohte Arten) sind Straftaten (Freiheitsstrafe bis zu 5 Jahren oder Geldstrafe).

Waffengesetz (WaffG) und Allgemeine Waffengesetz Verordnung (AWaffV)

Waffenrecht

Im Jahr 2003 trat ein neues Waffengesetz (WaffG) sowie die Allgemeine Waffengesetz-Verordnung (AWaffV) in Kraft. Das Waffengesetz wurde bereits zweimal novelliert, zuletzt im Juli 2009.

Das Waffengesetz umfaßt den eigentlichen Gesetzestext, sowie zwei Anhänge (Anlage 1 Begriffsdefinitionen, Anlage 2 Waffenliste).

Die Verordnung präzisiert diverse Regelungen des Waffengesetzes. Der Rechtskreis Waffenrecht regelt den Umgang mit Waffen oder Munition unter Berücksichtigung der Belange der öffentlichen Sicherheit und Ordnung. Der Jäger hat zahlreiche Vorschriften daraus zu beachten. Verstöße gegen das Waffenrecht haben in der Regel den Entzug der waffenrechtlichen Erlaubnis (Waffenbesitzkarte) und damit u. U. des Jagdscheins zur Folge.

Wer mit Waffen oder Munition umgehen will, bedarf der Erlaubnis. Die Erlaubnis zum Erwerb und Besitz von Waffen wird durch die Ausstellung einer Waffenbesitzkarte (WBK) oder den Eintrag in eine bestehende Waffenbesitzkarte dokumentiert. Voraussetzungen für eine Erlaubnis sind, dass der Antragsteller das 18. Lebensjahr vollendet hat, die erforderliche Zuverlässigkeit und persönliche Eignung besitzt sowie die erforderliche Sachkunde und ein Bedürfnis nachgewiesen hat.

Wichtig: Die Behörde hat die Inhaber von waffenrechtlichen Erlaubnissen in regelmäßigen Abständen, mindestens jedoch nach Ablauf von drei Jahren erneut auf ihre Zuverlässigkeit und ihre persönliche Eignung sowie drei Jahre nach der ersten Erteilung der ersten waffenrechtlichen Erlaubnis das Fortbestehen des Bedürfnisses zu prüfen.

§ 1–3 Allgemeines, Definitionen

448 | Was regelt das Waffengesetz?

§ 1 (1) Dieses Gesetz regelt den Umgang mit Waffen oder Munition unter Berücksichtigung der Belange der öffentlichen Sicherheit und Ordnung.

449 | Was sind Waffen?

§ 1 (2) Waffen sind

1. Schusswaffen oder ihnen gleichgestellte Gegenstände und
2. tragbare Gegenstände,

a) die ihrem Wesen nach dazu bestimmt sind, die Angriffs- oder Abwehrfähigkeit von Menschen zu beseitigen oder herabzusetzen, insbesondere Hieb- und Stoßwaffen;

b) die, ohne dazu bestimmt zu sein, insbesondere wegen ihrer Beschaffenheit, Handhabung oder Wirkungsweise geeignet sind, die Angriffs- oder Abwehrfähigkeit von Menschen zu beseitigen oder herabzusetzen, und die in diesem Gesetz genannt sind.

450 | Wer hat »Umgang« mit Waffen und/oder Munition?

§ 1 (3) Umgang mit einer Waffe oder Munition hat, wer diese erwirbt, besitzt, überlässt, führt, verbringt, mitnimmt, damit schießt, herstellt, bearbeitet, instand setzt oder damit Handel treibt.

451 | Was sind Schusswaffen?
Geräte, bei denen Geschosse durch einen Lauf getrieben werden.

452 | Was sind wesentliche Teile einer Schusswaffe?
Der Lauf, der Verschluss, das Patronenlager. Bei Handfeuerwaffen mit nicht mehr als 60 cm Länge auch das Griffstück und sonstige Waffenteile, soweit sie für die Aufnahme des Auslösemechanismus bestimmt sind.

453 | Was ist ein Schalldämpfer im Sinne des WaffG?
Eine Vorrichtung, die den Mündungsknall dämpfen soll.

454 | Was ist Munition im Sinne des WaffG?
1. Patronenmunition zum Verschießen aus Schusswaffen, bestehend aus Hülse mit Ladung und Geschoss oder ein Geschoss mit Eigenantrieb.
2. Kartuschenmunition (Hülsen mit Ladung, aber ohne Geschoss)
3. pyrotechnische Munition (Munition, deren Geschosse einen explosionsgefährlichen Stoff enthalten, der Licht-, Schall-, Rauch- oder einen ähnlichen Effekt erzeugen soll.

§ 2 Grundsätze des Umgangs mit Waffen oder Munition, Waffenliste

455 | Wem ist der Umgang mit Waffen und Munition gestattet?
§ 2 (1) Der Umgang mit Waffen oder Munition ist nur Personen gestattet, die das 18. Lebensjahr vollendet haben.

§ 4 Voraussetzung für die Erlaubnis

456 | Welche persönlichen Voraussetzungen müssen zur Erteilung einer waffenrechtlichen Erlaubnis erfüllt sein?
§ 4 (1) Eine Erlaubnis setzt voraus, dass der Antragsteller
1. das 18. Lebensjahr vollendet hat,
2. die erforderliche Zuverlässigkeit und persönliche Eignung besitzt,
3. die erforderliche Sachkunde nachgewiesen hat,
4. ein Bedürfnis nachgewiesen hat,

§ 5 Zuverlässigkeit

457 | Wer besitzt die erforderliche Zuverlässigkeit nicht?
§ 5 (1) Die erforderliche Zuverlässigkeit besitzen Personen nicht
1. die rechtskräftig verurteilt worden sind
a) wegen eines Verbrechens oder
b) wegen sonstiger Straftaten zu einer Freiheitsstrafe von mindestens einem Jahr, wenn seit Eintritt der Rechtskraft der letzten Verurteilung zehn Jahre noch nicht verstrichen sind,
2. bei denen Tatsachen die Annahme rechtfertigen, dass sie
a) Waffen und Munition missbräuchlich und leichtfertig verwenden werden,
b) mit Waffen und Munition nicht vorsichtig oder sachgemäß umgehen oder diese Gegenstände nicht sorgfältig verwahren werden,
c) Waffen oder Munition Personen überlassen werden, die zur Ausübung der tatsächlichen Gewalt über diese Gegenstände nicht berechtigt sind.

458 | Wer besitzt die erforderliche Zuverlässigkeit ebenfalls nicht?
§ 5 (2) Die erforderliche Zuverlässigkeit besitzen in der Regel Personen nicht, die

a) Personen die wegen einer vorsätzlichen Straftat,
b) wegen einer fahrlässigen Straftat im Zusammenhang mit dem Umgang mit Waffen, Munition oder Sprengstoff oder wegen einer fahrlässigen gemeingefährlichen Straftat,
c) wegen einer Straftat nach dem Waffengesetz, dem Gesetz über die Kontrolle von Kriegswaffen, dem Sprengstoffgesetz oder dem Bundesjagdgesetz
zu einer Freiheitsstrafe, Jugendstrafe, Geldstrafe von mindestens 60 Tagessätzen oder mindestens zweimal zu einer geringeren Geldstrafe rechtskräftig verurteilt worden sind

§ 6 Persönliche Eignung

459 I Wer besitzt die persönliche Eignung nicht?

§ 6 (1) Die erforderliche persönliche Eignung besitzen Personen nicht, bei denen Tatsachen die Annahme rechtfertigen, dass sie
1. geschäftsunfähig sind,
2. abhängig von Alkohol oder anderen berauschenden Mitteln, psychisch krank oder debil sind oder
3. auf Grund in der Person liegender Umstände mit Waffen oder Munition nicht vorsichtig oder sachgemäß umgehen oder diese Gegenstände nicht sorgfältig verwahren können oder dass die konkrete Gefahr einer Fremd- oder Selbstgefährdung besteht.

460 I Können Inhaber eines Jugendjagdscheins eine Waffenbesitzkarte erhalten?

Nein, ihnen wird eine waffenrechtliche Erlaubnis nicht erteilt. Sie dürfen Schusswaffen und die dafür bestimmte Munition nur für die Dauer der Ausübung der Jagd (oder zum jagdlichen Trainingsschießen) führen und damit schießen.

§ 7 Sachkunde

461 I Welcher Sachkundenachweis wird dem Jäger beim Antrag auf Erteilung einer Waffenbesitzkarte anerkannt?

§ 7 (1) Den Nachweis der Sachkunde hat erbracht, wer eine Prüfung vor der dafür bestimmten Stelle bestanden hat oder seine Sachkunde durch eine Tätigkeit oder Ausbildung nachweist.

§ 8 Persönliches Bedürfnis

462 I Muss der Jäger ein besonderes Bedürfnis für den Erwerb von Kurzwaffen nachweisen?

Der gültige Jahresjagdschein gilt als Bedürfnisnachweis für höchstens 2 Kurzwaffen. Für weitere Kurzwaffen muss ein besonderes Bedürfnis nachgewiesen werden.

463 I Wie viele Feuerwaffen darf der Jäger erwerben?

Jäger können Langwaffen und zwei Kurzwaffen gegen Vorlage des Jagdscheines frei erwerben, müssen deren Erwerb aber innerhalb zwei Wochen der zuständigen Behörde melden.

464 I Welche Behörde ist für die Erteilung von Waffenbesitzkarten zuständig?

Die unteren Verwaltungsbehörden (Landratsämter, Stadtverwaltungen).

465 I Wie ist der Erweb von Munition geregelt?

§ 10 (3) Die Erlaubnis zum Erwerb und Besitz von Munition wird durch Eintragung in eine Waffenbesitzkarte für die darin eingetragenen Schusswaffen erteilt. In den übrigen Fällen wird die Erlaubnis durch einen Munitionserwerbsschein für eine bestimmte Munitionsart erteilt; sie ist für den Erwerb der Munition auf die Dauer von sechs Jahren zu befristen und gilt für den Besitz der Munition unbefristet.

466 | Kann der Jäger auch Munition erwerben, die sich aus seinen eingetragenen Waffen nicht verschießen lässt?

Munition für Langwaffen ja; Munition, die sich nur aus Kurzwaffen verschießen lässt, nein. Hierfür muss die Waffenbesitzkarte mit eingetragener Munitionsberechtigung vorgelegt werden.

467 | Wer braucht keine Waffenbesitzkarte, wenn er (vorübergehend) Waffen in Besitz nimmt?

Es braucht derjenige keine waffenrechtliche Erlaubnis, der eine Waffe vorübergehend zum gewerbsmäßigen Transport, zu gewerbsmäßiger Aufbewahrung oder zur gewerbsmäßigen Ausführung von Verschönerungen oder ähnlichen Arbeiten an der Waffe erwirbt.

468 | Berechtigt die Waffenbesitzkarte zum Führen von Waffen?

Nein, die WBK dient nur als Erwerbsberechtigung und Besitznachweis. Zum Führen von Waffen ist eine besondere Erlaubnis erforderlich.

469 | Wann braucht auch der Jäger einen Waffenschein?

Wenn er seine Waffe (etwa einen Revolver zum Selbstschutz) auch außerhalb der befugten Jagdausübung und außerhalb seiner Wohn- oder Geschäftsräume führen will.

470 | Wer bedarf keiner Erlaubnis zum Erwerb und Besitz von Munition?

§ 12 (2) Einer Erlaubnis zum Erwerb und Besitz von Munition bedarf nicht, wer diese

1. unter den Voraussetzungen des Absatzes 1 Nr. 1 bis 4 erwirbt;
2. unter den Voraussetzungen des Absatzes 1 Nr. 5 zum sofortigen Verbrauch lediglich auf dieser Schießstätte (§ 27) erwirbt;
3. auf einer Reise in den oder durch den Geltungsbereich des Gesetzes nach § 32 berechtigt mit nimmt.

471 | Wann bedarf es keiner Erlaubnis zum Führen von Waffen?

§ 12 (3) Einer Erlaubnis zum Führen von Waffen bedarf nicht, wer

1. diese mit Zustimmung eines anderen in dessen Wohnung, Geschäftsräumen oder befriedetem Besitztum oder dessen Schießstätte zu einem von seinem Bedürfnis umfassten Zweck oder im Zusammenhang damit führt;
2. diese nicht schussbereit und nicht zugriffsbereit von einem Ort zu einem anderen Ort befördert, sofern der Transport der Waffe zu einem von seinem Bedürfnis umfassten Zweck oder im Zusammenhang damit erfolgt;
3. eine Langwaffe nicht schussbereit den Regeln entsprechend als Teilnehmer an genehmigten Sportwettkämpfen auf festgelegten Wegstrecken führt;
4. eine Signalwaffe beim Bergsteigen, als verantwortlicher Führer eines Wasserfahrzeugs auf diesem Fahrzeug oder bei Not- und Rettungsübungen führt;
5. eine Schreckschuss- oder eine Signalwaffe zur Abgabe von Start- oder Beendigungszeichen bei Sportveranstaltungen führt, wenn optische oder akustische Signalgebung erforderlich ist.

472 | Ist das Schießen auf Schießständen erlaubnispflichtig?

§ 12 (4) Einer Erlaubnis zum Schießen mit einer Schusswaffe bedarf nicht, wer auf einer Schießstätte (§ 27) schießt. Das

Schießen außerhalb von Schießstätten ist darüber hinaus ohne Schießerlaubnis nur zulässig
1. durch den Inhaber des Hausrechts oder mit dessen Zustimmung im befriedeten Besitztum
a) mit Schusswaffen, deren Geschossen eine Bewegungsenergie von nicht mehr als 7,5 Joule (J) erteilt wird oder deren Bauart nach § 7 des Beschussgesetzes zugelassen ist, sofern die Geschosse das Besitztum nicht verlassen können,
b) mit Schusswaffen, aus denen nur Kartuschenmunition verschossen werden kann,
2. durch Personen, die den Regeln entsprechend als Teilnehmer an genehmigten Sportwettkämpfen nach Absatz 3 Nr. 3 mit einer Langwaffe an Schießständen schießen,
3. mit Schusswaffen, aus denen nur Kartuschenmunition verschossen werden kann,
a) durch Mitwirkende an Theateraufführungen und diesen gleich zu achtenden Vorführungen,
b) zum Vertreiben von Vögeln in landwirtschaftlichen Betrieben,
4. mit Signalwaffen bei Not- und Rettungsübungen,
5. mit Schreckschuss- oder mit Signalwaffen zur Abgabe von Start- oder Beendigungszeichen im Auftrag der Veranstalter bei Sportveranstaltungen, wenn optische oder akustische Signalgebung erforderlich ist.

§ 13 Erwerb und Besitz von Schusswaffen und Munition durch Jäger, Führen und Schießen zu Jagdzwecken

473 | Bei welchen Personen wird ein Bedürfnis anerkannt?

§ 13 (1) Ein Bedürfnis für den Erwerb und Besitz von Schusswaffen und der dafür bestimmten Munition wird bei Personen anerkannt, die Inhaber eines gültigen Jagdscheines im Sinne von § 15 Abs. 1 Satz 1 des Bundesjagdgesetzes sind (Jäger), wenn
1. glaubhaft gemacht wird, dass sie die Schusswaffen und die Munition zur Jagdausübung oder zum Training im jagdlichen Schießen einschließlich jagdlicher Schießwettkämpfe benötigen,
2. die zu erwerbende Schusswaffe und Munition nach dem Bundesjagdgesetz in der zum Zeitpunkt des Erwerbs geltenden Fassung nicht verboten ist (Jagdwaffen und -munition).
(2) Für Jäger gilt § 6 Abs. 3 Satz 1 nicht. Bei Jägern, die Inhaber eines Jahresjagdscheines im Sinne von § 15 Abs. 2 in Verbindung mit Abs. 1 Satz 1 des Bundesjagdgesetzes sind, erfolgt keine Prüfung der Voraussetzungen des Absatzes 1 Nr. 1 sowie des § 4 Abs. 1 Nr. 4 für den Erwerb und Besitz von Langwaffen und zwei Kurzwaffen, sofern die Voraussetzungen des Absatzes 1 Nr. 2 vorliegen.
(3) Inhaber eines gültigen Jahresjagdscheines im Sinne des § 15 Abs. 2 in Verbindung mit Abs. 1 Satz 1 des Bundesjagdgesetzes bedürfen zum Erwerb von Langwaffen nach Absatz 1 Nr. 2 keiner Erlaubnis. Die Ausstellung der Waffenbesitzkarte oder die Eintragung in eine bereits erteilte Waffenbesitzkarte ist binnen zwei Wochen durch den Erwerber zu beantragen.
(4) Für den Erwerb und vorübergehenden Besitz gemäß § 12 Abs. 1 Nr. 1 von Langwaffen nach Absatz 1 Nr. 2 steht ein Jagdschein im Sinne von § 15 Abs. 1 Satz 1 des Bundesjagdgesetzes einer Waffenbesitzkarte gleich.
(5) Jäger bedürfen für den Erwerb und Besitz von Munition für Langwaffen nach Absatz 1 Nr. 2 keiner Erlaubnis, sofern sie nicht nach dem Bundesjagdgesetz in der jeweiligen Fassung verboten ist.

(6) Ein Jäger darf Jagdwaffen zur befugten Jagdausübung einschließlich des Ein- und Anschießens im Revier, zur Ausbildung von Jagdhunden im Revier, zum Jagdschutz oder zum Forstschutz ohne Erlaubnis führen und mit ihnen schießen; er darf auch im Zusammenhang mit diesen Tätigkeiten die Jagdwaffen nicht schussbereit ohne Erlaubnis führen. Der befugten Jagdausübung gleichgestellt ist der Abschuss von Tieren, die dem Naturschutzrecht unterliegen, wenn die naturschutzrechtliche Ausnahme oder Befreiung die Tötung durch einen Jagdscheininhaber vorsieht.
(7) Inhabern eines Jugendjagdscheines im Sinne von § 16 des Bundesjagdgesetzes wird eine Erlaubnis zum Erwerb und Besitz von Schusswaffen und der dafür bestimmten Munition nicht erteilt. Sie dürfen Schusswaffen und die dafür bestimmte Munition nur für die Dauer der Ausübung der Jagd oder des Trainings im jagdlichen Schießen einschließlich jagdlicher Schießwettkämpfe ohne Erlaubnis erwerben, besitzen, die Schusswaffen führen und damit schießen; sie dürfen auch im Zusammenhang mit diesen Tätigkeiten die Jagdwaffen nicht schussbereit ohne Erlaubnis führen.
(8) Personen in der Ausbildung zum Jäger dürfen nicht schussbereite Jagdwaffen in der Ausbildung ohne Erlaubnis unter Aufsicht eines Ausbilders erwerben, besitzen und führen, wenn sie das 14. Lebensjahr vollendet haben und der Sorgeberechtigte und der Ausbildungsleiter ihr Einverständnis in einer von beiden unterzeichneten Berechtigungsbescheinigung erklärt haben. Die Person hat in der Ausbildung die Berechtigungsbescheinigung mit sich zu führen.

474 | Welches Dokument muss der Jäger dem Waffenhändler beim Erwerb von normalen Jagdgewehren vorlegen?
Nur den gültigen Jagdschein.

475 | Was gilt für das Verbringen der Waffe ins Revier?
Die Waffe darf auf dem direkten Weg ins und vom Revier zugriffsbereit – aber nicht schussbereit – mitgenommen werden.

476 | Was versteht man unter befugter Jagdausübung?
Dieser Begriff schließt auch das An- und Einschießen der Waffe im Revier und die Ausbildung von Jagdhunden ein sowie den Jagdschutz (und wenn berechtigt) den Forstschutz ein.

477 | Was muss der Jäger tun, wenn er ein neues Gewehr erworben hat?
Er muss es innerhalb von 2 Wochen der Behörde zwecks Eintragung in die Waffenbesitzkarte melden.

478 | Was muss der Jäger tun, wenn er eine Kurzwaffe erwerben möchte?
Dazu muss er vorher zur Behörde gehen und eine Erwerbsberechtigung in die Waffenbesitzkarte eintragen lassen.

479 | Was muss der Jäger tun, wenn er aufgrund der Erwerbsberechtigung eine Kurzwaffe erworben hat?
Er muss innerhalb von 2 Wochen den Erwerb der Behörde melden und in die Waffenbesitzkarte eintragen lassen.

480 | Benötigt der Jäger zum Führen seiner Jagdwaffe bei befugter Jagdausübung eine Bewilligung?
Nein: Ein Jäger darf Jagdwaffen zur befugten Jagdausübung einschließlich des Ein- und Anschießens im Revier, zur Ausbildung von Jagdhunden im Revier, zum Jagdschutz oder zum Forstschutz ohne

Erlaubnis führen und mit ihnen schießen; er darf auch im Zusammenhang mit diesen Tätigkeiten die Jagdwaffen nicht schussbereit ohne Erlaubnis führen.

481 | Darf der Inhaber eines Jugendjagdscheines Schusswaffen und zugehörige Munition erwerben?
Inhabern eines Jugendjagdscheines wird eine Erlaubnis zum Erwerb und Besitz von Schusswaffen und der dafür bestimmten Munition nicht erteilt. Sie dürfen Schusswaffen und die dafür bestimmte Munition nur für die Dauer der Ausübung der Jagd oder des Trainings im jagdlichen Schießen einschließlich jagdlicher Schießwettkämpfe ohne Erlaubnis erwerben, besitzen, die Schusswaffen führen und damit schießen; sie dürfen auch im Zusammenhang mit diesen Tätigkeiten die Jagdwaffen nicht schussbereit ohne Erlaubnis führen.

482 | Darf der Jäger unbeschränkt Munition für Kurzwaffen erwerben?
Nein, er darf nur Munition erwerben, die zu seinen eigenen Kurzwaffen passt. Die Erwerbsberechtigung muss auf der Waffenbesitzkarte eingetragen sein. (Der Jagdschein allein genügt nicht).

483 | Darf der Jäger unbeschränkt Munition für Jagdgewehre erwerben?
Ja; auch dafür genügt der gültige Jagdschein als Erwerbsberechtigung.

484 | Muss ein Einstecklauf im Kaliber .22 lfB in eine Waffenbesitzkarte eingetragen werden?
Nein, sofern er für eine Schusswaffe bestimmt ist, die bereits in der WBK des Erwerbers eingetragen ist.

485 | Darf der Jäger eine erworbene Waffe führen, bevor sie in der Waffenbesitzkarte eingetragen ist?
Ja, innerhalb der Frist, die für die Eintragung vorgeschrieben ist (bei neu erworbenen Langwaffen 2 Wochen, bei Kurzwaffen 2 Wochen, bei Besitzwechsel 2 Wochen). Dabei muss ein Nachweis mitgeführt werden, dass die Anmeldefrist für diese Waffe noch nicht verstrichen ist (z.B. Rechnung des Waffenhändlers).

486 | Was ist unter dem Führen von Waffen zu verstehen?
Die Ausübung der tatsächlichen Gewalt (Besitz, Mitsichführen) außerhalb der eigenen Wohnung, Geschäftsräume oder des eigenen befriedeten Besitztums. (Auch wenn die Waffe nicht geladen ist.)

487 | Welche Erlaubnis benötigt der Jäger zum Führen von Waffen?
Im Rahmen der befugten Jagdausübung (einschließlich des Ein- und Anschießens im Revier, der Jagdhundeausbildung sowie des Jagd- und Forstschutzes) und im Zusammenhang mit diesen Tätigkeiten genügt der gültige Jagdschein.

488 | Welche Ausweise muss der Jäger bei sich haben, wenn er Schusswaffen führt?
Den gültigen Jagdschein, als Jagdgast auch den Jagderlaubnisschein des Revierinhabers, sowie die Waffenbesitzkarte und den Personalausweis (oder Pass).

489 | Genügt der gültige Jagdschein, um Waffen auch außerhalb der Jagdausübung führen zu dürfen?
Nein. Wenn der Jäger auch außerhalb der Jagdausübung eine Waffe führen möchte (z.B. Kurzwaffe zur Selbstverteidigung), braucht er wie jeder andere Bürger einen Waffenschein.

490 | Wo dürfen Waffen ohne besondere Erlaubnis (Waffenschein, Jagdschein) geführt werden?

In der Wohnung, den Geschäftsräumen oder dem befriedeten Besitztum eines Dritten, wenn dessen Zustimmung dazu vorliegt sowie in zugelassenen Schießstätten.

491 | Was unterscheidet »Führen« und »Transportieren« von Waffen?
Beim Führen ist die Waffe zugriffsbereit. Beim Transportieren (z.B. zum Schießstand oder Büchsenmacher) muss die Waffe nicht schussbereit (ungeladen) und nicht zugriffsbereit (z.B. in einem verschlossenen Waffenfutteral verpackt) sein.

492 | Ein Jäger hat seine Repetierbüchse auf dem Rücksitz seines Autos liegen. Wann ist ihm das erlaubt?
Nur innerhalb des Reviers, in dem er jagen darf (»befugte Jagdausübung«) sowie auf dem unmittelbaren Hin- und Rückweg ins Revier. Die Waffe darf nicht geladen (auch nicht »unterladen«) sein.

493 | Ist das erlaubte Führen einer Waffe zugleich auch eine Schießerlaubnis?
Nicht ohne weiteres. Das erlaubte Führen ist zwar die Voraussetzung für den Waffengebrauch, doch ist das Schießen selbst an weitere Bedingungen gebunden.

494 | Unter welchen Bedingungen ist dem Jäger das Schießen erlaubt?
Im Rahmen der befugten Jagdausübung (einschließlich des Ein- und Anschießens und zur Jagdhundeausbildung im Revier), beim Jagd- und Forstschutz sowie (wie jedermann) im Fall der Notwehr.

495 | Darf der Jäger in seinem Revier entlaufene Haustiere (z.B. Rind, Schaf) auf Verlangen des Eigentümers schießen?
Nein, hier liegt weder Jagdausübung noch Jagdschutz vor; es wäre eine behördliche Schießerlaubnis erforderlich.

§ 20 Erwerb und Besitz von Schusswaffen durch Erwerber infolge eines Erbfalles

496 | Welche Bestimmungen gelten im Erbfalle?
§ 20 Der Erbe hat binnen eines Monats nach der Annahme der Erbschaft oder dem Ablauf der für die Ausschlagung der Erbschaft vorgeschriebenen Frist die Ausstellung einer Waffenbesitzkarte für die zum Nachlass gehörenden erlaubnispflichtigen Schusswaffen oder ihre Eintragung in eine bereits ausgestellte Waffenbesitzkarte zu beantragen; für den Vermächtnisnehmer oder durch Auflage Begünstigten beginnt diese Frist mit dem Erwerb der Schusswaffen. Dem Erwerber infolge eines Erbfalls ist die gemäß Satz 1 beantragte Erlaubnis abweichend von § 4 Abs. 1 zu erteilen, wenn der Erblasser berechtigter Besitzer war und der Antragsteller zuverlässig und persönlich geeignet ist.

497 | Sie haben eine Jagdwaffe geerbt. Innerhalb welchen Zeitraums müssen Sie diese anmelden?
Ich muss innerhalb eines Monats eine WBK beantragen oder die Waffe in eine bereits vorhandene WBK eintragen lassen.

498 | Ab wann wird diese vierwöchige Frist gerechnet?
Für den Vermächtnisnehmer oder durch Auflage Begünstigten beginnt diese Frist mit dem Erwerb der Schusswaffen.

499 | Sie erben eine Flinte, die der Erblasser nicht angemeldet hatte. Dürfen Sie diese behalten?
Nur wenn ich selbst Zuverlässigkeit und Bedürfnis nachweisen kann.

§ 26 Nichtgewerbsmäßige Waffenherstellung

500 I Dürfen Sie sich ihre Flinte selbst schäften?

§ 26 (1) Die Erlaubnis zur nichtgewerbsmäßigen Herstellung, Bearbeitung oder Instandsetzung von Schusswaffen wird durch einen Erlaubnisschein erteilt. Sie schließt den Erwerb von zu diesen Tätigkeiten benötigten wesentlichen Teilen von Schusswaffen sowie den Besitz dieser Gegenstände ein.

§ 27 Schießstätten, Schießen durch Minderjährige auf Schießstätten

501 I Wo darf ohne besondere Erlaubnis geschossen werden?

Nur in zugelassenen Schießstätten.

502 I Wie alt muss ihr Kind sein, damit es auf dem Schießstand mit ihrer Flinte schießen darf?

§ 27 (3) Unter Obhut des zur Aufsichtsführung berechtigten Sorgeberechtigten oder verantwortlicher und zur Kinder- und Jugendarbeit für das Schießen geeigneten Aufsichtsperson darf
1. Kindern, die das zwölfte Lebensjahr vollendet haben und noch nicht 14 Jahre alt sind, das Schießen in Schießstätten mit Druckluft-, Federdruckwaffen und Waffen, bei denen zum Antrieb der Geschosse kalte Treibgase verwendet werden erlaubt.

503 I Ihr Sohn ist 15 Jahre alt und will sich auf die Jägerprüfung vorbereiten. Darf er auch ohne ihre Begleitung auf dem Schießstand üben?

§ 27 (3) Fortsetzung: Jugendlichen, die das 14. Lebensjahr vollendet haben und noch nicht 18 Jahre alt sind, ist auch das Schießen mit sonstigen Schusswaffen bis zu einem Kaliber von 5,6 mm lfB (l.r.) für Munition mit Randfeuerzündung, wenn die Mündungsenergie höchstens 200 Joule (J) beträgt, und mit Einzellader-Langwaffen mit glatten Läufen mit Kaliber 12 oder kleiner gestattet, wenn der Sorgeberechtigte schriftlich sein Einverständnis erklärt hat oder beim Schießen anwesend ist. Die verantwortlichen Aufsichtspersonen haben die schriftlichen Einverständniserklärungen der Sorgeberechtigten vor der Aufnahme des Schießens entgegenzunehmen und während des Schießens aufzubewahren.

504 I Ihr 14jähriger Sohn bereitet sich auf die Jägerprüfung vor. Darf er auf dem Schießstand mit einer Waffe der Kreisgruppe schießen?

§ 27 (5) Personen in der Ausbildung zum Jäger dürfen in der Ausbildung ohne Erlaubnis mit Jagdwaffen schießen, wenn sie das 14. Lebensjahr vollendet haben und der Sorgeberechtigte und der Ausbildungsleiter ihr Einverständnis in einer von beiden unterzeichneten Berechtigungsbescheinigung erklärt haben. Die Person hat in der Ausbildung die Berechtigungsbescheinigung mit sich zu führen.

505 I Darf ihr 15jähriger Sohn unter ihrer Aufsicht im Revier auf Scheiben schießen?

Nein, auf keinen Fall!

§ 29 Verbringen von Waffen und Munition in den Geltungsbereich des Gesetzes

506 I Dürfen Schusswaffen und Munition in den Geltungsbereich dieses Gesetzes gebracht werden?

§ 29 (1) Die Erlaubnis zum Verbringen von Schusswaffen oder Munition nach Anlage 1 Abschnitt 3 (Kategorien A 1.2

bis D) und sonstiger Waffen oder Munition, deren Erwerb und Besitz der Erlaubnis bedürfen, in den Geltungsbereich des Gesetzes kann erteilt werden, wenn
1. der Empfänger zum Erwerb oder Besitz dieser Waffen oder Munition berechtigt ist und
2. der sichere Transport durch einen zum Erwerb oder Besitz dieser Waffen oder Munition Berechtigten gewährleistet ist.
(2) Sollen Schusswaffen oder Munition nach Anlage 1 Abschnitt 3 (Kategorien A 1.2 bis D) aus einem anderen Mitgliedstaat der Europäischen Union (Mitgliedstaat) in den Geltungsbereich des Gesetzes verbracht werden, wird die Erlaubnis nach Absatz 1 als Zustimmung zu der Erlaubnis des anderen Mitgliedstaates für das betreffende Verbringen erteilt.

507 | Sie laden einen Freund aus Österreich zur Jagd ein. Darf er mit seiner Waffe in die Bundesrepublik einreisen?
Ja, er muss seinen EU-Feuerwaffenpass und die Jagdeinladung mitführen.

§ 32/§ 32a Mitnahme von Waffen und Munition in den, durch den oder aus dem Geltungsbereich des Gesetzes in andere Mitgliedstaaten/Drittstaaten, Europäischer Feuerwaffenpass

508 | Was müssen Sie bei der Mitnahme von Waffen und Munition ins/aus dem Ausland beachten?
§ 32 (1) Die Erlaubnis der Mitnahme von Schusswaffen oder Munition nach Anlage 1 Abschnitt 3 (Kategorien A 1.2 bis D), deren Erwerb und Besitz der Erlaubnis bedürfen, aus anderen Mitgliedstaaten in den oder durch den Geltungsbereich des Gesetzes kann erteilt werden, wenn die Voraussetzungen des § 4 Abs. 1 Nr. 1 bis 4 vorliegen.
(3) Einer Erlaubnis nach Abs. 1 bedarf es unter den Voraussetzungen des Abs. 2 (Inhaber eines Europäischen Feuerwaffenpasses und Eintrag der Waffen darin) nicht für Jäger, die bis zu drei Langwaffen nach Anlage 1 Abschnitt 3 der Kategorie C und D und die dafür bestimmte Munition im Sinne des § 13 Abs. 1 Nr. 2 Abs. 5 zum Zweck der Jagd mitnehmen, sofern sie den Grund der Mitnahme nachweisen können.
§ 32a (1) Die Erlaubnis zur Mitnahme von Schusswaffen oder Munition ... in den, durch den oder aus dem Geltungsbereich des Gesetzes in Drittstaaten kann erteilt werden, wenn eine vorherige Zustimmung des Empfängerstaates ... vorliegt und der sichere Transport gewährleistet ist.
(3) Einer Erlaubnis nach Abs. 1 bedarf es nicht für Jäger, die Inhaber eines gültigen Jagdscheines oder, bei Drittstaatenangehörigen, eines gültigen Ausländerjagdscheines sind und die bis zu drei Langwaffen nach Anlage 1 Abschnitt 3 der Kategorie C und D und die dafür bestimmte Munition im Sinne des § 13 Abs. 1 Nr. 2 Abs. 5 zum Zweck der Jagd mitnehmen, sofern sie den Grund der Mitnahme nachweisen können.

§ 33 Anmelde- und Nachweispflichten bei Verbringen oder Mitnahme von Waffen oder Munition in den oder durch den Geltungsbereich des Gesetzes aus Drittstaaten oder aus dem Geltungsbereich des Gesetzes in Drittstaaten

509 | Wer muss Waffen und Munition bei der Einreise anmelden?
§ 33 (1) Waffen oder Munition im Sinne des § 29 Abs. 1 hat derjenige, der sie aus einem Drittstaat in den oder durch den

Geltungsbereich dieses Gesetzes verbringen oder mitnehmen will, bei der nach Absatz 3 zuständigen Überwachungsbehörde beim Verbringen oder bei der Mitnahme anzumelden und auf Verlangen vorzuführen und die Berechtigung zum Verbringen oder zur Mitnahme nachzuweisen. Auf Verlangen sind diese Nachweise den Überwachungsbehörden zur Prüfung auszuhändigen.

§ 34 Überlassen von Waffen und Munition, Prüfung der Erwerbsberechtigung, Anzeigepflicht

510 | Wem dürfen Sie Waffen und Munition überlassen?

§ 34 (1) Waffen oder Munition dürfen nur berechtigten Personen überlassen werden. Die Berechtigung muss offensichtlich sein oder nachgewiesen werden. Werden sie zur gewerbsmäßigen Beförderung überlassen, müssen die ordnungsgemäße Beförderung sichergestellt und Vorkehrungen gegen ein Abhandenkommen getroffen sein.

511 | Darf ihnen der Büchsenmacher Patronen »offen« verkaufen?

§ 34 (1) Fortsetzung: Munition darf gewerbsmäßig nur in verschlossenen Packungen überlassen werden; dies gilt nicht im Fall des Überlassens auf Schießstätten gemäß § 12 Abs. 2 Nr. 2 oder soweit einzelne Stücke von Munitionssammlern erworben werden.

512 | Darf der Jäger Schusswaffen an einen anderen Jäger ausleihen?

Das Ausleihen gilt als Besitzwechsel. Ist der Leihnehmer bereits Inhaber einer waffenrechtlichen Erlaubnis (WBK), dürfen Lang- und Kurzwaffen ausgeliehen werden. An Jagdscheininhaber, die noch keine waffenrechtliche Erlaubnis haben (dürfen), z. B. Jugendjagdscheininhaber, können nur Langwaffen ausgeliehen werden. Der Zeitraum ist auf höchstens einen Monat begrenzt! (Auch hier wird eine schriftliche Bestätigung benötigt, aus der das Datum der Waffenübergabe hervorgeht.)

513 | Dürfen Sie ihre Waffe von einem Botendienst zum Büchsenmacher bringen lassen?

Wer Waffen oder Munition einem anderen lediglich zur gewerbsmäßigen Beförderung (§ 12 Abs. 1 Nr. 2, Abs. 2 Nr. 1) an einen Dritten übergibt, überlässt sie dem Dritten.

514 | Sie erwerben von ihrem Büchsenmacher eine Flinte. Wer vermerkt den Erwerb in der Waffenbesitzkarte?

(2) Der Inhaber einer Erlaubnis nach § 21 Abs. 1 Satz 1, der einem anderen auf Grund einer Erlaubnis nach § 10 Abs. 1 oder einer gleichgestellten anderen Erlaubnis zum Erwerb und Besitz eine Schusswaffe überlässt, hat in die Waffenbesitzkarte unverzüglich Herstellerzeichen oder Marke und wenn gegeben die Herstellungsnummer der Waffe, ferner den Tag des Überlassens und die Bezeichnung und den Sitz des Betriebs dauerhaft einzutragen und das Überlassen binnen zwei Wochen der zuständigen Behörde schriftlich anzuzeigen.

515 | Sie erwerben eine Flinte. Wer vermerkt den Erwerb in der Waffenbesitzkarte?

Überlässt sonst jemand einem anderen eine Schusswaffe, zu deren Erwerb es einer Erlaubnis bedarf, so hat er dies binnen zwei Wochen der zuständigen Behörde schriftlich anzuzeigen und ihr, sofern ihm eine Waffenbesitzkarte oder ein Europäischer Feuerwaffenpass erteilt worden ist, diese zur Berichtigung vorzulegen; dies gilt nicht in den Fällen des § 12 Abs. 1.

§ 35 Werbung, Hinweispflichten, Handelsverbote

516 | Sie wollen in ihrer Tageszeitung ihre Flinte zum Verkauf anbieten. Welchen Hinweis muss die Verkaufsanzeige enthalten?

§ 35 (1) Wer Waffen oder Munition zum Kauf oder Tausch in Anzeigen oder Werbeschriften anbietet, hat bei den nachstehenden Waffenarten auf das Erfordernis der Erwerbsberechtigung jeweils wie folgt hinzuweisen:
1. bei erlaubnispflichtigen Schusswaffen und erlaubnispflichtiger Munition: Abgabe nur an Inhaber einer Erwerbserlaubnis,
2. bei nicht erlaubnispflichtigen Schusswaffen und nicht erlaubnispflichtiger Munition sowie sonstigen Waffen: Abgabe nur an Personen mit vollendetem 18. Lebensjahr,

517 | Sie bieten eine verbotene Waffe an, für die Sie jedoch eine Erlaubnis haben. Welcher Hinweis muss in die Verkaufsanzeige?

Verbotene Waffen dürfen nur mit folgendem Hinweis angeboten werden: »Abgabe nur an Inhaber einer Ausnahmegenehmigung«.

518 | Dürfen Sie Waffen oder Munition unter einer Chiffrenummer oder nur mit Telefonangabe zum Verkauf anbieten?

Ja, allerdings muss die Anzeige die von ihm je nach Waffenart mitzuteilenden Hinweise (siehe 516) enthalten.

519 | Sie wollen ihre alte Hahnflinte auf dem Flohmarkt anbieten. Dürfen Sie das?

§ 35 (3) Der Vertrieb und das Überlassen von Schusswaffen, Munition, Hieb- oder Stoßwaffen ist verboten:
1. im Reisegewerbe, ausgenommen in den Fällen des § 55b Abs. 1 der Gewerbeordnung,
2. auf festgesetzten Veranstaltungen im Sinne des Titels IV der Gewerbeordnung (Messen, Ausstellungen, Märkte), ausgenommen die Entgegennahme von Bestellungen auf Messen und Ausstellungen.

§ 36 Aufbewahrung von Waffen und Munition

520 | Welche Bestimmungen gelten für die Aufbewahrung von Waffen und Munition?

§ 36 (1) Wer Waffen oder Munition besitzt, hat die erforderlichen Vorkehrungen zu treffen, um zu verhindern, dass diese Gegenstände abhanden kommen oder Dritte sie unbefugt an sich nehmen. Schusswaffen dürfen nur getrennt von Munition aufbewahrt werden, sofern nicht die Aufbewahrung in einem Sicherheitsbehältnis erfolgt, das mindestens der Norm DIN/EN 1143-1 Widerstandsgrad 0 (Stand Mai 1997)[1)] oder einer Norm mit gleichem Schutzniveau eines anderen Mitgliedstaates des Übereinkommens über den Europäischen Wirtschaftsraum (EWR-Mitgliedstaat) entspricht.

521 | Welche Sicherheitsstufe muss Ihr Waffenschrank haben?

§ 36 (2) Schusswaffen, deren Erwerb nicht von der Erlaubnispflicht freigestellt ist, und verbotene Waffen sind mindestens in einem der Norm DIN/EN 1143-1 Widerstandsgrad 0 (Stand Mai 1997) entsprechenden oder gleichwertigen Behältnis aufzubewahren; als gleichwertig gilt insbesondere ein Behältnis der Sicherheitsstufe B nach VDMA[2) 3)] 24992 (Stand Mai 1995). Für bis zu zehn Langwaffen gilt die sichere Aufbewahrung auch in einem Behältnis als gewährleistet, das der Sicherheitsstufe A nach VDMA 24992 (Stand Mai 1995) oder einer Norm mit gleichem

Schutzniveau eines anderen EWR-Mitgliedstaates entspricht. Vergleichbar gesicherte Räume sind als gleichwertig anzusehen. (siehe auch Waffenkunde)

522 | Ein Jäger ist in einem entfernten Revier zur Jagd eingeladen. Wie muss er seine Waffen im Auto verwahren?
Auf dem direkten Weg zur Jagdausübung darf die Waffe »geführt« werden. Sie muss allerdings »nicht schussbereit« (d.h. ungeladen) sein. Es empfiehlt sich jedoch, bei längeren Wegstrecken, die Waffe in einem Futteral zu verpacken.

523 | Ein Jäger fährt mit Jagdwaffen (Lang- und Kurzwaffe) zum Schießstand. Wie muss er seine Waffen im Auto verwahren?
Die Waffen dürfen nicht geführt, sondern nur transportiert werden. Sie müssen ungeladen und nicht zugriffsbereit in einem verschlossenen Behältnis verpackt sein.

524 | Müssen Sie eine Kontrolle ihrer Waffenaufbewahrung durch die Behörden zulassen?
§ 36 (3) Wer erlaubnispflichtige Schusswaffen, Munition oder verbotene Waffen besitzt oder die Erteilung einer Erlaubnis zum Besitz beantragt hat, hat der zuständigen Behörde die zur sicheren Aufbewahrung getroffenen oder vorgesehenen Maßnahmen nachzuweisen. Besitzer von erlaubnispflichtigen Schusswaffen, Munition oder verbotenen Waffen haben außerdem der Behörde zur Überprüfung der Pflichten aus den Absätzen 1 und 2 Zutritt zu den Räumen zu gestatten, in denen die Waffen und die Munition aufbewahrt werden. Wohnräume dürfen gegen den Willen des Inhabers nur zur Verhütung dringender Gefahren für die öffentliche Sicherheit betreten werden; das Grundrecht der Unverletzlichkeit der Wohnung (Artikel 13 des Grundgesetzes) wird insoweit eingeschränkt.

525 | Damit der Schlüssel ihres Waffentresors im Falle eines Einbruchs nicht gefunden wird, bewahrt ihn ihre Ehefrau in ihrer Handtasche auf, die sie stets bei sich trägt. Genügt das?
Nein, denn der Ehefrau darf der Aufbewahrungsort des Schlüssels nicht bekannt sein.

526 | Sie sind Jäger und Waffensammler. Kann ihnen die Behörde zusätzliche Auflagen für die Aufbewahrung ihrer Waffen machen?
§ 36 (6) Ist im Einzelfall, insbesondere wegen der Art und Zahl der aufzubewahrenden Waffen oder Munition oder wegen des Ortes der Aufbewahrung, ein höherer Sicherheitsstandard erforderlich, hat die zuständige Behörde die notwendigen Ergänzungen anzuordnen und zu deren Umsetzung eine angemessene Frist zu setzen.

527 | An welche Maßnahmen ist hier beispielsweise gedacht?
An den Einbau von gesicherten Zimmertüren oder Fenstergitter oder an Alarmanlagen.

§ 37 Anzeigepflicht

528 | Was müssen Sie tun, wenn Sie eine Waffe erben?
§ 37 (1) Wer Waffen oder Munition, deren Erwerb der Erlaubnis bedarf,
1. beim Tode eines Waffenbesitzers, als Finder oder in ähnlicher Weise,
2. als Insolvenzverwalter, Zwangsverwalter, Gerichtsvollzieher oder in ähnlicher Weise in Besitz nimmt, hat dies der zuständigen Behörde unverzüglich anzuzeigen. Die zuständige Behörde kann die Waffen

und die Munition sicherstellen oder anordnen, dass sie binnen angemessener Frist unbrauchbar gemacht oder einem Berechtigten überlassen werden und dies der zuständigen Behörde nachgewiesen wird. Nach fruchtlosem Ablauf der Frist kann die zuständige Behörde die Waffen oder Munition einziehen. Ein Erlös aus der Verwertung steht dem nach bürgerlichem Recht bisher Berechtigten zu.

529 | Was ist beim Besitzwechsel von Waffen (Verkauf, Schenkung) zu veranlassen?

Der Besitzwechsel muss innerhalb von 2 Wochen in die Waffenbesitzkarten der Beteiligten eingetragen werden. (Die Waffen dürfen nur an Berechtigte abgegeben werden.)

530 | Ihnen kommt eine Waffe abhanden. Was müssen Sie tun?

§ 37 (2) Sind jemandem Waffen oder Munition, deren Erwerb der Erlaubnis bedarf, oder Erlaubnisurkunden abhanden gekommen, so hat er dies der zuständigen Behörde unverzüglich anzuzeigen und, soweit noch vorhanden, die Waffenbesitzkarte und den Europäischen Feuerwaffenpass zur Berichtigung vorzulegen. Die örtliche Behörde unterrichtet zum Zweck polizeilicher Ermittlungen die örtliche Polizeidienststelle über das Abhandenkommen.

531 | Sie lassen eine alte Flinte vom Büchsenmacher unbrauchbar machen. Was müssen Sie tun?

§ 37 (3) Wird eine Schusswaffe, zu deren Erwerb es einer Erlaubnis bedarf unbrauchbar gemacht oder zerstört, so hat der Besitzer dies der zuständigen Behörde binnen zwei Wochen schriftlich anzuzeigen und ihr auf Verlangen den Gegenstand vorzulegen.

§ 38 Ausweispflicht

532 | Welche Dokumente müssen Sie als Jäger bei sich haben, wenn Sie eine Jagdwaffe führen?

Waffenbesitzkarte, Jagdschein und ggf. Jagderlaubnisschein oder Dienstausweis, Personalausweis (Pass).

533 | Wer ist berechtigt, diese Dokumente zu kontrollieren?

Grundsätzlich alle Polizeiorgane, einschließlich der bestätigten und örtlich zuständigen Jagdaufseher. Letztere ausgenommen die Waffenbesitzkarte.

§ 42 Verbot des Führens von Waffen bei öffentlichen Veranstaltungen

534 | Wo dürfen Waffen nicht geführt werden?

§ 42 (1) Wer an öffentlichen Vergnügungen, Volksfesten, Sportveranstaltungen, Messen, Ausstellungen, Märkten oder ähnlichen öffentlichen Veranstaltungen teilnimmt, darf keine Waffen im Sinne des § 1 Abs. 2 führen.
(2) Die zuständige Behörde kann allgemein oder für den Einzelfall Ausnahmen von Absatz 1 zulassen, wenn
1. der Antragsteller die erforderliche Zuverlässigkeit (§ 5) und persönliche Eignung (§ 6) besitzt,
2. der Antragsteller nachgewiesen hat, dass er auf Waffen bei der öffentlichen Veranstaltung nicht verzichten kann, und
3. eine Gefahr für die öffentliche Sicherheit oder Ordnung nicht zu besorgen ist.
(3) Unbeschadet des § 38 muss der nach Absatz 2 Berechtigte auch den Ausnahmebescheid mit sich führen und auf Verlangen zur Prüfung aushändigen.

535 | Sie kommen von der Jagd und wollen noch einkaufen. Dürfen Sie ihren Revolver verdeckt und entladen unter der Jacke tragen?
Nein.

536 | Dürfen Sie nach der Jagd ihre Flinte mit ins Wirtshaus nehmen, wenn dort gleichzeitig Schützenfest gefeiert wird?
Nein, denn das Schützenfest ist ein Volksfest, bei dem das Tragen von Waffen verboten ist.

Sonstige Gesetze

Insbesondere bei Ausübung des Jagdschutzes muss der Jäger auch die einschlägigen Bestimmungen des Bürgerlichen Gesetzbuches (BGB), der Strafprozessordnung (StPO) und des Strafgesetzbuches (StGB) kennen. Dabei geht es nicht darum, aus dem Jäger einen Juristen zu machen, aber er muss wissen, wie er sich in bestimmten Situationen zu verhalten hat, welche Rechte und Pflichten ihm zustehen. Der Gesetzgeber stellt hierbei nicht alle Jäger gleich. Jagdpächter haben als Jagdausübungsberechtigte deutlich mehr Rechte als Jagdgäste und die bestätigten Jagdaufseher sind unter besonderen Voraussetzungen sogar Hilfsbeamte der Staatsanwaltschaft. Sie sind somit innerhalb ihrer örtlichen und sachlichen Zuständigkeit weitgehend den Polizeibeamten gleichgestellt.

Bürgerliches Gesetzbuch (BGB)

537 | Was ist Notwehr?
§ 227 (1) Eine durch Notwehr gebotene Handlung ist nicht widerrechtlich.
(2) Notwehr ist diejenige Verteidigung, welche erforderlich ist, um einen gegenwärtigen rechtswidrigen Angriff von sich oder einem anderen abzuwenden.

538 | Was ist Selbsthilfe?
§ 229 Wer zum Zwecke der Selbsthilfe eine Sache wegnimmt, zerstört oder beschädigt oder wer zum Zwecke der Selbsthilfe einen Verpflichteten, welcher der Flucht verdächtig ist, festnimmt oder den Widerstand des Verpflichteten gegen eine Handlung, die dieser zu dulden verpflichtet ist, beseitigt, handelt nicht widerrechtlich, wenn obrigkeitliche Hilfe nicht rechtzeitig zu erlangen ist und ohne sofortiges Eingreifen die Gefahr besteht, dass die Verwirklichung des Anspruchs vereitelt oder wesentlich erschwert werde.

539 | Was versteht man unter Schadensersatzpflicht?
§ 823 (1) Wer vorsätzlich oder fahrlässig das Leben, den Körper, die Gesundheit, die Freiheit, das Eigentum oder ein sonstiges Recht eines anderen widerrechtlich verletzt, ist dem anderen zum Ersatz des daraus entstehenden Schadens verpflichtet.
(2) Die gleiche Verpflichtung trifft denjenigen, welcher gegen ein den Schutz eines anderen bezweckendes Gesetz verstößt. Ist nach dem Inhalt des Gesetzes ein Verstoß gegen dieses auch ohne Verschulden möglich, so tritt die Ersatzpflicht nur im Falle des Verschuldens ein.

Strafprozessordnung (StPO)

540 | Wer darf eine Beschlagnahme anordnen und ausführen?

§ 98 Beschlagnahmen dürfen nur durch den Richter, bei Gefahr im Verzug auch durch die Staatsanwaltschaft und ihre Ermittlungspersonen (§ 152 des Gerichtsverfassungsgesetzes) angeordnet werden.

541 | Auf welchen jagdlichen Personenkreis trifft das zu?
Nur auf Förster und bestätigte Jagdaufseher, soweit sie nach den geltenden Vorschriften Hilfsbeamte der Staatsanwaltschaft sind.

542 | Was versteht man unter Durchsuchung?
§ 102 Bei dem, welcher als Täter oder Teilnehmer einer Straftat oder der Begünstigung, Strafvereitelung oder Hehlerei verdächtig ist, kann eine Durchsuchung der Wohnung und anderer Räume sowie seiner Person und der ihm gehörenden Sachen sowohl zum Zweck seiner Ergreifung als auch dann vorgenommen werden, wenn zu vermuten ist, dass die Durchsuchung zur Auffindung von Beweismitteln führen werde.

543 | Was setzt eine Durchsuchung voraus?
Dass der Zweck der Durchsuchung erreicht werden kann.

544 | Was kann Zweck einer Durchsuchung sein?
Die Ergreifung eines Täters,
das Auffinden von Beweismittel,
die Beschlagnahme von Verfalls- und Einziehungsgegenständen.

545 | Was versteht man unter Festnahme?
§ 127 Wird jemand auf frischer Tat betroffen oder verfolgt, so ist, wenn er der Flucht verdächtig ist oder seine Identität nicht sofort festgestellt werden kann, jedermann befugt, ihn auch ohne richterliche Anordnung vorläufig festzunehmen.

Strafgesetzbuch (StGB)

546 | Was ist ein rechtfertigender Notstand?
§ 34 Wer in einer gegenwärtigen, nicht anders abwendbaren Gefahr für Leben, Leib, Freiheit, Ehre, Eigentum oder ein anderes Rechtsgut eine Tat begeht, um die Gefahr von sich oder einem anderen abzuwenden, handelt nicht rechtswidrig, wenn bei Abwägung der widerstreitenden Interessen, namentlich der betroffenen Rechtsgüter und des Grades der ihnen drohenden Gefahren, das geschützte Interesse das beeinträchtigte wesentlich überwiegt. Dies gilt jedoch nur, soweit die Tat ein angemessenes Mittel ist, die Gefahr abzuwenden.

547 | Wann liegt eine Amtsanmaßung vor?
§ 132 Wer unbefugt sich mit der Ausübung eines öffentlichen Amtes befasst oder eine Handlung vornimmt, welche nur kraft eines öffentlichen Amtes vorgenommen werden darf, wird mit Freiheitsstrafe bis zu zwei Jahren oder mit Geldstrafe bestraft.

548 | Sie verlangen von einem Autofahrer, der einen gesperrten Waldweg befährt, den Führerschein. Was liegt vor?
Ganz klar – eine Amtsanmaßung.

549 | Ein Spaziergänger verweigert ihnen im Revier die Weiterfahrt, weil Sie einen gesperrten Waldweg befahren. Was liegt vor?
Ebenfalls eine Amtsanmaßung, je nach Lage auch eine Nötigung.

550 | Wann liegt eine Körperverletzung vor?
§ 223 (1) Wer eine andere Person körperlich misshandelt oder an der Gesundheit schädigt, wird mit Freiheitsstrafe bis zu fünf Jahren oder mit Geldstrafe bestraft.
(2) Der Versuch ist strafbar.

551 | Sie halten einen Autofahrer an, der einen gesperrten Waldweg befährt und versetzen ihm einen Faustschlag, weil er die Meinung vertritt, das gehe Sie nichts an. Was liegt vor?
Eine Körperverletzung, denn abgesehen davon, dass Sie als Jäger nicht berechtigt waren ihn anzuhalten, dürfen sie keine Gewalt einsetzen.

552 | Was versteht man unter Nötigung?
§ 240 (1) Wer einen Menschen rechtswidrig mit Gewalt oder durch Drohung mit einem empfindlichen Übel zu einer Handlung, Duldung oder Unterlassung nötigt, wird mit Freiheitsstrafe bis zu drei Jahren oder mit Geldstrafe bestraft.
(2) Rechtswidrig ist die Tat, wenn die Anwendung der Gewalt oder die Androhung des Übels zu dem angestrebten Zweck als verwerflich anzusehen ist.

553 | Der Jagdpächter droht einem Spaziergänger, dessen Hund zu erschießen, sofern er ihn nicht sofort anleine. Was ist das?
Er erfüllt den Straftatbestand der Nötigung.

554 | Was versteht man unter Bedrohung?
§ 241 (1) Wer einen Menschen mit der Begehung eines gegen ihn oder eine ihm nahe stehende Person gerichteten Verbrechens bedroht, wird mit Freiheitsstrafe bis zu einem Jahr oder mit Geldstrafe bestraft.
(2) Ebenso wird bestraft, wer wider besseres Wissen einem Menschen vortäuscht, dass die Verwirklichung eines gegen ihn oder eine ihm nahe stehende Person gerichteten Verbrechens bevorstehe.

555 | Wann liegt eine Sachbeschädigung vor?
§§ 303–305a (1) Wer rechtswidrig eine fremde Sache beschädigt oder zerstört, wird mit Freiheitsstrafe bis zu zwei Jahren oder mit Geldstrafe bestraft.
(2) Ebenso wird bestraft, wer unbefugt das Erscheinungsbild einer fremden Sache nicht nur unerheblich und nicht nur vorübergehend verändert.
(3) Der Versuch ist strafbar.

556 | Wann liegt eine Freiheitsberaubung vor?
§ 239 (1) Wer einen Menschen einsperrt oder auf andere Weise der Freiheit beraubt, wird mit Freiheitsstrafe bis zu fünf Jahren oder mit Geldstrafe bestraft.
(2) Der Versuch ist strafbar.
(3) Auf Freiheitsstrafe von einem Jahr bis zu zehn Jahren ist zu erkennen, wenn der Täter
1. das Opfer länger als eine Woche der Freiheit beraubt oder
2. durch die Tat oder eine während der Tat begangene Handlung eine schwere Gesundheitsschädigung des Opfers verursacht.
(4) Verursacht der Täter durch die Tat oder eine während der Tat begangene Handlung den Tod des Opfers, so ist die Strafe Freiheitsstrafe nicht unter drei Jahren.
(5) In minder schweren Fällen des Absatzes 3 ist auf Freiheitsstrafe von sechs Monaten bis zu fünf Jahren, in minder schweren Fällen des Absatzes 4 auf Freiheitsstrafe von einem Jahr bis zu zehn Jahren zu erkennen.

Unfallverhütungsvorschrift Jagd (VSG 4.4) mit Durchführungsanweisungen

§ 1 Grundsätze

Diese Unfallverhütungsvorschrift gilt für den Umgang mit Waffen und Munition sowie für die Ausübung der Jagd.

§ 2 Waffen und Munition

(1) Es dürfen nur Schusswaffen verwendet werden, die den Bestimmungen des Waffengesetzes entsprechen und nach dem Bundesjagdgesetz für jagdliche Zwecke zugelassen sind. Die Waffen müssen funktionssicher sein und dürfen nur bestimmungsgemäß verwendet werden.

Durchführungsanweisung zu Absatz 1

1. Eine Waffe ist zum Beispiel funktionssicher, wenn sie zuverlässig gesichert werden kann, ihr Verschluss dicht ist und wenn sie keine Laufaufbauchungen, Laufdellen oder die Funktionssicherheit beeinträchtigende Rostnarben aufweist.
2. Keine bestimmungsgemäße Verwendung ist zum Beispiel die Benutzung der Waffe zum
   - Niederhalten von Zäunen beim Übersteigen,
   - Aufstoßen von Hochsitzluken,
   - Erschlagen des Wildes.
3. Auf die einschlägigen Bestimmungen
   - des Waffengesetzes (WaffG),
   - der Verordnungen zum Waffengesetz (WaffV),
   - der Verwaltungsvorschrift zum Waffengesetz (WaffVwV),
   - das Bundesjagdgesetz (BJG) wird hingewiesen.

(2) Es darf nur die für die jeweilige Schusswaffe bestimmte Munition in einwandfreiem Zustand verwendet werden.

Durchführungsanweisung zu Absatz 2

1. Hinweise auf die verwendbare Munition geben zum Beispiel die Angaben auf der Schusswaffe.
2. In nicht einwandfreiem Zustand ist zum Beispiel feucht gewordene Munition, selbst wenn sie getrocknet wurde.

(3) Auch nicht gewerbsmäßig hergestellte Munition muss den gesetzlichen Bestimmungen entsprechen.

Durchführungsanweisung zu Absatz 3

1. Hierzu gehört zum Beispiel wiedergeladene Munition.
2. Auf die einschlägigen Bestimmungen des Waffengesetzes und des Sprengstoffgesetzes wird hingewiesen.

(4) Flintenlaufgeschosspatronen müssen so mitgeführt werden, dass Verwechslungen mit Schrotpatronen ausgeschlossen sind.

§ 3 Ausübung der Jagd

(1) Schusswaffen dürfen nur während der tatsächlichen Jagdausübung geladen sein. Die Laufmündung ist stets – unabhängig vom Ladezustand – in eine Richtung zu halten, in der niemand gefährdet wird. Nach dem Laden ist die Waffe zu sichern.

(2) Eine gestochene Waffe ist sofort zu sichern und zu entstechen, falls der Schuss nicht abgegeben wurde.

(3) Beim Besteigen von Fahrzeugen und während der Fahrt muss die Schusswaffe entladen sein. Beim Besteigen oder Verlassen eines Hochsitzes, beim Überwinden von Hindernissen oder in ähnlichen Gefahrlagen müssen die Läufe (Patronenlager) entladen sein.

(4) Ein Schuss darf erst abgegeben werden, wenn sich der Schütze vergewissert hat, dass niemand gefährdet wird.

Durchführungsanweisung zu Absatz 4
Eine Gefährdung ist zum Beispiel dann gegeben, wenn

- Personen durch Geschosse oder Geschossteile verletzt werden können, die an Steinen, gefrorenem Boden, Ästen, Wasserflächen oder am Wildkörper abprallen oder beim Durchschlagen des Wildkörpers abgelenkt werden,
- beim Schießen mit Einzelgeschossen kein ausreichender Kugelfang vorhanden ist.

(5) Von Wasserfahrzeugen aus darf im Stehen nur geschossen werden, wenn das Fahrzeug gegen Umschlagen und der Schütze gegen Stürzen gesichert sind.

(6) Bei einer mit besonderen Gefahren verbundenen Jagdausübung ist ein Begleiter zur Hilfeleistung mitzunehmen.

Durchführungsanweisung zu Absatz 6
Besondere Gefahren können sich ergeben zum Beispiel durch Witterungs-, Gelände- und Bodenverhältnisse, vor allem im Hochgebirge, auf Gewässern und in Mooren oder bei der Nachsuche auf wehrhaftes Wild.

(7) Fangeisen dürfen nur mit einer entsprechenden Vorrichtung gespannt und nur mit einem geeigneten Gegenstand ge- bzw. entsichert werden.

(8) Fangeisen dürfen fängisch nur so aufgestellt werden, dass keine Personen gefährdet werden.

Durchführungsanweisung zu Absatz 8
Eine Gefährdung kann zum Beispiel vermieden werden, wenn Fangeisen in verblendeten Fangbunkern, Fallenkästen oder Fangburgen aufgestellt werden.

§ 4 Besondere Bestimmungen für Gesellschaftsjagden

(1) Bei Gesellschaftsjagden muss der Unternehmer einen Jagdleiter bestimmen, wenn er nicht selbst diese Aufgabe wahrnimmt. Die Anordnungen des Jagdleiters sind zu befolgen.

Durchführungsanweisung zu Absatz 1
Zur Gesellschaftsjagd gehören zum Beispiel Treibjagden und Drückjagden.

(2) Der Jagdleiter hat den Schützen und Treibern die erforderlichen Anordnungen für den gefahrlosen Ablauf der Jagd zu geben. Er hat insbesondere die Schützen und Treiber vor Beginn der Jagd zu belehren und ihnen die Signale bekannt zu geben.

Durchführungsanweisung zu Absatz 2
Zur Belehrung gehört insbesondere der Hinweis auf die Vorschriften in Absatz 3 sowie in den Absätzen 6 bis 11.

(3) Sofern der Jagdleiter nichts anderes anordnet, ist die Waffe erst auf dem Stand zu laden und nach Beendigung des Treibens sofort zu entladen.

(4) Der Jagdleiter hat Personen, die infolge mangelnder geistiger und körperlicher Eignung besonders unfallgefährdet sind, die Teilnahme an der Jagd zu untersagen.

(5) Der Jagdleiter kann für einzelne Aufgaben Beauftragte einsetzen.

Durchführungsanweisung zu Absatz 5
Zu den Aufgaben des Beauftragten können zum Beispiel das Einweisen der Schützen in die Schützenstände und das Führen der Treiberwehr gehören.

(6) Bei Standtreiben haben der Jagdleiter oder die von ihm zum Anstellen bestimmten Beauftragten den Schützen ihre jeweiligen Stände anzuweisen und den jeweils einzuhaltenden Schussbereich genau zu bezeichnen. Nach Einnehmen der Stände haben sich die Schützen mit den jeweiligen Nachbarn zu verständigen; bei fehlender Sichtverbindung hat der Jagdleiter diese Verständigung sicherzustellen. Sofern der Jagdleiter nichts anderes bestimmt, darf der Stand vor Beendigung des Treibens weder verändert noch verlassen werden. Verändert oder verlässt ein Schütze mit Zustimmung des Jagdleiters seinen Stand, so hat er sich vorher mit seinen Nachbarn zu verständigen.

(7) Wenn sich Personen in gefahrbringender Nähe befinden, darf in diese Richtung weder angeschlagen noch geschossen werden. Ein Durchziehen mit der Schusswaffe durch die Schützen- oder Treiberlinie ist unzulässig.

(8) Mit Büchsen- oder Flintenlaufgeschossen darf nicht in das Treiben hineingeschossen werden. Ausnahmen kann der Jagdleiter nur unter besonderen Verhältnissen zulassen, sofern hierdurch eine Gefährdung ausgeschlossen ist.

Durchführungsanweisung zu Absatz 8
Besondere Verhältnisse können zum Beispiel gegeben sein durch die Geländeform oder bei Ansitzdrückjagden.

(9) Bei Kesseltreiben bestimmt der Jagdleiter, ab wann nicht mehr in den Kessel geschossen werden darf; spätestens darf jedoch nach dem Signal »Treiber rein« nicht mehr in den Kessel geschossen werden.

(10) Die Waffe ist außerhalb des Treibens stets ungeladen, mit geöffnetem Verschluss und mit der Mündung nach oben oder abgeknickt, zu tragen. Bei besonderen Witterungsverhältnissen kann der Jagdleiter zulassen, dass Waffen geschlossen und mit der Mündung nach unten getragen werden, wenn sie entladen sind.

(11) Durchgeh- oder Treiberschützen dürfen während des Treibens nur entladene Schusswaffen mitführen. Dies gilt nicht für Feldstreifen und Kesseltreiben.

Durchführungsanweisung zu Absatz 11
1. Als Feldstreife kann nach Entscheidung des Jagdleiters auch eine Streife mit flankierenden Schützen in sonstigem übersichtlichem Gelände gelten.
2. Das Mitführen der Schusswaffe mit entladenen Läufen (Patronenlager) ist ausnahmsweise für den Durchgeh- und Treiberschützen zulässig: für den Fangschuss, für den Schuss auf vom Hund gestelltes Wild.

(12) Bei Gesellschaftsjagden müssen sich alle an der Jagd unmittelbar Beteiligten deutlich farblich von der Umgebung abheben.

Durchführungsanweisung zu Absatz 12
Als deutlich farbliche Abhebung eignen sich bei Treibern, Treiber- und Durchgehschützen zum Beispiel gelbe Regenbekleidung oder Brustumhänge in orange-roter Signalfarbe, bei Schützen zum Beispiel ein orangerotes Signalband am Hut.

(13) Bei schlechten Sichtverhältnissen hat der Jagdleiter die Jagd einzustellen.

Durchführungsanweisung zu Absatz 13
Schlechte Sichtverhältnisse liegen zum Beispiel vor bei dichtem Nebel, einsetzender Dunkelheit oder Schneetreiben.

§ 5 Nachsuche

(1) Der Hundeführer wird durch den Unternehmer oder seinen Beauftragten als Jagdleiter bestimmt; er hat damit Weisungsrecht bei der Nachsuche, falls weitere Personen beteiligt sind.

(2) Der Hundeführer muss die notwendige persönliche Schutzausrüstung benutzen.

Durchführungsanweisung zu Absatz 2
Hierzu kann zum Beispiel das Tragen von Schutzbrillen und Schutzhandschuhen gehören.

(3) Der Lauf der Waffe ist vor eindringenden Fremdkörpern zu schützen.

Durchführungsanweisung zu Absatz 3
Hierzu eignen sich zum Beispiel Klebestreifen aus durchschießbarem Material.

(4) Kinder und Jugendliche dürfen nicht an der Nachsuche teilnehmen.

(5) Der Unternehmer hat bei der Nachsuche für die Bereitstellung von Erste-Hilfe-Material zu sorgen.

Durchführungsanweisung zu Absatz 5
Auf die Unfallverhütungsvorschrift »Erste Hilfe« (VSG 1.3) wird verwiesen.

(6) Es gelten im Übrigen die Vorschriften von § 4 Absätze 2, 3, 5, 6, 7, 10 und 12 entsprechend

§ 6 Übungsschießen

(1) Das Übungsschießen ist nur auf behördlich zugelassenen Schießständen erlaubt.

Durchführungsanweisung zu Absatz 1
1. Die behördliche Zulassung kann auf Grundlage des Bundesimmissionsschutzgesetzes oder des Waffengesetzes erfolgen.
2. Auf die Schießstandordnung und die Schießvorschrift des Deutschen JagdschutzVerbandes e.V. wird hingewiesen.

(2) Beim Schießen ist geeigneter Gehörschutz zu tragen.

Durchführungsanweisung zu Absatz 2
Als geeigneter Gehörschutz sind zum Beispiel Gehörschutzkapseln anzusehen. Auf die Unfallverhütungsvorschrift »Allgemeine Vorschriften für Sicherheit und Gesundheitsschutz« (VSG 1.1) wird verwiesen.

§ 7 Hochsitze

(1) Der Unternehmer muss sicherstellen, dass
1. Hochsitze, ihre Zugänge sowie Stege fachgerecht errichtet und mit Einrichtungen gegen das Abstürzen von Personen gesichert sind,
2. bei ortsveränderlichen Hochsitzen die Standsicherheit gewährleistet ist,
3. Hochsitze vor jeder Benutzung, mindestens jedoch einmal jährlich, geprüft werden,
4. nicht mehr benötigte Einrichtungen abgebaut werden.

Durchführungsanweisung zu Absatz 1 Ziffer 1
1. Als Absturzsicherung bei Ansitzleitern wird die Waffenauflage angesehen.
2. Auf die Unfallverhütungsvorschrift »All-

gemeine Vorschriften für Sicherheit und Gesundheitsschutz« (VSG 1.1) und die Unfallverhütungsvorschrift »Arbeitsstätten, bauliche Anlagen und Einrichtungen« (VSG 2.1) wird verwiesen.

3. Als fachgerecht hergestellt gelten Jagdeinrichtungen, wenn zum Beispiel die Hinweise in der Broschüre »Sichere Hochsitzkonstruktion« beachtet sind.

Durchführungsanweisung zu Absatz 1 Ziffer 2
Auf die Unfallverhütungsvorschrift »Technische Arbeitsmittel« (VSG 3.1) wird verwiesen.

(2) Aufgenagelte Sprossen sind nur an geneigten stehenden Leitern zulässig. Sie sind mit den Leiterholmen fest zu verbinden und auf diesen nach unten hin abzustützen.

§ 8 Ordnungswidrigkeiten

Ordnungswidrig im Sinne des § 209 Absatz 1 Nr. 1 Siebtes Buch Sozialgesetzbuch (SGB VII) handelt, wer vorsätzlich oder fahrlässig den Bestimmungen des
§ 2 Abs. 1,
§ 3 Abs. 1 Satz 1,
§ 4 Abs. 1 Satz 1, Abs. 2, 3, 6, 7, Abs. 8 Satz 1, Abs. 10 Satz 1 oder Abs. 11 Satz 1,
§ 5 Abs. 4, § 6 Abs. 1 oder
§ 7 Abs. 1 Ziffern 3 oder 4 zuwiderhandelt.

§ 9 Inkrafttreten

Diese Unfallverhütungsvorschrift tritt am 1. Januar 2000 in Kraft. Gleichzeitig tritt die Unfallverhütungsvorschrift – Jagd (UVV 4.4) vom 1. Januar 1981 in der Fassung vom 1. Januar 1981 außer Kraft.

Infos unter www.ballistol.de
BALLISTOL®
Es wirkt!
Vielseitig wie kein anderes Waffenöl!!
Das überaus universell einsetzbare Traditionsöl BALLISTOL bietet seit über 100 Jahren fast unzählige Anwendungsmöglichkeiten, die kein anderes Produkt aufweisen kann!
HAUTFREUNDLICH
BIOLOGISCH ABBAUBAR
LEBENSMITTELECHT
BALLISTOL
Universalöl
Geeignet für
• Naturholz, Leder und Metall
• Maschinen, Werkzeuge, Waffen
• Aluminium, Plastik und Gummi
• Sogar für Mensch und Tier
BALLISTOL
Schmiert-Reinigt-Löst-Desinfiziert
Entfernt Verbrennungsrückstände wie Tombak und Kupfer - schützt vor Rost, Schimmel, Festfrieren ...
BALLISTOL
ist umweltschonend, kriechfreudig, körperverträglich, voll biologisch abbaubar, mit pharmazeutisch reinem Basisöl, verharzungsfrei.
Es wirkt!

Stichwortverzeichnis

Fettgedruckte Zahlen verweisen auf Seiten; Buchstaben mit Zahlen auf das jeweilige Kapitel und die Nummer der Frage mit Antwort.

C

D

E

G

S

U

Eine Klasse für sich
SAUER
www.sauer.de
Abgabe von Waffen nur an Inhaber einer Erwerbserlaubnis.
Kodiak.de 2010

Bibliographische Information der Deutschen Nationalbibliothek

Die Deutsche Nationalbibliothek verzeichnet diese Publikation in der Deutschen Nationalbibliografie; detaillierte bibliografische Daten sind im Internet über http://dnb.d-nb.de abrufbar.

58. Auflage (Neuausgabe)

BLV Buchverlag GmbH & Co. KG
80797 München

Umschlagfoto: Breuer

Lektorat: Gerhard Seilmeier
Herstellung: Ruth Bost
Layoutkonzept Innenteil: Anton Walter, Gundelfingen
Layout und Satz: agentur walter, Gundelfingen

Gedruckt auf chlorfrei gebleichtem Papier

Printed in Italy
ISBN 978-3-8354-0605-6

Abkürzungsverzeichnis

AWaffV	Allgemeine Waffengesetz Verordnung
BGBl.	Bundesgesetzblatt
BJG	Bundesjagdgesetz
BJagdG	Bundesjagdgesetz
BWschV	Bundeswildschutzverordnung
BArtSchV	Bundesartenschutzverordnung
BMVEL	Bundesministerium für Verbraucherschutz, Ernährung und Landwirtschaft
BNatSchG	Bundesnaturschutzgesetz
BGB	Bürgerliches Gesetzbuch
BGBl	Bundesgesetzblatt
BWaldG	Bundeswaldgesetz
DEVA	Deutsche Versuchs- und Prüfanstalt für Jagd- u. Sportwaffen e.V.
DJV	Deutscher Jagdschutz-Verband e.V.
E_{100}	Bewegungsenergie in Joule
EBHS	European Brown Hare Syndrome (virale Leberentzündung des Hasen)
EG	Europäische Gemeinschaft
ESP	Europäische Schweinepest
FACE	Zusammenschluss der Jagdverbände in der EG
F.C.I.	Internationaler Dachverband für das Hundewesen
FFH	Fauna-Flora-Habitat
FlHG	Fleischhygienegesetz
FlHV	Fleischhygieneverordnung
FSME	Frühsommergehirnhautentzündung
G.E.E.	Günstigste Einschießentfernung
GV	Geschlechtsverhältnis
IUCN	Internationale Union für die Erhaltung der Natur und der natürlichen Hilfsmittel
IFSG	Infektionsschutzgesetz
JGHV	Jagdgebrauchshundverband
JGV	Jagdgebrauchhundverein
JNA	Jagdnutzungsanweisung
KJB	Kreisjagdberater
KJM	Kreisjagdmeister, Kreisjägermeister
KS	Kegelspitzgeschoß
LBG	Landwirtschaftliche Berufsgenossenschaft
LFoG	Landesforstgesetz
LJG	Landesjagdgesetz
LJM	Landesjägermeister
LJV	Landesjagdverband
MKS	Maul- und Klauenseuche
NABU	Naturschutzbund Deutschland
NSG	Naturschutzgebiet
SDW	Schutzgemeinschaft Deutscher Wald e.V.
SDWild	Schutzgemeinschaft Deutsches Wild e.V.
StPO	Strafprozessordnung
StGB	Strafgesetzbuch
TierNebG	Tierische Nebenprodukte Beseitigungsgesetz
TierSG	Tierseuchengesetz
TierSchG	Tierschutzgesetz
TSchG	Tierschutzgesetz
UVV-Jagd	Unfallverhütungsvorschriften Jagd
V_0	Velocitas, Anfangsgeschwindigkeit
V_{100}	Geschoßgeschwindigkeit nach 100 m Flug
V Z	Auftreffgeschwindigkeit im Ziel
VDF	Verband Deutscher Falkner
VDH	Verband für das deutsche Hundewesen
VO	Verordnung
WA	Washingtoner Artenschutzübereinkommen
WaffG	Waffengesetz
WBK	Waffenbesitzkarte

Abkürzungen für Jagdhunde und Jagdhundeprüfungen s. Seite 541 und 543

Bildnachweis

Arjes 136; Arndt H. 43mr, 45o, 86, 151, 160, 162, 174, 207, 220, 234, 239, 272, 276ul, 276ur, 279, 341or, 342u, 344, 353u, 355u, 361, 382, 390, 539, 593, 699, 724o, 822u, 861 – Arndt S.E. 96, 97o, 146, 158, 185, 217, 225, 244, 273, 275, 277u, 487, 523, 528, 592, 717, 726r, 820u, 821o, 853, 865 – Baatz 467o, 482, 483u – Bagyi 519, 726 l – Bahr 478m, 480m – Benjes 684 – Berberich 84, 380 – Fa. Blaser 750mr, 750ur – Borgsmüller 463o – Breuer 183, 188, 364, 476u, 480u, 687, 821, 845 – Brömel 406l, 406r – Cramm 607mu – Danegger 67, 88u, 90u, 107, 109, 111, 112, 117, 138, 140, 142, 145o, 145u, 153o, 154o, 156, 168, 173, 196, 200, 203, 238, 248, 255o, 266, 280, 287, 288o, 288u, 289, 289, 289, 289, 292ul, 301ur, 304o, 315, 365, 392, 395, 632, 634, 635o, 653, 672, 710u, 900 – Diederich 142 – Doerenkamp 477m, 536 – Dynamit Nobel 777, 780/781, 785, 788, 794o, 795o, 796u, 797ol – Eiber 594 – Eisenbeiss 666ol, 666ur, 667or, 667ml, 682o, 683 l, 683r – Eisenreich 262u, 348 – Elfner/ Angermayer 379, 380o – Frankonia 719, 740, 750ul, 751, 752, 754o, 754u, 766u – Fuchs 463u – Funke 588 – Gerlach 267, 387ol – Günther 670 – Hahn 324, 383 – Hassenpflug 625ol – Haumann 342m – Hausen 462u, 711 – Hecker 606mo, 660u, 661u – Henkel 694u – Hensoldt (Zeiss) 794u – Hespeler 62, 63, 95, 98r, 99, 100, 147, 159, 199, 240, 258, 446, 453, 454, 459, 461o, 461m, 462m, 471o, 484o, 490, 491, 494, 497, 502, 518, 520, 524, 530, 540, 547, 555, 561, 563, 567, 568, 571, 579u, 582l, 600, 602u, 602o, 603, 604, 610, 611, 614, 615, 616, 625or, 625u, 635u, 637, 638, 641, 645, 662u, 663o, 664, 668l, 668r, 673, 678ur, 688, 691, 813, 815, 817, 820o, 824, 826, 827, 828, 830u, 832, 834, 835, 836, 837u, 840, 842u, 851, 856, 857, 858, 871, 873, 883, 886, 890, 891(1, 5) – Hess 88o, 269, 652 – Hilpisch 452, 486, 500, 526, 527o, 855 – Hirsch 322 – Höfer 359o – Höfer M. 302ur – Hofmann A. 340, 341u – Hopf 44, 45ul, 45ur, 177o, 179, 218, 264l, 271, 354, 643, 648, 656o, 676, 706, 841 – Imago, Stock 603 – Jensterle 347 – Jesse 256 l, 256r, 257u – Kalden 255u, 657r, 659ol, 659or – Klein & Hubert 169 – Knittel 444u – Konrad 842o – Krewer 123u, 471u, 477o – Fa. Krieghoff 747o – Kuczka 193, 336 – Kuhn 480o – Lapinski 316 – Lebacher 601, 618, 624, 627, 636 – Leer 626o – Lehmann 75 – Limbrunner 50o, 165, 192, 194, 209, 222, 245, 257o, 260, 262o, 265or, 268, 276or, 277m, 292, 2.v.u., 292, 2.v.o., 292o, 293, 2.v.o., 293o, 293m, 292ur, 293, 2.v.u., 293u, 302ul, 304u, 317, 325, 326, 335, 337, 338, 339, 345, 349u, 350o, 351, 357, 381, 397, 583, 650o, 650u, 650m, 651, 654, 655, 659ml, 659mr, 659ul, 661o, 662mo, 662mu, 666mr, 678m, 696 l, 710o, 891(14) – Mahlke 328o, 378 – Maier R. 40 – Maier 89u, 161, 259 – Marek 2/3, 27, 43or, 53, 88m, 90o, 91u, 137, 190, 206, 237, 265ur, 270, 341ol, 342o, 461u, 462o, 463m, 465, 472m, 472u, 479, 483o, 485, 516, 517, 522, 713, 864, 892 – Markmann 43ur, 134, 305, 493, 495, 505, 506, 507, 508, 511, 513, 535 – Matwijow 373 – Mayr R. 328u – Meißner 219 – Merker 693 – Meyer 862u – Meyers 13, 36, 37, 39, 46, 50u, 55, 69, 80, 97u, 113, 120, 124, 125, 126, 135, 180, 252, 346, 372, 375, 659ur, 692, 709 – Migos 892 – Morerod 212, 694u – Münzer 580o – Nagel 73, 214, 443o, 469, 475, 521, 529, 705, 818, 823, 867 – Niestle 47 – Otto 849 – Pforr 163, 226, 249, 256, 303, 350u, 581, 608mo, 609u, 642o, 646, 651u, 656u, 660m, 666ml, 666ul, 667mr, 678ol, 678mo, 678or, 678ul, 699 – Pieper 87, 129, 186, 211 – Pirsch-Archiv 82, 253, 302ol, 382/Einkl., 387u, 735, 766o, 803 – Pott 343, 394, 606mu, 607u, 608o, 608mu, 608u, 609o – Quedens 274, 292m, 294, 302or, 323, 330, 349o, 355o, 360r, 362m, 362u, 363u, 368, 371 – Radenbach 43ol, 61, 119 – Rahn 131, 671 – Rautenstrauch 155 – Rauwolf 91o, 677 – Reb 712, 718, 721, 724u, 725, 727, 729, 737, 738, 739, 742, 745, 746, 747u, 749, 750ol, 755, 757, 759, 762, 764, 76, 786, 797ul, 797or, 798, 799, 800, 806/807 – Reinhard 58, 307, 309, 333, 387or, 607o, 666or, 667ul, 682u, 696r, 696m – Reinhard/ Angermayer 366, 376, 385 – Riedel 701 – Rogl 104, 106, 118 – Röhrsheim 153u – Rolfes 639 – Fa. Sauer 750or, 763, 765 – Schendel 154u, 178, 369, 544 – Schiersmann 71, 97m, 123o, 133, 150, 171, 243, 331, 389, 649 – Schilling 59, 77, 89o, 89m, 98 l, 837o – Schlude 863 – Schulz 102, 223 – Seidl 606o, 606u – Seilmeier 467u, 542, 831, 899 – Siedel 663u – Skogstad 342m, 484u – Spönlein 115 – Steimer 467m, 476o, 476m, 477u, 478u – Stöcker 703 – Stuewer 472o – Synatzschke 657 l – Thiermeyer 91m, 101, 110, 177u, 391, 444o, 457, 498, 510, 512, 514, 515, 527u, 590, 647, 675, 889 – TierparkHellabrunn/ Angermayer 277o – Tierpath. Inst. d. Univers. München 407, 409, 411, 412, 413, 414, 415, 417, 418, 419, 420, 421, 424, 425, 427, 428, 430, 431, 433, 436, 439, 441, 442, 443m, 443u, 549, 550 – Tönges 359u – Trippler-Berning 403 – Trötschel 301ul – Urban 556, 557, 564, 565, 566, 569, 572, 574, 575, 576, 579o, 580u, 584, 585 – Volkmar 10, 52, 54u, 83, 144, 159u, 189, 554, 651or, 707, 708, 790, 808, 809, 811, 816, 822o, 830o, 844or, 844u, 852, 862o, 881 – Volmer 276ol, 311, 332 – Waltmann 398, 877 – Wandel 195, 642u, 694, 698, 700, 839o, 844ol – Weidinger 742, 773, 778 – Wernicke 301ol, 301or, 301ml, 301mr, 362o, 363o, 363m – Wiesner 478o, 481 – Willner 607mo, 655ul, 661m, 662ol, 662or, 667ur – Wölfel 94 – Wothe 246, 310 – Zeininger 143, 148, 250, 264r, 265l, 318, 320, 321, 350m, 353o, 360l, 380m, 380u, 384, 660o, 667ol, 846 – Zeiss 793 – Ziesler/ Angermayer 241

Zeichnungen: Claus Caspari, Barbara von Damnitz, Hermut Geipel, Bruno Hespeler, Birte Keil, Franz Lechner, Jörg Mair (Jahreszyklen u. a.), Gerold Wandel, Anina Westphalen, Dr. Jörg Mangold
Verbreitungskarten aus BLV Jagdlexikon